内 容 提 要

本书共分为18章，内容涵盖非开挖工程技术的各个领域，包括地下管线探测技术、管道状况检测和评价理论与技术、新管道施工技术（包括HDD、顶管、微型隧道、水平螺旋钻进技术、夯管技术等）、管道清洗技术、管道更换技术、管道修复技术以及非开挖工程所用管材等，是迄今为止国内非开挖工程领域"最新、最全、最系统"，且理论和实践并重、先进性和实用性相结合的著作。

该书具有如下特点：

1. 学术观点新：第一次提出"非开挖工程学"这一新的学科方向，并系统地阐述了其发展背景、定义、研究对象、学科框架等一系列相关问题。

2. 内容系统、全面、翔实：比现有非开挖工程领域的参考书内容更翔实、体系更完整。

3. 先进性、科学性和实践性并重：既介绍了大量国外非开挖领域的最新研究成果和先进技术，又立足我国国情；既重视相关设计理论，也结合工程实例。

4. 是中国非开挖工程界共同智慧和劳动的结晶。

本书是对非开挖工程领域的设计人员、科研开发人员、工程技术人员、教师、研究生和本科生及从事管线（管道）工程设计、施工、监理、管理人员都具有重要参考价值的教材和工具书。

图书在版编目（CIP）数据

非开挖工程学／马保松主编. —北京：人民交通出版社，2008.11

ISBN 978-7-114-07387-8

Ⅰ. 非… Ⅱ. 马… Ⅲ. 地下管道－管道工程 Ⅳ. TU990.3

中国版本图书馆CIP数据核字（2008）第140976号

书　　名：非开挖工程学
著 作 者：马保松
责任编辑：高　培
出版发行：人民交通出版社
地　　址：（100011）北京市朝阳区安定门外外馆斜街3号
网　　址：http://www.ccpress.com.cn
销售电话：（010）85285656，59757969，59757973
总 经 销：北京中交盛世书刊有限公司
经　　销：各地新华书店
印　　刷：北京市密东印刷有限公司
开　　本：787×1092　1/16
印　　张：53.5
字　　数：1330千
版　　次：2008年11月第1版
印　　次：2008年11月第1次印刷
书　　号：ISBN 978-7-114-07387-8
定　　价：150.00元

FEI KAI WA GONG CHENG XUE

非开挖工程学

马保松 主编

人民交通出版社
China Communications Press

《非开挖工程学》

编 委 会

作者简介

马保松，男，1968 年生，博士（博士后），中国地质大学（武汉）教授、博士生导师，中美联合非开挖工程研究中心常务副主任。美国德州大学地下设施研究与教育中心（CUIRE）客座教授、中方联合主任，美国《管线系统工程与技术》杂志（Journal of Pipeline Systems Engineering and Technology）编辑，中国非开挖技术协会常务理事。

曾于 2001 年～2002 年，在德国鲁尔波鸿大学（Ruhr University Bochum）建筑工程学院做访问学者，从师于国际非开挖技术协会副主席 Prof. Dr. - Ing. Dietrich Stein。2006 年～2007 年分别到美国密西根州立大学（Michigan State University）和德克萨斯大学阿灵顿校区（The University of Texas at Arlington）做访问学者。

长期从事非开挖工程技术及理论的科学研究和教学工作。2004 年在中国地质大学（武汉）为本科生新开设《非开挖工程学》课程，在非开挖工程领域发表学术论文 40 余篇，出版专著 5 部。和国际非开挖同行建立了良好的合作关系，2007 年曾邀请美国和加拿大 16 位国际非开挖工程领域知名的专家学者在中国召开中美联合非开挖工程学术研讨会，与美国的普渡大学（Purdue University）、德州大学地下设施研究与教育中心（CUIRE）和路易斯安那工业大学非开挖技术中心（TTC）共同组建中美联合非开挖工程研究中心（China - U. S. Joint Center for Trenchless Research and Development - CTRD）。

前言

Preface

非开挖工程是利用微开挖或不开挖技术对“地下生命线系统”进行设计、施工、探测、修复以及更新、资产评估和管理的一门新兴高技术产业，被广泛应用于穿越公路、铁路、建筑物、河流以及在闹市区、古迹保护区、农作物和环境保护区等不允许或不便开挖条件下进行燃气、电力、给排水管道、电讯、有线电视线路、天然气管道等的铺设、更新、修复以及管理和评价等。“非开挖工程”被联合国环境议程(United Nation's Environmental Programme-UNEP)批准为地下设施的环境友好技术(Environmentally Sound Technology-EST)。

近20余年来，美、英、德、日等国的许多高等院校、研究机构、企业也投入了大量的人力、物力研究开发这一新技术，取得了大量研究成果并逐步应用于工程实践中。由于该技术具有综合成本低、施工周期短、环境影响小、不影响交通、施工安全性好等优势，日益受到人们的青睐，在市政给排水管线、通讯电缆、燃气管道、输油管道及电力电缆等地下管线工程施工中得以广泛应用。目前，非开挖管线工程技术已在西方发达国家成为一项政府支持、社会提倡和企业参与的新技术产业，在我国以每年40%的速度增长，成为城市现代化进程中的一项关键技术。我国建设部将“非开挖工程”列为国家“十一五”重点推广技术之一。2008年初，美国国家工程院把“修复和改善城市基础设施”列为21世纪工程学面临的14大挑战之一。

非开挖工程技术在我国的一些重大工程(如中国投资4000亿元的，有史以来建造的规模最大的西气东输工程，需要穿越大型河流14次，穿越中型河流40次，穿越铁路35次，穿越公路421次，所需要的非开挖技术种类包括HDD、微型隧道、顶管技术、盾构技术等)中也发挥了决定性的作用。

但是，我国的非开挖工程技术整体水平落后国外20～30年，到现在只能在一些技术含量不高的产品上实现自主研发，基础理论研究非常薄弱，缺乏自主创新和自主知识产权的产品。

为了尽快缩小与国外的差距，提高我国非开挖技术的市场竞争力，促进新技术的开发、推广和应用，推动我国在非开挖工程领域的理论研究，总结我国在非开挖工程领域的进展，引进和吸收国外先进的理论和经验，本书编委会自2005年开始本书的编写工作，并2007年10月在武汉召开会议，确定了本书的最终编写提纲和基本内容。

在编写过程中，曾先后得到中国地质大学（武汉）科技处、中国地质大学（武汉）教务处、中国非开挖技术协会、福建省东辰岩土基础工程公司、天津大力神非开挖工程有限公司、新乡市永通管道工程有限公司、南京地龙非开挖工程技术有限公司、德国海瑞克股份公司、安徽威隆非开挖工程技术有限公司、深圳钻通机电设备有限公司、北京土行孙非开挖技术有限公司、浙江绍兴磐石基础工程有限公司、湛江市中广通管道有限公司、中石油管道局穿越公司、武钢建工集团非开挖技术中心、濮阳中拓管道清洗修复工程有限公司、武汉市拓展地下管道工程有限公司、广州市城市规划勘测设计研究院、山东胜邦柯林瑞尔管道工程有限公司以及美国德州大学地下设施研究与教育中心（CUIRE）、路易斯安那工业大学非开挖技术中心（TTC）等单位的大力支持。

美国的德州大学的 Dr. Mohammad Najafi 教授、路易斯安那工业大学的 Dr. Ray Sterling 教授等为本人在美国研修非开挖技术提供了良好的工作条件，为本人了解国际前沿的非开挖技术奠定了基础。

博士研究生曾聪、杨晨光（美国）和硕士研究生刘珍、王书宏、赵云川、邵本科等自始至终为本书的顺利完稿和出版付出了大量的辛劳。尤其是刘珍，花费了大量的时间和精力帮助搜集和整理书稿、清绘图片、校对文字、编排格式等等，没有他的无私奉献，书稿将无法按期完成。

正是由于编委会成员的共同努力，上述单位和个人的慷慨协助，使本书最终得以付梓问世，以飨读者。如果拙作能供广大同行在工作中参考、借鉴并有所助益，将是编著者们由衷的意愿。

本书前言、第 1 章、第 5 章、第 10 章、第 11 章、第 14 章由马保松教授撰写；其他各章，除由马保松教授主持、搜集素材并校阅和定稿外，参加各章撰写并协助整理成文的各位作者主要有：第 2 章：陈劲副教授、蒋国盛教授；第 3 章：张汉春高工、杨晨光博士；第 4 章：杨晨光博士、曾聪博士；第 6 ~ 9 章：刘珍硕士；第 12 章：胡郁乐副教授、刘珍硕士、王洪玲教授级高工；第 13 章：曾聪博士；第 15 章：王书宏硕士、陈铁励高工；第 16 章：徐效华高工、刘珍硕士；第 17 章：吴贺林高工、王书宏硕士；第 18 章：黄功华高工、王书宏硕士、余为民高工；附录：邵本科硕士等。

参加本书审校和修改工作的编委分工如下：第 1、5、6、7、8、9 章：颜纯文教授级高工（中国非开挖技术协会理事长）；第 2 章：张雅春教授级高工、蒋国盛教授；第 3 章：张汉春高工；第 4 章：朱文鉴教授级高工（中国非开挖技术协会秘书长）；第 10、11 章：王兆铨高工、刘畅经理、陈勇高工、陆继良高工；第 12 章：王洪玲教授级高工、王鹏教授级高工（钻通）、张雅春教授级高工、吴益泉高工、姜志广高工、余为民高工、吴定春高工、谢强工程师、王鹏工程师（武钢）；第 13 章：朱文鉴教授级高工；第 14 章：周长山教授、徐效华高工、陈铁励高工；第 15 章：陈铁励高工、朱文鉴教授级高工；第 16 章：周长山教授、徐效华高工；第 17 章：吴贺林高工；第 18 章：陆继良高工。另外中国石油天然气管道局穿越公司的吕泽彬工程师、其士管道公司的张立经理、美国 Fyfe 公司的副总裁 Shah Rahman 先生、Outside Plant Consulting Services 公司总裁 Larry Slavin 博士等为本书提供了珍贵的素材，对于以上各位的辛勤劳作和他们对本书的贡献，本人作为编著本书的主持人，谨在此深致谢意。

本书能够得以完成并顺利出版，得益于国家自然科学基金委员会、教育部回国留学科研启动基金、武汉市建设委员会、武汉市科技局等单位的科研项目支持；中国地质大学（武汉）相关职能部门的大力支持、中国地质大学（武汉）工程学院的领导和同事们的理解和支持；人民交通出版社土木与建筑图书出版中心的同仁们的大力帮助，本人也谨此表示诚挚的感谢。

最后，将本书献给我亲爱的女儿凯俐和妻子谢稚，感谢她们的理解和支持。

由于笔者学识的限制，书中挂一漏万在所难免，敬请不吝赐教。

马保松

中国地质大学（武汉）

中美联合非开挖工程研究中心

2008 年 8 月

目录
Contents

CHAPTER 3 地下管线探测技术

CHAPTER 4 地下管道状况检查与评价

CHAPTER 5 冲击矛施工技术

CHAPTER 6 夯管法施工技术

CHAPTER 7 潜孔锤水平钻进技术

CHAPTER 8 水平顶推钻进法

CHAPTER 9 水平螺旋钻进法

CHAPTER 10 顶管施工技术

CHAPTER 11 微型隧道施工技术

CHAPTER 12 水平定向钻进技术

CHAPTER 13 管道原位更换技术

CHAPTER 14 内衬法管道修复技术

CHAPTER 15 管道局部修复技术

CHAPTER 16 管道清洗技术

CHAPTER 17 非开挖工程管材

CHAPTER 18 非开挖工程经济评价与管理

CHAPTER 1

非开挖工程学概论

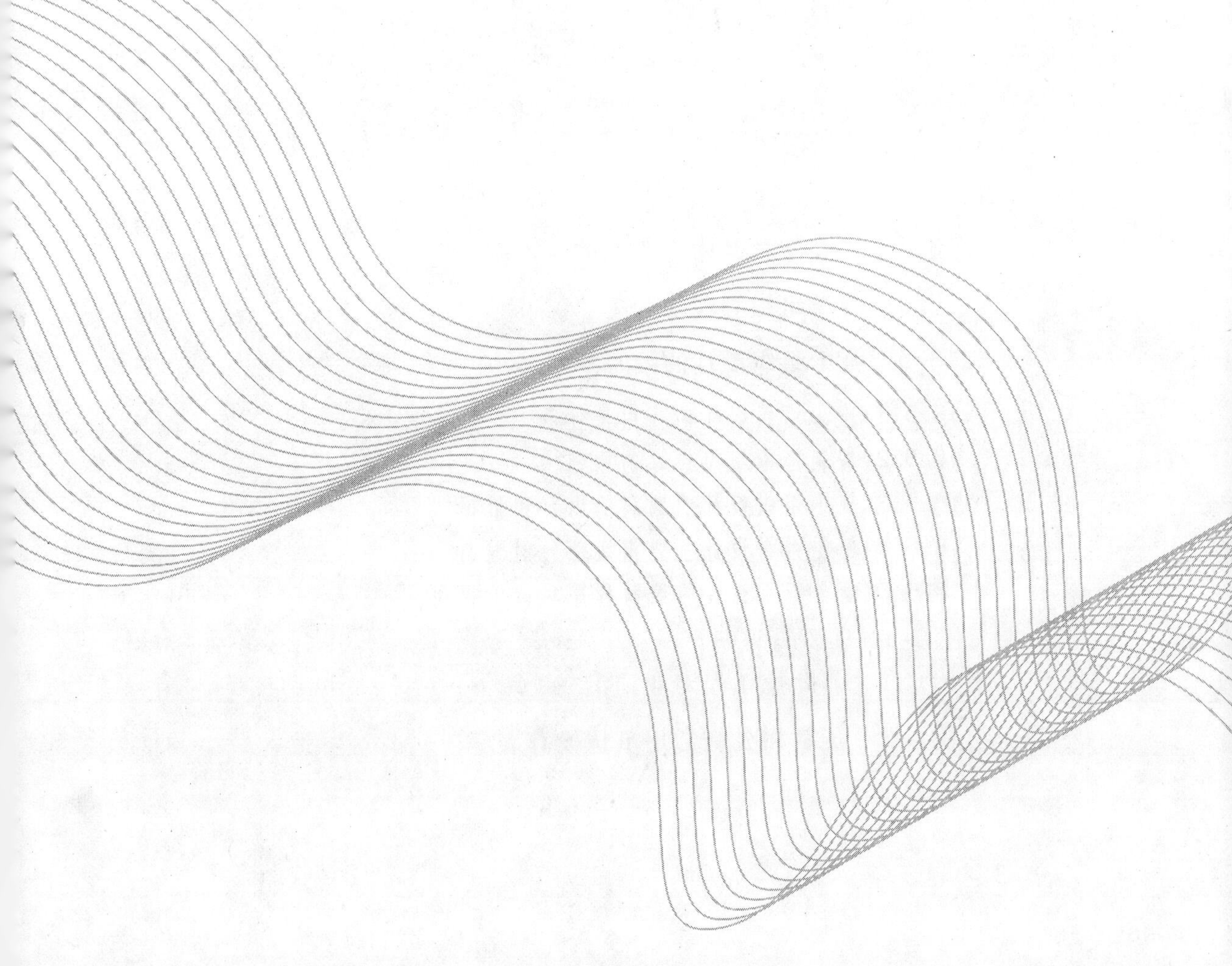

1.1 非开挖工程学的定义

虽然“非开挖技术——Trenchless Technology 或 No-Dig”这一术语相对较新，但其原理并不是新的。非开挖施工方法的应用实际上最早开始于19世纪末，如早期的顶管法和水平钻进法。用于自来水管道防腐处理的灰浆喷射衬层法是另一种具有很长历史的“非开挖”施工方法，目前仍被广泛应用。只是当时还没有形成规模，还没有采用“非开挖技术”这一专门术语。

国内给非开挖技术的定义是：非开挖技术是指利用岩土钻掘手段在地表不挖沟的情况下，铺设、修复和更换地下管线的施工技术。随着认识的不断提高，后来又有人指出，非开挖技术是指在不开挖地表的情况下，利用地质工程的技术手段，铺设、修复或更换各种地下管道和电缆的一种高科技实用技术。

但是，国内非开挖技术的定义中有两个关键问题没有表述清楚，使人们容易对非开挖技术产生误解，其一是“地表不开挖或不挖沟”，实际上有很多非开挖施工方法在施工之前必须开挖工作坑；其二是“岩土钻掘手段”或“地质工程技术手段”，实际上，目前的非开挖修复和更换地下管道(线)技术已经远远超出了岩土钻掘工程或地质工程的技术范畴，如果继续用岩土钻掘工程或地质工程技术手段对非开挖技术进行限制，其定义势必出现偏颇。例如，国内有很多人简单地把非开挖工程和目前我国应用最为广泛的定/导向钻进技术等同起来，这是完全错误的。

国际非开挖技术协会(ISTT)给非开挖技术的定义是：Trenchless Technology is the science of installing, repairing or renewing underground pipes, ducts and cables using techniques which minimize or eliminate the need for excavation。其含义是：非开挖技术是利用微开挖或不开挖技术对地下管线、管道和地下电缆进行铺设、修复或更换的一门科学。

国际非开挖技术协会的定义无论是内涵和外延，对非开挖技术的定义都非常准确，同时也把非开挖技术定义为一门科学，说明非开挖技术不仅仅是一种简单的施工技术，经过近百年的历史积淀，非开挖技术已经发展成为一门多学科交叉的新的学科分支，我们可以给其定名为“非开挖工程学”。实际上，非开挖工程学还应包括在不开挖地表的条件下，对管道和地下管线进行探测和检查的理论、技术方法、仪器设备和工程实践等方面的内容。

在提出一门新的学科分支时，提出者必须回答有关的一些基本问题，如：该学科的定义、性质、研究对象和研究目的、学科的特点、提出这一学科分支的学术和技术背景等；另外，还要描述该学科的基本框架即组成结构，并提出这一学科的重要研究内容等。

下面我们将结合“非开挖工程学”这一新兴的学科分支，回答上述有关的几个问题。

1.2

非开挖工程学的研究对象、目的和性质

非开挖工程学的研究对象是利用非开挖技术铺设、修复或更换地下管线、管道或电缆所涉及的所有工程问题,包括相关的基础理论、工艺方法、工程设备和仪器、仪表等。

其研究目的是从理论上认清非开挖工程问题的性质和基本原理,从而开发研究行之有效的、有针对性的工程设备、工艺方法和技术手段,从技术、经济和环境等方面最优地解决相关的工程实际问题。

非开挖工程学包括管道(线)的铺设、修复和更换3个主要领域,涉及地质工程、岩土工程、机械工程、电子工程、信息技术、材料科学、计算机技术、自动控制技术、先进制造技术、泥浆控制、化学、液压技术、水泥制品技术、焊接技术等很多学科领域,发展非开挖技术需要将多学科技术结合起来。非开挖工程的研究目标是位于地下的各类管道和管线,通常具有施工难度大、复杂性等特点。因此,也决定了非开挖工程学的课程性质,即是一个理论性和实践性并重的多学科交叉的应用科学。

1.3

非开挖工程学产生的背景

非开挖工程技术中出现最早的应该是顶管技术。中东地区出土的文物证明,在罗马时代,人们利用杠杆的原理,通过地下将一根木制的管道从侧面顶进一条罗马的供水渠道来非法窃取水资源,尽管其动机不同,但目的是相同的,即在不干扰地面的情况下铺设地下管道。这可能是世界上最早的非开挖技术应用实例。

非开挖技术的发展,主要还是市场推动的结果。在整个西方世界,人们一方面需要施工大量的管道来恢复战争破坏的地下管道网络,另一方面还要满足不断提高的生活水平的需要。但是其中大部分的地下管道设施需要安装于繁忙的道路或铁道下面,管道的埋深有时也要求较大,在这种情况下,常规的开挖施工法是不适用的。

随着全球经济的持续发展和人口数量的迅速增长,城市化进程不断加快。进一步改善生活环境、提高生活质量的要求,与现有城市狭窄的生活空间、拥挤的交通状况以及不堪重负的管线设施之间形成了尖锐矛盾。解决这一矛盾,一方面要通过加强规划,使城市化进程与经济发展速度相适应,实现城市化进程中的综合平衡;另一方面在城市市政建设中必须采取交通立体化、管网地下化的相关技术,充分开发和利用地下空间的积极措施,确保城市的基础设施建

设能适应城市发展规模的要求。在城市管网新建、改建和修复的过程中,传统的开挖法(Open-cut)施工将造成交通堵塞、绿地和园林的毁坏,有时还因为河道、水网、铁道、机场及建筑物的存在,根本不允许开挖施工。上述诸多弊端和因挖挖填填造成的“拉锁马路”现象,引起城市居民的不满。正是在这样的背景下,首先在西方发达国家孕育和产生了城市管线建设的技术革命——非开挖管道(线)工程技术。与之相应的理论体系、工艺方法、施工设备、仪器、仪表以及工程项目管理等统称为非开挖工程学。

现代非开挖工程技术始于20世纪70年代,经历了初期徘徊和艰难起步后,随着技术与装备的不断改进和完善,最终在20世纪80年代中期被发达国家认可和接受。1986年在英国伦敦成立的国际非开挖技术协会(International Society for Trenchless Technology-ISTT)标志着非开挖工程学这一新兴学科分支的最终确立和非开挖工程技术这一高新技术产业在世界范围内蓬勃发展的开端。

1980~1986年期间,是国际非开挖技术从起源到被广泛关注的时期。在20世纪80年代初期,人们开始对采用传统的开挖法施工地下公共设施的综合效益提出质疑。1980年,一家工程咨询公司的股东Ted Flaxman在其向公共健康工程师协会(IPHE)发表的主席就职演说中,对开挖法施工所造成的施工效率低、对交通干扰严重及对周围建筑物产生的潜在破坏给与了关注。同年稍后,即成立了一个非开挖铺设管道工作组,目的是评价这种替代的施工方法。相关的一项国际调查对德国和日本先期的微型隧道技术及在英国采用的非开挖方法修复地下现有管道给予了高度的评价。

很显然,当时由于传统开挖法引起的相关问题在世界范围内的很多地方都是存在的,并且有几个国家正在积极地寻求有效的解决途径。因此,这就催生了在这一领域召开一个国际研讨会的想法。1983年,上述的工作组最终更名为国际研讨会组委会。经过商议,该组委会决定采用“No-Dig”这一术语来描述和命名这一新技术。因此,被提议的国际研讨会及相关的展览会即成为“No-Dig 85”,会议的地点被选定在伦敦,时间为1985年4月中旬,会期为3d。本次会议的参展商有67家,会议注册代表达到385人。

这次会议的成果举办,证明需要成立一个某种形式的国际组织,以方便技术交流,组织以后的国际会议,并指导和监督一本合适刊物的出版和发行。Ted Flaxman在会议的闭幕式上向与会代表提出了成立国际非开挖技术协会的建议并得到一致同意。

IPHE慷慨地把会议结余资金的一半(约2万英镑)用来筹办新的协会,成立了指导委员会,并把该协会的名称定名为“International Society for Trenchless Technology”。1986年9月8日,国际非开挖技术协会ISTT正式成立。ISTT接受了Thomas Telford的提议,于1986年4月出版了非开挖技术的专业杂志“Underground”(季刊),直到1993年10月被“No-Dig International”取代,“Underground”一直作为ISTT的官方期刊。No-Dig International是唯一全部涉及非开挖技术的一本国际性刊物,目前为月刊,内容包括微型隧道技术、地下管道(线)的铺设、修复、更换、检测和探查等。但是,从2004年5月开始,No-Dig International和其姊妹出版物World Tunneling合并形成了一种新的出版物,名称为“Tunneling and Trenchless Construction”,后又改为“World Tunneling and Trenchless World”,其发行量比目前翻了一番。

1)非开挖工程学的硬件基础

根据非开挖工程各类装备(钻机、顶管掘进机、管道修复设备、管线探测设备、管道施工自动控制设备等)和机具不同于通用机械设备常规钻探设备的特点,引用机械学中的机械原理、设计原理,大胆地运用各种先进技术(液压技术、电液控制技术、激光导向技术、电子技术、计算机技术等)设计出了非开挖工程专用的施工设备和机具,从而在硬件上为本学科构建了基本框架。

2)非开挖工程学的数学基础

非开挖工程技术人员根据钻井工程中的定向钻井技术,利用高等数学知识,推导出利用水平定向钻进技术铺设地下管线时钻孔轨迹的设计要素和钻孔空间形态的一整套计算公式,为施工高精度的地下管线奠定了坚实的理论基础。另外,非开挖工程施工中,岩粉在管道中的运移方程、地表的沉降模型、地层压力的计算、孔壁的稳定计算、管材强度的校核等,都必须以高等数学为基础。

3)非开挖工程学的力学基础

非开挖工程学的力学基础包括岩石力学、土力学、管柱力学、弹性力学、断裂力学、振动力学、水力学和弹塑性力学等,这些学科的基础理论以及在地质工程、钻井工程中的应用研究,同样可以作为非开挖工程学的理论基础。

4)非开挖工程学的化学和材料学基础

在化学领域,特别是有机高分子化学和胶体化学,是非开挖工程中优化设计和使用冲洗介质的理论基础;材料学的新成就和新发明也为非开挖工程的推广应用奠定了物质基础,例如,近年来 HDPE 等许多新型管材的出现,大大促进了非开挖管道修复技术的发展。

5)非开挖工程学的检测和自动控制技术基础

现代地下管线探测和检查技术,为非开挖工程探明了道路、扫清了障碍;自动控制和导向技术(如激光导向技术、模糊控制技术、无线导航技术等)则被称为非开挖工程的具有智能化的大脑,使得可以按照预定的轨迹高精度地铺设和修复地下管道。

1.4 非开挖工程学的学科特点

非开挖工程学是一门集理论研究、产品开发、实验室研究和工程实践为一体的多学科交叉的工程技术型科学,其突出特点是涉及范围广、领域多,多学科、多专业相互交叉是其主要特点。非开挖工程学大量地移植、引用了其他学科领域的新成就、新成果、新技术、新工艺和新方法,并予以创新、综合,奠定了本学科的基础。

其特点可以用下面几句话加以概括:

(1)以管道(线)为研究对象,对管道(线)实施所需要的铺设、修复或更换等措施。

(2)以机械设备为主体,完成各种施工作业。

(3)以数学和力学为基础,建立各种相关的理论体系。

(4)以地质工程和自动控制为主要技术手段,支撑学科的发展。

(5)以计算机为主要辅助工具,完成相应的监测、导向和控制需要。

(6)以实验为依托,开发各种非开挖工程实用新技术。

1.5

非开挖工程学的学科框架

作为一个新兴的学科分支，非开挖工程学的学科基本框架和其他学科也基本相同，包括理论基础、技术基础、工程机械和相关仪器、工具的开发研制、实验室建设和实验方法研究和工程实践等。

非开挖工程学是以传统的地质工程、岩土工程、市政工程、材料学、自动控制、电子学、光学、数学、力学等学科为基础而产生的一个新兴的学科分支。但是由于非开挖工程学包含管道（线）的铺设、修复和更换以及相关的很多辅助性的工艺过程，使得该学科方向的理论基础也相当繁杂。尽管非开挖工程技术包括很多不同的施工方法和技术，每种方法又有其各自的特点和应用条件，但从总体上看都涉及一些共性的基础理论，比如，在管道铺设领域，主要涉及到地质工程（岩土钻掘工程）的理论基础，包括岩石的切削和破碎理论、钻孔轨迹的导向和控制理论、钻孔的孔壁稳定理论、地表沉降理论等。

由于地下工程施工的影响因素多，是一个多体耦合作用的复杂系统工程，必须建立一系列的理论模型，来描述非开挖工程施工过程中的动力学特性，以确定一些重要控制因素（如定向钻进轨迹控制过程中的钻具面向角、方位角、岩石的硬度、孔壁的稳定性、钻具所受的摩擦力、冲洗液的流量、土体的变形等）的分布规律和变化特性，即建立关于非开挖地下施工过程的基本理论。对于需要精确定向和定位的非开挖工程，必须研究地下控制信号的动态分析方法和发生、传输过程，确定其动态品质和稳定性指标，用于进一步优选控制信号。

非开挖工程学的技术基础体系也十分复杂，围绕非开挖工程技术的实质，非开挖工程学的技术基础可以笼统地概定为地下控制和定位机构与系统的设计学，以及地下系统工作时相关参数的采集与传输技术。

非开挖工程学这一学科分支的应用目标是要研制和开发不同非开挖工程技术和作业过程所需要的各种工程机械和相关仪器、仪表、工具和施工工法等，以解决实际工程问题。机、电、液一体化往往是非开挖工程设备的基本特征，例如，自动化微型隧道掘进机即是机电液和自动控制高度集成的产物。由于非开挖工程领域产品开发的多样性、实用性和在现阶段的新颖性，决定了非开挖工程这一学科分支必将具有重大的经济效益和社会效益，并可望或者说已经成为以次为基础的一项高新技术产业。

相应的实验室是非开挖工程学的依托和基础。理论分析结果需要进行试验验证，开发研制的工程设备和相关仪器仪表的性能和技术参数需要靠实验加以确定，所以实验研究对非开挖工程学具有不可忽视的作用。实际上，非开挖工程实验室也是这一新兴学科分支的重要组成部分。

1.6 非开挖工程学的主要研究内容

非开挖工程学的主要研究内容包括如下几个方面：

(1)非开挖工程的基础理论研究。包括岩石破碎机理与岩石破碎力学的研究；建立数学模型、求解模型、分析模型、综合设计等一整套方法和技术，如传递函数法，频率特性法，状态空间法等归入控制学；而把有关具体实施控制的原理和方法技术，如结构方法、线路选择、元器件选择或设计归于控制技术。显然，工程技术可以引进，而技术科学则是核心技术。

(2)非开挖工程领域的新技术、新方法。

(3)非开挖工程所需的工程设备、仪器仪表和工具的研究开发，即结合各种具体的非开挖工法(管道铺设、管道修复和管道更换等)，开发研究各种不同的非开挖设备和工具(如非开挖导向钻机、HDD 导航仪、微型隧道掘进机、管道更换设备及工具、管道修复和检测仪器和工具等)。

(4)非开挖工程项目的评价和分析研究，包括工程项目的可行性、经济性、施工方案的优选以及工程项目的社会效益分析等。

(5)非开挖工程实验室建设。实验室是上述理论研究和产品开发的依托基础，非开挖工程实验室应具有检验相关的理论研究结果、确定开发产品结构尺寸和技术参数、组装和调试实验样机的功能。

1.7 非开挖工程技术的分类

非开挖工程技术总的可以分为两大类，即新管道(线)的铺设技术和旧管道的修复和更新(图 1-1)。表 1-1 概括了不同的非开挖工法及各类工法的应用、适用管材、适合的管道直径和施工管道长度等。

各种非开挖工程技术方法的特点和应用

表 1-1

施工方法		典型应用	常用管材类型	适用管径(mm)	施工长度(m)
新管道(线)铺设技术	顶管法	各种大口径管道、穿越孔	混凝土、钢、铸铁	>900	30~2 500
	微型隧道法	小口径管道、管棚、穿越孔	混凝土、钢、铸铁	150~900	30~2 000
	水平定向钻进	长穿越孔、水平环境井	钢、塑料	50~1 800	30~3 000
	导向钻进	压力管道、电缆线、短距离穿越孔	钢、塑料	50~350	20~300
	水平螺旋钻进	钢套管、穿越孔	钢套管	100~1 500	20~130
	水平顶推钻进	压力管道、钢套管	钢、混凝土	40~200	30~50
	水平回转钻进	钢套管、穿越孔、水平降水井	钢套管	50~300	20~50
	冲击矛法	压力管道、电缆线、穿越孔	钢、塑料	40~250	20~100
	夯管法	钢套管、穿越孔、管棚、打入桩	钢套管	50~3 000	20~80
	潜孔锤法	穿越孔	铜管、混凝土管	100~1 250	20~80
管道(线)更新技术	爆管法	各种重力和压力管道	PE、PP、PVC、GRP	100~600	230
	胀管法	各种重力和压力管道	PE、PP、PVC、GRP	150~900	200
	吃管法	各种重力和压力管道	PE、PP、PVC、GRP	100~900	180
管道(线)修复技术	传统的内衬法	各种重力和压力管道	PE、PP、PVC、GRP	100~2 500	300
	改进的内衬法	各种重力和压力管道	HDPE、PVC、MDPE	50~600	450
	软衬法	各种重力和压力管道	树脂+纤维	50~2700	900
	缠绕法	各种重力管道	PE、PVC、PP、PVDF	100~2 500	300
	喷涂法	各种重力和压力管道	水泥浆、树脂	75~4 500	150
	灌浆法	各种重力和压力管道	水泥浆、树脂	100~600	

注:PE-聚乙烯;PP-聚丙烯;PVC-聚氯乙烯;PVDF-聚偏二氟乙烯;HD/MDPE-高/中密度聚乙烯;GRP-玻璃纤维加强树脂(玻璃钢)。

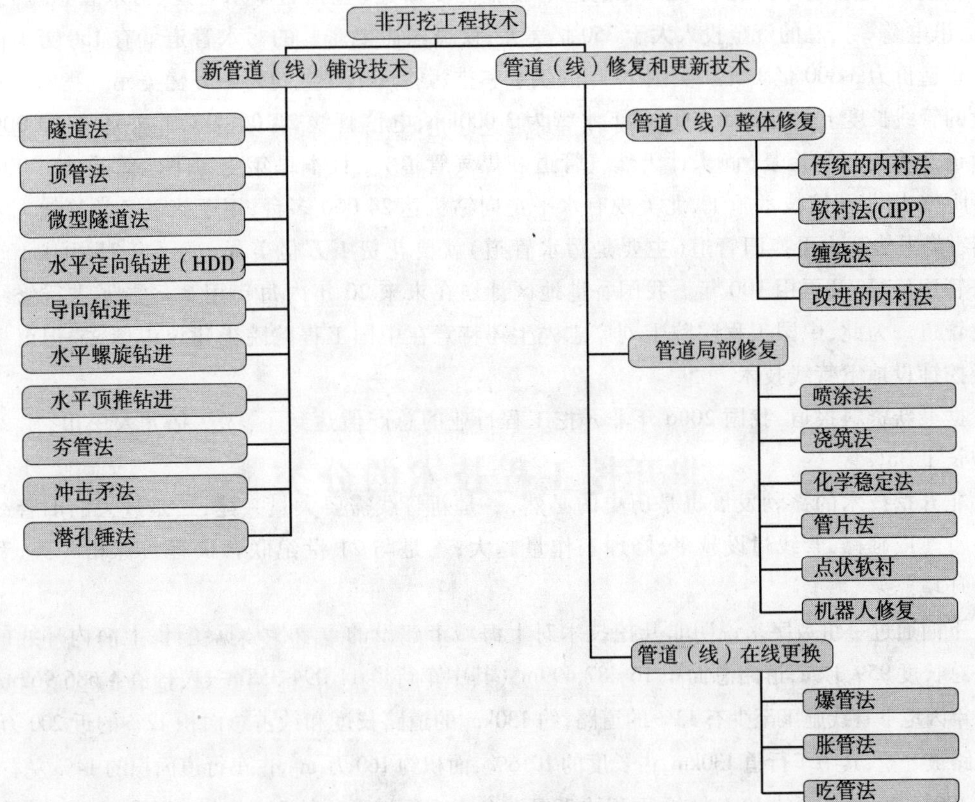

图 1-1 非开挖工程技术的分类

1.8

非开挖工程的意义和作用

非开挖工程技术被广泛应用于穿越公路、铁路、建筑物、河流以及在闹市区、古迹保护区、农作物和环境保护区等不允许或不能开挖条件下进行煤气、电力、给排水管道、电信、有线电视线路、天然气管道等的铺设、更修和修复。近20余年来，英、美、德、日等国的许多高等院校、研究机构、企业也投入了大量的人力、物力研究开发这一新技术，取得了大量研究成果并逐步应用于工程实践中。由于该技术的综合成本低、施工周期短、环境影响小、不影响交通、施工安全性好等优势日益受到人们的青睐，在市政给排水管线、通信电缆、燃气管道及电力电缆等地下管线工程施工中得以广泛应用。目前，非开挖管线工程技术已在西方发达国家成为一项政府支持、社会提倡和企业参与的新技术产业，成为城市现代化进程中的一项关键技术。

随着我国国民经济的高速发展和政府对环境的日益重视，自20世纪90年代中期以来，我国非开挖的工程施工量和投入的设备数量均以每年40%的高速度增长。非开挖技术在我国已形成了一个新兴的产业，引起了各级政府和环境部门的高度重视。极有潜力的我国非开挖技术市场也吸引了大批国际非开挖设备制造商。尤其在处于中国管道大发展的21世纪，非开挖技术将具有十分广阔的应用前景，经济效益和社会效益也将非常巨大。

目前，全世界每年约有50万km的地下设施需要新建(包括自来水管道、污水管道、燃气管道、通讯电缆等)，总的资金投入大于350亿美元；仅美国需要修复的污水管道就有150万km，总的工程造价为3 300亿美元。美国20年的供水和排污管道工程量约为1万亿美元。我国每年需铺设的管线长度上水管为5 000km，下水管为3 000km，电信管线26 000km，此外还有30 000km的管道急需更新和修复(尚未计天然气管道和煤气管道)。日本每年施工下水管道17 000km，其中10%用非开挖技术施工，北美现有水平定向钻机达24 000多台，用于施工各类管线。未来20年，美国估算为更换旧管道(主要是污水管道)就要花费1万亿美元，现已有15万km管道用胀管法修复，可再用100年。我国香港地区计划在未来20年内每年用5亿港元进行修缮和更换管道。为此，中国工程院院士刘广志先生还特意在中国工程院院士建议中撰文“倡议推广非开挖铺设地下管线技术”。

据最新资料报道，我国2006年非开挖工程行业的总产值达到了93.9亿元人民币，比2005年增长了38%。

非开挖技术的蓬勃发展也是历史的必然，一是新管线需要大量兴建；二是过去的旧管线大量待重建或翻修，管线建设越多，修理工作量越大；三是与21世纪联合议程目标相一致，利于保护环境。

下面通过一组数字来说明非开挖技术对上海城市建设的重要性。据统计，上海内环线的内道路总长度959.1km，道路总面积16 487 499m^2(其中车行道11 094 358m^2、人行道4 686 962m^2)。而每年因地下管线施工至少有13%的道路，约130km的道路长度和约占总面积12%的近200万m^2的道路被开挖，其中车行道130km，占长度的10.6%，面积约160万m^2，占车行道面积的14%左右，人行道120km，占总长度的12%左右，面积约30万m^2，占人行道面积的7%左右。但是，上海一年能建设的道路长度和面积远远小于这个数字。所以,如果推行非开挖技术的项目数达到20%的比例,就可使每年减少40万m^2的道路开挖量,将对城市建设管理的经济效益和社会效益的改善做出重大贡献。

因此,非开挖施工技术对于土木施工、环境保护、城市规划及建筑管理等领域都是值得研究的重要课题。

和传统的开挖施工技术相比,非开挖工程技术的主要优点在于以下几个方面:

(1)对公共财产、环境和现有设施破坏程度小。

(2)对公众和交通干扰小。

(3)施工安全性好。

(4)能够满足用户要求,工程质量高。

(5)施工经济效果好。非开挖技术的施工周期一般较短,故可以取得较好的经济效果。

(6)适应条件广,在传统方法不适用或不允许使用的条件下(如穿越河流、高速公路、铁路、机场跑道、池塘、广场、绿化带等),采用非开挖工程技术可以快速、经济、安全地进行施工。

(7)在非开挖管道修复和更换施工中,利用原有管道路径,解决了导向和控制难题。

(8)需要的工作场地和空间较小。

(9)在不开挖地表的情况下,可以进行管道扩容。

(10)采用现代非开挖工程技术可以高精度地控制地下管道(线)的铺设方向、埋深,并可以绕过未曾发现的地下障碍物(如巨石和地下构筑物等)。

(11)节省了大量的土方工程,不需要对路面或地表进行复原。

(12)施工周期短,工程成本低。

(13)环境效益好。传统的开槽埋管,是在地表挖沟,然后将管线放入沟中,最后进行土方回填,这种方式必然会使地表环境造成破坏,而不可能恢复至原来的模样;非开挖方法则不必破坏地表,可以经过精密的探测与检查进行铺设各种地下管线,避免了对地表不必要的损伤。

当然,非开挖工程技术也有其缺点,可以归纳如下:

(1)在施工之前,必须对地下构筑物和现有的地下管道进行认真的探测,在进行管道修复和更新时,也必须对原有管道进行检查和清洁。

(2)和开挖施工法相比,非开挖工程施工设备复杂、技术要求较高、一次性投资较大。

(3)非开挖工程施工存在较大的风险。

1.9 非开挖工程的发展历史和现状

市场的需要推动新技术的产生和发展,非开挖技术也是一样。但是,世界各国的市场情况各有其特殊性。现代非开挖工程技术的发源地主要在美国、日本和英国。

在美国,由于20世纪的后半叶对铺设新管线的需求很小,而且其城市内的地下管道也相对较新,对管道的修复和更换技术也没有大的需求。但是,美国发达的石油和天然气工业往往需要穿过环境敏感地带和河流等铺设长距离的输送管道,从而导致了定向钻进和导向钻进技术的开发和使用。

1971 年,美国人 Martin Cherrington 把定向钻探技术与传统铺管技术巧妙地结合起来,发明了导向钻进铺管技术(图 1-2),可以取代传统的开挖施工法,导致了"非开挖"技术的一场革命。

图 1-2 第一台 HDD 钻机在 PG&E Pajaro 河穿越工程施工(1971 年)

1988 年,地面无线跟踪导航监测系统开发利用,使导向铺管质量大为提高,标志着世界"非开挖"技术进入了一个崭新的阶段。

日本的污水系统最初并不够用,在 20 世纪的 60 年代和 70 年代,日本建设部决定改善地下污水排放系统。但由于日本国土面积狭小、交通拥挤、道路狭窄,在这样的条件下,使用传统的开挖法施工地下污水管道极为困难,成本也极为高昂,因而产生了开发新的施工方法的动力。

在日本政府的支持下,公用部门、制造商、承包商和研究机构通力合作,在原来大口径顶管施工技术的基础上,将所有的操作变为地表遥控,不用人在地下工作面工作,形成了新型的微型隧道施工技术。如今,大阪被认为是微型隧道技术的发源地。

在美国和日本大力发展定向钻进和微型隧道技术的同时,英国这一时期的市场需求则大不相同。具有 100 多年历史的污水管道和自来水管道,对管道(线)修复和更新技术产生了迫切的需求。但在进行修复之前,首先要查明管道的内部状况,导致了闭路电视(CCTV)摄像机及相关技术的诞生。同时,Insituform 法(软衬法)、内衬法管道(线)修复技术和爆管法管道更换技术也应用而生。在 20 世纪的 70 年代和 80 年代,英国又进一步研制开发出了许多用于污水管道、自来水管道、煤气管道修复和更换的非开挖工程技术。

由于国际非开挖技术协会的成立和自 1985 年开始每年举办的国际非开挖技术研讨会暨展览会和地区性的非开挖技术交流会,使得在不同地区产生的非开挖技术得到很快的交流和推广,并在世界各地被广泛采用。

我国非开挖技术的发展大致分为 3 个阶段。

1)前期萌芽阶段(20 世纪 70 年代末至 80 年代中)

在城市管线建设施工时,因某些个别地段不允许开挖促成了现代非开挖技术在我国的前期发展,如研制出 GP-220 水平工程钻机、DGJ-1000 水平螺旋顶管机等,基本上以顶管技术为主。这一时期研制的装备具有较强的应急特征,不仅技术水平较低,也缺少系列化、标准化的考虑,因此,这一时期的某些零星进展并未成为推动非开挖技术发展的动力。

2)引进消化阶段(20 世纪 80 年代中至 90 年代中)

这一时期的非开挖技术有如下特点:

(1)90 年代初期偏重于引进顶管用的螺旋钻机和小口径顶管机,但数量不大。

(2)90 年代中期集中引进小型气动矛、夯管锤和导向钻机,引进量较大,适应各类通信线路、动力电缆穿越工程的需要。

(3)近年来,随着国内小型非开挖设备陆续研制成功并进入市场,引进产品转向中、大型设备或国内尚未涉足的领域，如微型隧道掘进机。

(4)施工用探测仪器的引进始终在进行，有的供国内研制的设备配套，如导向钻进用手持式导向仪。

3)自主研制创业阶段(20世纪90年代中至今)

原地质矿产部在"八五"末开始了非开挖技术的专项立项，"九五"时将其定为20世纪90年代发展的关键技术；国家科委于1996年将导向钻进非开挖铺管技术成果列为"九五"推广计划；1998年成立了中国非开挖技术协会。此间陆续推出了一批中小型非开挖技术装备，如原地矿部廊坊勘探技术研究所相继开发出气动矛、夯管锤，并初步完成了导向钻机的系列化；邮电系统推出了SYD系列水平顶管设备；冶金系统研制出FDP-15导向钻机并组建了非开挖施工公司；上海同济大学研制出气动矛和夯管锤；上海隧道工程股份有限公司研制了ø600mm和ø800mm的螺旋式小型顶管机。这对中小型非开挖装备的大量引进起到了一定的遏制作用。

中国非开挖工程技术发展历史上的几个重要年代见表1-2。

中国非开挖工程技术发展历史上的几个重要年代 表1-2

年代(年)	发展技术内容
1950	用人力和人力机械铺设邮电短距离缆线
1970	自制液压顶管机50余台用于邮电铺设管线
1978	引进首台水平螺旋钻机
1985	引进首台HDD钻机及气动矛和夯管锤
1995	自制首台HDD钻机及气动矛和夯管锤
1998	国产HDD钻机、气动矛、夯管锤数量超过引进数量。微型隧道、管道修复的项目逐步增加，(形成有特色的国产非开挖施工设备，并以中小型为主，生产应用工作量最多)
1998	中国非开挖技术协会(CSTT)成立，颜纯文任理事长
2002	上海市非开挖技术协会成立
2002	广东省非开挖技术协会
2004	北京市非开挖技术协会成立
2007	中美联合非开挖工程研究中心(China-U. S. Joint Center for Trenchless Research and Development)在中国地质大学(武汉)成立

目前，我国已经建立了自己的非开挖工程装备设计与研制基地，初步具备了全方位研制、开发各类非开挖工程施工装备的能力，并开发出了一定数量和规格的施工设备。这些基地包括河北廊坊勘探技术研究所、深圳钻通公司、北京土行孙公司、连云港黄海机械厂、南京地龙公司、桂林华力公司、中地装备集团技术中心、中南冶金机械厂、重庆探矿机械厂等，以及部分高校科研院所，如中国地质大学、重庆大学(含原重庆建筑大学)、吉林大学(含原长春科技大学)、同济大学、广东工业大学、煤炭科学研究院上海分院、上海市政工程研究院、浙江大学等。国内生产的水平定向钻整机性能与国外相比还有一定的差距，虽然应用了液压控制技术，但主要以电机作为动力源，不能满足野外作业的需要，且功能较少，自动化程度不高，无节能措施，更换钻杆基本上靠人工安装，作业效率低，操作人员的劳动强度大。虽然价格较低，但可靠性不高，在国内市场上可以与国外产品抗衡的主要还是价格优势。

除了非开挖工程设备制造商外，还涌现出一批地下管线非开挖施工企业。据不完全统计，由于环境保护意识的加强，在北京、上海、天津、深圳、广州、武汉、成都、南京等地组建的非开挖专业建设公司有100余家。这些企业目前虽然面临着市场运作不完善、缺少应有的技术标准规范、没有定额可循、投资规模普遍较小、受资金的限制等困难，但由于非开挖工程是一项高新技术产业，工程项目的市场回报率一般维持在工程总额度的30%左右。从项目性质看，上述企业已初步涉足非开挖技术的各个领域,并积累了较好的施工经验,为今后的进一步发展打下了良好的基础。

我国非开挖技术产业发展还存在很多问题。在装备研发方面,目前主要是投入的力度不够,缺乏产业规划和研发的系统组织。目前,国内长沙中联公司与英国保路捷公司最新合作生产了 KSD25 水平定向钻孔机,采用了全负载敏感控制技术,橡胶履带行走底盘,柴油机作为动力源,与主机分体安装,主机自动化程度有所提高,达到了国内先进水平。但在节能控制、人机工程、作业稳定性、运输的方便性等方面尚有待进一步完善。2002 年底,徐工集团成功开发了 ZD1245 水平定向钻机,在上海工程机械博览会上受到了各国同行的广泛关注,目前处于国内领先水平,但是与国际名牌水平钻机相比,其自动化水平还存在一定的差距。

另外,现代非开挖工程技术随着导航定位精度提高、施工设备能力增强、管材业的发展,铺管能力由初期的单孔单管线、短距离细管道、单一钢管铺设,发展到单孔多管线、长距离粗管道的各种管材的铺设,铺设的管道直径和一次性铺设长度也有了大幅度增加。

尽管近十年来我国非开挖管线工程技术和装备有了长足的进展,但从总体看仍然处于起步阶段,和国外相比仍存在较大差距,同时还存在一些问题有待解决。

我国非开挖工程技术与国外的主要差距主要表现在以下几个方面。

1)同为新兴高技术产业,却处于不同的发展阶段

现代非开挖工程技术在国外经历了近 30 年的发展,它以持续不断的技术创新和高新技术应用为动力,发展、壮大成为一个技术门类齐全、市场分工明确、工程施工对环境友好、有可观就业人数的新兴产业。但在我国尚处于初期阶段,虽然经历了 10 年历程,但规模远较传统或其他高新技术产业小,作为行业而言,其自身的建设、完善还有很长的一段路要走,如行业标准、规范、定额、行业资质和质量保证体系等,中国非开挖技术协会在 2002 年才制定出该领域内第一个规范,但其推广应用仍有一定的局限性。因此,非开挖工程技术在我国远远没有其在西方国家那么大的知名度、影响力和地位,加之我国的经济在转型、转制的改革过程中,政府主管部门尚未重视到该技术的应用和发展,对其投入和关注不够,非开挖技术在某些省份的应用到目前还是空白,这显然严重影响了其顺利发展。

2)我国的非开挖工程技术产业发展尚不平衡

这一方面反映在工程应用领域上,另一方面反映在技术本身的各相关门类上。

就应用而言,我国近几年主要在新管线铺设方面(设备、机具和工程)发展较快,但主要是穿越工程和小工程,所开发研制的设备和使用的工法也以 HDD 占绝对主导地位。而在非开挖工程的其他领域,如管线探测、管线置换和旧管道的修复等,我国才刚刚起步,自主开发的技术和设备还很少。

在设备的研发方面,到目前为止,我国设备制造商开发的主要是中小型非开挖铺管技术设备(实际上主要是 HDD 钻机)和机具,技术含量较低,各制造商的产品基本雷同,没有重大技术创新。但在中大型、紧凑型远控设备以及技术含量高、结构较复杂的设备、仪器研制方面,还是凤毛麟角,且我国存在重整机研制,轻机具、辅助设备和专用元器件研发的倾向;在管材连接技术、装备、黏结材料等广阔领域还有很多工作有待开展。

3)新型高技术含量装备的研制、开发投入力度不够

我国非开挖技术装备的技术含量和整机的液压化水平较国外的同类产品有相当差距,加之受加工水平和配套设备(泵和底盘等)的限制,新品的性能、质量和可靠性有一定差距。而技术含量高、投资风险大的装备如大型导(定)向钻机、微型隧道掘进设备等,国家和制造商投入

的研发资金太少。例如,2004 我国属科技部的非开挖 863 项目仅一个(水平定向钻进),去年落户中联重科;属部级项目(微型隧道)一个,落户国土资源部勘探技术研究所,均抱怨经费拮据,难以为继。

4)基础理论研究重视不够

我国的非开挖工程领域是以市场带动的,非开挖工程学的基础理论研究还相对滞后,一些相关的数学模型、量化的计算方法和计算公式、自动控制理论和控制程序的研究、开发和应用亟待跟上,如顶管和微型隧道施工中的顶进力预测和分析、曲线顶管施工中顶进力的计算模型、自动化掘进施工中的控制理论和模型、HDD 施工中孔壁稳定的分析和计算、施工方法的优选专家决策系统及施工方案优化设计施工综合优化软件程序等。所以,开展非开挖工程领域的基础理论研究,对优化工程管理、提高工程效率和质量、保证施工安全,特别是我国在该领域的自主创新具有重要意义。

在最初几年,一些高校也热衷于搞市场和产品开发,忽视了非开挖工程领域的基础理论研究,直到 2002 年底,中国非开挖技术协会非开挖技术研究中心在中国地质大学(武汉)成立以后,非开挖工程的基础理论研究才逐渐被加强,但是,到目前为止,非开挖工程领域的专著和教材非常奇缺,总共也只有 6 本。

5)教育培训应该加强

我国目前开设"非开挖工程学"或相关课程的大学还不多,据了解,只有中国地质大学作为一门独立的课程为本科生开设,其他学校(如吉林大学、成都理工大学等)仅把非开挖技术作为其他传统课程中的一个部分进行简要介绍。

另外,在非开挖技术发达的国家,各种形式的非开挖技术交流和培训非常频繁,但我国的非开挖技术制造商和承包商则并不重视职工的进修和培训,使得施工效率低、生产成本过高,限制了非开挖工程领域新技术、新方法的推广和应用。1998 年 11 月,中国工程院刘广志院士向国家有关部门提出建议,倡议在我国应大力推广非开挖工程技术,呼吁我国尽快重视和发展非开挖工程技术,加强该领域的技术培训和专门人才培养。

1.10 我国非开挖工程面临的机遇和挑战

对我国的非开挖工程界来说,拥有千载难逢的大好机遇。

1)高速发展的基础设施建设需求为非开挖技术开拓了广阔的市场

我国的主要发达城市(如上海、广州、北京等)正在向现代化、国际大都市迈进,城市建设的高速发展有目共睹,城市建设越向高层次发展,对文明施工的要求也越高,地表随便开挖在许多城市已受到法律和规范的制约。另外,非开挖工程技术在我国的一些重大工程(如中国投资 4 000 亿元的有史以来建造的规模最大的西气东输工程,需要穿越大型河流 14 次,穿越中型河流 40 次,穿越铁路 35 次,穿越公路 421 次,所需要的非开挖技术种类包括 HDD、微型隧道、顶管技术、盾构技术等）中也发挥了决定性的作用，成了城市地下管线和其他重大基础设施施工的宠儿。因此，在建设部2005年修订并倡导大力推广应用的“建筑业10项新技术”中，非开挖埋管技术被列为地下空间施工技术中的一种。

2）管道修复技术的“黄金季节”即将到来

从20世纪50年代我国新疆克拉玛依到独山子炼油厂第一条输油管道建成投产，截止到20世纪末，我国的输油管道已达10 000km，在21世纪，我国的输油管线仍将继续增加，更趋合理。另外，新中国成立以逾半个多世纪，建国以后修建的地下管道（管线）和其他地下设施也基本到了老龄期，需要修复和更换的工作量很大。所以，我国将会步发达国家的后尘，估计在今后20年中，非开挖管道修复和更换技术在我国将会具有广阔的市场前景，并逐步取代开挖管道铺设技术目前在我国的市场主导地位。

3）企业参与和社会关注形成良性循环

非开挖技术在城市建设中所占的比例越大，它所形成的市场商机也越大，企业参与的积极性也越高。国外企业主动提供优质设备，国内企业积极研制国产化设备和材料，为降低非开挖施工成本，进一步推动非开挖技术的发展奠定了基础。

4）频繁的国际国内学术交流，为我国非开挖工程的发展提供了一个良好的平台

中国非开挖技术协会和非开挖工程领域的教育和科研机构每年都组织人员参加非开挖工程领域的国际研讨会和博览会。同时，中国非开挖技术协会及各地区的非开挖技术协会也定期或不定期地组织研讨会或技术交流，有力地推动了我国非开挖工程技术的交流和发展。

5）劳动力成本的提高和地下管线埋深的增加将加快非开挖技术的推广应用

目前，大城市道路两侧的地下管道已非常密集，为了避开现有的管网系统，新铺管线的埋深必然增大，从而为非开挖定向钻机提供了明挖施工难以抗衡的技术市场。

6）环保要求和社会公众意识将促进非开挖技术的应用

随着环保意识的逐渐加强，开挖道路进行地下管线施工导致的社会问题、交通问题和环境污染问题已越来越受到人们的关注。市政管理部门限制开挖道路铺管的法规将陆续出台，对非开挖技术的推广应用无疑会产生极大的推动作用。例如，国务院于1996年10月1日公布的《城市道路管理条例》规定，新建道路5年内不准开挖；修复道路3年内不准开挖。随着非开挖工程技术水平的提高，政府出台的环保规定将会越来越多、越来越严格。

为了抓住非开挖工程这一千载难逢的机遇，我国非开挖工程界应该在以下几个方面做好充分准备。

1）加强非开挖工程领域基础理论研究和实验室建设工作

基础理论是创新的源泉。针对我国非开挖工程领域基础理论研究薄弱的情况，应该大力提倡和加强这方面的研究，重视相关实验室建设工作。

2）施工设备向大型化和微型化发展

一方面，由于大型石油天然气、污水管道等穿越大江大河的工程不断增多，目前大型定向钻机的回拖力已超过1 000kN，仅美国生产1 000kN以上拉力的定向钻机厂就有7家。美国奥格（Augers）公司还生产出了回拖力为6 000kN的世界最高水平的定向钻机（DD1300型），其扭矩达180kN·m，由2台551.6kW的柴油机带动。另一方面，在繁华市区的狭窄街道施工，对小型钻机和微型钻机（例如可以在地下室进行铺管的微型定向钻机）的需求也急剧增加。

所以，我国在普通型非开挖工程设备快速发展的基础上，还应充分抓住大型和微型设备的市场机遇。

3)硬岩非开挖工程技术的研究和应用

发达国家在硬岩钻进中应用了先进的定向钻具和碎石钻具。目前在美国广泛使用了石油钻进中常用的螺杆钻具或泥浆马达,并配合随钻测量技术,如美国Augers公司的定向钻机。在硬岩碎岩方面也引进了水文水井钻探和地质钻探技术中的多工艺空气钻进技术(又称干式钻进),主要是潜孔锤钻进工艺,如英国Power Mole公司的PM系列水平定向钻机和Stevevick国际公司的导向钻机。此外,还有美国沟神(Ditch Witch)公司的双管钻进系统和德国TT公司的顶部冲击加回转钻进系统也可适应含卵砾石地层的钻进。

在岩石地层中采用导向钻进非开挖工艺实施管道铺设是国内非开挖工程界多年来的一个愿望。国土资源部勘探技术研究所聚力岩土工程公司于2005年1月1日完成了一项冲击回转导向岩石非开挖铺管工程。该工程铺设一条直径377mm的钢质燃气管道,穿越长度为210m,实现了我国岩石地层非开挖工程技术的新突破。

然而,我国在岩石非开挖钻进铺管技术方面几乎是一片空白,与国外同行还存在很大的差距,国内的非开挖施工公司拥有的设备和技术大多数不具备岩石钻进能力。

岩石地层非开挖工程技术是衡量一个国家在非开挖领域技术水平的最重要的因素之一,它具有良好的应用前景、社会效益和经济效益。与此同时,岩石非开挖技术研究的难度亦非同寻常,极具挑战性。所以,我国应抓住时机,大力开展岩石地层非开挖技术的研究和应用。

4)全自动化钻进技术的研究开发

研究开发全自动化钻进技术,主要实现4个方面的自动控制功能:自动钻进、自动回拖、自动固定地锚、行走时的无级变速控制和转向控制等,从而提高工作效率及降低劳动强度。目前国际名牌水平钻机均为半自动控制。其中自动钻进和回拖控制中主要包括钻杆的自动装卸,泥浆系统的自动控制,夹持器的多种顺序逻辑控制,以及钻杆连续接头的自动润滑等。地锚控制主要是施放、固定与收回地锚时的顺序逻辑控制。行走时的无级变速控制和转向控制主要是双向变量泵及液压回路的电液比例控制、负载反馈和节能控制等。此外,在钻进距离较远且出现危险时,手持仪表监视钻进工作状况的人员可远程控制紧急停机开关,使钻机紧急停机。

全自动化钻进技术的研究还有一个重要的方面,即故障智能诊断技术。该系统可以通过循回检测的方式,检测发动机、液压系统、控制系统、泥浆系统的多种技术参数来判断钻机的工作是否正常,在出现故障时及时控制停机,给出故障号码,防止对钻机造成较大的破坏。故障智能诊断技术通过分布于机器动力系统、液压系统、电气控制系统、泥浆系统等各部位的许多传感器来采集机器工作状态数据,由CAN总线传输至机载控制器进行信号分析,并与工作数据库比较,实现对机器工作状态实时监测及报警,并能与专家系统连接,实现机械、液压、电气等机器常见故障的智能诊断。

5)导向控制技术研究

目前,手持式导向仪测深能力不断增加(最深已达20m),增加了同步显示器、绘图和信息存储等功能。另外,相继开发和正在开发的有缆式和无缆式导向仪、抗干扰的双频探头(英国雷迪(Radiodetection)公司)无需人员追踪钻进轨迹的导向仪(美国的DCI公司)。虽然导向仪器性能有了明显提高,探测深度可达21m,但基本功能还是检测钻头倾角、钻具面角、垂直深度和钻头温度。探测方式仍为行走跟踪式,但跟踪方式已由原来的强度比较法改进为自动指向法。为满足市场需求,从发展趋势看,非开挖无线导向仪将从以下3方面提高技术水平。

①与钻孔三维轨迹规划相组合,实现地下立体随钻轨迹可视化。

②由行走跟踪式发展成定位探测式,提高探测过程的自动化程度。

③增加远程控制紧急停机功能,确保施工的安全性。

6)钻进轨迹规划技术

随着非开挖工程技术的不断进步,要求在施工前对钻进轨迹进行合理的规划,并科学、合理地预先设计和优化钻进轨迹,提高施工效率,降低施工成本。如威猛(Vermeer)公司研制的Atlas Bore Planner钻进规划软件即可满足上述要求。

我国也应该重视钻进规划软件的开发研究,对各类地下岩土的物理力学性质进行全面定量分析,为准确确定导向强度提供客观依据。以三维解析几何为基础,通过对钻具和地层之间相互作用的力学分析,建立导向钻进轨迹的计算数理模型,采用有限元、边界元等先进计算技术和工具开发钻进轨迹规划软件,结合导向钻进施工监控操作过程,运用计算机可视化编程技术,将轨迹规划软件与实时操作紧密联系起来。

同样,对于顶管和微型隧道技术而言,也应该开发类似的工程设计和施工过程的自动监控软件,对工程项目进行科学决策,提高施工效率、降低工程成本。

7)非开挖管道修复、更换技术和相关机具的研究与开发

发达国家非开挖技术的今天,即是我国非开挖技术发展的明天。据统计,在2004年11月德国汉堡第22届国际非开挖会议上,制造商所展示的非开挖工程设备和机具50%以上与地下管道检测、修复和更换有关,而我国2005年3月在杭州召开的第九届非开挖会议上,国内制造商所展示的产品几乎全部为用于管道铺设的定向钻机。这充分说明,我国在非开挖工程的管道修复和更换两大领域的设备和机具自主研发和工程市场还不成熟。但是,为了抢占这两大领域的未来巨大市场,我们必须做好充分的技术储备。

8)加强非开挖工程领域行业标准、施工规范、施工定额、行业资质和质量保证体系等相关具有约束力的文件的制订,进一步规范我国的非开挖工程市场

缺乏规范已经成为推广非开挖技术的一个重要障碍,采用非开挖施工技术已经多年,但是目前并没有明确的规定、规范,什么工程一定要采用“非开挖”施工,非开挖技术也没有明确的施工法。每个企业只能根据自己的实力和经验,制订施工方案,采用不同的施工方法。对于施工方案的审查也未形成制度,这为施工安全和工程质量埋下了隐患,规范非开挖施工技术和行为已成为当务之急。

9)进一步加强我国非开挖领域的教育培训工作,增大科研投入,促进产学研的紧密结合

发达国家非常重视非开挖工程领域的教育和培训工作,企业自主研发或由企业投资委托高等院校或科研机构进行研发的投入很大,产学研结合十分紧密。如美国路易斯安娜工业大学的非开挖技术研究中心,其董事会中就有很多人来自美国的企业界,企业提出研究课题并提供资金,由大学组织项目的实施,研究成果共享。这种机制有力地推动了美国非开挖技术的进步。

我国非开挖工程界也可以借鉴这种发展模式,积极开展企业和高等院校和科研机构之间的相互密切合作。

总之,我国的非开挖工程技术正在发展之中,不断面临新的挑战,大量新的课题需要研究解决,诸如长距离顶管、曲线顶管等;装备技术还有待提高,技术含量高的施工机械设备应用得还不多,规模化、机械化、信息化、自动化程度不高。在国外,就是一台操纵机,工人的施工条件也非常优越。目前我国的非开挖技术施工还有大量繁重的工作需要人工处理。推动非开挖技术的应用是一项系统工程,还需要大力发展施工技术和装备技术。

CHAPTER 2

管道地基岩土分类与工程勘察

2.1

地下管线分类

城市地下管线分为两大类:地下管道和地下电缆,主要有给排水管道、热力管道、燃气管道、电力电缆、电信电缆和工业管道。电信电缆按其功能又分为市内电话电缆、长途电话电缆、电报电缆、有线电视电缆、光纤电缆、有线广播电缆和其他专用电信电缆。表 2-1 ~ 表 2-5 为几种城市管线的分类表。

给排水管道分类 表 2-1

功能分类		输水方式	用途	管材	管径(mm)
给水	输水管	压力输水、重力输水	从水源地输送原水到水处理厂	钢管、混凝土管	>800
	配水管	压力输水	从水处理厂或调节构筑物经城市管网直接向用户配水	铸铁管、钢管	75 ~ 600
排水	雨水管	一般重力输水	城市街区雨水汇集排泄	混凝土管、混凝土结构暗渠	200 ~ 2 000
	污水管		工业废水与生活污水汇集输往污水处理厂		

热力管道分类 表 2-2

热能分类	压力(kPa)	温度(°)	热源
蒸气过热管道	100 ~ 1 400	<350	热电厂、工业锅炉或区域供热锅炉
热水管道	100 ~ 1 400	<200	

燃气管道分类 表 2-3

燃气性质分类	压力(kPa)	压力级别
煤气、液化气、天然气	≤5	低压
	(5 ~ 400)	中压
	(400 ~ 1 600)	高压

工业管道分类 表 2-4

材料性质分类	压力(kPa)	压力级别
氢、氧、乙炔、石油、排渣等	0	无压(自流)
	(0 ~ 1 600)	低压
	(1 600 ~ 10 000)	中压
	>10 000	高压

电力电缆分类 表 2-5

功能分类	电压(kV)	电压级别
供电(输电或配电)、路灯、电车等	≤1	低压
	(1 ~ 110)	高压
	>110	超高压

2.2 管道地基岩土分类

2.2.1 岩石分类

岩石是天然产出的、具有一定的结构和构造的矿物集合体。自然界中岩石的种类很多，按成因可分为岩浆岩、沉积岩和变质岩石。

岩浆岩(火成岩)是地下深处的岩浆侵入地壳或喷出地表后，由岩浆冷却和硬化而形成的岩石。岩浆岩按硬化地点的不同，分为侵入岩或者深成岩、喷出岩或者溢出岩(火山喷发岩)。花岗岩、正长岩、闪长岩、辉长岩属于前者；辉绿岩、安山岩、玄武岩等属于后者。

沉积岩的形成是成层沉积的松散沉积物固结而成的岩石。砂岩、页岩、石灰岩、泥炭、岩盐及其他属于沉积岩。

变质岩的形成是由于高温和高压的影响，使岩体内部组构、化学成分和物理性质发生改变的结果，即变质作用而形成的岩石。最常见的变质岩是石英石、大理岩、云母页岩。

岩石的结构(组构)是指矿物颗粒的形状、大小和胶结方法所决定的结构特征，可分为结晶结构和颗粒结构两种。

岩石的构造(组织)则是指各种不同结构的矿物集合体的各种分布和排列方式，可分为整体构造、层状构造、片状构造和其他构造。

2.2.1.1 岩石的基本物理性质

岩石的基本物理力学性质是岩体最基本、最重要的性质之一，也是岩石力学学科中研究最早、最完善的内容之一。

岩石的结构有均质、非均质、各向同性和各向异性。

均质岩石是在任意一点上都具有同样性质的岩石。

非均质岩石是在不同的点上都具有不同性质的岩石。

1)岩石的质量指标

(1)岩石的密度：单位体积内岩石的质量。

岩石分：固相、液相、气相。三相在岩石中的比例不同而密度不同，一般可用下面几种方式来计算。

①天然密度：自然状态下，单位体积质量。

$$\gamma = G/V \quad (\mathrm{kN/m^3}) \tag{2-1}$$

式中：G——岩石总质量；

V——岩石总体积。

②饱和密度：岩石中的孔隙被水充填时的单位体积质量(水中浸48h)。

$$\gamma_d = \frac{G_1 + V_v r_w}{V} \quad (\mathrm{kN/m^3}) \tag{2-2}$$

式中：V_v——孔隙体积。

③干密度:岩块中的孔隙水全部蒸发后的单位体积质量(108℃烘24h)。

$$\gamma_c = G_1/V \quad (\mathrm{kN/m^3}) \tag{2-3}$$

式中:G_1——岩石固体的质量。

(2)岩石的比重:岩石固体质量(G_1)与同体积水在4℃时的质量比。

$$\Delta = G_1/(V_c\gamma_w) \tag{2-4}$$

式中:V_c——固体体积;

γ_w——水的比重。

2)岩石的孔隙性

岩石的孔隙性是反映裂隙发育程度的指标。

(1)孔隙比是孔隙体积与固体体积之比。

$$e = V_v/V_c \tag{2-5}$$

式中:V_v——孔隙体积(水银充填法求出)。

(2)孔隙度:是指岩石中孔隙体积与岩石总体积之比,常用百分数表示。通常,坚硬岩石的孔隙度为0.20%~4.5%,半坚硬岩石为5.00%~20.00%,松散沉积物为25.90%~47.60%。

$$n = V_v/V \tag{2-6}$$

其中:$V = V_c + V_v$

$e \sim n$关系:

$$e = \frac{V_v}{V_c} = \frac{V_v/V}{V_c/V} = \frac{\frac{V_v}{V}}{\frac{V-V_v}{V}} = \frac{n}{1-n} \tag{2-7}$$

$$n = 1 - \gamma_c/G\gamma_w \tag{2-8}$$

3)岩石的水理性质

(1)岩石的吸水性。岩石吸水性指标有吸水率、饱和吸水率和饱和系数。

①吸水率:常压下岩石浸于水中,岩石充分吸水,被吸收水的重量与岩石干燥重量之比称为吸水率。吸水率大小主要取决于孔隙度。

②饱和吸水率:在15.2MPa压力下,水可以浸入岩石内的全部开口孔隙中,此时岩石的吸水率称饱和吸水率。如果岩石中不含闭口孔隙,则孔隙度应等于饱和吸水率。一般情况下,岩石中都多少含有闭口孔隙,因此,孔隙度一般大于饱和吸水率。

③饱和系数:吸水率与饱和吸水率之比称饱和系数。饱和系数是一个计算指标,一般在0.5~0.9之间。

岩石吸水率、饱和吸水率和饱和系数越大,岩石的工程性质越差。

(2)岩石的透水性。表示岩石透水性大小的指标是渗透系数。

渗透系数是通过试验测得的。可用室内渗透试验进行测定,也可在野外用抽水试验进行测定。渗透系数对许多工程地质问题有重要意义。建筑物基坑和隧道涌水量主要根据岩石渗透系数进行预测,岩体稳定问题中应当考虑的动水压力因素也与渗透系数有密切关系。

岩石的渗透性与岩石的孔隙度及空隙连通情况有关,孔隙度越大,连通情况越好,渗透性越强。

(3)岩石的软化性。岩石浸水后强度降低的性能称岩石的软化性。用软化系数(表2-6)作为岩石软化性的指标。软化系数是指饱和状态下与风干状态下岩石极限抗压强度之比。软化系数的大小取决于组成岩石的矿物成分及孔隙性。富含黏土矿物的岩石和孔隙度大的岩石具有明显的软化性。一般认为软化系数小于0.75的岩石具有软化性。其值越小软化性越明显。软化系数大于0.75的岩石,则认为是抗软化的岩石。

岩石软化系数 表2-6

岩石名称	软化系数	岩石名称	软化系数
花岗岩	0.72~0.97	泥岩	0.40~0.60
砾岩	0.50~0.96	硅质板岩	0.75~0.79
石英(角闪)片岩	0.44~0.84	安山岩	0.81~0.91
闪长岩	0.60~0.80	泥灰岩	0.44~0.54
砂岩	0.21~0.75	泥质板岩	0.39~0.52
云母(绿泥石)片岩	0.53~0.69	玄武岩	0.30~0.95
辉绿岩	0.33~0.90	石灰岩	0.70~0.94
页岩	0.24~0.74	石英岩	0.94~0.96
千枚岩	0.67~0.96	凝灰岩	0.52~0.86
流纹岩	0.75~0.95	片麻岩	0.75~0.97

(4)岩石的抗冻性。岩石孔隙中水的存在,水一结冰,体积膨胀,就产生巨大的压力,由于这种膨胀压力的影响,会使岩石的强度和稳定性受到破坏。岩石抵抗冰冻破坏的性能称抗冻性。直接反映抗冻性大小的指标可以用岩石强度损失率或岩石重量损失率来表示。强度损失率是饱和岩石在一定负温(通常为-25℃)下,冻结融解25次以上,冻融前后抗压强度的差值与冻融前的抗压强度之比。重量损失率则是在上述冻融条件下,冻融前后干试样的重量差与冻融前干试样重量之比。一般认为强度损失率小于25%或重量损失率小于2%的岩石是抗冻的。间接反映岩石抗冻性大小的指标可用饱和系数表示。一般认为饱和系数小于0.7的岩石是抗冻的。

在高寒冰冻地区岩石的抗冻性是评价岩石工程性质的一个重要指标。

(5)岩石的可溶性。岩石可以被水溶解的性能称可溶性。可溶性大小用溶解度表示。岩石溶解度与岩性及水的纯净度、温度等因素有关。

最易溶解的是氯化物类岩石(如岩盐和钾盐),其次是硫酸盐类岩石(如石膏),再其次是碳酸盐类岩石(如石灰岩和白云岩),其他岩石溶解度就很小了。

(6)岩石的膨胀性。岩石吸水后体积增大的性能称膨胀性。膨胀性大小与岩石类型及其空隙性有关。黏土类岩石的膨胀性最大,且黏土类岩石中又以含蒙脱石多的膨胀性最大;石灰岩等则没有膨胀性。

岩石吸水膨胀减弱了岩石内部结构连接能力,从而降低了岩石的力学性能,严重的甚至于会完全破坏岩石结构连接,使岩石产生裂隙直至破碎。建筑物周围、地基中岩石的膨胀还会产生对建筑物的膨胀压力。

2.2.1.2 岩石的变形特性

1)岩石的变形指标

岩石的强度是在一定的条件和范围内,岩石承受某种力的作用而不破坏的能力。岩石受力变形过程一般可分为弹性变形、塑性变形及破裂变形3个阶段。研究岩石变形规律通常采用试验方法获得岩石的应力—应变曲线,从而得到表示岩石变形特性的指标:变形模量、弹性模量和泊松比。

(1)变形模量(E_0):是指岩石在单轴压缩条件下轴向应力与轴向应变之比,即:

$$E_0 = \frac{\sigma}{\varepsilon} \tag{2-9}$$

(2)弹性模量(E):是指岩石在弹性变形阶段,其应力与应变之比为常数,这段变形模量被称为弹性模量。

(3)泊松比:是指岩石在单轴压缩条件下,横向应变与轴向应变之比(v),即:

$$v = \frac{\varepsilon_{横}}{\varepsilon_{轴}} \tag{2-10}$$

2)岩石的强度特性

(1)单轴抗压强度:标准岩石试样在单向压缩时能承受的最大压应力称单轴抗压强度,或极限抗压强度,简称抗压强度。根据试样含水情况,抗压强度又可分为烘干试样抗压强度和饱和试样抗压强度。根据外力作用方向与层状岩石层理(片理)方向的关系,又有垂直层理(片理)与平行层理(片理)抗压强度之分。通常抗压强度是指烘干试样、垂直层理(片理)受力的抗压强度,用 σ_c 表示。

$$\sigma_c = P/A \tag{2-11}$$

式中:P——无侧限条件件下的轴向破坏荷载;

A——试件截面积。

(2)抗拉强度:岩石试样在单向拉伸时能承受的最大拉应力称抗拉强度。抗拉强度常用 σ_s 表示。

$$\sigma_s = P/A \tag{2-12}$$

式中:P——无侧限的条件下的轴向破坏荷载;

A——试件截面积。

常见岩石抗压、抗拉强度见表 2-7。

常见岩石抗压、抗拉强度 表 2-7

岩石名称	σ_c(MPa)	σ_s(MPa)	岩石名称	σ_c(MPa)	σ_s(MPa)
花岗岩	100~250	70~25	页岩	5~100	2~10
流纹岩	160~300	120~30	粘土岩	2~15	0.3~1
闪长岩	120~280	120~30	石灰岩	40~250	7~20
安山岩	140~300	100~20	白云岩	80~250	15~25
辉长岩	160~300	120~35	板岩	60~200	7~20
辉绿岩	150~350	150~35	片岩	10~100	1~10
玄武岩	150~300	100~30	片麻岩	50~200	5~20
砾岩	10~150	20~15	石英岩	150~350	10~30
砂岩	20~250	40~25	大理岩	100~250	7~20

(3)抗剪强度:岩石试样在一定法向压应力 σ 作用下,能够承受的最大剪应力 τ,称为抗剪强度,即:

$$\tau = \sigma \tan\varphi + c \tag{2-13}$$

式中:τ——抗剪强度;

σ——剪切面上的法向压应力;

φ——剪切面内摩擦角;

c——剪切面间黏聚力；

$\tan\varphi$——岩石抗剪切内摩擦系数。

(4)点荷载强度：把规则的或不规则的岩石试样置于上下两个球端圆锥形压板之间，通过施加集中荷载使试样破坏的强度指标，即：

$$I_s = 0.1 \times \frac{P}{D^2} \tag{2-14}$$

式中：P——破坏荷载，kg；

D——试样两压板接触点间距离，cm。

3)岩石在单轴压缩应力作用下的变形特性

(1)典型的岩石应力—应变曲线(图 2-1)

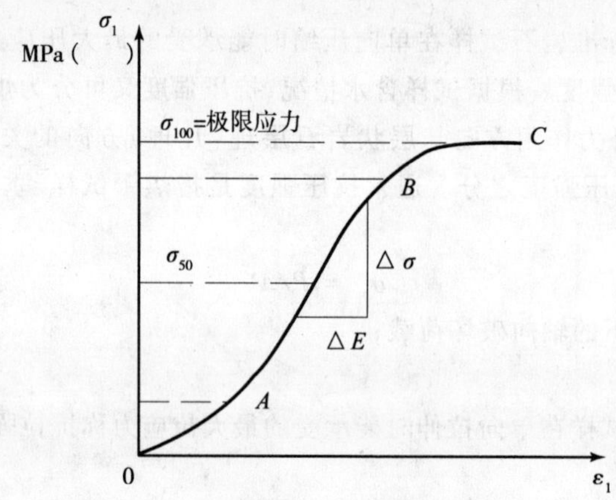

图 2-1　典型的岩石应力—应变曲线

分 3 个阶段：

①原生微裂隙压密阶段(OA 段)

特点：a. σ_1—ε_1 曲线，应变率随应力增加而减小；

b. 塑性变形(变形不可恢复)。

原因：微裂隙闭合(压密)。

②弹性变形阶段(AB 段)

特点：a. σ_1—ε_1 曲线是直线；

b. 弹性模量，E 为常数(变形可恢复)。

原因：岩石固体部分变形，B 点开始屈服，B 点对应的 σ_B 应力为屈服极限。

③塑性变形阶段(BC 段)

特点：a. σ_1—ε_1 曲线，软化现象；

b. 塑性变形，变形不可恢复；

c. 应变速率不断增大。

原因：新裂纹产生，原生裂隙扩展。

岩石越硬，BC 段越短，脆性性质越显著。

脆性：应力超出屈服应力后，并不表现出明显的塑性变形的特性而破坏，即为脆性破坏。

(2)反复循环加载曲线(图 2-2)

特点:①卸载应力越大,塑性滞理越大(因裂隙的扩大,能量的消耗);

②卸载线相互平行;

③反复加、卸载,曲线、总趋势保持不变(有“记忆功能”)。

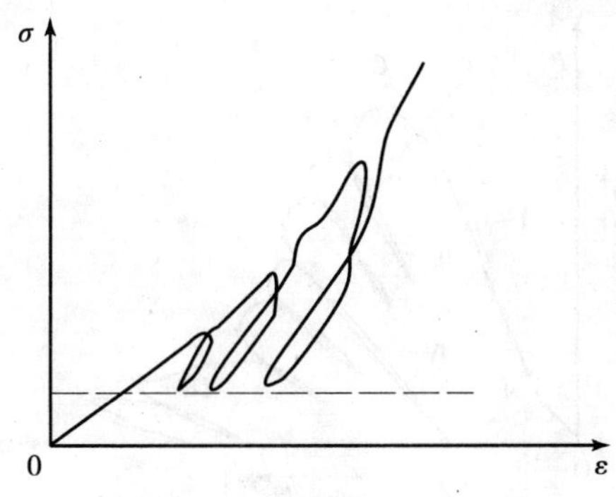

图 2-2 岩石反复循环加载曲线

(3)岩石应力—应变曲线形态的类型(图 2-3)

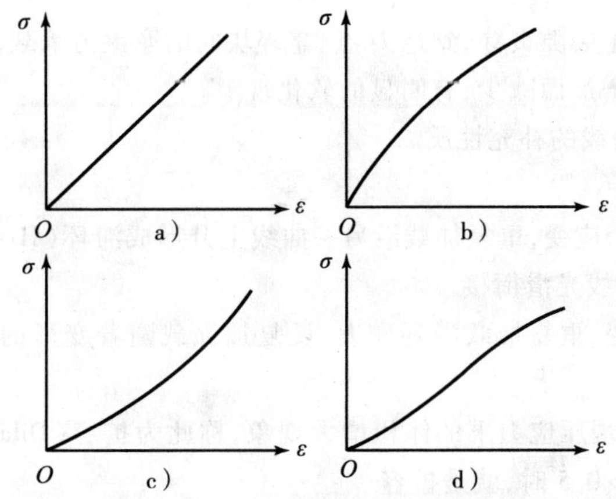

图 2-3 岩石应力—应变曲线形态的类型

a)直线形(弹—脆性); b)下凹形(弹—塑性); c)上凹形(弹—塑性); d)s 形(塑—弹—塑性)

①直线形:弹—脆性

石英岩、玄武岩、坚硬砂岩。

②下凹形:弹—塑性

石灰岩、粉砂岩。

③上凹形:塑—弹性

硬化效应,原生裂隙压密,实体部分坚硬的岩石,如片麻岩。

④S 形:塑—弹—塑性

多孔隙,实体部分较软的岩石,如沉积岩(页岩)。

4)刚性试验机下的单向压缩变形特性

(1)刚性试验机下的单向压缩变形特性有其特殊性,图 2-4 为普通试验机得到峰值应力前的变形特性,多数岩石在峰值后工作。

注意:C 点不是破坏的开始(开始点 B),也不是破坏的终点。

(2)应力、应变全过程曲线形态。

在刚性机下，峰值前后的全部应力、应变曲线分4个阶段：1~3阶段同普通试验机，4阶段为应变软化阶段。

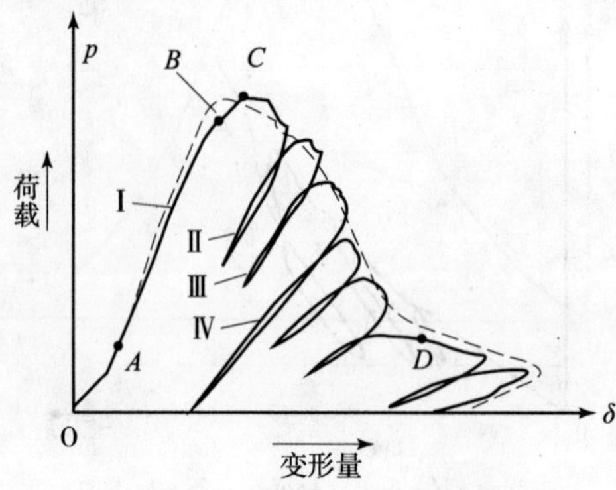

图2-4 岩石单向压缩的变形特性曲线

特点：

①岩石的原生和新生裂隙贯穿，到达 D 点，靠碎块间的摩擦力承载，故 σ_D 称为残余应力。

②承载力随着应变增加而减少，有明显的软化现象。

(3)全应力—应变曲线的补充性质。

①近似对称性。

②B 点后卸载有残余应变，重复加载沿另一曲线上升形成滞环(Hysteresis)，加载曲线不过原卸载点，但邻近和原曲线光滑衔接。

③C 点后有残余应变，重复加载滞环变大，反复加卸载随着变形的增加，塑性滞环的斜率降低，总的趋势不变。

④C 点后，可能会出现压应力下的体积增大现象，称此为扩容(Dilatancy)现象。一般岩石的 $\mu=0.15-0.35$，当 $\mu>0.5$ 时，就是扩容。

体积应变：

$$e = \varepsilon_1 + \varepsilon_2 + \varepsilon_3 = \varepsilon_1(1-2\mu) = 0 \Rightarrow \mu = 1/2 \tag{2-15}$$

5)岩石的流变特性

岩石的变形分类如图2-5所示。

岩石变形
- 与时间无关的变形
  - 弹性(可恢复)
  - 塑性(不可恢复)
- 与时间有关的流变
  - 儒变
  - 松弛

图2-5 岩石的变形分类

蠕变：应力恒定，岩石应变随时间增大，所产生的变形称为蠕变(又称为流变)。

松弛：应变恒定，岩石中的应力随时间减少，这种现象称"松弛"。

蠕变特性和常规变形特性的联系见图2-6。

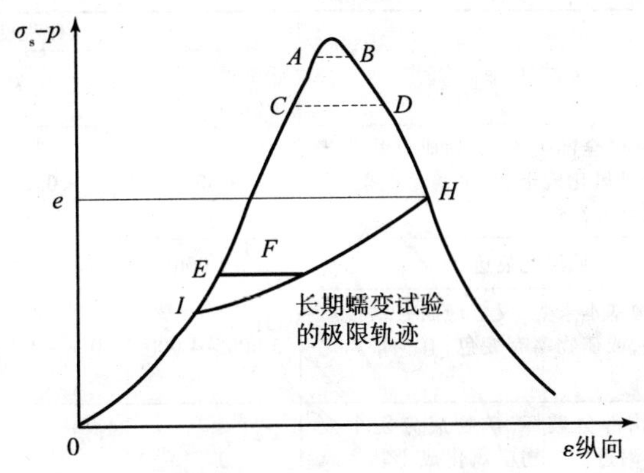

图 2-6 蠕变与应力—应变全过程的关系曲线

2.2.2 工程岩土分类

2.2.2.1 《建筑地基基础设计规范》(GB 50007—2002)中岩土分类

岩石按强度、风化程度和结构类型的分类见表 2-8、表 2-9、表 2-10。

岩石按强度分类 表 2-8

类别	亚类	强度(MPa)	代表性岩石
硬质岩	极硬岩石	>60	花岗岩、花岗片麻岩、闪长岩、玄武岩、石灰岩、石英砂岩、石英岩、大理岩、硅质砾岩等
	次硬岩石	30~60	
软质岩	次软岩石	5~30	黏土岩、页岩、千枚岩、绿泥石片岩、云母片岩
	极软岩石	<5	

岩石按风化程度分类 表 2-9

类别	风化程度	野外特征	风化程度参数指标		
			压缩波速度 v_P ($m \cdot s^{-1}$)	波速比 K_V	风化系数 K_f
硬质岩石	未风化	岩质新鲜,未见风化痕迹	>5 000	0.9~1.0	0.9~1.0
	微风化	组织结构基本未变,仅节理面有铁锰质渲染,或多,或矿物略有变色,有少量风化裂隙	4 000~5 000	0.8~0.9	0.8~0.9
	中等风化	组织结构部分破坏,矿物成分基本未变化,仅沿节理面出现次生矿物。风化裂隙发育,岩体被切割成 20~50cm 的岩块。锤击声脆,且不易击碎;不能用镐挖掘,岩心钻方可钻进	2 000~4 000	0.6~0.8	0.4~0.8
	强风化	组织结构已大部分破坏,矿物成分已显著变化。长石、云母已风化成次生矿物。裂隙很发育,岩体破碎。岩体被切割成 2~30cm 的岩块,可用手折断。用镐可挖掘,干钻不易钻进	1 000~2 000	0.4~0.6	<0.4
	全风化	组织结构已基本破坏,但尚可辩认,并且有微弱的残余结构强度,可用镐挖掘,干钻可钻进	500~1 000	0.2~0.4	—

续上表

类别	风化程度	野外特征	风化程度参数指标		
			压缩波速度 v_P ($m \cdot s^{-1}$)	波速比 K_V	风化系数 K_f
	残积土	组织结构已全部破坏，矿物成分除石英外，大部分已风化成土状，锹镐易挖掘，干钻易钻进，具可塑性	<500	<0.2	—
软质岩石	未风化	岩质新鲜，未见风化痕迹	>4 000	0.9~1.0	0.9~1.0
软质岩石	微风化	组织结构基本未变，仅节理面有铁锰质渲染，或多，或矿物略有变色，有少量风化裂隙	3 000~4 000	0.8~0.9	0.8~0.9
软质岩石	中等风化	组织结构部分破坏，矿物成分发生变化，节理面附近的矿物已风化成土状。风化裂隙发育，岩体被切割成20~50cm的岩块。锤击易碎，用镐难挖掘，岩芯钻方可钻进	1 500~3 000	0.5~0.8	0.3~0.8
软质岩石	强风化	组织结构已大部分破坏，矿物成分已显著变化。含大量黏土质黏性土矿物。风化裂隙很发育。岩体被切割成碎块，干时可用手折断或捏碎，浸水或干湿交替时可较迅速地软化或崩解。用镐或锹可挖掘，干钻可钻进	700~1 500	0.3~0.5	<0.3
软质岩石	全风化	组织结构已基本破坏，但尚可辨认，并且有微弱的残余结构强度，可用镐挖掘，干钻可钻进	300~700	0.1~0.3	—
软质岩石	残积土	组织结构已全部破坏，矿物成分已全部改变并且已风化成土状，锹镐易挖掘，干钻易钻进，具可塑性	<300	<0.1	—

岩石按结构类型分类 表2-10

岩石结构类别	岩体地质类型	主要结构体形状	结构面发育情况	岩土工程特征	可能发生的岩土工程问题 K_f
整体状结构	均匀巨块状岩浆岩、变质岩、巨厚层沉积岩、正变质岩	巨块状	以原生构造节理为主，多呈闭合型，裂隙结构面间距大于1.5m，一般不超过1~2组，无危险结构面组成的落石掉块	整体性强度高，岩体稳定，可视为均质弹性各向同性体	不稳定结构体的局部滑动或坍塌，深埋洞室的岩爆
块状结构	块状岩浆岩、变质岩、厚层状沉积岩、正变质岩	块状、柱状	只具有少量贯穿性较好的节理裂隙，裂隙结构面间0.7~1.5m，一般为2~3组，有少量分离体	整体性强度较高，结构面互相牵制，岩体基本稳定，接近弹性各向同性体	
层状结构	多韵律的薄层及中厚层状沉积岩、副变质岩	层状、板状、透镜体	有层理、片理、节理，常有层间错动面	接近均一的各向异性体，其变形及强度特征受层面及岩层组合控制，稳定性较差，可视为弹塑性体	不稳定结构体可能产生滑塌，特别是岩层的弯张破坏及软弱岩层的塑性变形

续上表

岩石结构类别	岩体地质类型	主要结构体形状	结构面发育情况	岩土工程特征	可能发生的岩土工程问题 K_f
碎裂状结构	构造影响严重的破碎岩层	碎块状	断层、断层破碎带、片理、层理及层间结构面较发育，裂隙结构面间0.25～0.5m，一般在3组以上，由许多分离体形成	完整性破坏较大，整体强度很低，并受断裂等软弱结构面控制，岩体稳定性很差，多呈弹塑性体	易引起规模较大的岩体失稳，地下水加剧岩体失稳
散体状结构	构造影响剧烈的断层破碎带，强风化带，全风化带	碎屑状、颗粒状	断层破碎带交叉，构造及风化裂隙密集，结构面及组合错综复杂，并多充填黏性土，形成许多大小不一的分离岩块	完整性遭到极大破坏，稳定性极差，岩体属性接近松散体介质	易引起规模较大的岩体失稳，地下水加剧岩体失稳

2.2.2.2 岩石坚固性系数分类

由俄罗斯学者于1926年提出的岩石坚固性系数(又称普氏系数)f也是一种岩石的分类方法，它是个无量纲的值，表明某种岩石的坚固性比致密的黏土坚固多少倍。根据岩石的坚固性系数f可把岩石分成10级(表2-11)。

按坚固性系数对岩石可钻性分级表 表2-11

岩石级别	坚固程度	代表性岩石	f
Ⅰ	最坚固	最坚固、致密、有韧性的石英岩、玄武岩和其他各种特别坚固的岩石	20
Ⅱ	很坚固	很坚固的花岗岩、石英斑岩、硅质片岩，较坚固的石英岩，最坚固的砂岩和石灰岩	15
Ⅲ	坚 固	致密的花岗岩，很坚固的砂岩和石灰岩，石英矿脉，坚固的砾岩，很坚固的铁矿石	10
Ⅲa	坚 固	坚固的砂岩、石灰岩、大理岩、白云岩、黄铁矿，不坚固的花岗岩	8
Ⅳ	比较坚固	一般的砂岩、铁矿石	6
Ⅳa	比较坚固	砂质页岩，页岩质砂岩	5
Ⅴ	中等坚固	坚固的泥质页岩，不坚固的砂岩和石灰岩，软砾石	4
Ⅴa	中等坚固	各种不坚固的页岩，致密的泥灰岩	3
Ⅵ	比较软	软弱页岩，很软的石灰岩，白垩，盐岩，石膏，无烟煤，破碎的砂岩和石质土壤	2
Ⅵa	比较软	碎石质土壤，破碎的页岩，黏结成块的砾石、碎石，坚固的煤，硬化的黏土	1.5
Ⅶ	软	软致密黏土，较软的烟煤，坚固的冲击土层，黏土质土壤	1
Ⅶa	软	软砂质黏土、砾石，黄土	0.8
Ⅷ	土 状	腐殖土，泥煤，软砂质土壤，湿砂	0.6
Ⅸ	松散状	砂，山砾堆积，细砾石，松土，开采下来的煤	0.5
Ⅹ	流沙状	流沙，沼泽土壤，含水黄土及其他含水土壤	0.3

2.2.2.3 岩石按照岩体完整性分类

可以用岩石质量指标RQD分类(Rock Quality Designation)来分。

RQD 是选用坚固完整的、其长度大于等于 10mm 的岩芯总长度与钻孔长度的比,百分数表示为:

$$\text{ROD} = \frac{\sum(l_i \geqslant 10\text{cm})}{L(\text{钻孔总长})} \times 100\% \tag{2-16}$$

工程实践说明,RQD 是一种比岩芯采取率更好的指标。

[例]某钻孔的长度为 250cm,其中岩芯采取总长度为 200cm,而大于 10cm 的岩芯总长度为 157cm(图 2-7),则岩芯采取率:

$$200/250 = 80\%$$

$$\text{RQD} = 157/250 = 63\%$$

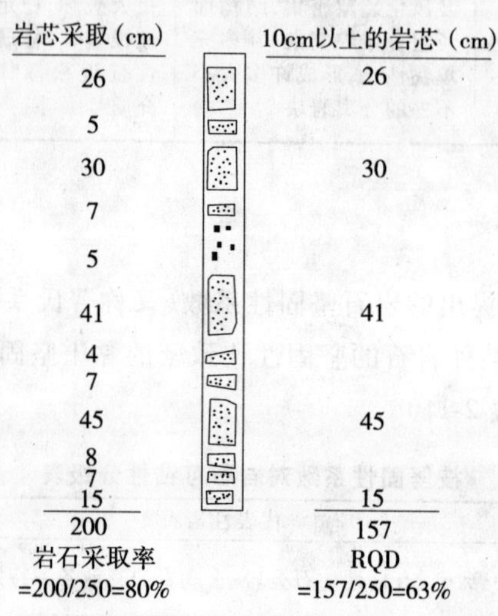

图 2-7 RQD 岩芯采取率实例

用 RQD 值来描述岩石的质量——工程分级(表 2-12)。

按照 RQD 大小的岩石工程分级 表 2-12

等 级	RQD(%)	工程分级
Ⅰ	90~100	极好的
Ⅱ	75~90	好的
Ⅲ	50~75	中等的
Ⅳ	25~50	差的
Ⅴ	0~25	极差的

2.2.3 土的物理性质及工程分类

2.2.3.1 土的形成

岩土体是地壳的物质组成。岩体是地壳表层圈层,经建造和改造而形成的具一定组分和结构的地质体。它赋存于一定的地质环境之中,并随着地质环境的演化和地质作用的持续,仍在不断地变化着。土体是岩石风化的产物,是一种松散的颗粒堆积物。由于岩土材料组成的复杂性,其性质在许多方面不同于其他材料,具有其特有的多变性及复杂性。

2.2.3.2 土的结构与特性

土是一种松散的颗粒堆积物。它是由固体颗粒、液体和气体3部分组成，见图2-8。土的固体颗粒一般由矿物质组成，有时含有胶结物和有机物，这一部分构成土的骨架。土的液体部分是指水和溶解于水中的矿物质。空气和其他气体构成土的气体部分。土骨架间的孔隙相互连通，被液体和气体充满。土的三相组成决定了土的物理力学性质。

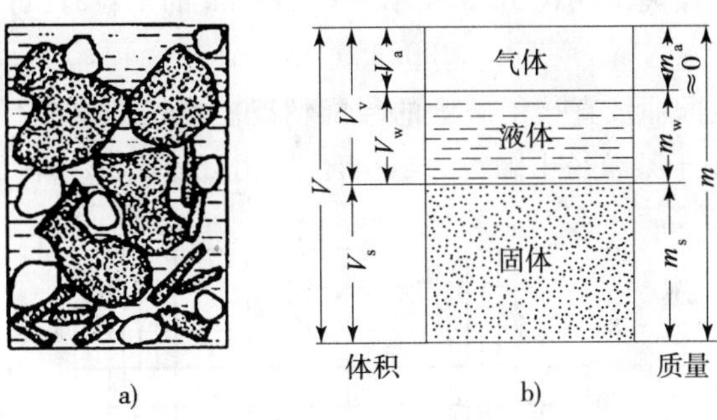

图2-8 土的三相组成示意图

1)土的固体颗粒

土骨架对土的物理力学性质起决定性的作用。分析研究土的状态，就要研究固体颗粒的状态指标，即粒径的大小及其级配、固体颗粒的矿物成分、固体颗粒的形状。

(1)固体颗粒的大小与粒径级配

土中固体颗粒的大小及其含量，决定了土的物理力学性质。颗粒的大小通常用粒径表示。实际工程中常按粒径大小分组，粒径在某一范围之内的分为一组，称为粒组。粒组不同其性质也不同。常用的粒组有：砾石粒、砂粒、粉粒、黏粒、胶粒。以砾石和砂粒为主要组成成分的土称为粗粒土。以粉粒、黏粒和胶粒为主的土，称为细粒土。各粒组的具体划分和粒径范围见表2-13。

各粒组的划分和粒径范围见表 表2-13

粒组名称		粒径范围(mm)
漂石或块石颗粒		>200
卵石或碎石颗粒		200~20
圆砾或角砾颗粒	粗	20~10
	中	10~5
	细	5~2
砂粒	粗	2~0.5
	中	0.5~0.25
	细	0.25~0.05
粉粒		0.05~0.005
黏粒		<0.005

土中各粒组的相对含量称土的粒径级配。土粒含量的具体含义是指一个粒组中的土粒质量与干土总质量之比，一般用百分比表示。土的粒径级配直接影响土的性质，如土的密实度、土的透水性、土的强度、土的压缩性等。要确定各粒组的相对含量，需要将各粒组分离开，再分别称重。这就是工程中常用的颗粒分析方法，实验室常用的有筛分法和密度计法。

筛分法适用粒径大于0.075mm的土。利用一套孔径大小不同的标准筛子，将称过质量的干土过筛，充分筛选，将留在各级筛上的土粒分别称重，然后计算小于某粒径的土粒含量。

密度计法适用于粒径小于0.075mm的土。基本原理是颗粒在水中下沉速度与粒径的平方成正比，粗颗粒下沉速度快，细颗粒下沉速度慢。根据下沉速度就可以将颗粒按粒径大小分组。

当土中含有颗粒粒径大于0.075mm和小于0.075mm的土粒时，可以联合使用密度计法和筛分法。

工程中常用粒径级配曲线直接了解土的级配情况。曲线的横坐标为土颗粒粒径的对数，单位为mm；纵坐标为小于某粒径土颗粒的累积含量，用百分比(%)表示，如图2-9所示。

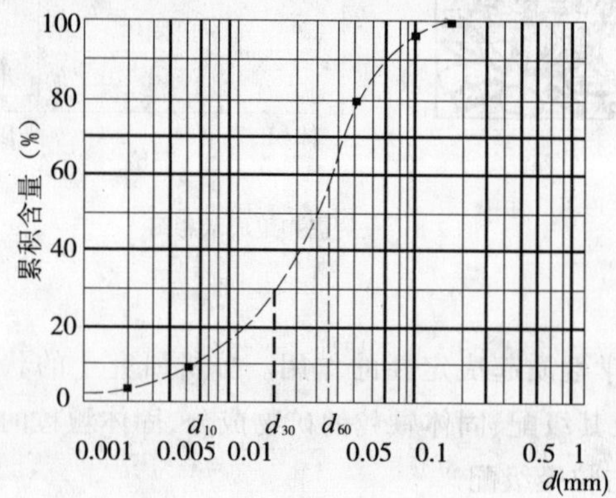

图2-9　半对数坐标系累计曲线

从颗粒级配曲线中，可直接求得各粒组的颗粒含量及粒径分布的均匀程度，进而估测土的工程性质。其中一些特征粒径，可作为选择建筑材料的依据，并评价土的级配优劣。特征粒径有：

d_{10}——土中小于此粒径的土的质量占总土质量的10%，也称有效粒径；

d_{30}——土中小于此粒径的土的质量占总土质量的30%；

d_{50}——土中小于此粒径的土的质量和大于此粒径的土的质量各占50%，也称平均粒径，用来表示土的粗细；

d_{60}——土中此粒径土的质量占总土质量的60%，也称限制粒径。

粒径分布的均匀程度由不均匀系数 C_u 表示：

$$C_u = \frac{d_{60}}{d_{10}} \tag{2-17}$$

C_u 越大，土越不均匀，也即土中粗、细颗粒的大小相差越悬殊。

若土的颗粒级配曲线是连续的，C_u 越大，d_{60} 与 d_{10} 相距越远，则曲线越平缓，表示土中的粒组变化范围宽，土粒不均匀；反之，C_u 越小，d_{60} 与 d_{10} 相距越近，曲线越陡，表示土中的粒组变化范围窄，土粒均匀。工程中，把 $C_u>5$ 的土称为不均匀土，$C_u \leqslant 5$ 的土称为均匀土。

若土的颗粒级配曲线不连续，在该曲线上出现水平段，水平段粒组范围不包含该粒组颗粒。这种土缺少中间某些粒径，粒径级配曲线呈台阶状，土的组成特征是颗粒粗的较粗，细的较细，在同样的压实条件下，密实度不如级配连续的土高，其他工程性质也较差。

土的粒径级配曲线的形状，尤其是确定其是否连续，可用曲率系数 C_c 反映：

$$C_c = \frac{d_{30}^2}{d_{60} \times d_{10}} \tag{2-18}$$

若曲率系数过大，表示粒径分布曲线的台阶出现在 d_{10} 和 d_{30} 范围内。反之，若曲率系数过小，表示台阶出现在 d_{30} 和 d_{60} 范围内。经验表明，当级配连续时，C_c 的范围大约在 1 ~ 3 之间。因此，当 $C_c < 1$ 或 $C_c > 3$ 时，均表示级配曲线不连续。

由上可知，土的级配优劣可由土中土粒的不均匀系数和粒径分布曲线的形状曲率系数衡量。我国《土的分类标准》(GBJ 145—90)规定：对于纯净的砂、砾石，当实际工程中，C_u 大于或等于 5，且 C_c 等于 1 ~ 3 时，它的级配是良好的；不能同时满足上述条件时，它的级配是不良的。

(2)固体颗粒的成分

土中固体颗粒的成分绝大多数是矿物质，或有少量有机物。颗粒的矿物成分一般有两大类，一类是原生矿物，另一类是次生矿物。

(3)固体颗粒的形状

原生矿物的颗粒一般较粗，多呈粒状；次生矿物的颗粒一般较细，多呈片状或针状。土的颗粒越细，形状越扁平，其表面积与质量之比越大。

对于粗颗粒，比表面积没有很大意义。对于细颗粒，尤其是黏性土颗粒，比表面积的大小直接反应土颗粒与四周介质的相互作用，是反应黏性土性质特征的一个重要指标。

2)土的液体部分

如前所述，土中液体含量不同，土的性质就不同。土中的液体一部分以结晶水的形式存在于固体颗粒的内部，形成结合水；另一部分存在于土颗粒的孔隙中，形成自由水。

(1)结合水

在电场作用力范围内，水中的阳离子和极性分子被吸引在土颗粒周围，距离土颗粒越近，作用力越大；距离越远，作用力越小，直至不受电场力作用。通常称这一部分水为结合水。特点是包围在土颗粒四周，不传递静水压力，不能任意流动。由于土颗粒的电场有一定的作用范围，因此结合水有一定的厚度，其厚度首先与颗粒的黏土矿物成分有关。在 3 种黏土矿物中，由蒙脱石组成的土颗粒，尽管其单位质量的负电荷最多，但其比表面积较大，因而单位面积上的负电荷反而较少，结合水层较薄；而高岭石则相反，结合水层较厚。伊利石介于二者之间。其次，结合水的厚度还取决于水中阳离子的浓度和化学性质，如水中阳离子浓度越高，则靠近土颗粒表面的阳离子也越多，极性分子越少，结合水也就越薄。

(2)自由水

不受电场引力作用的水称为自由水。自由水又可分为毛细水和重力水。

①毛细水，毛细水分布在土颗粒间相互连通的弯曲孔道。由于水分子与土颗粒之间的附着力和水、气界面上的表面张力，地下水将沿着这些孔道被吸引上来，而在地下水位以上形成一定高度的毛细管水带。它与土中孔隙的大小、形状、土颗粒的矿物成分以及水的性质有关。

在潮湿的粉、细砂中，由于孔隙中的气与大气相通，孔隙水中的压力也小于大气压力，此时孔隙水仅存于土颗粒接触点周围。

②重力水，在重力本身作用下的水称重力水。重力水能在土体中自由流动，具有溶解能力，能传递水压力。

水是土的重要成分之一。一般认为水不能承受剪力，但能承受压力和一定的吸力；一般情况下，水的压缩量很小，可以忽略不计。

3)土的气体部分

在非饱和土中,土颗粒间的孔隙由液体和气体充满。土中气体一般以下面两种形式存在于土中:一种是四周被颗粒和水封闭的封闭气体,另一种是与大气相通的自由气体。

当土的饱和度较低,土中气体与大气相通时,土体在外力作用下,气体很快从孔隙中排出,则土的强度和稳定性提高。当土的饱和度较高,土中出现封闭气体时,土体在外力作用下,则体积缩小;外力减小,则体积增大。因此,土中封闭气体增加了土的弹性。同时,土中封闭气体的存在还能阻塞土中的渗流通道,减小土的渗透性。

2.2.3.3 土的物理性质指标

土的物理性质是指三相的质量与体积之间的相互比例关系及固、液二相相互作用表现出来的性质。前者称为土的基本物理性质,主要研究土的密实程度和干湿状况;后者主要研究黏性土的可塑性、胀缩性及透水性等。

由于土是由固体颗粒、液体和气体3部分组成,各部分含量的比例关系,直接影响土的物理性质和土的状态。例如,同样一种土,松散时强度较低,经过外力压密后,强度会提高。对于黏性土,含水率不同,其性质也有明显差别,含水率高,则软;含水率低,则硬。

1)实测指标

(1)土的含水率(ω)

土的含水率是ω指土中液体的质量(m_w)和土颗粒质量(m_s)之比,用百分比表示。这一指标需通过试验取得。

$$\omega = \frac{m_w}{m_s} \times 100\% = \frac{m - m_s}{m_s} \times 100\% \tag{2-19}$$

式中:土粒的质量m_s就是干土的质量,是把土烘干至恒量后称得的,气体的质量忽略不计,液体的质量由总质量m和干土的质量m_s相减而得。

(2)土的密度(ρ)

土的密度ρ是指单位体积土的质量,在三相图中,即是总质量与总体积之比。单位用g/cm^3或kg/m^3计,公式如下:

$$\rho = \frac{m}{V} = \frac{m_s + m_w}{V_s + V_w + V_a} \tag{2-20}$$

对黏性土,土的密度常用环刀法测得。即用一定容积V的环刀切取试样,称得质量m,即可求得密度ρ。ρ通常称为天然密度或湿密度。工程计算中还常用到饱和密度和干密度两种密度。

饱和密度(ρ_{sat}):孔隙完全被水充满时土的密度,公式为:

$$\rho_{sat} = \frac{m_s + V_s\rho_w}{V} \tag{2-21}$$

干密度(ρ_d):土被完全烘干时的密度,若忽略气体的质量,干密度在数值上等于单位体积中土粒的质量,公式为:

$$\rho_d = \frac{m_s}{V} \tag{2-22}$$

实际工程中,由于人们习惯用重量表示物质含量的多少,所以还常用到土的重度。对应于上述几种密度,相应地用天然重度γ、饱和重度γ_{sat}和干重度γ_d来表示土在不同含水状态下单位体积的重量。在数值上，它们等于相应的密度乘以重力加速度 g。此外，静水中土体受水的浮力作用，其重度等于土的饱和重度减去水的重度，称为浮重度 γ'，单位用 kN/m^3 计。由于重量(G)与质量(m)存在 $G=mg$ 的关系，所以土的重度 γ 与土的密度 ρ 的关系如下：

$$\gamma = \rho \times g \tag{2-23}$$

其中，g 为重力加速度($g=9.8m/s^2$)，有时工程上为了计算方便，取 $g=10m/s^2$。土的密度随土的三相组成比例不同而异，一般情况下，在 $1.60 \sim 2.20g/m^3$ 之间。

(3)土粒比重(G_s)

土粒比重(G_s)是土粒的质量与同体积纯蒸馏水在4℃时的质量之比，这一指标需试验取得，公式如下：

$$G_s = \frac{m_s}{V_s \rho_w^{4℃}} = \frac{\rho_s}{\rho_w} \tag{2-24}$$

式中：ρ_s——土粒的密度，即单位土体土粒的质量；

$\rho_w^{4℃}$——4℃时纯蒸馏水的密度。

土粒比重常用比重瓶法测得。将比重瓶加满蒸馏水，称水和瓶的总质量 m_1；然后把烘干土 m_s 装入该空比重瓶，再加满蒸馏水，称总质量 m_2，按下面的公式求得土粒比重：

$$G_s = \frac{m_s}{m_1 + m_s - m_2} \tag{2-25}$$

实际上由于 $\rho_w^{4℃}=1.0g/cm^3$，故土粒比重在数值上等于土粒的密度，但无量纲。

天然土的颗粒是由不同的矿物组成的，它们的比重一般并不相同。试验测得的是土粒的比重的平均值。土粒的比重变化范围较小，砂土一般在2.65左右，黏性土一般在2.75左右；若土中的有机质含量增加，则土的比重将减小。

(4)相对密实度(D_γ)

相对密实度是指砂土的密实程度。孔隙比、干容重在一定程度上也可以反映土的密实程度，但这两个指标没有考虑粒径级配对土的密实程度的影响。不难验证，不同极配的砂土，可以具有相同的孔隙比 e，若土颗粒的大小、形状和级配不同，则土的密实程度也明显不同。如均匀颗粒的土与包含大颗粒和小颗粒的土，其密实程度是不同的。为此，实际工程中，一般用相对密实度 D_γ 来表征砂土的密实程度，公式为：

$$D_\gamma = \frac{e_{max} - e_0}{e_{max} - e_{min}} \tag{2-26}$$

式中：e_0——砂土的天然孔隙比；

e_{max}——砂土的最大孔隙比，由它的最小干密度换算而得；

e_{min}——砂土的最小孔隙比，由它的最大干密度换算而得。

将式(2-26)中的孔隙比用干密度替换，可得到用干密度表示的相对密实度表达式：

$$D_\gamma = \frac{(\rho_d - \rho_{dmin})\rho_{dmax}}{(\rho_{dmax} - \rho_{dmin})\rho_d} \tag{2-27}$$

式中：ρ_d——砂土的天然干密度；

ρ_{dmax}——砂土的最大干密度；

ρ_{dmin}——砂土的最小干密度。

最大干密度和最小干密度可直接由试验测定。具体测定方法请参阅“土工试验规程”。

当 $D_\gamma=0$ 时，$e_0=e_{max}$，表示土处于最松状态。当 $D_\gamma=1.0$ 时，$e_0=e_{max}$，表示土处于最密实状

态。工程中,用相对密实度判别砂土的密实状态标准为:

$$0 < D_\gamma \leqslant \frac{1}{3} \quad \text{疏松}$$

$$\frac{1}{3} < D_\gamma \leqslant \frac{2}{3} \quad \text{中密}$$

$$\frac{2}{3} < D_\gamma \leqslant 1 \quad \text{密实}$$

黏性土不存在最大和最小孔隙比,因此黏性土的密实度只能依据孔隙比和干密度来判别。

2)其他指标

土中孔隙大小、形状、分布特征、连通情况与总体积等,称为土的孔隙性。其主要取决于土的颗粒级配与土粒排列的疏密程度。

(1)孔隙比(e)

孔隙比是指孔隙的体积与固体颗粒实体的体积之比,用小数表示,公式为:

$$e = \frac{V_v}{V_s} \tag{2-28}$$

土的孔隙比说明土的密实程度,按其大小可对砂土或粉土进行密实度分类。在《岩土工勘察规范》(GB 50021—94)中,用天然孔隙比来确定粉土的密实度。

$e < 0.75$　　密实

$0.75 \leqslant e \leqslant 0.9$　　中密

$e > 0.9$　　稍密

(2)孔隙度(n)

孔隙度是指孔隙的体积与土的总体积之比,用百分数表示,公式为:

$$n = \frac{V_v}{V}(\%) \tag{2-29}$$

根据二者的定义很容易证明,孔隙度 n 与孔隙比 e 之间有如下关系:

$$n = \frac{e}{1+e} \tag{2-30}$$

或:

$$n = \frac{e}{1-e} \tag{2-31}$$

土的孔隙比和孔隙度都是用来表示孔隙体积的含量。同一种土,孔隙比和孔隙度不同,土的密实程度也不同。它们随土的形成过程中所受到的压力、粒径级配和颗粒排列的不同而有很大差异。一般来说,粗粒土的孔隙度小,如砂类土的孔隙度一般在30%左右;细粒土的孔隙度大,如黏性土的孔隙度有时可高达70%。

(3)饱和含水率

土的孔隙中全被水充满时的含水率,称为饱和含水率 ω_{sat}。

$$\omega_{sat} = \frac{V_v \cdot \rho_w}{m_s} \times 100\% \tag{2-32}$$

一般所说的含水率指的是天然含水率。

饱和含水率既能反映土孔隙中全部充满水时含水多少,又能反映土的孔隙率大小。

(4)饱和度(S_γ)

土的饱和度 S_γ 是指土孔隙中液体的体积与孔隙的体积之比,用百分数表示,公式如下:

$$S_\gamma = \frac{V_w}{V_\gamma} \times 100\% \tag{2-33}$$

含水率 ω 是用来表示土中含水程度的一个重要指标,饱和度 S_γ 则用来确定孔隙中充满水的程度。很显然,干土的饱和度 $S_\gamma=0$,饱和土的饱和度 $S_\gamma=100\%$ 。

工程实际中,按饱和度大小常将砂类土划分为如下 3 种含水状况:

$S_\gamma<50\%$ 稍湿的

$50\%\leqslant S_\gamma\leqslant 80\%$ 很湿的

$S_\gamma>80\%$ 饱和的

2.2.3.4 黏性土(细粒土)的物理状态指标

黏性土最主要的特征是它的稠度。稠度是指黏性土在某一含水率下的软硬程度和土体对外力引起的变形或破坏的抵抗能力。当土中含水率很低时,水被土颗粒表面的电荷吸着于颗粒表面,土中水为强结合水,土呈现固态或半固态。当土中含水率增加,吸附在颗粒周围的水膜加厚,土粒周围除强结合水外,还有弱结合水。弱结合水不能自由流动,但受力时可以变形,此时土体受外力作用可以被捏成任意形状,外力取消后仍保持改变后的形状,这种状态称为塑态。当土中含水率继续增加,土中除结合水外已有相当数量的水处于电场引力范围外,这时,土体不能受剪应力,呈现流动状态。实质上,土的稠度就反应了土体的含水率。

土从一种状态转变成另一种状态的界限含水率,称为稠度界限。工程上常用的稠度界限有液限和塑限。国际上称为阿太堡界限(Aterberg Limit)。

1)液限 ω_L

液限指土从塑性状态转变为液性状态时的界限含水率。

2)塑限 ω_P

塑限指土从半固体状态转变为塑性状态时的界限含水率。

实验室测定液限使用液限仪,测定塑性用搓条法。具体方法参阅"土工试验规程"。实际上,由于黏性土从一种状态转变为另一种状态是渐变的,没有明确的界限,因此只能根据这些通用的试验方法测得的含水率代替界限含水率。

此外,为了表征土体天然含水率与界限含水率之间的相对关系,工程上还常用液性指数 I_L 和塑性指数 I_P 两个指标判别土体的稠度。

3)塑性指数 I_P

$$I_P = \omega_L - \omega_P \tag{2-34}$$

式中:ω_L——液限;

ω_P——塑限。

塑性指数越大,土性越黏,工程中根据塑性指数的大小对黏性土进行分类。

4)液性指数 I_L

$$I_L = \frac{\omega - \omega_P}{\omega_L - \omega_P} \tag{2-35}$$

当 $I_L=0$ 时,$\omega=\omega_P$,土从半固态进入可塑状态。当 $I_L=1$ 时,土从可塑状态进入液态。因此,可以根据 I_L 的值直接判定土的软硬状态。工程上按液性指数 I_L 的大小,可把黏性土的状态区分开来:

$I_L \leqslant 0$　　坚固状态

$0 < I_L \leqslant 1.0$　　可塑状态

$I_L > 1.0$　　流动状态

应当注意,实验室测定塑限和液限时,是用扰动样,土的结构已经破坏,实测值要比实际值小,因此,用液性指数反映天然土的稠度有一定缺点,用于判别重塑土的稠度较为合适。

2.2.3.5　土的力学性质

1)土的抗剪性

由于土是碎散颗粒的集合,它们之间的相互联系是相对薄弱的,所以,土的强度主要由土的应力状态即颗粒间的相互作用力决定,而不是由颗粒矿物的强度本身直接决定。土的主要破坏是剪切破坏,其强度主要表现为黏聚力和摩擦力,亦即其抗剪强度主要是由颗粒间的黏聚力和摩擦力组成。著名的库仑公式:

$$\tau_f = c + \sigma\tan\varphi \tag{2-36}$$

式中:τ_f——抗剪强度;

c——黏聚力;

φ——摩擦角;

σ——剪切应力。

土的抗剪强度是指土体对于外荷载所产生的剪应力的极限抵抗能力。当土中某点由外力所产生的剪应力达到土的抗剪强度时,土体就会发生一部分相对于另一部分的移动,该点便发生了剪切破坏。

图 2-10 中,剪应力 $\tau = S/A$,S 为剪力,A 为试样横切面积。δ 为剪切位移。剪应力随着剪切位移逐渐增大。当 τ 达到某一最大值时,δ 继续增加,但 τ 不再增大。这时即认为试样已破坏。在剪切试验过程中,同时记录试样竖向变形,这样便可分析体积改变与剪应力或剪应变的关系。

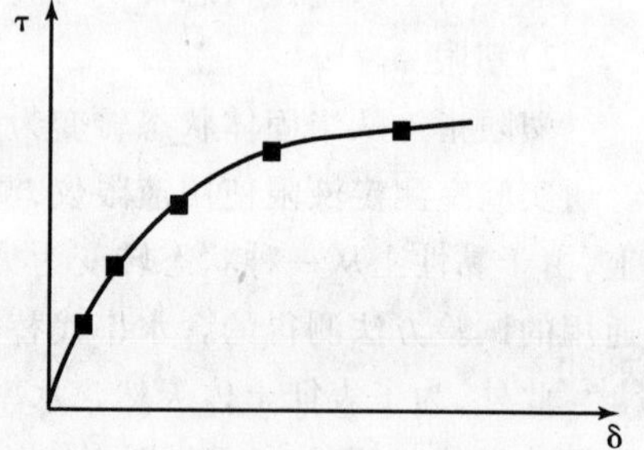

图 2-10　剪应力与剪切位移关系曲线

(1)砂性土的强度特性

①砂土的内摩擦角

由于砂土的透水性强,它在现场的受剪过程大多相当于固结排水剪情况,由固结排水剪试验求得的强度包络线一般为通过坐标原点的直线,可表达为:

$$\tau_f = \sigma \cdot \tan\varphi_d \tag{2-37}$$

式中:φ_d——固结排水剪求得的内摩擦角。

砂土的抗剪强度将受到其密度、颗粒形状、表面粗糙度和级配等因素的影响。对于一定的砂土来说,影响抗剪强度的主要因素是其初始孔隙比(或初始干密度)。初始孔隙比越小(即土越紧密),则抗剪强度越高;反之,初始孔隙比越大(即土越疏松)则抗剪强度越低。此外,同一种砂土在相同的初始孔隙比下饱和时的内摩擦角比干燥时稍小(一般小 20 左右)。说明砂土浸水后强度降低。

②砂土的应力—轴向应变—体变

砂土的初始孔隙比不同,在受剪过程中将显示出非常不同的性状。松砂受剪时,颗粒滚落到平衡位置排列得更紧密些,当它的体积缩小,因剪切而体积缩小的现象称为剪缩性;反之,紧砂受剪时,颗粒必须升高以离开它们原来的位置而彼此才能相互滑过,从而导致体积膨胀。这种因剪切而体积膨胀的现象称为剪胀性。然而,紧砂的这种剪胀趋势随着周围压力的增大、土粒的破碎而逐渐消失。在高围压下,不论砂土的松紧如何,受剪都将剪缩。

图 2-11 表示同一种砂土,在相同的围压作用下,由于初始孔隙比的不同受剪时的应力—轴向应变—体变的全过程。从图中可以看出,随着轴向应变的增加,松砂的强度逐渐增大;应力—轴向应变关系呈应变硬化型(图 2-11a),它的体积则逐渐减小。但是,紧砂的强度达一定值后,随着轴向应变的继续增加,强度反而减小,应力—轴向应变关系最后呈随应变软化型(图 2-11b),它的体积开始时稍有减小,继而增加,超过了它的初始体积。(图 2-11c)表示当在很小的应变时,就可以发生断裂破坏。

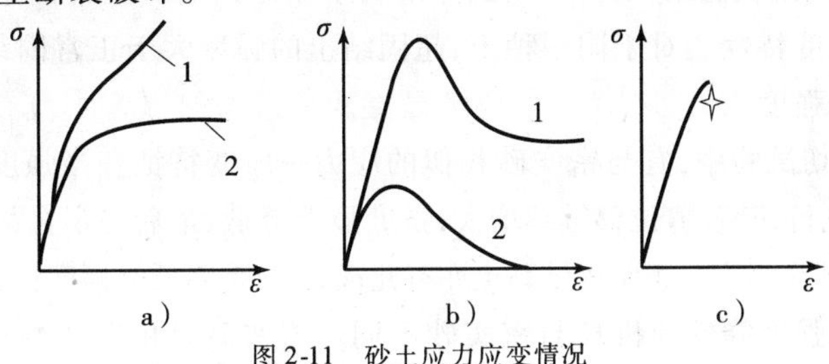

图 2-11 砂土应力应变情况

a)应变硬化;b)应变软化;c)断裂破坏

既然砂土在低围压下由于初始孔隙比的不同,剪破时的体积可能小于初始体积,也可能大于初始体积,那么,可以想像,砂土在某一初始孔隙比下受剪,它剪破时的体积将等于初始体积,这一初始孔隙比称为临界孔隙比。

饱和砂土在低围压下受剪时,如果不允许它的体积发生变化,即进行不排水剪试验,则密实的砂为了抵消受剪时的剪胀趋势,将通过土样内部的应力调整,即产生负孔隙水压力,使有效围压增加,以保持试样在受剪阶段体积不变。所以,在相同初始周围压力下,由固结不排水剪试验测得的强度要比固结排水剪试验的高。反之,松砂为了抵消受剪时的体积缩小趋势,将产生正孔隙水压力,使有效围压减小,以保持试样在受剪阶段体积不变。所以,在相同初始周围压力下,由固结不排水剪试验测得的强度要比固结排水剪试验的低。

③砂土的残余强度

如前所述,同一种砂土在相同的周围压力作用下,由于其初始孔隙比不同,在剪切过程中将出现不同的应力—应变特征。松砂的应力—应变曲线没有一个明显的峰值,剪应力随着剪应变的增加而增大,最后趋于某一恒定值;密实的砂的应力—应变曲线有一个明显的峰值,过此峰值以后,剪应力便随剪应变的增加而降低,最后趋于松砂相同的恒定值。这一恒定的强度通常称为残余强度或最终强度,以 τ_f 表示。密实砂的这种强度减小被认为是剪位移克服了土粒之间的咬合作用之后,砂土结构崩解变松的结果。

④砂土的液化

液化被定义为任何物质转化为液体的行为或过程。对于大多数砂土来说,当试样受剪时,一般都能在短时间内排水固结。因而,砂土的抗剪强度相当于固结排水剪或慢剪试验的结果,但是对于饱和疏松的粉细砂,当受到突发的动力荷载时,例如地震荷载,一方面由于动剪应力的作用有使体积缩小的趋势,另一方面由于时间短来不及向外排水,因此就产生了很大的孔隙水压力。按有效应力原理,无黏性土的抗剪强度应表达为:

$$\tau_f = \sigma' \tan\varphi' = (\sigma - u)\tan\varphi' \tag{2-38}$$

由上式可知,当动荷载引起的超静孔隙水应力 u 达到 σ 时,则有效应力 $\sigma' = 0$,其抗剪强度

$\tau_f = 0$,这时,无黏性土地基将丧失其承载力,土坡将流动塌方。

(2)黏性土的强度特性

①应力历史的影响

黏性土的抗剪强度远比无黏性土复杂,天然沉积的黏土就更复杂。想对原状土的强度特性有正确的了解,也就非常困难。饱和黏土试样的抗剪强度除受固结程度和排水条件影响外,在一定程度上还受它的应力历史的影响。在三轴试验中,如果试样现有固结压力 σ_c 等于或大于该试样在历史上曾受到过的最大固结压力,则试样是正常固结的;如果试样现有固结压力 σ_c 小于该试样在历史上曾受到过的最大固结压力,则该试样是属于超固结的。正常固结和超固结试样在受剪时将具有不同的强度特性。对于同一种土,超固结土的强度大于正常固结土的强度。

②黏性土的残余强度

超固结黏土在剪切试验中,有与密实砂相似的应力—应变特征。当强度随着剪位移达到峰值后,如果剪切继续进行,随着剪位移继续增大,强度显著降低,最后稳定在某一数值不变,该不变的值即被称为黏土的残余强度。正常固结黏土亦有此现象,只是降低的幅度较超固结黏土要小些。

在大位移下黏土强度降低的机理与密实砂不同。密实砂是由于土粒间咬合作用被克服,结构崩解变松的结果,而黏土被认为是由于在受剪过程中,土的结构性损伤、土粒的排列变化及粒间引力减小,吸着水层中水分子的定向排列和阳离子的分布因受剪而遭到破坏。

③黏土的结构性与灵敏度

土的强度同土的结构有着密切的关系。当土的原有结构遭受破坏或扰动时,不仅改变了土粒的排列情况,同时也使土粒间的联结受到不同程度的破坏,其强度会降低,压缩性也增大。黏土的强度(或其他性质)随着其结构的改变而发生变化的特性称为土的结构性。因此,对具有明显结构性的黏土,要注意避免扰动或破坏其结构。

某些在含水率不变的条件下使其原有结构受彻底扰动的黏土,称为重塑土。黏土对结构扰动的敏感程度可用灵敏度表示。灵敏度定义为原状试样的无侧限抗压强度与相同含水率下重塑试样的无侧限抗压强度之比:

$$S_t = \frac{q_u}{q_u'} \tag{2-39}$$

式中:S_t——黏土的灵敏度;

q_u——原状试样的无侧限抗压强度;

q_u'——重塑试样的无侧限抗压强度。

黏土可根据灵敏度按表 2-14 进行分类。

黏土按灵敏度分类 表 2-14

S_t	黏土分类	S_t	黏土分类
1	不灵敏	4 ~ 8	灵敏
1 ~ 2	低灵敏	8 ~ 16	很灵敏
2 ~ 4	中等灵敏	>16	流动

对于灵敏度高的黏土,经重塑后停止扰动,静置一段时间后其强度又会部分恢复。在含水率不变的条件下黏土因重塑而软化(强度降低),软化后又随静置时间的延长而硬化(强度增长)的这种性质称为黏土的触变性。

2)土的压缩性

土在压力作用下体积缩小的特性称为土的压缩性,试验研究表明,在一般压力(100 ~

600kPa)作用下,土粒和水的压缩与土的总压缩量之比是很微小的,因此完全可以忽略不计,所以把土的压缩看作为土孔隙体积的减少。此时,土粒调整位置,重新排列,互相挤紧。饱和土压缩时,随着孔隙体积的减少土中孔隙水则被排出。

土的压缩性是由土的压缩系数、压缩指数、压缩模量(有侧限压缩试验确定)、变形模量(现场原位载荷试验确定)、应力历史(重复荷载试验确定)决定的,理论上可用导出压缩模量与变形模量的关系。

在荷载作用下,透水性大的饱和无黏性土,其压缩过程在短时间内就可以完成。相反,黏性土的透水性低,饱和黏性土中水分只能慢慢排出,因此其压缩稳定所需的时间要比无黏性土长得多。土的压缩随时间而增长的过程,称为土的固结,随着固结时间的增长,土的物理力学性质会不断地改善。

压缩曲线是室内土的压缩试验成果,它是土的孔隙比与所受压力的关系曲线。

设土样的初始高度为 H_o,受压后土样高度为 H,则 $H = H_o - s$,s 为外压力 P 作用下土样压缩稳定后的变形量。根据土的孔隙比的定义,假设土粒体积 $V_s = 1$(不变),则土样孔隙体积 V 在受压前相应于初始孔隙比 e_o,在受压后相应于孔隙比 e。

为求土样压缩稳定后的孔隙比 e,利用受压前后土粒体积不变和土样横载面积不变的两个条件,得出:

$$\frac{H_0}{1+e_0} = \frac{H}{1+e} = \frac{H_0 - S}{1+e} \tag{2-40}$$

或:

$$e = e_0 - \frac{S}{H_0}(1+e_0) \tag{2-41}$$

这样,只要测定土样在各级压力 P 作用下的稳定压缩量 s 后,就可按上式算出相应的孔隙比 e,从而绘制土的压缩曲线。

压缩曲线可按两种方式绘制,一种是采用普通直角坐标绘制的 e-p 曲线。在常规试验中,一般按 $P = 50$kPa、100kPa、200kPa、300kPa、400kPa 五级加荷;另一种的横坐标则取 P 的常用对数值,即采用半对数直角坐标纸制成 $e - \log P$ 曲线。试验时以较小的压力开始,采取小增量多级加荷,并加到较大的荷载为止,见图 2-12 土的压缩曲线。

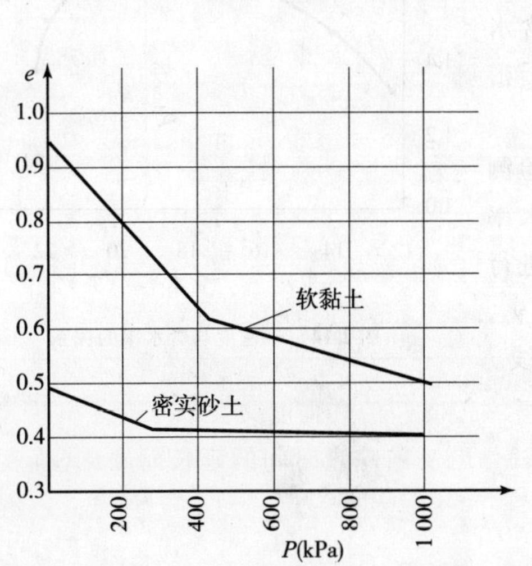

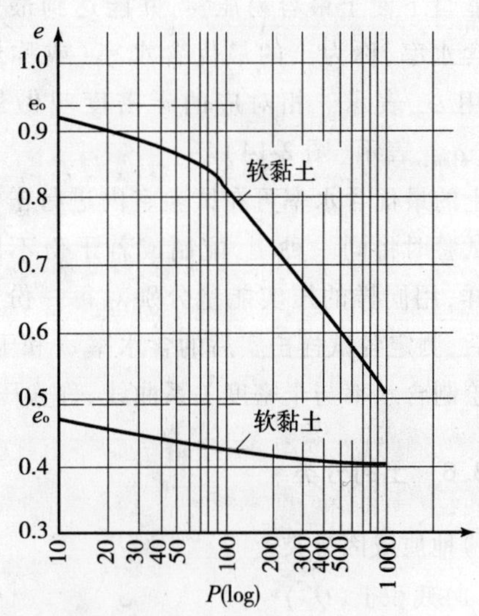

图 2-12 土的压缩曲线(即:e-P 曲线和 e-$\log P$ 曲线)

在室内压缩试验过程中，如加压到某一值后不再加压，相反地逐级进行卸荷，则可观察到土样的回弹。若测得其回弹稳定后的孔隙比，则可绘制相应的孔隙比与压力的关系曲线，称为回弹曲线，见图 2-13 土的回弹曲线和再压缩曲线。

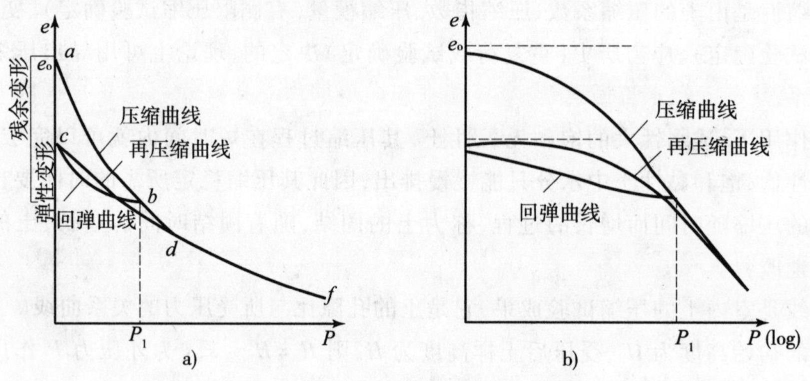

图 2-13　土的回弹曲线和再压缩曲线

a) e-P 曲线；b) e-log$P$ 曲线

3)土的击实性

土的击实性是指土在反复冲击荷载作用下能被压密的特性。击实土是最简单易行的土质改良方法，常用于填土压实。通过研究土的最优含水率和最大干密度，来提高击实效果。最优含水率和最大干密度采用现场或室内击实试验测定。

在工程建设中，经常遇到填土压实的问题，例如修筑道路、堤坝、飞机厂、运动场、挡土墙、埋设管道、建筑物地基的回填等。为了提高填土的强度，增加土的密实度，降低其透水性和压缩性，通常用分层压实的办法来处理地基。

实践经验表明，对过湿的土进行夯实或碾压时就会出现软弹现象（俗称"橡皮土"），此时土的密度是不会增大的。对很干的土进行夯实或碾压，显然也不能把土充分压实。所以，要使土的压实效果最好，其含水率一定要适当。在一定的压实能量下使土最容易压实，并能达到最大干密度时的含水率，称为土的最优含水率（或称最佳含水率），用 ω_{op} 表示。相对应的干密度叫做最大干密度，以 ρ_{dmax} 表示（图 2-14）。

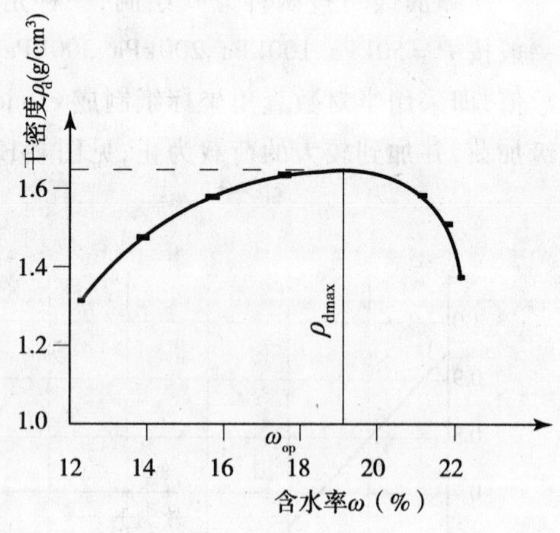

图 2-14　干密度与含水率的关系

土的最优含水率可在试验室内进行击实试验测得。试验时将同一种土，配制成若干份不同含水率的试样，用同样的压实能量分别对每一份试样进行击实后，测定各试样击实后的含水率 ω 和干密度 γ_d，从而绘制含水率与干密度关系曲线，称为压实曲线。

2.2.3.6　土的分类

1)地质成因分类

(1)残积土(Q^{el})

残积土是由岩石风化后，未经搬运而残留于原地的土。它处于岩石风化壳的上部，是风化壳中的剧风化带，向下则逐渐变为半风化的岩石。它的分布主要受地形的控制，在雨水产生地表径流速度小，风化产物易于保留的地方，残积物就比较厚。在不同的气候条件下、不同的原岩，将产生不同矿物成分、不同物理力学性质的残积土。我国南方花岗岩分布广泛，如深圳地区约占60%的面积，花岗岩残积土的厚度在15～40m之间。

(2)坡积土(Q^{dl})

坡积土是残积土经水流搬运，顺坡移动堆积而成的土。其成分与坡上的残积土基本一致。由于地形的不同，其厚度变化大，新近堆积的坡积土，土质疏松，压缩性较高。

(3)洪积土(Q^{pl})

洪积土是山洪带来的碎屑物质，在山沟的出口处堆积而成的土。山洪流出沟谷后，由于流速骤减，被搬运的粗碎屑物质首先大量堆积下来，离山渐远，洪积物的颗粒随之变细，其分布范围也逐渐扩大。其地貌特征，靠山近处窄而陡，离山较远宽而缓，形如锥体，故称为洪积扇。山洪是周期性发生的，每次的大小不尽相同，堆积下来的物质也不一样，因此，洪积土常呈现不规则交错的层理。由于靠近山地的洪积土的颗粒较粗，地下水位埋藏较深，土的承载力一般较高，常为良好地基；离山较远地段较细的洪积土，土质软弱而承载力较低。

(4)冲积土(Q^{al})

冲积土是由于河流的流水作用，将碎屑物质搬运堆积在它流经的区域内，随着从上游到下游水动力的不断减弱，搬运物质从粗到细逐渐沉积下来，一般在河流的上游以及出山口，沉积有粗粒的碎石土、砂土，在中游丘陵地带沉积有中粗粒的砂土和粉土，在下游平原三角洲地带，沉积了最细的黏土。冲积土分布广泛，特别是冲积平原，是城市发达、人口集中的地带。对于粗粒的碎石土、砂土，是良好的天然地基，但如果作为水工建筑物的地基，由于其透水性好，会引起严重的坝下渗漏；而对于压缩性高的黏土，一般都需要处理地基。

(5)风积土(Q^{eol})

风积土是由风作为搬运动力，将碎屑物由风力强的地方搬运到风力弱的地方沉积下来的土。风积土生成不受地形的控制，我国的黄土就是典型的风积土。主要分布在沙漠边缘的干旱与半干旱气候带。风积黄土的结构疏松，含水率小，浸水后具有湿陷性。

2)土的工程分类

自然界中土的种类不同，其工程性质也必不相同。从直观上，可以粗略地把土分成两大类，一类是土体中肉眼可见松散颗粒，颗粒间连接弱，这就是前面提到的无黏性土(粗粒土)；另一类是颗粒非常细微，颗粒间连接力强，这就是前面提到的黏土。实际工程中，这种粗略的分类远远不能满足工程的要求，还必须用更能反映土的工程特性的指标来系统分类。影响土的工程性质的主要因素是土的三相组成和土的物理状态，其中最主要的因素是三相组成中土的固体颗粒，如颗粒的粗细、颗粒的级配等。目前，国际、国内土的工程分类法并不统一。即使同一国家的各个行业、各个部门，土的分类体系也都是结合本专业的特点而制定的。我们主要介绍我国《土的分类标准》(GBJ 145—90)和《建筑地基基础设计规范》(GB 50007—2002)。

(1)国家标准《土的分类标准》(GBJ 145—90)

为了与国际接轨，我国特制定了《土的分类标准》，这一分类体系与一些欧美国家的土分类体系原则相近，仅根据我国的实际情况作了适当修正。按GBJ 145—90分类法，土的总分类体系如图2-15所示。

根据国家标准，工程用土的分类，以土颗粒的大小及其特征，土的塑线 ω_L、液限 ω_P 和塑性指数 I_P 以及土中有机质的存在情况来划分。

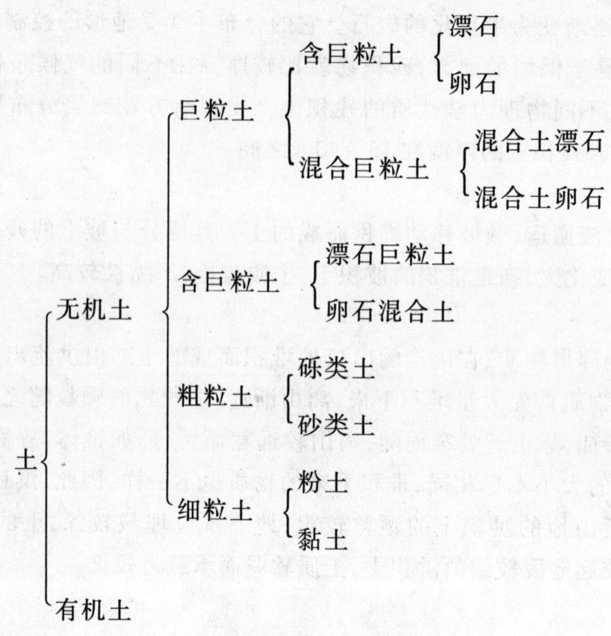

图 2-15　土的总分类体系

对土进行分类时，首先根据有机质的含量把土分成有机土和无机土两大类。按照有机质含量可把土分为无机土、有机质土、泥炭质土和泥炭 4 类(表 2-15)。

土按有机质含量分类　　表 2-15

分类名称	有机质含量(%)	鉴别特征
无机土	<5%	
有机质土	5%~10%	灰、黑色，有光泽，味臭，除腐殖质外，尚含少量未完全分解的动植物体，浸水后水面出现气泡，干燥后体积收缩
泥炭质土	10%~60%	深灰或黑色，有腥臭味，能看到未完全分解的植物结构，浸水体胀，易崩解，有植物残渣浮于水中，干缩现象明显
泥炭	>60%	除有泥炭质土特征外，结构松散，土质很轻，暗无光泽，干缩现象极为明显

无机土中，再根据土中各粒组的相对含量把土再分为：巨粒土、含巨粒土、粗粒土和细粒土。根据土的分类标准，各粒组还可进一步细分，下面分别予以说明。

①巨粒土和含巨粒土

土体颗粒粒径在 60mm 以上的称巨粒。若土中巨粒含量高于 50%，该土属巨粒土；若土中巨粒含量在 15%~50%之间，该土属含巨粒土。巨粒土和含巨粒土依据其中所含漂石粒含量进一步划分，如表 2-16 所示。

巨粒土和含巨粒土的分类　　表 2-16

名　称	代　号	类　型	粒组含量	
漂石	B	巨粒土	巨粒含量≥75%	漂石含量>50%
卵石	Cb			漂石含量≤50%
混合土漂石	BSl		50%<巨粒含量<75%	漂石含量>50%
混合土卵石	CSl			漂石含量≤50%
漂石混合土	SlB	含巨粒土	15%≤巨粒含量≤50%	漂石含量>卵石含量
卵石混合土	SlC			漂石含量≤卵石含量

②粗粒土

粗粒土中大于0.075mm的粗粒含量在50%以上。粗粒土分为砾类土和砂类土两类。若土中粒径大于2mm的砾粒含量多于50%，则该土属砾类土；不足50%，则属砂类土。

砾类土和砂类土再按细粒土(<0.075mm)的含量进一步细分。具体细粒含量和其他相关指标见表2-17、表2-18。

砾类土的分类 表2-17

名称	代号	类别		细粒含量	级配或塑性图分类
级配良好砾	GW	砾类土	砾	<5%	$C_u \geq 5, C_c = 1 \sim 3$
级配不良砾	GP				不能同时满足上述条件
含细粒土砾	GF		含细粒土砾	5%~15%	
黏土质砾	GC		细粒土质砾	>15% ≤50%	黏土
粉土质砾	GM				粉土

砂类土的分类 表2-18

名称	代号	类别		细粒含量	级配或塑性图分类
级配良好砂	SW	砂类土	砂	<5%	$C_u \geq 5, C_c = 1 \sim 3$
级配不良砂	SP				不能同时满足上述条件
含细粒土砂	SF		含细粒土砾	5%　15%	
黏土质砂	SC		细粒土质砾	>15% ≤50%	黏土
粉土质砂	SM				粉土

③细粒土的分类

细粒土中粒径小于0.075mm在细粒含量在50%以上，且粗粒含量少于25%。细粒土按塑性图分类。塑性图以液限ω_L为横坐标，塑性指数I_P为纵坐标，见图2-16，图中用A、B两条线和$I_P=6$和$I_P=10$及$\omega_L<26\%$的两段水平线将整张图分成5个区域。若土的液限和塑性指数在图中A线以上，B线以左，$I_P=10$线之上，则该土属低液限黏土；若土的液限和塑性指数在图中A线以下，B线以右，则该土属高液限粉土。细粒土的具体分类和名称见表2-19。

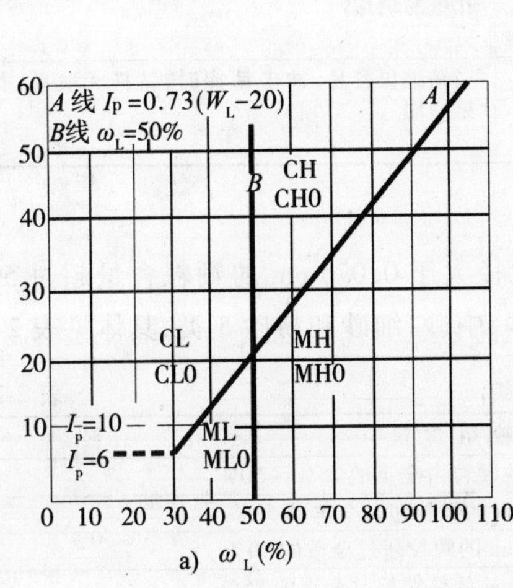

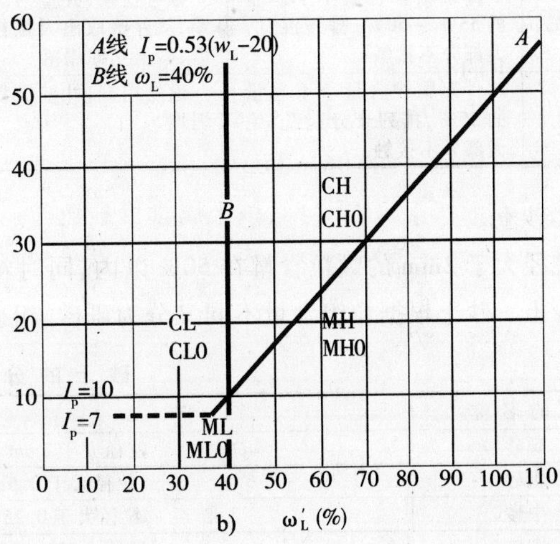

图2-16 塑性图

细粒土的分类 表 2-19

名称	代号	液限(ω_L)	塑性指数(I_P)
高液限黏土	CH	≥50%	$I_P \geq 0.73(w_L - 20)$ 且 $I_P \geq 10$
低液限黏土	CL	<50%	
高液限粉土	MH	≥50%	$I_P < 0.73(w_L - 20)$ 且 $I_P = 10$
低液限粉土	ML	<50%	

(2)《建筑地基基础设计规范》(GB 50007—2002)

这种分类方法的体系比较简单,按照土颗粒的大小、粒组的土颗粒含量把地基土分成碎石土、砂土、粉土和黏性土和人工填土。按我国《土的分类标准》,碎石土和砂土属于粗粒土,粉土和黏性土属于细粒土。粗粒土按粒径级配分类,细粒土则按塑性指数分类。

①碎石土

粒径大于2mm的颗粒含量大于50%的土属碎石土。根据粒组含量及颗粒形状,可细分为漂石、块石、卵石、碎石、圆砾、角砾,具体见表2-20。表2-21为碎石土密度野外鉴别方法。

碎石土的分类 表 2-20

土的名称	颗粒形状	粒组含量
漂石	圆形或亚圆形为主	粒径大于200mm的颗粒超过全重的50%
块石	棱角形为主	
卵石	圆形或亚圆形为主	粒径大于20mm的颗粒超过全重的50%
碎石	棱角形为主	
圆砾	圆形或亚圆形为主	粒径大于2mm的颗粒超过全重的50%
角砾	棱角形为主	

注:分类时应根据粒组含量栏从上到下以最先符合者确定。

碎石土密实度野外鉴别方法 表 2-21

密实度	骨架颗粒含量和排列	可挖性	可钻性
密实	骨架颗粒含量大于总重量的70%,呈交错排列,连续接触	锹镐挖掘困难,用撬棍方能松动,井壁一般较稳定	钻进困难,冲击钻探时,钻杆、吊锤跳动剧烈,孔壁稳定
中密	骨架颗粒含量小于总量的60%~70%,呈交错排列,大部分接触	锹镐可挖掘,井壁有掉块现象,从井壁取出大颗粒处,能保持颗粒处凹面形状	钻进较困难,冲击钻探时,钻杆、吊锤跳动不剧烈,孔壁有坍塌现象
稍密	骨架颗粒含量小于总量的55%~60%,排列混乱,大部分不接触	锹可挖掘,井壁易坍塌,从井壁取出大颗粒后,砂土立即塌落	钻进较容易,冲击钻探时,钻杆、吊锤稍有跳动,孔壁易坍塌
松散	骨架颗粒含量小于总量的55%,排列十分混乱,绝大部分不接触	锹易挖掘,井壁极易坍塌	钻进很容易,冲击钻探时,钻杆无跳动,孔壁极易坍塌

②砂土

粒径大于2mm的颗粒含量在50%以内,同时粒径大于0.075mm的颗粒含量超过50%的土属砂土。砂土根据粒组含量不同又分为砾砂、粗砂、中砂、细砂和粉砂5类,具体见表2-22。

砂土的分类 表 2-22

土的名称	粒组含量
砾砂	粒径大于2mm的颗粒占全重的25%~50%
粗砂	粒径大于0.5mm的颗粒超过全重的50%
中砂	粒径大于0.25mm的颗粒超过全重的50%
细砂	粒径大于0.075mm的颗粒超过全重的85%
粉砂	粒径大于0.075mm的颗粒超过全重的50%

注:分类时应根据粒组含量栏从上到下以最先符合者确定。

③粉土

粒径大于0.075mm的颗粒含量小于50%且塑性指数小于等于10的土属粉土。该类土的工程性质较差，如抗剪强度低，防水性差，黏聚力小等。

粉土介于无黏性土与黏性土之间，是指粒径大于0.075mm的颗粒含量不超过全重的50%，塑性指数 I_P 小于或等于10的土；又可根据颗粒级配分为以下两种。

砂质粉土：粒径小于0.005mm的颗粒含量不超过全重的10%；

黏质粉土：粒径小于0.005mm的颗粒含量超过全重的10%。

粉土的颗粒级配中0.05～0.1mm和0.005～0.05mm的粒组占绝大多数，而水与土粒之间的作用是明显不同于黏性土和砂土，这主要表现"粉粒"的特性。其工程性质介于黏性土和砂土之间。

若用含水率接近饱和的粉土，团成小球，放在掌上左右反复摇晃，并以另一手振击，则土中水迅速渗出，并呈现光泽，这是野外鉴别时常用的方法之一。

④黏性土

a. 黏性土按沉积年代分为以下几种。

老黏性土：第四纪晚更新纪（Q_3）及其以前沉积的黏性土，它是一种沉积年代久、工程性质较好的黏性土，一般具有较高的强度和较低的压缩性。

一般黏性土：第四纪全新世（Q_4）沉积的黏性土，其分布面积最广，遇到的也最多，工程性质变化很大。

新近沉积的黏性土：指5千年以来新近沉积的黏性土，强度较低。

b. 黏性土按塑性指数分类

粒径大于0.075mm的颗粒含量在50%以内，塑性指数大于10的土属黏性土。根据塑性指数的大小可细分为黏土和粉质黏土，具体如表2-23所示。

黏性土的分类　　表2-23

名　称	塑性指数 Ip
黏土	$Ip>17$
粉质黏土	$17\geq Ip>10$

⑤软土

软土是指沿海的滨海相、三角洲相、内陆平原或山区的河流相、湖泊相、沼泽相等主要由细粒土组成的土，具有孔隙比大（一般大于1）、天然含水率高（接近或大于液限）、压缩性高和强度低的特点，包括淤泥、淤泥质黏性土、淤泥质粉土等；多数还具有高灵敏度的结构。

淤泥：天然含水率大于液限，天然孔隙比大于等于1.5的黏性土。

淤泥质土：天然孔隙比小于1.5但大于等于1.0的黏性土。

当土中有机质含量大于5%时称为有机质土；大于60%时则称泥炭。

泥炭是在潮湿和缺氧环境中未经充分分解的植物遗体堆积而成的一种有机质土，呈深褐色—黑色，其含水率极高，压缩性很大，且不均匀。

⑥红黏土

红黏土为碳酸盐岩系的岩石经红土化作用形成的高塑性黏土，其液限一般大于50，上硬下软，具明显的收缩性，裂隙发育，经坡、洪积再搬运后仍保留红黏土基本特征，液限大于45小于50的土称为次生红黏土。我国的红黏土分布较广，以贵州、云南、广西等省区最为典型。

⑦人工填土

人工填土是指由人类活动而堆填的土，其物质成分较杂，均匀性较差。根据其物质组成和堆填方式，填土可分为素填土、杂填土、冲填土。各类填土应根据下列特征予以区别。

素填土是由碎石、砂或粉土、黏性土等一种或几种材料组成的填土，其中不含杂质或含杂质很少。按主要组成物质分为碎石素填土、砂性素填土、粉性素填土及黏性填土。经分层压实后则称为压实填土。

杂填土是含大量建筑垃圾、工业废料或生活垃圾等杂物的填土。按其组成物质成分和特征分为建筑垃圾土、工业废料土及生活垃圾土。

冲填土为由水力冲填泥砂形成的填土。

⑧膨胀土

膨胀土一般是指黏粒成分主要由亲水性黏土矿物（以蒙脱石和伊利石为主）所组成的黏性土，在环境和湿度变化时，可产生强烈的胀缩变形，具有吸水膨胀、失水收缩的特性。当土中水分聚集时，土体膨胀；土中水分减少时，土体收缩，并可使土体产生程度不同的裂隙，导致其自身强度的降低或消失，其自由膨胀率大于或等于40%的黏性土。

⑨湿陷性土

湿陷性土为浸水后产生附加沉降，其湿陷系数大于或等于0.015的土。

⑩多年冻土

多年冻土是指温度等于或低于摄氏零度、含有固态水且这种状态在自然界连续保持3年或3年以上的土。当自然条件改变时，会产生冻胀、融陷、热融滑塌等特殊不良地质现象及发生物理力学性质的改变。

还有盐渍土、混合土、污染土等。

3）土的野外鉴别

土的野外鉴别见表2-24～表2-26。

土的野外鉴别　表2-24

名　称	野外鉴别
细　砾	大部分颗粒直径在2mm左右（目测似高粱米粒）
粗　砂	绝大部分颗粒直径在1mm左右（目测似小米粒）
中　砂	大部分颗粒直径在0.5mm左右（目测似砂糖粒或白菜籽粒）
细　砂	颗粒直径为0.25～0.1mm（目力仅能辨别）
粉　砂	颗粒直径为0.05～0.01mm（用手捻摸有类似玉米面或灰尘的感觉）

细粒土野外鉴别表　表2-25

鉴别方法	黏　土	粉质黏土	粉　土
湿润时用刀切	切面非常光滑，刀刃有黏腻的阻力	稍有光滑面切面规则	无光滑面切面比较粗糙
用手捻摸时的感觉	湿土用手捻摸有滑腻感，当水分较大时极为黏手，感觉不到有颗粒的存在	仔细捻摸感觉有少量细颗粒稍有滑腻感、黏滞感	感觉有细颗粒存在或感觉粗糙有轻微黏滞感，或无黏滞感
黏着程度	湿土极易黏着物体，干燥后不易剥去，用水反复洗才能去掉	能黏着物体，干燥后较易剥掉	一般不黏着物体，干燥后一碰就掉
湿土搓条情况	能搓成直径小于0.5mm的土条，手持一端不致断裂	能搓成直径为0.5～2mm的土条	能搓成直径为2～3mm的土条

黄土的堆积时代及代表地层　　表 2-26

地质时代		地层	颜色	土层特征及包含物	古土壤层	开挖情况	土层稳定性
全新世	Q_4^2	新近堆积黄土	浅褐至深褐色或黄至黄褐色	多虫孔,有植物根孔,有时有白色粉末状碳酸盐结晶,含少量砾石及矿粒姜石等,有人类活动的遗迹,结构疏松,似蜂窝状	无	锹挖极为容易,进度很快	结构松散,不能维持陡边坡
	Q_4^1	新黄土	褐黄至黄褐色	具有大孔,有虫孔及植物根孔,含少量小姜石及砾石等,有时有人类活动的遗迹,土质较均匀,稍密至中密	有埋藏土,呈浅灰色,或没有	锹挖极为容易,但进度稍慢	结构紧密能维持陡边坡
上更新世(马兰黄土)	Q_3		浅黄至灰黄及黄褐色	土质均匀,大孔发育,具垂直节理,有虫孔及植物根孔,易产生天生桥及陷穴,有少量小姜石,稍密至中密	浅部有埋藏土,一般为浅灰色	锹、镐挖不困难	
中更新世(离石黄土)	Q_2	老黄土	深黄至及棕黄及微红	有少量大孔或无大孔,土质紧密,具柱状节理,抗侵蚀能力强,土质较均匀,不见层理,上部姜石少而小,古土壤层下姜石粒径 5~20cm,且成层状分布,或成钙质胶结层,下部有砂砾及小石子分布	有数层至十余层古土壤,上部间距 2~4m,下部 1~2m,每层厚约 1m	锹、镐开挖困难	
下更新世(午城黄土)	Q_1		微红及棕红等	不具大孔,土质紧密至坚硬,颗粒均匀,柱状节理发育,不见层理,姜石含量较离石黄土少,成层或零星分布于土层内,粒径 1~3cm,有时含砂及砾石等粗颗粒土层	古土壤层不多,呈棕红及褐色	锹、镐开挖很困难	

2.3 管道地基工程勘察方法

2.3.1 城市地下管线场地分类

城市地下管线场地的分类应按现行的国家行业规范《市政工程勘察规范》的有关规定执行,见表 2-27。只要场地各项条件中有一项属于上一类时,应将该场地划分为上一类。对于管线线路较长的场地,如果沿线各地段的场地条件、地基土质和地下水条件有差别时,应分别划定勘察区内各地段的场地类别,不宜将整个勘察区简单地划分为某一类。

场地分类 表 2-27

Ⅰ 类	Ⅱ 类	Ⅲ 类
1.按现行的国家规范《建筑抗震设计规范》划分的对建筑抗震危险的场地和地段	1.按现行的国家规范《建筑抗震设计规范》划分的对建筑抗震不利的场地和地段	1.地震设防烈度为6度或6度以下,或按现行的国家规范《建筑抗震设计规范》划分的对建筑抗震有利的场地和地段
2.不良地质现象强烈发育	2.不良地质现象一般发育	2.不良地质现象不发育
3.地质环境已经或可能受到强烈破坏	3.地质环境已经或可能受到一般破坏	3.地质环境基本未受破坏
4.地质地貌复杂	4.地质地貌较复杂	4.地质地貌简单
5.岩土种类多,性质变化大,地下水对工程影响大,且需特殊处理	5.岩土种类较多,性质变化较大,地下水对工程有不利影响	5.岩土种类单一,性质变化不大,地下水对工程无影响
6.变化复杂、作用强烈的特殊性岩土	6.不属Ⅰ类的一般性岩土	6.非特殊性岩土

2.3.2 城市地下管线工程勘察的基本要求

1)勘察前需掌握的资料

城市管线工程勘察一般进行一次性详勘。勘察前应收集的主要资料以及现场踏勘的主要工作:

(1)已有的各种地下管线图。

(2)各种管线的设计图、施工图、竣工图及技术说明资料。

(3)相应比例尺的地形图。

(4)测区及其临近测量点的坐标和高程。

(5)管线类型、基底高程、管径(或断面尺寸)、输送方式、设计示意图和可能采取的施工方案以及地下埋设物分布概况等。

(6)现场踏勘核查的资料,评价已有资料的可信度和可利用程度。

(7)察看测区的地物、地貌、交通和地下管线分步出露情况、地球物理条件及各种可能的干扰因素。

(8)核查测区内测量控制点的位置及保存情况。

2)勘察的主要内容和要求

城市管线工程勘察要求查明沿线各地段的地质、地貌、地质结构特征、各类岩层、土层的性质及其空间分布,对管线地基进行工程地质评价,为地基基础和穿越工程设计、地基处理与加固、不良地质现象的防治、施工开挖与排水设计等提供工程地质依据和必要的设计参数,并对可能出现的岩土工程问题提出治理措施和建议。

非开挖管线施工需要通过勘察和设计解决的主要岩土工程问题如下:

(1)当管线穿越软弱地基与坚实地基交界部位时,需判明由于地基差异沉降而导致管线损坏的可能性。

(2)选择确定软弱地基和振动液化地层适宜的处理与加固方案。

(3)当管线穿越河流、沟谷地段时,应查明河床、岸坡的地层结构等,并对河床、岸坡冲刷和稳定性做出评价,提出穿越方案建议和措施。

(4)查明施工地段的岩土分布状态、水文地质条件,提供可能采用的施工方法的设计、施工所需要的计算参数和依据。

(5)当埋管较深,需深挖辅助坑槽时,应对坑槽边坡及邻近建筑物的稳定性进行分析评价,提出适宜的坑槽边坡支护方案。

(6)地下水位高,并对工程有影响的地段,需选择确定适宜的排水方法(排水井、井点或深井泵排水),对可能产生流砂、潜蚀、管涌等问题的防治落实措施。

(7)在强地震区的管线勘察中,必须对场地和地基地震效应进行分析,应提供相应的防震措施,如采用柔性接口结构、改善管线与附件(弯头、三通、四通、阀门)的连接、混凝土枕基(平基或弧基措施)等。在可能产生振动液化的地段,必要时可采用打桩补强措施。

(8)判明环境水和土对管材的腐蚀性,必要时采取相应的防腐措施。

(9)应查明施工地段地下埋设物(包括已铺设的各种管线)的类型、埋深、位置和路线,以免施工时损坏它们。

3)勘探孔的布置要求

勘探孔的布置原则:

(1)勘探孔应沿管线中线布置,当条件不允许时,勘探孔可适当移位。

(2)穿越铁道、公路或河谷地段的勘探孔移位不宜偏离管线中线超过3m,勘探孔间距以能控制地层土土质变化为原则,宜采用30~100m,但在穿越铁道、公路地段,不宜少于2个勘探孔。

(3)在每个地貌单元、地貌单元交界部位、管线转角处、穿越铁路或公路的地段,都应根据场地复杂程度适量布置勘探孔。

(4)在管线穿越河谷时,河谷两岸及河床上均应布置勘探孔,其数量不应小于3个勘探孔。

(5)在穿越暗埋的河、湖、沟、坑地段,及可能产生流砂和振动液化等地质条件复杂的地段,勘探孔应适当加密。

勘探孔间距按《市政工程勘察规范》(CJJ 56—94)有关规定执行,Ⅰ类场地:<60m;Ⅱ类场地:60~100m;Ⅲ类场地:100~150m。

4)勘探孔的深度要求

城市管线勘察的勘探孔的深度应达到管底设计高程以下1~3m。如遇下列情况之一时,应适当增加勘探孔的深度:

(1)当管线穿越河谷时,勘探孔深度应达到河床最大冲刷深度以下3~5m。

(2)当管线基底下存在松软土层、湿陷性土及可能产生流砂、潜蚀、管涌或振动液化地层时,勘探孔深度应予以加深或钻穿。

(3)在必须采取降低地下水位来进行管线施工的地段,勘探孔深应在管线中心下5~10m。

(4)当管线下部有承压强透水层时,勘探孔应适当加深,或钻穿承压水层,并测量其水头。

5)取样和测试要求

取样和测试的一般要求:

(1)沿管线线路取土样和进行原位测试点的数量应占勘探孔总数的1/3~1/2。

(2)取土样和进行原位测试点的竖向间距在地基主要持力层内宜为1m。但每一主要土层的土试样不应少于3件,原位测试数据不应少于3组。

(3)当管线通过可能产生流砂、潜蚀、管涌或有强透水层分布的地段采取降低地下水疏干辅助坑槽时,应在现场进行渗透或抽水试验。

(4)为判定地下水和土对管线的腐蚀性,可每隔2km取水试样1件。在管顶和管底部位各取土试样1件。对钢、铸铁金属管线，还应用电法测定电阻率。每个管线工程的水试样不应少于3件，管顶和管底部位的土试样均不应少于3件，电法测试数据不应少于3组。

管线勘察岩土试验项目按《市政工程勘察规范》(CJJ 56—94)有关规定执行，如表2-28所示。

城市地下管线勘察试验项目　　表2-28

项目与内容	试验结果应用
物理性质、抗剪强度试验	非开挖施工设计、辅助坑槽开挖和坑槽壁支护
物理性质、压缩性试验	管线地基土承载力与变形
室内外渗透试验、抽水试验	辅助坑槽排水、降水
颗粒分析	河床冲刷计算、土类定名
水、土化学分析，含盐量分析，电阻率测定	管线腐蚀性判定

2.3.3 土层的勘察方法

勘察、设计与施工三者是基本建设工程的主要环节，它们相辅相成构成基建的主要内容。总之，勘察是为设计和施工而进行的可行性研究，其目的是查明工程地质环境，论证场地地基的稳定性，以确保工程的顺利进行和使用效果。

勘察的主要内容有以下几个方面：确定场地的适宜性；为岩土工程设计提供资料；进行施工控制和监测；进行工程事故的鉴定和论证。

2.3.3.1 钻探

为了了解地下土层的构成及在垂直方向和水平方向的变化，以及与工程有关的各岩土层的物理力学特性，需要在垂直方向、水平方向或某一倾斜方向进行钻孔。钻探是一切基础工程的先导性工作，工程设计和施工方案的选定在一定程度上要依赖钻探资料。有时为了探查地下埋设物的情况也需要进行钻探。

通常采用的钻探方法主要有如下几种。

1)回转钻进

回转钻进是通过钻机的回转头或转盘带动连有钻头的钻杆进行回转，同时施加一定的轴向压力使钻头刃口随着回转切入岩、土中进行钻进，或靠钻头上镶焊的合金或人造金刚石磨削岩、土层，切取岩芯或土，即进行的岩芯钻探。这种方法的关键在于根据不同地层的可钻性采取适当的给进方式，如压力、转速及钻头，以便取得经济有效的钻进效果。

回转钻进的应用范围较广，可用于最硬的岩层，也可用于很软弱的饱和黏土层。

2)冲击钻进

冲击钻进是用钢丝绳将具有一定重量或带有落锤的钻头提升到一定的高度，然后令其自由下落将钻头击入土中切取土柱，将土柱提至地面作为样品保留下来；然后重复冲击钻进，如此连续进行，直至预定的勘探深度。冲击钻进一般是用带有导向杆的锤座连接钻杆顶端，落锤直接打击锤座，冲击动力通过钻杆传至孔底钻头。也有用潜孔锤进行冲击钻进的，即用钢丝绳直接提升钻孔内的冲击锤，而不用钻杆。

冲击法因在冲击过程中振动较大，易破坏土的结构，因而不适于在松散、饱和的砂土层或灵敏度较高的黏土层钻取原状土样。

3)振动钻进

振动钻进是一种变相的冲击钻探方法,它利用机械或液压的振动器通过钻杆向钻头施以一定频率的振动扰力,以达到钻进的目的。此法比冲击钻进优越之处在于可通过变频来增加或减少振动扰力,以适应不同的土层,达到提高进尺效率的目的。

4)连续螺旋钻进

连续螺旋钻进是用特长(一般为 5 ~ 7m)的螺旋钻头直接与回转钻机动力头连接进行钻探,一次进尺等于整个钻头的长度,然后把全长的土柱提到地面并加以描述。这种方法用于软弱的饱和土层具有特殊效果。

2.3.3.2 取样

室内试验分析是获取岩土特性参数必不可少的手段,而所取岩土样品对土层的代表性及土样的质量直接关系到岩土特性参数的可靠性。取样技术的优劣主要取决于取土器的特性。在众多的取土器中,人们最关心的是哪种取土器最有效且易用,这是一个很难一概而论的问题。事实上没有任何一种取土器所取的土样不经受扰动,也没有任何一种取土器的使用可完全脱离人的实践经验。故取土器的简易有效性是与经验的积累、操作的熟练程度以及对岩土工程实际与施工精度的估量联系在一起的。

1)取样技术

取样技术分采取扰动土样和采取原状土样两大类。

扰动土样一般用于鉴别地层,或仅用于测定地层岩土的某些物理性能参数。扰动土样通常在钻进过程中按规定的深度间隔来采取,当怀疑有变层时则利用提升钻具的机会来采取。扰动土样一般要求保持土的天然颗粒级配、天然湿度(或稠度)不变,以便分析其天然的物理性能参数。几乎所有的回转、冲击钻头都可兼作扰动土取样器。

按照取样方法和试验目的,岩土工程勘查规范对土试样的扰动程度分为如下的质量等级:

Ⅰ级——不扰动,可进行土类定名、含水率、密度、强度参数、变形参数、固结压密参数试验。

Ⅱ级——轻微扰动,可进行土类定名、含水率、密度试验。

Ⅲ级——显著扰动,可进行土类定名、含水率试验。

Ⅳ级——完全扰动,可用于土类定名。

在钻孔取样时,用薄壁取土器采取的土样定为Ⅰ ~ Ⅱ级;用中厚壁或厚壁取土器采得的土样定为Ⅱ ~ Ⅲ级;用标准贯入器、螺旋钻头或岩心钻头所采得的黏性土、粉土、砂土和软岩试样皆定为Ⅲ ~ Ⅳ级。

原状土样主要是指岩土的天然骨架结构不被破坏或基本保持原状,当然,土的级配、湿度(或稠度)也必须保持原样。为了达到此目的,必须使用专门设计和制造的原状取土器,主要有敞口式取土器和闭口式取土器两种。前者如国际上通用的 Shelby 取土器和我国广泛采用的上提活阀式取土器;后者如固定活塞取土器和 Osterberg 取土器。

2)取土的方法

(1)压入法

压入法(图 2-17)分为连续压入法和断续压入法两种。前者是用滑轮组合装置将取土器一次快速地压入地层中,适用于较软土层中的取样;后者是将取土器分二次或多次压入地层中。

(2)击入法

击入法一般适用于较硬与坚硬的土层取样,分为孔外击入法和孔内击入法两种。孔外击入法(图2-18)是在地表用吊锤打击钻杆上的打箍,将取土器击入地层中。孔内击入法(图2-19)是在孔内用重锤打击圆柱形定向器,将取土器击入地层中。孔内击入法结构简单,操作方便,取土效率高,土样扰动小,故一般常采用该法。

(3)回转击入法

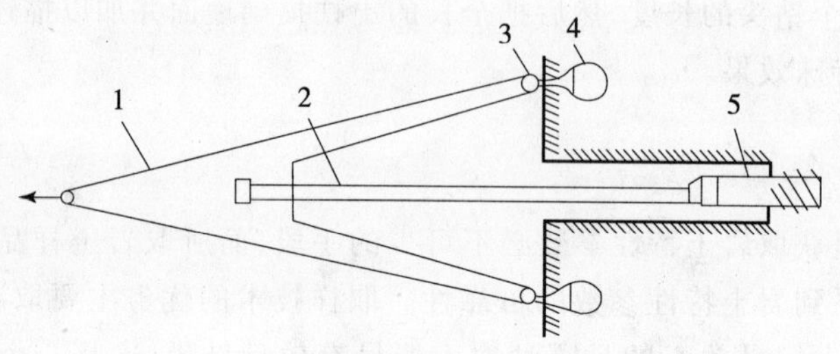

图2-17　压入法
1-钢丝绳;2-钻杆;3-固定滑轮;4-底梁;5-取土器

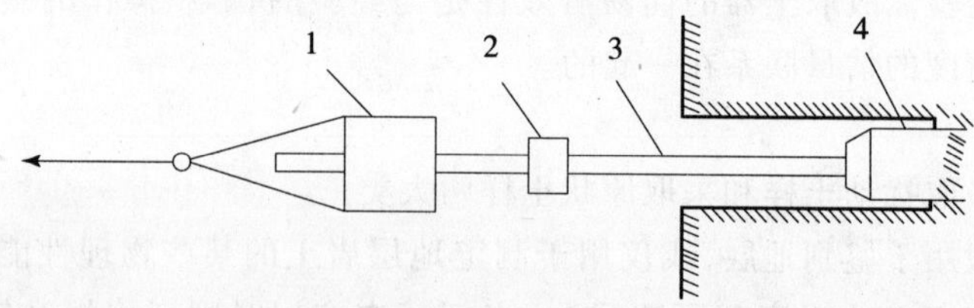

图2-18　孔外击入法
1-吊锤;2-打箍;3-钻杆;4-取土器

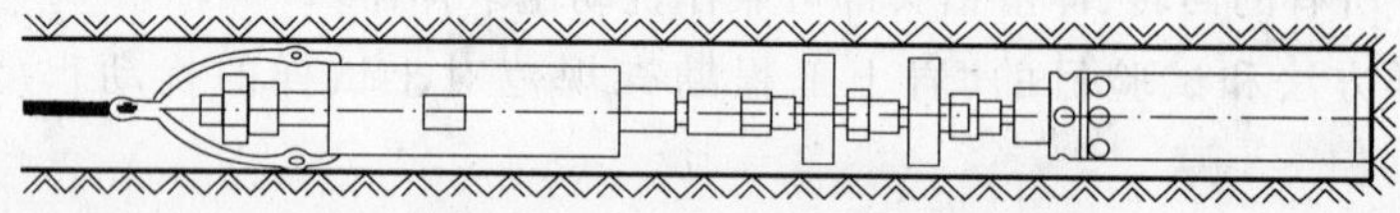

图2-19　孔内击入法

采取坚硬土层中的土样或岩样时,若上述取土方法无法采取,可采用机械回转钻进用的回转压入式取土器(图2-20)(双层取样器)。若需在岩层中采取原状样品时,可在岩芯钻探的岩芯中直接挑选原状样品。

3)岩芯卡取岩芯的方法

当采用钻探—回转钻进取样时,应在钻进回次结束前,特别是在完整岩矿层中必须先将岩矿心卡断,然后再将岩芯管提至地表。常用的卡取岩芯方法有:卡料卡取法、卡簧卡取法、干钻卡取法、沉淀卡取法和楔断器卡取法。

(1)卡料卡取法

当用硬质合金和钢粒钻进中硬及中硬以上、完整的岩矿层时,钻进回次终了时,可从钻杆内向孔底投入卡料(小碎石、铁丝、钢粒等)卡紧并扭断岩芯。用卡料卡心时,要注意卡料的粒度、长度、粗细、硬度和投入量,卡料的粒度和粗细应与岩芯和岩芯管之间的间隙相适应。

(2)卡簧卡取法

卡簧(也称提断器)装于钻头体的内锥面上,回次终了时稍上提钻具,即可把岩芯卡住并拉断。它主要在金刚石钻头、针状硬质合金钻头上使用，适用于岩芯完整、直径均匀的中硬及中硬以上地层。卡簧一般用40号铬钢或65号锰钢加工，并经淬火处理。应注意卡簧与卡簧座、卡簧与岩芯之间隙必须很好配合。常用的卡簧结构（图2-21）有3种形式：内槽式卡簧，外槽式卡簧和切槽式卡簧。

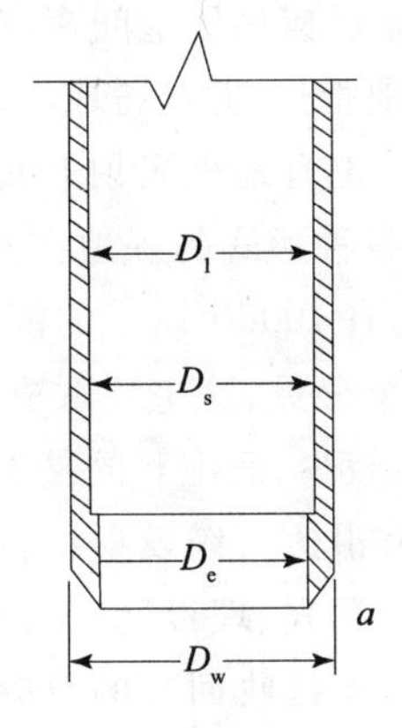

图2-20　取土器部分尺寸符号

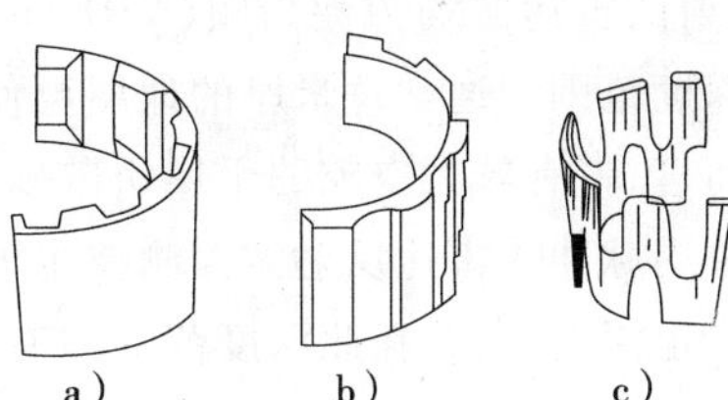

图2-21　岩芯卡簧
a)内槽式；b)外槽式；c)切槽式

(3)干钻卡取法

在回次终了停止送水，干钻进尺一小段（20～30cm），利用未排除的岩粉来挤塞住岩矿芯，再通过回转将其扭断提出。它适用于硬质合金钻进用卡料和卡簧都卡不住的松散、软质和塑性岩矿层。

(4)沉淀卡取法

在回次终了停止冲洗液循环，利用岩芯管内悬浮岩粉的沉淀，挤塞卡牢岩矿芯。此法适用于反循环钻进和在松软、脆、碎的岩矿层。通常沉淀10～20min。

(5)楔断器卡取法

在钻进回次终了将钻具提出孔外，下入楔断器，利用吊锤冲击楔子将岩心楔断，再下入夹具将岩心提出。该法适用于大直径和岩石比较坚硬、完整的岩矿层钻进。

2.3.3.3　地球物理勘探

地球物理方法是将岩土体作为探测对象，利用各种地球物理测试手段，通过各种岩土体不同的物理反应及物理异常间接推断或直接测定地层的变化、地下埋设物以及岩土体的物理性能参数。

几乎所有的物理测量方法都能应用到地下管线的探查中。地球物理方法包括主动电源法、被动电源工频法、电磁感应法、磁场强度法、磁梯度法、自然电场法、地震波折射法、反射法、电磁波（地质雷达）法、波速法、重力法、放射性同位素法、地声法、水声法、地热法等，其中使用得最多的是电法、地震法和雷达勘探。

电法就是将交流电波或直流电波输入到所测地段，形成电场，通过测量两点间与地区土层特性有关的电位差或形成的感应电动势来间接反应地层的变化。电法探测的种类很多，常用的交流电法有频率测深法、电磁法、激发极化法；最常用的直流电法有电测深法、电剖面法，通常统称为电阻率法。

地震法是在地表或地下人工激发振波，在地面上相隔一定距离用拾振器接收由被测的岩土层传播回来的反射波、折射波或直达波。通过测得各种回波到达的时间及波形,求得波速及各个折射界面的相对位置;或利用回波在不同岩土层中的传播特征,推测地层情况及岩土体的性质。由此可知,地震法可分为直达波法、反射波法、折射波法和波速法4种,其中最常用且较为有效的是折射波法。

雷达技术虽早在20世纪40年代二次世界大战时就已应用于空间探测,但由于雷达发射能量的限制,直到70年代才由美国冠克等人开始研究探地雷达,并获得成功。

探地雷达有地下发射和地下接收的无线电透射法,也有地面发射和地面接收回波的反射法;有单周脉冲式的雷达波,也有连续发射的雷达波。各种形式的探地雷达都有共性要求。例如:发射的雷达波均为甚高频(VHF)的电磁波;通常具有100dB以上的能量,以便能够探测一定的深度范围。通常每米厚的地层可使雷达波衰减数个分贝,这主要取决于土质岩性的差异。一般而言,带有较大空隙的干燥松散砂层对雷达波衰减较少,而饱和的黏土层则衰减较大。

单周脉冲式雷达反射波探测技术的基本原理是,由雷达天线发射的甚高频电磁波到达地层中一定深度时,若在此深度范围内有地层变化或地下洞穴、埋设物等异常对象,就可使雷达波反射回来,并用接收天线予以回收。设雷达波从发射至接收回来的总时间为T(以ms计),地下拟探测的对象埋设深度(或相对距离)为D,地层对雷达波的衰减作用采用现场校准试验确定的“衰减系数”n(在空气中$n=1$;在岩土层中$n=1.4\sim4.0$),则探测对象的埋深为:

$$D = T/2n \tag{2-42}$$

为了达到目的,探地雷达的基本装置至少应包括下列4个部分。

(1)天线:可用单一天线(带有TR接收器)或分离天线进行发射和接收。切忌宽频带发射,以免无法接收。

(2)雷达电磁波发射器:电压可为数十伏至数千伏,主要依靠雪崩三极管发射脉冲,均功率/峰值功率<0.001为宜。

(3)接收器和处理器:用以接收反射回来的波形,并加以处理。

(4)显示器:通常可用示波仪、电子绘图仪或磁录机进行显示记录。

利用探地雷达既可以探测地层的不连续性,如地层的变化、空洞等,也可以探测地下埋设物的情况,如地下管线,还可以用于检查管道的泄露点。

2.3.4 大型长输管道地基工程勘察

按照国内外有关规定,大型长输油气管道是指长度超过50km,管径大于700mm的管道。大型长输油气管道的工程勘察可分为选线勘察、初步勘察及详细勘察3个阶段。

2.3.4.1 选线勘察

选线勘察阶段的目的和任务是通过收集资料、测绘与调查,掌握各线路方案起讫点和必经的控制点间的主要岩土工程问题,从而选择地形和地质条件较好、地基处理较易、安全经济的线路走向方案。

1)选线勘察的要求

(1)调查沿线地形地貌、地质构造、地层性质、水文地质等情况;阐述线路各方案通过地区的岩土工程条件。

(2)了解线路各方案的特殊性岩土与不良地质现象发育地段的性质调查,分析它们的发展趋势及其对管道施工的危险程度。

(3)了解控制线路方案的河流的地层、岩性、构造、河床与岸坡的稳定程度等情况，提出穿越方案比选建议。

(4)调查沿线有关大型水库的分布情况、近期和远景规划、水库水位、回水浸没和坍岸的范围及其对线路方案的影响。

(5)调查沿线矿产分布概况。

(6)调查沿线地震设防烈度。

2)管道线路选择的原则和要求

管道线路方案的选择是管道工程勘察的重要内容之一，必须综合分析运营、施工、交通和路径长度等因素，根据沿线的岩土工程条件，选择安全、经济的路径方案，选择的原则和要求具体如下：

(1)线路应力求顺直，以缩短线路长度。另外，在技术合理、安全经济的前提下，线路尽量沿着铁路、公路、等交通方便的地方，并尽量少占或不占农田，同时考虑城镇规划和农田、水利规划，达到节约工程建设投资、材料和运营、管理费用的效果。

(2)线路应力求减少同天然和人工障碍交叉，并同穿越大、中型河流位置的选择相结合。

(3)线路不宜选择在城市交通繁忙地段和水源区，避开不良地质现象和不利的地形地貌。

(4)地震烈度7度以上的发育断裂带不宜铺设管道。

(5)线路不宜选择在电站、变电站和电气化铁路等有杂散电流影响的地区。

(6)线路应避开军工企业、国家重点文物保护区和国家自然保护区等区域。

(7)线路应尽量避免通过城镇和工矿区，如通过此类地区，应考虑它们的规划和发展。

(8)穿越河流的位置应选择在河段顺直、河床与岸坡稳定、水流平缓、河床断面大致对称、河床岩土构成比较单一、两岸有足够施工场地等有利地段。确定拟选穿越河段时宜避开下列河段：

①河道异常弯曲、主流不固定、经常改道的河段；

②河床为粉细砂土组成，冲淤变幅大的河段；

③岸坡区岩土松散，不良地质现象发育，且对穿越工程稳定性有直接或潜在威胁的河段。

2.3.4.2 初步勘察

初步勘察主要是在选线勘察的基础上，进一步收集资料和现场踏勘，进行工程地质测绘与调查，对拟选线路方案的岩土工程条件作出初步评价，协同设计人员选择出最优的线路方案。

初步勘察主要包括如下内容：

(1)划分沿线地貌单元。

(2)初步查明管道铺设深度范围内的地层成因、岩性特征和厚度。

(3)调查岩层产状和风化破碎程度及对管道有不良影响的全新活动断裂的性质和分布特点。

(4)调查沿线滑坡、崩塌、泥石流、冲沟等不良地质显现的范围、性质、发展趋势及其对管道的影响。

(5)调查沿线井、泉的分布等情况；调查含水层的埋藏条件，地下水类型，补给排泄条件，各层地下水位，调查其变化幅度，必要时应设置观测孔，监测水位变化；当需绘制地下水等水位线图时，应根据地下水的埋藏条件和层位，统一测量地下水位；当地下水可能影响管道时，应采取水试样进行腐蚀性评价。

(6)初步查明拟穿越河流的岸坡稳定性、河床和两岸的地层岩性和洪水淹没范围。

(7)管道通过河流、冲沟、湖泊、铁路和公路等地形应进行穿越工程勘察,有条件时宜作物探工作。物探工作应选择在拟穿越河段的内进行,主要采用断面控制,断面间距为100～200m。对地质条件复杂的大中型河流,应进行勘探工作,每个穿越方案宜布置勘探点1～3个,勘探点的深度要求为:控制性勘探点为15～20m(自河底算起,以下同),一般性勘探点为8～12m,在上述范围内遇见基岩时,以钻穿强风化为限。

2.3.4.3 详细勘察

详细勘察的主要目的和任务是在初步勘察的基础上,查明沿线的水文地质、工程地质条件及环境水对金属管道的腐蚀性,并提出岩土工程设计参数和建议。该阶段的具体要求如下。

(1)对管道线路工程,沿线每1km不宜少于1个勘探点,包括地质点及原位测试点,并应根据地形、地质条件复杂程度适当增减勘探点。勘探点深度应达到管道埋设深度以下1m。

(2)当管道要穿越河流、冲沟、湖泊、铁路和公路等地形时,勘察应符合下列要求:

①查明穿越断面的地层结构、松散地层的颗粒组成及其工程地质性质;

②评价河床的冲刷深度及稳定性;

③评价岸坡的稳定性,提出护坡措施的建议;

④勘探点应布置在管道的中线上,并不得偏离中线3m;

⑤勘探点间距宜采用30～100m,但不应少于3个;

⑥对于定向钻穿越方式,勘探深度为设计定向钻深度以下2～3m;对于顶管方式根据顶管要求确定。

详细勘察阶段的岩土试验项目根据穿越方式和岩土的性质确定,如表2-29所示。

大型长输油气管道勘察试验项目　　表2-29

穿越方式		定向钻	顶管
岩土性质	黏性土	天然密度、天然含水率、可塑性	应进行顶管所通过的各土层的物理力学性质试验
	碎石土、砂土	颗粒分析	
	岩石	饱和状态下的单轴抗压强度	

参考文献

[1]马保松．顶管与微型隧道技术．北京:人民交通出版社,2004

[2]方云,林彤,谭松林．土力学．武汉:中国地质大学出版社,2003

[3]鄢泰宁．岩土钻掘工艺学．武汉:中国地质大学出版社,2001

[4]胡厚田,土木工程地质．北京:高等教育出版社出版,2001

[5]李隽蓬,谢强．土木工程地质．成都:西南交通大学出版社,2000

[6]中华人民共和国建设部．建筑地基基础设计规范 GB 5007—2002. 北京:中国建筑工业出版社,2005

[7]建筑地基与土工试验标准规范汇编．北京:中国计划出版社,1995

[8]城市地下管线探测技术规程 CJJ 61—2003、J 2714—2003,北京:中国建筑工业出版社,2003

[9]市政工程勘察规范 CJJ 56—94,北京:中国计划出版社,1994

CHAPTER 3

地下管线探测技术

由于城市地下已有的管线纵横交错，这些管线重、乱、密，形成人为的地下障碍，无疑会给非开挖施工带来困难和风险，时有钻穿煤气、给水、电信、电力管线而影响交通和造成经济损失的情况发生，因此必须在非开挖施工前进行施工场地的地下管线探测。

非开挖场地管线探测的主要任务是查明施工场地有无已铺设的地下管线，包括给排水、燃气、热力、工业等各种管道以及电力和电信电缆等，查明地下管线的平面位置、走向、埋深（或高程）、规格、性质、材质等，并编绘地下管线图；除此以外，还应查明每条管线的产权单位，而且探测范围应包括整个施工区域、可能受施工影响威胁地下管线安全的区域，一般在施工场地四周边界再各向外扩展20m（特殊情况应扩展50m）作为探测区域，保证探测的完整性。

按探测任务，城市地下管线探测可分为市政共用管线探测、厂区或住宅小区管线探测、施工场地管线探测和专用管线探测4类。本章仅介绍与非开挖地下管线施工有关的施工场地管线探测。

3.1 非开挖地下管线探测的一般要求

3.1.1 非开挖施工场地管线探测的特点

非开挖场地管线探测具有以下特点。

（1）可利用资料少。由于场地地下管线种类繁多，属不同部门管理，资料分散且存储形式也不一，通常难以准确反映施工区域的管线现状。对已完成管线普查的城市来说，由于两者探测范围及取舍标准的不同，也不能完全保证施工场地管网探测的需要。

（2）场地工作面积小。施工场地管线探测范围主要是规划红线范围及可能受施工影响的范围，而管线是沿某一路径埋设，涉及范围广，因此管线探查所需场地范围往往要比施工场地范围大得多。场地面积小，可能限制了某些方法的使用。

（3）探测精度要求高。场地管线探测涉及到场地范围内埋设的所有地下管线，特别是影响重大的管线要求准确定位定深。管线点密度应能准确反映场地范围内管线的走向、埋深的变化以满足场地设计、施工的需要。

（4）探测工期紧。施工场地管线探查受建设工期影响，往往要求在较短时间内完成。

3.1.2 地下管线探测的基本程序和要求

由于我国各地的管网资料完整程度不同，像广州、深圳、武汉、成都等城市做了管线普查，但大部分未做普查；即使做过普查，普查后的新管线未必反映到管线现况图上。总之，在施工现场中有很多不确定因素，容易造成误判。管线施工的前期完整探测，是非开挖设计合理导向轨迹和减少对设施破坏的风险的保证。

地下管线探测工作宜遵循下列基本程序：接受任务、搜集资料、现场踏勘、方法试验、编制技术设计、实地调查、仪器探查、建立测量控制、管线点连测、地下管线图编绘、报告书编写和成果验收。探测的管线或工作量较少时，上述工作程序可以简化。

地下管线现场探测前，搜集和整理测区范围内已有的地下管线资料和有关测绘资料，宜包括下列内容：

(1)业主已有的各种地下管线图。

(2)各种管线的设计图、施工图、竣工图及技术说明资料。

(3)相应比例尺的地形图。

(4)测区及其邻近测量控制点的坐标和高程。

在搜集资料的基础上，对施工现场进行详细的踏勘，主要内容有：

(1)利用最新的地下管线图(无管线图的，用地形图)作为工作底图，核对已有资料的情况，并通过观察测区存在的明显管线和管线的明显点、管线附属设施及建(构)筑物等了解已有管线的种类、管线的分布状况及其对非开挖工程的影响，在工作底图中标出，同时评价现有管线图的可利用程度，这对采用探测管线的准确性十分有利，作为进一步探测的基础。

(2)实地调查访问场地附近的居民、企事业单位，了解测区范围内是否存在其他管线及其大致的位置、走向。对给水、燃气、电力、通信等市政公用管线部门及部队、铁路、民航、海运和可能存在的其他专用管线部门咨询了解该区域是否存在直埋管道、电缆等，以便有计划、有目的地进行资料的收集，达到事半功倍的效果。

(3)察看工区的地面建筑、地貌、交通情况及各种可能的干扰因素。

(4)核查测区内测量控制点的位置。

施工场地管线图探测基本地形图的比例尺一般为1:200～1:1 000。

3.1.3 地下管线探测精度要求

施工场地地下管线探测可采用本地的建筑坐标系统，但应与当地城市坐标系统建立换算关系。城市地下管线探测的精度应符合以下规定。

(1)隐蔽勘探点的探查精度见表3-1。

隐蔽管线点的探查精度　　表3-1

地下管线中心埋深(cm)	水平位置限差 δ_{ts}(cm)	埋深限差 δ_{th}(cm)
$h\leq100$	±10	±15
$h>100$	±0.1h	±0.15h

(2)测量管线点(管线点是为了探查和测绘地下管线而设置的测点)的测量精度：

平面位置中误差不得大于±5cm(相对于邻近控制点)；

高程测量中误差不得大于±3cm(相对于邻近控制点)。

(3)管线图的绘制精度。

管线的实际线位与邻近地上建(构)筑物、道路中心线及相邻管线的间距中误差不得大于图上0.5mm。

3.1.4 地下管线探测的取舍标准

地下管线探测的取舍标准应根据城市的具体情况、管线的疏密程度和委托方的要求确定。例如，市政共用管线探测宜按表3-2取舍。

市政共用地下管线探测的取舍标准　　表3-2

管线类型	需探测的管线
给水	管径≥50mm或≥100mm
排水	管径≥200mm或≥300mm；方沟≥400mm×400mm
燃气	管径≥50mm或≥75mm
工业	全测
热力	全测
电力	全测
电信	全测

非开挖地下管线施工有关的施工场地管线探测，其技术要求应该高于表3-2的取舍标准。场地探测一般要求必须保证探测完整性，不能漏测对非开挖施工有影响的管线。

3.2 地下管线探测原理

在管线探查中使用率最高的地球物理方法是电磁法。其中又以电磁感应法使用最多。地质雷达(电磁波法)则作为电磁感应法的重要补充，在困难条件的管线探测时使用。

3.2.1 麦克斯韦微分方程

理想介质中的时变电磁场可按似稳场处理的条件。当场点到源点的距离 R 远小于场的波长 λ 时，略去位移电流是合理的，也就是似稳场在理想介质中的存在范围。

似稳场的微分形式的基本方程组是：

$$\nabla \times H = J \tag{3-1}$$

$$\nabla \times E = -\frac{\partial B}{\partial t} \tag{3-2}$$

$$\nabla \times D = \rho \tag{3-3}$$

$$\nabla \times B = 0 \tag{3-4}$$

式中：E——电场强度，V/m；

B——磁感应强度或磁通量密度，T；

H——磁场强度，A/m；

D——电位移矢量，C/m^2；

J——传导电流密度，A/m^2；

ρ——自由电荷密度，C/m^3；

t——时间，s。

同静态电磁场情况相比，电场的方程发生了变化（此处考虑了电磁感应），而磁场的方程没有改变。也就是说，可以略去电磁场的波动性，认为场和源之间具有类似于静态场中场和源之间瞬时对应关系。

3.2.2 直线电流电磁场

通常在管线上发送某种频率的交变电流，然后在地面上观测由该电流产生的交变磁场分布特征，即可达到探测地下管线的目的。

1）无限长直流导线的电磁场

假定真空中导线上恒定电流为 I，长为 $2L$ 的长直细导线，考虑到对称性，选择圆柱坐标系，e_ϕ 为柱坐标的 ϕ 方向单位矢量，令 e_x、e_z 为柱坐标的 x、z 方向单位矢量，导线与 z 轴重合，坐标原点放在导线中点上，直导线产生的磁场与 ϕ 角无关，如图 3-1 所示。P 点的磁感应强度 B 可写为：

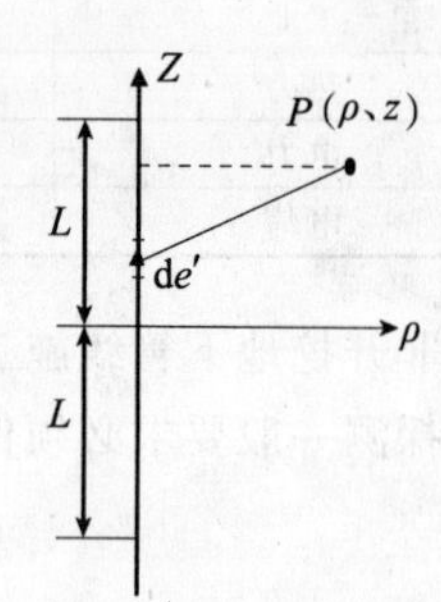

图 3-1　无限长导线电磁场公式推导

$$B = \frac{\mu_0}{4\pi}\oint_{l'} \frac{I'\mathrm{d}l' \times e_R}{R^2} \tag{3-5}$$

其中：

$$I'\mathrm{d}l' = I\mathrm{d}z'e_z$$

$$R = \sqrt{\rho^2 + (z - z')^2}$$

$$I'\mathrm{d}l' \times e_R = I\mathrm{d}z'e_z \times e_R = I\mathrm{d}z'\frac{\rho}{R}e_\phi$$

故：

$$\begin{aligned} B &= e_\phi \frac{\mu_0 I\rho}{4\pi}\int_{-L}^{L} \frac{\mathrm{d}z'}{[\rho^2 + (z - z')^2]^{3/2}} \\ &= e_\phi \frac{\mu_0 I\rho}{4\pi} \frac{-(z - z')}{\rho^2[\rho^2 + (z - z')^2]^{1/2}}\Bigg|_{-L}^{L} \\ &= e_\phi \frac{\mu_0 I}{4\pi}\left[\frac{z + L}{\sqrt{\rho^2 + (z + L)^2}} - \frac{z - L}{\sqrt{\rho^2 + (z - L)^2}}\right] \end{aligned} \tag{3-6}$$

式中：ρ——场点到导线的垂直距离；

B——磁感应强度，方向垂直穿入纸平面；

μ_0——真空中磁导率。

若为无限长载流长直细导线，即 $L \to \infty$，可得：

$$B = \frac{\mu_0 I}{2\pi\rho}e_\phi \tag{3-7}$$

实际工作中，用磁场强度 H 表示（$B=\mu H$，非磁介质时，$\mu=\mu_0$），将 ρ 改写为 r，即可求得地下单根载流的无限长导线在地面某点 P 产生的磁场强度为：

$$H_P=\frac{I}{2\pi r}e_\phi \tag{3-8}$$

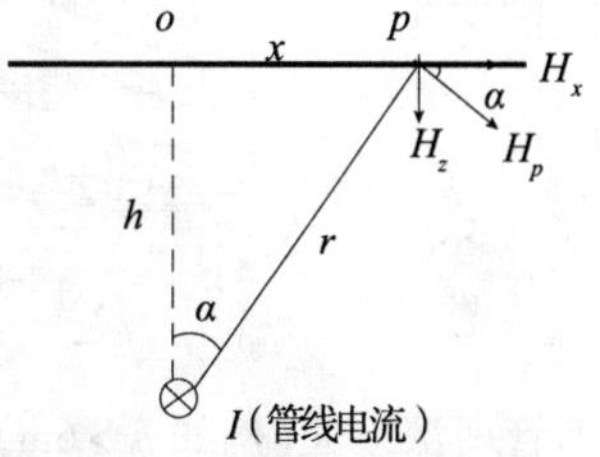

式中：H_P——P 点的磁场强度，A/m；

I——导线中的电流强度，A；

r——导线至 P 点的距离，m，见图 3-2；

h——管线中心埋深，m。

图 3-2 磁场各分量

通过推导计算得：

$$H_x=\frac{I}{2\pi}\cdot\frac{x}{x^2+h^2}e_x \tag{3-9}$$

实践中，只要 3～5 倍目标管线埋深内的无其他管线，管线长度比管线埋深足够大，即：

$$H_z=\frac{I}{2\pi}\cdot\frac{x}{x^2+h^2}e_z \tag{3-10}$$

则可视该目标管线为无限长。

在无限长载流直导线所产生的磁场中，容易看出，磁感应强度线是中心在导线轴上而与导线垂直的一些圆。

2）直线电流磁场 H_x、H_z、ΔH_x 曲线分析

在下列的计算中，我们假定地下管线分别埋于 0.5m、1m、1.5m、2m 的情况，同时假定供电电流 $I=2\pi$（安培），磁场强度各分量的单位为安培/米（A/m）。

（1）单线圈 H_x 曲线

如图 3-3 所示，可以看出：

$$H_{x\max}=\frac{I}{2\pi h}e_x \tag{3-11}$$

①单个线圈接收磁场的水平分量 H_x，当 $x=0$ 时，也就是位于管线的正上方有极大值，这确定了管线的平面位置。

②当埋深增大时，H_x 最大值急剧下降。

③电流不变时，埋深增大 1 倍，H_x 极大值降为原值的1/2倍。

（2）单线圈 $|H_z|$ 曲线

如图 3-3 所示，可以看出：

①单个线圈接收磁场的水平分量 $|H_z|$，当 $x=0$ 时，有极小值：$|H_z|=0$，也就是位于管线的正上方有极小值，可确定管线的平面位置。

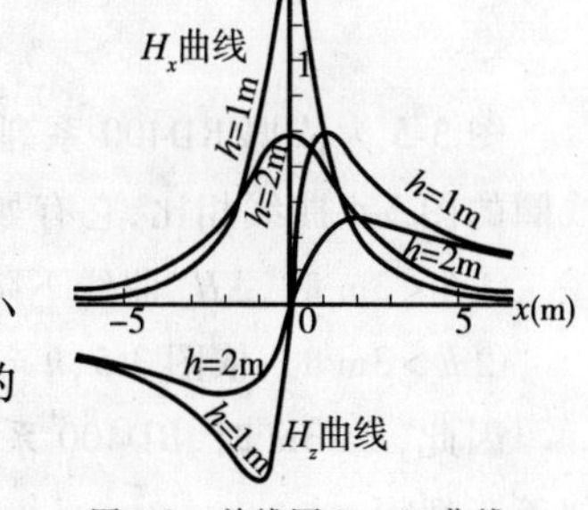

图 3-3 单线圈 H_x、H_z 曲线

②当 $x=\pm h$ 时，$|H_z|$ 极值为 H_x 极值的一半：

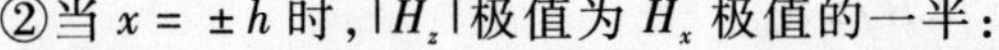

$$|H_{z\max}|=\frac{1}{2}|H_{x\max}| \tag{3-12}$$

（3）单线圈归一化 H_x 曲线

如图 3-4 所示，是对 H_x 曲线各自的 H_x 最大值归一的 $H_x/H_{x\max}$（无量纲）曲线。可以看出：

①埋深越小，曲线越陡，埋深越大，曲线越平缓。

②穿越 0.8max 两个点间的距离等于埋深 h，穿越半极值（0.5）点间的距离等于 2 倍埋深 h。

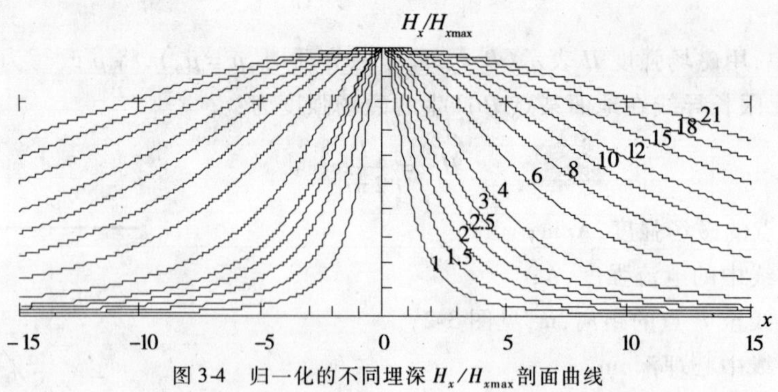

图 3-4 归一化的不同埋深 H_x/H_{xmax} 剖面曲线

不管埋深多大(例如 $h>6$m),此式均成立。

(4)双线圈 ΔH_x 求埋深公式

用上(t)、下(b)两个线圈,在不同的高度上接收电磁场水平分量,分别用 H_x^b 和 H_x^t 表示。当探头位于管线正上方,即 $x=0$ 时,利用这两个线圈可直接求出埋深:

$$h=\frac{H_{xmax}^b}{H_{xmax}^b-H_{xmax}^t}D \tag{3-13}$$

这样就可以利用上下两个线圈测得的 H_{xmax} 对地下管线进行定位。用 t、b 线圈所测得的水平分量极大值和 t、b 线圈距 D 送入仪器电算电路,按式(3-13)可直读管线埋深 h,也就是"双天线直读深度法"。

(5)RD 系列管线仪的归一化 ΔH_x 曲线

RD 系列探测仪器的接收机输出的不是 $\Delta H=H_x^b-H_x^t$,而是对上线圈磁场 H_x^t 乘以常数再作差值计算。根据邢方亮、曹文海、陆正立等的研究,RD400 系列管线仪 $D=40$cm,α 为比例系数,$\alpha=0.775$。则得:

$$\begin{aligned}\Delta H_x &= H_x^b-\alpha H_x^t\\ &=\frac{I}{2\pi}\left(\frac{h}{x^2+h^2}-0.775\,\frac{h+D}{x^2+(h+D)^2}\right)e_x\end{aligned} \tag{3-14}$$

在 $x=0$ 处,公式变为(3-15)式:

$$h=D\,\frac{H_x^b-\Delta H_x}{\Delta H_x-0.225H_x^b} \tag{3-15}$$

图 3-5 为依据 RD400 系列管线仪 $D=40$cm,$\alpha=0.775$ 的条件绘制的 ΔH_x 计算曲线,与单线圈的图 3-4 曲线相比,它有如下特点:

①$h<3$m 时,ΔH_x 曲线下降到 0.7 的两个点间距近似等于埋深。

②$h>3$m 时,依图 3-5,$h=3\sim12$m 范围内,部分计算数据结果见表 3-3。

因此,$h>3$m 时,RD400 系列管线仪的 ΔH_x 曲线下降到 0.75(而不是 0.7)的两个点间距近似等于埋深。

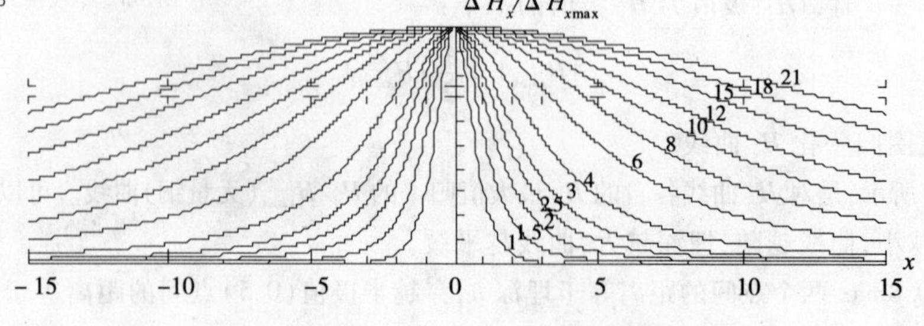

图 3-5 不同埋深、归一化的 $\Delta H_x/H_{x\max}$ 剖面曲线

依图 3-5 的部分计算结果　　表 3-3

深度(m)	70%法	差值(m)	误差(%)	依 75%	差值(m)	误差(%)
3	3.08	0.08	—	—	—	—
4	4.30	0.30	7.50	3.86	-0.06	-3.5
6	6.58	0.58	9.55	5.92	-0.08	-1.3
12	14.26	2.26	19.9	12.6	0.6	5

3.2.3 磁偶极子的电磁场

英国的 RD4000、DrillTrack 系统、美国的 Digitrak 系统、Subsite 系统等探测仪的示踪法是根据磁偶极子分布场而设计的，设其磁矩为：$\vec{m}M = \vec{I} \times \vec{S}$

那么磁场公式为：

$$\vec{B} = \frac{3(\vec{m} \cdot \vec{r})\vec{r}}{r^5} - \frac{\vec{m}}{r^3} \tag{3-16}$$

设 θ 为磁偶极子 $\vec{m}$ 与接收点的连线 $\vec{r}$ 的夹角，$|\vec{m}| = M$，$|\vec{r}| = R$，磁偶极子场在地面上的水平分量 H_x 为：

$$H_x = \frac{M}{R^3}(3\cos^2\theta - 1)\ \frac{M}{R^5}(2X^2 - Z^2) \tag{3-17}$$

其中：$R = \sqrt{X^2 + Z^2}$，在地面上 $Z = h$ 为(地下管线)信号源的深度。

最大值：当 $X = 0$ 时，

$$|H_x| = \frac{M}{Z^3} = \frac{M}{h^3} \tag{3-18}$$

即信号最大处为地下管线的正上方。

零点：当 $X = \pm\frac{\sqrt{2}}{2}h$ 时，$H_x = 0$，在地面上可探得两个过零点，此两个过零点间的距离 $X = 2x = \sqrt{2}z = \sqrt{2}h$。

$$即:h = \frac{\sqrt{2}}{2}X = 0.7X \tag{3-19}$$

因此，地下管线信号源的深度是两个过零点间的距离的 0.7 倍。它的曲线见磁偶极子的磁力线及总场三维图(图 3-6)。

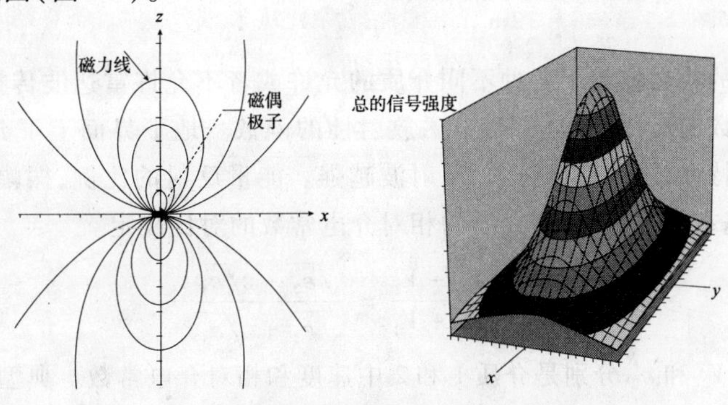

图 3-6　磁偶极子的磁力线及总场三维图

3.2.4 探地雷达(GPR)

以上利用直线电流电磁场、磁偶极子场的探测方法使用的工作频率都小于100kHz,而GPR雷达使用的频率为10~1 000MHz,对非金属管线特别是塑料(PVC、PE)管线有良好的探测效果。

1)探地雷达原理

探地雷达(GPR)是非破坏性的地球物理学的方法,它由发射—接收装置组成,它的发射器产生非常短的脉搏(几十亿分之一秒),而且由地面偶极天线发出;能量能被像管道的任何目标反射,然后被接收天线收到,接收天线与发射天线都是固定的,它们沿着表面一起移动。接收器处理由设备收集的数据,并在一个彩色监视器上显示结果。

探地雷达通常以反射剖面法工作并以数字化形式采样记录,波形的正负峰可分别以黑白、灰阶或彩色表示。管线异常在雷达图像上的特征是一条双曲线,通常可根据这一异常特点来判定管线位置、深度。

2)电磁波速度

在任何介质内电磁波的速度与光速($c=0.3\text{m/ns}$)、相对介电常数(ε_r)和相对磁导率(非磁性的材料$\mu_r=1$)有关,在介质中的电磁波的速度(V)是:

$$V=\frac{C}{\sqrt{(\mu_r\varepsilon_r/2)((1+P^2)+1)}} \tag{3-20}$$

P是损失因素的地方,$P=\sigma/(\omega\varepsilon)$,$\sigma$是导电率,$\omega=2\pi f$($f$是频率)和$\varepsilon=\varepsilon_r\varepsilon_0$($\varepsilon$是介电常数),$\varepsilon_0$是自由空间的介电常数($8.854\times10^{-12}$法拉第/m)。

金属对电磁波是全反射,因为对任何的金属$\mu_r\gg1$和$P\gg1$,波速度是零。

在低损失介质中,$P\approx0$,电磁波的速度是:

$$V=\frac{C}{\sqrt{\varepsilon_r}}=\frac{0.3}{\sqrt{\varepsilon_r}}(\text{m/ns}) \tag{3-21}$$

这些测试的结果与管线图是一致的。

3)双程旅行时间

探测深度(h)可从两个方面决定,首先,使用式(3-20)和式(3-21)计算介质的速度V,其次,从GPR信号的图像决定的双程旅行时间(T),使用下列公式:

$$h=\frac{VT}{2} \tag{3-22}$$

4)反射系数

探地雷达方法的成功依赖于各种不同介质的允许或者不允许雷达波传播的能力。相邻层之间的相对介电常数的对比度,是一个电磁放射性的函数。地下界面上下介质的物性差异决定了电磁波的传播特性,物性差异越大,反射波越强。能量反射的比例,振幅反射系数R,由速度的比较决定,更基本的是,由相邻介质的相对介电常数的对比决定。

$$R=\frac{V_1-V_2}{V_1+V_2}=\frac{\sqrt{\varepsilon_2}-\sqrt{\varepsilon_1}}{\sqrt{\varepsilon_2}+\sqrt{\varepsilon_1}} \tag{3-23}$$

其中,V_1和ε_1、V_2和ε_2分别是介质1和2中速度和相对介电常数。典型地,ε_r随深度而增加。在任何情况下,R的大小位于±1中。透射系数等于$1-R$,反射能量等于R^2。

由于金属管壁跟周围介质粉质黏土的电常数比差很大(一般为6/300),在金属管道的上管壁发生了全反射,没有底反射,再没有能量传入下管壁,故金属管线中电磁波波速为零。非金属管线除管线本身材质与周围介质存在一定差异外,如混凝土介电常数为6.4,传播速度为0.12m/ns,而湿土介电常数为10~15,波速为0.07~0.l0m/ns,更主要的是管道内介质如水、气体等与周围介质电磁性差异更大。

上下介质中波速大小决定反射波振幅方向,当从介电常数小(波速大)的进入介电常数大(波速小)的介质时,反射系数为负,即反射波振幅反向;反之,从介电常数大的(波速小)进入介电常数小(波速大)的介质时反射系数为正,反射波幅与入射波同向。一般情况下反射信号以管线的外层界面为主,其他层面较弱。金属管线由于金属内波速近似为零,基本是全反射波,波型自然为反向,而且振幅较强。

5)双曲线反射

当天线沿垂直于线状目标物(管线等)路径越过的时候,便产生了双曲线的反射。因为天线发射束有一个宽的发射特性,形成了双曲线形状。双曲线的顶点代表目标物的顶端。目标物的位置和深度简单地由读取雷达图显示的双曲线形状的坐标获得。

图3-7是雷达截面图中一个典型抛物线形状形成过程的梗概图解。如图所示,在现场采集阶段,天线在一定距离内开始探测到埋藏的物体。探地雷达可以从不同的距离看到目标,这样,在雷达图上就产生了典型的抛物线形状。

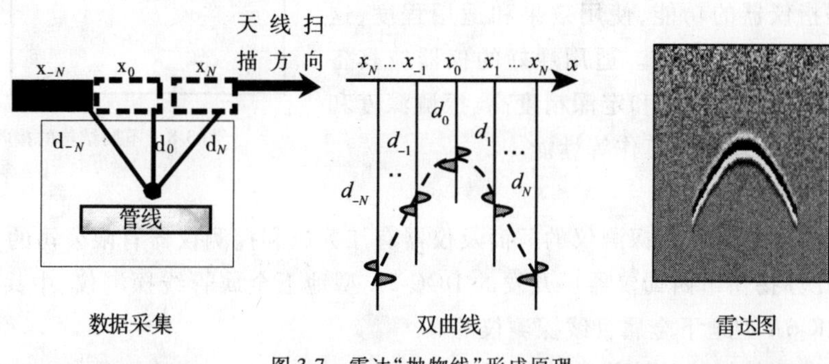

图3-7 雷达"抛物线"形成原理

3.3 管线探测仪器设备

随着管线探测仪市场需求的扩大,国内外有很多厂商生产金属管线探测仪和探地雷达。

3.3.1 金属管线探测仪

1)地下金属管线探测仪线圈结构类型

目前使用的专用地下管线探测仪大都是根据电磁法原理设计的，由发射机和接收机两部分组成。接收机从结构上可分为：单线圈结构、双线圈结构和多线圈组合结构(图3-8)。

而单线圈又可分为单水平线圈和单垂直线圈结构。

(1)单水平线圈结构：利用单水平线圈接收管线所产生磁场的垂直分量对管线进行定位、定深。

(2)单垂直线圈结构：利用单水平线圈接收管线所产生磁场的垂直分量对管线进行定位、定深。

(3)双线圈结构：利用上下两个垂直线圈接收管线所形成电磁场的水平分量来定位、定深。双水平线圈管线仪在定位精度及分辨率上比单线圈管线仪有较大提高，同时能直接读取管线的深度值。

(4)双线圈组合结构：有些仪器采用两个或多个水平线圈和一个或两个垂直线圈的组合结构，使仪器的功能增加。

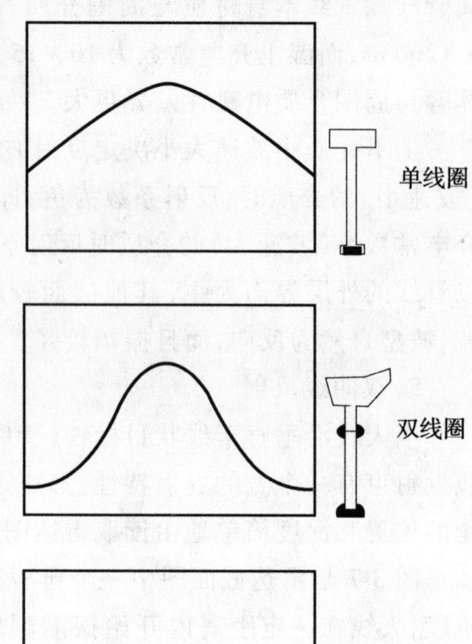

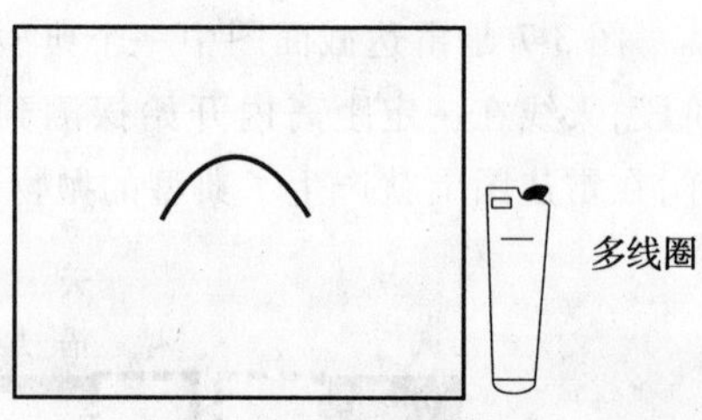

图3-8 不同结构的接收机

不同型号的管线仪，其性能结构不尽相同。地下管线探测仪的优劣应从其适用性、耐用性、轻便性和性能价格比等几个方面来评价。

适用性是指仪器的功能、使用效果和适用程度，这是评价仪器优劣的基本标准。适用性好的仪器应具备功能多、工作频率合适、定位和定深精度高、探测深度和距离大、能在恶劣的环境下工作等性能。

2)国产金属管线探测仪

国内目前生产地下管线探测仪的厂商及仪器有江苏晟利探测仪器有限公司的SL-480地下管线探测仪、江苏扬州市西蜀仪器厂开发的DGC-3A型地下金属管线探测仪、中兵勘察设计研究院开发的BK-6A型地下金属管线探测仪等。

国内几种典型管线仪的性能参数见表3-4。

典型的国产管线探测仪的性能参数 表3-4

仪器型号及名称		SL-480地下管线探测仪	DGC-3A型地下金属管线探测仪	GXD-2地下管线定位仪	BK-6A地下金属管线探测仪
	研制单位	江苏晟利探测仪器有限公司	江苏扬州市西蜀仪器厂	上海微波技术研究所	中兵勘察设计研究院
探测系统性能	探测方式	直接法磁偶极感应法		直接法磁偶极法	磁偶极法
	工作频率(kHz)	0.05、0.512、8、33	66.35	100	76.81
	最大探测深度(m)	≤5	≥6	3	5
	平面定位精度(cm)	≤±2%h	≤2	±10	≤±5%h
	定深精度	≤±5%h		±10cm±2.5%h	±5cm±10%h
	工作温度(℃)	-10~+55	-30~55	-10~50	-20~50

续上表

仪器型号及名称		SL-480 地下管线探测仪	DGC-3A 型地下金属管线探测仪	GXD-2 地下管线定位仪	BK-6A 地下金属管线探测仪
接收机	接收线圈类型	多线圈(水平、垂直)		可伸缩/旋转的铁芯线圈	磁性线圈
	接收频率(kHz)	0.05、0.512、8、33	66.35	100	76.81
	灵敏度	3μV		2nT/2.5μA	
	指示方式	数字、光标、扬声器		扬声器电表指针	数字、指针、音响
	电源	7.4V2.6A · h 锂电	11.1V3.2A · h 锂离子电池	12 节 5 号电池(LR6)	8 节充电电池(12VDC)
	质量(kg)	2.6(含电池)		2.5	0.6
发射机	发射方式	直连、感应		连续/电压指示连续	连续可调
	发射频率(kHz)	0.51、8、33	66.35	100	76.81
	输出功率	10W(0.5~10W,自动调节)	0~10W、连续可调	400mW	1.5W 连续可调
	电源	12V 锂电池组	12V8A · h 镍氢充电电池	6 节 1 号电池(LR26)	15VDC 可充电电池组
	质量(kg)	3.2(含电池)		2.5	2.3

注:h 是管线中心埋深。

3)国外金属管线探测仪

国外研制生产地下管线探测仪也有很多厂家,有英国雷迪公司的 RD4000 智能互联网型地下管线探测仪、美国 Subsite 的 950R/T 管线探测仪、日本富士的 PL-960、日本 LD500 管线探测仪等。国外几种典型管线仪的主要性能参数见表 3-5。

典型的国外管线探测仪的性能参数 表 3-5

仪器型号及名称		950R/T 管线探测仪	RD4000PXL 管线探测仪	PL-960 管线探测仪	LD500 管线探测仪
探测系统性能	研制单位	Subsite(美国)	radiodetection(英国)	富士(日本)	Leidi(日本)
	最大探测深度(m)	4.6(直读)	5	5	10
	平面定位精度(cm)	±3% ~5%	±5% 埋深	±5% 埋深	
	定深精度	(±3% ~5%)h	(±3% ~5%)h	±5%h(0~2m) ±10%h(2~5m)	±5% 埋深 ±5cm
	工作温度(℃)	-20~50	-20~50	-20~50	-20~40
接收机	接收线圈	单、双水平线圈,垂直线圈			
	接收频率(kHz)	有源:0.512、8、29、80 无源:31,50/60Hz,无线电	0.32、0.64、8、33、65、50/60Hz,无线电	27、83、334、无线:15~25	0.512、9.5、38、80、9.5/38、0.05/0.06、0.01,无线:15~25
	指示方式	LCD 显示	扬声器、液晶显示	液晶显示	液晶显示(带背光)
	电源	6 节 2 号电池	4 节 1 号电池	6 节 3 号电池	8 节 5 号电池
	电池寿命(h)	50		10	20
	质量(kg)	2	2.8	2.2	2.1
	发射频率(kHz)	0.512、8、29、80	0.32、0.64、8、33、65	27、83、334	0.05、0.48、1.45、9.82
	输出功率	3	10	3	
	电源	8 节 1 号电池	8 节 1 号电池	8 节 1 号电池	8 节 1 号电池
	质量(kg)	3.3	4.3	2.5	3.7

3.3.2 雷达探测仪器

国内目前生产的雷达有：中国电波传播研究所开发的 LT-1 ~ 10、LTD-2 000 和 LTD-3000 等。

国外研制生产地下管线探测仪的也有很多厂家，有：

(1)加拿大 Sensors&Software Inc. 生产的 Noggin 500 型新一代数字式探地雷达。

(2)意大利博泰克 RIS-K2 和 Detector 数字化管线雷达。

(3)瑞典 Mala Geoscience 公司生产的公用事业 RAMAC X3M 专用雷达、Easy Locater 管线雷达。

(4)英国皇家陆军军官学校开发的 HUDEM。

(5)挪威科学技术大学开发的 RadioStar。

(6)日本 OYO 公司开发的 Georadar 探地雷达等。

国外几种典型管线仪的主要性能参数见表 3-6。

国内外部分探地雷达产品技术性能对比表　　表 3-6

技术参数	LTD-10	SIR2000 Pulse	EKKO1000
主机结构	工控机和雷达主机一体化设计，利用键盘或鼠标可完成数据采集和后处理工作	一体化设计专为数据采集设计	采集控制和笔记本电脑分体设计
发射脉冲重复频率(kHz)	64	64	32
探测时间窗(ns)	1 ~ 5 000	0 ~ 8 000	1 ~ 32 767
采样率(样点/扫描)	128、256、2 048	128、256、8 192	不详
扫描速率(扫描/s)	8 ~ 128	1 ~ 150	不详
技术参数	LTD - 10	SIR2000 Pulse	EKKO1000
波形叠加次数	1 ~ 4 096	1 ~ 2 048	1 ~ 2 048
脉冲源最大输出幅度	1 000(V)	1 000(V)	1 000(V)
A/D	12/16 位	16 位	16 位
可编程增益(dB)	-10 ~ +70	-20 ~ +80	不详
显示方式	波形堆积或伪彩色图	波形堆积或伪彩色图	波形堆积或伪彩色图
叠加去除随机干扰	是	是	是
叠加去除背景干扰	是	是	是
目标三维层析成像	是	是	是
天线主频范围(MHz)	25 ~ 1 000	16 ~ 2 500	110 ~ 1 200
供电电源	12VDC/220VAC	10.8VDC internal	12VDC
工作温度(℃)	-10 ~ +50	-10 ~ +40	-50 ~ +50
测量方式	连续、点测、控制触发	连续、点测、测量轮	连续、点测、控制触发
实时采集软件	图形界面、参数智能调节	利用功能按钮实现	图形界面、参数智能调节
后处理软件	回放处理分析、工程评价	回放、处理分析、输出	回放、处理分析、输出

3.3.3 典型金属管线探测仪器介绍

以下详细介绍几种常用的国产和进口探测仪的具体规格和技术性能。

1)RD4000 地下管线探测仪

RD4000 型地下管线探测仪(图 3-9)由英国雷迪公司生产。是世界上第一台具有互联网接入功能的地下管线探测仪,可以实现在线注册、远程故障诊断、频率下载、软件升级等功能。

(1)适用范围

可用于煤气、电力、电信、自来水、排水和有线电视等各类地下管线的探测。

(2)性能特点

①互联网接入功能,在线注册、远程故障诊断、频率下载和软件升级。

②10W 大功率输出,探测距离和深度更大。

图 3-9 RD4000 地下管线探测仪

③多达 16 种可选的探测频率,应用范围更广。

④改进的谐振电路,感应法效果更好。

⑤多种响应模式:双线圈峰值模式、垂直线圈谷值模式和单线圈模式。

⑥多种深度测量方法:双线圈直读法、70% 法;单线圈 80% 法、50% 法。

⑦万用表功能在电缆故障查找前后测试电缆的通断性和绝缘质量。

⑧兼容 PCM 和 ACID-M:可选择高能碱性电池和充电电池。

⑨自动背衬光。

标准配置有 RD4000Rx 接收机 1 台,RD4000T10/T3 发射机 1 台,标准信号夹钳 1 个,直连导线 1 条,接地棒 1 个,仪器包 1 个。

(3)发射机技术规格

见表 3-7。

RD4000 发射机技术规格表 表 3-7

技术参数	T10 大功率发射机	T3 发射机
输出功率	10W	3W
感应频率	8kHz、65 kHz 和 33 kHz 3 种可选	33 kHz
壳体材料	耐碰撞热压材料	
电池	12 × 1.5V LR20(D)碱性电池或充电电池	
工作温度	-20 ~ +50℃	
质量控制	BS5750/ISO9001/EN29001	

RD4000 发射机的最大输出功率可以达到 10W,因而可以获得较大的探测距离和探测深度。标准故障查找(FF)的频率为 8kHz + 8Hz,电流方向的频率为 640 Hz + 320 Hz。为适用不同的底层条件,发射机有 3 种施加信号的方法,见图 3-10。

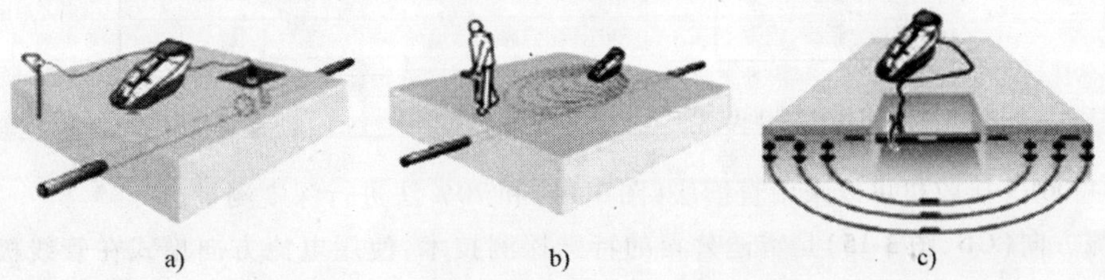

a) b) c)

图 3-10 发射机施加信号的方法示意

a)直接法;b)感应法;c)夹钳法

(4)RD4000 接收机技术规格

见表 3-8。

RD4000 接收机技术规格表 表 3-8

项　目	说　明
壳体材料	耐碰撞热压塑料
定位精度	深度的 ±15%
深度测量精度	深度的 ±15%(无干扰)
电流测量精度	实际电流的 ±15%
电池	4×1.5V LR20(D)碱性电池或充电电池
工作温度	−20 ~ +50℃
质量控制	BS 5750/ISO 9001/EN 29001

RD4000Rx 接收机有两种工作方式:有源工作方式和无源工作方式。无源工作方式包含有电力(Power)和无线电(Radio)两种工作方式(图 3-11),不需要使用发射机,是一种较为简便的办法。有源工作方式用于对地下管线的精确定位和追踪,有 LF,8kHz/33kHz/65kHz 等多种工作频率。

接收机有多种响应模式。双线圈峰值(图 3-12)模式定位精度高,抗干扰能力强,可用于一般的探测和精确定位。垂直线圈谷值模式(图 3-13)直观快捷,液晶显示器上的箭头指向管线位置,主要用于长距离管线快速追踪。单线圈模式灵敏度极高,用于埋深特别深的情况。

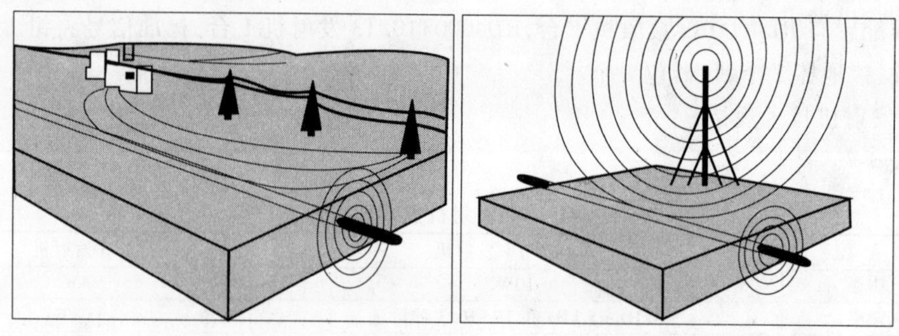

图 3-11 有源工作方式(电力和无线电)

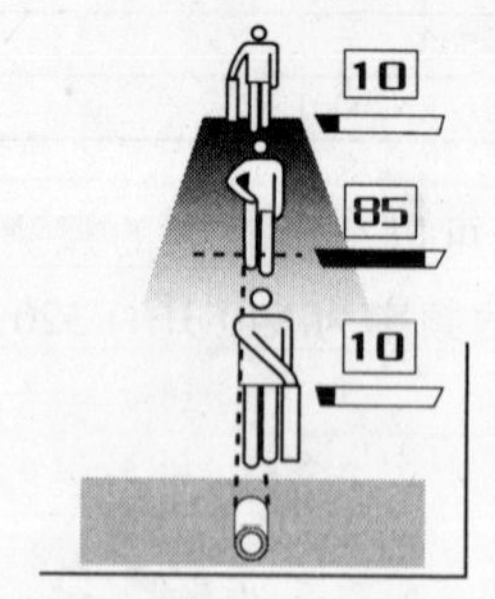

图 3-12 双线圈峰值模式

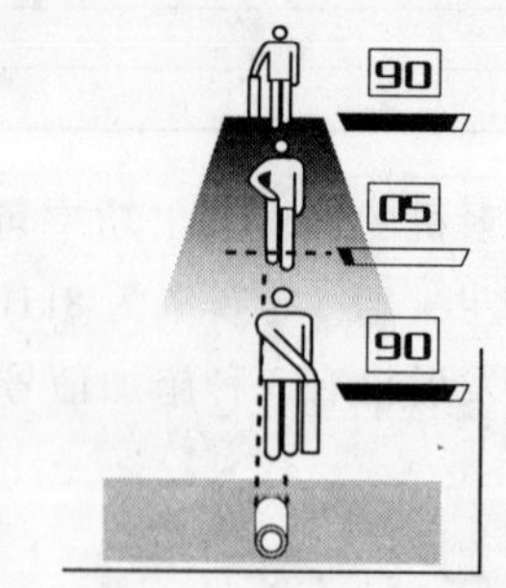

图 3-13 垂直线圈谷值模式

RD4000Rx 接收机可以采用直读法(图 3-14)和 70% 法进行深度测量。

电流方向(CD,图 3-15)是雷迪公司的特殊探测技术,使用电流方向模式在管线极其复杂的区域也可以快速、准确地识别目标管线,屏幕显示目标电缆上的电流方向,非目标管线上的回路电流方向与目标管线相反。故障查找(FF)即配合 A 字架,对直埋管线的对地绝缘故障精确定位,如电缆外护套破损及管道防腐层破损的检测定位。

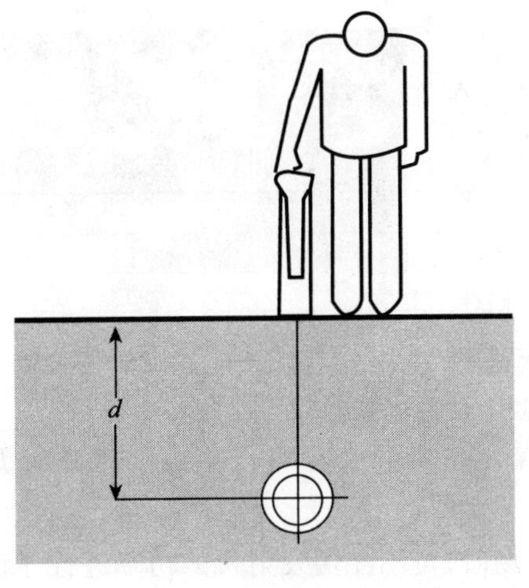

图 3-14 直读法定深

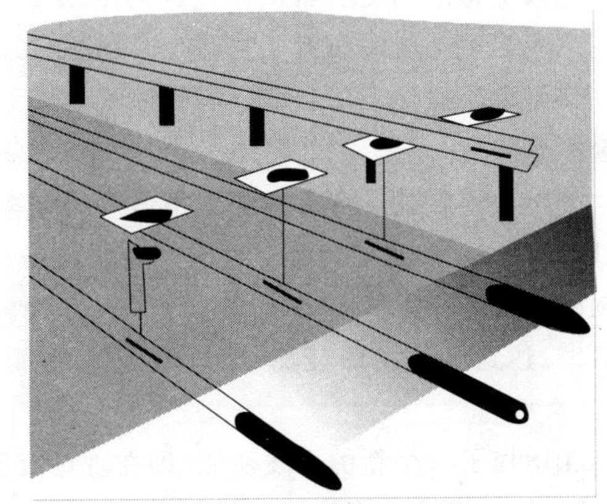

图 3-15 电流方向识别目标管线

(5)RD4000 可选附件

①市电插座连接器:通过家用的市电插口,直接施加信号于电力电缆。

②发射机夹钳:安全施加信号于带电电缆。

③接收机夹钳:用于管槽中电缆的识别。

④软杆:用于推动非金属管道中的发射探头。

⑤发射探头系列:用于定位非金属管道和管槽结构。

⑥A 字架:用于精确定位。

⑦听诊器:在管线密集区域识别电缆。

⑧水下天线:定位水下电缆。

(6)下水道超级探头

RD4000 配合下水超级探头和软管使用,用于非金属管道的探测。一个探头就是一个独立的小型发射器,可被兼容的接收机定位。这些探头只能在管道、下水道、排水沟等地方被定位,产品规格见表 3-9。

探头技术参数 表 3-9

型 号	定位深度(m)	尺寸(长×直径)(cm)
超级探头	15	31.8×6.4
下水道探头	8	16.9×6.4
标准探头	5	10.5×3.9
超小探头	4	8.2×1.8

2)PL960 地下管线探测仪

(1)主要性能

日本富士地探潜心研发的金属管线探测仪 PL-960(见图 3-16)是集 3 种主动频率探测及自然波法探测技术于一体的探测供水、煤气等各种金属管道的埋设位置、方向及深度的新型仪器,比过去此类仪器的性能及探测精度有大幅度提高,无论管道的口径大小,距离长短,还是错综复杂的混合管网,均有准确的探测能力,工作效率明显提高。

(2)主要特点

①大屏幕液晶显示器操作过程清晰明了,使操作者在现场毫不迟疑地使用面板上的键盘选择正确的工作方式。

②可单手操作质量仅 2kg 的接收机键盘,长时间工作不会感到疲劳。

③PL-960 使用了 3 种探测效率最高的频率,即 27kHz、83kHz 和 334kHz 来定位和寻找金属管线设备;而且发射机可同时发射 27kHz 和 83kHz 两种频率,接收机自动选择接收频率,达到对管线最佳测位效果,这一功能对于探测由不同管径组合而成的管路时尤为重要。

图 3-16　PL960 地下管线探测仪

④增加了一个新的无线功能,即在现场有感生磁场时,可不使用发射机的功率进行寻管探测,特别适用于地下管线的长距离追踪。

⑤设有最大值和最小值工作方式,通过液晶屏以图形及数字显示,埋设管线的位置、方向及埋深一目了然。

⑥接收机天线继续采用富士特有的专利差动式天线,这种天线定位管线精确,对于并行管线较多的城市管网探查非常实用。

3)Subsite 75R/75T 地下管线探测仪

Subsite 75R/75T 地下管线探测仪是由美国 Ditch Witch 公司生产的地下管线探测仪。它能快速、精确探测地下供水管道、煤气管道、电信、电力及有线电视电缆。该管线探测仪具有以下特点。

(1)仪器坚实、适用于现场使用

该仪器不仅坚实,而且质量轻(仅 1.95kg),易于平衡使用。液晶显示屏使读数一目了然,容易单手完成对色彩控制按钮的操作。为了使用方便,发射机及接收机都使用一般的碱性电池。

(2)精确的数字式信号处理

在许多情况下应用 75R 独特的数字信号处理(DSP)可以进行有效的定位。稳定的 DSP 深度读数不会随温度或时间的变化而改变。DSP 需要极少的部件与连接件,从而提高仪器的耐久性与可靠性。

通过测量电流量,目标鉴别功能可以使操作者在管线密集区精确定位目标管线。75R 接收机具有两个垂直天线和一个水平天线。

(3)多模式定位功能

75R/75T 可以提供有源、无源和探头示踪模式。在有源模式下,75T 通过感应夹钳与管线直接连接进行发射。如果某段管线难以探测,可以采用混合输出频率 80kHz 与 29kHz 发送交变信号,连通时发出的声音可以显示功率输出是否正常。带有绝缘体的金属管线在低频时信号较弱或产生屏蔽现象,此时才有 80kHz 的功率就可以很方便地定位。

在无源模式下,75R 可以接收到 50 ~ 60kHz 和无线电源频率发出的信号,此系统也可以接收到 31kHz 电视信号。

在探头示踪模式下,75R 可以接收到示踪探头发射的无线电信号,从而探测非金属管线的分布情况。

3.3.4 典型管线探测雷达器介绍

1) DETECTOR DUO 管线雷达

它是新型双频天线阵(见图 3-17):采用新型的双频(250MHz + 700MHz)天线阵,在一张雷达图上就能同时显示深部和浅部地下管线的探测数据,大大提高了探测结果的准确率;无需更换天线,不必重复操作;既省时省力,又降低了成本;设计精巧的新型双频天线阵,体积更小、轻质便携。

(1)主机

- 内置双通道主机
- 完全数字化天线控制卡,电压转换卡,A/D 转换卡
- 通过 10MB/100MB 网卡与笔记本连接
- "即插即用"功能,与笔记本连接无需驱动程序
- 端口:天线端口、测距轮端口、电池端口、网口
- 数据采集方式:测距轮控制
- 符合 CE 电气化标准

图 3-17 DETECTOR DUO 管线雷达

(2)软件

- 操作系统:Windows XP/2000
- 时窗:根据天线及探测区域土质情况自动设置
- 显示方式:彩色或灰度显示
- 数据回放功能:可现场定位管线
- 现场打印功能:包含管线的各种信息
- 智能诊断报警:电池电量、数据丢失报警

(3)技术规格

- 运行时间:>10 h
- 天线尺寸:60 × 35cm
- 质量:15kg
- 天线:250MHz + 700MHz 屏蔽
- 软件:全中文操作界面
- 标定:自动

2)RAMAC/GPR 的 X3M 探地雷达

(1)产品介绍:

玛拉 X3M 雷达(见图 3-18)是 MALA 公司推出的新产品,它专门用于公用事业部门,是 RAMAC/GPR 家族中的新成员,它的电路设计更新、结构更紧凑、使用更方便。玛拉 X3M 雷达主要用来对金属及非金属管线进行定位(平面位置及埋深)、寻找孤立埋藏体(金属及非金属)以及路面分层等。玛拉 X3M 雷达工作时,只需一人推动小推车(或用拉杆拉动)即可。探测的图像直接显示在笔记本电脑或 XVll 显示器上。当发现地下有管线或其他异常物体时,只需反方向推动小车,屏幕图像中会有一光标显示地面位置,当光标与管线位置重合时,仪器正下方即为管线所在位置。因此现场定位极为方便,也可以回到办公室后对探测的图像进行处理、分析及打印。

(2)玛拉 X3M 雷达的特点

该雷达的控制系统与玛拉 100MHz、250MHz、500MHz 和 800MHz 天线兼容,用户可根据探

图 3-18 X3M 雷达控制单元

测深度需要选择不同的天线。具有内置数据自动叠加功能,可以使数据质量和采集速度达到最佳值。功耗低,系统使用时间长,可以连续工作 10h 以上。采集软件为 Windows 下的软件(Ground Vision),极易掌握。与传统雷达相比,它不需要光纤或电缆,因此数据传输质量好。

(3)X3M 主要技术指标

- 脉冲重复频率:10 ~ 200kHz(标准 100kHz)
- 数据倍数:16
- 样点数/道:128 ~ 8 192
- 叠加次数:1 ~ 32 768(自动叠加)
- 信号稳定性:< 100ps
- 通信协议:IEEE1284(ECP)
- 通信速度:>700Byte/s
- 数据传输率:40 ~ 4 000kB/s
- 采集方式:距离/时间/手动
- 供电:12V DC 电池
- 工作时间:大于 10h
- 充电时间:3 ~ 5h(80% ~ 100%)
- 充电器:快速 220V 输入
- 测量轮:标准 RAMAC/GPR 触发
- 软件:与 Ground Vision 兼容
- 工作温度:-20 ~ +50℃
- 环境标准:IP67
- 供电:8V RAMAC/GPR 标准电池或 12V 适配器
- 天线:100MHz、250MHz、500MHz、800MHz 屏蔽天线
- 尺寸:310mm × 180mm × 30mm
- 质量:1.7kg

3)Ekko 系列的 Noggin 500 型

加拿大 Sensors & Software Inc. 生产 Ekko 系列的低价轻便的 Noggin 地质雷达,可应用于地下管线及其他埋设物的探查等。下文重点介绍 Noggin 500 技术指标探地雷达的技术特点及性能参数。

- 天线频率范围:125 ~ 375MHz ;250 ~ 750MHz;500 ~ 15 000MHz
- 尺寸:39cm × 22cm × 16cm
- 质量:3kg
- 电源:12V;8Watts 0.7A,DC 电源
- 量程增益:>160dB
- 频率:250 ~ 270MHz
- 前后保护:>20dB
- 雷达接口:115K,RS232
- 预设视窗深度(可更改):1m、2.5m、4m、5m、8m

● 扫描速率:64 次/s
● 采样率:100GHz
● 量程:10ps ~ 20 000ps(步长为 2ps)
● 温度: -40 ~ 40℃

4)LTD-2000 探地雷达

LTD-2000 小型化探地雷达(图 3-19)是由中国电传播研究所(青岛)探地雷达部于 2004 年 6 月研制成功的,具有操作方便、连接简单、采集信号信噪比高、性能稳定等特点。LTD-2000 是国内技术领先的探地雷达产品,LTD 探地雷达天线(图 3-20)有很多型号,其中 100MHz、500MHz 和 25MHz 平板式天线探测深度可达到 10 ~ 30m,可用于较深层目标的探测。300MHz 和 200MHz 屏蔽天线的探测深度可达到 3 ~ 5m,常用于探测地下管线和路基隐患等中等深度目标。

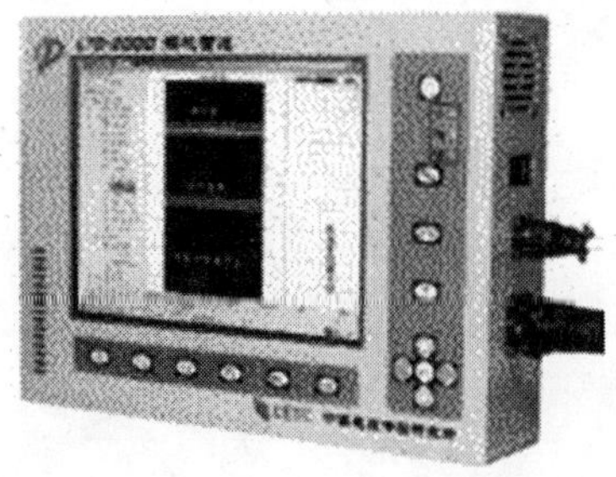
图 3-19 LTD-2000 型探地雷达

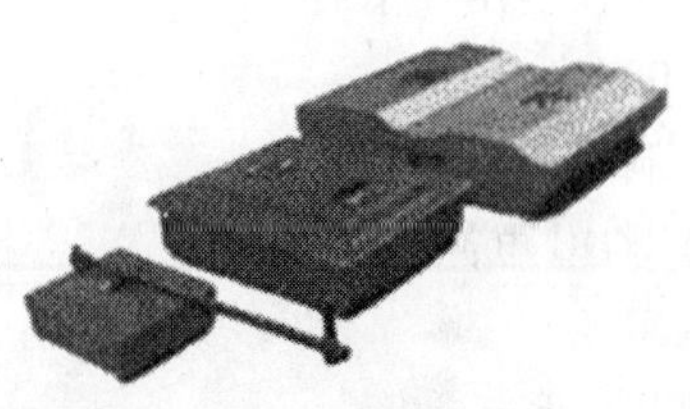
图 3-20 200M、300M、500M 屏蔽天线

(1)性能参数

● 系统增益:160dB
● 发射脉冲重复频率:≤128kHz
● 时间窗:2 ~ 5 000ns
● A/D:16 位
● 采样率:128、256、512、1 024 或 2 048
● 样点/扫描,可选
● 扫描速率:8 ~ 128 扫描/s
● 波形叠加次数:1 ~ 4 096 次
● 水平距离标记:手动或测量轮自动标记
● 连续工作时间:不小于 8h
● 尺寸:336mm × 244mm × 75mm
● 质量:5kg
● 功耗:50W
● 电源:12V 直流

(2)技术特点

● 便携式设计,体积小、质量轻、功耗低
● 采集和回放均可由面板上的控制键完成

- 雷达与计算机一体化设计,仅外接天线即可工作
- 留有 USB 口和网口,存储转移数据快速方便
- 系统采用分布控制、流水作业,得以实现更多的实时数据处理功能
- 使用 DSP 完成实时滤波、背景消除、边缘锐化等处理,突出目标特征,降低图像判读难度
- 基于 Windows 操作系统开发的实时采集软件 LTDSample 和雷达数据处理软件 IDSP5.0 是全中文界面,操作简便、易上手
- 随仪器为用户提供仪器操作和数据处理解释的多媒体演示和典型工程探测图谱,使探地雷达成为名副其实的“常规”物探仪器

(3)系统配置

- LTD-2000 探地雷达主机
- LTD 收发天线
- 实时采集软件 LTDSample
- 事后处理软件 IDSP5.0
- 探地雷达仪器用户手册
- IDSP5.0 软件手册
- 综合控制电缆
- 专用 AC/DC 电源
- 距离测量轮
- 锂电池组(可选)
- 工具包(可选)

(4)软件介绍

①采集软件 LTDSample(图 3-21)

系统所有控制都通过界面非常友好的中文菜单进行,操作简便、可靠性高,具有实时参数智能调试、数据采集、图像连续显示、数据存储、背景消除、点测波形堆积、数据回放等功能。

②事后处理软件 IDSP5.0(图 3-22)

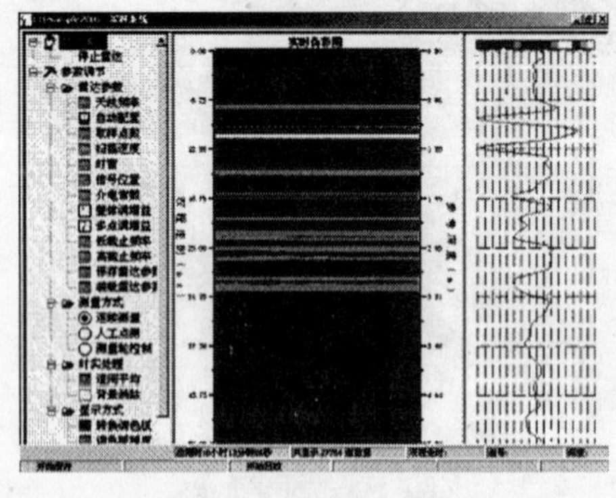

图 3-21 采集软件 LTD Sample

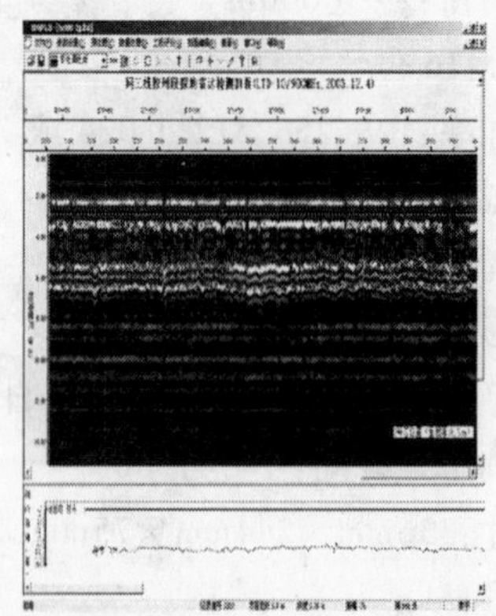

图 3-22 事后处理软件 IDSP5.0

在长期的经验积累之下,符合国内工程实际、实用而方便的探地雷达事后处理软件 IDSP5.0 已趋于完善。IDSP5.0 软件具备了探地雷达数据预处理(打开文件、切分文件、剖面截取、道间重采样、文件头重置等)、数据处理和分析(振幅增强、带通滤波、背景消除、剖面编辑和修饰等)、工程评价(地面和目的层的确定、自动追踪、速度计算、层厚估计、绘制直方图和综合

报表等)、成果输出(剖面和报表的保存、打印等)等功能,所有界面都是全中文操作,操作简单,升级方便。

3.4 非开挖施工现场的管线探测方法

探测的任务是在现场查清各种地下管线的铺设情况,在地面上的投影位置及深度,并在地面设置管线点标志,以便测量管线点的坐标和高程,或进行地下管线图的测绘。地下管线测量工作的任务是建立测量控制,进行管线点连测,测得管线的坐标和高程,或进行地下管线图的测绘。因此,探查和测绘是地下管线探测的两个相互紧密衔接的不同阶段,在实施时可以分工,紧密配合。

根据已了解的管线的种类、材质、规格、埋设方式等,在条件允许的情况下应进行方法试验,以选择适用的仪器及快捷、有效的工作方法。受施工现场条件限制无法进行试验时,应在附近相邻区域进行必要的试验。同时,还应对所使用的仪器性能进行了解,以掌握测区内可能存在的现有探测技术无法解决的问题。对此类问题,应尽可能地收集竣工资料并提醒业主使用成果时引起注意。

3.4.1 管线调查内容

管线调查应查明其种类、材质、载体、特征、附属物、管径或管线断面尺寸、埋深、电缆根数、埋设年代、权属单位、连接方向、电压值(或压力值)等属性。

各类地下管线的调查内容及要求见表3-10。

各类地下管线的调查内容及要求 表3-10

管线类别		埋深(m)		断面尺寸(mm)		根数	管材	附属物	载体特征			权属单位
		内底	外顶	径管	宽×高				压力	流向	电压	
给水			△	△			△	△				△
排水	管道	△		△			△	△		△		△
	方沟	△			△		△	△		△		△
燃气			△	△			△	△				△
工业	自流	△			△		△	△		△		△
	压力		△	△			△	△	△			△
热力	沟道	△			△		△	△		△		△
	无沟道		△	△			△	△		△		△
电力	管块		△		△	△	△	△			△	△
	沟道	△			△	△	△	△			△	△
	直埋		△	△	△	△	△	△			△	△
电信	管块		△		△	△	△	△				△
	沟道	△			△	△	△	△				△
	直埋		△	△		△	△	△				△

注:表中"△"为应实地调查的项目。

实地调查的任务是在明显管线点上对所出露的地下管线及其附属设施作详细调查、记录和测量，查清每一条管线的情况。明显管线点实地调查的要求：

(1)宜邀请熟知本地区地下管线的人员参加。

(2)应查明管线性质和类型，其中燃气和工业管道应分出压力大小类别，电力电缆应分出低压、高压或超高压。

(3)地下管线的埋深用 m 表示，测量误差不得超过 ±5cm。地下管线的埋深可分为内底埋深、外顶埋深和外底埋深(如图 3-23)，测量何种埋深应根据地下管线的性质和委托方的要求确定。

①地下沟道或自流的地下管道应量测其内底埋深；有压力的地下管道应测量其外顶埋深。

②直埋电缆和管块应测量其外顶埋深；管沟应测量其内底埋深。

③地下隧道或顶管工程施工场地的地下管线探测应测量外底深度。

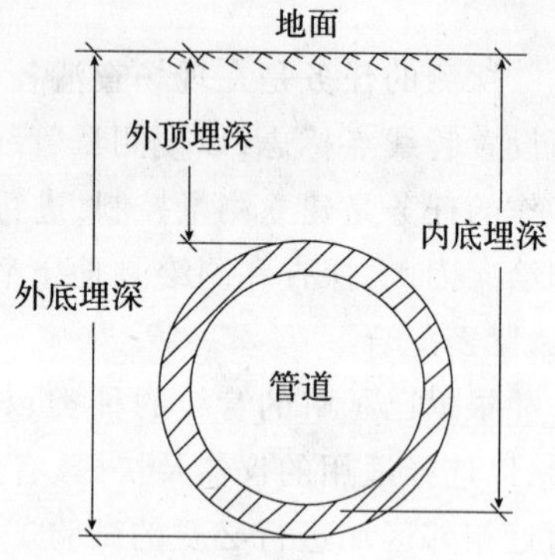

图 3-23　地下管线埋深分类示意图

(4)在窨井(检查井、闸门井、仪表井、人孔和手孔等)上设置明显管线点，应设在几何中心位置。

(5)应测量地下管道及埋设电缆的管沟的断面尺寸。圆形断面应测量其内径；矩形断面应测量其内壁的宽和高，断面尺寸不规则的电力、通信管组量测最大断面的宽 × 高，单位用 mm 表示。

(6)应查明地下管道的材质。

(7)应查明埋设于地下管沟或管块中的电缆的根数和孔数。

(8)应查明显管线点上地下管线的各种建、构筑物、附属设施或管件。

(9)测区内无明显管线点时，能开挖的管线采取开挖的方法查明其规格、材质等属性，不能开挖的则根据资料标注记录其属性，并说明资料来源。

3.4.2 管线点的设置

管线点分为明显管线点和隐蔽管线点。明显管线点是指能用简单技术手段直接定位和量取有关数据的地下管线或其附属设施上所设置的测点，如窨井、消火栓、人孔及其他地下管线出露点，明显管线点可以通过实地调查和量测进行探查。隐蔽管线点是指在必须用仪器探测的隐蔽地下管线的地面投影位置上所设置的测点，隐蔽管线点必须用仪器进行探查并对管线进行定位和定深。

1)管线点设置的基本要求

(1)管线点宜设置在管线的特征点(包括交叉点、分叉点、转折点、起止点以及管线上的附属设施中心点等)或其地面投影位置上。

(2)在没有特征点的管线线段上，探测施工场地各类管线时，宜每 5 ~ 10m 设一个管线点。

(3)管线点的编号和标志，宜采用管线代号、管线编号和管线点顺序号 3 部分组成的符号表示。例如，JS2 – 14 表示给水管道，第 2 号管道，第 14 号管线点。各类管线代号见表 3-11。

地下管线的代号和色别　　表 3-11

管线名称		色别	代号	
给水		蓝	JS	
排水	污水	褐	PS	WS
	雨水			YS
	雨污合流			HS
燃气	煤气	粉红	RQ	MQ
	液化气			YH
	天然气			TR
热力	蒸气	桔黄	RL	ZQ
	热气			RS
工业	氢	黑	GY	Q
	氧			Y
	乙炔			YQ
	石油			SY
电力	供电	大红	DL	GD
	路灯			LD
	电车			DC
	交通信号			XH
电信	电话	绿	DX	DX
	广播			GB
	电视			DS
综合管道		黑	ZH	

2）地面管线点标志的设置要求

（1）管线点均应设置地面标志。应根据标志需要保留的时间长短和地面的实际情况确定选择地面标志（预制水泥桩、刻石、木桩、铁钉、油漆等）。

（2）标志面宜与地面取平，当高于或低于地面时，应测量其高出或低于地面的数值，并在探查记录表中注记。

（3）标志埋置后应在点位附近用颜色漆注出编号，标注位置宜选择在明显且能较长时间保留的地方。

（4）当管线点的实地位置不易寻找时，应在探查记录表中注记其与附近固定地物之间的距离和方位，实地测点，并绘制位置示意图。

3.4.3 地下管线探查的频率域电磁法

常见的探测方法有：电磁法、地质雷达法、直流电法、自然电场法、地震法、磁法、甚低频法等。但最常用、最简便有效的方法是电磁法。

用电磁法探测地下管线时，按场源可分为主动源和被动源。主动源是指通过发射装置建立的场源，被动源是指工频及空间存在的电磁波信号源。

主动源法有直接法、电偶极感应法、磁偶极感应法、夹钳法、示踪电磁法和电磁波法（地质雷达）等。

被动源法有工频法和甚低频法。

而电磁法在实际工作中，最常用的是直接法和磁感应法两种。探测时，应根据探测的对象、探测条件和探测目的，选择最佳的探测方法。

1)主动电源电磁场法

通过发射装置发射足够强的电磁信号建立一次场,激励地下金属管线在其周围产生电磁场,用接收仪器探测地下金属管线所产生的电磁异常,对管线进行定位、定深的方法称为主动源电场法。主动源法又分:直接法、夹钳法、感应法(电偶极感应和磁偶极感应)和示踪法。

(1)直接法

直接法有3种连接方式:双端连接和远接地单端连接,即发射机一端接到被查金属管线上,另一端接地或接到金属管线的另一端,利用直接加到被查金属管线的电磁信号对管线进行追踪、定位。该法信号强,定位、定深精度高,易分辨邻近管线,但金属管线必须有出露点,且需良好的接地条件。在金属管线有出露点时,用于定位、定深、追踪各种金属管线。

①单端连接、远接地单端连接

单端连接(图3-24a):发射机的输出端与管线出露点或阀门连接,另一端就近接地或与人井井壁连接。

远接地单端连接:将发射机输出端与管线出露点连接,接地端用一导线与离输出端较远处的接地电极相连,且接地条件良好,接地线尽量与管线走向垂直,少跨越其他管线,而后用接收机对管线进行追踪定位,且随着探测距离的增加,随时增大发射机功率,以保证金属管线能够产生足够的电磁异常。

②双端连接(图3-24b)

当地下金属管线有两个出露点时,根据场地条件,将发射机两端(输出端和接地端)用长导线连接在两出露点上,且连接导线与管线相距一定的距离,以减少地面连接线对探测效果的影响。这样,发射机发出的谐变电流通过管线与地面连接线形成回路,以对地下金属管线进行追踪定位。

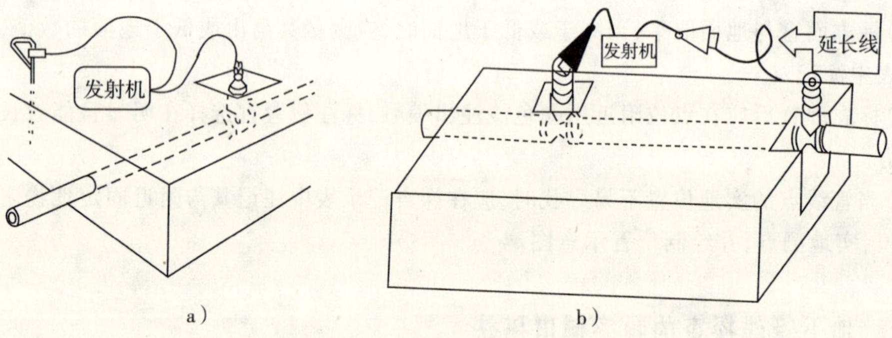

图3-24 直接法探测原理示意

a)单端连接;b)双端连接

在选用直接法时,不论是单端连接还是双端连接,连接点都必须接触良好,且应将金属管线的绝缘层剥干净,接地电极布置应合理,一般布设在垂直管线走向的方向上,距离大于10倍管线埋深的地方,并尽量减小接地电阻。严禁在易燃、易爆管道(煤气管道等)上作直接法。

(2)夹钳法

利用管线仪配备的夹钳(耦合环)夹在金属管线上,通过夹钳把信号加到金属线上,见图3-25。该法信号强,定位、定深精度高,易分辨邻近的管线,使用方便。但管线必须有出露点,被查管线的直径受夹钳大小的限制,适用于管线直径较小且不宜使用直接法的金属管线或电缆。探测前,先将夹钳与发射机输出端相连,套在管线上,然后用地面接收仪器对管线进行追踪定位。

使用夹钳法时，管线直径应小于夹钳环直径，以保证有较好的耦合状态。对绝缘电缆来说，电缆本身与大地有电流耦合作用，夹钳法探测非常有效，但载流电力电缆，视载流情况，会使夹钳产生一定强度的感应电流，应避免碰触夹钳的接头处，并且注意安全。

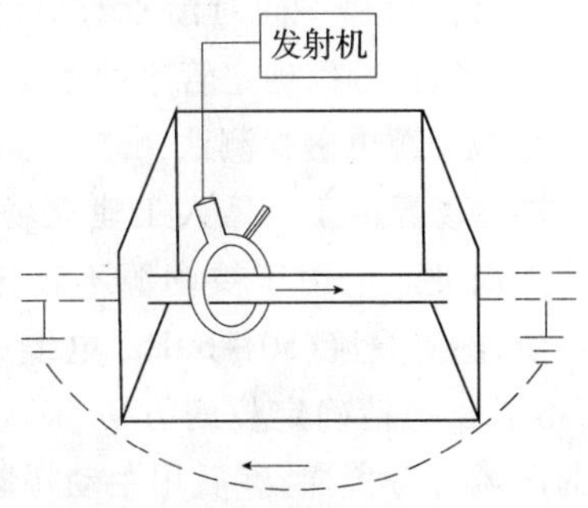

图 3-25　夹钳法的探测原理示意

用直接法探测密集管线时，发射机所发射的谐变电流会沿着最易传播的路径传播，在目标管线上信号不一定最强。而采用夹钳法，目标管线传导的信号最强，其他管线传导信号较弱。

(3)感应法

通过发射机发射谐变电磁场，使地下管线产生感应电流，在其周围形成电磁场。通过接收机在地面接收管线所形成的电磁场，从而对地下金属管线进行搜索、定位。感应法可分为磁偶极感应法和电偶极感应法两种。

①磁偶极感应法

利用发射线圈产生的电磁场，使地下管线产生感应电流，形成电磁异常，通过仪器接收，这种对地下金属管线定位、定深的方法为磁偶极感应法。该方法中发射机、接收机均不需接地，操作灵活、方便、效率高，可用于搜索金属管线、电缆，可定位、定深和追踪管线走向，条件具备时也可用于带钢筋网的非金属管线探测。

利用磁偶极感应法探测地下金属管线时，发射线圈一般有两种方式：水平磁偶极子和垂直磁偶极子。

②电偶极感应法

利用发射机两端接地产生的一次电磁场对金属管线感应产生二次电磁场，对地下金属管线进行探测的方法称电偶极感应法。该法一般采用水平电偶极方式发射，如图 3-26 所示。它信号强，不需管线出露点，但必须有良好的接地条件。在具备接地条件的地区，可用来搜索、追踪金属管线。

电偶极感应因受场地条件及本身特点的限制，较少采用。但电偶极感应法建立的电磁场信号强，管线异常易分辨。磁偶极感应法所建立的电磁场衰减较快，但由于其工作方法简便，不需接地，工效高，故在地下金属管线探测中较多采用。

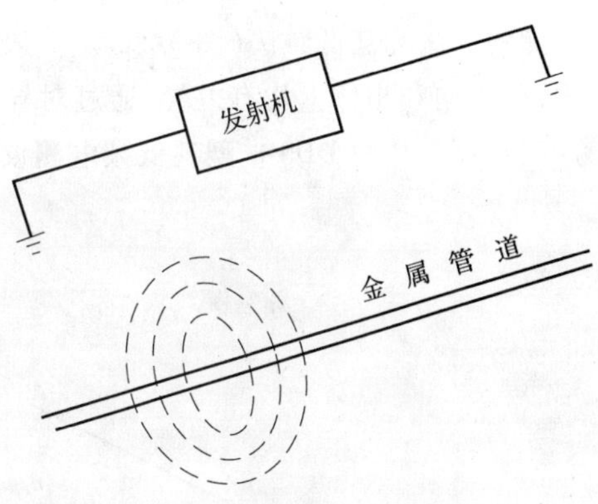

图 3-26　电偶极感应法的探测原理示意

(4)示踪法

示踪法是将能发射电磁信号的示踪探头（信标）或导线送入非金属管道内，在地面上用接收仪器探测该探头所发出的电磁信号，从而探测地下非金属管线的走向及埋深，如图 3-27 所示。该法探测非金属管道，信号强，效果好，但管道必须有放置跟踪头的出入口，故适用于探查有入口的非金属管道。方法是将探头通过非金属管道的出入口置入管道内，沿管道推进探头，在地面用接收机接收探头所发射出的信号。探头实际上是一磁偶极子，从它的轴心辐射出一个峰值区，在每一峰值端形成回波信号。调节接收机的灵敏度，仔细寻找回波信号及两回波信号间的峰值信号。同时沿垂直管线的方向寻找一个最大值信号以确定管道的正确位置。

2)被动源电磁探测法

被动场源由于不需人工建立场源,对管线探测较为简便。但由于被动源不稳定。激发方式不可变,除对载流(50~60Hz)电缆进行追踪定位外,不能作为精确定位的方法,而只能对存在管线的区域进行盲探,然后用主动源对地下管线进行精确定位、定深。被动源法又分为两种:工频法和甚低频法。

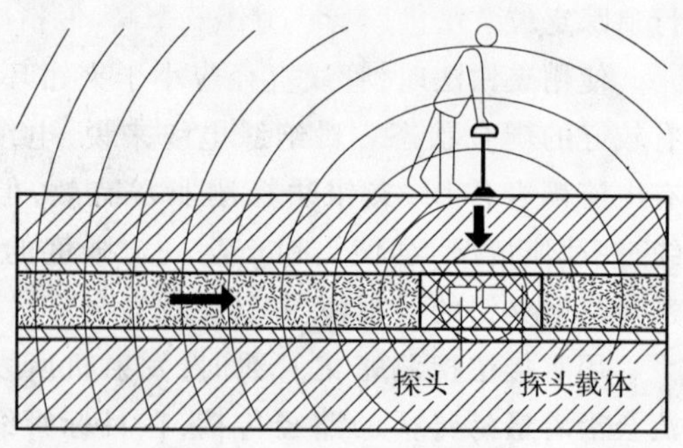

图 3-27　示踪法探测原理示意

(1)工频法

工频法是利用载流电缆所载有的工频信号及工业杂散电流在电缆中的工频电流或金属管线中的感应电流所产生的电磁场进行管道探测。

载流电缆与大地间具有良好的电容耦合,在载流电缆周围形成交流电磁场,地下管线在此电磁场的作用下产生感应电流,在管线周围形成二次磁场(图 3-28)。工业杂散电流同样能使地下金属管线产生电磁异常。通过观测管线周围交变电磁场及管道所形成的二次磁场便可探测地下金属管线,这种方法称工频法。该方法无需建立人工场,方法简便、成本低、工作效率高,但分辨率不高、精度较低,用于探测动力电缆和搜索金属管线,是一种简便、快速的初步探测方法。

(2)甚低频法

利用甚低频(LF,15~25kHz)无线电台(如 NDT、FUO 和 NWC 台,频率分别为 17.4kHz、22.3kHz 和 15.5kHz)所发射的无线电信号在金属管线中感应的电流所产生的二次电磁场进行探测的方法称甚低频法(图 3-29)。一般情况下,二次电磁场与一次合成后的总场与一次场在振幅、方向和相位上均有差异,通过对异常的极值点和零值点分析即可推断管线所在位置。重庆仪器厂生产的 DDS-α 型甚低频电测仪就是利用上述原理研制的。

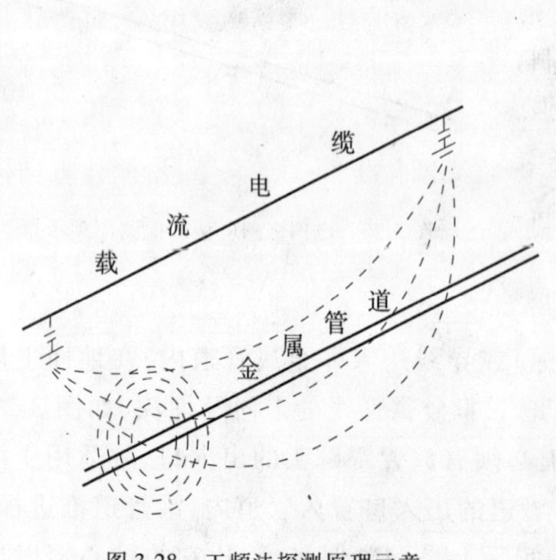

图 3-28　工频法探测原理示意

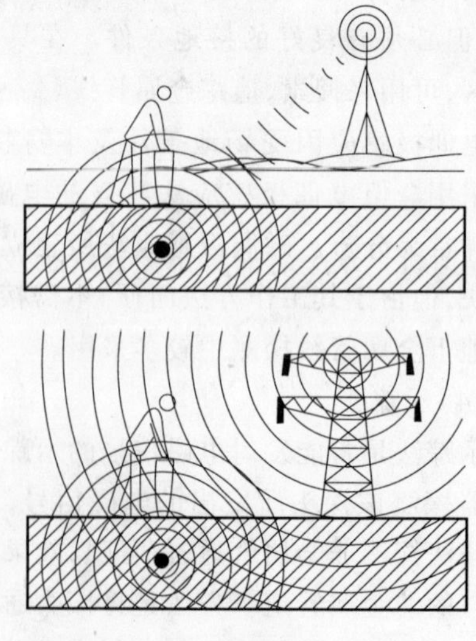

图 3-29　甚低频法探测原理示意

该方法简便、成本低、工作效率高，但精度低、干扰大，主要用于搜索电缆或金属管线。

3）电磁法定位技术

定位技术是指在探测地下管线中，确定管线的平面位置及埋深的技术方法。

探查地下管线应依照地下管线探查基本程序，通过试验确定相关参数。在试验的基础上，针对不同的管线种类及地电条件，选择简便有效的探测方法。在地下管线探测中应遵循以下原则：

①从已知到未知；

②从简单到复杂；

③方法简单有效；

④复杂条件下采用综合方法。

也就是说，不论采用哪种探测方法，在施工前，在已知管线上根据不同的地电条件进行方法试验，评价探测方法的有效性和精度，然后推广到未知区开展探测工作。如果有多种探测方法，应首选简便、有效、安全及成本低的方法。在管线十分复杂的地区，用单一的探测方法往往不能达到目的，应采用多种探测方法，提高对管线的分辨率。

（1）地下管线的搜索方法

对地下管线搜索可采用平行搜索法、圆形搜索法、网络搜索法及跟踪法。

①平行搜索法

平行搜索法的线圈可以呈水平发射状态垂直放置，也可以呈垂直偶极发射状态水平放置，发射机与接收机之间保持适当的距离（应根据方法试验确定最佳距离），两者对准成一平面，同时向同一方向前进。接收线圈与路线方向垂直，使其无法接受到直接来自发射机的信号。当前进路线的地下存在金属管线时，发射机产生的一次场会使该金属管线感应出二次电磁场，接收机接收到二次场便发出信号或在仪器电表中指示地下管线的存在位置。

②圆形搜索法

圆形搜索法的原理同平行搜索法，其区别是发射机位置固定，接收机在距发射机适当距离的位置上，以发射机为中心，沿圆形路线扫测。扫测时要注意使发射线圈和接收线圈对准成一平面。此法在完全不了解当地管线分布状况的盲区搜索时最有效、方便。

③网格搜索法

即被动源网格搜索法，如图3-30所示，将接收机置于被动源档，调节接收增益，对测区做网格搜索以判断地下管线的存在。

④跟踪法

发射机呈水平磁偶极子发射状态，发射线圈与接收线圈位于同一平面上，沿测线方向同时移动，用接收机来追踪管线。

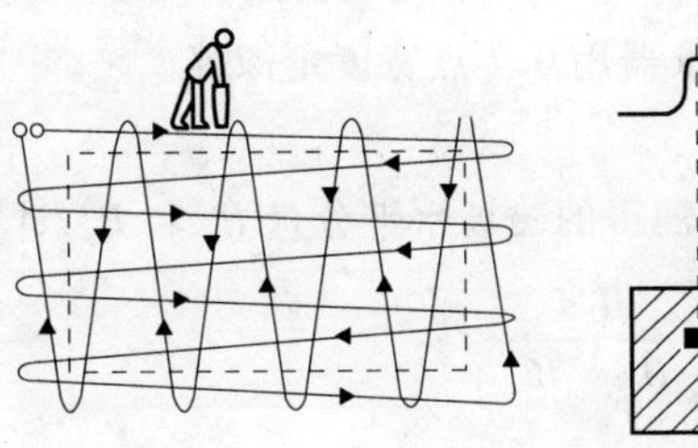
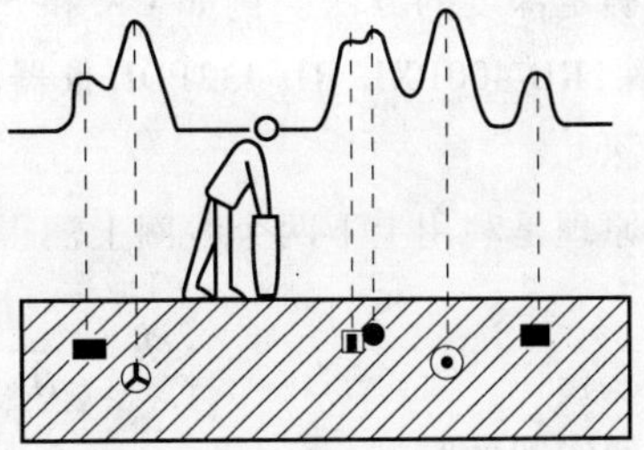

图3-30　网格搜索法示意

(2)定位方法

利用管线探测仪确定管线的平面位置时有两种方法,即:极大值法与极小值法。

①H_X 或 ΔH_X 极大值法(峰值法)

在地下金属管线的正上方,地下管线所形成的二次场水平分量值最大,即在管线的地面投形位置上出现极大值,用管线仪的垂直线圈接收管线形成的二次场水平分量,根据极大值的位置来确定管线的平面投影位置,如图 3-31a)所示。

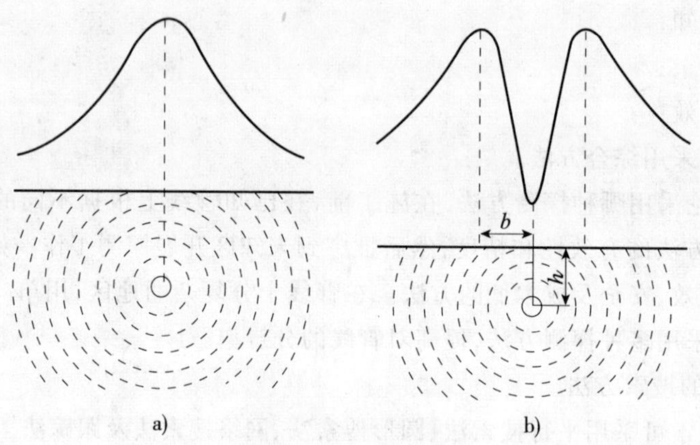

图 3-31　定位方法示意

a)极大值法;b)极小值法

②ΔH_z 极小值法(零值法)

在地下金属管线的正上方,管线所形成的二次场垂直分量最小,即地下金属管线所形成的二次场的垂直分量在管线的地面投形位置上出现零值点。在垂直管线走向的方向上,用管线仪的水平线圈接收此垂直分量,根据极小值点位来确定管线的平面位置,如图 3-31b)所示。

不难看出,极大值法异常幅度大且宽,易发现异常。而极小值法,在理想的条件下定位精度较高,但易受周围管线的影响。有时不论极大值法还是极小值法,均会受干扰的影响,使异常偏离管线的实际位置,这时应综合分析干扰的来源及地下管线的分布情况,采用多种方法综合识别目标管线所引起的异常,正确判断管线的水平投影位置。在有怀疑的管线点处最好采取开挖的方法确定管线位置及埋深,同时为下一步工作提供依据。

(3)定深原理和方法

与管线仪的定位方法相比,定深方法较多,且随仪器而异,绝大部分利用 H_x 或 ΔH_x 的直读法和比值法。这里所指的比值法是指在可解释的异常曲线上,利用由异常的极大值向异常两侧下降至某一比值时两侧两个相同比值点之间的平面距离(某一比值时的宽度)与管线中心埋深之间的关系来确定深度的方法。例如 GX 和 Subsite 系列仪器用 H_x 的 0.5 点的宽度之半或 0.8 点的宽度定深;RD-400PXL、RD-432PDL 仪器用 0.7 点宽度定深等。

①直读法定深

直读法定深原理是利用上下两个线圈上测得的磁场水平分量 H_x^t 和 H_x^b,计算出埋深 h:

$$h = \frac{H_x^t d}{H_x^b - H_x^t} \tag{3-24}$$

式中:d——上下两线圈的距离;

H_x^b——底部线圈位置上的磁场水平分量;

H_x^t——顶部线圈位置上的磁场水平分量。

该方法的使用条件是单一线电流，测点在管线正上方，上下两个线圈面与管线处于同一垂直平面上。不考虑仪器制造工艺问题，只要操作正确，直读深度是有理论依据的，结果是正确的。加之操作简便，直读定深法在简单条件下常被广泛应用。

在下列情况下使用直读法定深会产生较大的误差：

a. 在地面金属设施如栏杆、铁门等干扰物附近，在某种激发方式下这些金属构建物的干扰磁场会严重影响管线磁场的垂向分布，因而使直读深度完全不可靠。

b. 激发电流越小，场值越小，信噪比越小，直读深度误差越大。因此，离激发源越远，直读深度误差也越大。

c. 当存在旁侧平行管线干扰或存在弯头三通或交叉管线干扰时，直读深度不可靠。这是因为旁侧管线上电流的磁场大小往往可同目标管线磁场相比拟。它不但改变目标管线电流磁场在水平方向上的分布，对垂直方向上的磁场差值影响更大。

d. 在管线周围介质中的电流密度较大时，直读深度误差也会增大。

由于使用直读深度定深存在上述种种限制，因此使用时对观测结果应特别谨慎。

当旁侧平行管线的电流同目标管线上的电流同向时，直读深度一般偏深；而当旁侧平行管线上的电流同目标管线电流反向时，直读深度一般偏浅。在某些特殊探测条件下直读深度系统偏深或偏浅的现象，可以将直读定深的结果应与其他定深方法得出的结果进行对比研究。

②比值法定深

同直读定深法不同，比值法主要利用管线电流磁场的水平分量或其梯度在水平方向上的变化特征确定管线的埋深。由于不同仪器所测的物理参数的区别，用以定深的比值 R 也各不相同。大体可分为特征比值法、待定比值法和任意比值法 3 类。

特征比值法是指用极大值两侧某点其值与极大值之比为一确定比值的两点之间的宽度或半宽度等于中心埋深这一特征来确定深度，目前这种方法应用最为广泛。对于水平分量 H_x，这一比值为 0.8 和 0.5，0.8 的宽度和 0.5 的半宽度均等于埋深。

对于 RD-400PXL、PDL 等类型仪器，通常使用 70% 法，即 ΔH_x 极大值两侧 0.7 比值点的宽度即为深度。实践表明，用该法定深精度能满足管线探查工程的要求。

4）方法小结

在城市地下管线探测中，探测给水金属管线可采用直接法、夹钳法、感应法或各种方法综合应用。定位采用极值法，定深采用直读法和 70% 法均可，根据方法试验，得出不同地电条件下的修正系数，对探测精度进行修正，可以得到比较准确的管线埋深。对电力电缆可采用 50 ~ 60Hz 工频法（被动源法）及夹钳法、感应法进行探测；对通信电缆可采用夹钳法、感应法及直接法进行探测；对热力管道可采用红外探测法；对燃气管道和工业管道禁止采用直接法探测，可采用感应法、夹钳法或被动源法进行探测。

在地电条件简单、外界干扰小的环境下，探测口径较大、管道壁有钢筋网的非金属管线（如排水管、上水管）时，采用高频感应电磁法虽能取得较好的效果，但电磁波法（地质雷达）仍是目前用于探测非金属管线的最有效方法。

3.4.4 地下管线探查的地质雷达法

地质雷达又称探地雷达，是利用超高频电磁波探测地下介质分布的一种地球物理勘探仪器，它可以探测地下的金属和非金属目标。在地下管线探测中，常用于探测电磁法类管线仪难以奏效的非金属管道，如地下人防巷道、排水沟管道等。目前实际应用的地质雷达大多数使用脉冲调幅电磁波，发射和接收装置采用半波偶极天线。地质雷达具有快速、高分辨的特点。

1）仪器选择

新一代的管线探地雷达，应配备多种频率的屏蔽天线，应在探测时可实时查看、标注和分析探测结果。

（1）雷达系统一般由 DAD 控制单元、发射和接收天线、笔记本电脑、测距轮、电缆、电池系统组成。

（2）系统的抗环境干扰能力强，分辨率较高。采集软件可现场解释雷达探测管线结果，有回拖定位功能，提高探测速度和定位精度。

（3）软件的界面友好，编辑和处理快速方便。

2）探测参数选择

（1）一般采样时窗选取探测深度的 2 倍左右。

（2）对于不同的天线频率 F_a 和时窗长度 R，选择样点数 S 应满足下列关系：

$$S \geqslant 10^{-8} \cdot R \cdot F_a \quad (3\text{-}25)$$

（3）一般情况下选择自动增益方式可获得较好的探测效果，但是需要注意当地面或者地下介质有明显变化时，应及时重新获取自动增益曲线，然后再继续探测。

3）波速 v 的选定

我们一般采用由已知深度的管线标定波速 v 的方式，探测前在测区范围选择数个已知深度的管线点进行波速测量。

4）管线情况调查

为提高探测效率和减少工作的失误，在探测之前，除了研读业主提供的管线图外，还应对目标管线的材料、管径、埋深、铺设走向等基本情况，以及其他地下埋设物进行调查了解。

5）测线布设

测线应彼此平行、垂直目标管线轴向布设；当不清楚目标管线的走向时，应改变测线的方向，以防目标漏测。

6）地下管线的探地雷达异常识别

对于管线探测，探地雷达的反射波组主要从两方面进行识别解释。

（1）反射波组的同相性形成同相轴是判别管线空间位置的重要标识，管线作为孤立的埋设物其反射波的同相轴为：当管线为圆形管道时，为向下开口（向上凸起）的抛物线呈伞形状，顶部反射振幅最强；当为沟道式或管块时，同相轴为有限平板状，反射界面的中部为平板状，两端各为半支下开口抛物线。

（2）地下界面上下介质的物性差异决定了电磁波的传播特性，物性差异越大，反射波越强，振幅越大，上下介质中波速大小决定反射波振幅方向，当从介电常数小（波速大）的进入介电常数大（波速小）的介质时，反射系数为负，即反射波振幅反向；反之，从介电常数大（波速小）进入介电常数小（波速大）的介质时反射系数为正，反射波幅与入射波同向。

地下目标管线一般存在 4 层介质界面，即管线的内外各两层，反射波以上层内界面为例，非金属管线内上界面的反射波振幅较大，当内介质为水时，反射系数为负，反射波为反向；当内介质为气体时，反射系数为正，反射波为正向；金属管线由于金属内波速近似为零，基本是全反射波，波形自然为反向，而且振幅较强。一般情况下反射信号以管线的外层界面为主，其他层面较弱。

7）给水、煤气管线的典型 GPR 图像

这里只重点列出给水、煤气管线的典型 GPR 图像。

给水的 GPR：图 3-32 的 0.25m 处（$h=0.45$m）为 DN150PVC 管，多次波很强，位置 0.55m 处（$h=0.35$m）为 DN100 铸铁管，首波明显而多次波弱；图 3-33 的 2.35m 处（$h=1.35$m）为 DN300 给水混凝土管，无多次波。

煤气 GPR：图 3-34 的 2.2m 处（$h=0.53$m）为 DN110 的 PE 塑料管，无多次波。图3-35 的 0.92m 处（$h=0.48$m）为 DN89 的煤气钢管，无多次波。

一般来说，探测相同管径的 PVC 给水管道比 PE 煤气管道的效果要好。

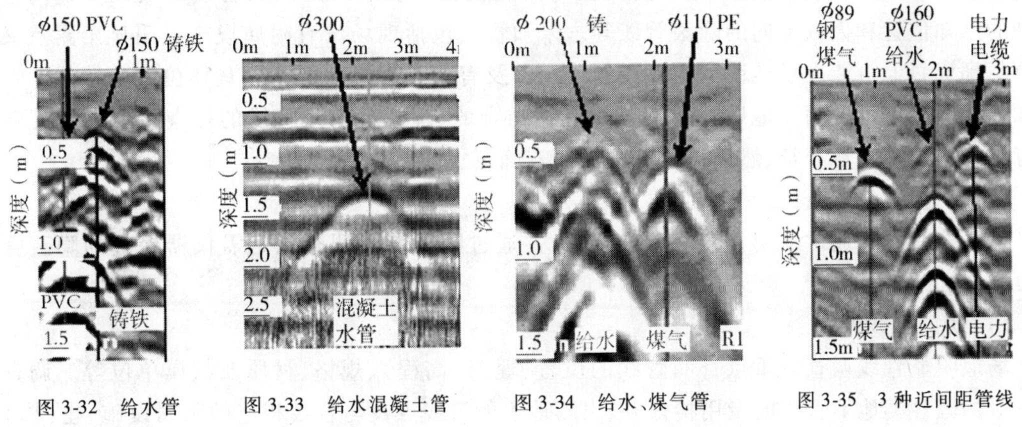

图 3-32 给水管　图 3-33 给水混凝土管　图 3-34 给水、煤气管　图 3-35 3 种近间距管线

3.4.5 地下管线探查的其他物探方法

1）直流电法

对于特殊环境下的地下管线探测，在条件许可的情况下，采用直流电法，如小极距中间梯度法、联合剖面法、充电法、自然电场法等将有较理想的效果。在此类直流电法中，对于有一定直径的水泥管、污水管、铸铁管、自来水管（自来水漏水点）均有较好的显示。对于接地困难、干扰较大的长区，可采用低压充电来观测电场变化，或在电缆的外壳和三相四线缆色型电缆的低限充以直流低频或高频电流观测由此产生的磁场分量，以判断电缆所在的部位。

2）磁法

磁法的原理是利用金属的导磁性。对于铁磁性的水泥钢筋网体、铸铁管等管线，均可以利用其磁性特点进行磁梯度等的测试，从而推断该铁磁性导体的中心位置。

3）地震波法

地震波法是在地面的某处进行人工激振，质点的振动以弹性波形式在底层介质中向四周传播，当遇到某一有波阻抗的界面处，弹性波将发生反射并在地面被传感器所接收。通常人们采用单通道浅地震反射波法，点距 0.2～0.6m，震源距 0.5～1m，工作频率 100～200Hz 的垂直多次叠加方法，最后组成一个时间剖面记录，由此分析记录曲线中的较强反射界面。此方法可用一般的动测仪和浅层地震仪等。

4)红外辐射法

红外辐射探测法的理论基础是斯蒂定律,即黑体单位面积在单位时间内向半球空间辐射的总能量与黑体绝对温度的4次方成正比。地表面的温度微小变化会引起辐射能量的较大差别,如污水管、热水热气管、地下自来水管等本身与其环境有一定的温度差异。通过测量地面在热波段的辐射总能量,就可以求得地物表面的温度微小差异,从而找到热源所在。

3.4.6 地下管线探查的实施

施工场地地下管线探查包括已知管线的探查及未知管线的扫描搜索。已知管线包括已有资料经核实存在的管线、现场踏勘了解的已有附属设施或明显出露点的管线以及调查访问了解到的已知位置和大致走向的隐蔽管线等。未知管线包括现场没有附属设施或明显出露点又未收集到资料但可能在场地范围内存在的管线以及有示意性资料但不明具体位置的管线。对已知管线的探查可采用实地调查及仪器探查相结合的方法,对未知管线的探查主要采用无源或有源扫描搜索发现异常,然后进一步追踪探查确定。

1)已知管线的探查

地下管线探查通常从明显管线调查开始,并通过明显管线调查确定需仪器探查的隐蔽管线段。

(1)明显管线调查

场地明显管线调查应重点查明管线的位置、埋深(高程)、规格、材质及权属单位等。调查时应对测区各类地下管线的专用检修井、出露地表的管线点及与管线相连的附属设施、建(构)筑物等明显管线进行调查。

明显管线调查对管线检修井采取直接开井量测调查,电力沟道直接打开盖板量测调查。管线点通常设置在附属设施的几何中心位置上。排水、电力等沟道在沟道中心线设置管线点。排水管线、电力沟道埋深量测为管底或沟道底深度,其他管线埋深均量测管顶深度。埋深量测采用经检验合格的钢卷尺配合量杆进行,用m为单位,读数至cm。圆形断面规格量测记录公称管径(如给水、排水)或外径(如燃气);矩形断面量测其内壁的宽和高;断面尺寸不规则的电力、通信管组量测最大断面的宽×高,单位用mm。此外,还应查明直埋管线的材质或套管的保护材质、电力电缆的电压等。测区内无明显管线点时,能开挖的管线采取开挖的方法查明其规格、材质等属性,不能开挖的则根据资料标注记录其属性,并说明资料来源。

(2)隐蔽管线探查

地下管线分金属管线和非金属管线。对金属管线的探查,由于其具有良好的导电性,因此可利用电磁感应原理采用地下管线探测仪进行探查。对于非金属管线,通常采用电磁波法(即地质雷达探测方法)探查;有出入口的管线如排水、通信空管等,可采用示踪法探查。

①金属管线探查

金属管线有金属管道和金属电缆,由于其埋设方式、材质及规格的不同,因此采用的探查方法也略有不同。给水、燃气等金属管道主要为直埋,在管线单一、旁侧干扰小的条件下,可采用感应法或直接连接法施加信号探查。在管线布置密集的地段,如管线平行布设,宜采用直接连接方式施加信号;管径小时亦可采用夹钳法。选用直接法时应注意地线的布设,尽可能使接地钎垂直目标管线,同时避免跨越其他管线。在无法直接施加信号时,可采用旁侧感应法、垂直压线法、差异激发法等以减弱旁侧管线的干扰。通信、电力(包括路灯等)电缆入孔、手孔及上杆等出露点较多,具备了使用夹钳激发施加信号的条件,因此,此类管线的信号激发方式通常采用夹钳法。定位、定深时应考虑被夹电缆在管组中的实际位置,然后校正到管组中心地面投影位置及外顶埋深。条件不具备时可采用感应法。管线定位方法宜采用极大值法,对埋深较大的管线采用极大值法和极小值法相互比较确定;管线埋深测定主要采用比值法;在管线单一但地形起伏较大或受场地条件限制无法采用比值法测深时,可采用直读法测深作为参考。存在明显干扰无法测深时,可通过相邻点埋深内插得到,有条件的情况下应适当打样洞或开挖验证,否则应予以说明。

对场地管线探查,隐蔽管线管线点宜设置在管线的特征点(如交叉点、分支点、转折点等)在地面的投影位置上。直线段管线点距应能准确反映场地范围内管线的埋深变化,特别是在地形起伏较大或埋深变化较大的情况下,应加密定点,管线点距应小于或等于 10m。此外,当管线穿越对场地设计、施工有重大影响的区域时应加密定点。

②非金属管线探查

探测非金属地下管道要比探测金属管线困难得多,因为金属管线具有良好的导电性,在电磁场作用下能产生感应电流,并在周围形成二次场,所以可用轻便有效的电磁法进行探测。非金属管道则不同,其本身导电性差,给电磁法探测带来较大的困难。

非金属管道的种类很多,按材质可分为:钢筋混凝土管、混凝土管、陶瓷管及塑料管:按其用途又分为:污水管、雨水管、电缆埋设管、工厂专用管。钢筋混凝土管因其含有钢筋,可以用探测一般金属管线的方法进行探测,但其信号要比金属管线弱得多,且各节管道之间的接头处是不导电的,因此必须采用大功率发射机、高灵敏度接收机,且用较高的频率和等收发距的感应排列形式观测才能得到较好的效果。电缆埋设管中埋置电缆,可用探测电缆的方法进行追踪。

对于一般非金属管道,必须采用特殊的方法进行探测,目前国内外常用的方法有:示踪电磁法、预埋检测带法、电磁波反射法(地质雷达)等。

示踪电磁法:常用的示踪装置有两种,一种是将示踪探头通过非金属管道在地面的出入口置于管道内,然后在地面用管线仪追踪信号,达到探测目的。另一种方法是将一根有绝缘层的示踪导线送入非金属管道内,导线端部剥开 1m 左右,露出金属线,使之与管道内的水汽相接触,为信号提供回路。将发射机输出端的一端接到导线上,另一端接地,这样在整个导线上将产生交变电流,在其周围产生二次电磁场,用一般地下管线仪追踪电磁场信号,即可达到探测非金属管道的目的。

探测预埋检测带法:这种方法需在埋设非金属管道时,预先沿地下非金属管道埋置好特制的印有警告文字的检测带,分为薄膜型和导线型。检测带一般埋置在管道正上方的槽沟内,离地面约 450mm,这种特别的检测带内夹有金属箔或金属导线,它们在电磁场的作用下会产生感应电流,因此不但可以在地面上用一般电磁法探测到检测带的位置,达到探测非金属管道的目的;而且可以使开挖者在碰到地下管道之前见到醒目的警告文字,预防挖断。预埋的检测带,由于施工的原因,特别容易断,很多施工队改为在非金属管道上方放置示踪金属线。

对给水、燃气等非金属压力管道,如果没有预埋检测带或示踪金属线,只能采用地质雷达探测。

2)未知管线的盲测探查

由于可利用资料较少,为避免漏测管线,因此应采取盲测扫描的方法对整个测区进行搜索,具体方法如下。

被动源扫描探查法：对浅埋金属管线，通过管线探测仪采用被动源法进行扫描搜索；扫描搜索采用网格状布置测线，即根据管线的埋设规律，在场地范围内垂直和平行主要管线走向布置测线。确定异常后在异常点位置采用感应法施加信号，圆形搜索确定走向。通过被动源法扫描探测，可快速查明测区范围的浅埋给水、电缆等管线，以提高探测工作效率。该法特别适应于建筑物附近场地范围较窄，长度有限且埋设较浅的出入户管线的探查。

主动源扫描搜索法：对深埋金属管线主要采用水平磁偶极感应法进行平行扫描搜索，即发射机与接收机之间保持适当距离（距离一般在最佳收发距范围内），两者对准成一直线，同时向同一方向移动，且保持接收机线圈与前进路线方向垂直。平行扫描亦采用网格状布置测线。该法对深埋金属管道及直埋电缆有较好的探测效果。

半圆扫描搜索法：主动源扫描探测，只能探测到与测线垂直或近于垂直的管线，对斜交管线，采用此法则难于探测到异常。因此，为确认测区内是否存在其他走向的管线，可采用半圆扫描法，即在场地区域布置多条测线，发射机位于测线位置上，考虑到发射机偶极子的场特征，以间隔 2m 为宜，逐点放置发射机；同时，接收机以发射机为圆心，最佳收发距为半径，在测线一侧作半圆扫描搜索。在扫描搜索的同时发射机原地随接收机转动，以确保发射机与接收机方向下方管线耦合最强。

未知管线通过以上方法确定管线异常后，可按已知管线探查方法作进一步追踪探查。由于未知管线异常往往无法确定其管线种类及规格，采用极大值法和比值法定位定深时，实际上测得的是等效中心位置和埋深，因此在有条件的情况下应进行开挖验证，条件不允许时应予以说明。

最后，有条件的，应采用地质雷达扫描，以避免漏测管线。

3）已施工的非开挖管线的探测

非开挖管线，特别是定向钻施工管线探测，目前是管线探测界的难点，这类管线也越来越多。

（1）定向钻穿越的管线特点

①采用定向钻技术敷设的管线距离长，一般在 100 ~ 2 000m 的范围内。

②采用定向钻技术敷设的管线埋深大，一般情况下在 3 ~ 10m 之间，有的地方由于要穿越河谷、湖底、小山体及不可拆迁的建筑物，管线埋深可能达到 20 ~ 30m。

③采用定向钻技术敷设的管线，其施工段没有管线出露点和管线已知点，一般在定向钻施工段两端设有标志桩和阴极保护装置。

④采用定向钻技术敷设的管线，其轨迹可能是直线的，也可能是弧线的。对定向钻施工管线探测，方法与一般的管线探测不同。

（2）仪器选用

一般情况下，并非所有金属管线探测仪都能探测长距离、深埋（埋深 >4m）的管线。必须具备多种频率、大功率功能的仪器才能探测。而日本富士公司的 PL960 型管线探测仪对埋深 >3m 的管线，雷迪 D400PXL-2、美国 SUBSITE 系列管线探测仪对埋深 >4.5m 的管线不能探测。根据实验结果，用英国雷迪公司的 RD4000、LD500 等大功率的管线探测仪，信号传输距离大，探测效果较好。

（3）探测方法

①远端接地直连法：特深管线探测的唯一的方法是，利用检测桩进行直接法探测。这样发射信号施加到它的信号最强。延长直接连接电缆的黑色线至 100m 或尽可能的远，并与管线走

向成 70°。

②频率特性的选择:管线探测时,电磁场的衰减系数与发射频率的平方根成正比。发射频率越低,传播距离越远,有效穿透深度更深。在有外界磁场干扰的地区,优先使用低频。本次探测 RD4 000 使用的是 640Hz,LD500 使用的是 512Hz。

③合适的接地:接地端应位于地形低洼处或潮湿处,用 1m 长铁棒打进地下,它可减少接地电阻、管道与大地的分布电容,从而提高通过管线中的电流。

④增加功率和电流:在埋深、接地电阻一定的情况下,发射功率越大,电流越大,因此磁场信号越强。

⑤定位与定深:平面位置结合极大值、极小值方法探测,埋深采用直读法和 70% 法相结合,特殊地段用 H_x、ΔH_x 剖面观测做计算机拟合。

⑥定向钻施工的两端都埋有检测桩的,应分别连接探测并相互验证。

探测埋深大于 7m 时,要进行必要的深度修正。

3.4.7 复杂条件下地下管线的探测

1)多条平行管线的探测

在城市地下管线探测中,遇到的不只是管线种类单一的情景,而且是地下管线密集分布、条件复杂的情况同时存在,多条管线密集平行分布便是其中之一。

近间距平行管线是指走向、埋深基本一致,其间距($2b$)小于埋深(h)的 2 倍的管线,是地下管线探测工作经常遇到的管网结构,由于电磁场的相互感应和叠加形成的干扰,它们产生的磁场相互叠加,会给探测造成较大的测深误差及平面定位错误,即测漏管线或无法区分管线,是管线探测的难题。

对近间距并行管线探测时,要考虑管线的布设情况、电性的差异、材质和防腐、埋设的深浅等,必须考虑减少相邻管线的干扰,选择合适的频率、接地方法,能探测各管线的不同位置,才能保证探测结果的准确性。

实际工作中,要特别注意管线中电流的方向,针对不同电流方向产生的不同干扰,采用不同的修正方法,才能满足探测精度的要求。

(1)浅埋平行管线探测

两根以上的管线并排埋设在一起时,其电磁响应要比两平行无限长载流管线的电磁响应复杂得多,但埋深、电流、间距相同时,其产生的组合异常信号显示也像单管异常,其平面中心位置是多根管线组合在一起的几何中心在地面的投影。常见方法有直接法、感应法、夹钳法等,各方法特点如下。

利用直接法,直接向出露管线部位充电,通过接地导线与大地构成电流回路,一般来说,效果较为理想,但接地极尽量不跨其他管线。

利用感应法(包括直立感应法、压线法等,管径小的也可用夹钳法):根据不同方向的磁场的感应特性,使旁侧管线产生的电流最小。通过移动发射机的不同位置和方向,对平行管线逐条探测。对埋藏较浅($1 < 2b/h < 2$,而且 $h < 1$m 时)的,近间距平行管线的探测可以得到较好的效果。

(2)深埋平行管线探测

当目标管线的埋深相对较深($2b/h < 1$,而且 $h > 1$m 时),如前所述,每根管线的电流相同时,其磁场曲线形态更加像单管一样。此时用选择激发法、压线法、倾斜压线法探测,即使用剖面观测和正反演解释推断,效果也不会好,而且效率也差。

增强长距离平行管线探测效果的措施有如下几种。

①选用远端接地的直连方法:使电流通过管线—大地—传输线形成回路,将发射机输出的一端接在管线上,另一端通过长导线(>20 倍埋深)沿垂直管线走向的方向与接地极连接,以增大信号传输的距离和信号透入深度。当无出露点时,感应法找到最浅点,开挖并连接。

②现场试验确定最佳频率:用低频信号(如频率 <1kHz)发射,使流过管线的信号电流以阻抗方式构成电抗回路,尽量减少电容耦合和电感耦合,让信号衰减得较慢、传得尽可能远,有利于追踪长距离及深埋管线。具体工作频率应该在现场通过试验确定。

③选择最好的接地和阻抗匹配:选择尽量大的发射功率,同时减少接地电阻,形成最佳阻抗匹配。通过增大通过管线电流的方法,尽量提高信噪比。减少接地电阻,接地端应位于地形低洼处或潮湿处,如接地端地面干燥时,应浇水以减少接地电阻。

④排除干扰和反向电流信号:埋深较大时接收机接收到的信号往往较弱,异常平滑,噪声信号较大,此时接收处理较困难,要仔细分析现场的干扰因素,过滤掉干扰信号,用峰值法、零点法等进行多方法的比较验证和反复探测。在此基础上,逐步对每条管线分别激发,以探测它们的位置。

2)纵横交叉管线的探测

纵横交叉管线多数是多条管线既平行又交叉,管线埋深不一,交叉点多,干扰较大,给探测工作造成很大的困难,往往需用电磁法有源、无源,直接法、感应法互相配合,灵活运用才能取得好的效果。

3)上下重叠管道的探测

上下重叠管道有多种情况,按其材质电性可分为:金属管道重叠、金属与非金属管道重叠、非金属管道重叠。重叠管道的探测是管道探测中的难点之一,单一方法很难达到目的,必须采用综合的物探方法。

(1)金属管道重叠:用电磁法探测重叠的金属管道时,由于重叠管道间的相互干扰,观测异常为上下管道异常的叠加,用电磁法能对其精确定位,但在定深上误差较大,但重叠管道不总是重叠在一起,可在其分叉处分别定深,来推知重叠处管道的深度。

(2)金属与非金属管道重叠:由于金属管道与非金属管道的电性差异,可用电磁法对金属管道进行定位、定深。多数非金属管道虽带有钢筋网,但在电性上与金属管道相比,导电性仍很差,故对非金属管道用电磁法探测很难奏效。当非金属管道带有钢筋网时,亦可采用加大发射机功率,通过探测管径的方法来解决。

探地雷达作为一种高新仪器,图像直观,分辨率高,操作方便,在非金属管线、近距离平行管线和重叠管线的探测等方面具有无可比拟的优势,可解决管线探测的很多疑难问题。图 3-36 是 4 条地下管线的 GPR 图像,可清楚的确定在 2.6m、3.5m 处各有一条埋深 1.1m、1.0m 的铸铁给水管,双曲线明显、完整,无多次反射波。在 4.9m 和 5.4m 处为两根电信预埋穿过公路

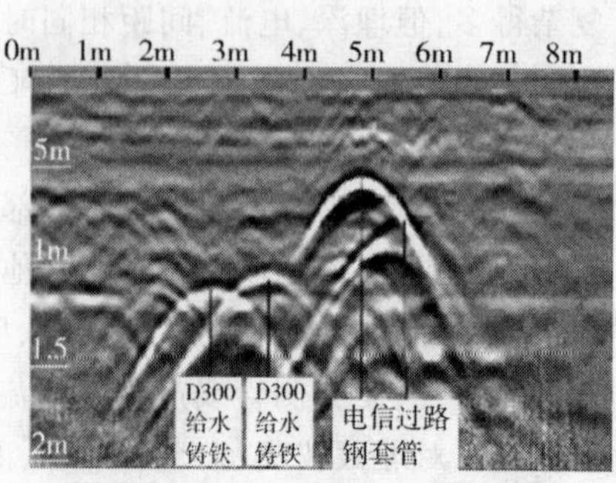

图 3-36 近间距平行管线(给水、电信)的雷达图像

的 DN150 钢套管异常,深度 1.1 m 和 1.0m。双曲线明显、完整,没有多反射波。

(3)非金属管道重叠:电磁法对此无能为力,可采用地质雷达探测。管道与周围介质存在波阻抗差异,这为地质雷达探查重叠管道提供了依据。重叠管道的探测难点在于重叠处的深度探测,无论是金属管道还是非金属管道重叠,只要它们之间有适当的距离,用地质雷达都可以较好地解决这一问题。

3.5 地下管线探测的质量检查

3.5.1 重复探查

重复探查是为了检查探查工作的质量。每一个工区应在隐蔽管线点和明显管线点中分别随机抽取不少于各自总数的5%进行重复检查。所谓“随机抽取”是指重复探查点应均匀分布于整个工区不同条件、不同埋深、不同类型的管线上,并具有代表性。重复探查应在不同的时间,由不同的操作员进行。隐蔽管线点用仪器复查地下管线的水平位置和埋深。明显管线点应在地下管线出露点上重复量测埋深。

根据重复探查结果分别计算隐蔽点平面位置中误差 m_{ts}、埋深中误差 m_{th} 及明显管线点量测的埋深中误差 m_{td}。

明显点中误差应 $m_{td} \leqslant \pm 2.5$cm;

隐蔽点(平面位置 m_{ts} 和埋深 m_{th})误差不得超过表 3-1 规定限差(δ_{ts} 和 δ_{th})的 0.5 倍。

有关中误差和限差计算公式如下:

隐蔽点平面位置中误差(cm):

$$m_{ts} = \pm\sqrt{\frac{\sum_{i=1}^{n} \Delta S_{ti}^2}{2n}} \tag{3-26}$$

隐蔽点埋深中误偏差(cm):

$$m_{th} = \pm\sqrt{\frac{\sum_{i=1}^{n} \Delta h_{ti}^2}{2n}} \tag{3-27}$$

明显点埋深中误差(cm):

$$m_{td} = \pm\sqrt{\frac{\sum_{i=1}^{n} \Delta d_{ti}^2}{2n}} \tag{3-28}$$

式中:ΔS_{ti}——隐蔽点的平面位置偏差,cm;

Δh_{ti}——隐蔽点的埋深偏差,cm;

Δd_{ti}——明显点的埋深偏差,cm;

n——检查点数。

隐蔽点重复探查平面位置限差(cm):

$$\delta_{ts} = \frac{0.10}{n}\sum_{i=1}^{n} h_i \tag{3-29}$$

隐蔽点重复探查埋深限差(cm):

$$\delta_{th} = \frac{0.15}{n}\sum_{i=1}^{n} h_i \tag{3-30}$$

式中:n——检查点数;

h_i——各检查点管线中心埋深,cm,当 $h_i < 100$cm 时,取 $h_i = 100$cm。

3.5.2 开挖验证

开挖验证是评价探查工作质量的主要方法。开挖验证的点数不得少于工区内隐蔽管线点总数的1%,且不少于3个。开挖验证点应均匀分布随机抽取,即要考虑到不同深度、不同类型、不同探查条件有代表性的点进行开挖验证。开挖出来的实际管线与探查管线点之间的水平位置偏差和埋深偏差不得超过表3-1规定的限差,超过限差的点称为"超差点"。

超差点小于或等于开挖总点数的10%,则工区探查质量合格。

当超差点数大于10%,小于或等于20%时,应再抽取不少于隐蔽管线点总数1%开挖验证。两次抽取点总和中超差点小于或等于10%时,探查工作质量合格;否则,不合格。

超差点数大于总数20%时,分两种情况:一种情况是总点数大于等于10个,则质量不合格;另一种情况是总点数少于10个,则应增加开挖验证点到10个以上,按上述原则再进行质量验证。

经质量检查不合格的工程,应分析造成不合格的原因,并采取相应措施,然后对该工程返工。

3.6 地下管线的测量

地下管线的测量工作包括以下内容:测区已有控制成果和地形图的收集、检测和修测;地下管线的连测;测量成果的整理。缺少已有控制和地形图的测区,基本控制的建立和地形图的施测,以及对已有控制和地形区的检测和修测,均应按现行的《城市测量规范》(CJJ 8)、全球定位系统GPS测量规范(GB/T 18314—2001)等有关规定执行。

各种管线的地上、地下部分各自共同组成一个完整的网络系统,与地下管线相连通的地上管线同时进行调查测量,对地下与地上两部分衔接、保证系统资料的完整是有益的。

3.6.1 地下管线的控制测量

考虑到管线测量的需要，直接沿管线走向的测区进行控制测量。应根据现有的控制点的实际利用情况，再考虑是否布设 GPS 控制网，或采用城市导线控制网，或 GPS-RTK 测量进行控制网的加密，高程测量采用四等水准测量或电磁波测距三角高程方法，也可以直接利用现存的图根导线测量。

1)平面控制测量

(1)导线测量技术要求见表 3-12。

导线测量技术要求 表 3-12

<table>
<tr><th>等　级</th><th>采用仪器</th><th>附合导线长(km)</th><th>平均边长(m)</th><th>测角中误差(″)</th><th>导线相对闭合差</th><th>方位角闭合差(″)</th></tr>
<tr><td>一级</td><td>DJ2 级</td><td>3.6</td><td>300</td><td>≤ ±5</td><td>≤1/14 000</td><td>$\leqslant \pm 10\sqrt{n}$</td></tr>
<tr><td>二级</td><td>DJ2 级</td><td>2.4</td><td>200</td><td>≤ ±8</td><td>≤1/10 000</td><td>$\leqslant \pm 16\sqrt{n}$</td></tr>
<tr><td>三级</td><td>DJ2 级</td><td>1.5</td><td rowspan="3">120</td><td>≤ ±12</td><td>≤1/6 000</td><td>$\leqslant \pm 24\sqrt{n}$</td></tr>
<tr><td>图根一级</td><td>DJ5 级</td><td>1.2</td><td rowspan="2">≤ ±20</td><td>≤1/5 000</td><td>$\leqslant \pm 30\sqrt{n}$</td></tr>
<tr><td>图根二级</td><td>DJ5 级</td><td>0.9</td><td>≤1/4 000</td><td>$\leqslant \pm 40\sqrt{n}$</td></tr>
</table>

注：n 为测站数。

测距导线的总长和平均边长可放长至 1.5 倍，但其绝对闭合差不应大于 26cm，当附合导线的边数超过 12 条时，其测角精度应提高一个等级。

(2)受地形限制，图根导线无法闭合的情况下，可布设不多于 4 条边、长度不超过附合导线规定长度 1/3 的支导线。边长可采用光电测距仪单向观测一测回，水平角观测首站应联测两个已知方向一测回，其他站水平角分别测左右角一测回，其固定角不符值与测站圆周角闭合差均不应超过 ±40″；采用电子速测仪，其他站水平角可观测一测回。

(3)在一个已知点上用极坐标法布设放射状支导线点时，可用全圆方向法观测水平角，以已知边作为零方向，同时观测各个方向两测回，测回间较差不应大于 ±24″，边长单向施测一测回。

2)高程控制测量

水准测量按《城市测量规范》的规定执行，使用精度不低于 DS10 型水准仪及普通水准尺单程观测，估读至毫米，要求见表 3-13。

图根水准测量技术要求 表 3-13

<table>
<tr><th rowspan="2">附合或闭合环线长度(km)</th><th rowspan="2">结点间的路线长度(km)</th><th rowspan="2">支线长度(km)</th><th rowspan="2">视线长度(m)</th><th colspan="2">观测次数</th><th colspan="2">附合、闭合差或往返测较差(mm)</th></tr>
<tr><th>附合或闭合路线</th><th>水准支线</th><th>平地</th><th>山地</th></tr>
<tr><td>≤8</td><td>≤6</td><td>≤4</td><td>≤100</td><td>往一次</td><td>往返各一次</td><td>$\leqslant \pm 40\sqrt{L}$</td><td>$\leqslant \pm 12\sqrt{n}$</td></tr>
</table>

注：L 为附合路线、环线或支线长度(以 km 为单位)，n 为测站数；在山地每千米 ≥16 站时，其闭合差才按山地限差衡量。

采用电磁波测距三角高程测量时，应与导线测量同时进行，仪高和镜高采用经检验的钢尺量至毫米,要求见表 3-14。

电磁波三角高程测量技术要求　　表 3-14

等级	采用仪器	中丝法测回数	指标差较差和垂直角较差	对向观测高差的较差(m)	附合路线或环线闭合差(mm)
图根	DJ5 级	1	≤25″	≤0.4S	$\leqslant \pm 40\sqrt{[D]}$

注:D 为测距边长度(km),S 为斜距(km)。

3.6.2 地形与管线点测量

地下管线点平面位置测绘应采用解析法,以导线串测法或极坐标法测量为主。当采用极坐标法时,测距边不得大于 150m,测距边长不得大于定向边长。地下管线点的高程测量可采用直接水准测量连测,也可采用三角高程测量,布设附合水准路线,不应超过二次附合。

1)带状地形测量范围及要求

(1)管线两侧都为宽阔地带,测至管线两侧 20m 的地形为宜,通视条件较差的山区或密林地带等可测至两侧 10m。

(2)临近管线 20m 以内有建(构)筑物时,测至两侧第一排建(构)筑物。

(3)测绘的内容可适当取舍,临路(街)建(构)筑物飘篷、飘楼、骑楼及临时建筑物可不测绘;应调查有关建(构)筑物的结构、层数、分间线,适当注记门牌、单位名称和散点高程。

2)管线点及地形测量

(1)采用解析法,使用全站仪配电子记录手簿采集所有管线点、与管线有关的地形和附属物,并测量管线两侧带状地形。

(2)因急需覆土来不及施测的,可先用固定地物或邻近控制点采用距离交会法准确栓住点位,测出管线点与固定地物点的高差,在实地做出标志和记录,待以后恢复点位再进行连测。

(3)大面积施工的管线工程,可直接布设图根导线测量地下管线的特征点,待管线覆土、地面定型后再测管线的地面高程等。

3.7 管线图编绘与成果提交

地下管线图的编绘应在地下管线数据处理工作完成并经检查合格的基础上,采用计算机编绘或手工编绘成图。计算机编绘工作应包括:比例尺的选定、数字化地形图和管线图的导入、注记编辑、成果输出等。手工编绘工作应包括:比例尺的选定、复制地形底图、管线展绘、文字数字的注记、成果表编绘、图廓整饰和原图上墨等。

测量成果资料处理时,展绘管线或数字化管线应采用地下管线探测采集的数据或竣工测量的数据,宜以 1:500 图幅为基本单位,图面注记宜参照 1:500 地形图图式的要求进行。

3.7.1 机助成图具备的资料

测量机助成图应具备以下资料:

(1)测区地形底图或数字化地形图。

(2)外业测量数据文件。

(3)经检查合格的管线探测调查表(或管线探查记录表)。

(4)管线竣工测量草图。

3.7.2 管线竣工测量图的编辑

利用地下管线竣工测量信息处理系统对外业调查数据和测量数据进行处理后,进入成图软件平台,进行地物的连接、标注、管线点注记的移动等,再附加图框,形成最终的管线探测成果图。

地下管线图应以彩色绘制,断面图以单色绘制。地下管线按管线点的投影中心及相应图例连线表示,附属设施按实际中心位置用相应符号表示。

采用计算机编绘成图时,管线图应与城市基本地形图的图形数据文件叠加、编辑成图。采用手工展绘时,应根据实测数据展绘。

1)手工展绘图应采用的程序

(1)复制地形底图。

(2)展绘管线及其附属设施,并注记管线点编号和管线线上注记。

(3)绘制管线断面图、放大示意图。

(4)图幅接边。

(5)绘制成果表、接图表、图例,编写说明书。

2)综合地下管线图的编绘应包括的内容

(1)各专业管线。

(2)管线上的建(构)筑物。

(3)地面建(构)筑物。

(4)铁路、道路、河流、桥梁。

(5)主要地形特征。

3)注意问题

(1)各类管线点标注及汉字不能骑压地形线及管线。

(2)地形图式必须符合有关 1:500 地形图图式的要求。

(3)重叠处理:管线与相关地物平行或相距太近,可将地物线偏移直至图上表达清楚为止。

4)竣工测量图和管线点成果表的输出

按合同比例尺绘制管线成果图,打印管线点成果表,要求图面整洁美观、报表清晰大方。

3.7.3 地下管线探测报告书内容

工程结束后,应编写地下管线探测报告书,一般包括下列内容。

(1)工程概况:工程的依据、目的和要求;工程的地理位置、地球物理和地形条件;开竣工日期;实际完成的工作量等。

(2)技术措施:各工序作业的标准依据;坐标和高程的起算依据;采用的仪器等。

(3)技术方法。

(4)应说明的问题及处理措施。

(5)质量评定:各工序质量检验与评定结果。

(6) 结论与建议。

(7)提交的成果。

(8)附图与附表。

注:小型管线工程的报告书可以从简。

3.7.4 成果资料的提交

应向用户提交包含的资料内容为:

(1)委托书(或合同书等)。

(2)任务书(或技术设计书等)。

(3)管线点成果表。

(4)管线竣工测量专业管线图。

成果移交应列出清单或目录,逐项清点,并办理交接手续。

参考文献

[1]马保松. 顶管和微型隧道技术. 北京:人民交通出版社,2004

[2]Mohammad Najafi. *Trenchless Technology-Pipeline and Utility Contruction and Renewal.* McGraw-Hill,2004

[3]周风林,洪立波. 城市地下管线探测技术手册. 北京:中国建筑工业出版社. 1995

[4]雷迪公司网站,http://www. leidi. cn

[5]富士公司网站,http://www. Fuji – bj. com

[6]区福邦. 城市地下管线普查技术研究与应用. 南京:东南大学出版社,1998

[7]乌效鸣,胡郁乐,李粮纲,等. 导向钻进与非开挖铺管技术. 武汉:中国地质大学出版社,2004

[8]颜纯文. 非开挖地下管线施工技术及其应用. 北京:地震出版社,1999

[9]颜纯文,蒋国盛,叶建良. 非开挖铺设地下管线工程技术. 上海:上海科学技术出版社,2005

[10]杨向东,聂上海. 复杂条件下的地下管线探测技术. 地质科技情报,2005,24(7)增刊

[11]张汉春,黄昀鹏. 长距离深埋管线的探测效果. 物探与化探,2006,30(4)

[12]张汉春,莫国军. 特深地下管线的电磁场特征分析及探测研究. 地球物理学进展,2006,21(4):1314-1322

[13]张汉春,曹震峰. RIS-K2 探地雷达在地下管线竣工测量中的应用. 工程地球物理学报,2007,4(5):395-399

[14]张汉春. 水平定向钻长距离管线的导向与探测研究[J]. 非开挖技术,2006(2):70 – 76

[15]张汉春．长距离近间距平行管线的电磁场特征—以珠三角成品油管道探测为例．工程勘察,2008(2):66-71

[16]中国电传播研究所网站,http://www. crirp. ac. cn

[17]中华人民共和国国家标准．给水排水管道工程施工及验收规范(GB 50286—97)

[18]中华人民共和国建设部．城市地下管线探测技术规程(CJJ 61—2003)．北京:中国建筑工业出版社,2003

[19]中华人民共和国建设部．岩土工程勘察规范(GB 50021—94)．北京:中国建筑工业出版社,1995

[20]周凤林,洪立波．城市地下管线探测技术手册．北京:中国建筑工业出版社,1998

CHAPTER 4

地下管道状况检查与评价

地下管道检查是对管道进行全面、翔实的探测,并得出相关的性能参数值。其包括的内容较多,涉及的方面也很广。目前,可使用的技术手段主要有电磁法探测、CCTV 检测、声纳法检测等。在工程应用中,应根据工程要求以及现场实际情况,选择相应的探测设备和探测方法。地下管线的破坏类型有很多,各种破坏对城市管线系统的运转时刻产生着威胁,为科学管理、妥善治理管线中存在的各种不良现象,应对管线的实际状况有一个良好的把握并进行科学的评估。地下管线检查是地下管线管理中的一个极为重要的环节,良好可信的检查结果可提高整个管道系统的经济效益和社会效益。

4.1 地下管道的破坏形式及原因分析

4.1.1 概述

地下管道系统建成后,在使用的过程中会经常或间断性地受到物理的、化学的、生物化学的以及生物力的侵蚀。对于投入运行的管道,具体会受到哪种破坏作用及其严重程度取决于以下几点:

(1)管道设计。

(2)管道所用材料。

(3)施工建设。

(4)维护和保养。

(5)管道类型和运行持续时间。

(6)外部影响作用,例如管道的上方是交通繁华地带,车辆行人通过会对管道产生动荷载作用,这些作用都会导致管道过早的损耗,而达不到预期的使用寿命。

如果管道由于损耗严重,或者是完好度曲线到达零点,管道即将失效,则必须使用恰当的方法尽快进行修复,以达到正常的使用状况,延长管道的使用寿命,提高其使用价值。

图 4-1 中的曲线表示的是在运行过程中,管道的完好度随着时间变化的情况。若完好度为 0,则管道彻底失效,即管道报废。通过研究发现,管道损耗主要取决于管道安装、管道维护以及管道所受的应力类型。从管道修复的角度来讲,损坏即管道系统的部件失效。

管道的构建状况是一个综合概念,包括很多方面的因素,提出该概念的主要目的是为提高管道的使用寿命,并在前期使用恰当的预防性保护措施。一般来说,只要管道维护保养措施得当,管道可以正常使用较长的时间,其使用极限也可以随之延长。具体采取何种保养措施,需依据详尽的管道探查信息,即管道状况。管道不可能永远不失效而一直使用,即使使用最科学的维护保养措施,管道最终也会报废,实际应用中,只能通过一定的技术手段延长其使用时间。

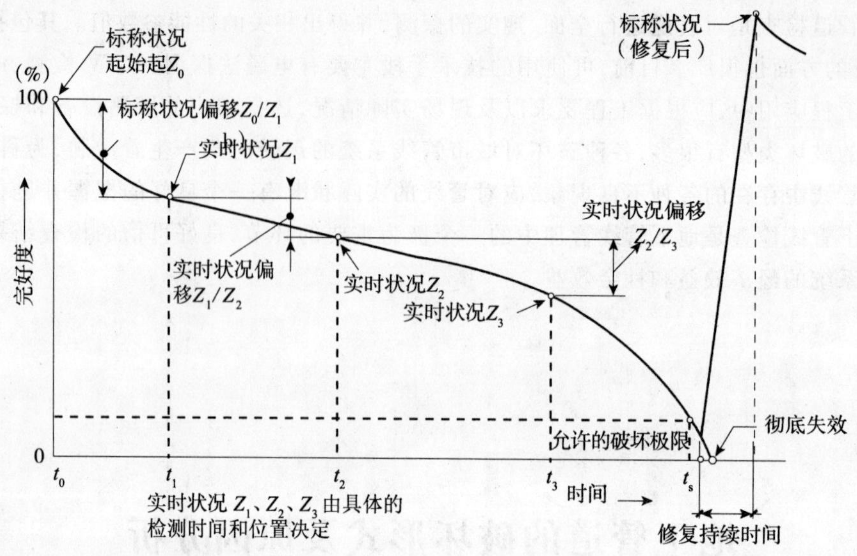

图 4-1 管道破坏状况变化图

通常来讲,地下管线的使用年限都比较长。管线建成后,在其正常运行的过程中,其中的部件会发生损耗,管道整体状况会发生恶化。如管道密封接头等部件的材料没有现在的好,可能提前破坏,而影响管道寿命。

管道破坏主要由以下两方面引起:

(1)超过了设计的管道寿命,管道超限运行。

(2)管内和管外所受的各种应力作用。

此外,安装过程中由于材料选择不当以及人的主观因素影响给管道造成的初始隐患也会在使用过程中逐渐发展,结果加剧管道的失效过程。

引起管道系统损耗和破坏的应力有很多种,在特定的情况下,完全不同的原因可以导致管道中相同的破坏状况。管道破坏可能发生在局部范围内,也可能扩散到本管段甚至是整个管道网系统。

管道破坏的相关知识、表现形式、破坏原因及其引起的后果对正确的计划和实施管道维护和修复起着非常重要的作用,特别对修复和更新选择合适的处理方法,更有重大意义。管道的破坏形式通常包括以下几种:

(1)管道泄漏。

(2)管道堵塞。

(3)管道错位。

(4)管道腐蚀。

(5)管道变形。

(6)管壁裂纹。

(7)管道破裂。

(8)管道坍塌。

由于管道的破坏形式非常多,因而,要结合实际,具体分析发生破坏的原因,在细节上周全考虑,最终提出科学合理的修复方案。

4.1.2 管道泄漏

4.1.2.1 管道泄漏的种类

管道泄漏即管道中的介质很明显地从管道外部或内部出入或者是没有通过正规的管道泄漏测试。一般来说，泄漏通常发生在下列位置：

(1)管接头(图4-2)。

(2)支管连接处(图4-3)。

(3)人工检修孔以及污水管道系统和排水沟的建筑结构部分。

其他几种管道破坏情况，如管道裂纹，管道破碎，管道爆裂也都会引起漏水，但其严重程度取决于这种破坏的范围和发展程度。

图4-2 管接头处漏水

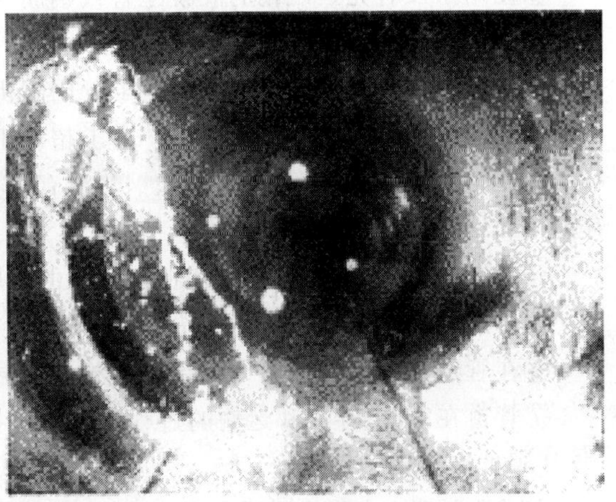

图4-3 支管连接处漏水

4.1.2.2 泄漏发生的原因

导致泄漏的原因有很多种，一般来说，大概有以下几个方面：

(1)未遵守相关的规范标准，包括管道设计、管道材料和管道部件、施工、管道运行4个方面。

(2)材料老化。

(3)其他破坏引起。

1)未遵守相关的规范标准

早期，受当时技术状况的影响，管道材料和部件的选择主要考虑管道在使用过程中所受的应力和管道的实际使用状况，直至现在，该评定标准仍然没有改变。以密封材料为例，如早期管道铺设使用的密封材料如黏土、水泥砂浆以及沥青和密封圈已经不能满足现在的工程要求，如果不及时更换，则管道密封极有可能失效，最终导致泄漏。

在现代管道施工中，即使选用技术含量较高的材料和管道部件，管道泄漏也不可避免，其原因可能是材料选择错误、施工方法不当以及运行中出现的问题。

下文给出了一些典型的导致管道泄漏的示例。

(1)使用了不合适的材料以及管道部件

①没有考虑到或错误地估计了管道内部和外部所受的应力,以及在使用过程中应力的变化。

②管道材料和管道部件安装固定之后两者间发生化学反应,即两者材料不匹配(例如安装人造橡胶密封环使用了不恰当的润滑剂)。

③密封介质中挥发性材料的流失,或者是黏合物流失到管内以及管线周边的土壤中(老化或脆化引起)。

④使用了不稳定的密封材料。

⑤为了获得较好的可塑性并易于安装,使用了过软的密封元件。

⑥使用了尺寸不当的人工橡胶密封垫圈,由此在密封处产生了过大或者过小的反作用力。

⑦使用了配合公差过大的管接头。

⑧使用了没有完全硬化的混凝土管或钢筋混凝土管。

(2)使用了有缺陷或损坏的管道部件

①混凝土管在制作时混凝土发生了分层离析且未充分压实。

②钢筋混凝土和素混凝土管材产生了超过正常允许范围的收缩变形,最后产生裂纹。

③在钢筋混凝土管中,混凝土和钢筋没有充分地联结在一起。例如,在钢筋混凝土内存在有粗孔和气穴。

④受制作过程的影响,管道存在很高的的内应力(未被检测出来)。

⑤管道的尺寸公差不合要求。

⑥在管道(浇铸管,钢管,塑料管)或橡胶密封垫圈内有收缩而产生的孔穴。

⑦管道在安装、存放和运输的过程中发生了损坏。

(3)非专业性的管道施工

管道泄漏发生有很多原因,其中一个很重要的原因就是施工过程中没有严格地执行应该遵守的规范和技术标准。在很多情况下,下水管道同时作为雨水管道使用,即通常所说的雨污合流管道。在德国早期的雨污合流管道中,使用的是一种半弧形承插口的特殊管材(图4-4),该管材在端口处不使用密封垫圈。在19世纪,工程技术人员在修建管道时,经常会刻意强调并注意工程中常犯的一些错误,以避免排水系统建成后发生泄漏。

图4-4　19世纪使用的半弧形接头的管材

1844年Hobrecht就提出:很多人没有正确地理解下水管线与地下水之间的关系,某些工程师认为下水管道可以作为一种技术手段来降低地下水位,因而从来没有成功地安装过一套水密性较好的下水管道。

管接头和管线连接部件易受以下几方面的影响。

(4)管接头

①密封垫圈环安装不当(图4-5)。

②没有选用合适的密封材料,例如:密封处过脏或插口区域预处理方式不当。

③密封材料和介质的实际工作温度与其所要求的不符合,过高或过低都会影响其密封性能。

④管道所用的拱座位置不正确或没有使两管严格对中,使用不匹配的拱座也会产生这个

问题。

⑤由于管道的凸出缘没有完全伸入另一管的承口或千斤顶的套筒中而导致了密封失效。

⑥钢管的焊接不当,塑料管黏结剂失效。

⑦在顶管时顶进力过大或顶进过程控制不当,如顶管速度过快,产生了过大的偏心距导致管材的套筒、千斤顶顶管的垫圈和同轴度受到了损坏。

⑧在顶进施工过程中,所选用的膨润土配置的泥浆(护壁、润滑)不合适,导致产生了过大的压力。

(5)连接部件

①下水道系统和其建筑结构的连接过紧,缺乏可变形量,在人工检修孔常会发生这种现象。

②污水支管连接不当。特别是在人员无法进入的管道内,很难在开始施工时精确控制支管尺寸,许多分支管道过去都是与以前填好的下水道相连。在这种情况下,不可能达到非常良好的水密性,迟早会发生泄漏,而且,其管接头也很难灵活安装。另外,管道应力和管道变形会导致管道产生裂纹,管道中使用的密封介质流失会导致漏水,以上两种作用会使下水管道受到比较严重的破坏(图4-6)。

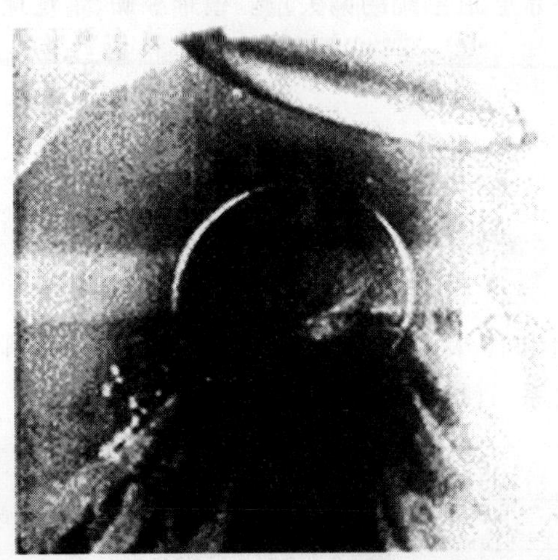

图4-5　密封垫圈环安装不当

图4-6　支管安装不当

③由于前期的清洁程序或选用的清洁设备不当,或者是施工人员进行了错误的操作,都会对连接部件造成损坏,例如,清洁设备在清洗过程中对管道造成的机械破坏。

2)由于其他破坏引发的泄漏

以下几种情况通常也会引起管道泄漏:

(1)管位偏移。

(2)机械磨损。

(3)管道腐蚀。

(4)管道变形。

(5)管壁裂纹,管道破裂,管道垮塌。

以上5种类型的破坏在下文中会有详细的介绍。

4.1.2.3 管道泄漏引起的后果

下水管道系统和排水沟发生泄漏可引起的管道破坏主要有：

(1)污水溢出管道。

(2)地下水和土体进入管内。

1)污水溢出

在管道领域内有一个普遍认同的观点，即在存在有固体颗粒的污水中，泄漏不会发生，因为这些固体颗粒可以起到密封管道和堵塞泄漏处的作用。早期，有一种理论则认为，污水从管道渗出是废水处理的一种方法，这种污水对环境不会造成污染。上述观点的产生有其独特的原因，因为早期的城市下水管道部分区段常会发生渗漏，而当时的观点认为土壤自身有着很强的清洁和吸收能力，所以人们认为渗漏不会造成环境污染。在过去的几十年内，下水道系统的功能和性质发生了较大的变化，但这种看法一直没有变，也没有被人们认真地探讨过。

直至今日，下水管道的渗漏问题仍未引起足够的重视，上文提及的认为泄漏是一种废水弃置方法的理论就是一个主要的原因。此外，该理论对下水管道各方面处理都产生了负面的影响，降低了各种处理标准。

到现在为止，也没有完整全面的数据来统计下水管道系统的漏失量。很难准确、定量地调查或统计的内容有以下几个方面：

(1)溢出的深度或者是压力的大小。

(2)管线的水力学性能。

(3)污水的特性。

(4)管道破坏的程度和范围。

(5)管道所处的地质条件和水文条件。

管道渗漏有两种方式，即管内的污水溢出管外和管外的地下水进入管内，具体会发生哪种情况，主要取决于下水管线和地下水之间的高程关系，管接头处的泄漏类型见图 4-7。

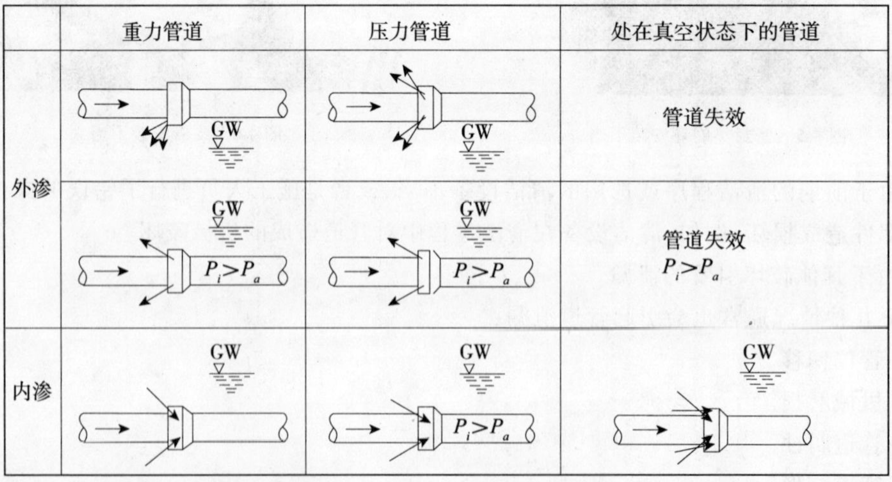

	重力管道	压力管道	处在真空状态下的管道
外渗	GW	GW	管道失效
	GW $P_i > P_a$	GW $P_i > P_a$	管道失效 $P_i > P_a$
内渗	GW	GW $P_i > P_a$	GW

注：泄漏仅发生在管接头处。

图 4-7 管接头处污水内渗和外渗状况示意图

对于压力管道，只要发生管道破坏，就必须立即考虑管内流体溢出的问题。在压力较小的管道内,流体渗漏通常会在管内阻塞、管流不畅的情况下发生。

重力流管道通常在以下情况会发生泄漏:

(1)破损区域在下水管道的过水处或横断面上,并且管道部分或完全位于地下水位上端。

(2)管道内部的压力过载,管内压力远大于管外的压力。

对于管道上某一具体破损点的泄漏,以及泄漏会引起多大的土壤环境条件的改变,都与该管道周围的地下情况密切相关。因此,管线泄漏探查的目的就是对下水管道的外渗情况作出定量判断并且尽可能地预测其发展趋势。渗漏量测量通常选取典型的已破坏而且正在运行的重力管道,测量流体渗漏的体积,即可得出所需结果。管道外渗所影响的土体范围有时会非常大。在有裂纹有断裂的管道,以及管接头和管道承插口处发生的泄漏,可以测量出大致结果,若发生管壁裂纹破坏,其渗漏量为 10 ~ 130L/h · m,若管道承插口处发生破坏,其渗漏量为 30 ~ 100L/h。

研究表明,即使是在非常稳定的条件下,水和其他固体颗粒在有缺陷的下水管内的运动也不是一成不变的。对于渗漏问题,有一个现象非常重要,即下水管道的破损处在渗漏开始数小时或数天会达到一个平衡。达到平衡后,管道周围会形成比较稳定的湿土区,并建立了固定的渗流孔隙和渗流通道。此外,平衡之后,如果管道的使用稳定,内外情况没有发生变化,渗流量呈缓慢减少的趋势。但是当管道内部的排放波动强烈,表层水剧烈扰动以及受到机械力的作用时(如用水作介质进行高压清管和进行管道泄漏测试),渗漏处建立的平衡即会立即发生破坏,破坏之后过一定时间虽然会再次达到新的渗漏平衡,但是渗漏量已经比原来大为增加,渗漏量随时间变化的具体过程见图 4-8。

一般来讲,管壁裂纹、管接头处泄漏以及分接头安装不当等管道破坏会导致管道渗漏,影响其正常运行。但是,在该管道的破损及其邻近处,微生物会迅速增长,污水管内固体颗粒也会发生沉积,因而,管道渗漏量会在破损发生一段时间之后减小,甚至可能完全停止向外渗漏。尽管如此,渗流通道也可能由于其自身孔隙形状的不规则而被再次被冲开。在土体孔隙度较大或管道破损较严重的情况下,可以肯定地判断,渗漏一定会发生,只是大小有所不同。

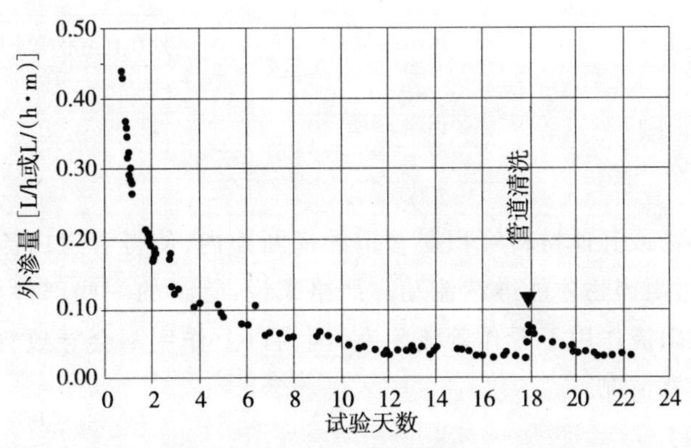

图 4-8 管道外渗量随时间的变化图

注:该管道 DN300,垫层为沙层,裂纹宽 4mm,管内水深 75mm

试验表明,管道上层土体和基层材料的黏聚性对管道外渗的影响非常大。当自封管道处于非黏土以及泥土中时,管道发生的渗漏要大于其在黏土层中的渗漏量。

如渗漏了未经处理的废水,则会对周围的土壤环境造成污染,该泄漏是否会引起地下水的污染,取决于以下一些条件:

①渗流通道的延伸长度。

②微生物在土体中的增殖程度以及污水中含有的物质自我净化的状况。

③土体的过滤效应。

在调查渗漏污水对周围土体的污染状况时，不同的国家使用的评定标准不一样，德国通常选取表 4-1 的相关参数作为考虑因素。

调查污水对土体的污染时选取的参数　　表 4-1

<table>
<tr><td rowspan="5">提取液</td><td>电导率</td><td>L_F</td></tr>
<tr><td>有机炭的总量</td><td>TOC/DOC</td></tr>
<tr><td>阴离子</td><td>NH_4^-</td></tr>
<tr><td rowspan="2">土中的碱金属</td><td>K</td></tr>
<tr><td>Mg</td></tr>
<tr><td rowspan="3">固体物</td><td rowspan="3">重金属</td><td>Pb</td></tr>
<tr><td>Cu</td></tr>
<tr><td>Zn</td></tr>
</table>

2）地下水和土颗粒进入管内

如果发生泄漏的重力流管道、雨水管道结构以及下水管道系统长期或临时处于地下水位以下，则地下水就会渗入管内，与此同时，土颗粒也会被水冲刷并流入管内。

水从管道的外部渗入，构成了管内污水的一部分，最后被一起处理掉。外部进入的水不论在污水管道还是雨水管道中，都不是管道正常运行的状况。1979 年，德国第一次对水体渗入情况大面积进行综合调查，当时，一共调查了 250 条下水管道。其中，外部进入的水在废水中的含量平均为 55%，只有 33% 的管道该比例在 25% 以下，而接近 25% 的管道该比例达到了 100%。当时，德国汉堡有 750 000 居民使用了下水道，下水管线系统每天的排放量是 75 000m^3，而同期在旧城区内每天涌入的外部水总量为 75 000m^3。在某些情况下，下水管道的外部水进入的比例可以达到 300% ~400%。

4.1.3 管流阻塞

4.1.3.1　阻塞描述

管流阻塞即固体物或其他材料堆积在管道的横断面内，使得管道内流体的流动不能顺畅进行，必须绕过或通过阻碍物才能继续流动。严格来说，管道的一些部件如变径接头、节流阀以及背压阀片产生的阻流作用不看作管流阻塞，因为以上作用不会导致管道发生破坏。以下是常见的一些管道阻塞情况。

（1）坚硬的沉积物。

（2）管壁结垢。

（3）管内凸出的阻塞物。

（4）管内进入树根。

4.1.3.2　阻塞产生的原因

管道阻塞产生的原因有以下几种：

(1)管道的设计和施工没有严格执行相关规范和技术标准。

(2)设计不当(如坡度设计不合理)。

(3)施工方法不当。

(4)使用前没有对管道进行彻底的清洗。

(5)沉淀物凸出增长或管内有容易胶结的物质。

(6)管道使用的垫圈和管接头没有防护性(防树根侵入)。

(7)由于管道泄漏引起。

下文将对以上部分原因作出详细说明。

1)管内沉积物

管内的沉积物主要是指在重力作用下沉淀下来的物质(图4-9、图4-10)。

如果沉淀物不定期清理,则随着时间的增长以及自生的特殊结构,沉积物会或多或少地在某处固定、结块。在下水管道系统中,以下几种流体可以产生沉积物。

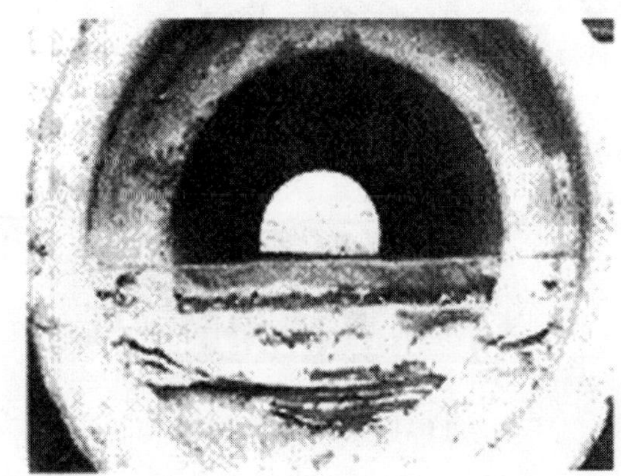

图4-9　混凝土污水管道中的坚硬沉积物

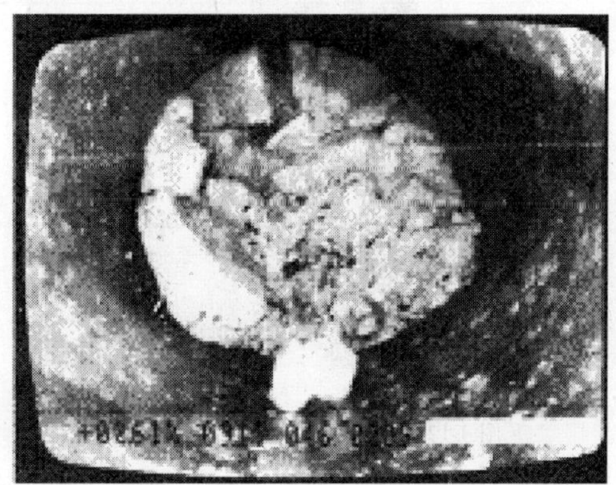

图4-10　管内沉积引起的管道阻塞

(1)生活废水和工业废水。

(2)表层水。

(3)渗入管道内的地下水。

以上流体中都含有截然不同的可以导致沉积产生的物质。只有当管内流体的流速低于特定速度时,固体颗粒才会发生沉积。其中,还取决于以下几个参数。

①管道直径。

②管道充满程度。

③管道运行环境的恶劣程度。

④流体携带的矿物颗粒的平均直径。

⑤管道的坡度。

从另一方面来讲,大量的土体颗粒和其他材料进入了下水管道,要么被水流推动一直向管道下游运动,要么就停留在一个位置。一般情况下,若管道内某处有阻塞物沉积,则其后极有可能有大片的沉积区域。该问题的主要原因为:

①管道内部不平滑。例如,管道生锈、腐蚀、磨损,管接头部位被挤出的密封垫圈,管道拱底不平等。

②管内脱落下来的各种碎片、如污水管片以及管道接缝处的砂浆块。

③从人工检修孔内掉落的各种物件及材料(图4-11)。

④邻近施工场所的混凝土块、砂浆、水泥等进入了管道。

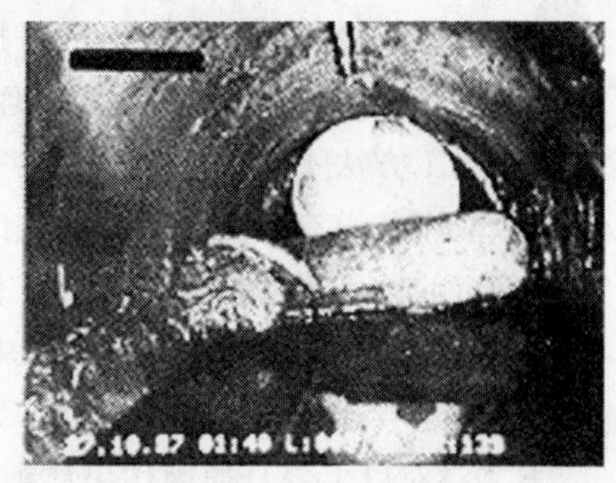

图4-11　物件掉入管内引起的阻塞

2)凸出的阻流块

管内凸出阻流块大致有以下几种:进入或穿过管道的杆件、锚杆、钻孔,以及在管道运行时修建其他设施产生的凸出块。最常见的阻流块有分支管处产生的阻流块,主管道内多个支管接口突出,管接头凸出(图4-12),管内穿过其他管线(图4-13)等。阻流物常常通过人工检修孔和下水管道开口处进入地下管道。

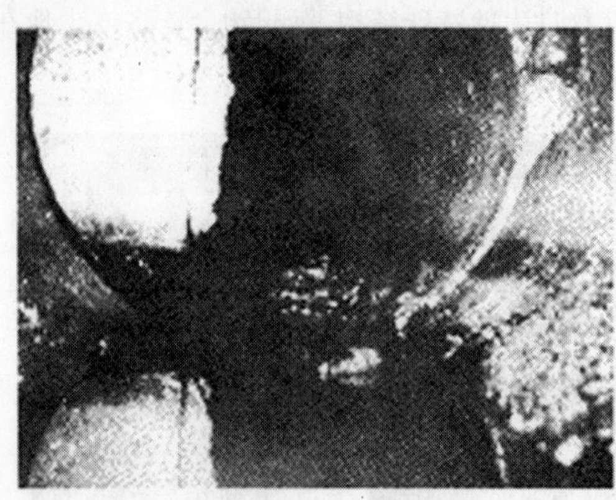

图4-12　建筑物连接处凸入管道

图4-13　管内穿过其他管线

由于生活生产需要,各种侧管、支管会不断地补充连接入主管道,如果由非专业的人员安装或安装过程不规范,则可能会发生一定程度的侧管凸起,最后成为管线中的阻流块。同时,管线连接不当还有可能导致支管在建好后缓慢地滑入主管。例如:由于回填管道时产生的影响以及交通和地面各种运动产生的动荷载作用等。

由于分支管线数量巨大,该种形式的破坏就很常见,特别在市中心区,分支管的距离在1~1.5m的非常多。在人无法进入检修的管线内,由于很长时间无法对其实施有效控制,因而更易产生阻流块。

3)树根进入管道

在20世纪50年代,管线防护树根侵入就得到相当的重视,并且在当时形成了技术标准。如使用有防护性能的管道材料,密封介质以及密封圈,同时在连接处使用一体式管接头,即便如此,在下水管线系统中,树根侵入现象(图4-14)还是经常发生,树根侵入是仅次于管道阻流块的另一种阻流形式。

当管线的高程长期或有部分时间位于地下水以上时,树根现象就会发生。此外,在某些情况下,土体中的水分被管线上方的树和灌木丛所吸收,故管线所处的土体中含水量较少,非常适宜植物生长,也会产生树根现象。

管道泄漏会导致管周的土壤湿度很不均匀,在这种情况下,有向水性的微生物就会受到刺激,而趋向于朝湿度大的地方生长。该种微生物非常小,可以通过管壁微小的裂缝、小孔以及渗漏处最终到达管内,这种类型的树根侵入会延续数米,最终将管道完全堵塞。树根侵入还会导致管位偏移和管壁破裂。

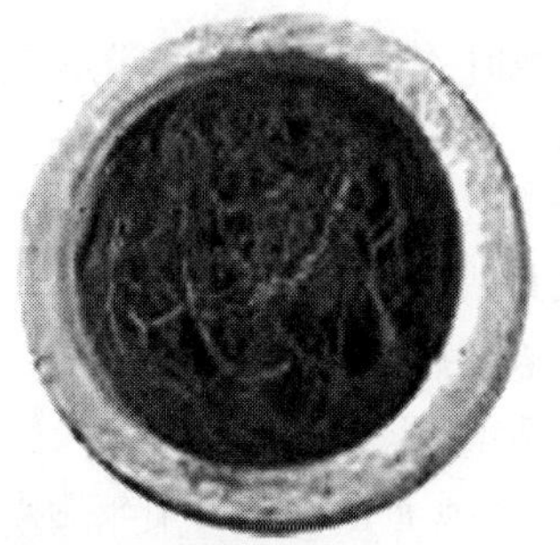
图 4-14 管接头处进入树根

上文已提过,树根侵入可以预防,一般情况下,可以使用有树根侵入防护作用的管道材料、密封垫圈,但这种方法还不能彻底消除树根进入管内。在管道设计时应注意管道与地表植物间应保持一个合理的距离,不得过近;在施工中,可以在树根侵入易发地段的管道上,加保护外套管,即双层管,或者是在管道外表面加防护涂层。虽然增加了工程造价,但是从管道的长期使用来考虑,该措施还是相当必要的。

4.1.3.3 阻塞引起的后果

管道内的阻流块会影响管道的正常运行,产生以下不利影响:

(1)水力性能降低,过流能力减小。

(2)管道堵塞。

(3)增加了管道维护费用。

另外,管内沉积会产生以下问题:

(1)沉积物减少了部分管段的管径,减少了管道的正常的使用体积。

(2)在强降雨时,沉积物被进入下水管道的雨水冲刷,并发生脱落,雨水溢出后沉积物随之带出,污染了地表水。

(3)沉积物转化成厌氧性的污垢并产生臭气和其他有害气体。在微生物作用引起的硫酸腐蚀作用下,管道破坏会加剧,水泥管壁会产生破裂。

4.1.4 管位偏移

管位偏移即管道与设计的位置存在偏差或在施工时特定的条件下产生的偏移。在下水管道系统中,管位偏移有以下几种:

(1)垂向偏移。

(2)横向偏移。

(3)纵向偏移。

管道错位不可能完全消除,只要不超出管道建设方面相关的规范、标准或者是施工合同中规定的偏差值,该偏移就为正常偏移,不会影响管道的正常使用和维护。在管道施工规范及标准中,具体的偏差种类和偏差值都会有详细的说明,具体来讲包括以下几种:

(1)由于温度变化,材料发生热胀冷缩引起的纵向偏移。

(2)轴向偏移。

(3)由于重力作用而产生的垂直方向(垂直于管道轴向)的偏移。

对于新铺设的管线,有其对应的偏差容许值。由于确定该值时选用的是当前工程中普遍使用的材料,早期铺设的管线原材料、密封材料和密封介质都与现在使用的有很大的差异,故该值不能用于评价铺设时间较长的管线的管位偏移值。

产生管道偏移的原因通常有以下几种:

(1)管线设计不合理,施工方式不当。

(2)管线周围水文地质条件的改变。

(3)地面荷载的变化和波动。

(4)管线自然沉降。

(5)地震破坏产生的塌陷。

(6)管线泄漏。

管道错位是地下管线系统中较为严重的问题,不同的偏移方式会产生不同的使用影响。偏移产生的后果取决于:管道的类型(压力管道还是重力管道)、管道土体结构(柔性结构还是非柔性结构)和管接头的类型(刚性、半刚性、柔性)等。

受管位偏移及其发展趋势的影响,常见的破坏后果有以下几种:

(1)管接头开裂、破损。

(2)管线的坡度反向变化而导致管线排水功能失效。

(3)管线维护成本增加。

(4)管道泄漏。

(5)管壁裂纹。

(6)管道破裂。

4.1.5 机械磨损

在管道系统中,机械磨损即管壁受到外力作用,如管道与砂土等固体颗粒、流体介质以及气体产生的相对摩擦等,造成管壁材料的脱落,该种现象称为管道机械磨损。

在下水管线系统中,磨损常发生在过水的管道内壁。管道内底由于长期受到冲刷作用,故为磨损发生的主要区域。通常是通过测量磨损区域管壁在一定时间内的厚度变化来估算管道的磨损率。磨损率有绝对磨损率和相对磨损率之分。

砂粒与其他介质(气、液、固体)发生接触以及相对运动而产生的作用与砂粒表面的力即为摩擦力。表 4-2 列出了下水管线在运行过程中,可能发生的摩擦作用的种类。在进行管道清理维护时,也会产生管道机械磨损。

1)冲刷磨损

在给排水系统输水的过程中,水中可能含有砂粒、小砾石、其他固体物和织物等,在这些固体物随水运动的过程中,管内就可能会发生磨损。目前研究认为,磨损情况取决于:

(1)管道材料(图 4-15)。

(2)管道直径。

(3)管道所受的应力和膨胀状况。

(4)含砂粒的水的密度。

(5)砂粒冲刷管壁时冲击的角度。

(6)砂粒的类型和大小。

(7)水流的速度。

(8)水流的类型(层流还是湍流)。

(9)含砂粒的水的温度。

(10)污水的化学性质。

水流速度在 6 ~ 8m/s 时，通过选择合理的管线材料，可以减少水中颗粒对管道的磨损。

地下管道所受的摩擦作用一览表 表 4-2

类　型	序号	摩擦应力	磨损类型	机理描述
带颗粒的管流	1	普通流 α	冲刷腐蚀	活性介质引起的管壁表面材料脱落，呈槽形或波浪形
普通管流	2	冲击流 α	冲击剥蚀	管壁表面受到水流的剧烈冲捣，材料脱落
	3	波动流	空穴腐蚀	空穴腐蚀中的微喷射作用引起的材料脱落
	4	普通流 α	冲刷腐蚀	管流冲刷引起的材料脱落

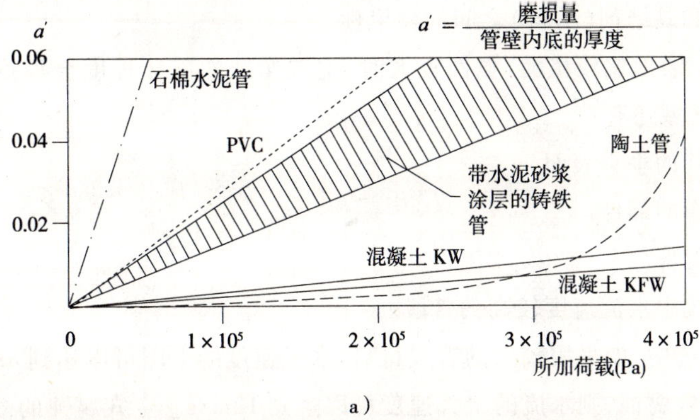

a）

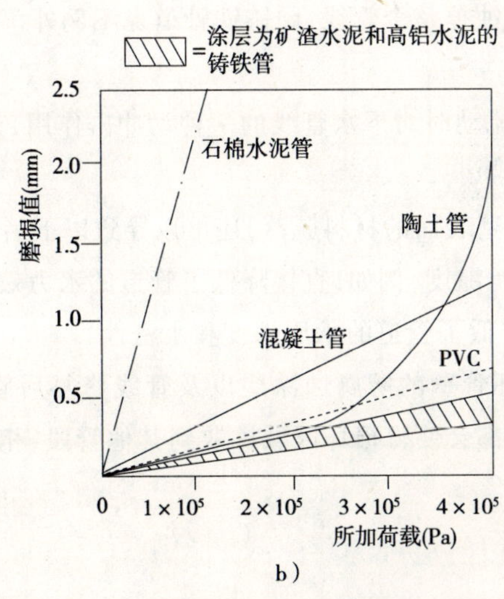

b）

图 4-15　各种管道材料的磨损量与所加负载的关系

注：1. 材料磨损为管壁厚的比例值；2. 材料磨损以 mm 表示

2)空穴气蚀

当水流以较高的速度通过管道时,管壁上处于过水面上的任何的不平滑(如管壁上因磨损产生的小坑)的地方都会引起该处水压力的变化,当该压力降低到水的汽化压力以下时,就会形成水蒸气泡。而在该低压区之后很近的管壁处,先前形成的气泡会聚集、破裂,之后向内炸开。在这个过程中,气泡的爆炸产生的极高流速的微流体喷射作用对该区域的冲击力非常大,当击打在管壁的表面时,会产生点状腐蚀,同时也会导致管壁表面其他空穴的产生以及水压力的降低。

空穴气蚀的形成及其磨损的表现形式取决于以下几点:

(1)水流的速度。

(2)过水断面的几何形状。

(3)材料的性能。

管道空穴腐蚀的程度与以下几点关系较大:

(1)管壁抗压强度。

(2)管道的弯曲强度。

(3)管道的弹性模量。

(4)填充材料和黏结剂(基料)之间的黏聚性。

当过水量增加、表面比较粗糙、脆性较大时,空穴腐蚀的破坏程度会加重。下水管道系统中,易发生损坏的区域还有:

(1)人工检修孔的垂直表面。

(2)边缘不光滑的部件。

(3)管道挠曲的部分。

(4)下水道系统中水流速度较高的管段。

在下水管线系统中,如采用较好的管线材料,水流速度的上限可以达到8m/s。如果采取合理的措施来预防空穴腐蚀,则水流的最大速度可以达到12m/s。空穴腐蚀的微喷射作用破坏力极大,如果不加处理,则可以腐蚀掉整个管线,硬铸铁管道也不例外。

3)管液侵蚀

管液侵蚀,即管液(水)在流动时对下水管线的一种动冲击作用,其破坏作用仅次于携带砂粒的管液对管道的磨损作用。

机械磨损直接造成管道内壁表面的材料脱落,还可以导致以下后果:

(1)增加了管壁内表面的粗糙度,例如,直接降低了管道的水力效力,降低了过水能力。

(2)减少了管壁的厚度(降低了管道的承压强度和水密性)。

在管道内,管液侵蚀会损坏管壁的防腐蚀涂层以及管线修复后管内的内衬管。管液侵蚀和使用不合理的管线清洗方法都会使得损坏区域扩散到其他管段,相比之下,空穴气蚀只会造成管线的局部破坏。

4.1.6 管道的腐蚀

4.1.6.1 管道腐蚀现象的描述

腐蚀可以理解为材料在其所处的环境中发生的一种化学反应，该反应会造成管道材料的流失并导致管线部件甚至整个管线系统失效。在管线系统中，腐蚀的定义是：基于特定的管线环境，在管线系统所有的金属和非金属材料中发生的化学反应、电化学反应和微生物的侵蚀，该反应可以导致管线结构和其他材料的损坏和流失。除了腐蚀作用对材料的直接破坏外，由腐蚀产物所引起的管道损坏也可视为腐蚀破坏。管道腐蚀是否会扩散，扩散范围有多大主要取决于腐蚀介质的侵蚀力以及现有管道材料的耐腐蚀性能。

温度、腐蚀介质的浓度以及应力状况都会影响管道腐蚀的程度。实践证明，在管线系统中使用以下材料易发生腐蚀：

(1)含水泥的材料(混凝土、石棉水泥、水泥纤维、水泥砂浆)。

(2)金属材料(钢铁、铸铁)。

通常，如果制造过程中不使用氢氟酸，则经过玻璃化的陶管和污水管使用的瓷砖具有抗腐蚀性，而由塑料制成的管材通常耐腐蚀性较差。以上材料的耐腐蚀性能很大程度上受温度和腐蚀介质浓度以及应力状况的影响。

PVC 和 HDPE 管不能完全抵抗氯化烃(CHC)和芳香烃(AHC)的腐蚀，在 CHC 和 AHC 的作用下，塑料管材就会溶化、起泡并逐渐被 CHC 渗过而成为多孔介质。此外，在附加的机械应力和热胀冷缩的作用下，塑料管材可能会发生应力腐蚀而导致开裂。污水管道系统中非合金或低合金金属材料应做管内管外的防腐蚀处理。通常，可以通过不同的工程措施给管材加上防腐蚀涂层，防腐蚀效果非常显著，但是，保护是相对的，一旦防护涂层遭到破坏，任何管线都会很快发生腐蚀。

管道的腐蚀种类和具体表现形式可分为以下两大类。

1)不受机械应力的管道腐蚀

(1)均匀的管道表面腐蚀(管道表面的材料脱落速率一致)。

(2)槽状腐蚀(管道局部的腐蚀速率不一致，材料脱落的速率也就不同)。

(3)孔状腐蚀(即管壁被蚀穿，有各种形状如弧坑状以及不规则小坑)。

(4)裂纹腐蚀(在管壁裂纹中，腐蚀速度有增加的趋势)。

(5)接触产生的腐蚀(电化学腐蚀)。

2)有机械应力的管道腐蚀

(1)有应力存在的管壁裂纹腐蚀(即会形成不可变形的裂纹，而且现场无法发现腐蚀产物)。

(2)螺旋状裂纹腐蚀(形成不可变形的裂纹)。

(3)侵蚀腐蚀(即机械力表面磨损和防腐蚀涂层损坏引起的管道腐蚀共同作用的结果)。

金属材料腐蚀的原因和各种形式非常多，目前有专门的文献对其进行了详尽全面的叙述。

4.1.6.2 材料不相容造成的腐蚀

该种类型的腐蚀主要由以下材料的化学性质不相容引起：

(1)管材与填料。

(2)管道部件、管材与管线所使用的密封材料或密封垫圈。

以上腐蚀仅发生于管道接头部位或管道连接到其他设施的过渡区。材料不相容引起的腐蚀极易导致管道泄漏和管道承压强度的降低。只要在工程建设中严格选取材料,并且管道建成后各种材料在嵌固的情况下永久性的不发生改变,就可以避免这种腐蚀。

在陶土管以及素混凝土、钢筋混凝土、石棉水泥、水泥纤维、钢、铸铁等材料制成的管线中,任意两者之间一般不会发生材料不相容引起的腐蚀。从工程中得出的经验来看,PVC-U 的管材和管中使用的密封环之间的交互作用较为严重,高弹性塑料、芳香族软化剂以及其中的混合成分,对 PVC 管造成的腐蚀作用很大,目前,可以通过一定管材制作工艺来解决该问题。对于其他类型的塑料管材,该方法也同样适用。

4.1.6.3 水泥材料制成管线的腐蚀

水泥材料制成的管线,其腐蚀情况可分为管线外壁腐蚀和管线内壁腐蚀两种。

在管道的局部区域,两种形式的腐蚀都可能发生,之后腐蚀可以扩散到本管段的其他部分甚至整条下水管线(图 4-16、图 4-17)。其中,同一管线位置横断面的不同位置腐蚀的程度有所不同。

图 4-16 混凝土污水管拱底处腐蚀

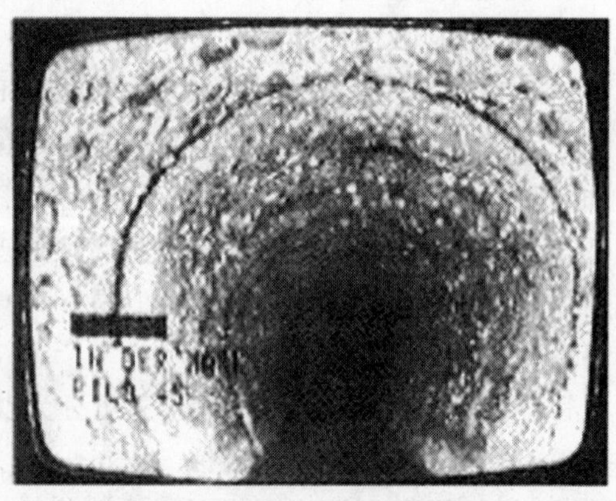

图 4-17 混凝土污水管内表面整体腐蚀

1)外壁腐蚀

水泥类材料制成的管线发生外壁腐蚀的原因有以下几种:

①没有严格执行相应的技术规范(如混凝土不合格)。

②土壤和地表水中含有侵蚀性的物质。

③管道防护措施不当或防护涂层损坏。

(1)土壤和地表水侵蚀管线

天然土壤是由岩石经过风化作用而形成的。土壤由风化作用的 4 种产物(砂、黏土、石灰石、腐殖质)组成。从化学的角度来讲,土壤是由大量的化学物质混合而成的,其中有氧、硅、铝、铁、硅酸、碳酸钙、碳酸镁、氯化物、硫酸盐等。以上化学物质很多都溶解于水中或分散于土壤中,因而会对埋设于土层下的管线造成腐蚀,腐蚀的类型和程度取决于土壤和水中化学成分的种类和浓度。

在一定的温度下,经过一定的时间,土壤中的化学物质对管线产生了持续腐蚀,而腐蚀的程度主要取决于土壤中水的组成成分。

对于受地下水影响的土壤，地下水的流动会加速腐蚀的过程，化学反应之后的产物会被地下水冲走。在该反应中，土壤中本身含有的并不是最主要的，流过土壤的地下水带来的某些物质是参与外壁腐蚀的主要化学物质。简单地讲，对混凝土以及水泥材料制成的地下管线产生化学腐蚀作用的材料可分为以下两种。

①该材料溶解了硬化后的混凝土，导致混凝土管道管壁材料流失，管壁变薄。

②该材料使得混凝土管外壁膨胀，同时导致土层隆起，变的更加松散。

第一种化学侵蚀是由酸腐蚀引起的，若水中含有某些盐类、碱性物质、有机脂肪则腐蚀容易发生，从另一个角度来讲，软水中易发生该类腐蚀。其中，钙离子、硅离子、铝离子和铁离子都从各自的盐类中分解出来，同 $Ca(OH)_2$ 中释放的钙离子发生交换，则侵蚀完成。如溶剂(水)中含有石灰石和白云石等成分，则侵蚀就必然会发生。图 4-18 为混凝土污水管道被酸腐蚀后的典型外观。

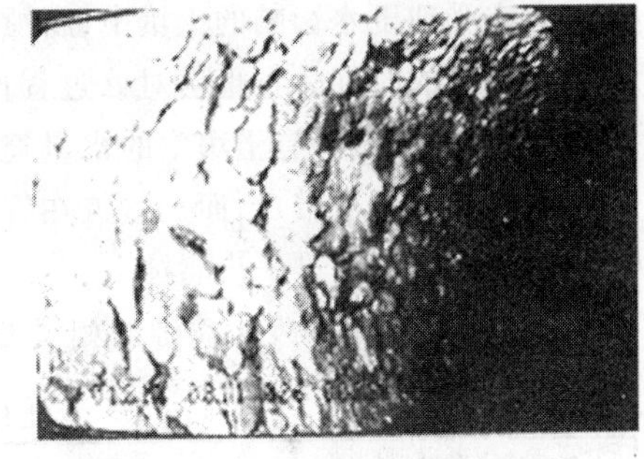

图 4-18　混凝土污水管道被酸腐蚀

第二种侵蚀的作用机理与第一种完全不同，溶解于水中的硫酸盐、铝酸盐水合物以及水泥中的氢氧化钙发生反应，最后产生了体积较大的结晶物。结晶物产生后会在结晶的管线处产生膨胀力，在特定情况下，管线会被压断。常见的结晶物为钙钒石。

德国规范 DIN 4030 中给出了地下水侵蚀水泥管材的各种参数值，见表 4-3。

常见水体对管材的的腐蚀度列表　　表 4-3

腐蚀度 / 类别序号	1 类别	2 弱腐蚀	3 强腐蚀	4 极强腐蚀
1	pH 值	6.5 ~ 5.5	<5.5 ~ 4.5	<4.5
2	CO_2(mg/L)	15 ~ 40	>40 ~ 100	>100
3	NH_4^+(mg/L)	16 ~ 30	>30 ~ 60	>60
4	Mg^{2+}(mg/L)	300 ~ 1 000	>1 000 ~ 3 000	>3 000
5	SO_4^{2-}(mg/L)	200 ~ 600	>600 ~ 3 000	>3 000

注：若每升水中硫酸根离子的含量超过 600mg(海水除外)，必须使用高性能的耐硫酸盐(HS)水泥。

目前，对可以发生侵蚀的混合物的数量和类型没有作详细的预测，在 DIN 4030 中仅仅介绍了发生侵蚀的最常见的地下水中所含反应物质的种类和浓度。表 4-3 用弱、强、很强来表示水体的侵蚀程度，在侵蚀度为最强的情况下，管线外壁应采取防护措施。

(2)化学剂侵蚀管线

人们在生活和生产中，常常会用到有侵蚀性的化学剂，其中，有些化学剂的腐蚀作用非常强，使用过后，可能流入地下水或土壤中，从而对地下管线造成破坏。常见的有腐蚀性的侵蚀剂有以下几种：

①洗车时用的清洁剂。

②汽油和机油。

③氯化烃类。

④垃圾堆和废物堆中渗出的液体。

⑤未正确地存储、处理和弃置的化学物质(如工厂将未处理废水直接排放)。

⑥从破损的污水管线中渗出的污水。

⑦除草剂。

⑧人类的排泄物。

⑨溶化了的盐类。

如果初步判定以上几种化学物质可能存在于修建管线的线路上，或直接就可以确定地下有以上物质存在，则必须对该区域进行一个专门的勘查，如果结果不是很理想，则需要采取一定的防护措施。

在未受地下水影响的土壤中，腐蚀作用由土壤的组成、含水率以及储水能力决定，同时，降雨量和降雨的时间分布也会对该过程产生影响。若土壤的孔隙度以及含水率降低，则腐蚀作用也会随之减弱，只有土壤中的水量充足，腐蚀过程才会发生并加剧。管线发生腐蚀后，腐蚀产物不会被地下水带走，而是覆盖在管线外壁上，阻止了管线继续腐蚀，即该类土壤可以缓冲化学物质对管线的进一步腐蚀。

表4-4为土体中发生腐蚀的相关参数的限定值。

土体对管材的腐蚀度列表

表4-4

腐蚀度 / 类别序号	1	2	3
	类别	弱腐蚀	强腐蚀
1	风干土体的酸剂含量(mg/kg)	>200	—
2	风干土体的硫酸根离子含量(mg/kg)	2 000~5 000	>5 000

注：若每千克风干土体中硫酸根离子含量超过3 000mg，必须使用高性能的耐硫酸盐(HS)水泥。

2)内部腐蚀

内部腐蚀一般由以下原因造成：

①没有严格遵守管线建设的相关的标准和规范。

②没有严格遵守标准和规范中所标示的相关参数值(如混凝土不合要求)。

③正常运行的管道内进入了其他物质(如某些化学剂)，发生反应之后，使得管线的污水具有腐蚀性。

④生物酸以及其他对酸性敏感的材料(微生物作用)对管线的腐蚀。

⑤未对管道进行腐蚀防护、防护方法不当或防腐蚀保护层被破坏。

内部腐蚀包括化学腐蚀和微生物腐蚀两种。

(1)化学腐蚀

污水中含有的侵蚀剂以及污水在流动中发生了其他化学发应而生成的腐蚀剂都可以引起管道内壁腐蚀。如果管内侵蚀剂浓度较大，污水的pH值较低，流体的流速缓慢，流体流经的管线较长，高温以及细菌作用等都会加剧管道内壁的腐蚀程度。

表4-5中列出了1998年以后由城市污水引起的水泥类管线腐蚀的相关参数值。在实际情况中，城市污水的腐蚀情况中没有持续应力的作用，因而与DIN 4032中规定的略有不同。如果严格按DIN 4032中的指标来计算，则市政污水管线的使用寿命可以达到50~80年，在某些情况下甚至可能突破100年。

定期的保养和清洗管道时，清洗液强烈的冲刷力可能会破坏先前腐蚀所形成的保护层，管道内壁又会发生新的腐蚀。例如，管道过水的速度较大或做定期的管道清洗时，若使用溶解了CO_2的饱和$Ca(OH)_2$溶液，则会加剧管壁保护涂层的破坏以及混凝土管壁的脱落，因而尽量不要使用上述方法做管道清洗。高流速的污水和管道清洗时还会产生特定的机械应力，减少了管道的使用寿命。不过，现在工程中使用的混凝土成分和早期的有很大不同。目前实验室的测试研究已经证实：当前使用的混凝土管道在受到强侵蚀介质短时间的作用时，不会受到任何损坏，即混凝土管道完全可以抵抗短时间的腐蚀。

污水对水泥材料制成管线的腐蚀类型及腐蚀度列表　　表 4-5

类　型	腐 蚀 物	水体性质 pH：6.5 ~10	长期	间断①	短期②	管 材 性 质
溶浸溶解	软水	未知	—	—	—	$w/c \leqslant 0.50$③且水体渗入深度≤3cm
酸蚀溶解	无机酸：硫酸，盐酸，硝酸	—	pH≥6.5	pH≥5.5	pH≥4.0	
	有机酸	—	pH≥6.5	pH≥6.0	pH≥4.0	
	碳酸	CO_2 < 10mg/L④	≤15 mg/L	≤25 mg/L	≤100 mg/L	
交换反应	镁离子	Mg^{2+} < 100mg/L	≤1 000mg/L	≤3 000mg/L		耐硫酸盐水泥
	氨	NH_4 – N < 100mg/L	≤300 mg/L	≤1 000mg/L		
HS 腐蚀	硫酸根离子	SO_4 < 250 mg/L	≤600 mg/L	≤1 000mg/L		普通水泥
			< 3 000mg/L	≤5 000mg/L	—	

注：①时间持续最长可以达到 10 年；
②间歇行的出现，最多每周 1h；
③耐化学腐蚀的混凝土成分较为特殊，且其 w/c 值较低；
④一般的市政污水中 CO_2 的含量达不到该值，只有含碳酸较多的地下水才可能达到该值。

为了有效地防治管道内壁腐蚀，在前期的工程选材时，就应考虑到材料的抗腐蚀级别和材料之间的相容性，如果可能与管道内流过的污水发生化学反应或有腐蚀趋势，则不能选择该材料。

市政管线中污水按侵蚀度划分通常分为两种，即无侵蚀作用的污水和弱侵蚀作用的污水。若按照相应的标准和技术规范制作混凝土排水管，则不需要采取各种主动和被动的防护措施，管道自身就具有良好的耐腐蚀性。如果管线处在较强腐蚀性的市政污水中，则只需将水泥和钢筋混凝土所使用的具体材料和制作工艺做一定的改动即可。只有在腐蚀性非常强的污水中，才考虑使用防护措施，如加防腐蚀涂层、加内衬管以及其他方法，即通过对现有管道的再次改进来达到正常运行所要求的抗腐蚀能力。

市政和工业废水中所含的各种有害物质若超出了相关规定中的允许值，则应对废水进行一定的处理，一般可以采用分离、净化、中和、裂化、净化、消毒等方法处理污水，使之达到排放要求。尽管当前有相关的技术规范对污水排放做了严格限制，地下管线的使用寿命有了保证，但是，在排放过程中，仍然有其他侵蚀剂进入并腐蚀管道，该问题一直没有被重视，且很少做过相应的研究。

在新型供暖系统（热力锅炉）中，冷凝（浓缩）物的 pH 值很低，其中热油的 pH 值为 2，煤气的 pH 值为 4。对热源处以及其他形式的液化冷凝气的 pH 值的最新研究得出：在没有混入雨水和污水的情况下，从污水管的入口处（专用入口）到人工检修孔的管道区段，流体的 pH 值呈现出明显的上升。对管道内的 pH 值进行检测，计算后得出的 pH 增长的平均值为 3.8 ~ 6.5。pH 值的增长有以下两个原因：

①流体中溶解的部分 CO_2 逸出。

②沿途的分支管线排入了碱性物质（如居民洗衣后碱性的洗衣粉液排入下水道）与流体发生了中和反应。

由于各条管线的实际情况都有差异，所以 pH 值的增加与流体流经管段长度之间的关系无法得出普遍的公式。即便不考虑市政污水对供暖系统中热力流体的稀释作用，从人工检修孔道到市政下水系统的入口管段内，pH 值仍然表现出增加的趋势。

(2)微生物对管线腐蚀作用

在未充满污水的水泥类下水管道内，还有一种较为特别的腐蚀形式，即微生物作用产生的硫酸腐蚀，也可以称为硫化物腐蚀或生物酸腐蚀。将污水管的横断面以污水的液面为界分为两部分，液面下发生的管壁破坏为侵蚀剂直接腐蚀，而在液面以上，发生的就是微生物硫酸腐蚀，硫酸腐蚀只可能发生于管道气腔内(图 4-19 和图 4-20)。

图 4-19　人工检修孔内发生硫酸腐蚀

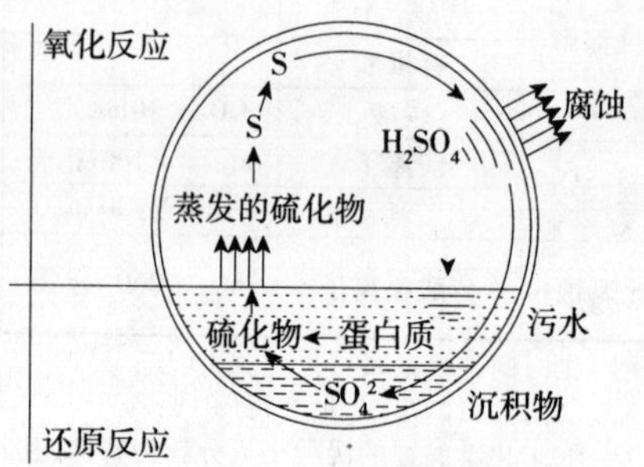

图 4-20　微生物作用产生的硫酸腐蚀的原理示意图

管内污垢沉积物中的部分还原剂含有蛋白质成分，在管内厌氧及喜氧类细菌的微生物作用下，该类物质发生了化学反应。生成了主要成分为硫化氢的可挥发性的化合物。此外，厌氧细菌的新陈代谢也可将硫酸盐转化为硫化氢(脱硫作用)。影响硫化氢气体形成的因素有很多，其中较为重要的有污水的化学性质、管内温度、管流的时间和管内沉积物状况。

要了解管道的硫酸腐蚀状况，必须测定管内可挥发性含硫化合物的含量，测定时，可能有以下问题，如待测管流段较长，或管道使用率较低，管流量非常小，通风设施不完善等。在管线内，硫化氢气体产生后，不会马上被氧化掉，存在的时间较长，在管流的波动作用下，扩散到管内环空中或附着到管壁上。之后，管壁淤泥沉积物中不同的硫杆菌将硫化氢气体氧化成硫分子，硫杆菌在 pH 值为 1 的环境下也可以生存，若管内的湿度较大，则会生成硫酸，最终腐蚀水泥等材料制作的管材。在理想的温度和湿度条件下，硫酸的浓度最大可以达到 23%。

管段中的环空内若含有氧化剂，则管道极易受到微生物作用而产生硫酸腐蚀。通过工程中的实际经验可以得出，地下管道以下部位发生硫酸腐蚀的可能性较大：

①水泵站。

②压力管道的入口处。

③来自工厂等处排放的含有硫化物的污水。

④压力水管和污水系统中的流体。

⑤引起紊流的管中的形状不规则处。

一般来说，在通风状况良好的污水管和人工检修孔等较为干燥的管内设施处，不会发生硫酸腐蚀。

新制成混凝土管道的 pH 值较高，一般在 11 ~ 12 之间，为了减少腐蚀，减少使用过程中微生物的侵蚀作用，需降低其 pH 值。微生物硫酸腐蚀会导致管壁强度降低，同时会引起其他状况，减少了管道的使用寿命，缩短了管道修复更新的时间间隔，具体影响程度可参照表 4-6。该表根据以下标准将腐蚀度分为弱、强、中。

①污水管道管壁上凝结水(小液滴)的 pH 值。

②管道空腔内硫化物的浓度。

③管道内硫杆菌的数量。

根据目前的研究结果可知,若水中硫化物的含量≥1.0mg/L 或空腔中 H_2S 气体的浓度≥0.5ppm,管道可能会发生较强的微生物硫酸腐蚀。

混凝土管道的硫酸腐蚀状况表 表 4-6

管壁凝结水的 pH 值	H_2S 气体的浓度(ppm)	硫杆菌数量①	腐蚀度②	混凝土管壁厚度的减少值(每年)③	修复间隔年限④
6.0 ~ 8.5		$0 \sim 10^2$	弱	—	>80
3.5 ~ 6.0	<0.5	$10^6 \sim 10^5$	中	≥0.5mm	>40
≤3.5	≥0.5	$10^6 \sim 10^8$	强	>0.5mm	>5

注:①指污水管壁中 1mg 蛋白质所含的硫杆菌的数量;
②腐蚀度的评估方法与德国规范 DIN 4030 中的不同;
③该值为估计值,主要依据实际经验和实验室研究;
④依据实际经验而定,不同地区有所不同。

4.1.6.4 管道的腐蚀速率

微生物硫酸腐蚀会减少混凝土管壁的厚度,并引起其他不良后果,要得出特定情况下准确的腐蚀速度,其过程较为复杂,但目前根据实际经验以及相关的数学模型,可以得出较为接近的结果,但不同的方法其计算出的腐蚀率相差较大。

(1)若混凝土管材中含有石英(沙),管壁内表面长期湿润,且附着在管壁上的水的 pH 值低于 6.5,则随着 pH 的降低,其腐蚀速度为每年 3 ~6mm。

(2)还有一种观点是,管道的腐蚀率取决于管道的材料成分以及残留的腐蚀产物,在环形管道的空腔壁上,其平均腐蚀速度为每年 3mm。

在混凝土下水管道或污水管道中,微生物硫酸腐蚀的发生及引起的破坏后果取决于与管道水力状况、管道横断面的几何形状以及管道内微生物(硫杆菌)的生长环境。式(4-1)中的初始值描述了混凝土管材的性质和水流(污水)状况,之后确定指数 Z 和 v 的最小值,即可计算得出每年的腐蚀速度,结果用 mm/年来表示。

$$Z = \frac{3 \cdot BOD_5 \cdot 1.07^{(T-20)}}{J^{1/2} \cdot Q^{1/3}} \cdot \frac{U}{b_t} \tag{4-1}$$

式中:Z——硫化物指数(特指溶解于水中的硫化物);

BOD_5——生化需氧量,mg/L,市政污水管线中的 BOD_5 平均值为 350mg/L;

T——水体温度,℃;

J——管线坡度;

Q——水体排放量,L/s;

U/b_t——管道内湿润表面(黏附着凝结水)与管内过水表面宽度之间的关系,在水深为管道半径的管道内,U/b_t 值为 $\pi/2$。

式(4-1)中的有效 BOD_5 值与 EBOD 值相同,具体取值与温度有关,见表 4-7。Pomeroy 研究得出了 Z 指数的确定方法,具体取值范围见表 4-8。

温度-EBOD 值列表 表 4-7

温度(℃)	系数(factor)	市政污水(BOD_5 为 350mg/L)的 EBOD 值
17	0.816	286
18	0.873	306
19	0.935	327
20	1.000	350
21	1.070	375
22	1.145	401
23	1.225	429

Z 指数确定方法 表 4-8

Z 指数	状况说明
≤5 000	水中硫化物含量极少
7 500	水中 S 的含量不超过 1/10mg/L;对水泥类材料腐蚀较轻,若管中有湍流,则腐蚀较严重
10 000	水中硫化物含量不时增高,在含量较高时会散发臭气
15 000	硫化物极易形成,且含量较高,常常散发臭气,水泥列管材腐蚀严重
≥25 000	硫化物含量一直较高,小直径混凝土管在 5~10 年内被彻底腐蚀,完全失效

计算 Z 值时考虑的因素较多,其中,必须清楚管道内硫化物(H_2S)的形成过程并明确硫酸腐蚀可能引起的破坏后果。若 Z 值为 5 000,则必须进行下一步的计算。

若计算时,管道状况较好或管道较新,管道中硫化物极少,则可以通过 Pomeroy 和 Parkhurst 研究得出的公式(4-2)计算后期硫化物形成的速度。

$$d(S)/d_t = 0.32 \cdot 10^{-3} \cdot \text{EBOD} \cdot R^{-1} - 0.64(J \cdot v)^{3/8} \cdot d_m^{-1} \tag{4-2}$$

式中:$d(S)/d_t$——硫化物每小时形成的量,mgs/L;

R——水力半径,m;

J——绝对坡度;

v——水流速度,m/s;

d_m——管内平均水深,m。

管道运行一段时间后,由于硫化物的形成与流失会达到一个平衡,最终硫化物的数量会达到一个极限值$(S)_{\text{lim}}$,见式(4-3)。

$$(S)_{\text{lim}} = \frac{0.5 \cdot 10^{-3} \cdot \text{EBOD}}{(J \cdot v)^{3/8}} \cdot \frac{U}{b_t} \tag{4-3}$$

若在某特定的管段内,硫化物的含量达到了 1mgs/L,则该管段极有可能会发生硫酸腐蚀,在该种情况下,应计算$(S)_{\text{lim}}$值。管内硫化物含量达到 1mgs/L 的时间可通过式(4-4)计算。

$$\Delta t = \left[\frac{d_m}{0.64(J \cdot v)^{3/8}}\right] \ln\left[\frac{(S)_{\text{lim}}}{(S)_{\text{lim}} - 1}\right] \tag{4-4}$$

式中:Δt——污水管内硫化物含量达到 1mgs/L 所需的时间,h(所选的管道长度可通过管流速度判断得出)。

若不考虑管内逸出而漏失的 H_2S 气体,则管段末端硫化物的含量可通过式(4-5)计算。

$$S_2 = (S)_{\text{lim}} - \frac{(S)_{\text{lim}}}{e\left[\frac{\Delta t \cdot 0.64 \cdot (J \cdot v)^{3/8}}{d_m}\right]} \tag{4-5}$$

式中:S_2——管段末端硫化物的含量,mgs/L;

Δt——管道运行时间，h；

Pomeroy 研究得出了式(4-6)，可计算管道腐蚀的近似速率。

$$c = 11.5 \cdot k \cdot \Phi_{SW} \cdot (1/A) \tag{4-6}$$

式中：c——最小腐蚀速率，mm/a(年)；

k——腐蚀系数，k 系数表示硫酸与水泥材料反应程度的相关性，k 可取 0.8；

A——混凝土的碱度，可通过计算 $CaCO_3$ 的含量得出，通常使用的混凝土管道，其中都加了石英类物质，其平均碱度为 16%；对于碱度为 50% 的石棉水泥管和碱度为 100% 的加了石灰石掺和料的水泥管，该公式不适用；

Φ_{SW}——硫化氢气体从管内空腔转移到管壁的传递值(如 S 的传递值可表示为 Sg/m^2h)，Φ_{SW} 可通过式(4-7)计算得出。

$$\Phi_{SW} = 0.7 \cdot (J \cdot v)^{3/8} \cdot j \cdot DS \cdot b_t/U \tag{4-7}$$

式中：J——管线坡度；

v——管流速度，m/s；

j——系数，可根据 pH 值和管内 H_2S 在所有溶于水中的硫化物中的比重来确定，具体取值可参照表 4-9；

b_t/U——水面宽度与暴露在 H_2S 下的管道表面之间的关系；

DS——溶解于水中的硫化物的总量，mgs/L。

H_2S 含量、系数 j 以及 pH 值的关系对应表 表 4-9

pH 值	H_2S 含量(%)	系数 j
6.0	91	0.91
6.6	72	0.72
6.8	—	0.61
7.0	50	0.50
7.2	39	0.39
7.4	28	0.28
7.6	20	0.20
7.8	14	0.14
8.0	9	0.09

还有一种酸类腐蚀管道，即碳酸腐蚀，目前也有相关的数学模型(图 4-21)解决该问题。腐蚀发生时，难溶物以硅胶的形式残留下来，并与其他难溶添加剂结合形成特定的结构，在内管壁形成一层保护层。保护层的具体状况可通过保护层厚度、扩散系数以及保护层随时间的增量来表示。由于管壁被腐蚀表面和水中的 Ca 离子浓度不同，即存在 $c_s^* - c_l$ 值，导致了钙离子在二者之间发生转移。

根据初始的腐蚀状况、软化层的厚度(腐蚀深度)以及时间参数，结合相关原理，可以近似地得出准静态方程。

保护层厚度的计算方法见式(4-8)。

$$x = \sqrt{\frac{2 \cdot D \cdot A_l}{m_l \cdot A_{ges}}(c_s^* - c_l) \cdot t} \tag{4-8}$$

式中：x——硅胶保护层的厚度；

D——保护层的扩散系数；

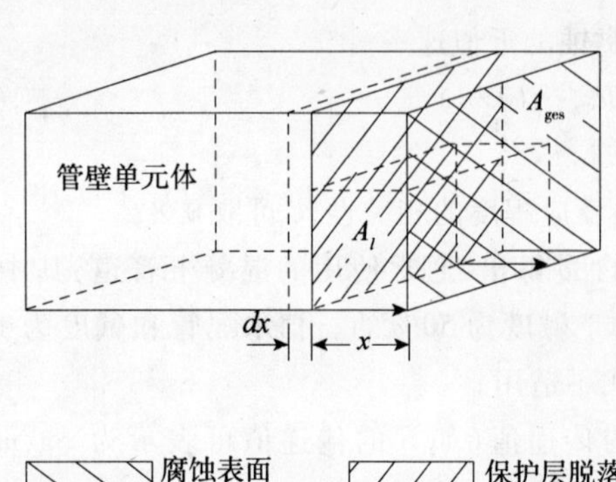

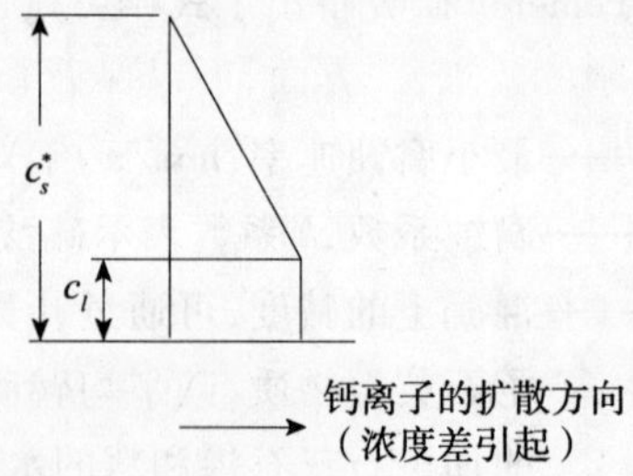

图 4-21　碳酸腐蚀中管壁材料的损失模型

A_l——水泥管壁表面积；

A_{ges}——硅胶保护层的总表面积；

m_l——管壁所用的水泥材料的可溶部分的比例；

c_s^*——混凝土管壁中 CaO 的浓度；

c_l——水中 CaO 的浓度；

t——时间。

对保护层厚度影响较大的因素有：

①有保护作用的难溶物的总量。

②有效的保护作用持续时间。

③管流运动状况。

管流状况对保护层可造成损坏，例如：在特定条件下，保护层上的反应产物被很强的水流持续冲刷，则极易剥落。

4.1.7 管道变形

4.1.7.1 管道变形破坏描述

管道一般可分为刚性和柔性两种。刚性管道指的是在管压及其他负载的作用下不会发生任何可以观测到的变形，另外管道不会因管内压力分布不均匀而发生变化。柔性管道指的是管道在各种荷载作用下产生了变形，并改变了管周边土体的荷载分布，变形达到稳定之后，土体作为管道承压系统的一部分，承受管道的水力荷载，该种管道即为柔性管。

根据以上的分类，在现场铺设管线时，管线下方土壤的硬度决定了该选用刚性管还是选用柔性管。

这样的管道分类是基于对整个管线系统中管线刚度和土体硬度的综合考虑，是为了更好地做管道前期设计，使得地下管线符合管线周边工程地质条件的要求，从而达到较好的抗变形性,而不是独立地仅针对管线而做出的分类。为了保证管土结构之间荷载的合理传递,管线必须满足一定的刚度要求,一方面,可以保证管道对土体的荷载分布均匀;另一方面,管土结构可以达到较高的稳定性,不易发生失稳破坏。

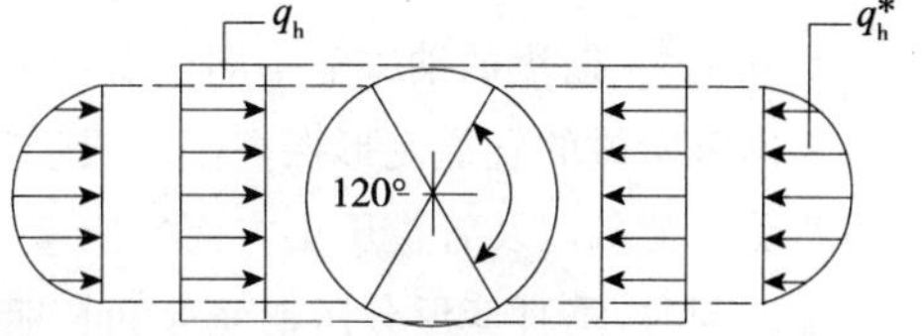

图 4-22　柔性管侧向压力分布假设图

在柔性管道系统中,需考虑管周围支撑系统的反作用力(图 4-22)。根据相关规范,系统刚度 V_{RB} 和管线刚度 S_R 有一定的差异,两者都与横向支撑物的硬度 S_{Bh} 有联系,见式(4-9)。

$$V_{RB} = \frac{S_R}{S_{Bh}} \tag{4-9}$$

其中

$$S_R = \frac{E \cdot I}{r_m^3}$$

$$S_{Bh} = 0.6 \cdot \zeta \cdot E_2$$

式中:E_2——土体的变形模量;

ζ——土体的修正系数(根据现场土体的性质确定);

E——管道的弹性模量;

I——惯性矩;

r_m——管道的平均直径。

当 $V_{RB} \leqslant 0.1$ 时,综合考虑支撑土体对管道的作用力,可以将管土结构视为柔性系统。影响管土系统刚性大小的因素除管道刚度外,还有土体的类型以及管道埋置处的压实程度。

国际上较为通用的判定方法即垂直对称变形假设法(图 4-23)。用该方法中要求的各种技术对管线相关参数进行测量之后,可得出一个衡量变形程度大小的相对值,即 $\delta_v = \frac{\Delta D}{D}$。使用此式进行变形判定时,首先应假设管道上的负载值。以开挖方式铺设的柔性管道垂直方向上的偏移变形量可由式(4-10)得出。

$$\delta_v = c_v^* \cdot \frac{q_v - q_h}{S_R} \tag{4-10}$$

式中:q_v——垂直方向土体的应力;

q_h——土体水平方向的应力;

S_R——管线的刚度;

c_v^*——变形系数。

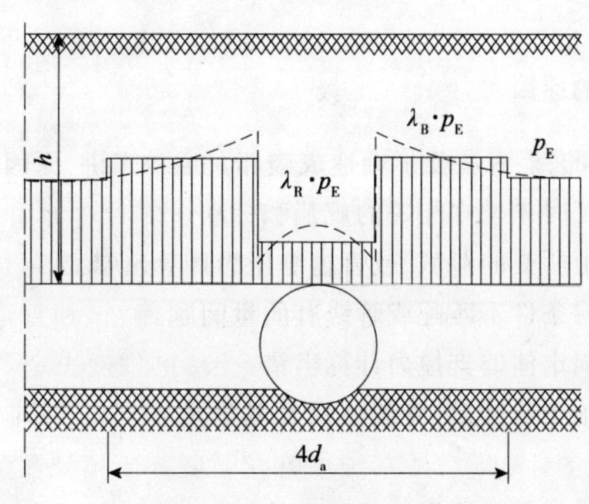

图 4-23　垂直对称变形假设法示意

在荷兰、斯堪的纳维亚半岛以及德国做过大量的管道变形探测工作及相关的研究。但是,在以上国家所做的管道变形探查仅局限于管道垂直方向和水平方向,没有考虑管道变形的形状、管道所受的荷载以及管道历史方面的因素。在评价管道变形的过程中,应注重与实际的测量结果相匹配。同时,垂直变形分短期变形和长期变形,应在测量柔性管时注意区分。

管线垂直方向的变形不会超过计算得出的短期变形数值,即该方向的变形量最大为垂直方向直径的4%。在特殊情况下,该最大值可以略微变动。DIN 4033 中还提到:管线垂径的变化是衡量管道支撑和基础施工质量的一个重要指标。在选定该参数值时,要分别考虑施工条件和50年后管道长期变形后垂径6%的极限变形值的影响,考虑了足够的安全系数以保证管线不发生失稳破坏。对于顶进施工的钢管来讲,变形值取3%,若该管段位于轨道交通路线的下方,则管径的最大变形值不能超过2%。在过去一段时间内,该百分比值的大小被人们用来区别优质管道工程和劣质管道工程,在市场的推动作用下,各专业厂家生产了各种各样的测量管道垂直方向变形量的仪器。管道形状的变化通常通过测定管道的极限膨胀率以及管道横截面的形状来进行判定。常见的地下柔性管道如 HDPE 管的几种变形状况见图 4-24。

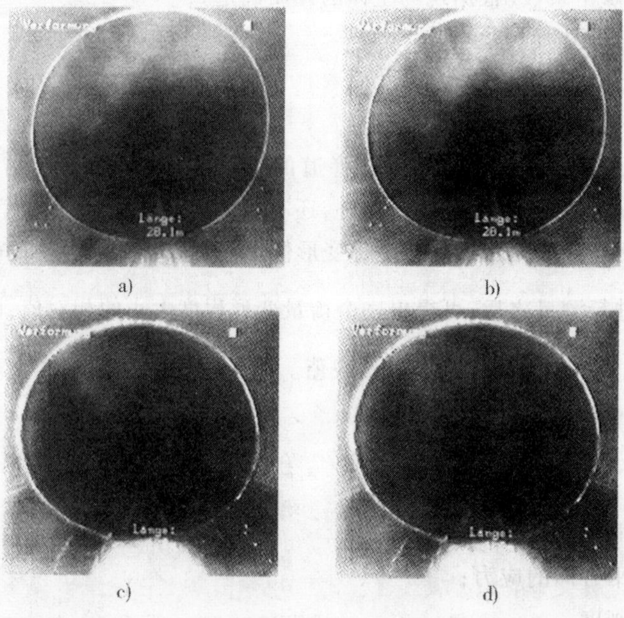

a) b) c) d)

图 4-24 HDPE 管的几种变形状况

4.1.7.2 管道变形破坏的原因

有些管道变形是正常的,但有些变形会造成破坏。通常来讲,原因有以下几点:

(1)在管道设计和施工时未遵守相关的规范和标准。

(2)没有全面考虑管道所受的荷载,或管道静压力计算出错。

(3)铺设的管线与地层条件不匹配或管线有质量问题。

(4)管道负载以及外周土体的支撑力计算出错。

(5)管线由非专业的施工队铺设,管线底层地基处理不到位,或非开挖施工的管线中环空区未注水泥浆填实。

(6)未正确地处理管道铺设时所用的橡胶元件。

(7)夯实方法不当。

(8)温度变化的影响。

4.1.7.3 管道变形破坏的后果

管道变形通常会引起以下不利后果:

(1)降低了管道水力效力(即过水能力)。

(2)管道堵塞。

(3)增加了管道的维护成本。

(4)管道扭折和分支处发生断裂的危险增加。

(5)若变形较严重,则管道底板等可能会隆起。

(6)产生疲劳裂纹。

(7)管道泄漏。

(8)管道裂开。

(9)管道折断。

(10)管道坍塌。

理论上讲,不论那种类型的管道错位,只要对管道的水力学性能产生了影响,都视为管道损坏。研究表明,管线发生变形量为10%的椭圆式偏移对管线水力性能的损失量仅为1%。若变形较严重,管道局部隆起,则管道的问题就比较严重。

4.1.8 管道裂纹、管道破裂、管道坍塌

“开裂”类型的管道破坏一般发生于刚性管道中,通常分为纵向裂纹、横向裂纹、点源裂纹3种。需要说明的是,这3种破坏形式发生后,裂纹极易扩展,最终引起管道崩裂。所以,一旦检测出来,应引起足够的重视。

管道开裂破坏的原因和结果关系较为复杂,多种原因可能只导致一种结果,也有可能一种原因导致多种结果。在分析管道破坏的原因时,应注意结合以下标准:

(1)裂纹的变化趋势。有时通过季节等因素可以判断管道裂纹趋于停止还是正在发展。

(2)裂纹的深度(裂纹一般趋于发生在管道表层并沿整个管段发展)。

(3)裂纹破坏发生的过程(可判断引起裂纹的应力的作用方向)。

(4)裂纹边缘处的相互移位方式(可判断引起裂纹的应力的作用方向和破坏后果的严重程度)。

综合来说,管道发生裂纹破坏有以下原因。

(1)管道设计和施工中没有严格遵守相关的规范和标准。

(2)在运输、储存、铺设、固定、回填和压实管道的过程中对管道造成了损坏。

(3)管道磨损破坏的作用。

在大部分情况下,只要管道产生裂纹,即认为管道发生了破坏,但也有例外,如混凝土管道或钢筋混凝土管道上发生的某些裂纹属于正常现象,不会造成管道损坏。混凝土管上面出现的蛛网状收缩裂纹不会影响管道的正常使用,而在钢筋混凝土管道中,裂纹范围只要不超过0.2mm,也不会造成损坏。用水泥砂浆做内衬的铸铁管和钢管,其内部允许有1.5mm宽的裂纹。水泥等材料制作的下水管线中,可以较为明显地观察到0.2mm左右的裂纹,裂纹是水泥颗

粒发生水合作用时产生的过水通道,也有可能是由于部分区域应力过大而产生的。钢筋混凝土和素混凝土管中,该种类型的裂纹有一个特殊的“自修复作用”(Self－Healing),即裂纹产生后一段时间,以水和其他物质为反应介质,经过各种物理化学作用之后,裂纹会自动修复并填满,管壁保持完整。在混凝土管的外壁,可以很明显地观察到其吸水量较少,风干后,外壁产生了白色的斑。长期以来,没有对该现象有一个科学合理的解释。最新的研究发现了混凝土管道裂纹自修复作用的机理。

(1)水中的颗粒物质堵塞了管道。

(2)裂纹产生导致混凝土释放出混凝土颗粒,该颗粒造成了裂纹堵塞。

(3)裂纹内形成了碳酸钙。

(4)水泥的水合作用。

(5)裂纹的侧翼发生膨胀、隆起。

以上因素在混凝土管壁裂纹的自修复作用中,所占的比重具体为多大,是当前争议较多的一个问题。目前,通过室内试验无法得出较为信服的具体比例结果,但是可以证明,在管内特定的环境下,可以有选择地创造以上几种条件,使用相应的物理和化学方法,来加速裂纹自修复,同时,在现场也可以大胆使用。

图 4-25 为种典型的管道自修复作用的曲线图。该曲线为一随时间变化的渐近线,呈下降趋势,在某些情况下,管道自修复完成之后,裂纹完全被填充,管壁光滑。

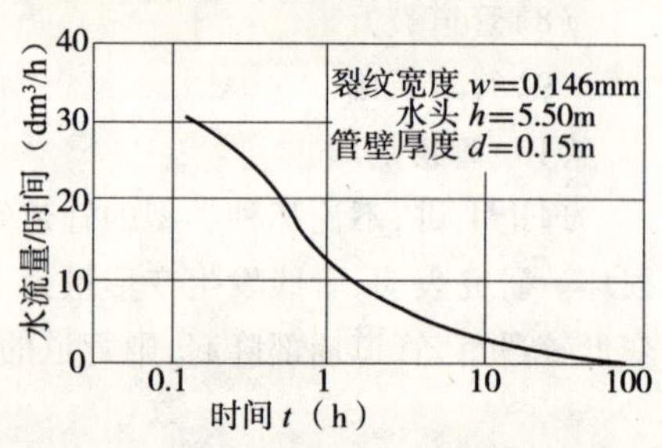

图 4-25 自修复作用曲线图

4.1.8.1 纵向裂纹

1)纵向裂纹产生的部位

纵向裂纹常发生于刚性管道中(图 4-26)。在大部分情况中,裂缝位于刚性管道的 4 个刻点处,并沿管线方向一直延长(图 4-27)。管道上端和下端的裂纹位于管道内壁,而 3 点和 9 点位置的裂纹是在管道外壁。在特定荷载的作用下,管道的纵向裂纹也有可能发生在其他位置,取决于管道所受的荷载类型和荷载分布状况、支撑体对管道的反作用力以及管道的实际状况(图 4-28)。

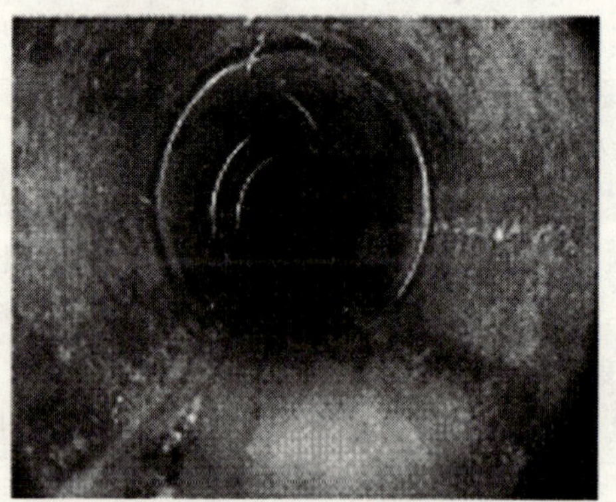

图 4-26 管道拱顶处的纵向裂纹

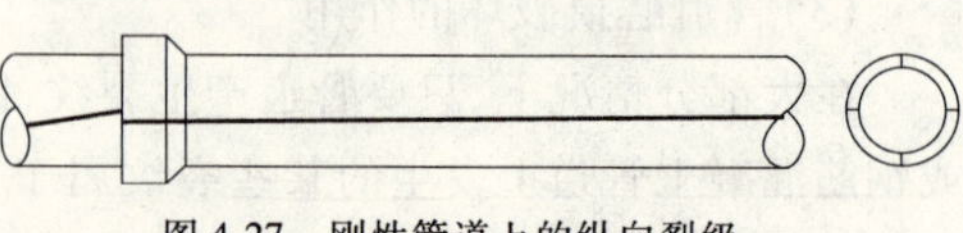

图 4-27 刚性管道上的纵向裂级

2)纵向裂纹产生的原因

除了以上介绍的几种普遍原因,管道产生纵向裂纹主要原因如下:

(1)管线铺设问题。

(2)管道泄漏、管位偏移、机械力磨损、腐蚀和管道变形。

对于刚性管,管道周向的弯曲应力超过其材料极限后,就会产生裂纹,在吊装及铺设管线过程中,极易发生该类问题。管道泄漏引起的垫层土体变形(图 4-29)、地基变形(图 4-30)以及密封接头安装不当(图 4-31)都会引起管道支撑力发生变化,产生管外偏移,最终导致管道破坏,形成纵向裂纹。一般来说,裂纹破坏首先发生在管接头处,之后有可能不会继续发展,也有可能扩散到整个管段。若管线接头处安装处置不合理,管周的径向力就可能非常大,达到破坏极限后,就会产生裂纹破坏(图 4-32)。管道所使用的密封圈的反作用力过大以及在修建管道时管道受到曝晒,也可能引起该类破坏。

图 4-28 砖砌管道中的纵向裂纹

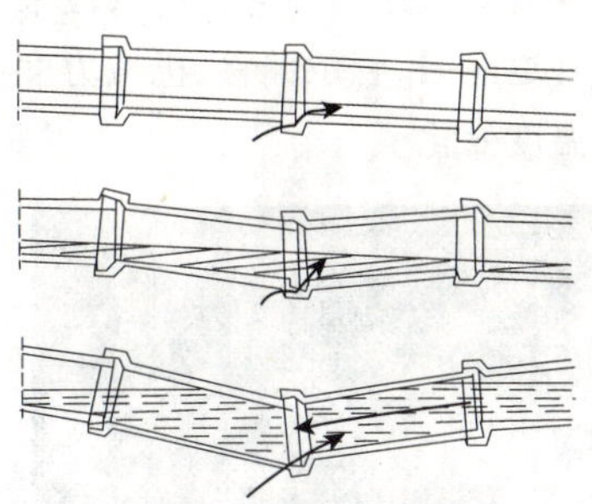

图 4-29 管接头泄漏导致产生纵向裂纹的发展过程

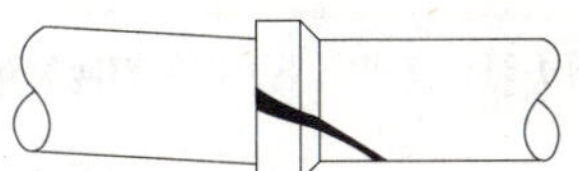

图 4-30 地基变形引起纵向裂纹

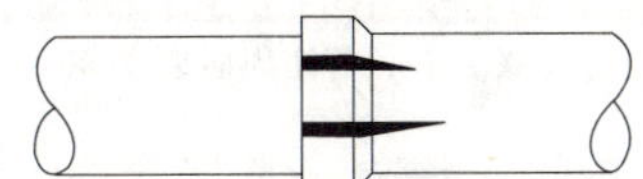

图 4-31 配合过紧导致管壁胀裂形成纵向裂纹

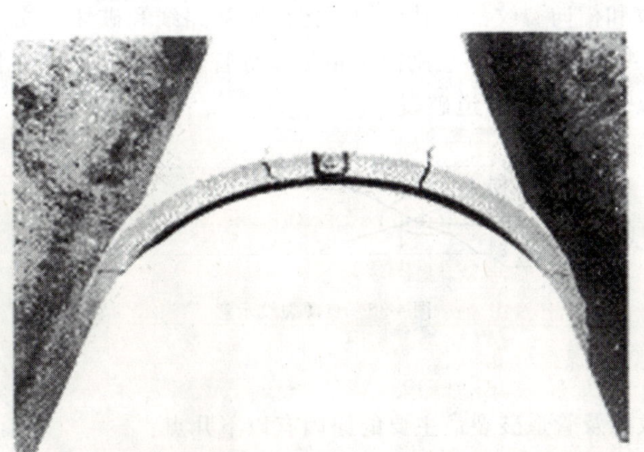

图 4-32 管接头周向反作用力过大和热胀冷缩导致纵向裂纹

4.1.8.2 横向裂纹

1)破坏描述

管道的横向裂纹主要发生于管道的周线处(图 4-33)。可能发生的区域有管段中部(图 4-34)、连接人工检修孔的管段以及通向其他建筑物的独立管段。受破坏因素的影响,管道横向裂纹宽度不一样,即相对的方向宽窄正好相反,较严重的破坏情况中,管道在裂纹处发生了移位或断折。

一般来说，人工检修孔内，很少发生横向裂纹破坏。

2)破坏发生的原因

当管线所受的应力超出了管道纵向的抗弯强度以及管道的抗剪强度，管道就会发生破坏，产生横向裂纹。除上文所说的普遍原因外，横向裂纹破坏还有以下原因。

(1)管道中出现了较为集中的应力(如支撑体中的石块对管壁的挤压作用)。

(2)在需要采用柔性连接的管段采用了刚性连接。

(3)管道泄漏、管位偏移、机械力磨损、管壁腐蚀以及管道变形。

(4)温度变化。

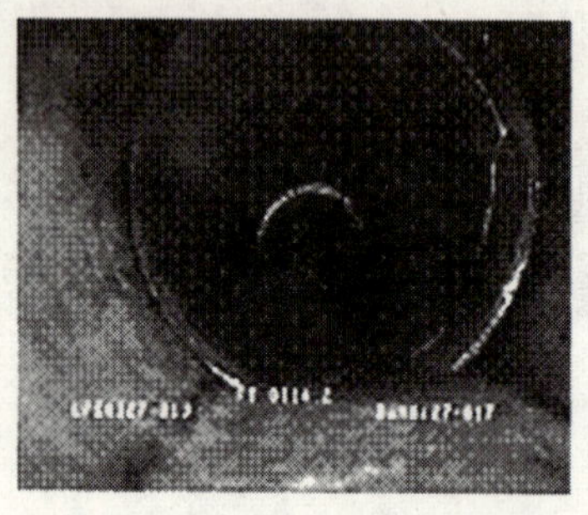

图 4-33 管道周向裂纹

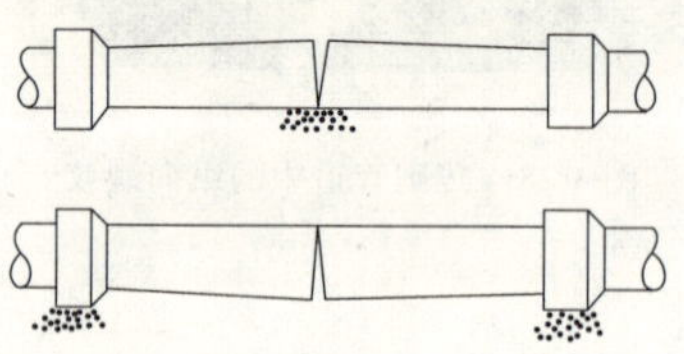

图 4-34 支撑不当引发的周向裂纹

4.1.8.3 管道不规则裂纹和管道破裂

1)破坏描述

管道的纵向裂纹和横向裂纹都有其较为固定的破坏路线和破坏方式，除此之外，还有局部管道的点源裂纹(图 4-35)和完全不规则的管道裂纹等管道破坏形式。以上两种破坏形式常导致整块管壁布满裂纹，最终发生管道破裂。

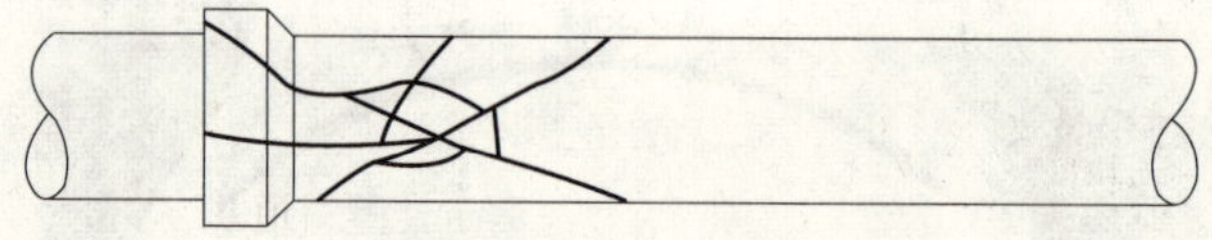

图 4-35 点源裂纹示意

2)破坏发生的原因

发生不规则裂纹以及管道破裂最主要的原因有以下几点：

(1)管道中出现了较为集中的应力(如支撑体中的石块对管壁的挤压作用)。

(2)分支管道连接不当。

(3)较为严重的管底侵蚀。

4.1.8.4 管道破碎

管壁破碎(图 4-36)可以理解为管壁材料的大块脱落，导致管壁出现了不连续的区域。

附加的非正常荷载作用于管道，已经产生裂纹的管壁受到外部的动荷载作用都会发生管道破碎。其他原因如管道泄漏、机械力磨损、腐蚀和管道裂纹也有可能引起管道破碎。

4.1.8.5 管道坍塌

管道坍塌即管道发生了垮塌,管道完全失去承载能力,同时,相关的部件也被彻底损坏(图4-37)。管道坍塌是管道破坏的最高形式,是非常严重的管道事故。一般来讲,是由以下几种破坏经过长期的发展而最终导致的大破坏,是一个量变到质变的过程。

(1)管道泄漏。

(2)机械力磨损。

(3)管道变形。

(4)管道裂纹和管道破碎。

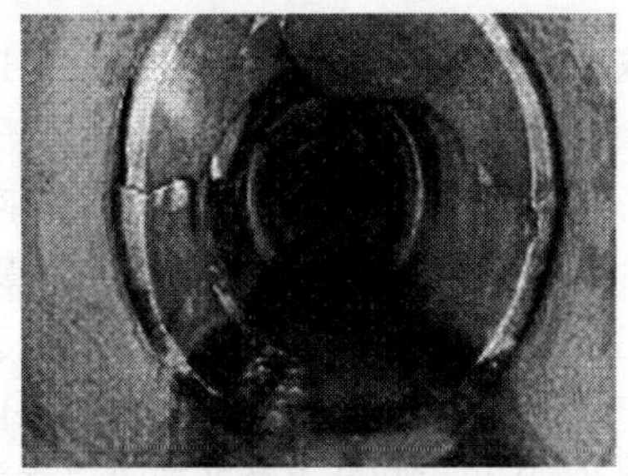
图4-36 管壁破碎照片

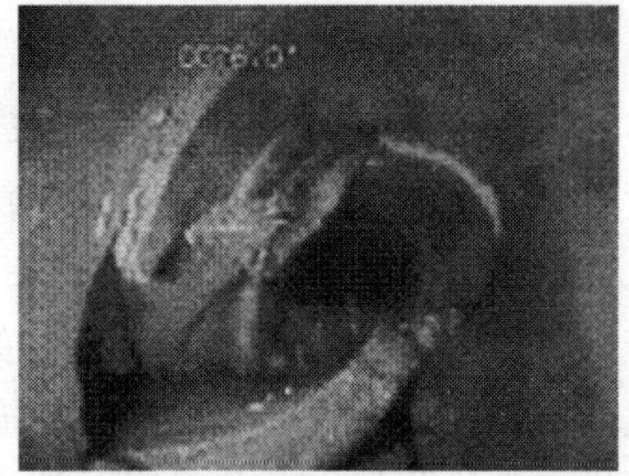
图4-37 管道坍塌照片

4.1.8.6 破坏引起的后果

管道破坏产生的后果的严重程度由以下几点决定:

(1)裂纹的类型(纵向裂纹、横向裂纹、点源扩散的裂纹以及管道破裂)。

(2)裂纹的深度(裂纹所在的表面以及扩散的程度)。

(3)裂纹的宽度。

(4)管道的材料(混凝土或钢筋混凝土)。

(5)裂纹的具体位置(水面以上或水面以下)以及管线的位置(地下水以上还是以下)。

(6)管道嵌固状况(压实、松散还是周边含有空穴)。

除横向裂纹外,其他所有类型的裂纹都会使管道失稳,管道坍塌由上文提到的多种因素经过较长时间的作用而引起,故通常无法准确预测破坏发生的程度及时间。在较为理想的情况下,如裂纹的宽度较小,裂纹规模不大,管线周围无地下水影响,管线嵌固较好,管道运行情况稳定(无过载且水力负荷较为均匀)等,则已经产生纵向裂纹的管道仍然可以在相对较长的时间内保持稳定。在这种情况下,土体与管线共同作用,形成了较为稳定的管土结构。一般来说,管道的拱顶处发生纵向变形,则拱脚也会随之发生相应的变形。变形会导致土体对嵌固管体的反作用力增加,故管道受到一个较原来增加的荷载作用,该荷载会通过管道一直传递下去,此时,水平方向的土压力会增大,管道所受的水平方向的荷载也会增加,最后达到了一个新的平衡状态(图4-38)。

在德国波鸿大学所做的试验表明,管道发生上述的破坏时,管道垫层的被动土压力值较大,可以达到管道发生纵向裂纹时破坏强度的2~8倍。在刚性混凝土管中,管道变形可直接导致管周的刻度点处发生破坏,产成纵向裂纹,管道变形量与纵向裂纹破坏有直接的关系。研究表明,管道的变形量超过管道直径的5%或裂纹的宽度大于0.1mm。

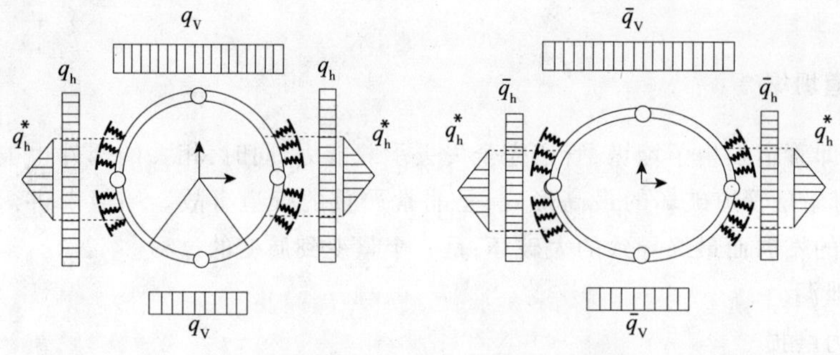

图 4-38 变形管道平衡状态荷载示意图

q_V-垂向荷载；q_h^*-支撑土体对管道的反作用荷载；q_h-水平（横向）荷载

一般来说，若裂纹的边缘不发生移位或扩散，裂纹与管道的相对位置较为稳定，且管道地基土体稳定性较好，不发生流失等现象，则该裂纹不会导致管道失稳破坏，不需要做任何的处理。管道垫层土体环境发生变化而导致的管道变形破坏顺序见图 4-39 和图 4-40。若钢筋混凝土中发生这种破坏，则需要的时间较长，钢筋加强体发生腐蚀之后管道才会变形或坍塌。若管道在使用过程中碰到管道运行环境改变、高压清洗管道、以水为介质做管道泄漏测试、短期管道过载以及管内涌入洪水等对管道有损伤的情况，变形破坏的程度就会加剧，若发展比较快，则在管道正常维修期之前就需要对管道进行修复。因此，从成本和社会效益两方面来考虑，应该对可能发生变形破坏的管道采取一定的防护措施，如果管道已经发生变形破坏（管道破裂引起的），则在该管段不能做高压清洗以及管道泄漏测试，以防破坏继续扩大，若必须做该类试验，则必须等到管道修复完成，并完全复原。若管道发生破坏，做管道探查时，应缩短管道检测的时间间隔，以得出破坏发展趋势的准确判断。

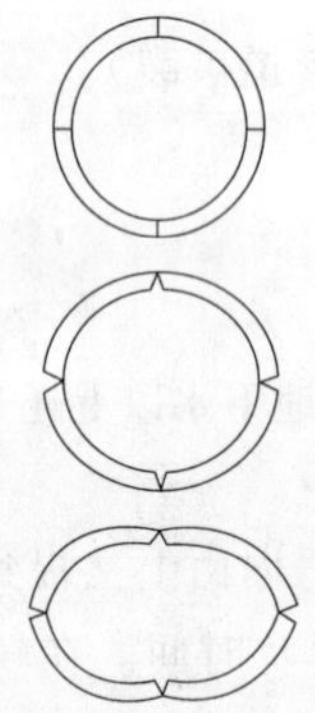

图 4-39 纵向裂纹破坏导致管道坍塌

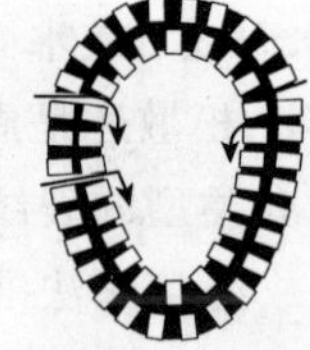

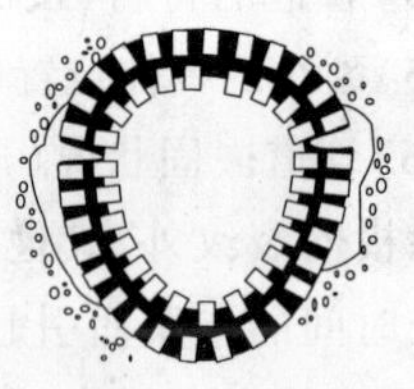

图 4-40 水体冲刷导致砖砌污水管道变形破坏

若管道产生的裂纹裂穿管道，如前文所述的管道横向裂纹以及管道破裂，都会引起管道严重泄漏。裂纹破坏点即管道的主要泄漏点。破坏发生之后，管道会发生外渗或内渗，同时该管段的垫层土体也会被渗水冲刷，物理性质发生改变，支撑力降低，使管体发生不均匀沉降以及管位偏移等，若情况较为严重，则可能发生管道变形甚至管道坍塌等较为严重的新的破坏形式。因而，若不对管道破坏详加分析，认真处理，极易发生上述的连锁破坏。若管道破裂，则可能有较大的碎块落入管内，影响管流的正常流动，降低了管道的水力学性能，即为管道阻流块破坏，若发生管道坍塌，则后果更为严重，管流被严重阻隔甚至完全中断。管道坍塌后，管流中断，影响了正常生活和正常生产，故发现较快，而管道阻流物则不同，由于破坏较坍塌轻，造成的后果也不是太严重，故可能在管道例行检测或管道清洗的时候才可能发现。

4.1.9 管道破坏状况总结

如上文所述,城市地下管线系统以及污水管和排水沟的建筑结构部分,在建成使用后,会发生不同类型的破坏情况,严重程度也各不相同。管道破坏的后果及其严重程度需结合破坏范围、管道材料以及现场实际情况来进行综合判定。德国规范 ATV - M 143E 中,总结了管线破坏的各种情况。表 4-10 列出了地下管线破坏的各种形式、破坏原因以及可能出现的后果。

市政管线破坏情况一览表　　表 4-10

<table>
<tr><th>序号</th><th colspan="2">破坏形式</th><th>破坏原因</th><th>破坏后果</th></tr>
<tr><td rowspan="14">1</td><td rowspan="14">管道泄漏</td><td rowspan="3">管接头、管道部件、建筑接头渗漏</td><td>未遵守相关规范和标准</td><td>污水外渗</td></tr>
<tr><td>设计出错</td><td>管周地下水和土壤被污染</td></tr>
<tr><td>材料和部件选择不当</td><td>管线、管道的建筑结构部分以及街道设施破坏</td></tr>
<tr><td>管壁渗漏</td><td>施工质量不合格</td><td>管道垫层破坏,管线出现不均匀沉降</td></tr>
<tr><td rowspan="10">支管、人工检修孔、建筑结构的连接处渗漏</td><td>管道运行问题</td><td>地下水和土颗粒渗入管内</td></tr>
<tr><td>管材疲劳损坏</td><td>管内外部水含量加大,污水输送成本以及处理费用增加</td></tr>
<tr><td>管位偏移</td><td>维护费用增加</td></tr>
<tr><td>机械力磨损</td><td>水压力,管线过载,泵站和处理设施超负荷运行</td></tr>
<tr><td>腐蚀</td><td>地下水位降低,建筑物沉降,本区域灌溉受到影响</td></tr>
<tr><td>管道变形</td><td>硬质沉积物,结垢</td></tr>
<tr><td>管道裂纹</td><td>管道沉降或坍塌形成地下空穴</td></tr>
<tr><td>管道破裂</td><td rowspan="2">树根侵入管道</td></tr>
<tr><td>管道坍塌</td></tr>
<tr><td>管道破裂</td></tr>
<tr><td rowspan="7">2</td><td rowspan="7">管流阻塞</td><td rowspan="2">硬质沉积物</td><td>未遵守相关规范和标准</td><td rowspan="2">过水能力降低</td></tr>
<tr><td>设计不合理(如管线坡度选取不当)</td></tr>
<tr><td rowspan="2">结垢</td><td>管内清理不彻底</td><td rowspan="3">管道阻塞</td></tr>
<tr><td>外界物质在管内结块</td></tr>
<tr><td rowspan="2">落入异物</td><td>管接头和密封环不具备树根侵入抵抗性</td></tr>
<tr><td>管道异流</td><td rowspan="2">维护费用增加</td></tr>
<tr><td>树根侵入管道</td><td>管道泄漏</td></tr>
<tr><td rowspan="6">3</td><td rowspan="6">管位偏移</td><td rowspan="2">垂直方向偏移</td><td>设计不合理</td><td>支管断开</td></tr>
<tr><td>施工质量问题</td><td>管流受阻</td></tr>
<tr><td rowspan="2">水平方向/横向偏移</td><td>水文地质环境改变</td><td>管线坡度变化导致管线失效</td></tr>
<tr><td>管道上方荷载变化</td><td>管道泄漏</td></tr>
<tr><td rowspan="2">轴向偏移</td><td>管道沉降</td><td>管道裂缝</td></tr>
<tr><td>地表沉陷、地震</td><td>管道破裂</td></tr>
<tr><td rowspan="4">4</td><td colspan="2" rowspan="4">机械力磨损</td><td>管材和管道部件选择不当</td><td>管壁厚度减小</td></tr>
<tr><td>水中含有砂粒</td><td>管壁光滑度降低水力阻力增大</td></tr>
<tr><td>气蚀</td><td>管道承压强度降低</td></tr>
<tr><td>管道清洗方法、选用的清洗设备不当</td><td>管道水密性变差</td></tr>
</table>

续上表

序号	破坏形式		破坏原因	破坏后果
5	腐蚀	外部腐蚀	未遵守相关规范和标准（管道材料方面）	管壁厚度减小
			地下水和土体侵蚀	管道承压强度降低
			管内进入侵蚀性物质	管道水密性变差
			电化学腐蚀（金属材料）	管道泄漏
			金属和塑料管材中的应力破坏	管道变形
			未采取防腐蚀措施防护方法不当防护涂层被破坏	管壁裂纹
			电解腐蚀	管道破裂
				管道坍塌
			未遵守相关规范和标准	管壁厚度减小
		内壁腐蚀	管材质量不合要求	管道承压强度降低
			管内进入其他物质与污水作用形成了侵蚀剂	管道水密性变差
			微生物作用产生的硫酸腐蚀	管壁光滑度降低水力阻力增大
			金属和塑料管材中的应力破坏	管道泄漏
			未采取防腐蚀措施 防护方法不当 防护涂层被破坏	管道变形
				管壁裂纹
				管道破裂
				管道坍塌
6	柔性管道变形		未遵守相关规范和标准（管材方面）	过水能力降低
			管道铺设方法不当	管流不畅
			静水压力计算错误	管道维护费用增加
			管道上部荷载、垫层支撑力估算错误	管道部件刚性不同，一者变形时，另一者被破坏
			非专业的管道施工（垫层、非开挖铺管环空注浆不合格）	管道被压扁
			密封材料、密封部件选择不当	应力作用产生裂纹
			温度变化的影响	管道泄漏
			支挡结构移除不当	管道裂纹
			管道泄漏、机械力磨损、腐蚀引起	管道破裂
				管道坍塌

续上表

序号	破坏形式		破坏原因	破坏后果
7	管道裂纹	纵向裂纹	未遵守相关规范和标准	管道泄漏
			运输、储存、安装、嵌固、回填以及压实的过程中对管线造成破坏	
			外部冲击力	
		横向裂纹	管道泄漏、管位偏移、机械力腐蚀、管道变形引起	管道破裂
			集中应力的作用(垫层中的石块,点状支撑)	
		点源裂纹	建筑结构接头设计过紧,无合理活动空间	管道坍塌
8	管道破裂(管壁掉块)		管道泄漏	管道泄漏
			机械力磨损	
			管道腐蚀	管道坍塌
			管道裂纹	
9	管道坍塌		管道泄漏	管道彻底破坏
			机械力磨损	
			管道腐蚀	
			管道变形	
			管道裂纹	
			管道破裂	

4.2 管道内部检查

4.2.1 管道内部检查

管道内部状况检查分为一般检查和泄漏检查两种。

4.2.1.1 一般检查方法

1) CCTV 法

目前,地下管线现状检查广泛使用的是闭路电视(CCTV)摄像法,该方法可以对管道破损、龟裂、堵塞、树根侵入等症状进行检测和记录。CCTV 法适用的管道最小直径为 50mm,最大为 2 000mm。

早期的CCTV使用阴极射线管,因而不适用于恶劣的环境,而且容易破损。20世纪80年代由于电子技术的发展和CCD(电荷耦合器件)摄像机的采用而改变了这种状况。如今,CCTV的体积更小,质量更轻,数据更可靠,价格也更低。

摄像机的摄像头可以是前视式,也可以是旋转的,以便直接观察管道的侧壁和分支管道,对大直径的管道还可使用变焦距镜头。摄像机一般固定在自行式爬行器上,也可以通过电缆线由绞车拉入,有些小型摄像机通常与半刚性的缆绳一起使用。对大直径的管道,拖车还带有升降架,以便快速调整摄像机的高度。爬行器一般均为电动,摄像机和拖车的动力由地面的主控制台通过改装的多股电缆提供,该电缆也用于传递摄像和控制信号。

CCTV法的一个缺点是不能检查被水和淤泥覆盖的部分。

2)声纳法

声纳检查技术的原理是利用反射的高频声波来定位介质的非连续性。从理论上讲,该法可在大气中使用,但实际上几乎只用在水下条件。声纳发射器以一定的速度在管道内移动,并以预定的时间间隔传送出管道断面的图像。接收的信号受介质表面发射系数的影响,例如管道底部软淤泥与管壁显示的图像颜色不同(见图4-41)。然而。声纳技术不能透过硬的表面,故不能提供有关管壁厚度和周围地层性质的参数。

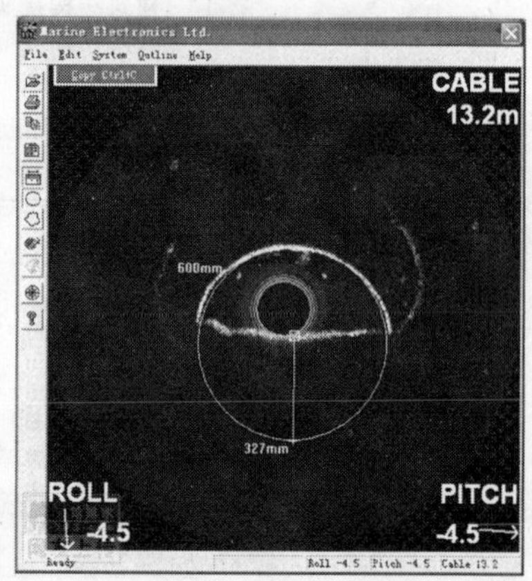

图4-41 声纳法显示画面

与CCTV法不同的是,声纳法可对各种结构的机械变形、沉降、轮廓进行测绘,如排水管道截面、桥墩、港口等。排水管道声纳测绘系统非常适于河道、管涌、满管或半满管排水管道方面的检测工作。排水管道扫描声纳安装在特殊梭型漂浮装置上,利用水中声波对水下环境结构进行扫描探测,并将排水管道的各种机械变形、缺陷、沉降、错位、断裂、淤堵反映到操控器屏幕上(见图4-42)。有效地免除潜水员人工进入管道检测而所需的高额费用和高风险。

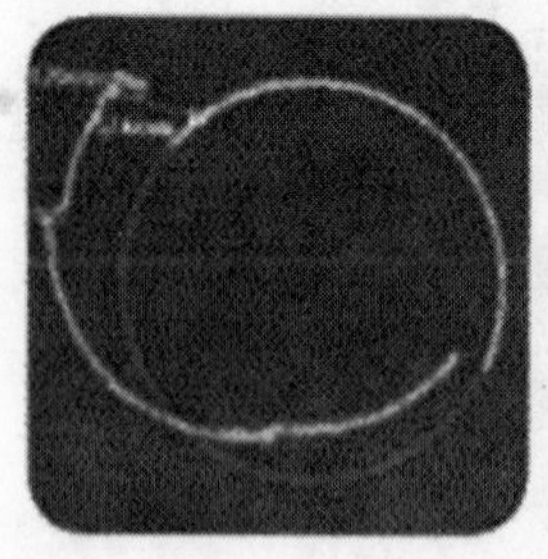

管道塌陷和破损

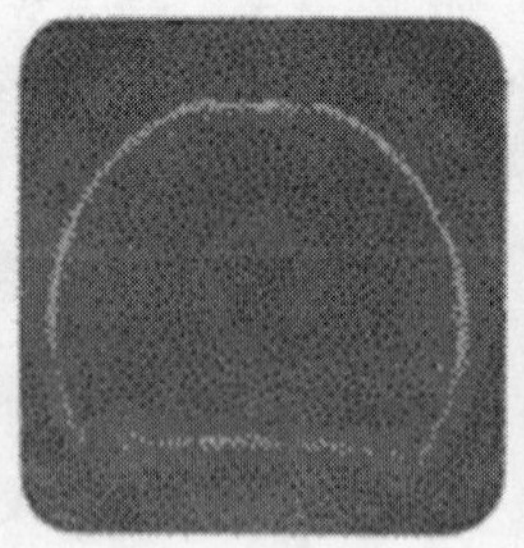

管道淤积测量

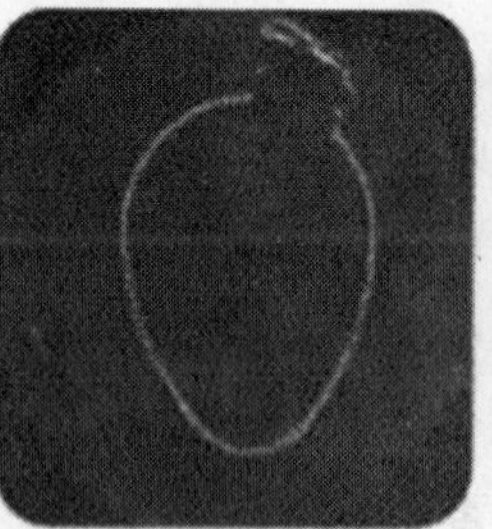

管道顶部破损泄漏

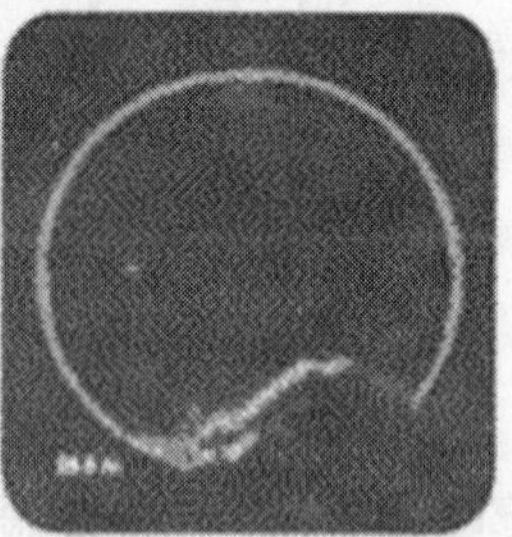

管道内部堆积杂物

图4-42 各种缺陷显示图

3)SSET法

SSET能提供如CCTV一样的前视画面,也能提供管道内表面360°扫描可视图像。事后可在办公室内进行数据分析,保证不忽略任何重要的管道缺陷。该系统也能记录管道坡度,因此得到管道下垂位置和沉积物的潜在位置。360°扫描能以平面视图检查管道整个表面,且能量度接头缝隙。

(1)主要优势

①可让工程师评估管道状况,而不是摄像操作人员进行评估工作。

②决策人员能快速数据分析。

③具备图层覆盖能力,能比较不同测量时间之间管道状况的差异。

(2)性能

①适用管道内径范围200~900mm。

②软件能同时提供前视和侧视图像(图4-43)。

③现场操作人员无需中断而可进行镜头视角调整。

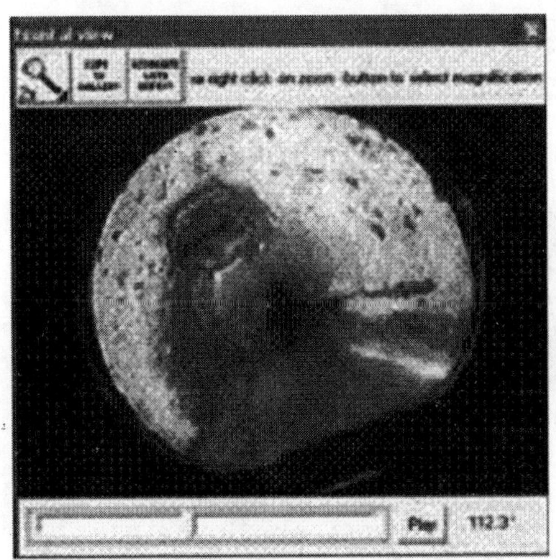

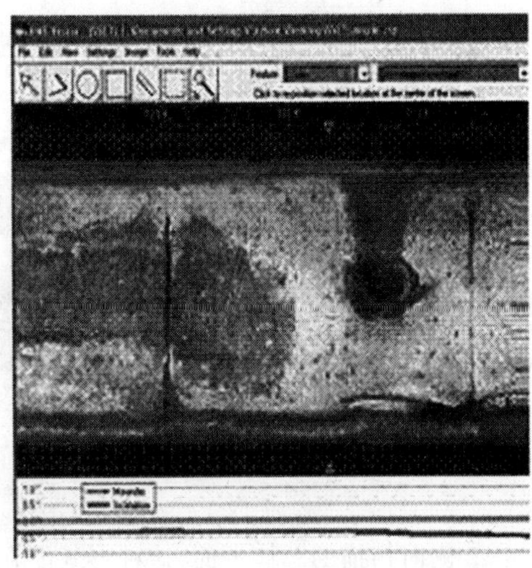

图4-43 前视和侧视图像

(3)工作原理

SSET技术是一种先进的管道检查方法,能精确确定管线缺陷性质。该方法使用两套数码图片捕获装置,得到前视图像和侧向图像。SSET系统以恒定速度穿越管线,无需如传统CCTV系统检查管道时的中断,典型穿越速度约是4m/min。

该系统包括两套数码图片捕获装置和照明设备,附加在传统CCTV牵引器上来穿越管道。摄像单元从人井中以反向下放到污水管中。

摄像机和牵引器可在地面遥控,使用经验证和具备能力的HydroMax USA实现遥控作业。该技术作用于摄像机和牵引器使之穿越管道,同时记录下管壁状况视频,类似于CCTV单元获取的信息。第二个视频捕获设备获取管道内壁侧向画面,也即是与牵引方向成90°的画面。

当使用SSET系统时,能收集到所有的数据,而不会漏掉任何缺陷,不像CCTV检查那样,操作人员可能会遗漏缺陷标记、中断、镜头角度调整等。

由专业工程师或专业工程顾问公司来根据画面进行数据分析。检查缺陷的评定分析结果输入计算机系统,与屏幕上视频显示的缺陷进行覆盖对比,也要将缺陷编码转化成数码数据库。缺陷编码可以委托的方式采用工业标准或HydroMax USA技术,来形成理想的独特专业编码。

SSET原始扫描数据可由任何人进行重复性评估工作,90~120m长的管道可以进行分段检查，减少作业时间，提高评估水平。

(4)画面形式

①标准形式的侧向扫描页面，见图4-44。

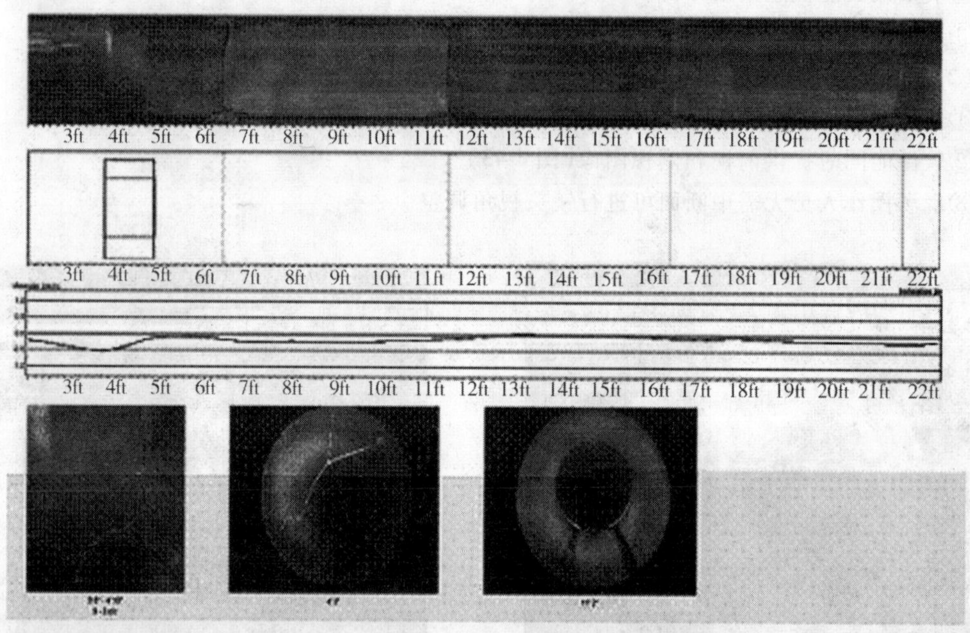

图4-44 侧向扫描页面

②侧向扫描的总体页面，这种形式能在一个页面内提供扫描管段的整体情况(见图4-45)。

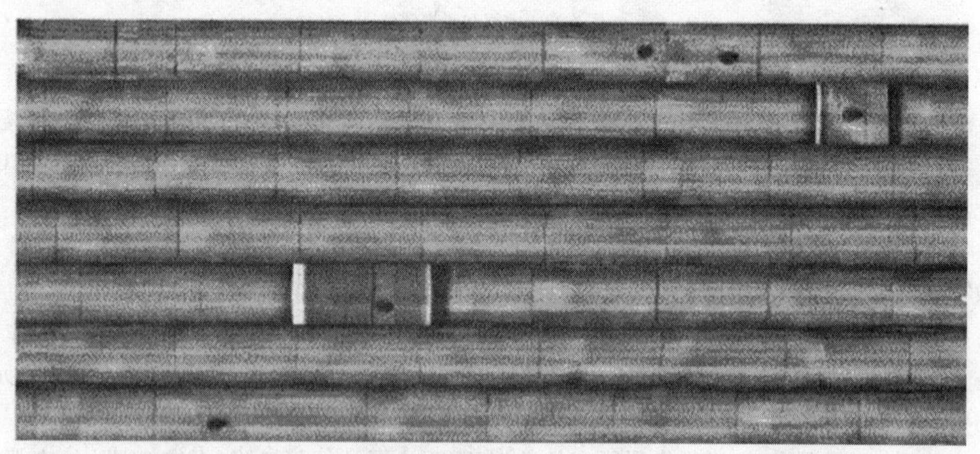

图4-45 侧向扫描的总体页面

③前视图像的廊道页面，见图4-46。

SSET是一个有用的工具，能满足由CMOM(Capacity Management Operation and Maintenance)概念体现的短期和长期规划指南。CMOM提供一个框架结构来利用现有评估措施如CCTV来保证小问题不扩展为大问题，并且是增加系统可靠性和降低系统成本的最有效的方法。

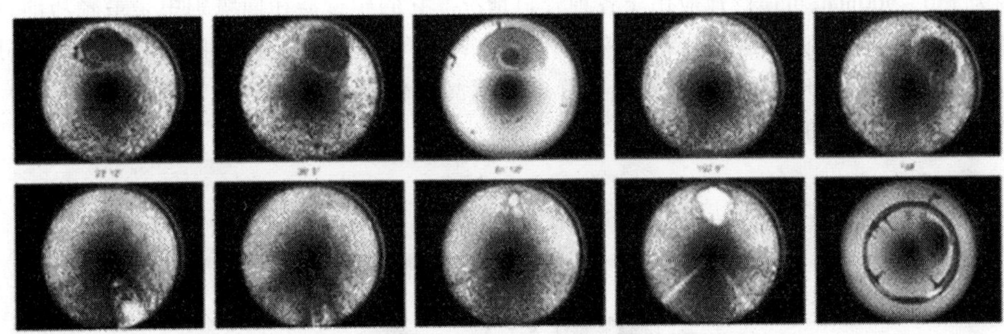

图 4-46 前视图像页面

事先周期性使用 SSET 有助于识别结构缺陷的稳定性或继续恶化情况。该方法常在烟雾测试和人井检查之后进行,来检验确定上述检查发现缺陷的位置。CCTV 结果很难得到相同的结果,因为其速度变化和 CCTV 画面的不同视角间的转换。

SSET 较 CCTV 具有如下优越性:

a. SSET 能提供管线的高质量重复检测。

b. 能量测裂隙的宽度和长度,量化缺陷。

c. 具备图层覆盖功能,能比较目前缺陷与历史缺陷,确定结构有无恶化。

d. 提供两套摄像设备,一为前视画面,另一为侧向画面。

e. 侧向画面来自于环向画面捕获设备,并以平面形式显示。

f. 软件利于专业工程师快速、详尽地评估管道状况,不存在 CCTV 检查时遗漏缺陷的情况。

4.2.1.2 管道泄漏检查

管道泄漏检查技术从原理上可分为"噪声原理"和"声纳原理"。所谓噪声原理是指从泄漏处流出的水在土壤中以不同的方向扩散到地面会产生噪声波,这种噪声波会通过管道自身以及所有与管道相连的部件传播。所以,通过地面扩音器就可辨别何处漏水,从而达到确定漏点的目的。

声纳原理也叫相关原理,即相关仪基于泄漏噪声传到两个传感器的不同时间来计算泄漏点和一个检测点之间的距离,并显示数据和图形。由泄漏点漏出的水产生的噪声沿管道和水柱从泄漏点向远处传播,装在管道上或管接头上的传感器捕捉这一泄漏噪声,并把它转化成电信号。泄漏噪声视传播的距离远近先后到达两个不同点处的传感器,相关仪通过测量到达两点的时间差来计算距离。

4.2.2 典型管道检查设备介绍

对于管道检查,目前已有较为成熟的技术,对于各种状况的管道,都可以做到详实准确的检测。管道检查设备有很多种,具体的设备功能侧重点不同,本节重点介绍目前较为通用的设备。

1)伊派克(iPEK)管道摄像检测系统

德国伊派克(iPEK)(图 4-47)是全球领先的管道摄像检测系统制造企业。其产品 iPEK 600 是目前市场上最轻便的多功能排水管道内窥检测系统,它采用模块化设计,管道检测直径范围为 150 ~ 900mm,可广泛地应用于各种管道情况。它的爬行器在同级别中是最轻巧的,可以通过较小的管道并适宜各种复杂的管道情况。系统可通过手持式控制器控制镜头焦距、照明灯光和爬行器。iPEK 900 则为大口径管道的探测提供了最佳的解决方案,可用于 230 ~ 1 500mm的各种管道的检测。

图 4-47　德国伊派克管道摄像检测爬行器

(1)性能参数

iPEK 600 主要应用于 150 ~ 900mm 管道的探测和摄像,iPEK 900 适用于 230 ~ 1 500mm 大口径的污水、雨水、石油、蒸气、供水等管道的探测和摄像。iPEK 600 的具体性能参数见表 4-11,iPEK 900 的具体性能参数见表 4-12。

iPEK 600 性能参数表　　表 4-11

履带式爬行车	尺寸	305mm × 121mm × 95mm
	质量	7.25 kg
	材料	黄铜、镀镍、不锈钢、铝
	防渗透参数	IP68
	驱动装置	双 20W 直流电机,6 轮驱动
照明	摄像机	320LUX(16 × 20 白色 LED)
	牵引机	40W(2 × 20W 卤素)
	辅助设备	40W(2 × 20W 卤素,带分色反射镜)
	最大功率	90 W
摄像头	类型	12.7mm 彩色带电耦荷器件的摄像头感光度为 1.5 lux
	辨析率	380 000 像素,420 线 HTV 清晰度
	透镜	4mm,f 0.2,远焦距
	透镜视野	68° × 90° × 100°($V \times H \times D$)
	焦距	6mm 至无穷远(远程可调)
	尺寸	50.8 mm × 73.66 mm(直径 × 长度)
	防渗透参数	IP68
电缆线、电缆盘	标准电缆	直径 7mm,77.45 g/m
	加强电缆	直径 8.5 mm,96.82 g/m
	外套保护	凯夫拉尔增强成分和聚亚氨酯护套
	长度	101m 、150m 和 200m
	最大定制长度	200m
	电缆盘	便携式手动滑环电缆盘,可配不同长度的电缆,或者是自动收线式电缆盘
	防渗透参数	IP63

续上表

控制器	尺寸	420mm×343mm×292mm(长×宽×高)
	质量	18kg
	控制	左/右方向操纵,爬行器速度,照明强度,摄像头升降台的控制,离合器控制,辅助的照明控制以及用于升级/附件的标准组件插卡
	电源	110V AC,60Hz
	输出	NTSC 合成(EIA-170A)视频信号(或 PAL 制式)

iPEK 900 性能参数表　　表 4-12

履带式爬行车	尺寸	533mm×203mm×165mm
	质量	23.13kg
	材料	黄铜、镀镍、不锈钢、铝
	防渗透参数	IP68
	驱动装置	两个 40W 直流电机,6 轮驱动
照明	摄像机	320LUX(16×20 白色 LED)
	牵引机	40W(4×10W 卤素)
	辅助设备	40W(2×20W 卤素,带分色反射镜)
	最大功率	90 W
摄像头	类型	12.7mm 彩色带电耦荷器件的摄像头 感光度为 1.5 lux
	辨析率	380 000 像素,420 线 HTV 清晰度
	透镜	4mm,f 0.2,远焦距
	透镜视野	68°×90°×100°($V\times H\times D$)
	焦距	6mm 至无穷远(远程可调)
	尺寸	48.3mm(直径)×69.9 mm(长度)(轴向) 81.3 mm(直径)×182.9 mm(长度)(遥摄/倾斜)
	摄像机升降台	在 230~710mm 的管道内可遥控操作
	防渗透参数	IP68
电缆线、电缆盘	标准电缆	直径 7mm,77.45 g/m
	加强电缆	直径 8.5 mm,96.82 g/m
	外套保护	凯夫拉尔增强成分和聚亚氨酯护套
	长度	101m、150m 和 200m
	最大定制长度	200m
	电缆盘	便携式手动滑环电缆盘,可配不同长度的电缆,或者是自动收线式电缆盘
	防渗透参数	IP63
控制器	尺寸	420mm×343mm×292mm(长×宽×高)
	质量	18kg
	控制	左/右方向操纵,爬行器速度,照明强度,摄像头升降台的控制,离合器控制,辅助的照明控制以及用于升级/附件的标准组件插卡
	电源	110V AC,60Hz(110V AC 可选)
	输出	NTSC 合成(EIA-170A)视频信号(PAL 制式也可)

(2)性能特点

①在液体/碎片上可调整平台升降摄像头,从而可以在管道中心线上进行观测。

②可以通过升降台在150~300mm范围内调整摄像机的高度。

③坚固、方向可操纵,从而能轻松地越过或绕过碎片和坡。

④操作简单,升降台、离合器、照明、焦距、方向和速度均可以手控。

⑤防水性好,可在潮湿和水下等环境工作。

2)窥无忧(QuickView)管道潜望镜

窥无忧(QuickView)(图4-48)管道潜望镜是管道快速检测设备,它通过可调节长度的手柄将高放大倍数的摄像头放入人井或隐蔽空间,就如同潜水艇上的潜望镜一样使地下目标一目了然。QV管道潜望镜配备了强力光源,所以能够在直径150~1 500mm管道的管口探测管道内部情况,检测纵深最大可达80m,并能够清晰地显示管道裂纹、堵塞等内部状况。适用于各种管道、建筑物和隐蔽空间的探查。

图4-48　窥无忧管道潜望镜

(1)性能特点

①高功率探照灯。

②图像显示。

③伸缩手柄,长度最大可调至5.4m。

④全角高清晰度摄像头。

⑤便携式设计、操作简便。

(2)技术规格

具体技术规格及性能参数见表4-13。

窥无忧技术规格表　　表4-13

探照灯	
灯类型	2×35W 聚光灯或放光灯
反射类型	双色聚光
泛光	1 500CP 输出,38°光束
聚光	8 500CP 输出,10°光束
控制带	
—	控制摄像头的聚焦
—	灯光控制
电池	内置95W/h的可充电电池
输出	合成视频输出至监视器
摄像头	
型号	彩色1/4″HADCCD
分辨率	450HTVL
缩放	216:1(18:1 光学 12:1 数字)
变焦	自动或手动调焦
光圈	自动或手动
快门	自动或手动(1/1~1/10 000s)
灵敏度	0.7Lux
支架	轻便的铝结构
环境适应	可用于45m水下
温度	-20~+50℃

3)LD-300 管道摄像检测系统

LD-300 管道内窥摄像检测系统(CCTV)(图 4-49)是目前用于管道内窥检测评估较先进有效的方法,该系统能迅速地检测管道内部情况并通过高清晰度显示器显示实时图像,同时也可将图像信息储存在系统硬盘上。适用于管道口径为 200 ~ 1 500mm 的各种管道的内窥检测。

图 4-49　LD-300 管道内窥摄像检测系统

(1)性能特点

①中文界面,操作简单、方便。

②实时图像信号处理、存储。

③Pipesee 中文管道检测专用数据分析处理软件。

(2)技术规格

LD-300 主控制器规格见表 4-14,操纵电缆盘规格见表 4-15,标准摄像头规格见表4-16,爬行器规格见表 4-17。

主控制器技术参数表　　表 4-14

外形尺寸(mm)	520 × 500 × 320
内存	256MB
CPU	Intel Pentium Ⅲ,1.0G
硬盘	三星 40G
光盘驱动器	LG 刻录光盘
电源	220V/2A

操纵电缆盘技术参数表　　表 4-15

外形尺寸(mm)	800 × 500 × 350
电缆	150m
质量	66kg

标准摄像头技术参数表　　表 4-16

水平解像器	480Tvline
最低照度	0.02Lux
镜头系统	18 倍视频变焦镜头
有效像素	752(*H*) × 582(*V*)/768(*H*) × 494(*V*)
电子快门	$1/50s^{-1}/10\ 000s$

爬行器技术参数表　　表 4-17

外形尺寸(mm)	500 × 100 × 100
质量	20kg
最大输出功率	90W
最大连续工作扭距	9.59N · m
爬坡能力	15°

可选 Pipesee 软件以及旋转变焦镜头,镜头可轴向旋转 180°,径向旋转 180°,180 倍以上光学和数字变焦。

4)1512PC 型管道声纳检测仪

1512PC 型管道成像声纳检测仪(图 4-50)采用声学技术,可以探测到充满液体的管道的内部情况,并能够提供准确的量化数据,从而检测和鉴定管道的破损情况。适用液体环境下管道内部检测。该系统可以与摄像检视系统同时使用,使用摄像机成像时无需排干管道,并能够提供准确的量化数据，从而检测和鉴定管道的破损情况。

(1)性能特点

①系统带一个水下扫描单元(由爬行器或 ROV 驱动，可以滑行，漂浮)，声学处理单元以及一台高分辨率彩色显示器。

②带硬盘驱动器，可存储从显示器上得到的高分辨率图片，存储图像可重新载入系统。

③指针定位，可进行数据的后期测量分析。

④360°范围连续实时扫描。

⑤友好的用户界面。

(2)产品规格

1512PC 型管道成像声纳检测仪技术规格见表 4-18。

图 4-50 管道成像声纳检测仪

1512PC 型声纳检测仪技术规格表 表 4-18

水下检测装置		
机械参数	总长	375mm
	直径	70mm
	材质	不锈钢
	重量	3.0kg
	水中重量	2.6kg
环境参数	最大操作深度	1 000m
	操作温度	0 ~ +40℃
	储藏温度	-20 ~ +70℃
声音参数	声波频率	2MHz
	声波宽度	1.1(圆锥形波)
	分辨率	0.5mm
	反射最大范围	3m
	传输脉冲宽度	4 ~ 20μs
	接收机波段宽度	500kHz
接口和电缆	导线数量	1 根双绞线或同轴电缆 2 根动力线
	计算机控制波特率	9 600b
	电缆最大衰减率	40db
	电源要求	26V DC 0.5A(持续供电)1A(峰值)

声纳处理系统		
机械参数	框架类型	19 英寸架装结构或独立结构
	尺寸	433mm × 480mm × 90mm
	冷却	强制通风
环境参数	操作温度	0 ~ +40℃
	储藏温度	-20 ~ +70℃
	湿度	20% ~ 80%
电源要求	电压	110 ~ 125VAC 220 ~ 250VAC
	频率	47 ~ 65Hz
	功率	100W
	进口接头	ICE 标准
处理器和显示系统	处理器	奔腾 500MHz
	内存	64M
	硬盘	10Gb
	软盘驱动器	3.5″,1.44Mb
	可擦写光驱	32 读 8 写
	显示模式	16,24,32 位
	视频模式	欧洲:625 线,50Hz,PAL 制 北美:525 线,50Hz,NTSC 制
	视频输出	SVGA,SVHS 复合

5) Vcam 检视仪

Vcam 检视仪(图 4-51)是一款性能优异、操作简便、功能强大的管道检视产品。主要应用于 50 ~ 300 mm 的管道，适用于下水道、排水沟、化粪池、锅炉、电缆管和空调管道等场合。

(1)性能特点

①清晰的液晶显示器，实时 DVD 记录，软件可以用来抓取单个图像生成报表或储存图像。

图 4-51 Vcam 检视仪

②强度更高和耐久性更佳的凯夫拉尔加固电缆，推进杆和摄像头可轻易地越过管径 75mm 90°的弯管。

③坚固的不锈钢构架。

④蓝宝石镜头（防擦伤防碎）。

⑤全不锈钢摄像机外壳，环氧树脂密封摄像头连接。

⑥高质量的 LCD/DVR 模块。

⑦储存和工作温度 -20 ~ +40℃。

(2)产品规格

Vcam 检视仪技术规格见表 4-19。

Vcam 检视仪技术规格表

表 4-19

组　件	说　明	
显示器	制式	NTSC-110V 或 PAL-240V
	平面液晶显示	510×492 NTSC(500×582PAL)
	屏幕编辑器	标准键盘
存储设备	DVR(可远程控制)	DVD+RW 或 DVD+R
	容量	4.7G
摄像头	摄像头	标准彩色
	控制	照明和摄像可四方向控制
	镜头	蓝宝石镜头，防水、防振
电缆	带凯夫拉尔层的环氧树脂玻璃纤维杆	
	耐磨损的防水层，抗冲击的聚合物外护层	
	公称应变力	1 800kg
	电阻	750Ω
	标准长度	60m(其他长度可订制)
软件	可从 DVD 中抓取静止的图像生成报表或记录	

6)MC7-A 漏水噪声相关仪

漏水噪声相关是地下管道漏点精确定位的较好方法，漏水噪声相关仪使查漏人员能够精确地找到漏点在管道上的精确位置。MicroCorr@（MC 系列）是世界上著名的相关仪品牌（超过 4 000 套 MicroCorr@ 相关仪在世界各地使用）。MicroCorr Digital（MC7）是世界上第一台全数字相关仪，采用高科技军事声纳和空间通信技术，其数字系统在传感器就将噪声转换成数字格式，从而保证了噪声的质量和完整性，具有传统模拟相关仪无法比拟的优越性能。可用于各种地下管漏点的精确定位，包括困难漏点（如塑料管、大口径主干管和低压情况下漏点）的定位。

图 4-52　MC7-A 漏水噪声相关仪图

MC7-A 漏水噪声相关仪（图 4-52）是在 MC7 相关仪基础上开发的一款新品。该仪器保留了传统相关仪的所有优点，并在此基础上进行了重新设计，其体积更小，操作更简单，现场安装也更方便。该系统的发射机带有蓝牙通信接口，可连接至 PDA，工作人员可以只随身携带 PDA 进行现场操作。

(1)相关仪原理

在漏水管上放置两个传感器,漏出点发出的声音以速度 V 向左右两侧传播。传向右侧传感器的同时,向相反方向传播的音频信号也到达同距离的 L 点。到达左侧传感器的声音比到达右侧传感器的漏水声音慢一个时间差 T_d。相关仪利用漏水声音在两个传感器之间的相关函数,进行极性和幅值的计算,得出时间差 T_d。根据两个传感器之间的距离和管路中声音的传播速度,即可准确地计算漏点位置,具体检测原理如图 4-53 所示。相关仪原理的表达公式为:

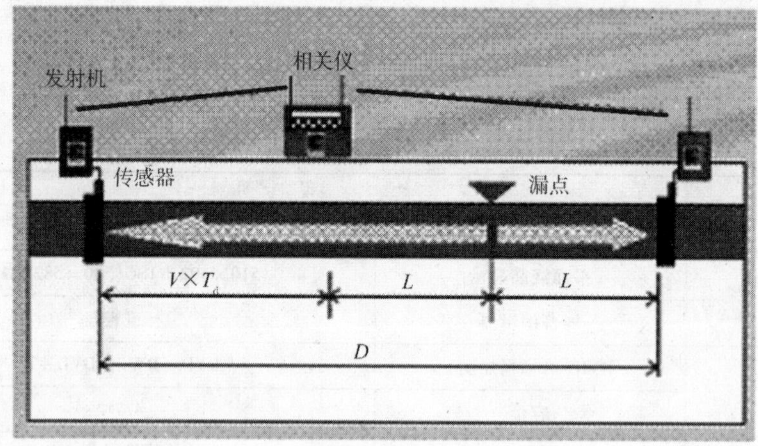

图 4-53　相关原理检测示意图

$$L = \frac{D - (V \times T_d)}{2} \tag{4-11}$$

式中:L——右侧传感器至漏点距离;

V——声音传播速度;

D——传感器之间的距离;

T_d——延迟时间。

MC7-A 漏水噪声相关仪具有强大的信号处理和数据运算功能,该检测仪采用了具有多项专利技术的传感器,可有效拾取漏水声音,使运算和漏点定位更加准确。MC7-A 漏水噪声相关仪具有快速傅立叶变换(FFT)、辅助滤波(AFS)功能,可使运算更加快速有效。

(2)性能特点

①全数字系统。

②高灵敏度的加速传感器,能有效监测极其微弱的漏水噪声。

③相关性好,适合多种管材的漏水检测。

④蓝牙通信功能,可连接 PDA。

⑤自动校准,自动参数滤波。

⑥可通过互联网进行软件升级、远程诊断和全世界范围的现场支持。

⑦数据回放功能,能够进行数据的事后处理或离线相关。

(3)技术规格

相关仪系统配置包括两个发射机,两个加速计传感器,蓝牙通信接口装置,连接线,天线和充电器,PDA 等。MC7-A 漏水噪声相关仪的技术规格见表 4-20。

MC7-A 漏水噪声相关仪的技术规格表　　表 4-20

PDA	
相关	FFT
频率	0～5 000 Hz
高通滤波	8 段
低通滤波	8 段
最大延迟时间	6 000 ms
软件平台	Windows PDA
速度范围	10～9 990 m/s
分辨率	±0.1 m
管道分段限制	可测 6 段不同材质管道
内存	取决于 PDA 存储容量
显示	PDA 高清晰显示屏
信息接收接口	蓝牙
无线电信号接收	模拟
发射机数目	1 个或 2 个
输入	一个通道 红色发射机 / 蓝色发射机
电池类型	充电电池
电池充电器	12V DC 110/230V AC
电池寿命	12h
接收机	
无线电信号接收	模拟
天线	便携式和内置式
充电电池	可连续使用 12h
12V 车载电源充电装置	有
12V 市电充电适配器	有
发射机	
放大频率范围	0～5 000 Hz
水中听音器/加速传感器	均可配置
电池寿命	8h
LED 显示	显示开/关/充电/信号发送
输出功率	500mW
频率	407～490 MHz 内多种频率
信号值指示、电池电压显示	有
电池类型	充电电池

7）排水管道检测水下声纳测绘系统 SPC300

排水管道检测水下声纳测绘系统 SPC300 见图 4-54。

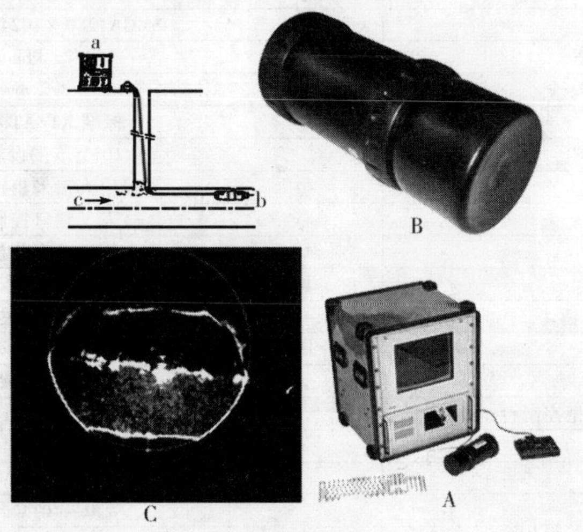

图 4-54　声纳测绘系统 SPC300

注：图中 A 是 a 处的放大图；B 是 b 处的放大图；C 是 c 处的放大图。

(1)性能特点

①能够清楚地扫描管道内部轮廓的变形和破裂以及沉积物的整体形状。

②可对长度在1 200m范围内,直径400~5 000mm的管道内部轮廓进行绘制。

③声纳图像可同步清晰地传送到地面上的彩色PC监控器上(图4-54),并通过软件处理声纳提供的图像,计算下水道中沉积物的数量。

④声纳可与摄像机、各种环境传感器相结合,对结构进行全面的检查。声纳可顺流前进,或在牵引电缆、牵引车的牵引下前进。

(2)技术参数

声纳探头及控制单元的技术参数见表4-21、表4-22。

声纳探头技术参数 表4-21

工作频率	1.6~2.1MHz
波束覆盖范围	1.5°~2.4°圆锥形扩展
范围	30mm~30m可调节
分辨率	5mm
脉冲长度	20~300脉冲
系统带宽	12kHz
扫描方式	速度和分辨率相结合
机械档位规格	0.45°、0.90°、1.35°、1.80°
机械分辨率	0.45°
扫描扇区	360°转换 连续360°模式/扇区分支模式
工作深度	1 000m
标准的连接器	防水
工作温度	-10~35℃
储存温度	-20~50℃
电源	18~36V直流电、6A电流
数据连接率	154.25kbaud

控制单元技术参数 表4-22

微机处理	奔腾133
工作系统	Microsoft Windows 95
显示器	SVGA1280×1024×256
数据连接率	154.25 kbaud
线性驱动	>2.2 m
键盘	标准XT/AT型
范围选择	10个范围设置
截取图片	采用人工采集控制
端口	人工端口控制
动态量程	由使用者充分控制
扫描范围	360°变化
球形控制手柄	目标范围和相关数据
功能键	图像提示的LED背景灯(液晶显示图像引导菜单模式)
软盘驱动	硬盘或3.5″软盘
抗震/防水的集装型控制台	长580 mm,宽500 mm,高474 mm
质量	25 kg
交流电压	220V、250W
工作温度	0~40 ℃
储存温度	-20~50 ℃
附件	多种储存设备

4.3 管道水力学测量

要正确合理地解决管道水力学问题,需全面详尽地了解管道的实际情况,收集相关的数据,最后才能作出科学的判断和评估。管道的水力学测量较为复杂,即使测定旱天和雨天两种天气状况下水的流量,同时考虑管道泄漏等因素,在很多情况下仍然无法准确得出下水管道的水力负载。雨水管、污水管和局部管网内实际的水流量与通过水力计算或流型数学模拟得出的水流量常有很大的偏差,因为在管线中有很多的情况都属于未知和不确定的,例如,管道渗漏会引以水流量的减小,若渗漏严重,则管流的变化会非常大。在某些情况下,不能采用计算值而只能采用实际的观测值。管流测量可以直接反应管内的水力负载状况。如果要对管线在旱天和雨天的渗漏(外渗和内渗)状况作一个全面评估计算,则首先应科学合理地对管线进行水力学测量,并得出计算中需要的相关数据。故管道水力学测量在管道渗漏评估和其他方面都起着极为重要的作用。

在充分了解管道水力学性能并获取充足数据的情况下,才可建立管道水流模型。以下几种情况,一般不考虑建立水流模型。

(1)在没有严重水力问题的管段,特别是只输送废水的污水管道系统。

(2)没有溢出污水的合流污水管道系统。

(3)存在管道结构性问题但可通过技术手段解决的污水管道,并且该问题不会影响管道系统的水力学性能。

目前,可以通过计算机模拟来建立现场的管流模型。建立某个区段的水流模型时,应统一模型中所用到的一些基本参数,如果不能确定,应在现场进行测量核实。现场测量核实还可以及时消除建立模型时的错误,并及时修正模型中不恰当的地方。此外还应注意一点,即计算数据若未经过现场探测核实,不宜进行修正。

通过一定的技术手段对地下管道进行水力学测量,直接目的是为了评估并计算管道以下几个方面的实际状况。

(1)管道的水力动态变化(旱田和雨天径流情况下的水力学性能)。

(2)管道外渗。

(3)由于管道密封不严或管线连接错误而导致外部水流大量涌入管内。

以上数据确定之后,可作为该管段下水管道系统水力模型的基本参数。

4.3.1 管道水力测量的前期规划

管道水力测量的前期规划是一个较为重要的环节,需要具备水文测量方面深厚的专业知识以及丰富的工程经验,除此之外,还必须能够根据测量现场的实际情况,对测量内容和测量方法进行相应的改变,以满足水力学测量的相关要求。早期专业厂家制作的许多水力学测量仪器都比较轻便,而且承诺其产品针对各种水力学问题都可以使用。事实上,在过去几年中,便携测量仪已经得到了很大的发展,其设计理念与早期的也有很大的不同,因而,在理想情况下,现在使用的测量仪可以得出很精确的结果。但是,通常来讲,管线测量中的实际情况会与理想的测量情况有或多或少的偏差,而且现场的工作环境较为恶劣,与仪器在实验室研制时的工作环境非常不同。此外,测量者测量时可能马虎大意,对操作时常出现的错误重视不够,在这种情况下,最后得出的测量结果可能不够准确。

对管道水力学测量来讲,工程技术人员应具备良好的专业素质,可以合理科学地使用测量仪器。仪器生产厂家提供的解决方案范围较窄,测量人员应在最短的时间内,以尽可能低的成本,得到准确的数据。正常情况下,测量结果会有误差,因而,我们应在作测量计划时,充分考虑系统误差对测量结果的影响,在前期就尽可能地减少该类误差,并充分利用测量仪器的特点,尽可能确保结果的准确。

在编制测量计划时,应注意以下几点。

(1)需要解决的管道水力学问题以及管流测量的目的。

(2)测量现场的管道水力特性。

(3)测量时间。

(4)测量过程的持续时间。

明确了以上几点之后,就可以选择合适的测量方法和相应的测量仪器,做好测量的前期准备工作。

4.3.2 测量方法

在下水(污水)管道中,很少通过直接测量得出该管段的管流量。一般可以通过间接计算得出通过特定管截面的流量。如果测量的是重力流明渠的水流量,在已知其具体尺寸的情况下,只需知道两个参数:水深 h 和平均流速 v,通过公式(4-12)可以估算出明渠的流量。

$$Q = v \cdot A \tag{4-12}$$

式中:Q——流量;m^3/s;

v——平均流速;m/s;

A——过水面积;m^2。

除以上方法外,还可通过直接测量流体体积来计算流量,还可以使用指示剂法,测定出该指示剂在水体中的浓度即可算出管流量。

采用何种方式来测定管流量,一般需考虑以下几个方面。

(1)管流的大小范围(Q_{min} 和 Q_{max})。

(2)测量持续的时间。

(3)测量的精度要求。

(4)场地条件(测量场区情况,明渠尺寸以及管渠的形状)。

(5)流体(污水)的化学、物理性质。

(6)操作安全与易维护性。

(7)成本等。

下文的叙述主要从实用性出发,详细介绍管流测量的常用方法。

1)公式计算

计算管流量有一个经验公式,计算过程非常简单但是精度较差,即通过流体中心的速度(中位速度)来计算管流量。在公式中,下水道管壁对流体产生的摩擦阻力可通过摩擦系数来表示,可选取曼宁公式作为管流量计算公式。

$$v = K \cdot I^{1/2} \cdot R_h^{2/3} \tag{4-13}$$

式中:K——管壁的摩擦阻力系数,$m^{1/3}s^{-1}$;

I——能量线梯度;

R_h——水力半径。

能量线梯度等同于管道内底的坡度,在计算明渠流量时,水深是式中唯一的变量值,水力半径可以由水深决定,而摩擦系数可以直接查表或取经验值。

在该方法中,粗糙管壁引起的流体阻力是不变的。但在实际情况中,受管壁腐蚀以及水垢影响,粗糙度并不是一个常数。另外,K 值是通过查表及经验而得出的,因而有较大的不确定性,结果导致计算结果与实际偏差较大。

2)容量测量法

容量测定法常用于测量流量很小的管流量,或用于测量校核。该法使用了倾斜流量计,步骤简单,操作过程规范。如图 4-55 所示,由两个空腔组成的容器可以绕 A 轴自由转动,当流体充满其中一个分腔后,就会绕 A 轴向另一方倾斜液体流出,并激发计数装置,记录倾倒的次数,则结合测量时间可计算出测量管段的管流量。

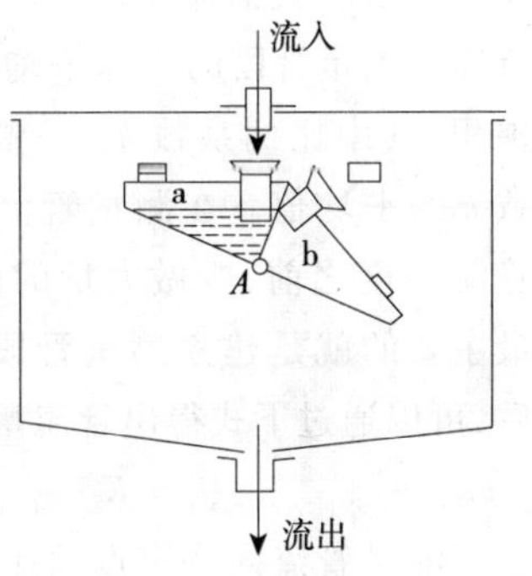

图 4-55 倾斜流量计

3)v/A 法

本书以下提及的几种测量流量的方法中(包括 v/A 法),都应预先知道两个变量值,即管道横截面积 A 和流体中心速度 v_m。对于已知其几何尺寸的明渠,其过水横截面面积可以通过测量水深等方法求出。而在测量水流中心速度时,需要使用其他的测量和专门的计算方法。

估测比例系数:

在环形管内,若过水流量占到管道满负荷运行的 1/4 ~ 1/3 时,则流体中心速度 v_m 同测出的管流最大速度 v_{max} 之间有一个等效折算关系。在理想状况下,k 的值可取 0.82。而在实际情况下,k 的具体数值是由测量中大量的流速传感器共同测定得出的,可达到 0.86。因此,我们可通过测定水的最大流速流层的水流速度,来粗略估算该管段的管流量。

测定明渠的水流量时,受紊流作用引起的次生流影响,最大流速层并非流体表层。在这种情况下,流速最大的流层位于水的自由面下,而其具体的位置则取决于明渠的几何形状(四边形还是环形)和管道的充盈度(图 4-56)。测量水深之后,即可通过式(4-14)得出流量值。

$$Q = k \cdot v_{max} \cdot A \tag{4-14}$$

要最终得到较为准确的管流量,必须保证前期测量结果的翔实和准确。测点选取距离管道直径 100 倍的上游管段,且应保证其绝对不受其他流体影响。在污水管道中,例如,300mm 的普通管径,上游段的长度需达到 30m,要保证 30m 的笔直污水管道以及该管段内无任何分管接口,在某些情况下难度较大。

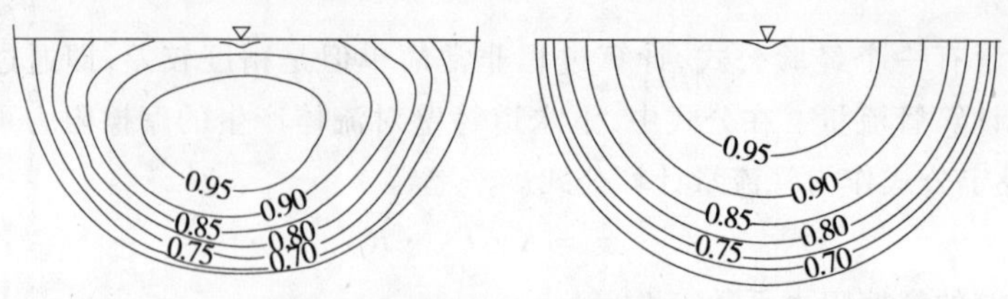

图 4-56　环形管中流体的流速分布图

4) SIMK 法

慕尼黑工业大学建立了一种管流模型,可以判定出大部分情况下明渠(包括自然形成的)中 k 因子以及管线中水流的充盈度以及管流量计算中所需要的中心流速值(单点测量到的最大流速并经过加权计算得出)。

综合考虑管道中次生流作用、比例系数的大小以及比例系数的影响范围,利用有限元模型进行计算,可以得出较为复杂的明渠管流断面(图 4-57)模拟图。

SIMK 法是测定管流量的一种基本方法,具体计算过程灵活简便,即管流量为管流内某点的流速或测量管段的流速平均值与比例系数 k_m 的乘积,其中比例系数 k_m 是整个测量管段比例系数 k 的平均值。在测量管流内某点的线速度和管流深度之前,应做大量的前期准备工作,其中最主要的就是建立测量管段的有限元模型。之后,可以通过下式得出管流量:

$$Q = K \cdot v_{max} \cdot A \tag{4-15}$$

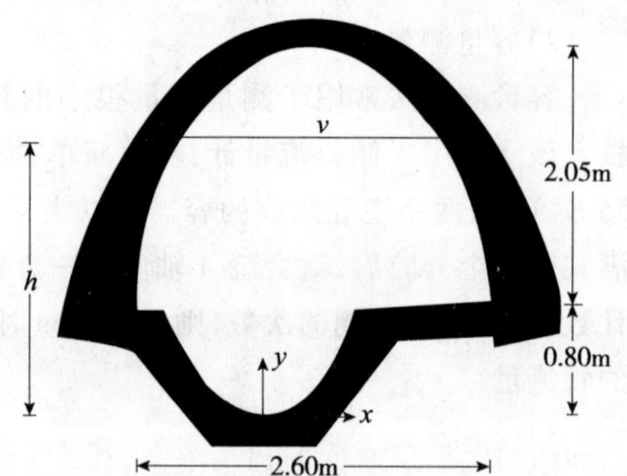

图 4-57　德国法兰克福市某污水管线横断面示意图

测量管流内选定点的速度时,其具体情况与评定比例系数 k 值的方法类似。若想得出较为准确的比例系数和管流量值,有一个非常重要的前提条件,即测量管段的流体未受到扰动的对称流体。德国规范规定,明渠测量点逆流方向的最小管线长(未受扰动)为渠宽的 20 倍,对于污水管线内测量点逆流方向的最小管长,目前没有具体的规定。但是,实际测定时,需要遵守一定的惯例规则,如管流深度需大于 10cm,若小于 10cm,则测量误差以及比例系数计算时的误差都比较大,导致最终的计算结果即管流量值不准确。

SIMK 最大的优点就是可以测量不规则断面形状的管流量值,而在同等条件下使用传统测量方法,则效果较差,精度无法保证。

5) 网格测量法

网格测量法是另一种不受管线横截面形状限制的管流测量法,使用该法进行测定时,需要确定两个值,即待测管段的管流深度和明渠的水流中心速度。为测定明渠的流速立面(分布)图,测量区域应根据实际的水力情况作一定的调整,之后在该区域内进行测量。对流体表面使用面积法或数值积分可得出水流中心速度,即矢量值水流速度与横截面的比值(图4-58)。

网格测量法常用于管流深度大于 15cm 的管段,同时对测量环境的要求较为严格,即在整个测量段内,必须保证管流运行正常且管流稳定。在横断面积较大的管段内,测量流体中心速度值持续的时间较长,例如,当管道横断面积为 $4m^2$ 时,测量时间为 1h。网格测量法结果准确

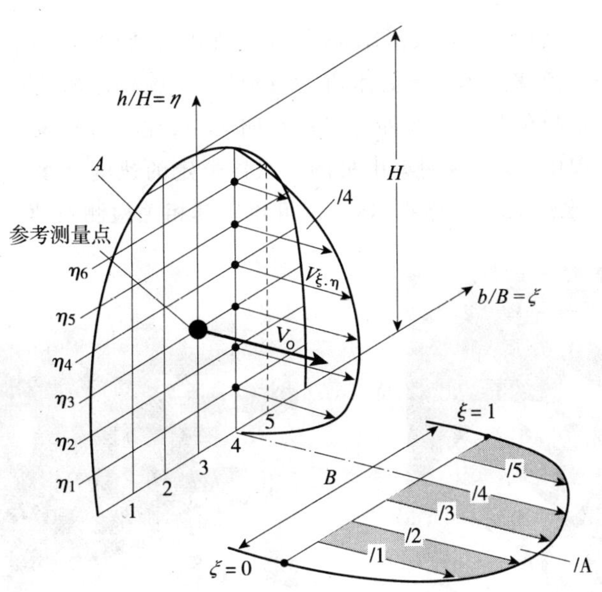

图 4-58　网格测量法原理示意

可靠，但测量和计算过程较为复杂，不适用于管流长期测量，一般用来校核其他方法的测量结果。

6）示踪（稀释）法

示踪法是通过测定流体中指示剂的浓度值，并通过相关的计算，得出管流值。已知浓度的示踪剂在管流测量点的逆流方向一定距离处投放，并保持均恒的投放速度，当示踪剂通过测量点时，测定该横断面的稀释浓度，其连续方程为

$$Q_{\text{tracer}} \cdot C_{\text{tracer}} = Q \cdot a_{\text{tracer}} \tag{4-16}$$

式中：Q_{tracer}——指示剂的投放量；

C_{tracer}——指示剂的投放浓度；

Q——污水的流量；

a_{tracer}——分析确定的污水中指示剂的行为参数。

通过连续性方程可以看出，只要检测出待测管段（点）污水中指示剂的浓度，即可直接计算得出管流量值。

一般来说，指示剂主要选用盐类、染色剂或放射剂等管道内本来不存在但是投放后可以检测出其痕量的物质。灵敏度最高的指示剂为荧光染色剂，受特定频率的光波激发，荧光染色剂可以发出极具特色的光线，易于识别。其中，投放的示踪物质不能与污水发生反应，否则会影响结果的准确性，为避免该种情况发生，测定前可以做相关的试验来判定所选指示剂是否合适。一般使用的荧光染色剂（如荧光素纳）常用于做水文地质实验，同时也是化妆品中常用的一种添加色素，由于荧光素纳可能会被污水中的某些颗粒吸收，故不适合做污水管道内的示踪剂，在实际测定中，常使用荧光素钠的衍生物若丹明（Rhodamin），即玫瑰精作为示踪剂，其效果优于荧光素钠。

指示剂用一个定量泵（图 4-59）连续地注入管段某处，该点位于测量点上游位置，距测量点的距离需依据现场实际情况、管流特性、指示剂的性能以及测量要求等因素来确定。为保证测量结果的准确性，示踪剂注入点应慎重选择，同时示踪剂应使用一定的方法使之均匀分

布在管道污水中。一般来说，为确保示踪剂均匀分散在管流中，注入口处的流体最好是紊流，如果不是，可以使用活塞缸体对该处水流进行加速，实施特定的扰动。扰动过程中，应绝对避免出现回水和管道超负荷运行两种情况。在明渠中，注入处距测量点的距离至少为10倍的渠宽。在测定过程中，浸没在明渠中央的水泵以恒定的速度泵水，该水流通过便携式荧光光谱仪（图4-60）的水流测定传感器，频谱仪可得出其相关检测数值。

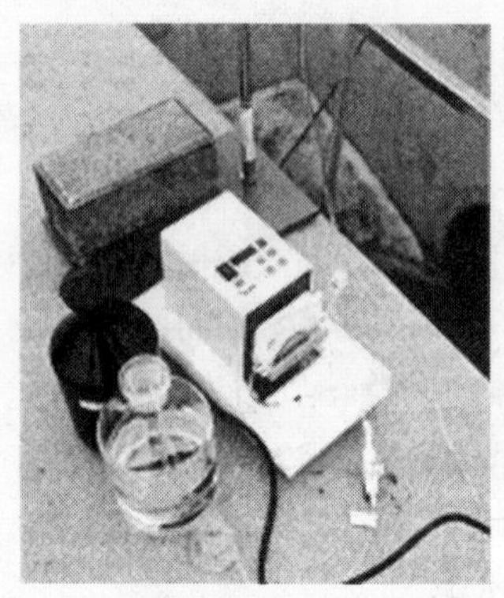
图4-59 注入示踪剂使用的定量泵

图4-60 测定指示剂浓度的光谱仪

测量得出的示踪剂浓度与流量成反比，即示踪剂的浓度越小，则该管段的管流量越大。与其他测定方法相比，该法简便易行，不需要考虑管道弯曲和其他因素的干扰，仅需知道污水中示踪剂的实际浓度即可。

示踪（稀释）法测量结果非常准确，目前，在市政污水管道方面已得到广泛的应用。同时，该法不仅可以测定普通污水管线的实际流量，也可以校核其他方法的测定结果以及确定污水处理厂各管道的管流量分布。此外，示踪法测定极小管流（如做管道外部水研究）时也可得出非常准确的结果。当选用其他方法测定管流量时，由于部分管段管流不稳定，不满足测定条件要求而最终测量失败，此时，可选用示踪法替代。

4.4 管道密封性能检测

污水管道应具有良好的密封性、耐久性和可靠性，目的是保证管道中排放的污水与地下水之间不发生互换，也有利于防止渗漏引起的管道破坏。对于管道运营商来讲，不仅仅需要对新建成或新修复的管线在结构物能承受的范围内做密封性能检测，同时也需要在运行期内对现有的污水管和雨水管做定期的密封检测。

1998年德国颁布规范ATV-M143之后，对本国建成后的管道密封性能定期检测做了严格的规定。与检测新管线的密封性能相比，对运行中的管线进行检测未受到相关部门和机构的重视,因而,1998 年前,没有一个定量检测的规范。通常,对管道内部情况用光学方法详细探查之后,可以了解管道存在的泄漏情况,该法不能代替管道的密封性能检测。

修复后的管段与新铺设的下水管线和污水管线所必须满足的性能要求是相同的,不会因为是修复管线,就降低其各项性能的要求标准。在做密封性能检测时,新铺设或正在运行的管道的密封性能与修复后的管道的密封性能,唯一的区别就是两者应用的密封检测标准不同。

目前,使用以下方法做密封检测:

(1)水压检测法。

(2)空压检测法。

(3)真空检测法。

根据欧洲标准 EN 1610,若对新铺设的管线做密封性能检测,优先选用空气压力法。只有当空压法测试的结果不确定时,才会选用水压检测法。空压法与水压法相比,水压法的结果更具有可信度,然而,空压法有其优越性,故我们应当针对该种状况,对空压法测试管道密封性的标准流程以及结果可信度等方面加大研究,若密封检测能完全采用空压法并取得可信度高的检测结果,则可以淘汰水压法。

管道密封性能检测对后期管道的正常使用来讲至关重要,同时,检测过程存在一定的危险性,故技术人员在进行作业时,应严格执行相关规定,不能大意。德国规范 EN 1610 针对污水管道的铺设和检测,有如下规定:

(1)该项目的施工人员和监理人员应进行相关的培训。

(2)甲方选定的承包商应对工程质量完全负责。

(3)建筑承包商应满足相应工程资质要求。

此外,德国规范 ATV-M 143 提到:管道密封性能检测中,应选用合乎要求的工程技术人员,由能熟练使用测量仪器的专业人员来完成检测过程,检测项目负责人应具有一年以上从事污水(下水)管道施工以及运行管理的经验,应具有管道材料方面的专业知识,同时,应具有该行业的相关资质证书。

1)管道密封性能检测的基本原理

在管道密封性能检测的各种方法中,不论是测量仪器的选取和操作、持续时间的测定,还是所需的水量的选取,都应确保测量过程中管道压力的稳定。测定过程中,允许有一定量的介质漏出。因此,管道密封性能的判定标准,即管道密封性能良好还是发生泄漏,主要依据就是测量介质在测定过程中的泄漏量的大小。

如果检测中允许使用多种测定介质,各具体材料必须有相应的判定标准。如果不考虑测量介质不同的影响,则即使测定结果相同,管道实际的密封性能也有可能是泄漏或良好两种。

2)管道密封性能检测法

以下介绍管道密封性能判定标准的计算公式。该公式有一个假定前提,即在管道泄漏测试中,漏失的介质都是通过测量管道环壁上的一点漏出(图 4-61)。

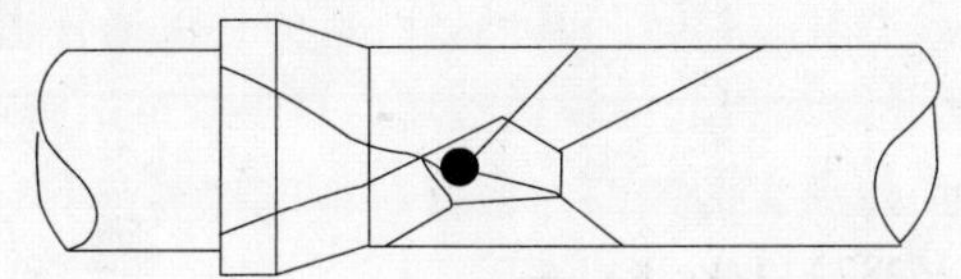

图 4-61 假定的在检测中管道的泄漏状况
注:管道裂纹泄漏等同替代为点泄漏

(1)水压检测法

水压检测法有通用的国际标准和规范,其原理为在测试管段注入水并保持恒定的水压力,其中,加水的主要目的是保证在管道在测试期间内达到所需的压力值。该原理的假定条件为测试过程中,压力降低完全是由泄漏引起的,该泄漏集中发生于管壁上的某处,相关的计算见式(4-17)和式(4-18)。

$$Q = A_L \cdot \alpha \cdot \sqrt{2 \cdot g \cdot h} \tag{4-17}$$

$$A_L = \frac{W \cdot A_{PR}}{1\,000 \cdot t_w \cdot \alpha \cdot \sqrt{2 \cdot g \cdot h}} \tag{4-18}$$

式中:Q——测试中水的溢出量,m^2/s;

A_L——泄漏区域的面积,m^2/s;

α——阻力系数;

g——重力加速度,m/s^2;

A_{PR}——测试区域内管壁的面积,m^2;

W——测试规范中允许的加水量,L/m^2;

h——静水压力值(水头),m;

d——管道直径,m;

l——测试管段的长度,m;

t_w——水压法测试规范中规定的测试时间,s。

(2)空压检测法

空压检测法是另一种测试管道密封性能的方法,其原理基于一个假定,即测试过程中,空气介质在限定的时间内从一点泄漏,压力的降低完全由泄漏引起。该假定与等熵流和绝热流的某些条件相关,即介质在流动过程中,没有摩阻力损失,同时,介质与周围管壁不发生热交换。

为推导得出管流速度、质量流量和溢出时间等参数值,首先应选择无损失、水平放置且与外界隔热的管线模型。开始测试之前,管内应加压,并达到测试所需的压力值。之后,立即关闭空压泵,空气介质从泄漏点溢出,管道的压力值逐渐下降。气体介质溢出的速度取决于管内压力和管外压力的比值,随着测试时间的增长,该比值会不断减小,同等时间内溢出的气体介质也会减少,因此,管内的压力降的速度减缓。

综合考虑空气介质在管内的流动状况,结合流体力学和热力学的基本方程,可以得出式(4-19),在给定泄漏区域面积及其他条件的情况下,该公式可计算出测试所需的时间。

$$t = \frac{V_{PR}}{\alpha \cdot A_L \sqrt{R \cdot T_{amb}\left(\frac{p_1 \cdot \mu}{p_2 + (\mu - 1) \cdot p_1}\right)} \cdot \sqrt{\frac{2 \cdot \mu}{\mu - 1}}} \cdot \int_{p_1}^{p_2} \frac{dp}{\sqrt{\left(\frac{p_{amb}}{p}\right)^{\frac{2}{\mu}} - \left(\frac{p_{amb}}{p}\right)^{\frac{\mu+1}{\mu}}}} [S] \tag{4-19}$$

式中:t——测试时间,s;

V_{PR}——测试容积,m^3;

A_L——泄漏区域面积,m^2;

R——单位气体恒量(=287),J/kg K;

T_{amb}——周围环境的温度,K;

μ——等熵指数,≈1.4;

α——阻力系数，该处 $\alpha = 1.0$；

p_1——测试初的压力，Pa；

p_2——测试结束时的压力，Pa；

p——测试中某时间的压力，Pa；

p_{amb}——周围环境的压力，Pa。

测试过程中，泄漏会使测试介质流失，同时造成能量损耗。损耗包括以下几个方面：

①管道内介质与管壁之间的摩擦阻力造成能量损耗，具体损耗值需依据管壁材料以及管道厚度来判定。

②管道横断面积减少。

③管道横断面积增大。

④泄漏口处的损耗。

以上损耗会改变阻力系数 α 的值，从而对测试时间产生影响。阻力系数在 0～1 之间，该值越小，管内的阻力越大，管流速度就会减小，最终的测试时间就越长。式(4-19)中的等熵指数是恒定压力下气体的比热容 c_p 与恒定体积气体的比热容 c_v 的比值，即 $\mu = c_p/c_v$。理想气体的比热容值是不变的，空气介质与之接近，可以取 1.4。

(3)真空检测法

真空检测法与空压检测法正好相反，前者是用真空泵抽吸管内空气，而后者是使用空压机往管内泵送空气。真空检测法的测试式(4-20)与空气检测法的相类似。

$$t = \frac{V_{PR}}{\alpha \cdot A_L \sqrt{R \cdot T_{amb}\left(\frac{p_1 \cdot \mu}{p_2 + (\mu - 1) \cdot p_1}\right) \cdot} \sqrt{\frac{2 \cdot \mu}{\mu - 1}}} \cdot \int_{p_1}^{p_2} \frac{dp}{\sqrt{\left(\frac{p_{amb}}{p}\right)^{\frac{\mu+1}{\mu}} - \left(\frac{p_{amb}}{p}\right)^{\frac{2}{\mu}}}} [S] \tag{4-20}$$

式中：t——测试时间，s；

V_{PR}——测试容积，m^3；

A_L——泄漏区域面积，m^2；

R——单位气体恒量(=287)，J/kg K；

T_{amb}——周围环境的温度，K；

μ——等熵指数，≈1.4；

α——阻力系数，该处 $\alpha = 1.0$；

p_1——测试初的压力，Pa；

p_2——测试结束时的压力，Pa；

p——测试中某时间的压力，Pa；

p_{amb}——周围环境的压力，Pa。

由于各种测试方法所使用的测试介质的物理性质不同，如空气压缩性很大，但是水的压缩性极小，故测试结果一般不直接比较。在管道密封性能检测中，泄漏区域面积 A_L 是一个较为重要的参数，根据该参数值可以配置不同的测试介质，对其性能进行一定的调整，从而使结果具有可比性。

空压检测法和真空检测法需预先给定初始压力和允许误差范围，为使水压检测法和空压检测法具有一定的可比性，可将式(4-18)代入式(4-19)和式(4-20)，得出式(4-21)和式(4-22)，则可得出以水为介质测试时的持续时间。如果管道用水压检测法和空压检测法做密封性能检测，且该情况下泄漏区域的面积相同，则最终的结果应趋于一致。

$$t = \frac{V_{\mathrm{PR}} \cdot 1\,000 \cdot \sqrt{2 \cdot g \cdot h} \cdot t_w}{W \cdot A_{\mathrm{PR}} \sqrt{R \cdot T_{\mathrm{amb}} \left(\frac{p_1 \cdot \mu}{p_2 + (\mu - 1) \cdot p_1} \right)} \cdot \sqrt{\frac{2 \cdot \mu}{\mu - 1}}} \cdot \int_{p_1}^{p_2} \frac{\mathrm{d}p}{\sqrt{\left(\frac{p_{\mathrm{amb}}}{p} \right)^{\frac{\mu+1}{\mu}} - \left(\frac{p_{\mathrm{amb}}}{p} \right)^{\frac{2}{\mu}}}} [S] \quad (4\text{-}21)$$

$$t = \frac{V_{\mathrm{PR}} \cdot 1\,000 \cdot \sqrt{2 \cdot g \cdot h} \cdot t_w}{W \cdot A_{\mathrm{PR}} \sqrt{R \cdot T_{\mathrm{amb}} \left(\frac{p_1 \cdot \mu}{p_2 + (\mu - 1) \cdot p_1} \right)} \cdot \sqrt{\frac{2 \cdot \mu}{\mu - 1}}} \cdot \int_{p_1}^{p_2} \frac{\mathrm{d}p}{\sqrt{\left(\frac{p_{\mathrm{amb}}}{p} \right)^{\frac{2}{\mu}} - \left(\frac{p_{\mathrm{amb}}}{p} \right)^{\frac{\mu+1}{\mu}}}} [S] \quad (4\text{-}22)$$

4.5 地下管道状况分类及评价

经过管内部件探查、管道水力学测量以及管道密封性能检测等步骤之后，可以得出较为明确的管道破坏状况，同时，专业人员应针对该状况分析出引起破坏的各种原因。为了规范并科学地解决管道中存在的各种问题，需要对管道状况作一个分类和评价，并结合城市的管道规划和相关法律制定出地下管道的修复时间次序表。城市地下管道状况的分类和评价是一个系统工作，需要考虑许多方面的因素，不同的评价系统侧重点不同。本节重点介绍德国规范 ATV-M149 中所述的评价模型和 KAPRI 评价系统。

4.5.1 管线状况分类及评价的相关要求

德国规范 ATV-M 149 中所述的地下管道的状况分类及评价方法，综合考虑了 ATV-M 149 中关于管道水力和结构性能的测试方法，完全符合欧洲标准 EN 752-5。该分类标准使用已知的评价标准，通过常规计算，得出了独立于所使用的评价模型且具有可比性的评价结果。

4.5.1.1 地下管线状况分类

管线状况分类中的管线是一个广义的概念，包括了污水管线，人工检修孔以及下水管和排水沟的建筑结构部分。基于排水系统的实际使用状况和实测情况，得出了地下管线状况分类。

管线状况分类还需结合管线系统的规格以及德国规范 ATV-M 中的相关要求，主要有以下评价标准要求：

(1)管道破坏形式(实际状况)。

(2)破坏的影响范围及破坏发展趋势。

以上两者的测定可在一个工作计划内完成。

如要对管线状况进行分类，首先应根据德国规范 ATV-M143E 中的相关准则对管线中具体点的破坏形式作一个针对性的判断。如果对某些管线的状况较难作出判断，则必须对管线内具体的破坏点的状况作分类。管线内部具体位置(点)的状况分类标准出台之后，对人工检修孔、污水管段以及管线的建筑结构部分的评价较往常更加严格。在评价中,应遵循以下几点评判准则。

(1)找出管线内破坏最严重的管线点。

(2)破坏发生的频数以及扩散的范围大小。

(3)具体破坏点的纵向扩展范围。

具体的评定法则还需结合现场的实际情况,在某些情况下,可适当增加评定条款。在管道分类时,发现以下状况之后,需考虑对之进行处理或修复。

(1)管内有故障的部件干扰了待评价单元的正常运转。

(2)各种原因引起的管道建筑结构部分的损坏,如离该管线较远的集水区内的排水沟和污水管发生泄漏,邻近矿区发生透水。

(3)溢出的污水引起了地下水质的劣化。

(4)管道结构出现损坏,受其影响,待评价的管内单元可能因管壁发生坍塌而破坏。有以下几种情况:

①携带有侵蚀剂(来自土体中)的地下水侵入管内。

②在下水管线周边区域发现空穴。

③城市下水管道上部的街道发生坍塌。

④对管线工作人员有较大危险的操作区域。

4.5.1.2 地下管线状况评价

在评价管道状况时,需考虑以下两点。

(1)评价管道水力学性能时,由于管道内水压力对管道泄漏的影响非常大,故因沉积物沉积在管底而必须充分抬高实际水位的高度。如果没有现成的数据,则需要进行管道水力计算得出所需值。此外,不同时期管道系统的承压能力有所不同。

(2)测定管道泄漏的污水量。除判定管道破坏对土壤和地下水的不利影响外,还可用于管道状况评价。其中,污水的化学性质是最重要的判定依据。一般情况下,可以通过间接方法得知污水水质,若由于其他原因无法准确得出该数据,则可以参考排放污水源的具体参数值。

德国标准 EN 752-5 中,列举了判断管道水力性能、管道的环保性能以及管道建筑结构部分实际状况的评定标准,包括以下内容:

(1)管线所处的街道以及交通地段。

(2)管道埋深。

(3)管线具体位置。

(4)地下结构以及土壤的性质。

(5)污水管和排水沟系统。

(6)管道设计。

(7)管道寿命。

(8)管道的几何形状及其尺寸。

(9)该管段在整个污水系统中的重要程度。

(10)污水管线与集水区的位置关系。

4.5.1.3 管道修复时间次序表

通过前期的管道状况分类以及评价之后,可以得出管道修复次序的列表。该表限定了管道修复的时间间隔以及修复内容,不仅仅可以节省管道系统的经济成本,还可用来制定管道系统维护的具体计划。此外,在管道状况评价的基础上,可以判定管道可能出现的破坏并进行预防,这样,就可以避免发生破坏后支付较高的维修费用。正常情况下,可以按时间表规定的时间段来进行管道修复,但实际情况复杂多变,若发生特殊情况,还需考虑以下几个方面。

(1)公路交通部门、市政单位以及其他系统对于管道维护(修复)周期的特殊要求。

(2)管道出现了水力和环境方面的灾难性的破坏问题。

(3)对比不同状况的管段得出较为综合的结论。

(4)交通状况。

(5)管线系统在结构上的改进。

(6)管道的关闭措施。

4.5.2 地下管线状况分类及评价模型

当前,对地下管道进行总的科学的分类和评价是一项重要的工作,对城市管线的管理以及维修更新都有较为重要的意义。参照德国对地下管线的分类及评价标准以及国内实际情况,建立了地下管线状况分类表。该表主要针对当前管道的破坏状况以及其发展趋势进行判定,并且使用了国际上使用的分类标准,故其得出与市政部门原先制定的维修更新计划有所不同。管线状况分类及评价涉及管道维修计划的定制以及管线维修预算的花费情况。故应力求准确,必须对管道进行详尽的前提调查之后才能进行判断,同时,要对调查结果作一定的抽样核实,以确保结果的准确可靠。各种评价模型中的管道分类都基于经验假设。

提出该分类方法的目的在于完善目前的管道分类体系,对管道变形、内部腐蚀以及其他形式的管道破坏的评价都有相应的介绍。目前,德国正在作相关研究,试图建立当前运行管道剩余寿命的通用评价模型,其目的是尽可能地减少管道修复和更新的费用,对污水管线和排水系统中可能发生或已经发生的较大的破坏进行预防性处理。市政部门目前使用的以失效(破坏)时限为主要考虑因素的管道修复次序表中,对管道可能发生的重大破坏有相应的描述,对新的评估模型起补充作用。地下管线各种评估模型建立的目的不同,评价的具体方向也不相同,有维修时间评价、管道重大险情评价以及管道寿命评价以及状况分类评价等,以上几种模型提供的信息不同,在作最终判定时,应综合考虑,以最大化地减少维护成本,增加社会效益。

目前所使用的状况分类评估模型只能对具体点或局部管段的破坏以及点状破坏引起的污水外渗和地下水内渗作出评价。对管道进行渗漏防护处理之后,管道运行良好,对管道系统、管道使用者以及市政管理部门来讲,很有好处。但是,还需考虑一个问题,即管水外渗或地下水内渗可能已经改变了周围的水文地质环境,很多结构建筑或其他设施已经在这种地质条件下修建,突然性的渗漏可能会引起较多的问题,如建筑物沉降、植被生长条件变差等,渗漏引起的不良后果可大可小,取决于渗漏的影响范围、严重程度以及管线周围的实际情况。例如,某处地下水向该处的排水管道和污水管道中大量漏失,附近区域的地下水位下降,市政部门对该漏失处维修之后,管道正常运行,泄漏终止。此时附近区域的地下水位会迅速升高,导致土体性状发生改变,最终对该管段邻近的管段和上部建筑物造成了破坏。对植被的破坏主要取决于植物根部土体含水率的变化情况。下文对德国规范 ATV 中的地下管线分类及评价模型 KAPPI 评价系统进行简要介绍。

4.5.2.1 德国 ATV-M 149 所述的评价模型

德国规范 ATV-M149 中介绍了地下管线分类与评价的具体步骤,通过对现场管线破坏类型及破坏范围的分析,并结合 ATV-M149 的评价标准,可以制定出城市地下管线的修复时间次序表。该评定标准严格遵守相关的标准和法规,评价结果准确可靠。在获取污水管线以及排水沟的具体运行状况和破坏情况之后,即可初步判断出该管段可能发生的破坏形式、程度以及时间。

1)管线状况分类

根据德国规范 ATV-M 143E 对管道破坏状况的分类,并结合管道实际的破坏情况,可初步得出当前管道的状况分类。由于该分类的主要依据是管道的破坏情况,没有考虑其他因素,故仅为管道破坏状况的初步定级。德国规范将管道的破坏状况分为 5 个等级,即从 0 到 4 级。0 级状况最差,需立即修复,4 级情况较轻。管道状况分类旨在给市政部门(管道运营商)提供一个清晰准确的管道破坏信息,使之对地下管线进行科学管理并适时维修,减少盲目修缮的费用,提高整体的经济效益和社会效益。表 4-23 列出了部分 0 级的管道状况。对级别定为 0 级的管道应予以充分重视,并慎重制定维修计划。一般来说,管道的建筑结构部分有缺陷或管道的运行出现问题,根据其严重程度和影响范围可定为 1 级、2 级或 3 级。1 级表示管线管道受损严重,4 级表示管道内未被检测出有破坏或有破坏但很轻微。管道状况的分类级别以及其具体内容见表 4-24。该表列出了管道的各种状况并且定量给出了各级别的具体特征。若对某管段进行级别分类,则主要看该管段破坏最严重的部位,也就是说,管段的状况级别由管内最严重的破坏点决定。德国 ATV-M 149 中的分级标准还有一个特点,即将管道状况的每种级别细分为 100 分,从 1 到 4 级共有 400 分(见表 4-25),工程师初步定级后,再根据管段破坏点的密集程度以及破坏点的位置和大小,进行评分。管线状况分类见表 4-26。

0 级的管道状况 表 4-23

管线破坏状况	具 体 描 述
明显泄漏	有 3 处以上携带泥沙的管流渗漏
管流阻塞(管内沉积、凸出物、硬垢)	阻塞面积超过管道横截面积的 50%
管流阻塞(树根、水锈)	阻塞面积超过管道横截面积的 30%
柔性管变形	变形量超过 40%
管道裂纹	平均裂纹宽度大于 10mm
管道破裂	超过 50mm
建筑结构部分损坏、缺失	砖块大面积掉落
腐蚀	大面积的管壁被蚀穿

地下管线状况级别——分数对应表 表 4-24

管线状况类别	对 应 分 数
1 级	301 ~ 400
2 级	201 ~ 300
3 级	101 ~ 200

污水外漏状况—管线状况级别的对应关系表 表 4-25

739 ~ 907	1 级
570 ~ 738	2 级
401 ~ 569	3 级

管线状况分类表 表 4-26

状况类型		状况说明	管线状况级别				
			0 级	1 级	2 级	3 级	4 级
			现象描述	现象描述	现象描述	现象描述	现象描述
1. 支管损坏	AD	支管阻塞	全部	—	—	—	—
	AN	未正确安装	待定	待定	待定	待定	待定
	AP	树根进入支管	$x \geq 30\%$	$20\% \leq x < 30\%$	$10\% \leq x < 20\%$	$5\% \leq x < 10\%$	$x < 5\%$
	AR	支管裂纹	$x \geq 10mm$	$5mm \leq x < 10mm$	$2mm \leq x < 5mm$	$0.5mm \leq x < 2mm$	$x < 0.5mm$
2. 管道破裂	BA	检修井壁掉块	$x \geq 25cm^2$	$x < 25cm^2$	—	—	—
	BC	接头区域掉块	$x \geq 25cm^2$	$x < 25cm^2$	—	—	—
	BS	管壁碎片	$x \geq 25cm^2$	$x < 25cm^2$	—	—	—
	BT	坍塌	立即修复	—	—	—	—
	BW	管壁开孔、缺失	$x \geq 25cm^2$	$x < 25cm^2$	—	—	—
3. 腐蚀	C -	内壁腐蚀	—	13、33	12、22、32	11、21	—
	CC	管接头腐蚀	—	13、33	12、22、32	11、21	—
	CK	砖块腐蚀	—	全部	—	—	—
	CM	接缝砂浆腐蚀	—	33	32	—	—
4. 柔性管道变形	D -	管道变形	$40\% \leq x$	$20\% \leq x < 40\%$	$10\% \leq x < 20\%$	$6\% < x > 10\%$	$x \leq 6\%$
5. 接头失效	F		—	废水污染地表水，可见废渣	地表水涌入污水管内	—	—
6. 管道阻塞	H -	全管阻塞	$x \geq 50\%$	$35\% \leq x < 50\%$	$20\% \leq x < 35\%$	$5\% \leq x < 20\%$	$x < 5\%$
	HDG	碎石沉积	CLR	CLR	CLR	CLR	CLR
	HDS	砂粒沉积	CLR	CLR	CLR	CLR	CLR
	HE	管内凸出物	$x \geq 50\%$	$35\% \leq x < 50\%$	$20\% \leq x < 35\%$	$5\% \leq x < 20\%$	$x < 5\%$
	HF	硬沉淀物	$x \geq 50\%$	$35\% \leq x < 50\%$	$20\% \leq x < 35\%$	$5\% \leq x < 20\%$	$x < 5\%$
	HG	密封圈凸出	—	全部	—	—	—
	HI	水垢、水锈	$x \geq 30\%$	$20\% \leq x < 30\%$	$10\% \leq x < 20\%$	$5\% \leq x < 10\%$	$x < 5\%$
	HK	砖块凸出	—	—	全部	—	—
	HM	密封介质脱落	$x \geq 50\%$	$35\% \leq x < 50\%$	$20\% \leq x < 35\%$	$5\% \leq x < 20\%$	$x < 5\%$
	HP	管内树根	$x \geq 30\%$	$20\% \leq x < 30\%$	$10\% \leq x < 20\%$	$5\% \leq x < 10\%$	—
	HS	管壁壁块凸出	—	全部	—	—	—
	H	管内横穿管线	—	全部	—	—	—
7. 修复不当	KN		待定	待定	待定	待定	待定
8. 管位偏移	LB	管道弯曲、拱起	—	—	—	—	—
	LH	横向偏移	$x \geq 15\%$ v. ¢	$x \geq 100\%$ v. d_s *	$75\% \leq x <$ 100% v. d_s *	$25\% \leq x <$ 75% v. d_s *	$x < 25\%$ v. d_s *
	LL	轴向偏移	$x \geq 15cm$	$10cm \leq x < 15cm$	$5cm \leq x < 10cm$	$2cm \leq x < 5cm$	$x < 2cm$
	LV	垂向偏移	$x \geq 15\%$ v. ¢	$x \geq 100\%$ v. d_s *	$75\% \leq x <$ 100% v. d_s *	$25\% \leq x <$ 75% v. d_s *	$x < 25\%$ v. d_s *

续上表

状况类型		状况说明	管线状况级别				
			0 级	1 级	2 级	3 级	4 级
			现象描述	现象描述	现象描述	现象描述	现象描述
9. 裂纹	RC	接头处裂纹	$x \geq 10$cm	5mm $\leq x <$ 10mm	2mm $\leq x <$ 5mm	0.5mm $\leq x <$ 2mm	$x <$ 0.5mm
	RL	纵向裂纹	$x \geq 10$cm	5mm $\leq x <$ 10mm	2mm $\leq x <$ 5mm	0.5mm $\leq x <$ 2mm	$x <$ 0.5mm
	RQ	环周裂纹	$x \geq 10$cm	5mm $\leq x <$ 10mm	2mm $\leq x <$ 5mm	0.5mm $\leq x <$ 2mm	$x <$ 0.5mm
	RS	碎片裂纹	对比	对比	对比	对比	对比
	RX	点源裂纹	对比	对比	对比	对比	对比
10. 接管破坏	SD	接管阻塞	全部	—	—	—	—
	SE	接管零件凸出	$x \geq 50\%$	$35\% \leq x < 50\%$	$20\% \leq x < 35\%$	$5\% \leq x < 20\%$	$x < 5\%$
	SN	安装不当	待定	待定	待定	待定	待定
	SO	接管向外凸出	参照	参照	参照	—	—
	SP	树根进入接管	$x \geq 30\%$	$20\% \leq x < 30\%$	$10\% \leq x < 20\%$	$5\% \leq x < 10\%$	$x < 5\%$
	SR	接管裂纹	$x \geq 10$mm	5mm $\leq x <$ 10mm	2mm $\leq x <$ 5mm	0.5mm $\leq x <$ 2mm	$x <$ 0.5mm
11. 缺漏部件	TK	砖块掉落	依据实际情况对比确定破坏的严重程度,再行确定				
12. 明显泄漏	UA	建筑接头泄漏	依据实际情况确定			—	—
	UC	管接头泄漏				—	—
	UW	管壁泄漏				—	—
13. 机械力磨损	V –	整体磨损	—	13、33	12、22、32	11、21	—
	VC	管接头磨损	—	33、33	12、22、32	11、21	—
其他破坏	W–G	大量水涌入管内	全部	—	—	—	—

注:1.“CLR”表示在探测管内状况前,必须先清洗管道,清除沉积物。
2.“全部”表示发生此种类型的破坏,可以立即确定管道状况级别,即只有一种级别可选。
3.“待定”表示管线状况级别需结合其他状况信息综合确定;对比表示该种破坏应与该类型的其他破坏形式对比,最终确定状况级别,如管壁发生裂纹破坏时,点源裂纹应与纵向裂纹等对比后比较破坏的严重程度,最终确定管道状况级别。
4.“参照“表示依据经验值或已有的规范说明来进行状况级别的判断。
5.“状况类型”一栏中的状况分类以及分类代码源于德国规范 ATV-M 143E,该表主要参照德国规范 ATV-A 149。
6. x 在不同的栏目内,其含义不同,可表示长度,面积等,出现 x 的地方,都表示该值为测量/估计值。
7.“现象描述”下方一栏特指管道泄漏,表示随该种破坏可能引发的管道泄漏的严重程度,可结合具体破坏形式综合判定管道状况级别。具体含义为:M-水中明显含较多的沙粒且大量泄漏或沙土大量涌入管内,E-可观察到的普通渗水,A-可观察到的普通漏水,B-可观察到污水中含少量沙粒,F-可观察到的管外潮湿。
8.“—”表示未作定义。
9. 部分数字的含义:11-管壁磨损后可明显看见骨料,12-管壁骨料凸出,13-骨料被剥离管壁,21-钢筋等加强结构出露,已经被腐蚀,22-钢筋等加强结构脱落、凸出,32-接缝砂浆部分脱落,33-接缝砂浆全部脱落,43-砖块掉落。
* 表示污水支管管壁的厚度。

2)管道状况评价

城市污水管线、人工检修孔以及下水管和排水沟的建筑结构部分发生破坏或阻塞之后,可能会破坏周围环境。因此,对可能发生破坏的管线区域,应进行有针对性的保护。管线的破坏类型不同,采取的防护措施也不同。对于具体的某段管道,管道破坏对管道防护产生的作用和影响以及发展趋势是一个未知数,目前还没有该方面较为成熟的研究成果,但是,综合考虑管道的水力状况以及污水的化学性质等因素,可初步判定管线可能对环境造成的不利影响。

管内沉积对污水泄漏影响很大,故管线阻塞的高度可用来判定管线的渗漏量的大小。德国规范中,对管道水力状况的评价因子 H(Evaluation Factors H)作以下分类。

***H* 为 1.0 时:**

计算证明管线内今后会发生阻塞;

计算发现有阻塞,但未证明。

H 为 1.1 时:

由于管线运行强度增大,计算证明管道一定会出现阻塞。

H 为 1.2 时:

计算证明管道内出现阻塞。

H 为 1.3 时:

已发现管内有阻塞或溢出(附近区域地表发现污水或污水废渣);管内流体溢出。

对污水性质的定级较为简便,主要参照源头处排放的污水的性质,同时结合管线实际情况以及成本控制,对管线污水做适量的取样分析。以下是对污水性质评价因子 Q 的级别分类。

Q 为 1.0 时:

污水管中的污水较为洁净,对环境污染小,仅携带极少量污水,如地表水或居民区排放的较为洁净的废水。

Q 为 1.1 时:

管内污水主要为生活废水和交通较为繁忙的街道以及受污染路面的排水。

Q 为 1.2 时:

污水管中的废水含有少量工业废水以及各种可能产生污水的企业单位排放的受污染水,所有的排放均符合环保法规,在允许的排放范围之内。

Q 为 1.3 时:

污水管中的废水含有大量工业废水以及各种可能产生污水的企业单位排放的受污染水,所有的排放均符合环保法规,在允许的排放范围之内。

$$BP = ZP + 100 \cdot Q \cdot H + 200 + 69 \cdot \left[\mathrm{INT}\frac{(ZP - 1)}{100} - 1 \right] \tag{4-23}$$

式中:BP——评价分值;

ZP——状况分值;

Q——废水性质评价因子;

H——水力性能评价因子;

INT——取整函数,去小数点后的数值,例如 INT(2.9) =2。

以上各种因子仅用于评定污水外漏,不适用于地下水内渗和其他情况,在实际应用时应当注意。由于该评价模型只考虑了管线结构部分的实际状况,具有一定的局限性,故最终得出的防护方案只涉及地下管线设施得保养、维护以及地下管线设施的稳定性等方面。地下水内渗的评价思路与方法与此模型相似,只需将部分影响因子作相应的调整即可。

3)评价数值

在生活或其他用水的集水区域的污水管道若发生污水泄漏,则会对居民生活以及自来水公司的后期水处理造成不利影响。同时,城市用水的主要集水区域都会有严格的法规保护,在该区域发生的污水泄漏都会引起相当的重视。一般来说,集水区域地下水会被经常性地进行检测和监测。一旦发现水质受污染或水质变差,首先会考虑到该区域的某些污水管道发生泄漏,核实之后,应在最短的时间内对管道进行修复,以避免造成较大的损失。故一般来说,城市用水集水区域的污水管道材料和铺设质量要求都较高。

污水泄漏会对环境造成污染,结合具体的现场实例和目前的经验水平,我们可以得出以下几点：

(1)管道发生污水泄漏的状况级别较高，一般为0级、1级、2级。

(2)破坏点位于管道水以下，检测较为困难。

(3)污水泄漏若发生在孔隙度较大且吸水能力较差的土体(砂砾和砂)中，产生的不利影响较黏土(种植区域)中的小。

4)地下水内渗

排水沟和污水管线系统位于地下水位以下，若管线发生破损，则地下水可能会渗入管内。

5)管道运行

排水沟和污水管道系统的作用是运送排放各种类型的污水，确保城市的正常运转。可以设想，若排水沟和污水管道设计不合理或发生大规模的泄漏，该城市的环境质量和居民的生活质量无法保证，在较为严重的情况下，城市将瘫痪。故城市污水管道应定期清除管内树根，清理沉积物、水垢和水锈，以确保其运行良好，并降低管道发生破坏的概率。

管道位于不同的区域，则其评价的标准也不同。同时，影响评价的因素有很多，例如管线周围土体的类型、污水水位同地下水位之间的关系等，在作评价时都应综合考虑。依据相关的法律规定以及污水管线的类型、管线的状况级别，并结合以上因素，我们可以得出最终的管道评估数值。表4-27为管道状况级别因子的取值范围，表4-28为管线类型因子的取值范围，表4-29为规范或法律保护的管道权益因子取值范围。管道的最终评估数值可由式(4-24)得出。

$$BZ = \mathrm{ZK_f} \cdot 10^5 + \mathrm{KA_f} \cdot 10^4 + \mathrm{SR_f} \cdot 10^3 + BP \tag{4-24}$$

式中：BZ——最终评估数值；

$\mathrm{ZK_f}$——管道状况级别因子；

$\mathrm{KA_f}$——管线类型因子；

$\mathrm{SR_f}$——规范或法律保护的管道权益因子；

BP——评估分数(若没有相关的 BP 值，可用管道状况分数 CP 替代)。

管道状况级别因子取值范围 表4-27

管道状况级别	$\mathrm{ZK_f}$
1	2
2	3
3	1

管线类型因子取值范围 表4-28

管线类型	$\mathrm{KA_f}$
废水管/雨污合流管	5
地表水排水管	2

规范或法律保护的管道权益因子取值范围 表4-29

管道权益因子	$\mathrm{SR_f}$
集水区域 Ⅲ a	5
集水区域 Ⅲ b	4
自取水水域	3
其余外漏情况	2
地下水内渗	1
管道运行	0

6）二次定级分类

如果对管道评价之后，准备指定相应的维修计划，则需要调整以上的评估，对管道维修（保护）的优先次序进行更改，具体包括以下几个方面：

（1）若排水沟仅汇集并运送生活区洁净的地表水，则维修优先次序降低。

（2）相关的规范和标准中明确规定某些污水管线在修建时应考虑保护措施（如双层管壁），该类管线的维修优先次序降低。

（3）若污水管线运行中出现了特殊情况，极有可能污染地下水，则该管线的维修优先次序提高。

7）维修次序列表

管道维修的次序列表是按照最终评估数值 *BZ* 降序排列。该表考虑了众多因素，可以直接用来制订市政管线的维修计划。

8）可信度测试

管道维修次序列表中的评估数值的含义以及校对核实，管道状况评估以及二次定级分类中评估数值的更改调整，可以通过表 4-30 及表 4-31 进行对照查找。图 4-62 系统地说明了使用德国 ATV 管线分类和评价模型对管线进行评估的步骤。

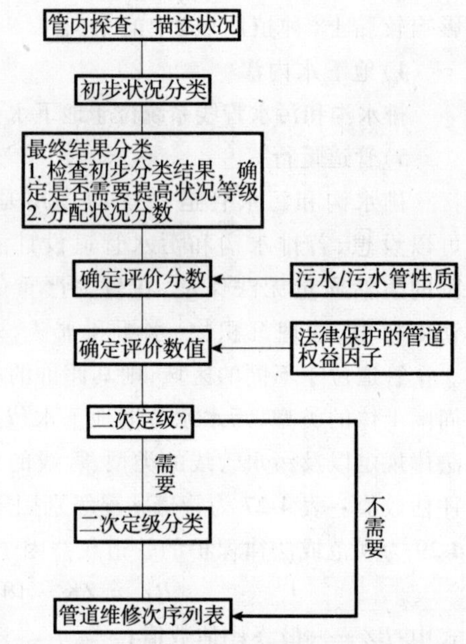

图 4-62 ATV-M 管线评价步骤

ATV-M 149 中的评估数值结构表 表 4-30

评估数值	具体解释
1	当前状况级别
2	管线类型，级别调整
3	法律保护的管道权益
4/5/6	管道状况分值，得出评估结果

ATV-M 149 中的评估数值分配表 表 4-31

评估数值	1	2			3		4/5/6	
	状况级别		管道类型	重定		法律保护的管道权益	评估分数	状况级别
3	1	6	废水管/污水雨水合流管	降低	5	集水区域 Ⅲ a	739～907	1
2	2	5		不变	4	集水区域 Ⅲ b	570～738	2
1	3	4		提升	3	自取水水域	401～569	3
		3	地表水排水管	降低	2	其余外漏情况	状况分数	状况级别
		2		不变	1	地下水内渗	301～400	1
		1		提升	0	管道运行	201～300	2
							101～200	3

4.5.2.2 KAPRI 管线状况评价系统

目前，还有一种使用时间较长，应用较广，并被实践证明其可信度较高的分级方法为 KAPPI 分级系统。该分类系统是在德国西部城市波鸿发展起来的，完全满足德国的相关技术标准和法规，同时符合欧洲标准 EN 752-5 的相关要求，是一种成熟、可靠的分类系统。

该分级系统是通过统计学的方法对管道状况进行分级，之后得出发生破坏的污水管道的修复时间次序表。该法可用于选定管段的状况评价,一般来说,根据目前的探测结果来评估管内的破坏状况和影响范围,结合外部的某些限制条件综合考虑,可得出管道整体结构的初步状况。具体管段的评估步骤以及管道维修次序表的制定原理见图4-63。

1)管线结构状况评价

管线结构的状况评价基于德国规范ATV-M 143E中对管线破坏的描述和分类,KAPRI评价模型是通过严格的基本状况评估并结合外界动态因素,分析管道当前的破坏状况、影响范围、发展趋势,最终得出管道状况的定级数值。首先,根据各破坏点的具体情况,定量分析后分配给一定的基础分数,之后乘以相应3个由破坏范围决定变量值,最后进行判定。

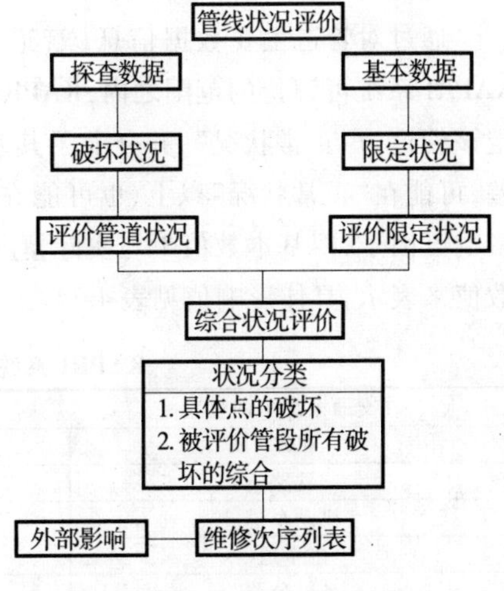

图4-63 KAPRI管线状况评价步骤

结果表明,基础分数为60,且其第3、第4、第5位置(表4-32,ATM-143中的序列)的破坏影响范围不同,则最终得出的评估分数不同。该情况表明破坏的影响范围较大,破坏会不断发展。

KAPRI对管道纵向裂纹破坏影响范围的评估 表4-32

序号	ATV-M 143中的数字序列					管线状况评价					
	1	2	3	4	5	1	2	3	4	5	TT*
1	R	L	F	0	0.05	60		1.0	1.0	1.5	90
2	R	L	F	0	0.3	60		1.0	1.0	4.0	240
3	R	L	F	—	0.3	60		1.0	2.0	4.0	480
4	R	L	F	—	0.3	60		2.0	2.0	4.0	960

注:* TT为数值关系。

2)限定状况评价

除了对管道状况进行评价处,还应预测潜在因素对管道的破坏影响并将管道破坏对周围环境的不利影响作定量评估。在用KAPRI评价系统评估污水管的限定状况时,一般考虑以下3个方面:

(1)管道稳定性。

(2)环保性。

(3)污水管道的水力功能。

表4-33列出了3方面因素中较为具体的主要数据信息,实际操作中应按照列出的信息完成评价过程。

KAPRI评价模型中影响方面和基本数据信息列表 表4-33

稳定性	在城市交通中所处的位置(LIV) 埋深(H) 标称尺寸(DN)
环保性	场地位置(STO) 地下水位高度(LGW) 排水沟和污水管道系统(ES) 污水的污染度(VG) 水力应力(HYD) 标称尺寸(DN)
功效性	水力应力(HYD) 标称尺寸(DN)

通过对管道主要数据信息(管道基本信息和管道分布信息)的初步判断,得出该管道在KAPRI系统可评价的范围之内,KAPRI评价系统可根据统计学的相关原理以及常见的情况,判定该管道为“正常状况”,并分配予其基本数值1。这种分配基本数值的方法或多或少会有偏差,可能在“正常状况”以上,也可能在“正常状况”以下,对于该问题,KAPRI分级系统给出了影响度因子,即基本数值1与实际情况的偏离程度对于最终评定结果的影响程度大小,用具体数值来表示,具体影响值见表4-34。

KAPRI系统中管道在交通系统中的影响因子 表4-34

在交通系统中的位置		影响因子数值
机场	F	3.00
铁路	E	2.10
机动车道	A	1.80
主干道	B	1.50
乡村公路	L	1.30
大街	H	1.30
小巷	N	1.00
人行道、自行车道	R	0.25
绿化带	G	0.25
私用面积	P	0.25
其他区域	FZ	0.6

KAPRI评价系统要求管道限定状况的评价同管道结构状况的评价同时进行,故作管道限定状况评价时,没有管道局部破坏情况及其影响范围的充足信息,可能会影响判断结果,但是,这种评价方式仍然与管道实际破坏情况有着相当的联系,即即使不考虑破坏状况,管道的限定状况评价可信度仍然比较高。需要注意的是,管道破坏同以上提及的判定标准如管道稳定性、环保性、功效性各项之间的相关度和影响度不一定相同,具体来说,有些破坏会影响环境,有些破坏会影响管道的功效性,侧重点会有一定的不同,管道破坏与评价标准之间的关系见表4-35。

KAPRI系统中管道破坏与评价标准之间的关系 表4-35

破坏类型	破坏描述	稳定性	环保性	功效性
泄漏	管壁、管接头、检修井等处发生泄漏		×	
管道阻塞	各种阻流物引起的阻塞			×
管位偏移	横向偏移等		×	×
管道磨损	管壁、管接头磨损			
管壁腐蚀	内壁腐	×		
	蚀接头、接缝腐蚀	×	×	
管道变形	各种变形破坏	×		×
管壁裂纹	纵向、周向等裂纹	×	×	
管壁破裂、坍塌	管壁破裂	×	×	
	坍塌	×	×	×
支管破坏	支管裂纹	×	×	
专用管(私人用户)破坏	管壁凸出			×
	安装不当		×	
	接头部位裂纹	×	×	
其他	管内洼水			×
	少量进水			
	洪水涌入		×	

KAPRI管道评价系统对管道限定状况的评估结果是KAPRI评价模型的重要组成部分,该结果是在分析考虑管道的实际破坏状况的基础上,综合应用了3个特定的经过重要性排序的

评价标准,并对比参照了统计学计算的典型实例之后得出的。由于评定过程中,需要应用大量的管道的基本数据(管道概况和管道布置信息),且不同的管道其破坏和破坏造成的影响之间的关系大为不同,故最终的结果数值差异很大,分布的范围也比较广。

3)管道整体性评价

最后的综合评价即分析考虑管道状况评价结果和限定条件评估结果之间的联系后,得出相应的因数值,最后两者相乘的数值结果。该结果得出了有着相同的破坏类型及破坏范围的管道其最终破坏的危险数值,该评价的目的是从统计学、生态学和实用性 3 个不同的角度出发,判断管道潜在的破坏危险性。表 4-36 表示用 KAPRI 管道评价方法评估 3 条具体概况不同的市政管线。

用 KAPRI 评价 3 条管道的实际状况 表 4-36

破坏状况:纵向裂纹,位于管道内顶,宽 0.3cm																	
管线概况: 1. 合流污水管道,DN 300,埋深 4m,地下水位以下,城市污水,80% 的水力荷载 2. 合流污水管道,DN 300,位于主街道下方,埋深 1m,地下水位以上,城市污水,80% 水力荷载 3. 废水管道,DN 400,埋深 2m,地下水位波动,城市污水,110% 水力荷载																	
序号	管道状况评价	限定状况评估															整体评价
		稳定性				环保性						功能性				ΣTT	
		LIV	H	DN	TT	STO	LGW	ES	VG	HYD	DN	TT	HYD	DN	TT		
1	240	0.25	0.96	1.0	0.24	1.0	1.0	1.0	1.0	0.8	1.0	0.8			—	1.04	250
2	240	1.3	1.62	1.0	2.11	1.0	2.0	1.0	1.0	0.8	1.0	1.6			—	3.71	890
3	240	1.0	1.48	1.0	1.92	1.0	1.5	2.0	1.0	1.1	1.3	4.29			—	6.21	1 490

用 KAPRI 对管道进行评价的最后一步就是给各影响因子分配相应的数值,具体数值的大小可参照管段的破坏情况,一般来说,主要考虑污水管道内破坏最严重的部分。将管道内的各种状况分数累加,依据最后得出的数值判定管道所处的破坏级别。KAPRI 管道评价有一个突出的优点,即从几个不同的角度综合评定管道的实际状况,结果可信度高,同时可以避免因考虑不周,仅根据管道内个别破坏较严重的点就提出的错误的修复方案,提高了城市地下管道相关的经济效益和社会效益。最后根据 KAPRI 评价系统得出的最终评价结果,结合市政部门的具体规划和城市的环保法规,制定出管道修复的时间次序表。

4.5.2.3 SSET 地下管道评价系统

SSET 技术是由日本的 Tao Grout 公司、Core Corp 公司和 TGS 公司(京都市政下水道服务公司)联合开发的。开发工作始于 1994 年,直到 1997 年,SSET 技术用于北美洲市场,成为土木工程研究基金会(CERF)评价计划的一部分。

1)概述

对任何探测系统的基本要求是:识别缺陷、准确定位,并根据退变规律和潜在的危险进行分类。实际上现行的所有探测系统在很大程度上依赖于操作人员的经验和技巧,因此探测报告的质量难于保证。

计算机技术和高分辨率摄像及记录系统对改善报告质量是有帮助的,但在数据采集和数据解释等方面还保留了大量的人为因素。这些保留的人为因素是探测—修复过程中的薄弱环节。在有限时间内要完成一项大的探测项目,在实时决策过程中使操作人员面临很大的压力和困难。SSET 的开发就是试图克服这些薄弱环节。

据开发商介绍，该系统具有许多优点：高质量的数据，这是施工决策的基础；对缺陷的放大能力，可以更好地评价缺陷；由于省略了现场评估环节，可以快速完成现场扫描工作；彩色编码技术，有利于分析和清楚的观测；可以生成数理统计信息；使评价过程更加经济有效。

SSET 克服了 CCTV 检测的不足，为工程师提供高质量的多方面的信息，利于施工决策。在此过程中应用了扫描和陀螺仪技术。信息的获得用到了多传感器工具，为工程师提供全面掌握管道表面的信息。扫描照片经数字化处理后，就可打印出彩色编码照片。以特定的色彩标记管道缺陷，并沿管线在合适的位置对每一处缺陷作标记。在管段的扫描图，整段管道的水平方向和垂直方向上的缺陷都清楚地表现在图上。这样的技术加强了管道自动评估能力，减弱了主观因素和经验方面对评估结果的干扰。该系统也适于检测不稳定环境下的管道和空间受到限制的管道。

SSET 探测设备包括 3 个主要部分：

(1)扫描设备。

(2)CCTV。

(3)三轴机械陀螺仪。

目前，最初设计样品的直径为 132.08mm(5.2 in)、长 850.9mm(33.5 in)、重 24.95kg(55 lb)。计划投放市场应用的产品直径为 88.9mm(3.5 in)、长 650.24mm(25.6 in)、重 14.97kg(33 lb)。

最新的 SSET 装置(图 4-64)是一个移动式的摄像系统。使用鱼眼镜头，不仅可以观测管线的前方，而且通过安装在稳定的回转装置上的光学扫描系统可以扫描侧面。这种 SSET 不仅能够提供沿管线的常规的闭路电视记录，而且能够提供沿管线的周向扫描图像，对缺陷及其位置进行彩色编码。该系统在水平和垂直管线中都能使用，这种 SSET 装置的直径是 110mm、长 850mm、重 15kg。该系统可以按 4m/min 的速度穿过管线，中途不需要停顿来评价缺陷。因为这些缺陷都已经被记录下来，随后可以在办公室进行数据分析处理。

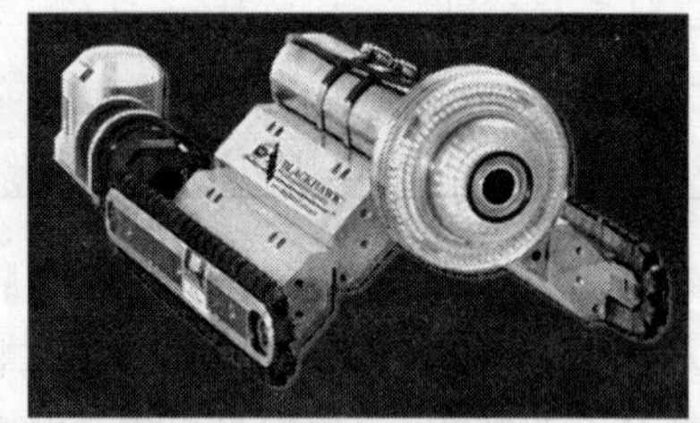

图 4-64 SSET 探测装置

2)现场试验

CERF 的土木工程创新技术评价中心(CEITEC)评价 SSET，共有 13 个市政单位参加。现场试验是在非开挖技术中心(TTC)的协助下完成的。现场试验进行了一年时间(122 个工作日)，完成了大约 38 591m 的下水道探测任务。1997 年 10 月开始，1998 年 9 月完成。成功扫描的管线长度是 37 705m。探测的管线大多是陶瓷管，超过了 25 298m，其次是水泥管7 010m，最后是 PVC 管 3 657m。其他管线类型包括铁管、APC 管、Truss 管、HDPE 管、FIP 管、陶土管、砖以及铸铁管。被探测的管线的直径包括 200mm 的 23 164m、300mm 的3 048m、380mm 的 3 048m。其他被探测的管线的直径为 150mm、280mm、400mm、460mm、530mm、610mm、680mm 和椭圆形 762mm × 914mm。

3)后期演示

2000 年 7 月 18 日，Blackhawk - PAS 公司对管道扫描与评估这项高级技术进行了现场试验演示，地点选在美国加里佛尼亚的 San Jose。此次进行的试验演示包括对大约 114m 长、直径为 381mm 的混凝土与陶土排水管道的扫描。用 SSET 获取原位数据可以以 0.3m/min 的速度对管线进行处理，这样在现场才可监测到高分辨率的前视图像与侧视图像。在扫描过程中还搜集到了水平与垂直方向的定位数据。一旦获得原位数据就应立刻用数据分析软件 DAI 在现场对数据进行处理。DAI 软件是基于油气行业中类似的项目而开发研制的，它可以对存在问题的区域进行鉴别、标记、测量等。由于在 San Jose 进行的原位试验演示非常成功，Sacramento 的 Sanitation 地区一级承包商授权 Blackhawk - PAS 公司进行一个试点工程。这个工程包括直径在 200 ~ 460mm 之间的总共大约 1 981m 的排水管道。

在 2000 年 8 月的最后一个星期，Blackhawk - PAS 同意与芬兰 VTT 技术研究中心合作在 Helsinki 进行原位试验演示。所选扫描排水管道大约两年前就已经检测过。原位演示的目的是要证明其图像处理能力的提高。

SSET 系统得到欧洲与北美的认同后，Blackhawk - PAS 同意于 2001 年在台湾进行一个试点工程。

在 2000 年 11 月 13 日的那个星期内，分别在 3 个欧洲国家的 3 个城市中进行了一系列国际性的原位试验演示。早在 1998 年芬兰 VTT 技术研究中心就开始为这些演示会做准备，其目的是要提高 SSET 的自动化能力。参与的城市来自于德国、丹麦和瑞典。每次演示时间为 1d，均包括两个部分。第一部分包括 SSET 原位试验演示，要在现场对直径为 304mm 的排水管道进行扫描并获取数字图像等数据。第二部分由一系列演示组成。自 1988 年以来，Juhani 与 Kenzi 一直在科学研究项目中合作。1998 年，他们共同完成了由芬兰 Helsinki VTT 组织的演示项目。其最初的目的是调查将模式识别技术应用到数字化管线图像的可行性。

4) SSET 获取信息的自动解释

1998 年，SSET 扫描或录像磁带记录结果的解释由人工操作来完成。SSET 技术进一步发展为多传感器扫描信息的自动解释（见图 4-65）。该解释系统执行模糊设定理论和模糊逻辑技术来自动鉴别、分类和量化管道缺陷。因为管道缺陷交互重叠，可能丢失一些复杂的管道表面几何形态，该解释系统实施任务的过程非常复杂。

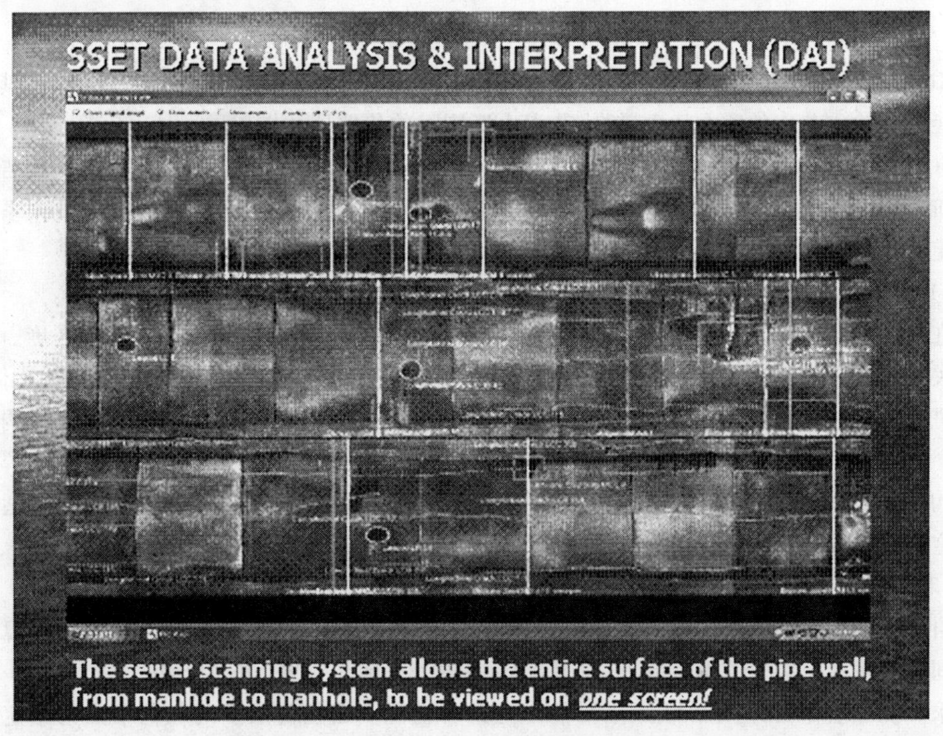

图 4-65　数据分析/解释画面

将模糊设定理论及模糊逻辑复合入自动解释系统是比较合适的思维方法,因为这些技术在以下两种情况下取得了较成功的应用:

(1)人们掌握的非常复杂的模型受到严格的限制,或者说,实际上全面的判断受到严格的限制。

(2)涉及太多的推理、感知和决策的过程。

模糊推理规则使相关的不确定因素建立一定的模型成为可能,不确定因素如模糊性、不精确性或缺乏与要解决问题有关的信息。开发多传感器数据的自动解释系统的目的是为了利用管道缺陷的相似性解决一系列问题。

传感数据解释系统的较新发展是应用 Kohonen 模糊自组织图形(Self-Organizing Maps, SOM)技术,从传感器上读取数据,建立成员之间的关系,指出管道状况(图 4-66),使用算子衡量设定成员之间的权重,来获取管道状况的最终评估。

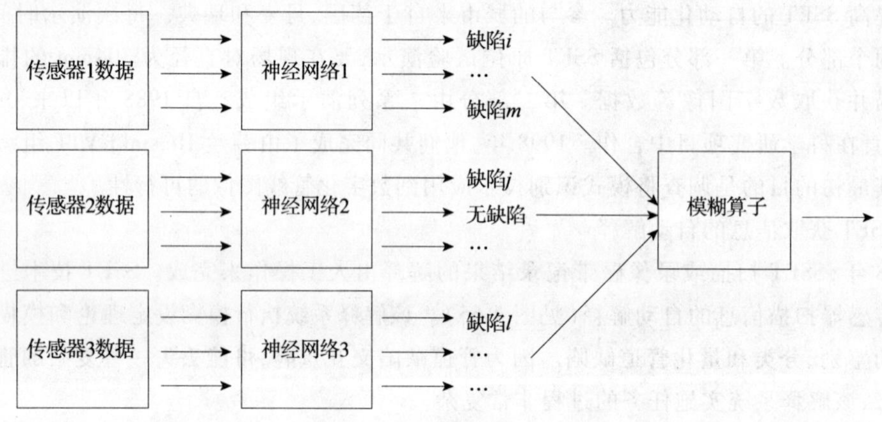

图 4-66 Kohonen 模糊自编图片示例

Kohonen SOM 由一维或两维神经元阵列组成,涉及到的每个神经元都是特征向量,其因子是神经元和输入节点的联合比重,输入节点由鉴别过的传感器数据组成。

SOM 设计目的是为了得到各类数据的模糊输出,并结合这些输出数据得到最终报告。这两个阶段即 SOM 设计和数据组反馈网络识别技术设计。输出反馈网络的模糊成员关系将指出特定数据的潜在管道缺陷。

(1)SOM 设计

在这个阶段,鉴定输入节点和图片上神经元特征向量与设计模式之间的接近程度。与节点有关的特征向量和那些经过轻微改进的邻近神经元与设定模式进行比较,如果模式不同,就继续进行比较过程。在这个过程结束的时候,特征图自动组织相似特性向量的神经元构成数据组。

构建特征图之后,就要进行标记过程。标记的目的是鉴定每个数字标记组,并以合适的水平确定缺陷,如缺陷 A、缺陷 B 等。

(2)反馈网络设计

自动评估技术的第二阶段是设计反馈网络。反馈网络包括输入神经元层、输出层以及两者之间的隐藏层。层中的每个节点,都是非线性输入—输出设备,并且作用于输入层,一般涉及到求和和压缩作用,但是在输入层可能不是这种情况。当任何层里的任何节点与给定层里的其他任何节点产生联系时,一般假定给定层里的节点联系到了该层之上的节点。这种反馈结构降低了计算复杂性,能获得非常接近真实值的计算结果。

在这种情况下,应用了隐藏层的网络系统。输入层的神经元数目等于输入数据向量的维数,又鉴于输出层的神经元数目等于由 Kohonen SOM 鉴定的数据组数目,隐藏层中节点的数目至少等于输出神经元数目的 2 倍。

当构建的反馈网络出现与管线状况不符合情况时,网络的输出层将是模糊成员关系,并指出可信度级别。一个典型的反馈网络输入—输出定义见表 4-37。

反馈网络目标模糊成员关系 表 4-37

输入数据	与目标缺陷定义中心的距离	目标缺陷 *A*	目标缺陷 *B*
1	3.0,1.0	0.25	0.50
2	0.1,3.0	0.90	0.20
3	0.5,2.0	0.70	0.33
4	1.5,0.1	0.40	0.90
5	3.0,1.0	0.25	0.50

4.5.2.4 城市地下管道系统安全评价

城市地下管道系统安全评价是对城市地下管网安全系数作侧重考虑,并有助于特大城市管道管理决策和安全科学管理的一种新型评价构想,是当前管道评价系统的发展趋势之一。其重要用途就是对城市地下主干管网系统进行预测性安全评价和分析并实时预警,避免对城市有重大影响的大型主干管道事故的发生。

安全评价系统的核心是安全评价模型,即对城市地下管线的安全等级进行系统评定,评价过程中,综合考虑了适合管线实际状况的各种评价因素,最终提供可靠可信并经过认证的评价结果。

安全等级评价模型是城市地下管线系统趋于复杂与当前所用的传统管理模式效率较低的突出矛盾的产物。安全管理评价模型主要为城市地下空间安全管理和城市经济高效发展服务。SGEM 所表达的管理理念重点针对当前城市发展之中的突出矛盾,即城市地表空间发展受限制,而地下空间的发展速度明显加快,同时,城市高速发展所需的地下管线设施也越来越多,越来越复杂,多种矛盾聚集之后产生的安全问题和协调问题是两个最突出的问题。安全评价模型重点解决地下空间的安全问题,特别对主干管网与周边设施的协调性做出了良好的照顾和结合,是一种较为全面的管理理念。

我国当前的管道管理模式存在以下局限:

(1)管道出现破坏之后到管道修复之间存在较大的时间间隔。

(2)由于主要管道缺乏系统规划管理,整体经济效益较低。

(3)现有的管理模式以及管道修复决策系统缺乏“预前性”,很多情况下都是管道破坏之后才被迫进行决策,故其经济成本较高,最终造成社会负担加重,占用了更多的经济规划资源,导致国家竞争力降低。

(4)当前的管道管理模式无法满足城市经济的快速发展,由于各种破坏事故不断发生,管道管理部门经常处于紧张待命状态,管道事故处理面临被动局面。

当前城市的重要组成部分之一即地下空间的管理和发展模式很大程度上决定了城市未来的竞争力和经济实力,对于城市将来的快速发展有着战略性的影响。建立城市地下管道安全管理系统最大的意义就是优化城市现有的安全管理体系,提高城市的整体经济增长效益。

城市由于发展需要而产生的快速扩张模式导致土地的大量占用,必然导致城市将来土地紧张的局面。地表城市建筑高度逐渐增加,摩天大楼大量耸立,同时,地下世界也趋于复杂,各种不同类型的管道纵横交错,地铁、地下通道、过河、过江隧道大量兴建。由于城市地上空间的限制以及处于特殊的环保和旅游原因,许多城市地面发展也限制众多,故城市向地下空间发展的趋势必将不断增强。在这种情况下,若对城市地下空间的安全等级和安全状况有一个清晰的评价和认识,将极大地提高城市地下空间的发展质量和发展效益。

城市地下管线的安全级别由安全等级评价模型 SGEM 评价得出,评价结果可用于管道运营部门或市政部门进行安全管理以及城市主干管网的科学规划和发展。

对于评价得出安全等级较高的管道,城市设计和规划部门将选用相应的防护级别、修复级别、设计级别以及管理级别以期产生最大的效益。主干管道安全等级所提供的参考因子对城市的快速发展和地下空间的高效管理起着重要作用。

1)安全评价模型

城市地下管道安全评价模型集成了管道状况评价(Condition Evaluation)、设计规划评价(Plan and Design Evaluation)以及影响评价(Impact Evaluation),通过对管道状况级别(Condition Grade)、设计规划级别(Plan and Design Grade)以及影响级别(Impact Grade)来评估管道的安全级别(Safety Grade),其优点如下。

(1)研究模式为对城市地下管网进行系统设计之后整体测试,可采用神经网络法嵌入整体方案,并为其他城市提供良好借鉴,系统设计之初会预留相应参数修改接口,以便更好地符合各城市的基本情况。

(2)可确保城市地下管网管理的标准化、安全化以及高效化。

(3)加速并扩大非开挖管道修复市场并可提供直接的行政管理支持。

(4)促进城市地下空间建筑市场的发展。

(5)高安全性以及高可靠性的城市地下空间设计管理理念对关系国家安全的重要管道管理以及社会的稳定发展有重大意义。

管道安全评价模型 SGEM 如图 4-67 所示。

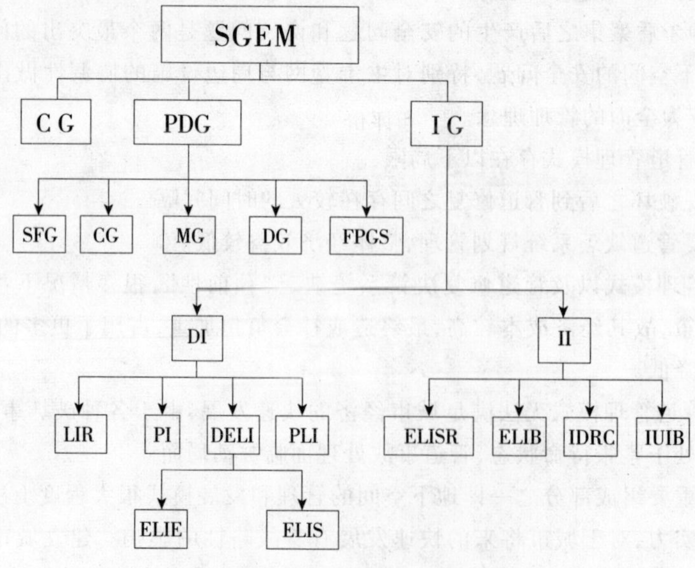

图 4-67　安全等级评价模型 SGEM 结构图

SGEM 的重要意义在于,结合了安全考虑的管道评价模型,更有利于城市地下管道的有序发展。经济方面的考虑会带来一定的效益,但基于社会整体安全效益的考虑从长远来讲更有发展价值。管道安全评价模型的评价结果可用于政府决策以及管道运营商对管道的管理。管道安全评价模型的 3 个部分具体解释如下。

(1)状况级别(Condition Grade,CG)。管道状况级别是 SGEM 的基本因子,且为 SGEM 的基本信息,SGEM 其宗旨是为社会安全服务,最大限度地保证主干管网的状况良好。CG 在评价模型中所占的权重值最大。管道状况级别包含了管道破坏的各种信息,集成于 CG 中,因而对最终的结果影响较大。

(2)设计规划级别(Plan and Design Grade,PDG)。设计规划级别包括了地震防护级别(Seismic Fortifying Grade,FG)、管理级别(Management Grade,MG)、设计级别(Design Grade,DG)、运行级别(Operation Grade,OG)、临近建筑物防火级别(Fire Protection Grade of the Structure,FPGS)。防火级别列入考虑范围的原因主要是管道破坏后会对周围建筑物产生破坏,防火级别从另一个层面体现了建筑物的重要程度。若发生失火,临近管道的保障能力是非常关键的。

(3)影响级别(Impact Grade,IG)。管道破坏后产生的影响和损失可采用经济方法作直接量化评估。采用经济因子作为影响因子的载体可合理地定义影响的比例和重要度。具体来说,包含直接影响(Direct Impact,DI)和间接影响(Indirect Impact,II)。

直接影响包含政治影响(Political Impact,PI)、直接经济损失影响(the Direct Economic Loss Impact,DELI)、心理影响(Psychological Impact,PLI)以及对居民生活的影响(Living Impact on Residents,LIR)。其中直接经济损失影响 DELI 又包括设备损失(Economic Loss Impact of Equipment,ELIE)和结构损失(Economic Loss Impact of Unerground Pipeline Network Structure,ELIS)两大类。

间接经济损失影响包含 4 个方面。由主干管网的安全问题引起的停减产损失(Economic Loss Impact on Stop Production or Reduce Production,ELISR)、行业相互影响损失(Economic Loss Impact on the Benefit Produced Among Industrial Branches,ELIB)、破坏引起的修复成本损失(Impact of Damage on Rehabilitation Cost,IDRC)、城市投资损失(Impact on Urban Investment Benefit,IUIB)。

基于主干管网安全考虑的 SGEM 有以下作用:

(1)是一个综合考虑了多种因素的全新评价模型。

(2)可用于评价对于国民经济有重特大影响的重要管线和军用管线。

(3)根据该模型得出的管道修复优先次序列表可以为相关部门提供决策依据。

具体评估步骤见表 4-38 ~ 表 4-40。

对管道 k 进行安全评估 表 4-38

管道 k 的安全级别			
CG	PDG	IG	Σ
$G_{(\text{safety},\text{cg}),k}$	$G_{(\text{safety},\text{pdg}),k}$	$G_{(\text{safety},\text{ig}),k}$	$G_{(\text{safety},k)}$
$G_{(\text{safety},k)}=(\text{CG}+\text{PDG}+\text{IG})_k$			

对管道 k 进行 PDG 评估 表 4-39

管道 k 的设计规划级别					
SFG	OG	MG	DG	FPGS	Σ
$G_{(pdg,sfg),k}$	$G_{(pdg,og),k}$	$G_{(pdg,mg),k}$	$G_{(pdg,dg),k}$	$G_{(pdg,fpgs),k}$	$G_{(safety,pdg),k}$
$G_{(safety,pdg),k}=(SFG+OG+MG+DG+FPGS)_k$					

对管道 k 进行 IG 评估 表 4-40

管道 k 的影响级别											
DI						Ⅱ					Σ
LIR	PI	ELIE	ELIS	PLI	Σ	ELISR	ELIB	IDRC	IUIB	Σ	
$G_{(di,lir),k}$	$G_{(di,pi),k}$	$G_{(di,elie),k}$	$G_{(di,elis),k}$	$G_{(di,pli),k}$	$G_{(ig,di),k}$	$G_{(ii,elisr),k}$	$G_{(ii,elib),k}$	$G_{(ii,idrc),k}$	$G_{(ii,iuib),k}$	$G_{(ig,ii),k}$	$G_{(safety,ig),k}$
$G_{(ig,di),k}=(LIR+PI+ELIE+ELIS+PLI)_k$						$G_{(ig,ii),k}=(ELISR+ELIB+IDRC+IUIB)_k$					
$G_{(safety,ig),k}=(DI+Ⅱ)_k$											

2）经济成本模型

SGEM 的一个重要作用就是可服务于管网修复的经济成本核算体系。基于安全管理的管道修复成本模型称为 RCM（Rehabilitation Cost Model），RCM 可用于管道管理部门选择比较适合的修复方法。其主要应用包含以下几个方面：

（1）评估基于安全管理的管道修复成本。

（2）选择合适的管道修复方法。

（3）比较投标项目并依据安全管理作出合理选择。

（4）预测项目的安全管理成本。

（5）促进非开挖技术在安全修复技术方面的研发。

管道修复成本模型 RCM 的数学公式表示如下：

$$Z_{(safety,m),K}=\sum_{k=1}^{K}[\alpha_{(safety,m),k}\cdot G_{(safety,k)}\cdot C_{(economy,m)},k] \tag{4-25}$$

其中：$Z_{(safety,m),K}$——基于安全评价方法，采用方法 m 修复全部管道的总成本；

$\alpha_{(safety,m),k}$——基于安全评价方法，管道 k 使用方法 m 修复时的经济补偿因子；

$G_{(safety,k)}$——运用 SGEM 计算得出的管道 k 的安全级别；

$C_{(economy,m)k}$——基于常规方法计算得出的管道 k 使用方法 m 修复时的成本。

3）城市主干管网安全管理

城市管网系统安全管理理念的核心在于，对主干管网实施安全控制，最大限度地以最低的经济成本，实施可行科学合理的管道维护、修复、更新，来获取最大的安全和社会效益。城市主干管道安全管理体系（Safety Management）是安全评价模型的最直接应用。安全管理体系的基础部分，即前期依托部分，重点参照了 SGEM 评价得出的安全级别，并运用成本模型 RCM，得出 Safety Management 的基础框架结构。数据库具有反馈、调整以及学习等功能。城市主干管网安全管理分为 3 大控制部分。

（1）经济控制

安全管理的经济控制功能包括：基于安全管理的管道修复成本评估；对安全评价所得出的次序维护列表选择合理的管道修复方法；比较并选择同一工程的多种竞标方案中利于主干管网安全管理的方案；计算某一工程总造价中的安全管理成本。

(2)设计规划控制

在城市主干管道附近拟修建的各种建筑物以及建筑结构均应考虑安全因子,即新建的管道应与管道的安全级别相匹配。运用安全管理评估方法,主干管道附近的建筑结构应重新评估并分类,对严重不匹配的建筑物,应考虑采取整改方案。

(3)管网控制

管网控制包含4个方面,其中有:基于安全管理制定出的管道修复优先次序列表;评估主干管道对于社会安全和国家安全的重要性;对于军用管道所要求的高可靠性和安全性实施相应解决方案;对不同类型的管道采取分级安全管理体制。

图4-68为城市地下管网安全管理体系规划结构图。

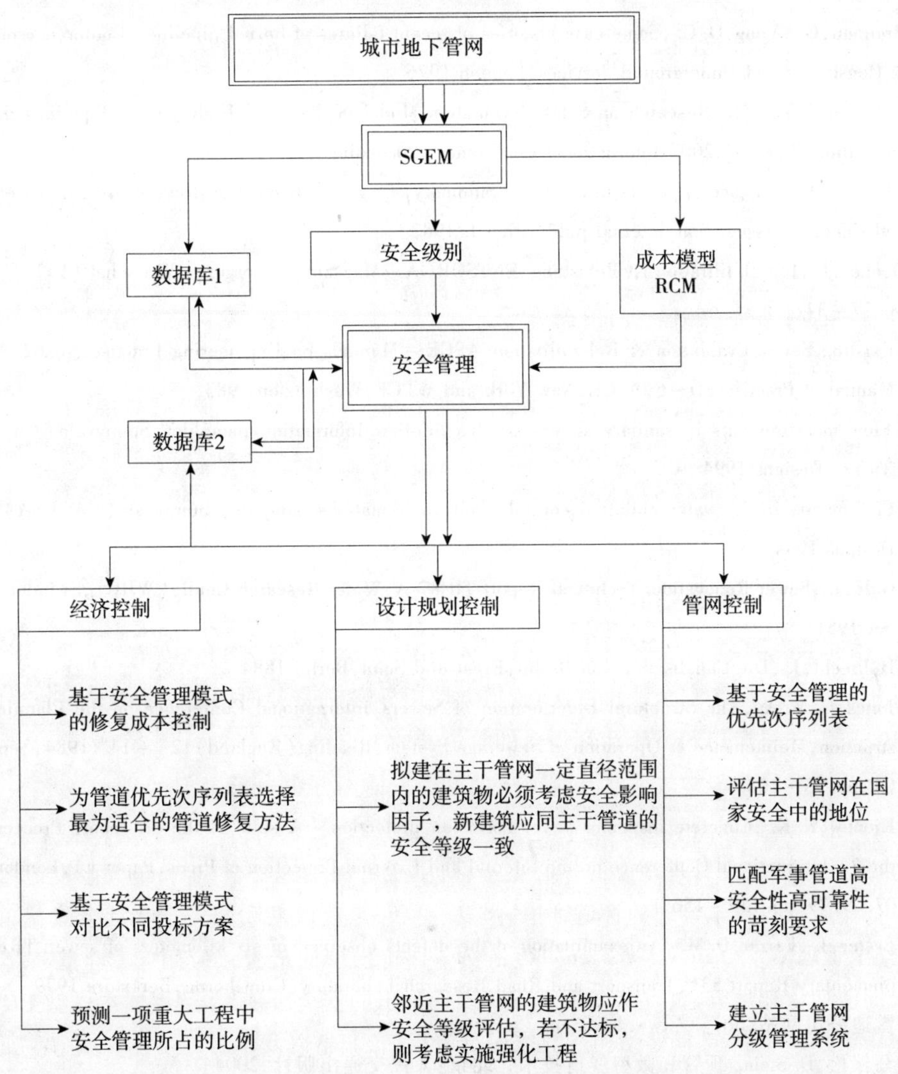

图4-68　城市地下管网安全管理体系规划结构图

参考文献

[1] Alexander, M. G. , Towards standard test for abrasion resistance of concrete – Report on a limited number of tests studied, with a critical evaluation(Prepared for submission to RILEM CPC – 14 Conrete Permanent Committee, June 1984). Materiaux et Construction 18(1985), No. 106(7/8), pp. 591 – 594

[2] ASTM C 1091 – 90, Standard Test Method for Hydrostatic Infiltration and Exfiltration Testing of Vitrified Clay Pipeline. USA 1990

[3] ASTM C 924 – 85 Standard Test Method for Low – Pressure Air Test of Concrete Pipe Sewers, USA 1991

[4] Biodeterioration of rubber sealing rings in water and sewage pipelines. Note on Water Reaearch, No. 18, Water Research Centre, November 1978

[5] Bonzel, J. , Beton – Kalender 1987, Part 1, Ernst&Sohn, Berlin 1987, pp. 1 – 96

[6] Brennan, G. , Yong, O. C. , Some case histories of recent failures of buried pipelines. Conference on Design & Construction of Underground Services, London 1976

[7] C. G Yang, B. S. Ma. Research on Safety Evaluation Model of the Main Underground Pipelines in Shanghai, China. Pipelines 2007 International Conference Proceedings

[8] Clear, C. A. , Leakage of cracks in concrete(Summary of work to date). Construction Research Department and Concrete Association, internal publication 1/1982

[9] Decher, J. , Jede Infiltration ist Belastung. ENTSORGA – Magazin, Entsorgungs Wirtschaft(1995), No. 11, pp. 27 – 34

[10] Existing Sewer Evaluation & Rehabilitation. ASCE – Manuals on Engineering Practise No. 62 WPCF – Manual of Practise FD – 6, ASCE, New York and WPCF, Washington 1983

[11] Flow measurements in sanitary sewers by dye dilution. Information pamphlet, Sunnyvale (CA, USA), Turner Designs 1994

[12] Fluorometry in the water pollution control plant. In formations pamphlet, Sunnyvale (CA, USA), Turner Designs 1994

[13] Gale, J. , Sewer Renovation. Technical Report TR 87 A, Water Research Centre(WRC), Swindon November 1981

[14] Hobrecht, J. , Die Canalisation von Berlin, Ernst und Sohn, Berlin 1884

[15] Jones, G. M. A. , The Structural Deterioration of Sewers. International Conference on the Planning, Construction, Maintenance & Operation of Sewerage System, Reading(England) 12th – 14th 1984, Sept. Paper C1, pp. 93 – 108

[16] Kienow, K. K. , Concrete inspector sewer corrosion protection – A state of the art report. Proceedings of the 3rd International Conference on the Internal and External Protection of Pipes, Paper E1, London 05. – 07. 09. 79, pp. 139 – 156

[17] Lester, J. , Farrar, D. M. , An examination of the defects observed in six kilometers of sewer. TRRL Supplementary Report 531, Transport and Road Research Laboratory, Crowthorne, Berkshire 1979

[18] 雷迪公司网站, http://www. leidi. cn

[19] 马保松, D. Stein. 顶管和微型隧道技术. 北京:人民交通出版社, 2004

[20] 中国管道清洗中心网站, http://www. epecn. com

[21] Operation and Maintenance of Wastewater Collection Systems. Manual of Practice, No. 7, Water Pollution Control Federation, Washington 1995

[22] Quick, N. J. , Mouchel, L. G. , Infiltration and Pipeline Failures. Paper presented at a symposium organized by South Western District Centre and held an Exeter on 26th January 1979

[23] Pomeroy, R. D. , The Problem of Hydrogen Sulphide in Sewers. Clay Pipe Development Ass. Ltd. 1974

[24] Pomeroy, R. D. , Parkhurst, J. D. , The Forcasting of Sulphide build – up Rates in Sewers. Prog. Wat. Techn. , Vol. 9(1977), pp. 624 – 628

[25] Renkes, D. , Schwenk, W. , Fischer, W. , Korrosionsschutz und Instandhaltung. Werkstoffe und Korrosion 35, 1984, pp. 55 – 60

[26] Rogers, C. D. F. , Some observations on flexible pipe response to load. Transportation Research Record 1191, TRB 1988

[27] Schremmer, H. , Die Schwefelwasserstoff – Korrosion in Abwasseranlagen. Tiefbau Ingeniertbau Straβenbau (TIS)22(1980), No. 9, pp. 786 – 796

[28] Sewerage Rehabilitation Manual Water Research Centre, Swindon 1990

[29] Sewerage Rehabilitation Manual. Water Research Centre, Swindon 1990

[30] SFS 3113 E, Plastic pipes. Watertightness Test for Underground Sewage and Drainage Pipelines and Manholes. Finlands Standardiseringsf? rbund, 1976

[31] Stein, D. , Bosseler, B. H. , Requirements for recording and analyzing deflection measurements in buried flexible pipes. Trenchless Technology Research.

[32] Thistlethwayte, D. K. B. , The Control of Sulphides in Sewerage Systems. Deutsche Ausgabe (Sulphide in Abwasseranlagen), Beton Verlag GmbH, Düsseldorf 1979

[33] 温维众, 尹晓光．国内外输油(气)管道清洗技术综述．管道技术与设备, 2000, 1

[34] 颜纯文, 蒋国盛, 叶建良．非开挖铺设地下管线工程技术．上海: 上海科学技术出版社, 2005

[35] 颜纯文, D. Stein. 非开挖地下管线施工技术及其应用．北京: 地震出版社, 1999

[36] Young, O. C. , Trott, J. J. , Buried rigid Pipes – Structural Design of Pipelines. Elsevier Applied Science Publishers, London and New York 1984

CHAPTER 5

冲击矛施工技术

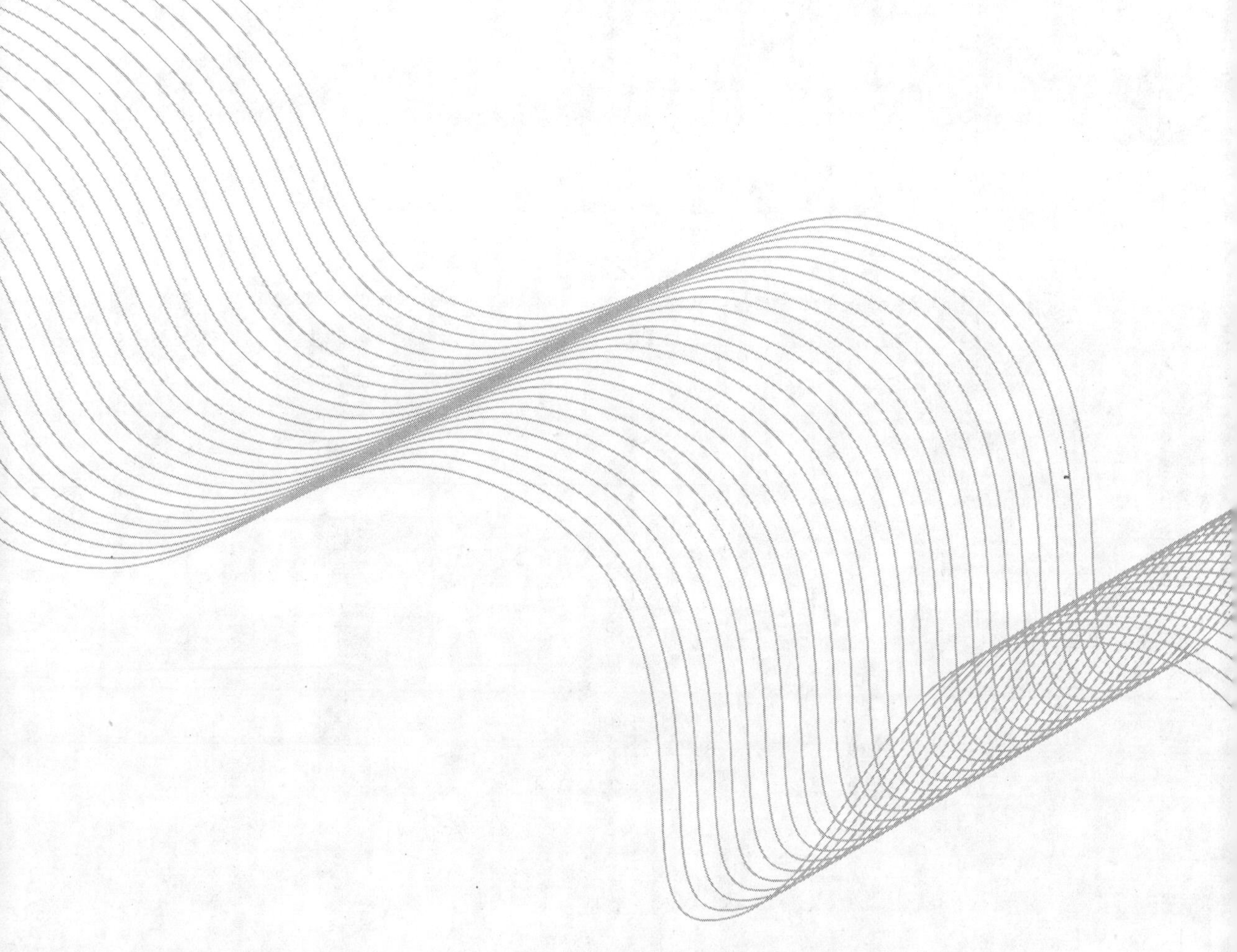

5.1 概 述

冲击矛施工法(Impact Moling or Earth Piercing)在其他文献中有时也可称为“土层挤密锤”、“地下挤密锤”、“土层冲击火箭”、“地下火箭”、“穿地龙”、“遁地穿梭矛”、“气动矛”等。根据德国标准 DIN EN 12889,该工法的主要特征是:冲击矛在压缩空气的驱动下,产生冲击能,在该冲击能量的作用下,挤密土层向前顶进成孔,要铺设的管线可以即时(或成孔后)拉入(或推入),其工作原理如图 5-1 所示。

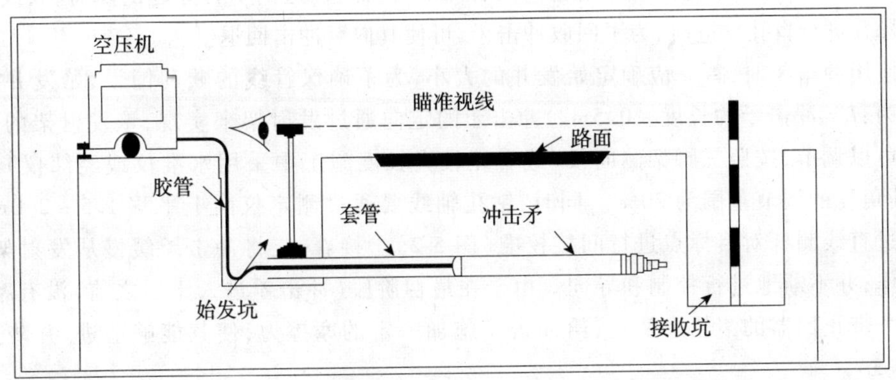

图 5-1 冲击矛工作原理

冲击矛施工法是使用最早的一种非开挖管道铺设方法。20 世纪初,波兰便开始了气动冲击矛的研制和生产;20 世纪 60 年代,俄罗斯人又发明了一种无阀式气动冲击矛,随后德国的 TT 公司和美国的 Alied 公司相继开发了类似的产品,并在前端增加了一个冲击矛头,到 20 世纪 90 年代中,美国威猛公司通过对气动冲击矛内部结构及配套机具的不断创新和材质的优化,设计制造出了结构更简单而效率更高的可前后控制的气动冲击矛,从而使气动冲击矛的生产和应用在世界市场上得到了迅猛增长。

我国气动冲击矛的研究始于 20 世纪 90 年代初,1993 年长春路下工程股份公司率先研制成功直径为 130mm 的气动冲击矛,次年,长春地质学院和东煤公主岭钻探机械厂联合、地矿部勘探技术研究所也分别研制出不同规格和直径的气动矛。

据不完全统计,到 2000 年,全世界每年气功冲击矛的销售量约达 20 000 台套。仅在美国,气动冲击矛的年销量已达 7 000 台套,其中威猛制造公司的产品占 35% 的市场份额。

5.2 工作原理及过程

冲击矛施工技术展示了夯击技术的一种特殊应用,冲击矛头在冲击锤冲击力的作用下进入地层(图5-1)。冲击矛的关键部件是一个冲击活塞,位于一个钢制的圆柱形壳体里面,活塞由压缩空气驱动,产生瞬间强大的冲击力,并直接作用于冲击挤密头。在活塞的冲击作用瞬间,产生冲击矛进入土层所需要的挤密土层和破碎土层的能量,同时,冲击矛壳体与孔壁之间的摩擦力必须能够克服活塞加速运动中所产生的大小相等的反作用力。为了满足此目的,冲击矛壳体的外表面要粗糙化或者带有凹槽(或网纹)。

一般情况下,冲击矛壳向前冲击也可向后回退,例如,在遇到不可穿越的障碍物,或者是在没有目标井进行盲孔钻进时,为了回收冲击矛,可使其向后冲击回退。

在使用冲击矛时,首先应确定始发井的大小,为了确保管线的顺利铺设,始发井的最小长度应为:L=冲击矛的长度+0.5m。冲击矛的定向通过发射架来实现,该发射架的高度和角度都可以调节,按照三脚架测向仪(或者在较大长度施工中采用水准仪或经纬仪)的测量结果,其角度的调节范围为20%。同时,钻孔轴线要通过测定仪向上平移1.5~2.0m,这样可以通过直线测杆对目标点进行间接校准(图5-2)。接着,应将冲击矛缓慢从发射架启动,开始工作,并不断地进行控制和导向。由于在最初阶段(冲击矛进入土层之前)没有摩擦力,采用一个带止回器的滚轮来替代,给冲击矛施加一定的摩擦力,使其能够前进,并防止其后退(图5-3)。

5.2.1 管线铺设方法

关于管线的铺设,有两种基本方法可以选择:同步铺设法和事后铺设法。

1)同步铺设法

同步铺设管线可以通过拉入和顶进两种不同的方法来实现。对于拉入法来说,要铺设的管线或者是通过锥形接头直接连在冲击矛的后面(见图5-4),或者是通过一个拉入绳索连接在冲击矛后面的固定板上(见图5-5),并被冲击矛同步拉入孔中。在铺设电缆时,只有在特殊的情况下,才使用电缆护管。

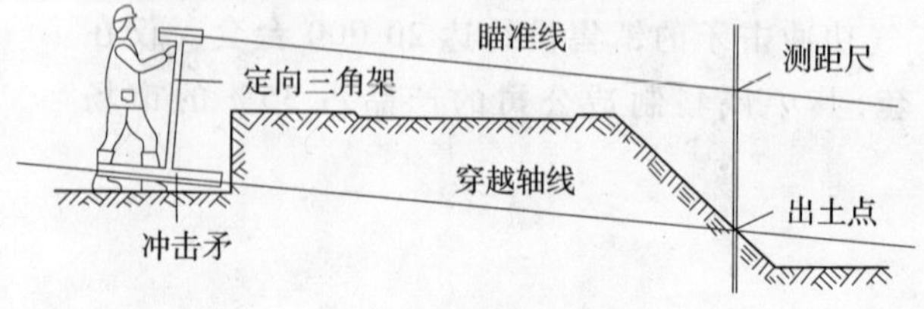

图5-2　冲击矛在始发井中的定向

图5-3　冲击矛在始发坑中的定向

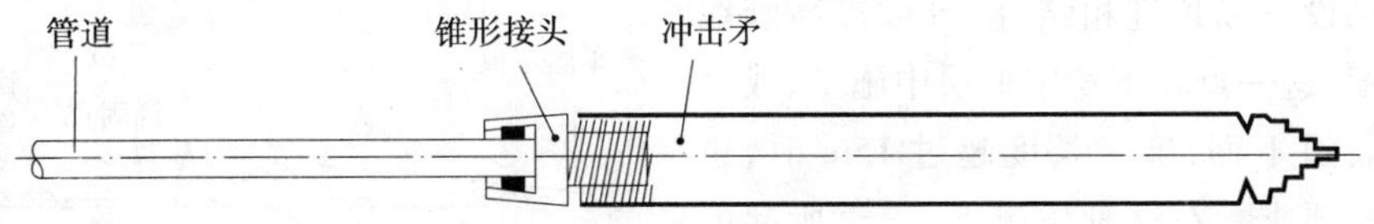

图 5-4　锥形接头管线同步拉入法

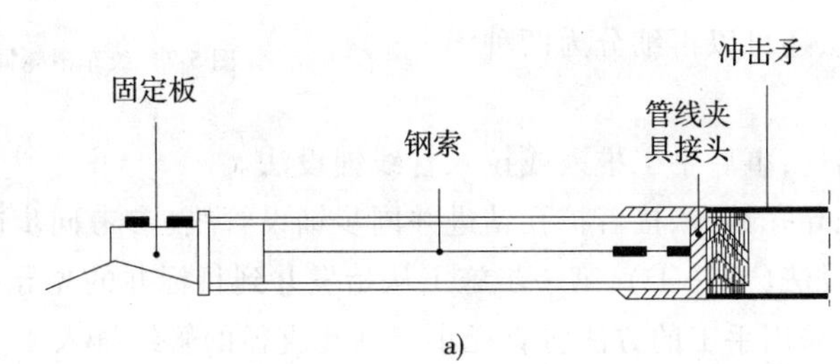

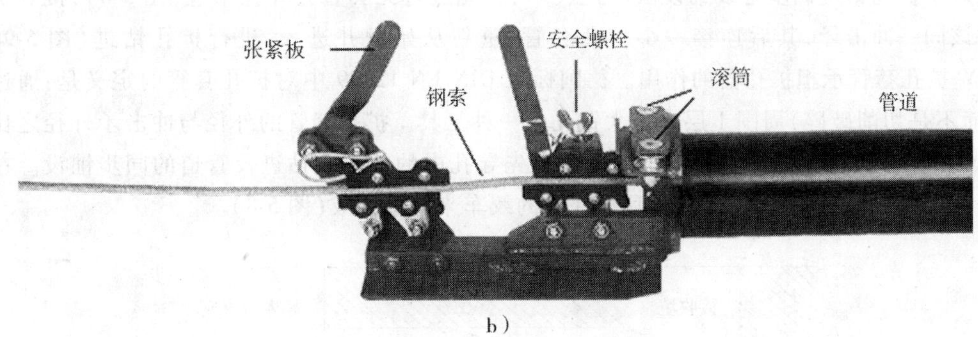

图 5-5　绳索拉入法

a) 原理图；b) 固定板的设计和布置

对于顶入法来说，其所需的顶推力来自于锚固在始发井前方井壁上的绞车，绞车钢丝绳的作用方法有两种，一种是皮带缠绕在顶进管子的末端(图 5-6)，另一种方法是通过一个滑轮作用在顶进管子的后端(图 5-7)。后者的优点是：一方面其顶进力可以大一倍，另一方面，其力的作用方向是沿着钻孔(或管线)的轴线方向，前者力的作用方向是偏心的。

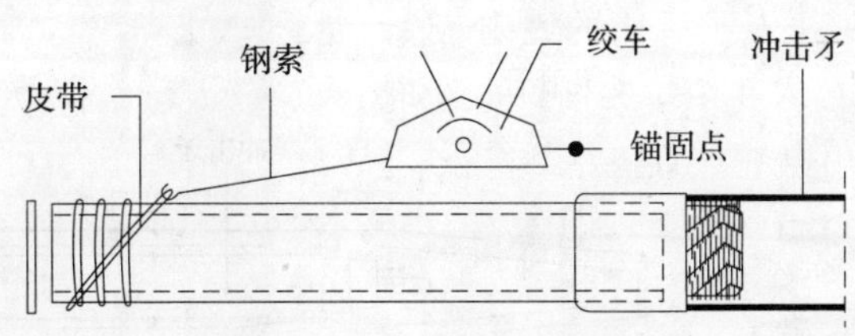

图 5-6　绞车皮带同步顶入法

同步铺设法和顶进相结合,可以提高管线铺设的精度,这一点在不稳定地层中施工,或者是在火车轨道下面,施工长度超过 15m 时,也是最基本的要求。在这种情况下,管道所起的作用是支撑孔壁,防止由于地层变形所引起的孔壁坍塌和缩径。

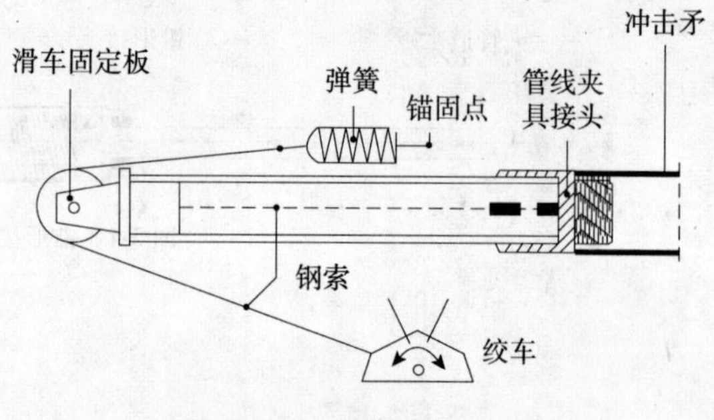

图 5-7 绞车滑轮同步顶入法

2)后铺管法

这种管道铺设方法还可以再细分为两种不同的方法。

方法①:无套管钻进,事后手工推入或拉入管线铺设法。

方法②:无套管先导孔钻进,接着扩孔钻进并同步铺设管线(参考同步铺设法)。

对于手工管线铺设法(方法①),第一步施工从始发井到目标井的先导孔,待冲击矛从目标井中取出以后,第二步采用手工的方法将直径小于钻孔直径的管线推入或拉入钻孔。

只有在非常稳定(或者是经挤密以后变得非常稳定)的地层中,才可以实现在裸孔中事后管线铺设。

对于扩孔钻进同步管线铺设法(方法②),首先进行无套管先导孔钻进(图 5-8),接着仍然使用该同一冲击矛,其后连接一个扩孔套管,重新从始发井进入,进行扩孔钻进(图 5-9、图 5-10)。扩孔套管承担扩孔器的作用。德国标准 DIN EN 12889 中对扩孔套管的定义是:通过挤密(而不是切削破碎)周围土层来扩大钻孔的一种工具。扩孔套管的外径与冲击矛外径之比应 <1.6。采用上述方法作为辅助,可以完成在先导孔中的的扩孔钻进及管道的同步铺设。在一定条件下,冲击扩孔过程可以通过目标井中的绞车来辅助完成(图 5-8)。

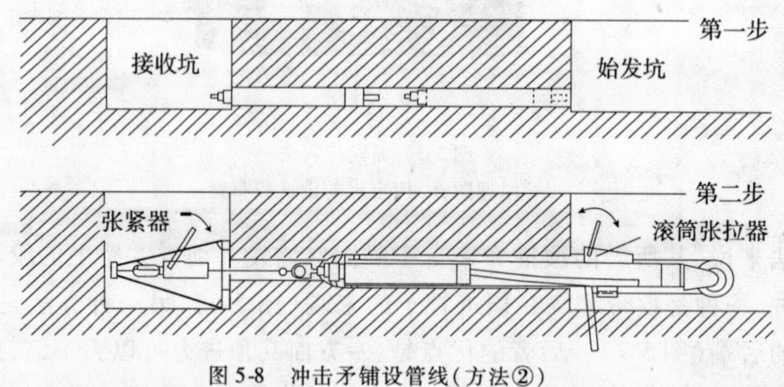

图 5-8 冲击矛铺设管线(方法②)
第一步:先导孔钻进;第二步:扩孔钻进和管线拉入

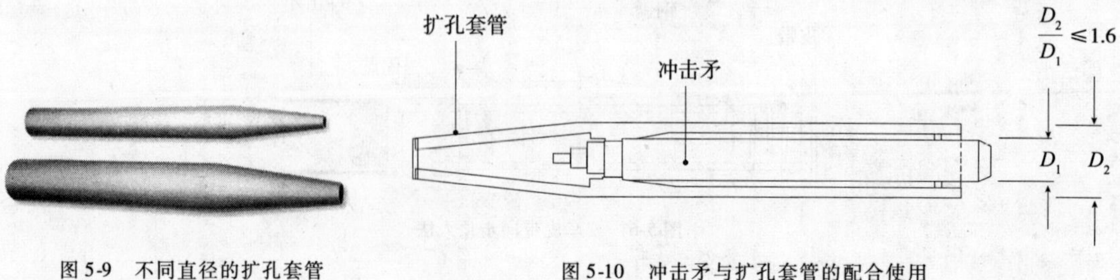

图 5-9 不同直径的扩孔套管

图 5-10 冲击矛与扩孔套管的配合使用

该工法的优点是：

(1)使用同一冲击矛可以施工不同直径的钻孔。

(2)通过测量先导孔可以事先确定随后要铺设管线的位置。

(3)通过绞车的牵引(导向)作用,减少了偏斜的可能。

5.2.2 施工机具

所用施工机具(图5-11)如下：

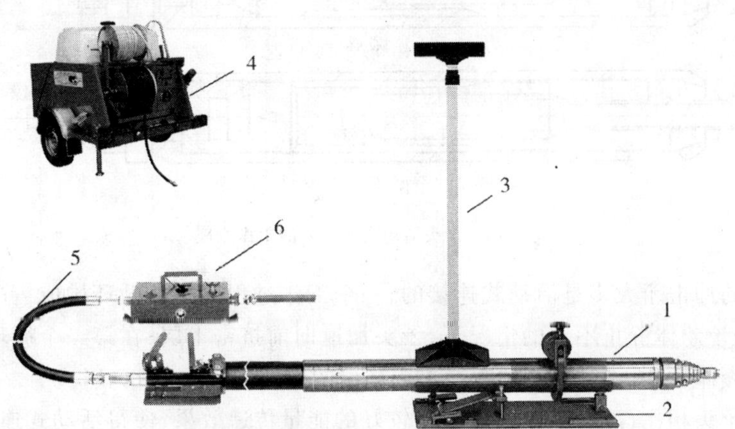

图5-11 冲击矛施工机具配备(以GRUNDOMAT为例)

1-冲击矛;2-发射架;3-测量三角架;4-空压机;5-高压胶管;6-调节装置

(1)冲击矛(其长度在0.9~2.2m之间,钻孔直径在45~180mm之间)(图5-12)。

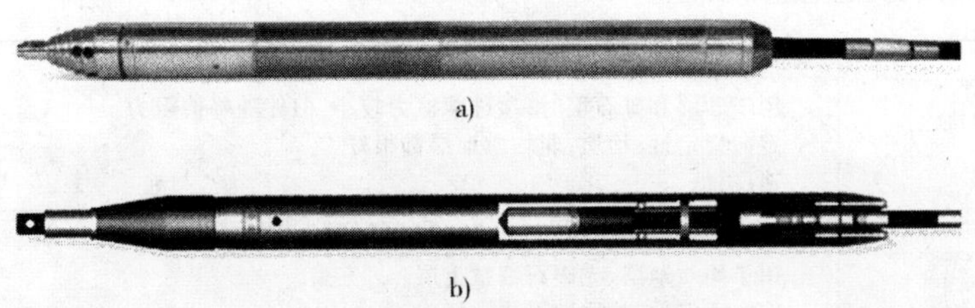

图5-12 冲击矛

a)冲击矛外形(德国TT公司);b)冲击矛内部基本结构(美国Vermeer公司)

(2)发射架。

(3)测量三角架和测量杆。

(4)空压机。

(5)高压胶管。

(6)冲击方向(向前或向后)及冲击频率调节装置。

(7)喷雾润滑器。

(8)空气加热器(在冬季施工中有时需要)。

冲击矛矛头与圆柱状的矛体之间的连接关系是非常关键的,它对活塞动能向冲击能的转换、冲击方向的稳定性以及钻进速度的影响,都是决定性的。在此主要介绍两种结构形式：

(1)整体式连接,矛头与矛体固定在一起(图 5-13)。

(2)活动式连接,矛头与矛体在轴线方向上是相对独立的(图 5-14)。

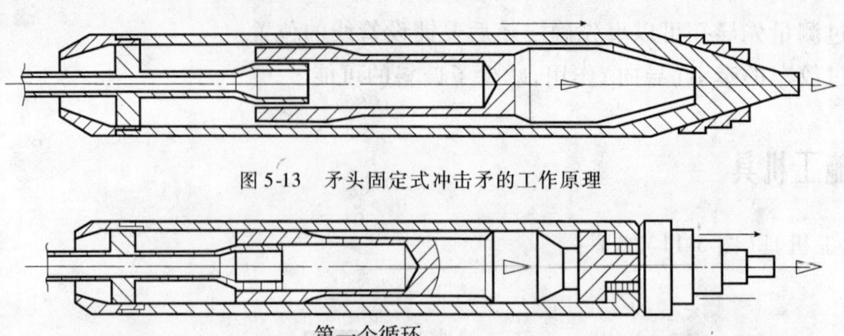

图 5-13　矛头固定式冲击矛的工作原理

第一个循环

第二个循环

图 5-14　矛头活动式冲击矛的工作原理

目前使用的冲击矛大多是活动式连接的,一个工作过程有两个循环构成,首先冲击活塞冲击矛头,在冲击矛矛体静止不动的情况下,矛头加速向前挤密土层;在第二个循环中,冲击力作用在冲击矛的壳体上,矛体沿同一轴线在矛头挤出的空间中跟进(图 5-14)。

与固定式矛头相比,活动式矛头能获得较好的能量传递效果,使得活动式连接矛头能够集中冲击能量,易于破碎所遇到的石头或障碍物。由于在冲击矛头向前挤密一定距离土层的同时,矛体是静止不动的,保证了较高的施工精度。

矛头的结构形式的优化选择,对施工精度和施工速度起着决定性的作用。图 5-15 列出了多种形式的矛头结构及其适用条件。

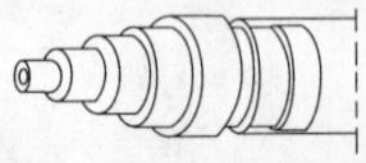 a	活动带沟台阶式矛头 用于砂层和砾石层时,顶进摩擦力较小,但伴随峰值阻力 定向稳定性:均质、非均质地层都很好 速度:低
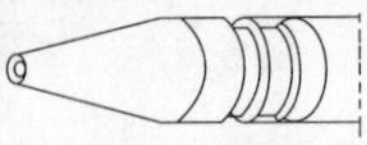 b	活动带沟锥形矛头 用于均质地层、无碎石细粒土层 定向稳定性:均质地层非常好 速度:高
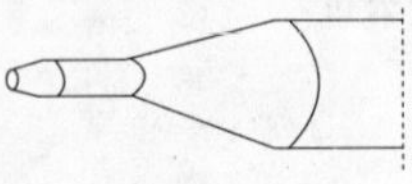 c	凿头锥形矛头(Cone head with chisel point) 用于所有土层到软岩层 定向稳定性:仅在均质地层表现较好 速度:很高,由径向力产生很大的劈裂力
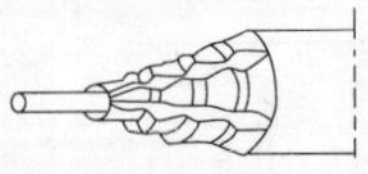 d	组合式矛头 定向精确 前置凿头能磨碎或劈裂障碍物 速度:比台阶式矛头高
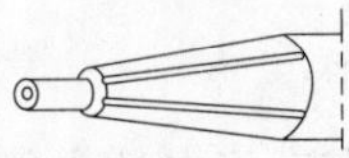 e	组合锥形矛头 定性精确性比锥形矛头好 前置凿头能磨碎或劈裂障碍物 速度:非常高

图 5-15　不同形式的矛头结构

目前所使用的矛头几乎全是阶梯状的(图 5-16),但是不同厂家的产品,在阶梯的数目、阶梯的角度以及纵向槽的形状上有所区别(图 5-17)。这种阶梯状钻头,在遇到卵砾石或软硬不均的地层时,其优点是产生的偏斜量较小(图 5-18)。

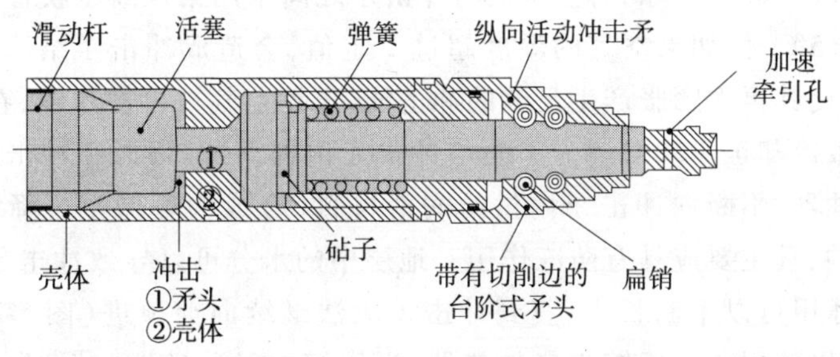

图 5-16　带活动式矛头冲击矛纵剖图

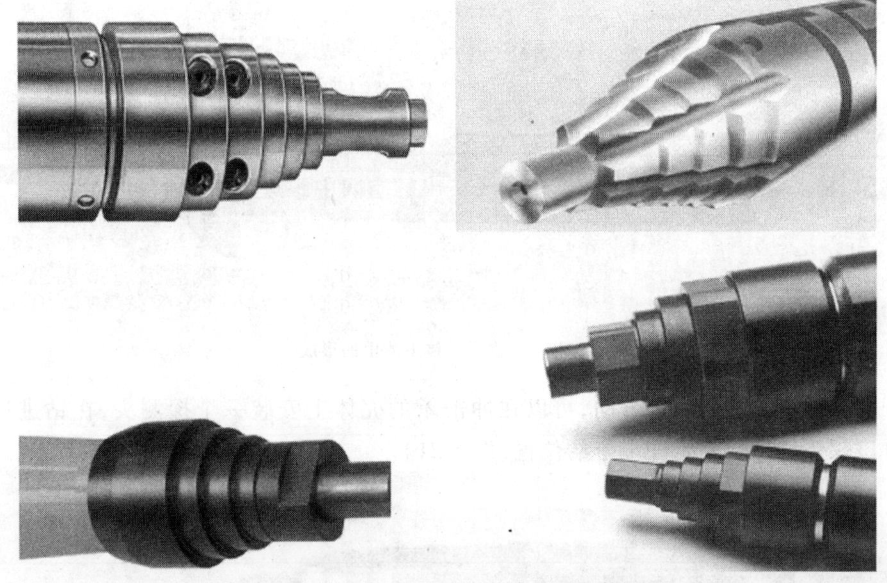

图 5-17　不同厂家的矛头形状

在均质的黏性土中钻进,台阶式矛头与锥形矛头的作用原理几乎相同,台阶被黏土充填,可以说是变成了一个锥形矛头(图 5-19)。

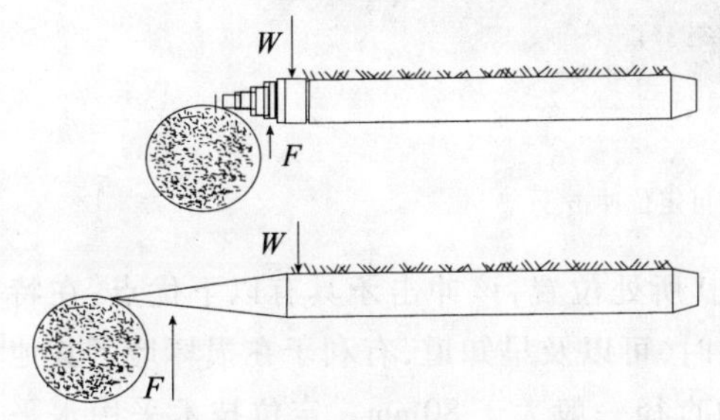

图 5-18　阶梯式冲击矛头和锥形矛头与砾石相切时的作用形式

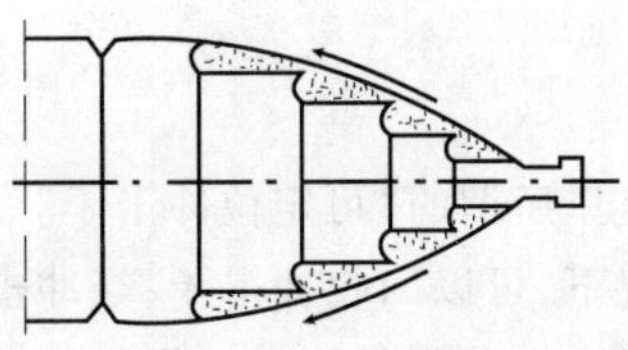

图 5-19　台阶式矛头在均质黏性土中的作用形式

由于在推进过程中,矛头受到严重磨损,为了减少材料的浪费,矛头一般采用螺栓或销钉固定在矛体上,当矛头磨损到一定程度的时候,可以更换新的。

在冲击矛工作时,还需要一个空压机(落地式或行走式),空压机的输出工作压力应为6~7bar,风量为0.8~6.0 m^3/min,空压机与冲击矛之间采用柔性高压胶管供气。

在室外气温<5℃时,如果空气的湿度超过一定值,会造成冲击矛结冰。当冲击活塞在缸体中运动时,为使其再次膨胀产生足够的冲击能,压缩空气被再次压缩,在此过程中,冲击矛内外的温度将被冷却至-30℃。为了防治冲击矛内部结冰,可以在冲击矛和空压机之间配备一个雾化喷油器,不断向冲击矛内供给润滑材料(合成的环保型可降解防冻油),这些材料必须是亲水的,且主要应具有防冻作用。地层中的水分可以导致冲击矛外部结冰,且结在冲击矛外部的冰甲可以不断长大,直到冲击矛无法继续向前顶进(图5-20),为了防止这一现象的发生,可以使用一个压缩空气加热器,当压缩空气通过该装置时,可以被其中的加热螺旋加热至120℃。

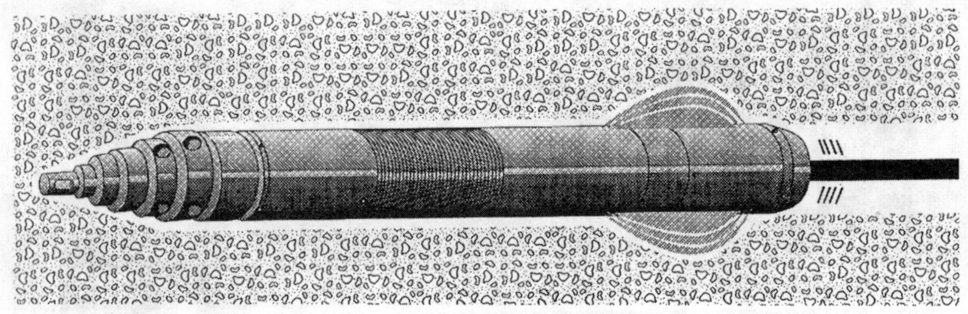

图5-20　冲击矛壳体上冰甲的形成

为了监控冲击矛的的冲击方向,可以在冲击矛的壳体上安装一个探测头,在钻进过程中,可以通过该探头精确地确定冲击矛的位置(图5-21)。

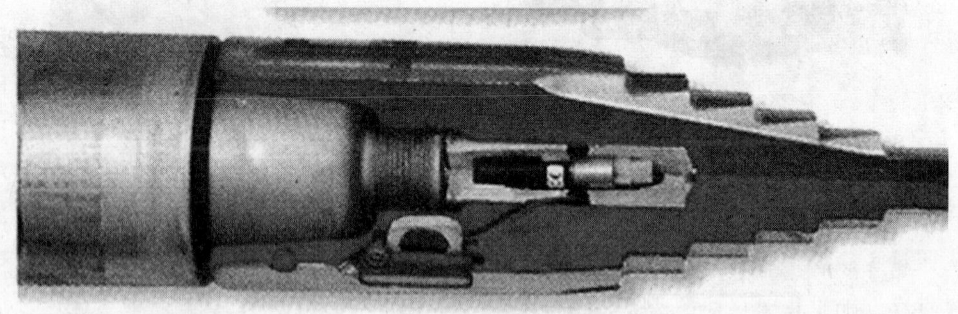

图5-21　安装了探测头的可定位冲击矛

这里所谓的“可定位冲击矛”,由于可随时测定其所处位置,该冲击矛具有以下优点:在特殊情况下,可以回收冲击矛;当冲击矛偏离设计轨迹时,可以及早知道,有利于在损坏地下其他相邻设施之前及时停止工作。这种可定位冲击矛的直径一般大于80mm。定位技术采用水平定向钻进中的手持式导向仪。

5.3 应用范围

由于运输方便、操作简单，冲击矛挤密非开挖管线铺设法是一种快捷、经济的施工方法。

原则上，冲击矛可用于干燥（或潮湿）的可挤密的均质的松软地层中施工（德国标准 DIN 18319 中的 L 类地层）。不可控冲击矛施工的钻孔一般为直孔，钻孔直径为 45～180mm（在使用扩孔套管时可达 300mm）。但是，扩孔套管的使用是有限制的，只有当先导孔的钻进速度在 4m/h 时，才可以使用。

在含水地层中使用时，必须采用施工辅助措施（如降水）。一般情况下，通过挤密法形成的钻孔，适合于铺设表面光滑的管道，这些管道可以是人工合成材料的（PVC、PE 或 HD PE）、钢质的或者是电缆。根据 AVT-A125 中规定，通过挤密法成孔铺管时，应考虑到其有 5%～15% 的缩孔量。

根据以往经验，该工法最合适的使用地层是：含少量黏性成分的混合粒度地层，其最大颗粒直径约为 60mm，密度从松散到中等密度（DIN 18319 中的 LNW1-LNW3 地层类别）。相反，单一粒度的地层通常为较密实的地层，只有在破碎土层颗粒本身的情况下，才可以进一步密实或挤密，因此，冲击矛不适合在颗粒直径从 0.06～0.2mm 的均一粒度的密实的沙层中使用。

尽管冲击矛也可以破碎单轴抗压强度压强小于等于 100MPa 的卵砾石，但是在应用该工法时，地层中应尽可能不含大的堆积物，因为这些障碍物也正像其他的地层不均匀性一样，影响冲击矛顶进方向的稳定性，容易产生钻孔偏斜。

在含饱和水的黏性地层或有机土层（DIN 18319 中的 LO 类地层），由于地层对冲击矛没有足够大的摩擦力，以及冲击矛本身自重引起的下沉趋势，所以在没有辅助施工方法的情况下，冲击矛在这类地层中是无法应用的。另外，由于含饱和水黏性地层的渗透性系数很小，形成孔隙水压力，该压力作用于冲击矛上一个阻碍前进的后拉力，使得冲击矛不能继续向前推进。

为了避免施工中地表的开裂和隆起，根据 ATV-A125 的规定，其最小的覆土厚度不应小于气动矛外径的 10 倍。在路面下施工时，由于土的密实度较高，施工难度大，其覆土厚度更应大于气动矛外径的 10 倍，这一经验公式同样也适用于地下相邻或交叉管道，也就是说，其安全距离也应大于或等于气动矛外径的 10 倍。

在松散的非黏性土层中施工，在不适用同步套管的情况下，应考虑到可能产生地表沉降，同时，由于没有气体向始发井排出的通道，也可能产生地层漏气的危险。

尽管冲击矛和套管施工方法，其施工长度在理论上是没有限制的，但是始发坑与目标坑间的距离原则上不应超过 25m，其原因在于，在地表无法对冲击矛进行导向和控制，如果施工长度过大，其施工精度就很难保证。通常，在施工长度小于 25m 时，其施工精度小于 1% 的施工长度,这一施工精度通常是能够满足要求的。

在铁道下面施工时,其覆土厚度(从枕木的上缘到管道的顶部)最小应为气动矛外径的12倍,同时还应大于等于1.5m,施工长度为气动矛外径的100倍,并且管道直径不能大于气动矛外径的200倍。当施工长度>20m时,冲击矛应具有监控手段(例如可定位冲击矛)。冲击矛法施工时,不允许同步多管道铺设;在平行管道铺设时,管道间的距离应大于1.0m,但不允许平行管道同步施工。

施工效率决定于土层的类型、土层的密度以及所采用冲击矛的类型。制造厂商提供的数据为10~15m/h。但是理论上也可以达到120m/h,表5-1中最后两行给出的施工效率值,是根据土层的可挤密性在理论上可以获得的。但是在实际施工中,考虑到安全和施工精度的要求,钻进速度不应大于15~20m/h。

冲击矛在不同的土层中可以达到的施工速度 表5-1

土层类别	施工速度(m/h)
风化泥质板岩 风化层状沙丘 非常硬的泥灰岩	0.5~3.0
含有最大直径(最长尺寸)达500mm碎石的路基 含有最大直径(最长尺寸)达120mm漂石的中密到密实卵石层	5~10
壤质砾石层 砂质砾石层 砂质壤土层 干的或含水砂层 含砾石砂层	15~25
可塑的黏土层(不太湿) 可塑的黏土层 砂层(不太湿) 冲积黏土层	30~120

5.4 非进入式可控土层挤密工法

由于上述非进入式不可控施工方法不能按预定的施工方向对钻孔进行控制,其应用领域受到一定的限制。因此,从20世纪70年代的下半叶开始,在世界范围内展开了对非进入式的方向可控制的非开挖管线铺设技术的研究工作。

目前,已经有很多成熟的方向可控的非开挖铺管技术,有的是在原有不可控的施工技术基础上发展而来的,有的是对全断面破碎顶管机或定向钻进技术的新发展。

根据ATV-A125,当覆土厚度<1.0 m或<气动矛的外径时,可能会发生严重的地表沉降,

并且也不能排除最初发生地表隆起的可能性。因此,为了避免可能造成的损失,应尽可能选择较大的覆土厚度。

按照成孔的方式,非进入式可控非开挖施工方法可以分为如下几种:

(1)土层挤密工法。

(2)排土式工法。又可分为:先导式顶管施工法、微型隧道工法和定向钻进技术。

本章主要介绍土层挤密式施工技术。

5.4.1 土层挤密工法

这种非进入可控式土层挤密工法主要包括:

(1)可控冲击矛挤密工法。

(2)可控冲击矛水平钻进技术。

(3)先导式土层挤密施工技术。

(4)土层挤密式微型隧道施工技术。

其中后两种施工方法是比较特殊的,考虑到本书的层次性和系统性,将分别在第 10 和第 11 章中对它们进行详细地论述。

上述的可控式土层挤密施工方法在制定标准 DIN 12889 时没有被考虑进去,因为这些施工方法在当时或者是正处于研究之中,或者是这类工法只在欧洲以外的其他国家得到了应用。

从原理上来说,可控式土层挤密工法和非可控式土层挤密工法类似,因此,下面仅就有关的重要区别和补充进行说明。

1)可控冲击矛施工工法

可控冲击矛施工法基本上和常规冲击矛施工法相同,不同的是,可控冲击矛的前部壳体内安装了一个探头,借助于所谓的手持式导向技术对其进行定位,可以确定冲击矛的方位、在地下的深度以及其偏转情况。

目前市场上关于这类技术的产品主要有两种:

(1)Grundosteer。

(2)可控地下火箭 CM-98Z。

这两种施工工艺都必须完成至少两个施工步骤:

(1)成孔过程。

(2)回拉铺管,即在成孔之后将管线通过供应压缩空气的高压胶管或者钻杆柱拉入钻孔中。

2)Grundosteer

Grundosteer 型可控冲击矛(图 5-22a)的挤密头(导向头)呈阶梯状,可以向侧面偏斜,要调节其施工方向时,只需在合适的位置转动刚性的压气供应胶管即可见图5-22b)、c)。

对于壳体外径为 75 mm 长约 1.70 m 的冲击矛,其钻孔能铺设的管线最大直径为 63mm,可施工的长度在 40 ~ 55m 之间,可施工钻孔的曲率半径 > 27m,平均施工效率(纯钻效率)约为 10m/h。

3)可控式地下火箭 CM-98Z

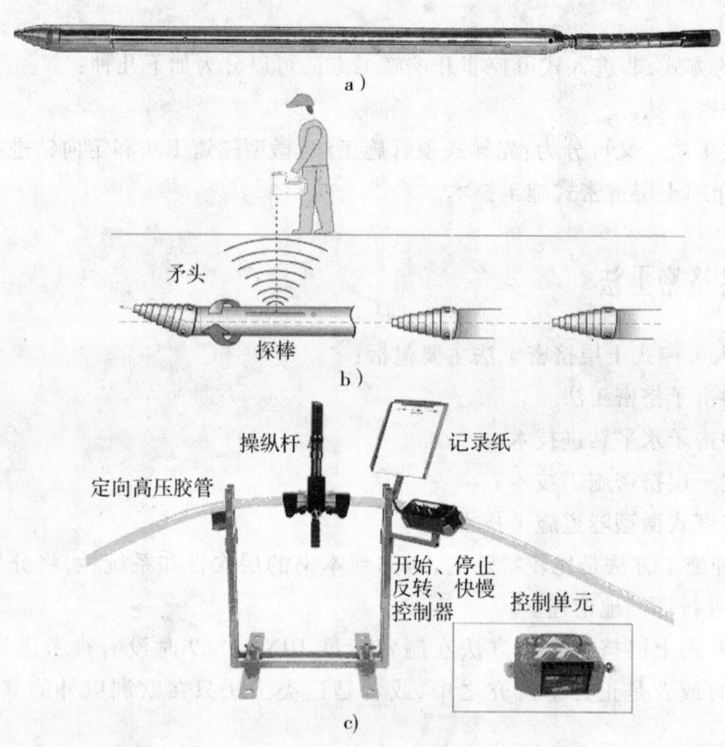

图 5-22　Grundosteer 型可控冲击矛
a）外貌；b）定位及变向原理；c）定向的控制设备

可控式地下火箭 CM-98Z（图 5-23）具有一个单面偏斜的挤密钻头（图 5-23b），通过人工的方法转动与之相连的钻杆柱或者通过一个液压推动/转动装置（图 5-23e），将其调整到预期的位置。

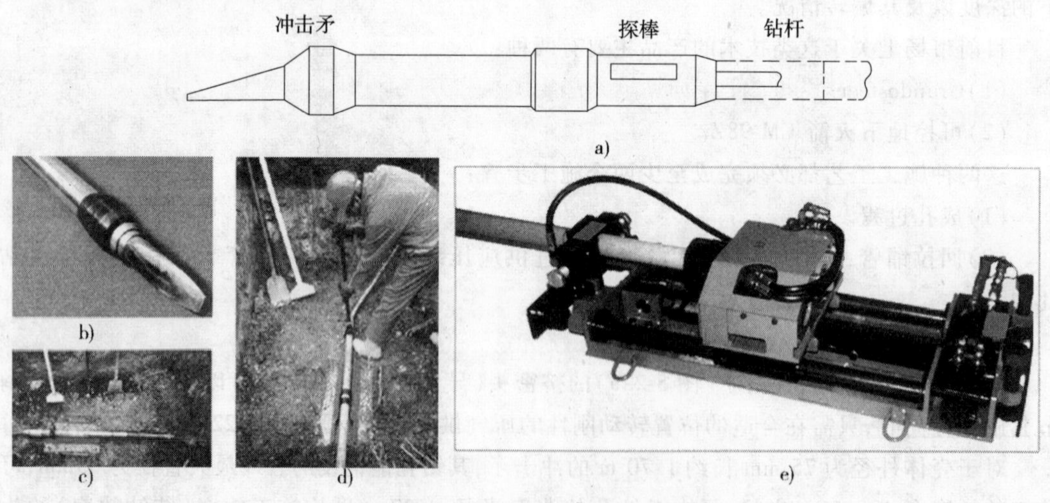

图 5-23　可控式地下火箭 CM-98Z

这种施工方法主要用于施工直径 <115 mm 的直孔，施工长度一般小于 50 m，可铺设的管线的最大直径为 90mm。

5.4.2 冲击矛水平钻进法

冲击矛水平钻进法是一种干式的潜孔锤冲击回转和土层挤密相结合的施工方法，在施工过程中，破碎下来的泥土不是被输送至地表，而是直接挤密至周围的孔壁。

这种工法所用的钻机(图5-24)在结构上类似于冲击回转潜孔钻机，其回转头安装于一个滑架上。在使用中，潜孔锤即是一个改装了的冲击矛，其前部配备一个偏斜的挤密钻头，冲击矛的后面和钻杆柱相连，通过钻杆传递钻进过程中所需的顶推力和回转运动。

a)

b)

图5-24 冲击矛水平钻进设备

1)工作原理及过程

该工法的实施过程和水平定向钻进方法相同，主要过程为：

(1)先导孔钻进。

(2)扩孔钻进。

(3)拉入法铺设管线。

不但在先导孔施工中，而且在扩孔(或多级扩孔)钻进中，多要采用土层挤密的作用原理。

第一步：先导孔钻进

在确定好要铺设管线的轨迹之后即可开始先导孔的钻进，钻机的安装有两种形式：一是将钻机直接定位于地表，钻孔倾角为5° ~ 15°(图5-24a)；另一种方法是将钻机安装于始发工作坑中(图5-24b)。对于第一种安装形式，钻进工作首先从地表的入射点开始，当达到预定深度后，进行水平钻进直至目标点。驱动冲击矛工作所需的压缩空气通过中空的钻杆柱供应。

第二步：扩孔钻进

在扩孔钻进阶段，通过一次或多次的钻杆柱在钻孔中的回拉，完成扩孔钻进工作(钻孔最大可扩至250 mm)。这里可以采用一个经过改进的冲击矛(扩孔冲击锤)来辅助进行扩孔，即在钻孔的终点或者目标工作坑中将该扩孔冲击锤连接在钻杆柱上，通过钻机将其回拉至钻孔的起点，同时完成扩孔工作。如果第一次扩孔即能满足所要铺设管线的直径需要，则可以通过一个抗弯抗扭接头将管线直接连接于扩孔冲击锤的后面将其同步拉入钻孔；如果还需要进一步扩孔时，则应同步拉入下次扩孔要采用的钻杆柱，其上应事先连接好下次扩孔所需的扩孔套管和扩孔冲击锤。

第三步：管线拉入

在最后一次扩孔时，即将要铺设的管线连接于扩孔冲击锤的后面从目标点（或目标坑）拉入钻孔。

2）施工机具

这种冲击矛水平钻进工法所需的基本施工机具包括：

（1）钻进滑架或钻机（图 5-24）。

（2）导向或定位系统。

（3）冲击矛及钻杆。

（4）扩孔冲击锤和扩孔套管。

（5）驱动装置。

（6）空压机和配套的高压胶管。

（7）有时还需要一套供水系统（包括水箱、水泵和供水管线等）（图 5-25）。

图 5-25　钻机及水箱

根据钻机（或钻进滑架）的大小，可选用 0.5m、1.0m、2.0m 或 3.0m 等不同长度的钻杆；驱动冲击矛（冲击频率最大为 1 000 次/min）或者扩孔冲击锤的空压机的工作压力应在 7 ~ 12bar 之间，要求的供气量最小应为 2.8m^3/min。

在干性地层施工时，为了通过疏松土层提高施工效率以及通过润滑孔壁减小施工中的摩擦力，可以向压缩空气中注入少量的水（≤4.70L/min），这里的水可以通过冲击矛或扩孔锤的喷嘴喷出。如图 5-25 所示，施工中可以采用一个便携式的容积为 200L 的水箱来供水。

3）应用领域

原则上，该工法适用于干性的或者潮湿的可挤密性松散地层，即 DIN18319 中定义的 L 类地层；可施工钻孔直径可达 250mm，可铺设长度≤100m 的最大直径为 180mm 的单根或多根管线。

当采用2.0m长的外径为44mm的标准钻杆时，可以施工曲率半径≥20m的钻孔。

施工中采用电磁导向技术对管线的方向进行监控，允许的施工深度为5m，根据管线在地下的深度不同，其测量精度在垂直方向上为20～30mm，在水平方向约为50mm。

采用这种工法施工时一般需要2个工作人员。

在采用钻机滑架进行施工时，所需工作坑的大小根据所用钻杆的长度而定，对于1.0m长的钻杆，工作坑的尺寸应为1.65m×1.00m；当采用0.5m长钻杆时，工作坑的尺寸则需要1.12m×1.00m。

参考文献

[1]Company information H. Jürgen, Essig Industrielle Anlagen GmbH & Co. KG, Porta Westfalica

[2]Company information Tracto - Technik GmbH, Lennestadt

[3]Company information Vermeer Manufactering Co. , Iowa, USA

[4]D. Stein. Trenchless Technology for Installation of Cables and Pipelines. Germany, 2005

[5]EN 12889: Trenchless construction and testing of drains and sewers, 2000

[6]马保松，D. Stein. 可控土层挤密非开挖管线铺设方法及应用. 探矿工程，2003(6)

[7]谢含华，王文龙，殷琨，等. 国内外非开挖气动锤的发展现状. 非开挖技术，2006(6):1-7

[8]颜纯文，蒋国盛，叶建良. 非开挖铺设地下管线工程技术. 上海:上海科学技术出版社，2005

[9]颜纯文，D. Stein. 非开挖地下管线施工技术及其应用. 北京:地震出版社，1999

[10]张忠林，王臣亚，任东鸿. 关于气动冲击矛技术特点的综述. 非开挖技术，2005(4):15-18

CHAPTER 6

夯管法施工技术

6.1 概 述

长输管线和市政地下管线经常会遇到穿越公路、铁路、沟渠和建筑物等特殊地段的施工，施工方法是多种多样的，气动夯管锤作为非开挖铺设管线的新型设备，以其工艺先进、施工程序简便、施工周期短、质量好、造价省等优点而得到越来越广泛的应用。

夯管法广泛应用于水平铺设钢管，而最近几年的发展使夯管法的应用领域得到很大扩展。应用夯管锤夯击钢管形成隧道施工支护管棚已经是一项成熟的技术。夯管法也能用于垂向工程，例如打桩和施工微型桩。

夯管法铺设地下管线的特点如下。

1）施工质量好

采用夯管法铺设障碍物下埋管道，穿越精度和埋深能满足设计要求；避免了因埋深不足而给管道安全运行留下的隐患，并且套管保护良好。

2）施工占地少

施工作业面积由线缩成点，占地面积小，土方量小，操作简便；与同管径管线的其他施工方法相比，可节约施工占地。

3）施工效率高

与顶管施工方法相比，可不需要修筑大体积混凝土靠背墙，节约时间和工程投资；与水平定向钻进相比，施工中不需要更换钻杆，提高了施工效率；与机械开挖方法相比，效率提高更多。

4）施工周期短

穿越公路、铁路、沟渠和建筑物等障碍物时，可避免或减少搬迁，缩短施工周期。

夯管锤铺管对地层适应性较强，可在任何土层中使用，无论是含砾石土层，还是含水土层均能顺利地夯入管道，而且铺管速度较快，一般夯速为 6～8m/h，快时可达 15～20m/h。

6.2 工 作 原 理

夯管法是指用夯管锤将要铺设的钢管沿设计路线直接夯入地层，实现非开挖穿越铺管（见图 6-1）。夯管锤实质上是一个低频、大冲击力的气动冲击器，它由压缩空气驱动。夯管锤和气动矛相似，有的气动矛也可以兼作夯管锤。

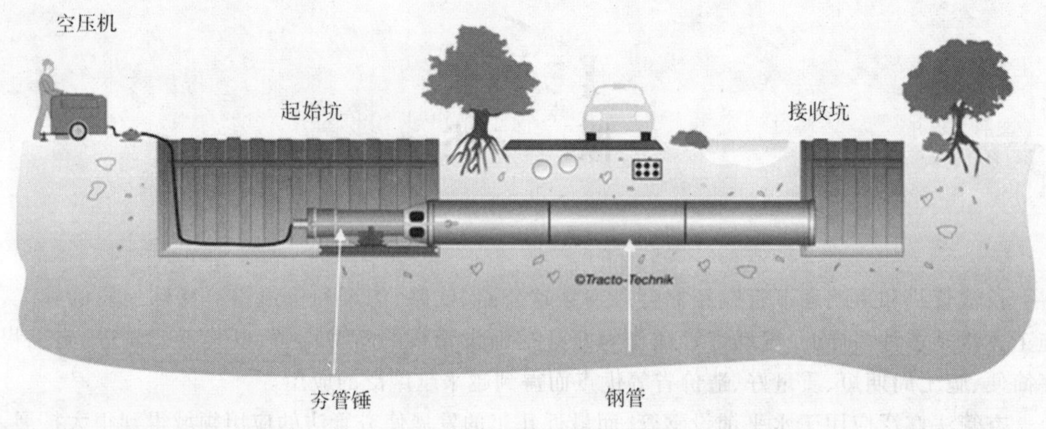

图 6-1 夯管法技术原理

6.2.1 夯管法铺管原理

夯管法可分为封闭式夯管和敞口式夯管两大类别。

1)封闭式夯管

封闭式夯管技术即在待夯入第一节钢管的头部焊接锥形头(图 6-2)。在钢管夯入地层的过程中,锥形头挤压周围土层,形成钻孔。使用该法产生的管土相互作用类似于使用挤土技术产生的相互作用。使用锥形头的封闭式夯管能铺设的管道直径达到 200mm。

2)敞口式夯管

敞口式夯管技术即待夯入管道头部保持开口状(图 6-3),因此能掘进与套管大小一样的钻孔,这允许在管道铺设路径上的土颗粒保持在原地,仅少量的土在夯进过程中产生挤压作用。该技术用于铺设直径大于 200mm 的管道。

图 6-2 封闭式夯管头

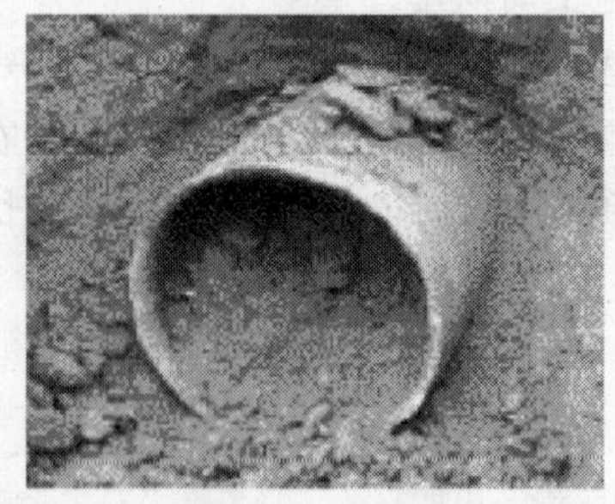

图 6-3 敞口式夯管

在夯管施工过程中,夯管锤产生较大的冲击力,这个冲击力直接作用在钢管的后端,通过钢管传递到前端的管靴上切削土体,并克服土层与管体之间的摩擦力使钢管不断进入土层。随着钢管的前进,被切削的土芯进入钢管内,待钢管抵达目标后,取下管靴,钢管留在孔内。可用气压、高压水射流或螺旋钻杆等方法将其排出,有时为了减少管内壁与土的摩擦阻力,在施工过程中夯入一节钢管后,间断地将管内的土排出。

该技术的特点是冲击力大,最大的夯管锤的冲击力每次 2 000t,最大能夯击 3. 73m 直径的钢管,适于大管径和管幕施工。选择夯管锤时,一般应根据钢管直径及夯进长度选择适当的机型。

由于夯管过程中钢管要承受较大的冲击力，因此夯管锤铺管只能用于铺设钢管，一般使用无缝钢管，而且壁厚要满足一定的要求，如果夯管距离超过 40m，壁厚应增加 25%。夯管要求的壁厚见表 6-1。钢管直径较大时，为减少钢管与土层之间的摩擦阻力，可在管顶部表面焊接一根小钢管。随着钢管的夯入，注入水或泥浆，以润滑钢管的内外表面。钢管间的连接由现场焊接来完成，一般夯入一段，焊接一段。根据铺管现场具体条件，来确定管段长度，如果条件许可，应尽可能用长的管段，以便减少焊接造成的铺设误差，节约焊接钢管所需的时间。

夯管要求的钢管壁厚　　表 6-1

管径(mm)	≤250	350 ~ 800	800 ~ 1 200	1 200 ~ 1 500	1 500 ~ 2 000
壁厚(mm)	>6	>9	>12	>16	>20

6.2.2 夯管锤结构和原理

夯管锤的结构简图如图 6-4 所示。

夯管锤采用后腔始终通高压空气的活塞式配气机构，依靠密封环形成配气通路，在活塞的运动过程中，通过活塞上后阀孔的开启和关闭来配气，冲程时，前腔随活塞的运动依次处于和大气相通、封闭及和后腔相通，由于前腔压力低，活塞在前后腔压力差的作用下，加速运动并以很高的速度撞击缸体作功，完成冲程动作。返程时，随着活塞撞击缸体速度降到零，此时前腔压力基本和后腔压力相等。由于前腔承压面积大于后腔承压面积，活塞做反向的加速运动，当后阀孔越过内密封环后，前腔和后腔被隔离，前腔压力逐渐降低，当压力低于某一值后，前腔作用力小于后腔作用力，活塞开始减速运动，直到速度为零，完成一次循环，此时后腔作用力大于前腔，活塞开始第二次循环，如此往复，实现铺管施工。

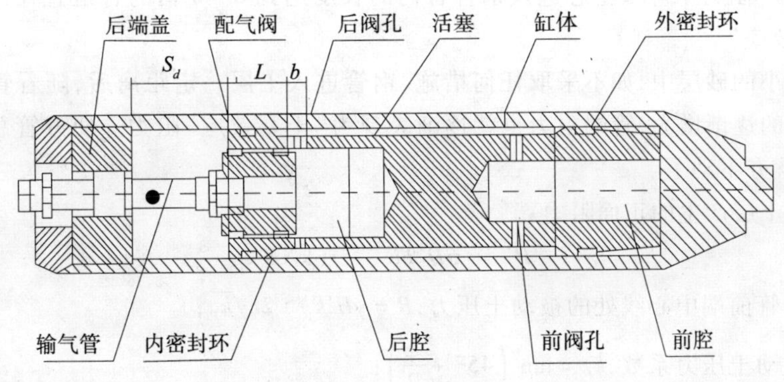

图 6-4　夯管锤结构简图

6.2.3 钢管的受力及地层可夯性

1)夯进时钢管受力分析

钢管在夯管锤冲击力的作用下进入土体，其受力情况如图 6-5 所示。图中 P 为钢管受到的冲击力，F_1 为钢管内、外壁所受的摩擦阻力，F_2 为管端阻力，G 为钢管自重，N 为土体对钢管的侧向反力总和。因此，当 $P > F_1 + F_2$ 时，钢管就能顺利夯进。讨论各种影响 F_1、F_2 的因素，就可以明确夯管锤铺管的破土机理。

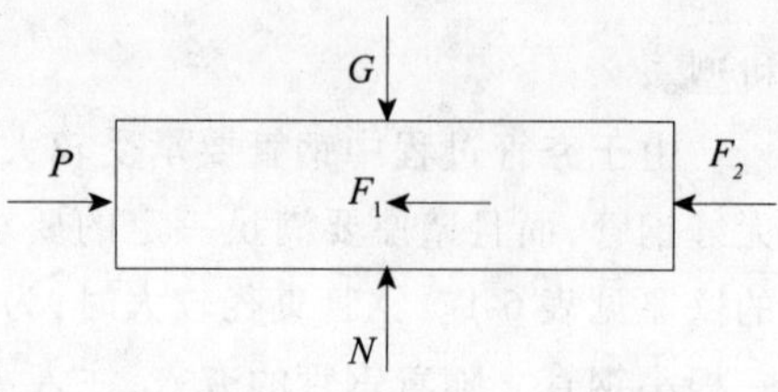

图 6-5　钢管在夯进过程中的受力简图

(1)摩擦阻力 F_1

F_1 为管壁与土层接触面之间的摩擦力,与垂直于接触面上的作用力的大小成正比,并与土的性质有关。综合分析土的内摩擦角、重度和内聚力,可以大致判断土层摩擦力对夯管的影响。

$$F_1 = f\gamma D\frac{\left[\pi\frac{H}{2}+\pi K_1\frac{H+\frac{D}{2}}{2}+\frac{w+G}{\gamma D}\right]}{L}\quad(\text{kN})\tag{6-1}$$

式中:γ——土的重度,kN/m^3;

f——钢管与土层的摩擦系数;

D——钢管外径,m;

H——管顶以上覆土厚度,m;

K_1——主动土压力系数,$K_1=\tan^2\left(45°-\frac{\varphi}{2}\right)$;

φ——土的内摩擦角,(°);

w——单位长度钢管的重力,kN/m;

G——单位长度钢管内土芯的重力,kN/m;

L——顶进长度,m。

(2)管端阻力 F_2

管端阻力按管鞋对土层的作用形式可分为切削阻力和“土塞效应”阻力。在正常情况下,主要是切削阻力,但当管内土芯与管内壁的摩擦力足够大到土芯不能在管内滑动时,就主要表现为“土塞效应”阻力了。当土芯进入钢管管内的长度达到 6 ~ 8 倍的管道直径而不破坏时就会产生“土塞效应”。

在含水率小的砂层中,如不采取任何措施,钢管进入土层一定距离后,随着管内土芯与管内壁的摩擦力的逐渐增大,管端阻力也就逐渐表现为“土塞效应”阻力。使夯管总阻力急剧增大,很快钢管就夯不动了。

钢管切削土层产生的正面阻力:

$$P' = \pi D'TR\quad(\text{kN})\tag{6-2}$$

式中:R——钢管前端中心线处的被动土压力,$R=\gamma H'k_P+2c\sqrt{k_P}$;

k_P——被动土压力系数,$k_P=\tan^2\left(45°+\frac{\varphi}{2}\right)$;

γ——土的重度,kN/m^3;

D'——管鞋的平均直径,m;

T——管鞋的厚度,m;

H'——管道中心的深度,m;

c——土的黏聚力,kPa。

钢管在夯进过程中可能产生“土塞效应”,钢管内的土芯可产生阻力:

$$P'' = \lambda_P q_{Pk} A_p\quad(\text{kN})\tag{6-3}$$

式中:λ_P——管端“土塞效应”系数,取 $\lambda_P=0.696$;

q_{Pk}——依照预制桩极限端阻力标准值，取4 000 kPa左右；

A_p——钢管内土柱的截面积，m^2。

则管端阻力 $F_2 = P' + P''$。

2）土的性质对地层可夯性的影响

通过测试土的内摩擦角、重度和内聚力3个基本参数可以大致判定土的可夯性。施工前掌握和判断土的密实程度，对夯管的顺利进行有着重要意义。表6-2的方法可以判断土的密实程度。

不同土的密实程度判断方法　　表6-2

土质	密实程度	判断方法	N值（击）	黏聚力c（kPa）
砂土	很松	用手将 ϕ13mm 钢筋容易插入土中	<4	
	松散	用挖掘机易挖动	4~10	
	稍密	用2.2kg锤将 ϕ13mm 钢筋较易打入	10~30	
	中密	用2.2kg锤将 ϕ13mm 钢筋打入	30~50	
	很密	用2.2kg锤将 ϕ13mm 钢筋打入5~6cm，且有金属撞击声	>50	
黏土	很软	手握成10cm拳头易贯入	<2	<12.5
	软	拇指可贯入10cm左右，较轻松	2~4	12.5~25
	一般	拇指加中等力可贯入10cm左右	4~8	25~50
	稍硬	拇指加很大力只能形成一个凹坑	8~15	50~100
	很硬	可用挖掘机挖动	15~30	100~200
	坚固	只能用镐挖，且较费劲	>30	>200

密实程度越高，N值越大，可夯性越差。下面针对6种土质分别进行分析。

（1）软土。在静流中沉积的饱和黏土，含水率高，透水性差，压缩性高，抗剪切强度低，具有一定的触变性。摩擦系数0.2~0.4，易产生液化，摩擦阻力小，管端阻力小，很难产生“土塞效应”，所以夯进速度快，夯进距离长，可夯入的管径大。但是容易产生偏斜和管头下沉，应依据铺设长度和铺管直径，在铺设导轨时将导轨前端适当上扬，形成一个提前角，从而补偿钢管的下沉。

（2）黏土。具有可塑性、黏聚力、弹性压缩性、内摩擦力均高及低渗透性的胶体特性，其塑性指数≥17。可以对管壁产生较高的摩擦阻力，摩擦系数为0.5~0.75。对于黏性高的土层，由于具有较高的塑性，当夯进一定距离后，在管鞋切削时可产生“弹垫作用”，另外由于高黏附性，管内的土芯不容易被振动所破坏，可以产生“土塞效应”，从而使夯进速度缓慢。针对黏土的高内聚力的特性，在夯管施工时可以采取跟管注浆的方法，利用一定的压差，向钢管与土层之间的环状间隙注入清水，在夯管锤振动的配合下，清水可以破坏黏土的胶体特性，使局部土层的可塑性减弱，触变性增强，这样可以在很大程度上提高铺管速度。

（3）砂黏土。黏粒少于30%而砂粒多于粉粒时为砂黏土。可塑性、内聚力、弹性、压缩性均较低，而内摩擦力和渗透性较黏土高。摩擦系数为0.5~0.65，塑性指数为7~17。砂黏土层易于剪切和坍塌，极少产生“弹垫作用”和“土塞效应”，适宜夯管法施工。在夯管锤高频振动的作用下产生液化，可以大大降低摩擦阻力，配合注浆工艺，可以将 ϕ1 000mm 左右的钢管铺设100m。

（4）粉土。含黏粒少于3%，而粉粒多于50%，砂粒少于50%。可塑性、黏聚力极低，摩擦系数为0.5~0.65，具有触变性，含水饱和时出现流砂现象。土层易于剪切和坍塌，适宜夯管法施工。夯管锤的振动可以产生土层局部液化，当铺设较长距离的管道时，由于振动时间较长，钢管管壁外粉砂液化严重，可能会黏附于钢管上产生较大的摩擦阻力，消减夯击力，减慢夯进速度。可以采用小压力泵送膨润土或化学泥浆（CMC泥浆）的方法，使钢管外壁形成泥浆套，该法能完成较长距离的穿越。

(5)砂土。含砂粒多于50%的土,无可塑性,干燥时呈松散状态,渗透性较黏土好,稍湿的砂土具有假内聚力。摩擦系数为0.6~0.8,与其他土层相比可以产生最大的摩擦阻力,级配良好的密实砂土,抗剪切性能好,可以形成很高的管端阻力,土层的摩擦系数高,摩擦阻力也很高。为了克服这些不利因素,可以采用注浆工艺,选用膨润土泥浆最好,禁止使用清水和化学泥浆作为减阻润滑剂。

(6)砂砾石土。粒径大于2mm的颗粒质量超过50%的土为砂砾石土。摩擦系数为0.5左右,渗透能力很强,干燥时呈松散状态,级配良好,密实状态的砂砾石土不塌方。杂填土回填地层与砂砾石土性质相似,用夯管锤进行铺管时,比管径小的卵砾石或石块可进入管内,比管径大的砾石、石块或漂石可以被管鞋击碎并进入管内。这要求地层中砾石、石块或漂石的含量在40%以下,且最大粒径在80mm以下,允许局部含有极少量粒径较大的石块,但是所铺设钢管的内径应比石块的最大粒径大30%以上;否则,石块封堵于管口前,夯进速度会急剧下降。另外,对于管壁较薄或强度较差的钢管会造成变行,使铺管工作失败。

一般来说,含量高并且平均粒径在80mm以上的卵石圆砾石地层及回填的、粒径较大、级配单一的碎石渣地层,为不可夯地层。其他地层均为可夯性地层。另外,土层中含水率的变化对于夯管速度有很大的影响,含水率适中的地层,在振动荷载作用下液化程度良好,可夯性好。

为了定量说明,我们根据地层土的种类和性质,并参考标贯实验数据,对地层进行可夯性分级(见表6-3)。

地层可夯性分级 表6-3

级别	土的种类和性质	$N_{63.5}$	难度系数 k
1	非常软的黏土、流塑性土、未缩水的淤泥	0~2	0.4
2	非常软的粉质黏土、软的黏土、含水率很大的极松散的砂土、未夯实的素填土	2~4	0.5
3	软的黏性土、含水率较大的松散的砂土、稍实的素填土、冲填土	4~6	0.6
4	较软的黏性土、潮湿的松散的砂土、较实的素填土、松散的杂填土	6~9	0.8
5	一般的黏性土、含水率很大的稍密实的砂土、稍湿的松散的砂土、夯实后的素填土、稍实的杂填土	9~12	1.0
6	稍硬的黏性土、很湿的稍密实的砂土、干的松散的砂土、较实的杂填土	12~16	1.2
7	较硬的黏性土、湿的稍密实的砂土、夯实后的湿杂填土、饱和的极松散的碎石土	16~21	1.5
8	非常硬的黏性土、稍湿的稍密实的沙土、很湿的中密实的砂土、夯实后的稍干杂填土、湿的松散的碎石土	21~27	1.8
9	半固结的黏性土、稍湿的中密实的砂土、饱和的中密实的碎石土	27~34	2.1
10	固结的黏性土、稍干的中密实的砂土、饱和的密实的碎石土、稍湿的松散的碎石土	34~41	2.5
11	稍干的密实的砂土、稍湿的中密实的碎石土	41~50	3.0
12	干的密实的砂土、干的中密的碎石土	>50	4.0

6.2.4 夯管锤铺管精度

1)夯管铺管精度估算

夯管锤铺管精度与所穿越地层、铺管长度、直径、焊缝数量和施工经验有关。一般来说,地层太软或软硬不均、一次性穿越距离过长、管径太小、焊缝量多或施工经验不足都会造成铺管偏差过大。这些因素对铺管偏差的影响都有一定的规律性，根据施工经验，总结规律，对提高夯管铺管精度控制非常重要。通过试验，总结出如下经验公式：

$$\delta_1 = 2k_1(L/D)^2 \times 10^{-5} \tag{6-4}$$

$$\delta_2 = 2k_2(L/D)^2 \times 10^{-5} \tag{6-5}$$

式中：δ_1——钢管在重力作用下的垂直向下偏差，m；

δ_2——综合因素产生的偏差，m；

L——铺管长度，m；

D——管道直径，m；

k_1——地层软硬系数，硬地层取1，软地层取1.1～1.3；

k_2——综合影响系数，取1～1.5。

δ_1 可通过导轨上扬一定角度来补偿，穿越距离长或地层软时上扬角度大些，穿越距离短或地层硬时上扬角度小些。通过补偿可大大提高铺管精度。

综合影响系数与地层软硬程度、焊缝数量和施工经验（如导轨安装质量）等多种因素有关，如要提高铺管精度，除不断积累施工经验外，应尽量增加每段管的长度，尤其要注意的是第一节管道的精度。

2）导致方向偏差的原因

因为夯管锤铺管属非控向铺管，在铺管过程中难免出现方向上的偏差。造成方向偏差的主要原因包括如下几个方面：

（1）导轨安装偏差。

（2）导轨用料匹配不当，不能很好地固定钢管。

（3）承载导轨的基础不稳定。

（4）钢管本身刚性小，易弯曲。

（5）钢管间焊接偏斜。

（6）地层软硬不均，管道斜交地层界面。

（7）夯进时遇到障碍物。

（8）管道直径与长度匹配不当。

（9）其他原因。

3）提高铺管精度的措施

针对以上原因，在管道施工前要正确分析可能出现的方向偏差，分析通过采取措施能否达到设计要求。一旦决定采用夯管法铺管，可采取如下措施来提高铺管精度：

（1）导轨基础要坚固稳定，铺设的管道越长，导轨基础的稳定性越重要。一般情况下，较软地层可用建筑粗石料经夯实处理作为导轨基础。要求较高的工程，可采用混凝土基础。

（2）可用重型槽钢、工字钢做导轨，但铺设型钢时要严格控制精度。导轨安装要平直，并根据钢管可能的偏斜趋势适当上扬或下倾一定角度，以抵消一部分可能的偏斜。一般地，在软地层中钢管容易向下偏斜，可适当上扬导轨角度。

（3）尽量使用更高级别的钢管，钢管本身应平直，钢管的推荐壁厚要达到表6-4的要求，从而达到既有效传递冲击力而钢管本身又不变形的目的。

（4）钢管段间焊接时，要确保两管段在一条直线上，采用对称焊接能减小焊接变形。在工作坑长度允许的情况下尽量用较长的管节，以减小焊缝数量，进而减少因焊接不当造成偏斜的可能性。

推荐钢管壁厚 表6-4

管道直径(mm)	最小壁厚(mm)	
	小于20m钻孔	大于20m钻孔
150	6.3	7.1
200	6.3	7.1
250	6.3	7.1
300	6.3	7.1
350	7.1	8.0
400	7.1	8.0
450	8.0	10.0
500	8.0	10.0
600	10.0	12.0
700	10.0	12.0
750	12.0	14.0
800	12.0	14.0
900	12.0	16.0
1 000	12.0	16.0
1 050	15.0	16.0
1 200	15.0	18.0
1 300	16.0	18.0
1 400	18.0	20.0
1 500	19.0	22.0
1 800	22.0	25.0
2 000	22.2	25.0

注：数据来自德国 Tracto－Technik 公司。

(5)施工前对地层情况的勘察要尽量仔细，搞清楚地层类型及障碍物的类型和位置，制定相应的处理措施。如地层含卵砾石或其他可击碎障碍物，应在钢管夯入头安装特制的切削头，以防管头变形而影响铺管精度。

(6)铺管长度要与钢管直径相匹配。设计精度要求高时，尽量用较大的管径和较短的铺管长度。设计精度要求不高时，较小的管径也可用于较长的铺管长度。

(7)对于大直径钢管(管径大于700mm)，如发现方向偏斜，可采取人工纠偏的方法来校正管道。人工纠偏是在需要纠偏时，先清除管内土渣，再由人进入管道内切削头处，利用超挖和欠挖，或改变切削头形状进行纠偏。

(8)对于较长的管道，可用导向钻进法先钻一个导向孔，然后将导向孔扩大到接近待铺管道的直径，再从钻孔内进行夯管施工，可确保铺管精度。

4)气动夯管铺管精度控制实践

从夯管锤铺管的技术特点来看，尽管它的铺管精度比不出土的水平顶管和水平螺旋钻进铺管精度高，但它仍属非控向铺管技术，因此如何预测其铺管精度，并事先采取措施预防其偏斜是夯管铺管工程中的技术关键。

在通常情况下，夯管锤的铺管精度与所穿越的地层、铺管长度、直径、焊缝数量有关。一般来说，地层太软或软硬不均，一次性穿越距离太长，管径太小，焊缝数量多或施工不当，都会造成铺管精度偏差过大。在实际施工中，为提高施工质量，有效控制铺管精度是十分必要的。特别是在一些地层条件和地下管线埋设情况比较复杂的场合，如：含水较丰富的流砂地层、卵砾石地层、穿越空间小等,对铺管精度控制提出了较高的技术要求。

(1)流砂地层中夯管精度控制技术

对于含水较丰富的流砂地层,由于受到夯管锤夯击钢管强烈振动的影响,使砂粒处于悬浮状态,失去强度,引起地层砂土液化。这种液化现象,使得砂土在夯击振动力作用下,砂粒相互间位置产生调整,砂土趋于密实并产生下沉,造成夯入地层的钢管也随之下沉,钢管方向随之发生向下偏斜,影响钢管铺设精度。

①当所铺钢管管径较大时,在尽可能选用钢管强度和刚度均有较好可夯性的同时,为防止钢管向下倾斜,对第一节钢管管端切削环的结构进行改造,如图6-6所示。改造后的结构主要有以下两个特点:

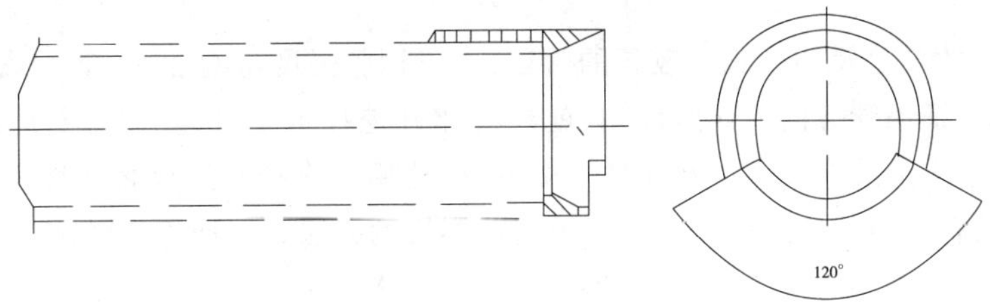

图6-6 切口式管靴

a. 切削环在管壁外的部分只保留上面2/3的管壁周长,将下部1/3切削环割除,这样增加土体对钢管的支持力,对减少钢管在夯进过程中下沉起一定作用。

b. 根据地层的实际情况,在第一节或以后几节钢管两侧,沿水平径线方向焊接两条宽度为70~100mm宽的钢板(大多采用角钢),以增加钢管在该类地层中的上浮力,减少钢管下沉和夯进过程中产生旋转而发生左右偏斜。同时在具体施工中,适当增大导轨向上斜率,加快夯击速度、减少地层振动时间等,都有利于减少钢管下沉与旋转。实践证明,通过采取上述措施,较好地解决了该类地层铺管精度控制。

②对于所铺钢管长度长、直径小时,单一采用夯管锤夯击铺管,无论在方向控制上,还是在钢管强度与刚度方面,都难以满足高精度铺设要求。因此,研究该类地层铺设小口径、长距离管线的施工工艺在非开挖地下管线铺设技术中同样具有一定意义。当然在流砂地层中采用导向钻进法和优质泥浆护壁手段,或许可能成功,但其施工成本将大大提高。在此类地层铺设小直径、长距离管道,采用导向钻进与夯管锤相结合的方式可以解决该类地层铺管的技术问题。

夯管锤与导向钻进相结合的多工艺非开挖铺管技术其实质是充分利用二者优点,克服二者缺点,取长补短的一种技术手段。在具体实践施工过程中,首先利用导向钻进方向可控的特点,在该类地层中,配合泥浆护壁,完成先导孔,并根据需要进行分级扩孔。当用钻机将所铺钢管拉入孔内,因塌孔等原因无法前进时,在钢管尾端用夯管锤夯击。在夯击力作用下,钢管通过振动,克服土体摩擦阻力及管端阻力,特别是在砂土地层中,这种现象更为明显。

(2)卵砾石地层夯管精度控制技术

卵砾石地层一直是地下工程中公认的复杂地层,由于其自稳定性差,在非开挖地下管线施工中用导向钻进法穿越该类地层很难实现。根据国外非开挖铺管的经验,采用气动夯管锤铺管技术对付卵砾石地层具有极大的优越性,是解决该类地层铺管的有效技术手段。为此,根据卵砾石地层的地质特点,研究设计夯管锤铺管的工艺技术及相关配套机具,解决夯管方向控制问题,是非开挖气动夯管锤铺管技术的关键。

①对于可夯性和刚度较好的钢管,为较好地解决夯击精度控制和减少夯击阻力,在具体工程施工过程中,可采取如下措施:在第一节钢管管靴制作方面,采用优质钢切削环,施工时将其焊在钢管前端,要求其性能具有较高的硬度和好的抗冲击性。同时为了减少摩擦阻力和钢管切削头的阻力,在施工工艺方面采取每夯入 2 ~ 3m,及时掏空管内土芯,这样在夯击力的作用下,钢管向前运动挤压卵砾石层,带动管内与管端的卵砾石振动,使原来比较密实的卵砾石层通过向管内空间移动,变得松散,并且当管端切削环遇到大直径(小于管内径)的卵砾石时,亦可通过挤压使大卵砾石松动,并向管内运动,减少因直接击碎而可能出现的管道偏斜和切削环损坏等现象出现。同时因及时清理管内卵砾石,有效避免了出现管端的堵塞效应,大大减少了管端阻力。

②对于可夯性较差及铺设长度较长的管道,由于钢管强度与刚性差,单一采用夯管锤夯击手段施工,无法保证铺管方向。众所周知,就现有非开挖技术来说,在卵砾石地层中铺设小口径、长距离管道一直是技术禁区。在这种情况下,往往用大直径管道代替或绕道铺设。导向钻进与夯管锤相结合的施工技术亦可作为该类地层铺管的方法之一而进行尝试。

6.2.5 提高夯管锤铺管效率的措施

1)注浆润滑

在多数地层中,通过注浆润滑可以大大减少地层与钢管间的摩擦系数,减小钢管进入地层中的阻力,因而注浆润滑是提高夯管效率的一个很重要的手段,注浆的目的就是要使润滑浆液在钢管的内外表面形成一个比较完整的润滑剂套,使土体与钢管之间的干摩擦转化为湿摩擦,大大降低两者之间的摩擦系数,并使润滑摩擦在夯管过程中一直保持。

地层情况多种多样,如何保证润滑浆液不渗透到地层中是技术的关键。这个问题主要由采用不同的浆液材料和添加剂来解决。目前常用的铺管注浆材料有两类:一类是以膨润土为主,适用于砂土层中注浆润滑;另一类是人工合成的高分子造浆材料,主要适合于黏性土层中注浆润滑。

2)管道外表涂蜡

石蜡对金属有较好的亲和力,能较长时间地维持在钢管与土层之间,从而减少钢管外壁与土层之间的摩擦系数,起到减阻的作用。

3)切削头

在钢管被夯入土层的一端焊上特制的切削头,不仅起到保护管头不变形的作用,切削头的楔形头还将土层对管端的阻力减到最小,同时通过内外凸出管壁的结构减小管壁与土层之间的摩擦。

在均质的黏性和非黏性土中施工,通常要在管端安装一个管鞋,以形成一定的内外环间隙,来减小摩擦阻力(图 6-7)。在含水地层或较软的黏性土层中施工,可以在施工现场在管端焊上一个 80 ~ 100mm 宽的切削环。对于内切削环来说,由于焊接上的原因,通常布置在进入管内 10mm 的位置,而外切削环则不同,根据方向稳定性的要求以及顶进长度,其长度可达 3 ~ 5m。

4)其他措施

(1)管内出土

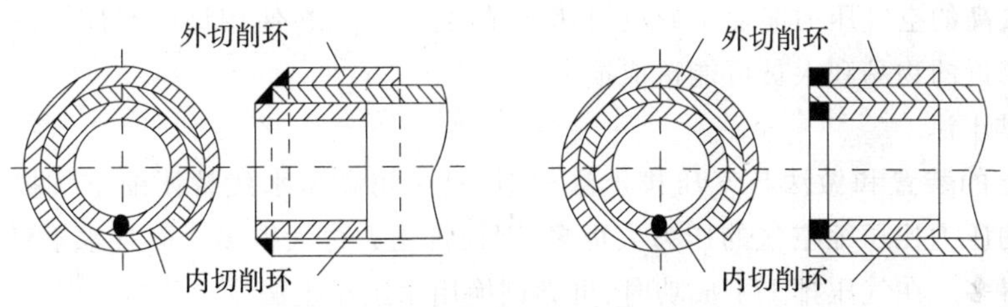

图 6-7　内外切削环示意图

在夯管的过程中，如发现夯进速度越来越慢，最后慢到小于 2m/h 时，应考虑排除管内土渣后再夯进，一般都能大大提高夯进速度。排土的方法可采用人工排土、螺旋排土等方法。

(2)更换夯管锤

如采用上述方法均不能有效提高铺管效率，说明管壁摩擦阻力相对夯管锤的冲击力来说太大，此时可换用大一级的夯管锤。

6.2.6 夯管结束后管内排土方法

夯管结束后需将钢管内的土渣清除出去。清土的方法有多种，常用的有气压排土法、水压排土法、螺旋钻排土法、人工清孔法和替管排土法。

1)气压排土法

这种排土方法最简单，适用于非进人管道的清土，凡是能用气压排土的管道尽量用气压排土。

气压排土的做法是：将管的一端掏空 0.5 ~ 1.0m，将清土球放入钢管，用封盖封住管端，向管内注入适量的水，然后连接送风管道，送入压缩空气，管内土芯即在空气压力作用下排出管外(图 6-8)。

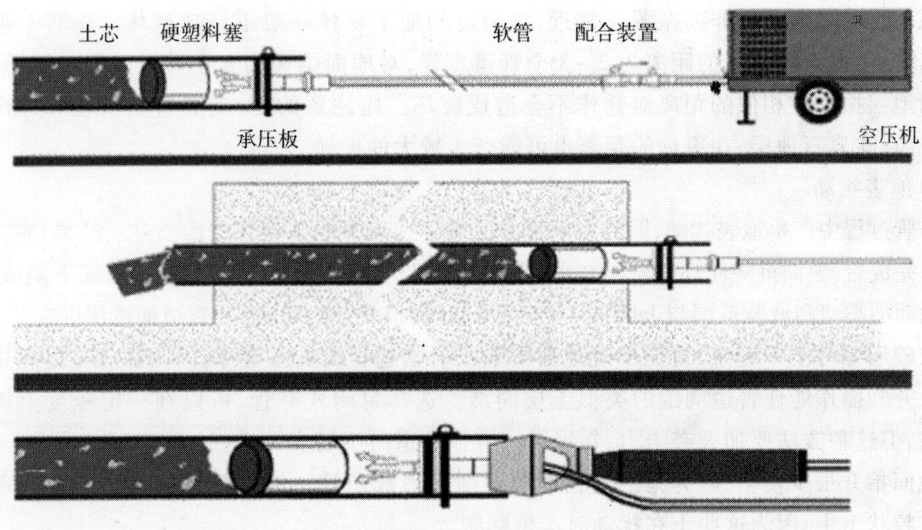

图 6-8　气压排土法示意图

用此法必须注意的是,清土球和封盖要具有很好的密封性,注水有助于提高清土球的密封性能。使用较高的空气压力能使土芯更快速地排出。但是,在使用该法时应注意安全,土芯的迅速排出对靠近的物品和人员可能造成损害。

2)水压排土法

水压排土的装置和做法与气压排土法相似,只是用高压水代替压缩空气提供排土压力。因为高压水的压力比压缩空气的压力大得多,因而排土力也大得多。而且水不具有压缩性,排土时要安全得多。在气压排土不成功时,可尝试换用水压排土法。

3)其他排土方法

(1)螺旋钻排土法

螺旋钻排土法是作为气压排土法、水压排土法的一种补充方法,主要用于小直径管道的排土。

(2)人工排土法

人工排土法是大直径管道常用的一种排土方法,虽然排土效率低,但安全可靠、成本低。

(3)替管排土法

替管排土法主要用于小直径管道的排土,方法是:在管道夯进完成以后,在含土管道的后部连接空管继续夯进,直至空管将含土管全部替换出来为止。该方法成本较高,只有在其他方法排土均失败的情况下才使用。

6.2.7 夯管对管道和周围环境的影响

1)地层振动

在每一次夯击过程中,冲击动载使管道振动,并从管道传递到周围土层颗粒。到目前为止,对由夯管引起的振动的研究还很少。

考虑地层振动,典型的敞口式夯管与同径气动爆管相似。因为,在这两种方法中,设备采用相近的冲击频率,土层产生相似的挤压作用。在爆管作业中,随振源到地面的距离的增加,地层振动迅速减弱。除非离振源非常近,对附近的地下物体一般不造成破坏。爆管一般的安全距离是:离地下埋设管的距离为2~3个管道直径,对地面结构为8个管道直径。因此,夯管产生的地层振动在相似的距离对物体不会造成破坏。应注意的是,随着管道直径和冲击力的增加,或存在岩石地层,在更远的距离也可能产生较大的振动。

2)地表扰动

夯管过程中产生地表扰动,因为在钢管夯进地层过程中不排除管道内土芯。结果,施工期间或施工完成后,地面沉降使环空急剧减小,然而,在铺设管道上方的路面会偶尔出现下陷或凸起。地表扰动的类型和波及范围与土层条件、夯管类型(敞口式或封闭式)和管道铺设深度有关。

在砂层黏性土中施工,可能出现地面下陷或对临近管线失去支撑,因为在施工过程中形成超挖。夯管操作能使管道周围的类似土层固结。选择封闭式夯管,可以在一定程度上避免地面下陷,但这种方法要加大夯击力,在铺设大直径管道时不切实际。

地面抬升很少发生,因为施工过程中由切削头形成超挖。地面抬升有时出现在严重超固结土或粒状土中,因为这些土在扰动时产生膨胀。

3)对管道的影响

在夯管过程中,管道在很长时间内重复承受冲击荷载。每一次冲击,冲击能量从夯管锤传递到管道和土层中。因此,除了考虑顶进力或减少管道尺寸和弯曲,来保护管道的安全,还要考虑冲击能量对管材结构和土层压力的影响。

来自德国波鸿大学的下水道技术系和 TT 公司的研究结果认为,在夯进过程中不破坏管道。

6.3 施工机具

配套夯管锤铺管系统的主要设备机具有夯管锤、空压机、套环、排土锥、张紧装置、导轨及管鞋等。

6.3.1 夯管锤

夯管锤提供铺管所需的冲击力,通常为低频、大冲击力的气动冲击锤的部分构件提供夯管锤所需的冲击力。有时,气动矛也可以作为夯管锤使用,这主要用于小口径管道的铺设。

1)H 系列夯管锤

(1)主机

主机指的是气动夯管锤铺管系统中的锤体部分,由它产生冲击力将钢管夯入地层中。H 系列气动夯管锤主机由缸体、冲锤和配气阀等组成,其配气部分经过了计算机优化设计。缸体外锥与排土锥和调节锥套的内锥相配,装卸方便。

(2)动力系统

气动夯管锤以压缩空气为动力,同时压缩空气又是排除土芯的动力。气源可以是大型供气系统,也可以是现场的空压机。驱动 H 系列气动夯管锤的空压机属低压空压机,压力为 0.5 ~ 0.7MPa,排量根据不同型号夯管锤的耗气量而定。

(3)注油与管路系统

注油器用于向压缩空气中注油,润滑夯管锤中的运动零件。注油器的注油量可调,其调节范围为 0.005 ~ 0.05L/min。夯管锤通过管路系统与气源连接,而注油器位于管路的中间,利用压缩空气将润滑油连续不断地带入夯管锤中。

(4)连接固定系统

连接固定系统由夯管头、排土锥、调节锥套和张紧器组成。夯管头用于防止钢管端部因承受巨大的冲击力而扩径或损坏,排土锥用于排出在夯管过程中进入钢管内又从钢管的另一端挤出的土体,调节锥套用于调节钢管直径、排土锥直径和夯管锤直径间的相配关系。夯管锤通过调节锥套、排土锥和夯管头与钢管相连,并用张紧器将它们紧固在一起。因为调节锥套、排土锥和夯管头传递着巨大的冲击力,设计中对它们的强度、连接可靠性进行了综合考虑。我们通过多次试验,设计出一种锥面连接方式,锥面的锥角大小正好使连接可靠和有效地传递冲击力二者间达到最佳的平衡。

(5)注浆系统

注浆系统主要由储浆罐、注浆头、注浆管、传压管和控制阀等部分组成，其独特性在于用压缩空气作动力，可持续地向进入地层的钢管内外两侧注浆。

(6)清土系统

清土系统包括封盖和清土球，封盖用于防止进入钢管内的压缩空气从管端泄漏，清土球在钢管内相当于一个活塞，在空气压力作用下在钢管内不断前行，从而将钢管内的土芯从钢管另一端推出。

H 系列夯管锤由中国地质科学院勘探技术研究所开发(图 6-9)，其性能参数见表 6-5。H 系列夯管锤设备特点如下：

H 系列气动夯管锤性能参数表

表 6-5

型　　号	公称直径(mm)	可铺管直径(mm)	工作压力(MPa)	耗气量(m^3/min)	主机长度(mm)	主机质量(kg)
H 110	110	73 ~ 159	0.4 ~ 0.7	1.8 ~ 2.3	1 400	80
H 190	180	108 ~ 325	0.4 ~ 0.7	3.0 ~ 6.0	1 600	200
H 260	260	159 ~ 529	0.4 ~ 0.7	4.0 ~ 9.0	1 900	520
H 300	300	219 ~ 630	0.4 ~ 0.7	6.0 ~ 12.0	2 100	750
H 350	350	273 ~ 820	0.4 ~ 0.7	9.0 ~ 18.0	400	1 200
H 420	420	325 ~ 1 020	0.4 ~ 0.7	12.0 ~ 24.0	2 800	1 950
H 510	510	426 ~ 1 500	0.4 ~ 0.7	18.0 ~ 35.0	3 200	3 200
H610	610	529 ~ 2 000	0.4 ~ 0.7	25.0 ~ 50.0	3 700	5 000

(1)夯管锤外缸体为整体式结构，抗疲劳破坏能力强。

(2)锤体各零件间无螺纹、焊接结构，在长时间的高频冲击作用下绝无松动的可能。

(3)减振缓冲机构减振效果很好，大大延长了锤体各部件的使用寿命。

(4)夯管锤与钢管之间用一种特定锥度的锥面连接，既能保证有效地传递冲击力，又能方便快捷地装卸机具。

(5)配套器具齐全、实用，使铺管可操作性强。

图 6-9　H 系列夯管锤

2)德国 Tracto Technik 公司夯管锤

Grundoram-夯管锤(图 6-10)是利用动态的冲击能将钢管夯入土层内。从空心钢管敞口的前面挤入钢管的土石将在钢管达到目的工作坑后被一次排出。这种施工方法除适用于沼泽或在极为不利的土质条件下外，也能在施工岩石以外的所有土质，甚至在有地下水的情况下使用。

Grundoram-夯管锤是一体机，机体(机头和机身)是用一整块坚固的钢坯加工而成的，没有易损的连接处。活塞也经过特殊淬火处理。Grundoram-夯管锤具有令人惊异的功率储备，比如：在

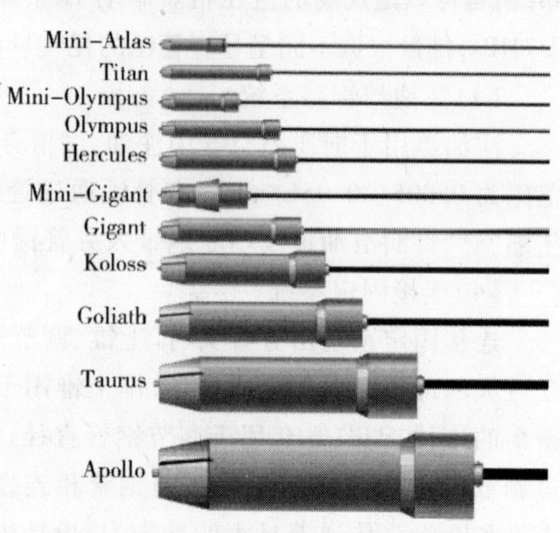

图 6-10　德国 TT 公司夯管锤

超过使用期限后，或要克服尖端阻力时。

Grundoram-夯管锤结构特点：

(1)排土锥体和套环及冲击件将力全部传到钢管上。

(2)标准的施工用空气压缩机作为驱动装置。

(3)用气压千斤顶来进行精确的轴向定位。

(4)加强切割力的切削环，夯进钢管后利用空气压力或水压力，或两种力同时使用将土排出管外。

Grundoram-夯管锤特点综述：

(1)不需昂贵的反力支座 。

(2)装调时间短，技术简便 。

(3)只需很小的施工深度。

(4)坚固的加工方式带来的高负荷性 。

(5)敞口的管道横截面可以容纳较大体积的石块。

(6)Grundoram-夯管锤可以在狭小的工作场地或工作坑中或斜面上启动。

(7)排土锥能适应各种情况。

(8)锥形冲击体避免了钢管的卷边变形。

(9)实用的系统配件 。

(10)控制钻进的可能性。

德国 Tracto Technik 公司夯管锤参数见表 6-6。

德国 Tracto Technik 公司夯管锤参数表 表 6-6

型　号	外径(mm)	适应管径(mm)	耗气量(m^3/min)	冲击频率(次/min)	质量(kg)	长度(mm)
TITAN	145	100～400	4	310	137	1 545
MINI－OLYMP	180	100～400	3.5	580	175	1 080
OLYMP	180	100～500	4.5	280	230	1 690
HERKULES	216	120～600	8	340	368	1 913
MINI－GIGANT	270	200～600	10	430	460	1 230
GIGANT	270	200～800	12	310	15	2 010
KOLOSS	350	280～1 200	20	220	1 180	2341
GOLIATH	450	380～1 500	35	180	2 465	2 852
TAURUS	600	380～2 000	50	180	4 800	3 645
APPLLO	812	1 422～3 098		180		4 419

MINI-GRUNDORAM 用于作业场地狭窄的工程，夯管锤几乎完全安装在钢管内(图6-11)。这允许首先将夯管锤安装在钢管内，然后吊放到工作坑内，这在城市拥挤地区施工特别有用。不同钻孔直径和铺管长度合适的匹配 MINI-GRUNDORAM 夯管锤是非常重要的，如果有足够的工作坑，MINI-GRUNDORAM 夯管锤与夯管锥安装在一起，可以常规应用。

3)夯管锤的选用

选择夯管锤时应综合考虑所穿越地层、铺管长度和铺管直径 3 个主要因素。地层可夯性级别低时，可选用较小直径的夯管锤铺设较大直径或较长距离的管道；地层可夯性级别高时，

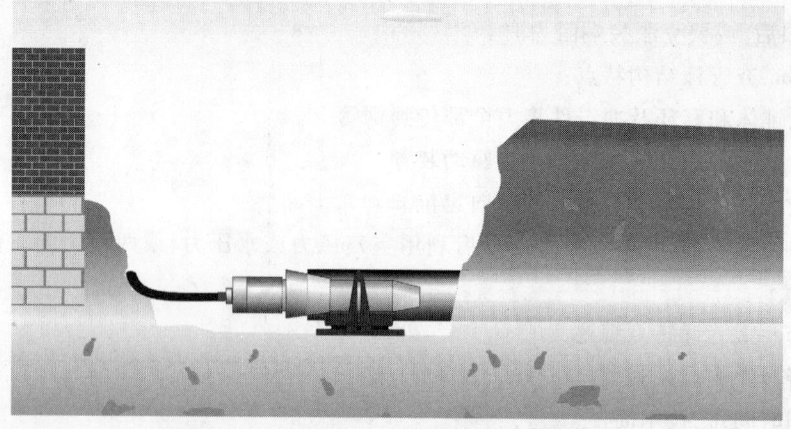

图 6-11　典型的 MINI-GRUNDORAM 夯管锤安装

必须选用较大直径的夯管锤铺设较小直径或较短距离的管道。实际工程中以平均铺管速度 2～5m/h 的标准选用夯管锤，可降低铺管成本。图 6-12 为以此标准绘制的 H 系列夯管锤适用铺管直径和单次铺管长度图线，参考地层是难度系数为 1.0 的地层，工程中可参考此图选用夯管锤。TT 公司夯管锤按照图 6-13 选用。

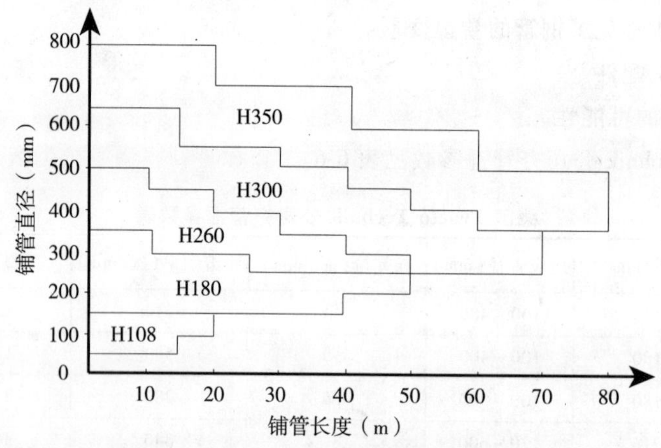

图 6-12　H 系列夯管锤选用

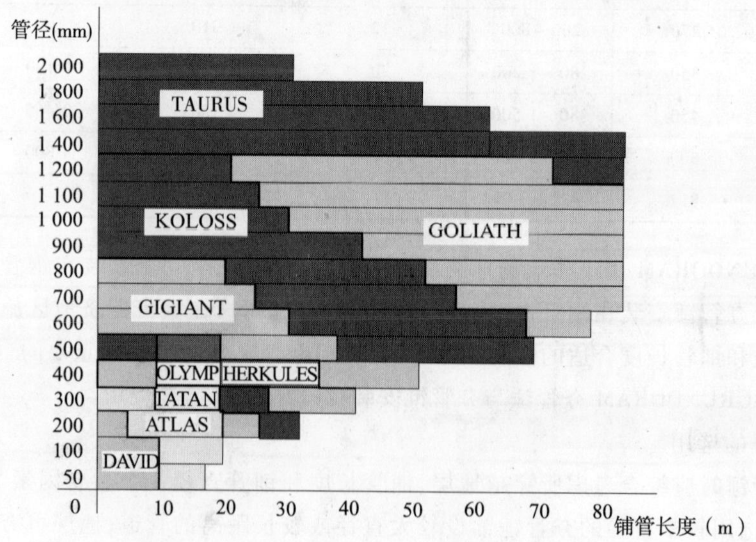

图 6-13　德国 TT 公司夯管锤选用

6.3.2 其他配套设备

1)空压机

驱动夯管锤的空气压缩机,属于低压空压机,工作压力为0.6~0.7MPa。但排气量较大,最大达50m^3/min,需要的空气量根据夯管锤的直径不同而变化。

2)夯管锤辅件

气动夯管锤辅件设计的好坏,除了直接影响到施工成本外,还影响气动夯管锤的运行,进而影响到施工效率及工程的成败。因此对气动夯管锤的辅件进行精心设计十分必要。

(1)气动辅件及油雾器

一般的气动设备辅件有:过滤器、油雾器、减压阀、油水分离器、消声器、气罐、管路(接头)等。气动夯管锤因额定压力与空压机相匹配,管路较短,每次运行时间较短,不选用过滤器、减压器、油水分离器。消声器只被国外某些夯管锤启动时选用。

气罐根据夯管锤与空压机额定流量匹配情况选用。当夯管锤的流量小于空压机的额定流量时不单独设气罐,与空压机共用气罐。当锤的流量大于空压机的额定流量时,将两个或多个空压机并联向单独设置的气罐供气,设计时选好容积。另外考虑施工移动性较强,尽量选卧式,这一点与常选占地少、好排污的立式不同。

管路设计方面,因管路压力较低,接头选锥面密封的管螺纹形式能给施工带来方便,尽量不选带O形圈的公制螺纹形式。

油雾器是以压缩空气为动力的注油装置,它的工作原理与金属割枪类似,流经油雾器的压缩空气产生负压吸油,并使油雾化,然后带着雾化的油向前流动注入气动设备内。

(2)套环和排土锥

套环俗称卡瓦,是连接夯管锤与待夯管道的装置(见图6-14)。它是每一个夯管工程必选项,只是根据管径的不同,结构略有差异:大小、瓣数不一样,有时用的调节圈不一样。排土锥是连接套环与锤的装置,根据管径及锤的不同,不是每一个夯管工程均选用排土锥。套环及排土锥设计的好坏直接影响生产效率。当选用锥度不合适时,一节管夯完后使套环与管分离很困难。不得不采取在管尾气割切口使之分离;有时夯管锤与排土锥却不分离,所以排土锥前后锥度不一样,后面的较小,使卡瓦与排土锥先分离。由于一个规格的套环可适应外径相同但壁厚不同的管道,当对管最小的壁厚考虑不周到时,就会出现管道与套环连接处变成椭圆,甚至排土锥和夯管锤往管道里钻,无法夯击。

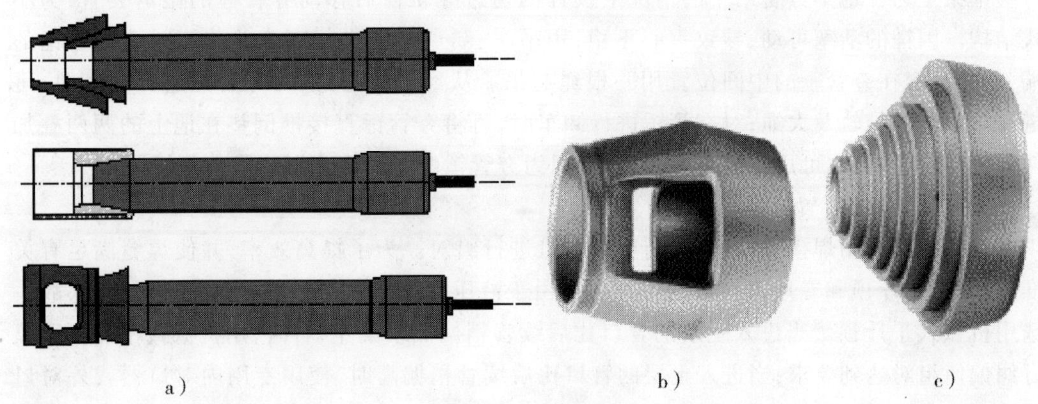

a) b) c)

图6-14 不同类型套环

a)套环和夯管锤的组合;b)带取土窗套环;c)锥形套环

一般设计时,考虑管的最小壁厚为6mm、最大壁厚为20mm,而套环长度按180mm考虑较合适。另外,套环与管道的结合面要设计螺纹槽,减小管尾变形,利于拆卸。

(3)导轨

导轨要根据具体的情况来考虑。就型材方面,可选槽钢或工字钢(图6-15);就长度方面,根据管节的长短及施工条件不同,准备3m长的、2m长的、1m长的各几根;根据管径的不同,大管径可选用并排的两根小规格的,小管径可选用一根大规格的。导轨基础在流沙、淤泥层及管棚施工中一般要浇筑混凝土,混凝土根据导轨长度可以分段也可整体浇筑,但要预留与导轨的连接件,还可采用在导轨下制作木桩或水泥桩,减少成本、缩短工期。

(4)支架、拉紧及搬运装置

由于一个夯管锤可适应不同的管径,另外导轨铺设方式也不一样,甚至可不用导轨,所以夯管锤的中心线与管道的中心线一般不在同一条直线上,支架的作用是使夯管锤的中心线与管道的中心线同轴。可见,支架的好坏对夯管的精度尤其是对第一节、第二节管道的精度控制显得相当重要;另外,对焊前的组对效率的提高也很重要。支架一般作成可调式(图6-16),调节高度可用气动千斤顶,也可考虑几个常用的管径并结合导轨的形式,设计几个标准垫块将支架的活动部分顶起,使锤的中心线与管道的中心线相适应。

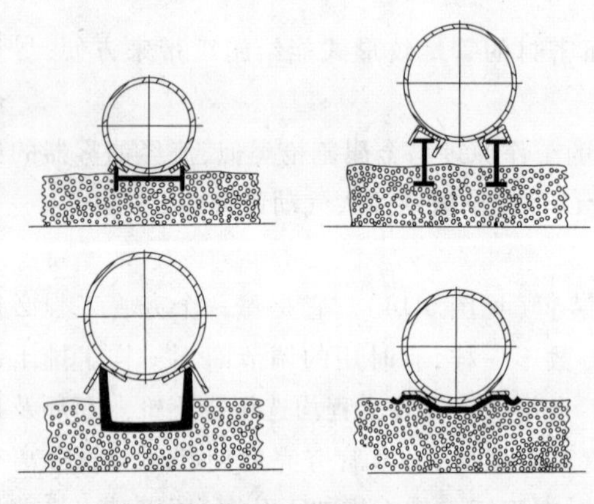

图6-15 管道在工作坑中的架设方式

图6-16 可调式支架

拉紧装置是为夯管锤与管道相连接提供动力的装置。一般由一个或两个葫芦(最好是手搬式,不用手拉式)、几个绳套、锤尾的套与管尾的钩子组成。

移锤架是为工地不具备吊车的情况下设计的通过导轨往后移动夯管锤的搬运装置,为小车式结构。因锤的活塞可动,导致重心不稳,用吊车、葫芦对锤进行高落差装卸时要套住锤的两端,禁止只套在夯管垂的中间位置用一根绳起吊。从经济上考虑,对夯管锤进行装车时,可用搭在车厢边的导轨及大绳;对夯管锤进行卸车时,可将夯管锤直接推倒垫在地上的两两叠加的四只废弃轮胎上;也可用三脚架,还可用专门为夯管锤配套的快速组装式小龙门吊。

(5)钢管的续接装置

钢管的续接采用焊接方式,焊接前要对管口进行组对。为了提高效率,并使焊缝满足有关标准,一般用千斤顶和专用对口器进行组对。由于液压式千斤顶在水平方向使用时不好,故一般选用机械式千斤顶。当进入土层的管口比后续管稍偏低或偏左、右时,用机械式千斤顶可以进行纠偏使组对达到要求;当进入土层的管口比后续管稍偏高时,使用专用内对口器或外对口器可提高工效。

(6)管鞋

管鞋是夯管操作的必要部分(图 6-17)。在夯管操作开始前,将其钉焊接在钢管前部,其内径比钢管内径小,外径比钢管外径大,主要用来切割土体,减少土层及土芯与钢管内径及外壁的摩擦力,管鞋能形成空腔,允许润滑浆液流动。

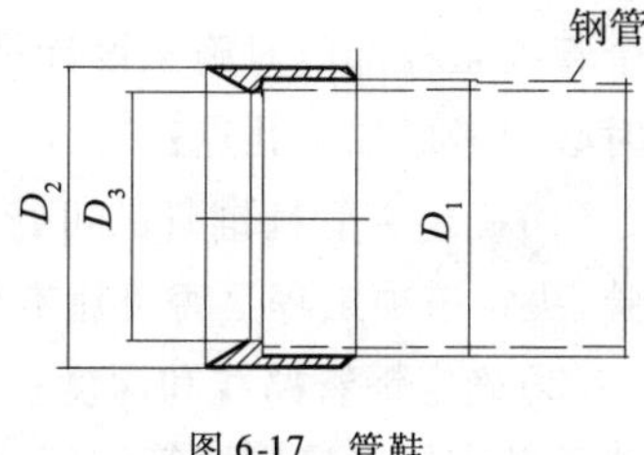

图 6-17 管鞋

表 6-7 列出了德国 TT 夯管锤配套管鞋技术参数。

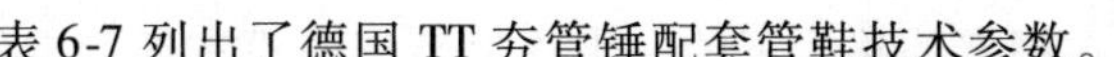

德国 TT 公司夯管锤配套管鞋技术参数 表 6-7

型 号	D_1(mm)	D_2(mm)	D_3(mm)	质量(kg)
7107604	110	123	100	3.2
	162	176	145	5.1
7107606	171	185	150	8.6
7107608	222	236	198	7.7
7107610	276	293	250	11.8
7107612	327	343	300	13.2
7107614	358	368	325	18.1
7107616	409	432	373	21.8
7107618	460	483	427	27.7
7107620	511	533	478	24.5
7107624	613	640	577	70.3

6.4 工程应用

6.4.1 气动夯管锤铺管

气动夯管锤铺管的一般施工程序如图 6-18 所示。

1)现场勘察

现场勘察资料是进行工程设计的重要依据,也是决定工程难易程度、计算工程造价的重要因素,因此必须高度重视,勘察资料必须精确、可靠。现场勘察主要包括地表勘察和地下勘察两部分。地表勘察的主要目的是确定穿越铺管路线。地下勘察包括已有地下管线的勘查和地层地质调查。

2)施工设计

根据工程要求和工程勘察结果进行施工设计。施工设计包括施工组织设计、工程预算和施工图设计等,

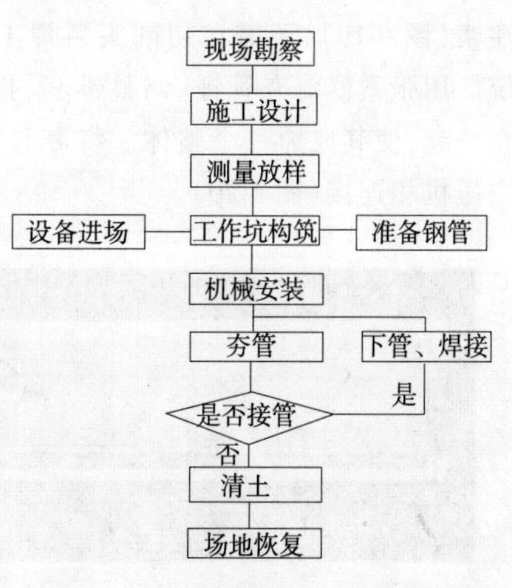

图 6-18 气动夯管铺管施工程序

各个管线工程部门对施工设计都有不同的要求和规定,在此不进行详细介绍。但进行施工设计时必须考虑如下几点:

(1)确定夯管锤铺管的可行性。根据工程勘察情况、工程质量要求、地层情况和以往施工经验,决定该项工程是否可用夯管锤铺管技术进行施工。

(2)确定铺管路线和深度。一般步骤是先根据地表勘察情况确定穿越铺管的路线,然后根据地下勘察情况确定铺管深度。但有时在确定的路线下的一定深度范围内没有铺管空间,需重新进行工程勘察以确定最佳的铺管路线和铺管深度。

(3)预测铺管精度。因夯管锤铺管属非控向铺管,管道到达目标坑时的偏差受管道长度、直径、地层情况、施工经验等多方面因素的影响,预测并控制好铺管精度是工程成败的关键。

(4)确定是否注浆。一般地层较干、铺管长度较长、直径较大时,应考虑注浆润滑。确定注浆后必须预置注浆管。

3)测量放样

根据施工设计和工程勘察结果,在施工现场地表规划出管道中心线、下管坑位置、目标坑位置和地表设备的停放位置。放样以后需经过复核,在工程有关各方没有异议以后,即可进行下步施工。

4)准备钢管、设备进场

夯管锤铺管用钢管在壁厚上有一定的要求,达不到要求时,钢管端部和接缝处需加强,以防被打裂。钢管要求防腐时,应在施工前做好。为防止防腐层在夯管过程中损坏,最好采用玻璃钢防腐,也可用三油两布沥青、环氧树脂等防腐。

设备进场主要是空压机、电焊机、夯管锤及配套机具的进场。

5)工作坑构筑

工作坑包括下管坑和目标坑。应在正式施工前按设计要求开挖。一般下管坑坑底长为:管段长度+夯管锤长度+1m;坑底宽为:管径+1m。接收坑坑底可挖成正方形,边长为:管径+1m。

6)设备安装

以上各项工作准备好以后,即可进行机械安装。先在下管坑内安装导轨(短距离穿越铺管可以不用导轨),调整好导轨的位置,然后将钢管置于导轨上。在钢管进入地层的一端焊上切削头。如注浆(图6-19),还需在切削头后焊上注浆喷头,并连接好注浆系统。用张紧器将夯管锤、调整锥套、排土锥、夯管头和待铺钢管连在一起,使其成为一个整体。将夯管锤的进风管通过管路系统与空压机相连接(图6-20)。

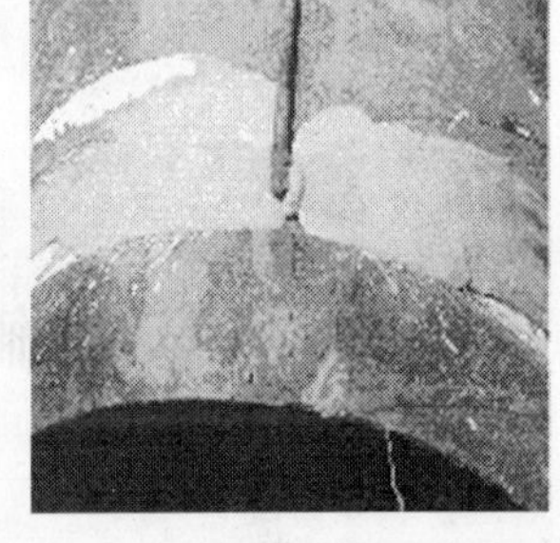

图6-19 注浆

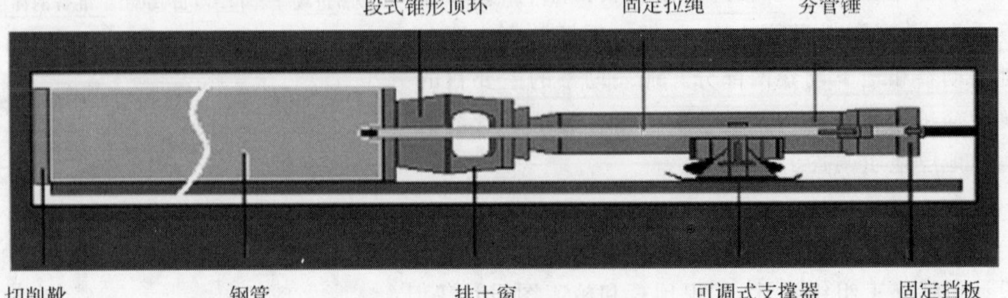

图6-20 夯管锤安装示意图

7)夯管

启动空压机,开启送风阀,夯管锤即开始工作,慢慢地将钢管夯入地层。在第一根管段进入地层以前,夯管锤工作时钢管容易在导轨上来回窜动,应利用送风阀控制工作风量,使钢管平稳地进入地层。第一段钢管对后续钢管起导向作用,其偏差对铺管精度影响极大。一般在第一段钢管进入地层3倍管径长度时,要对其偏差进行检测,并及时调整,在继续夯入一段后重复测量和调整一次,直至符合要求为止。钢管进入地层3~4m后可逐渐加大工作风量至正常值。

8)下管、焊接

当前一管段不能使管道到达目标坑时,还需下入下一管段。将夯管锤和排土锥等从钢管端部卸下并沿着导轨移到下管坑的后部,将下一管段置于导轨上,并调到与前一管段成一直线。管段间一般采用手工电弧焊接,焊缝要焊牢焊透,管壁太薄时焊缝处应用筋板加强,以提供足够的强度来承受夯管时的冲击力。要求防腐的管道,焊缝还须进行防腐处理。采用了注浆措施的,还须加接注浆用管。然后继续夯管,直至将全部管道夯入地层为止。

9)清土、恢复现场

夯管结束后,需将钢管内的存土清除出去。常用的清土方法有压气排土法(图6-21)、螺旋钻排土法和人工清土。压气排土法最简单,适用于非进人管道,其做法是:将管的一端掏空0.5~1m深,将清土球置于管内,用封盖封住管端,向管内注入适量的水,然后连接送风管道,送入压缩空气,管内土芯即在空气压力作用下排出管外。使用此法应注意安全,土芯的迅速排出对靠近的物品和人员可能造成损害。螺旋钻排土和人工清土一般都用于较大直径管道。

图6-21　现场排土

清土工作完成后,还应按有关规定回填工作坑,清理现场,撤出机械设备。至此铺管工程结束。

6.4.2 辅助定向钻进施工方法

定向钻进不是最早出现的非开挖技术,但定向钻进在非开挖领域表现显著,原因之一是其本身固有的能力,在大多数河流、深层穿越和大直径管道铺设项目方面已经创造了现代神话。

定向钻进方面的技术革新使操作人员和设备制造商能进行创造性的处理复杂项目和困难工况。最近非开挖设备制造商TT公司、Auroral等改进了几种夯管技术,来帮助钻进人员解决复杂钻进问题。

像其他非开挖方法一样,定向钻进可能出现事故或复杂工况。在某些情况下,气动夯管锤工具有助于克服困难,如回拉、钻杆黏卡、管道黏卡和复杂土层条件。

1)钻孔打捞和钻杆打捞

4种夯管技术用在辅助避免定向钻进钻孔废弃,甚至可以打捞钻孔,合适规格的夯管锤能用来打捞产品管、松动并移出黏卡钻杆,辅助定向钻进回拉产品管,克服“液压锁”现象。

钻孔打捞(黏卡产品管)和钻杆打捞的概念简单,但在实际处理问题中非常有效。在钻孔打捞中,夯管锤连在已铺设产品管尾部,然后将产品管拉出钻孔。夯管锤与管道的连接可通过预制套完成,绞车或其他拖拉设备来辅助夯管锤操作。在很多情况下,夯管锤的冲击力足够大,能使黏卡管道松动,然后拉出(图 6-22)。

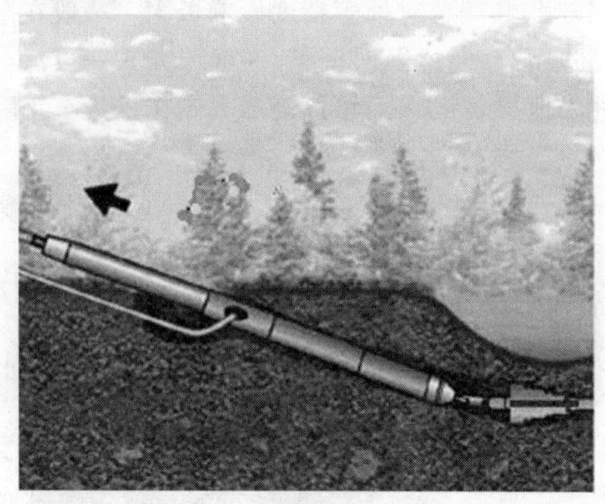

图 6-22　产品管打捞示意图和现场作业情况

钻杆打捞原理和钻孔打捞原理相似(图 6-23)。有两种操作方法,根据现场情况,可选择直接从钻孔中移出钻杆,如果钻杆仍连在钻机上,可以选择在钻机拖拉的同时用夯管锤夯击辅助打捞钻杆。

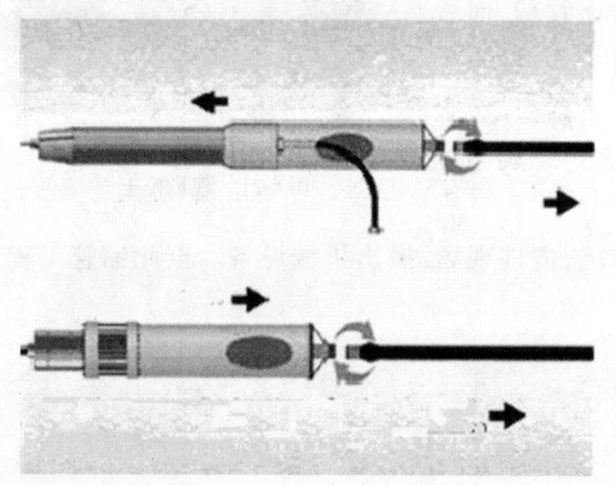

图 6-23　钻杆打捞示意图

2)辅助定向钻进回拉产品管

辅助回拉法直接作用在铺设的产品管上(图 6-24)。在水下钻进或松散流动土层条件下,可能出现"液压锁"现象。地层水压力、钻进泥浆压力和来自地层条件的压力将增加钻机回拉力能力和管道抗拉强度。夯管锤的冲击作用能帮助松动管道。

夯管锤辅助回拉技术已成功用于钢管、HDPE 管,这种技术可作为对付"液压锁"问题和管道不能拉动后的处理措施。

3)引导套管

该法与其他 3 种方法不同,用来处理实际钻进操作问题,而不是回拉或处理事故。其概念是先利用夯管锤将套管夯进复杂地层,形成一个孔道,然后从合适地层开始定向钻进。定向钻进遇到的不稳定地层是该法侯选地层(图 6-25)。

图 6-24　夯管锤辅助回拉示意图和现场情况

图 6-25　引导套管法示意图和现场情况

在操作过程中，在预定角度夯击套管进入地层，直到遇到理想地层。可使用螺旋钻杆或取芯桶从套管内取出土渣。定向钻进在套管内从理想地层开始，除了在开始时辅助钻进操作，该法也可用做回拉时降低产品管表面的摩擦力。

该法常用于穿越河流，引导套管的长度由地层条件、钻孔角度和水下穿越深度确定。

6.4.3 起拔旧管

1）夯管锤起拔旧管的工作原理

如图 6-26 所示，将夯管锤放到发射架上，顶打头和起拔架连接成一体，将夯管锤与顶打头钢管利用张拉带连接好，将所拔的旧管与起拔架焊成一体，之后启动夯管锤夯击顶打头和起拔架即可拔出旧管。

2）工艺流程

导轨就位→安放发射架→夯管锤就位→连接夯管锤和顶打头→焊接起拔架与钢管→夯管

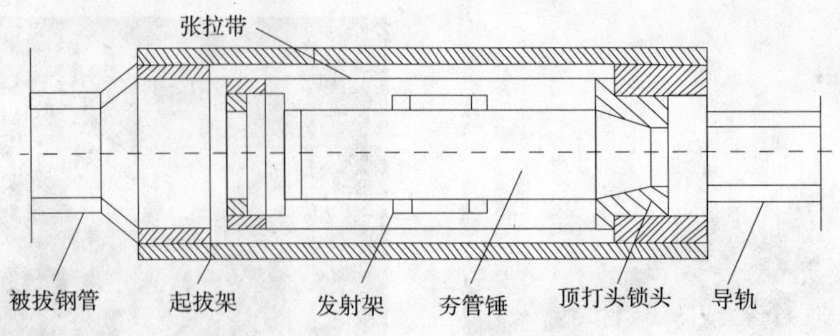

图 6-26　夯管锤起拔旧管原理

锤夯击→拔出旧管。

3)夯管锤起拔旧管的适用范围和特点

(1)适用范围

夯管锤起拔旧管适合于各种地层情况;拔管直径为 1 000mm 以下、长度在 100m 之内;起拔力大,不受地下水位及深度的限制,只要有地下工作空间,就可作业。

利用夯管锤起拔旧管,主要适用于钢管、PVC 管,其他材质的管道应用需经特殊处理。

(2)主要技术特点

①与夯管相比,对于导轨的导向作用要求降低;

②结构简单,易于制作和维修;

③操作简单,拔管速度快;

④拔管过程对地表无影响。

6.4.4 管棚工程

1)概述

管棚工程也称管幕工程,是在地下构筑物施工前,先利用密排的钢管作成各种断面形状的管棚(图 6-27),保护地面建筑物或者支护松散地层,是一种辅助施工措施。管棚施工的纵向长度一般不长,大多在 60m 以内,最长的可达 100m,形成管棚的宽度小则几米,大则数十米。作为一种施工工艺,夯管锤夯管不仅仅用于管线铺设,它在管棚施工方面也具有优势。

管棚的施工程序一般为:现场勘察、施工设计、测量放样、材料准备及设备进场、工作坑构筑、设备安装、钢管夯进、下管与焊接、土芯排除与现场清理。管棚钢管一般采用两种方式定位:一种是在钢管外壁两侧焊滑轨,夯入的第一根钢管作为导向管,下一根钢管的滑轨套入上一根钢管的滑轨中,并沿着该滑轨夯入,使相邻两钢管之间的滑轨互相锁住(图 6-28),这样既保证了钢管间的相对位置,又使它们之间形成相连的结构,待全部钢管夯入后,形成了一个完整的管棚结构。地下人行过街道等大断面方形结构夯管施工中多采用此连接方式;另一种是通过设计参数如仰角或外倾角等控制钢管方向,钢管之间不连接,用管棚钻机打管棚一般采用此法,先钻孔,后下管,再灌注混凝土,使钢管与其周围的土体固结为一体,达到支护土体的目的。用夯管锤施作管棚有时也采用此方法。

图 6-27　夯管管棚

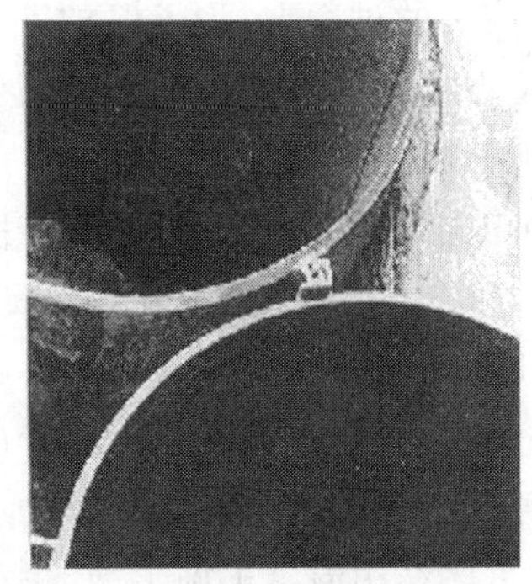

图 6-28　钢管间的连接

夯管帷幕是大管棚超前支护法的延伸，即利用特殊的夯管设备，沿隧道轮廓线向隧道纵向夯入带有连接导向装置的钢管，依次将带连接导向装置的钢管夯入；钢管夯通后利用风压将管内土壤压出，然后向钢管内压注细石混凝土，形成水平向的钢管混凝土桩。每根钢管混凝土桩在导向连接装置的连接下形成钢管混凝土桩帷幕。然后开挖洞口内土方。之后，在距掌子面1.0m处设立临时刚架支撑，安装该段主体结构钢筋并支立模板，灌注早强防水混凝土，待混凝土强度达到75%以上时向顶板注浆，以保证主体结构与钢混凝土桩帷幕紧密结合。继续开挖一段，每段开挖、组立钢筋、灌注主体结构混凝土均在钢管混凝土桩帷幕与已经形成主体结构混凝土的简支或铰支梁的保护下进行，该方法有效地将钢管梁支撑体系引入地下工程施工中，有效地解决了地表下沉和工序干扰等问题。其工艺流程和施工顺序见图6-29。

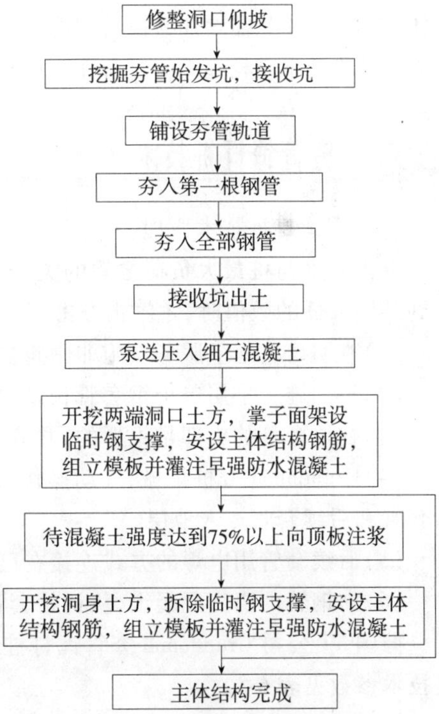

修整洞口仰坡
↓
挖掘夯管始发坑，接收坑
↓
铺设夯管轨道
↓
夯入第一根钢管
↓
夯入全部钢管
↓
接收坑出土
↓
泵送压入细石混凝土
↓
开挖两端洞口土方，掌子面架设临时钢支撑，安设主体结构钢筋，组立模板并灌注早强防水混凝土
↓
待混凝土强度达到75%以上向顶板注浆
↓
开挖洞身土方，拆除临时钢支撑，安设主体结构钢筋，组立模板并灌注早强防水混凝土
↓
主体结构完成

图 6-29　夯管帷幕施工工艺流程

2）夯管管棚技术的优点分析

夯管管棚的优点包括如下几个方面：

（1）无需后背力，利用冲击能将钢管夯进土层中，不需要设置管棚施工钻进基座，不需要设置复杂的钻进平台、导轨等。

（2）占用工作坑空间小，节省施工投资，施工速度快。

（3）施工方法安全，管内出土方便，排土速度快。

（4）可以在汽车、火车等车辆不减速，河道不断流的情况下施工。在有地下水渗出的工况下要加装容器密封设备。

（5）遇到特殊的地层条件，如卵石、流沙、地下水等，对夯管施工基本没有影响。

（6）采用原管直接夯进，在夯击钢管时，大管棚与土体紧密结合，确保不塌孔，不会造成地面沉降，管棚打设成功率高。

（7）采用夯管锤夯进，外购钢管不需任何加工即可立即使用，降低施工成本，缩短工期。

(8)在施工的过程中,为了保护管壁不受划伤,在夯进的过程中可以利用膨润土注浆法来保护管壁或防腐涂层不被划伤,并减少夯进的阻力。

3)夯管管棚工法的发展趋势

作为保护主体结构施工的夯管管棚在主体结构施工完成后,其作用将消失,夯入的钢管将不再发挥作用,这些钢管埋入地下无疑是很大的浪费。在明确夯管振动对主体结构的影响前提下,可采取以下措施回收钢管。

(1)在钢管内混凝土灌注前向管内套入1mm厚的外径小于钢管内径的PVC管(或橡胶管),然后再向钢管内灌注混凝土形成水平钢管混凝土桩。

(2)在主体结构混凝土施工前,进行防水板施工。

(3)在主体结构施工完成后,主体结构强度达到设计强度后,利用夯管锤的夯力,反向操作,将钢管起拔回收。

在解决了钢管在土壤锈蚀影响强度的前提下,适当增加钢管管径。在钢管出土后,向钢管内拉入钢筋笼,然后灌注混凝土,提高夯管帷幕的强度、刚度,夯管帷幕成为主体结构的一部分。在主体结构施工中只需增加些横向钢筋以提高帷幕的横向强度,灌注混凝土封闭夯管帷幕。这样,可大大减少地下结构施工的复杂性,减少地下结构的用钢量,有效降低地下结构施工成本。

6.4.5 夯管锤打桩技术

1)夯管锤打桩技术原理

夯击速度与桩最大负荷之间的关系,也就是对每根桩进行夯击,直到桩在地层中的速度下降到某一较低的数值时,才停止夯击。

(1)查明已有地下服务设施非常重要,定位和鉴定步骤先于桩施工进行。

(2)桩的施工采用单个钢套管长度,预制的钢套管允许增加额外的套管。

(3)初始套管的头部是锥形的,并放入混凝土预制桩尖(夯管塞)。

(4)Grundomat夯桩机械,气动操作,自含往复锤,安放在初始套管内,并夯击夯管塞,将初始套管和后续套管夯入地层。

(5)后续套管用电焊的方式连接在已夯入套管上,直到初始套管到达预定地层。

(6)向钢管内浇注混凝土,从初始套管开始灌入混凝土。

德国TT公司Grundomat夯管锤打桩示意见图6-30,现场操作见图6-31。该系列夯管锤主要技术参数见表6-8。

图6-30 夯管锤打桩示意图

图6-31 桩施工现场

TT 公司 Grundomat 打桩技术参数 表 6-8

参数	Grundomat 95	Grundomat 130
桩公称直径(mm)	100	150
长度(mm)	1 732	1 750
质量(kg)	64	117
耗气量(m^3/min)	1.2	2.6
频率(次/min)	315	350
最大桩承载力(kN)	50	100

2)应用领域

在作业空间受到很大限制的情况下,Grundomat 夯管桩能用于以下需求:

(1)支柱。

(2)轻结构(脚手架等)、温室、房屋外延结构桩基。

(3)防护柱。

(4)仪器孔。

6.5 油压夯管锤设备

夯管技术是非开挖铺设管线的主要技术之一。目前国内外用于夯管技术的设备主要是风动夯管锤,即以压缩空气作为夯管锤的动力介质。而以高压油作为动力介质的油压夯管锤则处于刚刚起步阶段,仅在我国开始使用。

6.5.1 概述

与气动夯管锤相比较,油压夯管锤具有如下特点:

(1)设备简单、投资小,投资为进口风动夯管锤的一半。

(2)输出功率大,即冲击能量大。油压系统的工作压力可达 32MPa,远比气动夯管锤工作压力高得多,因而油压夯管锤容易增大输出功率。

(3)能量利用率高。油压夯管锤的能量恢复系数较高,损失小,最高效率可达 60% ~70%,而气动夯管锤的效率为 30% 左右。

(4)使用寿命长。油压夯管锤的所有运动部件都浸在油液中,润滑性好,磨损小,运行可靠,使用寿命长。

(5)不需要空气压缩机,可节约设备开支和提高现有设备的利用率。

(6)工作性能可调范围大,可满足不同工作条件的需要。

(7)设备装置的尺寸小、质量轻,使用维修方便。

(8)减少污染,改善工作条件。油压夯管锤不存在排气噪声和油雾的危害,减少了对环境的污染。

6.5.2 油压夯管锤的结构和工作原理

1)油压夯管锤结构

油压冲击机械其结构形式按工作原理分为两大类,即有阀型和无阀型。油压夯管锤的工作参数为低频高能型,选择有阀、带蓄能器结构,以适合夯管作业要求,被冲击的砧子伸出夯管锤体外,采用开式结构,可提高冲击能量传递效率。阀式油压冲击器阀的结构形式主要有3种:柱阀型、套阀型和带辅助阀型。套阀型冲锤和套阀居同一轴线且套装,结构紧凑,阀的运动由高压油与冲锤位移同时控制,工作可靠。

蓄能器设置于夯管锤后部,冲锤高速冲击瞬间需大油量补给时,蓄能器释放能量,并迅速向后腔室补给高压油,冲锤回程速度低且前腔的有效作用面积小,蓄能器存储高压油并储存能量。因此,提高了夯管锤的冲击能量。

2)油压夯管锤工作原理

以UH-3000型油压夯管锤为例,介绍油压夯管锤工作原理(图6-32)。

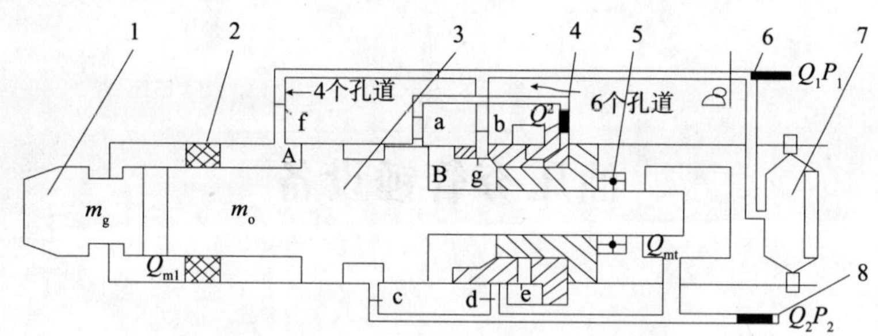

图6-32 UH-3000型油压夯管锤工作原理简图

1-砧子;2-密封器;3-活塞;4-套阀;5-密封圈;6-进油口;7-蓄能器;8-回油口
a-阀控制孔;b-后缸进油孔;c-阀回油孔;d-后缸回油孔;e-阀回油孔;f-前缸进油口;g-阀进油口

(1)开始加速冲程阶段

当高压油从进油口6输入,通过输油孔道进入活塞前腔A、后腔B和蓄能器7,由于后缸B面积大于前缸A面积,所以活塞开始向左运动,进入冲程阶段。

(2)同步冲程加速阶段

当活塞3向左运动,使阀控制孔a打开时,则活塞后缸的高压油Q从控制孔a通到阀4的右端,使阀4向左运动,此时活塞和阀同时向左运动,该阶段为冲程加速阶段。

(3)冲击阶段

当阀4向左运动使阀上的进油口g与后缸进油口b因错位而关闭时,冲锤活塞正好撞击砧子,进入冲击阶段。

(4)开始回程阶段

当冲锤活塞3和砧子1碰撞结束时,恰好阀上的回油口e和后缸回油口d接通而打开,此时活塞后腔B处于低压,前腔A处于高压,活塞开始回程阶段,后腔油液从回油口排出。

(5)回程阶段

活塞3回程运动,当与阀4结合时,阀4随活塞一起回程,此时为回程阶段。

(6)制动阶段

当阀回程运动使阀进油口 g 与后缸进油口 b 导通时,活塞后缸开始进高压油,降低活塞的回程速度,此阶段为回程制动阶段。

制动行程完毕,由于后缸也为高压油,则又开始推动活塞向左运动进入冲程阶段,这样循环,实现活塞的往复运动。

在冲程时,因后腔 B 的容积大,所需泵量大,蓄能器膨胀,释放能量,补充后腔泵量的不足;在回程时,前腔 A 的容积小,所需泵量小,蓄能器压缩储存能量。在整个过程中,蓄能器通过压缩或膨胀同时来调节系统的波动压力。

6.5.3 油压夯管锤施工工艺原理

夯管锤夯管施工时,首先要根据施工要求开挖起点工作坑和目标工作坑,然后如图6-33所示连接设备。根据夯管管径的大小,确定好工作参数,并由控制台控制,开泵施工。当泵站供油后夯管锤工作产生的冲击力,通过连接锥套和后管靴传给套管,把套管夯入土中。当所夯击套管进入适当位置后,松开张紧带,把夯管锤后移,加接另一段套管(一般通过焊接连接),这样连续不断地进行,直到夯进管道达到目标工作坑为止。紧接第二步是排土芯工作,在目标工作坑,安装排土芯装置,利用水泵或空压机把土芯从套管内排出。

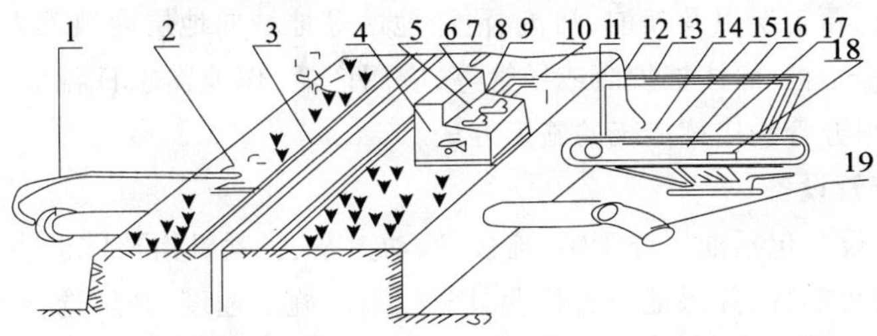

图 6-33 油压夯管锤施工工艺图

1-排土器;2-水泵;3-公路;4-操纵台;5-分动箱手柄;6-压力表;7-流量表;8-温度表;9-电源开关;10-操纵阀手柄;11-套管;12-高压油管;13-低压油管;14-张紧带;15-锥套;16-夯管锤;17-紧绳器;18-托架;19-土芯

6.5.4 油压夯管设备

油压夯管设备主要包括:油压夯管锤、液压动力站、连接锥套及紧固装置、夯管锤托架和排土装置等。油压夯管设备与风动夯管设备相比较,本质区别在于前者是高压油作为动力介质,而后者是以压缩空气作为动力介质。相对应,前者的动力源是液压动力站,后者的则是空压机。

1)油压夯管锤

在这里简要介绍 UH-3000 型夯管锤技术性能参数:

单次冲击功 2 500~3 000J;冲击频率 4~6Hz;

油压动力泵站参数:工作压力 8~14MPa;工作泵量 100~140L/min;

夯管参数:夯管直径 200~800mm;最大夯管长度 60m。

2)液压动力站

油压夯管锤是一种高能量的液压动力马达,它的工作必须依靠液压动力源作保证。该动力站主要包括:油泵、动力机、控制阀、油箱和冷却系统等主要部件。油压夯管锤可以和挖掘机、起重机、装载机、液压凿岩台车等配套使用,这些设备由于自身所配有的液压动力系统的功率较高,工作性能可靠,完全能够满足夯管锤工作的要求。因此,可直接作为液压夯管锤的动力源使用。如果不和上述设备配套使用,这些部件就必须要认真地选择和确定,以保证夯管锤工作性能的要求。

3)夯管锤托架的设计

夯管锤托架的作用主要是调整夯管锤的高度,并保持这一高度相对稳定,以适应不同的地势条件和被夯套管的大小(图 6-34)。为此,要求夯管锤托架具有以下特点:

(1)能够方便地升降,以调整夯管锤的高度。

(2)具有固定的自锁功能,以保证夯管锤在工作进程中不至于因为振动而回落。

(3)结构简单,移动方便。

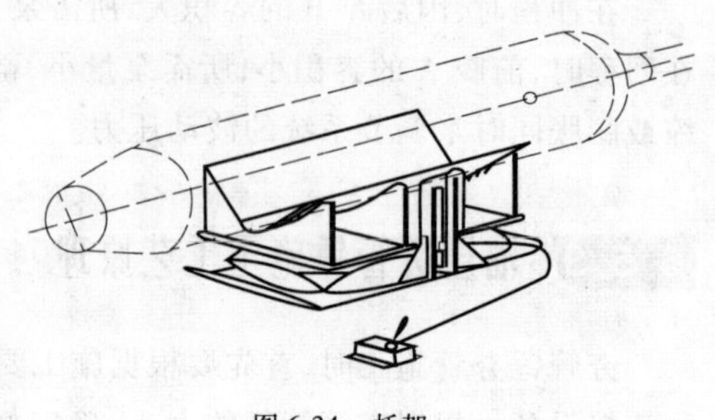

图 6-34　托架

6.5.5 油压垂直夯管

在第四系地层、覆盖层以及湖泊、河流、沼泽地区等地域向地层内植入大直径钢管,用于各类工程的基础桩、档土桩、灌注桩护筒或导管等,应用广泛,作业需求日益增多。此类桩基础施工方法各异,可采用夯管法代替传统的施工方法。

1)油压垂直夯管设备

油压垂直夯管设备包括油压夯管锤、连接盘、动力站、张紧机构及导正装置等。

为提高夯管的可靠性,并保证夯管作业具有较高的施工速度,必须选择大功率的油压夯管锤,应具有足够大的单次冲击功和适当高的冲击频率。较大的单次冲击功,适合夯击大直径、厚壁钢管,并能确保夯进的可靠性。对于较小直径、壁厚薄的钢管不但更方便夯入,还会提高夯管作业速度。反之,若单次冲击功较小,只适于夯击较小直径的钢管,应用范围则受到限制。在保证较大单次冲击功的前提下,应具有适当高的冲击频率,不仅能提高夯管速度,同时较高的冲击频率会使地层与钢管接触表面产生振动液化现象,降低钢管内外表面与土层的摩擦阻力,利于钢管的夯入。

连接盘是用来连接油压夯管锤和待夯击钢管的关键部件。在夯管锤巨大冲击力作用下,螺栓连接、焊接等均不可靠。连接盘直接承受活塞钎头的冲击,必须有足够的强度并能与不同直径钢管相连接,且能最大限度地减少冲击能量的损失,将夯管锤产生的冲击能量传递给待夯击钢管。为此,连接盘上部以莫氏锥度与夯管锤钎头连接,下部以多个同心圆直口的方式适应不同钢管直径。连接盘整体采用 35CrMo 铸钢,经调质处理,目的是为了提高强度。

油压动力站功能较单一,只需供给夯管锤足够的高压油,保持系统的冷却和长期稳定工作。为适应频繁搬迁和野外作业,动力可选用柴油机。油泵、油箱、控制阀操纵台管路及柴油机等均固定在一个框架上,便于吊装和运输。

张紧机构采用了宽型尼龙带和张紧盘以及钢丝绳和紧绳器双重张紧,以确保连接、张紧的可靠性。

导正装置用于导正待夯入的钢管,以保证其垂直度。导正装置结构采取了开合式,钢管吊装前导正筒打开,钢管吊入后合上导正筒确保垂直夯入。导正筒内部可变径,以适应不同直径的钢管。

夯管设备的核心是油压夯管锤。大冲击能量油压夯管锤可确保夯管的可靠性,并由较高的夯管作业速度,提高施工效率。所需冲击能量(尤其是单次冲击能)与被夯钢管直径、壁厚、夯入深度及所夯入的地层有关。

在这里简要介绍 UCH－5000 型油压夯管锤的主要技术参数:单次冲击能≥5 000J;冲击频率 5.7 ~ 7.5Hz;工作流量 140 ~ 175L/min;工作油压 15 ~ 17MPa;机长 2 200mm;机质量 1 900kg。

油压动力站的主要技术参数:供油量 140 ~ 180L/min;工作油压 15 ~ 18MPa;动力机(柴油机)62.5kW;外形尺寸(长×宽×高)1 800mm×1 500mm×1 450mm。

2)油压垂直夯管设备及工艺技术特点

(1)该设备采用高压油作为动力介质,与风动、液动锤比较,能量利用率高,节省能源。其能量利用率最高可达 70%,远高于其他介质驱动的冲击锤。

(2)冲击及能量传递采用开式结构,即被夯击的砧子伸出夯管壳体外并可轴向伸缩。夯击作业时直接将冲击应力波传递至连接盘并不受轴向约束,能量传递效率高,夯管锤体振动力小,利于提高锤体内部零件的使用寿命。

(3)夯管锤内部主要运动件均浸入油中,运动中相互配合表面形成油膜,减小摩阻,提高寿命。油压夯管锤使用寿命长是其主要特点之一。

(4)由于能量利用率高,所需总功率低。配用的油压动力站体积小,质量轻,造价低,能源消耗小。

(5)夯管锤的单次冲击能与冲击频率可调,改变内部蓄能器中氮气压力,可使冲击参数在一定范围内调整,优化施工作业参数。

(6)作为动力介质的压力油在系统内全封闭循环,与外界无交换,有利于环境保护。动力功率低,噪声水平低,对环境影响小。

(7)该设备可实现多用途。可适用于垂直夯管、非开挖水平夯管、建筑基础的混凝土预制桩等。

(8)油压夯管锤冲击能量大,冲击频率高,因此作业效率高,施工周期短,工程成本低。

6.6 典型工程实例

据美国《地下施工》(Underground Construction)杂志 2004 年 5 月号报道,在美国依阿华州的阿尔图纳(Altoona)地区,完成了一项大直径套管的夯管项目(图 6-35),该项目需要在铁道路基下开隧一条长 18m 的自行车隧道,原设计使用矩形箱式顶进的方法来完成该隧道,但最终设计用大直径夯管的方法，夯入直径 3.73m 的钢套管。施工项目的承包商 Miller The Driller 公司采用了 TT 公司生产的直径 610mm 的 Grundoram Taurus 型夯管锤。因此该项目创下了夯管的两项记录：最大的被夯套管直径 3.73m 和最大的被夯套管直径与夯管锤直径之比（达 6.1）。由于直径比太大，夯管锤与套管之间的连接锥分为两节，直径 610 ~ 2 000mm 为第一节；直径 2 000 ~ 3 730mm为第二节。一个管节长 20ft，厚 1.5in，重 47 000lb。施工混凝土垫层长 50ft，宽 16ft。施工后隧道如图 6-35d）所示。

a)　b)　c)　d)

图 6-35　美国依阿华州的阿尔图纳（Altoona）地区夯管项目

参考文献

[1] 董向宇．气动夯管法的应用研究．探矿工程，2004（8）：29 – 33

[2] 宫兵，徐勇．夯管帷幕工法在隧道施工中的应用．隧道/地下工程，2005（2）：65 – 66

[3] 宫兵，张兴刚．夯管帷幕施工方法在中短隧洞工程中的应用．现代隧道技术，2004（4）：42 – 50

[4] Jadranka Simicevic，Raymond L. Sterling. Guidelines for Pipe Ramming. TTC Technical Report，2001

[5] 蒋荣庆，王茂森，殷琨，辜华良，张勇，张五钊．UH – 3000 型油压夯管锤研制及其工艺试验．探矿工程，2000（5）：70 – 72

[6] Mohanmmad Najafi. Trenchless Technology. McGRAW – HILL，2004

[7] 李国民，蒋荣庆，殷琨．油压夯管锤非开挖技术．西部探矿工程，2001 增刊

[8] 刘国伟，王银献，谭志翔．利用夯管锤起拔旧管技术及其应用．探矿工程，2002（3）：53 – 54

[9]石永泉．夯管法理论问题的探讨．探矿工程,2001(1):57－59

[10]Tom Iseley,Mohanmmad Najafi,Raj Tanwani. Trenchless Construction Methods And Compatibility Manual. 1999

[11]王远峰．气动夯管锤附件的设计．非开挖技术,2004(2－3):58－61

[12]王银献．气动夯管锤铺管精度控制施工实践．非开挖技术,2003(4－5):40－43

[13]乌效鸣,等．导向钻进与非开挖铺管技术．武汉:中国地质大学出版社,2004

[14]徐海良,龙国健,梁武．非开挖气动冲击锤的技术现状及研究前景分析．凿岩机械气动工具,2005(3):1－7

[15]叶建良,蒋国盛,窦斌．非开挖铺设地下管线施工技术与实践．武汉:中国地质大学出版社,2000

[16]殷琨,王茂森,蒋荣庆,辜华良,李国民．油压夯管技术及油压夯管设备的研究．探矿工程,2001(3):46－48

[17]殷琨,张五钊,王茂森,彭枧明．油压垂直夯管设备的研制及应用．探矿工程,2003年增刊:120－122

[18]张志兵．夯管锤结构参数的设计．岩土工程界,2002(4):30－31

[19]周升风．H系列气动夯管锤及其应用．岩土钻凿工程,2000(2－3)

[20]周升风．气动夯管锤铺管工艺的研究．探矿工程,2004(4):57－61

[21]周升风．气动夯管锤夯管施工中若干问题的讨论．非开挖技术,2003(4－5):37－39

CHAPTER 7

潜孔锤水平钻进技术

自从采用定(导)向钻进进行非开挖铺设地下管线伊始,遇到属于地层的难题主要有两类:一是第四系地层中的非胶结卵砾层和漂砾;二是常说的岩层,即各类未风化和微至中风化的岩层。此外还包括人工抛石层和原有混凝土或砌石基础等。在上述地层中用常规穿土锤、夯管锤和射流法掌形钻头钻进被视为几乎是不可能的。

大多数国内外从事非开挖铺设管线的制造商和承包商,原本绝大多数与传统地质、水井、油气井、工程钻探与基础施工有密切关系,或者是分支公司。因此在遇到上述难题时,包括钻进碎岩方法、护孔、钻孔方向测控、钻具与设备选配等,很自然地会借鉴和应用上述传统钻探领域中已有的经验,将其移植、改进引用到非开挖铺设管线工程中来。近若干年来不断涌现的技术工艺和新设备、新机具及钻孔测控技术等,在生产实践中解决了众多面临的难题。明显的例子就是成功地采用了空气潜孔锤钻进、跟套管钻进等钻进技术工艺,以及与上述技术工艺配套的技术装备和钻孔测控系统,乃至优质泥浆材料和循环系统等。在众多硬地层中顺利实现了非开挖铺设地下管线工程,积累了不少经验。

本章就潜孔锤技术在非开挖铺管技术中的应用进行详细介绍。

7.1 概　　述

7.1.1 空气潜孔锤钻进技术的特点

空气潜孔锤钻进技术因其如下的一些特点,是它拓展应用领域的有利条件:

(1)钻进效率高。生产实践证明,其钻进效率比液动冲击回转钻进效率高了 3 ~ 10 倍,效率提高的原因是:单次冲击功大,排渣风速高,孔底干净,无二次破碎;由于无液柱压力,在无地下水的情况下,改善了孔底破碎条件。

(2)潜孔锤的柱齿或球齿硬质合金钻头,在坚硬破碎岩石中使用,既有利于破岩,又有比金刚石钻头寿命高的适应性,大大降低了钻头成本。

(3)因钻具转速低,钻具对孔壁的碰撞机会较少,而且这种钻进方法是以高频对孔底冲击,减少了对岩石或倾斜地层产生孔斜的影响,从而可提高钻孔的平直度,同时,也可减少孔壁岩石坍塌。

(4)潜孔锤钻进时要求的转速低,克服的扭矩也小,因而对钻机的性能要求不高。这样可减轻钻机设备的质量和能力要求,为大口径硬岩钻进,创造了有利的使用条件。

(5)由于以空气作为循环介质,不同于清水与泥浆钻进,不会造成地层堵塞。另外,对环境的污染较小。

(6)风动潜孔锤工作时单次冲击功在瞬间即可生产极大作用力,因而它可应用于软地层冲击挤密不排土钻进,也可用于非开挖铺管的夯管技术。

7.1.2 气动潜孔锤的主要类型

潜孔锤有以下几种分类形式：以用途来分，可分为普通潜孔锤和特殊潜孔锤；从动力源来分，可分为气动潜孔锤和液动潜孔锤；按结构来分，可分为阀式潜孔锤和无阀式潜孔锤。

1）按用途分类

（1）普通潜孔锤

即常规的以空气为动力、直径在800mm的全面钻进用潜孔锤，主要用于矿山和水井，以及地质钻探中的无岩心钻进，这是目前国内外用的最多的潜孔锤类型。

（2）特殊潜孔锤

①大口径潜孔锤

指直径在800mm以上的潜孔锤，主要在大型灌注桩（如桥墩）和竖井中使用，此种潜孔锤又可分为单头和多头式（捆绑式）。

②贯通式潜孔锤

可以获得高质量岩矿样品，主要在贵金属矿勘探中应用。

③跟管钻进用潜孔锤

即偏心潜孔锤，主要用于第四系覆盖层中的复杂地层钻进。

④非开挖定（导）向钻进用潜孔锤

亦称鸭嘴形潜孔锤，用于基岩地层中的水平定向钻进非开挖铺管。

2）按动力源分类

（1）气动潜孔锤

以压缩空气为动力，包括含泡沫的压缩空气。

（2）液动潜孔锤

指以水（泥浆）力为动力的潜孔锤，又可分为高频率低冲击功和低频率高冲击功两类。前者主要用于深孔岩心钻探，又称液动冲击回转钻进；后者主要用于无岩心全面钻进。

3）按结构分类

这里的按结构分类，主要指以配气形式的不同来分类。气动潜孔锤按配气类别分为两大类：有阀式潜孔锤和无阀式潜孔锤。

（1）有阀式潜孔锤

通过各种形式的控制阀（碟状阀、碗状阀、板状阀等）使管压缩空气的切换，交替进入前后气室推动冲锤（活塞）往复运动产生冲击作用。活塞运动到缸体的前后止点，产生压力信号推动控制切换，使活塞换向冲击。阀式潜孔锤缸体内的配气过程简单，压缩空气只经历进气和排气两个配气过程。

有阀式潜孔锤适用于低风压（1MPa以下），近年来正逐渐被无阀式潜孔锤所代替。

（2）无阀式潜孔锤

是继有阀式潜孔锤之后发明和发展起来的。它取消了控制阀，利用冲锤（活塞）运动开启和关闭不同通道，从而控制压缩空气的切换。活塞在缸体内的配气过程有3个状态，即进气行程、排气行程、膨胀（压缩）行程，从而发挥了压缩空气可压缩和膨胀作功的特性。与有阀型潜孔锤相比较，由于缸体内多了一个膨胀作功过程，节省压缩空气消耗量近 30%，大幅度节约和降低了能耗。有阀型潜孔锤控制阀高频运动、切换，容易磨损报废，需定期更换。控制阀随潜孔锤工作时间延续而逐渐磨损，无法保证潜孔锤始终保持良好的工作性能。控制阀的灵活切换，只能在一定的气压范围内，压力的适应性及工作稳定性较差。无阀型潜孔锤从原理上根除了这一弊端，消除了易损件。压力适应性强，工作稳定性好。因此，近代研究开发的各种类型潜孔锤均以无阀型为主，代表了潜孔锤的发展趋势。

无阀式潜孔锤适用于高风压（1MPa 以上），特点是钻进效率高、寿命长。

7.1.3 气动潜孔锤的工作原理

在气动潜孔锤钻进过程中，高压空气驱动冲击器内的活塞作高频往复运动。并将该运动所产生的动能源源不断地传递到钻头上，使钻头获得一定的冲击功。钻头在该冲击功的作用下，连续地对孔底岩石施行冲击。岩石在该冲击功的作用下，形成体积破碎。同回转钻进相比，该工艺是以钻头冲击破碎岩石取代了切削岩石；以动载冲击代替了静载研磨，以岩石的体积破碎代替了研磨剪切破碎。在潜孔锤钻进的同时，一部分破碎下来的岩屑被具有一定压力及速度的空气吹离孔底，并排出孔口、减少了岩石重复破碎的机会。所以气动潜孔锤有较高的钻进效率。

气动潜孔锤的选择主要涉及其性能参数（冲击功、冲击频率、冲击能量以及压缩空气耗用量）、钻进规程（风量、风压、钻压、转速）和钻头。实际上良好的冲击器应达到两个指标，即较高的破碎岩石效率和较长的钻具寿命。

7.1.4 潜孔锤钻进工法铺管原理

潜孔锤钻进工法铺设管道如图 7-1 所示，首先在所穿越地层一端构筑始发井，根据设计要求安装设备。压缩空气通过钻杆进入潜孔锤，使潜孔锤内活塞产生往复运动，对钻头产生冲击作用，实现冲击钻进，同时回转钻杆。在钻进的同时顶进工作站顶进管道，实现跟管钻进。潜孔锤在孔中冲击钻头实现冲击钻进，破碎下来的岩屑通过机械、水力或压缩空气等方法排出（实际上，这里所说的水力和气力排土法目前在非开挖施工中还没有得到应用）。

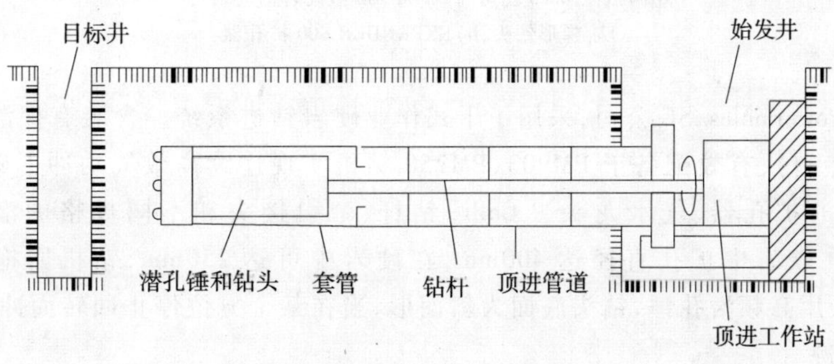

图 7-1 潜孔锤钻进工法工作原理

7.1.5 国内外应用实例

潜孔锤在许多应用领域打垂直孔、斜孔、水平孔技术成熟。用于硬地层非开挖铺设地下管线在国外亦有不少成功事例报道，在国内则尚少应用。但这项工艺会不断完善和发展，现举若干实例如下。

(1)美国 Vermeer 制造公司开发了用于软至中硬岩层和复杂地层钻进的 AS6 钻具、Trihawk 钻头和直径方向可控的 AS4 Rock-fire 硬岩钻具，实际是潜孔锤，并且在钻具内放置探测器(图 7-2)。钻头上的硬质合金齿可以更换。这种钻具已在沙特公路工程用于水平穿越硬砂岩，并且使用泡沫剂清除岩屑。Rock-fireAS6 钻进系统可钻进直径为 150mm 的钻孔，这足以在不需回扩的条件下铺设多种管道。

图 7-2 VermeerAS4 Rock-fire 钻头

(2)美国 Halco 公司开发了用于硬岩钻进的 Storm 500 型钻具。本系统为干钻，每分钟仅用 1 加仑(3. 78L)的水或泡沫，适合于环境要求严格的工程。其钻头呈阶梯形，可钻直径为 133mm 的导向孔，在硬度 140MPa 的砂岩中钻速为 18m/h，而后再用扩孔钻头扩孔，配套的 EXPANDER 600 扩孔器(图 7-3)可将导向孔扩至 400mm。在基岩地层中造斜强度达到 1% 以上。由于钻具的活动部件很少，因此钻具的全部维修工作可在现场进行。Storm500 已在世界各地经过不同的岩石钻进试验，如瑞典的花岗岩、美国的石灰岩、澳大利亚的铁质砾岩和英国的砂岩等。

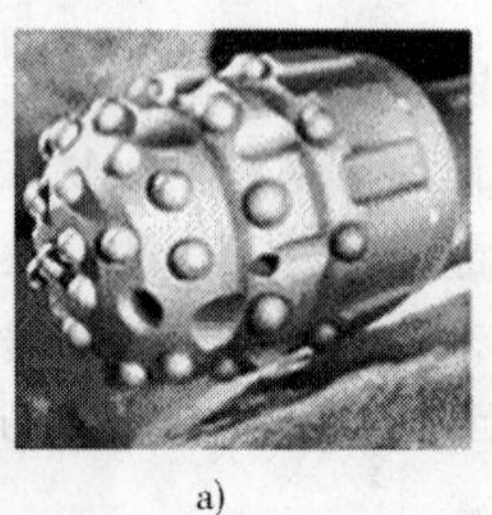

a)

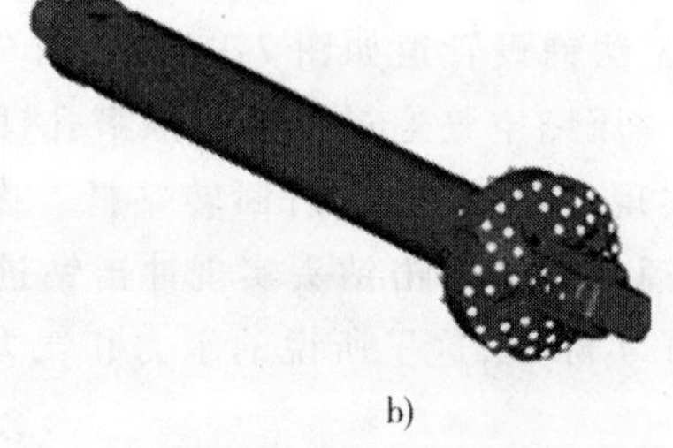

b)

图 7-3 Halco 公司的 Storm 500 型硬岩钻进钻具
a)阶梯形钻头；b)EXPANDER 600 扩孔器

(3)英国 Powermoles/SE 公司，采用了干式作业硬岩钻进系统。含装有探测器和潜孔锤的组合结构(专利)，有效配备于 PM903、PM250 钻机实现连续高效气动冲击破碎钻进。公司还提供配套的扩孔器、气水龙头、“Colli”钻杆、牵引接头和不同规格的潜孔锤。当用 PM903B 钻机在软岩中扩孔直径达 400mm，在硬岩中可达 250mm，钻机回拖力 26t，扭矩 1200N · m。采用高频潜孔锤，钻头底面为斜面形，当在某个方位停止回转而冲击钻进时，也可控制钻孔轨迹。

(4)瑞士 Terra 公司在原有射流式 Terra-Jet 系列定向钻机上均增加了在硬岩钻进的潜孔锤钻进系统，任客户选用。一种能在复杂地层和岩层钻进的 ADBS 钻具，在风压为 6bar 时最低耗风量 2.8m^3/min,可完成直径 140mm 的导向孔。

(5)德国 Tracto Technik 公司新推出的干式作业定向钻进钻机 Grundo Drill,配用频率为 1 000Hz的潜孔锤,可用于复杂地层和岩层钻进。另一种 Groundohit 钻机则配备常规射流钻进和潜孔锤两种钻进功能。

(6)设在美国的 Sandvik Rock Tools 公司推荐一种 Tubex L-190 型偏心跟管系统,配以 700ft^3/min、170psi 空压机和 SD-8 型潜孔锤及直径 240mm 钻头,横穿路面以下石灰岩漂石层,解决了一项常规定向钻进无法施工的从山谷引天然矿泉管道工程。该工程由 Yorkshire Pipe Services 管道安装公司施工完成。

(7)美国 McLaughlin 公司在生产多种水平定向钻进设备的同时,还生产用于硬地层钻进的风量较小和直径较小的 MCL 系列潜孔锤,其规格性能见表 7-1。

MCL 系列潜孔锤 表 7-1

型　号	直径(mm)	风量(m^3/min)	长度(mm)	质量(kg)
MCL-200	51	0.7	1 120	11.3
MCL-250	64	1.4	1 300	22.6
MCL-300	79	2.0	1 310	32.5

(8)中国国土资源部勘探技术研究所聚力岩土工程公司在青岛市风化岩层中多次成功穿越并铺设了长度 50~130m、直径 108mm 的 PE 管。

(9)中国香港地区亦采用相应技术在强度为 50 000psi(1psi=6894.76Pa)的花岗岩、中粗砂岩中完成长度为 70m、直径 400mm 的管道铺设工程。采用的钻机是 VermeerD50×100 型。

(10)深圳某公司曾采用图 7-4 所示钻机在广东增城新塘镇路面下成功穿越风化程度不等的强度为 150MPa 的石灰岩,铺设 4 根长 100m、直径 160mm 的 PE 电缆套管。穿基岩部分孔段长 63m。采用了冲击频率为 700~1400 次/min、最大冲程 200mm、锤重 4.8kg 和长度为 980mm 的称作 Campair 潜孔锤,并接硬岩偏心钻头和探测器。在岩层中的钻速为 2~9m/h,63m 长岩石孔段共用 8h。导向孔直径 220mm,经采用叶轮形回扩头,4 次扩孔依次为直径 300mm、直径 380mm、直径 460mm 和直径 520mm。扩孔总共 36h。图 7-5 为穿越硬岩完成导向孔。

图 7-4　水平定向钻孔机

图 7-5　穿越硬岩完成导向孔

(11)美国专利:潜孔锤导向技术(专利号:4867255)。普通底面对称钻头主要用于垂直孔,不易导向。美国曾有专利(专利号:4694913)介绍用于水平穿越的潜孔锤采用了非对称底面结构可以控制钻孔方向。这种方法边回转边推进沿直线前行;只推进不回转可换向前行。但用户发现当钻具不回转导向推进时钻头易楔入地层卡住而无法工作。本发明钻进设备如图7-6所示,含前端装有钻头的风动加长潜孔锤(Halco DA265型)。钻头进行了专门设计。与潜孔锤相连接的是装有特种电子元件的腔体,其后端连接又属于另一专利(专利号:4674579)带键的钻杆柱。钻头切削面的法线与钢体和潜孔锤的轴线成10°~30°角,所构成的倾角可提供偏斜导向作用力。在钻头切削面上还有一个偏斜面,它与潜孔锤的轴线成15°锐角,此偏斜面起辅助导向和清除切屑作用。当钻头以恒速钻进所钻出的孔底呈凸锥形。本专利潜孔锤导向用下述几种方法实现。

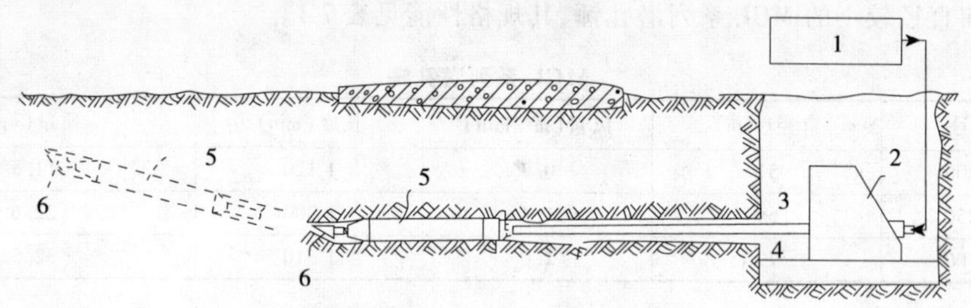

图7-6 潜孔锤导向技术(美国专利)

1-空压机;2-钻机;3-钻杆;4-底座;5-潜孔锤;6-导向斜面钻头

①通过钻机对钻头回转方式进行调整。即钻头保持回转并使钻头在其回转的某一指定扇形区内的转速慢于其他扇形区;或者使钻头在指定扇形区内往复转动数次,从而使钻头沿着该扇形区所处的位置及方向钻进。此时钻机需配备能变速及正、反转的驱动马达。

②将潜孔锤推进速度调节得与钻头回转状态同步。

③将潜孔锤的供能调节得与钻头的回转状态同步。

④综合使用上述3种方法。

(12)美国专利:定向钻进潜孔锤(专利号:4852669)。主要特点是为了在定向钻进中充分发挥潜孔锤功能,把风马达直接装在潜孔锤上端,压缩空气通过风马达使潜孔锤回转,而钻杆不回转(图7-7)。在定向钻进过程中通过弯接头迫使钻孔轨迹弯曲。所用潜孔锤为英格索兰公司中风压DHD-380型,外径136mm,钻头直径152/165mm,使用风压0.56~2.46MPa,耗风量4.5~26.6m^3/min。

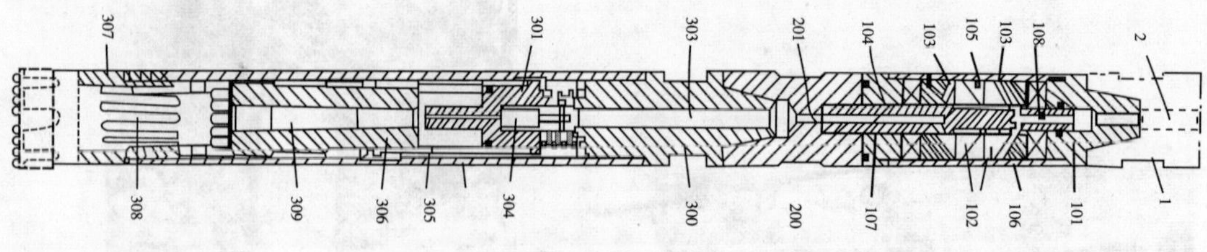

图7-7 定向钻进潜孔锤(美国专利4852669)

1-钻柱;2-内气道;101-接头;102-叶片;103-气道;103'-气道;104-涡轮轴;105-空气室;106-外壳;107-排气管;108-进气道;200-接头;201-气道;300-上接头;301-止水阀;302-耐磨外管;303-通道;304-配器系统;305-气缸;306-活塞;307-卡头;308-钻头;309-中心排气管

(13)日本利根公司水平孔跟套管钻进工法。如图7-8所示,采用能双回转的驱动机构,其钻杆与套管可以同时回转,也可以分别回转,并实现跟套管钻进,钻杆底部接空气潜孔锤。其两种钻进形式为扩底式潜孔锤跟套管钻进和潜孔锤跟套管钻进。

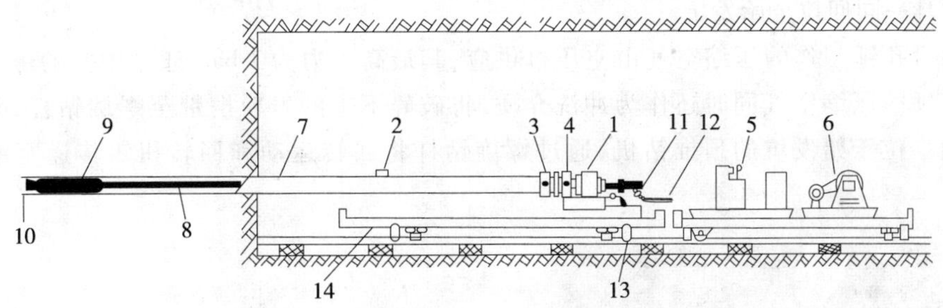

图7-8 水平孔跟套管钻进技术示意图(日本利根公司)

1-回转器;2-导向器;3-套管卡盘;4-钻杆卡盘;5-操作台;6-注油器;7-套管;8-钻杆;9-潜孔锤;10-套管钻头;11-气龙头;12-送气管;13-制动器;14-机架

7.2 偏心钻头潜孔锤钻进

潜孔锤同步跟管钻进是一种与空气潜孔锤相结合的扩底钻进并同步跟进套管的一种技术,主要用于第四系松散地层和卵砾石层的钻进。它的机具由潜孔冲击器、跟管钻具、套管靴和套管柱组成,用钻杆连接冲击器与钻机向冲击器提供压缩空气作功并传递扭矩和给进压力给跟管钻具。偏心跟管钻具组合如图7-9所示。

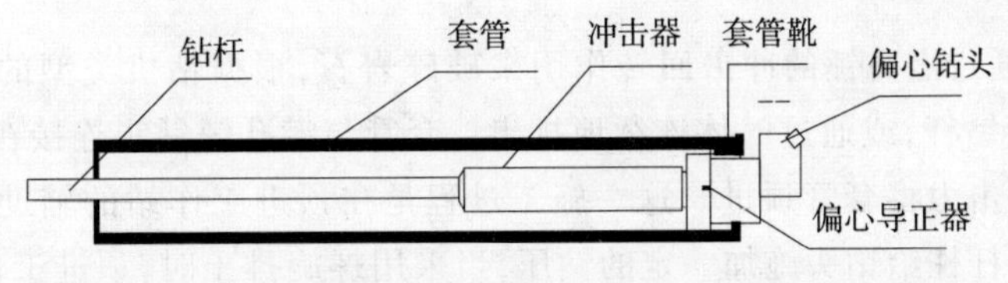

图7-9 偏心跟管钻具组合

一般地,跟管钻具的导正器上有一凸台,与之相应的套管靴上也有一凸台。钻进时,偏心钻头随着钻具的转动偏出套管靴(或是同心钻具的中心钻头带动管靴上的外钻头)钻出大于套管外径的孔,同时跟管钻具上的凸台压住套管靴上的凸台并将冲击功传到管靴上,迫使管靴带动套管柱随钻头同步前进以保护孔壁(图7-10)。当钻完松散垮塌地层,可将钻杆柱、冲击器及跟管钻具从留在地层中保护孔壁的套管柱中提出,然后下入普通空气潜孔锤钻具钻进。

在工作过程中,偏心钻头将钻孔扩大至设计直径,这样,当位于始发坑中的顶进装置顶进套管时(套管的顶进和冲击回转钻进工作是相互独立的),无需再进行后续的扩孔工作(图 7-11)。在进行盲孔钻进时,可以通过螺旋钻杆的反方向回转,使得扩孔器回缩到起始位置,以便能和钻具一同回拉至始发坑。

驱动潜孔锤工作的压缩空气由空压机供应,其最高压力为 7 bar,通过中空的螺旋钻杆输送到潜孔锤。压缩空气同时还作为冲洗介质,将破碎下来的岩粉携带至螺旋钻杆,并由螺旋钻杆排出。位于始发坑的顶推钻机,通过螺旋钻杆将回转运动和回转扭矩传递至潜孔锤和钻头。

图 7-10　带偏心钻头的潜孔锤及跟进的套管

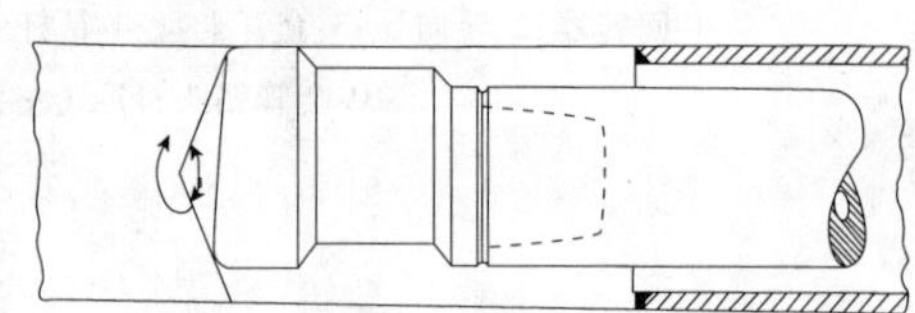

图 7-11　偏心钻头跟套管钻进工作原理

该工法适合于铺设直径为 100~400mm 的钢质管道,其施工长度可达 30m。当遇到障碍物(如大的卵砾石和残墙等)并必须进行破碎时,有时可以将顶推钻进工法转换为潜孔锤钻进。根据制造商提供的数据,该工法的施工精度约为施工长度的 2%。

7.3 同心钻头潜孔锤钻进

钻进过程中,通过潜孔锤的冲击回转作用来破碎岩石,根据钻机类型的不同,所破碎下来的岩屑或通过螺旋钻杆,或通过气体连续地排出。套管与潜孔锤钻头连接在一起,并借助于冲击器产生的部分冲击力将套管顶进。这一施工过程是在顶进工作站的辅助下完成的,顶进工作站同时还通过钻杆柱给钻头施加一定的钻压,当采用螺旋排土时,顶进工作站还起到驱动螺旋钻杆的作用。

下面分别介绍如下工法:

(1)NUMA – Hammer Champion H 工法。

(2)ROTEX Sysmmetrix HZ 系统。

(3)SST 工法。

7.3.1 NUMA-潜孔锤钻进技术

7.3.1.1 概述

该工法采用螺旋钻杆进行干式排土，其钻头由两部分组成：里面是一个直接与潜孔锤相连的中心钻头，外面则是一个环状钻头（图 7-12）。

图 7-12 NUMA Champion H 潜孔锤钻具组合

在开始钻进之前，将环状钻头焊接在套管的前端，环状钻头有两个作用：一是修整孔壁，使孔径达到预定直径；二是传递潜孔锤的部分冲击能给套管，以便套管能同步跟进。钻进工作结束后（图 7-13a），将中空的螺旋钻杆从始发坑（图 7-13d）拔出（图 7-13b）。在目标坑中，将环状钻头切割掉（图 7-13c），供下次使用。

图 7-13 NUMA Champion H 潜孔锤的应用实例

7.3.1.2 钻进原理

在孔底安全高效操作潜孔锤,需要完全掌握钻进原理。下面介绍的内容将有助于钻进操作人员操作潜孔锤。

1)潜孔锤关键组成部分的作用介绍

NUMA Champion H 潜孔锤关键组成部分包括:

(1)后接头(Backhead)。用来连接潜孔锤和钻杆,通过销钉连接或螺栓连接。后接头以牙形大横截面穿入套管,通过钻杆提供动力使潜孔锤和钻头转动。

(2)单向阀(Check Valve)和弹簧装置(Spring)。当关闭空气时,单向阀和弹簧装置保持潜孔锤内空气压力。空气压力平衡钻孔内静水压力,因此避免孔底污染物进入潜孔锤。

(3)供气管(Feed Tube)。供气管向活塞中心提供空气。

(4)活塞(Piston)。活塞是潜孔锤内唯一运动的元件,控制空气循环运作。压缩气体通过供气口从活塞一端运动到另一端,驱动活塞运动,提供连续冲击作用,从而使活塞冲击钻头来破碎岩石。

(5)套管(Case)。套管用来包住潜孔锤组件的内部元件,很坚固的整体式套管能在强磨损条件下延长潜孔锤使用寿命。

(6)卡盘(Chuck)。卡盘以牙形大横截面穿入套管底部,其内花键轴向钻头传递转动作用。

2)钻进前准备工作

钻进前准备工作主要是清通空气排放系统,包括管路、软管和钻杆。

潜孔锤依靠提供干净顺畅的空气来运作。潜孔锤活塞与套管装配精密、公差小,且循环频率为 900 ~ 2 500 次/min。如果空气不纯或流动不畅,可能导致元件过热、材料黏着、滞塞或破坏。软管头可能在连接前偶然受到损害,钻杆在存储时受到污染。

所有的软管、管道和钻杆应先连接在空压机上,不要先连接潜孔锤。之后,使空气在系统内流动,来减少污染物进入潜孔锤的可能性。这些完成之后,可连接潜孔锤。

3)一般操作步骤

潜孔锤的一般操作步骤包括如下部分。

(1)开始供气

当钻头稍提离"孔底"并处于"停止作用模式",开始供气。空气直接吹过潜孔锤,而无活塞循环运动。

在潜孔锤到达孔底之前或潜孔锤进入湿的钻孔时,如果供气失败,可能导致塞住钻头上的排气孔或污染物进入潜孔锤内部。供气使潜孔锤开始冲击作用,钻头唇面上的排气孔清扫孔底。

(2)开始转动

开始转动应缓慢,一般凭经验的转速法则如下:

$$转速 = 1.6 \times 每小时进尺(m)$$

与常规回转钻进不同,增加回转速度不能有效增加钻进速率。转动的主要原因是指在冲击回次之间硬质合金破坏新鲜岩面,另一个原因是保证潜孔锤连接紧密。过大的转速将只能产生镶嵌硬质合金过早出露和钻头体磨损。

潜孔锤只能顺时针转动。操作潜孔锤不转或反转可能造成接头松动,使潜孔锤遗留在孔内或对螺纹连接形成破坏。

(3)下放钻头

下放钻头到“孔底”,钻头进入作业面,潜孔锤开始运作。调整钻压使潜孔锤平稳运转和处于最优性能。

一般经验的开始钻压如下:

$$钻压 = 9 \times 钻头直径/mm,kg$$

在湿孔内或在不稳定地层,有必要缓慢送入潜孔锤,来充分清洁孔底。当遇到漂石边缘时,转动无规律或失控,提起钻具充分清扫漂石边缘,然后缓慢送入钻头,直到钻穿漂石边缘。重复操作,直到回转平稳。

当遇到坚固地层时,回转稳定,潜孔锤工作听起来声音大、平稳,因此可调整转速和钻压。注意坚固地层可能是巨大漂石,其后可能出现松散层。只要听到潜孔锤冲击作用声音变化或转动扭矩产生波动,提起潜孔锤和钻头,继续转动并下放钻具,谨慎操作继续钻进。

监控钻孔冲洗物是一个很好的实践经验,有必要定期提起潜孔锤来冲洗孔底直到所有钻屑被清除,再次操作中要保持钻具转动。

在成孔时,提起钻头,持续冲洗钻孔几分钟,保证没有悬浮的钻屑落在潜孔锤和钻头上。再次操作中,保持钻具转动。这在遇到复杂难钻地层时是必要的,连续冲孔并保持钻具转动,直到钻头处于水平状态。

(4)有水钻进

在钻进时,喷射注水有两个目的:

①在含水地层,能形成泥包并阻碍清孔,这些泥包如果变得足够严重,能造成潜孔锤和钻头粘卡在钻孔内。喷射注水将使钻屑变成液体状,减少出现泥包的可能性。

②喷射注水的另一个目的是冷却潜孔锤组件。

(5)润滑

潜孔锤在工作过程中需要连续进行润滑。不能提供连续流动的润滑油,在很短的时间内将造成不可修复性破坏。在此期间,因过热在活塞表面产生的裂缝将扩展,会造成潜孔锤破坏。

(6)钻头检验

硬质合金齿磨锐:当柱齿出露磨损到等于镶嵌齿直径的1/3时,镶嵌硬质合金齿应该进行磨锐(表7-2)。

硬质合金需要磨锐时的尺寸 表7-2

初始硬质合金直径(mm)	12.7	14.3	15.9	19.1
应该磨锐时直径(mm)	4.0	4.8	5.6	6.4

当磨损值达到硬质合金齿直径的1/2时,硬质合金将承受很大的径向应力。

尽管硬质合金能承受很大的轴向荷载,但当承受严重的径向荷载时很容易碎裂。另外,硬质合金磨损严重,将使钻进速度急剧下降。

7.3.1.3 钻进原理 Champion H 系列潜孔锤

Champion H 潜孔锤的技术参数见表7-3。

Champion H 潜孔锤的技术参数 表 7-3

潜孔锤类型	钻孔直径(mm)	潜孔锤外径(mm)	质量(kg)	长度(mm)	冲击频率(次/min)	工作压力(bar)
80H	216 ~ 305	181	138	1 299	1 300	10.2
120H	321 ~ 406	257	306	1 381	1 225	10.2
180H	457 ~ 610	394	1 492	2 229	950	13.6
240H	610 ~ 864	508	2 488	2 388	925	13.6
330H	838 ~ 1 092	711	5 707	2 680	925	13.6

7.3.1.4 Champion H 潜孔锤配套钻头

1)环状冲击式钻头

环状冲击式钻头装置(图 7-14)包括中心钻头和环形钻头,是独特的两部分设计。中心钻头直接与潜孔锤相连接,给钻进以动力,而环形钻头焊接在要铺设的管道外壳上,锤体和中心钻头穿过管道壳体,两个钻头协调地工作以便在钻进的同时铺设管道。

当钻孔完成时,立即把中心钻头和钻杆拉出孔外,留下铺设的管道。在水平钻进中利用始发坑和目标坑,环形钻头也可完全回收。由于钻头可在多个工程中反复使用,这降低了施工成本。

2)Super Jaws 底扩式钻头

Numa 的另一种产品是 Super Jaws 钻头(图 7-15),这种钻头经 Tone 公司授权由 Numa 制造,它包括独特的下部翼状扩孔钻头设计,可使钻头在钻进的同时铺设管道。

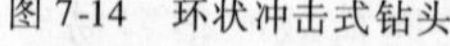

图 7-14 环状冲击式钻头

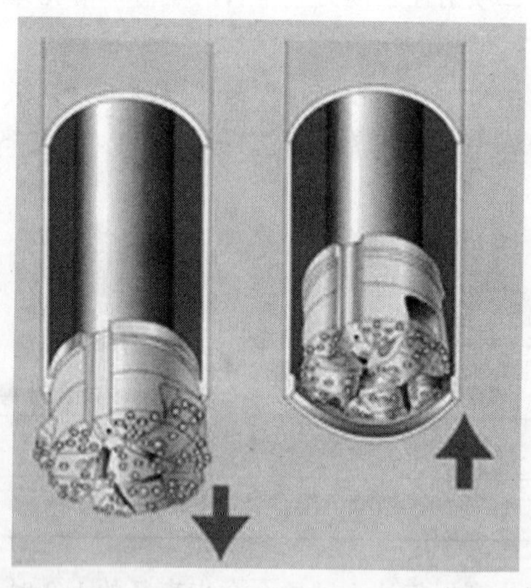

图 7-15 Super Jaws 底扩式钻头

设计的扩孔翼可以伸出管外,在钻进中把管道带入孔内,下部扩孔使得钻头可以全部与钻进地层相接触,这样可以降低扭矩,使回转马达损坏的可能性减小,同时心轴损坏的可能性也减小。此外,下部扩孔钻头不必使用费用昂贵的环形钻头,或使用当钻孔完成后尚需保留在孔内的管靴。

一旦完成钻进,扩孔翼就可缩回套管内,跟整个钻头一起拉出地面,管道安全地留在孔内。

7.3.1.5 应用范围

根据制造商提供的数据，该工法适用的钻孔直径范围为 89～1 219mm，施工长度可达 122m，施工精度可以达到 0.5% 的施工长度。施工效率取决于地层条件和钻孔直径（表 7-4），其变化范围为 6.0～15.5m/h。

NUMA 潜孔锤的应用范围 表 7-4

管材类型	钻孔直径（mm）	管道公称外径 DN/OD	管道公称内径 DN/ID	施工长度（精度为 0.5%）	螺旋钻杆长度（m）	始发井最小直径（m）	目标井最小直径（m）
钢	235	219	—	50	3	9.0	2.3
陶瓷	335	299	200	50	1	3.0	2.3
钢	350	324	—	50	3	9.0	2.3
陶瓷	442	412	300	75	1	3.0	2.7
钢	485	457	—	75	3	9.0	2.7
钢	540	508	—	75	3	9.0	2.7
陶瓷	545	525	400	75	2	3.0	3.7
钢	795	762	—	75	3	9.0	2.7
混凝土	798	760	600	75	2	3.2	2.7

7.3.2 ROTEX Sysmmetrix HZ 系统

7.3.2.1 概述

Sysmmetrix 方法是获得专利的一种简单的同心跟管钻进方法，能高效地钻任何角度直孔，钻孔直径范围为 90～1 200mm。

在该工法中，由螺旋钻杆进行排屑，其冲击钻头和上述方法中的相似，也是由两部分（先导钻头和环状钻头）组成，不同的是，在该工法中，焊接在套管上的外部的环状钻头是可以回转的，见图 7-16a）、b）。

a）

b）

图 7-16 ROTEX Sysmmetrix HZ 潜孔锤钻进系统

a）ROTEX Sysmmetrix HZ508 潜孔锤钻进系统（钻孔直径为 532mm）；

b）ROTEX Sysmmetrix HI406 潜孔锤钻进系统（钻孔直径为 432mm，完成施工长度 193m）

7.3.2.2 工作原理

用卡口(插栓)连接器将先导孔钻头和环状钻头连接在一起,二者都顺时针转动并共同碎岩成孔,所钻孔足够大,允许管靴拉入套管。环状钻头在套管靴上自由转动,其焊接在第一节套管上,在钻进过程中,套管管道不转动。

根据钻孔需要增加套管管道长度,能达到100m。冲洗空气通过钻头唇面上的孔道射出,并沿环状钻头和先导孔钻头之间的宽槽上返,然后进入套管管道和钻杆之间的环空,以保证高的冲洗速度和低的钻孔下降。钻进力只通过钻杆传递到先导孔钻头上,并冲击环状钻头。

当钻孔完成后,从环状钻头上卸下先导孔钻头,通过轻微逆时针转动,并沿着套管管道回收。套管管道可以是永久性的,或者是能从孔内回收重复利用的管道。

Sysmmetrix 方法中的水平钻进系统是针对在土层和岩层条件下进行长距离钻孔而研制的,该系统包括配备几个冲击台肩的环状钻头和具有额外耐用的、厚壁套管靴。直孔、低扭矩、小破坏以及可靠性是 Sysmmetrix 钻进系统的典型特点,而这些特点在长距离水平孔钻进中受到越来越多的重视。

7.3.2.3 ROTEX Sysmmetrix HZ 系列潜孔锤

根据 ROTEX 公司介绍,ROTEX Sysmmetrix HZ 系列潜孔锤技术参数见表 7-5。

ROTEX Sysmmetrix HZ 系列潜孔锤的技术参数 表 7-5

机　　型	管道直径(mm)	管道壁厚(mm)	环状钻头(钻孔)直径(mm)	先导钻头直径(mm)	潜孔锤直径(mm)
HZ219	219.1	10.0	242	197	152.4
HZ273	273.0	10.0	296	251	203.2
HZ324	323.9	10.0	346	302	203.2 ~ 304.8
HZ406	406.4	12.7	434	379	254.0 ~ 304.8
HZ508	508.0	12.7	534	480	304.8 ~ 457.2
HZ609	609.6	12.7	635	581	406.4 ~ 508.0
HZ711	711.0	12.7	737	682	508.0 ~ 762.0
HZ812	812.0	14.0	838	781	508.0 ~ 762.0
HZ914	914.0	14.0	940	883	508.0 ~ 762.0

7.3.2.4 应用范围

根据制造商提供的数据,HZ 508 潜孔锤适合于钻进的孔径范围为 239 ~ 633mm,施工长度可达 300m,当孔径为 432mm 时,其平均纯钻效率为 6m/h。

7.3.3 SST 工法

SST 工法(Super Striker Tunneling,SST)(图 7-17)不同于上述各种作业方法和切削头的设计理念,土屑通过潜孔锤喷出的高压空气或使用螺旋钻杆输送排出到始发井。

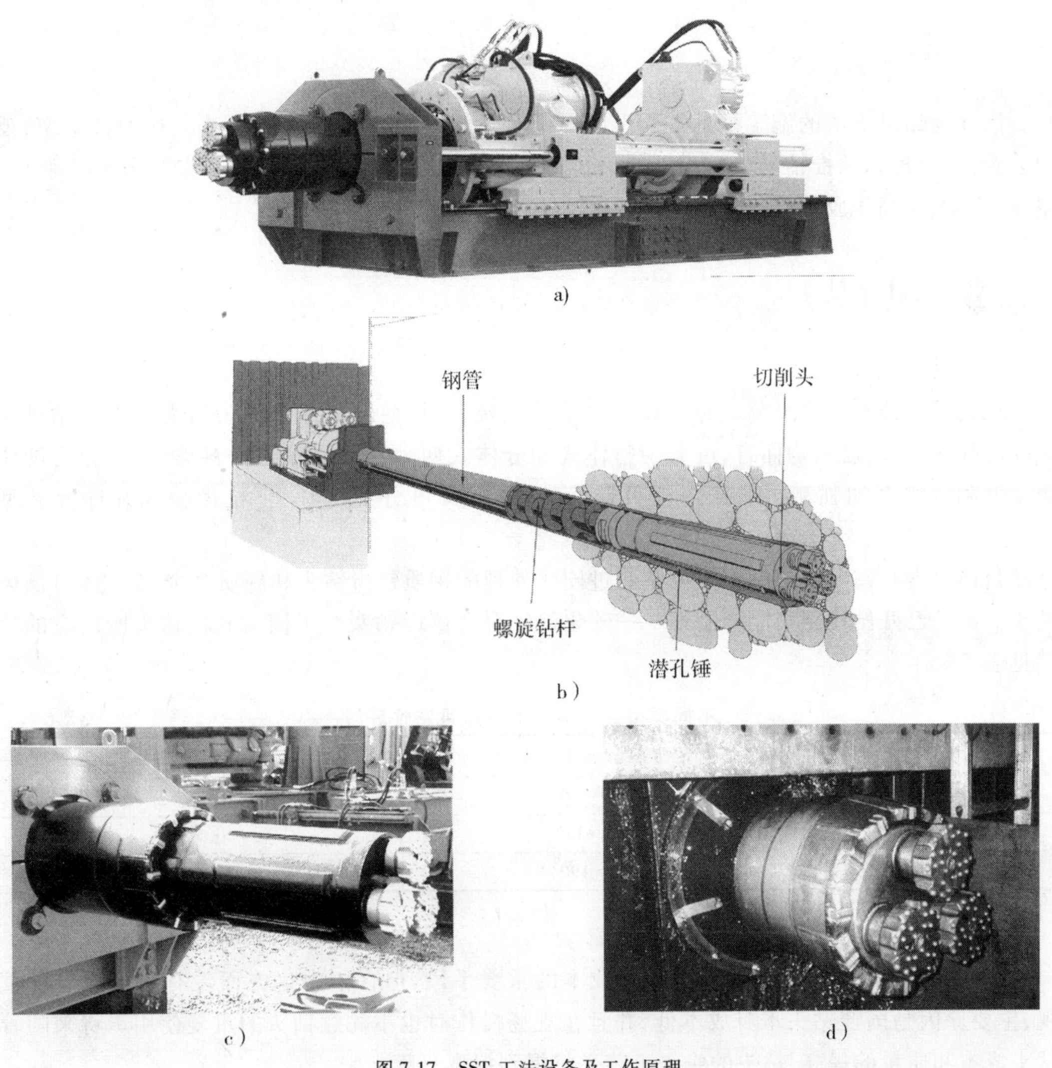

a)

b)

c)

d)

图 7-17 SST 工法设备及工作原理

切削机构采用两部分设计:带有三个切削头的冲击锤牵引钢管,并连接在螺旋钻杆上;在钢管引导边上的切削环切削出钻孔轮廓。因为顶进站的特殊设计,即配备两套顶进支架和顶推组件,能实现锤头和切削环的分离单独顶进。一套用于顶进钢管,另一套用于顶进螺旋钻杆来保证潜孔锤的顶进压力。

根据厂家说明书,SST 工法用于顶进钢管,DN/IN250、300(SST350 型),以及 DN/IN400 和 450(SST500 型),但后者顶进长度一般为 50m。

始发坑尺寸 $L \times B = 5\ 800\text{mm} \times 2\ 500\text{mm}$ 或 $6\ 300\text{mm} \times 3\ 000\text{mm}$,接收坑直径一般为 2 500mm。

7.4 施工机具

潜孔锤钻进方法的施工机具主要由以下部分组成：顶进工作站，包括基座和加长基座，反力装置，压力桥和顶推钻进装置；潜孔锤和钻头；钻杆柱（或螺旋钻杆）；液压装置和高压胶管；空压机和气压高压胶管；吊装设备；焊机等。

7.4.1 潜孔锤钻头

1）潜孔锤钻头

风动潜孔锤钻头也可分取心式和全面钻进式两种，目前使用最多的为后者。全面钻进用风动潜孔锤钻头，就结构而言，可分为整体式和分体式两种。根据碎岩材料类型，可分为硬质合金型和金刚石加强型。根据切削刃形状的不同，又可分为刃片型、柱齿型和片柱混装型三种。

目前与潜孔锤配套的钻头主要是经过硬化处理的钢质铣齿钻头和硬质合金（碳化钨）镶齿钻头。国外已开始使用聚晶金刚石——碳化钨复合片镶齿钻头。不同潜孔锤钻头所适应的地层见表 7-6。

不同类型钻头对应的岩石可钻性等级　　表 7-6

钻 头 类 型	岩石可钻性等级（抗压强度 MPa）	代表性岩石
钢质铣齿钻头	4 ~ 5(30 ~ 50)	石灰岩
碳化钨镶齿钻头	6 ~ 9(60 ~ 180)	花岗岩
金刚石复合片镶齿钻头	9 ~ 12(> 190)	石英岩

2）潜孔锤钻头修复

镶齿钻头的修复在国外是降低工程成本的重要手段，但在国内这方面没有得到应有的重视，主要原因是国产钻头本身成本低，并且在现场操作时也不注意钻头的重复使用。将来随着钻头成本和质量的提高，钻头的修复工艺必将提到议事日程上来。

在这里以 Rotex Sysmmetrix 系列潜孔锤钻头为例，介绍潜孔锤先导孔钻头的修复和维护。

（1）冲击台肩

钻进过程中产生的冲击、给进、回转应力，会逐渐磨损先导孔钻头和环状钻头的冲击台肩，这种磨损将降低先导孔钻头的使用寿命。为保证无障碍钻进和卡口连接器的连或断开，当先导孔钻头冲击台肩在轴向的磨损达到 2 ~ 3mm 时必须进行修复。

对于修复过程推荐使用手工金属电弧焊接，焊接后硬度达到 50 ~ 60HRC。焊接时应使用直径为 2.5mm 的焊条，电流值为 60 ~ 120A。焊接前，应对钻头体进行全面预热（见图 7-18a），但温度不能超过 100 ~ 120℃。在焊接过程中，先导孔温度不能超过 200 ~ 220℃。焊接后进行打磨，恢复原始表面和尺寸，见图 7-18b）、c）、d）。

a)　b)　c)　d)

图 7-18　焊接过程(图片来源 Rotex)

(2)碳化钨(硬质合金)齿修复

镶入硬质合金的磨损与地层、岩石含硅量、钻进参数有关。当磨平尺寸达到整个合金齿直径的 1/3 时,平头齿必须进行打磨(图 7-19)。

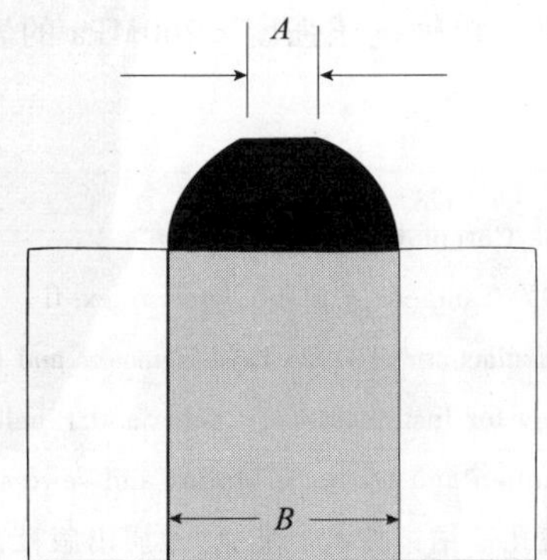

图 7-19　合金齿需要打磨时的尺寸

7.4.2 钻杆柱

潜孔锤钻进用钻杆分为常规钻杆和特殊钻杆(如双壁钻杆)两大类。由于风动潜孔锤钻进使用的循环介质(压缩空气)压力相对较低,钻具转速较慢,所需钻头压力较小,钻杆承受的扭矩也不大,因此对钻杆的要求相对地降低了。

选用钻杆时所考虑的因素,主要是在连接方式上要求具有一定的紧密性,在钻杆规格上要确保循环介质有较高的回返速度。

7.4.3 空压机

空气压缩机(Compressor)基本分为两类,即容积式空气压缩机和动力式空气压缩机。

容积式空压机是依靠机械动作把一定容量的自由空气缩小其体积而获得。这种类型的空压机包括往复式空压机、旋转螺杆空压机和叶片式空压机。容积式空压机的风量不受工作压力的影响(除去内泄漏的变化和容积效率变化外),其压缩比为固定的。

所谓动力式空压机是赋予连续流动的气体以动能,并通过扩散器使之转化为压力能,以达到升压的目的。这种空压机有喷射式、离心式、轴流式等。

在风动潜孔锤钻进中一般都使用容积式空压机,其中以往复活塞式和螺杆式较为普遍。

7.5 应用范围

由于潜孔锤钻进方法在施工中同时跟进保护套管,采用冲击回转或冲击的方法破碎岩石,因此,该方法在不含地下水的不稳定地层和不均质等复杂地层(含碎石或大的漂石等)中应用具有很大的优越性,同时,还可以在单轴抗压强度 <200MPa 的岩层中应用。

参考文献

[1] Company information Asanuma Corporation, Osaka, Japan

[2] Company information Rotex OY, Tampere, Finland. www. rotex. fi

[3] Company information NUMA Manufacturer of Down Hole Hammers and Bits, Surrey, UK. www. numahammers. com

[4] D. Stein. Trenchless Technology for Installation of Cables and Pipelines. Germany

[5] EN 12889: Trenchless construction and testing of drains and sewers, 2000

[6] 杜祥麟,张茂举,李敦宝. 潜孔锤钻进技术. 北京:地质出版社,1988

[7] 耿瑞伦. 跟套管钻近技术及其应用. 地质装备,2000(3):11-15

[8] 耿瑞伦. 在硬地层中非开挖铺设地下管线技术综述. 隧道网. www. tunnelling. cn

[9] 贾元青,李旭庆. 气动潜孔锤技术进行非开挖管道铺设. 西部探矿工程,2006(3):195-196

[10] Vicki Riberts - Gassler. HDD in Saudi Arabian Hard Rock. No Dig International, 2001, August

[11] 鄢泰宁. 岩土钻掘工程学. 武汉:中国地质大学出版社,2001

[12] 殷琨,蒋荣庆,赖振宇. 气动潜孔锤钻进技术. 世界地质,1999,18(2)

[13] 赵建勤. 潜孔锤偏心跟管钻进技术. 凿岩机械气动工具,2007(1):40-45

CHAPTER 8

水平顶推钻进法

8.1 概述

顶推钻进法是微型隧道施工法和导向钻进法的一种简化施工法,它们之间的主要区别在于成孔方式的不同。在施工过程中,管线的铺设基本上是通过两个(或者最多三个)步骤来完成,第1步是先导孔钻进(可以采用土层挤密式钻进方法或排土式钻进方法);第2个步骤是扩孔钻进,这一过程也可以采用土层挤密式钻进方法或排土式钻进方法来完成,施工中不需要进行导向,在扩孔的同时将要铺设的管线顶推或拉入,同时也将先导钻杆从目标坑中顶出或拉出。

8.1.1 水平顶推钻进法的优缺点

1)水平顶推钻进法的优点

水平顶推钻进法的优点包括如下两个方面:

(1)设备简单、操作方便、投资少。

(2)可控制方向。

2)水平顶推钻进法的缺点

水平顶推钻进法的缺点包括如下几个方面:

(1)仅适用于小口径的管线铺设。

(2)需开挖两个工作坑。

(3)适用的土层有限。

8.1.2 施工设备及工艺

顶推钻进法所用的主要机具包括给进架、固定在给进架上的一个或数个液压千斤顶、钻杆夹紧装置、顶推钻杆以及导向钻头等。动力一般由便携式液压泵提供。

导向钻头为带斜面的不对称性钻头,其内有测定钻头位置和深度的探头。连续回转并给进时,导向钻头成直线钻进;如钻头偏离设计轨迹,转动顶推钻杆使钻头的斜面朝向偏离的方向,然后只顶进不回转,钻头的推进方向就会逐渐加以修正。

当铺管距离较短、且土层较均匀时,顶推过程可以不进行纠偏。此时,可以使用锥型的对称钻头,这样容易贯入土层。钻头的直径应略大于钻杆的直径,以减少钻杆与土层的摩擦阻力。

施工前,应在起始点挖一深度略大于管线埋深的工作坑,然后将给进架放入并固定好。接着将顶推钻杆逐根顶入地层,直至钻头到达目标工作坑。这时,卸下钻头,并根据待铺设管线的直径不同,将管线通过拉管头拉入孔内,或用扩孔头扩孔后再拉入。

8.1.3 应用范围

顶推钻进形成的先导孔直径一般为 40 ~ 200mm，最大可以扩孔到 320mm。最大施工长度可达 30 ~ 50m。可纠偏的顶推钻进可达 60m。在大多数情况下，最大的施工长度并不受钻机能力的限制，而是受方向控制精度的局限。

顶推钻进最适合的土层为可压密的软土层，如亚黏土和粉砂层。由于所需的荷载大，在极硬的土层中一般应避免使用。对于含有大块卵砾石的地层，而且施工精度要求较高，或者靠近已有的地下管线施工时，也应避免使用该法。因为较大的荷载容易使钻杆产生弯曲和偏离设计轨迹，尤其当遇到大块的卵砾石时。

为了防止地表的隆起和（或）钻杆出露地表，对埋深应有一定的要求，尤其当土层的硬度或致密性随深度而增加时。

顶推钻进法具有设备投资小、施工成本低、操作和维修简单等特点，常用于铺设小口径的分支管线，主要是煤气管道、自来水管道、动力电缆和通信电缆以及有线电视的信号电缆等。

8.2 Acemole 施工法

Acemole PC 10 MP 工法（图 8-1）属于双步施工法，该工法的特点是：无论在先导孔钻进阶段，还是在随后的扩孔施工阶段，都是采用土层挤密原理。在始发工作井中安装好顶进工作站之后，即可开始先导孔的钻进（图 8-2），先导钻杆柱由先导钻杆（直径 100 mm）和在液压作用下可以伸出的挤密头和导向头组成，在挤密头到达目标井之后，进行第 2 步的非导向扩孔工作，采用扩孔器按照土层挤密的原理将先导孔扩大至所需的直径，在扩孔的同时，借助于顶进工作站将通过管接头连接在扩孔器后面的要铺设的管道顶入预定位置（图8-3）。在扩孔过程中，先导钻杆对扩孔器具有导向作用，并被逐节顶出目标井进行回收。

图 8-1　Acemole 工法设备

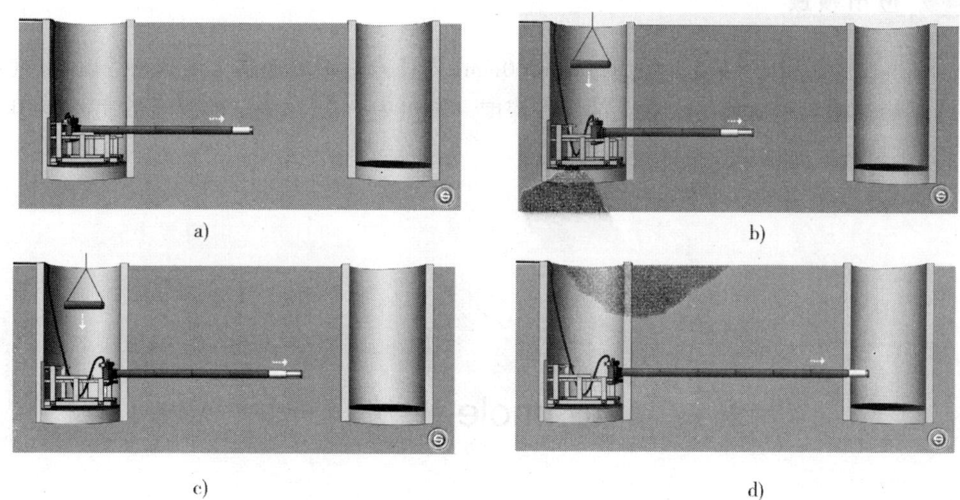

图 8-2　先导孔钻进(来源于:S&P)

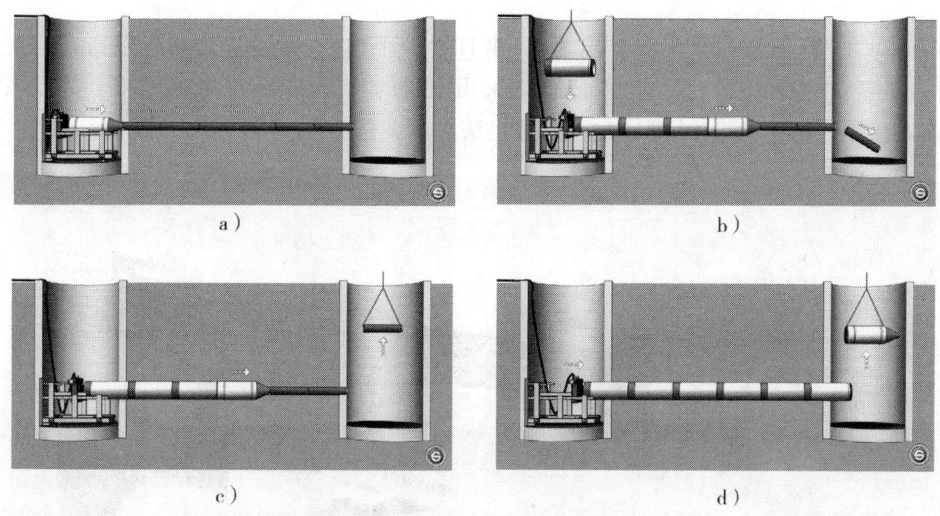

图 8-3　扩孔钻进过程(来源于:S&P)

8.2.1 施工机具

Acemole 工法所属的主要施工设备包括:

(1)顶进工作站(包括顶进架、推进油缸、均压环和反力装置)。

(2)控制和导向工作台。

(3)液压装置。

(4)先导钻杆和挤密切削头。

(5)扩孔器(外径和所要铺设的管道外径相适应)。

(6)升降设备。

8.2.2 应用领域

Acemole 工法适用的管道直径为 300 ~ 400mm(外径),适用的地层为可挤密的软地层(即 N 值 <15 的砂质或黏土质地层),施工的管线深度一般在 2 ~ 4m,可施工的管道长度可达 100 m,以及可施工钻孔的曲率半径 > 150 m。

8.3 Ironmole 工法

8.3.1 施工原理及过程

Ironmole 工法(图 8-4)属于双步施工法,由日本的小松(Komatsu)公司开发研制。该工法的主要特点是:在进行先导孔钻进时,既可以采用土层的挤密法,还可以采用排土的方法进行施工;而在随后的扩孔钻进中,则通过土层排出法进行工作。

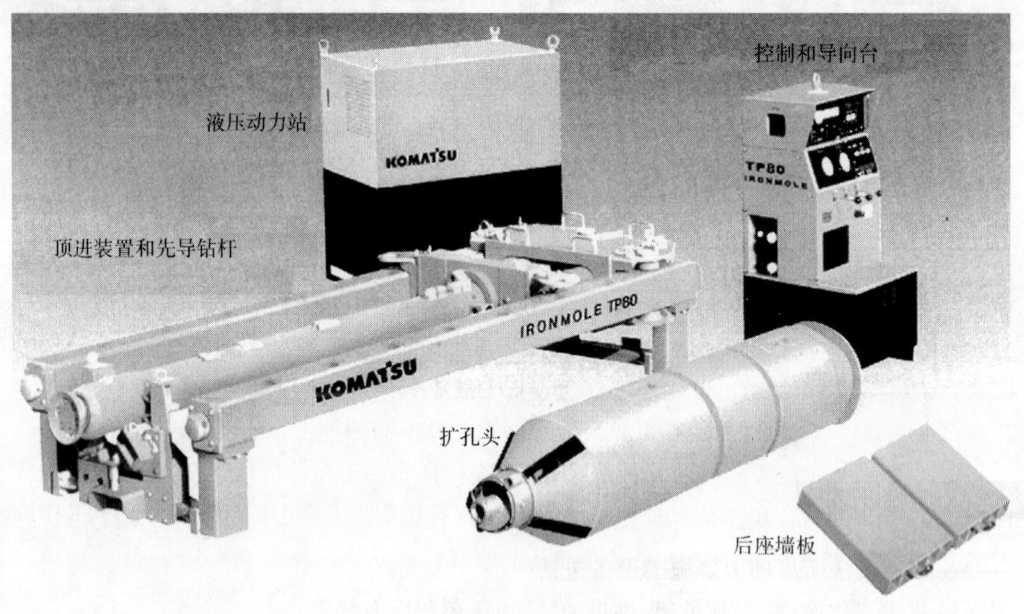

图 8-4　Ironmloe 工法设备

第 1 步:先导孔钻进

在第 1 步的先导孔施工中,根据地层的需要,可以选择液压伸出式挤密切削刀盘(以下称为挤密头),也可以选择带水力输送装置的切削式先导切削刀盘来进行施工,这两种施工方法所能达到的钻孔直径分别为 216 mm 或 232 mm。

在施工中,无论是挤密切削刀盘(图 8-5a)还是切削式先导切削刀盘(图 8-5b)、c),都可以实现对钻孔方向的控制,其结构和工作原理如图 8-6 所示。

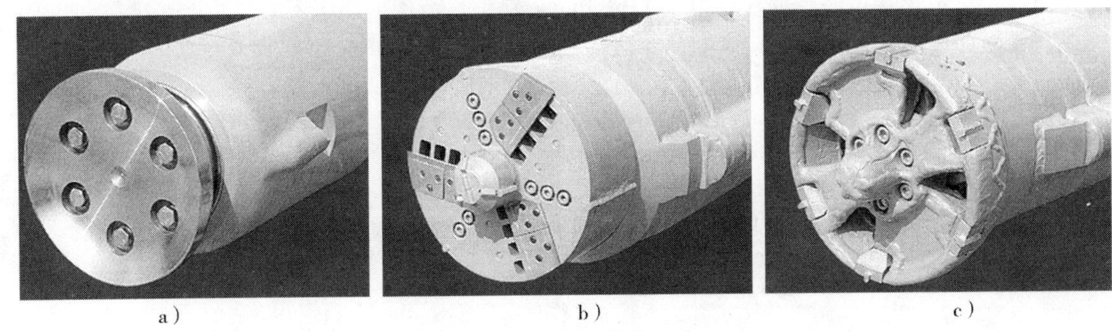

图 8-5　挤密切削刀盘和切削式先导切削刀盘

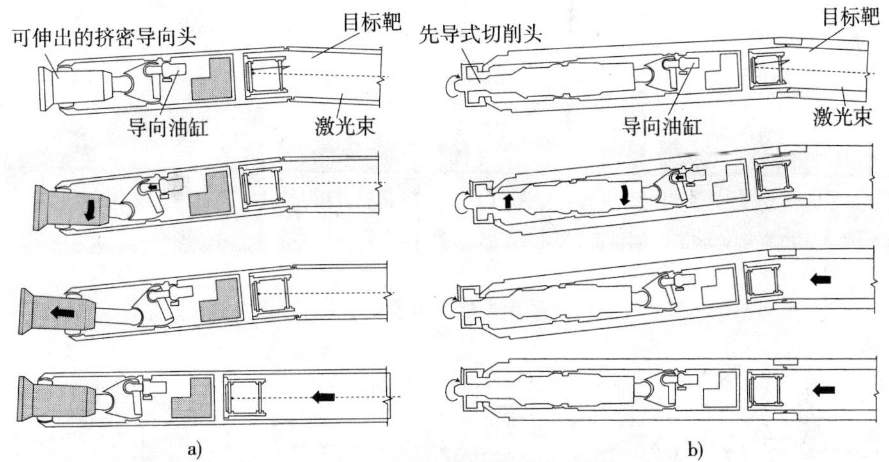

图 8-6　挤密切削刀盘和切削式先导切削刀盘的结构和工作原理

第 2 步:扩孔钻进

在先导孔钻至目标井之后,进行随后的第 2 步非导向扩孔工作,采用扩孔器将先导孔扩大至所需的直径,在扩孔的同时将要铺设的管道顶入预定位置。在扩孔过程中,先导钻杆对扩孔器具有导向作用,并同时可以将泥土输送装置安放于其中。

在扩孔铺设管线时,有螺旋式和水力排土式两种不同的排土方法可以选择。

螺旋排土式(图 8-7):从目标井开始,将螺旋钻杆安装于先导钻杆中,在始发井中将螺旋钻杆与扩孔器(图 8-8a)相连接。扩孔器的前部安装有切削刀具,用于剪切破碎位于工作面上的土层,由扩孔器回转破碎下来的泥土通过其上的缝隙到达螺旋钻杆(图 8-9a)并被输送至目标工作坑,在这里对其进行接收并排运至地表。当连接在扩孔器后面的管道被顶进工作站顶进的同时,先导钻杆也同时从目标井中被顶出。

水力输送式:这种方法主要应用于含地下水的地层,水力输送介质具有两个方面的功能:一是作为平衡介质克服地下水的压力;二是作为输送介质来运送破碎下来的泥土(图8-9b)、图8-10)。其工作流程和螺旋排土式施工方法类似。

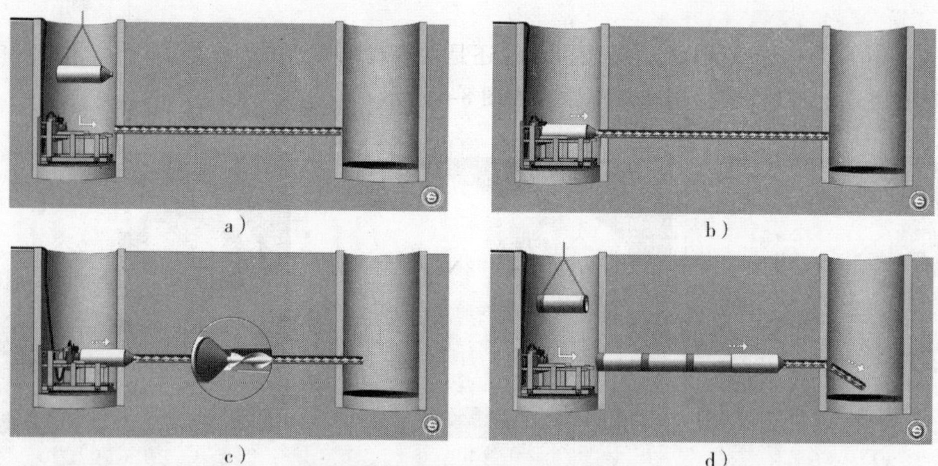

图 8-7　螺旋式排土施工法(来源于:S&P)

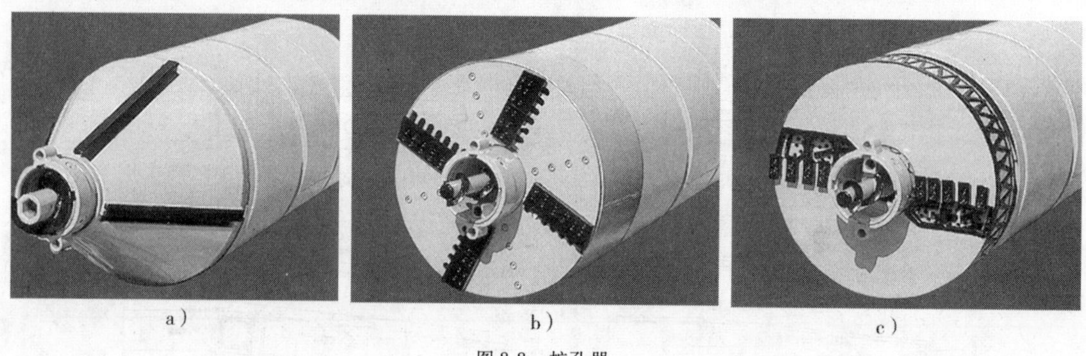

图 8-8　扩孔器

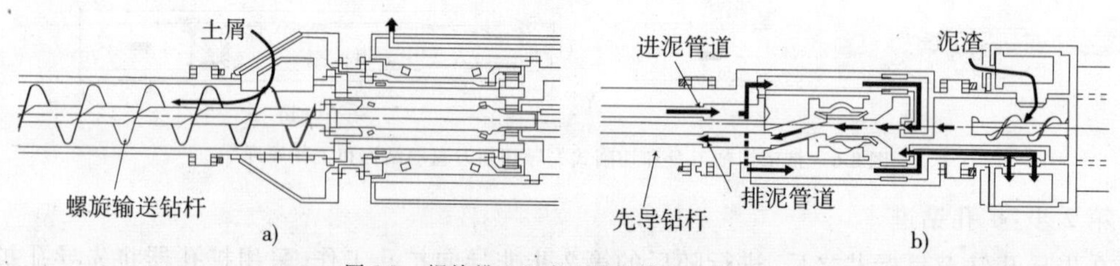

图 8-9　螺旋排土和水力输送排土工作原理

a)螺旋排土法工作原理;b)水力输送排土原理

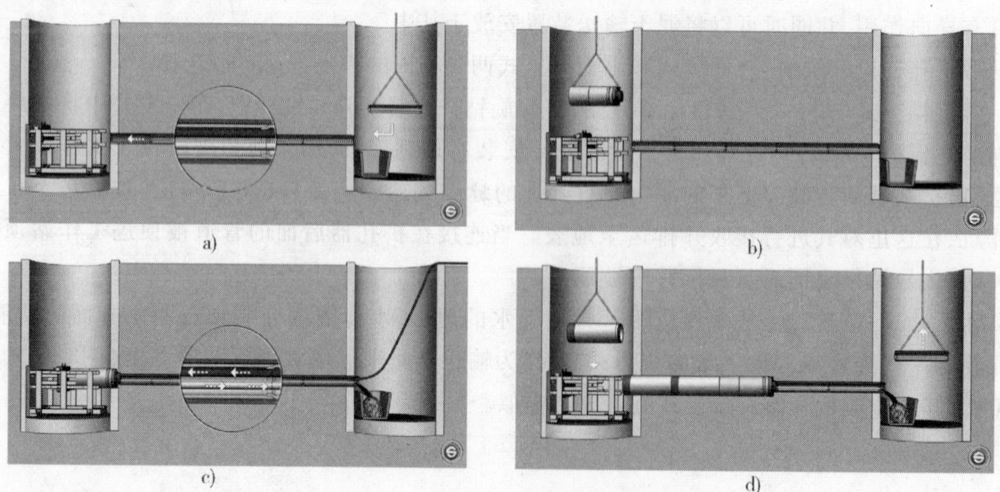

图 8-10　水力输送排土工作原理及过程

8.3.2 施工机具

Ironmole 工法的基本设备如图 8-4 所示，其主要组成部分和前面章节中所述的相同，另外，对于这种施工方法还需要如下设备：

(1)扩孔器。

(2)泥土输送装置、沉淀池或分离装置(根据施工机械的类型而定)。

8.3.3 应用领域

根据制造商的数据，这种 Ironmole 施工法适用的管道内径为 150 ~ 900mm(外径 232 ~ 1 100mm)，所能施工的长度可达 50 m。

通过不同的先导切削刀盘以及扩孔器的组合，总共可以实现 5 种不同的 Ironmole 施工方法(表 8-1)，这些施工方法可以分别应用于黏性的和无黏性的 N 值为 0 ~ 50 之间的软土地层施工(表 8-2)。通过选择适当的系统组合，该方法也可应用于压力≤0.6 bar(地下水压头高于管道底部 6 m)的含水地层(表 8-2)。

该工法所需的起始工作井和目标工作井的尺寸根据要铺设的管道直径而定，其基本数据参考表 8-3。

Ironmloe TP80 - 2 的各种工法及应用范围 表 8-1

类型	不同的组合形式		应用说明
	先导孔钻进	扩孔钻进	
Ⅰ	挤密式先导切削刀盘	螺旋式排土扩孔器	应用非常普遍的一种方法，特别适用于软地层
Ⅱ	挤密式先导切削刀盘	水力排土式扩孔器(类型 1)	适用于软(N 值小)的高含水地层，地下水压力可以得到平衡，水可以作为传输和平衡介质，需对工作坑周围的土体进行处理或加固
Ⅲ	切削式先导切削刀盘(类型 1)	水力排土式扩孔器(类型 1)	可应用于坚硬/致密的涌水地层，在强涌水地层需对工作坑附近的土层进行处理
Ⅳ	切削式先导切削刀盘(类型 1)	螺旋式排土扩孔器	可应用于无涌水的硬地层，更适合应用于 N 值≤50 的坚硬地层
Ⅴ	切削式先导切削刀盘(类型 2)	水力排土式扩孔器(类型 2)	可应用于含有颗粒直径≤ 80 mm 且其含量≤35 % 的砂砾石地层，需对工作坑附近的土层进行处理

Ironmole 工法的应用范围(制造商提供) 表 8-2

地层和地下水条件	地层	黏土层		淤泥层		砂层或砂质土层				砂砾石层
	N 值	0 ~ 20	20 ~ 50	0 ~ 20	20 ~ 50	0 ~ 13		13 ~ 50		30 ~ 50
	地下水压力(bar)	—	—	—	—	0 ~ 0.4	0.4 ~ 0.6	0 ~ 0.4	0.4 ~ 0.6	0.4 ~ 0.6
工法类型	Ⅰ	●	×	●	×	●	×	×	×	×
	Ⅱ	○	×	○	×	○	●	×	×	×
	Ⅲ	△	○	△	○	△	△	○	●	×
	Ⅳ	△	●	△	●	△	×	●	×	×
	Ⅴ	×	×	×	×	×	○	×	○	●

注：●为推荐应用；○为可以应用，△为当 N 值 >5 时可应用；×为不适用。

Ironmole TP80－2 工法工作坑的最小尺寸(单位:mm)　　表 8-3

管道外径	232～730		730～1 100	
工法类型	挤密式先导切削刀盘	切削式先导切削刀盘	螺旋排土式扩孔器	水力排土式扩孔器
顶进坑尺寸(长×宽)*	4 400×2 000 (4 800×2 000)	4 400×2 000 (4 800×2 000)	4 400×2 000 (4 800×2 000)	4 400×2 000 (4 800×2 000)
目标坑尺寸(长×宽)*	2 800×2 000 (3 200×2 000)	3 200×2 000 (3 600×2 000)	3 600×2 400 (4 000×2 400)	3 200×2 000 (3 600×2 000)
顶进坑底部至管道中心线的高度	600 ±90	600 ±90	800 ±90	800 ±90
工法类型	挤密式先导切削刀盘	切削式先导切削刀盘	螺旋排土式扩孔器	水力排土式扩孔器
目标坑底部至管道中心线的高度	800	800	900	900

注:* 括号中的数字是在含水地层中施工时需要修筑止水封门时的工作坑尺寸。

8.4 Earth Arrow 工法

Earth Arrow 施工方法(图 8-11)可以归入双步施工法,和 Ironmole 工法一样,其施工的主要特点也是:在进行先导孔钻进时,既可以采用土层挤密的方法,还可以采用排土的方法进行施工;而在随后的扩孔钻进中,则通过土层排出法进行工作。

8.4.1 施工机具

Earth Arrow 工法的设计思路及施工过程基本和 Ironmole 工法一致,其所需的机械装置如图 8-11 所示。

在先导孔(孔径 150 mm)钻进时,根据地层类型的不同,可以分别采用土层挤密的方法,或者采用排土式施工方法,但是无论采用何种方法,其挤密切削头或导向头都是可以进行导向的。在施工中,由于采用了双壁钻杆,在地层性质发生重大改变时,可以将挤密切削头或先导切削头连同内部钻杆一起从外管中回拉出来,以更换更适合的挤密切削头或先导切削头。

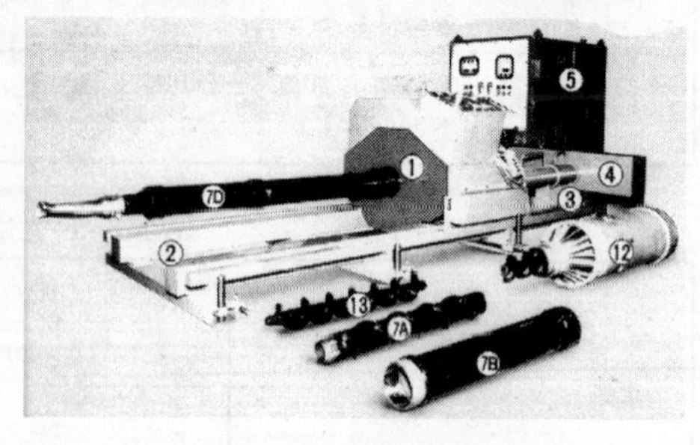

图 8-11　Earth Arrow 工法及所需装置

在扩孔钻进时,采用切削刀盘(扩孔器)破碎地层,同时利用螺旋输送装置排出切削下来的泥土。为了使这种施工方法也能够应用于具有较小地下水压头的含水地层,可以在扩孔器的位置建立起平衡地下水的压力(图 8-12)。

另外,为了采用膨润土浆液润滑管道的外表面而减小施工中的顶推力,还安装了一套注浆装置。

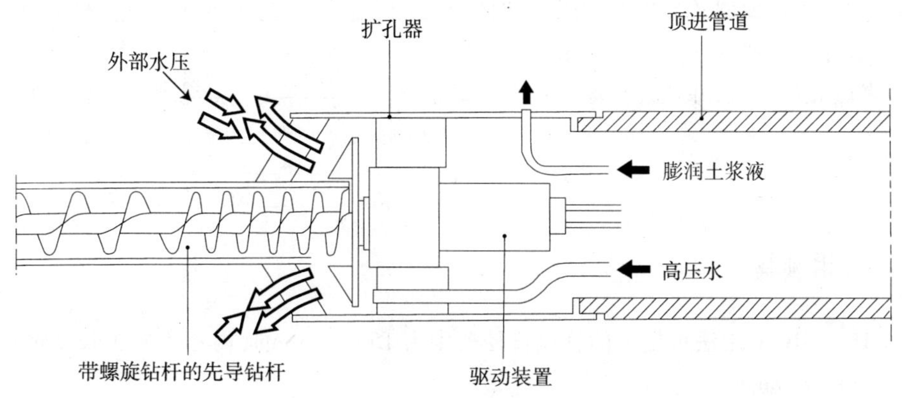

图 8-12 Earth Arrow 工法扩孔钻进原理

在选择 Earth Arrow 工法配用的扩孔器时,必须使其外径和要铺设的管道直径相一致。除了上述的扩孔器之外,该工法还需要以下设备:

(1)顶进工作站(包括控制台和导向台)。

(2)液压装置。

(3)配备 2 ~3 个挤密和先导切削刀盘(分别用于软、中硬或硬地层)。

(4)泵送装置(用于平衡地下水压力以及对管道进行注浆润滑)。

(5)50 根 ϕ100 ×1 000 mm 的内管(配备有螺旋钻杆,先导孔钻进用)。

(6)50 根 ϕ150 ×1 000 mm 的外管。

顶进工作站的尺寸以及起始井和目标井的内部尺寸如图 8-13 和图 8-14 所示。

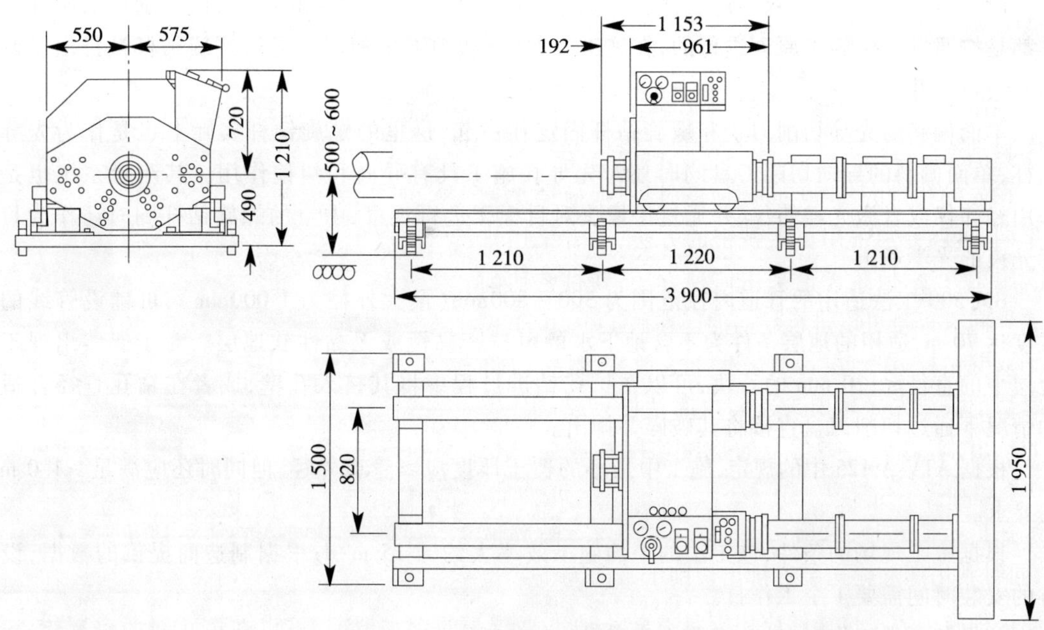

图 8-13 顶进工作站的尺寸(尺寸单位:mm)

在施工中,单面偏斜的导向头和先导钻杆固定在一起,具有导向和纠偏作用。其测量系统是利用经纬仪或者激光经纬仪,并通过摄像头对目标靶进行观察。

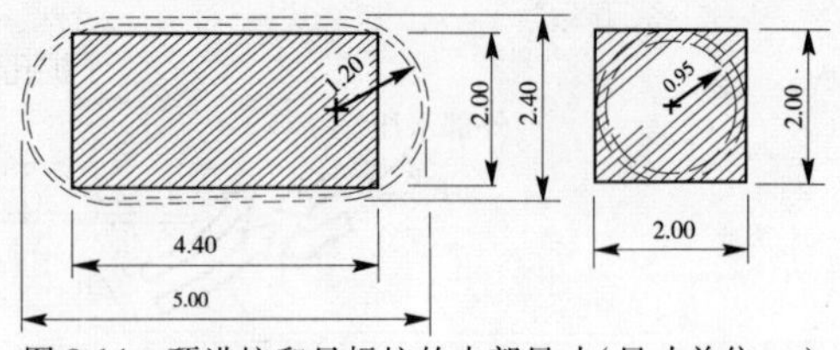

图 8-14 顶进坑和目标坑的内部尺寸(尺寸单位:m)

8.4.2 应用领域

EARTH ARROW 工法可施工的管道直径范围为 150 ~ 700mm(内径),施工长度可达 50 m,施工精度为 ±20 mm。

其应用领域决定于地层条件以及相关的标贯指数 N 值,其在含水地层中的应用受到限制,并且还必须采用一些特殊的辅助施工方法。

8.5 BM 500 工法

BM 500 工法也属于双步施工法,不但其先导孔的施工(直径 420 mm),而且随后的扩孔钻进都是按照排土法施工原理进行的,在施工过程中,切削下来的泥土通过螺旋钻杆被排出至起始井或目标井。

单面偏斜的先导切削刀盘和螺旋钻杆固定在一起,这里的螺旋钻杆实际上也是作为先导钻杆,单面偏斜的导向切削刀盘同时还对先导孔施工具有导向和纠偏作用。其测量系统也是采用经纬仪或者激光经纬仪,并通过摄像头对目标靶进行观察,中空的螺旋钻杆同时还作为目标光束的光学通道。

BM 500 工法适用的管道内径范围为 300 ~ 800mm(最大外径为 1 000mm),可铺设管线的长度达 70 m,适用的地层条件为不含地下水的可挤密黏性或无黏性软地层。对于偶然出现于地层中的直径≤120 mm 的石块,可以在扩孔钻进过程中将其挤入孔壁,或者在钻孔直径合适的情况下通过切削刀盘直接将其破碎并排出。

根据 ATV-A 125 中的规定,施工中最小的覆土厚度应≥管道外径,但同时还应满足≥1.0 m 的要求。

根据施工现场的条件,该工法的平均施工效率大约为 15 m/d;根据制造商提供的数据,设备的安装时间需要 1 个工作日。

该设备正常工作时,最少需要 4 个劳动力。

8.6 其他类型的顶推式施工技术

其他类型的顶推施工法还有 MTS 400、RVS 80、BM 300 和 BM 400 以及 PBA 85 工法，分别属于双步施工法和三步施工法，在钻进过程中需要进行导向的先导孔施工，都是按照土层挤密法施工原理进行的，而随后的扩孔钻进则是按照排土式施工原理，通过螺旋钻杆将泥土排送至起始工作井。

8.6.1 工作原理及过程

对于双步推进工法(图 8-15)，在第 2 步施工过程中，首先要将螺旋钻杆置于位于管道中的钢制的螺旋输送管道(图 8-16)，在接入新的管道时，螺旋输送管道同时也相互连接在一起。

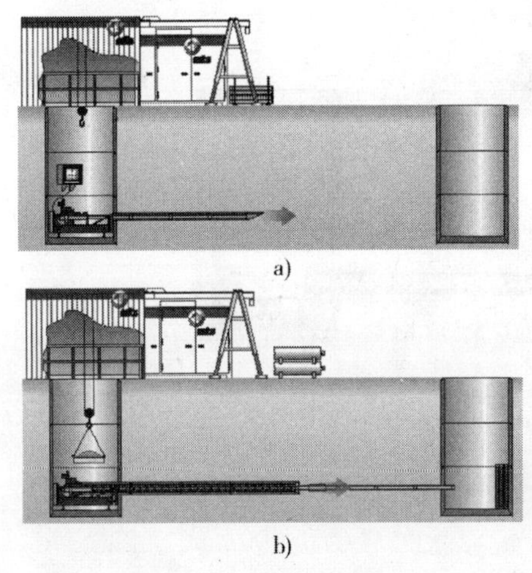

图 8-15 双步推进工法原理

图 8-16 钢制的螺旋输送管道

对于三步施工法(图 8-17)，可以不用安装螺旋输送管道，因为在第 2 步施工中，在扩孔钻进的同时顶进所谓的中间过渡管道，这些钢制的管道通过预应力的方式连接在一起。在第 3 步施工中，在顶进工作站的顶推作用下，这些通过一个变径接头和铺设管道相连的中间过渡管道被顶出目标井，并在此回收。

其中 BM 400 工法还具有一个特点：即在第 3 步施工中，既可以像上述的在顶出中间过渡管道的同时铺设管道，当铺设直径较大的管道时，也可以继续进行第 2 次扩孔，和 BM 500 工法的第 2 施工阶段类似。

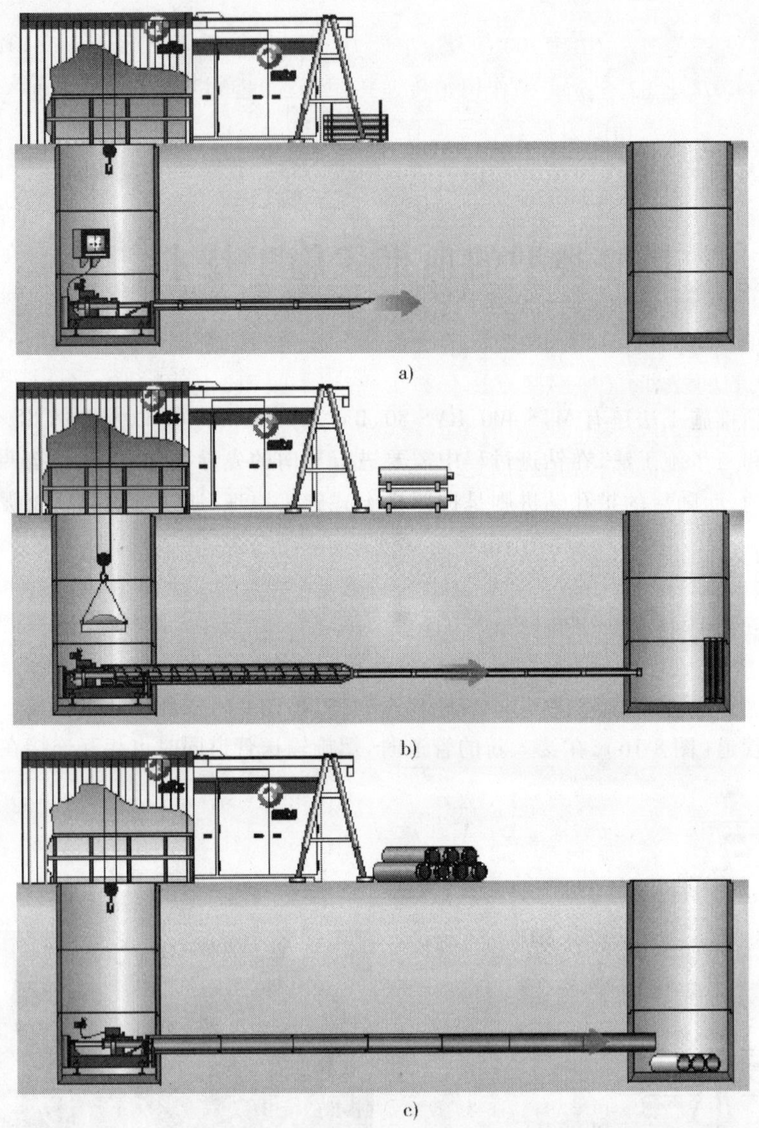

a)

b)

c)

图 8-17　三步施工法原理及过程

8.6.2 施工机具

这种双步或者三步先导式微型隧道施工方法所需的施工设备,基本上和 Ironmole TP80-2 工法一致。

一般情况下,施工现场的设备主要是一个工作集装箱和一个吊车,在集装箱中应设置有配电装置、机械维修设备等,有时还可以在集装箱的底板上开一个孔,使得集装箱可以直接承坐于起始工作井的上面(图 8-18)。

图 8-18　集装箱承坐于起始工作井的上面

先导钻杆的结构主要取决于地层条件。对于含水地层,特别是地层黏性比较强的高含水地层以及长距离微型隧道施工时,为了改善施工中的导向性能,其中一些施工方法(BM 300、Earth Arrow、RVS 80)则采用双壁的先导钻杆，双壁钻杆的外管（BM 300 工法：外径 D_o = 114 mm）承受施工中的顶进力，内管（BM 300 工法：内径 D_i = 82.5 mm）的作用是传递扭矩（这里的扭矩不受先导钻杆和地层之间的摩擦力的影响）并对挤密切削刀盘具有导向作用。

关于先导钻杆与扩孔器之间接头的结构及连接方法，有间接和直接两种不同的形式（图8-19）可以选择。

间接连接法：这种方法也称为“被动扩孔接头”，先导钻杆和扩孔器刚性地连接在一起，扩孔器上的进土口同时还具有限制超出螺旋钻杆排出能力的较大石块进入的作用（图8-19a）。

直接连接法（主动扩孔接头）：先导钻杆通过一个特殊的回转轴承直接和扩孔器相连（图8-19b），根据制造商的资料，这种连接方法有利于减小施工中阻力的峰值，并且特别适合于在双步微型隧道施工中使用，其优先使用的地层为密实的无黏性以及硬的黏性地层。

基于三步施工法，Schmidt 公司发明了一种特殊的施工方法，即所谓的“双扩孔器施工法”（图8-20）。在第 2 阶段的扩孔钻进中，两个扩孔器（外径分别为 600 mm 和 1 220 mm）通过中间一根 6 m长的钢管相互连接在一起，借助于顶推钻机 PBA 200 的作用，实现一次两级扩孔，破碎下来的泥土通过螺旋钻杆进行输送。在这种情况下，先导孔的施工设备一般可采用 PBA 85 顶推钻机。

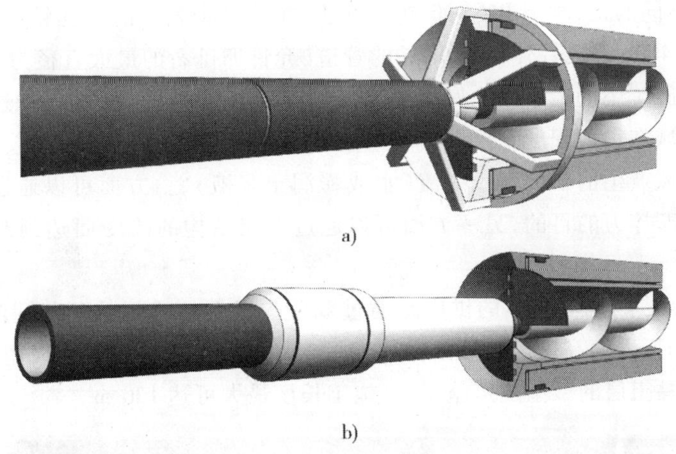

a)

b)

图 8-19　先导钻杆与扩孔器之间接头的结构及连接方法

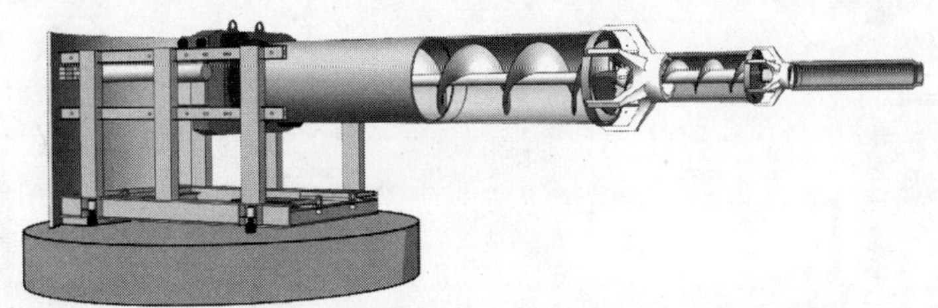

图 8-20　双扩孔器施工法

8.6.3　应用领域

由于先导钻杆的直径相对较小（不同的制造商采用不同的钻杆直径，分别在 82.5 ~ 115 mm 之间），所以先导孔的钻进在所有可挤密的均质的黏性和无黏性软地层中都没有问题，对于偶尔出现于地层中的颗粒直径≤80 mm 的石块，如果周围地层的密实度允许，可以在先导孔施工中将其挤密于周围的地层，然后在第二阶段扩孔钻进中再将其排出。

这类工法的施工长度在很大程度上取决于地层条件，特别是地层对管道的摩擦阻力、施工效率和所采用的测量技术的精度，根据设备制造商给出的数据，其施工长度一般为 80 m，但是在地层条件非常有利的特殊情况下，施工长度可达 100 m。

施工管道内径为 150 ~ 400mm 的双步施工法，是专门为应用于松散—中等密度的无黏性地层或者极软—中硬的黏性地层而设计的。

三步施工法一般用于较小的管道内径是比较合理的，如 DN/ID 150 ~ 200mm（MTS 400）或者 150 ~ 300mm（RVS 80，BM 300），因为在这种情况下，由于施工中不存在迎面阻力，作用于管道上的顶进力也相应地较小，同时由于其他一些原来无法衡量的因素的消失，施工中的顶进力也可以通过计算得出。

这种三步施工法特别适用于坚硬的黏性地层以及沉积有较大石块的密实的无黏性地层，但是在这种情况下，石块的粒径不应超过 1/3 的螺旋钻杆外径，也就是说，当施工的管道内径 ≤ 200mm 时（螺旋钻杆的外径为 130 mm），允许地层中的卵砾石的粒径 ≤40 mm；当施工管道内径 ≥250mm 时（螺旋钻杆的外径为 240 mm），允许地层中的卵砾石的粒径 ≤80 mm。

但是，与上述不同的是，对于 BM 400 施工方法，在第三步施工的扩孔钻进过程中，可以同时铺设最大内径为 400mm 或者外径 620mm 的管道（允许卵砾石的最大直径为 120 mm）。

关于该类工法施工中的最小覆土厚度要求，对 BM 500 工法的相关描述在这里同样适用。

上述的应用领域在很大程度上要取决于采用土层挤密原理的先导孔钻进。通过钻进过程在挤密切削刀盘区域产生的辅助高压射流（水或膨润土浆液），一方面可以通过对先导钻杆的润滑作用达到减小摩擦力的目的，另一方面可以通过土层结构的改变而达到改善土层挤密性能的目的。

对于 PBA 类工法来说，其流体的供应是通过双壁先导钻杆之间的环状间隙（图 8-21），并以最大为 110 bar 的压力的高压射流喷出，根据制造商的数据，这种方法可以用于致密的砂层、干的亚黏土层以及黏土层的微型隧道施工，其施工长度最大可达 120 m。

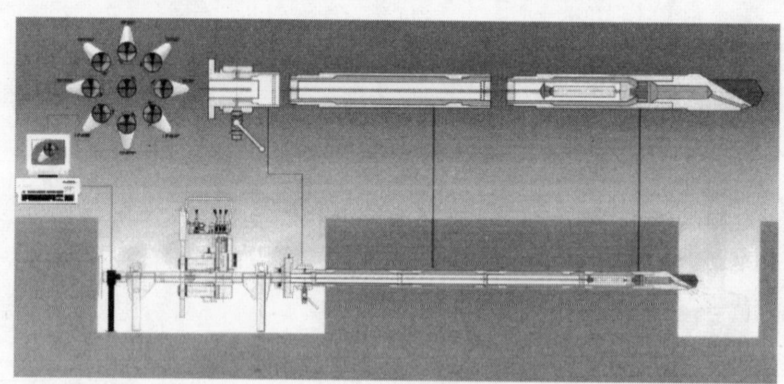

图 8-21　通过双壁先导钻杆之间的环状间隙供应流体的 PBA 类工法

对于双步施工法 Speeder SR-50s，通过喷嘴在挤密切削刀盘区域产生的高压射流的压力可达 30 bar，在中空的先导钻杆中有一条专门的供水管线。利用高压水射流的辅助作用，该工法甚至可以在非常难挤密的 N 值在 30 ~ 50 之间的地层中应用。

根据制造商的数据，Speeder SR-50s 工法适用的管道内径范围为 150 ~ 500mm，可用于 N 值为 0 ~ 50 的软土类地层，其施工长度可达 60 m，其中最适合的地层为淤泥地层、亚黏土层、黏土层或者砂土层，这些地层中可以含有卵砾石成分，但是卵砾石的直径不能超过 1/3 的管道外径，含量必须小于 30%；另外，其渗透性系数 k 也应小于 10^{-1} m/s。

钻进效率主要决定于地层条件、施工的管道直径以及工作过程的数量。

(1)总的钻进效率：10 m/班，施工条件非常有利时可达 18 ~ 20 m/班。

(2)纯钻效率：先导孔钻进为 5 ~ 10 m/h，扩孔钻进为 2 ~ 3 m/h。

(3)铺设管道并顶出过渡管道：5 m/h。

(4)设备安装和拆除时间：3 ~ 4 h。

这种先导式微型隧道施工方法需要 2 ~ 3 个工作人员。

总之，先导式微型隧道施工特别适合于在场地狭小的市区内使用，施工长度一般以≤80 m 为宜，和其他的微型隧道施工方法相比，该类工法具有如下特点：

(1)便于安装和拆迁。

(2)操作简便，施工成本低。

(3)钻孔设备坚固耐用。

(4)施工效率高(纯钻效率)。

(5)设备投资少。

根据施工现场的实际经验，在采用先导式微型隧道施工时必须注意以下事项：

(1)基于土层挤密原理的施工方法只能用于不含较大障碍物的可挤密地层中施工。

(2)随着施工长度的增加，特别是对于土层挤密施工方法，其施工的精度则会下降。

(3)由于在扩孔钻进阶段不再对钻孔进行定位和导向，所以在一定条件下，由于未知的障碍物或者孔壁的坍塌，经常会导致钻孔的偏斜，即使在出现钻孔偏斜时也不能及时发现并进行纠正；这种情况往往会引起先导钻杆和扩孔器的连接处应力集中，严重情况下会导致接头断裂。

(4)由于先导钻杆的存在，使得采用开挖的方法排除扩孔器位置的障碍物变得困难。

8.6.4 在含地下水地层中的应用

这种先导式的微型隧道施工方法，只有在扩孔阶段对于螺旋输土过程采用相应的辅助措施，或者在对机械设备进行适当改造的情况下，才可应用于含水地层。

对于 BM 300 工法，当应用于含水地层(地下水位高于管道底部最多为 3.00 m)时，采用一个专门设计的螺旋闸门，直接安装于扩孔器的后面，用于平衡土压力和地下水的压力。该闸门由一节 0.5 m 长的管段组成，管段的两端分别焊有一个挡板，每个挡板上又分别切开一个 90°的扇形开口(图 8-22a)；在管道的内部是一节螺旋钻杆，在螺旋钻杆的两端也分别焊有钢制的挡板，管段两端挡板和螺旋钻杆两端挡板上的 90°开口的方向正好相反(图8-22b)，像叶轮式闸门那样，可以保证始终只有一个开口允许泥土通过，同时另一个开口处于关闭状态。

这种螺旋闸门的磨损远超过螺旋钻杆的磨损，并因此会导致施工效率的下降，所以在顶进大约 300 m 以后必须对其进行维修。

对于 RVS 80 工法的双步施工法，在扩孔阶段采用下列辅助措施可以实现在含水地层中的微型隧道施工(允许地下水位最多高于管道顶部 2.80 m)：

(1)选用螺距较小的螺旋钻杆。

图 8-22　专门设计应用于含水地层的螺旋闸门

(2)在螺旋钻杆内作用压缩空气。

(3)在扩孔器区域作用压缩空气。

在停工时,即在接入新的管道、工人换班以及休息时间,为了防止地下水通过螺旋钻杆涌入起始工作井,通常利用一个锥面在扩孔器中对螺旋输送通道进行密封。

8.7 挤密式微型隧道工法

这种根据土层挤密原理的微型隧道施工法,尽管在当时制定德国标准 DIN EN 12889 时已经应用于实际施工中,但是在这份文件中仍然没有提到。

这类工法的特点是管道采用单步顶进法,在顶进管道时,通过挤密头和导向头将土层挤密至周围的孔壁,这种工法不需要输土系统。

这种土层挤密式微型隧道工法的工作原理和所使用的施工机具和排土式微型隧道工法基本相同,在设备上则完全省去了输土系统(包括沉淀池或分离装置)。

下面将介绍 3 种挤密头及导向头结构和工作原理互不相同的土层挤密式微型隧道工法,它们是:

(1)Perimole TPM 工法。

(2)Acemole PL 工法。

(3)Herrenknecht AVB 工法。

8.7.1 Perimole TPM 工法

对于这种 Perimole TPM 工法(图 8-23a),锥形的挤密头和导向头由两部分组成。在顶进过程中,整个机头以 50 ~ 110r/min 的速度回转,圆锥的尖部和后面的截圆锥体分别围绕它们共同的轴心偏心反向转动,相互平衡反力矩,对土层进行挤密(图 8-23b)。

该机内安装有测量和纠偏装置,最大推进距离为80m,可施工的最小管道内径为DN/ID200,可铺设的管道种类包括钢管、混凝土管道和塑料管等。

a)

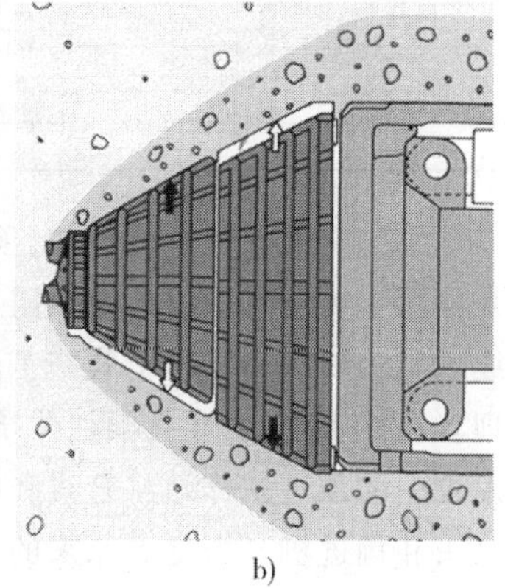

b)

图8-23 Perimole TPM 土层挤密工法

8.7.2 Acemole PL 工法

Acemole类工法是日本NTT公司独立研制并市场化的最初主要用于铺设通信电缆管道的非开挖微型隧道技术,到目前为止,采用该工法已经铺设了650km长的管线(管道)。其中的Acemole PL(PL—Press-in Long Distance)工法是基于无排土原理的土层挤密式施工方法(图8-24和图8-25)。其挤密头和导向头由一个前端封闭的圆柱体组成,工作时将其通过油压的方式顶出并挤密土层。该工法可应用于长距离曲线微型隧道施工,一般的施工长度为200m,最小曲率半径为150m。Acemole PL工法的施工参数与Acemole DL切削排土式工法施工参数对比见表8-4。实际上,利用Acemole PL工法在1995年曾完成了一个408m长的管道施工,实际施工中所达到的最小曲率半径为90m。

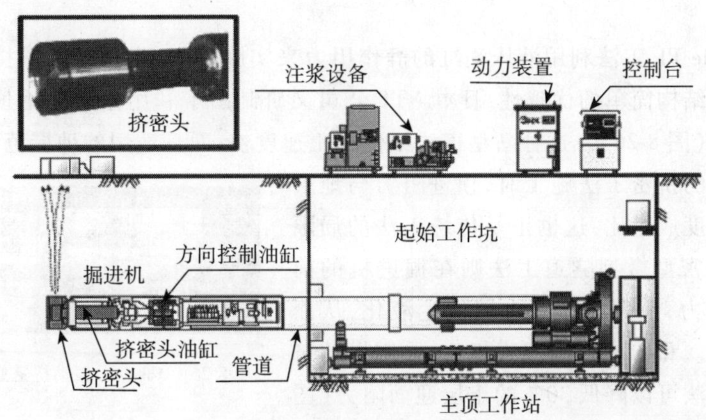

图8-24 Acemole PL 挤密工法系统图

Acemole PL 工法与 Acemole DL 工法的施工参数对比　　表 8-4

项　目	施 工 条 件	
	Acemole PL 挤密工法	Acemole DL 切削排土工法
管道直径(mm)	250 ~ 450	250 ~ 600
地层条件	黏性土层(N = 2 ~ 15)	砂质黏土层 ~ 富含卵砾石的土层
顶进距离(m)	250	180
曲率半径(m)	150	75

因为在微型隧道施工中,顶进阻力主要由两部分组成:一是迎面阻力(Face Resistance),二是作用于管道外壁上的摩擦阻力或者黏附力。当采用土层挤密法施工时,作用于挤密头上的迎面阻力要远高于排土式施工法。因此,为了减小顶进力,Acemole PL 工法采用了双步顶进原理。在施工中,安装在圆柱体挤密头后的机头顶进油缸先将挤密头向前推进 45cm,然后通过始发坑中的顶进工作站将管线和掘进机也向前顶进同样的距离,在上述两步顶进作业结束后,挤密头和掘进机又恢复到原来的相对起始位置(图 8-25a)。上述过程不断重复,直到挤密头到达顶进目标坑。

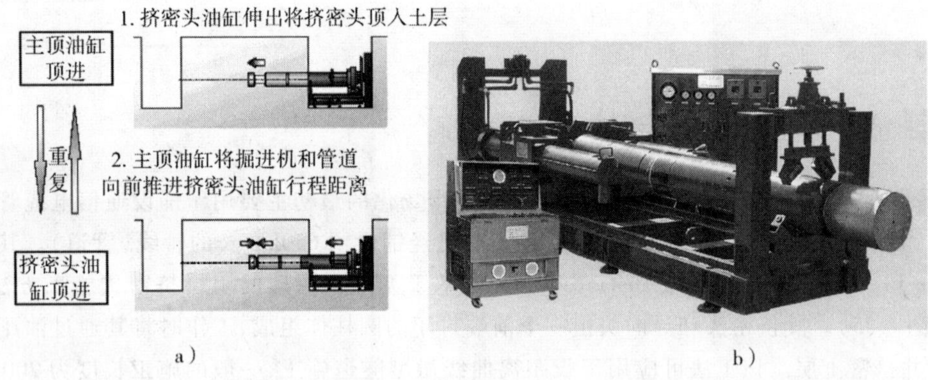

图 8-25　Acemole PL 工法双步顶进原理及设备

a) 双步挤密顶进原理;b) 掘进机

这种施工法完全将迎面阻力和作用于管道周围的摩擦力分开,有效地减小了施工中所需的顶进力。

上述 Acemole PL 工法利用液压油缸的静作用力来实施顶进,为了继续保持无排土工法顶进速度快和设备结构简单的优越性,日本 NTT 公司又研制出了利用振动作用顶进的振动挤密型微型隧道工法(图 8-26)。这种新型工法不但施工速度快,而且适用的地层范围也比较宽。

当采用传统的挤密工法施工时,顶进阻力与地层的硬度和顶进长度成正比,这也正是传统工法的局限所在。而振动挤密型微型隧道工法则在掘进机的前方施加一个振动力,使其前方的土层发生液化,从而降低其剪切强度。和传统的挤密法相比,采用振动挤密型微型隧道工法可以降低 30% 的土层迎面阻力(图 8-27)。由于大幅度降低了施工中的顶进阻力,该类工法的应用范围可以从传统挤密工法只能用于 $N<15$ 的黏性土层拓宽到 $N<30$ 的地层(N 值在 15 ~ 30 之间的地层采用传统挤密法施工通常是十分困难的)(图 8-28),同时还可以获得较快的顶进速度。

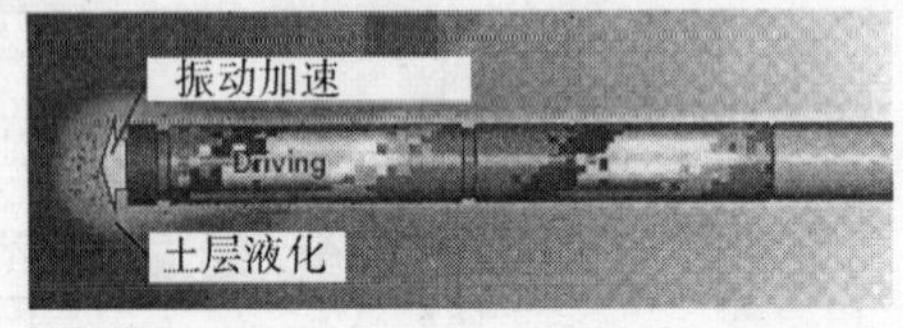

图 8-26　Acemole 振动挤密型微型隧道工法

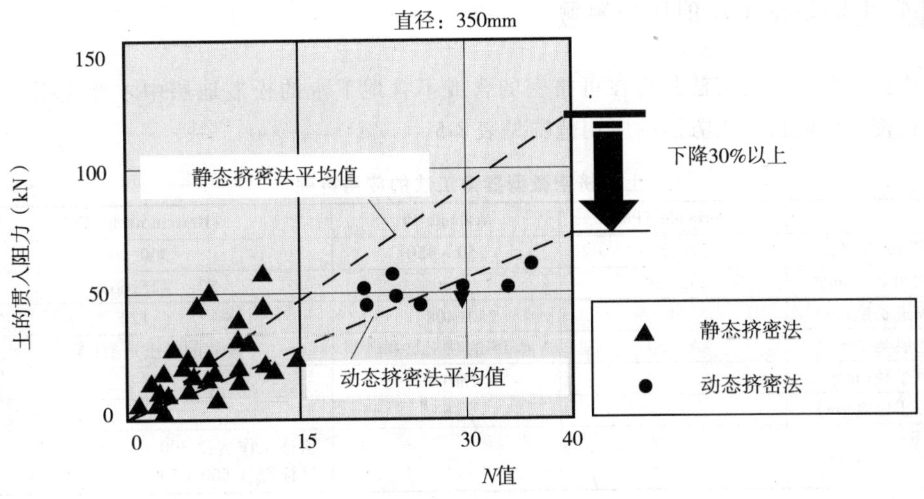

图 8-27　传统挤密法和振动挤密法顶进阻力对比

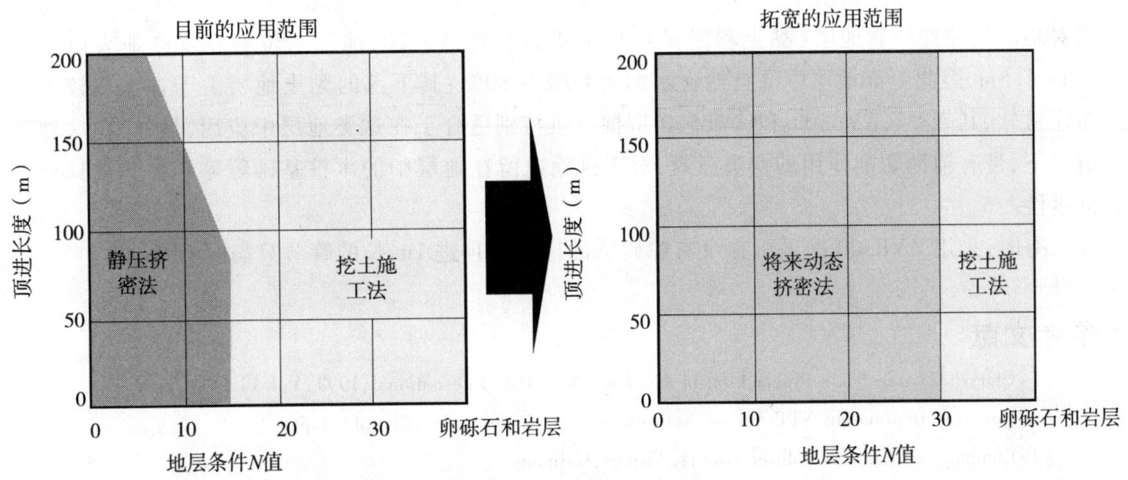

图 8-28　振动挤密法的应用范围

8.7.3 Herrenknecht AVB 工法

Herrenknecht AVB（AVB＝土层挤密式自动掘进机）型掘进机如图 8-29 所示，在掘进机的锥形挤密头和导向头的尖部设计了一个可以转动的带轮圈的三翼切削刀盘，其作用是用来松动导向头前方的土层，另外还配备了一个高压喷嘴。通过刀盘上的碎岩工具

可以将地层中的障碍物破碎，然后再通过锥形的挤密导向头对其进行挤密。

在顶进架上还安装了一个液压管道制动器（图 8-29），其作用是在连接管道时固定已顶进的最后一节管道（长度为 1m），以此来防止管线在土压力和地下水压力的作用下回退。

图 8-29　Herrenknecht AVB 型掘进机

8.7.4 土层挤密工法的应用领域

土层挤密微型隧道工法只有在可挤密的含或不含地下水的松散地层中才能应用，上述各种土层挤密微型隧道施工方法的应用范围见表 8-5。

土层挤密微型隧道工法的应用范围　　表 8-5

	Perimole TPM	Acemole PL	Herrenknecht AVB
管道直径 DN/ID(mm)	200,250	250 ~ 450	300,500
掘进机外径(mm)	252,290	430	425,665
最大顶进长度(m)	80	250(408)*	120
地层类型	$N<30$	$N<15$ 的黏土层和砂层	极软的黏土地层($N<3$)
曲率半径(m)	—	> 150(90)*	—
最大覆土厚度(m)	—	6	—
工作坑尺寸(mm)	—	—	顶进工作坑:2 300 × 3 200 目标坑:1 800 × 500

注：* 括号内为实际施工中达到的数据。

土层挤密微型隧道施工方法目前在泰国曼谷得到非常广泛的应用。该地区的上部地层为相对均质的黏性松软地层(黏土和淤泥)，标准贯入指数 $N<20$，地下水位的高度在地表以下 1.0 ~ 1.5m，因此上部地层中的自然含水率为 60% ~ 80%；其下部的黏土地层由于含水率较大而非常软，其 $N\leqslant 3$，AVB300 和 AVB500 型掘进机特别适合于在这类地层中应用，另外，在这种情况下，带有辅助切削作用的切削刀盘，对于排除遗留在地层中的木桩基础等障碍物非常具有优越性。

有时，采用 AVB300 掘进机在没有障碍物的地层中顶进 1m 长的管节只需要 1min。

参考文献

[1] Clarke, I. Large Scale Pipejacking in Thailand. No - DIG International, 1997, Vol. 11

[2] Company information NTT Access Network Systems Laboratories, Lbaraki, Japan

[3] Company information Bohrtec GmbH, Alsdorf, Germany

[4] Company information Iseki Poly - Tech Inc., Tokyo, Japan

[5] Company information Komatsu Ltd., Tokyo, Japan

[6] Company information Nitto Koji Co., Ltd. Tokyo, Japan

[7] Company information mts PERFORATOR GmbH, Valluhn

[8] Company information Schmidt, Kranz & Co. GmbH, Walkenried, Germany

[9] Company information WIRTH Maschinen - und Bohrgert? e - Fabrik GmbH, Erkelenz

[10] Company information NTT Nippon Telegrapg and Telephone Corporation, Tsukuba, Japan

[11] D. Stein. *Trenchless Technology for Installation of Cables and Pipelines*. Cermany, 2005

[12] EN 12889: Trenchless construction and testing of drains and sewers, 2000

[13] 马保松, D. Sein, 蒋国盛, 等. 顶管和微型隧道技术. 北京：人民交通出版社, 2004

[14] 马保松, D. Stein. 可控土层挤密非开挖管线铺设方法及应用. 探矿工程, 2003(6)

[15] Suhm, W., Bangkok. Pipe Jacking Capitol of the World. Trenchless Technology International, 1998, Vol. 8

[16] 颜纯文, D. Sein. 非开挖地下管线施工技术及其应用. 北京：地震出版社, 1999

CHAPTER 9

水平螺旋钻进法

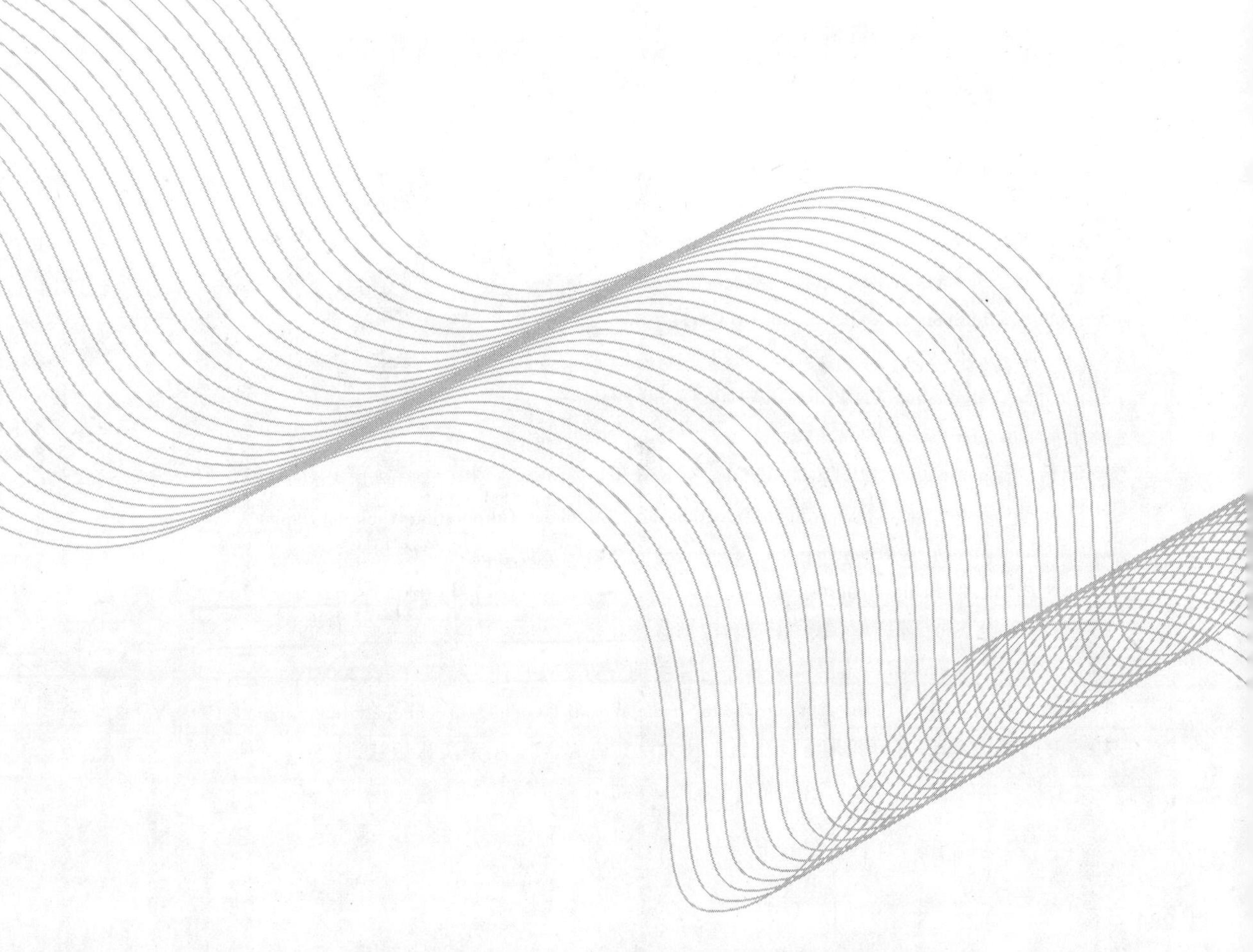

9.1 概 述

水平螺旋钻进法广泛应用在铺设钢管和套管,用来穿越铁路、公路路基。该方法是一种经济的管道铺设方法,能用于很多地层,避免对路面的开挖,减少对交通的干扰。水平螺旋钻进能用在环境敏感地区,如湿地和森林保护区等,利于减少噪声和污染。尽管水平螺旋钻进有很多优点,但该方法也有一些不足。

9.1.1 简要历史

Vin Carthy、Salem 钻具公司和 Charlie Kandal 同时独立地开发了水平螺旋钻进工法。最早用于钻煤矿的水平爆破孔(ASCE 2004)。

20 世纪 40 年代,Charlie Kandal 创建了 Ka-Mo 公司,制造 Ka-Mo 螺旋钻机。早期的钻机是电力驱动的,第二代钻机是汽油驱动的。Ka-Mo 钻机操作在轨道上进行,钻孔特点是无套管。到 1951 年,螺旋钻机能完成直径 127mm 的无套管长达 76m 的钻孔。

Salem 和 Ka-Mo 统治水平螺旋钻市场直到 Al Richmond 开始制造小型水平螺旋钻机。Al Richmond 和 Wert & Starn 管道公司开始制造 Tornado 钻机,该钻机采用齿轮—链条传动。这种钻机的小单元、快捷,非常受欢迎。

当水平螺旋钻进技术发展到套管钻进时,推力需求增加,因而改进钻机设计,要求钻机能分离以便于操作。20 世纪 60 年代,Ernie Coppica,Wixon 和 Michigan 开发了水平螺旋钻进导向系统。1970 年,Leo Barbera 创建了美国 Augers 公司,开始制造液压驱动钻机,配有滑动离合器,如果钻孔时遇到漂石或其他障碍,能调到最大扭矩。

9.1.2 技术发展新趋势

最近几年,水平螺旋钻进技术最重要的革新在如在下几方面。

1)导向钻进工法

导向钻进工法也称为先导孔套管法,用于水平螺旋钻进铺设小直径、大坡度和高精度的管道。导向钻进工法利用专门设计的经纬仪导向系统来定向铺管,通过经纬仪照亮的目标监控靶,来精确地完成铺管过程。先导孔切削头的导向,通过将切削头处在期望的设定角度,并向前推进来完成。先导孔套管位于导向头之后,导向头推进的同时顶进套管。导向头到达接收坑后,扩孔头和螺旋钻杆连在先导孔套管之后,当顶进坑续接一节螺旋钻杆,在接收坑就移去一节先导孔套管。重复此步骤,直到所有先导孔套管都移出钻孔。管道适配器连在最后一节螺旋钻杆套管上,推进管道,在接收坑移去螺旋钻杆套管。该工法的成功依赖于地层条件,不适于用在含孤石地层,因为孤石对先导孔套管会产生影响。

2)可控钻进系统

可控钻进系统能控制方位和坡度,用于直径为 1 200mm 的钢套管钻进。可控钻进系统采用导向系统,利用行走式传输定位系统来全程监控方位和坡度,并做出合适的调整,用一个电动按钮来控制导向系统,并有数字显示器。可控钻进系统能用于大部分钻机。

3)钢管内锁连接系统

内锁连接系统由 Permalok 公司开发,能提供预安装精确连接。该系统能快速、简便、永久连接接头,在工程实践中,能减少现场焊接时间,提高生产效率。

4)SBU(Small Boring Unit)技术

罗宾斯(ROBBINS)公司最闻名于世的是它功能强大的大口径硬岩隧道掘进设备,而他们在小口径硬岩钻机上也有其独到之处。他们从各方面进行实验,于 1996 年开发了小型钻进系统(SBU),主要用于帮助施工承包商使用螺旋钻进时对付硬岩地层。SBU 将原来只适用于软地层钻进的螺旋钻进设备的能力扩展到了适于钻进硬岩。

SBU 设备系统最基本的组成是在螺旋钻进碎岩机上装配特制的硬岩钻头。此技术尤其适合掘进小口径、短程岩石地层的钻孔,例如高速公路、铁路等的路基涵洞。它还能在相距较远的井孔之间有效地开挖隧道。该公司在设计 SBU 设备时,考虑到钻机钻遇软地层,硬质碎岩钻头可以通过钢套管而退回和更换。

在传统螺旋钻掘设备基础上,将 SBU 设备单元焊接在螺旋钻进钢套管上,而套管在螺旋钻具驱动下钻进。螺旋钻具用标准六方转轴紧固在钻具头部,当钻进时,钢套管在挤压作用下推动设备顶部,使螺旋钻具与设备顶部一起钻进。随后,螺旋钻具通过套管将钻屑返出。当切削刀盘退回或者改换其他切削刀具时,螺旋钻具首先被卸下,钻头经由套管缩回。

SBU 设备系列包括:

(1)SBU:标准 SBU 设备——全尺寸螺旋钻进。

(2)SBU-R:可回缩式 SBU——全尺寸螺旋钻进。

(3)SBU-M:液压或电动反螺旋 SBU。

(4)SBU-MA:接口式反螺旋动力 SBU。

9.2 工作原理及过程

水平螺旋钻进法在美国使用得最广,它是依靠螺旋钻杆向切削钻头传递钻压和扭矩,并排出土渣,待铺设的钢管在螺旋钻杆之外,由电机的顶进油缸向前顶进。

用该方法铺管施工时,先准备一个工作坑,然后螺旋钻机水平地安放在预先掘好的工作坑内,钻进时,依靠螺旋钻杆向钻头传递钻压、扭矩并排出土渣,并将钻头切削下来的土渣排到工作坑。钢管间采用焊接方法进行连接。在稳定的地层,且待铺设的管道较短时,也可采用无套管的方法进行施工,即在成孔后再将待铺设的管道拉入或顶进孔内。水平螺旋钻进法一般用于穿越公路、铁路、堤坝等铺设钢管。该法在使用过程中，不断得到改进和发展，尤其在方向控制、适用地层、铺管的长度和尺寸等方面有了长足进展。

水平螺旋钻进有两种主要的方法，一种是轨道式水平螺旋钻进，另一种是吊架式水平螺旋钻进。

9.2.1 轨道式水平螺旋钻进方法

轨道式水平螺旋钻进方法包括的设备有：钻机、套管、钻具、螺旋钻杆等（图 9-1）。轨道式螺旋水平钻进也能使用套管润滑系统、导向系统和定位系统。螺旋钻机安装在轨道上，沿着轨道前后移动，同时提供推进力和回转力，钻进时传递到钻杆上。

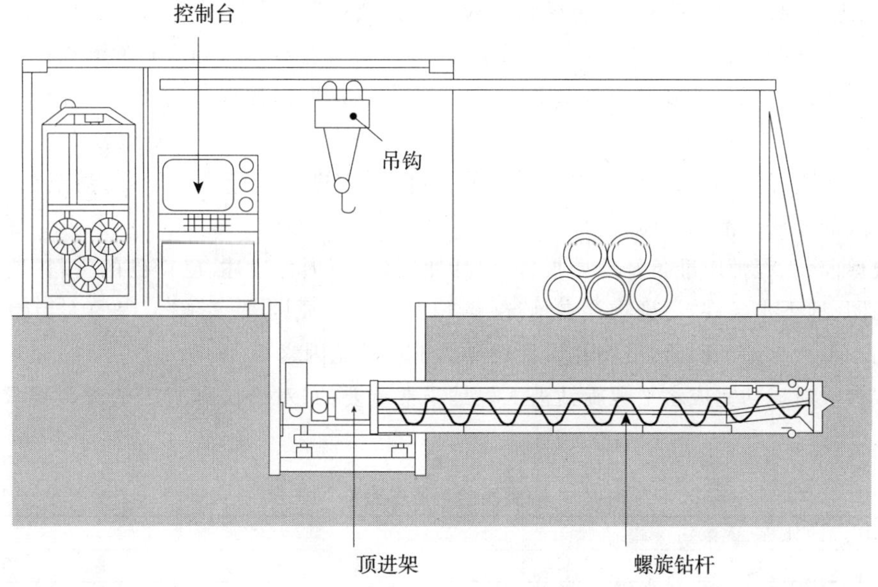

图 9-1 轨道式水平螺旋钻进示意图

钻杆由相连接的螺旋钻杆组成，其首尾分别与钻机和钻具相连。扭矩和推力由钻机产生，并通过螺旋钻杆传递到钻具上。钻具回转切削土层，土渣沿着螺旋钻杆向后排出，同时钻机推进。重复操作，完成套管铺设。

影响水平螺旋钻进的两个主要因素是扭矩和推力。驱动方式可以是气动的、液动的或内燃机驱动，内燃机驱动通过齿轮箱产生扭矩。扭矩使螺旋钻杆转动，驱使钻具回转。既然水平螺旋钻进在偏斜上受到限制，在顶进坑内轨道的起始安装就决定了水平螺旋钻进的操作精度。因此，构筑合适的顶进坑，对成功完成一个水平螺旋钻进工程是非常重要的。顶进坑需要一个坚实的底座和具有足够的抗推力挡墙，底座基础支承轨道，允许钻机在轨道上前后移动，而无垂向位移。如果轨道基础出现沉降，钻孔精度将受到影响，并在孔内产生约束力。这种基础一般是夯实的碎石基础或混凝土基础。后背抗推力挡墙应有足够的能力承受钻进时产生的推力，如果其破坏或产生位移，钻孔精度会受到影响。

1）工作场地准备

这一步包括地下管线设施调查和工作场地设计。对场地地表和地下的详细调查，在规划的开始阶段进行，这些信息在确定可行性、钻孔轨迹、坡度和对预定水平螺旋钻进的天然约束方面具有重要意义。

对场地地表情况，应全面调查，如高空的电力线、高速公路或铁路的交叉情况、地貌、排水情况、进入场地条件、作业面积是否受到限制等。确定场地有足够的空间能挖掘工作坑、安装设备和存储材料。

当得到场地条件和地表调查数据时，可进行地下调查。最重要的方面是场地内已有地下管线和设施，所有管线应定位和绘图标注，避免在钻进时遇到这些管线或对这些管线产生破坏。

进行场地地质调查来鉴定常规和专门的地层条件，调查范围根据已掌握的场地地质资料情况而定。

在大多数地区，地层是不均匀土层，应尽可能利用已有数据来鉴别土层类别。如果土类不明的话，应进行预勘，包括钻孔、取土样和实验室筛分试验。

影响水平螺旋钻进的一个问题是漂石情况，地质报告应评估遇到漂石的潜在性、漂石的大小和出现的密度。水平螺旋钻进能处理的漂石尺寸最大为套管直径的1/3。因此，设计套管时，应满足最大的漂石直径。很明显，很难确定漂石的尺寸，因此最好使用较大直径的套管。如果遇到较大直径的漂石，一般要求取出螺旋钻杆，派人进入套管排除障碍，甚至在某些情况下采用爆破的方法来清除障碍。

在投标前，工程师应准备好地质报告，包括如下内容：项目描述、已得到的资料、地质概况、地质剖面图、地下水条件、污染物存在情况、影响工程的地质因素、影响工程的人为因素、工作坑定点的不可预见地下因素、沿钻孔设计轨迹的不可预见因素等。

地层参数对成功完成水平螺旋钻进工程是非常重要的，对土层和岩层的参数要求如表9-1所示。

重要的地层参数 表 9-1

土 层 参 数	岩 层 参 数
类别	类别
颗粒级配	颜色
渗透性	颗粒大小
密度	成分
标贯值	未扰动强度
黏聚力	硬度
含水率	石英含量
阿太堡界限	裂隙密度
无约束抗压强度	RQD
—	岩芯采取率

2）工作坑挖掘和准备

根据工作坑和路面的距离，可采用放坡的方式施工工作坑。如果受到限制，不能形成一定的斜坡，就要考虑工作坑土层支撑系统。要求有足够的空间来装卸材料和排土。构筑工作坑由施工方负责。

当地下管线标注完成以后，就可以开始挖掘。工作坑应偏向排土的一侧（图 9-2），以利于排土。如果地层含水率高，要考虑合适的排水系统。

工作坑底部基础填入碎石并夯实，使之足够坚实，能支承钻机轨道、钻机、套管和螺旋钻杆。一般使用碎石铺垫坑底，来支承轨道（图 9-3）。如果钻孔很长或地层条件要求，可能使用混凝土作为坑底基础。在岩层中钻进时，建议使用混凝土基础。

图 9-2　工作坑开挖

图 9-3　轨道铺设

工作坑挡墙用来抵消钻机推进管道时产生的反推力，后支撑挡墙可以是钢板桩或木板桩。如果推力较大，可采用钢板桩结合混凝土墙的办法来抵消推力。操作时产生的反推力应引起足够重视，以避免对附近设施的破坏。

在大多数情况下，在钻孔结束的地方需要出口坑。除非绝对需要，不允许任何人在操作时进入出口坑。当钻杆出口时，应注意钻孔上方土层的坍塌。

在钻进过程中，经常遇到涌水现象，故在设计工作坑时，要预留水泵的放置空间，其位置根据坑底坡度情况而定，一般放在工作坑后部，并远离排土区。

3）安装钻机

完成钻孔最重要的部分是轨道在垂向平面和水平平面内的铺设角度。如果角度设置不合适，开钻后不可能再进行调整。图 9-4 是安装钻机和轨道系统现场。

图 9-4　安装钻机和轨道系统现场

作业现场还需要其他设备，如挖掘机或起重机等，用来挖掘工作坑和吊放设备和材料。钻机和轨道要满足项目要求，螺旋钻杆要放置在套管内，切削头的选定与地层条件有关，选定后安装在第一节螺旋钻杆前端。

其他可能用于水平螺旋钻进的结构或系统包括如下几方面。

（1）润滑系统

润滑系统用来降低套管和土层之间的摩擦阻力。润滑剂在套管的外表面使用，同时能降低对钻机推力的要求。两种基本的润滑剂是膨润土和聚合物材料。

（2）水位计

水位计是用来量测钻孔轨迹在垂向平面内偏斜的仪器。在每一段钢管的外表面，沿其轴向固定着一根 25.4mm 左右的钢制水管。水管与水位计相连。通过观察水位计的水位，可确定钻孔在垂向平面内的偏斜情况。

（3）纠偏控制系统

用来纠正垂向平面内的偏斜。在钻进过程中，根据水位计显示的钻孔垂向平面的偏斜，使用纠偏控制系统对偏斜进行修正。

4)准备套管

在大多数情况下,引导套管在工厂准备。运到施工场地后,装入螺旋钻杆,并在螺旋钻杆的前端安装切削头(图 9-5)。

图 9-5　套管和螺旋钻杆(具有导向功能)

5)铺设套管

套管准备和钻机安装就位后,将引导套管吊放在轨道上,并与钻机连接起来(图 9-6)。

图 9-6　套管的吊放和与钻机连接

第一步是顶进切削具进入地层,当约有 1m 套管进入地层后,停止钻进,检查钻孔垂向平面和水平面内的偏斜。第一节套管进入地层后,转动螺旋钻杆,直到排出所有土渣。关闭钻机,分离螺旋钻杆和钻机的连接。开动钻机并移到轨道后部,再次关闭钻机。吊放第二节套管和螺旋钻杆,并与第一节套管和螺旋钻杆对齐,连接螺旋钻杆,焊接套管。重复上述操作。图 9-7 是钻进过程中排土。

图 9-7　钻进过程中排土

挡泥板切削具连在切削具上,在钻进过程中可以张开和闭合。当切削具顺时针转动时,使之保持张开状态,提供超挖量。超挖量使套管容易进入钻孔,且能降低套管表面摩擦阻力。挡泥板切削具能调整超挖量大小,不使用导向头的标准超挖量是 20mm,

使用导向头的超挖量为25mm。当切削具反转时,关闭挡泥板,利于排土和移出螺旋钻杆。挡泥板切削具必须安装合适,使之不超挖钻孔底部,不然将使钻孔出现下垂现象。为了保证切削具处在正中位置,要求在引导套管内使用新的螺旋钻杆。磨损的螺旋钻杆会使切削具有太大的自由度,使钻孔形状不规则。

一旦钻孔完成,关闭钻机,移去切削具。转动螺旋钻杆,清除套管内土渣。之后,分离钻机和套管,卸下一节螺旋钻杆。然后重新连接螺旋钻杆,回撤钻机,卸下第二节螺旋钻杆,重复操作,直到卸出所有螺旋钻杆。

6)铺设管道和复原场地

铺设生产管道或集束管道,移去钻机、轨道,必要管道连接完成后,按项目说明书,回填工作坑和出口坑,使场地复原。

9.2.2 针对不同地层条件的推荐操作

水平螺旋钻进是适用于各种地层的多用途方法,表9-2列出了对不同地层推荐的操作参数,包括螺旋钻杆转速、钻进速率和其他参数。

不同地层推荐操作参数　　表9-2

参　数	湿流动砂层	湿稳定砂层	干砂层	干黏土层	湿黏土层	小卵石层	硬盘地层	大卵石层	软岩层	路　基
螺旋钻杆转速	慢	快	慢	快	中	中	慢	慢	慢	缓慢
钻进速度	快	快	快	快	快	快	中	慢	慢	慢
切削头类型	土层	土层	土层	土层	土层	岩层	岩层	岩层	岩层	岩层
翼状切削具	不用	不用	不用	用	可选	用	用	用	用	用
切削头位置	内	内	内	齐平	齐平	外	外	外	外	外
使用膨润土	用	用	用	用	用	用	不用	不用	不用	不用
套管内注水	不用	不用	不用	用	用	用	用	不用	不用	用
使用超挖环	用	用	用	用	用	用	用	用	用	用
钻孔连续性	是	是	是	可选	可选	可选	可选	可选	可选	可选
钻进坑基础	混凝土	碎石	可选	可选	碎石	可选	可选	可选	可选	混凝土
后背挡墙	混凝土	混凝土	混凝土	钢板	钢板	钢板	钢板	钢板	混凝土	混凝土

1)湿流动砂层

切削头应在套管内运转,离套管口1~2倍的套管直径距离。例如,对于600mm钻孔,切削头在套管内距套管口600~1 200mm,根据地层条件而定。既然切削头在套管内运行,就不使用翼状切削具。螺旋钻杆慢速转动,钻进速度应很快,应监控压力来确定钻进速率。长钻孔可能需要使用膨润土,并要求连续铺设。在此类地层中,导向头不能有效工作,故一般不使用。推荐使用砂层螺旋钻杆,砂层螺旋钻杆经特殊制造,用于砂层条件,比常规螺旋钻杆节有较小的倾斜度。在湿流动砂层,要求高水平的操作技能。

2)湿稳定砂层

切削头的运行应与套管尾部齐平,使用超挖环。螺旋钻杆中速转动,钻进速度应很快。长钻孔要求使用膨润土和连续铺设。导向头可以用于此类地层,效果也可能不明显。如果使用导向头,就不能使用翼状切削具。在使用导向头时,要用一个高强度轻质薄金属板来掩盖导向头铰链处,薄金属板应焊在导向管节前部。可使用砂层螺旋钻杆来对付流砂穴。

3）干砂层

如果砂层稳定，那么切削头应与套管尾部齐平，建议使用超挖环。螺旋钻杆慢速转动，钻进速度快。特别建议使用膨润土，长钻孔要求连续铺设。然而，在大多数情况下，干砂层最主要的问题是砂土流动并随之形成空穴。为避免这个问题，彻底移去切削头，并使引导螺旋钻杆在套管内300mm或1倍套管直径中的较大者。在该类地层中，不建议使用导向头，可使用砂层螺旋钻杆，同样要求高水平操作技能的工人。

4）干黏土层

切削头与套管尾部齐平或稍微超前。建议使用超挖环。螺旋钻杆快速转动，钻进速度也很快。长钻孔可能需要膨润土。使用翼状切削具来提供超挖。黏土层的问题是易形成黏土包和黏附钻杆。

5）湿黏土层

切削头齐平套管尾部，推荐使用超挖环。螺旋钻杆中速转动，钻进速度高。根据黏土硬度选用翼状切削具。长钻孔可能要求使用膨润土。应使用水管向套管内注水来润滑黏土，使切削具出露。可能用到导向头。

6）小卵石层

切削头应稍微超前套管尾部，应使用超挖环。螺旋钻杆中速转动，钻进速度中速。长钻孔可能需要使用膨润土。使用翼状切削具来提供超挖，可能用到导向头。

7）硬质地层

切削头应稍微超前套管尾部，应使用超挖环。螺旋钻杆低速转动，钻进速度中速。长钻孔可能需要使用膨润土。使用翼状切削具来提供超挖量。向套管内注水，使切削具出露。在硬地层可能用到导向头。硬质地层问题是常出现岩层、碎石，建议使用700mm的套管或更大直径的套管，这样，如果有必要，可派人进入套管内，排除障碍。

8）软岩层

切削头应超前套管尾部，使用带有翼状切削具的岩层钻头。螺旋钻杆慢速转动、稳压。应使用超挖环和水管注水。软岩层问题是碎岩费时，并可能磨损切削齿。因此，可能有必要在钻进过程中更换切削齿。操作人员要非常小心，当钻进岩层，岩石缝隙可能锁住切削头，这可能使钻机倾斜。

9）大卵石层

对于钻穿大卵石层、页岩、混合硬岩面等，应使用套管旋转法（Casing Spinning Method）。对此，使用厚壁套管。引导套管边上焊接岩层切削齿，代替切削头。切削齿在套管内或外壁上等距排列。加固筋焊在外表面，使套管保持同心。

9.2.3 吊架式水平螺旋钻进方法

吊架式水平螺旋钻进方法适于有足够作业空间的项目，图9-8是现场布置示意图。钻进坑尺寸是钻孔直径和钻孔长度的函数。这种方法一般用在油气管道铺设工程，要求较大的作业面积。钻进坑的设计和构筑不是关键因素，因为在钻进过程中，钻机和整个螺旋钻杆系统处于悬吊状态，悬吊设备可以是挖掘机或吊机。

吊架式水平螺旋钻进方法的优势是所有工作都在地面进行，而不是在坑内。钻进坑要比

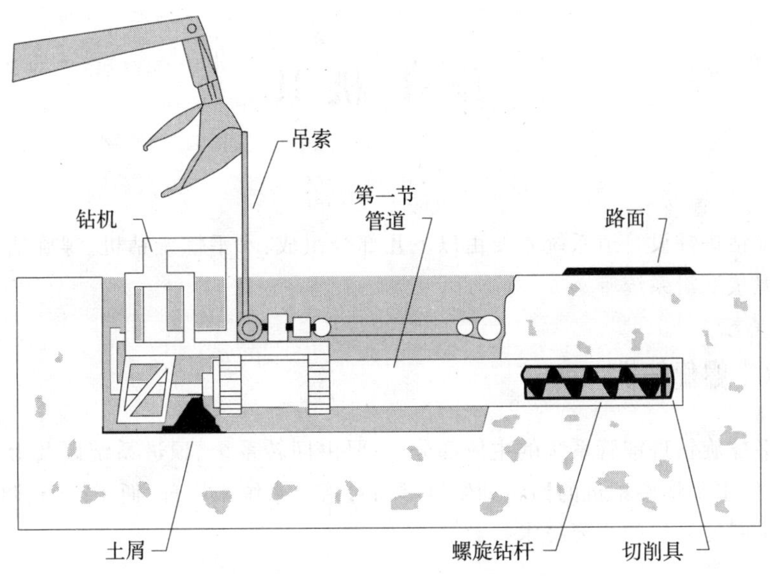

图 9-8　吊架式水平螺旋钻进布置示意图

倒转套管所需的深度再大些，用于收集土渣和水，并对其进行排除作业。该方法不需要任何止推结构，然而一个顶推机构必须固定安装在钻孔进入堤上。整个管道的焊接连接都在地面完成。在套管内安装切削头和螺旋钻杆，钻机连接在套管尾部，并使螺旋钻杆与钻机连接在一起。

整个系统在钻进坑内悬吊起来，操作台位于钻机上，钻机连接在套管尾并处于悬吊状态。吊绳连在顶进拖拉装置上。切削头恰当定位在设计的方位和一定的坡度上，使用合适的探测仪器，对悬吊钻机系统进行必要的调整。一旦理想的方位和坡度确定，就开始钻进并持续到完成钻孔。根据钻孔长度和精度限制，在钻进过程中，可能多次停止钻进，以检查方位和坡度，并做出适当调整。

吊架式水平螺旋钻进与轨道式水平螺旋钻进相比，优势包括如下几点：

(1)所有套管装配和焊接都在地面一次完成，减小了坑底间断作业出现不可预见性事故的可能性。

(2)钻进操作是连续的，而不是循环的。

(3)钻进坑构筑简单，操作安全，因为不需要工作人员进入坑内。

吊架式水平螺旋钻进与轨道式水平螺旋钻进相比，不足之处包括：

(1)该法不适用于精度要求严格的工程，因此该法不适用于铺设重力管道系统，相比之下，较适用于压力管道系统。

(2)该法不适于使用导向头。

一般地在引导边向套管内注水，来辅助排土。可能使用润滑剂来润滑套管外表面，对铺在钻进坑内的集束管基底特殊的考虑是重要的。因为钻进坑较深，且有时用来集水，这些区域可能极不稳定，可能出现差异沉降。

9.3

施 工 机 具

水平螺旋钻进铺设管道系统主要由以下几部分组成:水平螺旋钻机、螺旋钻杆、钻头、方向控制系统和泥浆润滑系统等。

9.3.1 水平螺旋钻机

它是水平螺旋钻进铺管系统的主体部分,主要由回转系统、顶进系统以及为其提供支承的导轨组成,现代水平螺旋钻机的回转和给进都通过液压系统来实现,便于控制、调节。表9-3列出了典型水平螺旋钻机的主要技术参数。

典型水平螺旋钻机的主要技术参数 表9-3

型　号	给进力(kN)	扭矩(kN·m)	功率(kW)	适用管径(mm)
1 美国奥格公司(American Augers)				
H-12	87	1.6	液压	102~305
H-16	133	2.4	液压	102~406
16K	77		9	102~406
20K	200		9	102~508
16-35	156	2.0	7.5	102~406
20-50	222	4.6	12	102~508
24-100	445	6.4	15.7	102~610
24-150	667	38	27	102~762
30-225	1 001	38	27	102~762
30-225HT	1 001	38.3	43.2	305~914
36-340	1 512	49.7	43.2	305~914
36-600	2 669	68.7/102.4	47/67.1	305~1 067
42-600	2 669	68.7/102.4	47/67.1	305~1 067
48-900	4 003	102.4	67.1	305~1 220
60-1 200	5 338	103.2/116.6	70.9/100.7	305~1 524
2 美国 McLaughlin 公司				
McL-20B	190		12	100~510
McL-24B	520		22.4	100~610
McL-30/36B	1 040	28.2	32.5	250~900
McL-36/42B	1 820	38.4	44	300~1 060
McL-12H	112	12.5	液压	80~300

续上表

型　号	给进力(kN)	扭矩(kN·m)	功率(kW)	适用管径(mm)
3 美国 Barbco 公司				
24/30－150	203	38	27	102～762
30/36-200	271	52	36	102～914
36/42-350	475	77	47	305～1 067
36/42-500	678	138	70	305～1 067
48/54-750	1 017	139	70.9	305～1 372
60/66-1 000	1 356	198	100.7	305～1 676
4 德国 Celler 公司				
HPB 550/11	250/220	2	48.5	100～200
HPB 550/12	600/315	3.2	37.3	150～800
HPB 550/13	430/175	3.4	37.3	420
HPB 550/14	1 000/315	6.5	29.8	200～1 000
HPB 550/16	1 450/315	11.3	29.8	300～1 200
HPB 550/18	2 400/315	22	22.4	400～1 400
HPB 550/21	2 000/500	20	18.7	1 200
HPB 550/50	3 000/250	50	52.2	1 420
5 德国 Schmidt 公司				
PBA 10	98/60	2	22	100～300
PBA 30	300/185	6	36.6	125～500
PBA 80	800/600	15	50	200～800
PBA 160	1 570/1175	30	100	400～1 200
PBA 240	2 450/2 005	50	150	600～1 400
6 德国 Witte 公司				
BPR 300A	145/160	0.9	41	<324
BPR 400	330/235	2.0	38.8	<420
BPR 600	600/250	3.0	33.6	<610
7 国产水平螺旋钻机				
GP-220	105/153	6.5	22.4	220
SPZ-3 060	1 078	0.8	9.7	300～600
GLP-150	235	7.8	32.8	273～1 050
HKZ-1500		23	29.8	150
LGP-1	80	1.3		50～300
FKW 8	55/80	2.9	37	50～250
FKW 18	180			

1)国产 GLP-150 水平钻孔机

GLP-150 水平钻孔机是一种机械动力头式液压操纵的小口径工程施工钻机，是原地矿部地质技术经济研究院和西北探矿厂应北京市第四市政公司的要求于1982 年开始研制的。设计中采用套管与长螺旋钻具相互反向旋转钻进工艺，系国内首创，钻孔平直精度高，其主要技术参数见表 9-4。

GLP-150 水平钻孔机主要技术参数　　表 9-4

项目		参数
钻孔深度(m)		50
钻孔直径(mm)	开孔	172
	终孔	150
扩孔直径(mm)		330
主轴孔径(mm)		150
主轴转速(r/min)	内管	30、71
	外管	8.7、12.5
扭矩(N·m)	内管 max	2 744
	外管 max	7 840
配备动力(kW)	内管	11
	外管	11
进给行程(m)		0.8
有效行程(m)		1.8
进给力(N)		235×10^3
油泵型号(kW)		YBC-33/80 7.5
外型尺寸(长×宽×高)(mm)		4 510×1 200×1 245
主机质量(t)		3.7

GLP-150 水平钻孔机采用螺旋无循环冲洗液内、外管相互反向回转的双管干钻钻进法，用螺旋钻杆连续排出钻屑(图 9-9)。主传动采用机械传动，工作可靠。液压给进系统具有较大的推进力和给进行程，可兼作施工管道的顶拉机构。液压操纵和电气控制机构都集中在独立的操作台上，减小了作业坑尺寸，且操作方便，安全可靠。

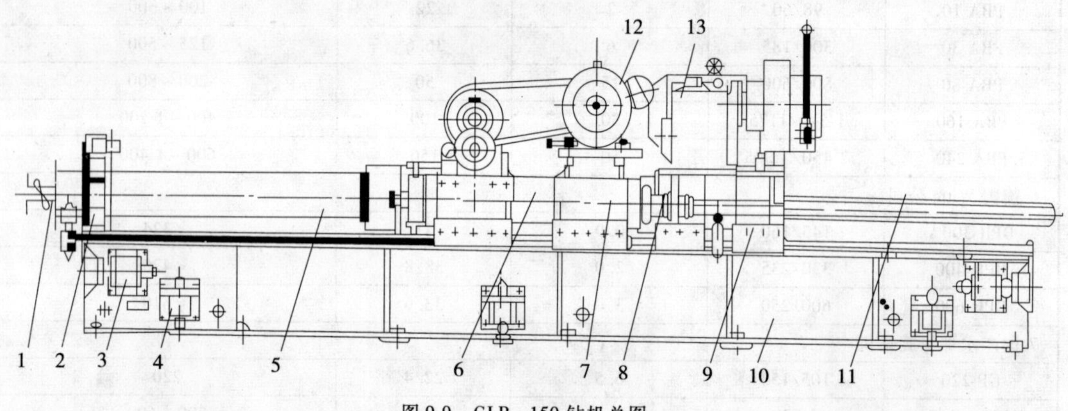

图 9-9　GLP－150 钻机总图

1-螺旋钻杆；2-夹持导向器；3-水平支撑；4-垂直支撑；5-外管；6-前回转器；7-给进液压缸；8-钻杆卡盘；9-后回转器；10-底座；11-主动钻杆；12-后电动机；13-前电动机

2)美国奥格水平螺旋钻机

美国奥格公司生产了一种称谓“Quik-Trac”的系统，该系统专门配备在 G2 型(包括 42-600G2 和 48-900G2 型)螺旋钻机上(图 9-10、图 9-11)，其主要的特点是采用了齿轮齿条传动装置，从而使驱动头的移动速度在不到 30s 的时间内可移动 9.6m 的距离，而且具有 45kN 的给进压力和回拖力。该特性可快速地完成拧卸套管、检查坡度、从套管内拉出和推入螺旋钻头等工序，而不像使用绞车—缆绳时卡头连接带来的时间浪费，从而使钻进的效率大大提高。

奥格水平螺旋钻机附件包括：螺旋钻杆适配短节、螺旋钻杆、各种钻头、膨润土泥浆泵、套管适配器、水平仪、导向管等，如图 9-12 所示。

(1)螺旋钻杆适配短节：是用来转换螺旋钻杆大小头、公母头用的。

（2）套管适配器：是用来使小直径的套管和钻孔机进行配合的。比如36″的钻孔机，在钻24″套管时，就必须使用一个适配器。

图9-10　奥格公司42-600G2型螺旋钻机

图9-11　Quik-Trac系统

（3）水平仪：中间用透明水管连接，一端水平面在套管端部，另一端的水平面与套管比较，得知倾斜程度。

a）　b）　c）

d）　e）　f）

g）　h）

图9-12　水平螺旋钻机附件

a）螺旋钻杆适配短节；b）螺旋钻杆；c）各种钻头；d）泥浆搅拌装置和泥浆泵；e）套管适配器；f）水平仪；g）导向管；h）防护罩

(4)导向管:导向管包括一个合页转轴,一套可以调整角度的调整丝杠。目的是保持角度和保证斜度。

(5)防护罩:避免对人员和公共财产的破坏。

9.3.2 螺旋钻杆

螺旋钻杆起传递钻压、扭矩以及排除土渣的作用,其直径略小于铺设钢管的内径,长度与钢管相同(图 9-13)。

图 9-13 螺旋钻杆

螺旋钻杆由心管、螺旋叶片(螺旋带)、连接部分组成。心管的中间管采用高强度外平钻杆,两端焊接接头,在心管外面焊制螺旋叶片。

螺旋钻杆在钻进过程中,除传递扭矩外,还要刮切、排出钻孔内的土渣,使钻进得以正常进行。因此,对螺旋钻杆的要求是:要有足够的抗扭强度,易于排粉,耐磨,连接可靠方便。

9.3.3 螺旋钻头

螺旋钻进铺管法主要用于土层施工,所以一般采用螺旋钻头(图 9-14)。根据土层软硬的不同,钻头切削具的种类也不一样。总的来说,较软地层用片状的、较锐利的切削具;较硬地层

图 9-14 螺旋钻头

采用柱状的、较耐磨的切削具;而钻进硬黏土、页岩和卵砾石层则采用镶有子弹形圆柱硬质合金的钻头。钻头的直径稍大于钢管外径,形成一定量的超挖,以减轻管壁摩擦阻力。钻头最外部的切削具是铰链的,可通过反转使其向内折叠,从而使钻头直径小于钢管内径,以便必要时更换钻头。

9.3.4 方向控制系统

由沿轴向固定在每一根钢管外表面的小直径公母螺杆和最前部两段间的铰链系统组成。转动控制螺杆,可使最前段铰接的钢管上、下或左、右摆动,从而实现铺管方向的控制。

水平螺旋钻机的纠偏系统是机械式的。这种纠偏方式以往主要用于垂直平面内的控制,已有 20 多年的历史,控制长度可达 150m,控制精度可达 25.4mm。全方位控制系统是最近几年才开发出来的。要实现这种控制,需在垂直平面控制系统基础上,再加上一套控制螺杆和铰链系统。这种全方位系统的控制长度可达 100m,水平面的控制精度可达 76.2mm。

另一种测斜和纠偏系统由发光二极管、液压扳手和经纬仪构成(图 9-15)。在螺旋钻杆和钻头连接的接头内装有发光二极管,作为目标靶。钻孔时,可随时用安装在钻机后端的经纬仪看到发光二极管的中心测点偏离中心位置,由此可确定钻孔的偏斜和偏斜的大小。纠斜装置的结构原理是:外套管前端的管鞋部分作成斜口状,斜口的长度约等于套管外径的一半。钻进时,套管不回转,只顶进。当需要对钻孔方向进行修正时,通过液压油缸转动套管,使管鞋的斜口朝向钻孔偏的方向。然后停止转动套管,随着钻孔的继续钻进,钻孔的方向就会逐渐地被修正过来。由于可通过转动套管使斜口朝向圆周的任意方向,故可以在任意方向上纠斜。

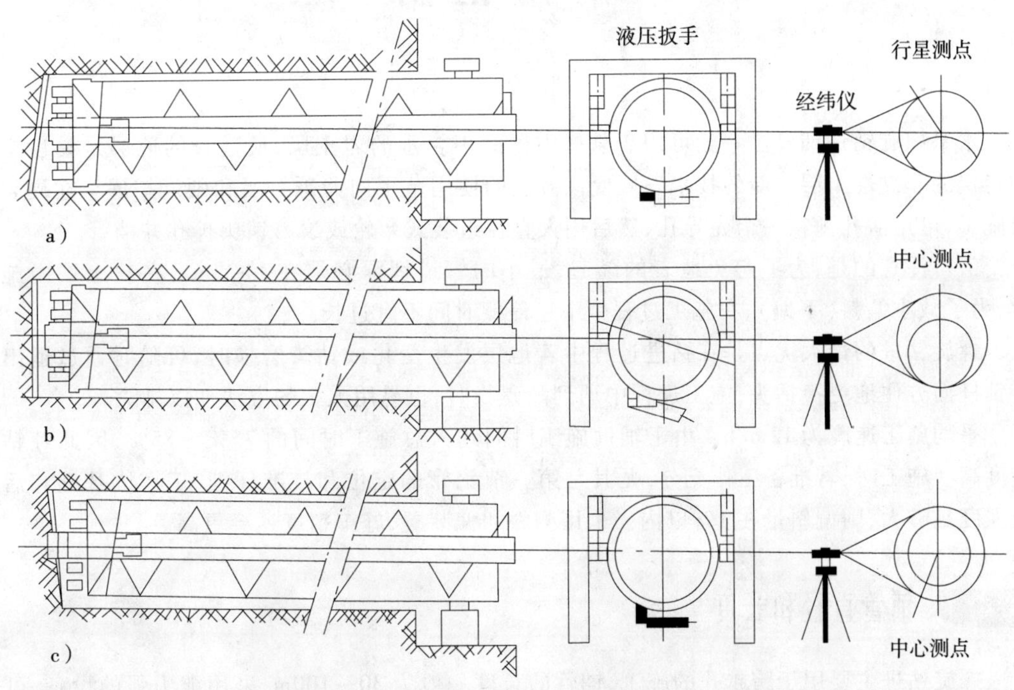

图 9-15 利用液压扳手进行纠偏

a)测斜;b)纠偏;c)恢复

9.3.5 泥浆润滑系统

由一台小泵和沿轴向固定在每一根钢管外表面的小直径(约 25.4mm)钢管组成(图9-16和图 9-17)。在铺管过程中,不断地泵入膨润土泥浆,以润滑钢管柱,减轻管柱与地层之间的摩擦。这是铺长管的必要措施。

图 9-16　泥浆搅拌和泵送装置

图 9-17　注浆管

9.4 应用范围

水平螺旋钻进铺管法一般可用于软—中硬的不含水的岩土层,最适合的地层是黏性土层和稳定的非黏性土层。新的技术发展使该方法的使用范围向卵砾石层和硬岩扩展。在硬岩石层施工,可用潜孔锤钻一个先导孔,然后用大直径组装式牙轮或滚刀钻头扩孔并铺管。

值得注意的是,为了避免地表的隆起,最小的管道埋深必须在 1 ~ 2m。在软土层中施工时,为了减小偏斜(下偏),在施工过程中中途停顿时间不宜过长。

螺旋钻进的最大优点是在钻进过程中若地层发生变化或钻头磨损时,可随时通过退出螺旋钻杆而方便地更换钻头;施工过程中遇到障碍物时,也易用人工的方法加以排除。

平均施工速度为 12m/h。由于辅助施工时间约占总施工时间的 75% ~ 85%,因此纯钻进速度高。施工时,若准备工作充分,尤其是第一节钢管的定位和校准仔细、工作坑基础和后背的强度足够大,则偏斜量在 1% 以内。采用测斜纠偏装置,施工精度还会更高。

9.4.1 铺管直径和长度

螺旋钻进主要用于跨越孔的施工,铺管的长度一般为 30 ~ 100m,采用能力强的设备,可铺设 200m 以上的管道。轨道式水平螺旋钻进工法施工的最长长度为 300m。

管道的直径范围为 100 ~ 1 500mm,最常用的管道直径为 200 ~ 900mm。

当管道直径小于 200mm,特别是铺设精度要求不高时,其他非开挖方法更适合、更经济。

对于大直径管道，且铺设精度要求高时，顶管和微型隧道工法将是更好的选择。

9.4.2 管材类型

因为工法要求螺旋钻杆在套管内工作，所以管材和管道涂层会受到工法的影响。典型管材是钢管，当钢管作为套管使用时，钢管内可铺设任何材质的产品管和集束管。

既然管道防腐涂层在施工时会受到影响，推荐适当增加管道壁厚，来延长管道使用寿命。

9.4.3 土层条件

水平螺旋钻进方法能用于很多地层条件，密实含砂黏土层是该法最适用的土层条件。对于含卵砾石地层，只要卵砾石最大直径小于套管直径的1/3，也能完成铺管作业。而在不稳定地层，可能引起超挖，导致地面沉降。表9-5列出了水平螺旋钻进工法对不同地层的适用性。

水平螺旋钻进工法对不同地层的适用性　　表9-5

土　层	适　用　性
软—很软黏土、淤泥、有机沉积土	○
中硬—很傾黏土、淤泥土	○
硬黏土、弱风化页岩	○
很松散—松散砂土(地下水位以上)	※
中密—密实砂土(地下水位以下)	●
中密—密实砂土(地下水位以上)	○
粒径为50~100mm的卵砾石土	○
含有粒径为50~100mm的卵砾石土	●
泥灰岩、白垩岩、硬固结土	○
强风化岩—不风化岩	○

注：○为适用；※为经调整可用；●为不适用。

参考文献

[1] Abraham, D., and S. Gokhale. *Development of a Decision Support for Selection of Trenchless Tecnologies to Minisize Impact of Utility Construction on Roadways*, FHWA/IND/JTRP - 2002/7, SPR - 2453, National Technical Information Service, Springfield, Va. 2002

[2] ASCE. Manual of Practice for Horizontal Auger Boring Projects. *ASCE Manual and Reports on Engineering Practice No.* 106, American Society of Civil Engineers, Reston, Va. 2004

[3] http:// www. americanaugers. Com

[4] Isekey, D. T., *Trenchless Excavation of Construction Equipment and Methods Manual*, 2nd ed., NUCA, Arlington, Va. 1993

[5] Isekey, D. T., M. Najafi, R. Tanwani. *Trenchless Construction Methods and Soil Compatibility Manual.* NUCA, Arlington, Va. 1999

[6] Isekey, T., and S. Gokhale. Trenchless installation of conduits beneath roadways, *Synthesis of Highway Practice* 242, Transportation Research Board, National Academy Press, Washington, DC. 1997

[7] Lawrence Williams. The SUB Concept - a Less Costly System for Small Rock Bores. *No Dig International*, July/Aug., 2003

[8]马保松．顶管和微型隧道技术，北京：人民交通出版社，2004

[9]Mohanmmad Najafi. *Trenchless Technology*. McGRAW – HILL，2004

[10]乌效鸣，胡郁乐，李粮纲等．导向钻进与非开挖铺管技术，武汉：中国地质大学出版社，2004

[11]颜纯文，D. Stein. 非开挖地下管线施工技术及其应用．北京：地震出版社

[12]颜纯文，蒋国盛等．非开挖铺设地下管线工程技术，上海：上海科学技术出版社，2005

[13]杨惠民．钻探设备．北京：地质出版社，1988

[14]叶建良，蒋国胜，窦斌．非开挖铺设地下管线施工技术与实践．武汉：中国地质大学出版社，2000

CHAPTER 10

顶管施工技术

10.1 概　述

在市政或工业管道工程施工中,必然要铺设很多不同直径的管道(包括自来水管道、污水管道、雨水管道、地下通道、地下铁道、燃气管道、热力管道以及长距离的地下输油管道和天然气管道等)。传统的挖沟埋管法具有很多缺点,如影响交通、破坏路面、破坏地表植被、影响正常的商业活动和居民的日常生活、大量的土方工程等。采用顶管技术(施工原理如图10-1所示)不但能克服上述开挖法施工的不足,而且还具有如下优越性:

(1)施工速度快。

(2)管道一般具有光滑的内表面,无需二次衬砌。

(3)管道密封性能好,可以避免流体向地层中渗漏。

(4)可以推进矩形截面的管道,如顶进路下通道等。

(5)施工安全性好。

(6)和盾构施工法相比,省去了管片在地下的运输和安装,减少了所需人力。

顶管施工作业中所用的顶管设备的主要特征是:主顶油缸不是位于顶管机内,而是在顶进工作坑的主顶工作站。盾构施工与顶管施工的最大区别在于:盾构施工的首节管(片)位于工作坑的洞口,而顶管施工的首节管是随着顶管机向前移动(顶进),管道完成后,位于接收坑的洞口处。

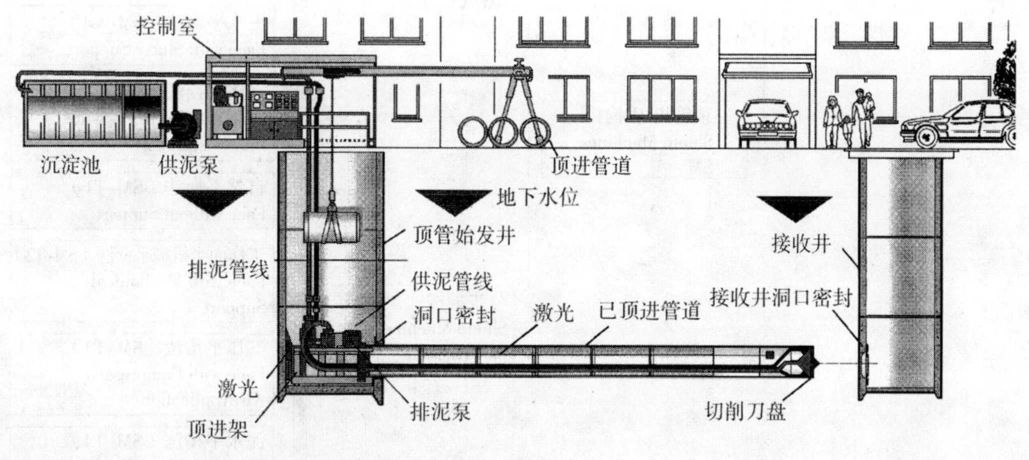

图10-1　顶管施工原理图(泥水平衡为例)

对于较大直径的顶管机,为了安放所需的施工机械,也可以将紧接着顶管机的管道作为顶管机的后续部分来使用。

在施工中,顶管机具有以下作用:

(1)保护工作人员。

(2)开拓所需空间,以便在铺设管线时地层对管道产生尽可能小的摩擦力。

(3)确保开挖空间的安全,直到顶进管道最终承受全部荷载。

(4)保证工作面的土石不会坍塌以及防止地下水的涌入。

(5)确保顶进工作在允许的偏差内沿设计好的轨迹前进。

通过顶进作业,也就是在工作面的掘进,破坏了地层中原有的压力平衡,为了使其重新达到压力平衡,必须通过压力平衡的方法对地层的压力状况进行控制。对平衡压力的要求是:

(1)控制地层压力,防止地层的塌陷或隆起。

(2)平衡地下水的压力,防止地下水的涌入。

(3)能够阻止液态或气态的平衡介质的泄漏。

目前市场上有很多不同种类的顶管机,其主要区别在于土压力及地下水压力的平衡方式以及工作面的掘进方式(图 10-2)不同,由此可以将顶管机分为两种基本类型:

图 10-2 按照工作面的掘进和压力平衡方式划分的顶管机类型

(1)开放式顶管机。这种顶管机在工作面与后续的管道之间没有压力密封区,其优点在于:工作人员可方便地进入工作面,便于采用机械作业。

(2)闭式顶管机。这种顶管机的工作面与盾尾之间设有一压力墙。根据闭式顶管机所使用平衡介质的不同,又可以将其分为气压平衡顶管机、泥水式顶管机和土压平衡式顶管机。

根据工作面的掘进形式不同,可将顶管机分为如下两种:

(1)分步开挖式顶管机。

(2)全断面掘进式顶管机。

图 10-2 中给出了工作面的不同平衡方法。目前,几乎在所有的地层条件下,顶管施工都是可以进行的。

在介绍了上述的基础知识以后,下面将讨论顶管机。

根据工作面的掘进方式和压力平衡方式(包括土压力和地下水的压力)以及障碍物的排除方法,下面要讨论的顶管机体系可概括为图 10-2。

10.2 分步挖掘式顶管机

分步挖掘式顶管机的特征是:顶管机可以是开放式的,也可以是封闭式的,工作面土层的破碎是分步进行的。破碎下来的土石可以通过传送带或者螺旋钻杆输送至后面的运输设备(如传送带、手推车或轨道式的运输矿车等)排出。在特殊情况下,也可以采用水力的方法排渣。

根据挖掘方法,可以将分步挖掘式顶管机进行如下分类:

(1)手掘式顶管机;

(2)机械挖掘式顶管机;

(3)水力破碎式顶管机。

10.2.1 手掘式顶管机

10.2.1.1 手掘式顶管机的类型

手掘式顶管机即是非机械的开放式(或敞口式)顶管机,在施工时,采用手工的方法来破碎工作面的土层(图 10-3),破碎辅助工具主要有镐、锹以及冲击锤等。破碎下来的泥土或岩石可以通过传送带、手推车或轨道式的运输矿车来输送。

最简单的手掘式顶管机只有顶进工具管,即只有一个钢质的圆柱形外壳加上楔型的切削刃口、液压纠偏油缸、一个传压环以及一个用来导正和密封第一节顶进管道的盾尾。

手掘式顶管机的结构形式主要决定于对土压力的平衡方法,一般可分为 4 种类型。

(1)简单的手掘式顶管机:工作面压力自然平衡。

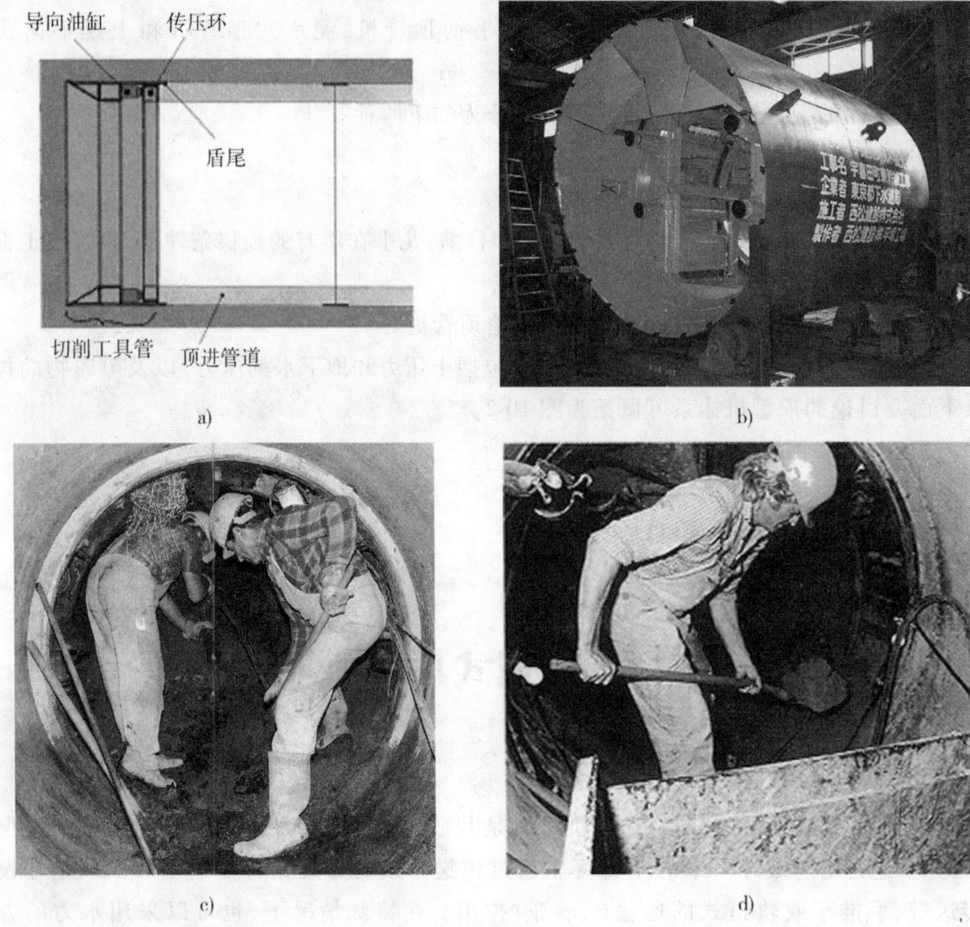

图 10-3　手掘式顶管机

(2)网格式手掘式顶管机:工作面压力半自然平衡。

(3)挡板式手掘式顶管机:工作面压力机械方式平衡。

(4)网格挡板式手掘式顶管机:工作面采用自然和机械联合平衡法。

根据地下工程施工安全规定,在地下进行的手掘式顶管作业,必须在工具管的保护下才能进行,同样,当排除工作面上的障碍物时,也必须采取特殊的安全措施。另外,手工掘进作业至少要有两个人来完成,如果不能两人同时作业时,也必须有其他人在需要时能提供帮助。

10.2.1.2　手掘式顶管机的应用范围

在短距离顶管施工中,由于昂贵的挖掘机械一次性投入比较大,影响施工的经济性,因此在这种情况下普遍采用手掘式顶管施工方法。在非开挖施工领域,手掘式顶管机一般应用于穿越道路(铁路和高速公路等),施工长度通常小于50m。除了施工圆形的管道以外,也可以顶进特殊断面形状的管道(如方形或椭圆形等)。

根据工作面的进入方式以及多种多样的可选择的手掘式施工工具,在无需采用辅助措施的情况下,手掘式顶管机既可应用于不含水的松软地层,也可应用于不含水的硬地层。在含水地层中施工时,则必须采用辅助施工措施(如降水等)。在地层不能降水或不允许降水的情况下,可以采用封闭式的气压平衡顶管机来施工。

工作面自然平衡手掘式顶管机主要适用的地层范围是稳定的黏性土层,其抗压强度约为 $1.0N/mm^2$;另外,这种手掘式顶管机也可用于抗压强度 $\geqslant 5\ N/mm^2$ 的岩层中。

工作面半自然平衡手掘式顶管机最适用的地层是松散、致密的无黏性地层,其中粒度 $<0.02mm$ 的颗粒含量为10%,但很少在地层变化较频繁的情况下应用。

网格式的手掘式顶管机一般应用于无黏性的松散砂层中,并通常需要一个顶盖来配合使用。在使用这种顶管机的地方,一般对地表的沉降都没有严格的要求。

对于手掘式顶管施工,排除障碍物一般都不是问题,因为在这样的情况下,施工人员可以随时很清楚地观察工作面,因此也能及时发现障碍物并尽快将其通过手工的方法排除。为了破碎障碍物和大的漂石,可以使用气动和液动的冲击锤、液压碎石机或水压力作用的碎石机。

爆破式顶管施工法几乎适用于所有的硬地层,特别是抗压强度较高的岩层;但是在不稳定地层,或者出于环保的要求,对爆破噪声和振动敏感的地区,这种方法禁止使用。特别是在城区内施工时,这种施工方法不可避免地会产生巨大振动,同时还会对建筑物造成危害。

在这种施工方法中,每个工作循环工作面向前推进的长度,主要决定于围岩的稳定性,同时还和工作面的截面积大小有关。对于小的圆形断面顶管施工来说,每个工作循环的推进长度一般应选择为1/2的顶管机直径。

图10-4 铺设污水管道用的爆破式顶管机(直径3 470mm)

用爆破顶管施工,在爆破前,必须将工作面用钢链制成的幕帘进行隔挡(图10-4),以保证顶管机内部不受损害。另外,对于技术设备,要另采用钢板进行防护。

手掘式顶管施工的施工效率,主要取决于顶管机的直径和施工的长度,特别是地层的破碎难易程度。根据经验,施工效率一般随着地层级别的升高而降低。

10.2.2 机械挖掘式顶管机

10.2.2.1 机械挖掘式顶管机的类型

机械挖掘式顶管机可分为敞口式和封闭式两种,其内部装备有挖掘机械,可以实现工作面的分段式挖掘。破碎下来的土石可以通过传送带或者螺旋钻杆输送至后面的运输设备(如传送带、手推车或轨道式的运输矿车等)。在特殊情况下,也可以采用水力的方法排渣。顶管机的操作和导向直接在现场由操作人员来完成,该操作者可以随时观察工作面的情况。图10-5是两种应用非常广泛的机械挖掘式顶管机。

一些机械挖掘式顶管机的砂板可以在施工现场进行拆装,当地层性质复杂多变时,可以将砂板安装上,来平衡地层压力;在理想的地层条件,可以拆除砂板,以便挖掘工具在不受限制的情况下进行工作。

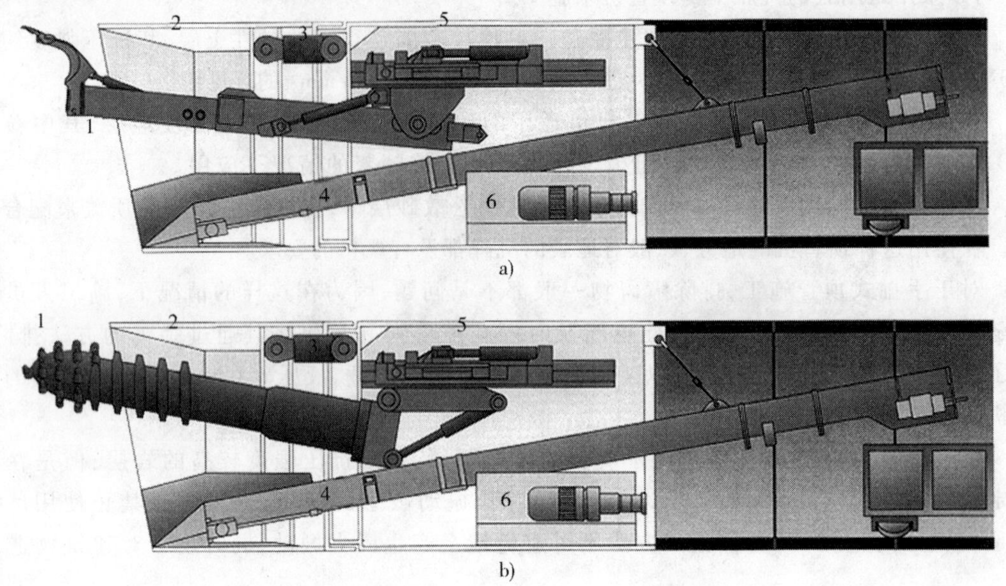

图 10-5 机械挖掘式顶管机(工作面采用自然平衡)

1-挖掘装置;2-工具管;3-导向油缸;4-输土装置;5-盾尾;6-电动机

当顶管机的直径较大时,配备的挖掘工具也可以是移动式的,但是,以往的顶管施工一般采用的是固定式挖掘工具。

10.2.2.2 机械挖掘式顶管机的应用范围

采用敞口式机械挖掘顶管机施工时,由于施工成本较低,同时还可以采用多种不同的形式进行施工,因此这种方法在不含地下水的软和硬岩层中得到了广泛的应用,施工长度可达1 000m。

在含地下水的地层中施工,则必须采用辅助施工措施(如降水等)。在地层不能降水或不允许降水的情况下,可以采用封闭式的气压平衡顶管机或泥水式顶管机来施工。

根据地层性质的不同,机械挖掘式顶管机可以配备下述挖掘机械:

(1)挖掘装置(反铲和液压锤)可更换的挖掘机。

(2)带纵横切削头(或镗铣头)的掏槽机械。

在特定的条件下,也可以采用爆破施工法,并能得到满意的效果。

这种配备反铲的挖掘机是最简单形式的挖掘机械,具有5个自由度,可以按照工作面的形状进行作业,同时还可以在砂板前面或在砂板的网格之间进行作业。挖掘机的结构形状由地层的可挖掘性决定,对于砂层和淤泥层,一般采用平爪就可以了,这种平爪加上浅的爪背,具有很好的成型性。对于个别情况,反铲的切削宽度根据岩石的可挖掘性来选择。

这种挖掘机可以应用于黏性和无黏性的软地层中;在破碎的裂隙发育的硬岩层,当岩石的单轴抗压强度不超过60 N/mm^2,裂隙系数 >20 时,也可以使用这种挖掘机械。

当施工的管道直径大于DN/ID 1 400时,制造商的产品又前进了一步,在同一个底盘上,既可以安装挖掘机械,又可以安装掏槽机械(图10-6)。这样就可以根据施工地层的不同,来合理选择挖掘工具,从而获得较好的经济效果。要在地下实现挖掘工具和铣切工具之间的互换,所花费的工作和时间是相对较少的,除了拆装外,加上在管道中的运输时间(这里需要的设备是安装于顶管机顶盖上的一个提拉装置和一个特殊的在管道中运输的小车)。

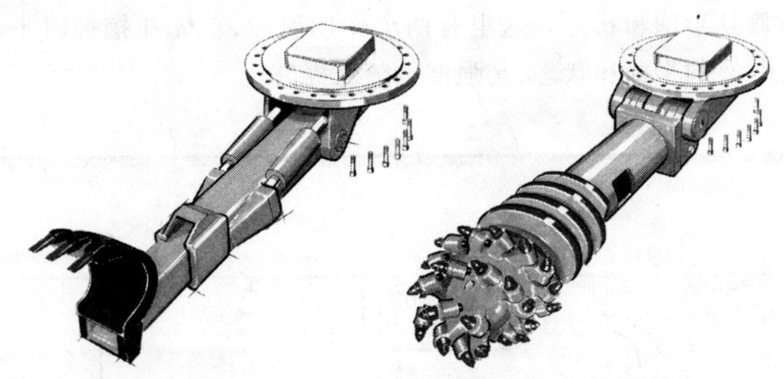

图 10-6 可更换的挖掘机械

10.2.3 气压平衡式顶管机

气压式顶管施工就是以一定压力的压缩空气来平衡地下水压力、疏干地下水,从而保持挖掘面稳定的一种顶管施工方法。气压式顶管施工又可分为全气压顶管施工和局部气压顶管施工两种类型。所谓全气压顶管施工(图 10-7),是指整个施工管道内都充满一定压力的压缩空气,管道内的所有工作人员都在压气条件下作业。局部气压顶管施工,则是指仅在挖掘面上充满一定压力的压缩空气,利用机械方式破碎工作面,工作人员无需在压气条件下作业。

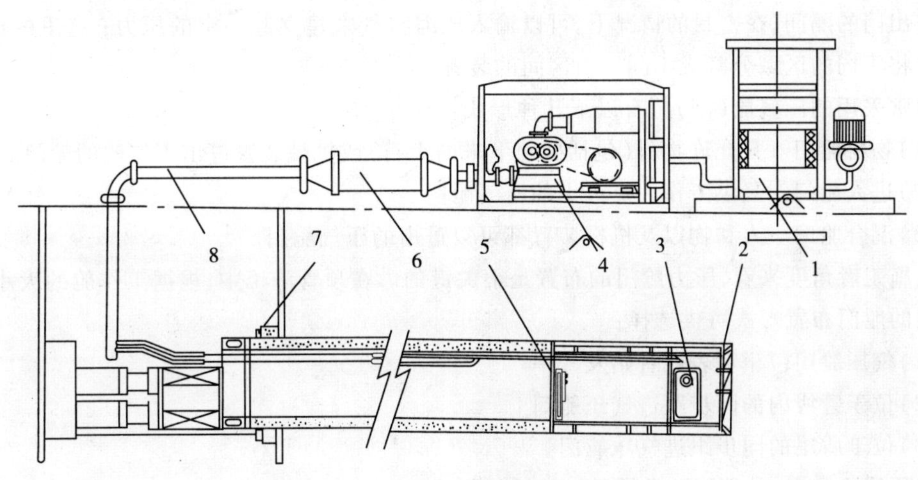

图 10-7 全气压顶管施工设备及现场布置

1-冷却塔;2-网格工具管;3-第一道气闸门;4-空压机;5-第二道气闸门;6-空气滤清器;7-防漏气装置;8-送气管

气压平衡顶管机是一种封闭式顶管机,在工作中,作用于工作面的气体压力一般要高出地下水压力 0.1bar,以阻止地下水涌入工作舱,同时也使得位于工作面的土层由于脱水而稳定性提高。

气压平衡顶管机的工作原理是:通过作用于临时工作面上的气体压力(这里气体的压力一般根据隧道底部的地下水压力来确定)(图 10-8)来阻止地下水。因为在整个工作面的高度范围内，作用的气体压力是相等的，又由于地下水的压力是有梯度的，因此在隧道的顶部就形成一个超过平衡压力的气体压力区，在这一压力的作用下，地层孔隙中的水被挤出，地层也从原来的饱和水状态过渡到半饱和状态。这里有两个作用阶段，首先在挖掘时平衡工作面，另外，地层从饱和水状态过渡到半饱和状态，其强度也随之提高。

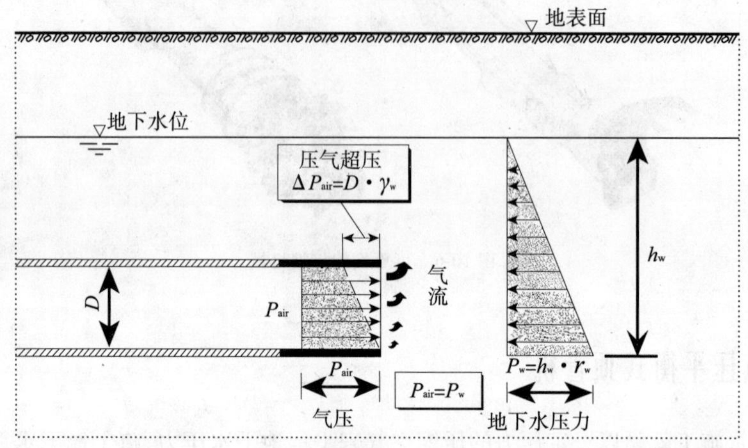

图 10-8　气压平衡原理图

如果上述作用不足以维持工作面稳定，在必要时还必须采用其他辅助措施来平衡土压力。

在采用气压顶管施工时，其工作舱必须通过一个所谓的压力墙进行密封，与周围的大气隔绝。这里所说的工作舱指的是从工作面到压气舱（闸）门之间的区域，实际上可具有一个或多个带进出门的隔间，在密封的情况下，可以输入压缩空气来建立起一定的压力；这里的压力墙是一个将不同的区域分割成不同压力区间的装置。

通常采用的压气舱（闸）门有以下几种形式：

(1)物料舱门。只允许物料（包括破碎下来的土石）或机械装置进出工作舱的舱门。

(2)进人舱门。只供工作人员进出的压气舱门。

(3)混合舱门。人和物以及机械装置都可以进出的压气舱门。

从施工者角度来看，压力舱门的布置是很关键的。在顶管施工中，根据工作舱的大小，有3种不同的舱门布置形式可供选择：

(1)气压舱门位于地表或者始发井中。

(2)位于管线内的同步跟进气压舱门。

(3)位于盾尾的同步跟进气压舱门。

在顶管施工中，最常用的是最后一种舱门形式（也称为整体式舱门）。如果施工场所允许，一般应将物料舱门和进人舱门分开，切削下来的土石即可通过轨道式的运输矿车经由物料舱门排出。当采用水力排渣或在使用叶轮式舱门的情况下，就可以省去物料舱门。

图 10-9 是一种典型的局部气压式半机械顶管机，顶管机中设有一个隔板，把顶管机分成前后两个部分，前面为气压舱，后面为工作舱。气压舱中通常配备反铲之类的挖掘臂完成挖土任务，挖下来的土通过螺旋输送机排出。压缩空气通过供气管道送至气压舱中。螺旋排土装置内的土塞也应对压气具有密封作用。另外，为了避免漏气和漏水现象的发生，要求螺旋输送机叶片的螺距比普通土压式掘进机的小，输送机的长度应稍大一些。

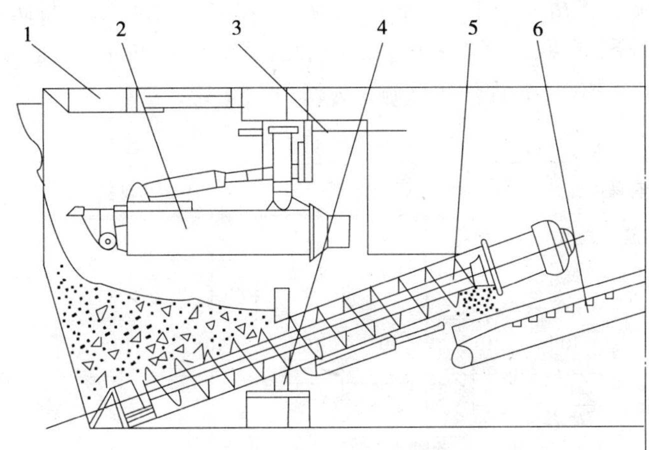

图 10-9　局部气压式半机械顶管机

1-纠偏油缸;2-挖土臂;3-送气管;4-隔仓壁;5-螺旋输送机;6-皮带输送机

对于进人气压舱门,要求至少应由两个直接相连的舱组成,舱门(或出入口)的静宽度最小应为600mm,同时,根据相关规定,进人舱门的净高度不应小于1.60m,每个人平均分摊的气体空间的体积不应小于0.75m^3,另外,根据 DIN EN 12110 中的规定,主工作舱的最小长度应为1.8m,可供3人同时作业;次工作舱的最小长度应为1.0m,可供两人同时作业。

10.2.3.1　应用范围

气压平衡顶管机的应用领域如下:

(1)从技术、环保和经济性等方面考虑,不适宜降水的地层。

(2)在降水后可能导致严重沉降的地层。

(3)在水下进行顶管施工时。

(4)为确保工作面的稳定。

以下因素也限制了气压平衡顶管施工的应用:

(1)气压平衡顶管施工的最大工作压力限制在3.6bar。

(2)地层的透气性系数。

(3)管道上部的最小覆土厚度(保证不发生气体泄漏)。

(4)由于投资大,只有在施工距离较长时,这种施工方法才具有较好的经济性。

(5)时间和费用的消耗,取决于人和物进出的压力舱门。

为了降低气体的工作压力或减小气体的漏失,可以采用一些其他的施工方法和气压平衡顶管施工法配合使用,首先可以考虑以下方法的组合:

(1)采用部分降水法以降低工作压力(降压施工法)。

(2)采用真空排水法来消除地下水的压力并维持工作面的稳定。

(3)在部分区域采用注浆法或冻结法来密封地层,同时还可以防止气体的泄漏。

(4)在整个施工长度范围内采用注浆加固,以保证复杂地层中顶管施工的顺利进行。

在采用不同的施工方法配合使用时,还必须考虑到不同方法之间可能的相互影响,例如,在采用降压法施工时,对于地层的勘察钻孔,必须按技术要求进行回填,以防止地层漏气;又如,在采用注浆法加固地层时,要求所采用的注浆材料在压气下对人体健康不会产生副作用。

选择气压平衡施工方法的一个重要标准是地层的透气性系数以及与此相关的工作面上的气体消耗。在这种情况下，我们可以采用地层的渗透性系数 k 作为近似值或参考值，只有当渗透性系数 $k \leq 10^{-4}$m/s 时，才允许使用该施工方法（图 10-10）。

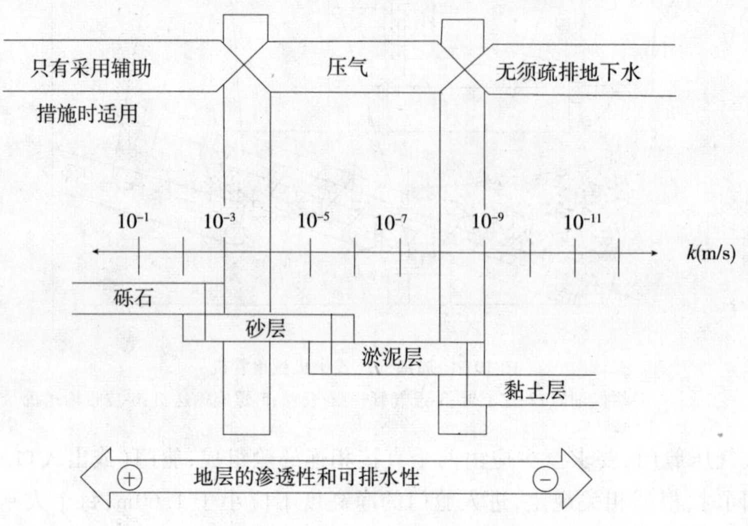

图 10-10 气压平衡法的应用范围

地层的渗透性系数越小，压气的漏失量也越小，同时，由于漏失的压气引起的孔隙中气水的压力升高也越小，由此也就增大了压气对工作面的平衡作用。

对于渗透性小的均质地层，当地层的渗透性系数 $k < 10^{-6}$ m/s 时，压气进入地层的范围是十分有限的，在这种情况下，在地层中可以形成一个几乎不透水的隔离层，该隔离层能够传递所需的平衡压力。但是地层的最小抗剪强度也是工作面稳定的一个先决条件，在这些条件的作用下，压气只能将孔隙水挤入工作面前很小的区域内，由于地层对气流阻力较大，使得压气不能泄漏至地表。如果当压气达到其最大限制范围后，而减少压气的供应，会导致土层紧接着向工作面流动，从而气流的作用力减小，工作面也会变得不稳定，但是由于压气侵入的区域没有扩大，气体向地表泄漏的危险也就减小了。

如果在低渗透性的地层中存在有渗透性的砂层，也就是说，在非均质的地层中，由于砂层中含有的孔隙水不能尽快流走，不能建立起足够的压力，因此压气不能对砂层作用足够的平衡压力。另外，由于砂层不具有足够的最小抗剪强度，工作面处于不稳定状态。

对于渗透性的均质地层，当渗透性系数 k 在 $10^{-3} \sim 10^{-5}$ m/s 之间时，压气即可泄漏至地表。在这样的地层中，压气的平衡作用是通过位于工作面前地层中的渗透力的作用来实现的。在这种情况下，压气的消耗要比低渗透性地层多，如果压气的侵入范围能够维持在一个相对稳定的状态，那么压气的消耗也是一个相对稳定的常量，工作面也能在一个较长的时间范围内处于稳定状态。但是，如果地层中事先存在一个气体容易通过的薄弱环节，就存在着气体侵蚀性泄漏的危险，一旦压气的消耗量增大，就预示着已经发生了压气泄漏。

对于强渗透性地层（渗透性系数 $k \geq 10^{-2}$ m/s），要阻止压气向地表泄漏几乎是不可能的，其原因在于，由于地层的孔隙比较大，渗透力只在很小的程度上起作用，因此，压气对地层的平衡作用很小。在这一过程中，通常会发生压气调节装置的能力达不到建立平衡压力所需气压量的要求。另外，由于在强渗透性地层中采用气压平衡施工时，有大量的压气泄漏并从地表冒出，所以发生气崩的可能性是较小的。

只需根据维持平衡压力所需的气体消耗量，就可判断气压平衡顶管施工中工作面的稳定性；另外，也要考虑为避免发生气崩应满足的覆土厚度。

10.2.3.2 气压平衡顶管施工中所需的压气量计算

在施工中，一方面，为了保证工作面的稳定，需要尽可能高的平衡压力；另一方面，随着平衡气压的升高，压力梯度增大，易导致地面的破裂，工作舱中的压气损失增大，从而引起压气的喷发。特别是如果压气调节装置无法对不断增加的气体损失进行补偿时，将会导致工作面失稳，进而地下水可以涌入工作舱或破碎舱（图 10-11）。

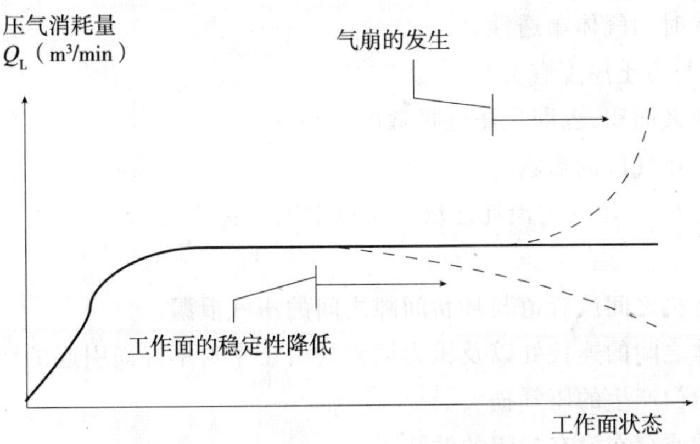

图 10-11 压气消耗量与工作面状态的关系

如果施工中所需的气量不断减少，这说明工作面后的排土系统可能产生了堵塞，阻止了压气的进一步输入。甚至在这样的情况下，由于起平衡作用的渗透压力的降低，也即是孔隙水压力的增大，也可以引起工作面的失稳。这种情况在非均质地层中经常遇到。

在顶管施工中，应根据所需的压气量，来选择合适的压气调节装置。首先，所需的压气量可以通过下述方法确定：

（1）根据实际施工中，在同类地层条件下获得的基本经验。

（2）借助于理论计算方法。

首先，在开放的水体下进行施工时，可以根据 Hewett 和 Johannesson 在 1922 就已公开的经验公式（表 10-1）来进行粗略的估算。

随后出现的根据施工的地层情况来计算压气消耗的经验公式见表 10-1。

计算压气消耗量的经验公式　　表 10-1

作者（年）	地层类型	所需压气量 Q_L（$m^3 \cdot min^{-1}$）
Hewett & Johannesson（1922）	一般涌水地层（如中砂层）	$3.66 \cdot D_S^2$
	强渗透性地层（如卵砾石层或含砾砂层）	$7.32 \cdot D_S^2$
Richardson & Mayo（1941）	强渗透性卵砾石层	$14.92 \cdot D_S^2$
Megaw & Bartlett（1981）	一般渗透性地层	$(2.83 \sim 4.71) \cdot D_S^2$
Kirkland（1984）	经过处理的地层	$1.49 \cdot D_S^2$
	砂层和淤泥层	$4.55 \cdot D_S^2$
	粗卵砾石层	$9.11 \cdot D_S^2$

注：这些计算公式和顶管机的直径 D_S 有关，D_S 的单位为 m。

在国内的相关文献中(余彬泉,1998 年),也给出了计算压缩空气消耗量的经验公式,即:

$$Q_L = \alpha \cdot D_s^2 \tag{10-1}$$

式中:Q_L——常压下所需的压气量,m^3/min;

D_s——顶管机直径,m;

α——经验系数(取值见表 10-2)。

不同地层的经验系数 α 值　　表 10-2

地层类型	均质地层	粗砂层	中砂层	细砂层	粉砂层
α 值	0.5~4.0	3.0~4.0	2.0~3.0	1.5~2.0	0.5~1.0

如果要精确地计算压气的消耗量,则必须考虑以下因素:

(1)地层不含水时的气体渗透性。

(2)工作气压(与覆土厚度有关)。

(3)顶管机的横截面积,也即是压气扩散的面积。

(4)孔隙阻力和压气区的形状。

另外,在顶管施工中,压气的消耗还决定于以下因素:

(1)顶进速度。

(2)围岩和顶管机之间或管道与环状间隙之间的压气泄漏。

(3)盾尾与盾体之间的连接处以及压力墙等处由于密封不好而引起的压气泄漏。

(4)进出压力舱门产生的压气损失。

(5)围岩的影响或存在没有封闭的钻孔。

直到今天,用来计算维持工作面稳定所需压气量,还是根据 1922 年相关文献所提供的公式,这在后面将进行介绍。

下面要介绍的公式,是在对均匀渗透性砂层和卵砾石层的理论计算和模型试验的基础上,在非常理想化的条件下得出的,因此如果在其他条件下应用,也只有是在对计算结果有影响的因素进行充分的估计或限制的前提下。

在理想情况下,压气消耗量的简化计算公式为:

$$Q = C \cdot k_L \cdot i \cdot A \tag{10-2}$$

式中:C——压气区的影响系数,当覆土厚度在(1~2)D_s 之间时(D_s 为顶管机外径,m),取 $C=2$(由于 C 对最终的计算结果影响不大,在覆土厚度较大时,仍可采用 $C=2$);

k_L——地层的透气性系数,m/s,可以采用下述方法获得:在自然条件下进行大量的试验获得(不能通过室内实验获得);通过地层条件类似的地层对比获得;近似计算公式 $K_L = 70 \cdot K_w$,这里地下水的渗透性系数可以通过降水或抽水试验得到,但同时要注意,在水平方向和垂直方向上,地下水的渗透性系数可能是不同的;

i——气流落差,$i = \dfrac{D_S}{L}$,其中 L 为覆土厚度,m;

A——工作面的面积,$A = \dfrac{\pi \cdot D_S^2}{4}$,$m^2$。

在施工过程中,在工作面、盾尾等处以及通过衬砌之间的缝隙,都会产生压气泄漏。一般情况下,后两种形式的压气泄漏等于或大于工作面上产生的压气泄漏。实测结果表明,采用下面略加修改的计算公式,可以将这些影响考虑进去:

$$Q_L = n \cdot C \cdot K_L \cdot A \cdot q_L + Q_S \tag{10-3}$$

式中：Q_L——供给的压气量，m^3/s；

Q_S——进出压气舱所需的压气量，m^3/s；

n——压气泄漏的影响因素（到目前为止，只得到很少的关于这些因素的实测数据，同时还由于其不确定性，目前对于单个因素还只能给出一个粗略值），$n = n_a + n_b + n_c$；

q_L——气流落差和简化计算的压气量 Q 与供给气量 Q_L 的换算关系，在开放的水体下面进行压气平衡顶管施工时，$q_L = \frac{\alpha + \beta}{\beta} \cdot \left(\frac{p_T}{P_a} + 1\right)$；在含水地层中施工时，$q_L = \left(\frac{T}{\beta \cdot d} \cdot \frac{1-\alpha}{\beta}\right) \cdot \left(\frac{P_T}{p_a} + 1\right)$，这里：$\beta$ 为覆土厚度与顶管机直径之比（$\beta = \frac{L}{D_S}$）；α 为顶管机内积水系数，$\alpha = \frac{D_S - h_R}{D_S}$，一般情况下，顶管机内没有积水，即是 $\alpha = 1$；T 为顶管机底部入水深度（顶管机底部与地下水位之间的距离，m）；P_T 为隧道中压气的工作气压（$P_T \geqslant \gamma_\omega \cdot T$, bar）；$P_a$ 为外界大气压（一般取 $P_a = 1.0\text{bar}$）。

尽管上述计算关系只适用于均匀渗透性的地层，但是如果存在一个与渗透关系相一致的平均渗透系数，这些公式同样也适用于非均质地层和层状地层，但其前提条件是必须能形成一个像均质地层那样的压气区。

为了稳定所需的压气消耗量，以下几方面是非常重要的：

①盾尾密封要好；

②盾尾注浆工作要十分仔细；

③连接处（或缝隙处）应马上进行密封；

④在特殊情况下，应采用特殊的挖掘方法，将压气限制在工作面区域内。

如果在顶管施工中，气压舱门位于盾尾中，且随着管道的顶进向前移动时，压气的泄漏原则上只发生在工作面区域内和气压舱门开闭的过程中，在这种情况下，压气消耗量的简化计算公式为：

$$Q_L = 2 \cdot K_L \cdot A \cdot q_L + Q_S \tag{10-4}$$

式中符号的意义同上。

10.2.3.3 在压气中工作的安全要求

为了保证工作人员的健康不受影响，对于压气装置有特殊的安全技术要求，同时还要求有特殊的安全措施。在实际施工中要遵循相关的安全技术要求。

人体在从常压条件下进入超常压环境或反之由超常压向常压环境返回时，如果机体有足够的时间来适应新的环境，通常对健康是没有危害的。究竟这一适应过程需要多长时间，要根据气压舱中压力的高低和范围的大小而定（表 10-3），如果不按表 10-3 中规定的时间进行作业，则可能导致一些疾病的产生，如轻度的关节痛，重的甚至可以影响到大脑和神经。如果不进行充分的压力平衡过程，常见的症状为头晕、耳鸣，听力、视力、语言和呼吸障碍，严重的可导致瘫痪。如果从常压进入超压的过程太短，则通常会导致头痛和牙痛等。

在工作期间，如果气压过高，也会导致一些疾病的产生，在“有关压缩气体的规定”中，将允许的工作气压限制在最高不能超过 3.6bar。根据该规定，当人在压气中工作时，气压的升高幅度不能超过 0.1bar。对在压气中工作的人员来说，要求其年龄在 18 ~ 50 岁之间，同时还要具有医生开具的适合于在压气中工作的健康证明;另外,工人在压气中工作的时间一天不能超过8h,一周不能超过40h,并且在两个工班之间,必须保证有12h的休息时间;当工人在工作舱中停留的时间超过4h时,要保证其有最少半小时的休息时间。

在工作舱中停留及进出舱门的时间规定 表 10-3

工作压力(bar)	在工作舱中的最长停留时间(min)	在氧气条件下进出舱门的时间(min)	在压气*条件下进出舱门的时间(min)
0.7	450	6	7
1.0	420	26	37
1.5	360	87	140
2.0	285	117	267
2.5	210	107	204
3.0	165	115	308
3.6	120	116	265

注:* 压缩气体只有在紧急情况下才允许使用,在正常条件下必须使用氧气。

顶管机中的压力墙的作用是用来密封所有的供气管道,通过压力墙形成的人员舱和物料舱所能承受的压力应为工作舱中最大压力的1.5倍。

由于在压气中工作的危险性比较大,有很多行业标准、规定甚至法律对工作的安全性和健康保护作出了严格规定,有关的详细信息请参考相关文献。

10.2.4 泥水平衡式顶管法

泥水平衡式顶管机是全断面切削式掘进机的一种机型。土压平衡式顶管机对砂性土施工经济性差,而泥水平衡式恰巧与其相反,其经济土层是砂性土层而不是黏性土层。

顶管机分前后两段(图 10-12),段与段之间安装纠偏油缸。前段的端部是刀盘,刀盘为面板式,面板在刀架处有开口,刀架上的刀可以双向切削,并可前后伸缩,前伸时切削量增加,开口度增加,进泥量加大;缩回时,切削量减少,开口度也因刀架后退而减小,进泥量减小。刀架的前伸和后缩是通过进泥口的开闭装置来实现的。刀盘的后面是隔板,将前段分成两部分,隔板的前面是泥水舱,承受泥水压力;后方是动力舱,呈常压状态。刀盘的主轴穿过隔板,轴座固定在隔板上。隔板的下方,进出泥口左右排列,进出泥管上都有控制阀门。顶进管道时,顶管机的后段与顶进管相连。

随着顶管机的推进,进泥管不断向泥水舱送入有压力的泥水,同时刀盘不断转动,切削下来的泥与泥水混合,从排泥管排出泥水舱,再排到管外,泥水经沉淀又返回泥水舱循环使用。泥水平衡顶管机是一种以全断面切削土体,以泥水压力来平衡水土压力,又以泥水作为弃土载体的机械式顶管机。

在泥水式顶管施工中,要使掘进面保持稳定,必须向泥水舱注入一定压力的泥水,以泥水护壁,防止塌方。其中泥水相对密度非常重要,土质不同,泥水的相对密度也不相同。

在黏土及粉土中,一方面渗透系数极小,土体又比较稳定,仅依靠水压力就能稳定开挖面;另一方面土体本身又能造浆,因此对泥水的相对密度不必严格要求,甚至清水也能护壁。

在淤泥及淤泥质土中,由于土体本身不够稳定,土体扰动后容易液化,稳定性差,虽有泥水护壁,仍会造成开挖面失稳。因此不能完全依赖泥水,还应辅以机械平衡措施。

在渗透系数较小,即 $k \leqslant 10^{-3}$ cm/s 的砂性土中,在较短的时间内就能形成泥皮,泥水压力能有效地控制开挖面的稳定。

在渗透系数适中，即 10^{-3}cm/s < k < 10^{-1}cm/s 的砂土中，容易产生开挖面失稳，在这样的土层中施工时，必须改变泥水的性能，使其具有一定的黏性和一定的相对密度，这就需要在泥水中加入由黏土、膨润土和 CMC 等组成的稳定剂。

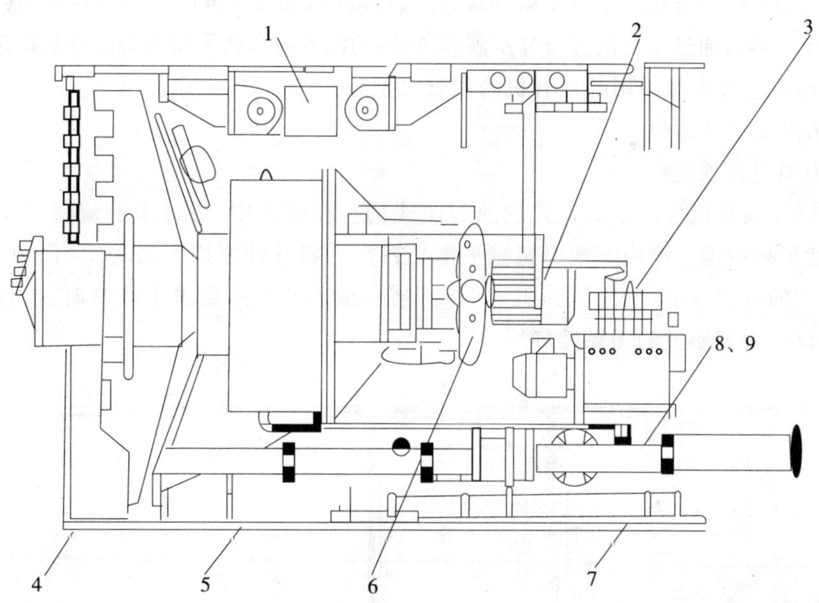

图 10-12 泥水平衡式工具管

1-纠偏油缸；2-驱动电机；3-油压装置；4-切削刀盘；5-前段；6-开口度调节装置；7-后段；8-进泥管；9-排泥管

在砂砾层中，即 k > 10^{-1}cm/s 的砾石层中，泥水管理更为重要。因土体本身黏粒含量较少，泥水在循环利用的过程中黏土含量不断减少，因此需要不断加入黏土等稳定剂，使泥水保持较高的浓度和较大的相对密度。

泥水平衡式顶管机的优点：

(1)适用的土质比较广，最适用的土质是渗透系数小于 10^{-3}cm/s 的砂性土。

(2)地面沉降较小，挖掘面稳定，土层损失小。

(3)施工速度较快，弃土采用管道运输，可以连续出土。

泥水平衡式顶管机的缺点：

(1)弃土的运输和存放都比较困难。

(2)大口径泥水平衡式顶管，因泥水量大，作业场地大，不宜在人口密集、道路狭小的市区使用。

(3)大部分渗透系数大的土质要加黏土、膨润土和 CMC 等稳定剂，稍有不慎，容易塌方。

(4)黏粒太多的土质，泥水分离困难，成本高。

(5)不适用于有较大石块或障碍物的土层。

泥水平衡式顶管机的适用范围如下。

(1)土质：渗透系数小于 10^{-3}cm/s 的砂性土。其他土质要采取辅助措施。

(2)管材：钢管和钢筋混凝土管。

(3)管径：小、中、大管径都适用。

(4)距离：中、长距离。

10.2.5 水力破碎式顶管机

这种水力破碎式顶管机属于分步破碎式，可以是敞口式的，也可以是封闭式的，其特征是，位于工作面的土或岩石通过水射流进行分步破碎，最终的泥水混合物采用液力的办法输送到地表。

这种目前也已经淘汰不用的顶管机的代表机型是：

(1)水力冲刷式顶管机。

(2)水力喷射式顶管机。

水力冲刷式顶管机可以是敞口式的或封闭式的。在施工中，通过水射流将位于工作面上的土层(自然平衡或通过挡板实现半机械平衡)破碎，并将其冲刷进入破碎室(图 10-13)，最后以泥水混合物的方式排至地表(见施工实例)。当对地表的沉降要求不严格时，这种顶管机的应用范围可以扩大到松散的无黏性砂层。

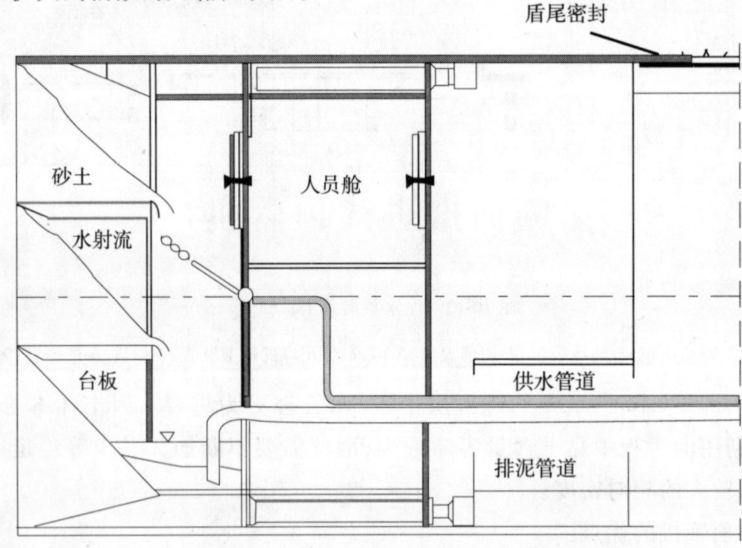

图 10-13　带沙板的水力冲刷式顶管机剖面图

水力喷射式顶管机(应用于 1980 ~ 1983 年之间)将工作面的水力破碎和工作面上地下水和地层压力的水力平衡结合在一起，其结构和工作原理如图 10-14 所示。这种顶管机是专门为施工直径 < DN/ID 2 500 的圆形截面管道和其他截面形状的管道设计的。但是这种顶管机已经没有多大发展前途了，因为与之相似的微型隧道施工机械在很多方面都较之有优越性。

a)

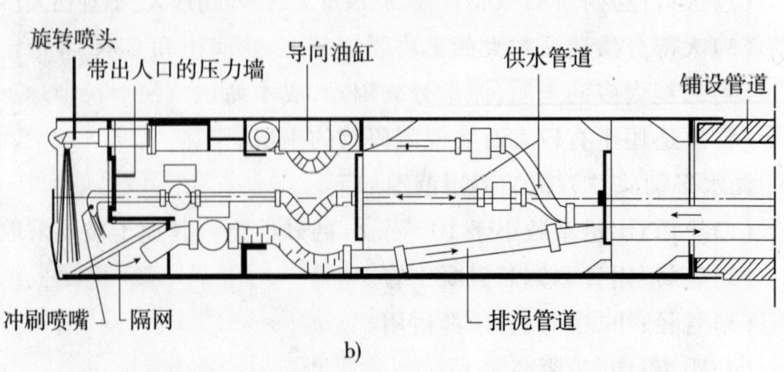

b)

图 10-14　水力喷射式顶管机的结构和工作原理(直径 2.0m，德国汉堡)

在压力墙的前面，安装有3～5个可转动的喷嘴（外径为1.96m或3.0m的顶管机），用来形成高压水射流破碎土层，破碎下来的土层和水混合形成泥浆，通过排渣管道输送到地表。破碎下来的泥土通过刮板式的传输带输送到泥浆池中，由此再通过水力的方法排出至地表。其中较大的石块先经过筛分，然后再通过一个碎石装置破碎后再进入泥浆池并排出。

在冲刷作业过程中，挖掘装置和刮板式传送带都处于休息状态。在压力墙封闭以后，向破碎室中通入压缩气体，破碎下来的泥土直接经过位于压力墙上的对压气具有密封作用的叶轮式闸门，采用水力的方法排出，可通过的卵砾石或岩块的直径可达600mm。

在施工过程中，尽管更换破碎系统需要一定的额外消耗，但是由于不同的破碎系统对不同的地层具有特定的适应性，取得的效果也是非常理想的，在两个工班的施工作业中，平均施工进度为6～8 m/d，在采用冲刷式掘进时，其最高的施工效率可达24 m/d。

施工中可以将管道与土层之间的摩擦力控制得很小，最小值可达0.2 kN/m^2。

10.3 全断面掘进式顶管机

全断面掘进式顶管机与分步掘进顶管机的区别在于：全断面掘进式顶管机采用旋转式的刀盘（安装有与地层相适应的破碎工具），在一个工作过程中，即可对整个工作面进行破碎，即所谓的全断面掘进。

10.3.1 切削刀盘结构及形状

掘进过程是一个十分复杂的过程，不但受复杂多变的地层性质的影响，还决定于切削刀盘的技术参数和管道直径大小等因素，但其中起决定作用的是掘进地层的强度，根据文献可将地层分为如下几种类型。

（1）无黏性松散地层：如卵砾石层、砂层和淤泥层（包括介于这些地层之间的过渡地层）等，在掘进过程中，这些地层并没有被真正意义的破坏，只是颗粒之间的相互联系被破坏了，被排出颗粒的成分并没有发生改变。

（2）黏性软地层：如软的黏土质页岩和黏土质淤泥层等类似地层。这类地层必须首先通过切削过程将其破碎。和硬岩层相比，在这类地层中施工，经常会遇到一些麻烦，但主要问题还不是出在对工作面的切削和破碎过程本身，却是发生在刀具的更换上，因为切削下来的黏土颗粒经常会黏结在一起，将切削刀盘牢牢地糊住。

（3）硬岩层：这类地层需要专门的硬岩切削刀盘来进行破碎，破碎下来的土层颗粒被称为岩粉。硬岩的破碎方法及与之相关的掘进工具的选择，主要决定于岩石的类型。

（4）复杂地层（介于破碎地层和较硬的地层之间）。

根据地层情况的不同，全断面掘进顶管机可以配备不同形状和结构形式的切削刀盘（或钻

头),某些结构的切削刀盘除了可以进行工作面的掘进之外,还具有平衡土压力的作用。这里可以将切削刀盘分为以下3种:

(1)车轮式切削刀盘。

(2)挡板式切削刀盘。

(3)岩石切削刀盘。

对切削刀盘的设计和制造有如下要求:

(1)切削刀盘应能够向正反两个方向转动。

(2)在切削刀盘上应能够安装切削工具。

(3)切削刀盘还应能沿着轴线方向前后移动。

为了防止在施工中卡住或损坏顶管机,同时也是为了便于控制顶进方向和减小施工中顶管机和地层之间的摩擦力,从而减小施工中所需的顶进力,切削刀盘的直径通常要比盾体的直径稍大,以形成一定的环状间隙。

10.3.1.1 车轮式切削刀盘

这种车轮式的切削刀盘,其前部的切削端面大部分是处于敞开状态,对工作面不能构成机械平衡作用。其优点就在于切削面封闭少,在需要的时候可以很方便地进入工作面。这种车轮式切削刀盘又可以分为辐条式和轮圈式两种。

辐条式切削刀盘一般由3个或更多的切削辐条组成,在盾体的保护下实现旋转切削。其应用范围主要是不含孤石、漂石或其他障碍物的均质地层。

轮圈式切削刀盘则是在辐条式切削刀盘的基础上,采用一个轮圈将切削辐条连接在一起,从而提高了刀盘的刚度,同时也使得地层的作用力能够均匀地分布在单个辐条上。轮圈式切削刀盘总是在切削工具管的前面进行旋转切削,并通过轮圈上的切削工具形成所需的超挖量(即盾体与土层之间的环状空间)。轮圈式切削刀盘可以应用于含孤石、漂石的均质地层或含软硬互层的非均质地层。

10.3.1.2 挡板式切削刀盘

挡板式切削刀盘与车轮式切削刀盘不同,其前部端面几乎是封闭状态。其切削端面一般有两种形式:

(1)挡板形的切削刀盘。

(2)带有可开闭式或固定安装(其上带有和要排出最大直径石块相适应的进土口)支撑挡板的车轮式切削刀盘。

除了破碎作用以外,挡板式切削刀盘还可以实现对工作面的机械平衡作用。

挡板式切削刀盘对土层具有筛分作用,对于粒径过大的石块,首先拒之于破碎室外的工作面上,在此对其进行破碎,然后进入破碎室排出。对于几乎是完全封闭的挡板式切削刀盘来说,如果其挡板不是可开闭式,要想进入工作面(如为了排出障碍物)通常是不可能的,只有当挡板上设置了出入孔(工作时出入孔处于关闭状态)时,才可以进出工作面。

10.3.1.3 岩石切削刀盘

岩石切削刀盘的外围呈圆形,前面凸出呈微锥形并几乎是封闭状态,其上开设有狭长的进土口。在切削刀盘上,还加工有容纳和固定切削滚轮的空间和支座。为了使切削下来的岩粉能更好地进入顶管机，沿着进土口的边缘镶有所谓的“清扫切削齿”。和几乎完全封闭的挡板式切削刀盘一样，进出工作面也只有通过工作时关闭的进出孔。

10.3.1.4 破碎工具

为了破碎工作面上的岩石或泥土，必须根据地层条件，在切削刀盘上镶嵌合适的破碎工具。破碎工具的正确选择是取得良好技术和经济效果的关键。一般情况下，在固定破碎工具的支座被损坏之前，要对其进行定期检查和更换。通常，由于周边上的破碎工具的位移比位于中部的破碎工具大，所以周边的破碎工具往往磨损比较严重，因此，必须频繁地更换周边破碎工具。在非正常磨损情况下，必须考虑改变破碎工具的布置方式。

破碎工具可分为以下几种。

凿形齿：这种破碎工具与工作面的作用角度一般呈直角，没有锋利的切削刃，其断面形状通常为方形。一般适用于无黏性的松散地层，如砂层、卵砾石层、淤泥层以及介于这些地层之间的过渡型地层。黏性地层不宜采用这种凿形齿，因为在切削过程中黏土将被挤压成团。

刮削齿：这种刮削齿具有很多不同的形式，其上镶有可更换的硬质合金切削具（图 10-15a）。刮削齿在刀盘上的分布原则是其切削轨迹应能覆盖整个工作面，对于车轮式切削刀盘，刮削齿应镶嵌在辐条的边缘；对于挡板式切削刀盘，刮削齿则应沿着进土口的边缘进行布置，这样一来，切削下来的土可直接进入破碎室。

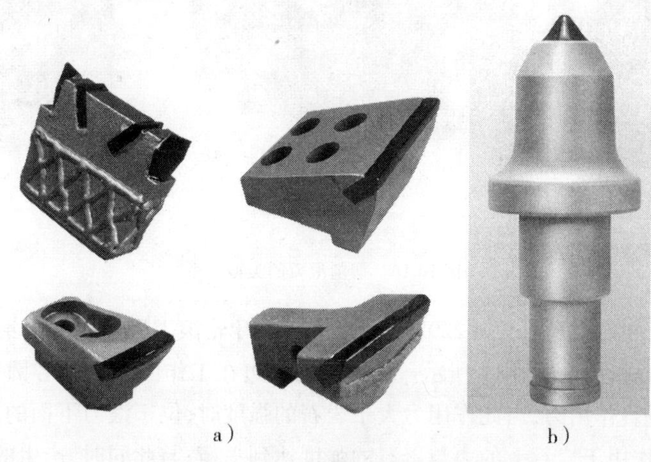

a) b)

图 10-15 可更换硬质合金切削具的刮削齿

a）刮削齿；b）圆形切削齿

这种刮削齿的破碎原理是以刮削破碎为主，适用地层主要是黏性软地层，如黏土层、软的页岩层和黏土质淤泥层等，但也可以应用于无黏性的松散地层。

圆形切削齿：这种圆形切削齿（图 10-15b）一般应用于硬地层，并可以根据地层的可破碎性制成与地层性质相适应的结构和形状。其材质为硬质金属，形状通常为圆柱体，其顶端镶嵌的硬质合金切削具（TCI-Inserts）通常是可以更换的。这种圆形切削齿最适合于在从易破碎到难破碎的硬岩层使用。

滚刀：在硬岩层中施工时，滚刀本身和滚刀在刀盘上的布置，与正确选择顶管机同等重要，因为顶管施工的经济性在很大程度上取决于贯入速度、单位石方的滚刀费用和换刀引起的停机时间等。

滚刀可分为盘式滚刀、齿状滚刀和牙轮滚刀 3 种，单个滚刀都可以绕自己的轴线转动（图 10-16）。滚刀可以用来破碎硬岩层或者位于软地层中的孤石和漂石等。当刀盘直径 <2 500mm 时，

考虑到几何学的原因，在刀盘的周边（即所谓的保径区域）要采用锥形的切削滚刀，目的是为了形成所需的超挖量（或环状空间）。

a）　b）　c）

d）　e）　f）

图 10-16　切削滚刀的类型

盘式滚刀适用于单轴抗压强度≤220N/mm² 的岩层，牙轮滚刀则适用于研磨性较小的极硬地层。盘形滚刀的碎岩机理如图 10-17 所示。滚刀的切削边在工作面上的同心圆切槽中滚动，同时施加在岩石上一个垂直作用力，当此作用力大于岩石的强度时，位于滚刀下面的岩石被直接压碎，滚刀吃入岩石，直到作用于岩石上的力与岩石的强度达到平衡；与此同时，产生的辐射小裂纹扩展到周围的岩石，最后，在滚刀盘较大的推力作用下，切槽两侧的岩石破碎、剥离而形成岩渣。

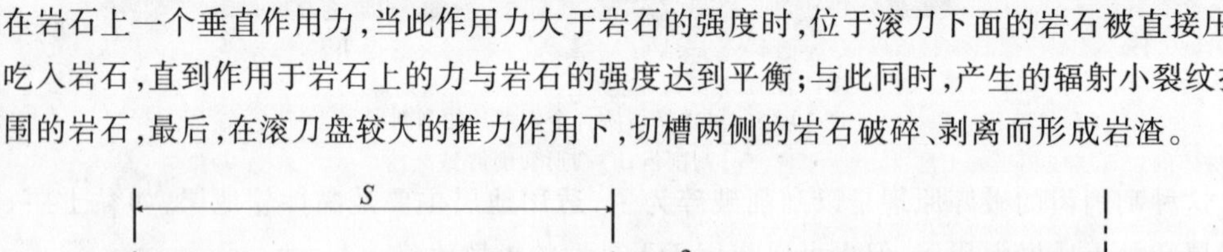

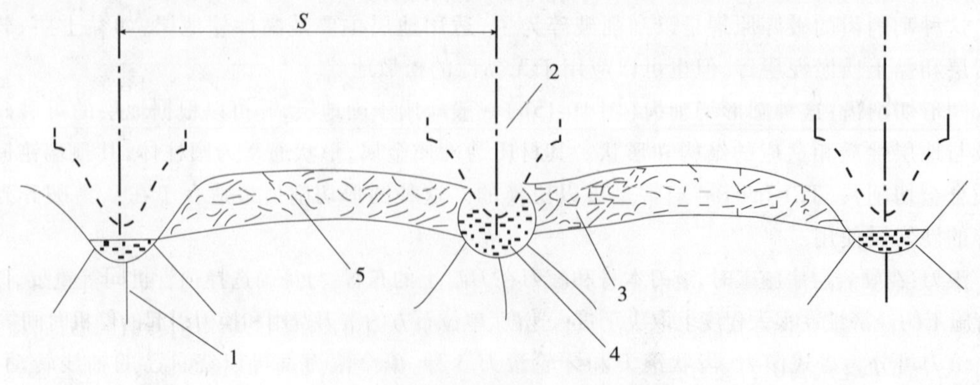

图 10-17　岩石在滚刀作用下的碎裂机理

1-辐射出的裂纹；2-滚刀盘；3-裂碎部位；4-压碎带；5-岩渣

中心切削刀具:中心切削刀具位于切削刀盘的中心(图 10-18),在施工中可以超前钻进,形成一个所谓的先导钻孔,以释放工作面中心的地层压力,特别是在黏性土层(如黏土层和淤泥层)中施工,采用中心切削刀具可以防止黏土在刀盘上的黏结。

如前所述,在设计刀盘时,为了确保后续的排渣工作顺利进行,必须对地层中可能存在的孤石、漂石和障碍物给予充分的考虑。在通常情况下,这些大块的石头或障碍物首先要经过进土口的分选,所有无法进入顶管机的粒径较大的石块,必须又通过切削具的进一步破碎或者由刀盘将其挤入周围孔壁。这里的切削刀具能否独自完成碎岩工作,一方面取决于岩石所处的地层情况,同时还决定于切削刀具的类型、排布及其运行轨迹等。

图 10-18　中心切削刀具

在采用泥水平衡式顶管施工时,可以借助于碎石装置将石块按照输送系统所要求的大小进行破碎,因此这种顶管机的应用范围可以扩大到含有较大石块的非均质地层。

根据文献,由于切削刀具不适合于破碎木头,因此当施工过程中遇到木头时,通常是比较难处理的。

表 10-4 给出了不同类型的切削刀具的应用范围及其相互组合的可能性,同时还介绍了碎石装置对地层(按照 DIN 18300 进行的地层分类)的适应性。应该注意的是,由于不同切削刀具之间的相互影响,必然导致切削刀具磨损的加剧。

不同类型的切削刀具的组合使用及碎石装置应用　　表 10－4

地层类型(根据 DIN 18300)	合适的切削刀具
易破碎土层: • 无黏性到弱黏性的砂层和卵砾石层等	－ 刮削齿
较难破碎土层: • 砂层、卵砾石层、淤泥层和黏土层的混合地层 • 弱到中塑性黏性土层	－ 刮削齿,凿形齿 － 刮削齿,凿形齿和中心切削具
难破碎土层: • 含有直径 >63mm 的颗粒组分并且含有体积为 0.01 ~0.1m³ 孤石或漂石的易破碎或较难破碎土层 • 含有直径 >63mm 的颗粒组分并且含有体积为 0.1 ~1.0m³ 孤石或漂石的易破碎或较难破碎土层	－ 刮削齿,凿形齿,盘形滚刀和小型碎石装置* － 刮削齿,凿形齿,盘形滚刀和大型碎石装置*
易破碎的岩石层或相当的土层: • 严重破碎、裂隙的软或风化性岩层 • 相当于岩层的坚硬或硬化的黏性或无黏性土层	－ 滚刀(盘形或牙轮) － 圆形切削具 － 清扫齿
难破碎岩层: • 结合强度很高的微裂隙和微风化岩层	－ 滚刀(盘形或牙轮) － 圆形切削具

注:* 一般来说,碎石装置只有在采用泥水式顶管机时才使用。

10.3.1.5　切削具的固定和更换

在采用全断面顶管机施工时,可以在不改变工作面压力平衡条件的情况下,即可完成切削具的更换。例如,一种所谓的“后安装系统”,可以在不后撤顶管机的情况下,从切削刀盘的后面,即可在地下安全简单地完成切削具的更换工作。刀具的安装和更换方法如图 10-19a)所示。

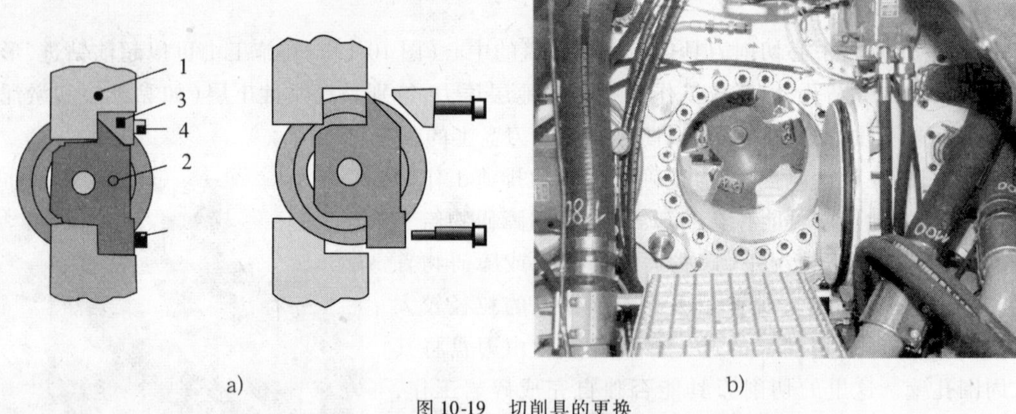

图 10-19　切削具的更换

a)采用“后安装系统”更换切削具示意图;b)顶管机上进入工作面的人孔

1-切削刀盘机体;2-带固定装置的滚刀;3-挡销;4-固定螺栓

对于顶进管道直径 > DN/ID 1 200 的周边驱动泥浆平衡式顶管机来说,可以通过位于刀盘中心的人孔进出工作面(图 10-19b),对于顶进管道直径 > DN/ID 1 600 的中心驱动水力平衡式顶管机来说,可以通过一个门直接穿过驱动系统进出工作面。

10.3.2 全断面自然平衡顶管机

全断面自然平衡顶管机指的是敞口式的全断面机械掘进顶管机,这是形式最简单的全断面掘进顶管机,要求工作面比较稳定(见手掘式自然平衡顶管机一节)。由切削刀盘破碎下来的土层或岩石首先通过传送带或者螺旋钻杆输送至位于其后的运输装置(人力车、轨道式的矿车或者传送带等),再由此输送到地表。操作人员可以直接在地下完成对顶管机的操作和控制,并可以随时观察到工作面的变化情况。一般来说,根据经验排除施工中所遇到的障碍物是没有问题的。图 10-20 是实际施工中应用的两种典型的全断面自然平衡顶管机。

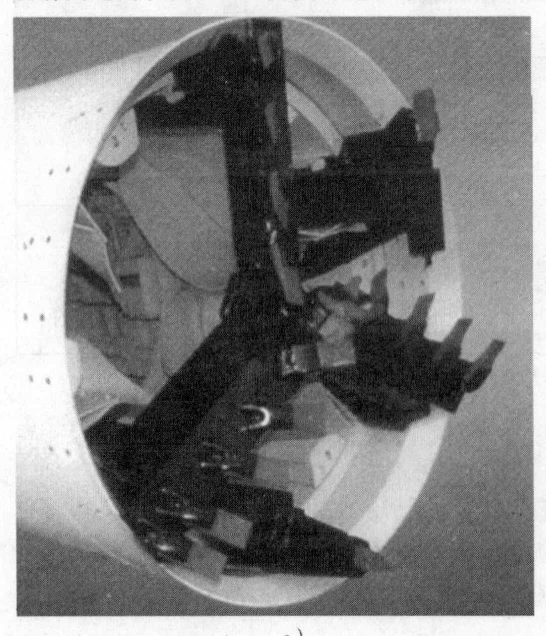

a)

b)

图 10-20　两种典型的敞口式全断面自然平衡顶管机

这种顶管机的主要应用领域是不含地下水的稳定的黏性土层，也即是中硬到硬的土层，如干燥密实的黏土层等；另外，该顶管机也适用于堆积密实的具有暂时稳定性的无黏性土层。在覆土厚度较小时，为了避免发生地表沉降，地层的单轴抗压强度不应 $<1.0\text{N/mm}^2$，同时，其黏性系数 c_u 应大于 30 kN/m^2。

另外，该机型还可应用于单轴抗压强度在 $5\sim300\text{N/mm}^2$ 之间的稳定、裂隙或破碎的岩石类地层（但这时即是所谓的 TBM-S：Tunneling Boring Mashine Shield）。

10.3.3 全断面机械平衡顶管机

全断面机械平衡顶管机（也称为挡板式顶管机）指的是一种全断面机械化掘进并采用机械的方法来平衡地层压力的顶管机。对工作面的压力平衡，是由几乎封闭状的上面镶有切削具的刀盘（也称为挡板）来完成。其进土口或者是固定不变的（图 10-21a），或者其大小是可以调节的（图 10-21b、c），和 SM-V1 全断面自然平衡顶管机一样，由切削刀盘破碎下来的土层或岩石首先通过传送带或者螺旋钻杆输送至位于其后的运输装置（人力车、轨道式的矿车或者传送带等），再由此输送到地表。

操作人员可以直接在地下完成对顶管机的操作和控制，和 SM-V1 全断面自然平衡顶管机的区别是，这里操作人员只能根据挡板的开闭程度，有限制地对工作面的变化情况进行观察。

由于这种顶管机的挡板与工作面始终处于全接触状态，施工过程中需要较大的回转扭矩。对于容易液化的地层，经常会发生平衡不理想问题，从而产生地表沉降。另外，当遇到障碍物时，其排除也是相对比较困难的。

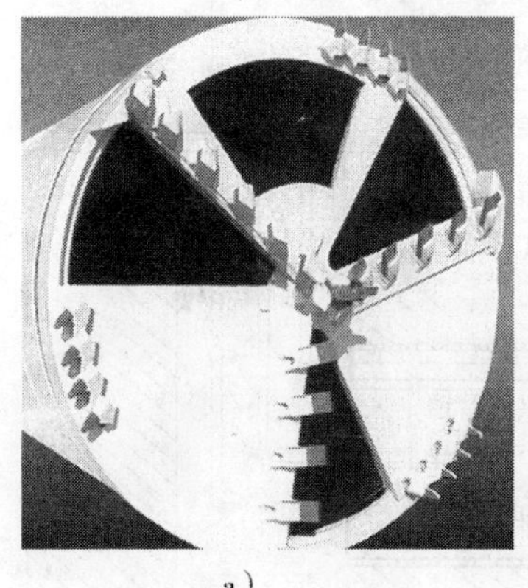
a）

b）

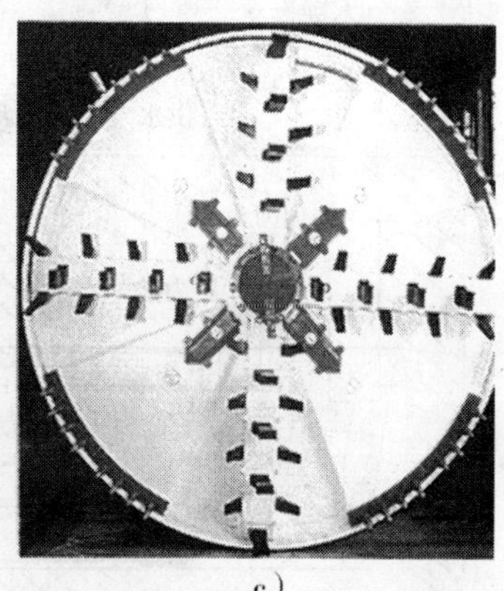
c）

图 10-21　带有挡板的机械平衡敞口式顶管机

这种顶管机的主要应用领域如下。

（1）不含地下水的黏性不稳定地层：土的抗压强度 $<0.1\text{N/mm}^2$，黏性系数为 $c_u=30\pm5$ kN/m^2。

（2）含有软硬夹层的不稳定地层。

（3）0.02mm 颗粒含量为 10% 的无黏性软地层。

如果工作面上的障碍物或石块不经过切削工具破碎，或者进出工作面比较困难，不能进行手工破碎或排除时，由顶管机可以直接排出的石块的最大直径决定于挡板上的进土口的大小。

为了尽可能地减小地面的沉降,必须合理地调节进土口的大小和工作压力之间的关系。

10.3.4 全断面气压平衡式顶管机

在含地下水的地层中进行顶管施工时,若采用敞口式的顶管机,则要求工作面必须是稳定的,如果在施工地区进行降水是不可能的,或者是不允许的,必须进行气压平衡或者采用封闭式的顶管机。有关“气压平衡顶管机”的介绍在这里也同样适用。

该类顶管机的主要应用范围是含软硬互层的涌水地层。

10.3.5 全断面水力平衡式顶管机

对于这种封闭式的顶管机来说,位于工作面上的地下水压力和土压力是通过具有一定压力的液状的平衡介质来平衡的,这里的平衡介质可以是水、水+聚合物或者类似的物质(通常采用膨润土浆液),平衡介质的密度或黏度根据地层的渗透性系数来确定。切削下来的土层将与平衡介质混合,并通过管道排渣系统,由砂石泵将其从顶管机的破碎室底部泵送至地表的分离装置,将泥土或岩粉与平衡介质进行分离,分离后的平衡介质可以进行反复利用(图 10-22)。对分离过程的要求主要取决于对分离出来的泥土的可填埋性的要求。

这种全断面水力平衡式顶管机在欧洲和美洲大陆得到了广泛的应用,几乎 90% 以上的交通隧道和输送管道都是采用这种方法施工。根据平衡原理的不同,这类顶管机还可以再细分为以下两大类:

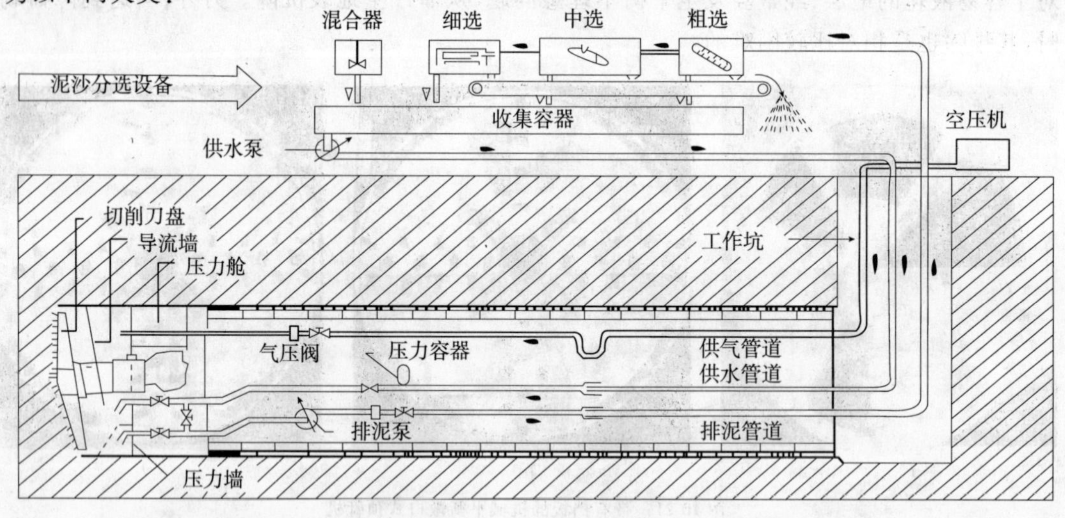

图 10-22 泥水式平衡顶管施工中流体循环示意图

(1)泥浆平衡式顶管机(Slurry Shield)。

(2)气水平衡式顶管机(Hydro-Shield)。

10.3.5.1 泥浆平衡式顶管机(Slurry Shield)

对于泥浆平衡式顶管机(图 10-23),其破碎室中平衡压力的调节主要是通过泥浆泵控制进出的平衡介质的量来实现的。因为这样的平衡压力调节系统对突然发生的平衡泥浆漏失的调节能力很差（如遇到复杂地层或非均质地层时），经常会发生工作面坍塌和地表沉降等问题，所以，大部分的切削刀盘都设计成像挡板或岩石切削刀盘一样，几乎是封闭状的，这样，当需要的时候，在泥浆平衡的基础上，可以对工作面附加一个机械平衡作用。

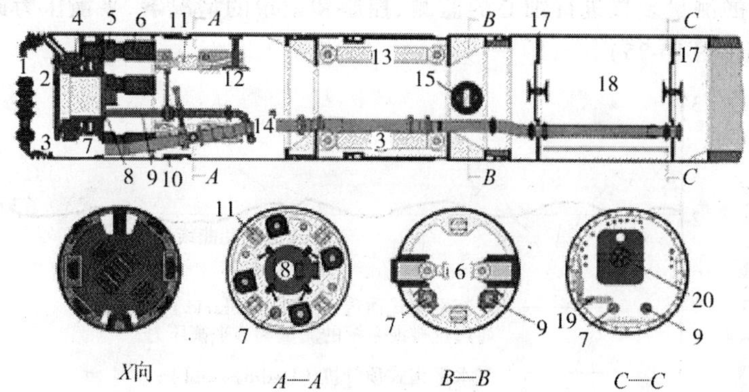

图 10-23　AVN 1500T 型泥浆平衡式顶管机（直径为 1 980mm）

1-切削刀盘；2-破碎室；3-碎石空间；4-主轴承；5-传动装置；6-驱动电机；7-排泥管道；8-压力墙门；9-供应管道；10-盾尾密封；11-导向油缸；12-目标肥；13-伸缩油缸；14-旁路装置；15-支腿；16-支腿油缸；17-压力墙；18-人员舱；19-舱内座位；20-舱门

10.3.5.2　气水平衡式顶管机（Hydro-Shield）

气水平衡式顶管机（图 10-24）与泥浆平衡式顶管机的最大区别在于，气水平衡式顶管机通过一个隔板将破碎室分割为两个区域。后面的是所谓的压力室，以压力墙为界，在其上部可以形成一个压气区，平衡压力即是通过这一压气区（借助于气压调节装置的压力调节作用）作用于气水平衡的工作面上。这样，由于压气区的快速增减压作用，压力室（腔）即可起到缓冲平衡压力的作用，例如，在突然发生平衡介质泄漏的情况下（如遇到复杂地层、渗透性大的地层或者事先存在的空洞等），仍然可以平衡工作面上的地下水压力和土压力，而不会发生工作面的坍塌。

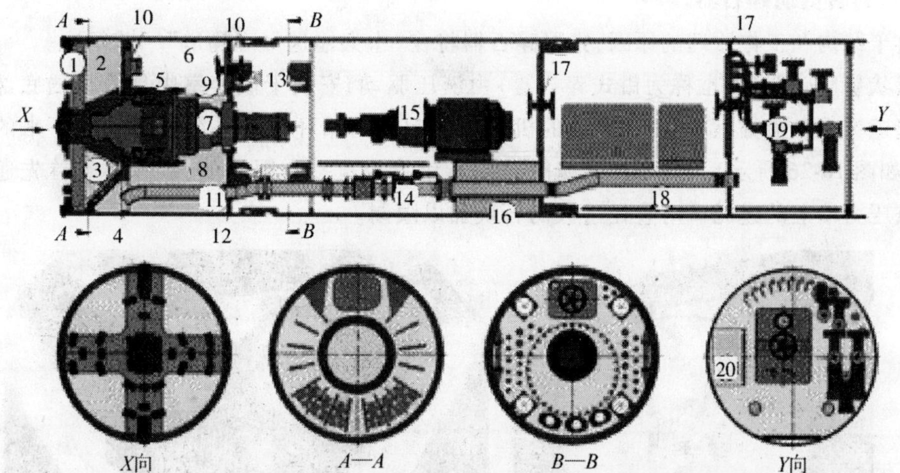

图 10-24　应用于软地层的 AVN 1800D 型气水平衡式顶管机及标准刀盘（直径为 2 820mm）

1-破岩工具；2-破碎室；3-碎石空间；4-隔墙；5-主轴承；6-压气区；7-驱动电机；8-泥浆室外；9-泥浆室液面；10-出入孔；11-排泥管道；12-压力墙；13-导向油缸；14-旁路装置；15-泥浆泵；16-油箱；17-闸门；18-人员舱门；19-压气调节装置

这种施工技术的优点在于:平衡压力的调节和排泥系统的排量是截然分开的,互不干扰。这样就可以更精确地调节平衡压力,特别是在非均质地层施工,并且顶进速度又是随时变化的情况下,这种施工工艺就更具有特殊意义。

在采用合适的测量装置进行细心的监测、控制和记录的情况下,平衡压力调节的精度范围在 0.05 ~0.10bar(图 10-25)。

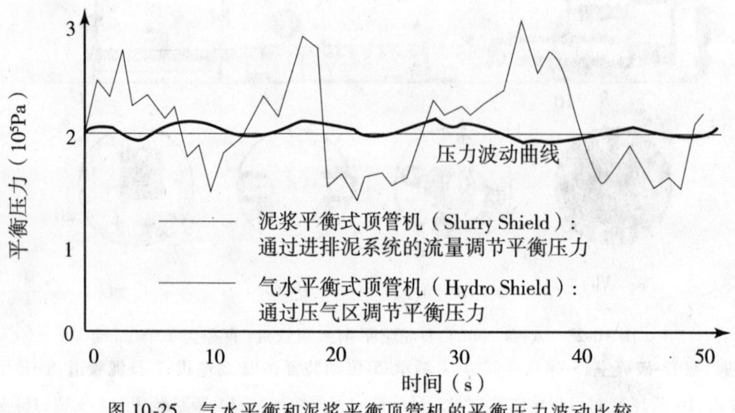

图 10-25 气水平衡和泥浆平衡顶管机的平衡压力波动比较

10.3.5.3 切削刀盘形状与碎石装置

前面介绍的切削刀盘(车轮式刀盘、挡板式刀盘和岩石刀盘),在这里也同样适用,但是在实际应用中,究竟要采用敞口式的,还是封闭式的或者是可开闭式的切削刀盘,还要根据所施工地层的颗粒粒度分布情况来决定。

另外,对于泥水式顶管机,还可以借助于碎石装置,将大块的石头进行人工破碎,使之符合输送系统对颗粒直径的要求。根据顶管机的直径大小,可采用的碎石装置有以下 3 种:

(1)锥形碎石器。

(2)齿状挤压碎石器。

(3)回转剪切碎石器。

由于结构和工作原理的原因,锥形碎石器将在"水力输送微型隧道"一节阐述。

齿状挤压碎石器(也称为钳式碎石器)由液压驱动,安装于破碎室中顶管机的底部并位于输送管道吸入口前方;位于两者之间的机械耙手起到向循环排渣系统输送破碎下来的岩粉的作用(如图 10-26 所示)。因为其所能破碎的石块直径也是有限制的,所以必须首先通过切削刀盘或压力墙上的进泥口对直径过大的石块加以限制。

a)

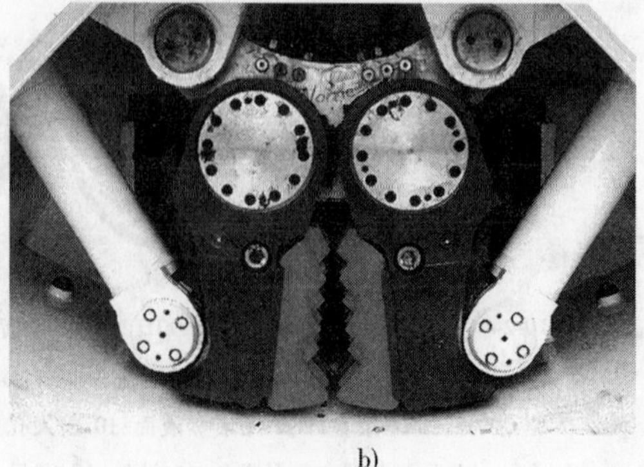

b)

图 10-26 带齿状挤压碎石器的水力平衡顶管机

回转剪切碎石器(图 10-27)同样也安装于输送管道吸入口前方,由两个上面安装有破碎刀具的反方向转动的滚轮组成(类似于剪切原理)。这种类型的碎石器可用于破碎 <1/8 顶管机直径的石块,同时根据其剪切碎石原理,它也可以将经切削刀盘初步破碎了的木头进一步的撕裂破碎,使之适合于水力排送。另外,在软—中硬易结块的黏性土层中施工时,由于回转剪切碎石器的回转作用,可以将切削下来的较大的土块进行剪切破碎,使之适合于泵送,使输送管道始终能够保持畅通。

图 10-27　拆卸下来的回转剪切碎石器(MOCO 系统)

10.3.5.4　气水平衡顶管机的应用范围

一般情况下,泥浆平衡式顶管机(Slurry Shield)在德国以及欧洲只用于管道直径≤DN/ID 1 500 的顶管施工,当管道直径 >DN/ID 1 600时,要采用水力平衡式顶管机(Hydro - Shield)。首先是因为直径较大的顶管机在压力室中可以形成一个较大体积的压力缓冲区,有利于平衡压力的稳定;另外,在其他情况下,循环输送系统的控制也被证明是有问题的。

但是在泥浆平衡式顶管机(Slurry Shield)的发源地日本,其应用是没有直径大小限制的,最大外径已经达到 14. 14 m。

根据直径的大小,这种气水平衡式顶管机所能施工的最大长度为 500 ~2 500m(表 10-5)。

气水平衡顶管机的最大施工长度和管道直径的关系　　表 10-5

顶进管道的直径 DN/ID(mm)	施工长度(m)
1 200	500
1 500	950
2 000	1 200
3 000	2 500

关于覆土厚度,存在着一些截然不同的观点,有文献认为,在采用气水平衡顶管施工时,其覆土厚度不应小于顶管机的外径 D_S。如果在地层条件和平衡压力允许时,最小的覆土厚度也可以选择为 0. 8 D_S,但是,在这种情况下,必须对平衡压力进行严格的控制,一方面为了有效地平衡工作面,另一方面还要防止气崩或平衡液体向地表或水体底部渗漏。有时还必须进行适当的计算校核并采用特殊的措施,以保证在工作室中进行工作的可能性。

也有文献认为,覆土厚度不应小于 1. 5D_S,其最小值不应 <2. 5 m,这一数据适用于水力输送式微型隧道施工工法或者直径为 DN/ID 250 ~2 400 的气水平衡顶管施工。

该工法应用于含地下水的地层时,其上部允许静水压力可达3. 0 bar(管道底部以上30 m高的静水压头)。

由于气水平衡顶管机可以利用多种不同性能的平衡介质和切削刀盘形式的多样性,另外当遇到较大块的孤石或漂石时,也可以直接从顶管机的内部进入工作面将其排除,因此这种施工方法可以应用于所有松散和硬地层以及含卵砾石地层(卵砾石的直径≤300 mm,含量 >30%)(图 10-28)。当这种施工方法应用于含卵砾石的地层(卵砾石的直径≤600 mm)时,则必须采用岩石切削刀盘。

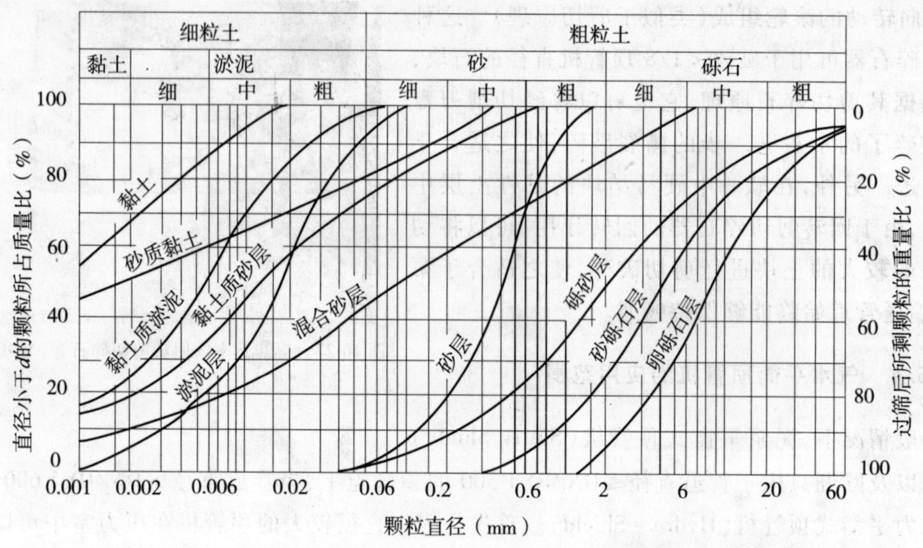

图 10-28　气水平衡顶管机的优先应用范围(根据地层的粒度分布)

在松散的无黏性地层和极软的黏性地层施工时,由于地层对这些孤石、漂石缺乏固定夹持作用,切削刀盘无法将其破碎,如果这些孤石、漂石也无法被排挤入周围地层时,则必须采用一些特殊的方法将其破碎,如在工作面上采用人工的方法将其破碎。

特别地,当在中硬黏性地层施工时,必须尽可能地考虑到土对切削刀盘和进土口的黏附作用以及由此而引起的对顶进效率的巨大影响;除此之外,切削下来的泥土也可以被压入破碎室并继续进入压力室,这样不仅会导致施工效率的下降,而且平衡压力也无法继续通过膨润土—土屑混合物上方的压气缓冲区进行调节。严重时,甚至可以堵塞破碎室、过滤墙上的开口以及后面的运输设备,一旦发生这样的事故,则处理事故的费用是比较高的。因此,在施工中应特别注意的是,平衡和输送介质(膨润土浆液)密度的增大,这样会降低其流动性和排渣能力。以下是一些可能的预防措施:

(1)大流量、高压力。

(2)旁路循环冲洗。

(3)在破碎室中设置高压力喷嘴。

(4)采用中心切削刀具。

(5)对破碎室进行表面处理。

(6)合理优化切削刀盘上辐条的结构形式。

(7)合理优化破碎室的结构。

(8)采用合适的化学添加剂。

(9)采用搅拌机对浆液均匀搅拌。

(10)采用切割碎石机。

考虑到黏性地层的这一不利影响,气水平衡顶管机的制造商提出,这种顶管机的合理应用范围应该是含水的卵砾石层和砂层(图 10-28,图 10-29),也即是渗透性比较高的地层。

除德国以外,世界上其他国家地层分类主要是以标准贯入试验(Standard Penetration Tests - SPT)的 N 值为标准进行的。日本的顶管机制造商根据切削刀盘的结构形式和 N 值以及进一步的

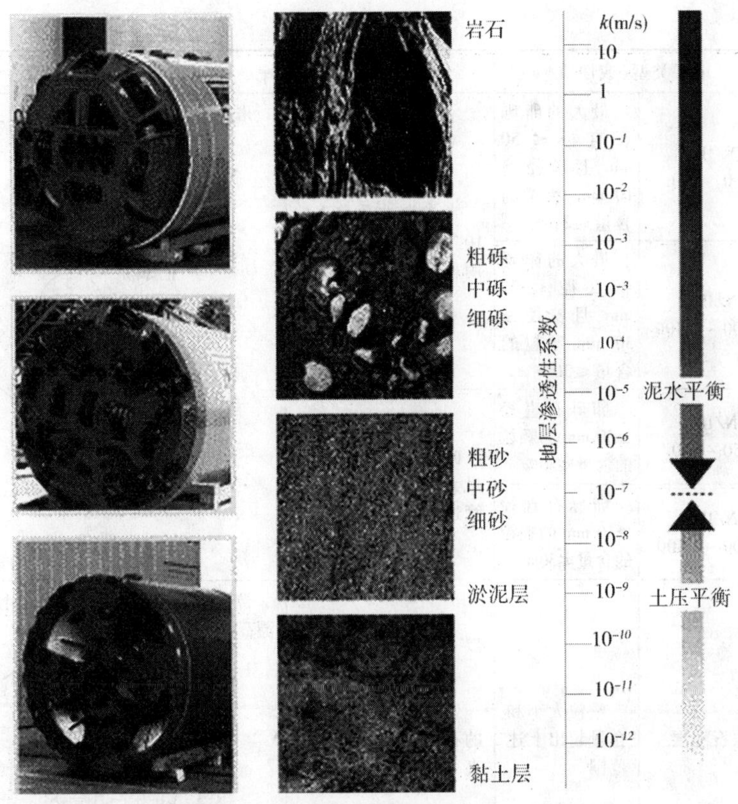

图 10-29　泥浆、水力和土压平衡式顶管机的应用范围（根据地层的渗透性系数）

边界条件，给出了泥浆平衡式顶管机的应用范围（表 10-6），其中列举的主要是泥浆式顶管机在施工管道直径为 DN/ID 250 ~ 2 400 时的应用情况。

日本泥浆式顶管机的应用范围（根据制造商提供的数据）　　表 10-6

地层性质	地层类型（或性质）		说　明	切削刀盘的形状
一般地层	淤泥层	$N \leq 30$	当 $N < 3$ 时，需要采取辅助措施以保证顶进方向的可控性	带凿形齿和刮削齿的挡板式刀盘（标准刀盘）
	黏土层	$N \leq 30$		
	砂层	$N \leq 50$		
稳定的硬地层	硬化淤泥层	$N > 30$	泥浆	带刮削齿的三翼辐条式刀盘（标准刀盘）
	硬化黏土层	$N > 30$		
	砂层	$N > 50$	风化的花岗岩	

续上表

地层性质	地层类型(或性质)		说　明	切削刀盘的形状
砂层和卵砾石层	DN/ID 250~500	最大的卵砾石直径≤50 mm,且粒径≥10 mm颗粒的含量≤20%	当渗透性系数 $k>10^{-2}$ m/s时,需要采用相应的辅助措施	带凿形齿和盘状滚刀的挡板式刀盘(标准刀盘) 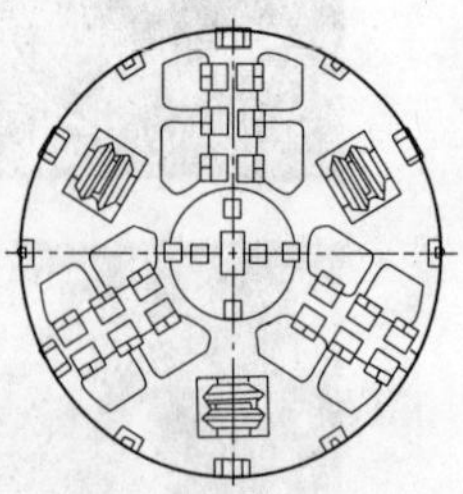
	DN/ID 600~2 400	最大的卵砾石直径≤75 mm,且粒径≥30 mm颗粒的含量≤30%		
含有孤石、漂石的砂层和卵砾石层	DN/ID 250~500	卵砾石直径≥50 mm的颗粒的含量≤30%	碎石器所能破碎的最大的石块直径约为管道直径的1/4	
	DN/ID 600~2 400	卵砾石直径≥10 mm的颗粒的含量≤30%		
岩层以及含有大块孤石、漂石的地层	漂石地层	颗粒大小和含量超出上述范围	地层中沉积的最大的石块直径约为管道直径的1/3	带盘状滚刀的岩石切削刀盘(用来破碎地层中的孤石、漂石以及中硬岩层) 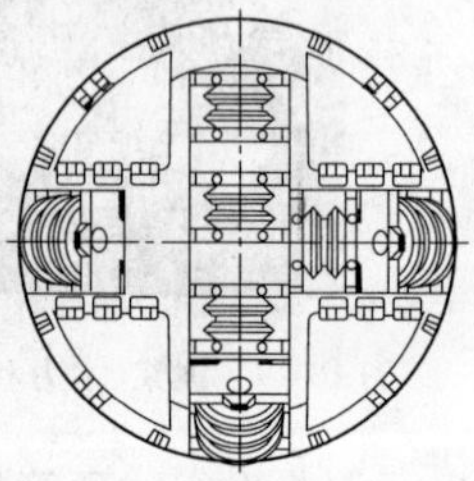
	岩石层	单轴抗压强度≤150 MPa,且石英(SiO_2)的含量≤70%	盘状滚刀的寿命决定着施工长度	带刮削齿的四翼车轮式刀盘(用于软岩层) 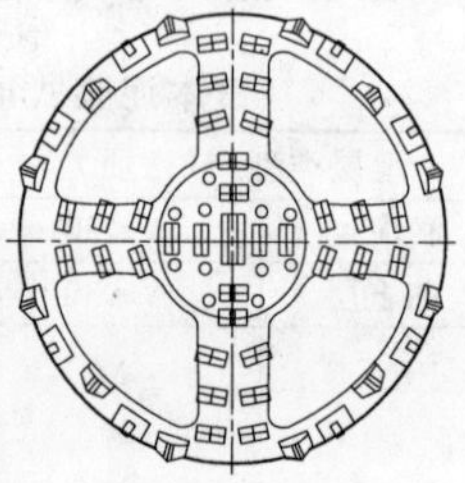 带盘状滚刀和牙轮滚刀的岩石切削刀盘(应用于硬岩层) 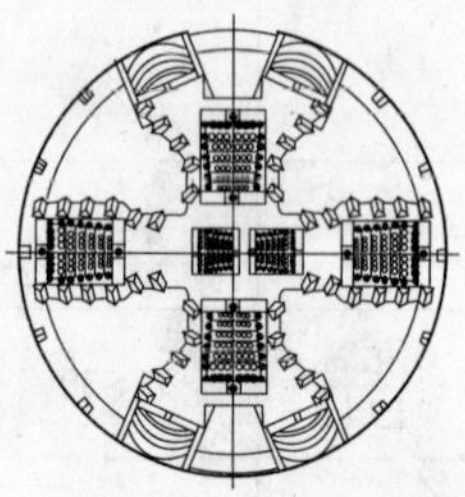

10.3.5.5　气水平衡式顶管机在岩层中的应用

在岩石类地层中进行顶管施工,两个起决定作用的衡量标准是地层的单轴抗压强度和裂隙分界面之间的距离。一般地，在岩石的单轴抗压强度≤300MPa时，配备岩石切削刀盘的气水平衡式（泥浆式和水力平衡式）顶管机在岩层中的应用没有直径的限制。

关于切削刀具的寿命，也即是切削刀具的耐磨性，可以参照“水力输送式微型隧道工法在岩层中的应用”一节。特别是在研磨性地层、长距离顶管施工和含有较多障碍物的地层中施工时，为了在地下更换磨损了的切削工具或者排除障碍物，在没有中间井和辅助井的情况下，是否能进入工作面进行上述作业将是非常重要的。

10.3.5.6 泥水循环系统设计计算

1）浆体在管道中的流动状态与临界流速

排泥管道属于非均质流输送，即垂向固体浓度分布存在一定梯度。管道输送最重要的参数是“不淤流速”，也称为临界流速。浆体由固体颗粒与水组成，输送流速太低，固体颗粒将分选沉降，以致堵塞管道；输送流速过高，虽可使颗粒充分悬浮，但将使一定管径的阻力随流速的平方成比例而上升。图10-30所示为一定管道内径下不同粒径d，按流速v_f而区分的几个流区。在（1）区内，由于流速太低，固体颗粒沉在管底，基本不动，实线表示的是颗粒起动流速与粒径的关系。在（2）区内流速较高，颗粒开始运动。因为水流脉动的随机性，即使是均匀颗粒，也有不同的运动状态，即一部分颗粒沿管道底部做推移运动，一部分颗粒在管道中悬起做悬移运动。图中虚线表示的是绝大部分颗粒做悬移运动时的下限流速，亦称“不淤流速”，该线以上的（3）区流速进一步提高，全部颗粒作充分的悬移运动。

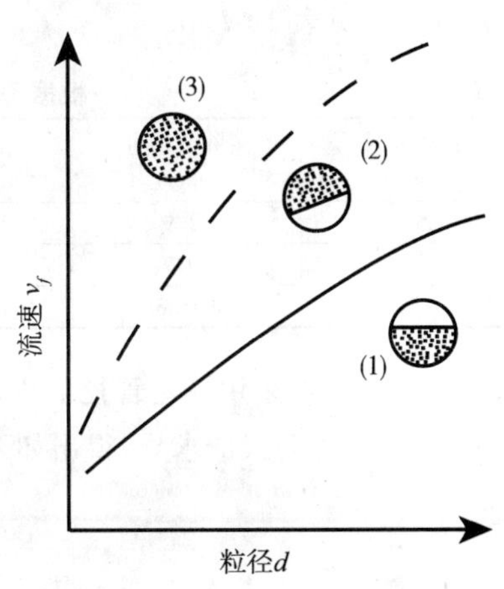

图10-30　管道中流动状态分区

由图10-30可见，按不同粒径选用实线所示的管道流速显然是不安全的，选用（3）区（虚线以上）的流速，虽然安全，但因流速过高，管道阻力大、磨损严重、输送能耗大，因而是不经济的，所以从安全和经济角度考虑，管道的输送流速v_f应选用略大于虚线所示的不淤流速v_c或

$$v_f = k \cdot v_c \tag{10-5}$$

式中系数$k=1.05\sim1.10$，取决于v_c计算的可靠程度。但是为了安全起见，一些文献建议取$k=1.20\sim1.25$。

图10-30只是定性地示意一定管径下v_c与粒径d的关系。20世纪50年代以来，有人试图通过试验建立不淤流速公式的关系式，其中最著名的是Durand临界流速公式（这也是国内目前普遍采用的临界流速计算公式）：

$$v_c = F_L \cdot \sqrt{2 \cdot g \cdot D \cdot \left(\frac{\rho_s - \rho}{\rho}\right)} \tag{10-6}$$

式中：v_c——临界流速，m/s；

F_L——由粒径和泥水浓度决定的系数；

g——重力加速度，取9.8m/s^2；

D——排泥管道内径，m；

ρ_s——固体颗粒的重度，kg/m³；

ρ——泥水的相对密度，kg/m³。

式中 F_L 与粒径及固体浓度 S_v 有关，如图10-31所示，当粒径 $d>2\text{mm}$ 时，F_L 为一常数，表明粒径大于2mm以后不淤流速 v_c 与粒径无关。图10-31还表明，只有当 d 较小时，固体体积浓度 S_v 对 F_L 才有影响。根据Durand公式计算的临界流速结果见表10-7。

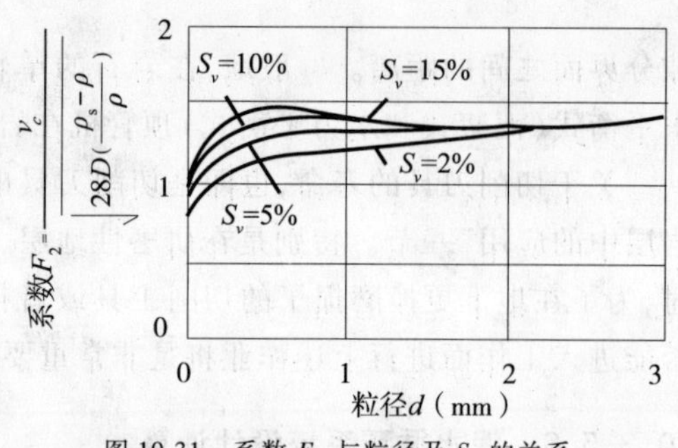

图10-31 系数 F_L 与粒径及 S_v 的关系

根据Durand临界流速公式的计算结果 表10-7

公称管径（mm）	实际管内径（mm）	临界流速（m·s⁻¹）	公称管径（mm）	实际管内径（mm）	临界流速（m·s⁻¹）
50	52.9	1.6～1.8	150	155.2	2.7～3.0
80	80.7	1.9～2.1	200	204.7	3.1～3.4
100	105.3	2.2～2.4	250	254.2	3.4～3.8

此后，Shook采用一定管径下流速与能坡关系线的最低处流速，定义为管道不淤流速，通过对Durand阻力公式的求导，得出如下不淤流速 v_c 的计算公式：

$$v_c=\frac{2.43\cdot\sqrt{2gD\left(\frac{\rho_s-\rho}{\rho}\right)}\cdot S_v^{1/3}}{C^{1/4}} \tag{10-7}$$

现有的各种不淤流速的经验公式都没有考虑浆体黏度 μ 对其的影响，因而也无从考虑温度变化对不淤流速 v_c 的影响，而实际上浆体的黏度 μ 对不淤流速 v_c 的影响是明显的。费祥俊在论文中引入了阻力系数，使不淤流速 v_c 和浆体的黏度 μ 联系起来，得出如下不淤流速 v_c 的计算公式：

$$v_c=\frac{2.26}{\sqrt{f}}\sqrt{gD\left(\frac{\rho_s-\rho}{\rho}\right)}\cdot\left(\frac{d_{90}}{D}\right)^{1/3}S_v^{1/4} \tag{10-8}$$

$$f=\alpha\times 0.11\cdot\left(\frac{\Delta}{D}+\frac{68}{R_e}\right)^{1/4}$$

$$R_e=\frac{\rho\cdot D\cdot v_f}{g\cdot\mu}$$

式中：f——阻力系数；

R_e——雷诺数；

μ——浆体的黏度；

α——因紊流减阻作用对阻力系数 f 的修正系数，一般取 $\alpha=0.8\sim0.9$；

d_{90}——浆体中上限颗粒的直径。

2）管路系统的设计计算

（1）进排泥管道直径的确定

排泥管道的直径一般由所排出泥土的最大粒径和泥水的浓度等决定。通常，顶管掘进机直径和进排泥管道直径之间的关系如图10-32所示。

（2）进排泥泵流量的确定

首先可以根据排泥管道的直径和其中浆液的流速确定出所需排泥泵的流量 Q_1，即：

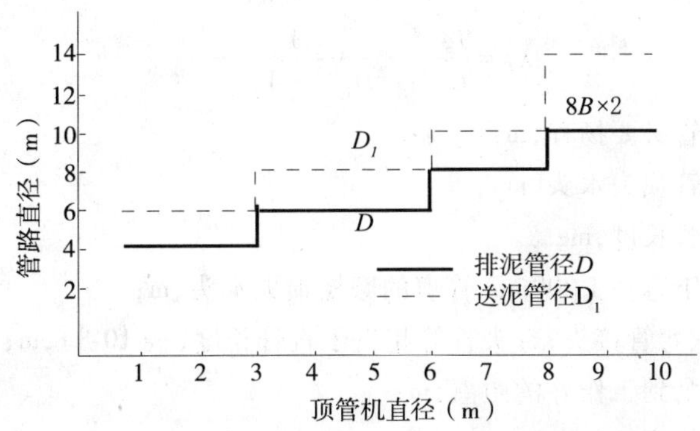

图 10-32　顶管机直径和进排泥管道直径的关系

$$Q_1 = A_1 \cdot v_f \cdot 60 \tag{10-9}$$

$$v_f = k \cdot v_c = k \cdot F_L \cdot \sqrt{2gD\left(\frac{\rho_s - \rho}{\rho}\right)};$$

式中：Q_1——排泥泵的流量，m^3/min；

A_1——排泥管道的截面积，m^2，$A_1 = \frac{\pi}{4}D^2$，其中 D 是排泥管道直径；

v_f——排泥管道内泥浆的流速，m/s；

式中其他符号的意义同上。

从理论上讲，排泥管道中的流量即等于进泥管道中的流量加上掘进机切削下来的泥土量之和，所以进泥管道中的流量 Q_2 为：

$$Q_2 = Q_1 - q \tag{10-10}$$

式中：Q_2——进泥管道中的流量，m^3/min；

q——掘进机在顶进过程中每分钟的取土量，$q = A \cdot S$，其中：A 为掘进隧道的截面积，m^2，$A = \frac{\pi}{4}D_s^2$；S 为掘进机的推进速度，m/min。

一般来说，进水泵的流量和扬程都要比排泥泵小，但是为了便于使用和管理，在确定了排泥泵的流量和扬程后，也选择相同规格和型号的泵作为进水泵。

根据上述结果，可以计算出排泥水的密度。在实际施工中，排泥水的密度范围一般为 1.30 ~ 1.40。由于泥水的密度 >1.40 时会使输送作业变得很困难，为了降低泥水的密度，就要增大管径，加大流量。

(3)扬程计算

水泵需要的扬程应为泥浆提升的高度与各种管路损失之和，并要考虑有一定的安全储量。管路损失包括沿程损失和局部损失两部分。下面分别讨论进、排泥管道的扬程计算方法。

①进泥管必要扬程计算(H_1)：

$$H_1 = H_{f1} + \left(\frac{10 \times P_{max}}{\gamma_1}\right) - H \tag{10-11}$$

$$H_{f1} = L_1 \times h_{f1}$$

$$L_1 = L + H + l_1 + B$$

$$h_{f1} = \frac{\lambda_1 \cdot \beta_1 \cdot V_1^{\ 2} \cdot L_1}{2 \cdot g \cdot D_1}$$

$$\lambda_1 = \frac{98.5}{C^{1.85}} \cdot \frac{1}{D_1^{\ 1/6} \cdot V_1^{\ 0.15}}$$

以上式中：H_1——进泥管必要扬程，m；

H_{f1}——送泥管损失水头，m；

L_1——送泥管长度，m；

h_{f1}——相当于直径 1 000mm 管道的摩擦损失水头，m；

B——阀门、弯管接头、弯头管等相当于直管长度(表 10-8)，m；

l_1——进水泵到工作井的距离，m；

L——推进长度，m；

λ_1——摩擦系数；

V_1——送泥水流速，m/s；

g——重力加速度，m/s^2；

D_1——送泥水管直径，m；

β_1——泥浆系数(重度)；

C——管种系数，$C = 100 \sim 120$；

P_{max}——开挖面最大水压，kg/m^2；

H——工作井深度，m。

相当于直管长(m)　　表 10-8

弯头种类	4B	5B	6B	8B	10B
90°弯头	1.70	2.50	3.20	4.00	5.00
45°弯头	0.46	0.68	0.88	1.10	1.37
泄水阀	1.07	1.31	1.61	2.21	2.79

②排泥管必要扬程计算(H_2)：

$$H_2 = H_{f2} + H + h - \left(\frac{10 \times P_{min}}{\gamma_2}\right) \tag{10-12}$$

$$H_{f2} = L_2 \times h_{f2}$$

$$L_2 = L + H + l_2 + B$$

$$h_{f2} = \frac{\lambda_2 \cdot \beta_2 \cdot V_2^{\ 2} \cdot L_2}{2 \cdot g \cdot D}$$

$$\lambda_2 = \frac{98.5}{C^{1.85}} \cdot \frac{1}{D^{1/6} \cdot V_2^{\ 0.15}}$$

式中：H_2——排泥管必要扬程，m；

H_{f2}——排泥管损失水头，m；

L_2——排泥管长度，m；

h_{f2}——单位长度的水头损失，m；

B——阀门、弯管接头、弯头管等相当于直管长度(见表 10-8)，m；

l_2——排泥泵到沉淀池的距离，m；

L——推进长度，m；

h——地面以上排泥高度，m；

λ_2——摩擦系数；

V_2——排泥水流速,m/s;

g——重力加速度,m/s^2;

D——送泥水管直径,m;

β_2——泥浆系数(重度);

C——管种系数,$C = 100 \sim 120$;

P_{min}——开挖面最小水压,kg/m^2;

H——工作井深度,m。

根据上述所求出的总流量和总扬程,可以进一步确定泥浆泵的型号。一般采用多级离心泵,两台以上的离心泵可采用串联或并联的方式使用,前者可以提高供水压力;后者则可以提高供水流量。

10.3.6 全断面土压平衡式顶管机

10.3.6.1 概述

土压平衡式顶管机,也称为土压式顶管机,或者 EPB - 顶管机(EPB - Earth Pressure Balance),是一种封闭式的顶管机。

土压平衡顶管施工是一种全新的施工概念和施工理论, 方面,顶管掘进机在顶进过程中与其所处土层的土压力和地下水压力处于平衡状态;另一方面,其排土量与掘进机切削刀盘破碎下来的土的体积处于一种平衡状态。只有同时满足这两个条件,才算是真正的土压平衡。

从理论上讲,掘进机在顶进过程中,其土仓内的压力 P 如果小于掘进机所处土层的主动土压力 P_A 时,即 $P < P_A$ 时,地面就会产生沉降;反之,如果在掘进机顶进过程中,其土仓内的压力大于掘进机所处土层的被动土压力 P_P 时,即 $P > P_A$ 时,地面就会产生隆起。并且,这一过程的沉降是逐渐演变的,尤其是在黏性土中,要达到最终的沉降所经历的时间会比较长。然而,隆起却是一个立即会反映出来的迅速变化的过程。隆起的最高点是沿土体的滑裂面上升,最终反映到距掘进机前方一定距离的地面上。裂缝自最高点呈放射状延伸。如果我们把土压力控制在 $P_A < P < P_P$ 这样一个范围内,就能达到土压平衡。

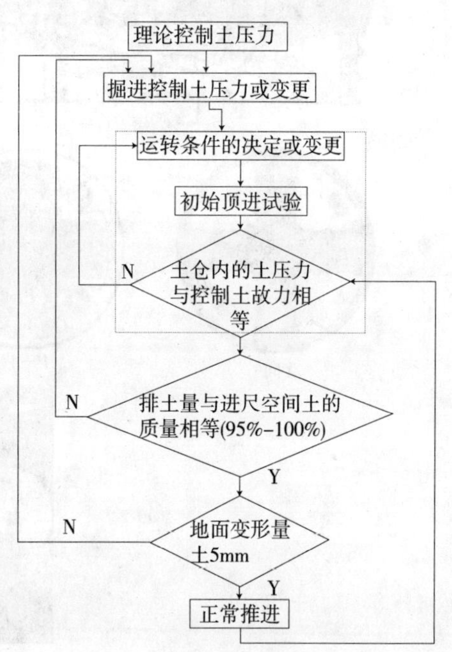

图 10-33 施工中土压力控制流程

从实际操作来看,在覆土比较深时,从 P_A 到 P_P 这一变化范围比较大,再加上理论计算与实际之间有一定误差,所以必须进一步限定控制土压力的范围。一般常把控制土压力 P 设置在静止土压力 $P_0 \pm 20kPa$ 范围之内。施工中土压力控制流程如图 10-33 所示。

施工影响土压力大小的控制因素主要有顶进速度、螺旋输送机的排土量以及顶进速度与排土量之间的关系。

如果螺旋输送机输土量不变,顶进速度与土压力成正比。因此,要保持机内控制土压力不变,就必须把顶进速度调节在一个合适的范围以内。如果推进速度恒定,那么控制土压力与螺旋输送机的排土量成反比。如果同时改变顶进速度和排土量,也可以保持控制土压力在规定的范围内。当推进速度提高时，土压力随之上升，与此同时，也提高螺旋输送机的排土量。以第三种控制方法最为理想。

土压平衡顶管施工有以下优点：

(1)适用的土质范围广。适用于 N 值为0～50的软黏土和砂砾土层，是全土质的顶管掘进机。

(2)能保持挖掘面的稳定，地面变形小。

(3)施工时的覆土可以很浅，最浅为0.8倍管外径。这是其他任何形式的顶管施工所无法做到的。手掘式顶管覆土太浅，地面易塌陷；泥水和气压式易冒顶、气崩。

(4)弃土的运输、处理都比较方便、简单。

(5)作业环境好。没有气压式那样的压力作业环境，没有泥水式那样的泥水处理装置等。如果采用土砂泵输土，则作业环境更好。

(6)操作方便、安全。没有气压式的压缩空气系统，也不需要泥水式的泥水循环系统。

缺点是在砂砾层和黏粒含量少的砂层中施工时，必须采用添加剂对土质进行改良。

为了使切削下来的土对工作面产生平衡作用，有时应向其中加入一些调节剂，并利用搅拌装置将其搅拌成均匀的粥状物，现场一般称之为“泥粥”。对于传统的土压平衡式顶管机来说，“泥粥”首先通过螺旋传输装置从破碎室输出，然后转载到后续的运输设备，如运输车(图10-34)、传送带或砂石泵(图10-35)等。对于车载运输方法，由于必须更换运输车，其施工效率会因此而降低；相反，采用传送带或者砂石泵，则可以实现连续排泥作业。

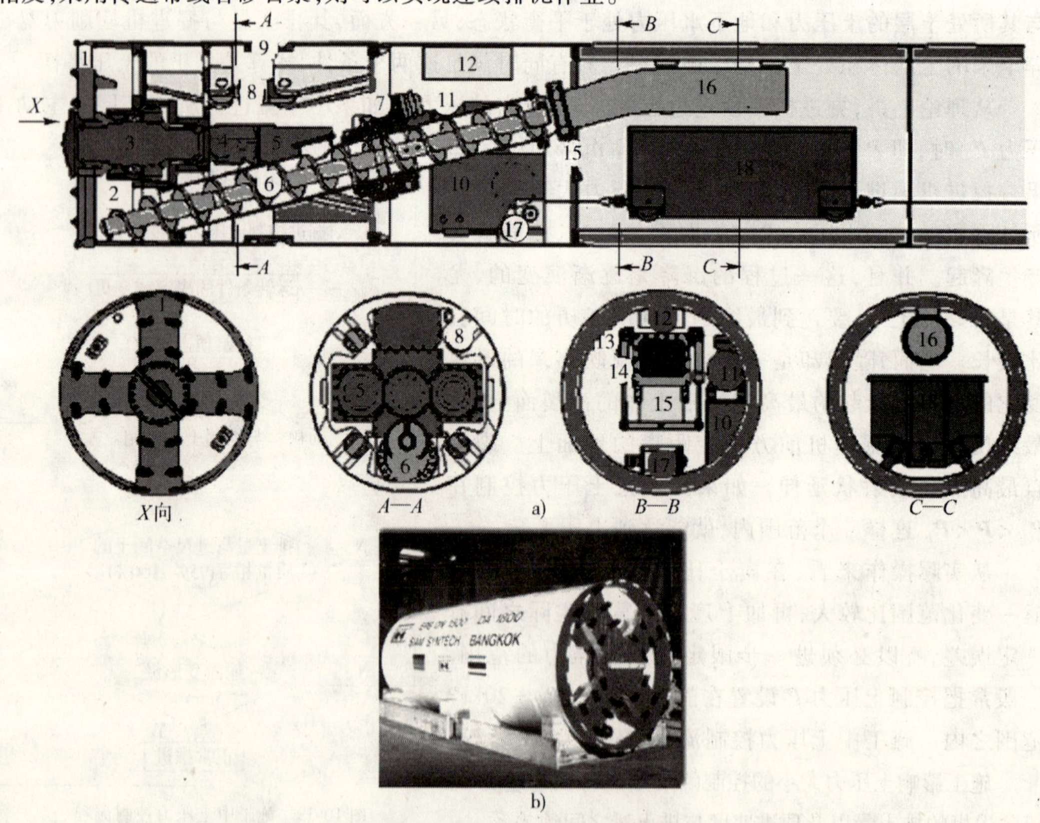

a)

b)

图10-34　土车输土式EPB-1500型土压平衡顶管机(外径1 830mm)

a)顶管机剖面图；b)顶管机外形图

1-切削刀盘；2-破碎室；3-驱动轴；4-行星驱动系统；5-电动机；6-螺旋输土装置；7-螺旋钻杆驱动装置；8-导向油缸
9-盾体转向密封；10-液压油箱；11-电动机；12-主配电系统；13-目标靶；14-伸缩油缸；15-排渣阀门；16-排渣管；
17-绳索；18-运输车

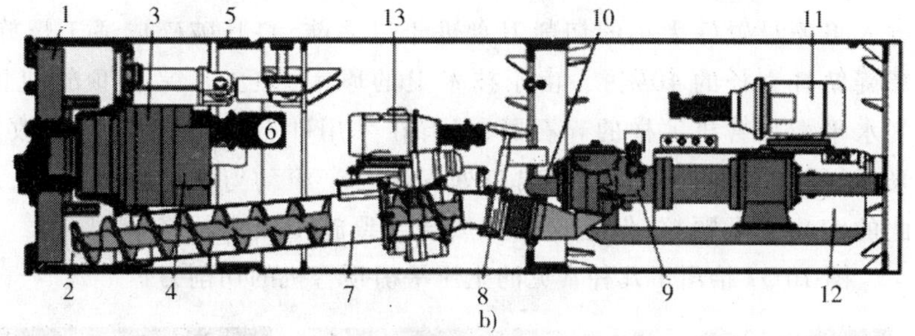

a)　　b)

图 10-35　砂石泵输土式 EPB-2600 型土压平衡顶管机(外径 3 215mm)

a)顶管机外形图;b)顶管机剖面科

1-切削刀盘;2-破碎室;3-驱动轴;4-行星驱动系统;5-盾体转向密封;6-驱动马达;7-螺旋钻杆输土装置;8-排渣阀门;9-砂石泵;10-输送管道;11-砂石泵驱动电机;12-砂石泵的液压油箱;13-顶管机的液压油泵

施工中平衡压力是间接地通过螺旋钻杆的转数和可调节的排泥阀门的大小来调节的,该阀门位于螺旋钻杆和弃料管之间(从弃料管出来的"泥粥"直接到达后续的运输设备)。由此可以合理地控制螺旋传输系统的排土量和顶进速度,并可以通过均匀分布于压力墙上的压力测量装置进行监控。顶进速度的提高或者螺旋钻杆回转速度的降低,将会导致破碎室中的压力升高,相反,如果顶进速度下降或者螺旋钻杆的回转速度提高,破碎室中的土压力则会随之降低。

当破碎室中的"泥粥"在土压力、地下水压力以及作用于压力墙上的顶进力的共同作用下,不能再继续压缩密实时,即达到了压力平衡状态。但是,达到平衡的前提条件是该系统必须是闭路系统,只有这样,才能防止孔隙水和"泥粥"调节剂通过工作面泄漏和地下水通过螺旋钻杆的泄漏。

由于平衡介质——"泥粥"具有较高的摩擦阻力,所以这种类型的顶管机需要有较大的驱动功率。

有时,顶管机的输土装置也可以由一个输送带加上一个可开合式的挡板和一个平衡压力调节阀门来替代。在施工过程中,挡板上进土口大小的调节,主要是根据地层的情况以及调压阀门达到最大开启程度时所能通过的最大颗粒尺寸来确定。破碎室中的压力调节是通过阀门的大小来实现的。

10.3.6.2　切削刀盘的结构形式

作为切削刀盘,在前面章节中提及的所有刀盘类型(车轮式、挡板式和岩石刀盘)都可以使用。但是究竟是选用封闭式、敞口式或者是可开闭式的切削刀盘,主要决定于将要施工地层的类型(图 10-36)。

只有当地层条件为黏土质淤泥层或者是淤泥质的细砂层,且其中的细颗粒成分含量也符合要求,同时其中还没有大块沉积物时,才考虑采用敞口式的顶管机;在其他任何条件下,都必须选用封闭式、半封闭式或者可开闭式的切削刀盘。

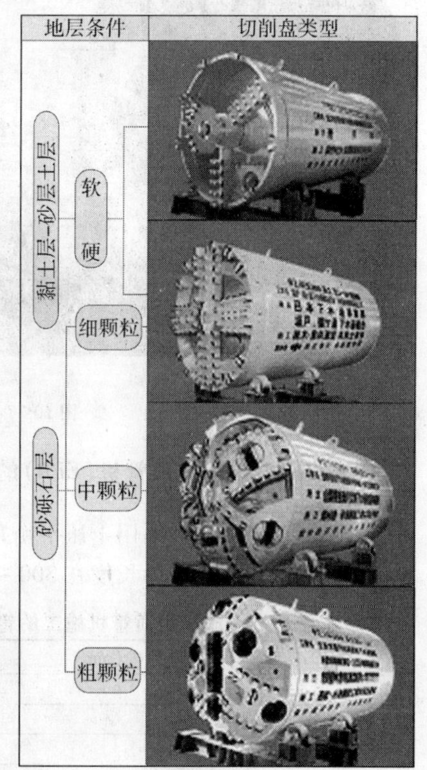

图 10-36　土压平衡顶管机切削刀盘类型与地层条件的适应性

对于地层中沉积的大块的孤石、漂石,必须在其进入事先设置好大小的切削刀盘进土口之前，将其破碎成适于螺旋钻杆输送的尺寸（约为螺旋钻杆直径的40%）。由于技术上的原因，在土压平衡顶管机的破碎室中不能采用像气水平衡顶管机那样的碎石器；只有在采用砂石泵排土时，为了改善破碎下来的物料的可泵性，通常可在螺旋钻杆的出口处安装一个滚动剪切式的碎石器，用于进一步破碎输送到此的大块土石颗粒，但是这样必然会导致施工效率的降低。

图 10-37 给出了几种常见的土压平衡顶管机的切削刀盘形式。

a) b) c) d)

图 10-37 土压平衡顶管机切削刀盘的形式

10.3.6.3 土压平衡顶管机(EPB)的应用范围

一般情况下，适宜采用土压平衡顶管机施工的管道直径≥DN/ID 1 500，并且根据施工管道的直径不同，其可施工的长度在 300 ~ 600m 之间（表 10-9）。

土压平衡顶管机施工的管道直径与长度之间的关系（制造商提供的数据） 表 10-9

施工管道直径 DN/ID(mm)	可施工长度(m)
1 500	300
1 750	500
2 000	600
2 400	600
2 600	600

关于施工中应保证的最小覆土厚度，在气水平衡顶管机（SM-V4）一节中的有关描述在这里也适用。但是，在土压平衡顶管施工条件下，由于正常施工中不存在气崩或液体泄漏的危险，通常可取最小覆土厚度的下限。

在使用土压平衡顶管机时，所要施工的地层或者作为平衡介质的“泥粥”必须具备以下性能：

(1)无论是在破碎室前面或者是破碎室里面的土，都要求是尽可能不透水，以便与工作面上的地下水和土压力建立平衡。

(2)“泥粥”的内摩擦力和研磨性应尽可能小，以利于和破碎下来的土混合以及减小切削刀具的磨损和所需顶进功率。

(3)平衡介质应具有像触变性流体那样的黏塑性变形行为，以便能始终保持对工作面的平衡作用和防止“泥粥”的分解和固化。

(4)“泥粥”必须具有一定的可压缩性，以克服在平衡压力调节过程中，不可避免地出现的压力波动。

(5)切削下来的土应具有较小的黏附性，以保证顺利地排土和防止“泥粥”在破碎室中的黏结、架桥、硬化和密实等。

(6)对于“泥粥”浓度的要求是：在螺旋钻杆中形成的泥塞应具有保持压力的作用，同时还应有必要的密封作用。

上述要求，在不含砾石且渗透性系数 $k \leq 10^{-7}$ m/s（有文献认为应为 $k \leq 10^{-5}$ m/s）的均质、细粒、黏性的粥状或较软的松散地层（图 10-38）中施工时，极易得到满足。但是一般情况下，土压平衡顶管机涉及的地层是指主要由砂、淤泥和黏土组成的，且其中小于 0.06 mm 的细颗粒的总的含量≥30%。为了使得破碎下来的土形成具有足够流动性的“泥粥”，地层中含有地下水是非常必要的。在理想条件下，螺旋传输装置对地下水的密封压力可以达到 2 bar。

上述土压平衡顶管施工的理想地层主要分布在亚洲，同时亚洲也是土压平衡顶管机的主战场，实践经验表明，为了使“泥粥”具有理想的平衡作用，在这一地区只需要加入 1% 的水就足够了。

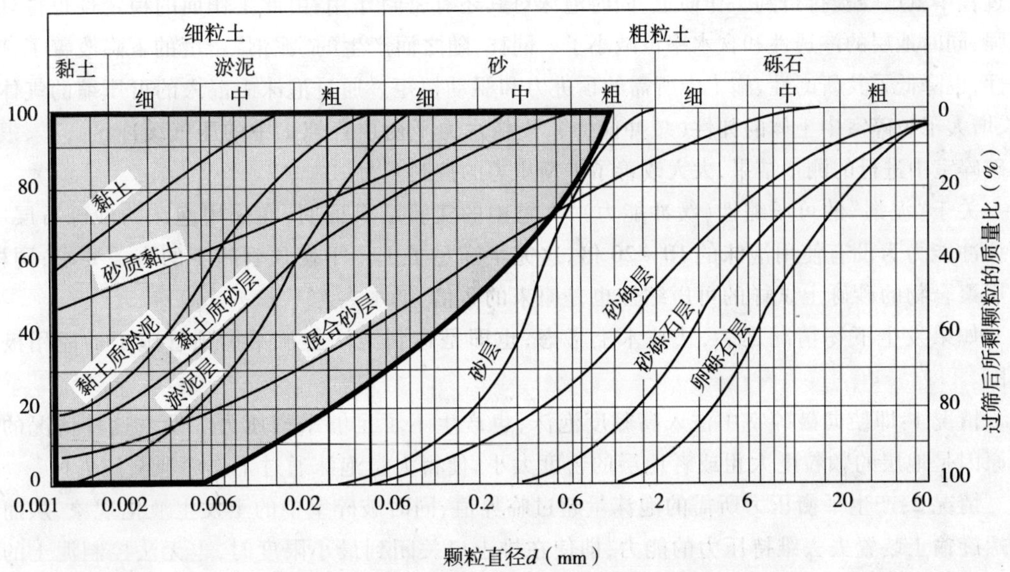

图 10-38　根据地层的粒度分布确定的土压平衡顶管机的优先应用范围

10.3.6.4 泥土的性能改良

如果破碎室中切削下来的土的浓度不能满足要求，或者是要将其应用范围扩大到气水平衡顶管机的优先应用地层——无黏性的不均质松散地层，则必须对破碎下来的泥土的性能进行人工改良，为此可以向其中加入以下材料：

(1)清水。

(2)膨润土基的悬浮液。

(3)聚合物基的悬浮液。

(4)泡沫液(由水、泡沫剂和稳定剂组成)。

为了达到这一目的，在土压平衡顶管机上必须另外配备注浆系统，通过注浆系统，可以向工作面和破碎室中注入上述介质。但是，从环保和经济方面的原因来考虑，这些添加剂的使用应限制在最低水平。

在特定的地质条件下，通过土质改良，土压平衡顶管机的应用范围存在着拓宽的可能性。

上述的泥土性能调节剂对破碎下来的泥土的可填埋性的影响作用是不同的，其中清水对其是没有影响的；如果采用黏土浆液，当其用量超过一定值时，则会对泥土的可填埋性造成影响；另外，由于添加剂的加入，在经过螺旋输送装置之后变得很稀时，则不可避免地要采用泥土分离装置，这也就是说，土压平衡顶管施工和气水平衡顶管施工相比，在排渣过程中不采用成本较高的泥土分离这一重要的、经济的和技术上的优势也就不复存在了。

对于泡沫(泡沫的加入量≤60%的破碎下来的泥土的体积)或者聚合物，只有在对残留的碳水化合物的含量要求非常严格时，才影响到其泥浆的可填埋性。因此国家的有关法规对于不同填埋级别的允许有害物质的含量进行了特殊规定，制造商提供的数据只能作为参考。

在土压平衡顶管施工中，采用泡沫来改良泥土的性能，几乎在所有的地层条件下(甚至包括无黏性的松散地层)都证明是比较适合、有效的。由于泡沫的加入，地层中的孔隙水在切削地层的过程中就已经被排挤到工作面上，同时泡沫对其还有密封作用；由此工作面的稳定性也得到了加强，同时地层的渗透性和含水率也减小了。同样，随之而产生的“泥粥”密度的下降改善了其流动性，也降低了其研磨性、施工中所需的顶进力和驱动扭矩。通过泡沫中混入的可压缩的气体成分，增大了破碎室中土体的弹性(缓冲能力)，正像水力平衡顶管施工中的压气缓冲区一样，根据在破碎室中进行的测量结果，大大改善了平衡压力的控制能力。

关于“泥粥”的可压缩性(缓冲能力)，文献中的实验结果证明：在采用泡沫的砂砾石层中，其缓冲能力为没有使用泡沫的10~20倍，这完全满足了土压平衡顶管施工的有关要求；同样，采用聚合物的砂砾土试样的可压缩性也是原来的2倍。

如果发生下述情况之一，从技术上考虑，也即是达到泡沫土压平衡顶管施工的应用极限范围。

情况1：即使向破碎室中注入高黏度泡沫，也产生不了足够平衡压力。发生这种情况的可能原因是地层的颗粒度太粗或者地层的密度太小，使得大量泡沫通过工作面泄漏流失掉。

情况2：产生平衡压力所需的泡沫量超过临界值，同时破碎室中的土发生液化现象，从而导致螺旋输土装置失去维持压力的能力，即使在排土口关闭到最小限度时，也无法控制泥土的向外喷出，随着细颗粒含量的增加和粒度曲线的不断变陡，这种危险也越容易发生。

实验结果表明，泡沫应用于砂砾层中时，螺旋输土装置所能维持的压力对泡沫的量的变化是非常敏感的，并且在波动范围较小时，即失去了承压能力。只有维持在通过严格的实验找到的最优泡沫量的情况下，输土装置才能保持一个恒定的压力。

在渗透性地层、涌水性的砂砾石层以及地下水压力较高的地层，为了使螺旋输送装置中的泥塞能够保持所需的压力和非渗透性，可以采用另一种所谓的“化学封闭法”（Chemical Plug Shield（CPS）Method）（图 10-39）。具体方法是：在膨润土浆液中加入一种化学溶剂 A（CP-M—化学栓塞的主试剂），搅拌以后注入工作面；当流态的“泥粥”到达螺旋输送装置时，向其中加入第二种化学溶液 B（CP-S—化学栓塞的辅助试剂），这样，两种物质发生化学反应，从而改变了“泥粥”的浓度并在螺旋输送装置中形成了一个具有密封性能的泥塞；因为从排出口排出的泥土具有较高的浓度，可以通过传送带或运输车直接向外输送。

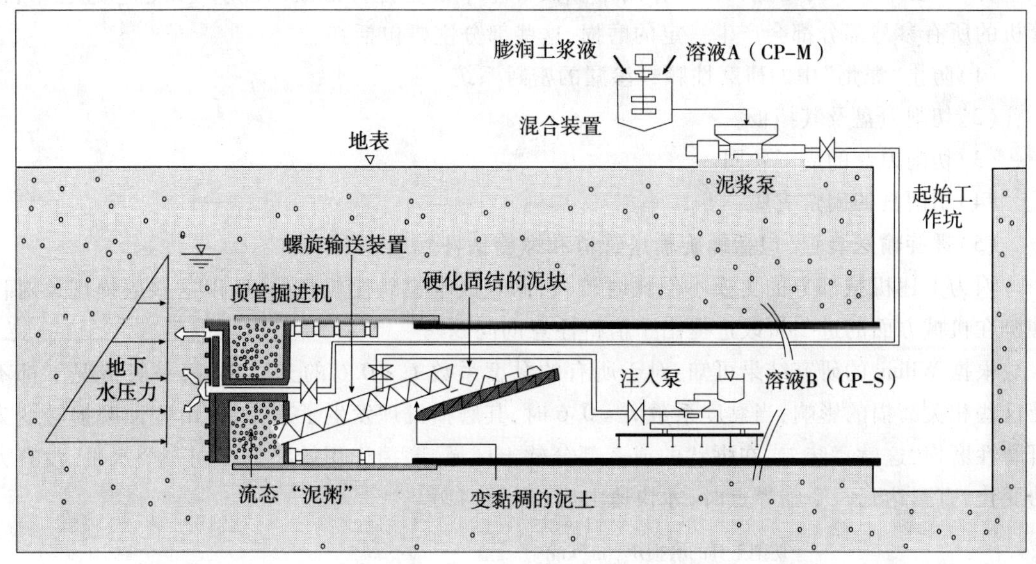

图 10-39 化学封闭法工作原理图

另外，为了改善和控制螺旋输送装置的保压性和密封性，也可以采用图 10-40 所示的“多控制螺旋钻杆（M. C. S.）”的方法，这里的螺旋钻杆由两部分组成，并分别驱动；通过改变螺旋钻杆的转数，可以在中部螺旋钻杆对接处形成一个长度可以调节的不透水的土塞。

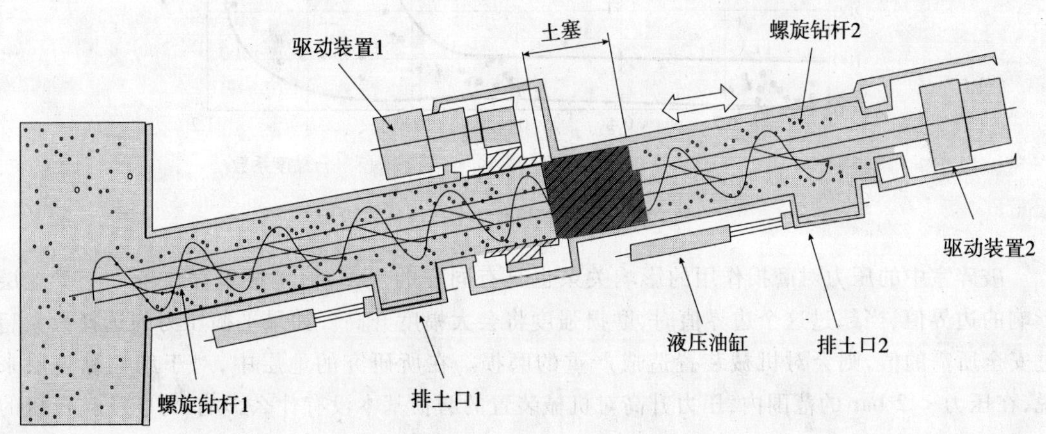

图 10-40 多控制螺旋钻杆（M. C. S.）法

根据上述的辅助措施，可以采用砂石泵来进行排渣。砂石泵安装于螺旋输送装置的出口处，并对其进行密封，保证在较高地层压力和强涌水地层条件下，也能维持平衡压力。这里有个方便的处理排出物的方法，对于无法处理和分解的排出物，在未经分离装置的情况下，可以直接排入储存坑；在可能的情况下，也可以直接排入大海。

10.3.6.5 切削工具的磨损

在土压平衡顶管施工中，除了主要由切削工具与地层接触以及通过适当的措施（如选择合适的切削具形状和材质）可以克服正常的工具磨损外，还更多地和特殊的磨损形式有关。在施工中，由于破碎下来的泥土在压力作用下在破碎室中混合搅拌形成“泥粥”，在这一过程中，顶管机的所有参与部分都会产生一定的磨损，这些部分主要包括：

（1）防止“泥粥”中的研磨性颗粒渗漏的密封系统。

（2）切削刀盘及其挡板。

（3）切削刀盘的周围轮圈。

（4）切削具的固定支座。

（5）螺旋输送装置（包括螺旋输送管道和螺旋钻杆）。

因为上述机械部分的更换不但耗时较长，而且成本也是比较高的，所以这些磨损现象对顶管机在机械方面的进一步改进提出了值得注意的问题。

根据 Wilms 的研究结果可知：对于所有的黏度系数 $I_c < 0.6$ 的土层来说，一般情况下都不受这些相关磨损的影响；当黏度系数 $I_c = 0.6$ 时，其磨损机理发生了改变，即由侵蚀磨损转变为研磨性磨损，这就意味着，在粥状的或者部分软土区域，磨损作用始终处在同一个水平，没有大的变化，直到达到一个临界点时，才快速上升（图 10-41）。

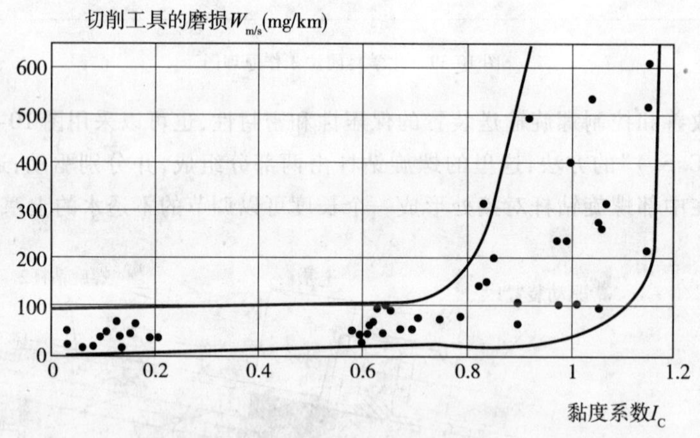

图 10-41 切削工具磨损与 I_c 的关系

破碎室中的压力对磨损作用的影响关系也具有同样的规律，但是这里存在着一个受地层影响的边界值，当超过这个边界值时，磨损强度将会大幅度升高。如果平衡压力的选择大大超过安全所需的值，则会对机械装置造成严重的磨损。在所研究的地层中，对于细粒黏土层来说，在压力 < 2 bar 的范围内，压力升高对机械装置的磨损基本没有什么影响；对于颗粒较粗的地层，当压力达到 1.5 bar 以后，磨损即明显加剧；但是对于粗颗粒的淤泥层，当压力达到 0.5 bar 以后，磨损即非常明显。对于一般的淤泥层，压力一旦开始升高（ >0 bar），压力对磨损的影响即十分明显。

为了对土层进行研磨性分级，Wilms 首先根据其作为平衡“泥粥”的性能，对原状的未经过处理的土层的磨损系数 V_{EPB} 进行了定义，该系数是根据土层中石英的含量以及研磨性颗粒的平均粒径 d_m，并利用弦切的方法得到的。在施工条件不理想的情况下（如硬—半坚硬地层或平衡压力达到 2 bar 时），磨损系数将是一个衡量地层研磨性的标准，但是该系数只适用于研磨性颗粒的平均粒径 d_m 对于该地层非常具有代表性的地层。

在表 10-10 中，介绍了研磨性试验中所研究的地层及其在上述条件下计算得出的研磨性强度 $W_{m/s\ max}$，另外还计算得出了地层的研磨性系数，在施工中可以作为参照。表中的数据表明，在采用土压平衡顶管机进行施工时，可以根据地层的研磨性系数，将地层分为 4 个等级：弱研磨性地层（$V_{EPB} < 1$）、一般研磨性地层（$V_{EPB} < 3$）、研磨性地层（$3 \leqslant V_{EPB} \leqslant 10$）和强研磨性地层（$V_{EPB} > 10$）。这里对于淤泥类地层来说，其最大的平衡压力值为 1.5 bar。

根据 V_{EPB} 对部分地层进行的研磨性分级 表 10-10

地层类型	平衡压力(bar)	研磨强度（mg·km^{-1}）	研磨系数 V_{EPB}	建议的地层分类
黏土层	2	318	0.178	弱研磨性地层
粗淤泥层	2	400	2.530	一般研磨性地层
粗颗粒黏性地层	2	610	5.630	研磨性地层
淤泥层	1.5	1705	15.510	强研磨性地层

进一步的研究证明，粒度较粗的无黏性地层（特别是标准的砂层），其研磨强度一般也比较高。解决这一问题的有效途径之一是采用加入泡沫的方法，利用泡沫的润滑作用，来达到减小摩擦的目的。在所有的试验中，加入泡沫的标准砂层的研磨强度 $W_{m/s}$ 都低于未加入泡沫的情况（图 10-42）。

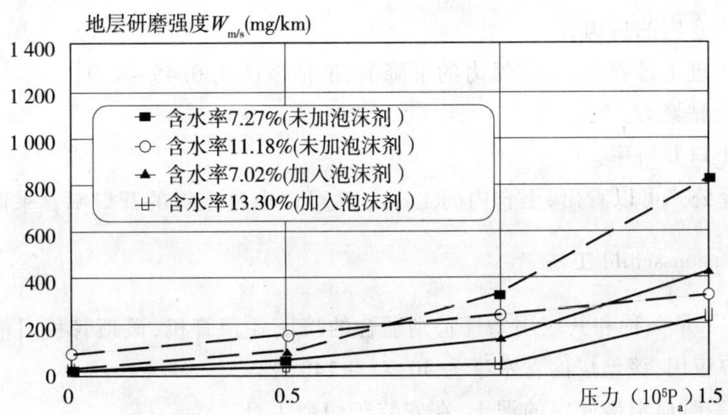

图 10-42 加入泡沫剂前后地层的研磨强度对比

10.3.7 无切削刀盘式顶管机(SM－B)

无切削刀盘式顶管机（SM-B）也称为挤压式顶管机（以下缩写为 SM-B）。这种顶管机属于最简单的土压平衡式顶管机。施工时顶管机的盾体和切削工具管被一同顶入土层中，其中一部分土层被挤入周围孔壁，另一部分通过压力墙上的进土口（一般是可开闭的）进入顶管机，有时也可以采用一个螺旋输送装置来辅助输土。

这种在日本研制成功的并主要应用于亚洲的盲式顶管机的优先应用范围是均质的细粒粥

状-软地层(N值 < 5),其中<0.06 mm的细颗粒成分应≥50 %。

很显然,挤压式顶管有其局限性,它必须在覆土较深且土质又比较软的黏土中才能使用。挤压式工具管是否适用,这里可以用一个排土率的标准来衡量:凡是工具管挤进土里的体积与其出土口排出的土体积的比例在95%~100%之间的,可以认为是适用的;否则就是不适用的。

出土量如果太少,地面就极易隆起;出土量如果太多,地面就会沉降。而且这种隆起是反应迅速的,它还表现为地面产生放射状或不规则的裂缝。相对隆起而言,出土量过多的地面沉降则表现得较为迟钝,需要经过一段时间才能表现出来,并且所产生的裂缝多与管道平行。如果土质均匀、地面平整,这种裂缝还具有对称性的特点。图10-43是根据一些施工实例绘成的排土率与地面升降的曲线。

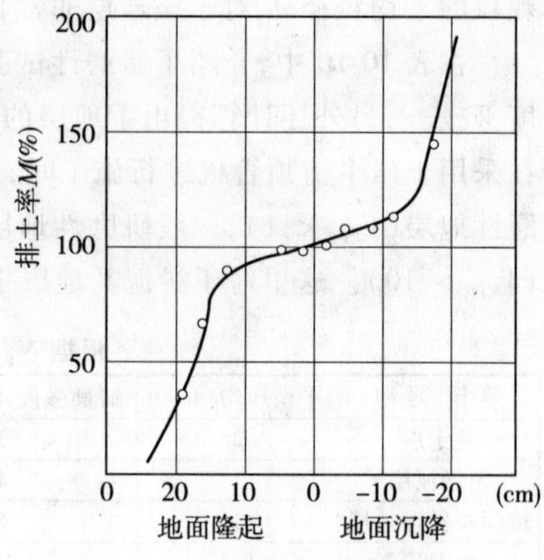

图10-43 排土率与地面沉降和隆起的关系

为了使设计的挤压工具管达到排土率95%~100%这一标准,除了工具管的挤土方式以外,工具管的开口率也是一个非常重要的因素。根据不同的施工条件,挤压式工具管的开口率可以在1%~50%之间调节。这里的开口率是指排土口与工具管全断面的面积之比。

无论是哪一种挤压式工具管,在挤压过程中,其土仓内的压力大小可由下式求得:

$$P = \alpha \cdot c_u \cdot \left(-6.9 \cdot \lg \frac{\beta}{100} + \frac{\pi}{3} \right) \tag{10-13}$$

式中:P——挤压仓内的压力;

α——挤压进土过程中,土黏聚力的下降值,取值范围为0.45~1.0;

c_u——土的黏聚力;

β——进土口开口率。

从上述计算公式可以看出,土仓内的土压力P可以由进土口的开口率β来调节。

10.3.7.1 Intrusionsschild 工法

图10-44所示是一种和其应用条件特别适合的挤压式顶管机,该顶管机目前正在Bangkok的软黏土地层中应用,该地层的含水率为40 % ~140 %。在施工中,进入喇叭口形破碎室的泥土,在安装于切削工具管下部的螺旋输送装置的作用下通过压力墙,然后再通过砂石泵排出至地表。

图10-44 Intrusionsschild 工法顶管机

目前,这类顶管机共有5种机型,适用于顶进长3m、直径为DN/ID 3 000或DN/OD 3 600的钢筋混凝土管道,其施工长度可达600 m,覆土厚度可为8~18m;施工中采用的长方形的始发坑和目标坑的尺寸($L \times B$)为7.7m × 5.4m或5.4m × 5.4m。最快的施工速度可达30 m/班。

10.3.7.2 LUNDBY 工法

SM-B 型顶管施工方法的另一类代表是 LUNDBY 工法(图 10-46)。施工中平衡压力的控制是通过远程操纵进土口的大小来实现的,两个液压控制开合的进土口挡板安装于切削工具管后 0.5 m 处(图 10-45)。在顶进过程中,被压入顶管机的土塞长度一般为 2 m,进土口的开启程度要和所施工地层的地质条件和水文地质条件相适应,进入顶管机的泥土将定期地通过机械的方法排出。

这种长 5.4 m 的 LUNDBY 顶管机共有 4 节钢管组成:

(1)带有高压水射流喷嘴的切削工具管。

(2)第二节管道中安装有 3 个控制油缸、土层压力测量传感器、两个液压控制开合式进土口闸板、绞车滑轮、目标靶和一个微型的数据处理器。

(3)第三节管道中装备有测量装置,可以测量顶管机的水平和垂直位移变化及其转动;另外,该管道中还安置了液压阀和液压传感器,其配置箱中还设置了与控制电脑的接口。

(4)第四节管道即是盾尾,由此可以进入第一节顶进的管道。

在确定顶进工作坑的深度时,要考虑到在(主)顶进工作站的下面预留出土的空间,出土空间的大小决定于施工管道的直径(DN/ID 800 ~ 1 000:1.0m^3,DN/ID 1 200 ~ 1 600:4.5m^3,DN/ID1 800 ~ 2 750:6.0m^3),或者决定于置于顶进工作站下面的用于装土的特殊槽式抓斗的体积。在出土空间充满之后,可以借助于该抓斗,利用装卸机械将土装入早已等候在那里的土箱中;这里也可以考虑采用砂石泵进行连续排渣。

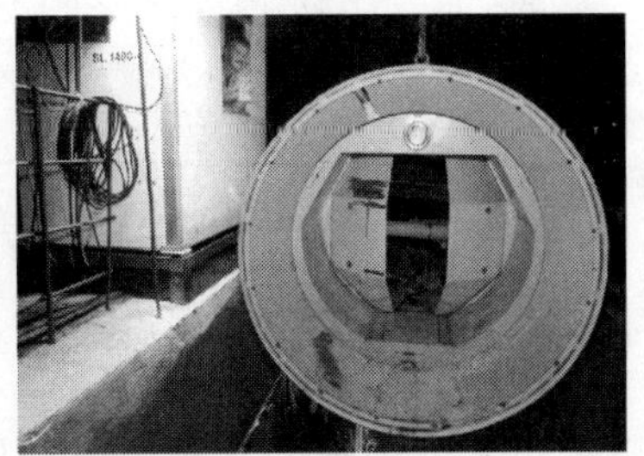

图 10-45 LUNDBY 顶管机

这种 LUNDBY 工法可以施工的管道直径为 DN/ID 800 ~ DN/ID2 750,其理想的施工地层是黏性粥状——软的黏土类地层,其中黏土成分的含量 $T \geqslant 40\%$,土层的单轴抗压强度应 $\leqslant 0.05 N/mm^2$(N 值 $\leqslant 4$)。

其所能达到的施工长度一般决定于所顶进的管道直径,根据制造商提供的数据,对于可进人的管道,在采用中继站的情况下,施工长度一般可达 300m。表 10-11 给出了实际施工中所获得的施工长度的有关数据。当管道直径为 DN/ID 2 000 时,曲线顶管施工的曲率半径可达 80 m。

制造商提供的关于 LUNDBY 工法的实际达到的施工长度与管道直径的关系 表 10-11

施工管道直径 DN/ID(mm)	800	900	1 000	1 200	1 400
施工长度(m)	20 ~ 150	60 ~ 95	25 ~ 140	45 ~ 130	50 ~ 228

关于施工进度,以直径为 DN/ID 1 400 的顶管施工为例,可以达到 15 ~ 50 m/12 h。

对于直径为 DN/ID 1 400 的顶管施工作业来说,根据制造商的数据,施工的准备时间需要 4d(每天工作 12 h)(其中 3d 整理施工现场,1d 用于顶管机的安装和定位);施工后的设备拆除需要 2d(1d 用于拆除施工机械,1d 用于施工现场的清理)。在这样的施工中,一般至少需要 4 人,3 个工作人员和 1 个顶管机操作人员。

当施工中遇到障碍物时,可以从顶管机进入工作面,用人工的方法将其排除或者破碎。

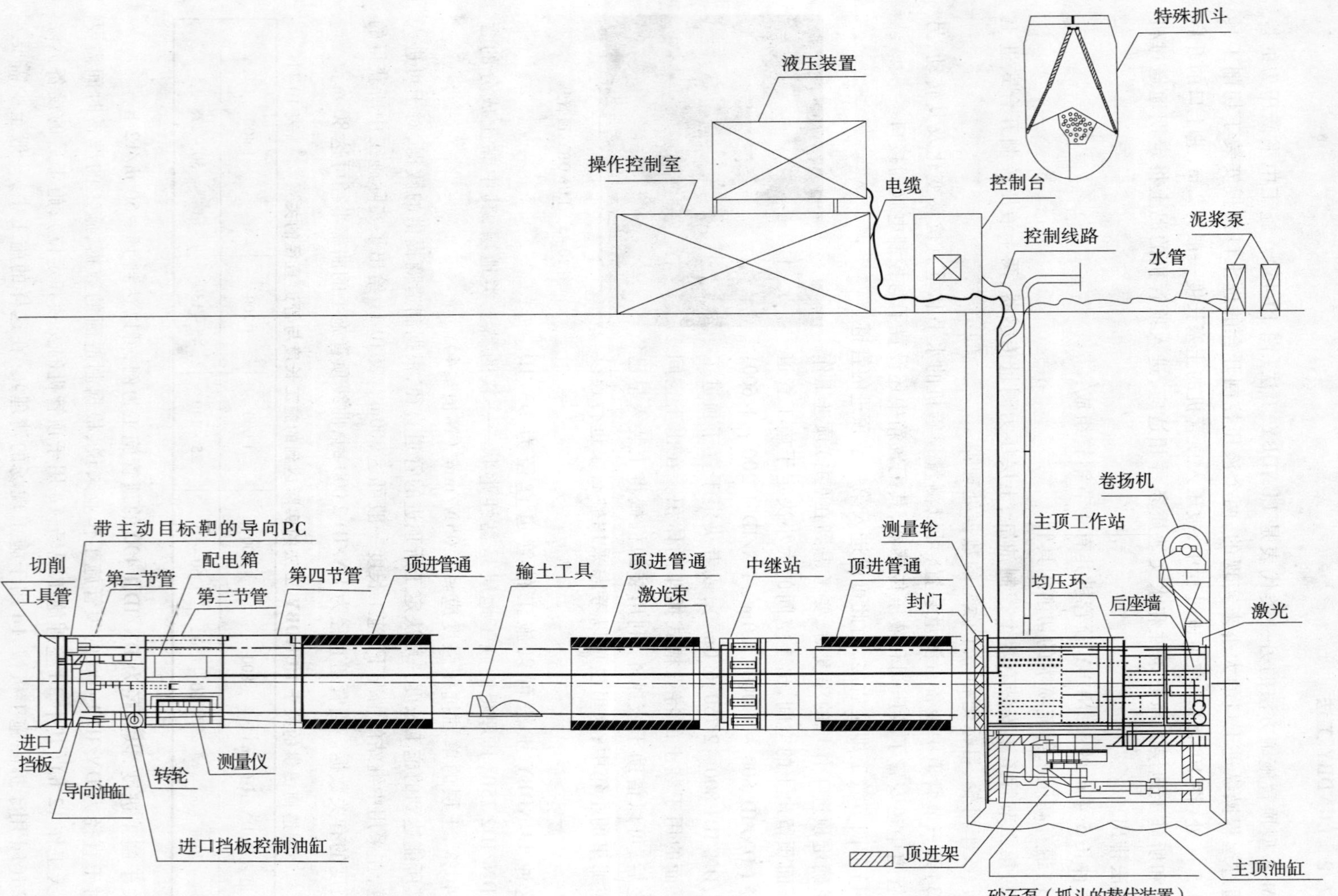

图10-46 LUNDBY工法施工原理图

10.4 非圆断面管道顶管施工技术

以上介绍的顶管机类型，一般只适用于圆形截面管道的施工，对于由圆形管道演变而来的非圆形管道或者构件的顶进施工，在技术上被证明具有很大的难度，圆形管道施工所能达到的管径和较大的施工长度也是不太容易实现的。其主要原因是结构和技术上的困难，另外在设计和施工中知识和经验不足也是一个方面的原因。一些特殊的困难还在于对工作面的全断面破碎以及有时可能会发生管道的偏转错位。

非圆形截面管道的施工，根据实践经验，通常可以有以下几种类型：

(1)采用圆形截面的顶管机对工作面实行分步或者全断面破碎，所施工的管道位外部为圆形，内部为非圆形(如椭圆形等)。

(2)顶管机的外形为非圆形，对工作面采用分步破碎方式，施工管道或构件的外形与顶管机的断面形状一致。

(3)顶管机的外形为非圆形，对工作面采用全断面破碎方式，施工管道或构件的外形与顶管机的断面形状一致。

对于上述提到的前两种施工方法，目前还没有出现全断面破碎的非圆形顶管机。但是在日本，人们采用管片拼装法和顶管机配合使用，实现了相关的第一个进步，下面将介绍其中的两种顶管机型，它们被称为顶管技术的典范，在这两种应用实例中，工作面全断面掘进这一技术上的难题，通过采用不同的方法得到了解决。

10.4.1 DPLEX 顶管施工法

这种 DPLEX(Developing Parallel Link Excavating Shield Method)顶管施工方法由于采用了特殊的破碎方式，可以完成圆形、方形或拱形截面的顶管施工，见图 10-47a)、b)、c)，工作面上土层的破碎是通过一个绕曲柄轴进行偏心转动的切削框架(或方形的切削刀盘)来完成的，见图 10-47d)、e)。

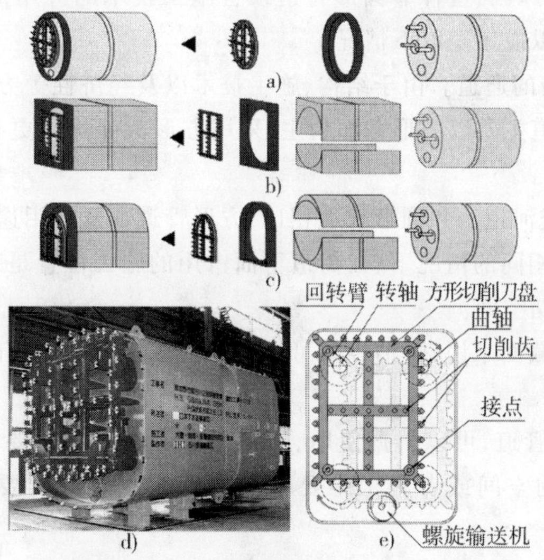

图 10-47 DPLEX 顶管施工法设备及原理

10.4.2 Takenaka 顶管施工法

日本 Takenaka Ltd. Company 的顶管机是研制用来施工方形截面的管道通道的(图 10-48)。

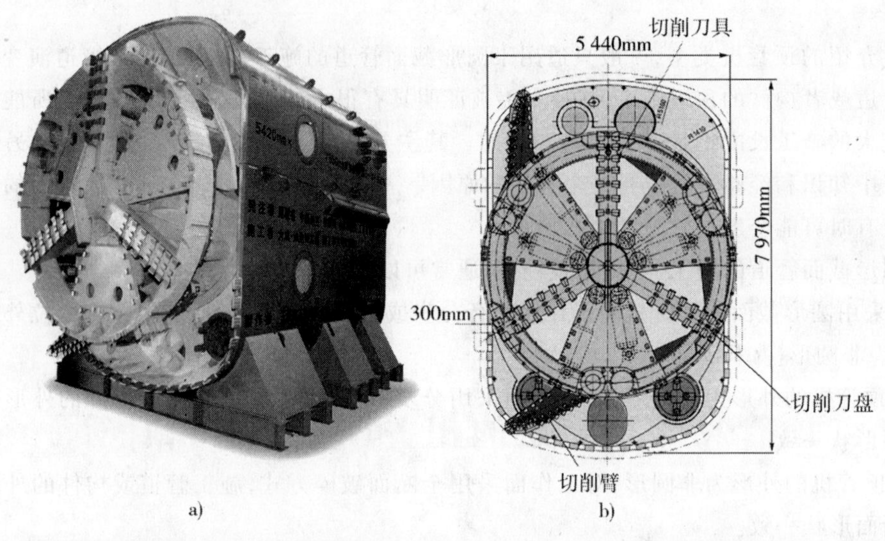

图 10-48 Takenaka 顶管机和工作原理(尺寸单位:mm)

在施工中,方形截面通道的形成分为两个阶段,在第一阶段,借助于位于前面的常规的圆形切削刀盘来破碎土层;第二阶段,通过安装于切削刀盘后面的切削臂的钟摆运动,来完成对圆形切削刀盘达不到的断面其他要破碎位置的切削。另外,在切削工具管的底部还特别镶嵌了一些硬质合金切削齿,目的是为了实现对土层的超前破碎。

对于非圆截面管道的施工,为了保证施工管线的轴线一致,必须防止管道或者顶管机的转动错位,并且要随时对其监控和调整,因此就要求切削刀盘能够正反两个方向转动,并且还要求切削工具的布置要适当。

为了预防单个管道或构件的转动,在其端面上都安装有定位螺栓,以保证管道的同轴性。另外,由于水力学方面的原因,这种非圆形管道顶管施工技术的应用范围主要是排水系统,但是方形截面的管道还可以应用于以下情况:

(1)作为要铺设管线的通道。由于结构、施工技术以及经济性等方面的原因,到目前为止,所采用的铺设管线的通道主要以方形截面为主;采用方形截面可以更有利地布置管线,并能合理地利用空间。

(2)作为储水空间或河道。和圆形管道相比,方形管道在这种用途上具有如下优点:

①在宽度和高度都相同的情况下,在街道下面占用的施工位置是一样的,但方形截面通道可以提供一个较大的存储空间。

②对于一定大小的截面来说,清洁设备可以方便地进出方形截面的通道,进行清洁和维护工作。

③对于方形截面的管道,可以根据使用、施工和水力学方面的要求合理地选择其高度和宽度,如根据街道下面的空间或者施工中要求的最小覆土厚度的要求,选择合适的高度和宽度。

(3)以较小的覆土厚度穿越路道。可进人式的排污管道,几乎都是按重力管道进行设计和施工的,因此,在设计和施工时,必须考虑水力学的必要条件,亦即要满足最大和最小允许坡度的要求,这也就是说,在穿越道路进行非开挖施工时,施工管线的坡度和位置都已经被限定了,其结果通常是,覆土厚度 H 和管道的垂直方向上的外径 d 的比值 $H/d<1.0$,甚至常常 <0.5;这就意味着,在大多数情况下,特别是断面较大时,覆土厚度不足以实现地下管道的施工,必须采用虹吸结构来解决这一问题。但是若采用宽度 b 相对于高度 h 较大的方形截面的管道,在覆土厚度较小的情况下,仍然可以实现排污管道的非开挖施工。例如,在截面积相等的条件下,$h/b=1/3$ 的方形截面管道所要求的覆土厚度明显要小于圆形截面,同样,在管道底部距地面高度相等的条件下,方形截面可以得到一个较大的覆土厚度和较大的 H/d 的比例关系。

10.5 顶管和微型隧道的相关理论及分析计算

在设计顶进管道时,必须对其在地层中的受力状态、地表荷载及其他可能产生影响的应力情况进行综合考虑。但是,在分析和计算顶进管道的应力和应变时,由于没有现成的适合于顶进管道的计算公式,人们还是习惯于照搬开挖法铺设管道的计算方法,这种先开挖后填埋的管道的计算方法,自然不能有效地满足顶进管道的特殊要求。现行的规范主要适用于在黏性和无黏性松散地层采用顶进法施工的圆形管道,包括钢筋混凝土管道、钢管和石棉水泥管道等。但是,对于采用其他类型的非开挖施工法(如夯管法、振动法或者土层挤密法)施工的管道,由于施工条件不同,应单独进行考虑,本书不进行论述。

在分析计算顶进管道的应力和应变情况时,通常应掌握如下的管道受力和施工条件:

(1)管道的公称内径(DN)。

(2)管材类型。

(3)顶进孔段的长度。

(4)地层性质,包括地层类型、土的密度(地下水位以上或以下)和土的内摩擦角等。

(5)管道的最大和最小覆土厚度。

(6)地面上的交通荷载。

(7)区域荷载。

(8)其他荷载(如周围其他建筑结构和楼房的影响)。

(9)地下水位情况(包括在管道施工和使用中的最大和最小地下水位)。

(10)地下水、土壤以及管道传输介质的化学活性。

(11)管道是否被输送介质全部充满。

(12)管道内部的超压情况。

(13)管道内部欠压情况。

(14)在顶进中采用压缩空气的管道内部超压情况。

(15)最大顶进力。

(16)管道接头和传压环的情况。

(17)施工管道轴线的曲率半径。

(18)施工导向中的最小曲率和允许的最大管道接缝。

(19)掘进机或导向头的超挖量。

(20)掘进机或导向头与管道的配合公差。

(21)润滑剂的使用情况。

(22)后注浆工艺和注浆材料。

(23)是否进行施工前降水。

(24)施工作业时的温度(当温度超过40℃时应进行考虑)。

10.5.1 顶进力的分析计算

微型隧道和顶管技术中的顶进力(Jacking Loads)是在施工中推进整个管道系统和相关机械设备向前运动的力,顶进力需要克服顶进中的各种阻力(摩阻力、工具管前端的迎面阻力或称为贯入阻力等)(图10-49),同时在顶进过程中还不断受到各种外界因素影响(纠偏、后背的位移等)。所以在顶管工程实施之前,准确计算所需的顶进力,不仅有利于合理设计顶进工作站和中继站,而且对于后背墙的设计也是至关重要的。因此,合理、准确计算顶进力对于实施顶管和微型隧道工程具有十分重要的意义和不可忽视的作用。

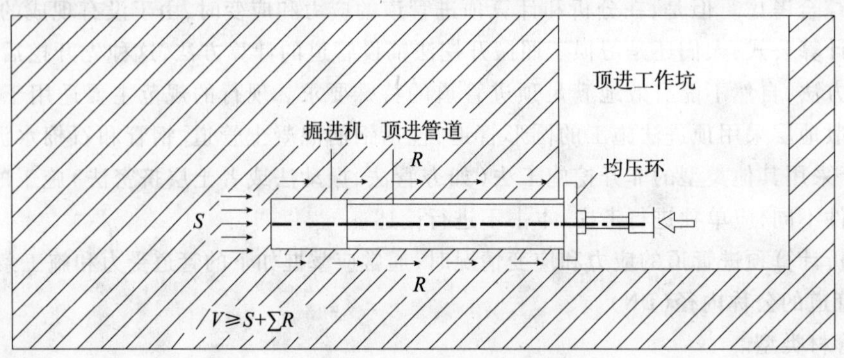

图10-49 顶管和微型隧道施工中的受力示意图

在顶管和微型隧道施工中,一旦施工的顶进长度确定以后,就可以据此来确定顶进力,然后根据所确定的顶进力的大小来分别进行顶进管道、顶进设备和后座墙等的选择和设计。影响顶进力的因素可以分为两大类:一是施工设计和现场施工条件的影响,二是施工工艺因素的影响。

施工设计和现场施工条件对顶进力的影响主要包括如下因素:

(1)顶进管道的尺寸、形状、自重和外表面的性质。

(2)施工管线的长度。

(3)土层类型及其在施工过程中的变化情况。

(4)地下水位高度。

(5)土体的稳定性。

(6)覆土厚度以及上部地层的重度。

(7)地表的荷载情况。

施工工艺对顶进力的影响因素主要包括:

(1)施工中的超挖量。

(2)施工中所采用的润滑措施。

(3)管接头处的台阶和(或)管接头变形。

(4)曲线段的顶进。

(5)管道的错位。

(6)中继站的采用。

(7)管道的顶进速度。

(8)施工停顿的频度和时间长短。

上述大部分影响因素是针对摩擦阻力的,其中只有少数对迎面阻力起作用,下面将详细讨论这些影响因素。

10.5.1.1 迎面切入阻力的分析计算

对于敞开式和压力平衡顶管和微型隧道施工方法,其迎面切入阻力(Face Resistance /Penetration Resistance)的来源也不同,下面将分别对其进行讨论。这里指的敞开式顶管和微型隧道工法包括手掘式顶管和其他采用螺旋钻头和切削刀头非压力平衡方法;压力平衡掘进法包括土压平衡法、加泥式土压平衡法和纯粹的泥水平衡等类似工法。

1)敞开式顶管的迎面切入阻力计算

德国人对顶管施工时切削工具管的切入阻力研究较多,其中 Herzog 通过对打入桩的深入观察研究,并和顶管技术现场记录成功地结合起来,建立了如下水平顶管切削阻力计算公式:

$$P_s = \pi \times D_s \times t_s \times P_s \tag{10-14}$$

式中:P_s——切削阻力,kN;

D_s——顶管机外径,m;

t_s——切削工具管的壁厚,m;

P_s——单位面积土的端部阻力(表 10-12),kN/m^2。

不同地层的单位面积土的端部阻力 p_s 表 10-12

土层类型	p_s(kN·m^{-2})
软岩、固结土	12 000
砂砾石层	7 000
致密砂层	6 000
中等密度砂层	4 000
松散砂层	2 000
硬—坚硬黏土层	3 000
软—硬黏土层	1 000
粉砂层、淤积层	400

这里值得说明的是,Herzog 认为顶管作业是在岩石中掘进,而不是简单地将管道在已开挖好的空洞中向前推进,所以,在岩石中的端部阻力取值较大。

Scherle 通过对这一问题的综合研究,提出了计算迎面阻力的阻力系数 f_1,根据地层类型的不同，这一系数取值在 300～600kN/m^2 之间。用该系数乘以切削面积即可得切入阻力，计算公式如下：

$$P_s = \frac{\pi \times D_s^2}{4} \times f_1 \tag{10-15}$$

式中：P_s——切入阻力，kN；

D_s——顶管机外径，m；

f_1——阻力系数，取值范围为 300～600kN/m^2。、

根据对实际施工记录的分析和实验室研究，Weber 给出了确定切削阻力的如下计算公式：

$$P_s = (\gamma_B \times z \times \tan\varphi + c) \times \lambda_c \times \pi \times D \times t_s \tag{10-16}$$

式中：γ_B——土的重度，kN/m^3；

z——覆土厚度，m；

φ——土的内摩擦角；

D——螺旋输送装置的直径，m；

t_s——切削工具管的厚度，m；

λ_s——承载力系数，该系数与土的内摩擦角的关系如图 10-50 所示。

Weber 的实验研究还表明，切削刀头在工具管中的位置也是影响切入阻力的一个重要因素（图 10-51）。当切削刀头位于工具管刃口相对靠后的位置时，实测的结果和利用上面最后一个方程的计算结果吻合得比较好；但是，如果切削刀头的位置靠前，切削阻力则下降。在实验中没有发现切削阻力和覆土厚度的相关性，Weber 将这一原因归结为：由于进入切削工具管内的土不受压并很快即被排出，不能形成土拱效应。所以，当切削刀头处于切削工具管的超前位置时，切削阻力可以用以下的简化方程进行计算：

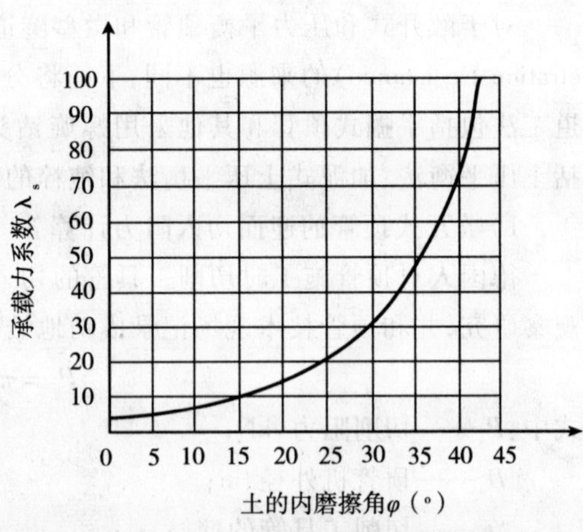

图 10-50 承载力系数与土的内摩擦角的关系

$$P_s = (\gamma_B \times 1 + c) \times \lambda_c \times \pi \times D \times t_s \tag{10-17}$$

图 10-52 列出了采用上述不同的计算方程计算出的切削阻力随直径的变化关系，这里假定的计算条件为：

①地层为致密砂层，土的密度 $\gamma_B = 22$ kN/m^3，土的内摩擦角 $\varphi = 42°$；

②切削工具管的厚度 $t_s = 0.02$ m；

③覆土厚度 $z = 3.0$m。

日本人也总结出了计算切入阻力的经验公式，即：

$$P_s = \pi \times D_1 \times q_r \tag{10-18}$$

这里：P_s——切入阻力，kN；

D_1——管道外径，m；

q_r——刃脚单位长度上所受的阻力（经验值见表 10-13），kN/m。

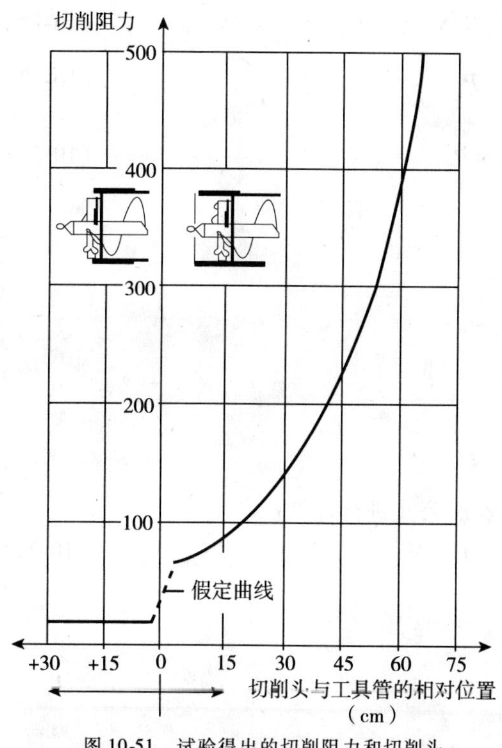

图 10-51　试验得出的切削阻力和切削头与工具管刃口相对位置的关系

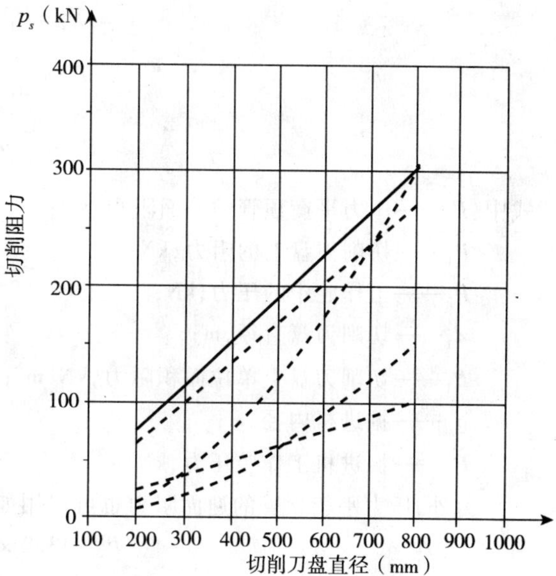

图 10-52　不同计算方法得出的切削阻力与切削头直径的关系

刃脚单位长度上所受的阻力 q_r 的经验数据　　表 10-13

土层类型	淤泥质黏土	砂质黏土	黏砂土	中细砂	砂砾
q_r 值（kN·m^{-1}）	40~90	50~100	50~100	50~150	100~150

根据《给水排水管道工程施工及验收规范》(GB 50286－97)中的相关规定，我国在计算顶进工具管的迎面阻力时一般采用表 10-14 中所列计算公式或算法。

我国顶进工具管迎面阻力 P_F 的计算公式　　表 10-14

顶进方法		P_F 的计算公式（kN）
手工掘进	工具管顶部及两侧允许超挖	0
	工具管顶部及两侧不允许超挖	$P_F=\pi\times D_{av}\times t\times R$
挤压法		$P_F=\pi\times D_{av}\times t\times R$
网格挤压法		$P_F=\frac{\pi}{4}\times a\times D\times R$

注：D_{av}为工具管刃脚或挤压喇叭口的平均直径，m；t 为工具管刃脚厚度或挤压喇叭口的平均宽度，m；R 为手工掘进顶管法的工具管迎面阻力，或挤压、网格挤压顶管法的挤压阻力，前者可采用 500kN/m²，后者可按工具管前端中心处的被动土压力计算，kN/m²；a 为网格截面参数，可取 0.6~1.0。

通过以上国内外的计算方法对比可知，我国规范中的计算方法实际上和 Herzog 的计算公式完全一致，但是我国规范只取 R 值为 500kN/m²，没有根据地层性质的不同给出不同的取值，实际上是没有考虑地层性质变化造成的影响，计算结果可能和实际情况相差很大。

2)压力平衡式顶管和微型隧道施工的迎面阻力计算

在压力平衡顶管和微型隧道施工中，迎面阻力主要由 3 部分组成：作用在切削刀盘上的阻力、工作腔中的压力和切削工具管刃口上的阻力。实际上，切削工具管刃口上的阻力通常可以不予考虑，所以压力平衡顶管的迎面阻力可以用如下公式计算：

$$P_s = P_1 + P_2 \tag{10-19}$$

$$P_1 = \frac{\pi}{4} d_1{}^2 \times P_1 \tag{10-20}$$

$$P_2 = \frac{\pi}{4} \times d_{si}^2 \times P_w \tag{10-21}$$

式中：P_s——压力平衡顶管的迎面阻力，kN；

P_1——切削刀盘上的阻力，kN；

P_2——工作腔中的压力，kN；

d_1——切削刀盘直径，m；

P_1——切削刀盘上单位面积阻力，kN/m²；

d_{si}——掘进机内径，m；

P_w——掘进机工作腔压力，kN/m²。

另外，压力平衡顶管的迎面阻力也可以用如下经验公式进行计算：

$$P_s = 13.2 \times \pi \times D_s \times N \tag{10-22}$$

式中：D_s——掘进机外径，m；

N——土的标准贯入指数。

10.5.1.2 顶管施工中摩擦阻力的分析计算

由于顶管和微型隧道施工中的摩擦阻力受很多因素影响，很难对其进行精确计算。可能是由于这一原因，近似计算法在英国顶管技术工业界是所采用的比较典型的计算方法，即采用单位面积上摩擦阻力的经验值乘以管道的总的外表面积即得顶进力，不同地层中管道的摩阻力见表10-15。从表中可以看出，这些数据相差太大，所以这种经验计算方法实际上没有多大的实用价值，因此下面将介绍有关摩阻力的理论分析计算方程。

德国的 D. Stein 及同事们也利用上述方法，首先确定一个简单的摩擦力常数 M，然后计算管道运动时的总的摩擦阻力，所采用公式如下：

$$P_p = M \times \pi \times D_p \times L \tag{10-23}$$

式中：P_p——作用在管道上的总摩擦力，kN；

D_p——管道外径，m；

M——管道表面摩擦力（不同的 M 值计算方法见表10-16），kN/m²；

L——管道长度，m。

不同地层中管道的摩阻力　　表10-15

土质类型	摩擦阻力（kN·m⁻²）			
	法国	英国	澳大利亚	德国
岩石		2～3	1	
含漂石黏土层		5～18		2.8～18.4
硬黏土层	8～10	5～20	5～7.5	5.3～9.3
湿砂层		10～15	13	2.2～16.1
淤泥层	17	5～20		4.9～8.5
致密干砂层				1.1～6.7
松散干砂层	20～30	25～45		
回填土		≤45		
致密砾石层	50			2.3～6.4

管道表面摩擦力的计算方法　　表 10-16

作　者	计算方程	$M(kN \cdot m^{-2})$	说　明
Walensky/Moecke	$M=\gamma\times h\times\sqrt{\frac{K_0^2+1}{2}}\times\tan\delta$	19.4	$\delta=\frac{1}{2}\varphi$
Hahn	$M=10$	10.0	
Helm	$M=\mu\times r\times h\times\frac{K_a+1}{2}$	21.9	
Szentandrasi/Scherle	$M=\mu\left[\gamma(h_w+\frac{D}{2})\frac{K_{Sch}+K_s+2K_K}{4}+\frac{G-A}{4D}\right]$	16.9	h_w-有效覆土厚度
Salomo	$M=\gamma\times h\times\sqrt{K_m}\times\tan\delta$	39.1	K_m-有效土压力系数
Weber	$M=\mu\times\sqrt{p_v\times p_h}$	15.2	$\mu=0.46$
Iseki	$M=q\times\mu+C$	13.3	掘进机重量不计

注：上表中的计算结果是在取 $D=700\text{mm}$，$h=4.0\text{m}$，$\gamma=20\text{kN/m}^3$，$\varphi=35°$的条件下得出的。

当在岩石中进行顶管和微型隧道施工时，因为开挖的直径必须要大于管道的直径，管道和开挖空洞之间为点接触（图 10-53），摩擦阻力的预测可能是在所有的情况下最简单的，其计算方程如下：

$$P_p=\frac{W_p\times\tan\delta_p}{\cos\zeta} \tag{10-24}$$

式中：P_p——摩阻力，kN/m；

W_p——管道单位长度重量，kN/m；

δ_p——管道和岩石间的摩擦角；

ζ——反力方向与垂直方向的偏角。

如果是在地下水位以下施工，由于管道所受地下水浮力的作用，摩擦力可能会更小。

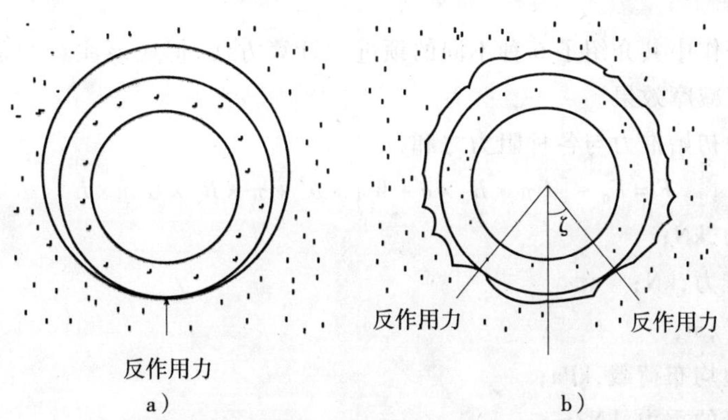

图 10-53　管道和开挖空洞之间的接触状态

a)理想化的圆形开挖空洞；b)真实的开挖空洞

在实际施工中，特别是在顶进管道时，可能会形成一些小的岩块或岩粉，这些物质积聚在隧道的底部，容易把管道向上垫起，使管道发生变形，增大了管道与孔壁的接触面积；如果这些岩石碎块或岩粉是可膨胀的，则对空洞会产生充填效应，从而在管道推进中形成较大的摩擦阻力。在实际生产中还经常发生这样的现象，岩粉和水形成胶结性的浆状物黏附在管道外壁，同样也会增大摩擦阻力。

在土层中施工时，由于顶进力不但受土层的类型和土层在顶进施工中变化的影响，而且还受随时间变化的土层稳定性和管道推进速度的影响；另外，诸如覆土厚度、地下水位的高度、地表的荷载等都可能对作用于管线上的力造成影响，从而影响到地层对管道的摩擦阻力，所以土层中顶进力的预测要远比岩石中困难得多。

Herzog 采用下面的公式来计算管道运动时的阻力：

$$P_p = \pi \times D_p \times L \times f_2 \times \frac{P_v + P_h}{2} \tag{10-25}$$

式中：P_p——管道摩阻力，kN；

D_p——管道外径，m；

f_2——摩擦系数（见表 10-17）；

P_v——垂直土压力，kPa；

P_h——水平土压力，kPa；

L——管道长度，m。

摩擦系数表 表 10-17

地层类型	摩擦系数 f_2	
	钢　管	混凝土管
砾石层	0.55	0.88
砂层	0.45	0.65
亚黏土（砂质黏土），泥灰土	0.35	0.40
低级黏土（软的淤积土）	0.30	0.35
黏土	0.20	0.25

10.5.1.3 国内文献中顶进力的计算方法

1）余彬泉法

余彬泉在其著作中共介绍了 6 种不同的顶进力计算方法，但应该注意的是，这些计算方法中都没有考虑注浆减摩效果。

(1) 总推力为初始推力与各种阻力之和

$$F = F_0 + [(\pi \times B_c \times q + W) \times \mu' + \pi \times B_c \times C'] \times L \tag{10-26}$$

式中：F——总推力，kN；

F_0——初始推力，kN；

B_c——管外径，m；

q——管周边均布荷载，kPa；

W——每米管的重力，kN/m；

μ'——管与土之间的摩擦系数，$\mu' = \tan\frac{\phi}{2}$；

C'——管与土之间的黏着力，kPa；

L——推进长度，m。

在手掘式顶管中，初始推力 F_0 的计算方法采用：

$$F_0 = 13.2 \times \pi \times B_c \times N \tag{10-27}$$

式中：B_c——掘进机外径，m；

N——土的标准贯入指数。

应该指出的是，这里用来计算手掘式顶管初始推力 F_0 的计算公式正好和欧洲（英国和德国)文献中压力平衡式顶管施工的迎面阻力计算公式完全相同。

在上面的计算公式中,如何计算管周边的均布荷载是关键,这里假定均布荷载为管顶上方土的垂直荷载与地面的动荷载之和,即:

$$q = W_e + p \tag{10-28}$$

$$W_e = \left(\gamma - \frac{2 \times c}{B_e}\right) \times C_e$$

$$C_e = \frac{1}{\left(\frac{2K\mu}{B_e}\right)} \times \left(1 - e^{-\left(\frac{2K\mu}{B_e}H\right)}\right)$$

$$B_e = B_t\left(\frac{1 + \sin(45° - \phi/2)}{\cos(45° - \phi/2)}\right)$$

$$p = \frac{2P'(1+i)}{B(a + 2H \times \tan\theta)}$$

式中:W_e——管顶上方土的垂直荷载,kPa,

γ——土的重度,kN/m^3;

c——土的内聚力,kPa;

B_e——管顶土的扰动宽度,m;

C_e——土的太沙基荷载系数;

K——土的太沙基侧向土压系数,$K = 1$;

μ——土的摩擦系数,$\mu = \tan\phi$;

H——管顶以上覆土深度,m;

B_t——挖掘的直径,$B_t = B_c + 0.1$,m;

p——地面的动荷载,kPa;

P'——汽车单只后轮荷载,$P' = 100$kN;

i——冲击系数(取值见表 10-18);

B——车身宽度,m,一般取 2.75m 左右;

a——车轮接地宽度,m,取 0.2m 左右;

θ——车轮分布角度,$\theta = 45°$。

冲击系数取值和管顶以上覆土深度 H 的关系 表 10-18

H/m	$H \leqslant 1.5$	$1.5 < H < 6.5$	$H \geqslant 6.5$
i	0.5	$(0.65 \sim 0.1) \times H$	0

(2)顶力计算公式之二

在采用降水措施以后,挖掘面的土体稳定而且能自立,余彬泉给出了如下手掘式顶管施工的推力的计算公式:

$$F = F_0 + \pi \times \alpha \times B_c \times \tau_a \times L + W \times \mu' \times L \tag{10-29}$$

$$\tau_a = \sigma \times \mu' + C'$$

$$\sigma = \beta \times q$$

式中:α——管与土的摩擦系数,$\alpha = 0.50 \sim 0.75$;

τ_a——管与土之间的剪切应力,kPa;

σ——管周边的均布荷载,kPa;

β——管周边的荷载系数，$\beta=1.0\sim1.5$。

在这里初始推力 $F_0=13.2\times\pi\times B_C\times N'$，其中 N' 为刃口贯入阻力系数，在普通黏性土中，$N'=1.0$，在砂性土和硬土中 N' 则分别为 2.5 和 3.0。

上述公式中其余的符号意义同前。

整理上述有关算式可得顶进力的计算公式如下：

$$F=F_0+\pi\times\alpha\times B_c\times\beta\times q\times\mu'\times L+\pi\times\alpha\times B_c\times C'\times L+W\times\mu'\times L \tag{10-30}$$

（3）普通泥水顶管推力计算

$$F=F_0+\pi\times B_c\times\tau_a\times L \tag{10-31}$$

式中各符号的含义如前，但是这里的初始推力 F_0 应采用如下公式进行计算：

$$F_0=\frac{\pi}{4}B_c^2(p_e+p_w+\Delta_p) \tag{10-32}$$

式中：p_e——挖掘面前土压力，kPa，$p_e=150$kPa；

p_w——地下水的压力，kPa；

Δp——附加压力，一般为 20kPa；

另外：

$$\tau_a=C'+\sigma'\times\mu'$$

$$\sigma'=\alpha\times q+\frac{2\times W}{\pi^2(B_c-t)}$$

式中：σ'——管子法向土压力，kPa；

t——管壁厚度，m；

α——管子法向土压力摩擦系数，取值范围见表 10-19。

泥水式顶管中 α 和 C' 的经验数值 表 10-19

土质及地面荷载情况	α	C'	土质及地面荷载情况	α	C'
砂性土，一般荷载情况下	0.75～1.10	0	砂砾土，较大荷载情况下	1.50～2.70	0
砂砾土，一般荷载情况下	0.75	0	黏性土，一般荷载情况下	0.50～0.80	0.2～0.7
砂性土，较大荷载情况下	1.50～2.70	0	黏性土，较大荷载情况下	0.80～1.5	0.5～1.0

（4）土压平衡顶管推力计算

在一般的土压式顶管施工中，推力计算公式如下：

$$F=F_0+f_0\times L \tag{10-33}$$

$$f_0=\mu'(\pi\times B_c\times q+W)+\pi B_cC'$$

$$F_0=\alpha\times p_e\times\frac{\pi}{4}B_c^2$$

$$p_e=p_A+p_w+\Delta p$$

式中：f_0——单位长度管子的综合阻力，kN/m；

F_0——初始推力，kN；

α——综合系数（取值见表 10-20）；

p_e——土仓内的压力，kPa。

p_A——掘进所处土层的主动土压力，kPa；

p_w——掘进所处土层的地下水压力，kPa；

Δp——土仓的预加压力，kPa。

表 10-20

不同土质的综合系数 α 值

土质类型	软　土	砂性土	砾石土
a	1.5	2.0	3.0

将综合阻力代入，得到一般土压式顶管施工的推进力计算公式为：

$$F = F_0 + \pi \cdot B_c \cdot q \cdot \mu' \cdot L + \pi \cdot B_c \cdot C' \cdot L + W \cdot \mu' \cdot L \tag{10-34}$$

(5) 手掘式顶管推进力的经验计算公式

$$F = F_0 + R \cdot S \cdot L \tag{10-35}$$

式中：F_0——初始推力，kN；

R——综合摩擦阻力，kPa；

S——管外周长，m；

L——推进长度，m。

上述参数中的初始推力 F_0 和综合摩擦阻力 R 的值可以直接从表 10-21 中得到，也可以根据具体的施工经验得出。

表 10-21

不同土质的综合摩阻力和初始推力

土　质	软　土	砂夹黏土	砂夹粉砂	中细砂	砂　砾
R(kPa)	8	8	10	12	20
F_0(kN)	70 ~ 90	90 ~ 170	50 ~ 70	40 ~ 70	100 ~ 200

(6) 泥水顶管推进力的经验计算公式

$$F = F_0 + f_0 \cdot L \tag{10-36}$$

$$f_0 = R \cdot S + W \cdot f$$

式中：F_0——初始推力，kN，这里 F_0 仍按普通泥水顶管推力计算公式进行计算；

f_0——单位长度管道与地层之间的综合摩擦阻力，kN/m；

R——综合摩擦阻力（其值可以从表 10-22 中选取），kPa；

S——管外周长，m；

W——每米管子的重力，kN/m；

f——管子重力在土中的摩擦系数，$f = 0.2$。

所以：

$$F = F_0 + R \cdot S \cdot L + W \cdot f \cdot L \tag{10-37}$$

表 10-22

不同地层的综合摩阻力

土　质	粉砂夹砂	砂　层	砂　砾	黏　土
R (kPa)	5 ~ 10	7 ~ 16	8 ~ 20	5 ~ 30
	(5 ~ 6)	(7 ~ 8)	(8 ~ 9)	(2 ~ 3)

注：括号内数据为根据对我国南方一些地区的工程实践，得出的在正常注浆情况下的综合摩阻力。

在 GB 50268—97 的 6.4.8 节中规定，顶管的顶力可按下式计算（亦可采用当地的经验公式确定）：

$$P = f \times \gamma \times D_1 \times \left(2H + (2H + D_1) \times \tan^2\left(45° - \frac{\phi}{2}\right) + \frac{\omega}{\gamma \times D_1}\right) \times L + P_F \tag{10-38}$$

式中：P——计算的总顶力，kN；

γ——管道所处土层的重度，kN/m^3；

D_1——管道的外径，m；

H——管道顶部以上覆盖土层的厚度,m;

ϕ——管道所处土层的内摩擦角;

ω——管道单位长度的自重,kN/m;

L——管道的计算顶进长度,m;

f——顶进时,管道表面与其周围土层之间的摩擦系数,其取值可按表 10-23 所列数据选用;

P_F——顶进时工具管的迎面阻力(其取值见迎面阻力计算一节),kN。

顶进管道与其周围土层的摩擦系数 表 10-23

土层类型	湿	干
黏土、亚黏土	0.2~0.3	0.4~0.5
砂土、亚砂土	0.3~0.4	0.5~0.6

2)王承德法

王承德设 p 为单位长度管道的摩阻力,将上述规范中摩阻力的计算公式进行简化得到:

$$P = 2\times\gamma\times D_1\times\left[H + K_1\times\left(H+\frac{D_1}{2}\right)\right]\times f + \omega\times f \tag{10-39}$$

式中:K_1——主动土压力系数,$K_1=\tan^2\left(45°-\dfrac{\phi}{2}\right)$。

此式的物理意义是:管道摩阻力等于管顶土压力强度与水平管轴线处主动土压力强度之和的 2 倍,乘以管道直径,再乘以摩擦系数,另外再加上管道自重所产生的摩阻力。上式中第一项是管顶土压力和管底地基应力引起的摩阻力,第二项是管道两侧主动土压力引起的摩阻力。但是,王承德认为这种采用单位土压力乘以管道外径 D_1 作为正压力的计算方法,违背了摩擦力的基本理论,因为除管顶、管底和水平管轴线两侧共 4 处土压力以外,其他的土压力与管道表面不垂直,并非是正压力。所以经过分析计算,得出作用于管道四周土压力的正压力之和 Q 为:

$$Q=\frac{\pi}{2}\times\gamma\times D_1\times(1+K_1)\times\left(H+\frac{D_1}{2}\right)-\frac{1}{3}D_1\times(2+K_1) \tag{10-40}$$

所以外力引起的圆形管道单位长度摩阻力应为:

$$p = f\times(Q+W) \tag{10-41}$$

代入上面 Q 的计算公式,得圆形管道单位长度摩阻力计算式的修正式:

$$p = f\times\gamma\times D_1\times\left(\frac{\pi}{2}(1+K_1)\times\left(H+\frac{D_1}{2}\right)-\frac{1}{3}D_1\times(2+K_1)\right)+f\times w \tag{10-42}$$

此式的物理意义是:管道摩阻力等于水平管轴线处土压力强度与主动土压力强度之和的 $\pi/2$ 倍,减去一个与埋深无关的管道特性项,再乘以管道直径和摩擦系数,另外再加上管道自重所产生的摩阻力。所以修正后的顶力计算公式如下:

$$P = f\times\gamma\times D_1\times\left(\frac{\pi}{2}(1+K_1)\times\left(H+\frac{D_1}{2}\right)-\frac{1}{3}D_1\times(2+K_1)+\frac{W}{\gamma+D_1}\right)\times L + P_F \tag{10-43}$$

上式是顶管和微型隧道施工中严格的顶进力计算公式,但是由于规范中的计算公式和该式在计算结果上相差不大,且规范中的计算公式物理意义简单明了,容易被人接受,所以推荐使用规范中的顶管顶力计算公式。

据实践验证,上述理论公式计算结果相差较少,经验公式相差甚多。建议在采用经验公式进行计算时,选用修正参数一定要慎重。必须明确的是:随着顶管顶进距离的增大,不同理论计算公式的差别也会变得显著。主要是由于随着顶距的延长,克服的管道外侧摩阻力占绝对优势,所以不同公式中的修正参数的作用会被距离所放大出来,得到的计算结果也就出现较大差别。另一方面,考虑土拱效果(余彬泉法)的理论计算结果基本大于未考虑土拱效应计算公式的计算结果。这可能是后者未考虑土的内聚力的作用所致,同时说明王承德为修订公式所建立的新力学模型是正确的。

10.5.2 影响顶进力的因素

顶管和微型隧道技术施工中的顶进力主要用来克服迎面阻力和作用于管线上的摩阻力,所以影响顶进力的主要因素包括:地层类型、覆土厚度、顶进长度、管道外表面的结构和形状等,除此之外,顶进速度、掘进面上土和水的反作用力、施工中的管道润滑、超挖量、施工中的停顿等也对顶进力有很大的影响。下面主要就如下几方面进行讨论:

(1)土体的稳定性和地下水。

(2)施工停顿。

(3)注浆润滑。

(4)管道的涂层和包膜。

(5)超径比。

(6)管道的外表面状况。

(7)管道错位。

(8)施工长度对顶进力的影响。

10.5.2.1 土体的稳定性和地下水

在顶管和微型隧道施工中,除了土的摩擦系数对顶进力的影响外,土的自支撑能力也是一个关键因素。对于粗颗粒的无黏性土来说,由于工作面的开挖所造成孔隙水的负压将很快地消散,所以管道上部的土层也会在开挖之后马上或很快塌落到管道上。在细颗粒的无黏性土地层中,由于地层的渗透性比较低,地层的坍塌过程也会相应延迟。但是对于黏土类地层,不但黏土颗粒细小,同时含有复杂的黏土矿物,地层的渗透性一般都小于 10^{-8}m/s,土的自立时间也相当长,因此,在黏土地层中施工管道时,可以假定管道和地层之间是有间隙的,这一点和无黏性土完全不同。

一般来说,当地层的稳定系数 $N_s \geqslant 6$ 时,无衬砌隧道将会发生全面坍塌。这里 N_s 的值可以通过如下公式进行简化计算:

$$N_s = \frac{\gamma \times h - \sigma_T}{C_u} \tag{10-44}$$

式中:σ_T——隧道内部的平衡压力,kPa;

γ——土的重度,kN/m^3;

h——覆土厚度,m;

C_u——土的无排水剪切强度,kPa。

在颗粒状的土层中施工时,由于地层具有膨胀性,必然会导致土拱效应的产生,地层的膨胀程度以及局部的应力状态将是决定管道是否受上部地层压力的主要因素。例如,在致密、有棱角的、粒状且具有大幅度膨胀性能的土层中施工时，作用在顶进管道上的应力要远小于在松散的风积砂层中施工中，因为松散砂层中的土拱效应可能会完全失效，上部砂层会塌落到管道上。

地下水位的位置也是影响地层稳定的另外一个重要因素，当在地下水位以下地层中施工时，作用在管道上的垂直压力计算公式可以采用如下改进公式计算：

$$P_v = \gamma \times h_1 + (\gamma - \gamma_w) \times h_w + \gamma_w \times H_w \quad (10\text{-}45)$$

式中：γ——土的重度，kN/m^3；

γ_w——单位体积水的重量，kN/m^3；

h_1——地下水位以上覆土厚度，m；

h_w——施工位置到地下水位的高度，m。

由于上述力的变化，同时地下孔隙水的压力 $\gamma_w \times h_w$ 又是全方位的，所以必然引起作用于管线上的正压力的变化。

在假定施工中顶进速度恒定的情况下，迎面阻力则决定于地层的性质，而摩擦阻力则主要决定于土层的稳定性。一般情况下，随着顶进长度的增加，顶进力将随着工作面稳定性和摩阻力的变化而变化。

下面以一个施工实例来说明施工中顶进力随顶进长度变化的情况。一个在淤积的黏土层中采用外径 1.2m 树脂涂层管道（覆土厚度约为 6m）的顶管工程的顶进力记录结果如图10-54 所示，这里最有趣的是，从施工记录中可以看出，在施工的前 150m，管顶上部有一个无排水剪切强度为 $30kN/m^2$ 的淤泥质黏土层，但是，在后半段的施工中却没有关于这一类似地层的记录，取而代之的是无排水剪切强度为 $10 \sim 20kN/m^2$ 的软—非常软的黏土层，上述两类地层的稳定系数分别为 3 和 6 ~ 12。很显然，从图中可以推断出该顶管工程的迎面阻力常数约为 250kN，在前半段 150m 的顶进过程中，顶进力以非常均匀的速度增加，其增幅约为 $1.1kN/m^2$；在 160 ~ 290m 的顶进过程中，顶进力的增加速度却达到 $5.3kN/m^2$，几乎是前面增幅的 5 倍。这里可能的原因是前 150m 施工中的淤泥质黏土具有自支撑能力，而后面的软土地层却在施工中塌落到了管道上。

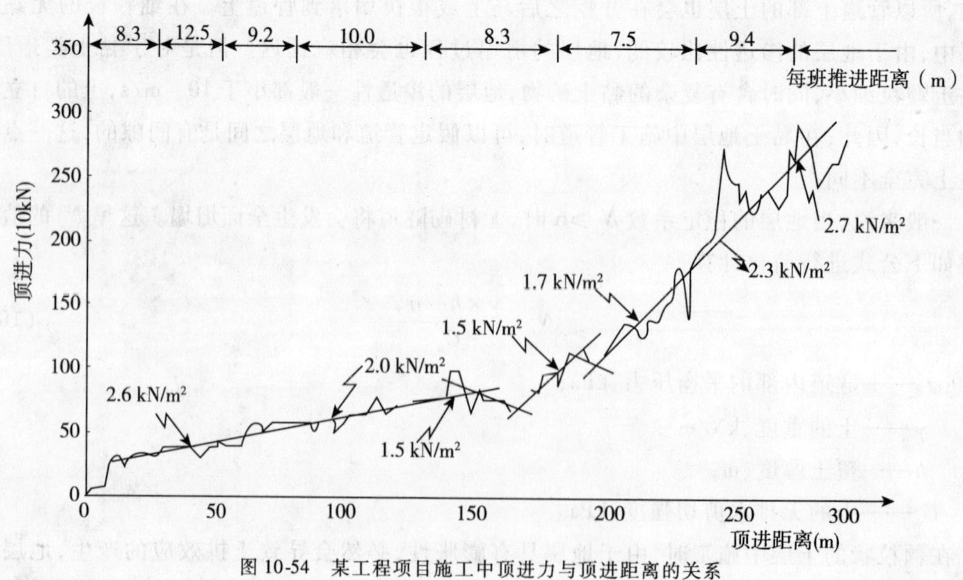

图 10-54　某工程项目施工中顶进力与顶进距离的关系

10.5.2.2 施工停顿

顶进过程中停止时间过长，重新启动时顶力会增大。由于停顿时间长，四周松土会坍落在管壁上抱实，同时水分也会从减阻浆液中离析出来，失去减阻支撑作用，顶进阻力则增大。

一些顶进力记录结果显示，在经过较长时间的停顿之后，重新启动顶进时的顶力一般要比原来的顶进力高50%。例如，某工程经过了一个周末两天的停顿后，重新启动的顶进力达到8 600kN，但是，在顶进一节管道之后，顶进力则下降为3 400kN。所以，在选择设计顶进工作站和后座墙时，建议设备的能力要2倍于正常施工的能力。另一个可选方案是利用中继站来解决这一高启动顶力的问题。曾经有一项顶管工程在经历了几个月的停工后又被成功地恢复了。

10.5.2.3 注浆润滑

顶管和微型隧道施工中，注浆和润滑效果直接关系到顶力的大小，实践证明，在顶管施工中采用注浆润滑技术，顶进力明显减小；否则，顶管管外壁的单位面积摩阻力约为20~30kN，有时会再增大2倍。注浆后顶力可减少到原来的1/4~1/3。相关的室内实验表明：当顶管施工从含水地层过渡到干地层的过程中，浆液要失去其中的部分水分，从而导致摩阻力的上升，有时可高于最初摩阻力的4倍。关于注浆润滑的详细内容请参看其他章节。

10.5.2.4 管道的涂层

管道表面的材质不同，和地层之间的摩擦阻力也不同，因此管道表面材质直接影响着施工中所需顶进力的大小。在施工中，希望管道的外表面尽可能地光滑，例如，当混凝土管道外表采用树脂基的防腐体系进行涂敷处理后，顶进力将会下降。另外一个因素即是管道表面的排水性能，如果管道表面能够提供地层（特别是黏土层）中孔隙水的排出通道，那么，由于地层中孔隙水压力的下降，将会导致顶进力的增大。

在管道顶入之前，通常在顶进坑中要对管道的表面进行涂敷处理，这样可以非常有效地降低摩阻力和顶进力。所采用的涂敷材料其中有一种为CCP（Clay Cap Polymer），这是一种人造的阴离子型可自由流动的粉末状聚合物，可以与清水或者海水以任意比例混合，但一般采用的比例为1~10。

10.5.2.5 超径比

顶管和微型隧道施工中的超径比是指施工中的超挖量与所铺设管道直径的比值，其计算公式如下：

$$R = \frac{D_s - D_p}{D_p} \times 100\% \tag{10-46}$$

式中：R ——超径比；

D_s——掘进机外径，m；

D_p——管道外径，m。

如果按照直径来计算，超挖量的值一般为20~24mm，但是，在一些特殊情况下，超挖量已经达到150~300mm。当采用较大的超挖量时，管道与孔壁之间的空洞必须采用注浆的方法进行充填。应该指出的是，在超挖量较大时，一定要注意控制地表的沉降。

在美国拉伯运工业大学（Loughborough University of Technology），有人研究了超径比对顶进力的影响，采用 200mm 直径的管道在砂层中做试验，研究的超径比范围为 0 ~ 14%。试验结果表明，4% 为最优的超径比，当超径比大于该值时，顶进力维持在一个较低的水平，但当超径比较小为 0 时，顶进力则急剧升高；与这一最优值对应的直径为 1 000mm 和 2 000mm 的管道在施工中的最优超挖量分别为 40mm 和 80mm（按直径来计算）。这里要指出的是，获得这一最优值的条件是位于地下水位以上的砂层，并且考虑土拱效应；所以这里关于超径比的最优值并不一定适合于黏性土层，特别是在黏土层中进行施工时，地层的膨胀性也是必须考虑的一个因素。

上面是关于圆形管道的超径比，Takeshita 通过对在不同密度砂层和淤泥层中顶进方形管段的顶进力测量，得出顶进方形管段的最优超径比为 1.2%，能使施工中的顶进力下降 50%。

10.5.2.6 管道直径和外表面状况

1）管径的影响

何莲等人根据实际顶管工程中实测顶力变化情况，将相同条件下不同管径的顶力进行比较，得出图 10-55 中分别在 50m、100m、150m 三种顶距情况下顶力随管径的变化情况的三条曲线，从图中可以看出，顶力随着管径的增大而呈线性上升趋势，管径越大，顶力越大。

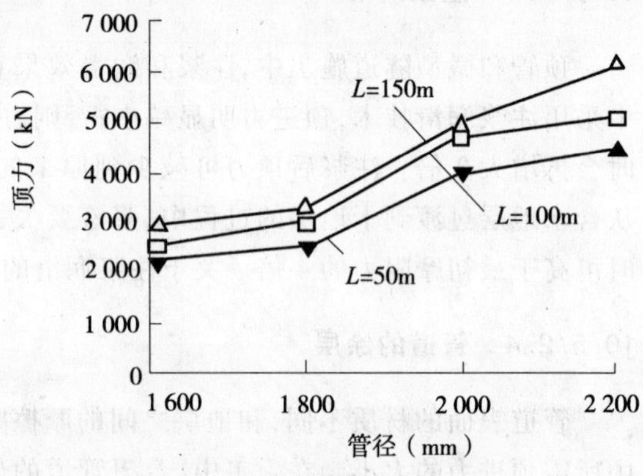

图 10-55 顶进力随管道直径变化

2）管道外表面状况的影响

管道外表面的材质以及接头的形式和对接状况对施工的顶进力也会产生很大的影响。首先，管接头的形式可能会直接提供一个力的作用面，从而增大施工中所需的顶进力。

有人就企口形接头的水泥管道和接头紧密配合的钢管道作了对比试验，结果显示，水泥管道和钢管道的表面摩擦力相差非常小，钢管道的摩擦阻力稍小；但是，在管道的模拟试验中，顶进力却相差非常大，水泥管道所需的顶进力为钢管道的 2.1 ~ 2.7 倍，这很大程度上是由管道的接口形式不同引起的。

由管接头引起的顶进力的增加很难通过计算的方法得到，但是管接头（无台阶）处的阻力可以利用邻近区域土的力学参数计算得出。对于有台阶的管接头，由于直接提供了一个和顶进方向相反的力的作用面积，假定该增加的阻力是一部分有效的迎面阻力，则可以通过下面公式进行计算：

$$\Delta P_s = \frac{A_{step} \times P_s}{D_s \times t_s} \tag{10-47}$$

式中：ΔP_s——管道台阶引起的阻力增加，kN；

A_{step}——管接头处台阶的面积，m^2；

P_s——迎面阻力，kN；

D_s——掘进机外径，m；

t_s——掘进机的厚度，m。

10.5.2.7 管线方向偏离的影响

Haslem 在 1986 年首次提出了管道方向偏离对顶进力影响这一观点，由于在顶进中不断出现偏差,校正过多,阻力增加,从而导致顶进力增大。要计算或预测顶进力的增加幅度是比较困难的。有文献介绍,垂直方向上的施工偏差导致的顶进力增加要大于水平方向的偏差,从现有的有限数据中可以得出,在密实的或者高固结性的地层中施工时,管线每偏斜0.1°,其所受的径向作用力就要增大3倍,因此,如果在密实的土层中管道偏斜量达到0.2°时,所需的顶进力则应是正常情况下的6倍。

一般在进出洞口处,管线偏差较大,纠偏次数也较多,顶力增加较大。

10.5.2.8 施工长度对顶进力的影响

在顶进力的计算公式中,顶进力和顶进长度是成线性关系的,图10-56是根据日本方法的计算实例,其相关的计算条件如图所示。但是在实际施工中,由于各种原因(如连接新的管段、处理事故等),经常会造成施工的停顿,所以顶管施工经常会发生由静摩擦到滑动 摩擦的转变,这样不可避免地会出现所需顶进力的峰值(如图10-57),这一点在计算和选择顶进力时应给与足够的重视。

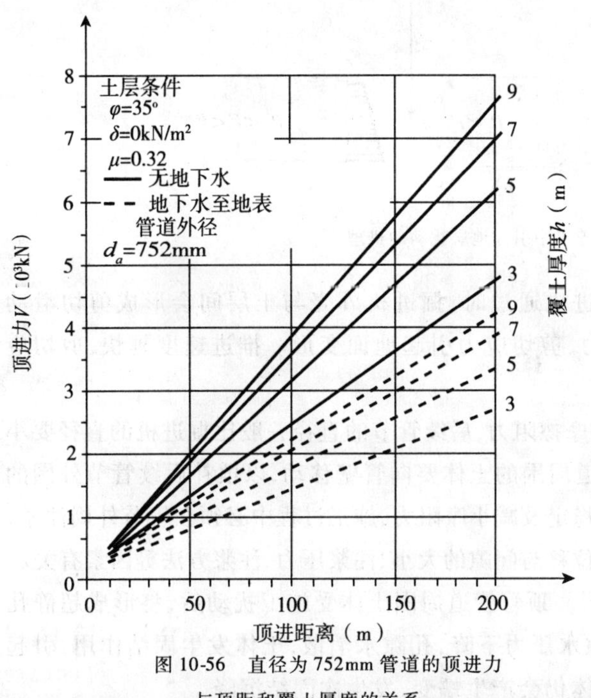

图10-56 直径为752mm管道的顶进力与顶距和覆土厚度的关系

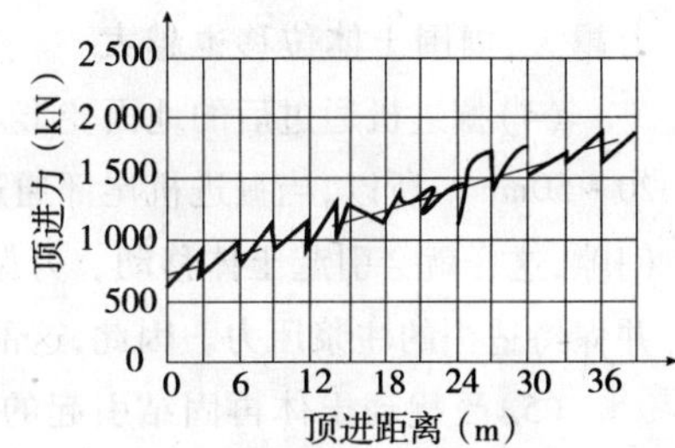

图10-57 直径600mm陶土管顶进力与顶距的关系

10.5.3 顶管施工地面变形分析和预测

顶管施工和其他隧道施工方法类似,也不可避免地会造成地面和地下土体的移动,即沉降和位移。地面沉降是危及周边建筑和设施的主要因素,过大的地面沉降对周边环境和构筑物的破坏往往是致命的,因此为了避免顶管法施工对周边建筑物、管线、道路、风景区等的破坏,必须严格控制地面沉降。所以在设计顶管工程时必须对不同条件下可能出现的地面最大沉降及沉降的分布形态和范围作出可靠的估计。

顶管施工过程中产生地面变形的根本原因是顶管施工对周围土体的扰动,地面变形通常由以下5个部分组成:

(1)掘进机到达前的地面变形。当掘进机离测点较远时,由于刀盘的切削搅拌和振动,会对土体产生扰动。由于土体颗粒之间存在孔隙(孔隙中含有水和空气),在扰动作用下,孔隙中的水和气体被排出,土体颗粒相对移动,土体产生一定的压缩,地面会出现微小的沉降。随着掘进机距离的靠近，土体受到千斤顶的挤压作用，地面出现隆起，且掘进机越靠近，地面隆起也越快、越大。

(2)掘进机到达时的地面变形。当掘进机距离很近时，位于掘进机正前方的土体，由于受到千斤顶推力的挤压、刀盘的切削剪切力以及振动荷载的作用，应力状态十分复杂。工作面的开挖将导致土体应力松弛，使得水平应力减小，而顶进推力则使水平应力增加。当这两方面引起的应力变化维持水平应力基本不变时，施工对土体的扰动最小(如图 10-58c)；若由此引起的水平应力的减小值大于主动土压力，则开挖面的土体将发生坍塌，由此产生超挖而导致较大的地面沉降，甚至使土层失稳(如图 10-58a)；若由此引起的水平应力的增加值大于被动土压力，则将使土体向外挤出，引起地面的隆起变形(如图 10-58b)。

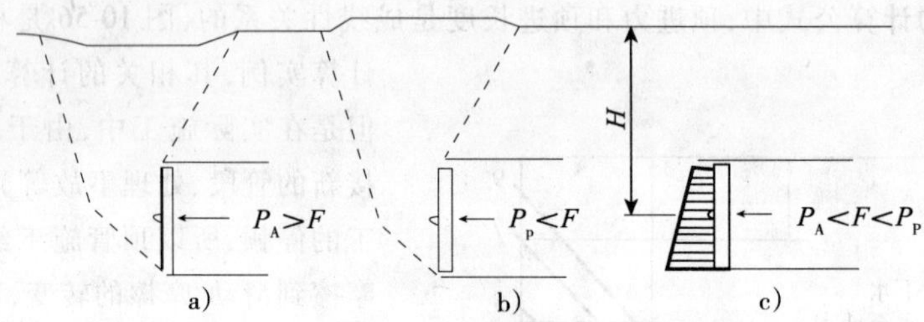

图 10-58 顶管施工中引起地层扰动的机理

(3)掘进机通过时的地面变形。当掘进机通过时，掘进机外壳与土层间会形成剪切滑动面，剪切滑动面附近的土层内产生剪切应力，剪切应力引起地面变形。推进速度越快，剪切应力越大，周围土体位移也越大。

(4)掘进机通过后的地面变形。为减小摩擦阻力，后续管节的直径一般比掘进机的直径要小 20~50mm。所以，当掘进机尾部通过后，管道周围的土体要向管壁移动，以填补后续管节外围的间隙，这样就会引起土体移动。为保持土层稳定及减小摩阻力，施工过程中必须在管节外周注浆，并保持适当的注浆压力。因此，这部分土层位移与间隙的大小、注浆压力、注浆方法等因素有关。

(5)受扰动土体再固结引起的地面变形。顶管管道周围土体受施工扰动后，将形成超静孔隙水压力区。在掘进机离开该区后，超孔隙水压力下降，孔隙水消散，土体发生固结作用，引起地面沉降。这部分为主固结沉降，随后，土体仍会产生蠕变，发生次固结沉降。

预测地面沉降的基本方法有两种，一是正态概率分布曲线或高斯曲线法(如图 10-59)，另一种是基于流体流动的理论计算方法，后者常应用于非开挖管线铺设。下面分别对这两种方法进行讨论。

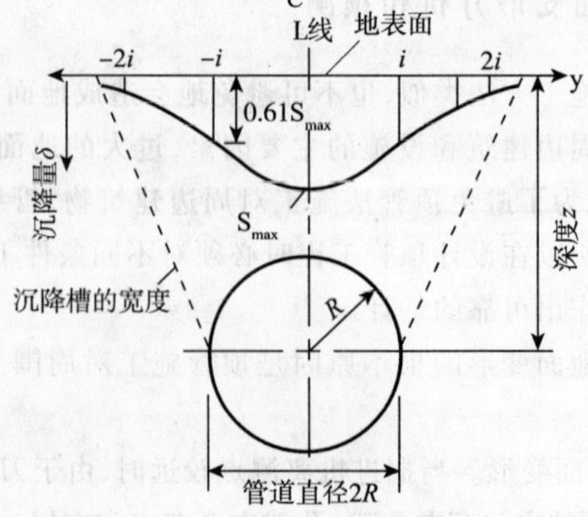

图 10-59 正态概率分布曲线预测地面沉降原理

10.5.3.1 地面沉降的经验预测方法

在隧道施工中,地表的沉降模型如图 10-60 所示。目前,大家普遍接受和采用一个误差函数曲线来描述地面的沉降(图 10-60)。地面沉降 S_v 的计算公式如下:

$$S_v = S_{max} \times \exp\left(\frac{-y^2}{2 \times i^2}\right) \tag{10-48}$$

式中:S_v——距离管道中心线 x 处的地面沉降量;

S_{max}——地面最大沉降量;

i——沉降曲线的标准偏差。

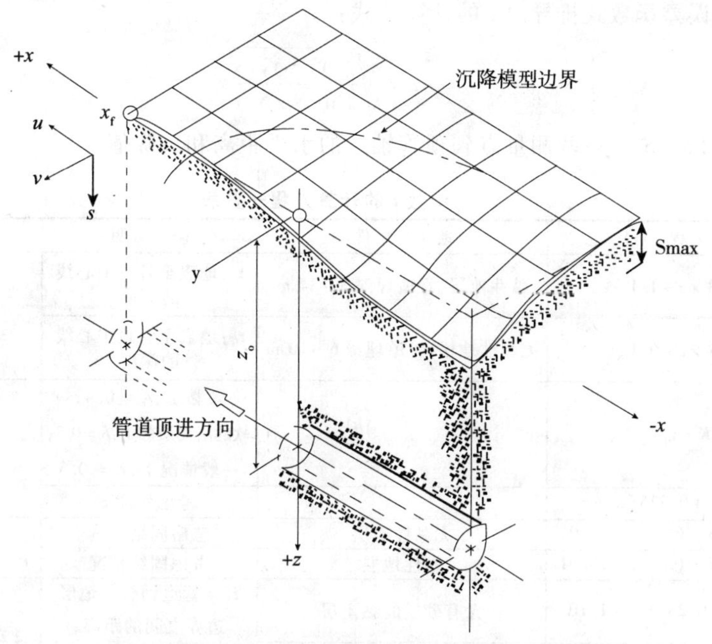

图 10-60 顶管和微型隧道施工中上部地层的沉降模型(据 Attewell 等人,1986 年)

这里,根据 i 值可以很容易确定沉降槽的宽度,从而可以确定沉降曲线的拐点离管道中心线的水平距离。下面将讨论上式中两个待定的参量 S_{max} 和 i 的确定方法。

OReilly 和 New 总结了英国隧道施工的地面沉降数据,最后得出结论认为:i 值大约是深度 z_0 的线性函数,为了便于实际应用,其计算公式可以简化如下:

$$i = K \times z_0 \tag{10-49}$$

式中:K——槽宽度参数,由地层类型确定的一个常数,黏土地层一般可以取 $K = 0.4 \sim 0.5$,砂砾石地层一般取 $K = 0.25$,淤泥质软土取 $k = 0.5 \sim 0.7$。

在计算地面以下的沉降情况时,i 值可以用下式来表达:

$$i = K(z_0 - z) \tag{10-50}$$

Mair 等人(1993 年)指出,$i/(z_0 - z)$ 的比值随深度的增加而增大,且 K 值可以通过下面公式计算得到:

$$K = \left(\frac{0.175 + 0.325(1 - z/z_0)}{1 - z/z_0}\right) \tag{10-51}$$

根据现场的实际测量数据,可得的精确计算表达式如下。

对于黏性地层：

$$i = 0.43 \times z + 1.1 \tag{10-52}$$

对于无黏性土层：

$$i = 0.28 \times z - 0.1 \tag{10-53}$$

上述黏性土层中 i 的计算结果和实测情况具有很好的相关性，对于无黏性地层，i 的计算公式虽然仍然被广泛地采用，但其相关性则比较低。目前，关于 i 的主要计算公式见表 10-24（D. Stein，2003 年）。

要得到实测的沉降曲线，可在同一横截面上布置若干观测点，测量每个点的沉降量，由这些沉降值即可得到沉降曲线。但利用沉降曲线的性质，只要测得同一横截面上任意两点的沉降，即可根据误差函数式推导出 i 的计算公式：

$$i = \sqrt{\frac{y_2^2 - y_1^2}{2\ln(S_1/S_2)}} \tag{10-54}$$

式中：y_1、y_2 和 S_1、S_2——两测量点到顶管轴线的水平距离和沉降值。

参数 i 的计算方程一览表 表 10-24

i 的计算方程（m）	地层条件	说明	作者
$i = 0.43 \times z + 1.1$	黏性地层，管道埋深 3～34 m	z_0：地表至管道中心线的深度	O'Reilly /New
$i = 0.28 \times z - 0.1$	无黏性地层，管道埋深 6～10 m	z_0：地表至管道中心线的深度	
$i = K \cdot z_0$		硬黏土，$K = 0.4$；软的淤泥质黏土，$K = 0.7$；一般情况下，$K = 0.5$	Mair
$i_z = 0.175 \cdot z_0 + 0.325(z_0 - z)$		考虑深度 z	
$i_z = 0.57 + 0.45 \cdot (z_0 - z) \pm 1.01$	无黏性地层	忽略固结影响	Leach
$i_z = 0.64 + 0.48 \cdot (z_0 - z) \pm 0.91$	黏性地层	考虑固结情况	
$i = 0.43 \cdot z_A + 0.28 \cdot z_B + 1.10$	含有砂层的黏土层	z_A = 管道轴线与地层边界之间的距离；z_B = 土层厚度	O'Reilly /New
$i = 0.28 \cdot z_A + 0.43 \cdot z_B - 0.10$	含黏土夹层的砂层		

S_{max} 的值与施工状况和施工方法有关，这里可以认为沉降槽的体积等于地层损失的体积来确定 S_{max} 的值。将地面沉降 S_v 的计算公式两端对 x 积分得：

$$\int_{-\infty}^{+\infty} S\mathrm{d}x = \int_{-\infty}^{+\infty} S_{max} \exp \frac{-x^2}{2i^2}\mathrm{d}x \tag{10-55}$$

上式的等号左边即为隧道轴线方向单位长度沉降槽的体积，这里用 V_s 表示，将上式进行整理可得：

$$S_{max} = \frac{V_s}{i \times \sqrt{2\pi}} \tag{10-56}$$

这里有两种方法可以确定 V_s 的值，一种常用的做法方法是假定地表沉降槽的宽度一般发生在距离隧道中心线 $2.5i$ 处，故可得 V_s 的近似计算公式如下：

$$V_s = 2.5 \times i \times S_{max} \tag{10-57}$$

V_s 的另一种计算方法认为，在顶管和微型隧道施工中，开挖面一般都进行连续的泥浆压力或土压力平衡，即使采用敞口式的顶管机，则地层一定是具有自立能力的粘土层等，所以由于开挖面土体移动引起的地面沉降可以忽略；另外，由于顶管和微型隧道的直径相对较小，可以认为由开挖面导致的土体移动也比较小。所以由超挖空间的闭合产生的土体移动将是导致地面沉降的主要原因,因此,圆形截面管道施工 V_s 的简化计算公式如下:

$$V_s = \frac{\pi}{4}(D_e^2 - D_p^2) \tag{10-58}$$

式中:D_e——隧道直径;

D_p——管道外径。

在用上述公式计算地面沉降时,还应该考虑土的固结硬化机制的影响。Hurrell(1985 年)提出,地层的长期垂直沉降曲线应该由上述沉降曲线和两个离散的固结沉降曲线叠加而成,可由下面方程定义:

$$S_c = S_{\max}\exp\left(\frac{-y^2}{2i_s^2}\right) + S_{\max}(c)\left[\exp\left(\frac{-(y+D)^2}{2i_s^2}\right) + \exp\left(\frac{-(y-D)^2}{2i_s^2}\right)\right] \tag{10-59}$$

式中:S_c——考虑土的固结硬化机制的地表沉降;

$S_{\max}(c)$——由土的固结硬化产生的地面最大沉降;

D——管道直径。

图 10-61 所示是相对平滑的长期垂直沉降曲线,它虽然不是一条真正的正态概率分布曲线,但是实际施工中所得到的曲线和该曲线比较接近。

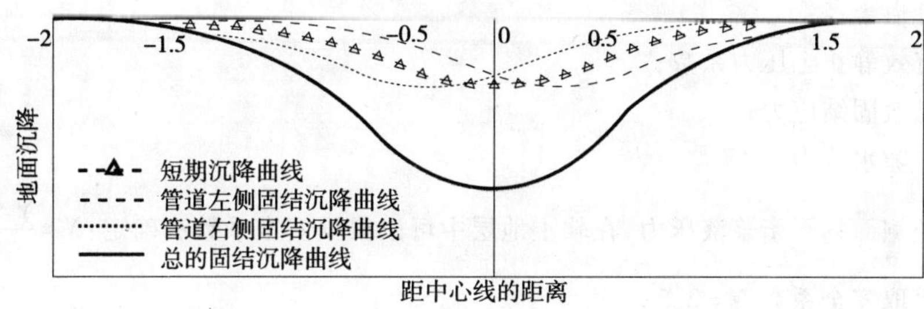

图 10-61 地表的短期和长期(固结)沉降曲线

上述经验公式在渗透性均匀地层中应用是比较合理的,但是如果应用于非均匀渗透性地层,则可能出现较大的误差。所以 Hurrell(1987 年)给出了非均匀渗透地层的标准偏差 $i_{t(a)}$ 的校正公式:

$$i_{t(a)} = \frac{2Z_0}{3}\sqrt{K_h/K_v} \tag{10-60}$$

式中:Z_0——地表至管道中心线的距离;

K_h——水平方向上的渗透系数;

K_v——垂直方向的渗透系数。

10.5.3.2 地面沉降的理论计算方法

图 10-62 是 Loganathan 在 1998 年提出的地层变形模式和地层损失的边界条件。当管线在自重的作用下沉落于隧道的底部时,管线顶部和隧道顶部的距离就等于 2 倍的环状间隙的厚度,基于简单的几何学原理,管线上部空间的面积大约是整个空间面积的 75%,所以 75% 的地层垂直移动发生在隧道的上部环空间隙。地层垂直移动影响区域的间接指标——沉降槽的宽度和隧道深度之间的关系可以用管线到沉降槽宽度所作直线与水平方向的夹角 β 来表示。从 Cording 和 Hansmire(1975 年)的观察结果可知,对于软—坚硬的黏土层,$\beta \approx 45°$,地层的扰动一

般发生在地层和隧道之间45°的楔形范围内。因此，可以认为，隧道轴线上方的地表沉降是等效地层损失的全部累积（100% ε_0），而在距中心线（$h+r$）处的地面沉降则是部分等效地层损失的累积（25% ε_0）。

应用图中所示的边界条件可以推导出下面的非均匀地层垂直移动的等效地层损失计算公式：

$$\varepsilon_{x,z=0} = \varepsilon_0 \times \exp\left(\frac{-1.38y^2}{(h+r)^2}\right) \tag{10-61}$$

$$\varepsilon_0 = \frac{4 \cdot g \cdot r + g^2}{4 \cdot r^2} \times 100\%$$

$$g = G_p + U_{3D} + w$$

$$U_{3D} = (0.7-0.9) \cdot \Omega \cdot r \cdot \frac{K_0' \cdot P_v + P_w - P_i}{E}$$

式中：g——常数，和环空间隙有关，

G_p——掘进机外径和管道外径之差；

U_{3D}——挖掘面处的等效3D弹塑性变形；

Ω——无量纲位移因子，可取1.12（Lee等人）；

r——管道半径；

K_0'——有效静止土压力系数；

P_v——有效固结应力；

P_w——空隙水压力；

P_i——挖掘面的平衡浆液压力，在软土地层中可以根据安全系数法确定：$N=\frac{\gamma \cdot H - P_i}{C_u}$，这里取安全系数$N=2.5$；

E——土的杨氏摸量；

w——施工工艺对地层沉降的影响参数。

其他参数的意义如图10-62所示。

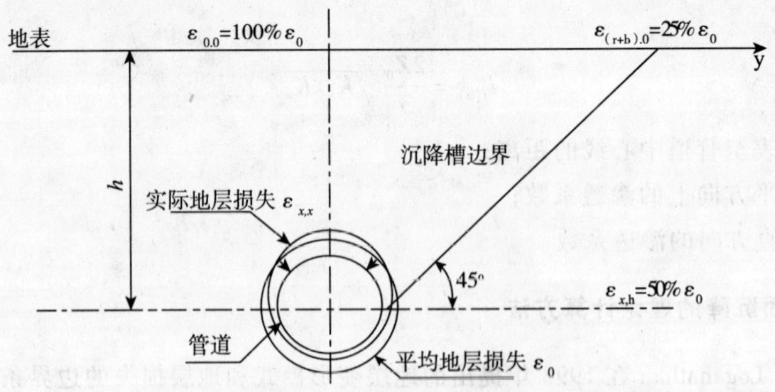

图10-62 Loganathan地层变形模式和地层损失的边界条件

这里直接给出地面沉降的计算公式如下：

$$S = \frac{4 \cdot g \cdot r + g^2}{4 \cdot r^2} \times \exp\left(\frac{-1.38 \cdot y^2}{(h+r)^2}\right) \times \frac{y}{\pi \cdot (y^2 + h^2)} \tag{10-62}$$

图 10-63 给出了一些 S 值的计算结果，从中可以看出，管道埋深越深，沉降槽就越宽，地层的最大沉降值则越小。

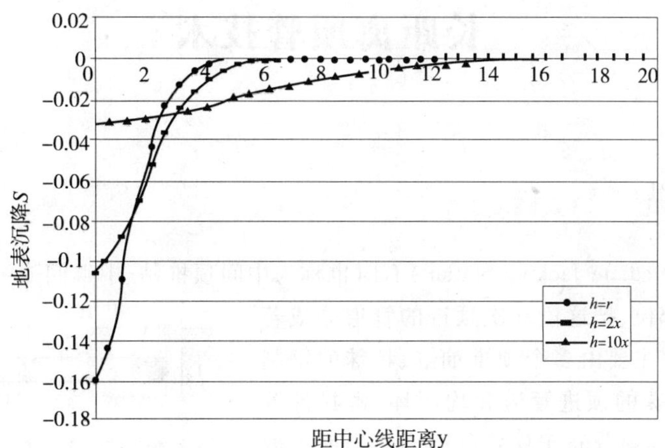

图 10-63　不同管道埋深的地层沉降规律

10.5.3.3　有限元法预测地表沉降

假定管道周围的土体为均质、各向同性的弹性介质，根据各层土的弹性模量 E 和泊松比 v，按加权平均法求得等代弹性模量 E 和等代泊松比 v，从而将分层介质简化为均质介质。这样，可以将地层沉降视为力学过程，并根据地质和施工条件，用弹性介质的有限元分析来预测施工所引起的地表沉降。日本的竹山乔用弹性介质有限元法分析得出的估算地表沉降的实用公式如下：

$$S=\frac{2.3\times10^{4}}{\overline{E}^{2}}\left(21-\frac{H}{D}\right) \tag{10-63}$$

式中：H——管道覆土厚度，m；

D——掘进机外径，m；

$\overline{E}$——等代平均弹性模量，MPa。

在利用弹塑性介质的有限元分析法估算地表沉降时，必须根据不同的土质，合理选用相应的土体本构模型。加拿大的 Rowe 和 Kack 提出了用间隙系数来模拟地层损失的方法，间隙系数 g 与地层损失 V 的关系可用下述公式表达：

$$V=\frac{\pi}{4}[(D_m+g)^2-D_m^2] \tag{10-64}$$

式中：D_m——隧道外径，m。

隧道 D_m 不变，周围间隙为 g，周围土体在释放荷载作用下向隧道外周位移，由此引起地表沉降。地面沉降曲线与正态分布曲线基本相似。

除了上述方法外，还可以运用统计法预测顶管和微型隧道施工中的地表沉降，即从质量管理（QC）的角度出发，根据 PDCA（Plan、Do、Check、Action）方法规定，结合工程实例采用统计法（重回归分析）来归纳分析地面和建筑物的沉降量与施工控制之间的关系。

10.6 长距离顶管技术

10.6.1 中继站

中继站(Intermediate Jacking Station)有时也称为中间顶推站、中继间或中继环,安装在一次顶进管子的某些部位,把这段一次顶进的管道分成若干个推进区间。它主要由多个顶推油缸、特殊的钢制外壳、前后两个特殊的顶进管道和均压环、密封件等组成,顶推油缸均匀地分布于保护外壳内。当所需的顶进力超过主顶工作站的顶推能力、施工管道或者后座装置所允许承受的最大荷载时,则需要在施工的管线之间安装中继站进行辅助施工。在顶进过程中,先由若干个中继站按先后程序把管子向前推进油缸行程大小距离以后,再由主顶油缸推进最后一个区间的管道,这样不断地重复,一直到把管道从工作坑顶到接收坑(图 10-64)。管子顶通以后,中继站需按先后程序在拆除其内部油缸以后再合龙。

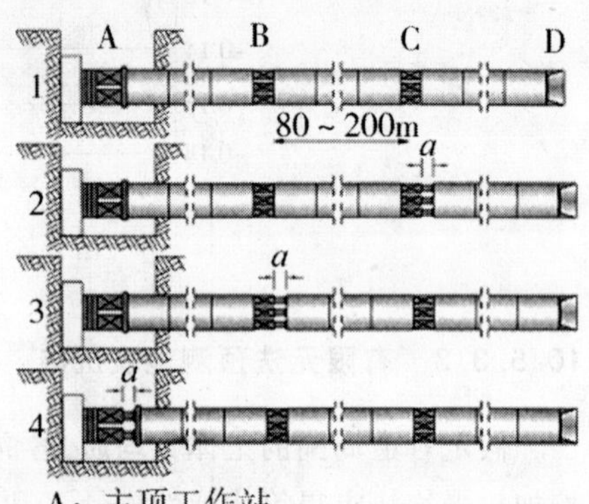

图 10-64 中继站工作原理

中继站油缸的供油有两种方式:一种是利用主顶油泵通过高压供油管把压力油供到中继站油缸,另一种是在中继站附近安装一台中继站油泵。最初中继站采用人工的方法进行操作,现在无论是主顶工作站或中继站,一般都在控制台通过计算机进行控制。

中继站油缸主要参数、承压环及管径的关系见表 10-25。

中继站可以分为以下两种类型:

(1)回收式中继站。

(2)丢弃式中继站。

中继站油缸主要参数、承压环及管径的关系 表 10-25

混凝土管道内径(mm)	中继站油缸参数				承压环厚度(mm)
	推力(kN)	行程(mm)	外径(mm)	长度(mm)	
0 ~ 1 200	300	300	135	525	70
1 350 ~ 2 200	500	300	165	550	82
2 400 ~ 3 000	1 000	300	225	580	94

回收式中继站的适用管径 > DN/ID500,直接安装于顶管机后面或在顶管机后面一个相对较短的距离;顶进工作结束后,可以通过管线将其顶入目标井;另一种方法是,事先计算好中继站的位置,在顶进工作完成后,使其正好位于一个中间过渡井中,在此可以将其打捞上来。

在硬地层或不可预测的复杂地层条件下(地层具有较大的摩擦阻力和切削刀盘反作用力)施工时,中继站将和顶管机连成一体,作为顶管机的后续部分(所谓的可伸缩式顶管机),该中继站可以连续有控制地施加给切削刀盘所需的压力，从而可以减小所需的总的顶进推力，同时也将顶管机的推进和所顶进的管道分离开来。

在松散地层中施工时，这种顶管机的加长部分也可以用来排除危险，如在遇到特殊情况施工中断时，可以作为辅助工作空间来实现工法的转换（如改换成管片拼装施工法）。

所谓的丢弃式中继站适用的管道直径 > DN/ID800，施工中每隔大约 100m 安装一个中继站，能够有效地克服在经过了一个较长的停顿时间后通常所需要的较大的顶进启动力。

第一个中继站一般应安装于顶管机后 20 ~ 40m，因为它不但要克服地层的摩擦力，还要克服切削刀盘向前顶进的反作用力。

如果施工中的摩擦阻力比预期的要小，则上述中继站的间距可以相应加大；相反，则应适当减小其间距。例如，在施工天然气管道“Europipe”时即遇到了这种情况，对于 2 535m 长的施工孔段，预计采用 25 个中继站，由于施工中采用了一种有效的管道润滑措施，真正的最大摩擦阻力只有计算值的 10%，结果将中继站的间距由最初的大约 100m 加大到 150m。

中继站的结构形状原则上和 ATV-A125 中规定的钢筋混凝土管道的管接头相一致，中继站带有木质的传压环和钢制的刚性均压环，以便顶进力均匀地分布于管道的端面上，端面的尺寸必须和作用于其上的顶进力相适应。

处于松动状态或者一端固定于前面管道的钢制中继站外壳（如图 10-65）的长度应该和油缸的行程（一般为 300 ~ 1 000mm）相一致。

对于后一种中继站，其钢制的均压环和钢制的外壳焊接在一起，并保证其具有不透水性；在前面的管子周围进行混凝土浇筑加固，最后再利用端部的螺栓对其进行固定。在施工中，一般通过所谓的外、内弹性密封装置来分别实现对地下水或者润滑浆液的外部压力以及由所要输送材料施加的内部压力的密封。实践经验证明，这种单向作用的密封装置，特别是在长距离顶进施工时，对于不断往复运动的钢制外壳来说，其寿命一般是比较短的；特别是在砂层或者含有小石子的地层中施工时，由于磨损严重，通常在仅仅几个工作循环之后就已经被损坏而失去密封作用。为了避免这种情况的发生，可以通过注油管定期地向内外弹性密封环之间以及密封环的外部注入油脂润滑（图 10-65），对于所谓的“双凸”形的内部密封环来说，需要时可以采用机械的方法使其胀紧，以避免浆液、地下水或者土颗粒等进入中继站外壳和其后部的管子之间。

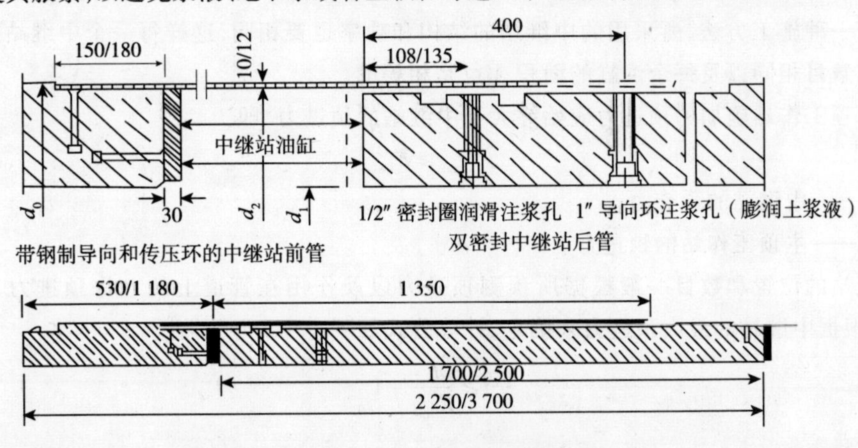

图 10-65　中继站的结构图

在长距离顶进施工中，建议在压力传递环上装备一套所谓的“激活性应急密封装置”，在发生密封不良的紧急情况下，可以通过气动的方式建立起 ≤6bar 的密封压力。像其他的嵌入式部件一样，这种密封系统在施工结束后也可以拆除。

中继站的控制通过操纵台来实现，每一个中继站都单独需要自己的液压供油管线；为了在长距离施工中尽可能减少循环中油路的压力损失，可以设置若干个不同的液压装置来分别对不同的中继站供油。

对于所谓的丢弃式中继站，在顶管作业结束后，前特殊管、后特殊管以及包括钢制的外壳都留在地层中，不再进行回收，但是其内部的组成部分（如推进油缸、连接件、均压环和液压管线等）将由工作人员通过手工的方法进行拆卸，以备它用。在拆卸工作完成之后，所留下的位于前、后特殊管之间的由钢制的外壳进行保护的区间，可以借助于后面的中继站将其合拢封闭，或者通过现场浇筑混凝土的方法形成衬砌。为了达到上述目的，必须保证管道的内径按照相关要求来进行，也就是说，这种丢弃式的中继站只能在管道直径≥DN/ID 800 时才能应用。

为了减小施工的难度和降低相关的施工成本，在确定中继站的位置时，一定要考虑利用已计划好的中间过渡井或者其他一些竖井（如排污系统中的下水道）。在安放中继站时，第一个中继站应放在比较前面一些，因为掘进机在推进过程中推力会因土质条件的变化而有较大变化。当总推力达到中继站总推力的40% ~60%时，就应安放第一个中继站，此后，每当达到中继站总推力的70% ~80%时，安放一个中继站。而当主顶油缸达到中继站总推力的90%时，就必须启用中继站。当施工条件比较复杂时，如高水压或覆土厚度特别大时，应采用密封和止水性能较好的中继站，以防止事故的发生。

根据1998年5月1日起施行的《给水排水管道工程施工及验收规范》（GB 50286—97）的相关规定，采用中继站时应符合下列要求：

（1）中继站千斤顶的数量应根据该段单元长度的计算顶力确定，并应有安全储备。

（2）中继站的外壳在伸缩时，滑动部分应具有止水性能。

（3）中继站安装前应检查各部件，确认正常后方可安装；安装完毕应通过试运转检验后方可使用。

（4）中继站的启动和拆除应由前向后依次进行。

（5）拆除中继站时，应具有对接接头的措施；中继站外壳若不拆除时，应在安装前进行防腐处理。

对于一种施工方法，所采用的中继站的结构和功率也要相同，这样每一个中继站所用的推进油缸的数目相同以及每个油缸的面积 A 也是相等的。

由主顶工作站施加的顶进力应始终大于中继站的顶进力，即：

$$F_{\text{mps}} \geqslant F_{\text{ijs}} \tag{10-65}$$

式中：F_{ijs}——中继站的顶推力；

F_{mps}——主顶工作站的顶进力。

中继站的位置和数目一般根据所预测顶进力以及作用在管道上的允许顶进力 F_{pipe} 来确定，或者根据中继站的最大顶进力来确定，计算公式如下：

$$i \geqslant \frac{F}{F_{\text{pipe}}} - 1 \tag{10-66}$$

或者：

$$i \geqslant \frac{F}{\eta_h \cdot \max F_{\text{ijs}}} - 1 \quad \text{满足 } F_{\text{ijs}} < F_{\text{pipe}}$$

$$\max F_{\text{ijs}} = \max p_i \cdot n \cdot A_i = F_{\text{ijs}} / \eta_h$$

式中：i ——中继站的数目（取整数）；

F——总的顶推力；

F_{pipe}——管道允许顶推力；

$\max F_{ijs}$——中继站的最大顶推力；

η_h——液压作用效率系数，一般取0.7～0.9；

$\max p_i$——中继站安全阀的最大压力；

n——中继站中油缸的数目；

A_i——单个油缸的作用面积；

F_{ijs}——中继站的顶推力。

这里通过液压效率系数的调整，中继站的最大推进力变小，使其更接近于施工中中继站实际所能达到的、作用于所要铺设管道上的顶推力。

由于施工中中继站的存在，施工管段将被分成 $i+1$ 段，每段的长度为 L_i 或 L_{mps}。位于顶管机/盾构机后面的第一个中继站（ijs1）必须要克服施工中的迎面阻力 S 和位于其前部的管道与地层之间的摩擦阻力 R；而后面的中继站则只须克服各自与其前方中继站之间管道与地层间的摩擦阻力，因此，第一个中继站的顶推力大小必须满足：

$$F_{pipe} \geqslant S + R \cdot L_1 \tag{10-67}$$

$$\max F_{ijs1} \geqslant S + R \cdot L_1 \quad (F_{ijs} < F_{pipe}) \tag{10-68}$$

由此可见，顶管机和第一个中继站之间的管段长度与相邻中继站之间的管段长度是有区别的：

第一个中继站的间距（L_1）：

$$L_1 = \frac{F_{pipe} - S}{R}$$

或者：

$$L_1 = \frac{F_{ijs1} - S}{R}(F_{ijs} < F_{pipe}) \tag{10-69}$$

其他中继站之间的间距则为：

$$L_i = \frac{F_{pipe}}{R}$$

或者：

$$L_i = \frac{F_{ijs}}{R} \quad (F_{ijs} < F_{pipe}) \tag{10-70}$$

那么，主顶工作站和最后一个中继站之间的间距应为：

$$L_{mps} = L_{total} - \sum L_i \leqslant L_i \tag{10-71}$$

在同一管线上，中继站的压力应与后背所受的压力相等，而每个中继站的压力亦应相等。中继站的压力来自千斤顶。千斤顶的总推力可用下式计算：

$$P_c = \frac{F}{i+1} \tag{10-72}$$

式中：F——全管段的总顶力，kN；

P_c——每个中继站内千斤顶的总推力，kN；

i——中继站的数目。

在全管段内设置 i 个中继间，则将管段分为 $i+1$ 段接力顶进。为了使中继站处管口承压部分的压力均衡，中继站应考虑用多台小吨位千斤顶，并沿管周均匀分布安装。由于千斤顶台

数多,液压效率将下降,故总推力中应考虑液压损耗,即:

$$P_c = \eta \cdot P_c' \tag{10-73}$$

式中:P_c——中继站内千斤顶的总推力,kN;

P_c'——中继站实际消耗的总推力,kN;

η——液压效率(取0.8~0.95)。

当中继站实际需要的总推力 P_c' 确定后,即可确定千斤顶台数 n 和千斤顶布设间距 l_i:

$$n = \frac{P_c'}{P_i} \tag{10-74}$$

$$l_i = \frac{\pi \cdot D}{n} \tag{10-75}$$

式中:P_i——千斤顶吨位值,kN;

n——千斤顶台数;

l_i——中继站千斤顶的间距,m;

D——中继站平均直径,m。

从以上对中继站作用原理的分析可以看出,顶管施工中,在管路上适当增设中继站,可减少顶管工作井的数量,加大一次顶进管道的长度,同时可利用中继站上安置的千斤顶来调节和控制管路的导入方向。但是,中继站的使用也不可避免地产生一些不利影响,其主要缺点如下:

(1)采取这种方式,从理论上讲可使顶进管道达到任意长度,但实际上仍存在一定限制。中继站的使用虽然增大了施工长度,但也因此增加了所需中继站的数量,必然导致施工成本的增加。

(2)施工效率主要决定于顶进油缸的行程、顶进油缸的数量、液压泵的功率、施工管线中的中继站数目和在一定长度管段使用中继站的必要性(如摩擦力的高低)等。在一般情况下,当某一中继站工作时,只是被其所顶的管道向前移动,其他管道则不动,所以中继站的使用可使顶管施工效率(纯钻进效率)降低30%~40%,经济性也随之降低。因此有人认为(余文军,2001年),长距离顶管宜控制在600m内,除非受工程地理环境条件限制,超过800m的长距离顶管施工则不可取。

(3)停工和重新启动的次数增多,使得所顶进管道必须经受频繁的交变荷载作用。另一个限制是所有管道在每次卸压时都会发生回弹,造成这种现象的原因是被顶进的每一节管道之间都必须配置弹性垫圈,以避免管端混凝土之间的集中压力。每一个弹性垫圈在受力时都被压缩若干mm,卸压后这些弹性垫圈又都胀开,当垫圈的数目很多时,中继顶压站的行程就有很大一部分要消耗在这种弹性变形上,而无法用来推顶管道。

(4)中继站的油缸通常采用一个液压油泵供油,因此所有油缸的作用力是相等的。

(5)中继站不适合于小曲率顶管施工,应尽可能地应用于直线管段的施工。

10.6.2 润滑和注浆减摩

在非开挖施工技术领域,根据顶管施工的原理,向所形成的管道与土层之间的环状空间中注入润滑材料,由此可以达到如下目的:

(1)可以减小施工管线与地层之间的摩擦阻力。

(2)通过避免跳动式顶进,使顶进力作用比较均匀(特别是在硬地层中施工时)。

注浆减摩是顶管施工中非常重要的一个环节，尤其是在长距离和曲线顶管中，它是顶管施工成功与否的一个极其重要的关键性的环节。从技术的角度来看，对管线的润滑即是根据DIN4093所进行的压浆活动，这可以理解为，在压力的作用下，将所要压入的物质（用于填充环状空间的可泵送材料，也称为注浆材料）通过注浆管压入环空间隙。

顶管施工过程中，如果注入的润滑浆液能在管子的外周形成一个比较完整的连续的润滑膜，可以通过润滑膜来润滑管线，则其减摩效果将是十分令人满意的。在长距离顶管中，如果某一段管子直到加中继站前，一直是很正常的，但随着距离的增长，这一段管子在经过不同的土质时，推力上升得很快，中继站的推力也不得不提高，一旦推力超过混凝土管所能承受的极限时，混凝土管就有可能被破坏，如果是这样，工程就有报废的可能。当然，出现这种情况的原因可能是多种多样的，但是，起润滑减阻作用的润滑膜无法形成或无法完全形成则可能是主要的原因之一。因此，长距离顶管过程中必须要十分小心地选择注浆材料和完善注浆工艺。

要达到注浆减摩目的的前提条件是：

(1)地层和管线之间的环状间隙要足够大，在松散地层最小应为20mm；在岩层中环状间隙甚至要达到30mm，并要求在整个施工过程中和整个施工管段都要保持这样的间隙。

(2)注浆材料在任何施工阶段都要保持其流动性，不能通过孔壁漏失到地层中（对于损失的注浆材料应及时在量上给予补充）。但是在这种条件下，同时可能产生的副作用是土层可塑性的降低，同时，在这一过程中，要始终保证有平衡压力的作用。

作为润滑材料，一般采用具有触变性的悬浮液（如膨润土浆液或膨润土浆液+聚合物等）；另外，特别是在水力输送微型隧道工法中，通常也采用清水或者清水+聚合物作为平衡和输送介质。目前，除了对管线的自动润滑和可以不依赖地层类型对环状间隙进行平衡外，润滑介质的新发展是基于聚合物基溶液的应用，但是，在任何情况下，这些材料都应该保证对环境是无害的。

目前，常用的顶管注浆润滑材料有两类：一类是以膨润土为主，另一类则是以人工合成的高分子材料为主。

膨润土至今仍然是顶管施工中主要的润滑材料，使用的历史也较长久。膨润土是由美国名叫奥托贝顿的人于1890年发现的，其主要成分是具有支承和润滑作用的蒙脱石黏土。蒙脱石是以其产地法国南部的蒙脱而命名的。当水分子进入膨润土的分子中后，它就膨胀开来，这时，膨润土分子各层的间距可扩大到2倍以上。膨润土浆液静止时，平板状的蒙脱石成稳定的胶凝状。如果经过搅拌、振动等，其结构被破坏，则成胶状液体；如果再静止下来，又会在新的条件下稳定下来，成胶凝状，这就是所谓它的触变性。因此，膨润土浆液又称作触变泥浆。

膨润土分为两类：一类称为钙基膨润土，另一类称为钠基膨润土。这两类膨润土的性质是有区别的。钠基膨润土浆液与同体积的钙基膨润土浆液相比，前者含有比后者多15~20倍的极薄的硅酸盐层。由于这些非常小而且多的硅酸盐层的存在，蒙脱石的小粒子的空隙构造就容易形成，浆液的膨润性就增加，触变以后的流动性和静止下来的胶凝性、固化性都变好。所以，作为顶管施工用的膨润土应优先选用钠基膨润土。

注浆方法可以分为以下几种：

(1)切削刀盘位置注浆。

(2)对不可进入管道通过注浆管注浆。

(3)对可进入管道通过注浆管进行人工注浆。

(4)通过管道上的注浆管自动压浆法。

在注浆过程中,应尽可能使浆液均匀地分布于管道的外表面,对于注浆压力、浆液的黏度和用量要经常进行检测,在选择这些参数时,要避免对管道和相邻的建筑物造成损害。

10.6.2.1 切削刀盘位置注浆

对于 < DN/ID800 的不可进入管线来说,其润滑通常达不到预期目的,这一方面是由于施工长度的限制,另一方面,是由于管道截面的限制,在顶进工作结束后,无法进入管道拆除注浆管和封闭注浆孔。

如果在需要润滑时,对于非液力平衡的工作面,可以在切削刀盘区域注入润滑介质。在这种情况下,单独的注浆管道直接连接到切削刀盘处,在此将润滑介质通过带有止逆阀的注浆管压入环状间隙。

对于以膨润土浆液作为平衡和输送介质的水力输送式微型隧道掘进机或者液力平衡式顶管机,间隙注浆可以在向工作面加压的过程中自动完成,为了达到这一目的,切削刀盘必须能够形成足够大的环状空间,并且要求顶管机的破碎室和环空间隙普遍是连通的。

为了使润滑介质能够均匀地分布于管道周围,对于一些类型顶管机,还特意在其切削工具管的圆周上安装了导流环及相应的导流板(图 10-66a)。

在图 10-66b)所示的切削刀盘中,有两个单独驱动且可以转动的附加的梭形切削头(双刀盘),可以使切削下来的土层和膨润土浆液更好地混合,同时还有助于控制对环状间隙的润滑作用。

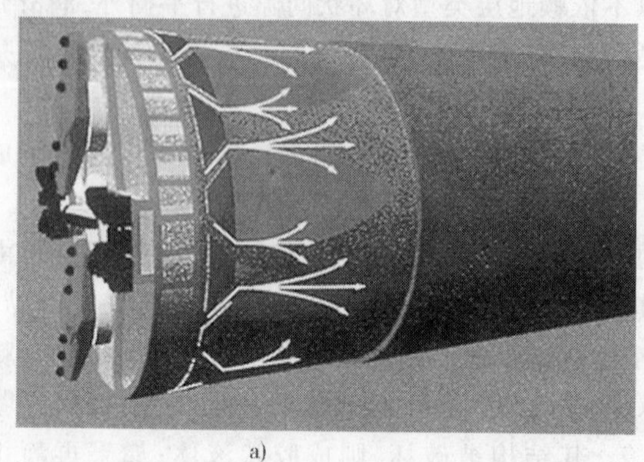

a)

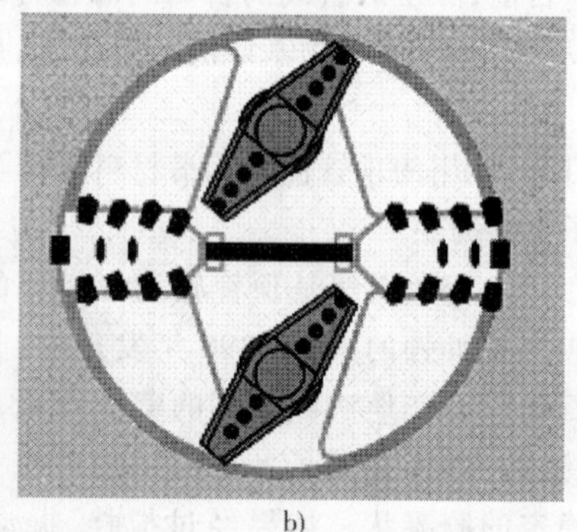

b)

图 10-66 切削刀盘位置注浆

怎样通过这种方法来成功地实现对管道的润滑,将在随后的以 SS MOLE 工法为例进行阐述,对于这种工法,可以不使用中继站。当施工中的超挖量为 35 ~ 50mm 时,施工长度约为 200m 的管段的环状间隙,可以通过在工作面上形成的具有较大剪切力的膨润土 + 土层浆液进行充填,作用于浆液上的压力一般要比地层中地下水的压力高 0.2bar(图 10-67a)。然后,随着环状间隙的平衡压力不断减小,平衡作用和润滑作用也不断减弱(图 10-67b),在施工长度超过 300m 以后,则完全失去了平衡和润滑作用(图 10-67c)。

在通过进一步加大环状间隙(> 120mm),试图在更大的施工长度仍然能获得足够的平衡和润滑作用时,结果导致施工管线的浮动和测量系统工作的中断,这是因为测量系统的目标光束无法到达目标靶以及地表产生了严重的沉降(图 10-68)。

尽管上面讲述了在切削刀盘位置进行注浆润滑的成功例子,但是还必须认识到,并不是在任何情况下，都能够成功地使润滑介质均匀地分布于管线的外表面，条件允许时，可以通过注浆管从起始井中另外再注入膨润土浆液，这种方法对较长的管段也一直有效。

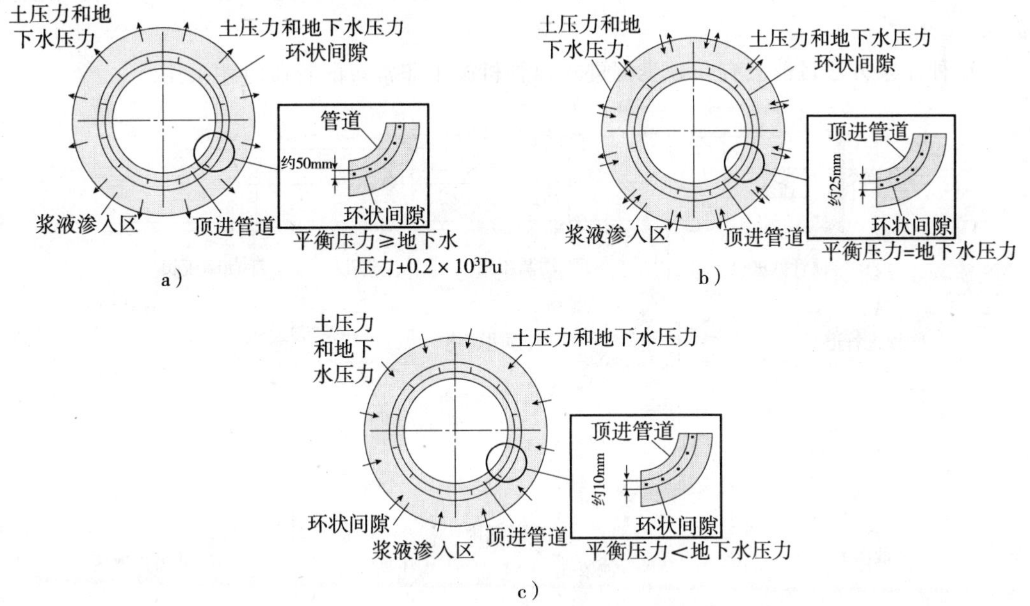

图 10-67　润滑状况随推进长度的变化规律

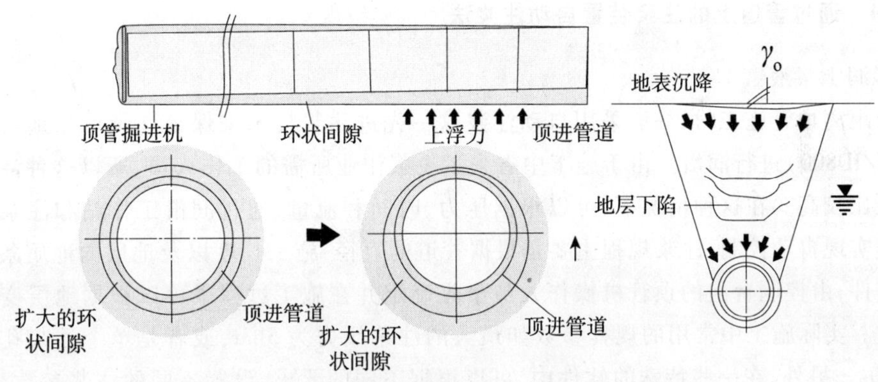

图 10-68　环状间隙过大时发生的管道上浮和地表沉降

10.6.2.2　双步顶进工法非进人管线的注浆孔压浆方法

对于非进人式管线的两步施工方法，最简单的注浆方法就是：在施工的第1阶段中所采用的过渡管（有时也称为导向管或护管）上，设置一些注浆装置，即所谓的润滑管道，借此可以实现对管道周围以及整个管线长度范围内的均匀润滑。

由于在施工的第二阶段这些过渡管可以重新回收，同时还不用对其上的注浆装置进行拆除，所以这种方法是切实可行的。

10.6.2.3　可进人管道通过注浆装置进行人工压浆

这种压浆方法也可以称为人工润滑法，在作业过程中，采用手动控制的方法，将润滑浆液通过均匀布置于润滑管道周围和管线长度范围内的注浆装置压入环状间隙，由于作业中既无法对其压力和浆液量进行控制，也无法对其时间进行控制，因此其润滑和平衡作用一般仅限于注浆装置的邻近区域（图 10-69）。由于注浆压力无法控制，在一定的条件下可以使环状间隙扩大。

这种注浆方法目前只有在分步掘进式顶管机施工非常短的管段时才采用。

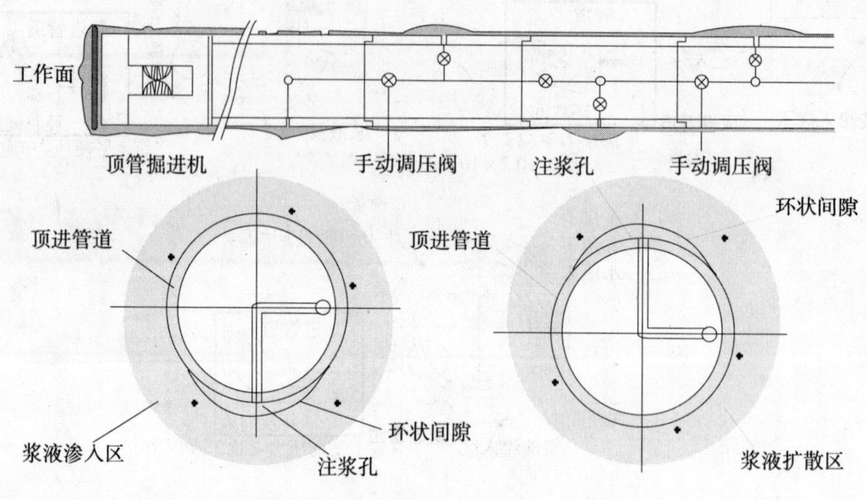

图 10-69　大直径管道人工控制注浆润滑法

10.6.2.4　通过管道上的注浆装置自动注浆法

1）膨润土浆液

在长距离顶管施工时，一般采用自动注浆这一先进注浆技术来保证连续可靠地对施工管线（≥DN/ID800）进行润滑。由于施工中省去了注浆作业所需的工作人员，所以这种注浆系统的经济性比较高。在这种情况下，可以根据压力、时间和流量，通过润滑工作站和注浆装置对润滑过程实现自动控制；注浆规程主要是根据管道的直径、施工长度以及地层的地质条件和水文地质条件，由控制台前的顶管机操作人员事先确定并在施工过程中可以根据地层变化随时进行调整。实际施工中常用的规程参数如最大的注浆压力为 5bar，或者是单个注浆孔所需的时间为 20s。另外，在一些特殊的软件中，可以根据不同的要求，设置不同的注浆参数，如为了留出没有密封的中继站的位置或者在长距离顶管施工中为了能够更好地适应不断变化的地层条件等。

所谓的润滑站（带有注浆装置的管道）之间的距离，一般根据经验来确定，在采用膨润土浆液作为润滑和平衡介质时，根据施工长度可以在 9～15m 之间选择；对于渗透性比较高的地层，润滑站之间的距离应相应地小于渗透性小的地层；其中第一个润滑站要尽可能地靠近顶管机布置。

注浆装置应尽可能均匀地分布于管道周围，其数量和间距依据浆液在地层中的扩散性能而定。实际施工中，每个润滑站安装 3 个注浆装置，均匀地分布于管道周围（图 10-70）。

采用膨润土浆液的自动润滑系统的实际应用结果表明：管道和地层之间的摩擦力可以达到 $\leq 1\text{kN/m}^2$，相关的例子有“Europipe”工程（摩擦力 $\leq 1.0\text{kN/m}^2$）和“Kieler Förde”工程（平均摩擦力 $\leq 0.2\text{kN/m}^2$）。

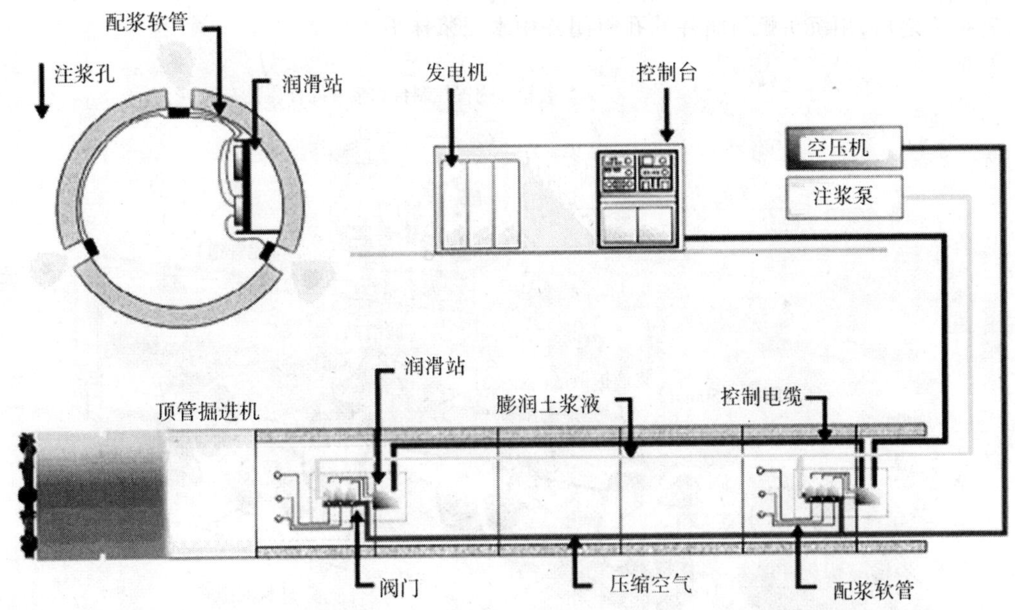

图 10-70　注浆装置和润滑系统

在施工过程中，地层的水文地质条件是一个非常重要的因素，它可能引起摩擦力的变化，也就是说，施工是在下列何种条件下进行的：

(1)在地下水中(地层孔隙有地下水充填)。

(2)在含半饱和水地层。

(3)稍微潮湿或干地层。

相关的室内实验表明：当顶管施工从含水地层过渡到干地层的过程中，浆液要失去其中的部分水分，从而导致摩擦力的上升，有时可高于最初摩擦力的4倍。

2)聚合物基溶液

采用膨润土浆液作为润滑和平衡介质时，其对孔壁的密封和稳定作用还决定于地层的类型(地层的粒度分布、渗透性等)、孔壁的稳定性以及施工过程的长短等因素，况且其密封和稳定作用的能力也不是没有限制的。为了消除这些限制的影响，甚至在不使用中继站的情况下，不依赖于地层条件也能够顺利地实现长距离顶管施工，这正是研究 T. B. K. 润滑系统(Automatic Tail Void Pressure System of Omnidirectional Type)的目的所在。润滑和平衡介质的基质是水玻璃($Na_2SiO_3 \cdot H_2O$)，这是一种无机的碱金属硅酸盐水溶液，它可以起到降失水剂(聚合物)的作用(没有凝胶的保护作用)；这种凝胶的保护作用和通过“泥皮”的堵塞而进一步得到改善的降失水作用，可以通过加入水溶性纤维素的衍生物(Na^+-CMC)和钠基聚丙烯酸酯获得。钠基聚丙烯酸酯和 Na^+-CMC 产生交联作用，使得浆液的失水性小于其中任何一种物质单独使用时，其原因可能是分子的大小有差别。在施工现场，这些高黏度的溶液(pH 值 =7.5)和水的比例一般为：1kg 添加剂：300L 水。

如图 10-71 所示，是采用 SS－Mole 工法进行长距离(可达 1 000m)顶管施工时，T. B. K. 润滑系统的结构和布置图。第一个润滑站安装在距顶管机后 200m 处，包括一个带有 6～8 个注浆孔的管道，这些注浆孔均匀地分布于管道周围(图 10-72)。前面已经提到过，在顶管机后 200m 的长度范围内，压入到切削刀盘位置的平衡介质可以在 50mm 的超挖空间(环状间隙)内产生足够的润滑和平衡作用。随后的每个润滑站之间的距离应为50m。在顶进工作结束和注浆装置拆除之后,用沉头螺钉将注浆孔封闭并用水泥浆抹平。

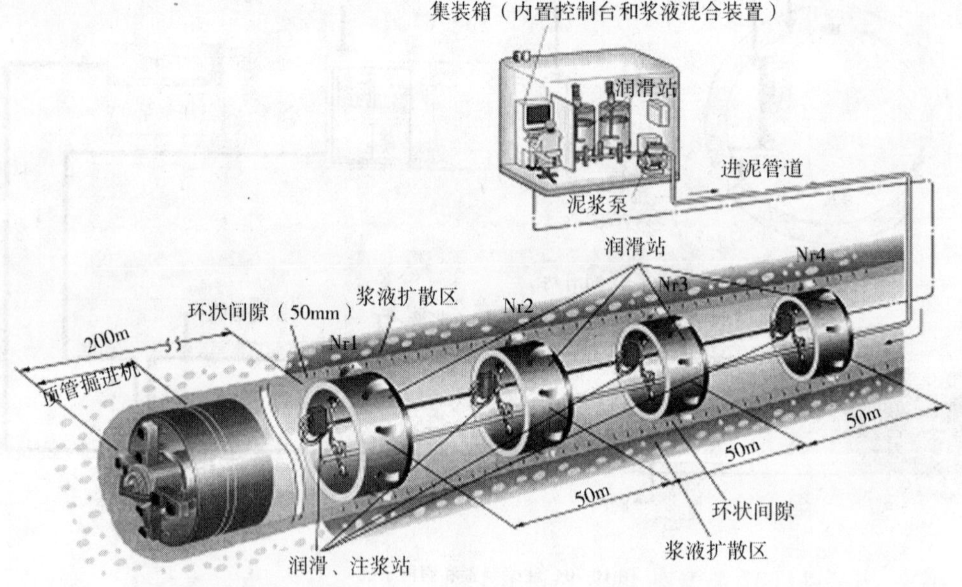

图 10-71 T. B. K. 自动润滑系统的结构和布置图

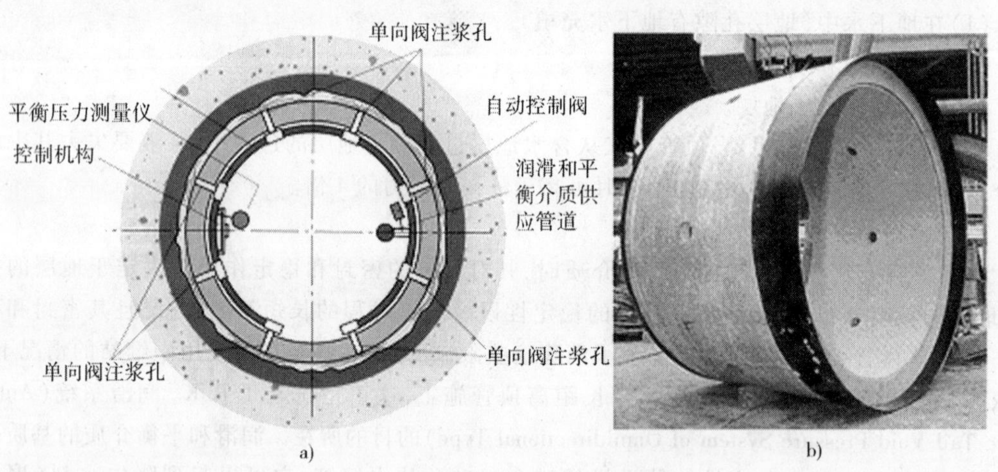

图 10-72 管道上注浆孔的布置

根据制造商提供的数据,采用这种润滑平衡介质,对不同的地层,摩擦力在 1.2 ~ 2.5kN/m^2 范围内;当平均摩擦力为 1.5kN/m^2,施工管道为700KE 型钢筋混凝土管道时,通过这种方法,在不使用中继站的情况下,其施工长度由直径的大小决定,一般可达 900m,最长可达 1 700m(管道直径为 DN/ID2 200mm)。

在顶进作业结束后,一般都要通过业已存在的润滑系统,向环状间隙中压入基于水力结合剂的浆液。

10.6.3 控制超挖量

有关文献中指出，超挖量一般应为0.005×DN/OD，在非胶结的砾石—砂—土层中施工，可相对减小，一般应为0.003×DN/OD，在强胶结和易膨胀的黏土层中，其值可相应提高为0.01×DN/OD。

在直线顶进施工中，超挖量O的大小可依据文献用下列公式粗略地计算出：

$$O=\gamma\cdot h\cdot\frac{D_p}{2\cdot E_s} \tag{10-76}$$

其中：γ——土的重度，kN/m^3；

h——覆土厚度，m；

D_p——管道外径，m；

E_s——土的刚性模数，kPa。

如果在铁道下面进行顶管和微型隧道施工，当在超挖空间进行注浆支护时，对于管径>DN/ID 1 000的软土地层，其超挖量的允许值（与曲率半径有关）应<10mm；如果不进行注浆作业，超挖量不应大于5mm。

10.6.4 顶管施工中的其他减阻方法

对于所有的通过位于始发井中的顶进工作站来推进管道的施工方法（如微型隧道工法和顶管施工法）来说，所需的顶进力决定于作用于切削刀盘的迎面阻力和管线与地层之间的摩擦阻力，而这两个力的大小很难事先预测或通过计算得出，因此在施工中也总是无法估量其大小，特别是迎面阻力，在遇到障碍物或者地层被挤密时，会突然增大且无法控制，严重时顶进工作将无法进行。

为了减小施工中所需的顶进力，目前除了在施工中形成一定的超挖量以及对由此而形成的环状间隙进行润滑和平衡外，当管道直径≥DN/ID800时，也可以采用中继站；当管道直径≥DN/ID500时，也可以将整个管线进行分段施工。

此外，由于近年来施工技术的不断发展，进一步降低了施工中所需的顶进力以及可以更精确地计算其大小，使得采用这种技术施工壁厚较小的刚性管道甚至柔性的塑料管道成为可能，这些新技术主要包括：

(1)土层破碎和挤密相结合施工工法。

(2)管套施工法。

(3)迎面阻力和摩擦力单独作用施工法。

10.6.4.1 土层破碎和挤密相结合施工工法

这种在日本发展起来的施工技术，是将排土式施工原理和土层挤密施工原理有机地结合在一起。在施工中，刀盘破碎下来的部分泥土通过位于盾体周边的排土口被挤入环状空间和孔壁。通过这一方法，改善了孔壁的地层性能参数，而这些参数正是影响孔壁的稳定性及由此影响管道的受力和摩擦力的关键因素。另外，由于得到密实的区域孔隙度降低，便于通过膨润土浆液形成泥皮，也可以有效地防止润滑介质的流失（图10-73）。

a）　b）

图 10-73　土层破碎和挤密相结合工法设备和所形成的压密孔壁

10.6.4.2　管套式顶管施工法

管套式顶管施工是日本研制出来的一种新的顶管施工工艺，特别适用于埋深很深、地下水位较高而且渗透系数特别大的砂或砂砾土。通常，在上述土质条件下顶管最感头疼的是止水问题。由于地下水位高，水头压力大，这就需要有耐高压的管接口，要有密封可靠的中继站等。另外，还由于渗透系数大，普通的润滑浆注入以后极容易被地下水稀释或者浆液渗入土中，无法形成润滑浆套。因此，在上述土质条件下进行顶管施工时，一次顶进长度就受到限制，这样就必须增加工作坑和接收坑的数量，增加了工程成本。

套管式顶管技术的应用，解决了上述问题。相关的施工实例证明，即使在渗透系数非常大的粗砾石层中，也可以顺利地进行长距离顶管。在一般的砂性土中，在不用中继站的情况下，一次顶进距离可达 200m 以上。

管套式顶管施工的原理如图 10-74 所示。其主要设备与普通顶管没有多大区别。图中 1 所示的掘进机可以是土压式也可以是泥水式，但必须是能适应前述土质条件的掘进机。所不同的是在掘进机尾部不是接混凝土管，而是要接上一节工作管 3 和管套存放管 4，然后再接上普通混凝土管 9。在工作管的前端，开有充填浆注入孔 2，在管套存放管尾端开有润滑浆注浆孔。

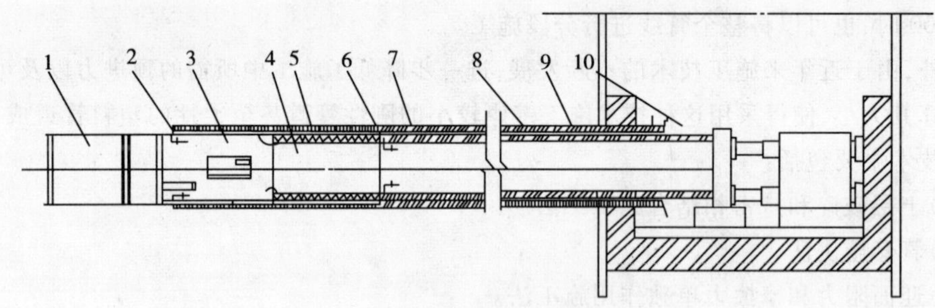

图 10-74　管套式顶管施工原理

1-顶管掘进机；2-充填浆注入孔；3-工作管；4-管套存放管；5-管套；6-润滑浆注入孔；7-特殊混凝土管；8-润滑浆；9-普通混凝土管；10-顶进工作坑

其工作过程大致如下：掘进机出洞时的顶进与普通顶管一样，要求洞口止水圈不漏水。掘进机大部分出洞以后，就应及时地在其后连接上工作管及管套存放管。当工作管的充填浆注浆孔过了洞口止水圈以后，就应该开始向管外注充填浆。

充填浆的配方有两种：一种是由单一的浆液如膨润土、粉煤灰、水泥等经搅拌以后形成；另一种则由 A、B 两种浆液构成。A 液或 B 液可以单独长时间存放而不会固化,但是,如果 A 液和 B 液混和在一起它就会固化,并且通过调节它们之间的比例关系,可以控制固化所需的时间,大约在 6~60s 之间。随着顶进时间的增加,充填浆就在工作管和管套存放管外形成一个有一定厚度的外壳。这个外壳的壁虽不厚,但其渗透系数很小,且具有十分光滑的内壁。

在管套存放管即将进入洞口止水圈时,应把基坑导轨的轨距进行一次调整,使混凝土管中心与掘进机及工作管、管套存放管的中心保持在同一轴线上。当管套存放管即将通过洞口止水圈时,把管套后的法兰和一个与混凝土管相匹配的新的洞口止水圈一齐安装在原来的洞口止水圈上。接着继续推进,当管套存放管过了洞口止水圈以后,与法兰连接的管套就慢慢地从存放管内被拉出并展开在混凝土管外形成一个管套(图 10-75)。这时应及时向管套内注润滑浆,润滑浆在混凝土管与管套之间又形成一个润滑浆套,把混凝土管完全包裹起来。注浆压力另一方面还对管套施加一个压紧力,使得管套完全紧贴在土体上,这样管套即可起到长期防止浆液向地层中泄漏的作用;注入的膨润土浆液则可以起到降低管道和管套之间摩擦力的作用,同时还具有防止顶进过程中在管套中产生拉应力的作用。试验结果表明,由于这种方法具有良好的润滑效果(图 10-76),可以将所需顶进力降低至正常摩擦阻力的 30%。在顶进作业结束后,管套中的膨润土浆液将被替换成可硬化的注浆介质。

图 10-75　管套伸出时的状态

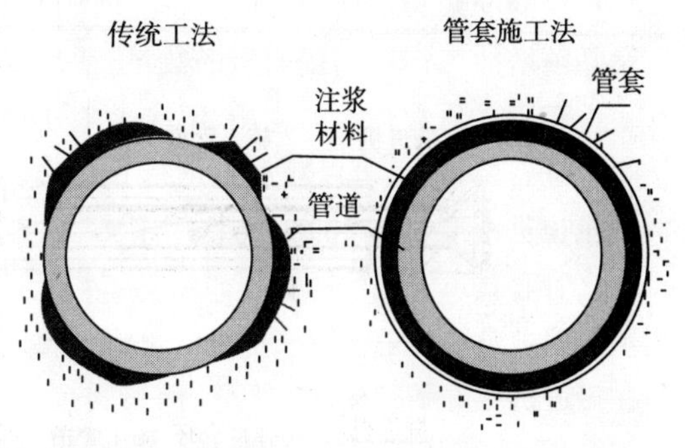

图 10-76　管套施工法与传统施工法的浆套形成对比

管套是由 PVC 塑料薄膜制成,其平均厚度为 0.55mm,纵向抗拉强度为 3.3MPa,拉伸为 16%;横向抗拉强度为 3.2MPa,拉伸可达 21%。焊接接头的抗拉强度不小于 2.3MPa。该薄膜不透水且具有良好的耐酸、耐碱性能。管套有法兰的一端靠近洞口,法兰与洞口止水圈一齐安装在洞口。在管套的两侧,每间隔 1.5m 贴上一个磁条,它有很强的磁性。这样,管套在存放管内可以牢牢地吸附在钢管壁上,只能一段一段地被拉出来,而且不会产生折皱现象。管套存放管的尾端有一组特殊的密封圈,它能防止管套被拉出时砂土的侵入,又能防止润滑浆液渗漏进去。

这种管套施工法到目前为止已经在 DN/ID1 000~1 200 的管道直径范围进行了试验,根据制造商的数据,试验也是很成功的,和普通的工法相比,其日施工效率可以得到提高,但始发井中的安装费用有所增加。这种施工方法的优点可以总结如下:

(1)可以有效的保证管线的密封。

(2)减小了施工中所需的顶进力。

(3)可以实现较长距离的顶进作业。

10.6.4.3　迎面阻力和摩擦力单独作用施工法

采用这种工法,可以实现对壁厚较小的刚性管道,特别是由 PVC 制成的柔性塑料管道的施工。

对于不同的微型隧道工法,可以采用不同的方法来克服通过计算的方法很难得出的迎面阻力,如对于螺旋排土式工法,通过螺旋输送系统的外管对工作面施加顶进力;对于水力输送工法,顶进力通过一个特殊的辅助内管作用于工作面上。所要铺设的 PVC 管道只需承受用于克服摩擦阻力所需的较小的顶进力即可(图 10-77a、b)。

10.6.4.4　弹性套环施工技术

这种施工技术是在"迎面阻力和摩擦力单独作用施工方法"的基础上发展而来的,通过弹性套环的分解作用,大大减小了所需的通过顶进管道作用的顶进力(图 10-77c)。

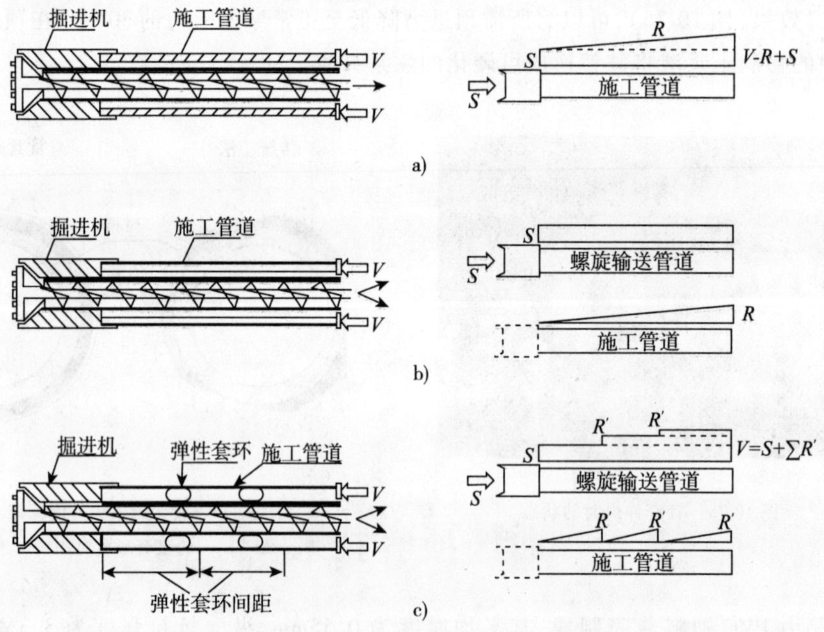

图 10-77　迎面阻力和摩阻力的分解方法和原理

该施工技术的代表工法是 LLB 工法(LLB = Laying Pipes of Low Bearing Force),当这种工法用于水力输送式微型隧道施工时,被称为 LLB-DDK 工法;用于螺旋式排土式微型隧道施工时则为 LLB-SSK 工法。

该弹性套环安装于螺旋输送管道和所顶进管道之间,可以通过充气的方法使之涨开,从而可以将一部分顶进力传递至所要顶进的管道,用于克服摩擦阻力。

这种弹性套环的数量和应该安装的位置可以通过下述公式计算得出:

$$n_G = \frac{G_C}{R} \tag{10-77}$$

$$n_p = \frac{P_C}{R} \tag{10-78}$$

式中：n_G——一个弹性套环所能顶进的 PVC 管道数量；

n_P——可直接顶进的 PVC 管道数量；

G_C——弹性套环的推进能力，kN；

P_C——管道的承载能力，kN；

R——摩擦阻力，kN。

如图 10-78 所示，随着施工长度的不断增大，摩擦力也随之增大，从而导致通过弹性套环作用于 PVC 管道的推进力也不断上升；但是和顶进力随施工长度增大而不断上升不同的是，在 PVC 管道上产生的作用力却与施工长度无关，始终稳定于一个较低的水平。

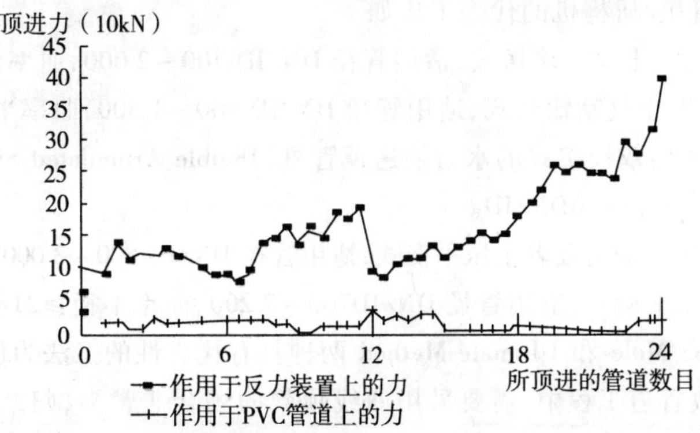

图 10-78 弹性套环施工技术顶进力和作用于 PVC 管道上的摩阻力对比

该工法可以施工的管道是直径在 DN/ID500～800 之间的 PVC 和薄壁的 GFK 管道，施工长度可达 120m。

10.7 曲线顶管技术

在过去的几十年时间内，顶管施工技术的主要应用范围一直局限于直线或者大曲率半径的曲线顶管。在曲线顶管施工中，首先要选择合适的曲率半径，然后根据曲率半径的要求，使每一节管道在连接处都发生一定的偏斜，最终形成所要求的曲线。为了避免在顶进和导向过程中对管道的损坏，管道对接处不应出现张开的缝隙。因此，在顶管施工中（这里指的是可进人的管道），为了尽可能地减小损坏管道的危险，曲率半径应≥200m。

为了能够实现更小曲率半径的曲线顶管或者 S-曲线顶管，人们进行了不断的研究和探索，近几年曲线顶管技术的发展主要集中在以下几个方面：

(1)相关机械技术的研究和开发。

(2)管接头技术的发展。

(3)管线润滑技术的进步。

(4)测量与控制技术的发展。

由于机械技术的进一步发展,可以通过辅助的转向接头改善曲线顶管施工过程。这种特殊的导向式顶管机(盾构机)由切削头和导向头组成,或者由切削工具管和几个相互铰链在一起的工具管组成,这些工具管的作用一是可以安装导向油缸,同时还可以起到修正孔壁的作用,以便后续管道的顺利进入。同样,这里的泥土输送管道也必须是和施工管道轴线相一致的曲线管道,因此,像微型隧道工法中的螺旋式输土装置在这种情况下是不能考虑的;对于其他类型的输土系统(如气动的输土装置或传送带),必定会导致施工效率的下降,并且在曲线段施工时还要考虑到一些特殊的要求。

这种导向式顶管机/盾构机的代表工法如下。

(1)RASA DT-K:泥土水力输送式,适用管径 DN/ID 700 ~ 2 000,曲率半径≥30m。

(2)Deino-Type:泥土气动输送式,适用管径 DN/ID 700 ~ 1 500,曲率半径≥30m。

(3)Unclemole TCT:双铰接式的水力输送顶管机(Double Articulated Shield),适用管径 DN/ID1 500 ~ 2 400,曲率半径≥50DN/ID。

(4)Ultimate Method:液力或者土压平衡式,适用管径 DN/ID 800 ~ 3 000,曲率半径≥8m。

(5)SS Mole:土压平衡式,适用管径 DN/ID700 ~ 2 200,曲率半径≥21m。

下面将分别以 SS Mole 和 Ultimate Method 两种具有代表性的工法为例进行介绍。

在当前各种市政管道工程中,需要采用曲线顶管的场合非常多,归纳起来,曲线顶管主要适用于:

(1)在管线穿越河道、江底时,将其轴线设计成倒虹管或抛物线形状,采用曲线顶管施工,则可以大大减少两岸工作井的深度,降低工程费用。

(2)在管线穿过繁华街道而沿线马路又不顺直时,往往采用 S 形曲线顶管敷设,既可不影响交通,又可省去建造中转工作井的费用。

(3)当新老管道立体交叉时,使用曲顶技术可以避免管道空间相撞。

10.7.1 曲线顶管的设计计算

在设计曲线顶管时,除了考虑地层条件之外,以下几个因素应该重点考虑:

(1)顶管的曲率半径。

(2)管道直径。

(3)单根管道的长度。

(4)最大和最小的管接头间隙。

(5)顶进力的传递形式。

(6)管道之间的密封问题。

10.7.1.1 最小曲率半径的确定

管道的弯曲半径大小与土质、管径、顶力有关。土体承载力高,弯曲半径可以小一点;反之,承载力低,弯曲半径要大一点。管道口径大,弯曲半径要大一点;反之,管道口径小,弯曲半径可以小一点。管段较长,弯曲半径要大一点;反之,管节较短,弯曲半径可以小一点。施工顶力较大,弯曲半径要大一点;反之,顶力较小,弯曲半径可以小一点。

1)混凝土管顶进最小曲率半径

分析最小弯曲半径时忽略土体承载力和施工顶力影响,仅就管道口径大小、管节长度、木垫片的厚度三者与最小弯曲半径的关系进行分析。曲线顶管的轴线,从宏观上看是曲线,实际上是折线,是多边形的一部分,多边形的边就是单根管节的长度。从图 10-79 可知多边形的边、角、半径有如下关系:

$$\alpha = l/R$$

式中:α——中心角,弧度;

l——边长;

R——多边形外切圆半径。

曲线顶管中把管节的长度看成是多边形的边,管节对应的中心角就是多边形的中心角,管轴线就是多边形的外切圆。假设管道内径为 d,壁厚为 t,管节长度为 l,木垫片厚度为 b,并假设管道壁厚是内径的 1/10,木垫片允许最大压缩率是 50%。即 $t = d/10$,$S = 50\% \times b$,从图 10-79 可知,管节间的转角与管节对应的中心角相等。则曲线的最小弯曲半径可按下式计算:

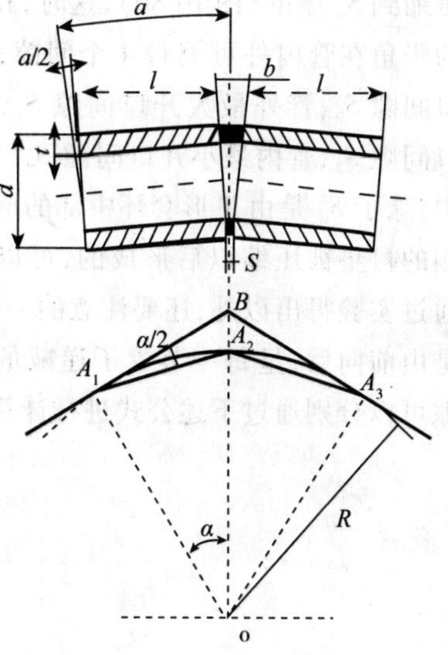

图 10-79 曲线顶管示意图

$$R_{\min} = \frac{l \times (d + 2t)}{b - S} \tag{10-79}$$

或:

$$R_{\min} = \frac{12 \times l \times d}{5 \times b}$$

式中:$R_{\min}$——最小弯曲半径,m;

l——管节的长度,m;

d——管道内径,m;

t——管道壁厚,m;

b——木垫片厚度,m;

S——木垫片最小压缩高度,m。

弯曲半径太小,会使管节上应力过于集中,使管道混凝土裂缝,这是应力求避免的。

2)顶进钢管时的最小曲率确定

钢管曲线顶管的最小弯曲半径的大小主要取决于中继站布置的间距和中继站的允许转角。目前钢管顶管沿用的老式中继站允许转角很小,因此不宜用于曲线顶管。组合密封中继站研究成功后,允许中继站有较大的转角,因此可用于曲线顶管。如已知中继站的允许转角和间距,钢管顶进时的最小弯曲半径可按下式计算:

$$R_{\min} \geqslant \frac{L}{2\sin(k \cdot \alpha/2)} \tag{10-80}$$

式中:$R_{\min}$——最小弯曲半径,m;

α——中继站的允许转角,取 $\alpha = 1°$;

k——系数,取 $k = 0.5$;

L——相邻中继站的间距,m。

10.7.1.2 管道内外开口间隙的计算

为了防止曲线顶管过程中管口遭到破坏,都需垫上特殊的衬垫,衬垫在管子张角的顶端被

压缩到 S_0 厚度(图 10-80),这时,相邻两节管子的张角在管内外可测得 4 个间隙:管外最小开口间隙 S_0,管外最大开口间隙 S_1,管内最大开口间隙 S_2,管内最小开口间隙 S_3。在这些间隙中,除了 S_0 是由 T 形套环中部的筋板和筋板两侧的衬垫被压缩以后形成的,可以预先计算或通过实验得出以外,还要注意的一点是,该间隙是由前向后,呈每一节管子递减的。其他各间隙可以分别通过下述公式进行计算:

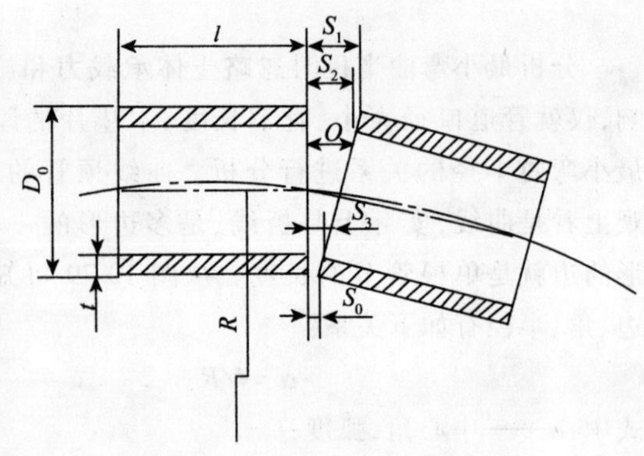

图 10-80　曲线顶管的内外间隙定义

$$S_1 = \frac{l \times D_0}{R - \frac{D_0}{2}} + S_0 \tag{10-81}$$

$$S_2 = \frac{l \times (D_0 - t)}{R - \frac{D_0}{2}} + S_0 \tag{10-82}$$

$$S_3 = \frac{l \times t}{R - \frac{D_0}{2}} + S_0 \tag{10-83}$$

式中:l——管节长度,m;

D_0——管外径,m;

R——曲率半径,m;

t——管道壁厚,m。

如果是用普通的混凝土管作为曲线顶管用管,则 S_1 应控制在 20~30mm 以内,在含水率少的黏性土中,可取上限 30mm;在含水率大、水压较高的砂性土中,则应取下限 20mm;否则,容易造成管接口渗漏。

10.7.1.3　曲线顶管超挖量的计算

在进行曲线顶管施工时,要求直线形的管段沿圆弧移动(图 10-81),因此必然要超挖。所谓超挖量,就是在工具管或掘进机曲线内侧多挖去一定量的土。超挖量大小与弯曲半径、管道直径、管节长度有关。图中的超挖量 m 可按下式计算:

$$m = \left(R - \frac{D_0}{2}\right) - \sqrt{\left(R - \frac{D_0}{2}\right)^2 - \left(\frac{l}{2}\right)^2} \tag{10-84}$$

表 10-26 是根据上述公式计算的单根管节长度为 2.43m 时,各种曲率半径下的超挖量。如果管节有变化则应另行计算。

不同曲率半径下的超挖量(mm)　　表 10-26

R(m)		50	75	100	150	200	250	300	R(m)		50	75	100	150	200	250	300
管内径	800	14.9	9.9	7.4	4.9	3.7	3.0	2.5	管内径	2 400		10.0	7.5	5.0	3.7	3.0	2.5
	1 200	15.0	9.9	7.4	4.9	3.7	3.0	2.5		3 000			7.5	5.0	3.7	3.0	2.5
	1 800	15.1	10.0	7.5	5.0	3.7	3.0	2.5									

注:这里单根管节长按 2.43m 计算。

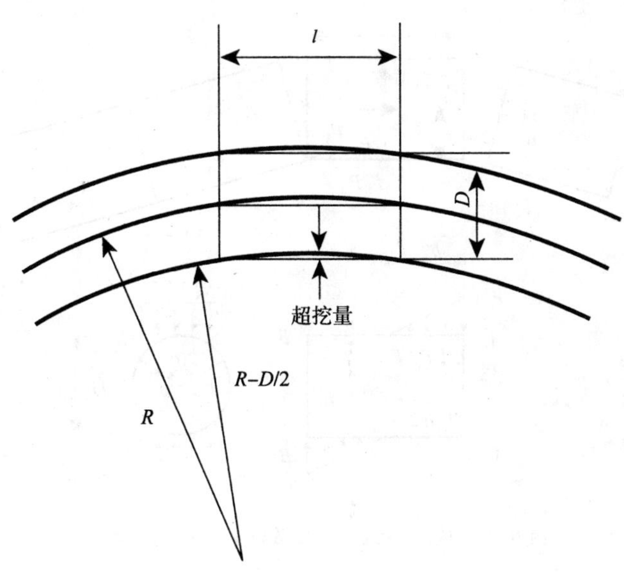

图 10-81　曲线顶进时的超挖量

另外，工承德在文献中提到了如下超挖量计算公式：

$$m = \left| R - \frac{D_0}{2} \right| \cdot \left| 1 - \cos \frac{l}{2R} \right| \tag{10-85}$$

上述公式中的符号意义同前，这两个超挖量的计算公式虽然形式不同，但其推导的原理是相同的，计算结果也基本相同。例如管道外径为 2 400mm，管节长 2.5m，弯曲半径 400m 时，上式的计算结果为 1.9mm。

所以在混凝土管道的曲线顶进中存在超挖的问题，特别是对于硬土来说，这是曲线顶进必需的，否则管节很难转向，摩阻力也会因此而增加。对于软土情况就会好一些。所以在硬土中进行曲线顶管时，要考虑超挖的方法。但钢管顶管因为设计的弯曲半径很大，超挖量就很小，可以忽略不计。

10.7.1.4　曲线顶管管道受力分析及土体抗力计算

1)传统曲线顶管的力学分析

当首节管子进入曲线段时，其受力模型如图 10-82 所示。从图中可以看出，管节主要受工具管千斤顶向后的顶推反力 P_0、后续管节向前的顶推力 P_1、管壁外周摩阻力 F 及周围土体抗力 σ_1 的作用。因为首节管子进入曲线段时，接口张开成 V 形，所以顶推力只集中作用于两节管子的接触点 B' 上，所以顶推力 P_1 又可分解为轴向分力 P_{a1} 和切向分力 P_{h1}。由于偏转角 δ 很小，所以：

$$P_{h1} = P_1 \times \sin\delta << P_{a1} \tag{10-86}$$

对管节中心 O 点取矩，最终得出所需土体抗力 σ_1 的计算公式如下：

$$\sigma_1 = \frac{2\sqrt{3}(P_0 + F)}{l^2} \tag{10-87}$$

式中：P_0——工具管千斤顶向后的顶推反力；

F——管壁外周摩阻力；

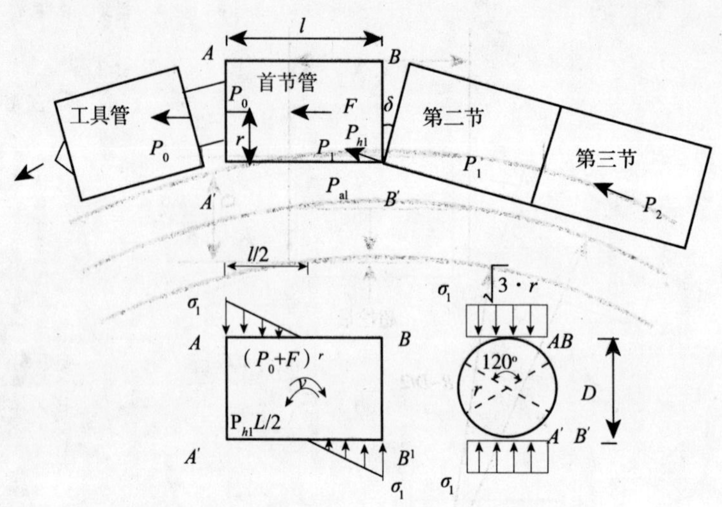

图 10-82　传统方法施工时首节管受力分析模型图

l——单根管节长度。

在曲线段顶进时，后续第 n 节管子受力模型如图 10-83。其受力主要有：第 $n-1$ 节管子向后的顶推反力 P_{n-1}，第 $n+1$ 节管子向前的顶推力 P_n、摩阻力 F 及周围土体抗力 σ_n。则管节受到的转动力矩为：$F \times r-(P_{hn} \times l)/2$，依据力矩平衡原理可得其需要的土体抗力 σ_n 的计算公式为（由于 $\sigma_n > \sigma'_n$，故按 σ_n 计算）：

$$\sigma_n = \frac{8P_n \cdot \sin\delta}{\sqrt{3} \times D \cdot l} - 2\sqrt{3}\frac{F}{l^2} \tag{10-88}$$

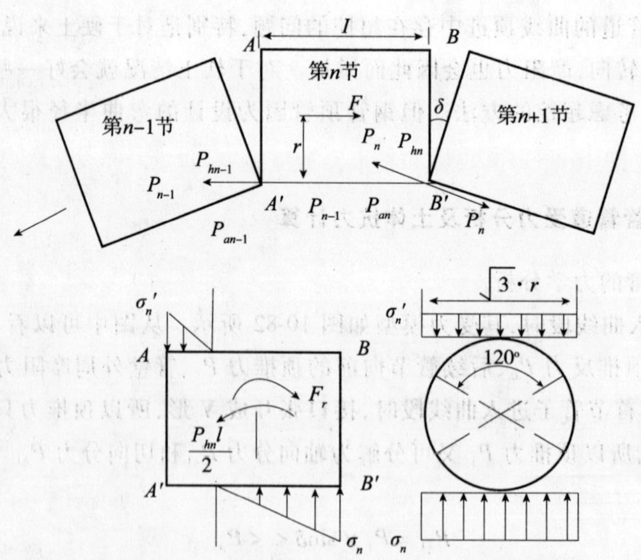

图 10-83　传统方法施工时后续管节受力分析模型图

2）预调式曲线顶管的力学分析和抗力计算

由于管节之间节点调整器的存在，顶推力将作用在螺旋千斤顶上，并通过螺旋千斤顶向前传递。该工法的管节受力分析如图 10-84 所示，在曲线段顶进时，第 n 节管子所受的力的种类和前一种方法基本相同，但是，由于力的传递方式不同，施工中所需土体提供的抗力σ为：

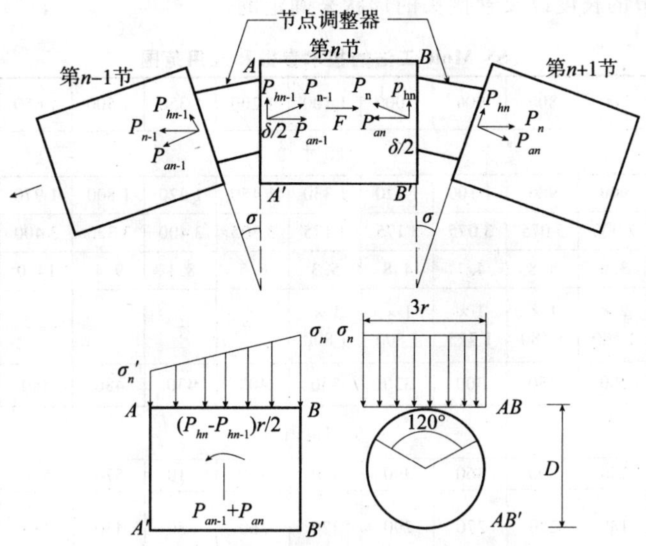

图 10-84　单元曲顶法施工管节受力分析模型图

$$\sigma = \frac{4\left|P_{an} + F\right| \cdot \tan\left(\frac{\delta}{2}\right)}{\sqrt{3} \cdot D \cdot l} \tag{10-89}$$

10.7.2 SS Mole 曲线顶管工法

SS Mole（SS = Super Slurry）工法采用的是一种气力输送液力平衡式顶管机/盾构机，该顶管机由切削头和导向头组成，或者由切削工具管和2～3个（根据施工管道的直径确定）相互铰接的后续工具管组成（图10-85），其尺寸和技术参数见表10-27。

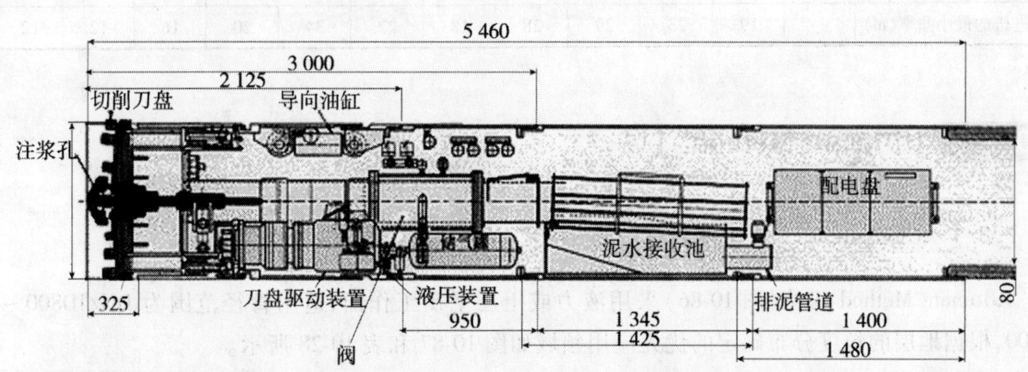

图 10-85　SS Mole 工法采用的顶管机（尺寸单位：mm）

根据制造商提供的参数，该施工方法可以应用于砾石含量＜90%且N值＜100的松散地层中（表10-27），适用的管径范围为DN/ID700～2 200。但是，对于单轴抗压强度＞5MPa的硬地层，这种工法就不再适用了。当该工法应用于不含地下水的地层时，则必须采用辅助的润滑措施(如 T. B. K-润滑系统)。该工法的施工长度主要决定于地层的类型以及施工过程中曲线管节的数量和位置,其最大施工长度可达 500m。施工中采用的曲率半径(表 10-27)也是根据管道的直径、单根管节的长度以及管接头的形状来确定的。

SS Mole 工法的技术参数和应用范围 表 10-27

DN/ID(mm)		700	800	900	1 000	1 100	1 200	1 350	1 500	1 650	1 800	2 000	2 200
尺寸													
掘进机外径(mm)		900	980	1 100	1 220	1 330	1 450	1 620	1 800	1 970	2 140	2 370	2 600
掘进机长度(mm)		2 900	3 075	3 075	3 175	3 175	3 305	3 400	3 330	3 400	3 440	3 690	3 800
质量(t)		3.0	3.8	4.1	4.8	5.3	6.5	8.1	9.4	14.0	17.0	21.0	25.0
后续工具管的数量和长度(mm)		2×1 500	1×1 480	1×1 725	1×1 800	1×1 800	—	—	—	—	—	—	—
排渣口的直径(mm)		200	250	300	330	360	400	430	480	480	480	480	480
应用范围													
最大颗粒度(mm)	颗粒长度	240	300	360	390	420	480	510	570	570	570	570	570
	颗粒的宽度或直径	180	220	270	290	320	360	380	430	430	430	430	430
N 值		≤100											
砾石含量		≤90%											
最大施工长度(m)		400	400	450	500	500	500	500	500	500	500	500	500
对于标准 E 形顶进管道(L = 2.43m;接缝间隙 $s_2 \leq 25$mm)的最小曲率半径		60	87	97	108	118	129	145	161	176	192	213	234
对于接缝间隙 $s_2 \leq 35$mm 不同长度标准 E 形顶进管道的最小曲率半径	2.43m	—	62	70	77	85	92	104	115	126	138	153	168
	1.20m	—	31	35	39	42	46	52	58	63	69	76	84
	0.80m	—	21	24	26	29	31	35	39	43	46	51	56
掘进机的最小曲率(m)		—	19	23	29	28	18	22	34	20	16	12	12

10.7.3 Ultimate Method 工法

10.7.3.1 Ultimate Method 工法概述

Ultimate Method 工法(图 10-86)采用液力或土压平衡工作面,适用管径范围为 DN/ID800 ~ 3 000,根据地层的粒度分布确定的优先应用领域如图 10-87 和表 10-28 所示。

这种工法与 SS Mole 工法非常相似,但是,该工法通过采用带导向油缸的辅助机械导向装置、特殊结构的切削刀盘(双刀盘)以及如图 10-88 所示的带有间隙导向块的管接头,可以实现更小曲率半径的顶管施工(表 10-29)。

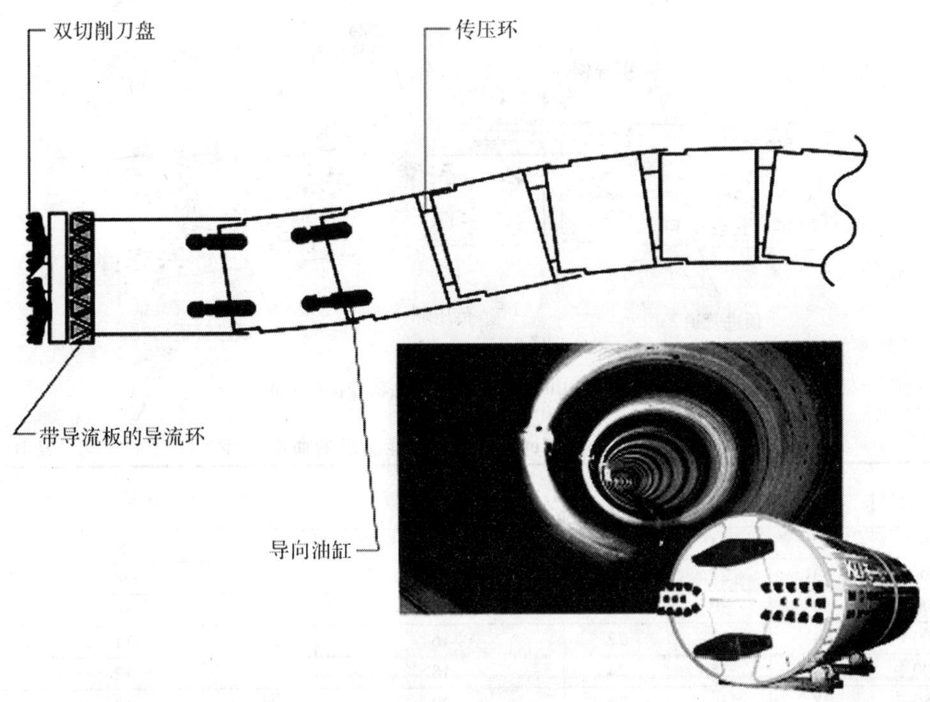

图 10-86 Ultimate Method 工法设备及铺设管道

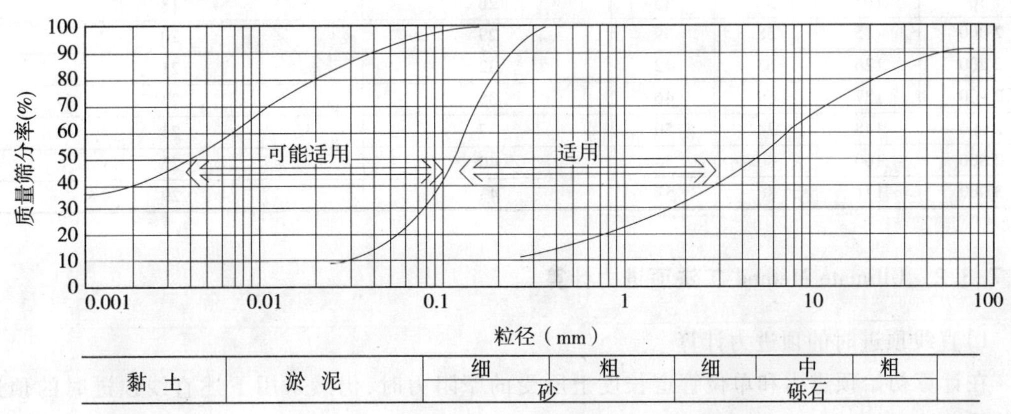

图 10-87 Ultimate Method 工法的适用地层条件

土压平衡 Ultimate Method 工法的适用地层分类 表 10-28

土层类型	地层条件		地层的标贯指数 N 值及砾石含量	说明
A	黏土、淤泥		$N \leqslant 10$	
	含砾砂层		砾石含量≤20% 砾石最大直径≤20mm	
B	B1	砂层	砾石含量≤20% 20mm＜砾石最大直径≤65mm	施工中应考虑含砾石直径＞65mm 的情况
	B2	硬黏土层	$10 < N \leqslant 30$	
C	含砾砂层		$N > 30$	泥炭土层
			$N > 50$	

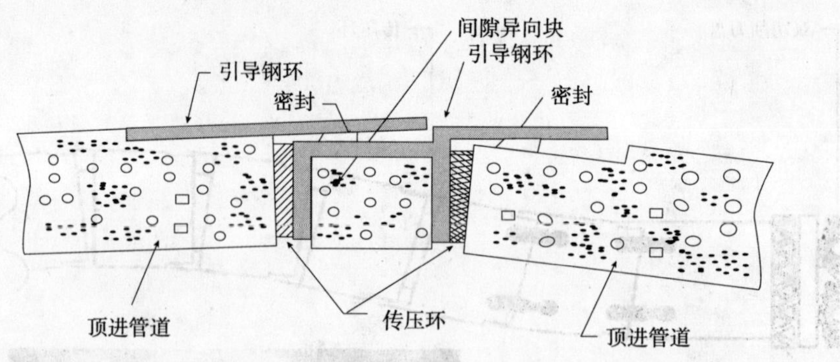

图 10-88 Ultimate Method 工法的管接头形式

采用 Ultimate Method 工法可能实现的曲率半径 表 10-29

DN/ID(mm)	管节长度			1.20m 长管节 + 管缝导向块	0.80m 长管节 + 管缝导向块
	2.43m	1.20m	0.80		
800	47	24	16	12	8
900	53	27	18	13	9
1 000	59	30	20	15	10
1 100	64	32	22	16	11
1 200	70	35	24	18	12
1 350	78	39	26	20	13
1 500	87	44	29	22	15
1 650	95	48	32	24	16
1 800	103	52	35	26	18
2 000	115	58	39	29	20
2 200	126	63	42	32	21
2 400	137	69	46	35	23
2 600	148	74	50	37	25
2 800	160	80	54	40	27
3 000	171	86	57	43	29

10.7.3.2 Ultimate Method 工法顶进力计算

1)直线顶进时的顶进力计算

在计算初始顶进力和单位管道长度上所受的摩阻力时,仍然采用下述直线顶进时的顶进力计算公式:

$$F = F_0 + f \times L \tag{10-90}$$

$$F_0 = (P_w + P_e) \times \pi \times (B_c^2/4)$$

$$f = \left(\frac{1}{8} \cdot \alpha \cdot B_c^{0.5} \cdot N^{0.125} \cdot g \cdot S\right) + 0.1 \cdot W$$

式中:F——顶进力,kN;

F_0——初始顶进力(迎面阻力),kN;

p_w——掘进机舱内的压力,等于地下水压力加上 20.0kN/m²;

P_e——切削土的摩擦力,$P_e = 10.0 \cdot a \cdot N$;$a = 0.5$;(岩石除外),$N$ 为标准贯入指数,当 N 值 >50 时,取 N 值 =50;当 N 值 =0 时,取 N 值 =1;

f——单位长度管道上的摩阻力，kN/m；
g——重力加速度，取 $g = 9.8\text{m/s}^2$；
α——考虑砾石含量的摩阻力系数，$\alpha = 0.6 + R_g/100$；
R_g——砾石含量，%；
B_c——顶进管道外径，m；
S——顶进管道的外周长，$S = \pi \cdot B_c$，m；
W——单位长度管道的重量，kN/m；
L——顶进长度，m。

2）曲线顶进时的顶进力计算

曲线顶进时，应分别计算其直线段和曲线段的顶进力，然后累加即得总的顶进力。直线段的顶进力仍然按照上述公式来计算，而曲线段的顶进力则可按照下面的公式进行计算：

$$F_n = K^n \times F_0 + \frac{K' \times (K^{(n+1)} - K)}{K - 1} \tag{10-91}$$

式中：F_n——顶进力，kN；
K——曲线顶管的摩擦系数；$K = 1/(\cos\alpha - k \cdot \sin\alpha)$，其中：$\alpha$ 为每一根管节所对应的圆心角，k 为管道和土层之间的摩擦系数，$k = \tan\phi/2$；
n——曲线段顶进施工所采用的管节数量；
F_0——开始曲线段顶进时的初始推力，kN；
K'——作用于单根管节上的摩阻力，kN。

在曲线段的顶进力计算完毕后，如要接着计算随后的直线段顶进力，可按下述公式进行计算：

$$F_m = F_n + f \times L \tag{10-92}$$

式中：F_m——曲线段后的直线段顶进力，kN；
L——直线段的顶进长度，m。

其他符号意义同前。

10.8 顶管工作坑的设计与施工

10.8.1 概述

在顶管施工中，虽然不需要开挖地面，但必须在顶进管道的两端开挖若干个工作坑/井（Working Pit/Shaft）。工作坑又可分为顶进工作坑/井（Drive Pit/Drive Shaft）和接收坑/井（Reception Pit/Shaft）。顶进工作坑是安放所有顶进设备的场所，也是顶管掘进机或工具管的始发地，同时又是承受主顶油缸反作用力的构筑物。接收坑则是接收顶管掘进机或工具管的场所。

顶进坑一般要比接收坑坚固、可靠，尺寸也较大。

工作坑形状一般有矩形、圆形、腰圆形、多边形等几种，其中矩形工作坑最为常见。在直线顶管中或在两段交角接近180°的折线的顶管施工中，多采用矩形工作坑。矩形工作坑的短边与长边之比通常为2:3，这种工作坑的优点是后座墙布置方便，坑内空间能充分利用，覆土深浅都可利用。如果在两段交角比较小或者是在一个工作坑中需要向几个不同方向顶进时，则往往采用圆形工作坑；另外，较深的工作坑也一般采用圆形，且常采用沉井法施工。这种圆形工作坑的优点是占地面积小，但需另筑后座墙。沉井材料采用钢筋混凝土，工程竣工后沉井则成为管道的附属构筑物。腰圆形的工作坑的两端各为半圆形状，而其两边则为直线；这种形状的工作坑多用成品的钢板构筑成，而且大多用于小口径顶管中。多边形工作坑的使用基本上和圆形工作坑相似。

接收坑大致也有上述几种形式，不过由于它的功能只在接收掘进机和工具管，通常选用矩形或圆形。

工作坑按其结构可分为钢筋混凝土坑、钢板桩坑、瓦楞钢板坑等。在土质条件好、顶管口径比较小和顶进距离不长的情况下，工作坑可采用放坡开挖式，只不过在顶进坑中需浇筑一堵后座墙。

按工作坑的使用性质可将其分成如下3类。

(1)顶进工作坑：这种工作坑是顶进的起点，也是顶管的操作基地。垂直运输、设备安装、水电供应、工作人员出入都要通过此坑。其结构较复杂，修建工程量较大，一般所称工作坑多指此类。

(2)终点工作坑：是顶进管道的终点，掘进机或者工具管由此坑出土，标志顶进工作结束。由此坑内将工具管或掘进机及有关设备运出。

(3)中间工作坑：在调头顶进中，工作坑既是此段的终点，又是新顶管段的起点，兼起上述两种工作坑的作用。有时顶进过程中遇到障碍，或发现误差过大不能再继续顶进时，要在顶进中断地点挖新工作坑重新顶进。此种工作坑也叫中间工作坑。

按工作坑的设计深度，也可将其分成3类。

(1)浅工作坑：挖掘深度(自地面至工作坑底)等于或小于2m的工作坑，属浅工作坑。雨水管道、穿越高填方的铁路或公路路基时，工作坑均比较浅，有时甚至有一半在地面上。

(2)普通工作坑：指挖掘深度为2~6m的工作坑，这类工作坑是顶管施工中经常遇到的中等深度的工作坑，称为普通工作坑，通常为矩形。

(3)深工作坑：指挖掘深度大于6m的工作坑。覆土较深的管道或者穿越河道时的工作坑都比较深，深工作坑大多采用圆形，常采用沉井或连续墙法施工，也可采用开槽支撑法施工。

在采用沉井法施工时，如果所顶管子的覆土较浅，采用一次浇捣、一次下沉的沉井施工方法即可；如果管子的覆土深度比较深，就必须采用多次浇捣、多次下沉的沉井施工。比较浅的沉井可以采取先降水而后再沉的干式沉井施工，而比较深的沉井则应采用不排水的湿式沉井施工，最终在水中封底以后再排干井中的水。

当管子埋设相当深，且管径又比较大，沉井施工相当困难或者无法施工时，可采用地下连续墙施工方法来构筑工作坑。

工作坑的施工方法应根据现场条件、工作坑结构和形式，按多快好省原则选择。目前，工作坑施工常用的方法有开槽式、沉井式及连续墙式等。

10.8.1.1 开槽式工作坑

根据工作坑深浅，可以把开槽式工作坑分为浅槽式、支撑式及围堰式3种。

1)浅槽式工作坑

浅槽式工作坑一般在土质较好、地下水位低于坑底，且覆土深度小于2m时采用。工作坑挖土边坡一般根据土质情况，可采用3:1~5:1，不需要支撑。这种工作坑一般用于穿越高填方的铁路或公路路基，具有施工设备简单、操作容易、造价较低、节约木材等优点，但挖土量较大。

2)支撑式工作坑

支撑式工作坑是普遍采用的工作坑形式，适用于任何土质，与地下水位无关，且不受施工环境限制，但覆土太深时，操作困难、弃土运输不便，所以挖掘深度以不大于7 m为宜。

工作坑支撑时首先应考虑撑木以下到工作坑底的空间，此段最小高度应为3.0m，以利操作。垂直下管的空间除应对准安管位置外，还应保证下管时有转动余地。撑木要尽量选用松杉木，支撑节点的地方应加固以防错动。

3)围堰式工作坑

用木板桩或钢板桩以企口相接建成圆形或矩形的围堰支持坑壁的工作坑，称为围堰式工作坑，也称为钢板桩工作坑。在地下水位高和地基土为粉土或砂土的条件下采用这种工作坑时，应防止产生管涌。围堰式工作坑具有占地面积小、能防止塌方、比混凝土井筒造价低等优点。

这种钢板桩工作坑的施工方法较为简单，一般是先放样，然后挖一条深0.5m左右的地槽，钢板桩沿已挖好的槽打成所需的形状，大多为矩形，这时，如果是渗透系数比较大的砂性土，则应在打好的钢板桩外1.0~1.5m的地方打一圈降水井点，以降低地下水位。当井点的水位降到预定水位以后，就可以对坑内的土进行开挖。当挖到地表下0.8m左右时，应对钢板桩工作坑设置第一道支撑。通常支撑都采用框形，四个角部分加45°的斜撑。接着继续进行挖土，每挖1.0~1.5m就需设置一道支撑。如果工作坑纵向距离较长，还需在框架中间架一道支撑，一直挖到基础底面为止。在距基坑底板表面0.3m左右处设置最后一道支撑，在基础和底板浇筑以后把此道支撑拆除。然后在工作坑的前方浇一堵与工作坑同宽、厚度为0.5m左右的前止水墙。该止水墙的中间应预留有供掘进机出洞的洞口。洞口的直径一般比掘进机的外径大0.15~0.2m，并在洞口安装止水圈。接着，在工作坑的后方浇筑一道与工作坑同宽厚度为1.0m左右的后座墙，此墙的总高度最好能大于掘进机外径的2倍左右，而且必须插入底板0.5m左右。后座墙的配筋则需根据推力的大小而定。

10.8.1.2 沉井式工作坑

在地下水位以下修建工作坑时，如缺乏钢板桩等设备，或者工作坑较深，采用钢板桩不能解决问题时，或在穿越障碍物的两端需要修建深井设施时，均可采用沉井法修建工作坑。沉井式工作坑的结构形式有多种多样，其中单孔圆沉井(如图10-89)和单孔矩形沉井是顶管工作坑常用的形式。

采用沉井法施工工作坑的构筑顺序是，先挖一个1.0m深的比工作井外周尺寸大1.0m的坑，坑底要平整。然后再在工作井的刃脚下先垫一层砂和素混凝土垫块，垫块的宽度与井壁大致相同。接下来是立模、扎筋、浇捣。工作井中应预留有掘进机出洞洞口，直径比掘进机大0.15~0.20m，接收井的洞口直径比顶进井中的洞口要大0.1m左右。

a) b)

图 10-89 西气东输穿黄顶管工作井

a)施工中的工作井;b)工作井完成之后

下沉前把素混凝土垫块打碎,沉井的刃口就切入土中。如果是干沉,还需在沉井的外周加一圈降水井点以降低井内地下水位。挖去井内的土,沉井就会慢慢下沉,当沉到位时应立即用钢筋混凝土进行封底。

近年来,在日本出现了套管式沉井施工方法,图 10-90 所示是 KCMM HBM-2500-CR 型沉井施工设备。在施工时,驱动装置使套管转动,套管下部的切削刃可以破碎硬的基岩。

a) b)

图 10-90 KCMM 套管式沉井施工法

a)HBM-2500-CR 型施工设备;b)具有切削功能的套管

该工法可应用于 N 值 >50 或抗压强度 q_u >200Pa 的地层。在坚硬地层中施工时,通常可借助于碎石器或潜孔锤来破碎岩石。表 10-30 中给出了不同型号的施工设备配用的切削套管和下沉的混凝土管段的规格尺寸。

不同型号施工设备及配用的切削套管和混凝土管段的规格尺寸　表 10-30

设　备	切削套管或混凝土管段	尺寸(mm)		
		DN/OD	DN/ID	高 度
MS-HBM 2000	钢切削套管	1 454	1 200	650
	混凝土管段	1 430	1 200	1 200
		1 430	1 200	2 100
	钢切削套管	1 804	1 500	1 200
	混凝土管段	1 780	1 500	1 200
		1 780	1 500	2 100
MS-HBM 2500	钢切削套管	2 144	1 800	700
	混凝土管段	2 120	1 800	1 200
		2 120	1 800	2 100
	钢切削套管	2 374	2 000	750
	混凝土管段	2 350	2 000	1 200
		2 350	2 000	2 100
MS-HBM 3000	钢切削套管	3 004	2 500	800
	混凝土管段	2 980	2 500	1 200
		2 980	2 500	2 100

10.8.1.3　连续墙式工作坑

连续墙式工作坑就是先钻深孔成槽，用泥浆护壁，然后放入钢筋笼，浇筑混凝土时将泥浆挤出来形成连续墙段，然后挖出其中的土并封底而形成的工作坑。在同样条件下，与施工的沉井式工作坑相比，可节约造价一半及全部支撑材料，且工期较短。

采用地下连续墙方法施工工作坑时，先按要求做一圈槽壁组成的地下连续墙，这种坑多数为圆形，然后自上而下一边挖土一边做内衬砌，一直做到底板的基础底面为止，再做基础和底板。用地下连续墙方法施工的工作井的洞口不是预留而是后来开凿成的。圆井在开凿好进出洞口以后还要分别浇一堵前止水墙和后座墙。采用此方法施工时，即使离房屋或其他建筑物近也比较安全。

如果距建筑物近，也可以采用下述方法施工。先按井的尺寸留出内衬以后做一排钻孔灌注桩。然后在钻孔灌注桩外侧两桩交接处采用高压旋喷桩或注浆把其缝隙封住。最后，在井内一边往下挖一边浇筑内衬，一直做到基础底以下再封底。

还有一种方法是采用预制的钢筋混凝土的砌块从地面上一边拼装一边往下挖，直到做好底板。有时，这种混凝土砌块还可以用一种如瓦楞形的钢成形构件代替。不过，采用上述方法构筑工作坑时，土质必须要好一些。

另外，根据我国国标 GB 50286—97 中 6.2 节的相关规定，当顶管工作坑采用地下连续墙时，应符合现行国家标准《地基与基础工程施工及验收规范》的规定，并应编制施工设计。施工设计应包括以下主要内容：

(1)工作坑施工平面布置及竖向布置。

(2)槽段开挖土方及泥浆处理。

(3)墙体混凝土的连接形式及防渗措施。

(4)预留顶管洞口设计。

(5)预留管、件及其与内部结构连接的措施。

(6)开挖工作坑支护及封底措施。

(7)墙体内面的修整、护衬及顶管后座墙的设计。

(8)必要的试验研究内容。

地下连续墙墙段间宜采用接头箱法连接，且其接缝位置应与井室内部结构相接处错开。槽段开挖成形允许偏差应符合表10-31的规定。

槽段开挖成形允许偏差(mm)　　表10-31

项　　目	允许偏差
轴线位置	30
成槽垂直度	< H/300
成槽深度	清孔后不小于设计规定

注:1. 轴线位置偏差指成槽轴线与设计轴线位置之差。
2. H 为成槽深度(mm)。

采用钢管作预埋顶管洞口时，钢管外宜加焊止水环，且周围应采用钢制框架，按设计位置与钢筋骨架的主筋焊接牢固；钢管内宜采用具有凝结强度的轻质胶凝材料封堵；钢筋骨架与井室结构或顶管后座墙的连接筋、螺栓、连接挡板锚筋，应位置准确、连接牢固。槽段混凝土浇筑的技术要求应符合表10-32中的规定。

槽段混凝土浇筑的技术要求　　表10-32

项　　目		技术要求指标
混凝土配合比	水灰比	≤0.80
	灰砂比	1:2～1:2.5
	水泥用量	≥370kg/m³
	坍落度	20±2cm
混凝土浇筑	拼接导管检漏压力	>0.3MPa
	钢筋骨架就位后到浇筑开始	<4h
	导管间距	≤3m
	导管距槽端距离	≤1.50m
	导管埋置深度	>1.00m，<6.00m
	混凝土面上升速度	>4.00m/h
	导管间混凝土面高差	<0.50m

注:1. 工作坑兼做管道构筑物时，其混凝土施工尚应满足结构要求。
2. 导管埋置深度系指开浇后下沉浇筑时，混凝土面距导管底口的距离。
3. 导管间距系指当导管管径为200～300mm时，导管之间的中心距。

在开挖工作坑时，应按施工设计规定及时支护，可采用与墙体连接的钢筋混凝土圈梁和支撑梁的方法支护，也可采用钢管支撑法支护。支撑应满足便于运土、提吊管件及机具设备等的要求。地下连续墙施工允许偏差应符合表10-33中的规定。顶管完成后的工作坑应及时进行下步工序，经检验后及时回填。

地下连续墙施工允许偏差　　表10-33

项　　目		允许偏差(mm)
轴线位置		100
墙面平整度	黏土层	100
	砂土层	200
预埋管	中心位置	100
混凝土抗渗、抗冻及弹性模量		符合设计要求

注:墙面平整度允许偏差值系指允许凸出设计墙面的数值。

在吴泾、闵行等地区的污水外排穿越黄浦江倒虹管顶管工程中，采用了连续墙法构筑大深度顶进工作井。该顶进工作井的内径为10.2m，底板深度高程为 -28.00m，工作坑的实际开挖深度达到33.6m，是目前上海地区开挖深度最大的深基坑工程。在施工中，采用地下连续墙构筑工作井的围护结构，内衬采用逆作法施工，地下连续墙厚800mm，内衬厚400mm。

在设计较深的工作井时，除了必须验算工作井基底抗隆起稳定外，当地层中存在含水层时，还应进行管涌和地下水顶破黏土覆盖层的安全验算。

这里可采用 G. Schneebeli 极限承载力公式进行抗基底隆起稳定验算：

$$D \geqslant \frac{\gamma \cdot H + q}{\gamma \cdot \left[\tan^2\left(45° + \dfrac{\phi}{2}\right)e^{\pi \cdot \tan\phi} - 1\right]} \tag{10-93}$$

式中：γ——土的重度，kN/m^3；

q——地表均布荷载，kN/m^2；

H——基坑内外地面高差，m；

ϕ——土的内摩擦角。

为防止工作坑底部发生管涌现象，工作坑的入土深度应满足如下公式：

$$D \geqslant \frac{h}{2}\left(\frac{K_s \cdot \gamma_w}{\gamma'} - 1\right) \tag{10-94}$$

式中：K_s——安全系数；

γ_w——水的重度，kN/m^3；

γ'——土的有效重度，kN/m^3；

h——基坑内外的水位高差，m。

10.8.1.4 钢筋混凝土喷锚逆作法施工

除了上述常用的顶管工作坑支护结构之外，近年来，将钢筋混凝土喷锚逆作法工艺引入到工作井支护结构中，取得了比较满意的效果。钢筋混凝土喷锚逆支护的主要优点是：相对于以上其他支护结构来讲，施工成本适中，施工无噪声，这种梁、锚杆、喷锚网组合型支护结构，充分吸取了悬臂支护结构直立挡土的优点，较大幅度利用了梁、锚杆、喷锚网与土的共同作用，提高了边坡土体的抗变形及抗沉降的强度。但是，其缺点是：在施工前，必须先采取降水措施，保证不带水作业。

在进行钢筋混凝土喷锚逆作法施工前，必须采取有效的降水措施，保证干槽作业，这是确保喷锚混凝土达到设计要求及施工质量的前提；帽梁和环梁的钢筋构件应提前加工；先进行帽梁的施工，待其混凝土具有一定强度后方可进行后续其他工序的施工；每道环梁安装应和锚杆同时进行，锚杆应和环梁钢筋焊在一起，然后进行钢网片的安装；混凝土应分层喷射，表面混凝土喷射后应由人工将表面修理平整，并使棱角清晰。因喷射混凝土用量高，喷层又薄，应特别加强对混凝土的养护工作，自喷完后4～7d内进行喷水养护。

10.8.2 工作坑的尺寸

工作坑的尺寸是指工作坑的平面尺寸和深度，决定于施工管道直径的大小、管节的长度、覆土厚度、顶进形式和施工方法等因素，并受土层的性质、地下水位等条件影响，在确定工作坑尺寸时还要考虑各种设备的布置、操作空间、工期长短和挖掘泥土的运输方式和设备等因素。根据 GB 50286—97 中 6.2 节的规定，矩形工作坑的底部尺寸应采用下列公式计算：

$$B = D_1 + S \tag{10-95}$$

$$L = L_1 + L_2 + L_3 + L_4 + L_5 \tag{10-96}$$

式中：B——矩形工作坑的底部宽度，m；

D_1——管道外径，m；

S——操作宽度，可取 2.4～3.2m；

L——矩形工作坑的底部长度，m；

L_1——工具管长度，当采用管道第一节管作为工具管时，对于钢筋混凝土管，不宜小于 0.3m；钢管则不宜小于 0.6m；

L_2——管节长度，m；

L_3——输土工作间长度，m；

L_4——千斤顶长度，m；

L_5——后座墙的厚度，m。

工作坑深度应符合下列公式要求：

$$H_1 = h_1 + h_2 + h_3 \tag{10-97}$$

$$H_2 = h_1 + h_3 \tag{10-98}$$

式中：H_1——顶进坑地面至坑底的深度，m；

H_2——接收坑地面至坑底的深度，m；

h_1——地面至管道底部外缘的深度，m；

h_2——管道外缘底部至导轨底面的高度，m；

h_3——基础及其垫层的厚底（不应小于该处井室的基础及垫层厚度），m。

表 10-34 和表 10-35 是国外顶管和微型隧道施工中通常采用的顶进坑和接收坑的尺寸，所采用的顶进坑通常为矩形或带有半圆形端部的矩形；接收坑尺寸较小，一般采用方形和圆形两种。

国外常用顶进坑的形状和最小尺寸　　表 10-34

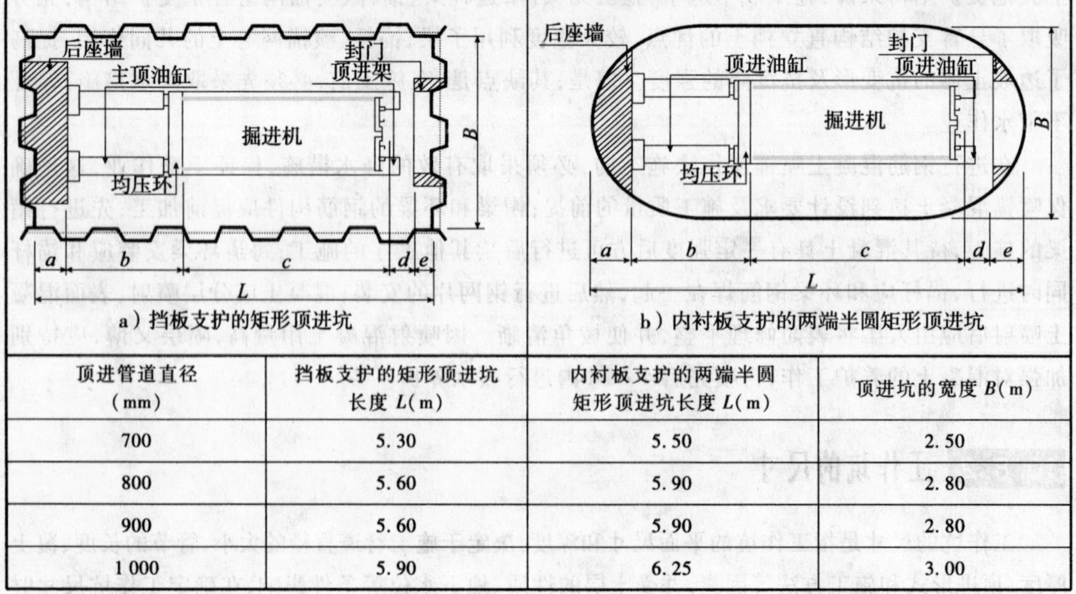

a）挡板支护的矩形顶进坑　　b）内衬板支护的两端半圆矩形顶进坑

顶进管道直径（mm）	挡板支护的矩形顶进坑长度 L(m)	内衬板支护的两端半圆矩形顶进坑长度 L(m)	顶进坑的宽度 B(m)
700	5.30	5.50	2.50
800	5.60	5.90	2.80
900	5.60	5.90	2.80
1 000	5.90	6.25	3.00

续上表

顶进管道直径(mm)	挡板支护的矩形顶进坑长度 L(m)	内衬板支护的两端半圆矩形顶进坑长度 L(m)	顶进坑的宽度 B(m)
1 100	6.10	6.40	3.00
1 200	6.30	6.60	3.20
1 350	6.70	7.00	3.30
1 500	6.80	7.10	3.30
1 650	6.80	7.10	3.30
1 800	7.20	7.50	3.80
2 000	7.50	7.80	4.00
2 200	7.60	7.90	4.20

国外常用接收坑的形状和尺寸 表10-35

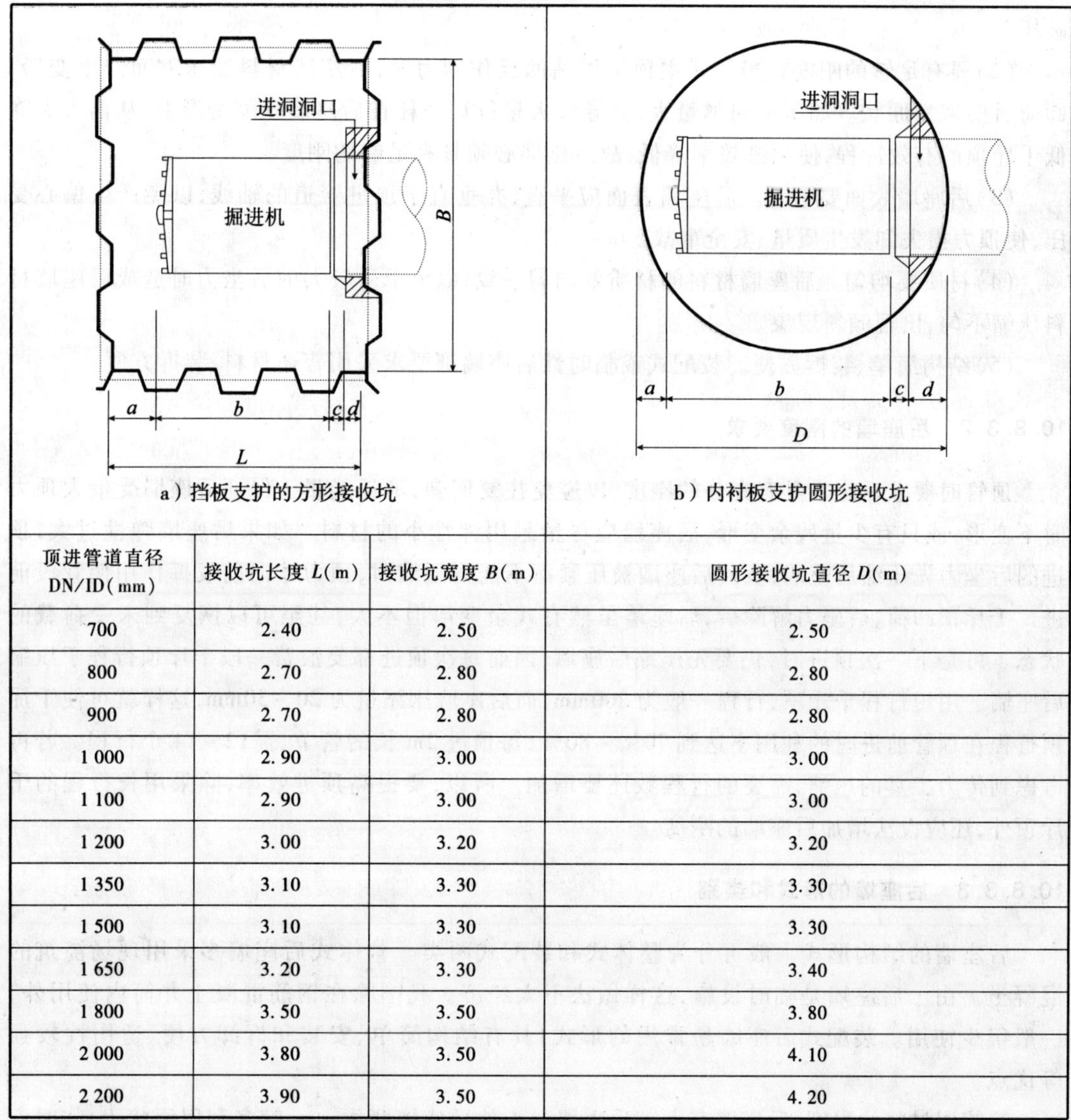

a）挡板支护的方形接收坑　　b）内衬板支护圆形接收坑

顶进管道直径 DN/ID(mm)	接收坑长度 L(m)	接收坑宽度 B(m)	圆形接收坑直径 D(m)
700	2.40	2.50	2.50
800	2.70	2.80	2.80
900	2.70	2.80	2.80
1 000	2.90	3.00	3.00
1 100	2.90	3.00	3.00
1 200	3.00	3.20	3.20
1 350	3.10	3.30	3.30
1 500	3.10	3.30	3.30
1 650	3.20	3.30	3.40
1 800	3.50	3.50	3.80
2 000	3.80	3.50	4.10
2 200	3.90	3.50	4.20

注：表中为最小可采用的接收坑尺寸，对于较长的机头（国内和日本的机头），应保证接收坑有效长度大于机头长度 +0.4m。

10.8.3 后座墙

后座墙(Reaction Wall)是顶进管道时为千斤顶提供反作用力的一种结构,有时也称为后座、后背或者后背墙等。在施工中,要求后座墙必须保持稳定,一旦后座墙遭到破坏,顶进工程就要停顿。后座墙设计要通过详细计算,其重要程度不亚于顶进力的预测计算。

10.8.3.1 后座墙的功能及要求

后座墙主要的功能是在顶进过程中自始至终地承担主顶工作站顶管前进时的后坐力。后座墙的最低强度应保证在设计顶进力的作用下不被破坏,要求其本身的压缩回弹量为最小,以利于充分发挥主顶工作站的顶进效率。在设计和安装后座墙时,应使其满足如下要求:

(1)要有充分的强度。在顶管施工中能承受主顶工作站千斤顶的最大反作用力而不致破坏。

(2)要有足够的刚度。当受到主顶工作站的反作用力时,后座墙材料受压缩而产生变形,卸荷后要恢复原状。如压缩回弹量大,会导致大量行程消耗在后座墙压缩变形上,从而大大降低千斤顶的有效冲程,使顶进效率降低,故后座墙必须具有足够的刚度。

(3)后座墙表面要平直。后座墙表面应平直,并垂直于顶进管道的轴线,以免产生偏心受压,使顶力损失和发生质量、安全事故。

(4)材质要均匀。后座墙材料的材质要均匀一致,以免承受较大的后坐力时造成后座墙材料压缩不匀,出现倾斜现象。

(5)结构简单、装拆方便。装配式或临时性后座墙都要求采用普通材料、装拆方便。

10.8.3.2 后座墙的刚度要求

顶管时要求后座墙具有充分的刚度,以避免往复回弹,消耗能量。保证后座墙受最大顶力时不变形,或只有少量残余变形,后座墙应尽量采用弹性小的材料。如果后座墙弹性过大,顶进的后坐力先压缩后座墙,直到后座墙被压紧而不能再压缩时,顶力才向前发挥作用使管段前进。千斤顶卸荷,后坐力解除后,后座墙虽然有残余变形但不大,甚至可以恢复到未受荷载的状态。可是下一次顶进时,仍要先压缩后座墙,因而每次顶进都要浪费一段千斤顶行程于压缩后座墙。用短行程千斤顶,行程一般为200mm,而后座墙压缩量为20~30mm,这样就可使千斤顶行程在顶管前进时的利用率达到70%~80%,每顶进2m长的管节,需12~14个行程。若再考虑到传力工具的压缩,需要的行程数还要增加。所以,要提高顶进效率,除采用长行程的千斤顶外,还应设法增加后座墙的刚度。

10.8.3.3 后座墙的形式和类别

后座墙的结构形式一般可分为整体式和装配式两类。整体式后座墙多采用现场浇筑的混凝土。由于后座墙是临时设施,这样做法不太经济。我国除在钢筋混凝土井筒内使用外,一般很少使用。装配式后座墙是常用的形式,具有结构简单、安装和拆卸方便、适用性较强等优点。

按使用材料的程度,后座墙有人工后座墙和天然后座墙两类。一般多利用原状土,临时安装方木和顶铁,作成装配式后座墙,后座墙强度取决于土抗力,故称为天然后座墙。当顶进方向对侧无原状土可利用时，就需用建筑材料构筑临时的人工后座墙，应尽量选用现场存储的材料，如钢筋混凝土管、型钢、木材、块石等。

按土的性能利用分类，后座墙又可分为压缩式、拖拉式和重力式后座墙3种。一般利用土作后座墙，多是利用土抗力。由于对土反复加压、卸荷，土不断受到压缩，当压缩到一定限度后，与地基上的建筑物向土施荷一样，就不再继续压缩，土抗力达到最大值。当千斤顶后坐力大于土抗力时，则后座墙破坏。

拖拉式后座墙除利用土抗力外，还利用土与基础间的摩阻力和抗剪力。重力式后座墙除利用土抗力、摩阻力与抗剪力外，还采用块石砌筑后座墙，由于块石砌体的重量增加了土压力，使下层的摩阻力随之增加，这样就能承受千斤顶的较大的后坐力。

后座墙形式虽然多种多样，但就其使用条件上讲，基本为3种：

(1)浅覆土或穿过高填方路基的顶管，无土抗力可利用时修建的人工后座墙。

(2)较深覆土时可以充分利用土抗力的天然后座墙。

(3)在混凝土或钢筋混凝土竖井内建筑的现浇钢筋混凝土后座墙。

我国国标 GB 50286—97 中对采用装配式后座墙时作出了如下规定：

(1)装配式后座墙宜采用方木、型钢或钢板等组装，组装后的后座墙应有足够的强度和刚度。

(2)后座墙土体壁面应平整，并与管道顶进方向垂直。

(3)装配式后座墙的底端宜在工作坑底以下(不宜小于50cm)。

(4)后座墙土体壁面应与后座墙贴紧，有间隙时应采用砂石料填塞密实。

(5)组装后座墙的构件在同层内的规格应一致，各层之间的接触应紧贴，并层层固定。

(6)顶管工作坑及装配式后座墙的墙面应与管道轴线垂直，其施工允许偏差应符合表10-36中的规定。

工作坑及装配式后座墙的施工允许偏差(mm)　　表10-36

项目		允许偏差
工作坑每侧	宽度	不小于施工设计规定
	长度	
装配式后座墙	垂直度	0.1% H①
	水平扭转度	0.1% L②

注：①H 为装配式后座墙的高度(mm)；
②L 为装配式后座墙的长度(mm)。

当无原土作后座墙时，应设计结构简单、稳定可靠、就地取材、拆除方便的人工后座墙。另外，规范中还规定，利用已顶进完毕的管道作后座墙时，应符合下列规定：

(1)待顶管道的顶力应小于已顶管道的顶力。

(2)后座墙钢板与管口之间应衬垫缓冲材料。

(3)采取措施保护已顶入管道的接口不受损伤。

10.8.4 后座墙的设计计算

在一般情况下，顶管工作坑后座墙能承受的最大顶力决定于所顶管道所能承受的最大顶力，在最大顶力确定之后，即可据此进行后座墙的结构设计。后座墙的尺寸主要取决于管径大小和后座土体的被动土压力，即土抗力。计算土抗力的目的是考虑在最大顶力条件下保证后座土体不被破坏，以期在顶进过程中充分利用天然的后背土体。

由于最大顶力一般在顶进段接近完成时出现，所以在设计后座墙时应充分利用土抗力，而且在工程进行中应严密地注意后背土的压缩变形值，将残余变形值控制在20mm左右。当发现变形过大时，应考虑采取辅助措施，必要时可对后背土进行加固，以提高土抗力。

10.8.4.1 国内常用的计算方法

这里介绍的第一种方法（余彬泉，1998）在计算后座墙反力过程中，忽略了钢制后座的影响，假定主顶油缸施加的顶进力是通过后座墙均匀地作用在工作坑后的土体上，为确保后座在顶进过程中的安全，后座的反力或土抗力 R 应为总顶进力 P 的1.2～1.6倍，反力 R 可采用下述公式计算：

$$R=\alpha\cdot B\cdot\left(\gamma\cdot H^2\cdot\frac{K_p}{2}+2c\cdot H\cdot\sqrt{K_p}+\gamma\cdot h\cdot H\cdot K_p\right) \tag{10-99}$$

式中：R——总推力之反力，kN；

α——系数，取 $\alpha=1.5\sim2.5$；

B——后座墙的宽度，m；

γ——土的重度，kN/m^3；

H——后座墙的高度，m；

K_p——被动土压系数（见表10-37）；

c——土的内聚力，kPa；

h——地面到后座墙顶部土体的高度，m。

在计算后座的受力时，应该注意的是：

①油缸总推力的作用点低于后座被动土压力的合力点时，后座所能承受的推力为最大；

②油缸总推力的作用点与后座被动土压力的合力点相同时，后座所承受的推力略大些；

③当油缸总推力的作用点高于后座被动土压力的合力点时，后座的承载能力最小。

因此，为了使后座承受较大的推力，工作坑应尽可能深一些，后座墙也尽可能埋入土中多一些。

土的主动和被动土压系数值 表10-37

土的名称	土的内摩擦角 φ(°)	被动土压系数 K_p	主动土压系数 K_A	$\frac{K_p}{K_A}$
软土	10	1.42	0.70	2.03
黏土	20	2.04	0.49	4.16
砂黏土	25	2.46	0.41	6.00
粉土	27	2.66	0.38	7.00
砂土	30	3.00	0.33	9.09
砂砾土	35	3.69	0.27	13.67

第二种方法在计算后背土的承载能力时，引入了土抗力系数 K_r，此时后背土的承载能力可按下公式进行计算：

$$R_c = K_r \cdot B \cdot H \cdot \left(h + \frac{H}{2}\right) \cdot \gamma \cdot K_p \tag{10-100}$$

式中：R_c——后背土的承载能力，kN；

K_r——后座墙的土抗系数(其值可以通过图 10-91 得到)；

其他参数的意义同上。

后座墙的结构形式不同，土的受力状况也不一样，为了保证后座墙的安全，应根据不同的后座形式，采用不同的土抗力系数值。覆土高度 h 值越小，土抗力系数 K_r 值也越小。有板桩支撑时，应考虑在板桩的联合作用下，土体上顶力分布范围扩大导致集中应力减少，因而土抗力系数 K_r 值增加。图 10-91 是土抗力系数曲线，表示在不同后座的板桩支承高度 h 值与后座高度 H 的比值下，相应的上抗力系数 K_r 值。

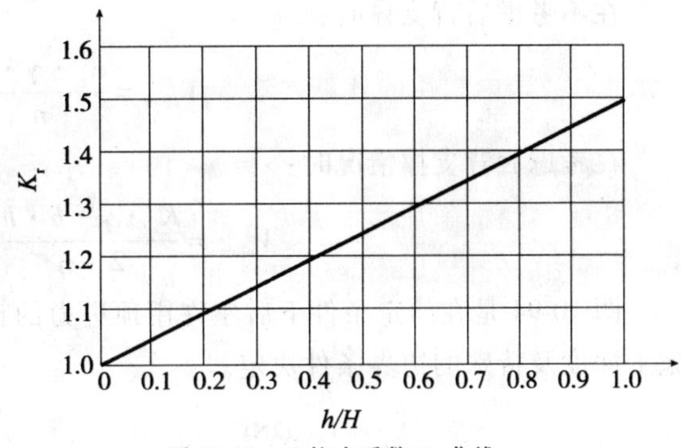

图 10-91　土抗力系数 K_r 曲线

10.8.4.2　国外后座墙的设计计算

德国在设计后座墙时，将后座板桩支承的联合作用对土抗力的影响加以考虑，水平顶进力通过后座墙传递到土体上，近似弹性的荷载曲线(如图 10-92)，因而能将顶力分散传递，扩大了支承面。为了简化计算，将弹性荷载曲线简化为一梯形力系(如图 10-93)，此时作用在后座土体上的应力可由下式进行计算：

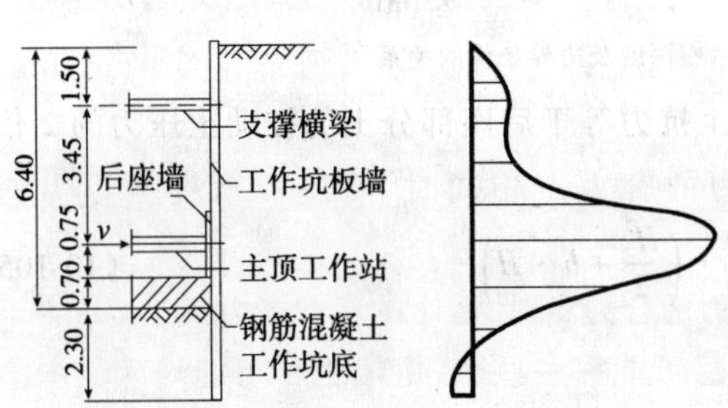

图 10-92　考虑支撑作用时土体的荷载曲线

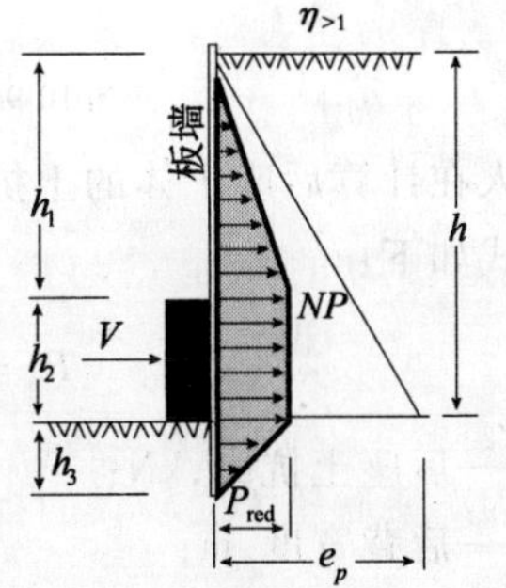

图 10-93　简化的后座受力模型

$$p_{\text{red}} = \frac{2h_2}{h_1 + 2h_2 + h_3} \cdot p \tag{10-101}$$

$$p = \frac{V}{b \cdot h_2}$$

式中：p_{red}——作用在后座土体上的应力，kPa；

V——顶进力，kN；

b——后座宽度，m；

h_2——后座高度，m。

从图 10-93 中可以看出，为了保证后座的稳定，必须满足下列关系式：

$$e_p > \eta \cdot p_{\text{red}} \tag{10-102}$$

式中：e_p——被动土压力，$e_p = K_p \cdot \gamma \cdot h$；

η——安全系数，通常取 $\eta \geq 1.5$；

h——工作坑的深度，m。

所以由上述公式经过整理可得后座的结构形状和允许施加的顶进力 V_{allow} 的关系如下。

在不考虑后背支撑时：

$$V_{\text{allow}} = \frac{K_p \cdot \gamma \cdot h}{\eta} \cdot b \cdot h_2 \tag{10-103}$$

在考虑后背支撑情况时：

$$V_{\text{allow}} = \frac{K_p \cdot \gamma \cdot b \cdot h}{2 \cdot \eta}(h_1 + 2h_2 + h_3) \tag{10-104}$$

图 10-94 是在给定条件下后座许用顶进力的计算结果，从中可以看出，许用顶力由后座的施工深度及特殊的边界条件决定。

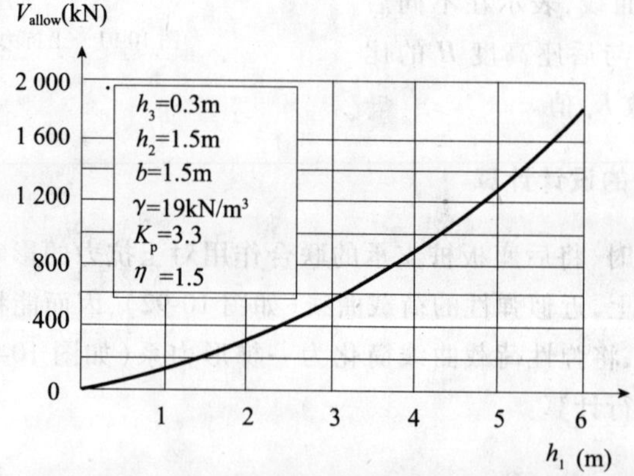

图 10-94　许用顶进力和后座深度及边界条件的关系

日本人在计算后座土体的土抗力时，通常取土抗力等于后座部分土的被动土压力的 2 倍，其计算公式如下：

$$R_c = 2 \cdot B \cdot \gamma \cdot K_p \cdot \left(\frac{H^2}{2} + h \cdot H\right) \tag{10-105}$$

式中：R_c——后座土抗力，kN；

B——后背宽度，m；

γ——土的重度，kN/m^3；

H——后座墙高度，m；

K_p——被动土压系数；

h——地面到后座墙底部土体的高度，m。

另外，瑞士标准 SIA 195 中给出了利用图表法确定后座承载能力的方法（如图 10-95），该关系图是在通过对相关的施工经验进行总结分析得出的。该方法除了考虑力的平衡之外，还考虑了顶进力作用下后座水平方向上的位移情况，如果要控制顶进中后座不发生大的位移，则必须减小施工中的顶进力。

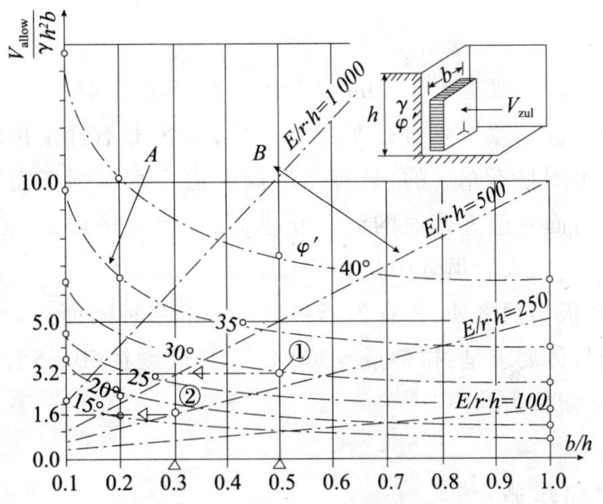

图 10-95　后座承载力的评价方法

V_{allow}-许用顶力，kN；b-后背宽度，m；γ-土的重度，kN/m³；

E-后座区域的压缩摸量，kN/m³；φ'-有效摩擦角；

曲线 A 以承载力为主；曲线 B 以变形为主

10.8.5 洞口止水方法

顶管过程中，无论是管子从顶进坑中始发还是在接收坑中达到，管子与洞口之间都必须留有一定的间隙。如果不对此间隙进行止水处理，地下水和泥砂就会从该间隙中流到坑中，从而影响顶进坑中的正常作业，严重的会造成洞口上部地表的塌陷，甚至会造成事故，殃及周围的建筑物和地下管线的安全。止水是一个十分重要的环节，必须要认真、仔细地做好此项工作。

针对不同构造的工作坑，洞口止水的方式也不同。如在钢板桩围成的工作坑中，首先应该在管子顶进前方的坑内，浇筑一道前止水墙，墙体可由级配较高的素混凝土构成。其宽度为 2.0～5.0m，具体数据根据管径的不同而定；厚度为 0.3～0.5m；高度为 1.5～4.5m。如果土质条件差，钢板桩之间的咬口封不住泥水，这时前止水墙的宽度最好与工作坑内净尺寸的宽度一致，然后再在前止水墙的预留孔内安装橡胶止水圈。

如果是钢筋混凝土沉井或用钢筋混凝土浇筑成的方形工作坑，则不必设前止水墙。如果是圆形工作坑，则必须同样浇筑一堵弓形的前止水墙，这时洞口止水圈就安装在平面上，而不可能安装在圆弧面上。国内最常用的洞口止水圈的构造如图 10-96 所示，它是由混凝土前止水墙、预埋螺栓、钢压环及橡胶圈组成。其中预埋螺栓可以用膨胀螺栓取代。

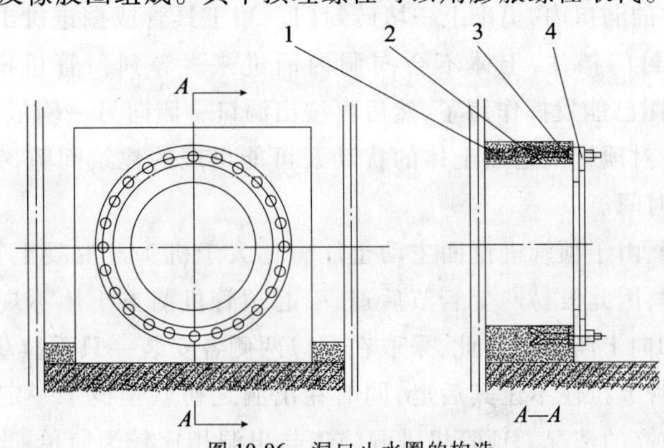

图 10-96　洞口止水圈的构造

1-前止水墙；2-预埋螺栓；3-橡胶止水圈；4-压板

如果在覆土深度很深,一般指大于10m以上或者在穿越江河的工作坑中,洞口止水圈必须做两道。前面一道是充气的,像一只自行车内胎一样,与管子不直接接触;中间也有一道止水圈。平时,前面一道止水圈是不充气的,只有当后面一道止水圈损坏需更换时,前面的那一道充气,起到止水作用。后面一道为普通的洞口止水圈,更换完毕以后,把前一道的气放去。这在长距离顶管或覆土深度较大的顶管中是必须做的。

洞口止水圈除了平板型的之外,还有齿形和馒头形等多种断面。无论采用哪一种,对其橡胶的质量要求都很高,具体要求是:拉伸量>300%,肖氏硬度在50±5度范围以内,还要具有一定的耐磨性和较大的扯断拉力。

10.8.6 进出洞口的措施

顶管和微型隧道施工中的进出洞口是一项很重要的工作,施工中应充分考虑到它的安全性和可靠性。尤其是从工作坑中的出洞开始顶管,如果出洞安全、可靠又顺利,那么可以说顶管施工已成功了一半。许多顶管工程的失败,也就是失败在进出洞口这两个环节上。

为了使进出洞口工作顺利地开展,可采用对洞口土体进行加固的措施。如果土质不是很软,则可采用门式加固法。所谓门式加固,就是对所顶管道外径的两侧和顶部的一定宽度和长度范围内的土体进行加固,以提高这部分土的强度,从而使工具管或掘进机在出洞或进洞中不发生坍土现象。加固的方式有的采用高压旋喷技术,有的采用搅拌桩技术,也有的采用注浆技术或冻结技术。

如果土质比较软,则必须在管子顶进的一定范围内,对整个断面进行加固,加固的方式与前述基本相同。如果土质比较好,土比较硬,挖掘面上的土体又能自立,这时也可不必对土体进行加固。

另外,洞口的封门也应根据土质条件及掘进机或工具管的形式来选定。在使用工具管的手掘式顶管或全断面切削的掘进机中,洞口可用低强度等级的混凝土砌堵砖封门。在出洞时可以用工具管直接把砖封门挤倒或用刀盘慢慢地把砖封门切削掉。进洞时也同样把接收坑中的砖封门挤倒或切削掉。有时,也可用低强度等级的混凝土取代砖头。

还有一种是做一扇特制的钢封门使工具管或掘进机安全地进出洞。具体做法是在洞口外侧预先安装好由一块块槽钢制成的钢封门,把沉井的进出洞口封住。槽钢的下部被安装在井壁上洞口以下的钢构件托住,中部被安装在井壁上洞口以上的钢构件压住,槽钢的上部必须高出沉井端面。在沉井的洞口内,仍砌上一堵砖封门。当工具管或掘进机出洞时,先把砖封门拆除。这时,由于有钢封门挡住,土体不会向洞内涌进来。等到顶管机推进到距钢封门50~100mm时,洞口止水圈已能发挥作用了,然后再按出洞口一侧向另一侧依次拔除钢板桩。为减少钢板桩拔除过程中对顶管机正面土体的扰动及可能出现的建筑间隙,钢板桩全部拔除后应立即顶进,缩短停顿时间。

在出洞施工初期,由于顶管机正面主动土压力远大于机头及混凝土管节的周边摩阻力与导轨间摩阻力的总和,因此极易产生管节后退,引起顶管机前方土体不规则坍塌,使顶管机再次推进时方向失控和向上爬高。为此,采取在洞口两侧各安装一只手拉葫芦,当主顶油缸回缩之前,先将最后一节管节拉住不让其后退,同时在出洞之初就预设了一定的向下纠偏量,尽可能克服出洞时机头抛高的情况。顶管机进洞施工与出洞相比较为简单,当顶管机靠近洞门时,须控制好土压力，在切口距封门200～500mm时停止顶进，并尽可能降低切口正面土压力，确保拆除封门时的安全。拆除封门后，将顶管机迅速、连续顶进，直到进洞洞口止水圈发挥作用为止，这就完成了进洞进程。有时在特别软的土中，往往是洞口加固和钢封门两种方法同时使用。只有这样，才能确保进出洞的安全。

为了防止较重的掘进机在出洞时产生叩头现象，一方面可在洞内下部填上一些硬黏土或者用低强度等级的混凝土在洞内下部浇一块托板，把掘进机托起。也可在洞内再预埋一副短的延伸导轨，把掘进机托起。除此之外，还应把掘进机与第一节混凝土管连接在一起。

在覆土较深和土体较软的情况下，出洞初期还须防止掘进机及前几节混凝土管往后退的情况发生。发生这种情况时大多是由于全封闭式掘进机的全断面上主动土压力所造成的使掘进机后退的力大子掘进机及混凝土管或钢管周边摩擦阻力和它们与导轨间摩擦阻力的总和。

10.9 施工测量和导向技术

在微型隧道施工中，特别是在施工污水管道等重力管道时，对施工精度要求特别高。根据我国《给水排水管道工程施工及验收规范》(GB 50286—97)中6.4.21.2节的相关规定，微型隧道和顶管施工的允许偏差应符合表10-38中的规定。德国ATV-A125中对顶管和微型隧道施工误差的要求见表10-39。

微型隧道和顶管施工管道允许偏差(mm)　表10-38

项　目	允许偏差	
轴线位置	50	
管道内底高程	$D<1\,500$	+30～-40
	$D\geqslant1\,500$	+40～-50
相邻管间错口	钢管道	≤2
	钢筋混凝土管道	15%壁厚且不大于20
对顶时两端错口	50	

注：D为管道内径(mm)。

德国ATV-A125中对顶管和微型隧道施工误差的要求(mm)　表10-39

DN/ID(mm)	垂直偏差	水平偏差
<600	±20	±25
600～1 000	±25	±40
1 000～1 400	±30	±100
≥1 400	±50	±200

为了满足上述施工精度要求，在施工中必须对下面几个参数进行测量：

(1)垂直偏差。

(2)水平偏差。

(3)掘进机机身的转动。

(4)掘进机的姿态。

(5)掘进长度。

常用的测量方法主要有：

(1)光学法(测量水平和垂直偏差)。主要装置包括激光和主动或被动目标靶、经纬仪、激光经纬仪和 CCD 摄像机。

(2)电磁法(测量垂直和水平偏差)。

(3)陀螺法(测量水平偏差)。

(4)液面水平法(测量绝对高度)。

(5)倾角计——主要是机械钟摆(测量掘进机的倾角和偏转)。

(6)路径测量(测量顶进长度)。

10.9.1 光学测量法

在一般的工程测量中,光学法是最常用的方法,顶管和微型隧道技术也不例外,主要的测量设备或系统包括：

(1)激光仪。

(2)经纬仪。

(3)激光经纬仪。

在安装测量装置时应该注意,所用的测量仪器应和工作坑的坑底和坑壁分开,因为在施工中这些位置可能会由于顶进力的施加产生位移,从而和起始位置不一致,如果测量仪器安装在这些地方,则很容易产生误差。

10.9.1.1 激光

激光是20世纪60年代初发展起来的一门新技术,与普通光源比较,激光具有方向性好、亮度高、单色性和相关性好的优点,因此获得广泛的应用,应用于顶管施工测量的气体激光器(氦/氖型)的能量通常在1~5mW。

20世纪60年代末到70年代初国内外相继出现了激光测量仪器,激光水准仪和激光经纬仪相继在顶管施工中得到应用。

激光法的可测顶距为100~200m,光束射点直径为10~20mm,基本能满足顶管测量精度的要求。

采用激光测量时,在顶进工作坑内安装激光发射器,按照管线设计的坡度和方向将发射器调整好;同时在管内装上接收靶(目标靶),目标靶上刻有尺度线,当顶进管道与设计坡度一致时,激光点直射靶心,说明顶进质量良好,没出现偏差。

接收靶又称激光接收装置,激光经纬仪接通电源后,通过3 000V的电压点燃激光管,此时发射出一束红色束,调整光束方向使之对准接收靶中心。如顶进管道在方向或高程上出现偏差时,则光点射在靶上的位置偏离中心点,此时实际误差方位与靶上所反映的位置相反。由于发射器与接收靶各自固定在顶程的一端,而激光束总是按照管线设计方向发射并射在接收靶上,因此能及时观测管端与设计线路的相对位置,故而能做到随时观察,及时发现误差。

激光束在接收靶上的照射功率,随顶进距离的增加而下降。

顶管中还可以采用激光报警。激光报警使用的一切装置与上述方法相同,只是在接收靶上装有4~8个硅光电池,分别装于中心点的上下左右各处。与中心点的距离是需要及时采取校正措施的极限误差值。在顶进过程中,当首节管出现低头、抬头、或左右偏倚时,光点就要出现漂移,离开中心点。当光点漂移触及硅光电池时,电池就产生电流,使工作坑内的指示灯发亮或使警铃鸣响,此时应及时校正。这种方法只能代替人工观察,提示工作人员已到了极限误差值,但不能提供具体的误差大小,也不能掌握首节管的前进倾向。

激光束在目标靶上的处理方法一般有两种:第一种是将被动目标靶上的图像信号通过一个电视摄像机传递到控制中心的监视器上(图10-97);第二种方法在目标靶上装备光电二极管,使之成为主动目标靶,可以将激光束的光信号转变成为电信号,这样,被激活的二极管的位置和数量则被重新显示在监视器上。目标点的中心由计算机进行确定,检测结果通过数字模式进行显示。这种主动目标靶以及数字信号的处理,正是对掘进机实施自动控制的基础。

当激光束在空气中传播时,由于受管壁和空气之间温度差和传播距离的影响,将会产生一定的漂移,其相互关系如图10-98所示。另外,激光束还受光学共振器在温度的作用下产生的振动漂移的影响。减少漂移的办法之一,是采用具有热稳定特性的谐振腔,以减少激光器的温度梯度。此外,还可以选用高倍率的发射系统,使出射的激光束的变动尽量减小。

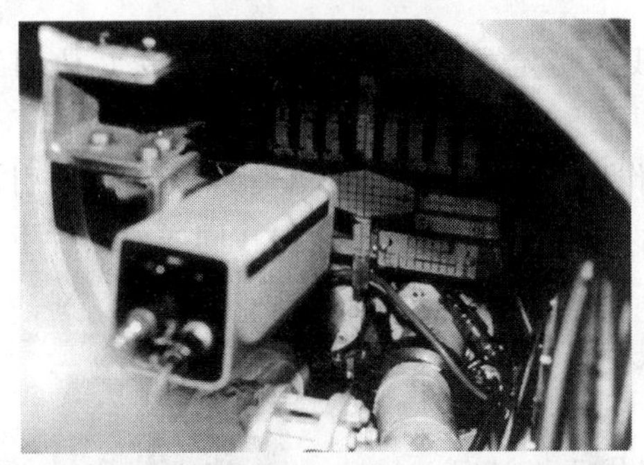

图10-97 TELE MOLE系统的目标靶和摄像机

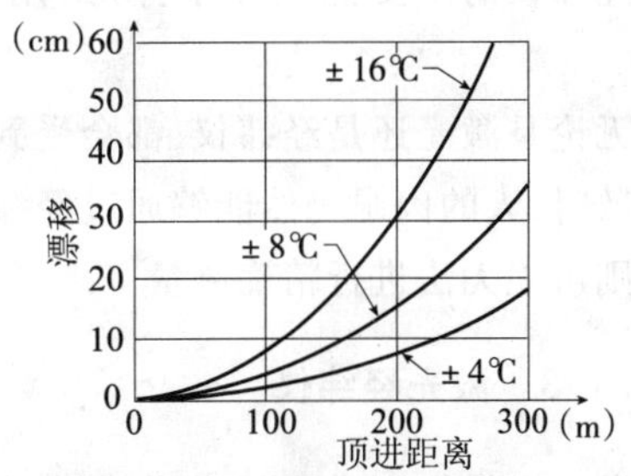

图10-98 激光束的偏差与管壁和空气温差及距离的关系

激光光束的漂移,除了上述两个主要原因外,激光仪器位置的不稳定性也是引起光束漂移的因素之一。对此,可在仪器内部设置一个有电子水准器的修正机构,以消除由于仪器安装不稳定而引起的光束漂移。

为了不影响人员及设备进出,地下管道内激光束一般都设置在两侧或靠近顶部。这样,管道内表面的折光将对激光束产生不利的影响。另外,管道内灯光、物体反射光等会影响光电接收器输出信号的改变。因此,要采取适当的措施以消除这些不利的影响。例如,在条件许可的情况下,激光束最好设置在管道中心线上,或在激光束外套上一个特别的管子,以消除环境对它的影响。对于杂光,可采用干涉滤光片、遮光罩、接收器壳体表面涂黑等办法来减小或消除杂光的干扰。

另外,激光器的发散角一般是固定的,对于谐振腔长为200~250mm的激光器的发散角,一般都在3×10^{-3}弧度左右。为了降低激光束的发散角,可以加大发射系统的倍率K,但这样一来,光束的孔径相应地增大了K倍。光斑直径一大,将大大影响目视法照准的精度。

为了提高精度，可以采用激光衍射法，即用一块具有菲涅尔焦距的波带片(图10-99)，波带片可由平板玻璃或薄铜板作成，上面按一定规律间隔地涂黑，环状的涂黑和透明部分称为波带。波带片还可作成长方形和正方形，见图10-99b)、c)。波带片能把均匀地照射在它上面的一束光汇聚成一个亮点、一条亮线或一个十字亮线。好像透镜成像一样，十字亮线准直精度要比圆点更为精确，也更易观察。在具体应用时，波带片有两种不同的放置方法，即远离望远镜和紧靠望远镜。对于通光孔径一定的望远镜来说，短焦距的波带片宜远离望远镜放置；长焦距的波带片紧靠望远镜放置应配用大通光孔径的望远镜，才能在长距离内做高精度的准直工作。

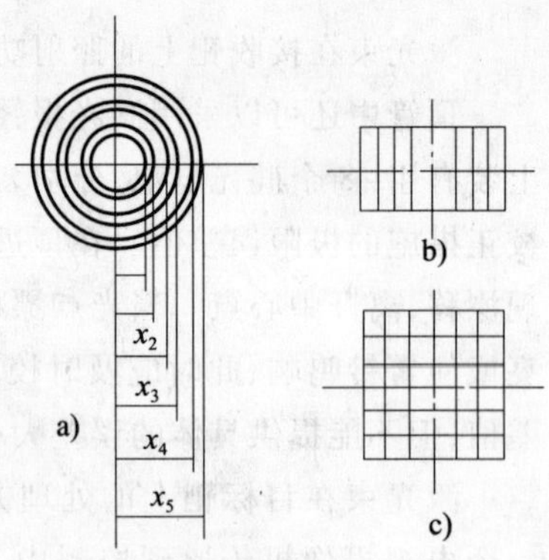

图10-99 波带片示意图

a)圆形波带片；b)长方形波带片；c)方形波带片

10.9.1.2 经纬仪

只有当顶管直径≥DN1 200时，采用经纬仪来测量和确定顶管掘进机的位置才更合适，因为这样才能完全发挥经纬仪测量角度变化的优势。

采用经纬仪一般不可能实现掘进机的自动导向，因为光点的观察和掘进机偏斜的测量都必须在工作坑中通过肉眼来进行。

经纬仪的主要优点在于：所采用的光学射线是恒定的，不像激光束容易受其他因素的干扰。

无论是激光还是经纬仪，都会受到光的折射作用的影响，但是，当由于空气涡流而引起光的扩散时，人的肉眼仍然能够通过经纬仪在足够的精度下观察到目标，但在同样的条件下采用激光则可能无法进行精确测量。

10.9.1.3 激光经纬仪

激光经纬仪则是上述两种方法的结合，具有优于上述任何系统的诸多优点，即使在长距离的顶进施工中，也仍然能够观察到激光束的偏移，从而采取必要的纠正措施。

激光经纬仪有两种类型：一种是将激光器与经纬仪并联后固定于望远镜上，通过棱镜将激光射入望远镜内发射出去。其特点是输出功率大、射程远，但采用仪器横轴支承不利，同时，激光器产生的热量传给经纬仪，要影响经纬仪的精度。另一种是采用光导纤维将激光导入望远镜内而同轴发射，这就不致影响经纬仪的精度，但激光束的能量损失大。

图10-100所示是数码激光经纬仪，激光束在白天多云条件下，工作范围达400m，在管道、地下等黑暗环境下，工作范围更远。激光束可以在聚焦模式和平行模式下切换，激光光斑非常逼近圆形，判断光斑中心非常简单、精确。

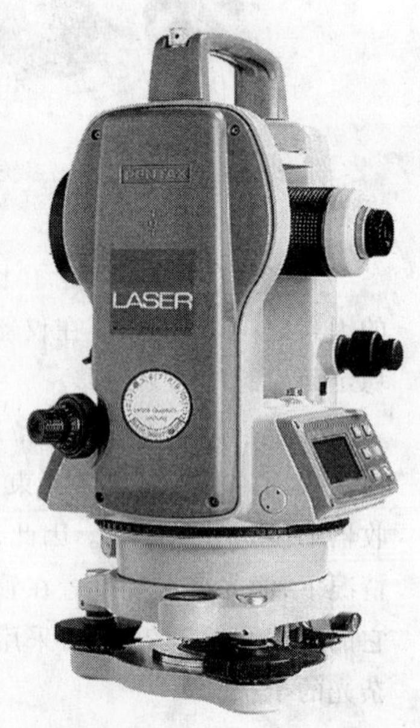

图10-100 激光经纬仪

10.9.1.4 CCD 摄像机

采用电荷耦合摄像机(CCD Camera)的测量方法(图 10-101)和大直径管道顶进时的测量方法类似。但是,在这种方法中,用两个双联式的 CCD 摄像机取代了经纬仪,CCD 摄像机的半导体芯片可用来扫描、处理和储存目标靶上的图像数据。在对相反方向进行测量时,这两个相互连接的 CCD 摄像机不需要像经纬仪那样必须进行旋转。另外,采用这种测量方法有可能提高测量的精度。

两个 CCD 摄像机被安装在两个目标靶的中间,其中之一安装在与掘进机铰接在一起的工具管内,另一个则安装在已铺好的管道中。CCD 摄像机和目标靶之间的距离是相等的,具体要根据所采用 CCD 摄像机的镜头确定。

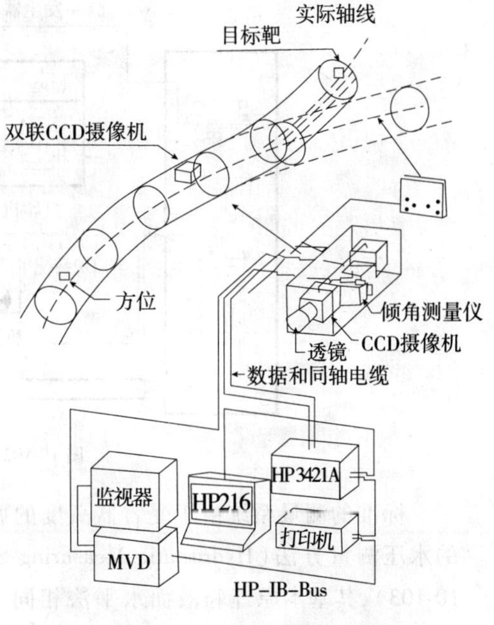

图 10-101 CCD 摄像机的测量原理图

在进行测量时,CCD 摄像机扫描并将目标靶上的图像数据传输到计算机,计算机将这些新获得的数据与以前采集并存储的数据进行比较分析,可以计算得出目标靶的当前位置,也即掘进机当前的位置。管道的转动以及 CCD 摄像机的位置可以通过两个呈直角安放的倾角测量仪测得。

10.9.2 陀螺法

陀螺测斜仪已经被广泛地应用于钻井工程,用来测量钻孔的顶角和方位角。这里采用陀螺装置主要优点在于:在测定掘进机位置时,可以不受管道的顶进轨迹和顶进距离的影响。

在 20 世纪 60 年代,陀螺测量系统已应用于德国汉堡地下管道施工中,1977 ~ 1979 年,在德国汉堡又成功地应用于一项长 1 243m,管道直径为 2 600mm 的污水管道工程,其方向测量精度为 0.1°。为了使得陀螺法能够被顶管施工界所接受,人们随后又进行了一些研究工作。例如,在 1984 年 7 月,在德国汉堡采用 TELE MOLE 掘进机施工时,德国波鸿鲁尔大学进行了陀螺测量系统和激光系统的同步测试对比,所采用的陀螺仪为 Teldix NSK5 - 1 型。

上述对陀螺系统的研究证明,陀螺基本可以满足顶管和微型隧道施工对水平偏差的测量要求,但是,许多专家仍然认为,这种方法在今后的实际应用中还值得讨论。

这里有一点可以明确,为了和现有任何形式的掘进机配合使用,陀螺仪的尺寸必须进一步缩小。

10.9.3 液面水平法

液面水平法(Tube Level/Hose Level)是一种精确的高程测量方法。其测量原理是基于流体物理性能,即两个相互连通容器中的液面始终保持相等。在测量过程中,通过简单的调整,很容易将一端容器中的液面设置在测点位置,这样,液面的变化可以在另一端进行观察并记录下来。

现代的液面水平法测量系统如图 10-102 所示,通过测量"触角"来监测液面,同时通过一套精密的机械装置始终保持"触角"与液面的接触。

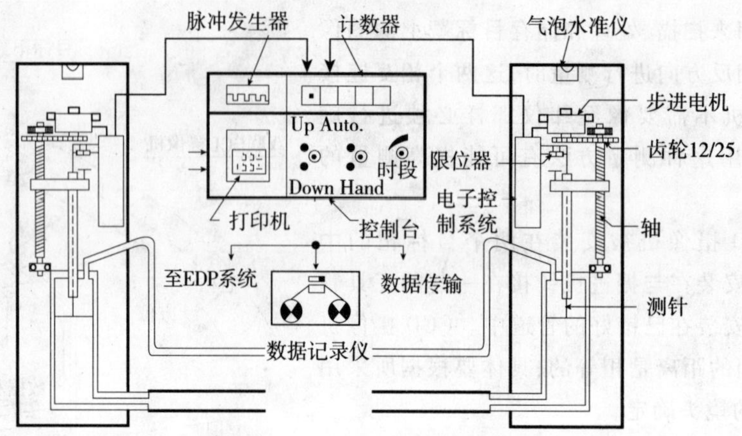

图 10-102　液面水平法测量系统原理图

标准的测量系统由于受容器高度的影响,其测量范围也受到限制。下面将介绍一种先进的水压测量方法(Hydrostatic Measuring System)(图 10-103),其基本原理和液面水平法相同。在该系统中,液体管路的一端和一个液体容器相连,该容器安置在一个固定的位置,其中的液面是自由的,作为参考液面或高度;管路的另一端装备一个电子测量数值记录装置,其作用是将管路两端静水压力差(和两端液面的高度差呈正比)转变成电信号。

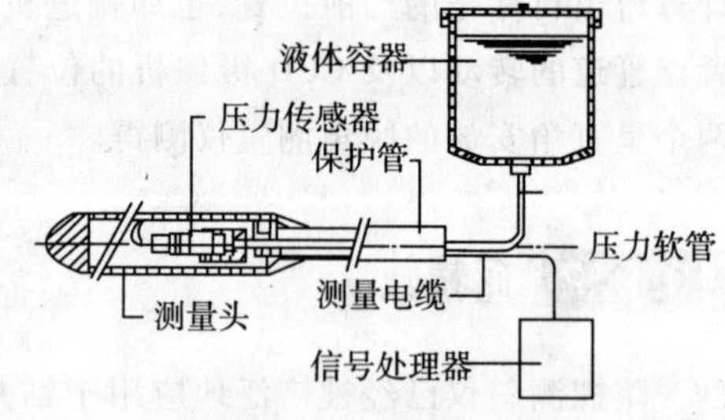

图 10-103　水压法测量原理

由于第一种方法伴随着流体的流动,因此可能产生结果显示的滞后;而水压法则不存在类似情况,可以即时获得测量数据。测量信号被传输到信号处理装置,对信号进行处理并通过数字的格式显示出管路两端的高程差。该测量装置可以连接到打印机,打印输出测量结果。

10.9.4 顶距测量方法

在确定掘进机的位置时,掘进机的顶进距离也是一个十分重要的因素。通常可以采用如下方法对顶距进行测量:

(1)将所有顶进管道长度相加。

(2)测量顶进油缸的总的行程。

(3)通过一个检测轮测量管道的行程。

(4)拉线法,即测量线的一端固定在掘进机上,在顶进过程中,测量线随掘进机同步跟进。

在上述的测量方法中,目前应用最广的是测量轮法(图 10-104)。测量轮一般安装在工作井的封门上(图 10-104a),借助于测量轮的转动激发起电信号,该信号可以转换成顶进距离显示出来。测量轮上的传感器如图 10-104b)所示。

a)

b)

图 10-104　顶距测量法(测量轮法)

10.9.5 测量导向系统的实际应用

10.9.5.1 长距离曲线顶管 SLS-RV 测量导向系统

在顶管施工测量中,最大的困难是整个系统随时都在运动中,因此,在管路系统中不可能找到一个固定不变的参考点作为测量的基准点。所以,传统的测量方法不得不每次都采用顶进坑作为测量的零点。随着顶进长度的增加,测量的工作量也就越来越大,特别是传统的方法只有在停止顶进时才能进行,即不能进行同步测量,使得测量结果有一定的滞后。

长距离曲线顶管 SLS-RV 测量导向系统(图 10-105)则具有如下优点:

(1)能够对曲线顶管进行水平和垂直方向的跟踪测量。

(2)顶进开始后,测量系统的所有部件都位于隧道的前部,无需再从工作坑进行测量。

(3)所有部件的控制通过相应的软件来实现。

(4)所有测量结果记录在系统的数据库中,和掘进机控制有关的数据提供给操作者。

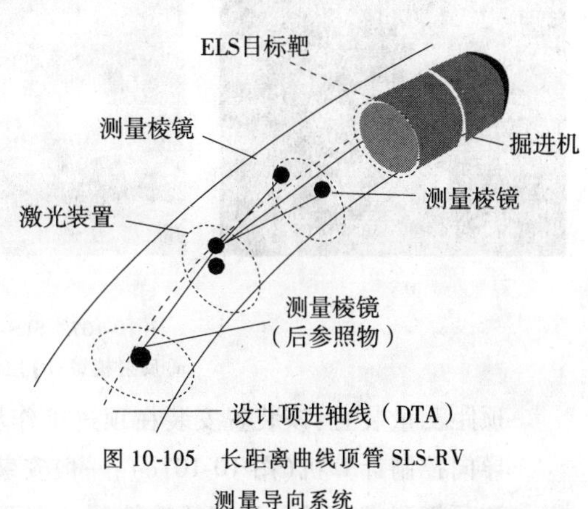

图 10-105　长距离曲线顶管 SLS-RV 测量导向系统

该 SLS-RV 系统的设备包括硬件和软件两部分,硬件设备主要包括主动目标靶、激光经纬仪、反射棱镜、倾角测量仪、控制装置、顶距测量装置和导向系统所用的计算机等。

主动目标靶:主动目标靶安装在掘进机内(图 10-106a),用来接收和解释参考激光束所表示的掘进机的测量位置。同时,安装于主动目标靶上的一个反射棱镜用来测定激光器到目标靶之间的距离。

激光经纬仪(图 10-106b):这里所采用的是一个可编程的伺服马达型激光经纬仪,作为系统的主要参考标准。当经纬仪在位置不稳定的管道中定位时,可以采用一个自动调节水平的平台保证激光经纬仪的正常工作。

反射棱镜(图 10-107a):采用一个单个的棱镜作为后参照目标,在管道中进行定位测量时,利用一个倾角测量仪来监控后参照目标的转动情况,另外两个棱镜则用来确定前方参照管道的位置和方向。

a)

b)

图 10-106　主动目标靶和激光经纬仪

控制装置:在该系统中,还设置了一个控制装置(图 10-107b),其作用是控制系统的能量和数据的传输。

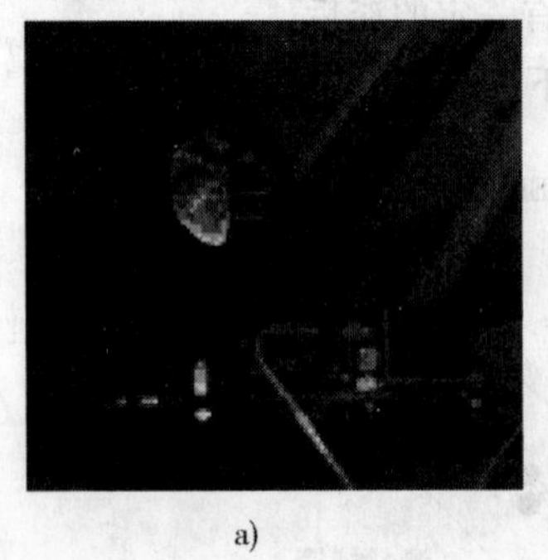

a)

b)

c)

图 10-107　SLS-RV 系统的其他主要硬件设备

a)反射棱镜;b)控制装置;c)导向控制计算机

顶距测量装置:该装置安装在顶进工作坑(井)中(图 10-104)。

导向控制计算机(图 10-107c):一般安装在控制台,使操作者易于操作。

该顶管测量和导向系统的软件部分主要包括显示部分、数据记录和处理部分。

显示部分的主要功能是:

(1)对掘进机在水平和垂直方向上的漂移进行图像和数字显示。

(2)对掘进机的前进趋势进行图像和数字显示。

(3)对掘进机的倾斜和转动进行数字显示。

(4)对顶进距离进行数字显示。

数据记录系统将所有检测和计算得出的数据都记录在数据库中,这些数据在任何时候都能够很方便地取用,同时还可以用标准计算机程序对其进行管理。

该测量导向系统的主要性能可以总结如下:

(1)在顶进过程中可以连续测量和计算掘进机的位置。

(2)比传统的测量方法节约了大量的时间。

(3)可以对水平和垂直方向上的曲线顶进进行测量和导向。

(4)可提供大量详细的信息用于对方向的优化控制。

(5)用户友好的软件系统。

(6)对顶进管道进行自动测量。

(7)掘进机的位置可以在远程计算机上显示(图 10-108)。

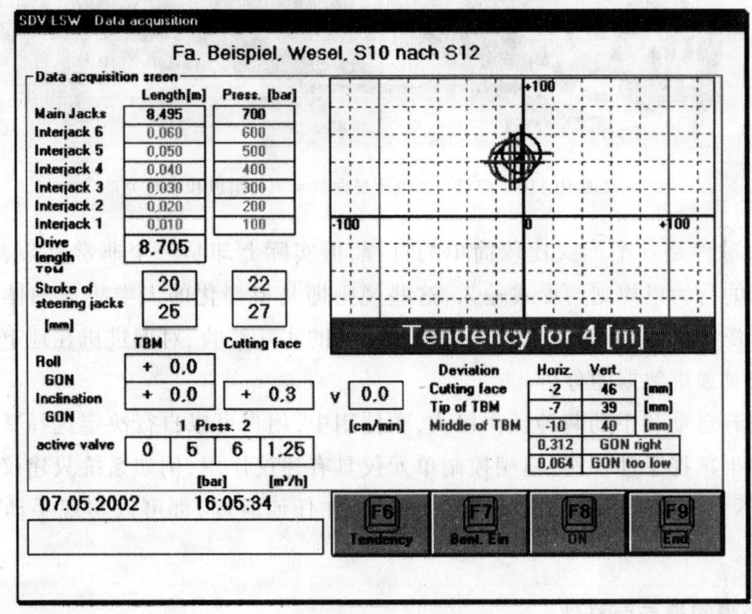

图 10-108　SDV-LSW 数据采集系统显示窗口

10.9.5.2　电子激光系统(ELS)

电子激光系统 ELS(Electronic Laser System)是一个带有坚固金属外壳的智能传感装置,其大小大约和装鞋的盒子差不多,一般在水下 5m 具有防水作用,里面用较低的压力充入惰性气体。

主动目标靶(图 10-109)一般安装在掘进机的后面,便于导向激光检测。目标靶捕捉到红色的激光束后,以其中心点为参考显示激光点的位置。所有目前的 1 ~5 mW 的连续激光束都可应用于该系统。

根据激光束的质量,该激光目标靶可测量的长度范围 >100m,采用这种系统几乎可以完全消除外界杂光的干扰。

除了能够测量掘进机的位置外,ELS 还能提供倾角等相关的测量数据,这样操作人员就可以对掘进机进行全面的控制,使之按照设计的轨迹前进。

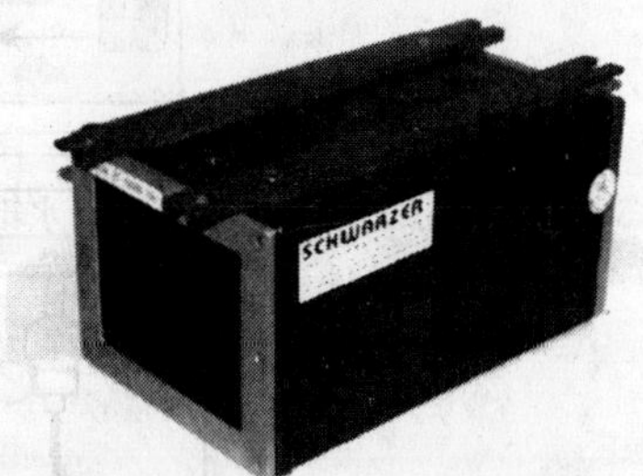

图 10-109　Schwarzer Gmb H EZ-50 主动目标靶

下面将介绍一种新的模糊控制系统(Fuzzy Control System)(图 10-110)。该系统仍然采用 ELS 目标靶作为传感器,通过一个模糊控制装置 FCU(Fuzzy Control Unit)来实现对顶管过程的自动控制,从而可作为操作人员的一个智能助手,有利于避免由于操作者经验不足或粗心大意所导致的控制失误。

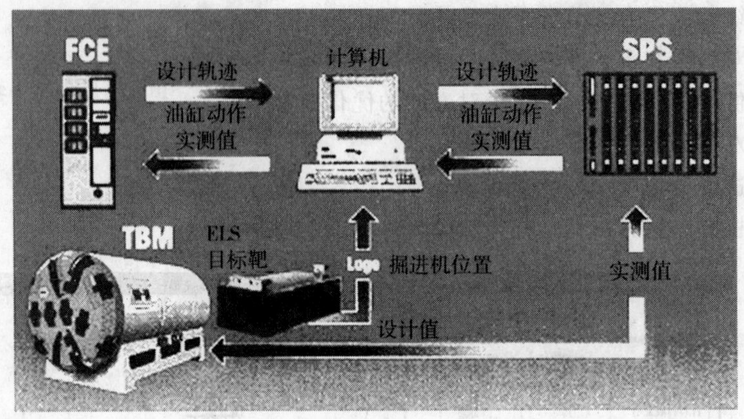

图 10-110　模糊控制顶管导向技术主要组成和相互关系

模糊控制过程是一个形式比较简单的过程,但实际上却是一个非常复杂、连续的控制过程。控制单元的行为以规则的形式输入,这些规则即是模型化的人类决策的体现。这些规则主要有 3 个来源:该领域专家和有经验的操作人员的实际经验、对掘进机在地下工作时的动态模拟研究以及对顶进数据的分析。

这种方法有自动和手动两种操作模式,在使用中,用户可以自行决定选择其中一种合适的操作模式。如果选择手动控制,模糊控制单元仅具有建议作用,例如系统只建议控制油缸应该如何动作,但不会自动执行这些机械动作。另外,在任何时候,都可以实现手动和自动控制之间的相互转换。

10.9.5.3　陀螺测量导向系统

陀螺测量导向系统(Gyro Tunneling System,GTS)(图 10-111)和上述的其他导向方法不同,在该系统中省去了目标靶;另外,方向定位装置不是安装在顶进管道中,而是直接位于掘进机内。但是,在漂移严重的情况下,该系统也可以配备一套激光装置。

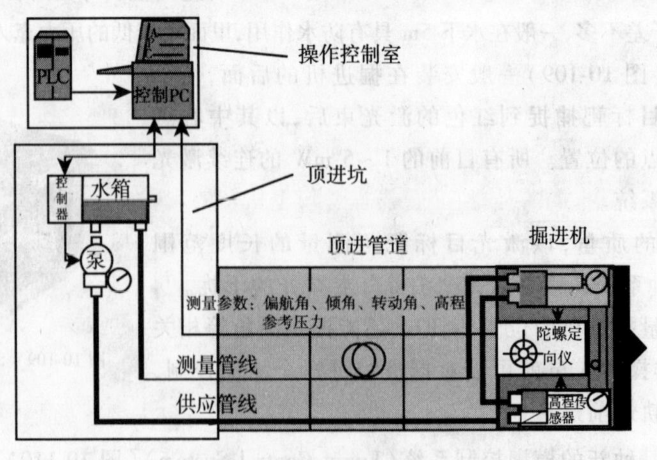

图 10-111　陀螺导向系统原理及构成

GTS系统主要由陀螺仪和水力高度仪两部分组成，可以通过3D坐标的形式确定掘进机的绝对位置。在顶进过程中，用户可以通过一个基于Windows平台的用户控制终端，输入管道顶进轨迹，该软件即能显示出掘进机实际位置和设计位置的偏离程度。

陀螺定向仪用来测量掘进机的方位，其中以地理上的北向为参照测定掘进机的偏航角(Yaw Angle)；以地球重力线为参考测定掘进机的倾角(Pitch Angle)和转动角度(Roll Angle)。

传感器的核心部分由一个陀螺仪和两个倾角仪组成，这些装置安放在一个水平的平台上，以便掘进机在±90°范围内倾斜或偏转时，传感器也能够找准北向。

通过上述测得的偏航角、倾角和转动角以及用其他方法测得的顶进长度，即可以利用航位推测法计算出掘进机的位置。

测量中，采用陀螺定位大约要用4min时间。当GTS用于顶管和微型隧道施工时，控制终端和掘进机之间的连接在接入新管道时要暂时断开，解决的办法是采用一个外部的能量供应装置(如蓄电池等)。

高度仪(Altimeter)用来测量掘进头位置的绝对高度，这一数据用来核对上述通过航位推算法计算出来的高度值。这里的高度测量方法是采用前面介绍的静水压力原理。

该方法的一些特殊技术参数如下：

(1)偏航角、倾角和转动角的测量精度<1 mm/m。

(2)绝对高程的测量精度 <2 cm。

(3)激光定位角的精确度<1 mrad(分辨率为0.1mm/m)。

(4)在5 m的深度范围内具有防水性能。

10.9.6 顶进中的误差与校正

在顶进过程中，由于各种不平衡外力的影响，管节在土内不可能按设计的轨迹前进，而是上下左右摆动前进，出现偏离设计位置的误差。与设计管道中心左右偏离，称方向误差，也称中心误差，偏离的尺度称为方向误差值。与设计管底高程垂直方向偏离的称高程误差，偏离尺度称为高程误差值。误差值一般用毫米表示。高于设计高程的误差值用“+”号，低于设计高程的误差用“-”号表示，中心误差按偏左、偏右表示。

管节前进中发现误差后应立即校正，使管子重新按设计方向前进。由于在校正过程中，管子周壁与管前端受力状态经常处于不平衡状态，从而产生局部应力。当误差发现过晚、而误差值又过大时，急于校正将使管体所受的局部应力急剧增加，严重时会使钢筋混凝土管破裂，或造成钢管变形、焊口开裂。如应力再增加达到管材的屈服点时，钢管就要出现折皱现象，管口卷曲。此外，还应防止首节管或前面管线容易产生扭转的现象。

管子自转现象在首节管最显著，扭转角有时达到10°，如管口是刚性连接，相应的转角不能调整，以致使管口或管体应力集中，甚至破坏。如管前采用机械挖土和装运，管体自转后，各种机械设备的工作部位与校正千斤顶的布置也要受到影响，妨碍正常操作。

当顶进距离较长时需加设中继站，一般为套筒状承插式，形成一个“活接头”，如果管线走向有折角，则中继站通过折点时，套筒接口处受力不平衡，易出现变形，对中继站工作状态极其不利，其误差控制时应特别注意。一般地，顶力增加值与顶进长度成正比例，误差小、顶力增加正常，只限于沿程阻力的增长。

10.9.6.1 误差产生的原因

在顶管施工中，由于管子周围土质的变化、后背的设置条件以及管前挖土等影响，作用在管节上的力系平衡是暂时的，而不平衡则贯穿在整个顶进过程中。所以管节是经常在各种外力和力矩的作用下前进的。致使管节前进的轨迹永远不可能完全沿着设计路线前进，而是随时能够发生各种方向上的误差和自转。产生力矩不平衡的原因包括主观和客观两个方面。

1）主观因素

由于施工准备工作中设备加工、安装、管节选择、操作技术等人为原因产生的误差，造成力矩的不平衡。如果主观上加以重视，并采取严格的检查措施，这类因素是完全可以防止的。这类因素主要包括以下4个方面：

（1）工具管或刃脚加工的误差。若工具管或刃脚的整圆度不符合技术要求，会造成顶进一开始就出现误差。所以，对加工后的工具管或刃脚，一定要严格按技术规定验收。

（2）管节的外形尺寸。向工作坑内下管前要认真挑选管节，管端面的垂直度与平整度一定要符合管材验收规范。

（3）设备安装的精度。导轨、后座墙、千斤顶的安装均应分别符合对它们提出的要求。主压千斤顶、中继千斤顶的布置与液压系统设计尤其重要。液压系统设计得不合理，会出现各个千斤顶的供油速度不一致，并引起各千斤顶出程长度上的差异。在开始顶进的20m范围内，受千斤顶偏心荷载的影响引起管线的误差起主导作用。布置千斤顶要与管道中轴线相对称，高程要靠下方。顶铁安装后要使着力点通过管壁中心线、双行纵顶铁的模数对称、长度相等。顶进初期，导轨是造成误差的决定性因素，应当仔细检查。

（4）管前挖土操作。应根据土性质的不同采用不同的挖掘方法。当操作不严格或方法不合理时，能造成管前与管周围的土压不平衡，甚至出现坍方，以致产生较大的偏心荷载。

2）客观因素

顶进中管道周围的土质不均匀时，作用于管周壁的土压力出现不平衡，故设计时尽量选择在土质均匀的地层中敷设管线。在顶管施工前虽经过周密的地层勘察，掌握了比较详细的地质资料，但顶进过程中仍不可避免遇到预想不到的土质变化，如黏土层中夹带砂层，硬土层中夹着软土层等，都会造成力系的不平衡。

实践中往往遇到这种情况，在坚实土内顶进时，管子容易产生向上的误差，反之在松散土层内顶进时，容易出现向下的误差。如管顶覆土较浅时，作用于管顶上的土压力较小，就容易导致管端向上。在液化土内顶进，若缺乏技术措施，就要出现大量流砂涌入管内，管底地基土内受到严重扰动，原土结构被破坏而失去承载能力，此时管端极容易产生低头现象。穿越河道时，由于地下水位高，土颗粒又细，也常出现管端低头现象。

这些属客观因素，事先不能预知，但应在顶进前作好地质分析，多估计一些可能出现的土层变化，并准备好相应的措施。

10.9.6.2 顶进误差校正

1）普通校正方法

顶进过程中管线始终按着最前端的管节或工具管所走的轨迹前进。首节管起到顶管的导向作用。顶进误差校正正是利用各种方法形成校正力矩，以改变首节管的方向，使其循着设计方向前进。校正方法一般分为挖土校正法和强制校正法。

挖土校正法即采用在不同部位增减挖土量，以达到校正目的的方法。例如管头误差为正值时，应在管底超挖土方（但不能过量），在管节继续顶进后借助管节本身重量而沉降。开始时管节后部已被土挤紧，而前节管的自重又不足以克服它，故管子可能先出现继续爬坡现象，经过一段距离，在管自重的作用下才趋于下降。这种方法校正误差的效果较慢，适用于误差值不大于 10mm 的情况下。

挖土校正法多用于土质较好的黏性土内，或用于地下水位以上的砂土层中。

强制校正法是采用强制措施造成局部阻力，迫使管子向校正方向转移的方法。这类方法又可分为衬垫法、支顶法、支托法和主压千斤顶校正法。

（1）衬垫法。在首节管的外侧局部管口位置垫上钢板或木板，用加工成短节的刃板亦可，造成强制性的局部阻力后，迫使管子转向。误差消除后撤出垫板，不易撤除时就被挤入土内。短节刃板可以取出重复使用。

（2）支顶法。采用支柱或 50 ~ 100kN 的千斤顶在管前设支撑，斜支于管内顶端。为了扩大承压面积，在支柱下垫上木托板。这样，边顶进，管节就随着被支顶起来。此种校正方法见效快。注意不要使管节调向过快，而应当缓慢地转向；否则，支撑受力过大，管壁受到的局部压力也大，容易引起管体破坏。当管节接近设计高程时，可拆除支撑使管节缓慢地正常顶进。

（3）支托法。在流砂层顶进时，发现误差要立即校正。当采用支顶法无效时可采用支托法以增加支撑能力，但一般不采用。

（4）主压千斤顶校正法。当顶距较短时（≤ 15m），如发现管中心线有误差，可以利用主压千斤顶进行校正。例如，管中线向右偏时，可将管口处右侧的顶铁比左侧顶铁加长 10 ~ 15mm，当千斤顶向前推进时，右侧顶力大于左侧，从而校正右偏的误差。

2）工具管的校正

随着顶管施工技术的发展，校正设备也逐步走向定型和系列化。校正工具管是顶管施工的一项专用设备。根据不同管径采用不同直径的校正工具管。校正工具管主要由工具管、刃脚、校正千斤顶、后管等部分组成。校正千斤顶按周向均匀布设，一端与工具管连接，另一端与后管连接。工具管与后管之间留有 10 ~ 15mm 的间隙。后管与工具管连接应牢固。顶进钢筋混凝土管时，校正千斤顶以首节钢筋混凝土管的端面为后座，调节工具管的方向。顶进过程中工具管起导向作用，既能引导后面的管节正确地前进，也能成为误差产生的因素。因此，要求工具管运转灵活，长度尽可能短些，在校正完成后，管节已按设计线路前进时，为了稳定管线走向，又希望工具管长些。为了满足以上要求，工具管长度应设计恰当。其长度与外径的比值称为灵敏度，可用下式计算：

$$n = \frac{L}{D} \tag{10-106}$$

式中：n——灵敏度；

L——工具管长度，m；

D——工具管外径，m。

一般情况下，当管径为 DN1 000 ~ 1 500mm 时，取 $n = 1.5$ 左右，管径大于 DN1 600mm 时，取 $n = 1.0 \sim 1.2$。

后管与工具管搭接的空隙间，应在后管外周上焊上一条圆钢或扁钢，使其间保留 5mm 的空隙量。校正时以后管为支点调转方向，一般转角为 1° ~ 1.5°。此外在刃脚外周的上半圆上加焊一条钢带作为超挖环，使管子与上部土层间留有10～15mm的超挖量，以利于校正。

校正机构的形式一般分为全断面和两断面校正两种，但是，无论哪种校正方式，校正千斤顶要承受来自工作面的迎面阻力和管外壁的摩阻力形成的纵向力。另外，当管端向某侧转动时，千斤顶又要承受侧向土压力。当误差很大时，需要的校正量也大，侧向土压力要达到很大数值。千斤顶如果长期承受这种侧向力作用，就可能遭到破坏。因此，校正千斤顶只能在校正误差时使用，当刃脚方向已经改变后，就改用螺旋千斤顶或垫铁来代替校正千斤顶支承顶力。

普通顶管施工中，管体产生自转并不影响管子使用和施工操作。但采用机械挖掘或其他顶进方法施工时，就会影响设备的正常使用，此时应当防止管子产生自转。用机械旋转切削时，刀齿承受土的反力。该力方向与刀头旋转的方向相反，通过刀头传递到工具管上，使工具管沿该力方向旋转，即管子自转方向与刀头旋转方向相反。因此，旋削式机械设计时要考虑刀头能向正反两方向旋转，以消除管子自转；或在工具管两侧各装一块翼板，克服旋转产生的反扭矩，阻止管子旋转；但由于校正时翼板阻力较大，妨碍校正操作，要求翼板能缩回。

3）抵抗力矩与校正力矩

校正千斤顶的吨位的选择，是校正机构设计中应当考虑的主要因素。

工具管四周为土所包围，顶部土质良好时，能形成卸力拱；土质松散不能形成卸力拱时，则工具管顶部承受上面土柱的压力。此外，工具管本身和内部设备的重量，或是工具管刃脚插入土内时一些因素产生的力系，在工具管调整方向时均要产生抗力，以阻止工具管的转动。为了克服这些外力所形成的抵抗力矩的作用，校正千斤顶必须对工具管施加一个校正力矩，而且只有此校正力矩大于抵抗力矩时，才能调整方向。所以，校正力矩必须满足如下条件：

$$M_J > \sum M_{ri} \tag{10-107}$$

式中：M_J——校正力矩，kN·m；

M_{ri}——抵抗力矩，kN·m。

这里的校正力矩是力臂与千斤顶顶力之积，而力臂大小又与管径及布置形式有关。如已知力臂值，并计算出外力形成的抵抗力矩时，就能求得校正千斤顶所需的吨位。下面讨论校正力矩的计算方法，校正工具管的受力情况如图10-112所示。图中符号的意义如下：

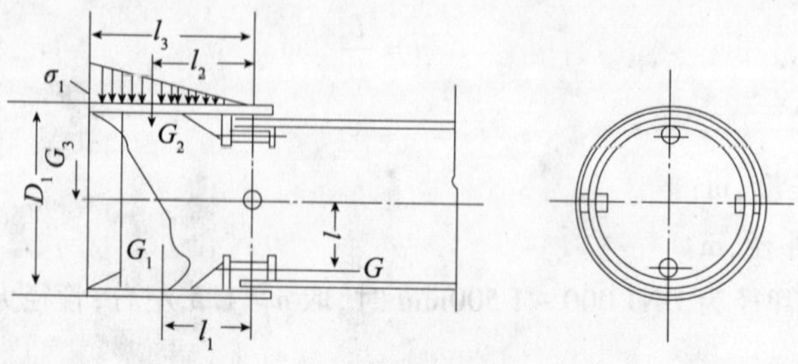

图10-112　作用在校正工具管上的力系

D_1——工具管外径,m;

G_1——工具管及其中设备重量,kN;

G_2——管顶土压力,kN;

G_3——刃脚切入土层时土的抗剪力,kN;

G——千斤顶吨位,kN;

l_1——工具管重心与支点的间距,m;

l_2——土压重心与支点的距离,m;

l_3——管前端与支点的距离,m;

l——千斤顶中心与支点的距离,m;

σ_1——工具管端部的土压力,kMa。

下面将计算各种力矩:

(1)由工具管重量产生的抵抗力矩 M_{r1}

$$M_{r1} = G_1 \cdot l_1 \tag{10-108}$$

(2)由管顶土压力产生的抵抗力矩 M_{r2}

$$M_{r2} = G_2 \cdot l_2 \tag{10-109}$$

$$G_2 = \sigma' \cdot F$$

式中:σ'——平均土压力,$\sigma' = \dfrac{\sigma_1}{2}$,kPa;

F——工具管顶部土压投影面积,$F = D_1 \cdot l_3$,m^2;

所以:

$$G_2 = \frac{\sigma_1}{2} D_1 \cdot l_3 \tag{10-110}$$

(3)校正时土抗剪力产生的力矩 M_{r3}

$$M_{r3} = G_3 \cdot l_3 \tag{10-111}$$

所以总抵抗力矩为:

$$\sum M_{ri} = M_{r1} + M_{r2} + M_{r3} \tag{10-112}$$

(4)校正力矩 M_J:

$$M_J = G \cdot l \tag{10-113}$$

因为校正力矩和抵抗力矩必须满足 $M_J > \sum M_{ri}$ 的条件,所以有:

$$M_J > M_{r1} + M_{r2} + M_{r3} \tag{10-114}$$

将上述相关公式代入上式整理后可得千斤顶的顶进力应为:

$$G \geqslant \frac{G_1 \cdot l_1 + G_2 l_2 + G_3 l_3}{l} \tag{10-115}$$

由上面计算可知,工具管长度与校正时管子的灵敏度密切相关。工具管越短,自重越轻,管顶土压力也越小,相应校正力矩也越小,此时可选用小吨位千斤顶。在顶进过程中应采取“勤测量、多微调”的操作方法,做到及时发现误差,及时加以校正,相应抵抗力矩值也小,尽量使误差值保持最小。

10.10 宜昌红花套长江穿越管道工程实例

说明:本工程是一个微型盾构项目,虽然盾构和顶管在管片拼装和管道顶进施工环节有很大差别,但其掘进机的工作原理和施工技术是基本相同的,考虑到工程项目的代表性和典型性,这里主要介绍泥水平衡盾构及相关施工技术。

10.10.1 工程概况

宜昌长江隧道是忠—武输气管道的控制性工程之一,工程位于宜昌市红花套—云池江段内,距红花套镇 4km。隧道全长 1 400m,内径 ϕ2 440mm。

出发井主要地质特征为粉质黏土层、流沙层、卵石层、黏土质粉砂岩;到达井主要地质特征为粉质黏土层、流沙层、卵石层。隧道主要地质特征:0 ~ 900m 主要为黏土质粉砂岩;900 ~ 1 400m 主要为强透水性卵石层。地质描述见图 10-113。

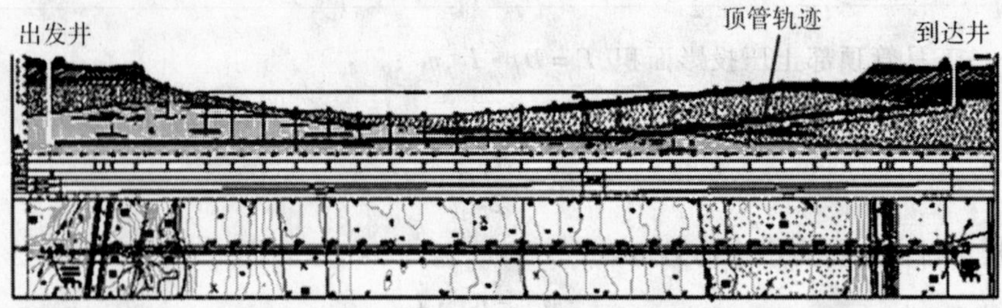

图 10-113　宜昌长江隧道工程地质描述

10.10.2 AVN2440DS 泥水平衡式掘进机简介

该工程采用德国海瑞克公司生产的 AVN2440DS 泥水平衡式掘进机(图 10-114)进行施工,其主要特点如下:

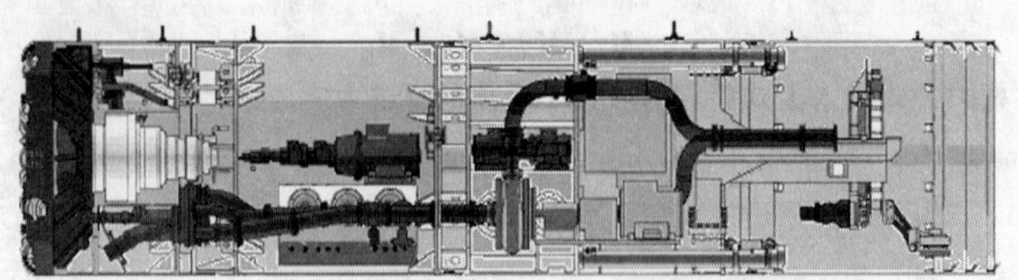

图 10-114　AVN2440 泥水平衡掘进机结构

主要参数:1-主体总长:13 800mm;2-切削刀盘直径:3 187mm;3-最大掘削硬度:150MPa;4-刀盘最大扭矩:780kN·m;5-刀盘最大转速 8.8r/min;6-最大工作水压:0.75MPa;7-推进油缸数量:12 个;8-总推力:9 650 kN;9-设备总动力:780kW

(1)采用 4 段拼装结构,方便控制盾构曲线掘进。

(2)采用混合式刀盘结构。刀盘上装有岩层掘进滚刀和软土掘进合金钢刮刀,以及岩层、卵石层掘进必备的圆锥型碎石机。具备在掘进过程中检查、更换刀具的功能,使其能适应多种复杂地质条件下的掘进。

(3)运用先进的全液压无级调速驱动方式,高速低扭矩和低速大扭矩的特性,完全适用掘进多种地质条件下负载的变化,施工效率得到很大提高。高耐压的结构设计。可在0.5MPa的水压下正常工作,最大承受水压达0.75MPa。

(4)泥水加压式掘进方式。通过对掘进面加注泥浆,泥浆压力动态平衡,在保持掘削工作面稳定的同时,又冷却切削刀盘,使切削刀具寿命更长。通过进排泥流量、泥水压力平衡的自动控制功能,避免了掘进中人为造成的超挖、欠挖带来的不利影响。压力舱压缩空气的辅助控制,使工作面更加稳定,控制更加精细。把盾构掘进中对周边扰动降低到最低程度。

(5)装备监测控制操作系统具备记录、分项打印功能。记录内容包括数据调整设置、导向操作、测量结果、主要设备运行参数监测、故障点、掘进长度、泥水平衡压力变化、姿态等。

(6)全自动隧道VMT测量系统和操作界面的人性化,随时提供盾构姿态和掘进线路偏差数据,使得隧道掘进的质量更有保障。独有的盾构前端注浆管路,为盾构掘进中减小摩阻和对付岩层裂隙、断层,提供了必要的设备支持。

10.10.3 竖井施工技术

竖井工程包括出发井、到达井及其他竖井附属工程。竖井由套井和沉井组成,套井深7.06m,外径11.5m,内径10.3m;沉井外径8.7m,内径7.5m;出发井深48.4m,到达井深22.4m。根据地质条件,出发井采用沉井法和钻爆法施工;到达井采用沉井法施工。

竖井施工工艺主要包括:

(1)套井的制作安装。

(2)竖井的制作安装。

(3)竖井的下沉。

(4)竖井的封底。

沉井施工正值冬季,混凝土早期强度增长缓慢。通过购置蒸气养护设备和回弹仪(检测井筒强度)、在混凝土配合比中增加早强剂与减水剂等措施,使混凝土的3d强度由原来设计强度的38%提高到80%,达到下沉强度条件,缩短了下沉前的养护时间。竖井施工进入钻爆段后,竖井周围岩石松散,为此在施工过程中,采取了超前锚杆挂网、喷浆支护等系列措施,保证了施工的安全。

当沉井刃脚完全进入卵石层后,由于地下水的渗流作用,卵石层中的充填物受冲刷形成了渗流通道,再加上泥浆产生的压力致使井底击穿,形成了“涌砂冒浆”现象,壁后泥浆顷刻之间完全涌入井筒内,壁后出现严重坍塌现象。在紧急情况下,采用卵石护壁,在短短的3h内在泥浆槽中全部填充满卵石,及时支撑了井壁,保证了井壁不坍塌,也保证了竖井顺利下沉。

10.10.4 隧道掘进施工技术

10.10.4.1 测量技术

测量工作是掘进机施工的“眼睛”,测量精度的好坏,直接关系到隧道是否能成功贯通。在测量上要求 1 380m 的贯通精度保证在 10cm 以内,这对测量技术提出了极大的挑战。

测量方式分为人工测量与自动测量,此两种测量方法相辅相成,缺一不可。自动测量采用掘进机所配套的 VMT 自动测量系统,将设计掘进路线参数预先输入计算机,在推进过程中跟踪测量,将测量参数实时传递到计算机自动处理,比较实际掘进路线与设计路线,并将处理结果以直观方式反馈到盾构操作台,操作人员通过控制 8 个导向油缸进行调整。自动测量需与人工测量紧密结合。隧道内人工测量高程及方位、坐标每周进行一次,根据测量结果对隧道内控制点及自动测量进行校正。由地面向隧道进行的传递测量在隧道掘进开始后 50m、100m、曲线隧道掘进前后、出洞 100m 前进行 5 次,以避免由于人工移动经纬仪时造成的自动测量产生误差,提高隧道贯通精度。人工测量应根据施工实际情况适当提高测量频率。

建立地面控制网:从长江两岸选取 5 个观测点作为控制点布设三等控制网,进行地面的控制测量,确定出发井和到达井的井口中心坐标及隧道轴线。

确定掘进机前进的方向:通过竖井联系测量,将地面控制测量确定的方向传递到井下,并与掘进机的测量系统建立联系(确定掘进机测量系统的基准坐标)。

掘进机在掘进中的测量:①掘进机自动测量系统;②人工测量系统(利用全站仪测量),检测掘进机自动测量系统的准确性,提高测量精度,确保贯通(设计标准偏差 ±100mm;实际出洞水平偏差 14mm,垂直偏差 15mm)。

10.10.4.2 在黏土质粉砂岩中的施工技术

1)盾构在黏土质粉砂岩中施工的主要问题

隧道所经地层中黏土质粉砂岩达 937m,占隧道全长的 67.2%。黏土质粉砂岩中黏土含量高达 70% ~80%,切削下来的土体与泥浆、地下水混合后,形成黏性很大的泥团,容易黏连在整个刀盘上,使滚刀无法转动,造成了刀具的严重磨损,降低了掘进速度,甚至产生了大刀盘频繁发卡等现象。因此,解决好黏土质粉砂岩中掘进问题对保证工期尤为重要。同时减少刀具的磨损也可以较大地降低施工成本。

2)解决问题的思路和方案

(1)积极试验采用各种办法降低泥浆的黏度,泥浆在盾构中的主要作用有两个:形成泥饼封闭掘进面,防止周围环境的水流出而产生坍塌现象;另外起到携带泥沙卵石排渣的目的。通过试验,发现黏土质粉砂岩比较稳定,短时间内不会坍塌,这为我们采用低黏低切泥浆提供了支持。经过连续的降低泥浆黏度,实验有效果,但效果不理想。面对此情况,技术人员通过大量的理论探讨和试验,决定直接采用清水作为排渣介质,黏土大量进入清水中,不会使其黏度迅速升高,还可以大量携渣排渣。同时,选择一种具有低切性能的添加剂,达到降低泥浆的黏度保护刀具的目的。

试验表明,这种方法较好地解决了黏土质粉砂岩掘进速度慢的问题。

(2)为了解决刀盘磨损严重的问题,多次分析了前一段掘进的情况,调整了在黏土质粉砂岩中掘进的参数:将原刀盘压力由 120 ~140 bar 调整为 100 ~120 bar,千斤顶推进压力由 160 ~180bar 调整为 140 ~160bar,加快刀盘转速由 3.2r/min 调整为 3.8r/min 以上。这样提高了刀具的削切能力,进而提高掘进速度。

3)实施效果

通过以上工作的实施,掘进机在黏土质粉砂岩中日均进尺由原来的 5.58m 上升到 9.07m,超过当初目标值的 7.59m,甚至创造了最高日进尺 18m 的纪录,提前结束了黏土质粉砂岩段掘进，进入卵石段掘进。

10.10.4.3 在松散卵石层的掘进技术

在松散卵石层、透水严重的地层中施工，一直是各种施工方法的难点。技术人员根据砂卵石层的地质特点反复分析探讨，结合掘进机的性能，摸索出一套合适的施工方法，成功地解决了松散沙卵石层的施工问题，积累了宝贵的经验。

在操作中采用低转速低推进掘进，将刀盘转速控制在2.8~3.5r/min，推进速度控制在20~30mm/min之间。低转速低推进可以减少对地层的扰动，对大卵石的破碎有利，有阻止掘进面坍塌的效果。加强对掘进机姿态监控，防止因地下水引起的掘进机上浮或下沉。

在松散砂卵石层中施工，泥浆以高黏高切为主，相应增加添加剂，提高泥浆的护壁和防塌功能，要求泥浆具有较强的悬浮功能，增大排除卵石的能力，控制泥浆的失水量，借助掘进机本身气压平衡的特点，在作业面形成薄而韧的优质泥饼，达到良好的护壁防塌效果。

具体要求所采用的泥浆黏度为60~80s，屈服值为14~20Pa，比重在1.1~1.2 g/cm^3 之间，pH值为9~10，失水量为9~12mL，泥浆的造壁性最好。泥浆采用清水与膨润土搅拌制浆，添加正电胶、降滤失剂和润滑剂等处理剂起到控制泥浆性能指标的作用，必要时可添加适量封堵性能好的添加剂。

在掘进中，保证泥浆排量在 $300m^3/h$ 以上。同时，密切监控调整进浆量和排浆量，保持流量平衡，防止超挖扰动地层，导致地层坍塌。

10.10.4.4 在松散卵石层掘进出现坍塌透水的处理技术

1)在松散卵石层盾构施工遇到的主要问题

忠—武线宜昌红花套隧道盾构穿越工程，前期掘进地质段均为黏土质粉砂岩，当掘进至823.4m时，掘进面突然出现卵石和灰黑色中细砂，岩体松软，坍塌失稳，刀盘内部被卵石堵塞。掘进被迫停止后，正、反转动刀盘，只能转动0°~160°，大排量泥浆排渣，间隔排出砂卵石约 $6m^3$，卵石含量达95%，但同时掘进面仍有大量卵石进入刀盘内，传统的泥浆支护没有效果，从江面上沿隧道盾构轴线方向探查，发现从江底上涌大量气泡，盾构掘进机内气压平衡不能建立，说明刀盘掘进面同地面连通。人员无法进入气压舱内检查刀盘被堵情况，施工遇到了极大困难。

2)治理方案

大量卵石进入刀盘内，只有建立起泥水平衡系统，人员才能在高压下进入泥水舱处理前部的情况。建立泥水平衡系统，最重要的条件就是采用泥饼将卵石层封闭。经过大量的探讨，采用了重泥浆+改型泥浆的综合治理工作。

首先，采用重泥浆从掘进机内向掘进面周围5m范围内的地层压注。压注量根据掘进面泥浆压注压力、每小时注入量，计算确定压入泥浆量。当注浆达到扩散范围时停止压注重泥浆，压入的重泥浆渗入地层与探孔后，充填卵石层的空隙形成泥膜。再改为压注改性泥浆，使其形成具有一定胶结力及气密性较强的支护层，支护层厚度控制在大约2m的范围内。并且在泥浆中掺多种添加济(表10-40)，加强泥浆的黏结力，充填地层间的空隙，恢复地层间原来的应力状态，防止进一步坍塌，减小地层的透水透气性，增强地层的气密性。

重泥浆注浆配比　　表 10-40

序号	1	2	3	4	5	6
名称	澎润土	水	重晶石粉	生石灰	锯木渣	CMC
用量	80kg/ m^3	960kg/ m^3	145kg/ m^3	7.5kg/ m^3	3% ~6%	5kg/ m^3
性能指标	黏度:75 ~85s					
	比重:1.35 ~1.4g/cm^3					
	失水量:12mL					
	pH 值:9					

为了取得更好的效果,做了大量的试验,级配试验 16 组,从中优选了 3 组,根据实际情况选择使用。在使用过程中,所用浆液的原材料计量必须准确。

注浆量计算:

$$V = V_1 + V_2 + V_3 \tag{10-116}$$

其中:V——总注浆量,m^3;

V_1——注浆改良体积,X 地层空隙率 f,m^3,f 取 5% ~10%;

V_2——机体外部掘进空隙体积,m^3;

V_3——刀盘空隙体积,m^3。

(1)注浆压力控制

根据实际测量地下泥水压力 2.61bar,环片设计抗压强度 C50,推进油缸压力 240bar,铰接控向油缸压力 420bar,掘进面土层厚度 15m,掘进面最大注浆压力应控制在≤6bar 以下。在注浆操作过程中严格执行施工工艺,精确控制泥浆配比,保证注浆质量和效果。当注浆量达到经验计算值时停止注浆,对掘进面实施压气,气压控制在 2.7bar 稳定 4h,使泥浆在渗透过程中形成胶结泥膜,观察 4h 内的压力变化情况。

(2)注浆情况检测

通过气压室对掘进面进行加压试验,气压控制在 2.7 ~3bar,如果气压能稳定建立,无明显的压力波动,泥水舱液位稳定,证明注浆效果良好,人员可通过气密舱实施检查清障或掘进。

注浆结束之后,必须停留 24h,让浆液凝结,方可进行气压平衡试验,由低到高逐步进行,每 0.5bar 为一个测试段,每一个阶段必须停留 3h,观察掘进泥水压力与泥水液位平衡情况,一直将测试压力提高到 3.0bar。当检测压力控制在比地下水压力高 0.2 ~0.5bar,时间为 1.5 ~3.0h 时,泥水平衡液位处于相对稳定状态时,才能进行压气排水试验,当液位下降为零时,检测气压稳定和液位变化情况,液位无上升时,人员才能在加压状态下进入压力舱。

经过二次注入重泥浆与改性泥浆,压气 0.27 ~0.30MPa 试压 4h 空气渗漏量小于 10%,人员在气压舱内工作 8h 清理作业,掘进面未出现异常,达到了较好的效果。

经检测掘进面所注入改性泥浆,在未初凝时具有良好的流动性与抗水性,经 24h 终凝具一定黏连性、不流淌、卵石层被黏连在一起未发现滑移,并具有一定的固结力,在盾构掘进时未出现推力发生明显的变化,起到了良好的防水堵漏和坍塌的治理。

参考文献

[1] Akkerman, M. Pipe jacking equipment and methods. Proceedings North American No-DIG 2001 (CD-ROM), Nashville, Tennessee from April 1-4, 2001

[2]宋杰,张庆贺. 单元曲线顶管施工新方法及管节受力机理分析. 中国市政工程,2000,4(91)

[3]安关峰,等.顶管顶力计算公式辨析.岩土力学,2002,6,23(3)

[4]安关峰,殷坤龙,唐辉明.顶管顶力计算公式辨析.岩土力学,第23卷第3期

[5]陈建华.顶管导向测量系统的开发研究.河海大学学报,第27卷,1999年第6期

[6]Clarke,I. Meeting Micro Challenge across the Globe. No - Dig International(2000),No. 6,P. 17 - 18

[7]戴云,程艾琳.纤维缠绕玻璃钢夹砂管在电站排水领域应用的优势分析.玻璃钢复合材料,2001.05

[8]顶管施工技术网站,http://www.dingguan.com

[9]D. Stein. 联邦德国微型隧道施工技术的发展现状.岩土钻凿工程,1995年第5期

[10]Duan,Z. Y. Ground Movement Associated with Microtunnelling(博士论文). Louisiana Tech University, America,2001

[11] Essex, R. J. Subsurface Exploration Considerations for Microtunneling/Pipe Jacking. Proceedings of Trench less Technology:An Advanced Technical Seminar,Trenchless Technology Center,1993,Louisiana Tech University,Ruston,La.,pp. 276 - 287

[12]方臻,陈根林,赵治军.顶管掘进机土压平衡的自动化控制.煤炭科学技术,第29卷第9期

[13]房桢.泥水平衡式小口径顶管设备及施工技术.水运工程,总336期,2002年第1期

[14]方从启,王承德.顶管施工中的地面沉降及其估算.江苏理工大学学报,1998年第19卷第4期

[15]费祥俊.浆体管道的不淤流速研究.煤炭学报,第22卷,第5期,1997

[16]Friant,J. E.,Ozdemir,L. Development of the High Thrust Mini - Disc Cutter for Microtunneling Applications. No - Dig Engineering,Vol. 1,No. 1,June 1994,pp. 12 - 16

[17]高乃熙,张小珠.顶管技术.北京:中国建筑工业出版社,1984

[18]GB 50286 - 97. 给水排水管道工程施工及验收规范

[19]George Milligan. LUBRICATION AND SOIL CONDITIONING IN TUNNELLING,PIPE JACKING AND MICROTUNNELLING. August 2000

[20]韩石忠.沉井和顶管施工中控制地面沉降的研究.中国市政工程,2000年第4期(总第91期)

[21]何莲,刘灿生,帅华国.顶管施工的顶力设计计算研究,给水排水 Vol. 27(7)

[22]Herrenknecht,M.;Maidl,U. Einsatz von Schaum bei einem Erddruckschild in Valencia. Tunnel(1995), No. 5,P. 10 - 19

[23] Iseley,T.,Najafi,M. Case study:New microtunnelling design for low strength pipe. Documentation 4. Internationaler Kongress Leitungsbau,Hamburg 94(16 ~ 20. Oktober 1994). P. 53 - 68

[24] Iseley,T.,Najafi,M. Microtunnelling Research and Development in the United States. Felsbau 14 (1996),Nr. 6,P. 320 - 327

[25] James C. Thomson. Pipe jacking and Microtunnelling. Blackie Academic & Professional, an imprint of Chapman & Hall,1995

[26]Jardine,F. M.,McCallum,R. I.(Eds.):Engineering and health in compressed air work. Proceedings of the International Conference,Oxford,September 1992. E & FN Spon. An Imprint of Chapman & Hall, London 1994

[27]李世忠.钻探工艺学.北京:地质出版社,1989

[28]Magnus,W. Compressed Air Tunnelling:A Necessity for the Twenty - First Century. Tunnelling and Underground Space Technology(1998),Vol. 13,No. 2,pp. 109 - 110

[29]Maidl,B.,Herrenknecht,M.,Anheuser,L. Maschineller Tunnelbau im Schildvortrieb. Verlag Ernst & Sohn,Berlin 1994

[30]M. A. Knight,G. Cascante,M. C. Lopez. Determination of concrete pipes deterioration state using ultrasonic techniques. 20th No - Dig International Conference CD - ROM,Norway,2002

[31]马保松,等．顶管与微型隧道技术．北京:人民交通出版社,2004

[32]Matsunaga,H. NTT Access Network Systems Laboratories and the development of the ACEMOLE method. Trenchless Technology Research(1996),Vol. 11,No. 1,pp. 73 – 82. Published by Elsevier Science Ltd.,Great Britain.

[33]梅祥,掌飞．长距离曲线顶进顶管的制造与施工技术．混凝土与水泥制品,2000年第4期

[34]Moser A. P.(美国)著．地下管设计．北京市市政工程设计研究总院"地下管设计"翻译组翻译,第2版,北京:机械工业出版社,2003

[35]Orchard,S. New Developments in microtunnelling techniques. Proceeding 9th International No – Dig 1992 in Paris

[36]Richardson,H. W.,Mayo,R. S. Practical Tunnel Driving. MacGraw – Hill,New York 1941

[37]宋伟宁,葛春辉．顶管工程中后座井壁荷载近似计算方法探讨．特种结构,1995年第12卷第4期

[38]Soltau,G. Microtunnelling – Method and Criteria. Proceedings 15th International NO – DIG '97,Taipei,Taiwan. P. 4B – 2 – 1 ~ 4B – 2 – 10

[39] Stein,D. Hydraulischer Rohrvortrieb. DVGW – Schriftenreihe Wasser Nr. 202,P. 33 – 1 ~ 33 – 19. Eschborn 1985

[40]Stein,D. Grabenloser Leitungsbau. Berlin:Verlag Ernst & Sohn,2003

[41]Stein,D.,Moellers K.,Bielecki R. Microtunnelling. Berlin:Verlag Ernst & Sohn,1989

[42]Suhm,W.,Kollmann,B. Slurry versus EPB bei Micromaschinen – Maschinensysteme im Vergleich. bi – umweltbau(2000),No. 3,P. 56 – 62

[43] Suhm,W.,Kollmann,B. Grounds for Microtunnelling Choice. Tunnels & Tunnelling International(2001),No. 6,P. 33 – 34

[44]Super – Slurry Stabilizer Used Jacking Technology Association & Toyotechnos Co. Ltd.(Hrsg.):Long Distance and Steeply Curved Jacking – Semi – Shield Technology of Super – Slurry Stabilizer SS Mole. Technical Data Manual,Oska,Japan 1997

[45]Suzuki,T.;Takemoto,A.;Uno,H. Development of the Unclemole Mini System. Proceeding,15th International NO – DIG1997,P. 5B – 2 – 1 ~ 5B – 2 – 14. Taipei,Taiwan 1997

[46]Takada,H. New compact P. V. C. pipe jacking machine,IRONMOLE. Proceeding,15th International NO – DIG '97,Taipei,Taiwan

[47]魏纲,徐日庆．顶管施工引起的地面变形分析．中国市政工程,2002年第4期(总第100期)

[48]徐正良,邵理中．地下连续墙法建造大深度顶管工作井．特种结构,1997年第14卷第4期

[49]颜纯文．非开挖地下管线施工技术及其应用．北京:地震出版社,1999

[50]余彬泉,陈传灿．顶管施工技术．北京:人民交通出版社,1998

[51]中国非开挖技术协会．顶管施工技术与验收规范．北京:人民交通出版社,2007

CHAPTER 11

微型隧道施工技术

11.1 概 述

微型隧道施工方法(Microtunneling)指的是非进人式、远程控制的地下管道施工方法,所施工管道的内径一般<1 200mm。在微型隧道施工中,由于机械制造技术和劳动以及健康保护等方面的原因,在顶进过程中,不可能或者禁止派工作人员进入工作面工作。微型隧道指的不仅是用于施工的设备,而是指的是整套施工技术。微型隧道有时也用于泛指所有的控制作业位于所顶进管道之外的远程控制掘进设备,许多制造商生产的设备直径通常都是横跨微型隧道和顶管,例如,日本伊势机(Iseki)的Unclemole就有10个机型,可施工的管道直径从250mm到1 800mm不等。所以,"遥控小直径顶管技术(Remote Small-Bore Jacking)"应该是对这类设备或工法的更合适的定义。

在微型隧道施工过程中,从顶进工作坑开始,在顶进工作站(特殊情况下也可以采用中继站)的作用下,将要铺设的管道通过目标井顶出,与此同时,采用一个非进人式、远程控制的微型隧道掘进机对工作面进行挤密或者全面破碎。在后一种方法中,破碎下来的土层将通过所铺设的管线被排至地表。

微型隧道掘进机一般由相互铰接在一起的两个部分(切削刀盘和控制头以及后续部分)组成,在控制头中安装有导向油缸,通过在操纵控制台对导向油缸的控制,可以使控制头向任意方向偏转,由此可以实现对掘进方向的控制。

微型隧道和顶管的一个主要区别在于,对于非进人的管道,一般不能设置中继站来获得较大的顶进长度;但是,实际生产中,对于直径>750mm的较大直径的微型隧道工程,已经开始应用中继站。另外,采用顶管法施工的管道跨度比微型隧道长,原则上,施工跨度由管端所能承受的最大安全荷载决定,管道直径越大,其所能承受的安全荷载也越大。

微型隧道的施工过程一般有两种,单步施工法和双步施工法(也称为一程式和二程式),所谓的单步施工法即是将生产管道跟在切削头的后面直接顶进,整个铺管工程一次性完成。但是,为了减小作用在管道上的顶进力,延长顶进长度,可以采用双步微型隧道施工法,在施工过程中,首先顶进一个特制的临时钢管道,在临时管道施工完成后,再顶进永久性的生产管道来替换临时管道,并将临时管道从接收坑中进行回收。双步施工法的优点是可以作用较大的顶进荷载,减少了对管道的损坏,同时还可以获得较大的顶进长度,但是它也相应地增加了额外的施工时间。双步施工法一般应用于螺旋和压力平衡式微型隧道设备。

微型隧道铺管技术是一项比较新的技术,最早诞生于日本。1975年,日本的小松(Komatsu)公司推出了世界上第一台微型隧道铺管设备;1980年德国政府出资研究,从日本引进并开发用于排污管施工的微型隧道铺管技术;1984年美国引进日本设备完成了第一个微型隧道铺管项目。如今,日本和德国在该技术领域处于世界领先地位,日本拥有顶管和微型隧道设备超过2 000台,铺管长度约1 300km。而在德国,柏林市新铺的排污管道有40%采用这种方法。据初步统计,欧洲采用顶管和微型隧道技术铺设的排污管道长达几百公里。

在我国，从20世纪80年代开始引进国外微型隧道铺管技术和设备。1983年，北京市政三公司从日本Sanwa公司购买1台SH-30型设备；1985年，上海市政二公司引进1台日本伊势机(Iseki)公司的Unclemole型设备；1986年，有色金属总公司引进日本Sanwa公司的SH-308型设备；另外，无锡市政工程局从德国购进1台AVN600型设备。在引进的同时，我国也在研究开发自己的产品。上海市政研究开发成功泥土加压式掘进机。

为在施工中实现导向控制，所需要的超挖量可以根据ATV-A 125中关于微型隧道的规定进行选择，不同的地层条件和管道直径要求的超挖量也不同，特别是在曲线顶管施工中，要求的超挖量可到20 mm；在特殊的条件下(岩层或膨胀性地层)，则超挖量要求达到30mm；在铁道下面施工时，要保证其超挖量不大于10mm。

由于微型隧道实际包含在顶管技术中，所以大量的关于顶管技术的论述对于微型隧道也同样适用，特别是对于压力平衡原理和相关的设备，就更是如此。根据施工中成孔的方法(土层外排法或土层挤密法)和泥土的排出方法不同，可以将微型隧道工法分为以下几种类型：

①螺旋排土式微型隧道工法；

②水力输送排土式微型隧道工法；

③真空排土式微型隧道工法；

④机械排土式微型隧道工法；

⑤土层挤密式微型隧道工法。

11.2 螺旋排土式微型隧道工法

螺旋排土式微型隧道工法也称为顶推钻进法或顶推钻进顶管施工法，其特点是：一般应用于软地层(特殊情况下也可用于坚硬地层)，施工管线通过单步或者双步(有时也称为一程或二程式)施工法顶入地层，同时通过切削刀盘来破碎工作面并通过螺旋输送装置将破碎下来的泥土连续地排至地表。

就钻井技术来说，这里指的是一种干式钻井方法，其破碎下来的泥土一般情况下不用经过分离过程，可以直接进行运输和堆放。

螺旋排土式微型隧道工法是在水平顶推钻进工法的基础上发展而来的，其新颖之处在于它的控制和导向装置以及对管道材质适应性广。在直接铺设非钢制的管道时，可以采用一个专门的螺旋输送通道，这样螺旋钻杆和通过其输送的泥土对于所要施工的管道根本不会有荷载的作用。

下面将以单步施工法为例介绍螺旋排土式微型隧道工法的基本原理和内容，以及为了拓宽应用领域而进行的详细改进方案。

11.2.1 工作原理及工作过程

螺旋排土式微型隧道工法的工作原理和过程如图 11-1 所示(单步施工法)。在施工中,通过切削刀盘的旋转来进行工作面的破碎,破碎下来的泥土通过螺旋钻杆被输送至始发坑,并在此将其装入运土的吊斗中,装满的吊斗被定期地通过升降设备提升至地表(一般是在完成一节管子的顶进工作之后)。工作面将通过切削刀盘进行机械式平衡或者通过在螺旋钻杆前方区域形成的土塞来平衡。

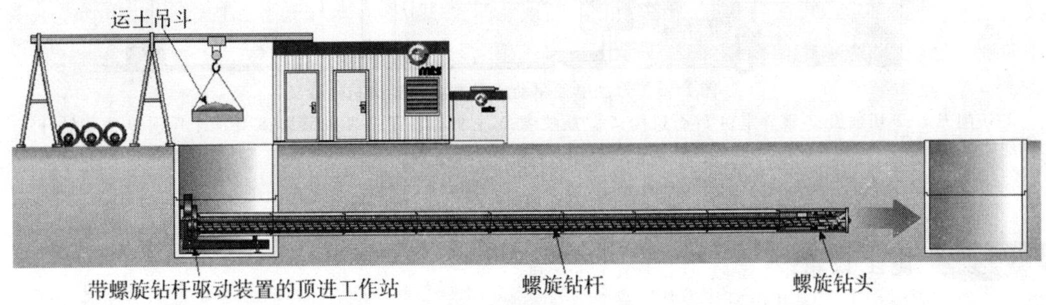

图 11-1 螺旋排土式微型隧道工法的工作原理

螺旋排土式微型隧道工法的切削刀盘驱动方式有两种,即螺旋钻杆驱动式和单独驱动式。

螺旋钻杆驱动切削刀盘

对于这种机型,切削刀盘和螺旋钻杆固定在一起,并通过位于始发井(坑)中顶进架上的驱动装置进行驱动(图 11-2a)。这种驱动方式适用的管道直径范围为 DN/ID 250 ~ 500。

切削刀盘单独驱动式

与前一种驱动方式不同,这种驱动方式的切削刀盘和螺旋钻杆没有连接在一起,其驱动也是相互独立的。驱动切削刀盘的电机位于掘进机的后续工具管中,螺旋钻杆的驱动和前一种方法相同,仍然是通过位于始发井中的驱动装置进行驱动(图 11-2b 和图 11-3)。

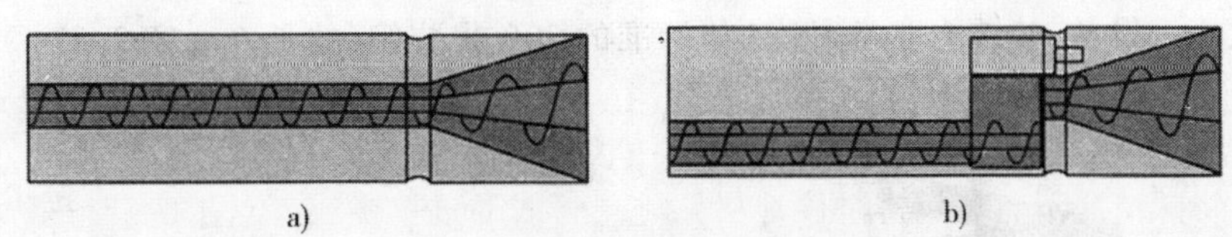

图 11-2 切削刀盘的驱动形式

这种驱动方式只有当管道直径≥DN/ID400 才能够应用,因为必须在切削刀盘和控制头中的螺旋钻杆侧面另外安装驱动电机(图 11-3),需要足够大的空间。和切削刀盘直接由螺旋钻杆驱动的形式相比,这种驱动形式具有如下优点:

①适应性强,工作面上平衡压力的控制可以分别通过控制破碎下来的泥土的量和螺旋装置排出的泥土的量进行单独调整;

②切削刀盘和碎石器配合使用,可以将应用范围扩大到含砾石的地层;

③扩大了其施工长度;

④通过改变切削刀盘的回转方向,可以克服管线的偏转错位。

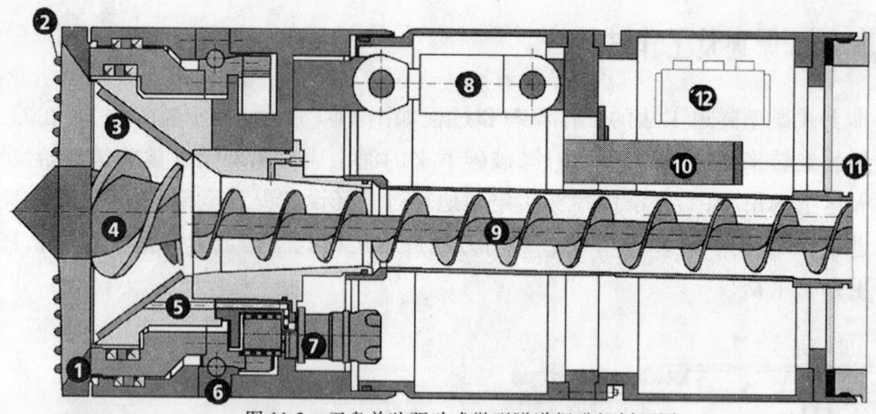

图 11-3　刀盘单独驱动式微型隧道掘进机剖面图

1-切削刀盘；2-切削齿；3-破碎室；4-碎石机构；5-高压喷嘴；6-主驱动装置；7-驱动装置；8-导向千斤顶；9-螺旋钻杆；10-目标靶；11-激光束；12-阀柜

11.2.2 施工设备

螺旋排土式微型隧道施工中所需的基本设备如图 11-1 所示，主要包括如下装置：

①顶进站，包括顶进架、螺旋钻杆驱动装置、顶进油缸、传压环（均压环）和泥土吊斗；

②顶进后座装置（后座墙）；

③微型隧道掘进机（包括切削刀盘、导向头和后续工具管）；

④螺旋钻杆（包括导向管道）；

⑤吊车，用于掘进机的安装和拆除、施工管道的吊放以及从始发坑中提升泥土等；

⑥集装箱（包括控制台和一些液压装置等）；

⑦空气压缩机（在采用气压平衡时）；

⑧用来润滑施工管线和螺旋钻杆的润滑系统。

在街道很窄的市区内施工时，可以采用如图 11-4 所示的机动式的集装箱或者是整体式的集装箱安放施工设备，其结构非常紧凑（如标准的 20ft 集装箱：约长 6m，宽 2.55m），可以安放很多地表设备。

图 11-4　结构紧凑的机动式集装箱设备

比较长的整体式集装箱(标准的 40 ft 集装箱:约长 12 m,宽 2.55 m)可以直接安放于始发坑的上面,这样井下的工作人员既可以得到较好的保护,同时还可以保证理想的现场安全。

对于不同的地层类型,可以采用不同形状和结构的切削刀盘。选择切削刀盘形状(如图 11-5)的依据是地层的可钻性(包括可能存在的孤石或漂石)、工作面的机械平衡方法以及切削刀盘的驱动形式等。

a) b) c) d)

图 11-5 不同形状的切削刀盘结构

对于由螺旋钻杆驱动的切削刀盘,无法破碎地层中所含的孤石和漂石,在这种情况下,就必须保证通过螺旋钻杆输送的石块的大小不能超过其最大允许值(一般 < 1/3 的螺旋钻杆直径);这主要是通过限制从切削刀盘到螺旋钻杆这一过程的进土口的大小(图 11-5a,图 11-5b)、挡板周边间隙的大小(图 11-5c)或者是通过挡板上大小合适的进土口尺寸(图 11-5d)来实现的。在松散的软地层中施工时,有时可以通过合适的切削刀盘形状(切削刀盘前部挡板的形状)(图 11-5d),将较大的石块挤入周围的地层中。在正常的施工条件下,为了避免发生无法控制的地层坍塌,切削刀盘应始终在导向头的保护下进行工作。

单独驱动的切削刀盘一般都要配用一个碎石器。通过切削刀盘上的进土口进入喇叭形破碎室的泥土,在破碎室中受压变得密实,然后通过螺旋钻杆排出;其中粒径≤1/3 掘进机外径的较大石块,在掘进机的锥形外壳和不断回转的螺旋钻杆的共同作用下,被破碎成满足输送要求的大小。

为在施工中取得较好的经济效益,对于上述的管道直径范围,设备制造商可以分别提供不同类型的掘进机进行施工,这些掘进机通常只是为某一种特定的孔径(如 DN/ID 250)而设计的,但是通过使用所谓的"扩孔器"和相应的较大直径的切削刀盘,也适合于较大的标准直径管道(如 DN/ID 300 和 DN/ID 400)的施工。

11.2.3 应用范围

螺旋排土式微型隧道工法在黏性和无黏性松散地层中的可施工的管道直径范围为 DN/ID 250 ~1 000,施工长度可达 100 m;在含水地层中,如果不采用辅助措施,这种方法的使用将会受到限制。

该施工方法可以达到的施工长度主要受欲铺设的管线直径和地层条件的影响,制造商提供的相关数据见表 11-1,表 11-2,表 11-3。

管道直径和所能达到的施工长度 表 11-1

管道直径(mm)	250	300	400	500	600	700	800
施工长度(m)	< 80	< 100	< 120	< 120	< 150	< 150	< 150

根据 ATV-A 125 中的规定,这种施工方法的最小覆土厚度应≥DN/OD,但是其最小值还应≥1.0 m。在工作面采用压气平衡时(如在含地下水的地层中施工),由于存在发生"气崩"的危险,依照顶管施工中的相关要求,要选择较大的覆土厚度。

下面将采用制造商和相关的参考文献提供的最新数据,根据 DIN 18319 中定义的软土地层的类型以及施工管道的公称直径 DN/ID,介绍螺旋排土式微型隧道工法的应用范围;另外,还要进一步根据切削刀盘的驱动方式(螺旋钻杆驱动或单独驱动)以及切削刀盘的结构形式(标准切削刀盘或岩石切削刀盘)分别进行介绍。

除此之外,还要根据标贯指数 N 值,给出该工法的适用范围。

1)螺旋钻杆驱动式标准切削刀盘的应用范围

这种采用螺旋钻杆驱动式标准切削刀盘的微型隧道施工方法,其适用的地层范围是不含石块的松散—密实的无黏性地层和软—半坚硬黏性地层,可施工的管线直径为 250≤DN/ID≤500,对于直径为 DN/ID600 和 DN/ID800 的管道,其应用范围可以扩大至其他地层。在松散的土层中施工时,对于粒径≤63 mm 的单个卵砾石,可以通过挤密的方法将其排除,如果卵砾石堆积在一起,将会导致施工中断。对于坚硬的黏性土层以及含有卵砾石的软地层,由于切削刀盘的破碎力不足和没有配备碎石装置,该工法不宜被采用。

2)单独驱动式切削刀盘的应用范围

切削刀盘单独驱动式的微型隧道施工方法又可以分为标准切削刀盘施工法和岩石切削刀盘施工法两类,其适用的管道直径为 400≤DN/ID≤800。

对于标准切削刀盘,其应用范围也可以拓宽至不含卵砾石的硬黏性地层,另外,当要铺设的管线直径≤DN/ID600 时,也可以应用于含直径≤300 mm 的卵砾石地层,因为对于这样的直径,即可以将卵砾石输送至碎石器并将其破碎;如果位于半坚硬—坚硬地层中的卵砾石处于固定状态,切削刀盘在工作面上即可将其破碎,则上述管道直径的下限可以下推至 DN/ID 500。

对于采用螺旋排土法和岩石切削刀盘的微型隧道工法，可以应用于含直径≤300mm 石块的地层。

在施工管线直径为 400≤DN/ID≤800 时，该工法可应用于中等密度—密实的无黏性土层或者半坚硬—坚硬黏性土层（允许地层中含有卵砾石），在施工管道直径为 DN/ID 500～DN/ID 800 时，其应用范围可以扩大至整个软土地层。

在不含卵砾石的软土地层中采用螺旋排土式微型隧道工法施工时，由于破碎工具的工作方式以及在黏性土层中施工时还会引起进土口堵塞和糊钻现象等，使得其施工效率很低，得不到较好的经济效果。

如果根据标贯指数 N 值来确定该工法的应用范围，螺旋排土式微型隧道工法可以应用于 N 值为 0～50 之间的软土地层，和 ATV-A 125 相对照，可以应用于单轴抗压强度 $q_u \leq 100\text{N/mm}^2$ 的坚硬地层（表 11-2 和表 11-3）。要适应这一比较宽的应用范围，一是要靠切削刀盘的结构形式的多样化（标准切削刀盘和岩石切削刀盘等），二是还要采用一些相应的辅助措施。

SANWA HORIZONGER 工法（无碎石器）的应用范围 表 11-2

地层条件	标准工法	辅助措施	切削刀盘类型
有机土、黏土、淤泥和砂土（N 值≤20）	0	0	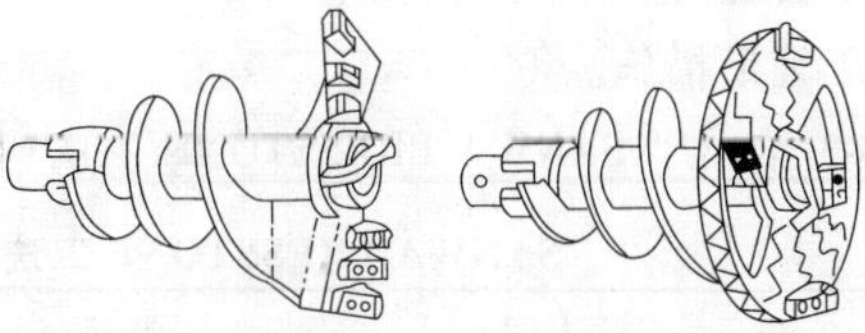
粉砂、砂、黏土（20＜N 值≤30）	0	0	
坚硬地层（30＜N 值≤50）	0	0	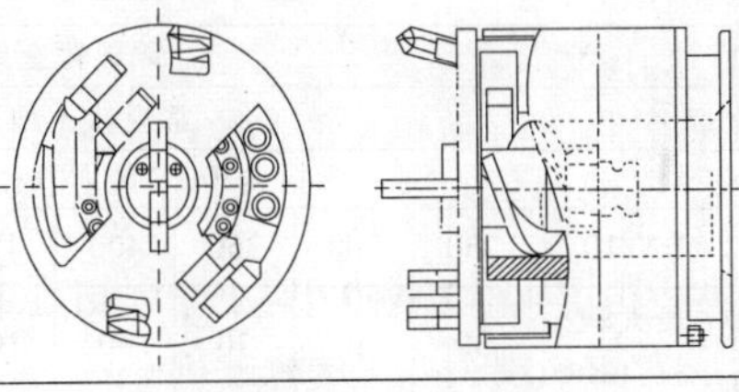
砂砾石层或含砾软土地层（砾石或块石含≤30%，其中大直径颗粒含量≤5%，$q_u \leq 100\text{ N/mm}^2$）	√	0	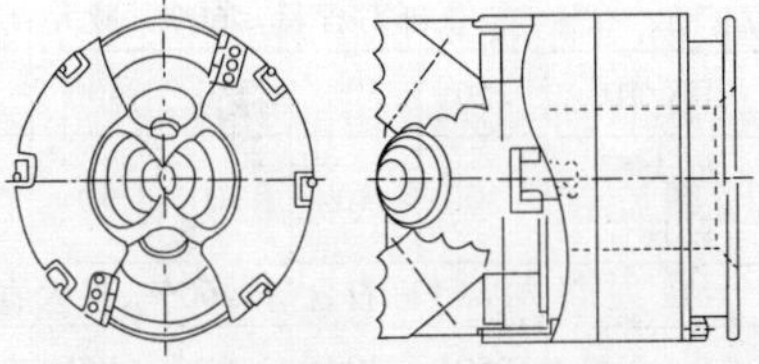
	√	0	
软岩层（$q_u \leq 20\text{N/mm}^2$）	0	0	同坚硬地层（30＜N 值≤50）的刀盘类型
硬岩层（$20\text{N/mm}^2 < q_u \leq 100\text{ N/mm}^2$）	√	0	同砂砾石层或含砾软土地层的刀盘类型

注：0：适用；√：在采用一些辅助措施的情况下适用。

这里提到的辅助施工措施包括对极软（粥状）地层（N 值几乎为 0）的改良以及通过螺旋钻杆的中空管道或者辅助的管线向工作面注入压力水或膨润土浆液，以提高工作面的破碎和泥土的输送效率。因此，对于硬的黏性土层，应向工作面注入清水；对于砂土地层则必须向其切削刀盘区域另外注入膨润土浆液，以保证螺旋输土工作的正常进行，同时还具有润滑管线、减小摩擦力的作用。

日本人认为，螺旋排土式微型隧道工法不适合在硬地层中应用，但是，在德国已经有采用单独驱动的岩石切削刀盘在该类地层中应用的成功施工实例。

有文献介绍了一个相关的施工实例，其采用 DN/ID 600(DN/OD 864)的钢筋混凝土管道，地层为褶皱变形的页岩层，其中夹杂凝灰岩和厚度达 0.20 m 石英脉，单轴抗压强度≤100N/mm^2。但是在勘察钻进时发现，由于地层裂隙发育，冲洗介质的漏失特别严重(达到 100%)，因此，从理论上讲适合采用的水力排土式微型隧道工法在这种情况下是不能使用的。采用螺旋排土式微型隧道工法施工时，其平均的施工效率(纯钻时间)为 3.0 m/h；在石英含量比较高的区域下降至 1.2 m/h。

一般情况下，由于受许多现场施工条件的限制，对所能达到的施工效率还不能作出一个统一的规定，影响施工效率的主要因素有如下几个方面：

①地层条件；

②施工长度；

③施工技术(切削刀盘的结构形状，螺旋输土装置的输送能力)；

④施工人员的人数和素质(特别是掘进机操作员的经验)；

⑤施工现场的条件；

⑥施工管道(直径、材质、质量)；

⑦施工辅助措施。

表 11-3 给出了 SANWA PRESSTONE 工法(配备碎石器)的应用范围。

SANWA PRESSTONE 工法(配备碎石器)的应用范围 表 11-3

地层分级	地层条件												施工长度(m)
A	常规软土地层($N\leqslant30$)												80~100
B	常规软土地层($0<N\leqslant50$)												80~100
C1	砾石含量≤30%，最大直径颗粒含量≤60%的软土地层												60~70
	DN/ID	250	300	350	400	450	500	600	700	800	900	1 000	
	最大颗粒直径	30	40	70	90	100	110	120	130	140	150	180	
C2	砾石含量≤60%，最大直径颗粒含量≤10%的软土地层												60~70
	DN/ID	250	300	350	400	450	500	600	700	800	900	1 000	
	最大颗粒直径	30	40	70	90	100	110	120	130	140	150	180	
D	砾石含量≤60%，最大直径颗粒含量≤5%的软土地层												60~70
	DN/ID	250	300	350	400	450	500	600	700	800	900	1 000	
	最大颗粒直径	70	80	135	150	165	175	185	200	200	220	250	
E	砾石含量≤60%，最大直径颗粒含量≤10%的软土地层最大颗粒直径=(DN/ID)/2												60
F1	单轴抗压强度 $q_u\leqslant20$ N/mm^2 的软岩层												50
F2	单轴抗压强度 q_u 在 20N/mm^2~150 N/mm^2 之间的硬岩层												50

螺旋排土式微型隧道设备安装所需的施工辅助时间约为 2~2.5 天。

始发坑的尺寸主要决定于所采用掘进机的类型和单根管道的长度。目前所用的工作井主要是由钢筋混凝土预制件拼装而成，其中最小的工作井的直径仅有 2 m，用于单根长 1 m 的管道施工。

3)在含水地层的应用

螺旋排土式微型隧道施工法只能有条件地应用于含水地层，其原因主要在于输送装置的结构上，由于没有密封系统，工作面上的地下水可以直接涌入始发坑，这在施工中是不允许的。

根据制造商提供的数据，在渗透性系数较小（$k<10^{-8}$m/s）或中等（10^{-8}m/s≤k≤10^{-6}m/s）的黏性地层条件下，地下水位的高度可以超过管道底部3～5 m（表11-4）；在这种情况下，系统的密封将通过在切削刀盘区域所形成的土塞来实现，但是，其前提条件是地层要有较高的密度和较小的渗透性，这一点同样也可以通过一个锥形的破碎室和合适的螺旋钻杆结构来实现。

在渗透性系数较大（$k>10^{-6}$m/s）的无黏性松散地层（砂层和卵砾石层）条件下，只有采用辅助措施（如压气），才能保证在有地下水或裂隙水涌入的地层进行铺管作业，地下水位最多可以超过管道底部2 m（表11-4）。

螺旋排土式微型隧道工法的应用范围和地下水位的关系 表11-4

地层条件	地下水位（管底以上）
渗透性系数较小的黏性土层，$k<10^{-8}$m/s	≤5m
中等渗透性的黏性土层，$k=10^{-6}\sim10^{-8}$m/s	≤3m
高渗透性的无黏性土层，$k>10^{-6}$m/s	≤2m

在地层的渗透性系数k≤10^{-4}m/s时，也可以采用压气平衡工作面作为辅助措施，对始发井和目标井进行密封，工作人员和所需的施工材料通过一个压力舱门进出。但是，这种施工辅助措施在以往的应用中有很多缺点：非常复杂，施工成本高，特别是在进出气压舱时，要花费相当长的时间。

到目前为止，人们花费了大量的精力进行研究，目的是想通过结构上的改进，使得螺旋排土式掘进机能够适用于含水地层，并借此排除在施工中不断变化且起决定作用的地层水文地质条件对施工的影响。下面的例子表明，在不采用上述辅助措施（压气）的情况下，螺旋排土式微型隧道工法也可应用于含地下水的地层（这种应用是有限制的）。

对于一些这样的施工方法，不但是在施工过程中，而且在始发井中接入新管道时，都要采用一些辅助方法对输土装置进行密封，而且密封的位置不但包括切削刀盘和导向头区域，还包括螺旋钻杆的排土口处；另外也可以通过气压或液压的方法，来平衡工作面上地下水的压力并可阻止工作面上泥土的大量涌入。

SAND WORM AUGER工法的工作原理见图11-6。将切削刀盘、导向头以及后续工具管安装入始发井中的进洞口（进洞口入口处安装止水装置）以后，应将螺旋钻

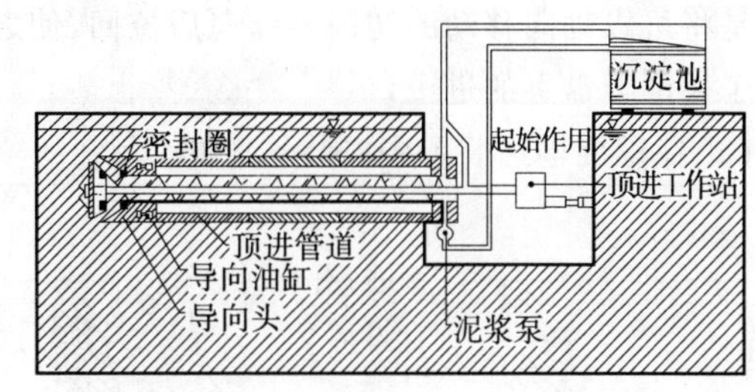

a)

1.安装切削刀盘和导向头

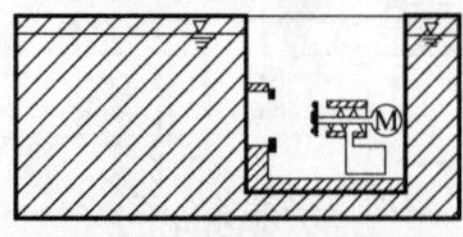

2.关闭系统建立平衡压力

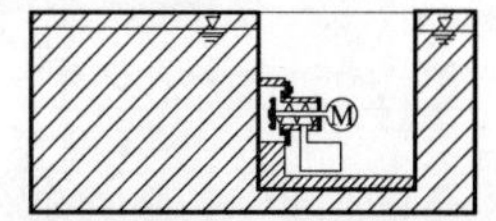

3.顶进

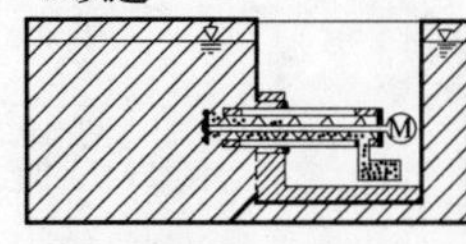

4.停止顶进而以接入新管节

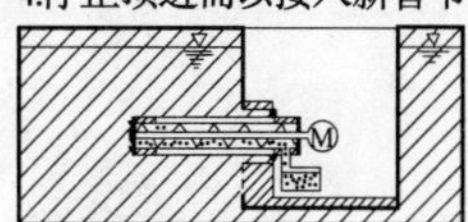

5.接入新管节，排土

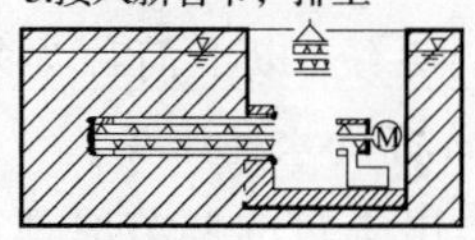

6.建立平衡压力

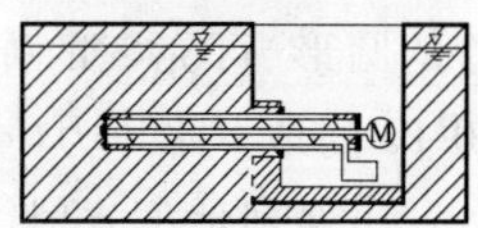

7.继续顶进

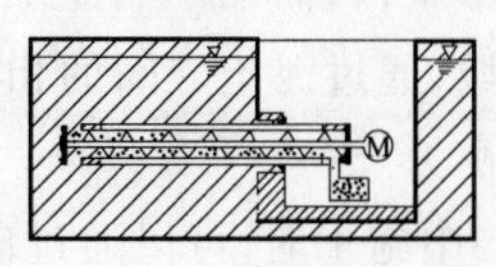

8.顶进结束，拆除切削刀盘和导向头

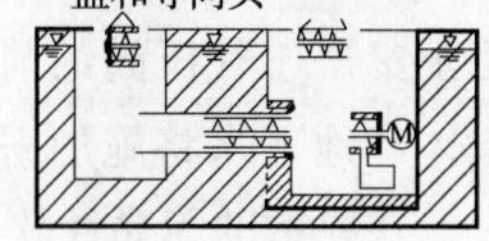

b)

图11-6 SAND WORM AUGER施工方法

杆的末端采用一个阀门进行密封;在切削刀盘向前推进时,通过人工控制的方法在整个管线内部通过水或气建立起一定的压力,作用于工作面上来平衡地下水的压力。位于螺旋钻杆末端的压力阀可以采用不同的结构,其直接影响着破碎下来泥土的继续输送。对于 SAND WORM AUGER 工法来说,其末端的压力阀总是要包括一个安装于最后一节螺旋导向管的压力容器(螺旋钻杆插入其中),该压力容器实际上是盛装泥土的容器,在采用水力输送排泥时,它还可以起到泥浆池的作用。上述这种构想和土压平衡式顶管(盾构)施工的最新发展相一致。

除了上面已经介绍过的水力垂直输送方式外,为了降低施工成本,通常还采用机械运输方式排土,在这种情况下,由螺旋钻杆排出的泥土直接排出到位于其排土口下面或侧面的盛土斗中,在这一施工过程中,为了维持工作面的平衡压力,可以通过以下四种方法来实现:

(1)叶轮式闸门与轴向可移动的切削刀盘组合

当在螺旋输送装置的末端安装了叶轮式闸门(图 11-7a,图 11-7b)或者可转动的装料设备时,则不需要其他的辅助措施;如果密封系统选择适当,则只会出现微小的压力损失。在进行必要的输送装置拆装(如在始发井(坑)中加接新的管道),必须打开密封的螺旋输送系统时,为了防止在这一过程中地下水和泥土的涌入,需要对工作面进行防水处理。在过去的施工中,一般是将可以轴向移动的切削刀盘向后拉回,使之与锥形的导向头形成结构上的密封,也即是关闭了切削刀盘上的进土口。

(2)在螺旋输送装置中安装气压阀

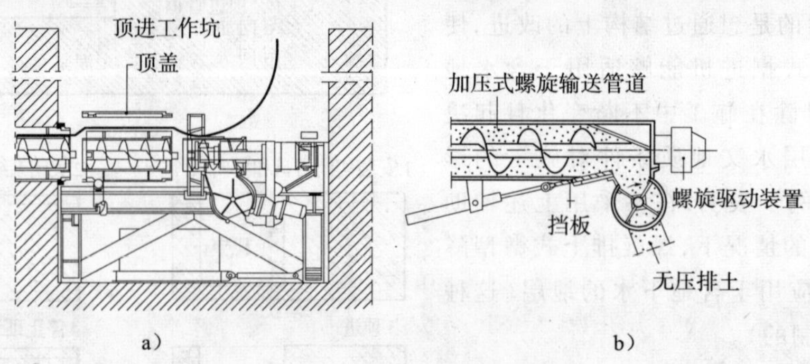

图 11-7 叶轮式闸门

这种施工工艺的代表工法是 Ironmole TP-S(图 11-8a),在施工过程中,通过安装于螺旋外管的圆形、可充气的弹性密封系统(以下简称为气压阀)(图 11-8b),可以平衡最大至 0.6 × 10^5Pa 的地下水压力(或者 6 m 高的水柱压头)。

当遇到地下水时,根据输出土量的调节原理,对安装于没有螺旋管段的气压阀进行充气(图 11-8c 和图 11-8d),使其膨胀,从而缩小管道直径,由此可以减少螺旋装置的排土量,使得泥土集聚于气压阀的前部区域,通过泥土之间的相互挤压密实形成土塞,该土塞对工作面上的土体和地下水将施加一个平衡力。

在松散的无黏性软土地层中施工时,可以通过向切削刀盘区域注入特殊的添加剂(KM-5)或者润滑平衡介质(如膨润土浆液)(图 11-8b)的方法,来降低土塞的渗透性;在这种情况下,也可以利用气压阀来进一步改善泥土与注浆介质之间的混合。

a)

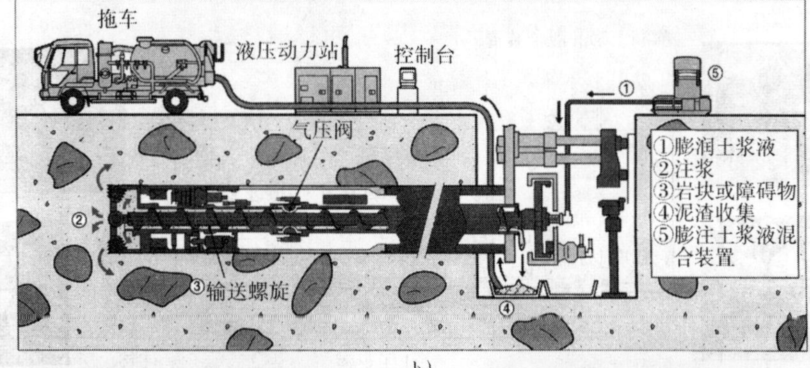

b)

c)

d)

图 11-8 可充气的弹性密封系统(气压阀)

(3)气压阀和带有密封环的轴向可移动的切削刀盘组合

这种组合在 SANWA HORIZONGER 工法中得到了实现。这种方法实际上是将上述的气压阀和带有密封环的可纵向移动的切削刀盘组合在一起(图 11-9),在将切削刀盘向后拉回的状

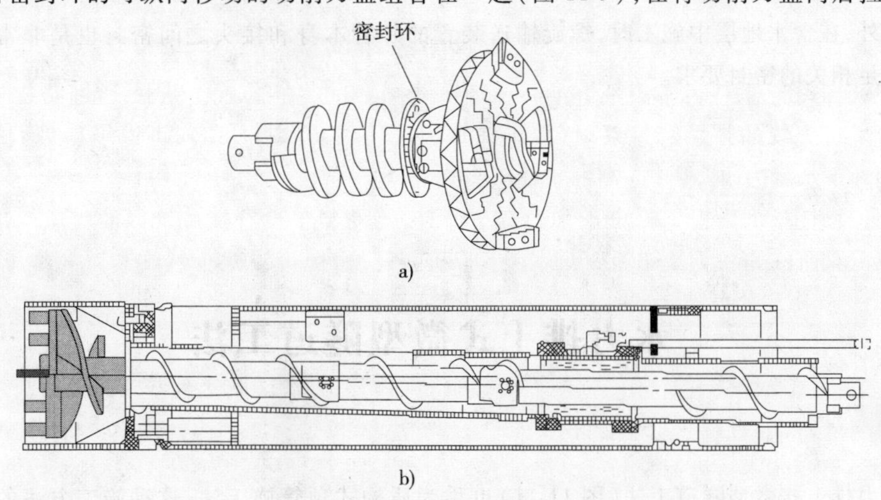

a)

b)

图 11-9 气压阀和带有密封环的可纵向移动的切削刀盘的组合密封

态下，切削刀盘上的密封环（图 11-9a）将螺旋输送装置的进土口完全封闭，使得地下水和泥土无法继续进入，保证了工作面的安全，因此可以很安全地在始发井中接入新的管道。

根据制造商的数据，这种施工方法可以在地下水位高于管道底部 4m（地下水压力 $\leq 0.4\times 10^5$Pa）以及渗透性系数 $k\leq 10^{-4}$m/s 的软土地层情况下应用。

(4) 轴线方向上可以移位的挡板和可移动的切削刀盘组合

SANWA PRESSTONE 工法采用的是这种组合方式，这种工法实际是在 HORIZONGER 工法基础上的一种变形，其中配备了偏心的锥形碎石器以及在含地下水的条件下应用所需相关部件。在施工中，通过安装于螺旋装置末端的轴线方向上可以移位的挡板，同时配以向输送钻杆区域注入膨润土浆液以及轴向可移动的切削刀盘，来保证工作面所需的平衡压力（图11-10）。

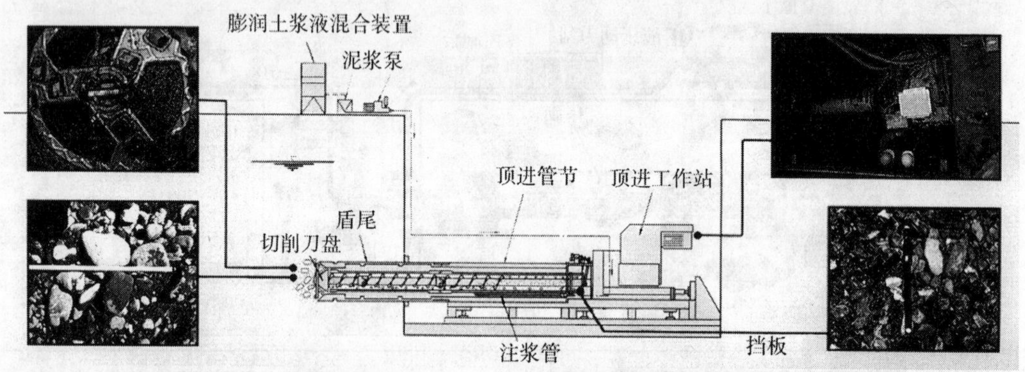

图 11-10　可移动挡板和纵向可移动的切削刀盘组合密封

根据制造商的数据，这种施工方法可以在地下水位高于管道底部 6m（地下水压力 $\leq 0.6\times 10^5$Pa）以及渗透性系数 $k\leq 10^{-4}$m/s 的软土地层情况下应用。

像 SANWA HORIZONGER 施工方法一样，SANWA PRESSTONE 工法也可以通过气压阀和带有密封环的轴向可移动的切削刀盘组合来实现。这种组合方式可以在地下水位高于管道底部 5m（地下水压力 $\leq 0.5\times 10^5$Pa）以及渗透性系数 $k\leq 10^{-4}$m/s 的软土地层情况下应用。

根据地层的粒度分布和地层的渗透性系数 k（$k\leq 10^{-4}$m/s），对 SANWA HORIZONGER 施工方法（或 SANWA PRESSTONE 工法）的应用范围进行了总的概括，其中施工地层的地下水位最高不能超过管道底部 6 m。

另外，在含水地层中施工时，螺旋输送装置的外管本身和接头之间密封也是非常重要的，必须满足相关的密封要求。

11.3 水力排土式微型隧道工法

水力排土式微型隧道工法（图 11-11）也称为盾构式顶管施工法，这种施工方法的特征是：

管道通过单步或者双步作业法进行顶进，同时通过切削刀盘对机械或液压平衡的工作面进行全断面破碎并将破碎下来的泥土通过水力的方法连续地从位于刀盘和导向头后面的破碎室或泥浆室中排至地表（在其他文献中也称为湿式排土、冲洗式排土或者泥浆式排土）；切削刀盘和导向油缸的动力装置直接安装于掘进机中（图 11-12）。

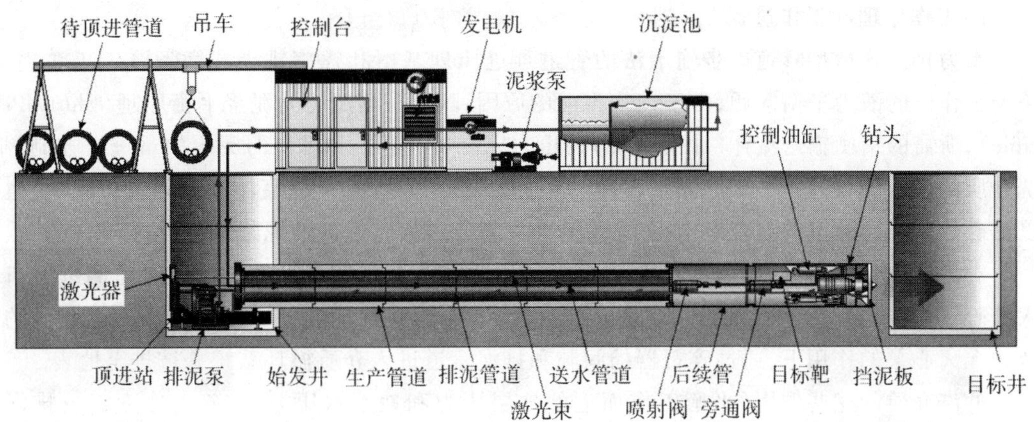

图 11-11　水力排土式微型隧道工法系统图

按照钻井技术的实质，水力排土式微型隧道工法也属于冲洗式回转钻井技术的范畴，在排出破碎下来的泥土时也需要循环介质，同样，也可以利用清水、清水 + 固体添加剂、气体、气液混合物等作为冲洗介质，因此，在德国标准 DIN EN 12889 中，也将这种工法称为“冲洗式微型隧道工法”。

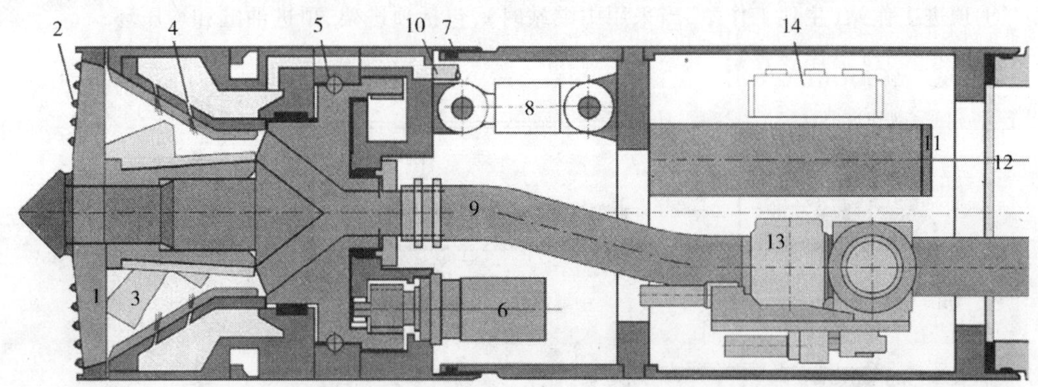

图 11-12　水力排土式微型隧道工法掘进机结构示意图

1-切削刀盘；2-硬质合金切削齿；3-破碎室；4-高压喷嘴；5-主轴承；6-驱动装置；7-密封圈；8-导向千斤顶；9-排泥管道；10-进泥管道；11-目标靶；12-激光束；13-旁通阀；14-阀柜

在采用水力排土式微型隧道工法进行施工时，循环介质在泵送的作用下，在安装于施工管线内部的封闭的进、排泥管线中循环，其中进、排泥管线将随施工管道一起同步延长。

一般情况下，排出的含泥沙固 - 液混合物都必须经过分离，一方面是为了向循环系统提供性能良好的冲洗介质，另一方面是使排出的固体物料符合可直接堆放的要求。

下面将详细介绍水力排土式微型隧道工法的基本工作原理及其应用，其中以海瑞克公司的 AVN（AVN - 湿式输送自动掘进机）工法为例介绍单步施工法；以钢管铰接式掘进机为例介绍双步施工法；所有与此相关的掘进设备都是在这一同样的工作原理基础上，对相关的结构尺寸和技术参数进行了改动。

11.3.1 单步施工法

1)工作原理和工作过程

水力排土式微型隧道单步施工法的管道顶进原理基本和螺旋排土式微型隧道工法类似。关于工作面的液力平衡问题,由于结构方面的原因,只能采用所谓的泥浆平衡原理(Slurry-Principle),所需的平衡输送流体(冲洗介质)的压力完全通过进入和排出的泥浆的量进行控制。冲洗介质的注入以及破碎下来的泥土与冲洗介质的混合和输送,可以直接在破碎室中完成,也可以在破碎室和碎石室的混合室中完成,或者在布置于破碎室后面的泥浆室中进行。

对于这里介绍的AVN施工方法,从工作面上破碎下来的泥土通过切削刀盘上的进泥口进入破碎室(碎石室),同时,平衡和输送介质也注入于此,在此形成的固体物料和冲洗介质的混合物在离心泵的作用下,通过碎石器的间隙和排泥管道进入介质循环系统并被排至地表。

冲洗介质的这些作用(平衡工作面上的地层压力和地下水压力、破碎工作面以及排泥作用)应视为一个统一的整体,并根据施工地层的地质条件和水文地质条件使其相互之间协调一致,以避免地表的隆起和沉降。

作为冲洗介质,根据地质条件的不同,可以选择清水或者膨润土浆液(需要时可以加入聚合物等添加剂)等。

2)施工机具

水力排土式微型隧道工法所需的基本设备见图11-13,主要包括:

①顶进工作站(主顶工作站,当采用中继站时),包括顶进架、顶进油缸和均压环;

②反顶装置(后座装置);

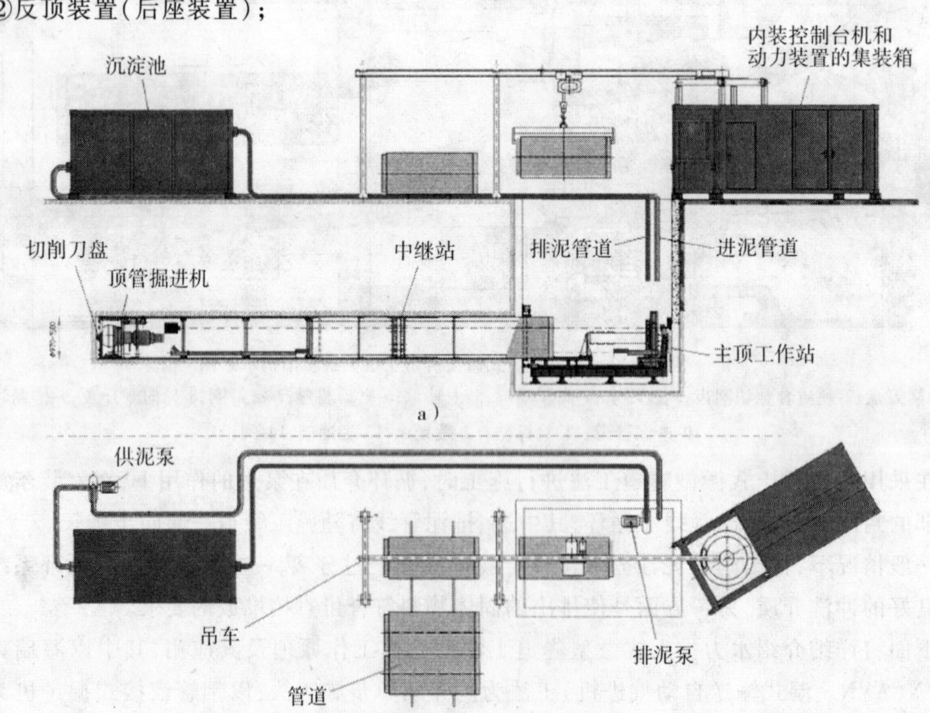

图11-13 水力排土式微型隧道工法所需的基本设备和现场布置

③掘进机(包括切削刀盘、导向头和后续工具管);

④水力输送装置(包括进、排泥管道和所需的离心泵);

⑤泥水分离装置(使用膨润土浆液时)或沉淀池(采用清水时);

⑥吊车(用于安装和拆除掘进机以及连接管道);

⑦集装箱(包括控制台和一些液压装置等);

⑧用来润滑施工管线的润滑系统。

像螺旋排土式微型隧道工法一样,现场的施工设备也安装于一个机动的集装箱中,对于各种不同的管道直径,可以选用外径相一致的特殊的掘进机壳体以及合适的切削刀盘与之配用。

(1)切削刀盘

对于各种不同的地层类型,可以分别采用不同结构形状的切削刀盘来破碎,在选择切削刀盘结构时,要考虑地层的可破碎性以及工作面的平衡问题。这里所指的切削刀盘类型主要分为三类:①标准切削刀盘,应用于黏性和无黏性的松软地层;②岩石切削刀盘,应用于坚硬地层或者含有大量卵砾石的松软地层;③混合地层切削刀盘,这种切削刀盘是标准切削刀盘和岩石切削刀盘的组合体,所以又称为混合地层切削刀盘。图 11-14 中介绍了几种切削刀盘的结构形状。

标准切削刀盘一般可以制成带辐条的切削盘状(图 11-14a 和图 11-14b),其切削面上可设置或多或少的封闭式的或可开合式的挡板(图 11-14c,图 11-15,图 11-16a 和图 11-17),切削面的中部位置经常要安装一个很短的超前切削刀具,其作用是先切削出 个自由面,使围岩产生松动;但是其主要的作用是确定切削刀盘的中心,保证施工中钻孔不会产生大的偏斜。

在黏性土层中施工时,为了实现对工作面的剪切破碎,还要在切削刀盘的辐条上安装切削刮刀(图 11-14a),其安装方法可以用螺栓固定或者焊接,另外也可以安装可更换的硬质合金加强的切削齿(图 11-14b)。

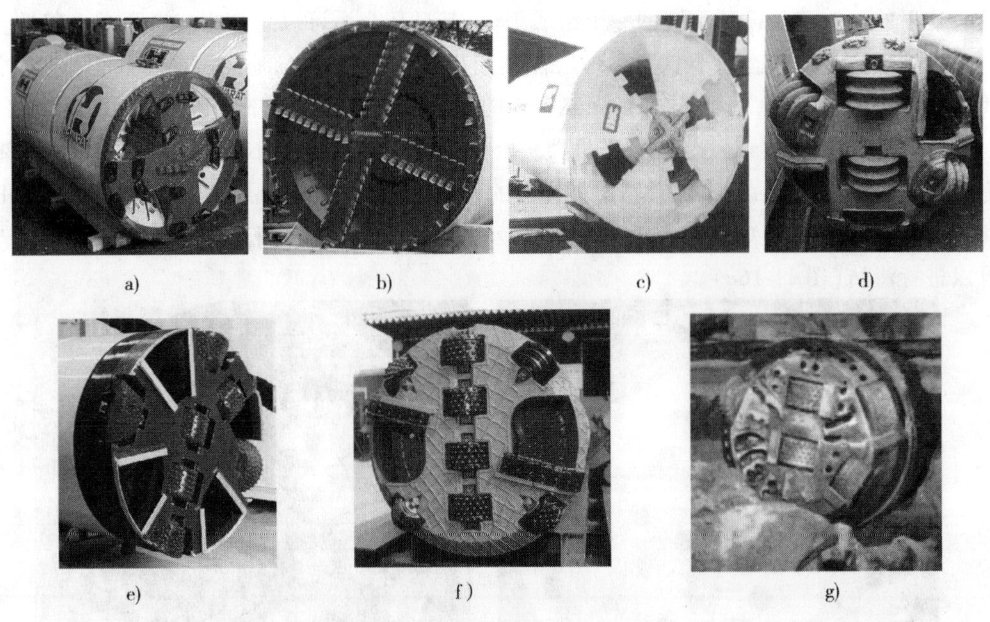

a) b) c) d) e) f) g)

图 11-14 几种切削刀盘的结构形状

在无黏性地层中施工时,由于地层容易破碎,刀盘上切削具的形式只需滚刀式或者凿形齿就足够了。

除了上述的盘状切削刀盘以外，也可以采用挡板式的切削刀盘结构，即切削刀盘的前部全部被挡板覆盖，挡板上留有可以调节的进土口。这种结构的切削刀盘最适合应用于当工作面需要进行全断面机械平衡时，如易于液化的软弱、不稳定以及含水地层等（如流砂层和软弱的黏性地层）。进土口的直径或大小主要决定于所安装的碎石器的破碎能力或者排泥系统的直径，原则是要保证通过进土口进入的泥土（包括石块）能够被破碎至所需的尺寸大小或者能够直接通过排泥管道排出。

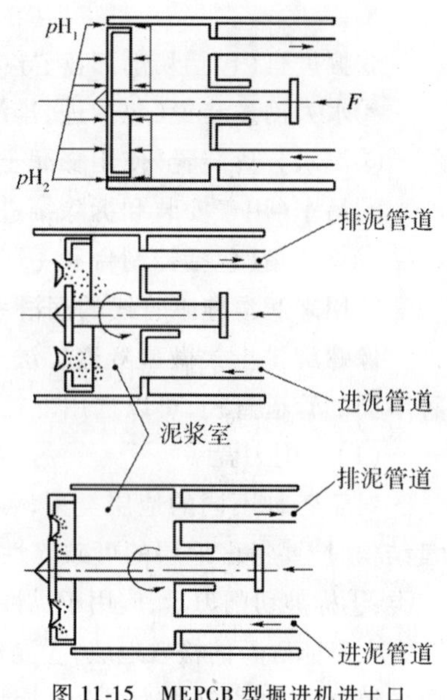

图 11-15 MEPCB 型掘进机进土口的调节原理

关于挡板上进土口的调节，可以应用其他不同的调节系统，如对于 MEPCB 型掘进机/盾构机（MEPCB – Mechanical Earth Pressure Counter Balance）（图 11-15），通过位于盾体里面的挡板的前后移动，可以实现进土口的开闭，由次可同时实现对平衡工作面所需压力的调节。

在开始顶进之前，首先应根据地层条件设定所需要的平衡压力并将切削刀盘调整到起始位置，这时进土口处于一定的开启状态。如果在施工中作用于切削刀盘上的压力大于事先设定的压力值，刀盘在压力的作用下会自动后退（最大位移为 50 mm），从而刀盘上进泥口增大，增加了排出的泥量，刀盘前方的压力下降，重新达到压力平衡。当作用于刀盘上的压力小于设定值时，切削刀盘则向前浮动，同时进土口自动变小或直至完全关闭（最大位移为 20 mm），重新达到工作面上的土压力和设定压力之间的平衡。由于该机型没有安装碎石器，直径过大的石块通过泥浆室前方碎石隔离墙的过滤作用，将无法进入泥浆室。这里的泥浆室是循环系统的一个组成部分，其循环介质可以是清水或者膨润土浆液。

这种施工方法比较适合于软土和地层性质变化比较大的土层，地面沉降一般很小，可控制在 5mm 以内。如果有地下水存在时，泥浆室内的压力一般应高于地下水压力的 10% ~20%。

对于 MGF MTBM-Vario 工法，掘进机挡板上的进土口是固定大小的直径 $d = 35$mm 的圆孔（图 11-16a），在挡板的后面安装有轴向可移动的所谓的激活式的盘片且配有销钉（图 11-16b），由此可以在需要的时候关闭进土口，进土口的大小可以根据需要进行调整并且在发生堵塞时也可以进行清洁（图 11-16c）。

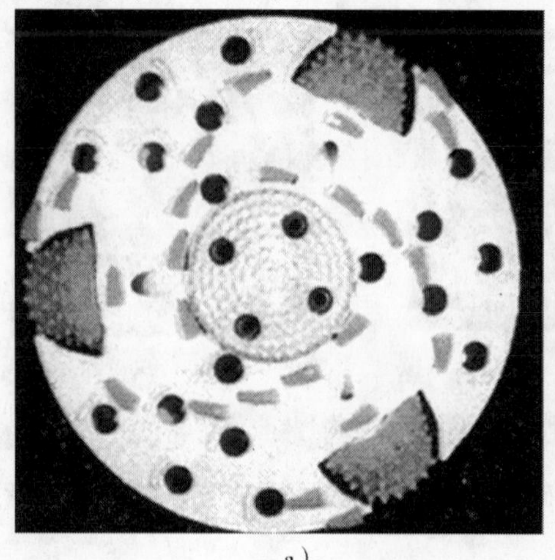
a）

b）

图 11-16

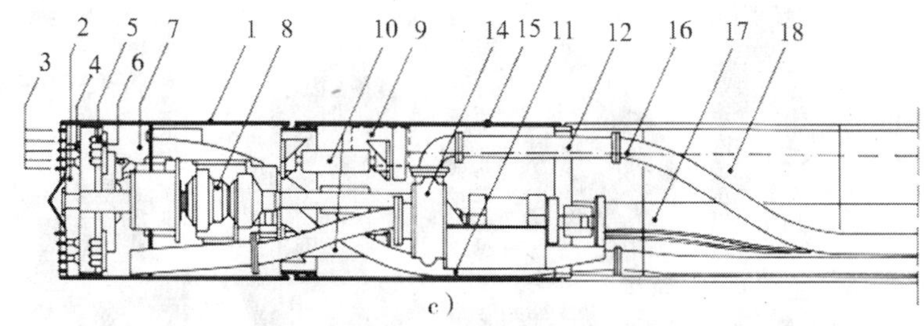

图 11-16　MGF MTBM – Vario 掘进机进土口的调节方法

1-掘进机外壳;2-切削刀盘;3-切削具;4-进土口;5-清洁装置;6-调节器;7 泥浆室;8-驱动电机;9-激光目标靶;10-导向油缸和路径检测系统;11-供水管道;12-排泥管道;13-供水泵(工作坑之外);14-排泥泵;15-后续工具管;16-激光束;17-下部特殊护管;18-上部护管

和在轴向方向上进行封闭的机理相反,Crunchingmole 掘进机(图 11-17)则可以在径向调整其进土口的大小,如其进土口的大小可以调整为只允许最大直径为 d_{max} = 20 % 掘进机直径的卵砾石进入,这样大小的石块可以被位于其后的碎石器破碎。

在无法对施工地层进行勘察的情况下(如在道路或建筑物下面施工),以及无法以开挖的方式排除障碍物或者打捞掘进机本身时,或者在非均质地层条件下,都必须考虑到其可能含有孤石漂石、软硬互层或者其他的障碍物。所以在上述地层和坚硬地层条件下,应该考虑选用岩石切削刀盘(图 11-14)进行施工。这类切削刀盘采用的是圆形的切削具(盘状切削具和/或滚刀式切削具),通过作用较大的压力,可以破碎孤石或漂石以及坚硬地层。

图 11-17　Crunchingmole 掘进机

在非均质的黏性软地层中应用时,为了实现对地层的剪切破碎,切削刀盘上还应另外安装具有切削功能的切削齿或刀。和标准刀盘一样,岩石刀盘上也开设有相应大小的进土口,其大小根据掘进机(图 11-14d ~ 图 11-4f)是否配备碎石器而定(图 11-14g)。

在任何情况下,多配备一套高压冲洗系统都是有好处的,这样可以防止在黏性软地层中施工时不可避免的糊钻问题;另外,在夹杂有黏性软地层的坚硬地层中施工时,经常也会由于糊钻引起切削工具的作用下降,从而导致施工效率的降低。采用高压冲洗系统则可以解决这一问题。

(2)碎石机构

为了使排土式微型隧道工法的应用范围拓宽至含卵砾石的软地层以及破碎程度较高的岩石地层,大部分掘进机都要配备碎石装置。设计碎石装置应遵循的原则是:碎石器能够将最大直径 $d_{max} \leq 1/3$ 刀盘外径的石块破碎至能够输送的大小。

对于安装锥形碎石器(也称为离心式碎石器)的掘进机(图 11-14),在(主)顶进工作站或中继站的顶进力的作用下,破碎下来的泥土进入转轴和掘进机壳体之间的锥形破碎室,泥土首先被挤密,然后在转轴和壳体之间被挤压破碎,破碎后的泥土经过环形通道(碎石器的间隙)进入泥浆室或者直接进入排泥管道。

一些制造商使用的是基于行星轮系作用原理的锥形偏心碎石器,由于内部偏心轴的转动,可以在内、外轮之间产生很大的作用力(图 11-18a),将岩块破碎。

a)

b)

c)

图 11-18 不同结构的碎石器

a)行星轮系偏心锥形碎石器;b)带切削刀盘的偏心碎石器;c)偏心转动碎石叶片

图 11-19 是日本伊势机公司的偏心破碎微型隧道掘进机头部碎石工作原理图,其壳体内的土压仓是一个前面大、后面小的喇叭形,喇叭口的内壁用耐磨的堆焊焊条堆成一圈圈环形焊缝。而安装在壳体土仓内的是一个前面小、后面大的锥体,其上也对有一环环焊缝。切削刀盘安装于一个锥形的转子上,锥形转子的轴线与掘进机的轴线之间的偏心距为"e"。有时,在掘进机外壳的位置应镶焊特殊的硬质合金补强(图 11-18b)。

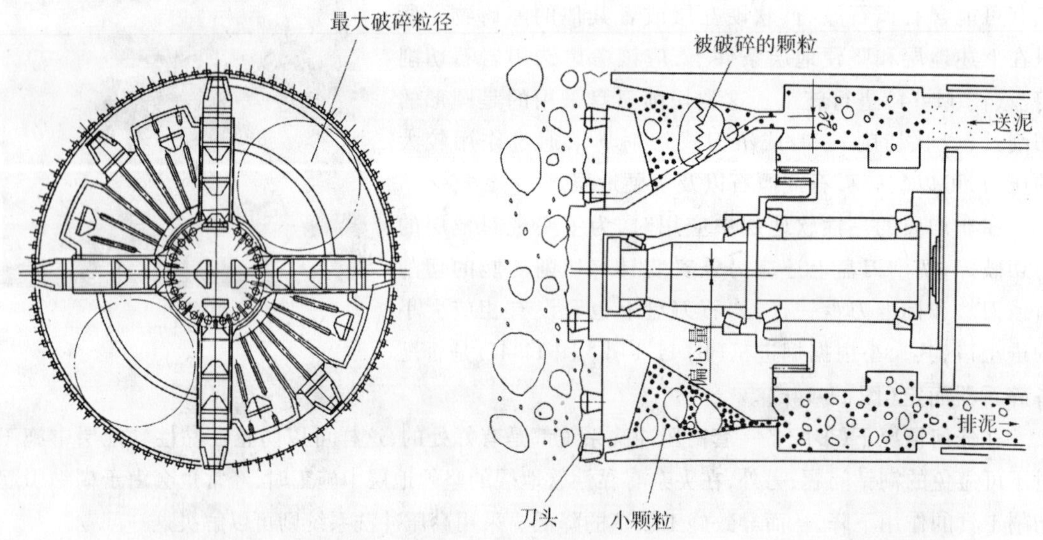

图 11-19 掘进机头部工作原理

一般情况下,切削刀盘每分钟旋转 4 ~ 5 转,刀盘每旋转一圈,其偏心轧碎动作达 20 ~ 23 次。由于该机型有以上这些特殊构造,其破碎能力是所有具有破碎功能掘进机中最大的,破碎的最大颗粒直径可达掘进机直径的 40% ~ 50%,可以破碎单轴抗压强度在 200 N/mm^2 以下的卵砾石或石块。

目前该机型的直径范围在 250 ~ 1 350mm。

如图 11-18c)所示是另一种与此相关的机型,在锥形的转子区域、切削刀盘的后面安装了一个偏心转动的碎石叶片。

除了上述偏心和锥形碎石机构之外,下面要介绍一种轧辊式碎石机构。图 11-20 所示的是主轴装有轧碎机的泥水平衡顶管机。左边是其刀盘的正面(图 11-20a),刀盘的开口比较大,便于大块的卵石等能进入顶管机内。图中上下为两个泥土和石块的进口,其开口的面积约占顶管机全断面的 15% ~20%。中间是该机的纵剖图(图 11-20b)。切削刀盘由设在主轴左右两侧的电动机驱动。电动机是通过行星减速器带动小齿轮,然后再带动设在中心的大齿轮。大齿轮与主轴及轧辊连接成一体,切削刀盘安装在主轴的左端。这样,只要驱动刀盘的电机转动,刀盘也就转动,同时轧辊也同步转动。

碎石机构的工作原理如图 11-21 所示。在图 11-21a)中,刀盘切削下来的土和石块先进入第一泥水仓 A,为了防止石块和泥土在泥水仓内的沉淀与黏结,刀盘后设有两根搅拌棒,一根靠近壳体,另一根靠近主轴。在第一泥水仓 A 后设有上部的第二泥水仓 B 和第三泥水仓 D。碎石机构 C 将这两个泥水仓分隔开,但泥水是联通的。而泥水仓 B 与泥水仓 A 之间设有一扇可用油缸控制其开闭的门。在泥水仓 D 中安装有进排泥管各一根。掘进机的本体分为前后两节,纠偏油缸将这两部分连接在一起,两壳体之间活动的部分安装有橡胶密封圈。

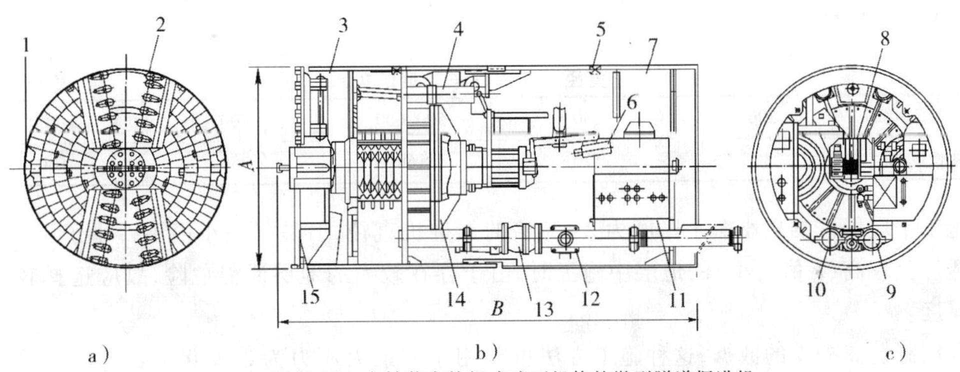

图 11-20 主轴装有轧辊式碎石机构的微型隧道掘进机

1-周边切削刀具;2-切削齿;3-壳体;4-进泥口;5-吊盒;6-摄像机;7-承压环;8-仪表盘;9-软管;10-进排泥管;11-液压动力源;12-机内旁通;13-同轴两联阀;14-筋板;15-轧辊

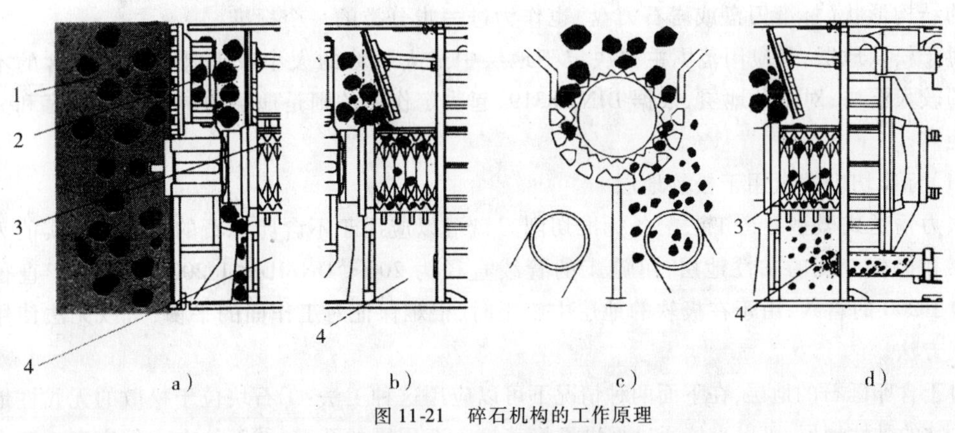

图 11-21 碎石机构的工作原理

a)挖掘;b)吸入;c)破碎;d)出渣

1-第一泥水仓;2-第二泥水仓;3-碎石机构;4-第三泥水仓

当土层中的泥和石块到达第一泥水仓 A 以后,随着推进的继续进行,A 仓内的泥水压力会渐渐上升。当此压力升高到设定的控制压力以上时,门被打开,如同图 11-21b) 所示的那样。如果土层中含有较大的石块，这时也会进入第二泥水仓 B。由于 B 仓的径向呈 V 形结构（图 11-21c），较大的石块就落在碎石装置轧辊的上方。轧碎装置的轧辊有许多向外突出的齿，轧辊下部外面约 2/3 又被一个里面有许多坚硬内齿的外壳包围，外壳上有许多孔，可允许小石块和泥水通过。这样，轧辊无论是正转还是反转，都会把较大的石块轧碎。只有当轧碎的石块小于轧碎机外壳上的孔径时，才能通过而到达第三泥水仓 D。最终，被轧小的石块被泥水通过排泥管排出（图 11-21d）。

由于该机的主轴除了具有切削土体、搅拌土体的功能以外，还具有轧碎功能，所以其驱动功率比普通泥水顶管机要大许多。它适用的管道直径范围为 600 ~ 2 400mm。不过，口径越小，能破碎的砾石的粒径也越小。通常，直径为 600mm 掘进机的轧碎装置能破粒径为 100mm 的砾石，而 2 400mm 直径掘进机则能破粒径为 500mm 的砾石。

3）应用范围

水力输送式微型隧道工法可以应用于含水和不含水的松软和坚硬地层，可施工管道的直径（内径）范围为 DN/ID 200 ~ 1 200mm。根据管道直径的不同，其能达到的最大施工长度在 120 ~ 500 m（表 11-5）。

管道直径和最大顶进长度的关系 表 11-5

管道直径 DN/ID	200	250	500/600	800	1 200
顶进长度/m	80	120	160	250	500

施工中应保证的最小覆土厚度为 2 ~ 3 倍的掘进机直径，但是其最小值不得小于 1.80 m；在渗透性比较高（k 值较小）的地层中施工时，由于存在较大的地层泄漏危险，故应选择较大的覆土厚度。

根据制造商提供的数据，这种施工方法可以用于在最大压力为 3×10^5Pa（30 m 高的水柱压力）的含水地层中施工。

下面将根据文献和制造商提供的最新的数据，依照 DIN 18319 中给出的软硬地层分类，对管道直径≤DN/ID 1 200 的水力输送式微型隧道工法的应用范围进行详细的阐述。另外，切削刀盘的结构形状（标准刀盘或岩石刀盘）也作为进一步分类的一个标准。

对于松软地层，其应用范围主要决定于地层中最大颗粒的大小或者是地层中所含的不可逾越的较大石块；对于硬地层，根据 DIN 18319，起决定作用的则是地层的单轴抗压强度和分界面的距离。

（1）标准切削刀盘用于松软地层

水力输送式微型隧道工法配备标准切削刀盘可以应用于不含卵砾石的松散—密实的无黏性地层和极软—硬的黏性地层，可施工的管线直径为 200≤DN/ID≤1 200；但是对于直径为 DN/ID 1 200 的管线，由于在极软的地层中施工时，很难保证对工作面的平衡，所以无法使用这种施工方法。

对于含卵砾石的地层，在下面两种情况下可以应用这种工法：①石块位于松散的无黏性地层或者极软的黏性地层，可以直接通过掘进机将其挤密至周围的孔壁；②石块在中等密度—密实的无黏性土层或半坚硬—坚硬的黏性土层中处于稳定状态，可以通过刀盘在工作面上将其破碎。

当管道直径大于 DN/ID 600 时，如果掘进机上配备有碎石装置，这种工法则可应用于含卵砾石直径≤300 mm，且其含量≤30% 的黏性和无黏性地层；当施工地层为中硬—硬的黏性地层时，其直径的下限可以下推至 DN/ID 400，对于极软的黏性地层则为 DN/ID 500。

对于含卵砾石的直径≤300mm,而含量≥30%的松散—密实的无黏性地层以及极软—硬的黏性地层,采用这种方法可以施工的管线直径≥DN/ID 800;对于中硬—硬的黏性含卵砾石类地层,施工管线的直径可包括 DN/ID 600。

当施工管线的直径在 800≤DN/ID≤1 200 范围内时,该工法可应用于中硬—硬的黏性土层(含砾石直径≥600 mm,含量≤ 30 %)。

在 DIN 18319 定义的粥状软地层施工时,将主要决定于在导向时掘进机或者管线的浮动趋势,另外也不允许中断施工时间过长。

(2)岩石刀盘应用于软地层

配备岩石刀盘的水力输送微型隧道工法将主要应用于含有孤石、漂石的较软地层;当然也可以用于所有的不含石块的软土地层,可施工的管线直径范围为 300≤DN/ID≤1 200。但是,由于在施工过程中可能发生糊钻等原因,所以尽管在掘进机装备了高压冲洗系统的情况下,其施工效率最多可下降 40%。

地层中石块的大小及含量,决定了可施工管线的最小直径,由此也确定了所需切削刀盘和导向头的外径:

对于含粒径≤300mm 卵砾石(含量≤30%)的中等密度—密实的无黏性地层或者中等硬度—坚硬的黏性地层,可施工的管线直径为 300≤DN/ID≤1200;对于含粒径≤300mm 卵砾石(含量≤30 %)的粥状软黏性地层或者松散的无黏性地层,可施工的管线直径则为 600≤DN/ID≤1 200。

在所有的含粒径≤300 mm 卵砾石(含量>30 %)的软土类地层,采用该工法可施工的管线直径范围为 600≤DN/ID≤1 200。

对于含粒径在 300~600mm 卵砾石(含量≤30 %)的中等密度—密实的无黏性地层或者中等硬度~坚硬的黏性地层,可施工的管线直径为 800≤DN/ID≤1 200。

对于含粒径在 300~600mm 卵砾石(含量>30%)的中等密度—密实的无黏性地层或者中等硬度—坚硬的黏性地层,可施工的管线直径为 1 000≤DN/ID≤1 200。

在饱和水地层(亦即地下水位以下或在水体下面的地层)中,特别是在均粒的细砂层和淤泥层中施工时,经常会由于掘进机的振动使地层产生动态移动,出现地层液化现象。在地层发生液化的过程中,由于砂层颗粒之间的间隙很小,孔隙水的压力不能很快散失,反而会增大一个数量级,这样,原来稳定的地层也就将变得不稳定了。当孔隙水的压力大于砂土的重力时,地层则会由于剪切强度不足而承受不了上部的荷载,这种情况下,掘进机可能会由于地层液化而严重下陷。对于中等粒度的砂层或者进行粗略分级的细砂层,一般不会出现上述现象,因为这样的地层渗透性较好,孔隙水压力通常建立不起来。

(3)岩石刀盘在坚硬地层中的应用

由于几何结构方面的原因,岩石刀盘只能在下列条件下,用于施工直径≥DN/ID300 的管线:

单轴抗压强度≤5 N/mm^2 的地层:300≤DN/ID≤500;

单轴抗压强度≤100 N/mm^2 的地层:≥DN/ID600。

对于单轴抗压强度>100N/mm^2 的坚硬地层,根据制造商的数据,只有当施工管线的直径≥DN/ID 800 时,这种水力输送式微型隧道施工法才具有实际意义,因为在这种条件下,要求切削刀盘上有适当数目的盘状滚刀,同时还需要施加较大的压力来破碎岩石。

碎岩工具的寿命(也即耐磨性)主要受下列因素的影响:

①施工长度；

②地层中矿物的组分及性能(如研磨性等)；

③岩石的剪切和拉伸强度。

由经验可知，对于含有石英的研磨性地层，大约每70~80m就要更换一次切削具(也就是说，盘状滚刀用于这类地层的寿命是70~80m)，对于弱研磨性地层，大约要每100~150m更换一次滚刀。

碎岩工具的更换一般是在事先设计好的目标井中完成的，但是，在特殊的情况下，则必须专门施工一个更换刀具的工作井。

在软弱地层中施工时，碎岩工具的使用寿命一般决定于地层中的石块含量；而在硬地层中则主要决定于地层的单轴抗压强度。另外，工具的寿命还与施工效率有关，表11-6给出了工具寿命在这些因素影响下的近似值。

DN/ID 600~DN/ID 2400 掘进机切削刀盘的使用寿命 表11-6

地层类型		施工效率(纯钻时间) $(m\cdot(8\ h)^{-1})$	使用寿命(m)	切削刀盘类型
砂砾石地层 其中含石块直径<30 mm，石块含量≤20 %且单轴抗压强度≤150N/mm²		9~15	250~300	标准切削刀盘
砂砾石地层 其中含石块直径<50mm，石块含量≤30%且单轴抗压强度≤150 N/mm²		3~6	150~250	带圆盘式滚刀的标准刀盘
含有孤石漂石的软土地层		≤3	≤150	岩石刀盘
软岩层，其单轴抗压强度分别为(N/mm²)	<10	12	200~250	岩石刀盘
	10~20	9~12	150	
	>20~40	6~9		
中硬岩层，其单轴抗压强度分别为(N/mm²)	40 ~ 80	3 ~ 6	80	岩石刀盘
	>80~120	≤3	50	
硬岩层，其单轴抗压强度分别为(N/mm²)	120 ~ 160	≤3	35	岩石刀盘
	> 160 ~ 200	≤1.8	27	

上述关于该工法在硬地层中的应用范围只是一个总的概括，在特殊情况下，所适用的直径范围既可以向上也可以向下拓宽。

有关文献中介绍了关于水力输送式微型隧道工法采用岩石刀盘施工的一个成功例子，其施工的管道是直径为DN/ID 600(DN/OD 760)的陶瓷管道，地层为单轴抗压强度>200 N/mm²的石英砂岩，施工长度为144 m，在两班制的施工中，其平均施工效率超过20m/d。

影响水力输送式微型隧道工法施工效率的因素基本和螺旋排土式微型隧道工法的影响因素相同，一些不同的特殊影响因素如下：

①沉淀池或分离装置的效率；

②高压冲洗系统的应用；

③中继站的使用。

来源于不同渠道的关于在软弱地层和硬地层的施工效率经验值见表11-7和表11-8。从表中的数据可以看出，和螺旋排土式工法不同的是，水力输送式微型隧道工法的平均施工效率相对不受所铺设管道直径的影响。

根据施工设备的大小或者所需的分离工序的消耗(沉淀池或分离装置),设备安装时间大约需要3~4天。

施工中所需工作井的尺寸要求和螺旋排土式微型隧道工法相同,另外,根据设备的大小,现场一般需要3~5个工人和一个掘进机操作员。

软土地层中施工效率与地层类型和管道直径的关系 表11-7

地层类型	N值	管道直径DN/ID	施工效率(纯钻时间)($m\cdot(10\ h)^{-1}$)
不含砾石的松散黏性或无黏性土层	5~15	250 ~ 400 400 ~ 800 800 ~ 1 200	20 20 20
含砾石的松散黏性或无黏性土层	5~15	250 ~ 400 400 ~ 800 800 ~ 1 200	15 18 20
不含砾石的中等密实的黏性或无黏性土层	15~30	250 ~ 400 400 ~ 800 800 ~ 1 200	18 18 20
含砾石的中等密实的黏性或无黏性土层	15~30	250 ~ 400 400 ~ 800 800 ~ 1 200	15 15 18
不含砾石的致密黏性或无黏性土层	>30	250 ~ 400 400 ~ 800 800 ~ 1 200	8~12 15 15
含砾石的致密黏性或无黏性土层	>30	250 ~ 400 400 ~ 800 800 ~ 1 200	8~10 12~15 15

硬地层中施工效率与地层单轴抗压强度和管道直径的关系 表11-8

地层单轴抗压强度($N\cdot mm^{-2}$)	管道直径DN/ID	施工效率(纯钻时间)($m\cdot(10\ h)^{-1}$)
<5	400~600 600~800 800~1 000 >1 000	6~8 8 10 12
5~50	600~800 800~1 000 >1 000	5~8 8~10 10~12
50~100	600~800 800~1 000 >1 000	4~6 4~7 5~8
>100	800~1 000 >1 000	3~5 3~5

11.3.2 双步施工法

所有的市场上可见的水力输送式微型隧道工法,都既可以作为单步施工法,也可以作为双步施工法,但是也存在一些特殊的例子,它们是专门为双步施工法设计的,这类工法的代表是DYWIDAG钢管导向掘进机。

这种钢管导向掘进机(图11-22a)的特点是:掘进机和特殊的后续管道配合使用,后续管道单根长2~3 m,外径为860 mm。在第一阶段施工中,这些管道作为保护管或导向管被顶入(图

11-22b)；在第二阶段施工中，用要铺设的管道将其替换出来（图 11-22b）。由于这种特殊的集成化管道（图 11-22c）的使用，不需要再单独为掘进机配备供应和排出管道（如水力输送管道和供油、供气、供水和供电管线等），另外这种管道还可以实现自动安装和拆卸以及防水连接等，所以大大减少了施工中连接管道的时间，提高了施工效率。

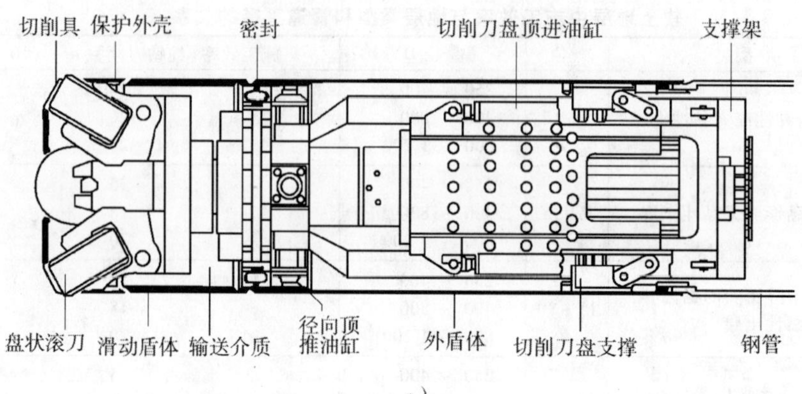

a）

第一阶段施工：外径860mm的特殊护管的顶进

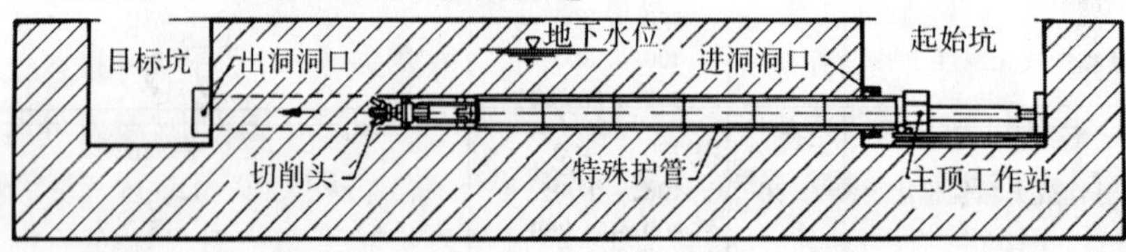

第二阶段施工：生产管道的顶进

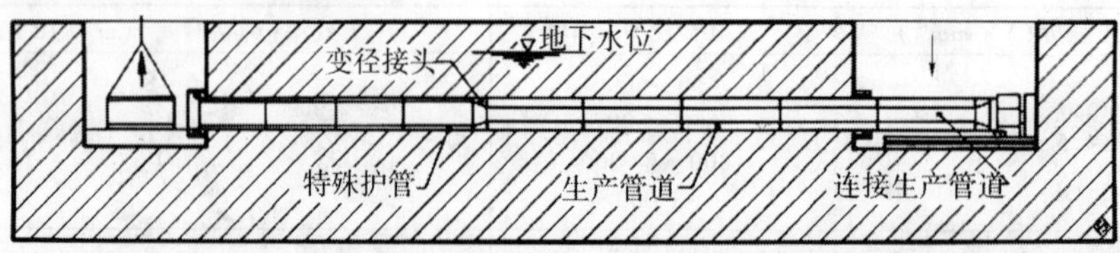

b）

c）

d）

图 11-22 DYWIDAG 钢管导向掘进机及施工原理图

这种管道之间的连接不仅可以传递轴向力，而且还可以传递回转转矩，由此可以通过安装于顶进工作井的能够回转的顶进工作站来防止或纠正所铺设管线的转动。

这种钢管铰接式的掘进机是目前市场上最昂贵的机型，仅布置必需的机械装置就需要8节管道，掘进机后面必须安装的设备如下：

第一节管道：水力循环系统的旁通调节装置，使得在需要的时候可以泄除破碎室中的压力；

第二节管道：控制装置；

第三节管道：中继站；

第四节管道：通风和冷却装置；

第五和第六节管道：循环系统的排泥泵及其电机和控制柜；

第七节管道：变压器，将输入电压从1000 V的高压分别转变成660 V和380 V；

第八节管道：液压动力源。

在上述管道后面，连接的是带有固定管线和滑轨的管道。可以像中继站那样在管线中每隔一定的间距安装一个所谓的润滑管道，由此向环状间隙中注入润滑介质，起到润滑作用。

上述这些机械装置都安装在滑板上（图11-22c），如果在需要的情况下，则可将其回拉至始发井进行维修。

这种工法的另一个特点是，在施工中其切削刀盘对不同地层的适应性好，碎岩工具有牙轮滚刀（两个中心滚刀和两个周边滚刀）和切削型刀具（图11-22d），在施工中，滚刀可以在轴向有一定的移动。

这种工法对工作面上不同地层的适应性，是通过滚刀相对于切削刀盘端面的位置来控制的，当滚刀在切削刀盘端面的开口中发生移动时，滚刀处的缝隙即进土口（排土口）的大小也发生变化。因此，可以根据地层的不同，选择利用滚刀或者掘进机的头部（在滚刀不出露时）或者两种方法的结合来破碎地层。

采用这种形式的掘进机，在配合使用中继站的情况下，可以施工直径为DN/OD 860的管道，施工长度大约可达250 m。

这种掘进机是特地为应用于非均质的软硬不均地层而设计的，根据制造商提供的数据，它可以应用于所有自然条件下的含水地层，地层中的石块可以是任意大小和任意形状；另外，该掘进机甚至还可以用于钻进混凝土基础。除了这些专门的应用领域外，该工法还适用于均粒的粗砾地层、河卵石地层、碎石地层、黏土层、砂岩层和岩层。在含卵砾石较少的黏性地层应用时，由于易发生滚刀黏结，施工效率将会下降。

在坚硬地层中施工时，和单步施工法相比，这种掘进机有两个优点：①能够防止和纠正在岩石地层中容易发生的管线转动；②通过这些特殊的工具管可以对岩石施加较大的作用力。因此该工法也可以钻穿单轴抗压强度达到250 N/mm^{2}的部分岩体。

根据施工条件的不同，这种工法的施工效率（纯钻时间）可以达到30m/班（12小时），在岩层中施工时，施工效率则降至4~6 m/班（12小时）。

在施工的第二阶段顶入生产管道时，其施工效率可以达到50~60 m/班（12小时）。

11.3.3 可回拉的盲孔掘进机

并不是在任何施工条件下（如事后施工的排污管道或者施工管棚时），都有可以用来打捞掘进机的目标井,在这样的情况下,只有适合于盲孔施工的掘进机才可以应用,也即是说,在到达施工的目标点之后,能够将掘进机通过已顶进的管线再回拉至始发井。

这类工法的代表是 Herrenknecht 公司的可回拉 AVN 掘进机(图 11-23)。

这种特殊形式的掘进机的特点是:有一个双盾体和轮圈式的切削刀盘(6),轮圈通过销钉(7)固定在辐条上,在施工中,外盾体(2)通过弹力装置(4)进行限位。当掘进机到达施工的目标点之后,通过回拉导向油缸(1)将销钉(7)剪断,外盾体(2)通过压力油缸(11)的缩进和掘进机分离;然后掘进机在回拉蝇索(9)的作用下,经过后续工具管(8)和所铺设的管线(10)被回拉至始发井。在回拉掘进机的同时,通过输送管道(3)输入合适的材料对工作面进行密封。留在钻孔中的有切削刀盘的轮圈、外盾体(2 和 5)、最后一节工具管(8)和所铺设的管线(10)。

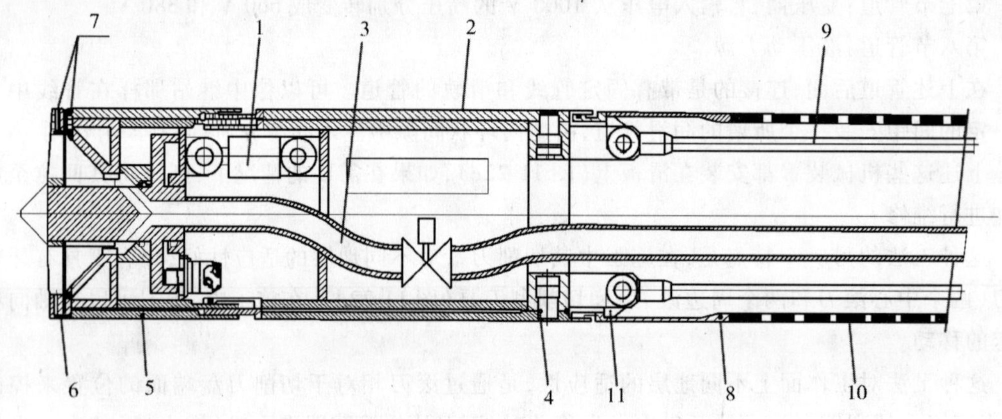

图 11-23 Herrenknecht 公司的可回拉 AVN 掘进机

对于直径为 DN/ID 450 的 3 m 长的管道,所需的始发井的尺寸为 5 m×3 m。

11.4 气力排土式微型隧道工法

在标准 DIN EN 12889 中,这种气力排土式微型隧道工法也称为抽吸式微型隧道工法,或者在施工现场也称为空气排土式微型隧道工法。该工法的特点是:管道可以进行单步或者双步工法顶进,在管道顶进的同时,利用切削刀盘对机械和土压平衡的工作面进行全面破碎并通过冲洗介质空气连续地将破碎下来的泥土排出。

从结构和工作原理来看,该工法和水力排土式微型隧道工法的唯一区别是将冲洗介质换成了空气。

其排土系统可以区分为两种类型:

①抽吸式;

②压入式。

不同类型排土系统的泥土配送站的设计是不同的，它同时还起到隔离破碎室的作用。下面将以 HAZEMAG & EPR MTB-P（或 HERRENKNECHT AVP）、DEINO TYPE、KCMM-1500A Dash（或 KCMM 1500 Beaver II）机型为例介绍实际施工中应用的单步顶进工法，以 KCMM 1500 Mark II（或 KCMM-mini）工法为代表介绍双步顶进工法。

11.4.1 单步顶进工法

1）HAZEMAG & EPR MTB-P（HERRENKNECHT AVP）工法

这类工法是德国研制成功的，这类掘进机既可以用作水力输送式微型隧道掘进机（MTB-S），也可以用作气力输送式微型隧道掘进机（MTB-P）（图 11-24），只需进行简单的转换即可。

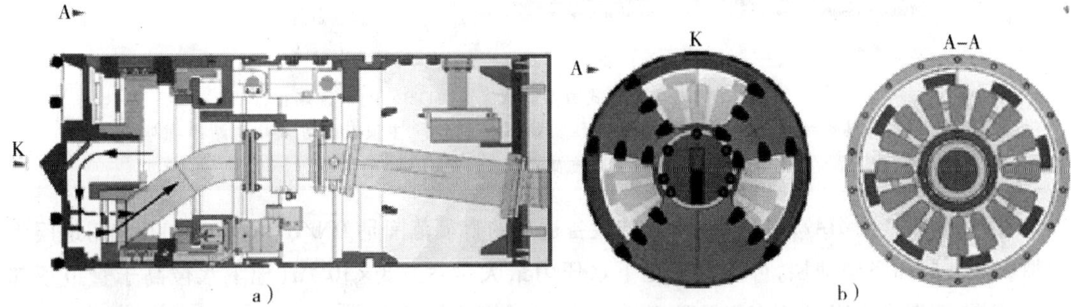

图 11-24　气力输送式微型隧道掘进机（MTB-P）的结构和工作原理

（1）工作原理及过程

在应用吸入式气力排土微型隧道工法时，破碎下来的泥土从破碎室到达位于吸入口前部的叶轮式闸门，然后在冲洗介质空气的作用下，从这里将其通过排出管道输送至位于地表的粗选设备，粗选设备将泥土与气体进行分离。这里叶轮式闸门的作用是隔离破碎室和排出管道，使得其应用于含水地层施工以及对排泥过程的控制成为可能。

在以往的施工中，工作面的平衡方法一般有两种：一是通过切削刀盘对工作面进行机械平衡；二是通过在破碎室中形成的土塞来平衡工作面的压力。

为了满足平衡工作面和可输送的性能要求，土塞必须呈粥状。如果在自然条件下土塞不能自动达到所需的要求，则必须根据地层的类型，向破碎室中加入清水或者膨润土浆液。

工作面上平衡压力是根据所破碎和排出的泥土的量来确定的，通过掘进机向前推进的速度以及切削刀盘的回转速度来进行调节。叶轮式闸门连接在切削刀盘的驱动轴上，因此其回转速度和刀盘相同。

在施工中，泥土的排出量受到叶轮式闸门腔体容积大小的限制，由此可以使排出的泥土量和掘进体积之间达到物质平衡，同时还可以避免地表的沉降和隆起，以保证施工的顺利进行。

（2）施工设备

气力输送式微型隧道工法所需的施工设备如图 11-25 所示，主要包括：

①气力输送系统（包括抽吸式管道和供应管道）；

②叶轮式闸门；

③气泥分离装置(一般为一个封闭的沉淀坑)；

④装有抽吸装置的集装箱。

(3)应用领域

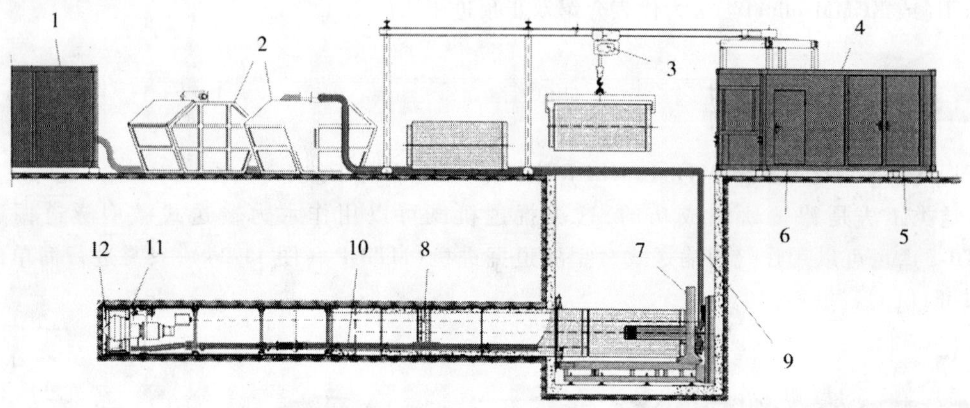

图 11-25 气力排土式微型隧道工法(MTB－P)的现场布置

1-抽吸装置；2-过滤器；3-吊车；4-集装箱；5-液压装置；6-控制台；7-主顶工作站；8-中继站；9-抽吸管道；10-抽吸和供气管道支架；11-掘进机；12-切削刀盘

在欧洲，制造商 HAZEMAG & EPR 的设备适用的直径范围是 DN/ID 400～1 200，适用地层为松散的软地层和坚硬地层，可承受的地下水压力最大可达 0.8×10^5Pa(地下水位高于管道顶部 8 m)；对于制造商 HERRENKNECHT 来说，其设备适用的管道直径为 DN/ID 600～ DN/ID 1 000，适用地层则为不含地下水的软地层和坚硬地层。

从技术上讲，即使在温度低于 0°C 时，由于空气不会冻结，这种掘进机的使用也不会受到限制。

根据制造商的数据，采用这种排土系统时，其施工长度可达 150 m，最大的排土高程为 20 m。但是在实际施工中，对于直径为 DN/ID 1 000 的管道，施工长度已经达到了 195 m。

为了防止地表的沉降和隆起，施工中的覆土厚度最小应为 2 倍的管道直径(DN/OD)。

该施工方法既可以配用标准切削刀盘，也可以配用岩石切削刀盘，这样使得其和水力输送式工法在松软地层和坚硬地层具有相同的应用范围。

由现场实际施工经验可知，这种施工法特别适合于在直径 <0.5 mm 的颗粒含量较高的黏性软地层中应用。因为采用这种方法施工时，省去了水力输送法所必需的固-液分离装置，所以其施工的经济性比较好，排出泥土中的含水量大约只有 10%，因此无需进行中间处理，可以将其直接堆放或填埋。

正像其他所有的微型隧道工法一样，施工效率受到许多因素的影响，根据制造商的数据，其平均施工效率为 8～15 m/班。在理想的条件下，最高的施工效率可达到 25～30 m/班，但是，当管道直径较小时，这些数据将会增大(＋10 %)；当管道直径较大时，则会下降(－10 %)。另外，地层类型也对施工效率具有很大的影响，也就是说，对于黏性的和无黏性的地层，其施工效率将会存在着相当大的差别。

该工法设备安装时间大约需要 1.5～2 天，施工作业需要 2 个工人和 1 个掘进机操作员。

在某段长度为 180 m 的集水管道施工中，采用单根长 3 m 的直径为 DN/ID 800 钢筋混凝土管道,管线的施工坡度为 4.6 ‰,平均的施工效率为 21 m/d。

2)DEINO TYPE 工法

DEINO TYPE 工法(图 11-26a)起源于日本,是专门为长距离小曲率的顶管施工设计的。

这种掘进机由切削头、导向头以及许多后续的工具管组成,所需的气力排土装置也安置在这些工具管中(图 11-26b)

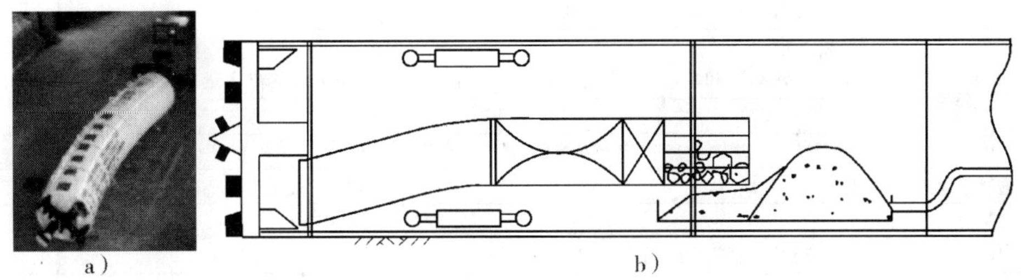

a) b)

图 11-26 DEINO TYPE 工法

(1)工作原理和工作过程

工作面上的土层通过刀盘(图 11-26a)进行破碎,并产生 25 mm 的超挖量,为了将破碎下来的泥土调节成粥状,还要向系统中加入一定的调节介质。泥粥首先通过破碎室墙上的开口进入排出管道,排出管道中安装有弹性的、充气后可以张开的锁定装置(以下称为弹性气阀)。当破碎室中的平衡压力超过 $0.2 \sim 0.5 \times 10^5$ Pa 时,泥土将在压力的作用下通过一个条状的筛分装置被压入后面的接收装置(图 11-27)。

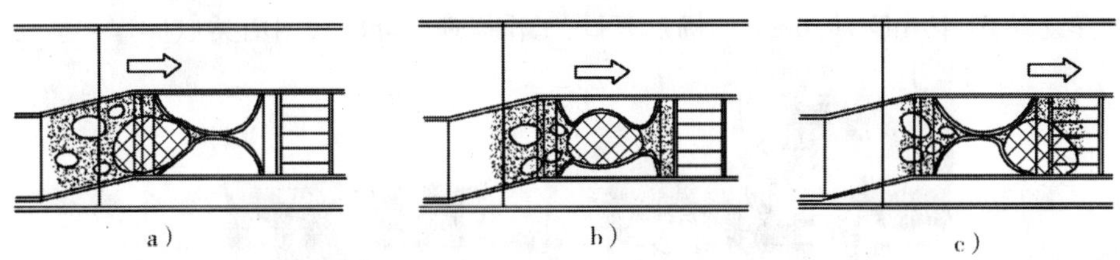

a) b) c)

图 11-27 DEINO TYPE 工法的排土原理和过程

由于输送管道的尺寸较大,直径≤30% ~40% 管道直径 DN/ID 的石块也可以夹杂在泥土中被排出。在输送较大直径的石块时,弹性气阀的充气弹性体对石块进行密封性包裹,因此即使在这样的情况下,仍然可以避免工作面上的压力损失(图 11-27)。

上述进入接收装置的泥粥,在真空泵的抽吸作用下通过排出管道被排至地表;其中大小超过抽吸管道直径的石块则被筛分装置挡住(图 11-28),当施工管线直径≥DN/ID800,在需要的时候可以通过人工的方法或者借助于运输机械将这些较大直径的石块运走。

图 11-28 现场排出的泥土

(2)应用领域

DEINO TYPE 工法可施工的管线直径范围为 DN/ID 700 ~1 500,既可应用松软地层,也可应用于坚硬地层,具体的地层性能如表 11-9 所示。

根据管线直径的不同,该工法的最大施工长度可达

800m，最小的曲率半径可达 30m（表 11-9）。根据制造商的数据，最小的覆土厚度应≥切削刀盘的直径 OD。

DEINO TYPE 工法的应用范围 表 11-9

	管道公称直径 DN/ID							
	700	800	900	1000	1100	1200	1350	1500
地层类型	软土地层：软黏土和粉砂层，常规土层，砂砾石地层（>2 mm 的颗粒含量 < 85%）							
	硬地层							
	单轴抗压强度 < $70N/mm^2$				单轴抗压强度 < $100N/mm^2$			
渗透性系数 k	$<10^{-3}$m/s							
N 值	$N<50$							
最大石块直径（mm）	250	300	350	400	450	500		
最大顶进长度（m）	350	500	600	700	750	800	800	800
最小曲率半径（m）	30	30	35	40	45	50	55	60

（3）KCMM－1500A Dash 和 KCMM 1500 Beaver Ⅱ工法

和 Deino Type 或 Hazemag 工法利用真空抽吸原理相反，KCMM－1500A Dash（图 11-29a）和 KCMM 1500 Beaver Ⅱ（图 11-29b）工法的泥土输送是通过压入的气流，根据塞流的原理来排出的。破碎室中的泥土在压缩空气的作用下被压入排泥管道（DN/ID50），同时借助于一个压气喷嘴向管道中输入压缩空气，将泥土压送至地表的真空容器（压力装置）。在压力作用下的破碎室和排泥管道之间的隔离是通过一个所谓的"控制板"来实现的，该控制板在工作中是回转的，其上开设有 10 个直径为 50mm 的圆形开口，工作原理和叶轮式闸门类似。

a）

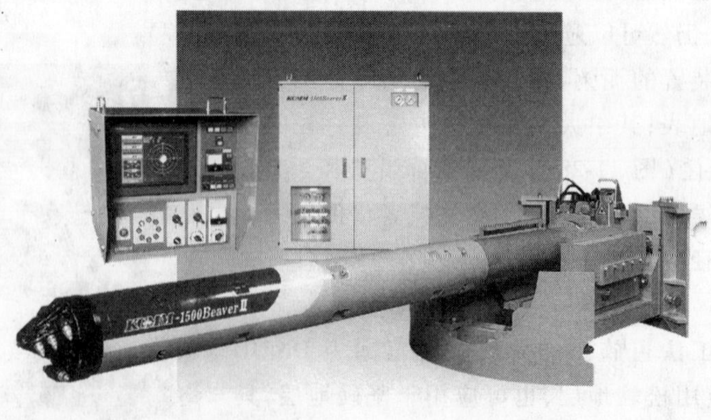

b）

图 11-29 KCMM－1500A Dash（a）和 KCMM500 Beaver Ⅱ（b）工法

在施工中,可以通过刀盘上位于压气喷嘴前方的喷嘴向工作面上注入少量的水,可以起到冷却碎岩工具以及调节泥土的性能使之适合于输送要求的作用。

为了减少接入新管道所需的时间,可以采用一种插嵌式的管节(图 11-30),这种特殊管节长 1 m,带有进、排泥管道和可以自动安装和拆卸的接头(Quick-Lock-Joint:快速锁定接头)以及激光束可以通过的光学通道。对于 KCMM 1500 A Beaver II 工法,一般将这一特殊的插嵌式管节和要铺设的管道一同下入始发坑中并与已铺设的管线进行对接,在管线到达目标井后,将辅助施工管线回拉至始发坑并逐节拆卸回收。

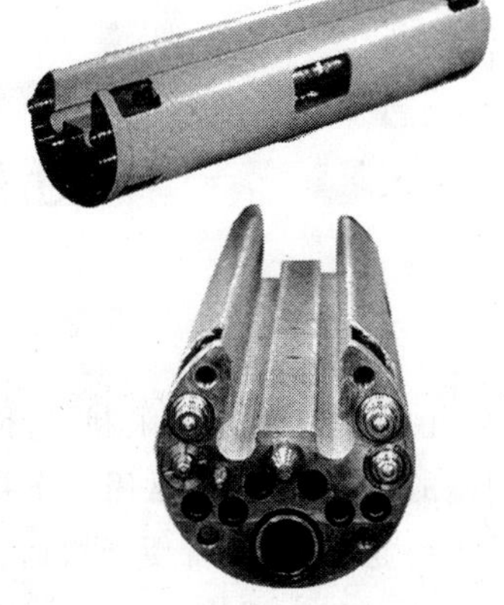

图 11-30 插嵌式的管节

对于 KCMM 1500 A Dash 工法,其管线之间的连接方法是在上述方法的基础上发展而来,顶进工作站有一个具有高的可折叠性的压力桥,在压力桥上固定有一个特殊的插嵌式管节,保证在顶进过程中的供应(气和水等)和泥土的排出。在前一节管道顶进结束后,压力桥将被后拉并使其尽可能折叠,便于管道的连接。

这两种工法的工作原理和工作过程基本上和单步工法相同,气力输送仍然是基于土塞流原理。

在采用竖井钻进方法建成由钢预制件组成的始发井后,接着安装顶进工作站。这里的压力桥同样适用于安装掘进机的单个构件和后续的工具管(长 1 m)或者在施工中安装要顶进的管道。在连接完单根管节之后,将压力桥收缩回顶进轴线上,然后开始(或继续)顶进作业。所需的供应或排泥管道总是固定在后续工具管的上部区域,后续工具管上部具有一个可以由螺钉固定的顶盖。

11.4.2 双步施工法

这里介绍的双步施工法包括 KCMM 1500 Mark II 和 KCMM - mini 两种工法。根据制造商的数据,KCMM 1500 Mark II 双步工法可以施工的管道直径范围为 250≤DN/ID≤300,而 KCMM-mini 工法可以施工 200≤DN/ID≤250(270≤DN/OD≤310)的管道。对两种工法来说,单根管道的长度均为 1 m。其适用的地层为不含砾石成分的黏性和无黏性地层,地下水位的高度不能超过管道底部 6 m。施工长度一般可达 40 m,但在特殊的条件下也可以到达 50 m。根据所铺设的管道直径和地层条件(N 值),该工法的具体应用范围以及所能达到的施工效率见表 11-10。

KCMM 1500 Mark II 和 KCMM - mini 工法的应用范围和施工效率 表 11-10

地层类型	砂土和黏土				
	N≤5	5 < N≤10	10 < N≤20	20 < N≤30	30 < N≤50
KCMM 1500 Mark II 工法					
DN/ID 250	10.0	10.0	8.0	7.0	5.0 1)
DN/ID 300	10.0	10.0	7.0	6.0	5.0 1)
KCMM - mini 工法					
DN/ID 200	10.0	10.0	8.0	6.0	- 2)
DN/ID 250	10.0	10.0	8.0	6.0	- 2)
在第二阶段管道的顶进速度(m/8 h)	15.0(决定于管道直径)				

注:1)必须借助于特殊的辅助施工方法或施工设备;
2)无法应用。

11.5 连接住户的微型隧道工法

由于施工条件的限制，这种施工方法对设备有一定的特殊要求：①适于在现场作业条件受限制的条件下工作（常用工作井的直径为 2000mm）；②由于必须经常在住宅和大直径的污水管道中作业，要求设备便于搬运；③要求设备适用的管道直径为 100～200mm，施工长度为 30～40m。同时，由于施工中管道的高程和轴线的施工精度要求不高，施工设备通常可以采用无导向装置的螺旋式施工设备，施工方法一般采用双步施工法。

德国的制造商 BOHRTEC 制造的设备较为先进，其连接住户的微型隧道工法又称为盲孔钻进工法（Dead End Bore），是一种特殊的顶推钻进施工方法，施工过程中没有目标坑（图 11-31），主要应用于住户与已有污水管道、坑道和建筑物之间的地下管道连接，下面以 BOHRTEC BM 150 D 工法为例来阐明盲孔钻进方法。

该方法的施工过程为：在钻孔达到目标点（图 11-31a）以及将螺旋钻杆和切削刀盘拉出以后，通过已顶进的管线，从始发坑将一个金刚石钻头通过钻杆下入孔中，其中钻杆由钻机驱动，并带动金刚石钻头回转，可以钻穿污水管道等，然后从始发坑中取出钻具及所钻下来的钻芯，这时，即可将生产管道（如陶瓷管）推入已顶进的钢管中（图 11-31b），同时用特殊的密封材料或配件将第一节管道与已有污水管道进行连接，并进行防水处理。只要被钻进的污水管道管壁强度允许，应尽可能地塞入多的密封材料。随后将顶进的钢管从始发坑拉出，同时应保证生产管道不随之运动（图 11-31c）。由于钢管拔出而形成的生产管与地层间的间隙，可以用水泥砂浆、膨润土水泥混合浆液或者下入粒状的填充材料（如矿渣或炉渣等）等进行填充（图 11-31d）。

BM 150 D 工法对管材几乎没有限制，所能施工的最大钻孔直径为 324mm（合适的陶瓷管道一般为 DN/ID 150 或 DN/ID 200，PVC 管道为 DN/ID200 或 DN/ID 250），适用的地层为所有的不含水的黏性和无黏性土层（颗粒直径 <60mm）和单轴抗压强度 $<50\text{N/mm}^2$ 的岩层，施工长度可达 25m。在对排污管道进行地下连接时，为了保证目标准确，排污管道的直径不应小于 DN500。在采用 BM 150 D 工法施工时，要求始发井的最小内径为 1500mm。另外，当施工长度 >25m 或者要求施工精度 $<2\%$ 时，应尽可能采用方向可控的施工方法。

在特殊情况下，特别是与建筑物进行连接时，由于没有始发坑，取而代之的可能是人可进入的管道（$>$DN/ID 1200）或者一个地下通道作为起始工作点（图 11-32），这时，可以采用 BOHRTEC BM 150 DT 施工设备和工法来完成施工任务（图 11-31）。

该工法借助于一种特殊的运输装置，可以将掘进机运至管道中的预定地点，该设备钻孔角度可以在 0～90°范围内进行调节。钻机的固定方法如图 11-31 所示。在施工开始阶段，首先采用直径大小合适的金刚石钻头将管壁钻穿，然后可以分别按照有目标坑或者盲孔钻进的方法进行施工。顶进工作结束之后，一般采用带橡胶的链节式的密封环对孔口进行防水密封（图 11-33）。

a）

b）

c）

d）

图 11-31　盲孔钻进施工过程（BM150D 工法为例）

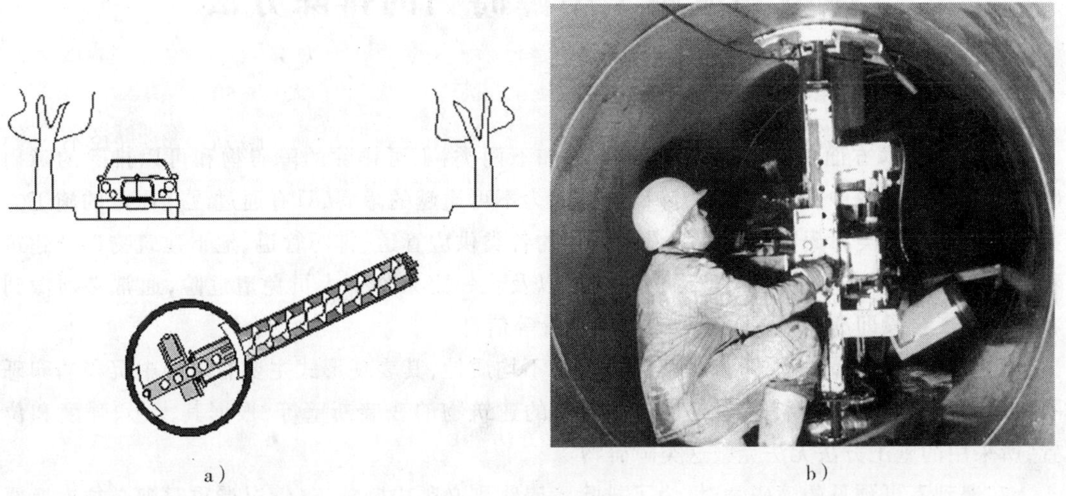

a）

b）

图 11-32　从管道中向外钻进

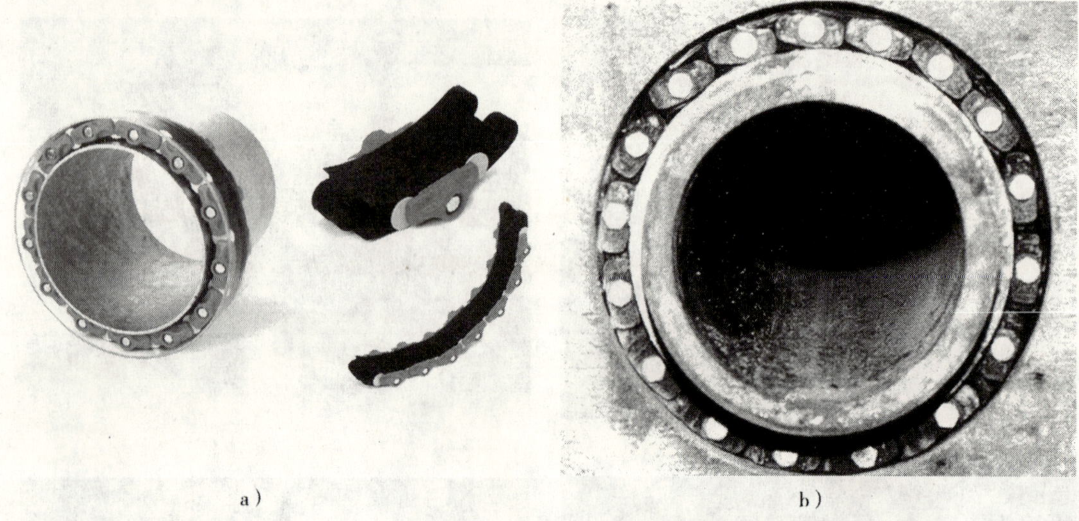

a） b）

图 11-33 橡胶链节式密封环

在应用该工法时，应该注意的是，所施工的钻孔只能与已有管道的轴线成直角，因为在大多数情况下，在地窖中要连接的目标点已经确定，由此也就可以确定集水管中联结点的位置。如果碰巧所选定的联结点位于密封区内，不能在该位置进行钻进，则应改变联结点的位置，在建筑物前也应设置一个目标坑。

该工法的应用范围与 BM 150 D 工法相同。

11.6 微型隧道施工中障碍物的排除方法

从施工技术方面来看，障碍物可以分为如下两类：不可排除的障碍物和可以排除的障碍物。在非开挖施工中，不可排除的障碍物被视为不可逾越的障碍，只有通过改变原定的施工方案将其绕过。这类障碍物一般为铺设于地下的各类供应管道、排污管道、地下建筑物以及建筑物的基础等，为了有利于施工、障碍物的保护以及在一定条件下人员免遭危险，通常必须做到在计划施工阶段即准确掌握关于障碍物的位置等信息。

对于可排除的障碍物，可以理解为地层的不均质性，其表现形式主要有地层中沉积的卵砾石、孤石、漂石、树根、树桩或者遗留在地层中的建筑物的残墙断壁等，根据其大小、强度和位置，所采用的施工方法无法克服这类障碍物。

在遇到不可预见的障碍物时，为了排除障碍物则必须中断施工，情况严重时则必须拆换原有的施工方法，甚至导致已完成的施工孔段报废。

通常可以通过下述方法来判断施工中遇到了障碍物：

①施工中顶进力突然上升；

②刀盘回转有被阻断现象并伴随有掘进机转动偏斜；

③施工效率下降；

④可以通过声响来判断(如果在刀盘和导向头中安装了麦克风)。

在任何情况下,如果通过所采用的施工方法无法将所遇到的障碍物破碎,则必须通过下述方法来进行排除：

①从外部进入排除障碍物,即从地表进入(图 11-34)；

a)

b)

图 11-34　从外部进入排除障碍物

②从内部进入排除障碍物,即从掘进机的破碎室进入。

对于非进人式的非开挖管线施工技术,其障碍物的排除方法只能是首先进行开挖,然后从地表进入将障碍物排除(图 11-35a),这里的开挖方法可以采用大直径钻孔法、沉管法或者通过施工一个辅助的工作坑来实现,但采用这一方法的前提条件是要施工的管线范围内场地条件许可。

在不含地下水的地层施工时,上述施工过程中困难会相对较少,裸露出来的障碍物可以通过人工或机械的方法进行破碎(图 11-35b),或者在地表可以通过挖掘机将其完全打捞出来。

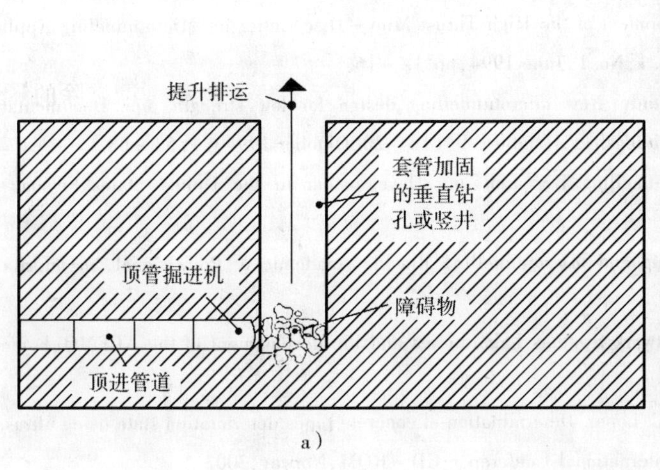

a)

b)

图 11-35　开挖地表排除障碍物

这里还存在着这样一种可能性,即在障碍物的前方施工一个比较深的钻孔或者辅助工作坑,当掘进机向前推进时,恰好可以将障碍物推入其中,如果在钻孔中下入了套管或者工作坑中安置了遮挡物,可将保护套管或遮挡物正好提至掘进机的上部边缘。这种施工措施要求土体具有暂时的稳定性。

在障碍物排除之后,还要对钻孔进行回填,回填用料可以是从钻孔中挖出来的泥土、回填土或低标号的混凝土。

上述这些方法在施工中证明是很有效的,在大多数情况下只需短短几个小时即可以将障碍物排除。

如果是在含水地层中施工,则必须采用一些成本较高的辅助措施(如降水或隔离地下水等),但是当这些辅助措施不允许或者无法采用时,可通过下入保护套管的钻孔,利用合适的钻具在水下将障碍物破碎,或者通过潜水员将其打捞上来。

上述从外部进入排除障碍物的方法,对于所有的基于顶管施工原理的非开挖施工方法都适用。

参考文献

[1] Akkerman, M. Pipe jacking equipment and methods. Proceedings North American No - DIG 2001 (CD - ROM), Nashville, Tennessee from April 1—4, 2001.

[2] Clarke, I. Meeting Micro Challenge across the Globe. No - Dig International (2000), No. 6, P. 17 ~ 18.

[3] 顶管施工技术网站, http://www.dingguan.com

[4] D. Stein. 联邦德国微型隧道施工技术的发展现状. 岩土钻凿工程. 1995 年第 5 期

[5] Duan, Z. Y. Ground Movement Associated with Microtunnelling (博士论文). Louisiana Tech University, America, 2001

[6] Essex, R. J. Subsurface Exploration Considerations for Microtunneling/Pipe Jacking. Proceedings of Trenchless Technology: An Advanced Technical Seminar, Trenchless Technology Center, 1993, Louisiana Tech University, Ruston, La., pp. 276 ~ 287.

[7] 房桢. 泥水平衡式小口径顶管设备及施工技术. 水运工程. 总 336 期, 2002 年第 1 期

[8] 方从启, 王承德. 顶管施工中的地面沉降及其估算. 江苏理工大学学报, 1998 年第 19 卷第 4 期

[9] Friant, J. E., Ozdemir, L. Development of the High Thrust Mini - Disc Cutter for Microtunneling Applications. No - Dig Engineering, Vol. 1, No. 1, June 1994, pp. 12 ~ 16.

[10] Iseley, T., Najafi, M. Case study: New microtunnelling design for low strength pipe. Documentation 4. Internationaler Kongress Leitungsbau, Hamburg '94 (16 ~ 20. Oktober 1994). P. 53 ~ 68.

[11] Iseley, T., Najafi, M. Microtunnelling Research and Development in the United States. Felsbau 14 (1996), Nr. 6, P. 320 ~ 327.

[12] James C. Thomson. Pipe jacking and Microtunnelling. Blackie Academic & Professional, an imprint of Chapman & Hall, 1995.

[13] Matsunaga, H. NTT Access Network Systems Laboratories and the development of the ACEMOLE method.

[14] M. A. Knight, G. Cascante, M. C. Lopez. Determination of concrete pipes deterioration state using ultrasonic techniques. 20th No - Dig International Conference CD - ROM, Norway, 2002

[15] 马保松, 等. 顶管与微型隧道技术, 北京: 人民交通出版社, 2004

[16] Orchard, S. New Developments in microtunnelling techniques. Proceeding 9th International No - Dig '92

in Paris.

[17] Soltau, G. Microtunnelling – Method and Criteria. Proceedings 15th International NO – DIG '97, Taipei, Taiwan. P. 4B – 2 – 1 ~ 4B – 2 – 10.

[18] Stein, D. Grabenloser Leitungsbau. Berlin: Verlag Ernst & Sohn, 2003

[19] Stein, D. , Moellers K. , Bielecki R. Microtunnelling. Berlin: Verlag Ernst & Sohn, 1989

[20] Suhm, W. , Kollmann, B. Slurry versus EPB bei Micromaschinen – Maschinensysteme im Vergleich. bi – umweltbau (2000), No. 3, P. 56 ~ 62.

[21] Suhm, W. , Kollmann, B. Grounds for Microtunnelling Choice. Tunnels & Tunnelling International (2001), No. 6, P. 33 – 34.

[22] Super – Slurry Stabilizer Used Jacking Technology Association & Toyotechnos Co. Ltd. (Hrsg.): Long Distance and Steeply Curved Jacking – Semi – Shield Technology of Super – Slurry Stabilizer SS Mole. Technical Data Manual, Oska, Japan 1997.

[23] Suzuki, T. ; Takemoto, A. ; Uno, H. Development of the Unclemole Mini System. Proceeding, 15th International NO – DIG '97, P. 5B – 2 – 1 ~ 5B – 2 – 14. Taipei, Taiwan 1997.

[24] Takada, H. New compact P. V. C. pipe jacking machine, IRONMOLE. Proceeding, 15th International NO – DIG '97, Taipei, Taiwan.

[25] Trenchless Technology Research (1996), Vol. 11, No. 1, pp. 73 ~ 82. Published by Elsevier Science Ltd., Great Britain.

[26] 余彬泉, 陈传灿 . 顶管施工技术 . 北京:人民交通出版社, 1998

[27] 中国非开挖技术协会 . 顶管施工技术与验收规范, 北京:人民交通出版社, 2007

CHAPTER 12

水平定向钻进技术

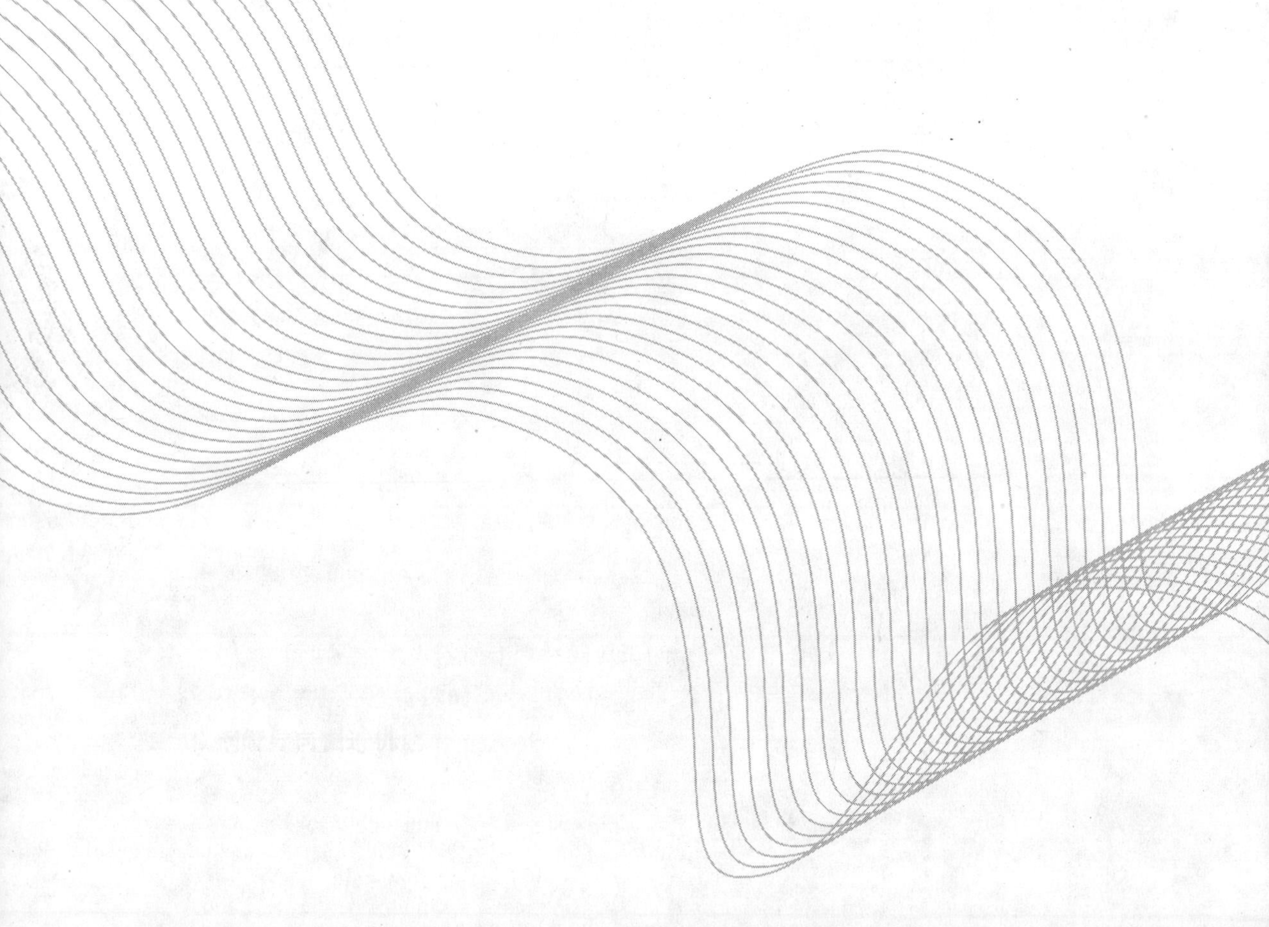

12.1 概 述

12.1.1 发展历史与背景

水平定向钻进(Horizontal Directional Drilling)是采用安装于地表的钻孔设备,以相对于地面的较小的入射角钻入地层形成先导孔,然后将先导孔扩径至所需大小并铺设管道(线)的一项技术,在施工中具有跟踪和导向功能。该技术起源于石油钻井工业,20 世纪 70 年代,结合水井工业和公用设施建设方面的技术,经演变之后目前广泛用于市政管道、油气管道的建设行业。

在 20 世纪 60 年代,当时主要使用开槽或大面积开挖法铺设各种地下公用设施管线。后来,由钻井技术演变而来的现代水平定向钻进技术用于在城区内铺设地下线缆和管道。据文献记载,水平定向钻进技术被首次应用于穿越河流施工是 1971 年在美国,美国 Pacific Gas 和 Electric Co. 铺设一条直径为 101.6mm,长约 187.5m 的钢管,穿越位于 California Watsonville 附近的 Rajaro 河。

Martin Cherrington 于 1971 年引进了水平定向钻进技术,该技术提供了一种新的管线铺设方法,可以考虑不再使用开挖法铺设管线。解决了使用开挖法不能在城区内或在大型天然障碍下铺设地下管线的问题。随着石油钻井技术、现代探测和导向技术的不断发展,今天水平定向钻进工艺已成为铺设地下管线最受欢迎的方法,可穿越河流铺设大直径管道,也可铺设小直径线缆。

1964 年,Cherrington 制造了他的第一台水平定向钻机,并在当年成立了 Titan 工程承包公司,专门从事 California Sacramento 穿越道路钻孔工程。一系列独特的技术组合促进了 Titan 承包公司最初事业上的成功。Sacramento 建筑业的兴起,加上由 Lyndon Johnson 总统的妻子赞助的美国大清理国家运动,推动了地下管线建设行业的发展。Sacrament 当局要求其管辖范围内所有的管线都要铺设在地下,来配合国家的倡议。Titan 承包公司得到了独一无二的发展商机,承包了大部分穿越街道、人行道和沟渠的工程。Sacrament 市政设施机构承包给 Titan 公司很多地下穿越工程,以及后来几年施工的很多难度较大的穿越工程,使 Titan 公司获得很多赢利,在此基础上,Titan 公司进一步发展了新技术新设备来扩大经营市场。如所研制的新钻机和孔底钻具,促进了水平定向钻进技术的发展,对水平定向钻进技术的推广做出了很大贡献。

1978 年,Cherrington 开发了在一个回拉孔内同时铺设多条管线的技术。该技术的成功应用表明:可以应用水平定向钻进技术铺设大直径管道。因而形成了新的水平定向钻进技术,即产生了现代水平定向钻进技术,也就是先钻一个导向孔,经扩孔后铺设较大直径的管道。水平定向钻进根据其典型的应用领域,可分为三大类:大直径水平定向钻进(Maxi - HDD)、中型直径水平定向钻进(Midi - HDD)和小直径水平定向钻进(Mini - HDD)。尽管这些系统之间在操作原理方面并无明显的差别,但不同的应用范围通常需要相应的配套设备和技术、碎屑清除方式和导向方法等,才能获得最大的经济效益。

虽然说我国早在 1986 年石油管道穿越黄河工程中,引进了一台美国 RB5 定向穿越铺管钻机。但是 HDD 技术真正在中国的应用却是在 1993 年由中国电信工程建设项目中引进国外设备而开始的。中国 HDD 技术借助于中国基本建设大发展的良好时机，于 1994 年拉开了这一新兴产业链的序幕。当时中国 HDD 市场培育是一个艰难的历程。这主要是为让各级政府在规划、设计、施工、成本核算等方面，与传统的开挖施工法在社会效益和经济效益上做全面的综合比较，从而认识、接受和推广使用 HDD 技术。

1993 年末到 1994 年初，地质矿产部勘探技术研究所、中国地质勘查技术院及河北地矿局和石油管道局机械研究院、冶金勘察局等均启动了 HDD 非开挖技术及设备的研发课题，并取得成果。勘探所完成的部级课题 GBS－10 型铺管钻机；河北地矿局地质三队完成的中勘院项目 GT－1 型定向孔多功能无线探测仪和 GD200 型铺管钻机；首钢和黄海机械厂合作推出的 FD－15铺管钻机等。

中国早期的 HDD 技术装备主要依靠进口，国产设备因品种少、性能单一等在市场上的认知度很低（产品技术性能、质量可靠性、装备配套等方面的原因）。在中国非开挖技术协会的积极推动和协助下，中国的非开挖技术快速发展：2000 年 12 月广东省非开挖技术协会主办了广东非开挖技术研讨会。2000 年 4 月，由中国非开挖技术协会主办，经上海市人民政府核准，在上海召开了第四届国际非开挖技术研讨会。会议时逢上海市建设全面信息化城市年。据有关新闻报道，上海将大范围内开挖道路进行市政管线建设与养护。会议对在沪、江、浙（长江三角经济发展带）迅速促进 HDD 在地下管线建设中的大规模应用起到积极的推动作用。由此也为国产设备的进步与发展起到强大的推动力。2002 年，广东、上海先后成立了区域性的非开挖技术协会，中国 HDD 技术的发展得到升华。

2001 年，随着民营企业在 HDD 产业中的兴起，国产 HDD 技术装备的研发能力和制造水平及全球性采购理念的更新，并随着市场竞争力度的大大提高，有力地推动了国产装备在技术性能、产品种类、综合配套上的提高和发展。进入 2003 年及竞争力度的加剧，在中小型 HDD 产品上，国产设备以其性价比的绝对优势，逐渐替代了进口设备，有力地推动了中国自主产业链的形成。

目前国内从事 HDD 产品并具有一定研发能力的企业大约有十多家。钻机性能上的优化设计，打破了以往的恒功率、定排量、机械控制阀、单一转速的设计思想；装备配套上更多的考虑施工工艺性、结构的可靠性、系统的安全实用性等。

12.1.2 国内外现状

（1）国外水平定向技术发展现状

目前国外大约有 30 多家 HDD 装备制造商，典型生产厂家有 DITCH WITCH 公司、VERMEER 公司、CASE 公司等。DITCH WITCH 公司生产的非开挖定向钻机具有先进的控制技术和良好的通讯设备，技术性能先进、操作性能良好，目前生产的系列产品有 JT520、JT920、JT1720、JT2720、JT4020、JT7020。其中 JT2720/JT 2720M、JT4020/JT 4020M 型定向钻机是其在我国销售的主导产品。VERMEER 公司的产品系列有：D7×11A、D10×15A、D16×20A、D24×26、D24×40、D33×44、D50×100、D75×100、D80×120、D100×120、D200×300。美国 CASE 公司生产的 60 系列 5 种型号分别为 6010、6030、6060、6080、60100，其中 CASE6030 型定向钻是其在我国销售的主导产品。美国 CASE 公司是发展水平定向钻较晚的公司，但生产的产品性能先进，尤其是在 PLC 控制、自动更换钻杆等方面有其独特的先进性和优越性。另外还有美国的

AUGERS 公司、INGERSOLL-RAND 公司、德国的 HERRENKNECHT、FLOWTEX、HUTTE 公司、英国的 POWERMOLE、STEVE VICK 公司、瑞士的 TERRA 公司、加拿大的 UTILX 公司和意大利的 TECNIWELL 公司等。

目前国外 HDD 的产品大都具有以下几个技术特点:主轴驱动齿轮箱采用高强度钢体结构,传动转矩大,性能可靠;全自动的钻杆装卸存取装置;大流量的泥浆供应系统和流量自动控制装置;先进的液压负载反馈,多种电气逻辑控制系统,高质量的 PLC 电子电路系统确保长时间的可靠工作;高强度整体式钻杆以及钻进和回拖钻具;快速锚固定位装置;先进的电子导向发射和接收系统。

总之,国外 HDD 产品规格齐全,自动化程度高,结构紧凑,地层适应性强,均为履带底盘驱动,机动性能好,体现以人为本的设计理念,功能齐全。回拖力 100 ~ 7000kN,扭矩 1200 ~ 40000Nm,性能指标覆盖范围大,功率匹配合理、可靠,技术水平含量高,尤其是在 PLC 控制、自动更换钻杆等方面有其独特的先进性和优越性。目前国外 HDD 的发展朝着大型化、微型化、硬岩作业、机械自动化(含自备式锚固系统、钻杆自动堆放与提取、钻杆连接自动润滑、防触电系统等自动化作业功能)、超深度导向监控等趋势发展。

(2)国内水平定向钻进技术发展现状

目前我国 HDD 产品整体的水平较之20 世纪 90 年代初期有了很大的提高,HDD 的技术发展历程主要划分为以下几个阶段。

第一阶段为技术引进期。即 20 世纪 80 年代至 90 年代中期,主要是在石油管道和电信行业的工程应用,我国的 HDD 技术有了初步的应用基础和市场引入。

第二阶段为研发期也可以称为技术和市场的培育期。即 20 世纪 90 年代中期以后,原地矿部、建设部、冶金部等一些相关单位,在一些小型 HDD 的自主研发方面取得了一些突破和可喜的成绩,建立了自己的设计、研制基地,并开发出一定数量和规格的 HDD 钻机。主要产品有中国地质科学院勘探技术研究所生产的 GBS-5、GBS-8、GBS-10 拖挂轮式非开挖定向钻机(即动力机和工作机分开式钻机)及 GBS-12、GBS-20 履带自行走非开挖定向钻机。连云港黄海机械厂与首钢地质勘察院共同开发了 FDP-12、FDP-15 撬式底盘水平定向钻;北京土行孙非开挖技术有限公司开发了 DDW-80、DDW-100 地面和工作坑内双作用水平定向钻机,及 DDW-180 小履带式水平定向钻。这些水平定向钻机虽说当时整机技术性能尚无法与外国产品抗衡,但以价格低廉,维修成本低,服务快捷的优势在国内占有一定的市场,为中国的 HDD 技术装备的发展起到了带头作用。虽然这一时期国内水平定向钻的产品已是液压控制,但其自动化程度较低,辅助工作时间较长,工作效率低。另给钻机配套的钻具生产厂家少,特别是当时摩擦焊接式钻杆的生产工艺不成熟,焊缝处经常断裂,出现严重的施工质量事故,影响了施工单位的经济效益。

第三阶段为发展期与进口期,即“十五”期间国内大、中、小 HDD 的系列产品有了很大发展。如深圳钻通、北京土行孙、廊坊诺地、中联重科、南京地龙、连云港黄海等公司,其钻机回拖力一般在 35t 以内,控制系统为液控,自动化程度较低,生产效率低,人员劳动强度高,这个时期的钻机多向履带自行式结构发展。中联重科公司在收购国外产品的基础上开发了型号为 KSD15、KSD25,回拖力 15 ~ 25t 的干湿两用钻机。廊坊华元机电的产品型号为 HY-3000、HY-2000、HY-1300、HY-800、HY300、HY250,回拖力在 25 ~ 300t 。徐工科技在引进 DITCH WITCH 产品后开发的 ZD1245、ZD1550、ZD2070 等水平定向钻机,在参考国外多种同类产品的基础上,采用了机电液集成的 PLC 控制、电液比例控制、防触电报警等世界一流技术,进行综合开发的系列产品。据调查,2002 年度国内新增 HDD 钻机接近 200 台,其中新增大型钻机(回拖力大于

450kN)11 台,其中 6 台为进口设备,国产钻机的市场占有率已提高到 67%。

2001 ~2003 年,国内珠江三角洲、长江三角洲地下通讯设施工程建设项目发展很快,非开挖定向铺管装备的需求量大增,在大量进口国外 HDD 技术产品的同时,也促进了国内自产设备的发展与提高。国外公司的 HDD 产品大量涌入我国市场的,主要有美国的 CASE 公司、DITCH WITCH 公司、VERMEER 公司及 AUGERS 公司等。到 2003 年,我国进口 HDD 约 128 台,国内新增加 HDD 约 450 台。

2003 年开始国产中小型铺管钻机逐渐形成取代进口机的局势。特别是 2005 年国家取消了 HDD 设备的进口减免税政策,给国产设备的研发制造商提供了更大的施展空间。近年来随着市政管道、电信通讯等基础设施的新建、扩建及改造,西气东输,川气东输等大型管道的穿越工程量的增加,国产高科技的 HDD 配套装备发展很快。图 12-1 是目前国内研制的回拖力最大的 DDW-6000 钻机(最大给进回拖力 6000kN,最大回转转矩 130kN · m)施工现场。另外,HDD 的辅助配套机具等也有了多家产品,技术和质量也有很大的进步和提高,且有一些国外钻机商家选择配套。

中国自主知识产权的 HDD 产品在满足本国管道工程施工需求的同时,还出口到欧洲、澳洲、东南亚等很多亚洲国家。

图 12-1　DDW-6000 钻机施工现场

12.2 HDD 钻机设计

目前的非开挖钻机正向高性能、全液压、大功率方向发展。液压钻机以操作方便、功能器件体积小、使用安全可靠等技术优势成为钻机设计的主流方向。

12.2.1 钻机的功能单元及实现方法

目前,HDD 施工高度机械化、自动化,逐渐向人性化发展,通过复杂的机电液控制机构的控制钻机机动性、场地定位、重物起吊、螺纹涂抹润滑脂(下钻时)、冲洗钻杆柱(回拉时)以及拧卸钻具等功能得以实现,极大地减轻了司钻人员的劳动强度;另外,钻机也向结构紧凑而又大功率方向发展,从而增强钻机的现场适应能力。

一般来说,全液压动力头式 HDD 钻机包括以下几个部分:①液压马达驱动的回转器以传递扭矩、转速;②液压油缸—动滑轮组、液压马达(减速器)—链条或齿轮—齿条驱动的给进/回拉机构;③双夹持器钻杆拧卸系统;④中小型钻机大多配备钻杆自动存放和提取系统;⑤装载方式以履带式底盘居多;⑥锚固装置使钻机与土壤锚固,以防钻杆钻进或回拉时使钻机移动。图 12-2 为某公司钻机外貌图。

图 12-2　钻机外貌图

1-钻杆自动提取与存放系统;2-可移动式回转器;3-履带与设备支撑操作系统;4-锚桩底座;5-双夹持器拧卸系统

以上功能的实现均须通过液压功能组件和液压流体介质组成的液压系统来完成。液压系统包括油泵等动力元件,液压马达、油缸等执行元件,压力阀、方向阀等控制元件。油泵将原动机输入的机械能转换成流动油液的液压能。液压马达则是将输入的液压能转换成旋转形式的机械能,液压缸则是把输入的液压能转换成直线运动形式的机械能,二者皆属于执行元件用来拖动外负载做功,如回转、给进等。控制阀则是用来控制或调节液压系统中液流的压力、流量和方向,以满足钻机的工作性能要求。图 12-3 为钻机液压系统功能框图。

非开挖液压钻机不论外形如何庞大或价格如何昂贵,其基本功能为:实现回转、给进和回拉、钻机水平角度调整以及其他附属功能。液压驱动式钻机都有独立的液压泵站,由柴油机或电动机驱动液压泵。提供的压力油驱动钻机各机构和泥浆泵工作。小型钻机配备的泥浆泵大多与钻机装载于同一底盘上,二者共用同一动力源;中、大型钻机配备的泥浆泵则往往自成一体,有独立的动力源(柴油机加变速器或电机)直接驱动,或柴油机(电动机)与油泵组成液压系统提供动力,通过泵头上的齿轮变速机构,调节泵的流量(也可通过液力无级调速改变流量)。

1)回转机构

回转机构是钻机的主要执行部件之一,功能是带动钻杆、钻头旋转,同时完成对岩土层的切削。主要技术指标是回转转矩和速度(是成孔能力的主要体现)。

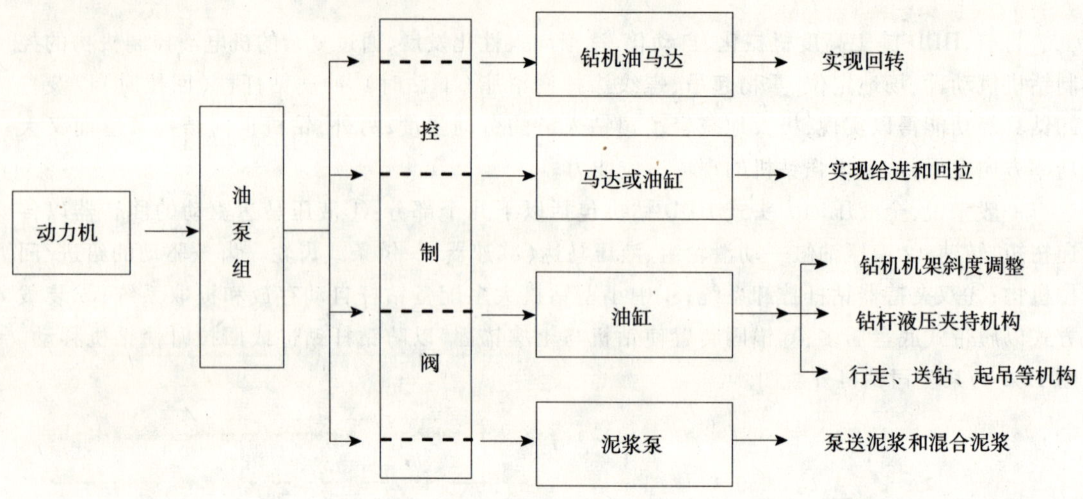

图 12-3 钻机液压系统功能框图

钻机钻进和回拉时所需的转速较低,而转矩较大,国内外导/定向钻机的转速范围一般为 0~150r/min,要求大转矩的钻机为 0~70r/min,高转速的则在 0~200r/min 以上。钻机的回转器(动力头)都由低、中速液压马达驱动,与液压泵组成容积调速系统,实现较大范围的无级调速。开式系统压力多在 17~25MPa,闭式系统压力可达到 35MPa。

因对转速和转矩的范围要求不同,导/定向钻机的动力头有下面几种形式。

(1)液压马达直接驱动

选用通孔式低速大转矩液压马达,马达输出轴与连接的钻具及水(气)龙头在同轴线上。见图 12-4a)。

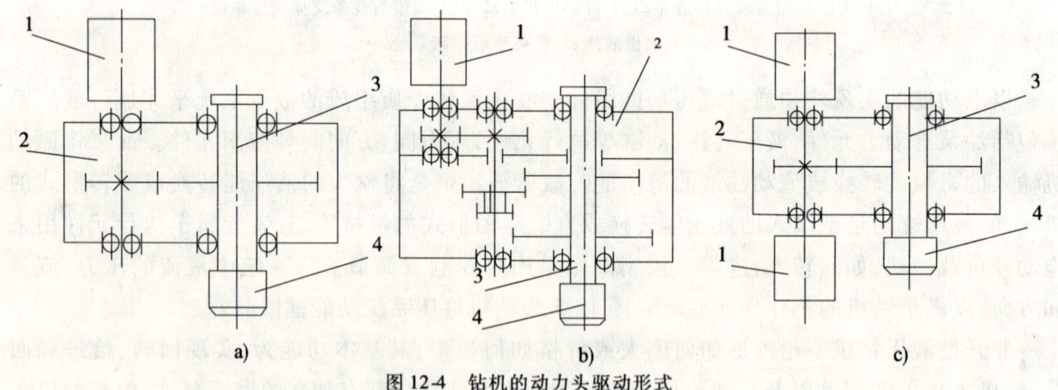

图 12-4 钻机的动力头驱动形式

a)单马达 + 动箱驱动式;b)单马达 + 变速器驱动式;c)双马达 + 传动箱驱动式

1-液压马达;2-传动箱;3-主轴;4-接头

(2)单(或多个)液压马达 + 一级(或增速)或多级减速齿轮箱,许多钻机的回转器设置一级齿轮减速以改善液压马达的输出特性,增大输出扭矩;也有的钻机为扩大调速范围,设置几挡齿轮变速,见图 12-4b)和 12-4c)。

除了上述几种结构形式,有的钻机采用多联泵供油来达到变速的目的,用两个油泵单独或联合驱动液压马达,使回转器获得多级输出转速。也有采用容积式调速液压回路实现多级变速。

2)钻机的给进/回拉机构

该机构同样是非开挖钻机的主要执行机构之一,功能是带动回转机构及钻具前进或后退。主要技术指标是推进(回拉)力和速度。以上两个主要机构性能的好坏直接影响钻机钻进效率、钻孔质量及钻机各项技术性能的发挥。

对非开挖钻机给进机构有如下基本要求:

①给进机构应为全液压式,能够实现无级调节给进力;

②由于施工中,一般采用一钻到底的工作模式,很少中途提钻更换钻头。因此,从减少拧卸钻杆时耗、降低辅助时间比例、提高施工效率考虑,要求钻机有较长的给进行程和尽可能长的单根钻杆,以实现长行程连续给进,减少钻进中的辅助时间,提高效率,预防孔内事故发生;

③应具有足够的给进力、回拉力,以满足长距离钻孔和拉管需要。

另外,与其他用途的动力头式钻机一样,导/定向钻机的给进机构同时也是钻机的升降机构,而提钻的过程也就是回拖的过程。该机构与钻机的回转器和钻杆夹持/拧卸机构相配合,可以实现快速拧卸钻杆,大大提高钻进和回拖的机械化程度。

钻机的给进/回拖机构通常都安装在封闭或半封闭的给进机架内,给进机架同时也是可移动式回转器——动力头的运动轨道,再加上前端的钻杆夹持/拧卸机构,这样就使得钻机的回转 - 给进/回拖 - 夹持/拧卸各机构组成一个结构紧凑的一体化系统。

依据传力机构和机件的不同,钻机的给进/回拉机构有下述几种结构形式:单液压缸给进/回拉机构;液压缸—链条(钢丝绳)给进/回拖机构;液压马达—链条给进/回拖机构;液压马达—齿轮齿条给进/回拖机构。

(1)单液压缸给进/回拉机构

这种机构采用液压缸直接带动回转器移动,见图 12-5a)。结构比较简单,但给进行程较小。ADDS 公司(美国)的 PowerBore 系列、Ditch Witch 公司(美国)和 Terra 公司(瑞士)及国内一些小型钻机都有采用这种结构形式。

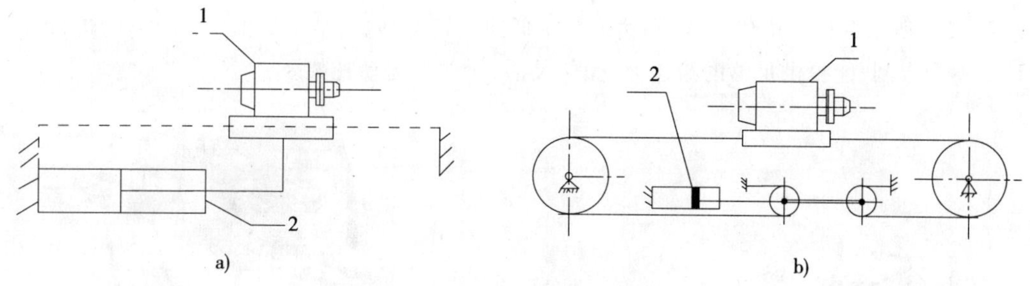

图 12-5 液压缸给进/回拉机构原理图
1-动力头;2-液压缸

(2)液压缸—链条(钢丝绳)给进/回拉机构

液压缸通过链轮(绳轮)、链条(钢丝绳)把作用力传递给回转器。工作时回转器的行程和钻进/回拖速度是液压缸相应参数的两倍,因而这种机构被称为倍速机构或倍增机构。如图 12-5b)所示。

该形式的缺点是:给进油缸有效推力只利用一半,导轮数量多,钢丝绳(或链条)缠绕较多,活塞杆一端带动滑轮运动。

(3)液压马达—链条给进/回拉机构

液压马达通过链轮、链条传递作用力(见图12-6a)。

CASE公司的钻机给进/回拖机构是在动力头下增设了链轮组,液压马达产生的作用力通过链轮、链条传递给回转器滑架的链轮组后,可以产生双倍的给进力和回拖力,因此称之为倍力机构。是CASE的专利技术。在后面章节中将重点介绍该类机构的液压计算原理。CASE公司给进/回拉机构即采取此方式。

(4)液压马达—齿轮齿条给进/回拉机构

液压马达驱动齿轮在动齿条上往复运动来实现给进/回拉(图12-6b)。该系统的主要部分显露在外,维修维护简单。由于多个液压马达及减速器并排安装在齿条上端,所占空间大,钻机尺寸不得不因此增大。但因其传力大,传力平稳,在大型钻机中多采用此形式。如美国的Augers公司、Tulsa公司和英国的Steve Vick公司出品的钻机。

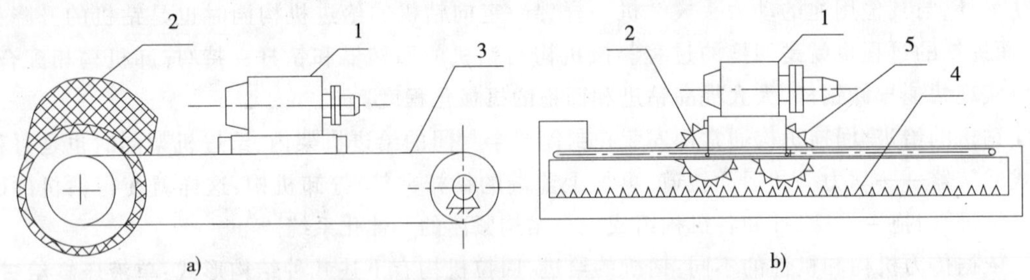

图12-6 液压马达式给进/回拉机构示意图

1-动力头;2-液压马达输出;3-链条/链轮;4-齿条;5-齿轮

美国Vermeer公司则将两个并排安置的液压马达/减速器错位安装在齿道上方,虽然使钻机轴向尺寸有所加大,但从而减少了齿轮箱所占横向空间,从而使钻机的结构更显紧凑些。该公司先后推出的D23×33、D33×44、D55×100、D80×120及D15O×300导向钻机均采用了这种新的给进/回拖机构。

图12-7所示钻机结构优点有:马达均采用低速大转矩马达,结构简单、尺寸小;给进行程在设计上不受限制;能提供足够的给进力;操作灵活,无油管运动托架。

图12-7 美国Vermeer公司水平定向钻机

3）钻杆存放、提取和夹持、拧卸机构

由于定向钻机的钻进速度和回拖速度较高，钻杆单根的加接、拧卸、搬运的工作强度增大，所占时间的比例也相应增加，故加接/拧卸、存放/提取钻杆的方法就成为进一步提高钻进效率，改善工人劳动条件的关键（图 12-8）。

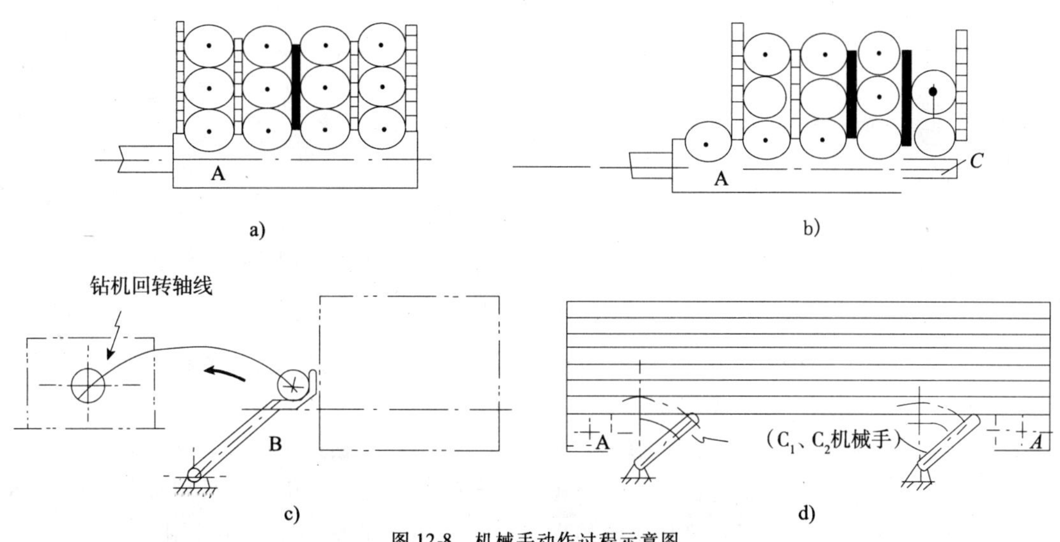

图 12-8　机械手动作过程示意图

a）取管机械手的初始位置；b）取管机械手；c）摆管机械手；d）摆动手举机械手

A-左移取出单根钻杆；B-将单根钻杆移至钻机回转轴线；C-将存储仓堆放的钻杆顶起，从而可使机械手回位。

现有的定向钻机上，均配有双夹持器，与回转器和给进机构相配合，一起组成钻机的钻杆夹持/拧卸系统。双夹持器均布置在给进机架的前端，前夹持器（靠近孔口）承受反扭矩，后夹持器只在卸开第一扣时施加主动力矩。

钻杆的自动存放/提取系统有两种典型模式：

（1）存放/提取机械手 + 钻杆存储仓模式：这是当前多数钻机所采用的方案。机械手完成钻杆的提取、存放和就位，存储仓则为钻杆的存放处。如美国威猛制造公司（Vermeer）的 D7 × 11a、D10 × 15a、D16 × 20a、D24 × 40a、D33 × 44、D80 × 120 等型号的钻机，Ditch Witch 公司的 JT920，JT1720/2720 等型号的钻机均为此类模式。

（2）机载吊机（吊杆）+ 钻杆仓模式：钻机上装有机械吊机，使之具有足够的器材装卸能力，如美国 Augers（奥格公司）DD-5 型钻机的机载吊机的额定起吊能力为 2725kg，而且是遥控的。钻杆仓既可以是机载的（如 DD-5），也可以与钻机的主机分置由单独的钻杆拖车承担（如 D-48B、D-5、DD-60R 等机型）。

从结构的紧凑性和钻机就位施工的方便性看，显然机械手 + 存储仓模式更具有优越性。

下面以 GBS－10 型铺管钻机为例，介绍成型机的主要功能参数。钻机采用全液压动力头滑轨式。钻机分为主机与液压动力站两部分，工作时两者之间用液压胶管及快速接头连接。钻机的技术参数为：最高输出轴转数 130r/min；最大输出轴扭矩 2000N · m；最大给进力 45kN；最大回拉力 100kN；最大铺管直径 400mm；最大铺管长度 300m（Φ108mm 钢管，黏土层）；额定功率 58kW。钻机主机主要由滑轨机架、动力头、卸扣装置、给进机构、钻机倾角调节机构、行走胶轮、锚固座、液压操纵台等组成，如图 12-9 所示。

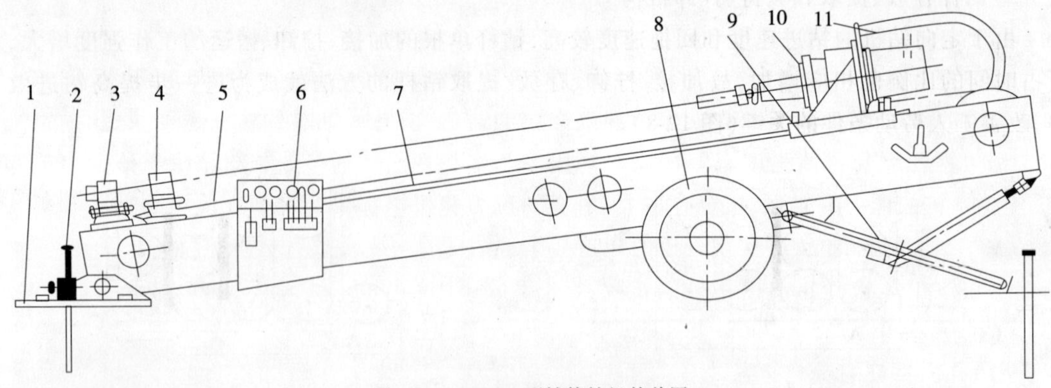

图 12-9　GBS-10 型铺管钻机外貌图

1-锚固座;2-地锚;3-导向夹持器;4-卸扣夹持器;5-链条给进机构;6-操纵台;7-滑轨;8-移动胶轮;9-后支撑;10-动力头;11-防护套

液压系统主要由三联齿轮泵、溢流阀、三组多路换向阀、液压马达、液压油缸、吸油滤油器、回油滤器、油箱、液压胶管等组成。通过多路换向阀可使液压马达实现两泵三速,再通过调整柴油机的转速,可使液压马达有较宽的转速范围,以适应不同的钻进工况及扩孔需要。可通过调整溢流阀的压力来控制给进力的大小。液压操纵台固定在钻机主机上。采用多种换向阀集中控制钻机的各种动作。钻进用高压水泵的启动与停止,可在操纵台上直接控制。

12.2.2 钻机的主要参数设计与选择

设计和选择施工钻机时,不应仅把钻机最大拉力作为主要参数而忽略其他参数,过分强调回拉力参数是片面的,因为用增加液压系统的压力或使用类似的方法可以容易地改变这项参数。设计或选用设备的主要原则应该是:根据施工需求设计或选择一定拉力范围的钻机,然后将钻机的输出扭矩和钻杆的参数及配套泥浆泵量作为关键参数进行对比,同时考虑发动机持续功率的大小(是否能够长时间无故障运转)。

1)拉力

钻机拉力决定拖拉管道的长度。在穿越地层的土质和施工工艺相同时钻机的整体能力主要体现在所能够施工管道的具体尺寸上,即管道直径和相应长度。因此有许多设备厂家把拉力参数作为钻机的主参数来设计是科学合理的。但是过分强调该参数也是片面的。

例如,导向孔和预扩孔都完成得很好,可能不需要钻机输出很大的拉力就能够将管线拉动,实际上只用钻机标称拉力的小部分,拉力大小取决于导向孔曲线的圆滑程度和扩孔的成孔状况及钻进液的质量。也就是说钻机的拉力主要是克服管道在孔中和地面上的摩擦力,用来拉动悬浮在孔中的管道,一般此拉力只是管道质量的 1/2 ~ 1/5 甚至更小。一条常规选择设备拉力的方法是钻机的回拖力至少要达到铺设管线自重的 2 倍。同时,钻机回拉力的发挥将受到锚定/支腿系统的限制。

2)扭矩

定向钻机的钻孔和扩孔过程主要靠钻机的扭矩和泥浆的冲洗作用,而不只是推力和拉力。钻机的拉力用来克服拖拉管道时的阻力,而输出扭矩决定了钻机的最大扩孔能力,也就决定了该钻机能够施工的最大管道直径,所以当钻机配套的发动机功率相同时要看输出扭矩的大小,若扭矩相同时，还要看是在多大转速下的扭矩，这就能衡量钻机的实际扩孔能力。

3）钻杆

钻杆是地面钻机与孔内钻具的唯一动力传递环节，实现传递给进力、回转扭矩、反向扩孔和铺管时的回拉力等作用。另外，作为冲洗介质的通道，向孔底钻具输送钻进泥浆、压缩空气等，因此，钻杆应具有高强度、高弹性、耐高压等基本特性。钻杆参数制约钻机整体能力的发挥，无论钻机的能力有多强、扭矩有多大，所有的拉力和扭矩都要通过钻杆传递到钻头和扩孔器，最终将地下孔洞扩大并实现管道的穿越工作。钻杆的主要参数有材质、直径、长度、杆体钢管壁厚和丝扣形状等。常用钻杆的主要技术参数：外径 50mm、60mm、73mm、89mm、114mm、127mm，长度 2.0m、2.5m、3.0m 和 4.5m 等。

（1）孔内钻杆的受力状态

钻杆在工作状态下同时承受着弧形弯曲、推（拉）力和扭转，因此材料选择、热处理工艺以及丝扣设计加工必须重点考虑钻杆强度，包括高的抗疲劳强度。常规钻孔中的钻杆受力状态远不如 HDD 钻进时复杂，因为 HDD 钻杆作业条件复杂，钻孔轨迹往往为曲线，曲率半径、弯曲程度多变，钻孔可能是曲线或直线不断变化，造斜段承受复杂的弯曲应力，因此，钻杆既是常规装备，也是耗材，对它的强度、韧度和耐磨性要求都比较高。实际施工中，大多选用石油钻井和地质钻探用的优质钢钻杆和铝钻杆，有的钻机则使用特制的钻杆，比如美国 Vermeer 公司生产的钻机，配用由波音飞机公司的合金技术配方研制成功的无焊缝钻杆（整体式锻造钻杆），具有极强的可控性和可靠度。

钻杆接头是最薄弱的部位，除了选用优质的材料，还必须对接头螺纹进行特殊热处理和高精度加工，以提高其使用寿命，减少断钻杆事故的发生。钻杆的外径根据所需的给进/回拉力和扭矩来确定，一般为 37 ~ 127mm；内径则根据所需泥浆流量来确定，一般为 45 ~ 76mm，如果采用有线随钻测控系统，则应优先选择内平钻杆。

（2）钻杆的长度直接影响钻进效率

钻杆的长度直接影响钻进的效率。对于一般市政管道铺设工程用钻机而言，钻杆单根长度变化范围为 1.5，2.0，3.0，4.5m 等，以适应市区场地狭窄的状况；对于野外穿越工程用钻机而言，单根钻杆长度很大，可达 9 ~ 10m。

使用较长的钻杆，减少连接次数是明显提高功效的主要手段。使用短钻杆增加了大量装卸钻杆时间。如以 300m 长的穿越钻孔为例，如使用 2.5m 长的钻杆，需要 120 根钻杆。假定每次连接钻杆需要 3min，仅仅连接钻杆的工作总共就需要 360min，即 6 个小时。如果使用 6.0m 长的钻杆，则仅需要 50 根钻杆，接钻杆的时间减少到 150min，即 2.5 小时。穿越距离越长，这方面的差别就越明显。

4）发动机持续功率

只有强大的功率输出才能够确保工程的顺利和钻机的良好工作，才能延长整个钻机的使用寿命。这一参数标志着钻机所具有的用于产生扭矩和回拖力的实际能力。由于定向钻机并不是短暂间歇式的高动力作业方式，而是带动主机、水泵等设备负荷连续工作的，所以在设计和选择钻机时，首先要考虑配套发动机的连续输出功率，而不是最大间歇输出功率或总功率，这样才能保证钻机长时间以恒定的负荷能力去克服施工中的阻力，尤其在进行复杂或含石块地层的工程施工时显得更加重要。如果只有“总功率”参数，需从总功率参数上扣除 10% 或 15% 即可得到连续载荷参数。如总功率参数 135kW 大约相当于 115 到 122kW 的连续荷载运行功率。在很多钻机上，这一能力还要用来带动泥浆泵和产生孔底功率。

因此,钻机功率的配备非常重要,否则会出现“大马拉小车”或“小马拉大车”等不和谐情况,造成设备的适应能力差或高频率出现钻孔事故等。图 12-10 为对应铺管直径和钻孔长度条件下的钻机功率配备参考图,如钻孔直径为 600mm、长度为 200m 以内的铺管,宜选用第 3 组折线所对应的钻机功率,即选择 130kW 钻机,如采用过高功率(大于第 3 组折线),则造成功率上的浪费和其他搬迁、运输等费用的增加;如采用过低功率(小于第 3 组折线),则钻机负荷过大,不适应铺管要求。表 12-1 为对应孔径和钻孔长度的设备功率配备选择对照表,以供参考。

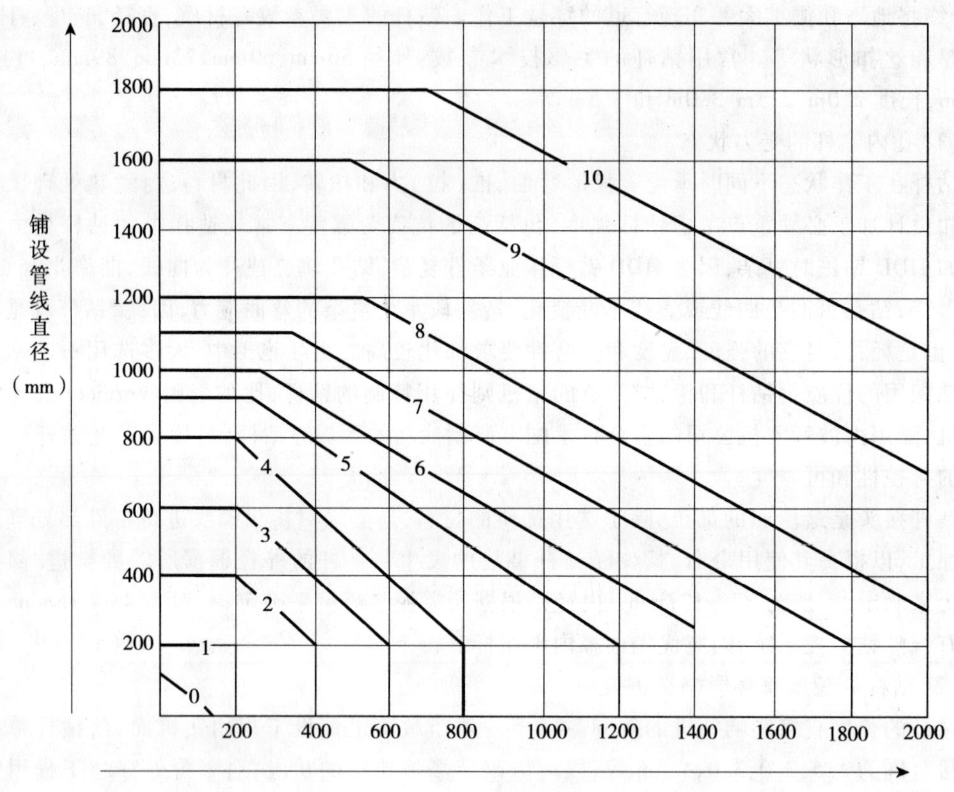

图 12-10 孔径和钻孔长度对应关系图

钻机功率要求对应关系图 表 12-1

性能要求	0	1	2	3	4	5	6	7	8	9	10
配备功率(kW)(2100rpm)	30	60	100	130	160	220	300	360	400 以上		
拉力(kN)	100	150	250	320	640	750	1000	1540	1800 以上		
转矩(40rpm)kN · m	3	6	12	18	33	50	60	70	80 以上		

设备的设计或选择一定要根据现场实际情况综合考虑。可以说,没有一种设备能适合于任何非开挖施工要求,因为施工条件是多变的,受到施工场所、地质条件、技术要求等多方面的限制。欲选择适合于各种场合的设备进行施工是不现实的,用有限的设备去适应各种施工条件是牵强的,非高效的。相关设备厂家为此设计了不同类型、从小到大的 HDD 设备系列来满足各类管线铺设需求。国外钻机分类方法如表 12-2 所示。

国外钻机分类方法 表 12-2

钻 机 分 类	最大回拉力(kN)	最大扭矩(kN.m)	自重(t)
小型	<150	10~15	<10
中型	150~400	15~30	10~25
大型	400~2500	30~100	25~60
超大型	>2500	<100	>60

12.2.3 液压系统的设计

由于液压传动相对机械传动而言具有以下优点：传动平稳、质量轻、体积小、容易实现无级调速、易于实现过载保护、便于实现自动化、标准化、系列化。因此，在非开挖设备制造行业得到广泛应用，特别是近年来的电液比例控制阀和电液伺服技术的发展，使得非开挖设备的自动化程度和精度得到快速提高。

液压系统由动力元件(液压泵)、执行元件(油缸或马达等)、控制元件(阀)和辅助元件组成(管道等)组成。这里以常见的液压传动系统钻机为例介绍定向钻机基本的液压回路组成。

这里以某公司研制的一种全液压钻机为例进行说明，其主要组成部分包括：履带式底盘、柴油机、液压油泵、油箱、水泵、钻架动力头、前后夹持器及起塔和支撑油缸等。钻机采用马达—链条给进机构，适于长距离铺管施工(穿越长度300m/ϕ108mm钢管)；动力头设有卸扣自行浮动机构，以减少对钻杆丝扣的磨损；采用了夹持卸扣机构，实现了机械拧卸钻具，具有体积小，便于集中控制操作等特点。该钻机的主要技术参数如表12-3所示。

某钻机的主要技术参数 表 12-3

技术参数/钻机型号	ZT-18
发动机功率(kW)	100(康明斯)
最大转矩(N·m)	6000
最大回拉力/给进力(kN)	180/180
动力头转速(rpm)	0-100
泵排量(L/min)	250
配套钻杆(mm)	ϕ60×3000(整体)
给进行程(m)	3.3
标准回扩钻头(mm)	ϕ250~ϕ680
主机与动力站连接	整体履带一体式
主机外型尺寸	5500×2000×1780
动力站外型尺寸	与主机一体
主机泵站重量(t)	7.5

液压系统主要由油箱、三联油泵、操作阀、油马达、油缸及其他附件组成。系统分三个油路工作系统。共用一个油箱和动力。柴油机带动三联齿轮泵分别控制回转系统、泥浆泵控制及履带行走系统以及给进、夹持/拧卸系统。液压油泵采用了三联齿轮泵，型号为CBPa-63/40/32。其具体参数如表12-3和表12-4所示：

液压油泵参数　　表 12-4

型号	CBPa－63/40/32		
名称	三联齿轮泵		
分泵	CBPa－63	CBPa－40	CBPa－32
排量(ml/r)	63.0	40.0	32.0
压力(MPa)	20	20	20

1)回转系统液压原理

回转系统由三联泵中 CBPa-63 分泵供油至控制动力头回转马达的手动换向阀 3 和回转调压阀 6,调压阀可根据不同地层、工况随时调整其工作压力,改变钻具输出扭矩,并通过压力表显示出来(图 12-11)。其工作过程如下:3 阀的一位为动力头正转,驱动钻具回转钻进;二位为中间位置,各油口互通,油泵卸荷,可使钻具工具面角停止在某回转位置。另外油缸卸扣时,两马达进出油口相同,处于浮动位置;三位是动力头反转位,用于反转拧卸钻杆。另外,在后面油路中,接有双马达串、并联手动换向阀 4,此阀功能为,一位动力头转速加倍、扭矩减半,二位动力头转速减半、扭矩加倍。该泵接有阀 2,可为乙系统供油,如与动力头给进和回拖马达供油系统叠加,实现快速给进和回拉。动力头卸扣时,该阀应处于中位。

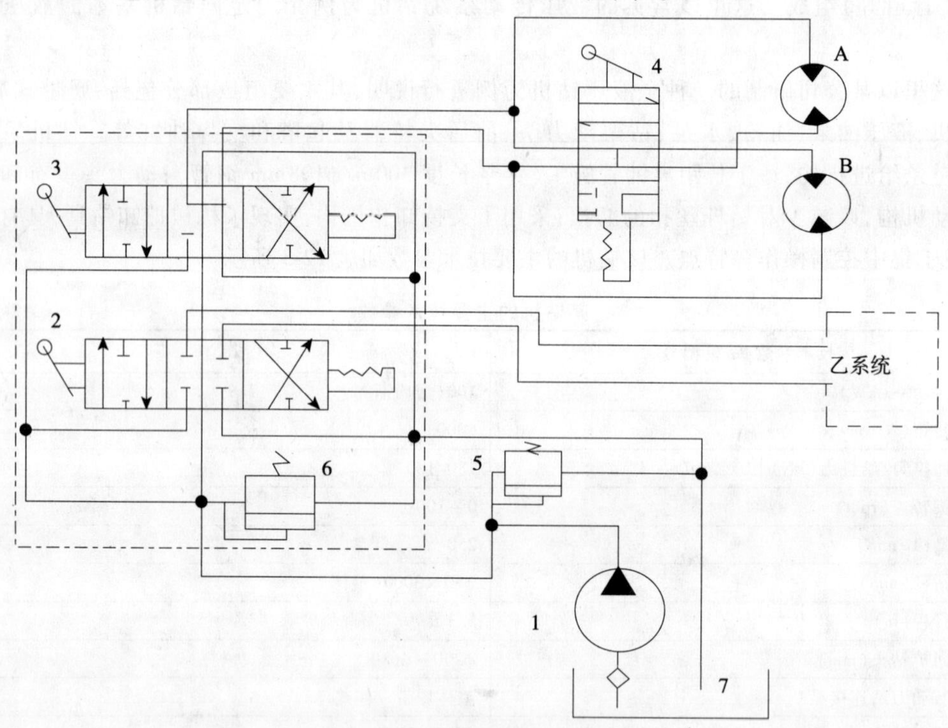

图 12-11　某钻机回转系统液压原理图

1-油泵;2、3、6-控制阀组;2、3-三位六通阀;4-双马达串、并联手动换向阀;5-溢流阀;6-调压阀;7-油箱;A、B-动力头回转马达

2)泥浆泵控制及履带行走机构液压原理

该系统由三联泵的中间泵 CBPa-40 供油(图 12-12),油液经过泵 1 至三位四通电磁换向阀 2,该阀的作用为:一位给水泵马达供油,控制马达的回转,通过调节柴油机转速和水泵变速挡手把,可输出高压泥浆;中位为泵直接卸荷回路;二位,泵通过电磁阀 2 给履带行走四联组合阀供油,通过操纵四联阀手柄控制履带的行走,后支撑油缸的起落,实现钻机的移位、行走及对孔位。泵的出口并联先导式溢流阀,限制中间泵的工作压力。

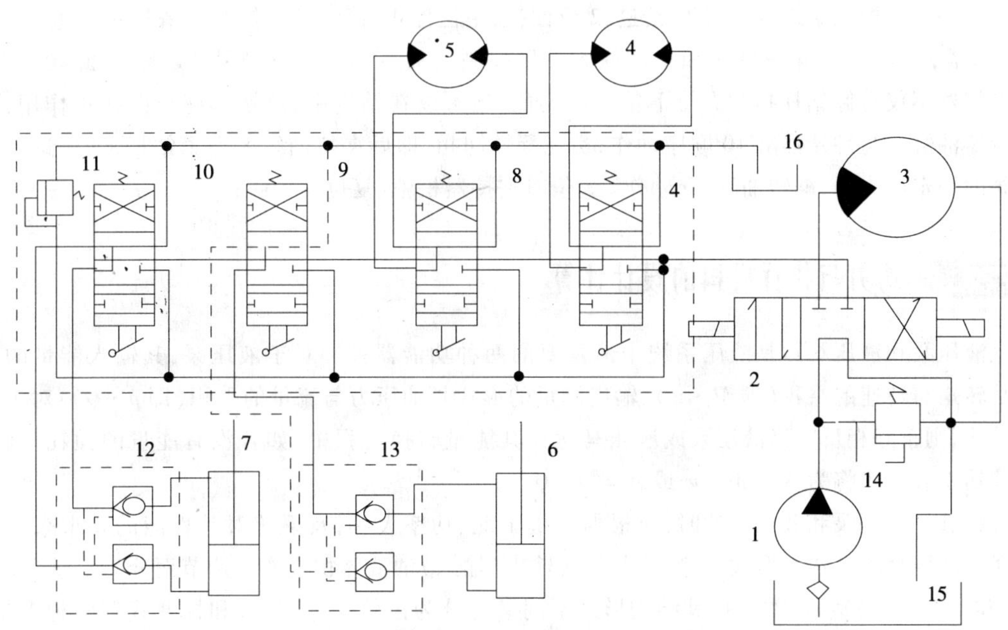

图 12-12　某钻机泥浆泵控制及履带行走机构液压原理图

1-油泵;2-三位四通电磁换向阀;3-泥浆泵油马达;4、8、9、10、11-控制阀组;4、8、9、10-二位六通换向阀,6、7-后支腿油缸;11 调压阀;12、13-液压锁;14-溢流阀;15、16-油箱

3)给进/回拉及夹持拧卸机构液压系统原理

该系统由三联泵中的分泵 CBPa-32 供油,油液经过该泵压至四联换向阀总成(包括给进调压阀 6),给进调压阀 6 可控制给进和回拉的压力调节,工作中需要调节(图 12-13)。四联换向

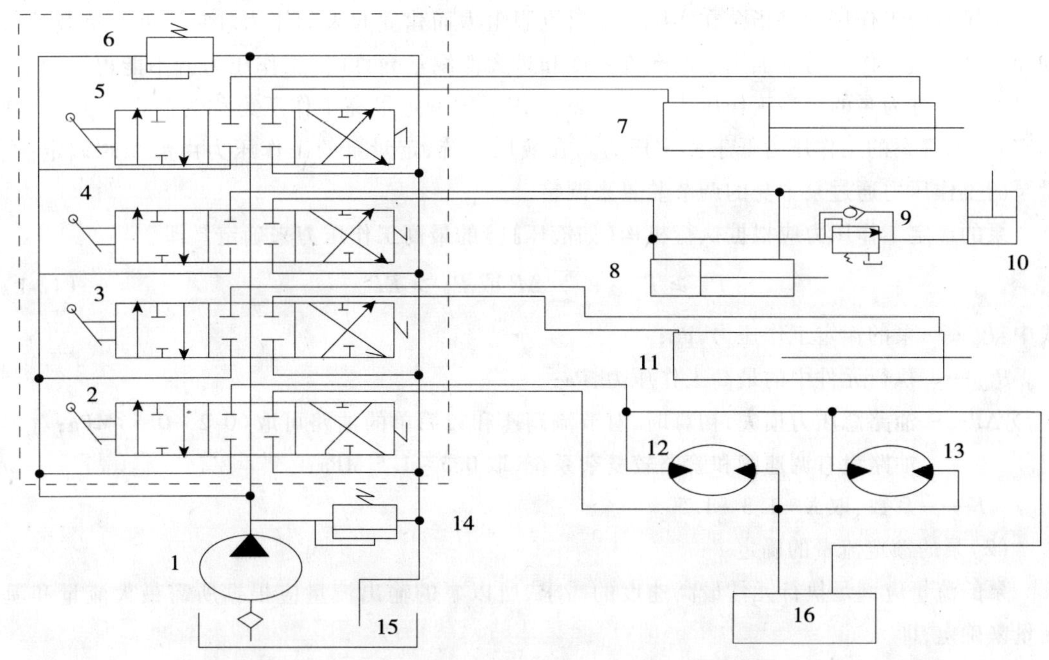

图 12-13　某钻机给进/回拉及夹持拧卸机构液压系统原理

1-油泵;2、3、4、5-控制阀总成;6-调压阀;7-起落架油缸;8-后夹持器夹持油缸;9-顺序阀;10-后夹持器翻转油缸;11-前夹持器油缸;12、13-给进/回拉马达;14-溢流阀;15、16 - 油箱

阀的第一联 2 控制给进马达:1 位给进,2 位回拉,中位停止;第二联 3 控制起塔油缸,1 位起塔,2 位落塔,中位中止;第三联 4 和第四联 5 分别控制后夹持器和前夹持器,实现上、卸扣作业。前夹持器不仅有卸钻杆扣时夹持下钻杆的功能,还可以在钻进中,对钻具起导向扶正作用,后夹持器油缸 8 与翻转油缸 10 顺序动作,实现翻转卸扣,即后夹持油缸 8 夹紧钻杆,油压达到顺序阀的调定压力后,翻转油缸 10 动作。2 位时夹持器松弛、复位。

12.2.4 动力与执行机构的设计计算

液压泵和液压马达是液压系统中最重要的两种功能器件。对于液压泵,其输入能量的形式是转矩与转速的乘积(即 $M \cdot w$),输出能量的形式是油压力与流量的乘积(即 $p \cdot Q$);对于液压马达,则正好相反。当液压泵或液压马达在其能量转换过程中,如若没有能量的损耗,则它们的功率表达式将为 $N = M \cdot w$ 或 $N = p \cdot Q$。

在选择液压泵和液压马达时,应根据主机工况、功率大小,及系统对其性能的要求来合理选择。液压泵和马达的形式很多,按其每转输出(输入)油液体积之能否调节而分为定量泵(马达)和变量泵(马达)两类。按其结构形式不同又可分为齿轮式、叶片式和柱塞式等多种类型。在非开挖设备设计中,将高压力、大流量、寿命长,噪声低等特点的泵作为优选对象。

液压泵(或液压马达)在使用中常用的基本性能参数有:工作压力 P(记作 Pa,帕),流量 Q(m^3/s,立方米/秒),排量 q(m^3/r,立方米/转),功率 N(W,瓦),转矩(N · m,牛 · 米),转速 w,n(rad/s,弧度/秒;rps 或 r/s,转/秒)以及效率 η 等。

1)泵的基本计算及选择

(1)泵的额定压力的确定

液压泵的工作压力是指泵在实际工作时克服阻力而建立起来的压力。它随外部负载的增加而增加。当工作压力增加到泵的允许强度和最大泄漏量允许时,工作压力就不能再增加了,此时的压力称为泵的最高工作压力。在正常工作下的额定最高工作压力称为额定压力(铭牌标定)。通常泵的工作压力低于额定压力。在液压系统,定量泵的工作压力由溢流阀调定;变量泵的工作压力通过泵本身的调节装置来调整。

泵的额定工作压力应根据执行机构(如液压缸)的最高工作压力来确定。即

$$P_B \geqslant P_{max} + \sum \Delta P \text{ 或 } P_B \geqslant KP_{max} \tag{12-1}$$

式中:P_B——泵的额定工作压力,Pa;

P_{max}——执行元件中的最高工作压力,Pa;

$\sum \Delta P$——油路总压力损失,初算时,对节流调速和较简单的油路可取(0.2 ~ 0.5)MPa;对于油路设有调速阀和管路较复杂系统,取 0.5 ~ 1.5 MPa;

K——系数,取 $K = 1.3 \sim 1.5$。

(2)泵的额定流量的确定

泵的流量应满足执行元件最高速度的需求,所以泵的输出流量应根据所需最大流量和泄漏量来确定,即

$$Q_B \geqslant Kq_{max} \tag{12-2}$$

式中:Q_B——泵的额定流量;

K——系统的泄漏系数,一般 $K = 1.1 \sim 1.3$(管路长取大值);

q_{max}——执行元件实际需要的最大流量。

如多个执行元件同时动作，则按最大流量之和确定泵的流量；对于工作过程始终用节流阀调速的系统，在确定流量时，还应加上溢流阀的最小溢流量（一般取 3L/min）值得注意的是：第一，选用的泵额定流量不要比实际流量大得太多，避免泵的溢流过多，造成较大的功率损失；第二，由于考虑了余量，所以额定流量比实际流量要大些，使得实际速度可能稍大。

泵的理论流量 Q_{BO}是指泵在没有泄漏的情况下，单位时间内输出油液的体积，它等于泵的排量 q_{BO}与转速 n_B 的乘积。

$$Q_{BO} = q_{BO} \cdot n_B \tag{12-3}$$

式中：q_{BO}——泵的理论排量，L /r；

n_B——泵的转速，r/min（转/分钟），驱动液压泵的转速应按液压泵的额定转速选取。

液压泵的实际流量 Q_B 总是小于理论流量 Q_{BO}，泵的实际流量为：

$$Q_B = Q_{BO} \cdot \eta_{Bv} \tag{12-4}$$

式中：η_{Bv}——泵的容积效率（与泵的泄漏有关）。

液压泵的容积效率 η_{BV}是反映其容积损失的重要性能指标，它等于泵的实际输出流量 Q_B 与理论流量 Q_{BO}的比值。

$$\eta_{BV} = \frac{Q_B}{Q_{BO}} \tag{12-5}$$

液压泵的机械损失是指泵内相对运动件间的相互摩擦所造成的损失。液压泵的机械损失程度由泵的机械效率 η_{BM}来衡量，它等于泵的理论输入转矩 M_{BO}与实际输入转矩 M_B 之比。

$$\eta_{BM} = \frac{M_{BO}}{M_B} \tag{12-6}$$

液压泵的总效率 η_B 为其输出功率 N_B 与输入功率 N_i 的比值，亦等于它的容积效率与机械效率的乘积。

$$\eta_B = \frac{N_B}{N_i} = \eta_{BV} \cdot \eta_{BM} \tag{12-7}$$

（3）选择液压泵的具体结构形式

当液压泵的输出流量和工作压力确定后，就可以选择泵的具体结构形式了。一般地，中等压力选择叶片泵；工作压力更高时选择柱塞泵；负载较大且有快慢工作行程时，可选用限压式变量叶片泵或双联泵；采用节流调速时，可选用定量泵；如果大功率场合，为容积式调速或容积节流调速时，均要选用变量泵；柱塞泵具有输出压力高、效率高、流量能调节等优点得到了广泛应用，但它具有自吸能力差、对油污染敏感和噪声大的缺陷。

（4）驱动功率配备

液压泵输入功率（即驱动功率）：

$$N_i = \frac{P_B Q_{BO}}{6 \times 10^7 \eta_{BM}} = \frac{P_B Q_B}{6 \times 10^7 \eta_B} \quad (\text{kW}) \tag{12-8}$$

式中：P_B——泵的最高实际工作压力，Pa；

Q_B——泵的实际输出流量，L/min；

Q_{BO}——泵的理论输出流量，L/min；

η_B——泵的总效率；

η_{BM}——泵的机械效率。

在定量泵输入功率计算时,一般取额定的流量和压力;变量泵应根据压力－流量特性曲线计算驱动功率。因为很多的变量泵的特性是随着工作压力的升高而流量变小(如恒功率变量泵等),所以不能按最高工作压力和最大流量计算。

双联泵的输入功率应根据实际情况选取计算压力和流量,如液压装置快速运动时,通常双泵同时作用,但此时压力较低,流量最大,在慢速运动时,流量较小而压力高,这就需要进行比较,取功率消耗最大时的压力和流量作为计算的依据。

2)液压马达的基本计算及选择

(1)输出转矩

液压马达的输出转矩 M_M 是指马达轴上实际输出的转矩。

$$M_M = \frac{\Delta p_M Q_M}{2\pi n_M}\eta_M = \frac{\Delta P_M q_{MO}}{2\pi}\eta_{Mm} \quad (\mathrm{N \cdot m}) \tag{12-9}$$

式中:Δp——液压马达进出口压力差,Pa;

q_{MO}——液压马达的理论排量,m^3/r;

η_{Mm}——液压马达的机械效率;

η_M——液压马达的总效率;

n_M——液压马达的输出转速。

(2)输出转速

液压马达的平均输出转速 n_M 为:

$$n_M = \frac{Q_M \eta_{Mv}}{q_{MO}} (\mathrm{r/s}) \tag{12-10}$$

式中:Q_M——液压马达的输入实际流量,m^3/s;

q_{MO}——液压马达的理论排量,m^3/r;

η_{Mv}——液压马达的容积效率。

(3)输出功率

液压马达的输出功率

$$N_M = \Delta p_M Q_M \eta_M \quad (\mathrm{W}) \tag{12-11}$$

式中:η_M——马达的总效率。$\eta_M = \eta_{Mm} \times \eta_{MV}$

实际工作中,非开挖钻机多数工况要求速度较低而转矩大,且有时是带负载起动的,可选用高速液压马达附加减速器的方案,也可直接选用低速大转矩马达。随着机械制造业和材料科学的发展,目前生产的低速液压马达具有输出转矩大、工作可靠、体积小、效率高、布置较方便等特点。

液压马达类型确定后,便可根据下式计算其理论排量 q_{MO}

$$q_{MO} = \frac{2\pi M_{max}}{P' \eta_{Mm}} \quad (\mathrm{m^3/r}) \tag{12-12}$$

式中:M_{max}——液压马达的最大外负载,N·m;

P'——拟定的系统工作压力,Pa。

根据所确定的液压马达的类型和计算出的理论排量,便可选择参数较为接近的液压马达;再根据所选定马达的排量,计算出它的实际流量 Q_M:

$$Q_M = \frac{q_{MO} \cdot n_M}{\eta_{MV}} \quad (\mathrm{m^3/s}) \tag{12-13}$$

式中：q_{MO}——选定的液压马达的理论排量，m^3/r；

n_M——液压马达的平均转速，r/s。

例：如图12-14所示，已知变量泵的最大排量 $q_{BO}=160ml/r$，转速 $n_B=1000r/min$，机械效率 $\eta_{BM}=0.9$，总效率 $\eta_B=0.85$；液压马达的排量 $q_{MO}=140ml/r$，机械效率 $\eta_{Mm}=0.9$，总效率 $\eta_M=0.8$，系统的最大允许压力为 $p=8.5MPa$，不计管路损失。求液压马达的转速 n_M 是多少？在该转速下，液压马达的输出转矩是多少，驱动泵的所需转矩和功率是多少：

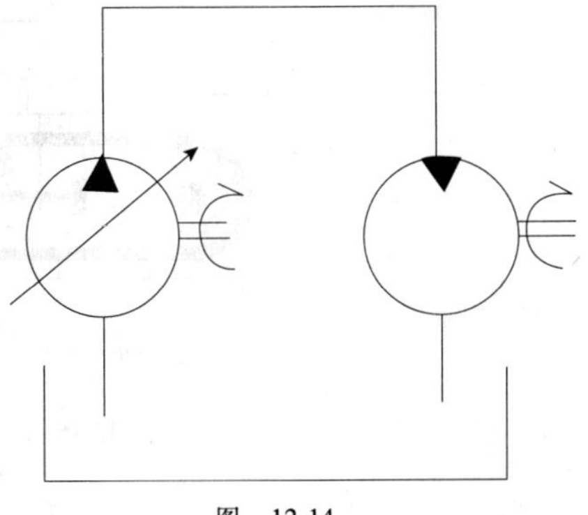
图 12-14

解：

(1)液压马达的转速和转矩

液压泵的实际输出流量

$$Q_B=q_{BO}\cdot n_B\cdot\eta_{BV}=q_{BO}\cdot n_B\cdot\frac{\eta_B}{\eta_{BM}}=160\times10^{-3}\times1000\times\frac{0.85}{0.9}=151\ (L/min)$$

液压马达的容积效率 $\eta_{MV}=\eta_M/\eta_{Mm}=0.8/0.9=0.89$

液压马达的转速：

$$n_M=\frac{Q_B\eta_{MV}}{q_{MO}}=\frac{151\times0.89}{140\times10^{-3}}=960\quad(r/min)$$

液压马达的输出转矩：

$$M_M=\frac{Pq_{MO}}{2\pi}\eta_{Mm}=\frac{85\times10^5\times140\times10^{-6}}{2\pi}\times0.9=170.45\quad(N\cdot m)$$

(2)液压泵所需的功率和转矩

液压泵所需的功率：

$$N_i=\frac{pQ_B}{6\times10^7\eta_B}=\frac{8.5\times10^6\times151}{6\times10^7\times0.85}=25.2\qquad(kW)$$

驱动液压泵的转矩：$T=\frac{N_i}{2\pi n_B}=\frac{25200\times60}{2\pi\times1000}=240.6\qquad(N\cdot m)$

下面以液压马达驱动的无极绳(链条)给进机构为例分析计算给进马达的给进速度和给进力的大小。传统钻机的给进和回拉一般通过液压油缸伸缩来实现，因此行程受到极大的限制，如果采用多油缸的接力虽然能弥补行程短的缺陷，但机构复杂。采用低转速、大扭矩的液压马达驱动则克服以上矛盾。如图12-15所示，移动回转器式钻机的给进(回拉)系统。液压马达产生的作用力通过链轮、链条传递给回转器后可产生双倍的给进力和回拉力，故称之为倍力机构，也就是说外负载一定的情况下，驱动荷载降低50%。

该系统采用低速大扭矩液马达，其实际扭矩为：

$$M_M=\frac{\Delta p_M q_{MO}}{2\pi}\eta_{Mm}\qquad(N\cdot m)\qquad(12\text{-}14)$$

式中：Δp——液压马达进出口压力差，Pa；

q_{MO}——液压马达的理论排量，m^3/r；

η_{Mm}——液压马达的机械效率。

若链轮节圆半径为 R(m)，则液压马达作用于链条上的给进力为：

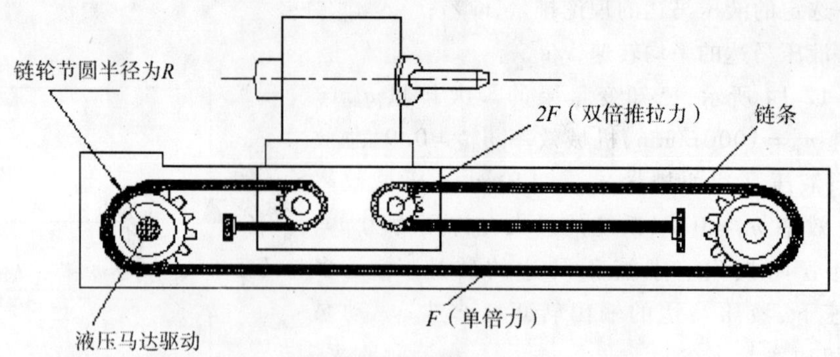

图 12-15　液压马达驱动的无极绳（链条）给进机构原理图

$$F = \frac{M_M}{R} \cdot \quad (N) \tag{12-15}$$

链条速度为：

$$v = 2\pi R n \quad (m/s)$$

而

$$n = \frac{Q_M \eta_{Mv}}{q_{MO}} \quad (r/s) \tag{12-16}$$

式中：n——液马达转速，r/s；

Q_M——液马达的输入流量，m^3/s；

η_{MV}——液马达的容积效率。

所以，液马达驱动的动力头的给进参数为：

给进力：

$$G = 2F \quad (N) \tag{12-17}$$

给进速度：

$$v_g = \frac{v}{2} \quad (m/s) \tag{12-18}$$

从式(12-17)、式(12-18)中看出，调节给进液马达的输入压力即可调节给进力的大小；调节液马达的输入流量即可调节给进/回拉速度。

3)执行油缸的设计计算

液压缸是液压系统的一种常用的执行元件，其中，单活塞杆液压缸应用最为广泛。它主要用来实现钻机某些机构的直线往复运动，如钻机的角度调整，钻杆的拧卸夹持等。

活塞将缸体分成左、右两腔。缸体上有两个通油孔，不同方向进入压力油，活塞杆产生左右往复运动。由于单活塞杆液压缸分一端有活塞杆腔和另一端无活塞杆腔，故两端运动速度和推力均不等，计算原理如下(图 12-16)：

(1)当压力油进入无活塞杆腔时，设背压为零，其输出推力为：

$$F_1 = A_1 \cdot p \cdot \eta_m \quad (N) \tag{12-19}$$

式中：A_1——无活塞杆腔有效工作面积，m^2；

p——液压缸工作压力，Pa；

η_m——液压缸的机械效率。

活塞移动速度：

$$v_1 = \frac{Q \cdot \eta_v}{A_1} \quad (m/s) \tag{12-20}$$

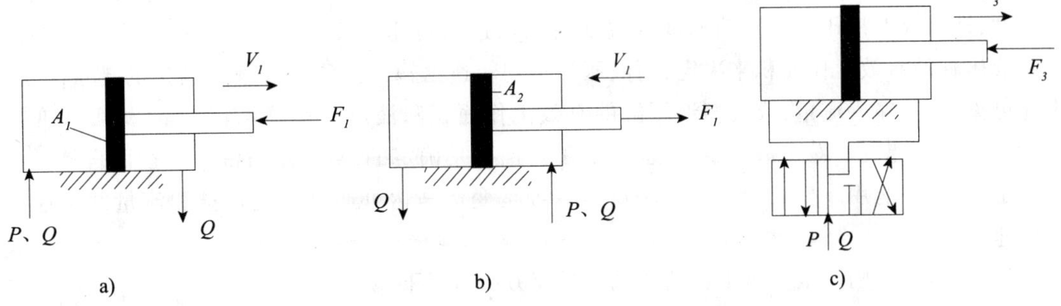

图 12-16　液压缸原理示意图

式中：Q ——液压缸输入流量，l/min.；

η_v——液压缸容积效率。

(2)当压力油进入有活塞杆腔时，设背压为零，其输出拉力为：

$$F_2 = A_2 \cdot P \cdot \eta_m \quad (\text{N}) \tag{12-21}$$

式中：A_2——有杆腔有效工作面积(环状面积)，m^2；

活塞移动速度：

$$v_2 = \frac{Q \cdot \eta_v}{A_2} \quad (\text{m/s}) \tag{12-22}$$

(3)当液压缸的左、右两腔同时通压力油形成差动回路时

如图(12-16c)所示。由于左、右两腔的有效工作面积不等，产生的作用力不等，活塞在两端推力差作用下，将向右运动，同时从右腔排出的油液与泵供入的油液会合而同时进入左腔，这种连接方式称为差动连接。它的推力为：

$$F_3 = A_3 \cdot P \cdot \eta_m \quad (\text{N}) \tag{12-23}$$

式中：A_3——差动液压缸的有效作用面积；$A_3 = A_1 - A_2$，m^2。

活塞运动速度：

$$v_3 = \frac{Q_3 \cdot \eta_v}{A_1} = \frac{(Q + A_2 V_3)\eta_v}{A_1}$$

因此

$$v_3 = \frac{Q\eta_v}{A_1 - A_2\eta_v} \quad (\text{m/s}) \tag{12-24}$$

式中：Q_3——差动连接时进入油缸左腔的总流量，m^3/s；

d——活塞杆直径，m。

由上可知，双作用单活塞杆液压缸当无杆腔进油时，输出推力最大，而运动速度最小，适合进给运动要求，但活塞杆处于受压工作状态，要有足够的刚度；当有杆腔进油时，输出力小而运动速度较快，适用于回程；当两腔成差动连接时，输出推力最小，运动速度最大，可实现低负荷快速运动。

12.2.5 调速回路的设计计算

非开挖液压钻机在钻进过程中的外负载是变化的，操作时，要根据地层情况和钻机负荷灵活调节工作机构的工作速度，以适应外负载的变化，提高生产率，合理地利用能量。

在液压传动的设备上,工作部件由执行元件(液压缸或液压马达)驱动。若改变执行元件的速度,即是改变液压缸的运动速度或改变液压马达的转速。液压缸的运动速度由输入的流量和液压缸的有效工作面积来决定,而液压马达的转速由输入的流量和液压马达的排量决定。由此可见,改变输入流量,或改变液压缸的有效工作面积和液压马达的每转排量,均可改变执行元件的运动速度。对于液压缸来说,有效工作面积是确定的,对于定量液压马达而言排量也是确定的,故只能用改变流量的方法来调速。若是变量马达可通过改变排量和流量两条途径来调速。

目前,市场上国产全液压工程钻孔机的调速方法有以下三种:

(1)节流调速控制回路

即采用定量泵供油,由流量阀改变进入或流出执行元件的流量来实现调速。节流调速回路又分进口节流、出口节流、旁路节流3种,控制原理是通过调节调速阀的开启幅度,控制执行元件动作速度输出。这种控制方式原理简单,可实现无级变速,但由于在调速过程中,多余的流量是通过溢流阀溢流(进、出口节流调速回路)或节流阀节流(兼容性节流回路)而走的,所以液压系统效率低,发热严重,且换向手柄和调速手柄相对独立,在操作过程中不能及时、迅速调节执行元件速度输出。

(2)容积调速控制回路

即通过改变变量泵的供油量或改变液压马达排量来实现执行机构的调速。按油液的循环方式,容积调速可分为开式回路与闭式回路。在开式回路中,有一种负载敏感系统。它不但能达到与闭式系统同样的控制效果,而且通过组成多联换向阀,可以实现一泵多用。则闭式系统只能是一泵控制一个执行机构,泵的利用效率低,系统成本高。

(3)分合流调速控制回路

典型的分合流调速控制回路,有两泵三速回路和分流阀回路两种形式。

两泵三速回路可根据不同工况要求完成三种速度输出。该系统简单,在额定压力范围内无节流能量损失,系统效率高。其缺点是操纵手柄较多,容易产生误操作,不能实现无级调速。

分流阀回路是由两泵三速回路演变而来的。其泵输出流量通过分流阀分成两路。当执行机构需要高速运转时,两路输出流可达到高速目的;单路供油时,执行元件低速运作。但在设计选型时,若要达到具有两泵三速回路同样的输出参数,泵的排量就要相应增大。

下面我们以液压缸为执行元件进行节流调速回路的分析,因其都是定量执行元件,故所得结论同样适用于液压马达。

(1)节流口的流量特性

由流体力学知,液体流经节流口时其压力流量特性的一般表达式为:

$$Q = K \cdot a \cdot \Delta p \cdot m \quad (m^3/s) \tag{12-25}$$

式中:K——由节流口几何形状和油液性质决定的综合流量系数;

a——节流口的过流面积,m^2;

Δp——节流口前后压力差,Pa;

m——由节流口形状(即孔径与孔长的相对大小)决定的指数,$0.5 \leqslant m \leqslant 1$;对薄刃孔 $m = 0.5$,细长孔 $m = 1$。

(2)节流调速回路的计算方法

以进油节流调速回路(图12-17)为例,分析液压缸执行元件的调速计算方法。单向节流阀2安装在液压缸进油道上,单向节流阀用在正向运动速度可调,反向运动快速返回的系统上。

液压缸的回油道直通油箱。当液压缸的活塞稳定运动时,活塞上的力平衡方程为:

$$p_2A_2 = p_0A_1 + R \tag{12-26}$$

因回油直通油箱,取 $p_0 = 0$,则:

$$p_2 = \frac{R}{A_2} \tag{12-27}$$

式中:p_2、p_0——分别为液压缸无杆腔和有杆腔的油压力;

A_2、A_1——分别为液压缸无杆腔和有杆腔的有效作用面积;

R——液压缸的外负载。

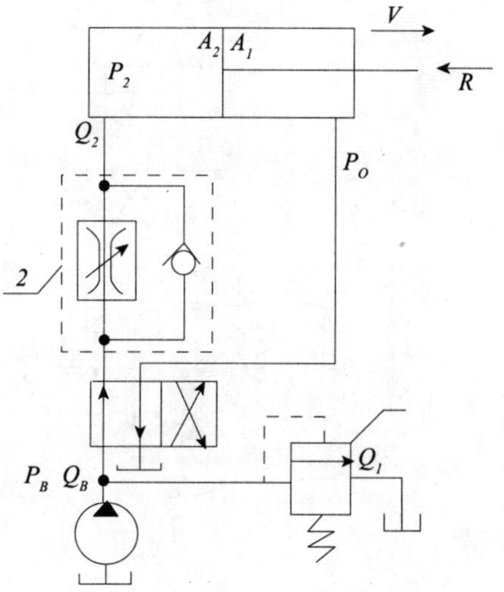

通过节流阀 2 的流量为:

$$Q_2 = K \cdot a \cdot \Delta p \cdot m = Ka(p_B - p_2)\text{m} = A_2V \tag{12-28}$$

图 12-17 进油节流调速回路

式中:p_B——液压泵的工作压力,由溢流阀 1 调节并视为常数;

V——外负载 R 的运动速度。

将式(12-27)代入式(12-28),整理后得:

$$V = \frac{Ka}{A_2}\left[P_B - \frac{R}{A_2}\right] \cdot m \tag{12-29}$$

式(12-29)就是进油节流调速回路的机械特性方程。它反映了液压缸活塞运动的速度 V、外负载 R 同节流阀阀口的有效过流面积 a 三者之间的关系。

当节流阀的过流面积 a 一定时,根据机械特性方程式(12-29)知:活塞运动的速度 V 随外负载 R 的增加按指数 m 的规律下降,通常称 a 为定值时,V 与 R 的关系为负载特性。速度随负载而变化是用节流阀进行调速的共同缺点。一般应用在负载变化不大的场合,如步履、支撑机构等。

当负载 R 不变时,改变节流阀的过流面积(开口量),就改变了进入液压缸的流量,从而调节了活塞的工作速度。且过流面积 a 增大,速度 V 增加。同样,通常称 R 不变时,V 与 a 的关系为速度特性。

图 12-18 为几种典型的容积式调速回路。图 12-18a)为变量泵调速回路,它由变量泵余定量液压马达或液压缸组成的调速回路,变量泵输出的压力油全部进入液压缸或马达,驱动活塞移动或马达转动,通过改变变量泵的流量,即可改变活塞的运动速度或马达转速。回路中的溢流阀只是在系统过载时起安全保护作用。图 12-18b)为定量泵和变量液压马达组成的容积调速回路,定量泵输出流量不变,调节变量液压马达的排量,则可改变它的转速,马达的旋转方向由手动换向阀来控制。容积式调速回路没有节流阀的影响,效率高,速度稳定性好,调速范围大且易于换向。由于变量泵和变量液压马达的结构复杂,因此,容积调速一般适于大功率、速度稳定性要求高的液压系统。图 12-18c)为容积节流式调速回路,变量泵供油,用调速阀或节流阀改变进入定量马达的油量,以实现工作速度的调节,并且液压泵的供油量与马达所需的流量相适应,这种回路称为容积节流调速回路或联合调速回路。

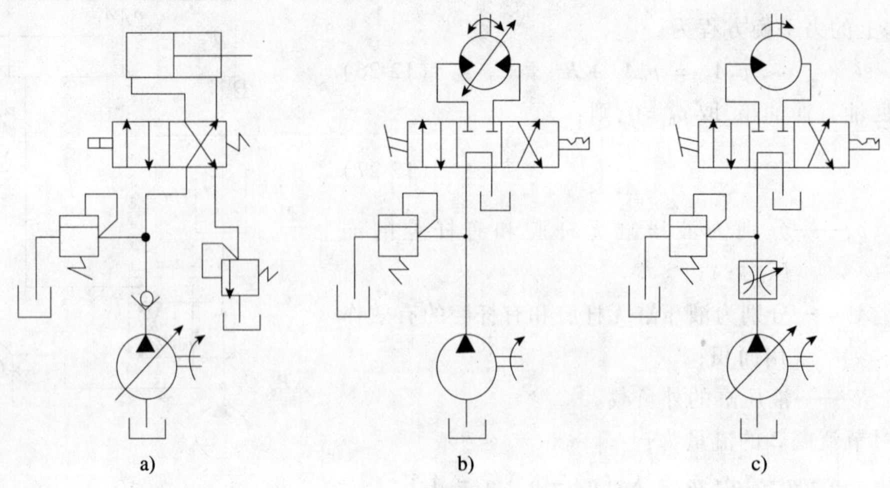

图 12-18　几种典型的容积式调速回路

12.2.6 钻机的保护设计

非开挖钻机设计时,还要考虑钻机本身的安全和司钻人员的安全。如支撑油缸的自锁设计、保护钻杆丝扣的动力头浮动机构设计以及防碰地下高压电缆的感应线圈设计等。在这里主要介绍两种类型的钻机保护设计。

1)锁紧回路

执行元件在工作过程中,常需要在中间的某一位置上停留一段时间保持不动。如用钻机升降油缸来调整钻具入射角,定位后就需要切断执行元件的进油或回油路,并利用液压力锁紧外负载。

图 12-19 为常用的液压锁的锁紧回路。无论外负载或大或小,它均可使负载锁紧在整个行程中的任意位置上。液压锁即液控单向阀。一个液控单向阀称单向液压锁,只能起单向锁紧作用;两个液控单向阀则称双向液压锁。图示 12-19 为锁紧回路中所使用的为双向液压锁,它可以使液压缸双向锁紧,以防止油缸支撑期间的"软腿"而自动缩回以及因自重自行沉落。另外,液压锁(即液控单向阀)阀芯采用的是锥阀式结构,内泄漏很小,因此锁紧精度较高,其锁紧精度只取决于执行元件(如油缸)的内泄漏。实际使用中,常将液压锁安装在液压缸的进、出油口附近,使泄漏的影响区域局限于最小的范围之内,同时还可以防止因油管破裂而发生事故;此外,采用 H 型或 Y 型机能的换向滑阀,中位时可以使液压锁后边油路中的油液压力充分卸荷,保证了液压锁锁紧时的快速性和防止因背压引起的自动开锁。所以这种高精度的锁紧回路完全满足于非开挖钻机的使用要求。

2)浮动保护

(1)钻杆丝扣保护浮动装置

在钻杆的拧卸过程中,如果前部钻杆被夹持器夹持或孔内土层粘附,而后部动力头也相对固定,那么会造成钻杆丝扣剪切破坏。此时设计动力头浮动装置则有效地保护了钻杆丝扣。浮动保护装置形式很多,如图 12-20 所示为勘探技术研究所设计的浮动装置原理图,动力头托架与动力头之间设计有浮动间隙,上卸螺扣时,动力头会随螺纹的螺距前后浮动,保护了丝扣。当加压钻进时,动力头托架前移,顶住动力头前端面实现加压;当钻具回拉时,动力头托架后

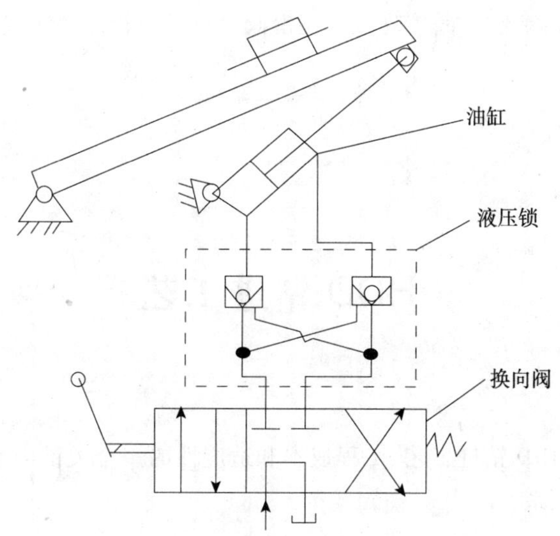

图 12-19　常用的液压锁的锁紧油路

移，着力于动力头后端面实现回拉；中国地质大学（武汉）勘查系研制的"王牌"非开挖钻机则采用通孔式低速马达输出轴的内花键与内六方轴的外花键形成滑动花键副，起到了浮动保护作用，内六方轴内则通过穿入外六方轴起到了传递扭矩的作用，水龙头安装在通孔式低速马达的后端部，达到了很好的密封效果，维修极为方便。

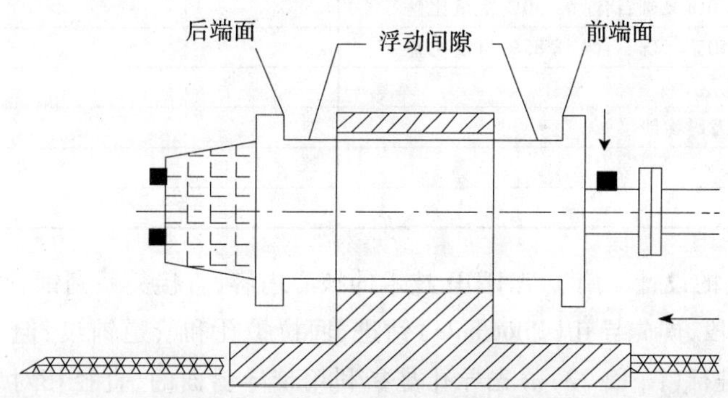

图 12-20　钻杆丝扣保护浮动装置原理图

(2)液压马达的浮动保护

非开挖钻机的回转通常采用大转矩的液压马达来完成，由于负荷变化大，工况恶劣，需要对液压马达进行一定程度的保护。自由浮动保护就是保护措施之一，浮动回路是把马达的进油路、回油路直接连通或同时接通油箱，即使负载有强大的惯性力，但由于马达处于无约束的自由浮动状态，减轻了惯性力的产生。另外，利用换向阀的浮动回路在换向的过程中，首先使马达浮动，再进行换向，克服了外负载运动惯性大时机械骤停对马达的伤害。

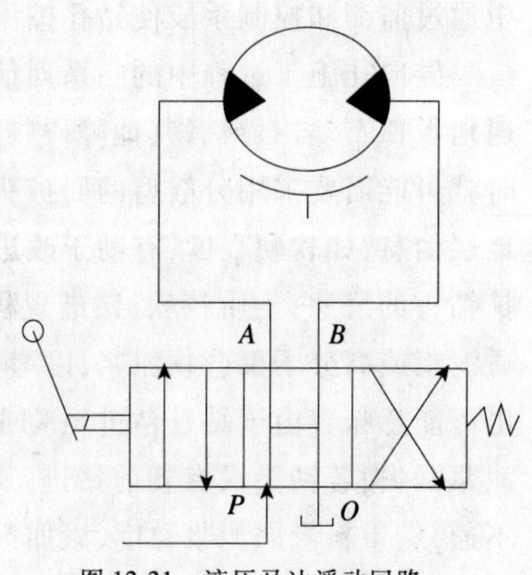

图 12-21　液压马达浮动回路

图 12-21 是利用"H"型机能的换向阀实现液压马达浮动的浮动回路。当换向阀处于图示中位时，A、P、B、O 四条油口全部连通，液压马达经换向阀自成循环系统，于是马达

就处于自由浮动状态。除此以外,P 型和 Y 型滑阀也可使执行元件实现浮动。

12.3

HDD 钻进工艺

地层条件是影响 HDD 钻进工艺、工程成本和适应性的一个关键因素,表 12-5 列出了 HDD 和地层条件的适应性关系。

HDD 和地层条件的适应性关系 表 12-5

地 层 条 件	适用	可行但有难度	困难极大
中硬—硬质黏土和淤泥	×		
硬黏土和强风化页岩	×		
松散沙层(砾石含量 <30% 重量比)		×	
中—致密沙层(砾石含量 <30% 重量比)	×		
松散—密实沙砾石层(30% <砾石含量 <50% 重量比)		×	
松散—密实沙砾石层(50% <砾石含量 <85% 重量比)			×
松散—密实的卵砾石地层			×
含有大量孤石、漂石或障碍物地层			×
风化岩层或强胶结地层	×		
弱风化—未风化岩层		×	

HDD 钻孔轨迹的设计与施工是 HDD 技术的核心内容,直接关系到铺管的成败。其施工过程一般分为三个阶段,即先导孔(Pilot hole)钻进、回拉扩孔和管道铺设,但有时第二和第三阶段可以合并,同步进行(图 12-22)。先导孔是指利用带导斜面的、直径相对较小的钻头按照预定路由设计轨迹首先形成小直径的导引孔,为后续扩孔和铺管提供导引功能。钻进设备按照轨迹设计要求安放并调整好钻具(机架)在入口处的初始角度,开始导向/定向钻进,钻进过程中通过监测和控制手段使钻孔按设计轨迹延伸,并从另一端钻出地表,完成导向孔的施工。

导向孔施工过程中的一系列信息相当重要,对后续的施工有重要的指导作用。例如,当钻遇地下孤石、岩石或者其他障碍物时,可能引起钻头振动并传递到钻杆、钻机或地表,扩孔回拖时就可能需要采用分散型的回扩头,如凹槽型回扩头;通过顶进和回转阻力,可以掌握钻遇的地层信息,如软硬程度,有助于改进扩孔或铺管工艺。土质坚硬,说明需要预扩,或逐级增大回扩钻头的尺寸;土质较软,钻进规程和钻头类别就需要及时调整;在钻遇砂层时,就必须采用优质泥浆或高分子聚合物泥浆,以增强泥浆的胶结强度或泥浆流动的能力;在出口坑没有泥浆流出可能意味着由于缺乏钻进经验或者使用了不适当的泥浆而导致了钻孔中环形空间的堵塞或泥浆漏失;若钻头没有朝前钻进,旋转压力却不断增大,可能是土层吸水膨胀,粘附钻杆或泥浆不通,应重新考虑泥浆黏度、添加剂或泥浆量。

钻孔轨迹的监测,如果在埋深较小和施工现场条件允许的情况下,一般可以采用地面步行

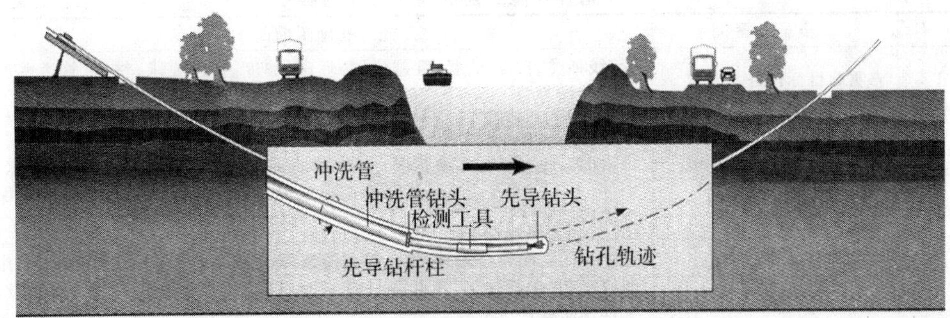

a）先导孔钻进

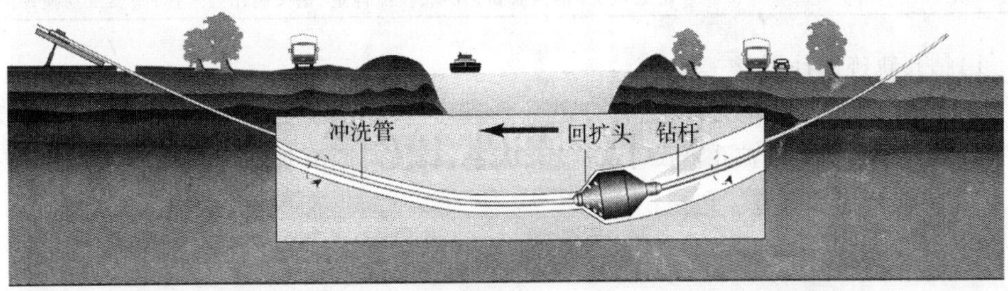

b）回拉扩孔

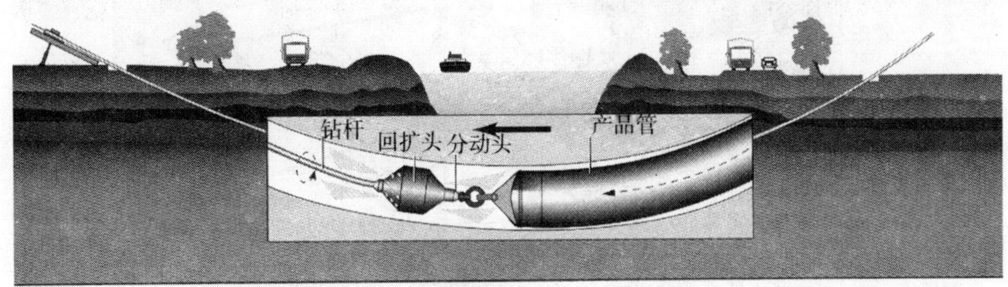

c）管道铺设

图 12-22　HDD 钻进工艺示意图

式导航仪，如 DigiTrackIII，IV，V（无线导航仪）等；如果施工深度过大、电磁干扰严重以及地表导向非常困难的条件下，如穿越江河和不可进入建筑下导向监测，可使用（有缆）随钻测量（MWD）系统来实现导向施工。

12.3.1 先导孔施工前准备

在钻进先导孔之前必须进行钻孔轨迹的设计，施工过程中还要根据这一设计进行控制，使实际轨迹符合设计轨迹，以保证铺设管道位置的准确性。因此，钻孔轨迹设计既是非开挖施工的依据，又是施工质量检查的标准。设计方案是否正确合理是非开挖施工成功的首要条件。设计前，必须完成表 12-6 所示的工作内容。HDD 穿越工程钻机和管道场地布置如图12-23所示。

先导孔施工前的具体工作内容　　表 12-6

序号	步　骤	先导孔施工前的工作内容
1	明确目标任务与要求	管/线种类、长度、直径;穿越位置、埋深、坡度、精度要求;材质、管道壁厚及物理力学性能等
2	现场调查	实际长度丈量;地形坡度情况;原有地下管线分布情况;地层类别和厚度、地下水位情况;周边环境、交通状况;设备、材料摆放位置;入、出口位置;地表供水、供电条件;上部空间是否有高压线影响以及施工轨迹线附近电磁干扰对定位仪器的影响程度
3	轨迹设计与铺管工艺方法设计	先导孔的空间轨迹设计;设备与仪器选择;扩孔工艺(包括钻具类型、扩孔级数);铺管工艺(包括焊接、管道保护、拉或顶管方法);铺管阻力计算;泥浆设计;突发事件预防处理方案等
4	准备工作	设备就位;泥浆配备;管材预备;出入孔坐标定位;预定轨迹红线定标;泥浆坑和出入口坑(根据需要)开挖;仪器标定;钻头制作与选择;附属及易损件准备等

1)钻孔轨迹设计调查

在查明现有障碍物的基础上,设计出一条最佳的钻孔轨迹。首先必须充分了解要铺设管道的类型、直径,使用的扩孔器尺寸和类型,其次,必须对原有地下障碍物和管线埋设位置、深度、类型等进行详细调查。包括:

(1)地下沟渠;

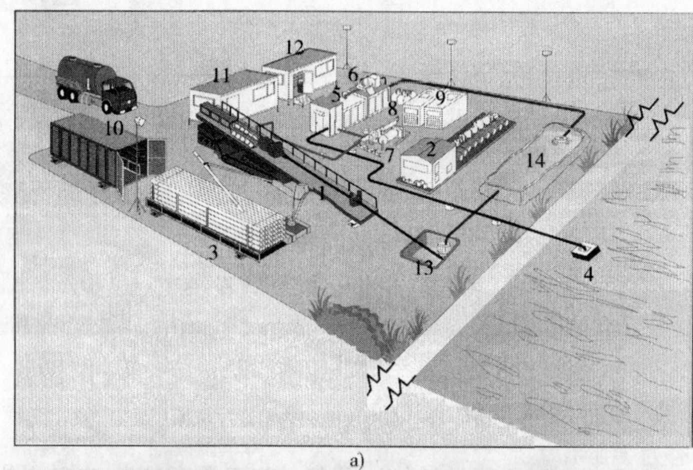

a)

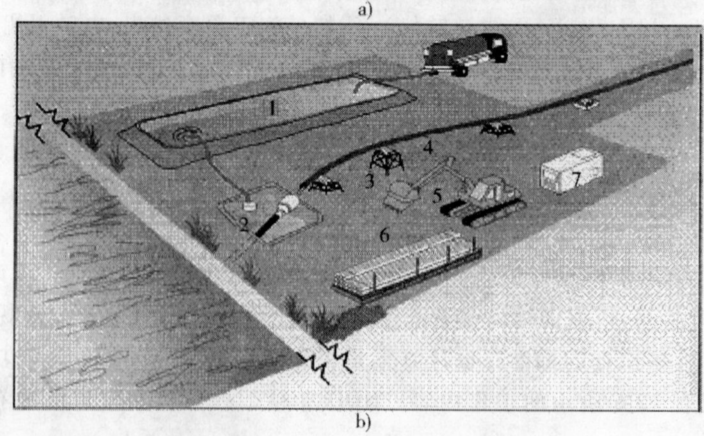

b)

图 12-23　大型穿越工程现场布置示意图

a)穿越工程钻机一侧现场布置图;1 - 钻机;2 - 控制室和动力装置;3 - 钻杆;4 - 水泵;5 - 泥浆搅拌池;6 - 岩屑分离装置;7 - 泥浆泵;8 - 膨润土存放处;9 - 动力源;10 - 备品存放处;11、12 - 办公室;13 - 入射坑;14 - 岩屑沉淀池

b)穿越工程管道一侧现场布置图;1 - 岩屑沉淀池;2 - 出土坑;3 - 管线滚轮;4 - 铺设管线;5 - 施工设备;6 - 钻杆;7 - 备品存放处

(2)明显标识的地下通讯电缆、光缆；

(3)柏油路或水泥街道上的补块下是否存在管线；

(4)桅杆的电线延伸到地面下；

(5)下水道人井的盖子；

(6)水或煤气的关闭阀；

(7)地形坡度等。

了解钻进轨迹路径上是否有公用管线或知道了公用管线的位置后,还必须计划钻导向孔和回扩孔离地下公用管线或其他障碍物的最小安全距离。如果钻孔要用一定尺寸的回扩器扩大,必须由回扩器的尺寸来决定导向钻进和回扩时的最小安全距离。因为回扩器穿过整个钻孔,足够的安全距离是非常重要的,同时,也允许钻头在定位时有些偏差。

决定坡度的方法很简单,只要将探测器放在地上,读取接收器上的斜度读数,并且记录下来。在地面斜坡改变的任何地方重复这个过程。一旦达到最大深度后,将钻头的斜度和地面斜坡保持一致,可以使导向孔维持设定的深度。

2)钻孔路径的干扰调查

所谓干扰,就是从接收器上看到的发射器信号的损失或失真。干扰可以分为两类:主动干扰和被动干扰。

主动干扰是指所有能发出电磁信号或产生电磁场的干扰源。如,动力和电话电缆、交通信号的电流线圈、微波或无线电波信号、传呼机信号、发动机的电子控制信号和所有与电子有关的东西。主动干扰可能引起:①信号强度和深度读数不稳定;②斜度和方位数据丢失;③接收器校准错误,导致深度误差。

被动干扰是指来自任何可以阻碍、吸收或者扭曲电磁场的物体。包括大的金属物体,如高速公路上的护栏、钢板等;他们就像天线一样,从探测器发出的信号会沿着围栏转移,很难找到钻头的正确位置;混凝土中的钢筋会扰乱从探测器上发出的信号,使接收器难以正确读取信号。解决该问题的方法是将接收器抬高;停在车道上的车辆的电子点火装置和大范围的金属面积也可能会造成干扰,最佳解决之道是将车辆停在远离钻孔路径的地方。盐水也是一种干扰源,虽然盐水本身不产生干扰,但盐水能吸收信号,减弱其强度,这使得接收器以为钻头是在比实际位置更深的地方。还有就是大地本身的土壤含有的矿物质、碱性等,产生对信号的阻抗。被动的干扰对定位的影响可能是:

(1)探测的深度可能比实际的深度更深;

(2)所有的信号可能被隔断;

(3)钻头位置可能不正确。

减轻干扰的方法:用仪器可以测定干扰值来选择采用探深更大的探棒、有线探棒或双频定位系统。

在钻进工作开始之前应沿着钻孔路径检查干扰物体。方法是:在启动探测器之前,带着接收器沿钻进路径走,注意接收器上的信号强度。沿着钻进路径的任何高度信号都可能表示有问题的区域,应该在这些区域做上记号,以便提示定位操作员,为实际导向工作提供指导。

3)钻机架设位置调查

这部分内容主要是机器安放的水平位置要满足第一阶段导向孔施工的距离:

(1)以使钻杆或管线不用过度弯曲;

(2)有足够的空间容纳要安装的管线;

(3)后退距离=深度/钻进斜度(%)。

12.3.2 实现导向的方法

(1)软土层的导向

在软土层中,应用造斜钻头来实现导向。导向钻头为斜面钻头(图 12-24)。该钻头由探头盒和斜面钻头体组成,高压液流经过喷嘴形成高压射流辅助切削和导向。探头盒用来放置探头,其上开有通磁槽,并用非金属材料密封,以防止屏蔽电磁波并阻止泥沙的进入。造斜钻头上的斜板在钻头回转时起辅助切削作用,在给进时则起造斜作用。

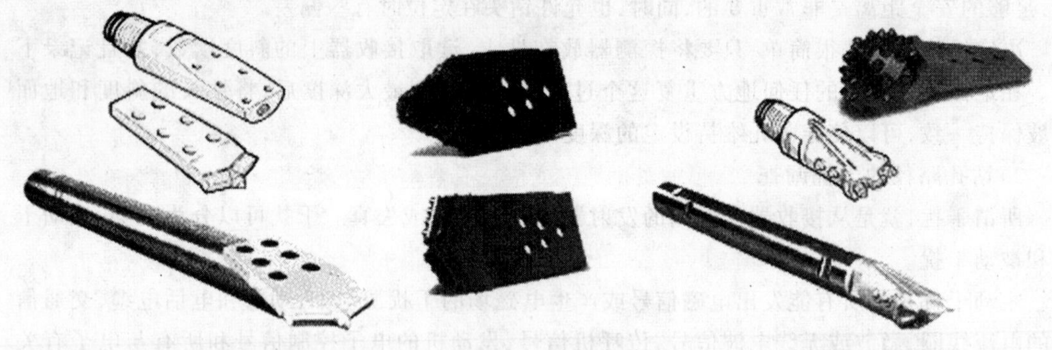

图 12-24 导向钻头

导向钻进是由导向钻头、钻机、导向仪器的相互配合来完成的。若同时给进和回转钻杆柱,斜面失去方向性,实现同方向直线钻进;若只给进而不回转钻杆柱,作用于斜面的反力使钻头改变方向,实现变向造斜钻进。

在松软地层中导向时,缓慢转动钻杆来调整工具面向角到恰当位置后,在钻杆不回转的状态下施加钻压,钻头在斜面上受到一定的侧向力;同时向钻头输送高压冲洗液并从喷嘴射出破碎地层,使地层破碎不平衡,钻头必然会沿某一方向钻进延伸,实现导向的目的。当钻孔轨迹达到预期目标后,开始回转钻杆进行保直钻进。

钻头轨迹的监视,一般由地表探测器和孔底发射器(探头)来实现,地表探测器接收并显示位于钻头后面的探头发出的信号(深度、顶角、工具面向角等),供操作人员掌握孔内情况,以便随时进行调整。

(2)硬岩中的导向技术

在硬岩中导向比较困难,一般采用定向钻井技术,需要 MWD 和孔底泥浆马达配合弯接头进行导向。泥浆马达分为:螺杆马达和涡轮马达两大类。

泥浆马达的组成和工作原理:由旁通阀、动力机、万向节和输出传动轴等部分组成。如图 12-25 所示,在紧靠钻头上部连接一个泥浆马达,钻头的回转依靠泥浆马达带动,而上部的钻杆不回转。泥浆马达是由地表泥浆泵通过钻杆输送的高压冲洗液来驱动回转。由于钻杆不回转,因此,在深孔或弯曲钻孔和水平钻井中可以避免因回转钻杆造成的大的回转阻力,可以减少钻杆的磨损和疲劳破坏等;减少振动和碰撞对钻孔孔壁的破坏。而且泥浆马达钻进只有马达转子、传动轴和钻头回转,长度较小,可以开较高转速,提高了钻进效率。

动力部件是泥浆马达的核心部分。由定子和转子两部分组成。定子和转子具有特定的螺旋型齿面和齿数比,并相互啮合形成密封腔,高压冲洗液推动转子回转,带动下部万向节、传动

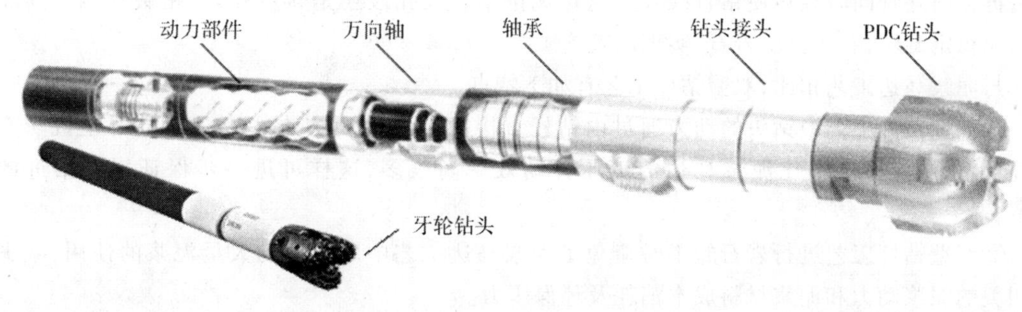

图 12-25　泥浆马达组成结构示意图

轴和钻头回转而实现钻进碎岩。由于转子回转时具有一定的偏心距,因此依靠万向节连接转子和传动轴。传动轴主要起导正和传递钻压的作用,使回转平稳。该部分的关键是轴承的性能和寿命。定子齿形部分一般是硫化橡胶,通过模压桂胶成型。具有一定的弹性,可以较好地与转子形成密封。转子为刚性杆(管),齿形通过机加工或模技成型,一般外表面镀硬铬,提高耐磨性。

导向钻进依靠弯接头、弯钻杆或弯螺杆来实现(图 12-26)。当需要进行造斜钻进时,通过缓慢转动钻杆,MWD 系统随时测量工具面向角并在司钻仪上显示出,使弯接头的弯曲方向(工具面向角)达到指定方向,开泵输送冲洗液推动泥浆马达带动钻头回转实现导向造斜钻进。MWD 的信号可以采用有线传输方式,优点是信号衰减小,传输速度快,而且地下探头的电源可以通过电缆供给;缺点是电缆的连接和密封比较复杂和困难。

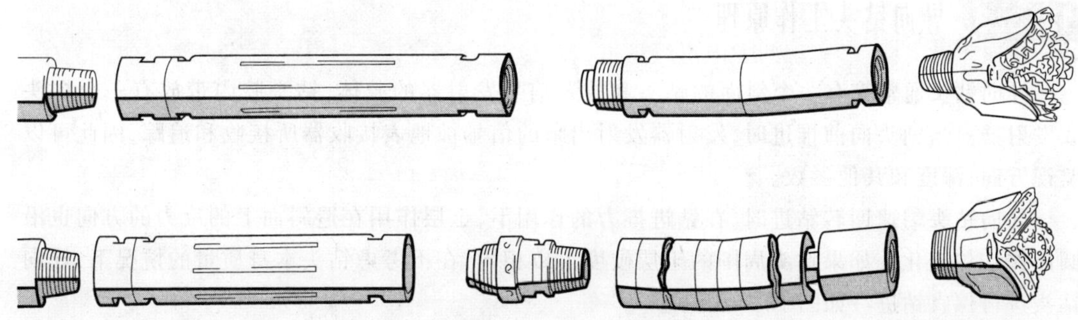

图 12-26　孔底马达钻进导向原理

(3)双壁钻杆工艺

双壁钻杆是美国沟神(DITCH WITCH)公司新的一项非开挖方面的技术专利。这是一种杆中杆结构,分成内钻杆和外钻杆两部分。工作过程中外钻杆之间通过螺纹相互连接,内钻杆之间则通过六方结构的公母接头插接相连。泥浆通过内外钻杆之间的环状空间输送到孔底。在双马达动力头驱动下,内钻杆和外钻杆可相对独立旋转,钻岩用三牙轮导向钻头与内钻杆连接,钻头后部的探头容纳管与外钻杆连接,并与钻杆柱轴线呈 2°安装偏角。

施工过程中,当内外钻杆同时旋转时,钻孔轨迹呈直线状态;当内钻杆旋转而外钻杆依据探头容纳管的安装偏角位置停止在某固定方向上不旋转只推进时,钻孔轨迹便朝该方向转弯,即内钻杆供给钻头转矩,外钻杆供给钻头推力和方向控制。例如要想让钻孔朝上转弯,可旋转外钻杆使其在地面跟踪仪上的钟面位置为 12 点,表明此时安装偏角朝上。外钻杆固定在 12 点位置停止旋转只施加推力,而让内钻杆带动钻头旋转,使钻孔快速实现朝上转弯。到达预定倾角后再让内外管同时旋转使钻直线孔。这样无论是直线孔段还是转弯孔段，钻头都能不间断地高速稳定旋转，有效克服岩石，实现高效施工。

与泥浆马达工艺相比，双壁钻杆工艺有如下特点：

①双壁钻杆工艺中钻头的动力通过内钻杆直接提供，相当于机械马达。在同等主机功率条件下，机械传动效率比泥浆马达的液压传动效率高很多，这样可进一步保证岩石钻进的效率。

②双壁钻杆工艺进行岩石施工时避免了泥浆马达工艺中所要求的大量泥浆的使用，减少了相关的泥浆动力和泥浆材料成本消耗及环保压力。

③双壁钻杆条件下探头容纳管紧跟导向钻头之后，控向精度高，避免了泥浆马达工艺中由于探头与导向钻头之间距离大而引起的控向精度误差，特别在控向精度要求极高的污水管等重力管线施工中更显重要。

双壁钻杆施工工艺还可在非常复杂地层如碎石层、卵石层或土石混合层中进行长距离高效导向。与这种工艺配套的广谱型 JT2720AT、JT4020AT 钻机由美国 DITCH WITCH 公司研制而成，钻机除具有双马达动力头结构及相应的控制系统外，还具有独特的电子技术，达到高度智能化和自动化，可实现均匀地层条件下的自动钻进功能；另外，其自动存取钻杆、自动涂抹丝扣油、钻杆箱侧面添加钻杆等特点确保减少施工中辅助时间的消耗，使这种岩石钻进工艺的高效性得以进一步充分发挥。钻机由岩石钻进模式向普通土层钻进模式转换时，只需按一下机器上的转换开关、换一套钻杆即可，机器本身无需作任何变动。

12.3.3 导向钻头工作原理

导向钻头通常带有一个斜面的钻头和放置信号发射器的腔体，钻头腔内带放有一个探头或发射器。当钻头向前推进时，发射器发射出来的信号被地表接收器所接收和追踪，因此可以监视方向、深度和其他参数。

导向钻头匀速回转钻进时，在钻进推力的作用下，土层作用在造斜面上的反力的方向也沿圆周作均匀变化。如果钻头周围的土层硬度大致相同，在不考虑钻头本身质量的情况下，导向钻头进行保直钻进。如图 12-27 所示。

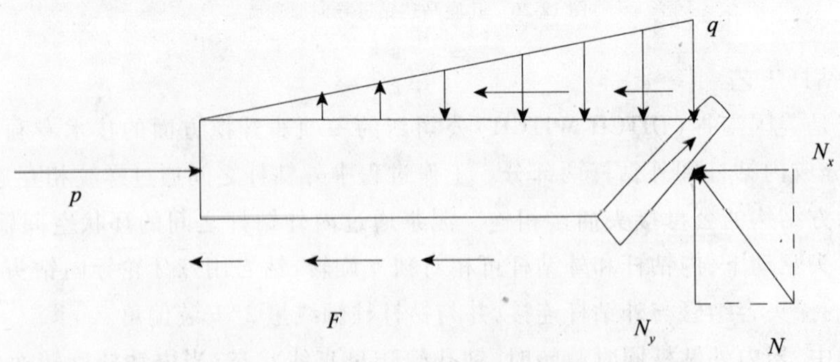

图 12-27　导向钻具受力分析图

钻杆只给进不回转时，即只有推力的作用时，则反力作用方向始终朝着某一方向，与此同时，水射流也只冲蚀该方向上的土层 。因此，钻头将朝该方向前进，从而实现造斜钻进。由于钻头是靠土层对造斜面的反作用力而使钻孔变向,故土层较硬时,造斜效果较好,反之,造斜效果差,当钻头前方为空洞时将不能造斜。另外给进速度对造斜效果也有影响。

1)导向钻具力学模型

对导向钻具受力分析如图12-27所示。钻具受顶推力 P、摩阻力 F、约束力 q,钻头斜面处受岩土反作用力 N。

在钻具造斜的初始阶段,假定上部孔壁岩土对钻具的约束力 q 为三角形分布荷载,并近似认为钻具是一等直杆在横向力作用下发生平面弯曲变形。

根据力学理论,钻具弯曲的曲率为:

$$\frac{1}{\rho} = \frac{M(x)}{EJ} \tag{12-30}$$

式中:$M(x)$——弯矩;

E——弹性模量;

J——惯性矩,对于圆管截面的钻具:

$$J = \frac{\pi D^4}{64}(1 - \alpha^4) \tag{12-31}$$

其中,$\alpha = \frac{d}{D}$;设钻具的弯曲线函数为 $y = y(x)$,则钻具的曲率 $\frac{1}{\rho}$ 可写成:

$$\frac{1}{\rho} = \pm \frac{\frac{d^2y}{dx^2}}{\left[1 + \left(\frac{dy}{dx}\right)^2\right]^{3/2}} \tag{12-32}$$

由式(12-30)、式(12-31)得钻具弯曲挠度的微分方程:

$$\frac{\frac{d^2y}{dx^2}}{\left[1 + \left(\frac{dy}{dx}\right)^2\right]^{3/2}} = \frac{M(x)}{EJ} \tag{12-33}$$

在小挠度情况下:

$$\theta \approx \tan\theta = \frac{dy}{dx} \leqslant 1 \tag{12-34}$$

将式(12-33)进行简化,忽略高阶微量 $\left(\frac{dy}{dx}\right)^2$,得:

$$\frac{d^2y}{dx^2} = \frac{M(x)}{EJ} \tag{12-35}$$

对式(12-35)进行一次积分得到钻具的顶角计算公式:

$$\theta(x) = \frac{dy}{dx} = \int \frac{M(x)}{EJ}dx + c \tag{12-36}$$

再次积分后可以得到钻具弯曲的曲线方程:

$$y(x) = \iint \frac{M(x)}{EJ}dx^2 + cx + D \tag{12-37}$$

在计算钻具顶角和弯曲挠度时,先分别计算由三角分布荷载 q 和集中荷载 N 产生的弯矩 M_1、M_2,然后运用叠加法求和。

三角形分布荷载可看成作用在三角形形心(离 A 端点 $l/3$ 处)的集中力 $P = \frac{1}{2}q_0 l$ 进行计算。端点反力 R_A、M_A 为:

$$M_A = \frac{2}{3}l\left[\frac{1}{2}q_0 l\right] = \frac{1}{3}q_0 l^2 \tag{12-38}$$

任一截面上的弯矩为：

$$M_1(x) = R_A x - M_A - \frac{1}{3}x\left(\frac{1}{2}q_x \cdot x\right) \tag{12-39}$$

又：$q_x = \frac{x}{l} \cdot q_0$ 代入上式得：

$$M_1(x) = \frac{1}{2}q_0 lx - \frac{1}{3}q_0 l^2 - \frac{1}{6}q_0 \cdot \frac{x^3}{l} \tag{12-40}$$

集中荷载 N_y 在截面上产生的弯矩为：

$$M_2(x) = N_y(l - x) \tag{12-41}$$

根据叠加法(图 12-28)，得到转角和挠度的计算式为：

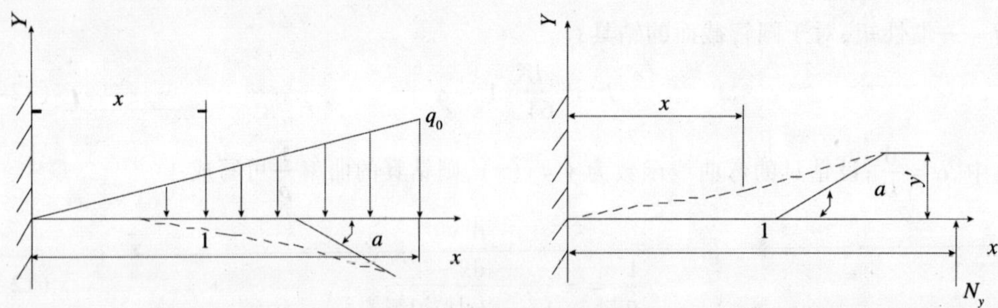

图 12-28 转角和挠度叠加示意图

$$\theta = \int \frac{[M_1(x) + M_2(x)]}{EJ}dx \tag{12-42}$$

$$y(x) = \iint \frac{[M_1(x) + M_2(x)]}{EJ}dx \tag{12-43}$$

将式(12-41)、式(12-42)代入式(12-43)并进行定积分得到钻头的造斜角：

$$\theta = \int_0^l \frac{M_1(x) + M_2(x)}{EJ}dx = \frac{4N_y l^2 - q_0 l^3}{8EJ} \tag{12-44}$$

设钻头斜面的面积为 A，钻头斜面角为 a，岩土的抗压强度为 σ，则

$$N_y = A\sigma\cos a \tag{12-45}$$

代入式(12-44)得：

$$\theta = \frac{4A\sigma\cos a l^2 - q_0 l^3}{8EJ} \tag{12-46}$$

由上式可见：钻具的造斜强度与地层的岩土性质、钻具的抗弯刚度以及斜面钻头的结构形状等因素有关。

2)导向钻具的几何模型

在导向钻进过程中，钻头以两种方式运动：回转前进和顶进。钻头回转前进时，其当前方向不发生变化，轨迹为直线；而在顶进时，其方向会按一定的规律变化，轨迹为地下空间中的曲线。这样整个钻孔轨迹由若干段直线和弧线组成。因此，导向钻进轨迹三维模拟的基础是空

间解析几何，必须按照有关线、面、角的数学定义对表征钻孔轨迹控制的几个基本参数建立数学表达式。

导向钻进的几何学实质是：基于钻具当前轴线所确定的走向面，调整钻具面向角（图12-29），由此得到新的钻进轨迹面，在此新轨迹面上钻具以一定的造斜强度给进出新的弧形轨迹线。对于造斜强度，我们用每单位长度进尺后钻具轴线在轨迹面上的角度变化值来表示。

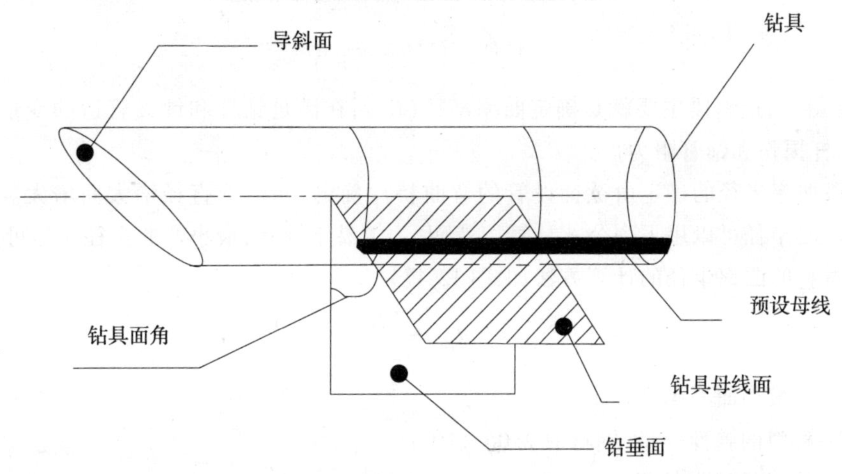

图 12-29 钻具面角的定义图

12.3.4 HDD 钻进轨迹设计

HDD 导向施工时，孔入口段和出口段一般都有弯曲造斜段。根据设计轨迹要求，弯曲半径 R 可能不变，也可能是变化的，如分别由不同曲率半径的多段圆弧组成。因此钻孔剖面可能有复杂的形状，包括人工弯曲的孔段、自然弯曲孔段和直线孔段，整个剖面由直线孔段和弯曲半径不变或弯曲半径变化的曲线组成。

弯曲程度与施工空间、管道要求的埋深、钻具本身曲率半径、地层的弹性模量与阻力、导向板面积大小和安装角度、钻机能力（包括顶/拉力和后座力）以及铺设管线的允许的曲率半径等因素有关。如果钻孔弯曲过大还会使钻进和回拖阻力增加，严重时会造成卡钻、断钻等事故。因此如何选择最佳的开孔位置、入射角度、出土角度显得尤为重要。

（1）入土角 α、出土角 β 的确定：施工中如果入土角 α 值过小，则覆盖土深度较浅，土质松软，钻杆很难以设计的 α 值钻进，钻杆往往翘出地面；如果 α 值越大、钻进越长，则越不利于导向钻进，不可能很快地减小钻杆埋深，从而加大管线埋深。因此，该工程采取垫高锚板以及降低钻机地坪的办法来确保入土角。另外，出土角 β 值过大亦对施工不利，增加铺管难度。

导向孔轨迹如图 12-30 所示，它由第一造斜段、直线段和第二造斜段组成。直线段是管道穿越障碍物的实际长度，第一造斜段是钻杆进入铺管深度的过渡段，第二造斜段是钻杆出露地表的过渡段。因此，典型的导向钻进铺管施工导向孔的位置形态由 5 项基本参数决定：①穿越起点 B；②穿越终点 C；③铺管深度 h；④第一造斜段曲率半径 R_1，由钻杆最小曲率半径 R_d 和铺管深度 h 决定，一般取 $R_1 \geq R_d$，$R_d = 1200d$，d 为钻杆直径（钻杆曲率半径根据各制造商不同、型号不同，范围大约在 25～250m 之间）；⑤第二造斜段曲率半径 R_2 要充分考虑被铺设管道所能承受的最小弯曲率。

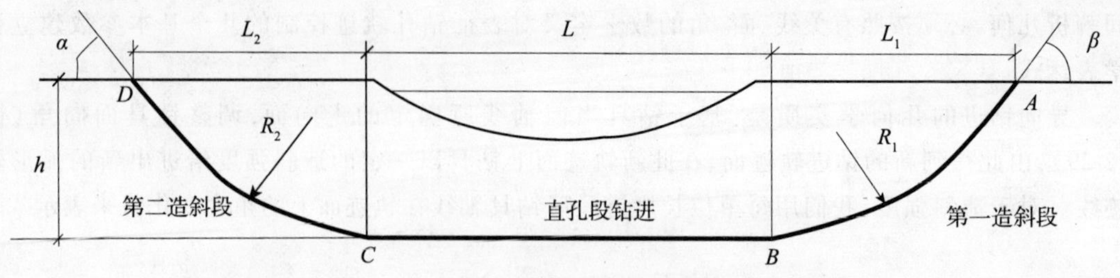

图 12-30　导向孔轨迹示意图

(2)造斜段:造斜段主要就是确定曲率半径(R_d),在满足钻杆和铺设管道的变形极限条件下,减少钻杆损伤和铺管阻力。

造斜段曲率半径的确定由欲铺设管的弯曲特性确定,并随管直径增大而增大。所铺管的允许最小弯曲半径可以用下列公式计算。然而,为了易于铺管,最小弯曲半径应尽可能大。

一般材料的曲率半径的计算方法如式(12-47):

$$R_{\min} = \frac{ED}{2\sigma} \tag{12-47}$$

式中:$R_{\min}$——最小曲率半径,m;

E——材料的弹性模量,钢材取 2.06×10^5;

σ——管子的屈服极限,N/mm^2;

D——管材外径,m。

对于管径小于 Φ400mm 的钢质管材,可用下式计算:

$$R_{\min} = \frac{206D \cdot k}{\sigma}(\mathrm{m}) \tag{12-48}$$

式中:k——安全系数,$S = 1 \sim 2$。

对于管径 $400 < D < 700$,计算方法:$R_{\min} = 1250 \times D^3$

对于管径 $700 < D < 1200$,计算方法:$R_{\min} = 1400 \times D^3$

如管道在空间弯曲,则综合曲率半径为:

$$R_{\mathrm{com}} = \frac{\sqrt{R_h^2 \times R_V^2}}{\sqrt{R_h^2 + R_V^2}} \tag{12-49}$$

式中:R_h、R_V——分别为水平和垂直方向的曲率半径。

1)作图法

如图 12-31 所示,确定 B'、C'点后按铺管深度 h 即可确定直线段轨迹 BC,长度为 L;作半径为 R_1 的圆与直线 BC 相切于 B 点,与 $B'C'$的延长线相交于 A 点,则该圆在 A 点的切线与 AB'的夹角为入射角 α_1,AB'的长度即为造斜距离 L_1。用类似的方法可以画出 CD,求出 α_2、L_2。

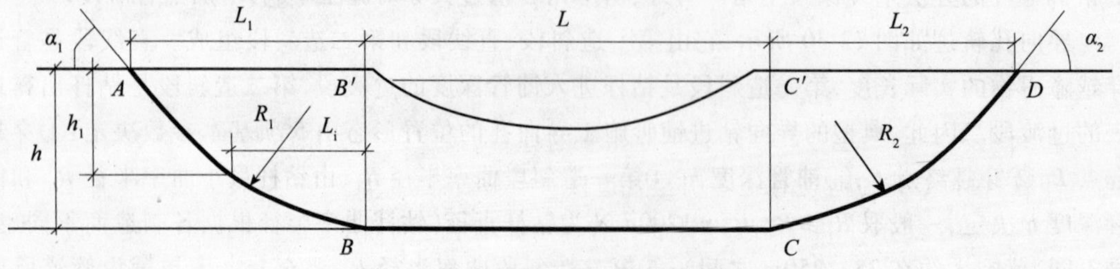

图 12-31　导向孔轨迹示意图(作图法)

2）计算法

根据有关公式推导后有如下关系：

$$L_1 = \sqrt{h(2R_1 - h)} \tag{12-50}$$

$$\alpha_1 = 2\arctan\sqrt{\frac{h}{2R_1 - h}} \tag{12-51}$$

$$L_2 = \sqrt{h(2R_2 - h)} \tag{12-52}$$

$$\alpha_2 = 2\arctan\sqrt{\frac{h}{2R_2 - h}} \tag{12-53}$$

式中：R_1、R_2——钻杆、管道曲率半径；

α_1、α_2——入土、出土倾角。8°～20°的入、出土角适用于大多数的穿越工程。

对地面始钻式，入土角和出土角应分别在6°至20°之间（取决于欲铺设的管的直径等）。对坑内始钻式，入土角和出土角一般应采用0°或近似水平。设I点为第一造斜段AB上的一点，其对应地面AD上的I'点，则有

$$h_i = h - R_1 + \sqrt{R_1^2 - L_i^2} \tag{12-54}$$

$$a_i = \arctan\sqrt{\frac{h - h_i}{2R_2 - h - h_i}} \tag{12-55}$$

式中：h_i——i点轨迹深度；

L_i——i'点和B'点间距离；

α_i——I点轨迹倾角。

同样，如设I点为第二造斜段CD上的一点，可用式（12-54）、式（12-55）两式算出I点的深度h_i和倾角α_i。由计算法得出各参数后，还应考虑其他因素对入射角和出口倾角的限制。钻机倾角的可调范围是限制入土倾角的主要因素，一般钻机的倾角可在10°～30°之间调节。对小口径的钢管，考虑到管道的焊接问题，出口倾角一般应控制在0°～15°之间。对于PE管和PVC管，一般应控制在0°～30°之间。在市区施工时，对大口径钢管，因弯曲半径R_2太大，L_2增大，一方面导向孔距离增大，另一方面也浪费管材，因此一般视工作场地的情况可用下管工作坑来代替第二造斜段。如图12-32所示。

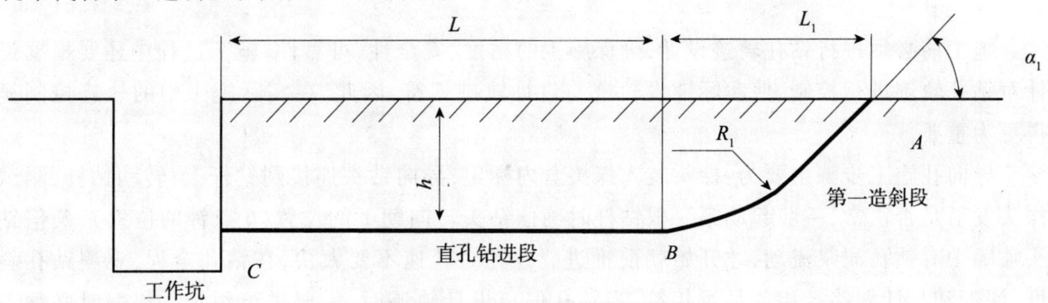

图12-32　工作坑来代替第二造斜段示意图

在野外大直径管道施工中为了保持孔壁的稳定，采用以小的出土角度计算好第二造斜段的钻杆数，在拉管入位时把管道牵引至管道接口点位置。

直线段BC段亦可根据需要设计成具有一定曲率半径的曲线，如穿越河流时设计成大致与河床断面曲率一致的曲线；直线穿越无法避开地下障碍物时，也可考虑将部分直线段变为曲线，但所有这些都必须符合最小曲率半径大于所铺管道的允许曲率半径。总之，设计导向孔轨

迹时,要综合工程要求、地层情况、钻杆允许曲率、拟铺设工作管线允许曲率、施工场地条件、铺管深度等多方面因素,最后优化设计出最佳轨迹曲线。

12.3.5 导向孔施工

导向孔施工多采用手提式地表导航仪来确定钻头所在的空间位置。钻孔轨迹的实时测量是进行导向孔施工的关键技术之一。导向仪器由探头、地表接收器和同步显示器组成。探头放置在钻头附近的钻具内。接收器接收并显示探测数据。同步显示器置于钻机旁,同步显示接收器探测的数据,供操作人员掌握孔内情况,以便随时调整。这类导向仪器的测量精度一般为3% ~5% ,测深能力在10m以内,最大可达15m。在施工中导向钻头的准确位置状态和造斜面方向是通过安装在钻头腔室内的信号发射器及地面跟踪导航仪来测定的。导向钻进是按设计轨迹的参数,当发现偏离设计轨迹时,就通过调整钻头斜面的方向,进行造斜纠偏,直到钻头的位置回到设计轨迹时为止。保证钻孔能准确地按设计轨迹延伸,以免造成事故的发生、和对地下原有公共设施的破坏,这样就会钻出和设计轨迹重合或非常接近的导向孔。图12-33为实际施工中的轨迹控制监控屏幕。

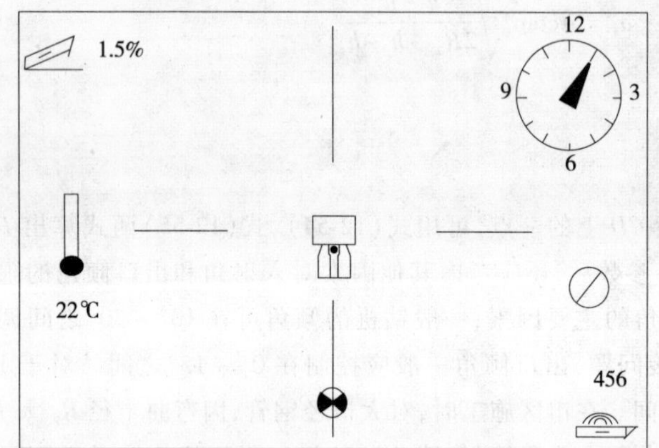

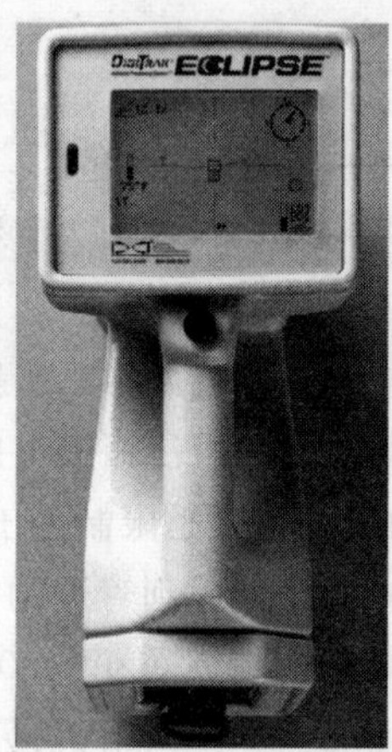

图12-33　实际施工中的轨迹控制监控屏幕

施工前必须进行钻孔轨迹设计,确保施工的精度、安全性、可靠性,施工过程中还要根据设计对钻孔轨迹进行控制,使实际铺设轨迹与设计轨迹相符,因此,在实际施工中的轨迹控制显得更为重要。

导向孔施工步骤主要为:探头装入探头盒内标定,导向钻头连接到钻杆上;转动钻杆,测试探头发射是否正常,一般起动第一根钻杆时确信钻头转向朝下的位置(6点钟的位置),确信钻头喷嘴中有钻孔泥浆流动,才开始朝前推进。开孔时转速不要太快,在钻孔全程,观测钻孔斜度、深度和与计划路径相关是否相符,当钻孔偏离设计轨迹时,需要进行纠正。纠偏时必须考虑地层条件、钻头的造斜能力,关键是恰当地调整工具面向角和采取合理的钻进规程。

但是,应特别注意纠偏过度,即偏向原来方向的反方向,这种情况一旦发生将给施工带来不必要的麻烦,会大大影响施工的进度和加大施工的工作量。为了避免这种情况的发生,钻进少量进尺后便进行测量,检验调整钻头方向的效果。所以,应考虑各种纠偏的可能性,根据偏离程度,确定纠偏进度。纠偏不能太急,应在几根钻杆内完成纠偏,不能在一根钻杆内就完成所有的纠偏工作。

水平方向纠偏：施工中不可避免会出现水平方向偏移，对于这个偏移量不能急于纠偏，应该退杆重钻，如果仍然不能保持沿设计轨迹钻进，就采取缓慢的“钻进趋势”纠偏的方法，形成大弧度的轨迹。急于纠偏往往出现S形轨迹，这将加大拉管阻力或钻杆受伤。

竖向纠偏：对于竖向纠偏主要是依靠钻进趋势，控制深度的同时注意钻头倾角θ的变化。控制深度就是不论实际钻头深度偏离设计深度多少，进行造斜钻进，使深度差缩小，这可以由探测仪上显示数据求得。

导向孔完成后，即可以进行扩孔、清孔和铺管的工作。

12.3.6 扩孔的基本原理和工艺方法

扩孔施工是定向钻进非开挖施工技术中的关键技术环节之一。它直接关系到铺管的成败。首先利用小口径的导向钻头快速制导完成导向孔的施工，到达目标地点后，换上扩孔钻头对导向孔进行扩大施工，根据钻孔长度、直径和设备能力选择适合地层的扩孔钻头进行扩孔，待扩、清孔工序完成后再实施铺管，完成整个铺管过程。图12-34为回拉扩孔过程示意图。

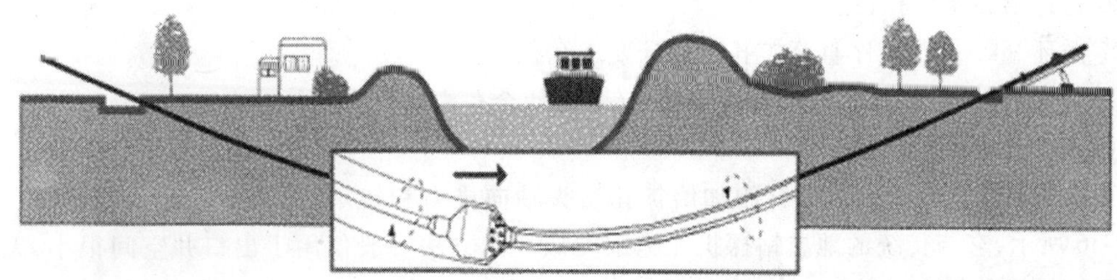

图12-34 回拉扩孔过程示意图

扩孔的目的主要是减小铺管时的阻力。对于直径较小的管道可不进行专门的扩孔钻进，可在扩孔的同时将管道拉入。对于直径较大的管道，若孔壁较稳定，可进行多级扩孔钻进，钻孔直径逐级增大。多级扩孔的目的在于：

①在设备能力许可的基础上，通过多级扩孔，达到所需求的口径要求。

②可达到把弯孔修直的目的，以减少铺管阻力。

扩孔时的钻具组合包括钻杆、扩孔头、旋转接头和回拉钻杆等（图12-35）。反向扩孔钻头是钻具组合的最重要的部件，直接关系扩孔效率和孔壁的稳定。旋转接头（分动器）安装在反扩钻头之后和回拉钻杆或待铺设的管线之前，它的作用是在反向扩孔时，实现扩孔钻头旋转，而连接在其后的钻杆或待铺设的管线不回转，其主要技术参数为：外径、额定转速和额定拉力。其他部件均需按钻头的负荷来设计。

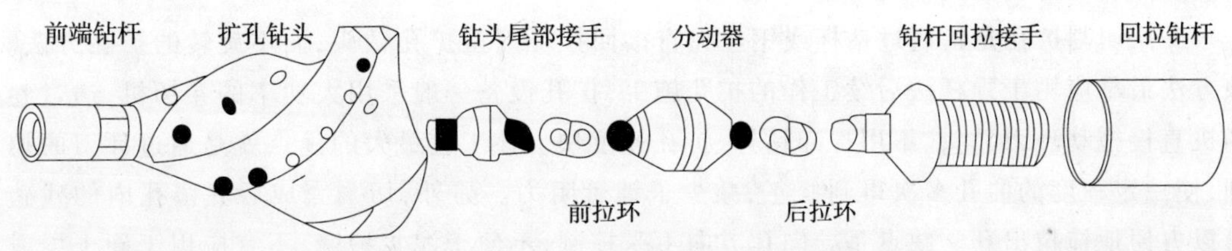

图12-35 扩孔钻具组合

根据地层情况、设备种类、能力以及周边施工环境，可将扩孔分成：反拉回转扩孔、正向回转扩孔和反拉切割扩孔三种基本工艺方法。

(1)反拉回转扩孔法

反拉回转扩孔是非开挖施工中最常用的方法，扩孔工作通过回拉并回转钻杆来完成。因此，钻机的转矩与轴向拉力是衡量钻机扩孔能力的关键指标，对硬地层和大口径的扩孔施工，这两个参数显得尤为重要。

施工步骤：

①卸下导向钻头换上反向扩孔钻头及回转接头；

②回转接头后连接回拉钻杆；

③扩孔钻进；

④反向扩孔钻头到达入射坑后，卸下反向扩孔钻头及回转接头，将前钻杆与回拉钻杆连接起来；

⑤在第一次回拉钻杆后连接反向扩孔钻头，反向扩孔钻头后连接回转接头和第二次回拉钻杆；

⑥进行第二次扩孔钻进；

⑦循环“④～⑥”工序直至扩孔至设计要求孔径。

必须强调，反拉扩孔钻进时需同步拉入钻杆，使全孔内始终有钻杆存在。

(2)正向回转扩孔法

正向回转扩孔是指通过钻杆施加给扩孔钻头轴向推力和转矩，完成扩孔的工艺方法。如图 12-36 所示，它与传统的地质钻探扩孔施工类似。该方法一般仅用于出口井空间很小，无法连接回拉钻杆的场合。另外，当出现了孔内钻具脱落、折断等事故时，利用该方法可以反推出事故钻具，达到处理孔内事故的目的。但是当土层很软时，不建议采用。

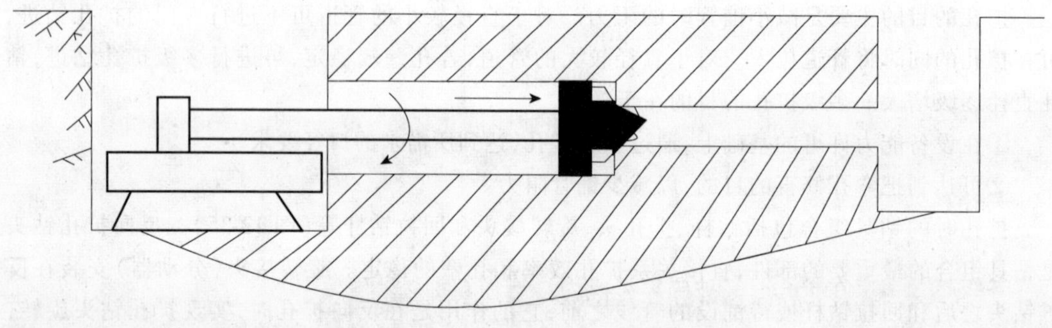

图 12-36　正向回转扩孔原理示意图

(3)反拉切割扩孔法

反拉切割扩孔是指通过钻杆或钢丝绳直接回拉环刀型扩孔钻头，而不旋转的扩孔方法。该方法最早应用于顶杆法后续工作的扩孔施工，扩孔设备一般采用大功率的卷扬机，通过卷扬机直接拖动环刀钻头，不用拧卸钻杆，扩孔速度快。该工艺最大的优点就是通过环刀的切削，使一定程度的曲孔多次得到修正，减少了铺管阻力。另外，切割完成后驻留孔内的残碴可以方便地拖拉出孔。缺点是导向孔方向不受控制，不便于泥浆护壁，不宜应用于硬土层或曲度大的钻孔的扩孔施工。反拉切割扩孔时同步拉入钻杆或钢丝绳，使全孔始终有它们存在。如图 12-37 所示。

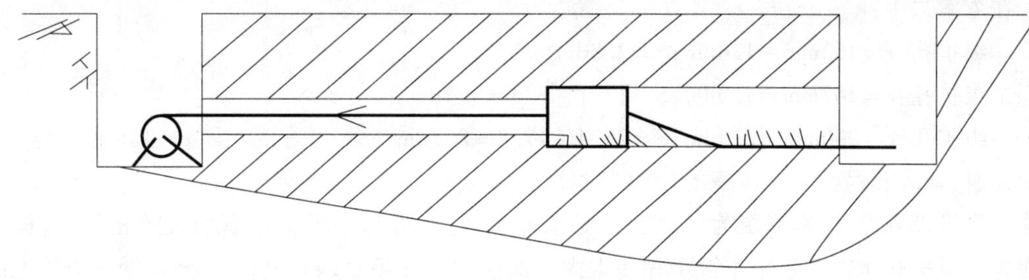

图 12-37 反拉切割扩孔原理示意图

1)扩孔孔径级配的优化设计与计算

扩孔最终直径一般取决于以下几项因素:管材直径、钻杆长度、地层属性、管材类型和曲率半径等。扩孔可分多级扩孔和一次性扩孔铺管两种方式,最终扩孔直径与铺管直径之间的最佳间隙问题关系到扩孔工作量与铺管阻力,终孔直径过大也会影响地表安全;间隙过小,则会增加铺管阻力,因此,在设计和施工时,要综合考虑。一般情况下,推荐最终扩孔直径按下式计算:

$$D = K_1 D_0 \tag{12-56}$$

式中:D——适合成品管铺设的钻孔直径;

D_0——成品管外径;

K_1——经验系数,一般取 $K1 = 1.2 \sim 1.5$,当地层均质完整时,K_1 取小值,当地层复杂时,K_1 取大值;钻孔长度大时取大值,长度短时,取小值。

理论上,可以就三种模型来分析如何确定扩孔的孔径,从而使得每一级扩孔钻头所需的扭矩大致相等。

模型一:采取等值扩孔,即每级扩相同的厚度。如要把一个 ϕ80mm 的孔扩至 ϕ380mm,则可以采取 ϕ200mm、ϕ300mm 和 ϕ400mm 的选择进行三级扩孔。这种方法并不十分合理,尤其是在扩孔阻力比较大或地层情况较为复杂的时候。

模型二:假定扩孔器受到的阻力与其工作面积成正比,当每级扩孔切割面积相等时,则认为钻头所需的转矩一定。

其计算公式如下:

$$S = \pi \cdot R^2 - \pi \cdot r^2 \tag{12-57}$$

各级扩孔钻头在扩孔时其破碎岩土时的接触面积即视为其工作面积,当每一级扩孔时的面积大致相等时,则假设认为钻头每次所需的转矩大致相等。如要安装管线直径为 400mm,可用的扩孔器有 ø 220mm,ø 325mm,ø 375mm,ø 475mm,ø 580mm。有以下两种扩孔方案,用此法来比较哪个方案在扩孔时钻头所承受的阻力更加均匀一些。

方案一:扩孔级配为 ø 220mm,ø 375mm,ø 580mm;

方案二:扩孔级配为 ø 325mm,ø 475mm,ø 580mm;

在方案一中:

一级扩孔:$r = 110\text{mm} = 1.1\text{dm}$;$S = 3.8\text{dm}^2$;

二级扩孔:$r = 187\text{mm} \approx 1.9\text{dm}$;$S = 11 - 3.8 = 7.2\text{dm}^2$;

三级扩孔:$r = 290\text{mm} = 2.9\text{dm}$;$S = 26.4 - 11 = 15.4\text{dm}^2$;

此时,最大和最小工作面积的比约为4:1。

在方案二中：

一级扩孔：$r = 162\text{mm} \approx 1.6\text{dm}; S = 3.8\text{dm}^2$；

二级扩孔：$r = 187\text{mm} \approx 1.9\text{dm}; S = 17.7 - 8.3 = 9.4\text{dm}^2$；

三级扩孔：$r = 290\text{mm} = 2.9\text{dm}; S = 26.4 - 17.7 = 8.7\text{dm}^2$。

此时，最大和最小工作面积的比约为1:1。

从而可以看出，方案二更为可取。相对于前者，它使得每一级工作面积大致相等，这样可以使每一级扩孔所需的扭矩不至于相差太大。而模型一在第三级扩孔时将会需要一个较大的扭矩和轴载力。

实际上，即使每次扩孔面积相等，但随着孔径的增大，钻头所需的扭矩还是逐渐增大的。因此，本模型存在着一定的不合理性，于是便引出了下面的模型。

模型三：在模型二的基础上提出新的问题：虽然每级扩孔面积相等，但随着级数的增加，孔径在增大，钻头所需的扭矩势必会增大。即：

假设在 dA 的切削面积上扩孔钻头所需的剪切力为一恒定值 P_0，则在环面 $r > R$ 内，钻头所需的扭矩为：

$$T = \int_{r0}^{R} P_0 dA \cdot r = \int_{r0}^{R} P_0 \cdot 2\pi r dr \cdot r = 2\pi P_0 \int_{r0}^{R} r^2 dr$$

即：

$$T = \frac{2}{3}\pi P_0 (R^3 - r^3) \tag{12-58}$$

若钻孔原始孔径为 r_0，第一、二、三、...、n 级孔半径为 r_1、r_2、r_3、...、r_n，则欲使 $T_1 = T_2 = T_3 = T_4 = ... T_n$，应有：

$r_1^3 - r_0^3 = r_2^3 - r_1^3 = r_3^3 - r_2^3 = r_4^3 - r_3^3 = \cdots = r_n^3 - r_{n-1}^3$

因为初始孔径 r 和终孔孔径 R 均可认为是已知，又上式中包含了 $n-1$ 个等式，所以可以解出 r_i（其中：i 为整数，$0 < i < n$），如下：

$$r_2^3 = 2r_1^3 - r_0^3;$$

$$r_3^3 = r_1^3 + r_2^3 - r_0^3 = 3r_1^3 - 2r_0^3;$$

$$r_4^3 = r_1^3 + r_3^3 - r_0^3 = 4r_1^3 - 3r_0^3;$$

$$M$$

$$r_n^3 = r_1^3 + r_{n-1}^3 - r_0^3 = nr_1^3 - (n-1)r_0^3。$$

应用数学归纳法，可得：

$$r_i = \sqrt[3]{\frac{i \cdot R^3 + (n-i) \cdot r_0^3}{n}} \tag{12-59}$$

如此便可以确定各级扩孔的孔径。例如：

假设 $r_0 = 89\text{mm}, R = 580\text{mm}$，为了形象地表达扩孔半径随孔径增大的变化趋势，设 $n = 10$，即扩10级（实际施工中不一定需要扩这么多级）。

由式(12-59)解得：

$r_1 = 272\text{mm}, r_2 = 341\text{mm}, r_3 = 384\text{mm}, r_4 = 428\text{mm}, r_5 = 461\text{mm}$,

$r_6 = 490\text{mm}, r_7 = 515\text{mm}, r_8 = 539\text{mm}, r_9 = 560\text{mm}, r_{10} = 580\text{mm}$

于是：

$\Delta r_{1,0} = 183\text{mm}; \Delta r_{2,1} = 69\text{mm}; \Delta r_{3,2} = 48\text{mm}; \Delta r_{4,3} = 39\text{mm}$;

$\Delta r_{5,4} = 33\text{mm}; \Delta r_{6,5} = 29\text{mm}; \Delta r_{7,6} = 25\text{mm}; \Delta r_{8,7} = 24\text{mm}$;

$\Delta r_{9,8}=21\text{mm}$;$\Delta r_{10,9}=20\text{mm}$。

利用模型三的思路,同样可以计算出模型二的各孔径级配。仍以 $r_0=89\text{mm}$,$R=580\text{mm}$ 为例,现省去计算公式的推导以及计算过程,直接得出各级孔径如下:

$r_1=202\text{mm}$,$r_2=271\text{mm}$,$r_3=326\text{mm}$,$r_4=373\text{mm}$,$r_5=415\text{mm}$,

$r_6=453\text{mm}$,$r_7=488\text{mm}$,$r_8=520\text{mm}$,$r_9=551\text{mm}$,$r_{10}=580\text{mm}$

于是:

$\Delta r_{1,0}=113\text{mm}$,$\Delta r_{2,1}=69\text{mm}$,$\Delta r_{3,2}=55\text{mm}$,$\Delta r_{4,3}=47\text{mm}$,$\Delta r_{5,4}=42\text{mm}$,

$\Delta r_{6,5}=38\text{mm}$,$\Delta r_{7,6}=35\text{mm}$,$\Delta r_{8,7}=32\text{mm}$,$\Delta r_{9,8}=31\text{mm}$,$\Delta r_{10,9}=29\text{mm}$。

图 12-38 所示是将各级扩孔半径表示在同一幅图中,以更加直观地了解扩孔半径的优化选择。从而可以看出:随着扩孔半径的增大,钻头每一次扩孔时孔径增量 Δr 逐渐减小,并且最后一级扩孔孔径的增量比第一级的增量要小得多(本例中相差高达 9 倍)。

综上分析,可以得出:模型三是三种模型中最优的,尤其在扩孔阻力较大或地下条件复杂的情况下进行定向穿越铺设地下管线时。

2)扩孔工艺规程参数

扩孔参数包括:回拉力(顶推力)、扭矩、转数、扩孔速度(钻速)、冲洗液流量、泵压等。扩孔钻进规程按其要求和条件不同分为:

优化钻进规程:是指在一定的条件下,确定能达到最佳技术经济指标的钻进参数。一般所说的钻进规程即指最优钻进规程。

强力钻进规程:是指钻进时采用比一般钻进参数为高的钻进参数,以达到更高的钻进速度。有时也称快速钻进规程。

特殊钻进规程:为了某一或某些特殊的目的和要求(导向孔曲率较大、或要通过某些特殊的地层及孔段)而采用的某些特殊的技术措施和特殊的、受限制的钻进参数,称为特殊钻进规程。

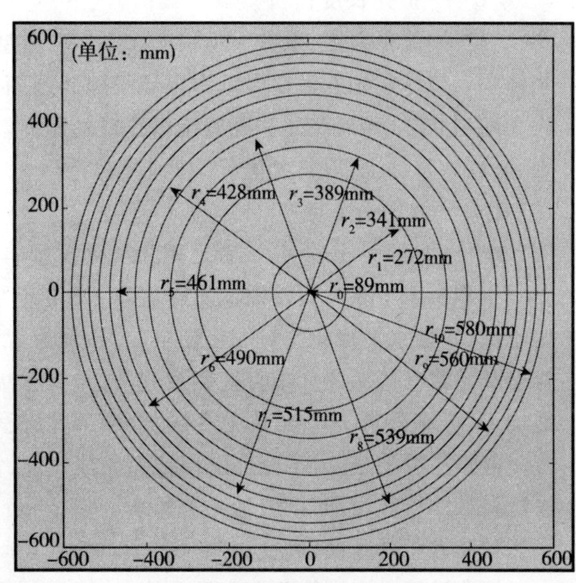

图 12-38　扩孔半径级配示意图

(1)回拉力的确定

足够的回拉力是保证扩孔钻头有效碎岩的必要条件。它的大小直接影响碎岩方式和钻进效率。参照岩心钻探的钻压确定方法:带片状硬质合金扩孔钻头适合 1 ~ 3 级地层,每片切削刃土压力 400 ~ 600N 为宜;带柱状硬质合金的扩孔钻头适合 4 ~ 8 级岩层,每片切削刃土压力 800 ~ 1600N 为宜;对于中硬岩石,比压值为 400 ~ 500N/cm^2,对于坚硬岩石比压为 600 ~ 700N/cm^2。在实际施工时,实际的回拖力尚须考虑土层的状态、钻头的类型、钻孔的长度及弯曲曲率和钻具的强度等因素。

(2)扩孔速度的确定

扩孔速度和效率与生产成本和铺管成功率直接相关。扩孔速度低,效率低,耗材多、钻孔裸露时间长,容易造成跨塌等后果;扩孔速度太快,碎屑无法与泥浆充分混合,更无法排除泥浆。在覆盖层深度有限的情况下,过快的速度会造成地面隆起。

扩孔速度与设备转矩、转速和拉力密切相关，在实际工作过程中往往与泥浆泵工作能力相匹配。也就是说，扩孔速度以冲洗液能充分清除孔底岩粉碎屑为主要依据。钻孔泥浆量也不能过大，否则对孔壁冲刷严重，特别是当回流中断后，会引起地层迅速增压，亦导致地表隆起、浆液漏失等不良后果。钻孔泥浆量过小则不足以悬浮钻屑，清孔难度加大、铺管阻力加大。

一般地，最快扩孔或钻进速度用下面经验公式推算：

$$V = kV_0 \tag{12-60}$$

式中：V——实际泥浆累计流量（体积）；

k——流量系数；

V_0——被切削的泥土体积。

其中，$V = Q\eta \cdot t$、$V_0 = S \cdot L$

所以，$Q\eta = \dfrac{kSL}{t} = kS \cdot v$

即扩孔速度为：

$$v = \frac{Q\eta}{kS}\,(\mathrm{m/min}) \tag{12-61}$$

如果钻杆长度为 l_0，则扩孔速度不能超过 l_0/v（min/根）。

式中：S——被切削的面积；

L——扩孔长度；

k——流量系数，系数大小在 1～5 之间，典型为 3 左右。二者之积为即为该次所需钻孔泥浆体积。该体积钻孔泥浆是基本保证排除碎屑而孔内不产生沉淀的经验值。流量系数取值取决于地层状况、碎屑尺寸和碎屑流出孔口的距离。对砂土，取 1～1.5；对于高塑性（水胀性）黏土、坚硬致密黏土，取较大值。

Q——为理论泵量；

η——泵的容积效率，二者之积为实际泵量。

工程实践中很少直接测试实际流量，又由于泵的效率与浆液黏度密切相关，黏度越大，流速越低，并且水平定向钻对泥浆要求较高、泥浆黏度变幅较大，因此，为了确定实际效率，国外普遍和泥浆马氏漏斗大小直接联系起来，经验方法是以水的马氏漏斗黏度 26s 为基础，泥浆每增加 1s，效率降低 1%，如某泥浆黏度 56s，则降低 30%，即容积效率为 70%。

值得注意的是，为了充分发挥钻孔泥浆效能，需要对扩孔钻头水眼、水道大小、数量等参数进行科学计算和设计，以满足流量需求。

3）扩孔中的弯曲问题

扩孔过程中产生钻孔弯曲是必然的，一方面，先导孔一般来说是弯曲的，这种弯曲是逐渐发生的，轨迹也相当平滑，另一方面扩孔工艺和扩孔机具选择不当也容易形成钻孔弯曲。但无论如何，弯曲对铺管来说是不利的，即使使用柔性管道，弯曲阻力也会造成不利影响，如挤扁、拉断等。既然弯曲是客观存在的，我们应该通过选择合理的扩孔工艺和机具使得自然或人工形成的钻孔弯曲尽量减小，从而达到高质量扩孔目的。同时也应重视扩孔对钻孔弯曲的影响，如果成孔有大的弯曲，铺管难度大大增加，也易造成路面以下大的空洞，甚至垮塌。

（1）扩孔弯曲的影响因素

一般地，扩孔过程将沿先导孔的轨迹延伸，扩孔工艺与机具选择得当，就会使得已有的钻孔弯曲相对减小，反之，钻孔弯曲会有逐渐增大趋势，导致铺管阻力增大。扩孔过程中的弯曲规律与地质条件、扩孔方法、机具类型、钻进规程及其他技术因素有关。可以说无论用何种扩孔方法，在大量因素作用下都会发生弯曲，并表现出一些由某个因素起主要决定作用的规律，如果扩孔的弯曲规律与已有孔斜规律相反，则起到了修正弯曲的目的，这是我们所希望的。

①扩孔工艺对钻孔弯曲的影响

按扩孔过程的受力方向分类，可以将扩孔分为正向扩孔和反向回拉扩孔；按扩孔过程所采用机具的不同，可以将扩孔分为翼状钻头扩孔、杆状钻头扩孔、葫芦钻头扩孔以及牙轮钻头扩孔等等。不同工艺有不同的弯曲规律。如用翼状钻头正向回转扩孔时，钻孔主要向右下（按顺时针方向）偏斜，用牙轮钻头正向回转扩孔时，钻孔方位上基本上向左上（按逆时针方向）偏斜。采用回拉回转法扩孔时，翼状钻头也呈右下方向偏斜，但比正向回转偏斜程度大为减小，这是由于回扩钻头尾部有钻杆等起到了扶正作用；用翼状或肋骨形扩孔钻头扩孔时，先导孔定向轴线应稍向左上偏，这样扩孔时与扩孔钻头形成的弯曲方向互相弥补，使钻孔平直；在砂砾石地层扩孔时，则由于砂砾的重力沉淀和离心作用，上下俯仰方向上呈上漂趋势，而方位上呈明显右偏趋势。在湖南长沙的非开挖实践中，采用翼状合金钻头扩孔，在2m的进尺里钻具上漂、右偏都达15cm以上。

②扩孔钻头切削刃对弯曲的影响

扩孔钻头切削刃对钻孔弯曲强度有明显影响，切削工具的结构和几何尺寸的不合理设计也容易导致钻孔的偏斜。切削刃越少、越尖锐就越容易由于回转而偏斜；在钻头环状空间分布上，有互为交错的切削刃的扩孔钻头不容易局部切入土层，具有较好的保直作用；因此扩孔钻头选择时应根据岩土情况，合理设计和选用切削刃形式，使之既能高效切土，又具有好的保直性能。实际上，在土层非均质情况下，钻孔的扩孔轨迹总是偏向钻头遇阻最小的方向，各向异性程度越高，这一点表现得最明显。

③规程参数对钻孔弯曲影响

回转扩孔时，规程参数对钻孔弯曲有影响。其中主要有：轴载、钻具转速、冲洗强度。一般来说，偏斜程度随轴载的增加而增加，特别是正向扩孔时。例如正向回转扩孔过程中，为了提高扩孔速度，人们把轴载提高到一定的数值，如果轴载超过一定程度，不仅钻杆可能发生弯曲，而且钻孔也呈弯曲趋势。轴载越大，钻孔弯曲越严重。因此，在扩孔施工过程中，单纯靠增大钻压是不可取的。

转速决定回转的性质和弯曲形态，如果钻杆柱仅仅围绕自身轴线回转，则钻具在较为确定和固定的方向上钻进，钻孔弯曲方向是稳定的，如果提高钻具转速，机械钻速一般也增加，但很容易造成钻孔弯曲。

目前“非开挖”面对对象主要是软土，因此，扩孔钻进时，冲洗规程对钻孔弯曲的影响不可忽略。当液体流速很大时，部分的孔壁可能被冲毁，从而导致大的间隙并使钻具严重偏斜。

总之，钻进规程的合理配置可以提高钻进速度，改变规程参数的数值，可以调节钻孔弯曲的强度。

④时间因素对钻孔弯曲的影响

实践表明：在软土地层中扩孔时，钻孔实际轨迹经常较大地偏离设计轨迹。分析认为，扩孔钻头越大或一次性扩孔直径太大，进尺将十分缓慢，甚至“原地踏步走”，这样局部成孔的时间越长，水的冲刷作用越厉害，由于重力作用，钻孔轨迹偏离设计的水平轨迹，向下部方向偏斜，无法保证施工精度和质量；实践证明采用轻质扩孔钻头完成扩孔，减少时间因素对钻孔弯曲造成的影响，取得了很好的效果。

总之，扩孔过程不仅能使铺管孔径增大，而且对先导孔具有修正作用。如果先导孔只具有小的弯曲，并且扩孔工具选用适当，经过扩孔工序后能达到较理想的"直"孔。否则会造成"曲上加曲"的局面。例如在软硬不均的地层，扩孔钻头易偏向软地层，即偏向阻力最小方向，多次的扩孔使这种现象趋于严重化，甚至形成大的阶梯。因此遇到此类情况应合理选择扩孔钻头类型。在几种典型类型扩孔钻头中，葫芦型、双向纺锤形钻头保直性较好，翼状钻头较差。从规程参数上应采取快速通过，以减小造成弯曲的时间来达到钻孔的平直。另外，随着孔径的扩大，无疑会导致钻具和孔壁间出现间隙而形成非圆柱形的孔身，在此基础上，多自由度的钻头受到轴载、离心力、重力和扭矩等共同作用下会使弯曲加剧，应适当增加粗径钻具长度或采取组合钻具，并力求减小扩孔钻头重量。扩孔完成后如发现弯曲较明显，应慎重对待，在可能的情况下用一定长度的环刀进行再修孔。

(2)钻孔弯曲的迹象和确定方法

在实践中发现，不论先导孔轨迹设计如何合理，扩孔工具如何恰当，由于施工经验不足、控制不当等原因，还是很难完全按照设计的轨迹扩孔钻进，因此需要随时测量和监控，及时调整，当偏离太大时，常常需要逐步纠正，想一次性纠正过来往往造成过纠，致使钻孔成"蛇"型曲线。现场监测弯曲的两种方式是：

①通过目测弯曲过大时表现出来的一些迹象来发现钻孔弯曲。这些迹象包括功率快速增加；动力头夹持器使钻柱偏磨或左右晃动加大；卸下机上钻杆时，孔内钻杆偏离设备轴线；钻杆易折断等。

②通过随时放入测试探头的方法。达到一定延米后退出钻具，通过专用接头安装探测器，边送入边测试来监视弯曲的趋势和方向。

12.3.7 钻孔清洁

采用定向钻进施工的钻孔基本上为水平或近水平孔，大多数离地表浅，所钻地层一般为较软土层，通常不能靠大泵量循环来悬浮出钻碴，因为大的冲刷会造成地表垮塌或沉陷等事故。在某种程度上说，循环液大部分功能是起到冷却钻头，软化土质，冲刷钻头以利于切割等目的。因此，扩孔后形成残土的清除也是定向钻进铺管施工工艺中的又一关键工序。如果钻孔残碴过多，势必增加铺管阻力，可能引起地表隆起和管道变形，孔内阻力过大，增加了铺管风险，甚至造成铺管失败。

清孔方法有很多，可以根据现场实际情况灵活采用，在施工中有可能采取多级扩孔多次清孔的方法，也可能采取最后一次性清孔的方法，主要根据孔壁的稳定程度来决定。这里介绍几种主要的清孔方法。

(1)活塞式清孔

扩孔后，将软质材料包裹在该钻头上或采用专用清孔活塞，进行"活塞式"拉土清孔。可反复多次进行以保证孔内无障碍。如图12-39为一种清孔工具，该工具还起着铺管试通作用。

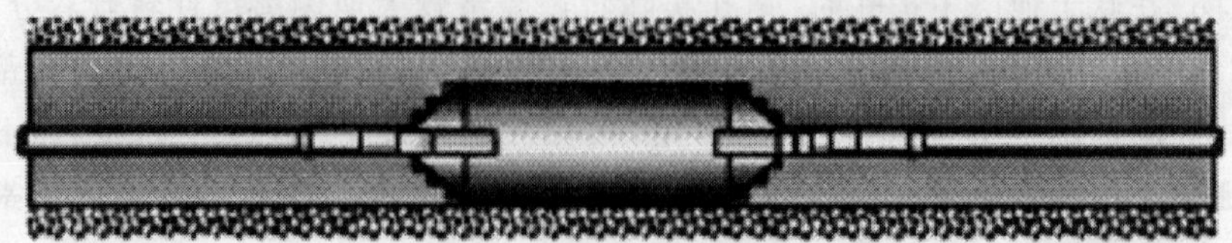

图12-39　活塞式清孔原理示意图

(2)冲洗清孔

在扩孔工序中,为了增加扩孔效率,钻头一般设计有数个水孔,向孔壁喷射高压水以利于碎土。同样,适量的钻井液冲刷流动有利于排出破碎下来的土屑。此种方法对地层的破坏性较强,特别是松软地层不推荐使用。

(3)挤压法清孔

许多扩孔钻头为挤土型钻头,利用钻头体结构形状和钻机的轴向力使钻孔得到径向挤密,从而使孔壁得到完好的保护,多余土体被挤压或拉出孔外。在工程实践中采用的粗径钻具形扩孔钻头清孔效果良好,从最终排出的土量看,有70%的土屑被排出,还有30%被刮挤向孔壁,铺管阻力很小。

(4)其他清孔法

螺旋法清孔,直接用螺旋钻头清孔出土;套、掏式清孔,用专用工具,如洛阳铲清孔;还有人工进入式清孔等。

12.3.8 管线铺设

管线铺设是导向钻进非开挖施工方法中的最后一道关键工序,也是实现 HDD 铺管作业目标的最后一步。原则上要求最后一级扩孔与铺管同步进行,减少因钻孔暴露时间过长而引起孔壁垮塌的危险。铺管阻力的力学参数计算和铺管工艺方法的选择是铺管设计的两个重要问题。只有计算出当前工艺条件下的铺管阻力,再根据实际情况,选择正确的铺管方法才是成功的关键。

通常,按回拉力大小来衡量定向钻机的铺管能力。当铺管长度较短且施工场所面积受限时,宜采用小吨位小体积钻机;而长距离、大直径铺管工程则应采用大型定向穿越钻机。

定向钻进铺管工艺中,一般采用顶推或回拉的方法将待铺的管线就位。通常是在铺设大直径管线时采用顶推法,在铺设小直径管线时采用回拉法。在导向孔平直度差,铺管阻力大的情况下,采用顶推与回拉相结合的方法可取得好的效果。

根据管道的材质、直径、铺管长度以及扩孔状况和设备情况可以采用不同的铺管方法。下面介绍了三种常用的铺管方法。

(1)回拉法

回拉法是指用钻机或其他拉力设备(如卷扬机)把目标管道拉入孔内的铺管方法(图12-40)。回拉法是目前柔性管道和曲度大的钻孔中铺设管道的唯一选择。选择回拉法时一定要在满足管材的抗拉强度的前提下,保证回拉设备的拉力大于孔内铺管阻力。在钻孔垮塌、清孔不彻底、钻孔弯曲严重、泥浆润滑不理想等情况下,铺管工作不能进行,否则造成管材拉断或变形,甚至造成人身危险和拉管失败。非开挖导向钻机拉管铺管时,一般在管道的前面配置钻头和分动装置,钻杆在回转的同时回拉,保证了后续管道的顺利进入。为了保证管道不切入土层和内部进入泥土,在管道的前部还连接有锥形帽。在工程实践中曾采用该法成功地铺设了12根钢管的集束管道。另外,在铺管阻力较小的情况下,可采用卷扬设备直接将管道拉入钻孔。在拉入管道时,可以采用相应的附属设备(如吊车)将管道吊起(图12-41),以减小管道回拖过程中的阻力。

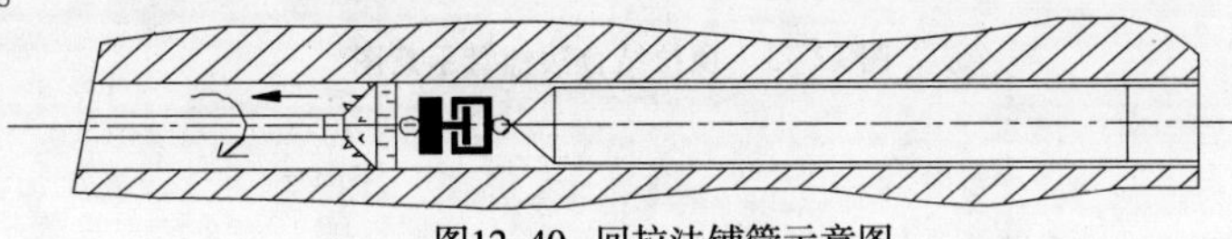

图12-40 回拉法铺管示意图

图 12-41　管道拖入前用吊车吊起

(2)顶入法

顶入法是指用专用的顶管设备在成型孔中直接顶入管道的方法,如图 12-42 所示。在管道抗拉强度不足而抗压强度较大时,可采用此法;在直孔大口径的刚性管道铺设时一般采用此法,而柔性管道不宜采用。顶管设备可直接采用大吨位的液压油缸,顶管时要注意顶管机的后支撑支护,顶管机中心轴线应与孔的中心轴线保持在一条轴线上,以防止管道的失稳。

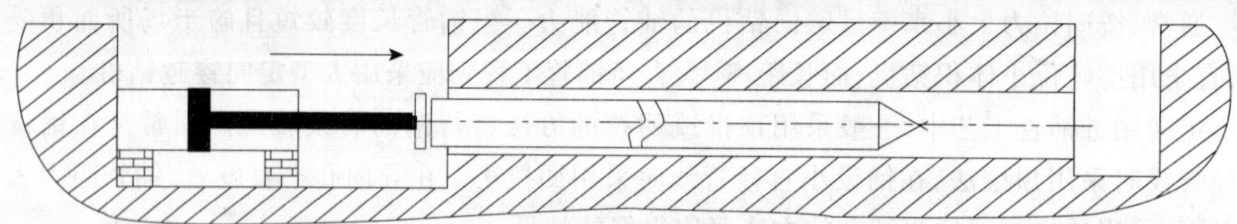

图 12-42　顶入法铺管示意图

(3)顶、拉结合法

顶、拉结合法是指管道前端有设备牵引,而后端有顶管设备顶入的施工方法,如图 12-43 所示。在铺管阻力较大、单套设备能力不够或管材抗拉强度不足等情况下,可采用此方法。在理论上,采用这种方法时,管道的受力条件最有力于铺管,但在实际施工中,两端的设备运行速度不容易达到同步,甚至造成负面效应,并且实施工艺较为复杂。

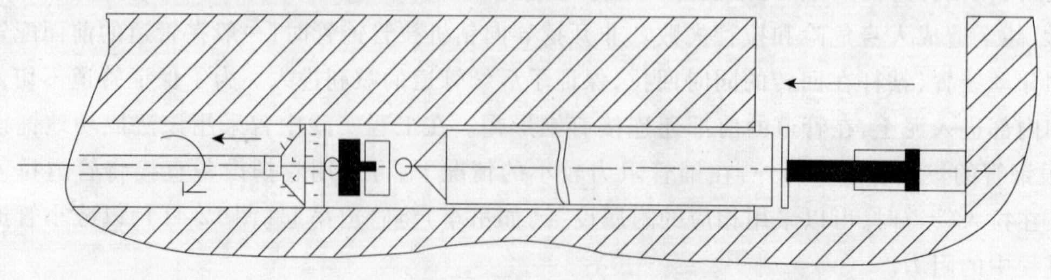

图 12-43　顶拉结合法铺管示意图

12.3.9 回拖力计算

管道铺设阻力的大小直接关系到工程的成败。要从减少阻力的内在因素入手，不能仅通过增加设备拉管能力来提高成功率。减少铺管阻力的方法主要包括：

(1)提高成孔质量，主要是孔壁稳定状况；

(2)减少弯曲段的数量和弯曲程度；

(3)采用弯曲性能较好的管材；

(4)采用润滑泥浆或涂覆润滑剂；

(5)增大扩孔系数；

(6)采用特殊辅助器具等。

如在砂砾石层中，相对较大的砾石很容易进入扩孔器和拉管头之间，形成阻力楔的作用，造成铺管阻力的急剧增加，此时可以考虑加入一段保护套管(图12-44)使砾石与管道之间仅存在摩阻力，降低了铺管阻力。又如为减少地面管道的摩擦力增加滚动导轨的方法。如图12-45所示。

图12-44 套管法减少阻力

图12-45 滚动导轨法减少阻力

另外,还要注意防止回拉铺管过程中由于回流中断而引起的液压锁现象(图 12-46)。钻孔泥浆在牵引的管线外面流动,但却被阻挡而不能被排出钻孔,使管子的外面和前面产生压力。该压力甚至大于钻机所拥有的回拖力,随着泵入的液体数量增加,压力也跟着增加,使管子无法动弹。这就是液压锁现象。液压锁发生的明显迹象为:①回拖压力明显增加;②回流中断。液压锁现象导致的直接后果是钻进路径上的地面隆起或地层破裂、地表冒浆。

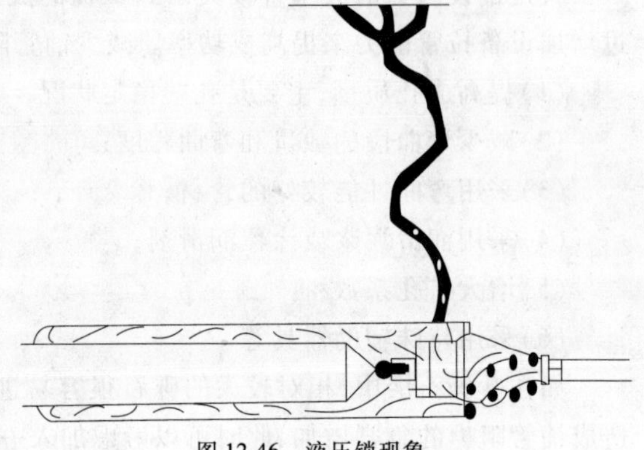
图 12-46 液压锁现象

防止液压锁的方法如下:

(1)根据土层状况,使用种类和数量合适的钻进液,保证钻孔泥浆回流;

(2)回拖速度要适当,让压力降低之后再行钻进;

(3)沿钻进路径,在受压区开挖排气孔,以释放过高的压力;

(4)选择合适的扩孔钻头。

钻孔弯曲和管壁摩擦力是形成管道回拖阻力的主要来源。对于刚性管道而言,钻孔弯曲所造成的回拖阻力占主导因素,远大于管壁摩擦力,其计算方法较为复杂。目前,许多的理论公式和经验公式基本上是针对管壁摩擦力来计算的。即使如此,管壁摩擦力的计算也是复杂的,要考虑浅层土的力学特性,地表车辆的动载的影响,土随时间的蠕变特性,水平孔的土拱效应,地表沥青或混凝土的桥梁作用,以及地下水的影响等等。

当铺管设备的轴向力大于摩阻力时,铺管即能顺利进行,如果反扩拉管时的钻机拉力大于管壁与孔壁之间的摩擦力时,即可用钻机直接将管道拉入地层;当铺管力小于管壁与孔壁之间的摩擦力时,对于钢管可采用辅助顶推装置在钢管尾部进行同步顶推,辅助顶推装置包括顶管机和夯管锤。对于其它材料管道则必须增大钻机拉力。

1) 美国规范中回拖力的计算方法

在回拖管道时,大型钻机施加的拉力往往超过 20t,这些力并不是全部施加在管道上,一部分用来拖拉扩孔钻头,排挤或剪切土层。施加在管道上的力可通过在管道和牵引头之间安装测力计进行量测。施加在管道上的拉力要克服以下阻力:①管道与孔壁之间的摩擦阻力;②管道和地表的摩擦阻力;③绞盘效应力,源于沿弯曲钻孔轨迹拖拉管道产生的递增承载压力;④流体阻力;⑤由管道刚度产生的阻力。铺设管道人员必须估算回拖力,一是为了选择钻机型号,二是设定最大回拖力,以免管道在拖拉时受到损害。在设计阶段,设计人员也可进行回拖力计算来选择最优钻孔轨迹和合适的管道物理参数。除了回拖力,沿钻孔轨迹拖拉管道的轴向弯曲产生轴向张应力,该应力使回拖力增加。回拖管道期间,管道可能承受外部压力,即泥浆压力或地下水压力。管道塌陷阻力因受轴向拉力而降低,即泊松效应。估算回拖力需要多方面的考虑判断,不仅限于这些计算范围之内。本文中的公式是基于上述“理想化”的钻孔,只能作为指南而已。得到的回拖力值只能认为是定性值,并只能用于前期估算。计算得到的回拖力值可能小于实际中完成回拖所需要的拉力。建议管道铺设人员和设计人员从有经验的钻工或有计算经验的工程师处获得咨询。

回拖力一般是计算牵引管道的端部所受到的拉力。随着管道拖进钻孔,回拖力增加。尽管回拖力一般在管道出口点达到最大值,最大拉应力可能出现在其他部位,比如出现附加拉应力,其来自于管道弯曲(钻孔轨迹的弯曲)。公式(12-62)中给出摩擦阻力或需要的回拖力,F_P。该公式用于计算在直的水平孔内(无水平或垂向弯曲)拖拉管道或在地表拖拉管道所需要的拉力。以下公式得出的结果均是近似值。

$$F_P = \mu w_B L \tag{12-62}$$

式中:μ——管道与泥浆或管道与地面之间的摩擦系数;

w_B——管道单位长度所受的向上或向下的力,lbf/ft(N/m);

L——长度,ft(m)。

对于沿着曲线或弯曲轨迹拖拉管道,形成一定的夹角 θ,基于绞盘效应,能用公式(12-63)计算所需要的回拖力,F_C。

$$F_C = e^{\mu\theta}(\mu w_B L) \tag{12-63}$$

大多数钻孔都是有直孔段和弯曲段组成,因此能应用公式(12-62)和公式(12-63)递推得到管道到达每个拐点出所受的拉力。对于一个无水平弯曲的钻孔,其基本轨迹如图12-47所示。其钻孔轨迹有四部分组成,包括管道从入口点到出口点之间的跨度($L_2+L_3+L_4$)和管道入土前的长度 L_1 部分。实际穿越长度 $L_{\text{bore}}=L_2+L_3+L_4$。由于入口角 α 和出口角 β 较小,钻孔轨迹逐渐变化,穿越深度 H 与过渡段 L_2、L_4 相比非常小。基于上述关系,ASTM F 1962 提供了一套递推关系式来估算需要的回拖力——T_A、T_B、T_C、T_D(分别对应于图中管道牵引到 A、B、C、D 点所需要的力)。该算法由 Larry Slavin 推导得出,用于计算钻孔轨迹无水平方向改变时管道所受的回拖力。

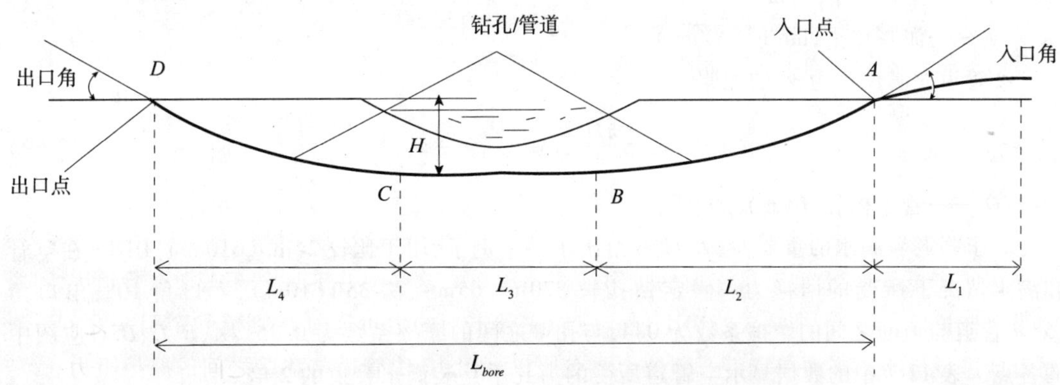

图 12-47 Maxi-HDD 示意图(河流穿越)

$$T_D = e^{v_b\beta}[T_C + T_{HK} + v_b|w_b|L_4 - w_b H - e^{v_a\alpha}(v_a w_a L_4 e^{v_a\alpha})] \tag{12-64}$$

$$T_A = e^{v_a\alpha} v_a w_\alpha (L_1 + L_2 + L_3 + L_4) \tag{12-65}$$

$$T_B = e^{v_b\alpha}(T_A + T_{HK} + v_b|w_b|L_2 + w_b H - v_a w_a L_2 e^{v_a\alpha}) \tag{12-66}$$

$$T_C = T_B + T_{HK} + v_b|w_b|L_3 - e^{v_b\alpha}(v_a w_a L_3 e^{v_a}\alpha) \tag{12-67}$$

式中:T_A——管道在 A 点所受的回拖力,lbf(N);

T_B——管道在 B 点所受的回拖力,lbf(N);

T_C——管道在 C 点所受的回拖力,lbf(N);

T_D——管道在 D 点所受的回拖力,lbf(N);

T_{HK}——流体阻力,lbf(N);

v_a——管道在拖入钻孔前与地面之间的摩擦系数；

v_b——管道与钻孔孔壁之间的摩擦系数；

w_a——每米空管道的重力，lbf/ft(N/m)；

w_b——每米管道在钻孔内所受的向上的力，lbf/ft(N/m)；

α——管道进入点的钻孔倾角，弧度；

β——管道出口点的钻孔倾角，弧度。

(1)摩擦系数

PE 管与湿钻孔孔壁之间的摩擦系数 $v_b = 0.3$，与地面之间的摩擦系数 $v_a = 0.5$。对于架在滚轮上的管道，摩擦系数会减小。摩擦系数的大小也与管道是否移动有关，摩擦系数在管道未移动前最大，管道一旦移动，摩擦系数就会减小。回拖管道结束时，摩擦阻力和回拖力将增加，泥浆的触变性使泥浆的黏度变大。泥浆黏度增大可能导致管道黏卡现象，因此建议在回拖管道期间不要随意更换钻具，以导致施工暂停。

回拖力与管道是否是空的或设置重量(即填充压舱物)有关，填充压舱物能降低管道所受的浮力。浮力顶推管道紧靠在钻孔顶部，并因此增加管道和孔壁之间的摩擦阻力。管道灌满水会降低浮力，进而降低摩擦阻力。管道的净重可以从管道生产商处查到，管道在浮力状态下的重量可通过下式计算：

①空管道

$$w_b = \frac{\pi D^2}{4}\gamma_b - w_a \tag{12-68}$$

式中：D——管道外径，ft(m)；

γ_b——泥浆比重，lbf/ft^3(N/m^3)。

②管道充满比重为 γ_f 的泥浆

$$w_b = \frac{\pi D^2}{4}\gamma_b - \frac{\pi D_I^2}{4}\gamma_f - w_a \tag{12-69}$$

式中：D_I——管道内径，ft(m)。

为了强调灌满水的重要性，表 12-6 给出了一个例子，用于比较 24in.(610mm)DR11 在空管和满水情况下所受的回拖力。假定钻孔长 870ft(265m)，深 35ft(10m)，入口角 10°，出口角 15°。管道与地面之间的摩擦系数为 0.4，与孔壁之间的摩擦系数为 0.25。A、B、C、D 对应图中的各点。表 12-7 中的数据显示空管道所受的力几乎是装满水管道的 2 倍。

24in./610mm DR11 管道所受回拖力理论值 * 表 12-7

位置	空管道 lbf(kN)	满水管道 lbf(kN)
A	25600(114)	25600(114)
B	51500(229)	33000(147)
C	60500(269)	35300(157)
D	67600(301)	36300(162)

注：* 钻孔长度为 870ft/265m。

(2)流体阻力

管道回拖期间，受到泥浆的拖曳作用产生的阻力很难估算。流体阻力与泥浆、泥浆流速、管道及钻孔的几何尺寸有关。流体压力范围为 5～10psi(35～70kPa)，可用下式进行计算：

$$T_{HK} = q\frac{\pi}{8}(D_{BH}^2 - D^2) \tag{12-70}$$

式中：T_{HK}——流体阻力，lbs(N)；

q——流体压力，psi(MPa)；

D_{BH}——钻孔直径，in(mm)；

D——管道外径，in(mm)。

2）Mini－HDD 应用的简化算法

ASTM F 1962 提供的回拖力计算方程是一个相对复杂的方法，仅适用于 Maxi－HDD 管道施工，不太适用于采用 Mini－HDD 进行小规模、低成本管线铺设作业。Larry Slavin 博士推导一个适用于 Mini－HDD 系统回拖力计算的简化方法。因为回拖力的估算是一个非常复杂的过程，尽管回拖力的估算方法只能提供一个不精确的计算结果，但该方法非常有用。

尽管简化的回拖力估算方法主要适用于 Mini－HDD 管道铺设，但也可推广用于 Midi－HDD 作业。不过这种方法只适用于 HDPE 管或 MDPE 管道，因为这两种管材都具有低弯曲强度的特性。

为了减小 Mini－HDD 应用中公式(12-64)的复杂性，通过几个参数的代替，比较计算结果量级，允许铺设管道尾部回拖力 T_D 的巨大简化，该算法仅用于无防浮力装置的 PE 管。尤其是假定摩擦系数 v_a、v_b 分别等于 0.5 和 0.3，管道入口和出口角度为 20°。那么公式(12-64)可简化为：

$$T_D \approx L_{bore} \cdot w_b \cdot (1/3) \tag{12-71}$$

应认识到，在合适的条件及实际铺设过程中，回拖力的最大值可能在 D 点之前出现。然而，在这种基本理论模型下，D 点的拉力应该是最大的，或比较接近预算拉力的最大值。

用于 Mini－HDD 时，上述估算值 T_D 必须进行修正，考虑可能出现附加轨迹曲线。附加的轨迹曲线来自于预定的轨迹弯曲或偶然出现由纠偏引起的轨迹弯曲。这些最终钻孔轨迹的性质将增加所需要的回拖力，与上述绞盘效应是一致的。这些效应可应用方程(12-64)中的指数关系进行偏大估算，得到拉力 T_D，即：

$$T_D^1 = T_D \cdot e^{v_b \theta} \tag{12-72}$$

式中：θ——与总附加轨迹弯曲角度相等。而 θ 可表述为：

$$\theta = n \cdot (\pi/2) \tag{12-73}$$

其中 n 等于由轨迹曲线累积产生附加 90°弯的数目。考虑到假定 $v_b = 0.3$，结合公式(12-71)、式(12-72)、式(12-73)，可得到：

$$T_D^1 = [L_{bore} \cdot w_b \cdot (1/3)] \cdot (1.6)^n \tag{12-74}$$

①附加轨迹弯曲

公式 12-73、式 12-74 中的 n 可表示为：

$$n = n_1 + n_2 \tag{12-75}$$

其中 n_1 预定 90°弯的有效数目，n_2 为预定轨迹外出现的累积弯曲。

例如，如果设定的水平(平面)弯曲朝右偏 45°，为了避开障碍或沿着可通行管道，轨迹接着向左偏 45°，每个 45°弯等于半个 90°弯，那么 1/2＋1/2＝1 个 90°弯，也即是说 $n_1 = 1$。

一般认为，较难预测和确定预定轨迹外累积弯曲，原因是铺设管道穿越地层的多变性和操作人员技能水平高低不同。然而，可用如下公式对 Mini-HDD 作业进行合理的估算。

$$n_2 \approx L_{bore}(\text{ft})/500\text{ft} \qquad (\text{英制})$$

$$n_2 \approx L_{bore}/152.4 \qquad (\text{公制}) \tag{12-76}$$

也就是假定，钻孔轨迹每 500ft(152m)出现一个有效的 90°弯，其来自于钻孔纠偏等。该假定基于有限的实际经验,包括进行已铺设管道数据样本的分析。应注意的是该值没必要趋向偏大估计,其变化的显著性可以预测。

由公式(12-76)得到的预定轨迹外弯曲数目可适用于 Mini - HDD 作业,因 Mini - HDD 常使用直径约等于 2 inch(50mm)的钢钻杆。大直径钻具刚性好,因此钻孔轨迹渐变性更好,能降低钻孔轨迹起伏水平。因此,以上原理应用于 Midi - HDD 时,应使用较小的 n_2,尤其考虑到钻具刚度与钻杆直径成比例,对应的 n_2 则为:

$$n_2 \approx [L_{bore}/500] \cdot [2/d] \quad (英制)$$

$$n_2 \approx [L_{bore}/152.4] \cdot [50.8/d] \quad (公制) \tag{12-77}$$

其中 d 是钻杆的直径(inch/mm)。例如,一个 4in(100mm)直径的钻杆对应于出现一个 90°弯的钻孔长度是 1000ft(305m)。

②浮力

为了应用公式(12-68),有必要确定 PE 管浸没在泥浆中部分的浮力 w_b,即 L_2、L_3、L_4 段。ASTM F 1962 提供了一般方程来计算管道在各种情况下产生的浮力,包括管道净重、以及充满水和泥浆时的重力。对于 Mini - HDD 应用时,其管道是空的。

$$w_b = \frac{\pi D^2}{4}\gamma_b - w_a \tag{12-78}$$

其中 D 是管道外径(m)。w_a 值可从管道生产商提供的说明书中得到。

(1)实际应用

公式(12-74)至公式(12-78)提供了应用 Mini - HDD(或 Midi - HDD)时一种预算最大回拖力 T_D^1 的方法。预定荷载应与管道安全拖拉强度相比较,如表 12-7 所示为各种 HDPE 管的安全拖拉强度。安全拖拉强度(lbs)基于安全拖拉张应力(SPS - Safe Pull Tensile Stress),在 ASTM F 1962 中给出用于选择管道断面的依据。根据 Petroff(2006)的解释,SPS 考虑连续加载,用于 HDD 时假定为 12 小时,得到与名义张力测试强度明显减小(小于一半),限定条件为非黏弹性变形。对于 MDPE 管,表 12-8 中值应进行调整,即乘以 0.75。

安全拖拉强度(lbs),HDPE 管,12 小时 表 12-8

公称直径	管道直径与壁厚比(DR)						
	7.3	9	11	13.5	15.5	17	21
2in	2400	2000	1700	1400	1200	1100	900
3in	5200	4400	3700	3000	2700	2500	2000
4in	8600	7200	6000	5000	4400	4000	3300
6in	18500	15500	13000	11000	9500	9000	7200
8in	31000	26000	21500	18000	16000	14500	12000
12in	69433	58006	48538	40282	35446	32515	26635

如果不考虑安全系数,ASTM F 1962 要求预测的最大回拖力荷载不能大于对应的安全拖拉强度。这对计划严密、控制精确的 Maxi - HDD 作业来说是一个合理的考虑。然而,对于 Mini - HDD 铺设管道,管道穿越钻孔轨迹的多变性,如实际轨迹曲线的角度,稍微小于理想的钻进实践。考虑到以上效应,建议安全系数为 2:1,即:

$$T_D^1 \leqslant \frac{管道安全拖拉强度}{2} \tag{12-79}$$

(2)估算结果与现场数据的比较

验证该简化算法有效性的最好方法是与实际现场数据进行比较。有关 Maxi - HDD 作业的回拖力文献已经发表(Francis 等,2004),但是不能直接用于 Mini - HDD 作业。另外,在许多案例中管道所受的回拖力不是直接通过在线测力计测得的,而是通过钻机上的监控数据(如水压力)换算出来的。其反应的不仅是管道回拖时所受的力,还包括回拖钻杆施加的力,以及施加在回扩钻头上的力。理想的现场数据应是直接通过在线测力计测得的,测力计位于 PE 管的牵引端。幸运的,类似的数据已由 Finnsson(2004)和 Knight 等(2002)发表。

Finnsson 提供的数据来自于一次实验研究,目的是检测牵引管段末端的应力。得到一个详细的回拖力与铺设长度之间关系的示意图。使用的是 6in(152mm)、DR 11 的 HDPE 管,铺设长度为 460ft(140m)。数据显示回拖力单调增加,在铺设结束时达到峰值 3500lbs(16kN)。在这个个案中,使用的钻机是 Mini - HDD 钻机,钻杆长 15ft(4.6m),直径为 3.5in.(89mm),公式(12-77)能用来估算计划外轨迹弯曲。因此各物理参数如下:

$$L_{bore} = 460\text{ft.}\ (140\text{m})$$

$$D = 6.625\text{in.}\ (168\text{mm})$$

$$w_a = 4.7\ \text{lbs/ft}(69\text{N/m})$$

$$n_1 = 0(\text{无计划轨迹弯曲})$$

$$n_2 \approx [L_{bore}(\text{ft})/500\text{ft}] \cdot [2\text{inch}/d(\text{inch})]$$

$$= 0.53(\text{等效附加 }90°\text{弯数目})$$

$$n = n_1 + n_2$$

$$= 0.53$$

$$w_b = 17.2\text{lbs/ft}(251\text{N/m})$$

因此,由公式 12-74 可估算峰值回拖力:

$$T_D^1 = [L_{bore} \cdot w_b \cdot (1/3)] \cdot (1.6)^n$$

$$= 3383\ \text{lbs}(15\text{kN})$$

该值与实测值相差 3%,考虑到复杂的作业过程和简化的数学模型,这种精确度是偶然的。忽略计划外弯曲数目,即 $n_2 = 0$,得到结果为 2650 lbs(12kN),则低估了回拖力近 20%。

Knight 等论述了三次管道铺设,穿越和再次穿越的钻孔都是长度为 590ft(180m)的名义上直的钻孔,预扩孔到大于管道直径的 50%。其中两次铺设 6in.(152mm)DR 11 的 MDPE 管,第三次铺设 8in.(203mm)DR 17 的 HDPE 管,铺设深度为 6.5 ft(2m),入口角和出口角均约为 11°。使用的钻机是 Mini - HDD 钻机,钻杆长 10ft(3m),直径约为 2in.(50mm)。记录的回拖力峰值是 5620 lbs.(25kN)、3372 lbs.(15kN)和 5845 lbs.(26kN),发现的一般规律是峰值早于铺设结束时出现。而估算的回拖力峰值则分别为 5924 lbs.(26kN)、5924 lbs.(26kN)和 10580 lbs.(47kN)。

图 12-48 描述了上述讨论的结果,说明该简化算法能用于估算 Mini - HDD(或 Maxi - HDD)铺设管道时管道所受回拖力的峰值,基于有限的数据样本,其安全系数为 2 或更大。但总的来说,结果的一致性非常好,与附加的计划外弯曲是否考虑在内有关。在一些案例中,这样考虑得到的结果非常一致,而在其他案例中不考虑这些因素,其结果一致性也非常好。这并不令人惊讶,因为铺设管道时的地层条件,工人的技能以及路径轨迹的参数变化性太大。尽管如此,该简化算法能用来估算使用 Mini - HDD(或 Maxi - HDD)铺设管道时所受的回拖力。考虑到参数可变性非常大,在用于 Mini - HDD 时,加上管 - 土相互作用和有关的拖拉效应,其安全系数应为 2。

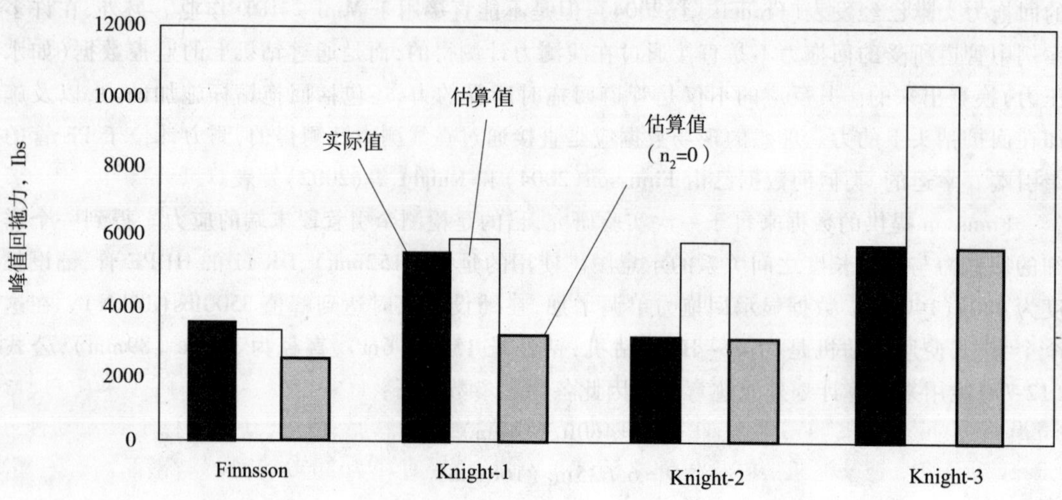

图 12-48 回拖力估算值与实测值比较

12.3.10 钻孔塌孔原因、预防与处理

非开挖施工中最容易出现的事故是塌孔事故。孔壁不稳定就会出现孔壁坍塌，塌孔的现象或征兆是：孔口返出的岩屑量增多，砂样混杂，与钻屑不同，流出泥浆的粘度、切力、密度、含砂量皆增高；回拉钻具有遇卡现象。严重时会造成卡钻甚至使导向孔报废或埋管。

1）塌孔的原因

一、工程地质水文地质方面的因素

非开挖铺管施工的地层主要在第四纪沉积层，砂层、杂填土层、卵砾石层、淤泥等地层均为不稳定地层，当泥浆液柱压力不足以平衡地层压力时，就会发生塌孔。另外，在钻进时土层一旦被钻开，孔壁岩土所产生的应力与泥浆液柱压力产生一个压差，此值若大于岩土的屈服强度，就会产生不同程度的剥落、掉块和坍塌，在泥浆的浸泡下这些现象会更趋严重。

二、机械或物理因素

机械或物理因素包括如下几个方面：

(1)泥浆液流的冲蚀。

(2)回拉扩孔（回拖铺管）过快，开泵过猛，产生孔内液柱压力激动。

(3)当导向孔曲率较大时，钻具或钻头（回扩头）回转不断碰撞、挤压孔壁及钻头钻具搅动泥浆冲蚀孔壁等因素，皆能促使孔壁坍塌。

(4)因上部地层漏失，地层压力释放，孔内液柱压力降低，导致塌孔。

(5)泥浆及滤液对孔壁岩土的长时间浸泡，降低岩土内聚力和内摩擦角，也会发生塌孔。

(6)当钻进地层含有泥页岩时，泥页岩的水化膨胀和裂解是造成塌孔的关键。

2）塌孔的预防和泥浆类型选择

具体应满足以下两个条件：①泥浆液柱压力≥泥页岩的孔隙压力；②尽量减少水进入孔壁岩土或孔壁四周的水渗出。对于地质因素造成的塌孔可以提高泥浆密度，以较高的液柱压力来平衡岩土侧压力和垂直压力；若地层松散或破碎严重，用高屈服值（动切力）和较大的动塑比（动切力和塑性黏度的比值）比值的泥浆钻进和循环。对于机械因素造成的塌孔：①调整并保持合适的泥浆密度和流变性能(控制动塑比比值),使泥浆具有一定的液柱压力,保持泥浆在环形空间中的低返速,呈平板流型的状态。②开泵、起下钻不要过猛过快;钻杆尽量保持在张力下工作,以减少钻具、钻头对孔壁的剧烈撞击和液柱产生压力激动。同时要防止钻头泥包和起下钻时抽吸。③提高钻进速度,缩短施工周期,减少泥浆浸泡时间;同时要保持泥浆性能均匀稳定,严防泥浆性能大幅度变化;也要根据地层情况做好扩孔程序和钻孔轨迹的设计。

泥浆性能控制:pH 值在 8.5 ~ 9.5 之间;适当降低失水量;提高泥浆滤液黏度;减少进入地层的水分含量。可优先使用防塌泥浆:①低失水、高矿化度泥浆。如盐水泥浆,还有氯化钙泥浆,皆属抑制性泥浆。其特点是泥浆中的 Na^+、Ca^{2+} 离子含量很高,对泥页岩有明显的抑制水化膨胀的作用,故称为高矿化度泥浆。尤其是 $CaCl_2$ 在泥浆中溶解度很大,能配成高钙泥浆,其控制泥页岩的水化膨胀,防止泥页岩坍塌效果更显著。②石膏泥浆。石膏在泥浆中可提供 300 ~ 500mg/L浓度的钙离子,此泥浆能防止泥页岩地层的膨胀、坍塌,其性能稳定具流动性好。③钾基泥浆。钾基泥浆能够提供钾离子(K^+),其大小(直径为 2.66A)恰好与微晶高岭石晶格的氧原子六角环差不多(空穴直径为 2.80A),故易嵌入氧原子六角环中。于是一方面使结构紧密;另一方面靠近黏土的晶格负电荷中心,使黏土负电荷减少。从而减弱了泥页岩的水化分散性,较好地预防了塌孔。

3) 塌孔的处理

出现塌孔时,可考虑进行以下处理:

(1)提高泥浆的黏度、切力,适当升高密度,控制泥浆低失水,以小排量循环冲洗或钻进,使环形空间的泥浆呈平板型层流或塞流,将塌块和岩屑带出。

(2)塌孔严重、塌块尺寸很大时,在保持环形空间层流状态的前提下可加大钻头水眼,使用高泵压和适当排量冲洗,以便将坍塌的大块岩屑带出地面。冲洗时可配制一定量的高切力、高黏度泥浆清扫孔底和钻屑。

12.4 导航仪及钻孔导向

12.4.1 导航仪的功用

在导向钻进非开挖铺管工程中,导航仪是关键的技术硬件。只有通过导航仪,人们才可以准确地知道当前地下钻头的深度和位置(简称深位)、钻头的俯仰角、导向的钻具面角,而这三项数据是控制非开挖铺管导向钻进按人们预定轨迹前行的重要参数。

如图 12-49 所示,一种由地下导航探头、手持式地面跟踪仪和远程同步监视器组成的无线式导航仪,先将当前地下钻头的深度和平面位置实时地探测出来,掌握已钻进轨迹的准确性即与设计轨迹的左右上下偏差;同时探测出地下钻头当前俯仰角,判断欲钻进轨迹的倾角是否合理。若已行轨迹准确且欲行倾角合理,则按此方向回转钻进。否则,分析继续前行的导向钻具斜面角应调整为多少,边缓缓转动钻杆边由探测仪观测出钻具面角调整的数据,如图12-50 所示,当达到调整要求时,即停止缓转而按此方向顶进钻具,直到钻孔轨迹方向符合需求,再回转钻进。可见导航仪是控制钻进方向的"地下眼睛",俯仰角和钻具面角是衡量钻头状态的两个重要角度。

(1)俯仰角

俯仰角是指钻头的倾斜度,可以用度数或斜度百分比来表示。如果倾斜度为零,就表示钻头水平;如果倾斜度的读数为负,就表示钻头朝下;读数为正表示钻头朝上。知道倾斜度的读数之后,就较容易计算钻进一定距离时深度的改变。例如,如果倾斜度的读数为 +10%,钻头会在下一个 3m 的钻进过程中上升 0.3m。

(2)钻具面角

钻具面角是指钻头导向板的旋转位置。改变转向的方法是向前插入而不作任何旋转。12 点钟方向是上;6 点钟方向是下;3 点钟方向是右;9 点钟方向是左;2 点钟方向:右上;7 点钟方向:左下。

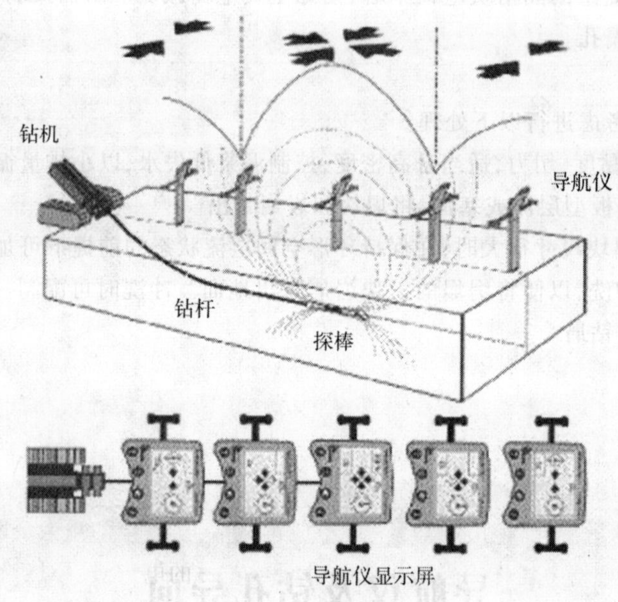

图 12-49 无线式导航仪工作原理示意图

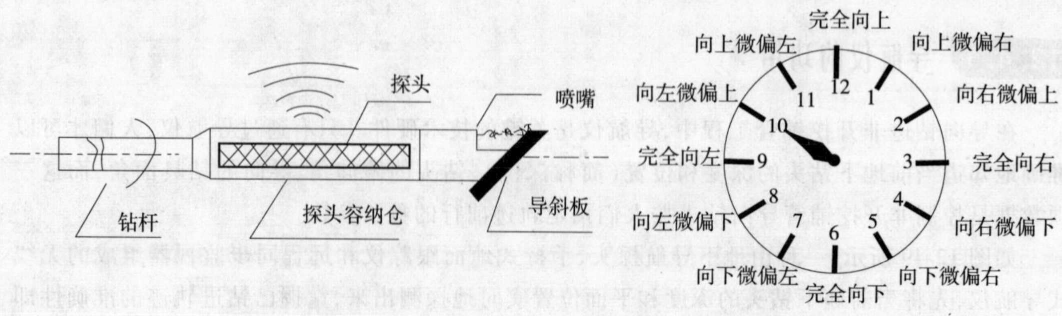

图 12-50 导向钻头结构以及工具面向角与导斜方向的对应关系图

有些定向钻进导航仪不仅具有地下钻头的深度和位置、钻头的俯仰角、导向的钻具面角这三项必要参数的探测功能，还辅有钻头方位角、信号发射器(探棒)温度、孔内液压力、孔内仪器电源电量、原有地下管线等探测功能。

12.4.2 导航仪的分类

目前世界上已有一些类型的专用于非开挖铺管导向钻进的导航仪。它们在工作原理和组成部分各有区别。按地下信号传递到地面的方式可分为有线式和无线式两大类。有线式是将钻头深位、俯仰角、钻具面角等在地下探测到的信号用电缆传输到地面；无线式则是用电磁波等方式向地面无线发射地下测得信号。

两种方式比较：有线式的信号传输抗干扰性强，不受深度限制，但电缆线的安装和现场操作难度大，且钻头深位必须采用间接计算法得到；无线式可以直接探测到包括钻头深位在内的所有地下信号，操作便利，但地下发射机制作技术难度大、信号传递距离有限，且在使用过程中易受干扰。

目前，在钻孔距高地面深度 >15 m、在跟踪测量路线上有地面障碍物、周围环境有明显磁件干扰的情况下，往往采用有线式随钻测量系统。一般地，有线式主要用在大深度、长距离、见靶精度不是很高的场合，如过江、河或大型穿越工程；无线式多用于较浅的非开挖铺管工程，轨迹控制精度要求高，如穿越马路等。

从俯仰角、钻具面角等参数的检测转换方式看，有些采用机械式传感器，如悬锤式、滚滑式、机械指南针等；有些则采用电子式传感器，如重力加速度式、磁通门式、电子罗盘等。后者一般检测精度高，响应速度快，体积也较小，但价格较贵。

传感器需要采用伺服加速度计和磁通门等坚固的固态传感器，三个正交轴上的加速度计测量地球的重力场分量，获得钻孔的顶角(或倾角)信号；而三个正交轴上的磁通门测量地球的磁场分量，再结合加速度测量结果来获得钻孔的方位角信号。钻孔顶角和方位角的测试原理如下：

(1)钻孔顶角 θ 的测量原理——加速度计

具有压阻效应的敏感元件和测试质量块组成测试体，质量块的重力场分量对应角度值，当角度值变化时，输出与重力场作用在该轴上的分量成正比的电信号。对于三轴加速度计，其三个重力分量的矢量分别为 G_x、G_y 和 G_z，三者之和必然等于重力加速度 g。一般 G_y 轴与工具面一致，而 G_z 轴与钻具轴线一致。

$$\tan\theta = \frac{\sqrt{G_x^2 + G_y^2}}{G_z} \tag{12-80}$$

(2)钻孔方位角的测量原理——磁通门

地磁场是非交变的恒定磁场，磁通变化率等于0，直接用线圈测量是不行的。而磁通门的特定结构却可以测量微弱的地磁场。磁通门主要是根据磁性材料具有磁化饱和特性及磁场叠加原理研制而成的。在两个完全相同的磁芯上缠绕励磁线圈，交变的励磁电流使磁芯工作在接近磁饱和状态，磁芯为具有高导磁率的合金材料。同时在两个磁芯的外围反向缠绕测量线圈，以便测量地磁场的强度。在没有外磁场的情况下。励磁线圈在两个磁芯中产生的磁场大小相等，方向相反，通过测量线圈中的磁通变化率为0，测量线圈没有电动势产生。当把磁通门置于地磁场中时，地磁场平行干线圈轴线的分量将会叠加在励磁磁场上，造成右侧磁芯中磁场强度的减弱，而左侧磁芯中的磁场强度变化不大（由于磁芯已经处于磁饱和状态）。因此，左右磁芯中的磁场失去平衡，通过测量线圈中的磁通变化率不为0，测量线圈中有感应电动势产生。地磁场越强，产生的感应电动势越大。

1）有线式导航仪信号传输

有线定位系统是靠探测器后面引出的绝缘线路来提供电源和钻头信息的。但是每次添加钻杆时，须装设新的电缆线。使用有线定位系统所花的时间比行走定位系统要多得多，因此在非特殊的情况下，最好是用行走定位系统。

有线式导航仪用电缆将地下探测到的信号传输到地面，其缆线的安排形式主要有嵌壁式和穿接式两种。

嵌壁式（图12-51）是在钻杆内壁上沿钻杆轴向加工出镶嵌沟槽，预先将绝缘电缆线敷嵌在每根钻杆上，再用特制的钻杆接头连接钻杆，使各段电缆能相互连接。特制接头可采用内插外旋形式（图12-51a）或集流环形式（图12-51b）。

穿接式是在钻杆内空中将电缆线从孔底穿接至地面，如图12-52所示。由于钻进施工中需要不断旋接钻杆，所以电缆须按钻杆长度分段，每段缆线之间用特制的密封插拔接头快速连接。使用时，每加接一根钻杆就要穿接一段缆线。当然，在机上钻杆与动力头之间还要设有专门的单动集流环机构。

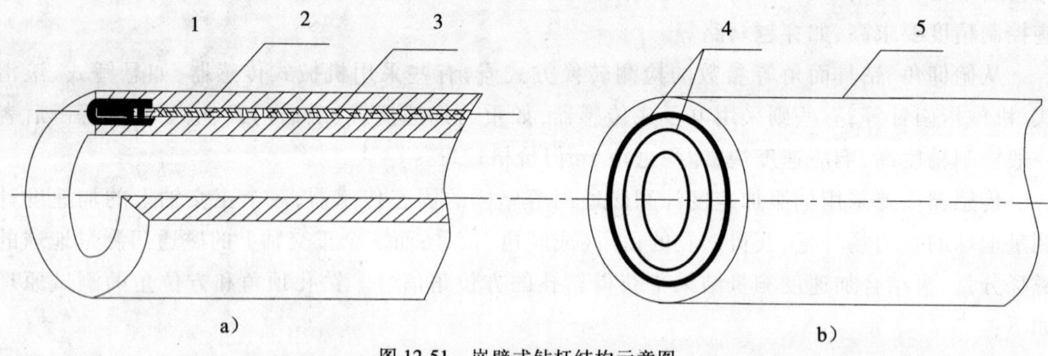

图12-51 嵌壁式钻杆结构示意图

a）内插外旋式；b）集流环式

1、5-缆线插接头；2-敷嵌电缆；3-钻杆；4-集流环

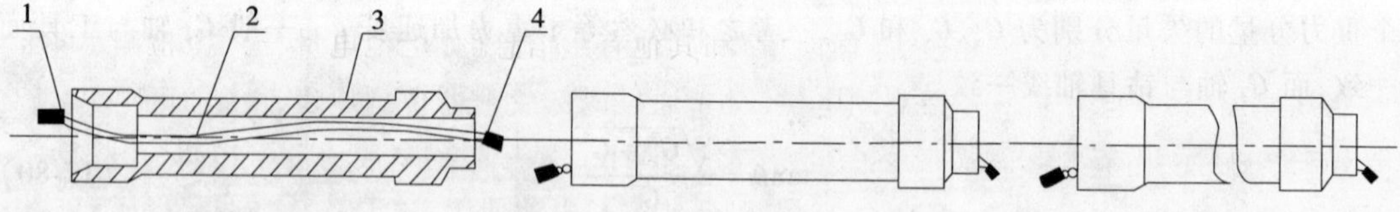

图12-52 穿接式钻杆电缆连接示意图

1-上连接接头；2-电缆；3-钻杆；4-下连接接头

有线式导航仪虽然能将孔底探测到的俯仰角、方位角、钻具面角等参数通过导线传输到地面，而对于钻头的当前深度和位置，因无测距功能，则只能通过对俯仰角和方位角的间接计算得到。其原理如图12-53所示：

以已钻钻孔轨迹上的某已知点 $D_1(X_o,Y_o,Z_o)$（常取开孔位置）为原点，利用已钻轨迹上所测得的若干组俯仰角和方位角数据 (θ_i,α_i)，通过一定的空间几何关系，计算单位进尺地下空间钻头的位置 $D_i(X_i、Y_i、Z_i)$，逐步递推到当前钻头所处的位置 $(X、Y、Z)$。设钻孔孔口为相对坐

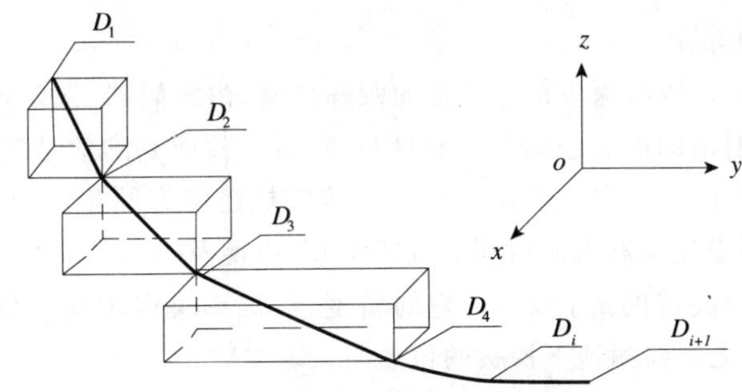

图 12-53　钻孔空间轨迹计算原理图

标系原点 O，开孔方位方向为 X 轴正方向，逆时针旋转 90°为 Y 轴正方向，垂直向上为 Z 轴正方向。当测量好钻孔的深度、倾角、方位角后，利用均角全距法计算钻孔各测点坐标，空间几何关系的表达式为：

$$\Delta X = \Delta L\cos[(\theta_i + \theta_{i+1})]\cos[(\alpha_i + \alpha_{i+1})/2] \tag{12-81}$$

$$\Delta y = \Delta L\cos[(\theta_i + \theta_{i+1})]\sin[(\alpha_i + \alpha_{i+1})/2] \tag{12-82}$$

$$\Delta Z = \Delta L\sin[(\theta_i + \theta_{i+1})/2] \tag{12-83}$$

式中：θ_i、θ_{i+1}、α_i、α_{i+1}——相邻两测点 D_i、D_{i+1} 的倾角和方位角；

ΔL——A、B 两点的间距。也可以利用钻孔轨迹模拟程序直接输入测量数据，输出钻孔轨迹。

显然，这一间接计算结果的精度受数据点(θ_i，α_i)组数 N 的影响很大，N 越大计算越精确。一般用较高速度的检测系统加之处理较密集采样点的运算程序，就可以满足导向钻进速度下的计算精度要求。这在理论上是完全成立的。

然而在实际钻进时，已钻钻孔轨迹在运动钻杆的干扰下会存在一定的移变，这在软土和钻孔弯曲度较大时表现明显。由此将带来一部分测算误差。

2)无线式导航仪信号传输

在非开挖技术中无线式导航仪应用最为普遍。目前，国内外常用的无线导航仪主要由地下探头、手持式地表接收机和远程同步监视器三大部分组成。

(1)地下探头

探头内装有传感器、编码器、发射器、电源等，如图 12-54 所示。置于导向钻头内部的传感器把钻头的状态信息(如俯仰角、工具面向角)和其他有用信息(如电池电量、温度)检测出来，按一定规律编码，并把有用信号调制到电磁波上，通过内部发射器传到地表，由地面接收机将信号译码并显示出来。电磁波频率一般为 8～33kHz，探头直径一般为 0～40 mm、长 0～400mm。电源多用碱性干电池，寿命为 12～20h。为延长电池使用寿命、降低探头发热量、减少孔内事故，一般探头内有一套自我保护系统，它使探头连续工作一段时间后自动关闭、休眠，此外还有强振动状态下自动关闭等自我保护功能。

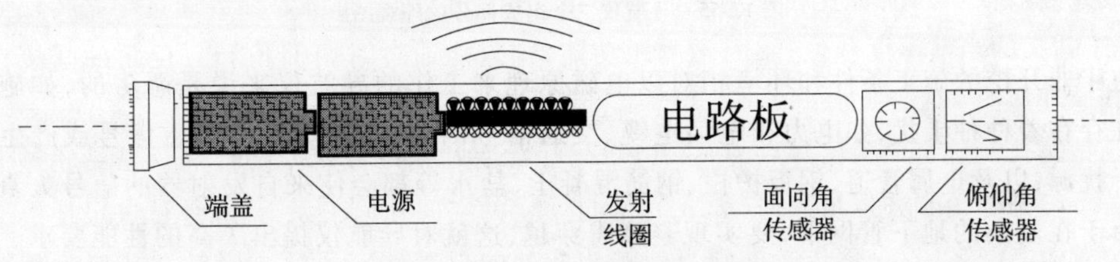

图 12-54　地下探头内部结构示意图

(2)手持式地面跟踪仪

手持式地面跟踪机是接收探头信号的地面跟踪仪器,由解码器、微处理器、显示器等组成。用来探明地下探头发射出的电磁波信号的具体位置,并对接收到的信号进行滤波、放大、整形、解码、运算等处理,得到探头的定位和定深信号。接收机还配有同步发射器,将从探头接收的信息再发射出去,使同步显示器也同时得到孔内信息,以便及时调整参数,减少信息传递失误。接收机也是该仪器的最关键的部件之一,它的精度、误码率决定了整个仪器的性能。如图所示,手持接收机在进行无线探测地下探头的位置与状态参数。

(3)远程同步监视器

远程同步监视器,又称为同步器,放置在钻机旁显示孔内信息,由信号接收模块和显示器组成。钻头内的探头信号通过手持式地面跟踪仪处理之后,运用射频发送方式,把信号第二次发射到同步监视器,同步器实时显示出探头状态信号,供司钻人员及时观察、掌握钻头状态信息并进行控制。同步器显示的内容一般有:钻头工具面向角、俯仰角、某点深度信号以及同步器自身电池电量信号等。显示器多为液晶数码显示,直观方便。

非开挖导航仪是由地球物理探测仪器发展起来的,英国和美国等发达国家走在前列,仪器改进和提高的重点都是放在测深功能、输出功能、抗干扰能力和轻便化方面,输出功能也从指针显示改进到液晶显示,同时都具有智能化的直读测深功能。

常用的地下导航仪有美国 Digital Control 公司生产的 Digitrak 系统,英国 Radiodetection 公司生产的 Drill Track 系统,美国 Ditch Witch 公司生产的 Subsite 系统等。图 12-55 为一套导航仪器的三部分外观图。我国在该方面起步较晚,基本依赖进口的导航仪器。

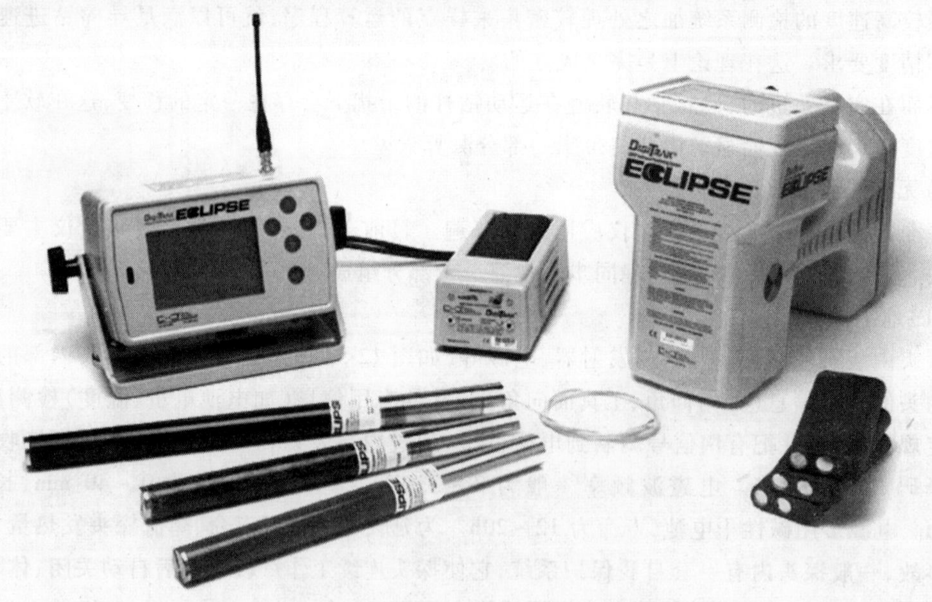

图 12-55　导航仪三个组成部分的外观图

由于非开挖的施工条件和环境相对以电磁原理来工作的导航仪来说是恶劣的,如施工地区往往存在着种种干扰,如电力和电话电缆、交通信号回路、其他能发出电磁信号或产生电磁场的干扰源,以及金属管道、钢板护栏、钢筋混凝土、盐水等都会使来自发射器的信号失真。另外又由于在复杂的地下管网下,要实现避障碍穿越,这就对导航仪提出了高的性能要求。要求导航仪具有非常高的精度、好的工作稳定性、可靠性和抗干扰性。

近来，有的仪器采用双频发射器，可以在孔内改变发射频率，发出更强的信号，提高抗干扰性能，可将测量深度增加到20m以上；有的仪器可在监视器上直接显示钻进实时轨迹；有的仪器配备了钻孔记录仪，可以保存施工的具体数据并下载到计算机上；有的仪器做成有缆式，通过贯穿在钻杆内的电缆把信号传送到钻机控制台，这样不但避免了电磁干扰，而且还可以跨越任何地形和水面障碍进行测量。

12.4.3 HDD 无线导航仪基本原理

仪器由图12-56所示的三部分组成，兼顾电磁波传播距离和对土、石体的穿透能力等因素，地下导航探头采用了几千赫兹到几十千赫兹的发射频率。根据参数检测的方式，用调制式发送方法，接收机收到信号后进行放大、滤波及整形，得到预处理信号，一部分电路对该信号进行解调，复原调制信号，即可获得导向钻进孔内参数（图12-57），另一部分电路对该信号强度衰减梯度的检测得到对应的深度参数。

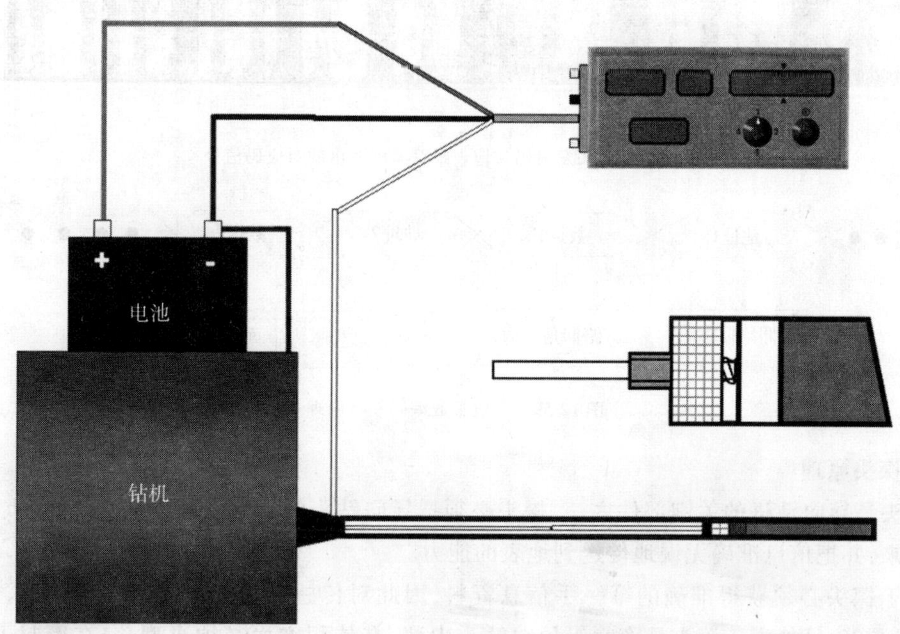

图12-56　导航仪总体构成示意图

信号传递一般采用调制式发送原理，如图12-57所示，把钻头俯仰角、面向角、钻头温度的电量通过传感器转变成电信号后，再进行编码，形成一定映射关系的二值码，并把该信息作为调制信号，去调制一定频率的电磁波。通过定功率发射线圈向地面发送。图12-58a)、图12-58b)分别为探头发射码和地表跟踪器接收、放大、滤波后解调出的对应码信号。码信号再按编码规律进行解码，还原出各参数的量值，并实时显示出来。

为了把解调处理后形成的二值码还原成真实的参数，软件上采取了一定规律的编码方法，如图12-59所示，将代表参数种类的信息作为地址，后面紧接参数的示值大小，接收机接收到码信号后，首先识别地址，再读入相应的参数量，如此类推，得到相应的导航参数。

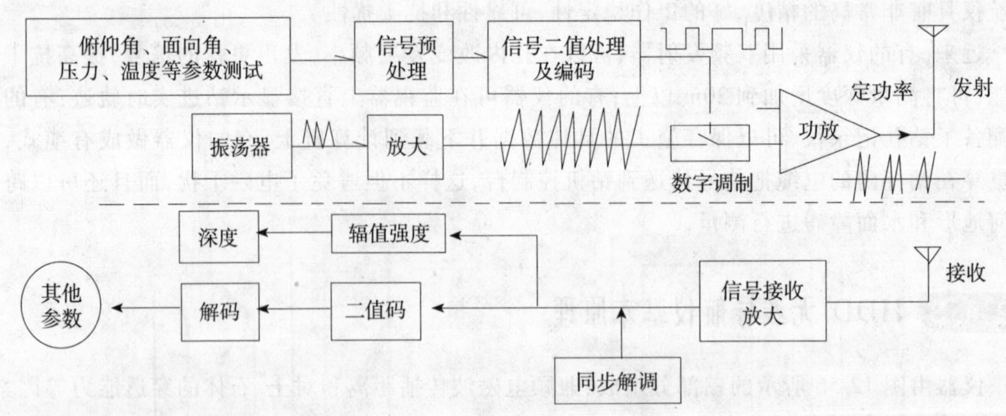

图 12-57　调制式发送钻进参数

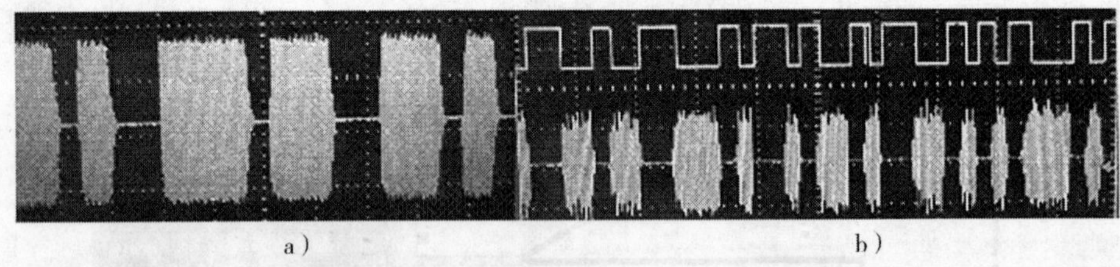

图 12-58　探头发射码和地表跟踪器解调出的对应码信号

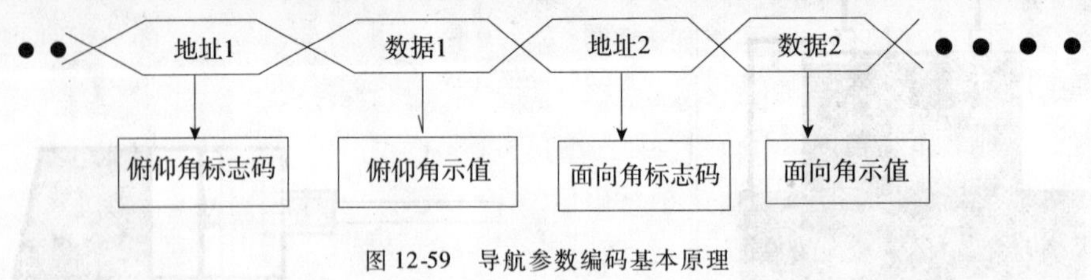

图 12-59　导航参数编码基本原理

1)探头原理

探头是导向钻进的关键部件之一,探头必须把导向钻头的工具面向角、俯仰角等重要指标检测出来,并把信息准确无误地传送到地表的能力。

由于探头必须获得准确的第一手信息资料,因此对传感器以及电路的要求很高,如精度高、抗温漂等,另外由于探头是隐藏于导向钻头内部,在体积方面必须小型化;在密封上,必须承受冲洗液的压力;在检测原理方面,传感器和电路必须耐、抗振动能力强等。由于信号是采用电磁波方式传送,为了加强测试精度和加大测试深度必须考虑发射功率以及载波频率的大小等问题,在此又要充分研究电池容量与发射功率之间的关系,达到最优兼顾的效果,在选择载频时,必须研究各频率信号在穿透不同的地层时的能量衰减关系,选择既能携带有效信息量(满足一定波特率)、抗外界干扰能力强,又具有地层穿透力强、衰减小的频率范围。在考虑发射线圈时,必须考虑品质因素问题。在选择振荡信号源时,必须考虑具有较高的频率稳定性和温度稳定性的振荡信号。

传感器信号(包括面向角、俯仰角、探头温度)和电池电量信号经过预处理之后,再通过CPU 分析处理,最后变成具有特征符的组合信号和角度信号由串行口按一定波特率(设定为150bps)串码输出,这种信号即为按一定规律组成的编码信号,用这种编码信号去调制振荡源信号，得到具有有用信号特征的调制波，这种调制波再经过功率放大后，由探棒内线圈发射出来。原理图如图 12-60 所示。

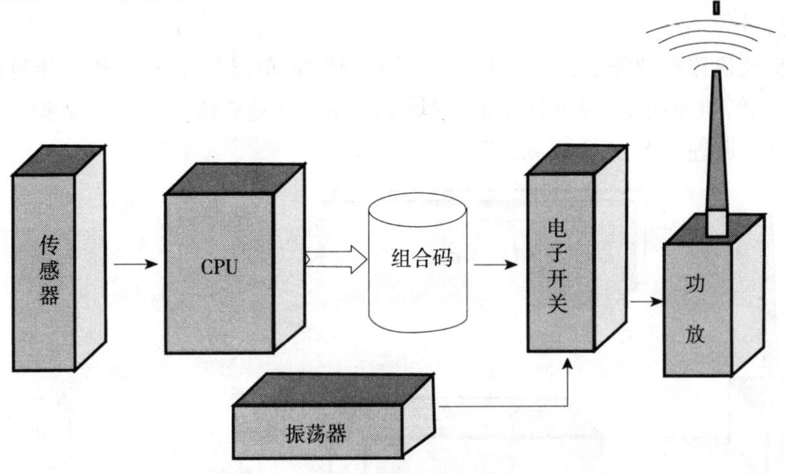

图 12-60　导航仪地下探头原理框图

目前，工具面向角的分度有 8、12、16 位几种，最小显示角分别为 360°(8)、360°(12)、360°(16)。显示表头通常用钟面来表示。

2)地面跟踪仪原理

在地下导航仪测试系统中，手持式地表跟踪仪所处理的信息量最大，实现功能最为复杂。要完成原始信号的选频、滤波、放大、整形、解码、A/D 转换；对键盘的人工干预能有正确的反映等等。每一个信号处理部分都要相当准确和快速。因此，要求测试系统有高的数据处理能力，技术要求归纳如下：

(1)需要处理多路高精度 A/D 转换，如深度信号等；

(2)要对地下导航传感器发射上来的编码信号进行解码；

(3)要满足液晶显示模块的数据刷新、实时显示；

(4)响应键盘的人工干预信号；

(5)要把处理好的信号远距离无线方式发送到远程同步监视器；

(6)要根据无线接收信号的强度不断改变可编程放大器的增益。

基本原理实现如图 12-61 所示。

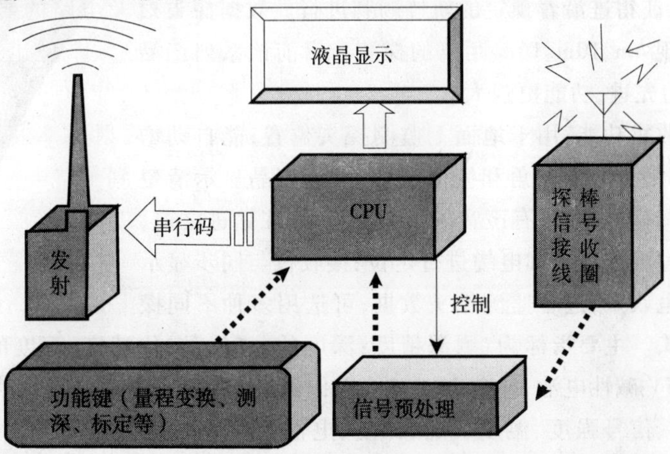

图 12-61　手持式地表跟踪仪原理框图

3)远程同步监视器的原理

HDD 导航仪同步器显示的内容一般有:钻头工具面向角、俯仰角、深度信号以及同步器自身电池电量信号等。

远程同步监视器在硬件上由液晶显示器、微处理器、信号接受模块和功能键组成,可配套含功能软件的 PC 机系统,实现设计模拟、现场实际钻孔轨迹三维显示以及数据库建立、生成施工报告等功能。原理框图如图 12-62 所示。

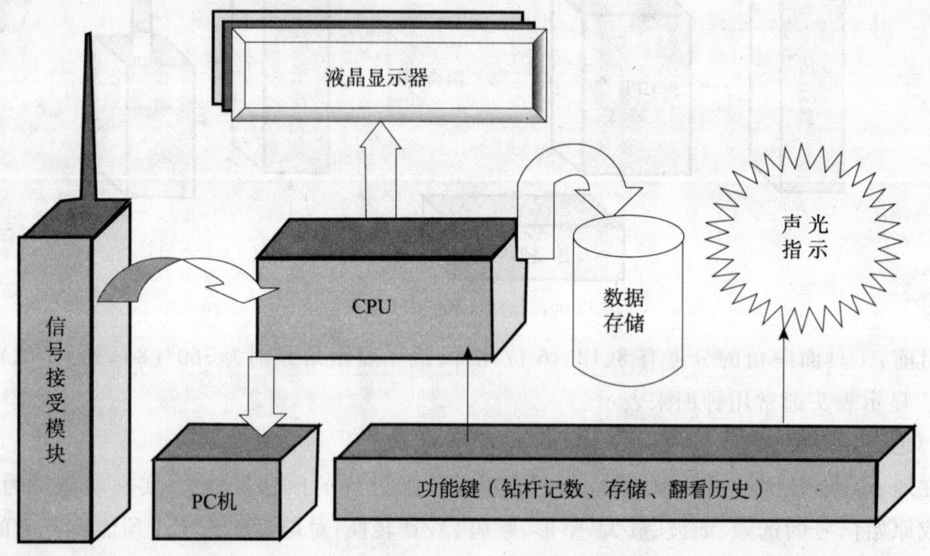

图 12-62 远程同步监视器原理框图

12.4.4 常用 HDD 导航仪性能介绍

1)英国 Radiodetection 公司的 RD 系列导航定位系统

如图 12-63 所示,RD385 是非开挖行业的一套完备的信息系统。在钻进之前,其管线探测功能可以对各种地下设施进行定位,从而可以规划一条安全的钻进轨迹。在钻进过程中,RD385 可以提供钻头的位置、方向和深度等数据,从而保证钻进沿着预定的轨迹顺利进行。数据探头根据测深要求能实现 4m、10m、16m 距离的探测。目前该系列产品中以 RD4000 最为先进,功能更强大。

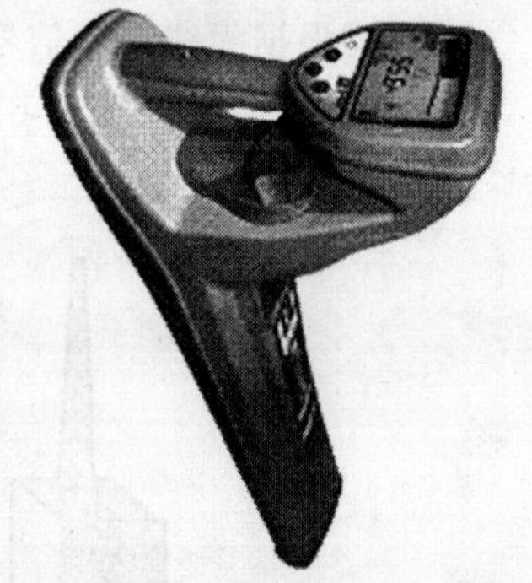

图 12-63 RD385 导航系统

地表跟踪接收机功能:用于地面上监测探头位置;能自动增益调节,连续监测钻头的面向角和俯仰角;大屏幕液晶显示清楚地显示钻头信息和信号响应;有声音信号强度指示;在钻进之前,可用定位仪对已埋地下管道和电缆进行定位;接收机与同步显示器之间采用无线电联系,远程监测钻头数据;可选用多种不同探测距离的数据探头。主要指标为:测深精度:深度的 ±5%;定位精度:深度的正负 5%;电池:12×LR6(AA)1.5V 碱性电池,寿命 30 小时;工作温度:-20~50℃;液晶可视显示信息:钻头的面向角、俯仰角、信号强度、温度、探头深度、电池状况等。重量为 2.3kg,尺寸为 60.5cm×29cm×13.5cm。

远程监视器主要指标为:工作距离:150m;电池:4 × LR(C)1.5V 碱性电池,寿命 80 小时(使用背衬光 50 小时)。

2)美国的 Digitrak 定位系统

美国数字控制 DCI 公司生产的导航定位系统包括 MarkⅢ、MarkⅤ、Eclipse(图 12-64)等系列产品。其中 Mark V 定位系统是一种双频率系统,是为了克服被动和主动干扰源而设计的。被动干扰源,例如由钢筋引起的干扰,可以通过使用第二频率来消除,那是一个新的极低频率。新的接收器回路可以大幅减低由电线和交通号志线圈所引起的干扰,同时可以显示增加传感器资料更新的速率。频率可以在钻进工作开始之前在地面上变更,也可以在钻进过程中变更。Digitrak Mark V 接收器提供了简单易懂的图形显示,包括"目标入方框"(target - in - the - box)定位功能,图形显示能引导如何移动接收器来寻找定位点,如何找到传感器正上方或侧边的位置,以及如何在钻头前面得知预测深度。"目标入方框"定位功能是指在显示窗口的中央有一个方框,代表接收器,当操作员移向一个定位点时,一个目标记号(代表定位点)会出现在显示屏幕上。当接收器移至定位点的正上方时,目标记号也会移至方框中。要寻找定位点,您只要移动接收器,使代表定位点的目标移至方框的中心。将方框在定位点上旋转 90°可以精确找出定位点的左/右位置。当您接近钻头时,在显示屏幕上会出现一条直线;一旦直线移至方框内,就表示接收器在传感器正上方。直线也可以用来偏轨定位,当您无法接近钻头时,此项功能特别有用。所有的 Mark III 和 Mark IV 系统都可以升级为 Mark V 系统。

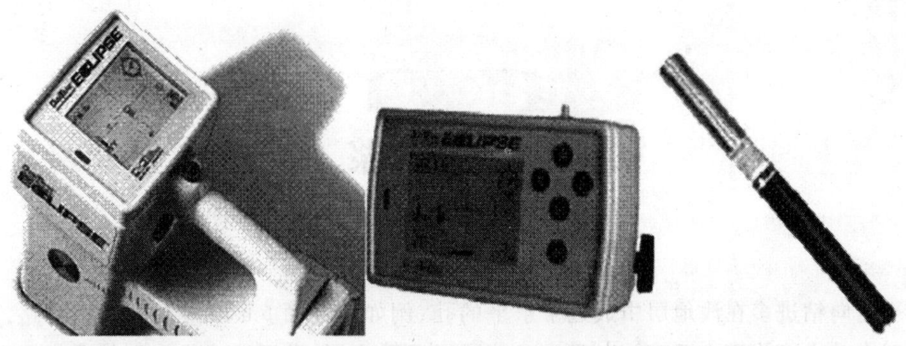

图 12-64 DigiTrak Eclipse 导航定位仪的外貌图

DigiTrak Eclipse 接收器和 Mark 系列的接收器一样,当您找到前向定位点时,您就可以确知左/右方向和钻头的预测深度,而不需要停止钻进工作。站在钻头前方,可以用前瞻定位法来驱动或控制钻头。仪器也具有目标入方框的定位功能。另外,DigiTrak Eclipse 系统远程操作时,可以将目标深度载入程序中。目标和十字丝的显示可以帮助操作员达到准确的深度和钻头的左/右定位。Eclipse 接收器所用的是标准 DigiTrak 镍镉电池组和充电器。Eclipse 探头传感器和 Mark 系列的 DigiTrak 探头大小一样,因此使用 Eclipse 系统不需要更换钻头。

设计时,考虑通用性,指标单位可以在公制和英制之间切换。如探头可以用摄氏温度表示也可以用华氏温度表示,而钻具倾角既可以用百分比表示也可以用度数表示,范围从 0% ~ 100%(或 0° ~45°)。

3)美国 Ditch Witch 的 Subsite 系列导航仪

如 Subsite 750 管线仪 Subsite 750 可以有三个用途:跟踪定位、远程导向和管线定位功能;在 600m 范围内可遥控紧急关闭钻机动作,确保施工安全。跟踪器重量仅有 2.5 kg;6 C－cell 碱性电池可工作 20h;精度:3～6m 为 ±5%、6.1m 以上为 ±10%;俯仰角:以上/下箭头,数字百分比表示;工具面向角(滚动角)12 分度;左右箭头指示管线,易于使用。远程同步监视器可接收 600m 范围内接收跟踪器发出的各种信号,可储存 10 个孔(每孔 254 根钻杆)的各种技术参数。配套的沟神钻孔资料处理系统(TMS)可实时记录钻孔轨迹。可在装有 Windows 95 或更高版本操作系统的手提电脑上显示钻孔轨迹。Subsite 信号发射棒有 86B、86BH、86BHL,工作频率为 29KHz,探测深度分别为 15m、21m、30m。

4)DXZJ－1 型专用导航仪

中国地质大学(武汉)和杭州海博地基技术处理有限公司联合研究开发的 DXZJ－1 型导航仪达到国外同类导航仪的性能要求,而且仪器有多方式显示功能,具有和微机的接口通讯能力。既可以用图形显示的方法形象地显示了地下探头内的电池电量和地下探头的温度(地平线以下),地平线以上表明了手持接收机内电池电量的多少,这样能直观地观察电能情况以便指导人员及时更换电池或充电;也可以圆、黑点和数字形象地反映了工具面向角的大小。同时还可以用图形的形式形象地显示出地下钻头状态。

该仪器还具有钻杆计数、翻查历史数据、记录存储、智能化分析计算等方面功能。可直接生成曲线或表格供施工人员分析或生成施工报告。

12.5

钻孔泥浆

水平定向钻进多在浅地层中成近于水平的孔,例如距地面 5m 以内水平横穿马路,其成孔直径一般在几十毫米至上千毫米。所遇地层通常是黏土层、砂砾层或是它们的混合层,间或还会遇到淤泥层或石块区等。在成孔时,孔壁及其附近区域的力学平衡受到破坏,在上述地层中极易发生孔壁的分散、垮塌、流失、变形、缩径、超径,即非开挖水平孔失稳破坏,这将严重影响非开挖施工的进行(如铺管受阻等),甚至可能造成严重的安全事故(如路面塌陷等)。因此,HDD 钻孔泥浆的应用非常重要。

HDD 钻孔泥浆是具有一定黏性的流体,目前多数是以水作为基液,以分散性粉末和化学物质作为主剂。钻孔泥浆的主要功用包括:排除钻碴、保护孔壁、堵漏、平衡地层压力、冷却钻头、润滑钻具、软化硬岩土和进行导向水射流等。钻孔泥浆的使用通过泵循环系统实现,如图12-65所示。

HDD 钻孔、扩孔时产生的钻碴必须及时予以排除,才能使钻、扩作业持续进行。为此,采用钻孔泥浆循环来冲洗钻孔:用泥浆泵从浆池或浆罐中抽汲成孔浆液,通过钻杆内孔泵压到孔底,冲洗被钻头或扩孔器破碎下来的钻碴,再流经钻杆和孔壁之间的环隙通道,返出地面,回到蓄浆池或罐中,不断循环使用。这时的钻孔泥浆又称为“冲洗液”。

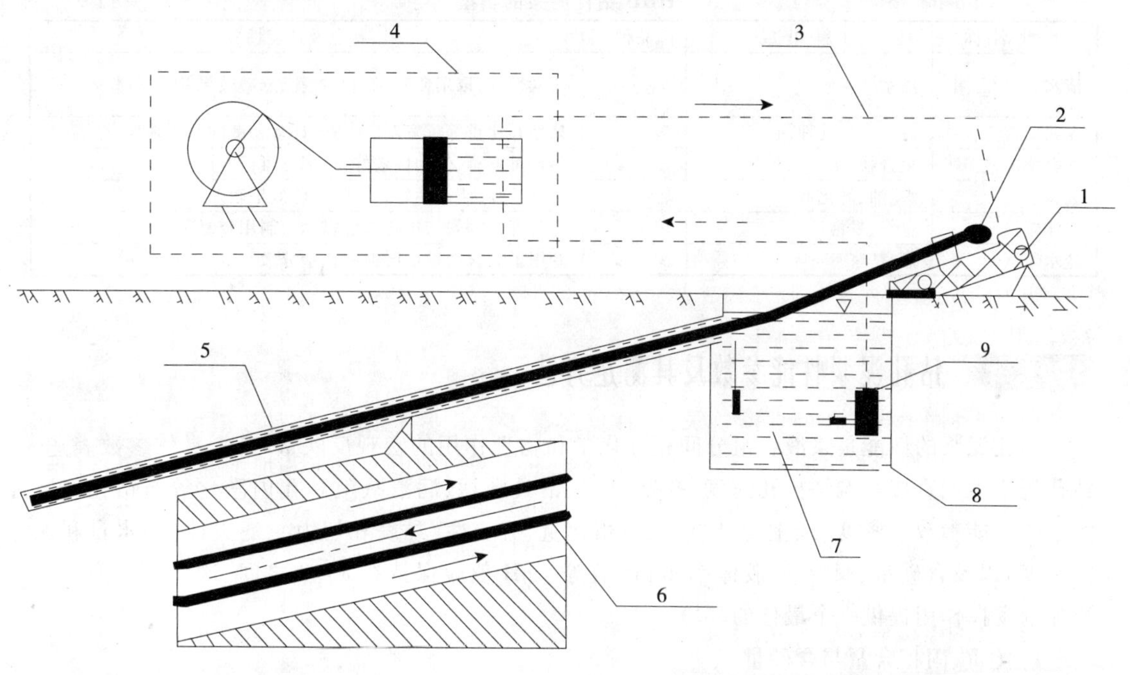

图 12-65　HDD 钻孔泥浆循环系统示意图

1-钻机;2-水龙头;3-高压管;4-泥浆泵;5-钻孔;6-钻杆;7-泥浆;8-浆池或浆罐;9-吸水管及莲蓬头

由于 HDD 经常用于复杂地层条件下铺设地下管道,且钻孔多位水平孔,因此孔壁失稳破坏问题十分突出。钻孔泥浆的黏性保护孔壁、平衡地层压力的作用显得尤为重要。钻孔越长,土质条件变化越多,情况就越复杂,钻孔泥浆的护壁作用就越明显。

钻孔泥浆的漏失在 HDD 铺管工程中也是不容忽视的问题。降低漏失程度一方面能减少钻孔泥浆的损耗,另一方面由于减少了向地层中的失水,可使孔壁的稳定性得到提高。

在 HDD 铺管工程中,钻孔泥浆不仅应具有冷却钻头的作用,更应体现较强的润滑作用,以减少管道铺设时管外壁与地层之间的摩擦阻力。

利用水射流破碎岩土是 HDD 钻孔泥浆的一个重要作用,尤其是利用斜向水射流进行导向控制是关键的技术环节。另外,通过钻孔泥浆的浸润,软化岩土,有利于在硬土中钻、扩成孔。

HDD 钻孔泥浆的主要类型包括清水、泥浆、化合物溶液、乳状液、泡沫浆液、盐水浆液等(表 12-9),应视具体地质状况、工艺措施和环境条件进行合理选择。一些情况下,须将几种类型复合在一起,形成多功能的钻孔泥浆,才能较好地满足实际工程的需求。

化合物溶液不仅可用作独立类型的非开挖钻孔泥浆,也是其他许多类型钻孔泥浆的配方成份,其分类主要包括:纤维素类(钠羧甲基纤维素、羟乙基纤维素等),丹宁栲胶类(磺甲基化丹宁、栲胶碱液等),淀粉类(普通淀粉、改性淀粉),木质素磺酸盐类(木质素磺酸钠、铁铬木质素磺酸盐等),腐质酸类(煤碱剂、腐植酸钾等),聚丙烯类(如聚丙烯酰胺、聚丙烯睛),野生植物胶类(胍尔胶、系列钻进粉、田菁、魔芋等),无机盐胶液(硅酸钠胶液等)。

HDD 钻孔泥浆的类型　　表 12-9

类型名称	材料组成	品种	特点及适应性
清水	清水	单一	流动性好,取用便利,低黏,护孔、悬碴效果差
泥浆	黏土、水、处理剂	多	黏性和比重等可宽调、尤适于许多松散和水敏地层
化合物溶液	化合物、水	多	黏性可宽调,流动性较好,选配方可适于广泛地层
乳状液	水、油、乳化剂	较少	润滑性强,流动性好,护孔、悬碴效果较差
泡沫浆液	空气、发泡液	较多	低密度,防漏失,护孔、悬碴较好,制用较复杂
盐水浆液	盐、基浆	少	专用于高含盐量地层抑制孔壁分散

12.5.1 钻孔泥浆性能参数及其测定方法

钻孔泥浆的性能是浆液各组分间相互化学和物理作用的宏观反映,以若干具体参数表达。钻孔泥浆性能直接影响钻扩孔速度、孔壁稳定、钻具磨耗、润滑减阻和孔内净化等。钻孔泥浆的主要性能参数有密度(或重度、比重)、固相含量、流变性(黏度和切力)、滤失性(失水量和泥饼厚度)以及含砂量、润滑性、胶体率和 pH 值等。pH 值应保持在 8 ~ 9 之间,这样可以为泥浆添加剂发挥作用提供一个最佳的环境。

1)比重、固相含量与含砂量

钻孔泥浆的比重是指钻孔泥浆的重量与同体积水的重量之比。钻孔泥浆比重的大小主要取决于钻孔泥浆中固相的重量,而钻孔泥浆中固相的重量则是原浆固相重量和钻屑重量之和。钻孔泥浆比重推荐值为 1.0 ~ 2.0 之间,黏土比重一般为 2.3 ~ 2.6,钻屑比重一般在 2.2 ~ 2.8 之间,钻孔泥浆和钻屑比重相差越小,悬浮携带钻屑能力越强,但其他工作性能降低。

维持孔壁的稳定,重要的一点是维持钻孔与地层间的物理力平衡。而孔内静液柱压力的大小决定于孔内液柱的比重和垂直深度,即:

$$P_s = 0.1\gamma H \tag{12-84}$$

式中:P_s——静液柱压力,N;

γ——单位体积的重量或比重,kg/m^3;

H——液柱垂直高度,m。

可以通过调节钻孔泥浆的比重 γ 使孔内静液柱压力与地层压力 Ps 相适应,以求得钻孔与地层间的物理力的平衡。

钻孔泥浆的固相含量指钻孔泥浆中固体颗粒占的重量或体积百分数。钻孔泥浆中的固相包括有用固相和无用固相,前者如造浆黏土,后者为钻屑。

钻孔泥浆的含砂量指钻孔泥浆中以钻屑为主的砂粒(为无用固相)所占的体积百分数,其颗粒的尺寸一般大于 200 目即大于 74μm。含砂量一般要小于 4% ~5%。

无用固相(主要为钻屑)含量会给钻进造成很大的危害。首先,无用固相含量高,浆液的流变特性变差,不仅使孔内净化不好而引起钻具阻卡。其次,无用固相含量高,失水量大,引起孔壁水化崩塌,易造成孔内事故。第三,无用固相含量高,对管材、钻头、水泵缸套、活塞拉杆磨损大,使用寿命短。对孔底动力钻具的正常运转影响更加严重。

因此,在保证地层压力平衡的前提下,应降低钻孔泥浆的固相含量和比重,特别是含砂量应越低越好。

测量比重的仪器目前用得最多的是比重秤,其结构如图 12-66 所示。测量时,钻孔泥浆装满于浆杯中，将杠杆放在支架上。移动游码，使杠杆成水平状态。读出游码左侧的刻度，即为泥浆的比重值。测量前，要用清水对仪器进行校正，如读数不在 1.0 处，可用增减装在杠杆右端小盒中的重颗粒来调节。

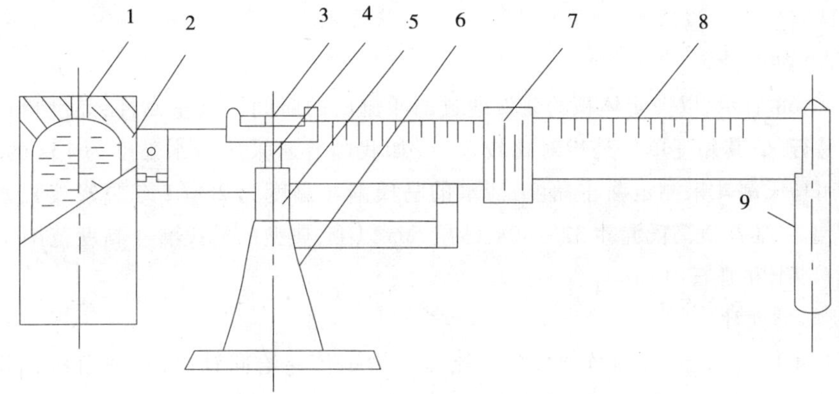

图 12-66　泥浆比重秤

1-杯盖；2-浆杯；3-水平泡；4-主刃口；5-主刀垫；6-支架；7-游码；8-杠杆；9-金属颗粒

含砂量的测定，采用筛析原理，如图 12-67 所示。过滤筒中装有 200 目的小筛网，筛余量即是人于 74μm 的砂粒。坡璃量筒是用来计量泥浆体积及含砂量体积的。测定时，将定量泥浆(50ml)装入量杯中，用清水稀释后，再转移到过滤筒筛网上，继续用水冲洗，筛余的砂砾再转移入干净的量杯中，量出其体积，再换算出百分含量。

2）钻孔泥浆的流变性

钻孔泥浆的流变性是指钻孔泥浆的流动和变形性质，它以钻孔泥浆的黏稠性为主要研究对象。反映液体黏稠性的指标根据不同的液体流型有不同的表述方法，其基础建立在流变本构关系上。钻孔泥浆的黏稠性对非开挖钻扩孔的影响至关重要。

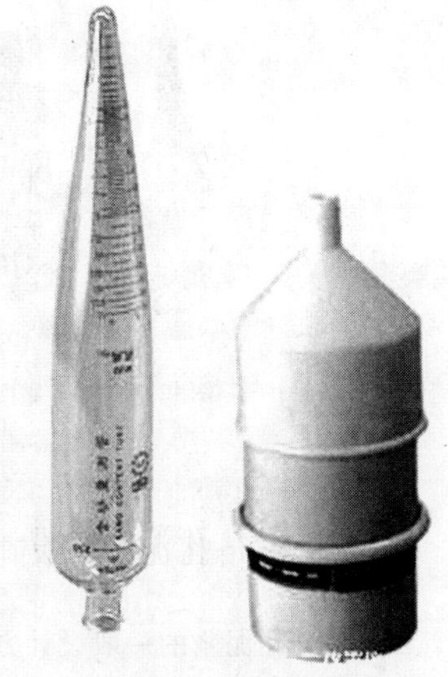

图 12-67　含砂量测定仪

钻孔泥浆把钻碴从孔内携至地表，主要是靠液体的黏稠性；对于破碎的不稳定孔壁，利用较黏稠的钻孔泥浆还可以起到良好的黏结护壁作用。仅从这两点考虑，钻孔泥浆的黏度和动切力应该取高值。这也是选择黏性液体做钻井液的基本出发点。

但是，钻孔泥浆的黏稠性大，又有不利的方面，主要表现在：使孔底碎岩效率降低；增加钻孔泥浆循环的流动阻力；增大对孔壁的液压力激动破坏。因此，不能盲目增大钻孔泥浆的黏稠性，而应根据具体地层和钻孔工艺要求，综合兼顾多方面的情况，确定合适的钻孔泥浆黏稠性。

钻孔泥浆停止流动即静止，便有或多或少的结构逐渐形成，直至趋于稳定。把钻孔泥浆静置时的结构力称为钻孔泥浆的凝胶强度，用静切力表示。凝胶强度是随钻孔泥浆静置时间的增长而增大的，即静切力是时间的函数。反过来看，当外加一定的切力使钻孔泥浆流动时，结构拆散，流动性增长。这就是钻孔泥浆的触变性。凝胶强度的大小和增长的快慢，对悬浮钻碴和开泵时的循环阻力有直接影响。为使停泵后孔内钻碴悬浮而不下沉，希望钻孔泥浆有快速凝结的触变性;但这又会导致重新开泵时的循环阻力过大。因此,应该使泥浆具有快速、中等凝胶强度的触变性。水平钻进钻孔泥浆的设计目标就是流体有很好的剪切稀释性能,即流动起来容易,而又有足够的静态凝胶强度,保证浆液具有很好的悬屑性能和护壁能力。

流变性测量方法包括:

(1)漏斗黏度计

如图 12-68 所示,以一定体积的浆液通过漏斗流出的时间来衡量黏性,黏度单位为秒(s)。该法简便易行,但其黏度单位是相对比较单位(如我国普遍采用清水黏度为 15s 的漏斗)。国外常常采用马氏漏斗来测定漏斗黏度,清水的马氏漏斗黏度为 26s(1 夸脱浆液),水平定向钻进中,一般土层推荐值马氏漏斗 32 ~40s,沙层 50s 以上,典型的马氏漏斗黏度范围是 40s(粉沙土)到 65s(砂土和砾石中)。

(2)旋转黏度计

如图 12-69 所示,当外筒旋转时,黏性流体将力矩传递给同轴内筒,并由扭力弹簧予以平衡,通过内筒偏转的角度来反映流体的黏性。现常采用的六速旋转黏度计,通过在 6 个不同转速下读出的偏转角度,经一系列公式计算,可以得到所测钻孔泥浆的牛顿黏度 η、动切力 τ_s、塑性黏度 η_p、稠度系数 K、流型指数 n、卡森动切力 τ_c 和卡森高剪黏度 η_∞、表观黏度 η_A 和凝胶强度等流变性指标。

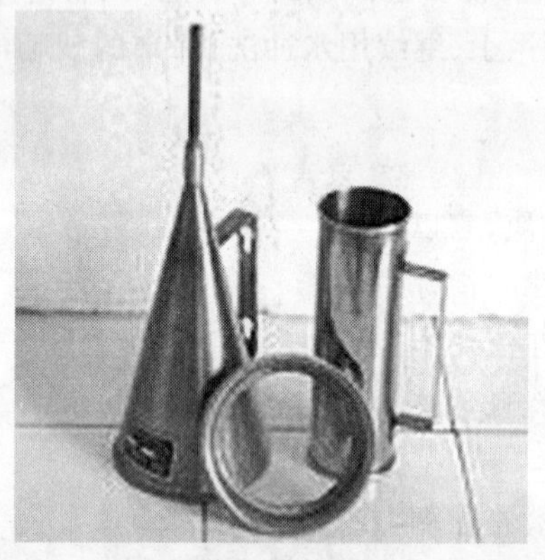

图 12-68　漏斗黏度计

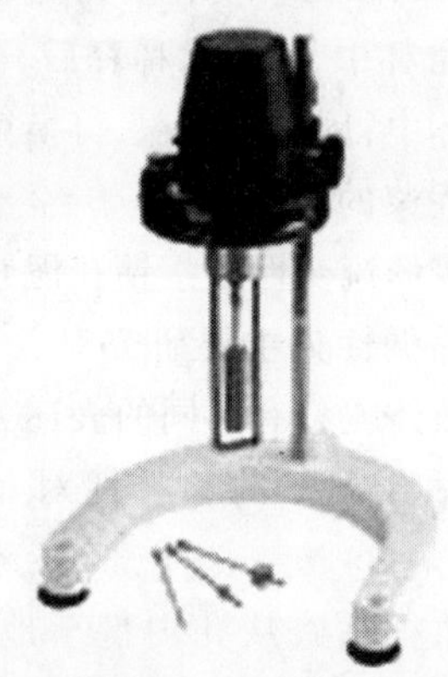

图 12-69　旋转黏度计

12.5.2 钻孔泥浆的设计、用量计算与配制

1)钻孔泥浆的一般设计方法

钻孔泥浆的设计主要包括比重、流变性、降失水性等主要技术指标的确定,较全面的钻孔泥浆设计的基本流程主要包括如下步骤:

(1)确定钻孔泥浆的胶体率、允许含砂量、固相含量、pH 值、润滑性、渗透率、泥皮质量等重要参数;

(2)选择造浆基本材料和处理剂;

(3)进行钻孔泥浆处理剂配方设计;

(4)钻孔泥浆材料用量计算;

(5)确定钻孔泥浆的制备方法;

(6)制定钻孔泥浆循环、净化、管理措施。

由于地层条件、钻扩孔工艺方法等差异甚大,因而对钻孔泥浆性能有明显的不同要求,设计重点也因此而不同。例如,在钻渣粗大及孔壁松散的地层中,钻孔泥浆的粘度和切力等流变性指标成为设计重点;在稳定的坚硬岩中钻进,钻孔泥浆设计的重点是针对钻头的冷却和钻具的润滑,而此时护壁和排粉等则处于次要位置。又如在遇水膨胀塌孔的地层中钻进,钻孔泥浆的设计重点则应放在降失水护壁上;在对压力敏感的地层中,钻孔泥浆的重度设计又显得尤为重要。似此,针对特定的钻扩孔情况,在全面设计中找出相应的设计要点,是做好钻孔泥浆设计的关键所在。

在钻孔泥浆性能设计中可能会遇到一些相互矛盾的情况,满足一些设计指标时,另一些指标则得不到满足。对此,应该抓住主要问题,牺牲次要问题,综合照顾全面性能。在一些要求不高的场合,可以酌情简化对钻孔泥浆性能的设计,适当放宽对一些相对次要指标的要求,以求得最终的高效率和低成本。

2)钻孔泥浆用量计算

钻孔泥浆用量的确定方法要遵守以下原则:

(1)每回次扩孔的浆液流量必须保障悬浮和排除碎屑,确保钻孔中残留的碎屑不会阻碍管线铺设;

(2)孔内泥浆排出量约等于替换量,否则容易引起孔内蹩压的液压锁现象,造成回拖卡钻或者地表隆起;

(3)泥浆循环利用程度;

(4)钻孔泥浆总量与终孔直径、钻孔长度、扩孔次数、孔内漏失状况密切相关。

3)钻孔泥浆的配制

制备钻孔泥浆的设备有机械搅拌机(卧式或立式的)和水力搅拌机(图12-70)两种。使用黏土粉造浆时,最好采用水力搅拌器。黏土粉加入漏斗中,并利用水泵排出管的液流与黏土粉在混合器中混合,混合液在混合器中沿螺旋线上升至容器上部,输出钻孔泥浆。反复循环几次后,便可配得所需性能的钻孔泥浆。

图12-70 泥浆水力搅拌机

为使钻孔泥浆有较好的性能,用黏土粉配得的钻孔泥浆应在储浆池中陈化一天,称之为预水化,使黏土充分分散,然后再使用。

12.5.3 钻孔泥浆后处理

废泥浆是钻进过程中从孔内排出的含有大量岩屑和处理剂的性能变化并难以恢复或处理的无效而遗弃的泥浆,或终孔后残留在循环系统中的性能已经变差的泥浆。废泥浆的产生量对于直径 400mm 的钻孔,每钻进 1m 约产生 $1m^3$ 的废泥浆。

按国家保护生态环境的规定,不得向公共水域(包括海域)排放,也不得排入下水道和农田。因此,随着非开挖施工技术应用领域的不断扩展,废泥浆处理越来越重要。

1)废弃泥浆的成分及对环境的影响

从组成成分来看,废弃泥浆主要包括:黏土、钻屑、加重材料、化学添加剂、无机盐等。具有较高的 pH 值,破坏环境的有害成分为:盐类、杀菌剂、某些化学添加剂、重金属物质、高分子有机化合物、生物降解产生的低分子有机化合物和碱性物质等。

对环境造成的影响主要表现在以下几个方面:

(1)对地表水和地下水资源的污染;

(2)引起土壤板结(主要是盐、碱成分),对植物生长不利,甚至无法生长;

(3)各种重金属成分滞留于土壤,影响植物的生长和微生物的繁殖,同时因植物吸收而富集,危害到动物的健康;

(4)对水生动物和飞禽的影响(化学添加剂和生物降解后的某些产物)。

2)处理废弃泥浆的一般方法和技术

(1)直接排放法

废弃泥浆不经处理,直接排放,只限于低毒、无毒和易生物降解(降解后的小分子和残渣也不会对环境造成潜在污染)的泥浆。

(2)分散处理法

采用直接排放法,污染物含量超标,但可采用分散法处理。比如与泥土混合,降低污染物的相对含量,从而达到环境要求的可以排放或堆积的标准。或者用水稀释,少量多次以达到环境要求的标准。

(3)脱水法

该法利用化学絮凝剂沉降、机械分离等强化措施,使废弃泥浆中的固液两相得以分离。其基本流程包括化学处理和机械处理两部分。

化学处理一般采用无机盐($CaCl_2$,$Fe_2(SO_4)$等)和有机高分子絮凝剂的联合作用,以中和颗粒表面的负电荷,使固体颗粒聚集沉淀和高分子的吸附架桥絮凝使水土分离。

机械处理用于加速固液分离,常用方法有:真空过滤、压力过滤、离心分离(图 12-71)等。

图 12-71 离心机固化

整套废弃泥浆处理设备包括:机械混合设备、分离设备、化学处理容器和监测仪表等。主要包括如下几种方式:

①压力过滤器方式(图 12-72a);

②重力泥水分离-真空泥水分离方式(图 12-72b);

③滚筒筛－压力滚筒筛方式(图 12-72c)；

④旋转分离－压力过滤方式(图 12-72d)。

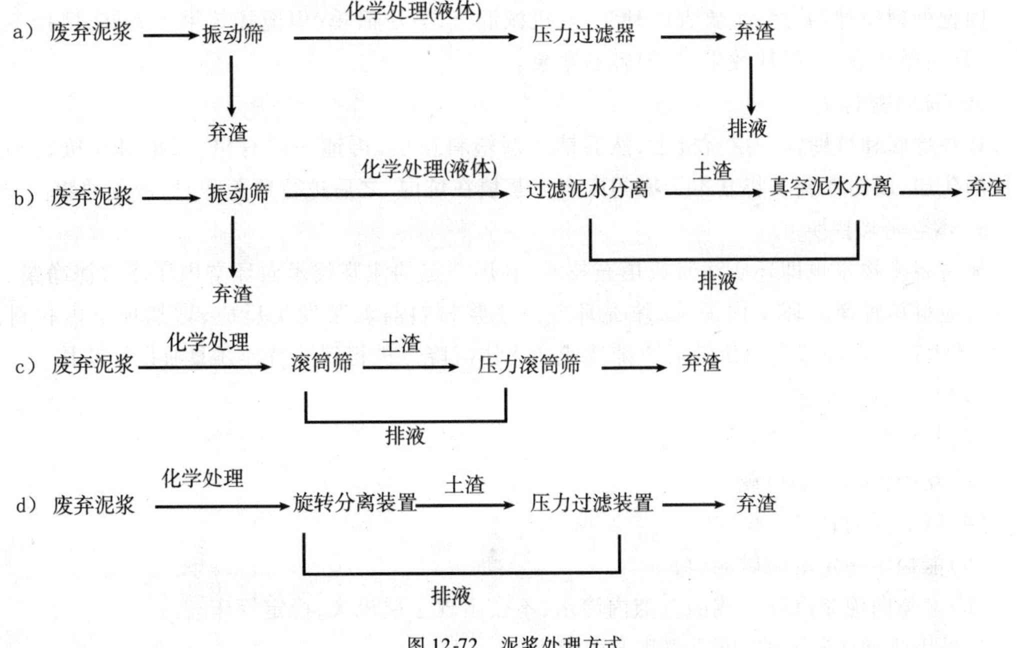

图 12-72 泥浆处理方式

(4)回填法

废弃泥浆在储浆池内通过沉降分离上部清液,达到环保标准后直接排放;剩余部分经干燥后(不一定要求完全干燥,只需达到一定程度就可以),在储浆池内就地掩埋。但必须保证顶部土层有 1～1.5m 厚,填埋后恢复地貌。对毒性较大的废弃泥浆,这样处理是不行的,会造成二次污染。

(5)固化法

在废弃泥浆里加入固化剂,使其转化为土壤或胶结强度很大的固体,可就地掩埋或作为建筑材料使用。该法能消除废弃泥浆中的金属离子和有机物对水体、土壤和生态环境的影响和危害,可视为一种比较可靠的方法。

固化机理:主要是利用水硬材料结合废弃泥浆中的水形成网状结构,将废弃物固定以达到处理废弃泥浆的目的。

固化技术归纳起来主要包括如下几种:

①水泥、水玻璃固化技术

主凝剂为水泥(7%～12%重量比),助凝剂为水玻璃(2%～3%),催化剂为工业硫酸铝(0.1%～0.5%)。操作步骤为先加入工业硫酸铝;等完全溶解后,再加入水玻璃;搅拌均匀后,迅速加入水泥。2～7 天后,固化强度达到 1.2MPa 以上。

②磷石膏固化技术

将磷矿萃取磷酸的副产物磷石膏作为固化剂(重量比为 20%～30%的废弃泥浆),搅拌的同时向泥浆内不断加入磷石膏,静置 7 天后即可恢复地貌。

③水泥窑粉固化技术

废弃泥浆沉淀 1 ~2 天后，排出上层清液，将预计量的固化剂混合物均匀分撒到泥浆坑表面，均匀混合，加入填料(挖坑留下的泥土)。均匀混合后，经固化形成大块，可埋入地下，上面盖土恢复地貌。

固化处理搅拌的方法主要有两种：一是机械混合，方法简单，但搅拌效果不太好，搅拌不均匀；二是泵循环混合，搅拌效果好，但容易塞泵。

(6)坑内密封法

现在坑底和坑壁铺一层有机土，然后铺一层塑料垫层，再铺一层有机土；也可在坑底和四周加固化层，以防渗漏。将基本干燥的废弃泥浆填在坑内，之后进行覆盖密封，恢复地貌。

3)环空泥浆替换

泥浆替换技术也即环空注浆或填充技术，利用一定的注浆技术向环空内压注水泥净浆、砂浆或其他材料置换出环空内泥浆，填充环空。注浆材料与泥浆发生反应，增加环空内材料强度，能减少环空内泥浆离析沉淀后空隙造成的土体沉降。进行泥浆替换还具有以下功用：

(1)固定管道位置；

(2)提供稳定的管道垫层；

(3)均衡传递外部荷载；

(4)减低浮力；

(5)能提供一定的防腐能力；

(6)避免向泥浆沉淀形成的空隙内渗水，不会出现土层流失，稳定管床。

可采用两种注浆方式，拔管法和不拔管法。

(1)拔管法

拖入产品管时，将注浆管一同拉入孔内，使用多管拖管头，二者并不绑在一起。管道回拖到位后，将注浆管从拖管头上拆下来，先注水打通注浆管。配制好一定浓度的净浆或砂浆，利用注浆泵常压或加压注入水泥净浆或砂浆，边注边拔管。根据环空大小，确定拔管速度。

(2)不拔管法

将注浆管与产品管绑扎在一起，拖入孔内。绑扎前，可在注浆管上设置多个注浆孔，并用胶布缠绕密封。管道就位后，先加压注水，打开注浆孔，之后再注入水泥净浆或砂浆。注浆完成后，注浆管就留在孔内。

这两种方法都有不足之处，只能用于短距离穿越工况。拔管法对注浆管的抗拉强度要求比较高，强度过低，可能拉断注浆管。不拔管法难以控制注浆量，压力损失较大，会出现注浆不匀现象。

12.6

HDD 辅助工具

用 HDD 定向钻进技术铺设地下管线时，所用到的辅助设备和工具主要包括：导向钻头、扩孔器、钻杆、分动器、拖管器等。当然也包括钻孔泥浆的搅拌、分离和处理设备，但本书不做详细介绍。

12.6.1 导向钻头

前面已经介绍了导向钻头的类型和工作原理，这部分内容主要阐明各种导向钻头的特点、各种导向钻头对不同地层的适应性、导向钻头选择的一般依据以及坚硬岩石的导向钻头等。

1）各种导向钻头的特点

在这里主要讨论 Ballantine 公司提供的一套适应不同地层的专业导向钻头。这类钻头能最大发挥钻机的生产能力。所有钻头的制作都使用高级耐磨合金钢，很多钻头应用 Terminator 专利技术，即波状碳化钨硬面技术，能延长钻头的使用寿命。

所有的 Ballantine 公司的专业施工系列（Professional Contractor Series，PCS）导向钻头具有以下特点：

①精密机制胎体；

②强有力的耐磨合金钢；

③Terminator 专利碳化钨硬面技术；

④复杂的三阶段热处理过程；

⑤技术先进的铜焊处理。

这些特点能提供很多优势，如长的磨损寿命、增加生产率和提高导向能力等。

（1）硬面鸭嘴导向钻头（图 12-73）

特点及优势：

①PCS 胎体：高性能工具；

②回拖孔：回扩或不需要时能简捷拆卸；

③硬面置换：定位于所有的高磨损区域，延长使用寿命。

（2）大锥度导向钻头（图 12-74）

图 12-73 硬面鸭嘴导向钻头

图 12-74 大锥度导向钻头

特点及优势：

①PCS 胎体：高性能工具；

②箭形设计：能在软岩或大块卵石地层掘进；

③硬面置换：定位于所有的高磨损区域，延长使用寿命。

（3）硬质合金爪状导向钻头（图 12-75）

特点及优势：

①PCS 胎体：高性能工具；

②爪状设计：能在黏土或砂层能快速钻进，无抱钻或卡钻现象；

③硬面置换:定位于“爪”和所有的高磨损区域,延长使用寿命。

(4)耐用导向钻头(图 12-76)

图 12-75　硬质合金爪状导向钻头

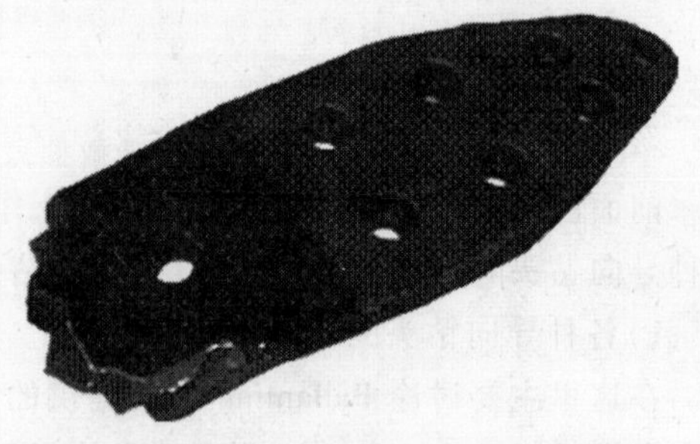

图 12-76　耐用导向钻头

特点及优势:

①PCS 胎体:高性能工具;

②整体式设计:无焊接强度弱势点;

③高级碳化钨:非常耐磨的切削齿;

④独立的焊接口:碳化齿稳固;

⑤双中心切削齿:两次切削作用;

⑥中心复式突出:易于排除碎屑;

⑦碳化齿多点排列:在连续导向条件下提高生产率;

⑧7°顶尖突起:能有效排除碎屑;

⑨11°斜面:使切削头有效导向穿越地层;

⑩回拖孔:回扩或不需要时能简捷拆卸。

(5)V 形导向钻头(图 12-77)

特点及优势:

①PCS 胎体:高性能工具;

②双点中心切削:两次切削作用;

③中心复式突出:易于排除碎屑;

④高级碳化钨:非常耐磨的切削齿;

⑤碳化齿多点排列:在连续导向条件下提高生产率。

(6)连续圆弧导向钻头(图 12-78)

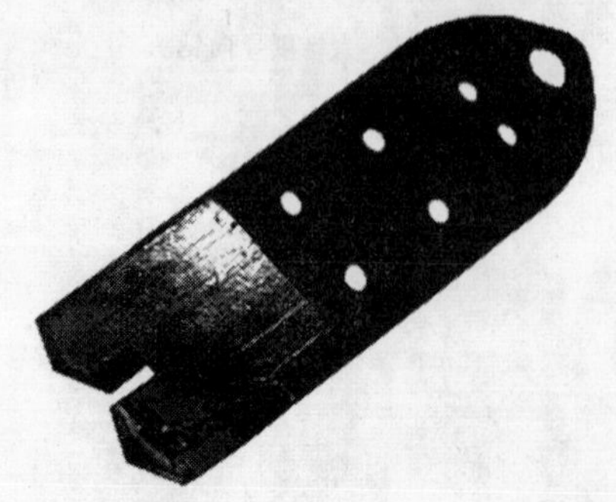

图 12-77　V 形导向钻头

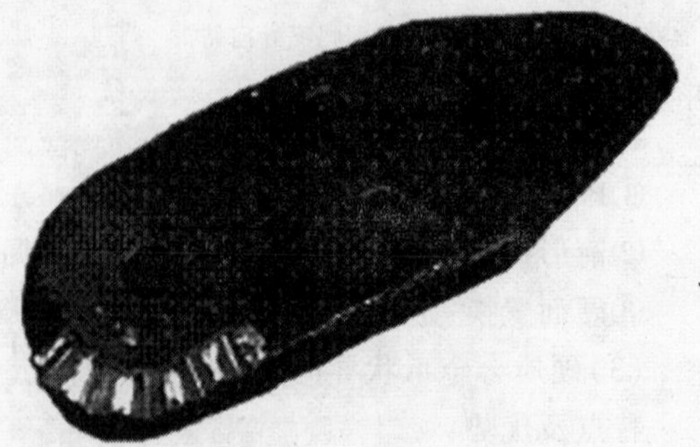

图 12-78　连续圆弧导向钻头

特点及优势：

①PCS 胎体：高性能工具；

②整体式设计：无焊接强度弱势点；

③7°顶尖突起：能有效排除碎屑；

④11°斜面：使切削头有效导向穿越地层；

⑤中心复式突出：易于排除碎屑；

⑥独立的焊接口：碳化齿稳固；

⑦连续圆弧设计：精确钻孔轨迹导向；

⑧错位 V 面碳化齿：改善切削作用、吸收附加冲击作用；

⑨回拖孔：回扩或不需要时能简捷拆卸。

(7)粗放试导向钻头(图 12-79)

特点及优势：

①PCS 胎体：高性能工具；

②错位 V 面碳化齿：改善切削作用、吸收附加冲击作用；

③回拖孔：回扩或不需要时能简捷拆卸；

④整体式设计：无焊接强度弱势点。

(8)强力梭形导向钻头(图 12-80)

图 12-79　粗放试导向钻头

图 12-80　强力梭形导向钻头

特点及优势：

①PCS 胎体：高性能工具；

②高级碳化钨：非常耐磨的切削齿；

③压入式铜焊碳化齿：稳固性良好的碳化齿排列；

④可增加额外的碳化齿：延长胎体寿命，加强切削作用。

2) 导向钻头的选择依据

钻头是定向钻进技术的重要工具之一，对于不同的土层，须采用不同的钻头(图 12-81)。工程实践表明：

(1)在淤泥质黏土中施工，一般采用较大的钻头，以适应变向的要求(若想向前推进 1m 就实现变向，或许需要一个较大的或狗腿度为 10°的钻头)。

(2)钻头表面硬化处理后使用效果会更好。

(3)在干燥的软黏土中施工，采用中等尺寸钻头效果最好(土层干燥，可较快地实现方向控制)。

(4)在硬黏土中施工，较小的钻头效果比较理想，但在施工中要保证钻头至少要比探头外筒的尺寸大 12mm 以上。

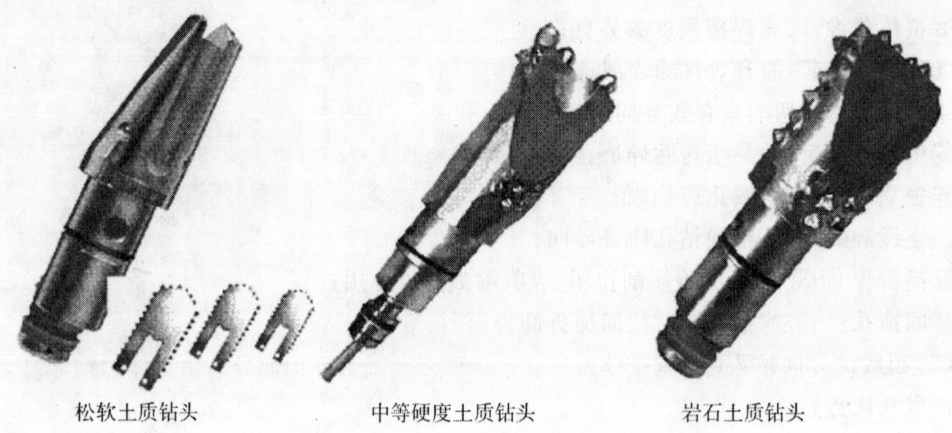

松软土质钻头　　中等硬度土质钻头　　岩石土质钻头

图 12-81　适应不同土质的导向钻头

(5)在钙质层中,钻头向前推进十分困难。所以,最小的钻头效果最佳,另外在这种土层中须采用特殊的切削破碎技术来实现钻孔方向的改变。

(6)对于糖粒砂层。中等尺寸狗腿度的钻头使用效果最佳。在这类地层中,一般采用耐磨性能好的硬质合金钻头来克服钻头的严重磨损。另外,钻机的锚固和钻进液是施工成败的关键。

(7)对于砂质淤泥,中等到大尺寸钻头效果较好。在较软土层中,采用 10o 狗腿度钻头来加强导向控制能力。如果钻进时土层条件发生变化,有时需要更高的扭矩来驱动钻头。

(8)对于致密砂层。小尺寸锥形钻头效果最好,但要确保钻头尺寸大于探头筒的尺寸。在这种土层中,向前推进较难,可较快地实现控向。另外,钻机的锚固是钻孔成败的关键。

(9)在砾石层中施工,镶焊小尺寸硬质合金的钻头使用效果非常理想。对于大颗粒卵石层,钻进难度较大,不过卵石间有足够多的胶结性土,钻进还是可行的。在卵石层中,回扩难度最大,铺管尺寸较大时尤其如此。

(10)对于固结的岩层,使用孔内动力钻具效果比较好。当采用标准钻头钻到硬岩时,钻孔可在无明显方向改变的条件下完成施工。

Ballantine 公司提供一套适应不同地层的专业导向钻头,能最大发挥钻机的生产能力。所有制作的钻头都附加耐磨合金钢,很多钻头应用 Terminator 专利技术,即波状碳化钨硬面技术,能延长钻头的使用寿命。

3) 岩石地层导向钻头

(1)斜面岩石导向钻头

斜面岩石导向钻头用于硬地层和软岩层钻进,在这种地层仅靠顶推很难向前推进。钻头工作面上常有一个或多个喷嘴,用来喷射加压泥浆。在硬地层条件下,通过钻头转动一定的角度来完成导向。顺时针或逆时针转动钻头的同时,在合适的方位顶推钻头实现导向。

(2)硬岩/泥浆马达钻头

硬岩钻头用于硬土层到硬岩层钻进,当钻进岩层或硬土层时,钻头只有在转动条件下才能向前推进。在这些地层中,要使用具有粗放性切削钻头和泥浆马达。硬岩钻头或泥浆马达钻头可分为铣齿牙轮钻头、硬质合金镶齿三轴牙轮钻头、刮刀钻头和 PDC 钻头(图 12-82)。岩石钻进泥浆马达依靠泥浆泵输送的压力流驱动，直接对钻头施加扭矩和回转作用，而钻杆并不转动。当使用泥浆马达钻进时（图 12-83），导向控制的实现通过泥浆马达的造斜功能来完成，其基本原理与斜面钻头斜面作用相似。成功地使用泥浆马达钻进岩层，与选择合适的钻头有关。过大的钻头将对导向过程产生负面效应；钻头过小不能形成有效排除岩屑的足够空隙，钻头应比泥浆马达舱的直径大 20 ~ 32mm，钻头应与所钻地层硬度相匹配。牙轮钻头上采用的保径措施，会减少钻头胎体的过早磨损。PDC 刮刀钻头一般不用于水平定向钻进作业，因为其造价太高，另一方面如果遇到漂石、卵石层或严重破碎岩层会产生剧烈的冲击作用而导致钻头体的损坏。

图 12-82　岩层钻进钻头

图 12-83　泥浆马达

12.6.2 HDD 扩孔钻头

1）扩孔钻头的类型

定向钻进非开挖铺设地下管道技术是目前非开挖铺管技术中的主流方法之一。在该工艺方法中一般要经历三个阶段：导航方法完成先导孔；一级或多级扩孔钻头扩孔；顶或拉法铺设管道。可以说，先导孔完成后，扩孔是非常关键而且工作量较大的一道工序。此过程花费的时间越短，钻孔越安全，铺管效率越高，经济效益亦越好。而扩孔工作的关键则是根据实际条件，选择高效、适用的扩孔钻头。

HDD 技术可选用的扩孔钻头种类繁多，形式多种多样，应用时应根据土层情况、设备功率配备、扩孔直径、长度以及孔内冲洗液状况来进行灵活选择。扩孔钻头的设计与选用直接关系到扩孔效率以及护壁效果。选用不当，扩孔工作效率低，甚至造成钻杆折断、垮孔、钻孔报废等安全事故。这里主要介绍几种典型的扩孔钻头的结构特点、设计原理及应用范围。图 12-84 为几种 HDD 专用的扩孔钻头的外貌图，从结构上来说，主要为翼片状钻头、杆状钻头、封闭葫芦形钻头、带爪或牙轮的扩孔钻头以及它们的组合形状等。牙轮扩孔钻头由于其所具有的坚固性和多用性使之成为硬岩钻进扩孔最有效的扩孔器具。

（1）翼状扩孔钻头

如图 12-85 所示，该类钻头以翼板上的刺状切削刃为切削工具，翼板上的切削刃呈点状分布，并在空间上相互错开，设计时应能基本保证每个切削环面上存在切削点。由于翼板切削刃为阶梯分层切削，切削刃刀口短而点状分布，所以极大地降低了阻力和旋转所需的能量。此种钻头要求翼板有高的强度，与土层作用时不易变形，扩孔作用时，钻头类似于刮刀，属于非挤土形钻头类。钻头过障碍能力强，即使遇到大的建筑垃圾，如石块也能顺利通过。

图 12-84　几种 HDD 专用的扩孔钻头的的外貌图

但钻头扩孔后一般要求有专门的清孔工序。该钻头的最大缺点是在较软的土层扩孔时，易向右下方爬行，使钻孔弯曲，钻头越重，这种现象越明显。一般适用于较硬土层的扩孔。另外，此种钻头加大直径方便，只需在原有翼板上布置一些安装孔，把附加翼板连接上即可实现钻头直径的改变。

(2)带腰笼的翼状扩孔钻头

如图 12-86 所示，该类钻头以翼板上的刺状切削刃为主要切削工具，腰笼作为翼板加强筋的同时，起到扶正器的作用。翼板和腰笼上的切削刃呈点状分布，设计原理与翼状扩孔钻头类似。此类钻头由于翼板切削刃为阶梯分层切削，切削刃刀口短而呈点状分布，所以旋转阻力降低。钻头的四周用特殊的合金焊条补强，有助于切削土层。开放式的结构使钻井液和钻屑能轻易越过扩孔钻头，扩孔速度快，保直能力较好，不耐用，但修补方便。另外，它的切削原理为非挤土式，不会造成对地下土层的大的挤压形变，施工相对安全。对于不良地层，如砂层扩孔时不宜采用此类钻头。它的翼板可能是二片、三片或四片，根据直径大小和钻头强度的高低需求灵活设计。

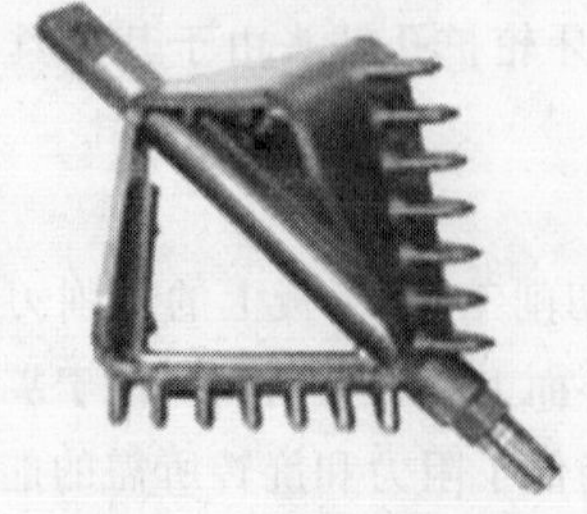

图 12-85　翼状扩孔钻头

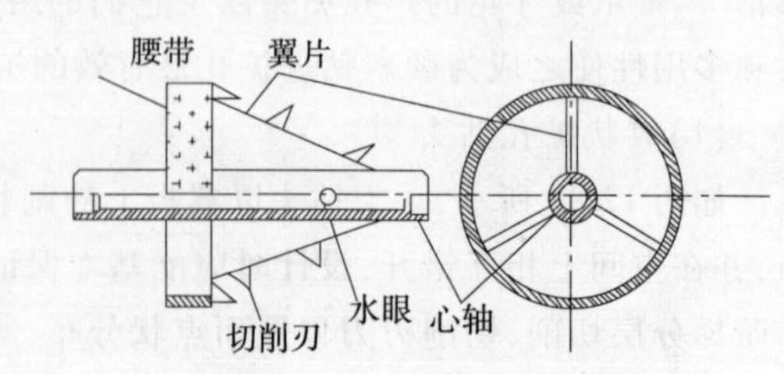

图 12-86　带腰笼的翼状扩孔钻头

在钻头体上一般有若干个喷嘴，用于辅助切削土层和清洗钻头。

(3)螺旋形扩孔钻头

如图 12-87 所示,螺旋形扩孔钻头形状为狭长的锥体,外加工有螺旋形的切削刃,类似于锥形螺纹体。此类钻头属于挤土式原理,很容易吃入岩土,所需扭矩大,在十分干硬的黏土或紧密砂土中扩孔时,阻力问题尤其突出。但该钻头切削、挤压树根、碎石类障碍时,优势明显,通过障碍能力强。在中、软土层中扩孔后,孔成型好,清孔工作量小,铺管阻力小。

(4)凹槽状扩孔钻头

如图 12-88 所示,凹槽状扩孔器是一种表面有螺旋形凹形水槽的锥体,具有点或线状分布的切削刃。虽然它具有螺旋形扩孔钻头的特征,但不像螺扣一样易吃入地层,扩孔阻力相对较小。此类钻头特别适合于在砂层和含有石块的紧密砂层中应用。它具有挤压和切削的双重功能,扩孔后成型好,寿命长,而且实践也证明,此类扩孔钻头在许多不良地层中应用效果良好。凹槽的流线形设计使泥浆易于流动、冷却和钻头体自洁。但是它在高黏性的土层中使用时易产生泥包现象,钻头成泥包球体,扩孔效率极低,另外钻头加工成本相对较高。

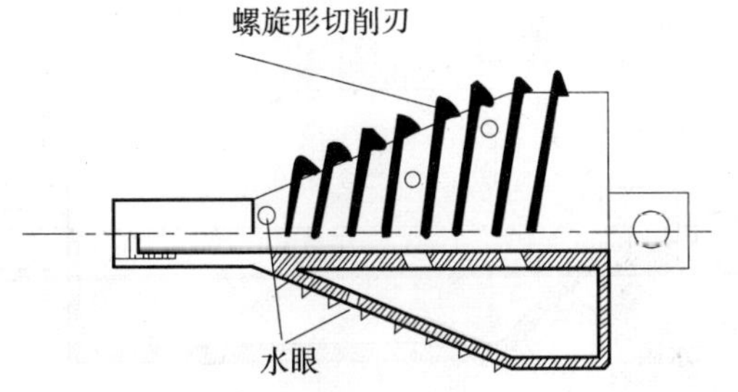

图 12-87 螺旋形扩孔钻头

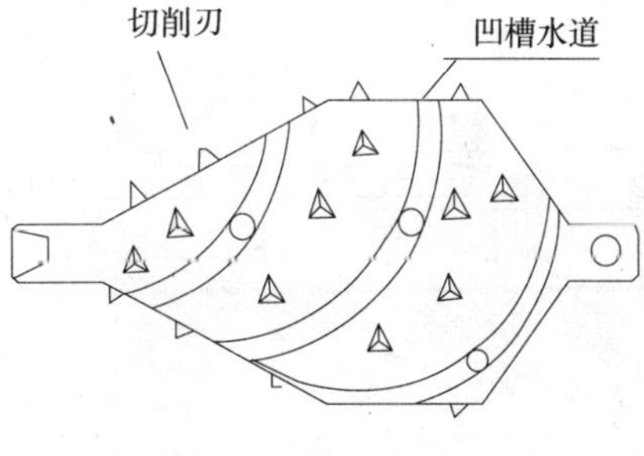

切削刃
凹槽水道

图 12-88 凹槽状扩孔钻头

(5)牙轮式扩孔钻头

如图 12-89 所示,此钻头由心轴、牙轮托架和牙轮掌等组成。牙轮工作时,既围绕心轴公转,又自转,牙轮体内设计有专门的水道用以冷却钻头,该类型钻头设计用来克取硬、脆、碎岩石或强风化~半风化的岩层。钻头结构复杂,成本高。扩孔时,一般要求采取强规程参数,即大轴载、大泵量和适当转速。

(6)杆状扩孔钻头

如图 12-90 所示,杆状扩孔钻头由心轴和在空间交错的杆状切割体组成。此类钻头在硬土层、黏土中特别适用,它具有良好的切割和混合能力,所需扩孔阻力小,具有搅松土层的作用,扩孔后需要专门的清孔工作。钻头体制作容易,成本低,但强度相对较低。

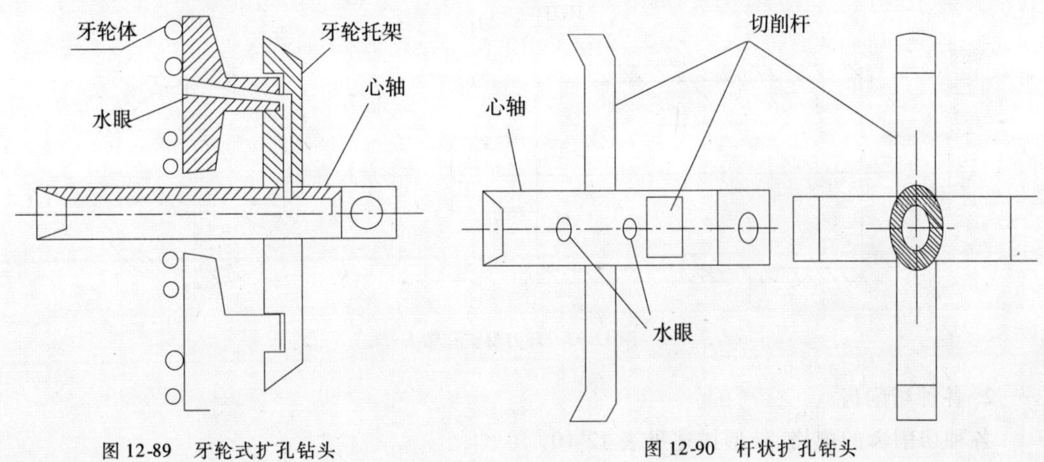

图 12-89 牙轮式扩孔钻头

图 12-90 杆状扩孔钻头

(7)双向纺锤形扩孔钻头

如图 12-91 所示,钻头为纺锤流线形结构,外形象一个大型打蛋器,重量小,具有极佳的浆土混合能力,泥浆在钻头体外流动自如,钻头自洁能力强,适合于在黏土等软地层中使用。但寿命低,在岩石或磨蚀地层中也不太适用。

(8)粗径钻具形扩孔钻头

如图 12-92 所示,该扩孔钻头外形象钻探工具中的带异径接头的岩心管,但底部封闭,这是在实践中设计并成功应用的扩孔钻头。该钻头适用于在较小口径的粉质土或粉质黏土层中应用,钻具的前部分布有切削刃和向前喷射的水眼,在反向扩孔过程中,此钻具的冲洗液反向水平射流而不是周向射流,有利于保护孔壁,并且后续的粗径钻具在回转拖动过程中挤压、搪平孔壁,使孔壁光滑密实,有利于铺管,在较小口径的铺管工艺中,可采取一次性的扩孔并铺管,简化了工艺,钻孔成型好,铺管阻力小。

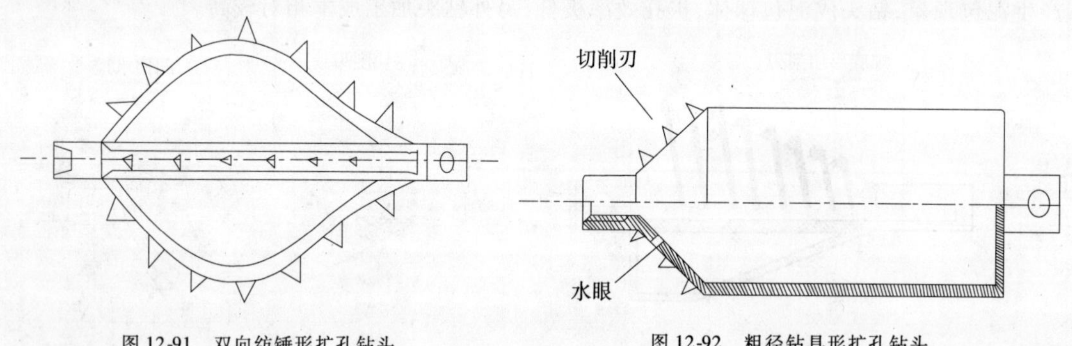

图 12-91　双向纺锤形扩孔钻头　　图 12-92　粗径钻具形扩孔钻头

(9)环刀型扩孔钻头

如图 12-93 所示,环刀型扩孔钻头由心轴、环刀以及加筋板三部分组成。扩孔时,薄片形的环刀在轴向拉力的作用下把土体切割下来,形成钻孔。环刀长度 200 ~ 450mm,根据孔径大小、设备拉力来确定。加筋板主要用来传递切力和保证钻头的力学强度,数量 3 ~ 5 个。该钻头制作简单,在软土地层中切割效果好,一般不旋转,在钻机动力头或卷扬机的拉力下形成孔的直度好,具有很好的修孔能力。切割土体速度快,钻头内部加入阻碍物可以直接用来清孔。另外在事先经过水浸泡、软化的硬土层也可应用,钻头过障碍能力强,能通过钻头自身的变形来越过障碍,不至于卡钻。

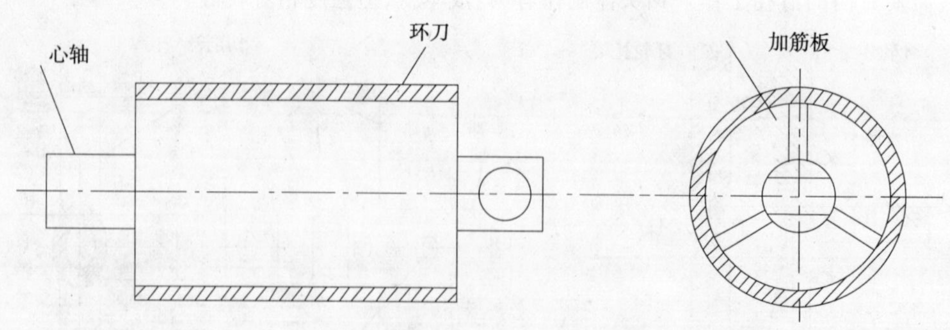

图 12-93　环刀型扩孔钻头

2)各种切削齿

各种切削齿的规格、外形描述见表 12-10。

各种切削齿　　表 12-10

SSC		长 8.89cm、截面为边长 1.27cm 的方形
SCCLH		长 8.89cm、截面为边长 1.27cm 的方形
SSCRH		长 8.89cm、截面为边长 1.27cm 的方形
SCCP		长 9.525cm、宽 2.54cm、厚 1.27cm
TTI654LP		高 3.175cm × 宽 2.54cm、厚 1.27cm
TT1654		高 4.445cm × 宽 4.2926cm、厚 1.42478cm
T20078		高 5.715cm × 宽 7.3025cm、厚 1.905cm
TT45D24		长 2.06502cm、直径 1.905cm
TTRB		长 3.175cm、直径 1.905cm
TT99045D		长 3.175cm、直径 2.7178cm

续上表

550HDBLK		高 3.81cm、宽 2.5654cm、焊接长度 2.54cm
550NP24SF		长 5.5118cm、宽 1.397cm
550NP24S		长 5.1816cm、宽 1.397cm
B1710		高 3.3274cm、宽 2.413cm、焊接长度 1.74498cm
B17D		锁环
B17		长 6.5024cm、宽 1.43002cm
765HDBLK		高 5.715cm、宽 4.2926cm、焊接长度 3.175cm
765CRFN		长 10.033cm、宽 1.9431cm
765CB		长 8.5852cm、宽 1.9431cm

12.6.3 钻杆

钻杆在所有钻探工程施工中都是最重要的常规、高成本耗材。由于HDD技术应用广泛,工况不一,施工条件(如铺管直径、长度、曲率半径、钻遇地层及障碍物、地面交通环境气候等)复杂多变,差异很大。因此,施工对钻机能力以及与之相匹配的钻杆规格、结构、性能及其使用寿命要求就更加严格。在HDD施工中,钻杆直接影响工程的顺利施工,如果在孔内发生钻杆折断和掉落事故,可能造成工程失败,拖延工期,影响经济效益。图12-94为最新研制的cable link钻杆。

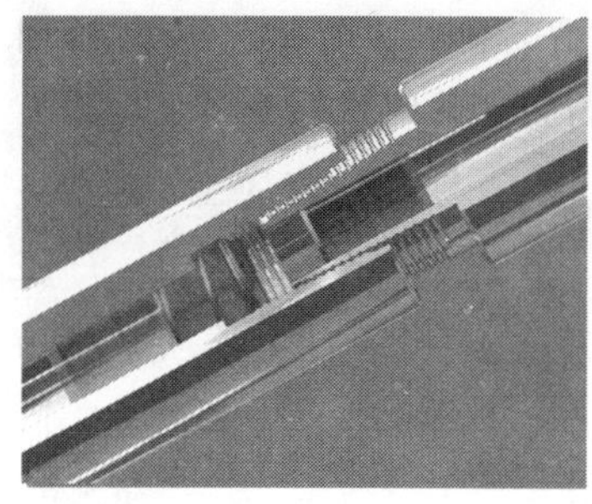
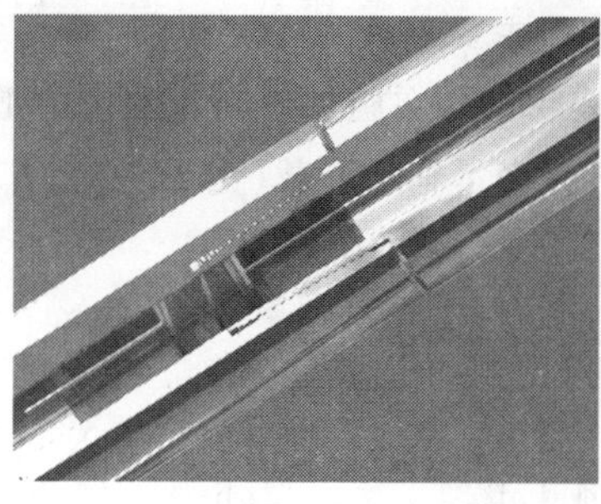

图12-94 新一代钻杆

1)HDD钻杆的功用及所受荷载

HDD应用领域广泛,但主要施工水平和弧形甚至弯曲的钻孔轨迹,并进行管线铺设。施工中钻杆的功用和常规矿产钻探有所不同。其主要功用如下:

(1)传递和调整钻机给予钻头的轴向压力。

(2)传递钻进和扩孔时钻机对钻头施加的扭矩。

(3)回扩和拖拉铺设管线时承受钻机施加的回拖力和扭矩。

(4)承受经常拧卸钻杆接头时的扭应力,以及钻进时瞬时突然增大的扭矩。

(5)承受钻头碎岩、钻具与孔壁摩擦产生的震动和冲击荷载。

(6)承受在弯曲钻孔内推拉与回转时的弯曲疲劳荷载。

(7)钻进时压力介质(液体或气体)由钻杆内输向孔底工作面。

(8)当用有缆传输孔底信号时,信号缆线可在专门设计的钻杆内连接。

图12-95说明了HDD施工中钻杆作业工况与受力状态,亦说明HDD用钻杆的材质性能必须严格要求。图12-95只是侧面投影,实际还有水平投影,钻孔轨迹应是三维的。当钻孔愈长、弯曲幅度愈大、钻杆与钻孔环隙愈大以及钻孔有超径现象时,钻杆受力状态愈恶劣。

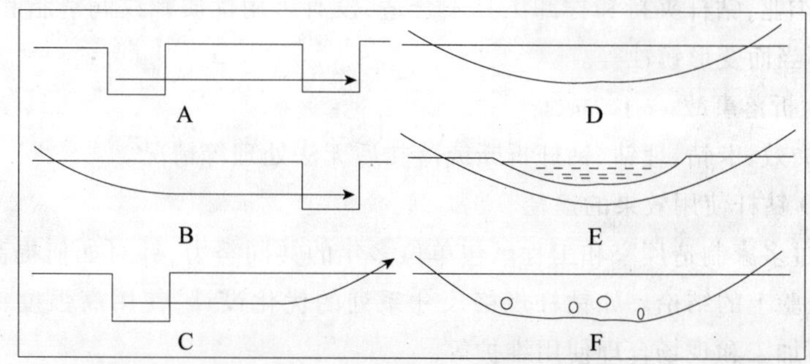

图12-95 HDD常见钻孔轨迹模式

A平;B斜-弯-平;C平-弯-斜;D斜-弯-平-弯-斜;E斜-弯(弧)-斜;F斜-弯-弯-斜

2）HDD 钻杆常见损坏原因

地质岩心钻探用钻杆正常消耗有物化劳动消耗定额和生产积累的数据可寻。例如国外优质金刚石绳索取心钻进用钻杆使用寿命按钻进工作量计。但 HDD 用钻杆消耗数据具体文献较少，分析其损坏报废原因主要包括如下方面：

（1）钻杆疲劳折断

HDD 钻孔除水平孔工况较简单外，都在三维空间承受复杂交变的压、拉、扭、弯曲、震动等荷载，加上磨损、腐蚀等作用在经过一定时效后，会在应力集中或薄弱环节部位（很多发生在靠近公、母螺纹根部二、三扣）折断。主要表现为疲劳折断，而且弯曲与扭转应力起重要作用（图 12-96）。国外有公司进行实验表明钻杆在施加不同弯曲应力下所得老化时效即疲劳强度明显不同，实验用持续回转的转数进行表示施加荷载（图 12-97）。

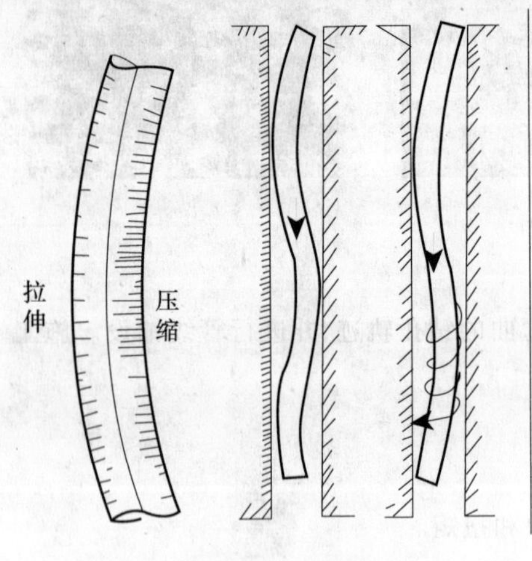

图 12-96　钻杆工作时弯曲状态

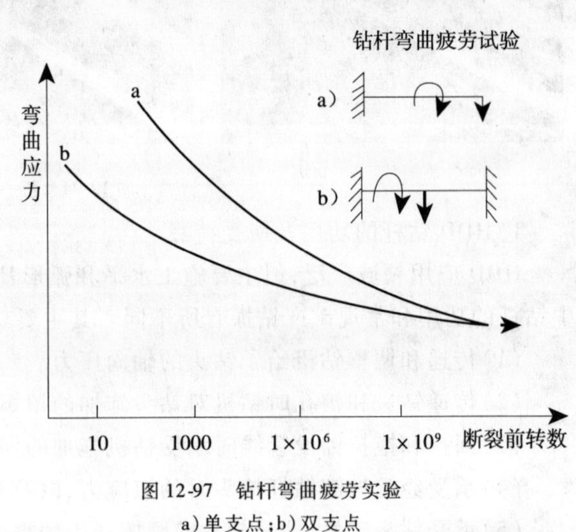

图 12-97　钻杆弯曲疲劳实验

a）单支点；b）双支点

（2）钻杆过度磨损

包括钻杆和接头径向磨损和螺纹磨损。径向磨损多发生在弯曲变形部位，一般呈偏磨损现象。有资料表明，当用 φ88.9mm（3.5in）钻杆外径磨损 0.8mm 时，其强度即开始下降，当磨损 3.175mm 时，钻杆就面临报废。螺纹和台肩部位过度磨损结果会造成泄露和冲蚀现象，甚至出现连接不牢固现象。

（3）非正常操作和维护

包括超负荷作业，钻杆夹持和拧卸工具不合适，没有采用优质螺纹润滑脂和经常合理润滑螺纹，搬运储存不当而变形锈蚀等。

（4）发生孔内折落事故

如泥浆护壁失效、卡钻、埋钻、钻杆折断或落扣后无法处理等情况。

3）提高 HDD 钻杆使用效果的途径

若干年来经过多家制造厂家和工程承包单位多年的共同努力，针对如何提高 HDD 钻杆使用效果，主要是经验上的结论。如钻杆规格尺寸系列的优化设计，使用高强度钢材，端部连接结构、螺纹类型与加工和现场合理使用维护等。

（1）采用合理规格尺寸

一是钻杆直径与钻孔孔径、轴向荷载相匹配。有资料论述钻杆外径与钻孔孔径之比宜为

1:1.5~2.0。施工大直径钻孔显然从强度和通水截面考虑，宜用大直径钻杆，并结合扩孔作业。HDD 钻杆外径从小到大规格很多，如 25.4mm、38mm、42mm、48.3mm、52.4mm、60.3mm、73mm、76mm、82mm、89mm、102mm、114.3mm、127mm、139.7mm、168.2mm、175mm、203mm、273mm 等。其中用的最多的是 38~127mm。第二是钻杆壁厚，主要考虑强度与操作轻便。一种直径钻杆可以有 2~3 种壁厚供拥护选择，如 φ60.3mm 钻杆的钻杆壁厚有 4.85mm 和 6.65mm 两种，两者的截面面积分别为 8.41cm² 和 1.89cm²，抗拉强度和扭断面系数显然不同。第三是钻杆单根长度，常随机配备任客户挑选。钻杆长度与作业空间、钻机规格与施工钻孔长度有关，可以灵活考虑。单根较长钻杆自然减少接头数量，降低接头加工成本，降低拧卸作业时间（尤其是采用信号缆时），降低泥浆在接头处的泵压损失，能相对提高泵送流量。钻杆单根长度有 1.0m、1.8m、2.0m、3.0m、4.5m、5.0m、6.0m、8.0m、10.0m 等。

（2）采用优质高强度钢材

钻杆强度习惯用屈服强度表示其钢级，并采用石油钻井和矿产岩心钻探用钢级标准（图 12-98）。历史上曾长期使用 E 级钢钻杆，后来逐渐发展到 X95、G105、S135、U170 等，采用优质合金钢同时进行调质（淬火－回火）处理。如今不少 HDD 钻杆制造厂家如意大利 Colli Drill、英国 Drillgear、美国 Drilltube 和日本 Y. S. M. 公司等生产 S135 钢级钻杆，所用钢种如 AISI4140，属于 40 铬钼调质钢。

HDD 钻杆由于使用工况决定要求有良好的综合性能，既要强度高、又要弹性良好，不少厂家制造的钻杆具有良好的坚韧性或柔韧性。S135 和 AISI4140 合金调质钢副和上述技术要求。

（3）采用钻杆端部内加厚或焊接接头

为增加螺纹部位的有效截面积，使其强度与钻杆体强度一致，甚至超过钻杆体强度，石油钻井技术曾提出接头的扭转强度应比钻杆体强度大 13%~20%，作为安全系数。钻杆接头的厚度为了加工螺纹必须远大于钻杆体厚度，并且可以采取不同加厚和焊接方法：

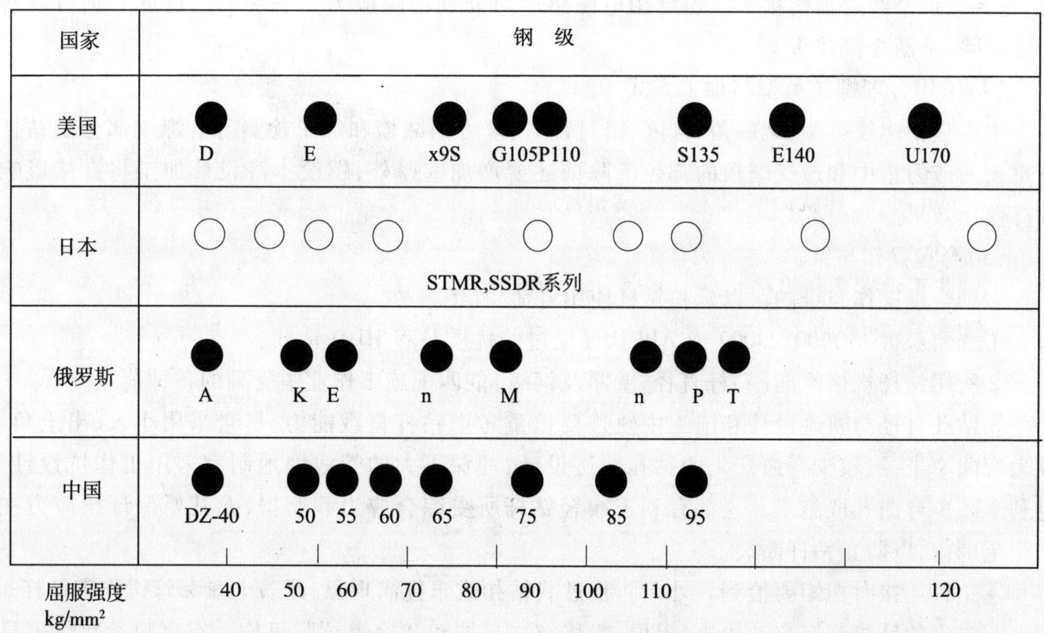

图 12-98 美、日、俄、中钻杆钢级对比

①整体式锻造法

在钻杆两端分别加热锻造加厚，整体经过调质热处理后再加工公母螺纹，成为整体式锻造钻杆。这样能保证管体和连接部位强度一致，并有良好的强度和坚韧性（弹性），不易永久变形。英国著名的 HDD 钻杆制造商 Drillgear 公司用 S135 钢级制造的 42.16mm、48.26mm、52.4mm、60.3mm、70.0mm、88.9mm 等规格的整体式钻杆，并供给 Vermeer 公司配套使用。美国 HACKER 工业公司制造的高转矩弹性钢钻杆，能承受较大的弧形钻孔的弯曲应力。其采用整体式锻造和热处理调质钢管制造，加厚部分外径是外平的。如今采用的多数是略大于钻杆体，实际是内外加厚，其加厚部分长度可以满足重复车扣二次加工螺纹。

②整体式冷拔法

日本 Sanwo 公司采用冷作加厚法加厚钻杆端部的“SSDR”钻杆，能保证接头部分与钻杆体强度一致，并且可任选加厚长度、厚度、内壁光滑而且平缓过度，降低泥浆流动阻力，利于重复修理加工螺纹。

③闪光和亚弧焊接法

曾是油气井和水井钻杆的常规制造方法，闪光焊接或亚弧焊接可将经调质热处理的成品接头与管体焊接成一体，但其焊缝部位强度会有所减弱，现在已很少使用。

④等离子弧焊接法

这种等离子弧焊接法是一种无焊料的焊接方法，同样用经调质热处理（也可在表面高频淬火和镀硬铬）的成品接头与管体焊接，焊缝处用 700 ~ 800°F 火焰加热消除应力，使焊缝的强度降低不超过 10% ~15%。

⑤摩擦焊接法

将石油钻井领域最常用的摩擦焊接法引进到 HDD 钻杆制造业，这种焊接方法的特点是设备工艺简单，而且可以实现精密程控，焊接时金属软化但未熔化。焊接时要避免杂质进入焊缝，并要保证修磨时损伤接头。焊缝用电磁感应热处理消除应力。当接头已过度磨损可以将焊缝切除，重新焊接接头。

(4)采用合理螺纹类型与加工方式

主要包括螺纹类型、螺旋角、锥度、密封台肩、应力消减槽和加工检测等。螺纹部分是钻杆最重要的应力集中和遭受磨损的部位。除前述要增加壁厚外，螺纹本身设计加工将直接影响钻杆使用效果。

(5)合理操作与维护

做到合理操作与维护可以延长钻杆使用寿命，杜绝事故。

①选购获得 ISO9001/9002 或 API 认证通过的优质品牌 HDD 钻杆。

②所用钻杆规格性能（钻杆直径、壁厚及钢级）能匹配施工作业中受到的各种荷载。

③钻孔直径与轨迹设计和施工中轨迹要慎重考虑钻杆荷载能力，尽量采用小入、出土角、较大弯曲率半径、较少弯曲变化的钻孔轨迹设计；埋深不大的管线因地制宜采用工作坑设计，有利于减少弯曲孔段施工。这都有利于减轻钻杆所受综合应力和磨损，尤其要保证扭应力在安全范围内，以防止钻杆断裂。

④钻杆连接时扭矩要恰到好处。防止过载粘扣或未拧满现象，严防卡盘和管钳伤害钻杆。

⑤先进的钻机都有自动给进、提位、搬移、对中、拧卸和涂螺纹脂机构。有直视参数仪表显示扭矩、转速和轴向荷载等，并有预警装置防止超负荷作业，利于保护钻杆。

⑥ 宜采用优质含软金属材料的固体螺纹润滑脂。

⑦ 经常检查钻杆完好和磨损程度。

⑧ 暂时不用的钻杆，要进行清洗，包括外表、内壁和螺纹部分，并涂专用防锈油，要有螺纹保护帽，妥善存放。

12.6.4 其他辅助工具

1）分动器

分动器专门为定向钻进扩孔和铺管施工设计的，使被铺设的管线避免因受到钻机拖拉管线时而产生的转动扭矩的影响。图 12-99 是一种常用的分动器，采用油脂两次密封，保证污染物不能进入其结构内部。U 形夹销和六角螺帽可从分动器的另一边进行拆卸。

如果泥浆穿过密封件造成轴承的损坏，该种分动器组成套件能进行易损件的更换。套件包括 4 个轴承、2 个密封件、1 个轧制销子、1 个制动螺丝、1 个黄油加油嘴和说明书，见图 12-100。

图 12-99　D. Drill® 定向钻进分动器图

2）电缆夹

电缆夹包括单缆夹和多缆夹（图 12-101）。多缆夹可在回拖管线时使各线缆之间相互错开。

图 12-100　更换零件套件

3）拖管器

常见的拖管器包括锥形拖管器（图 12-102a）、胡萝卜形拖管器（图 12-102b）和多管拖管器（图 12-102c）。

（1）锥形拖管器

锥形拖管器常用于拖拉 PE 或 PVC 管，能提供最佳的夹紧力，采用防水设计。这种防水拖管器具有多个“O”形环，其刚性很好的锥形钢质中心杆能避免弯曲的出现，与被拖管道的外径相匹配，其设计特点保证了被拖管道的外边与中心杆形成防水密封。图 12-103 为锥形拖管器的安装图。

（2）分动头拖管器

分动头拖管器是一种复合工具，兼具标准的拖管器和分动器的特性（图 12-104）。分动头避免了内连接管道铺设时的扭转和粘合现象，减少了拖管时分动器的使用数量。

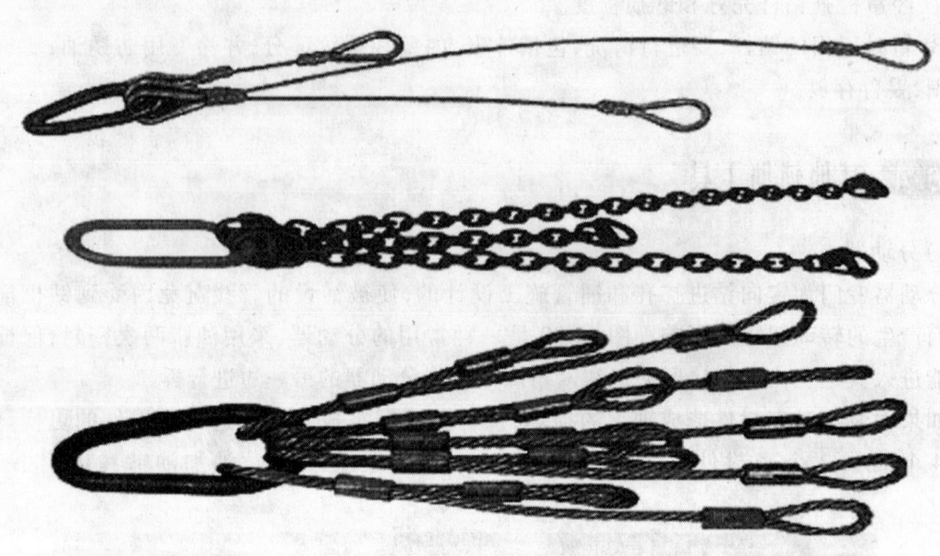

图 12-101　多缆夹的几种形式

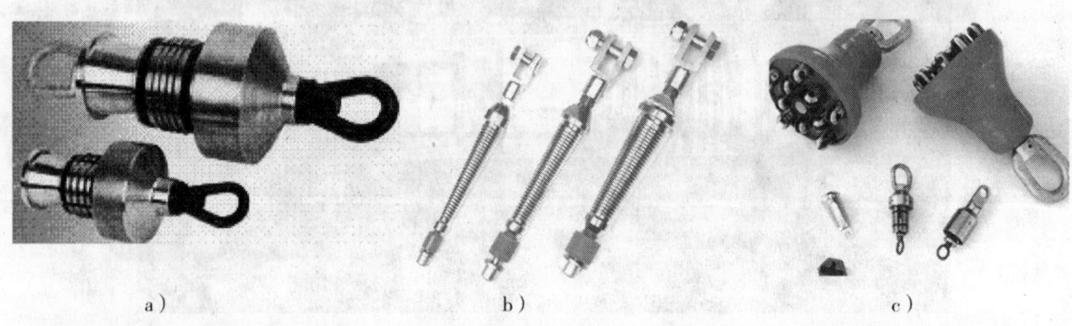

a)　　b)　　c)

图 12-102　几种拖管器

图 12-103　锥形拖管器现场安装

图 12-104　分动头拖管器现场安装

(3)可重复使用的电缆拖管器

非卷曲可重复使用的电缆拖管器不浪费电缆(图 12-105),并且所有组件都能重复利用。这些拖管器在回拖电缆时能保持非常稳固的连接,不需要特殊的工具或夹具。

这种拖管器有三种形式:U 形头、标准头和分动头。

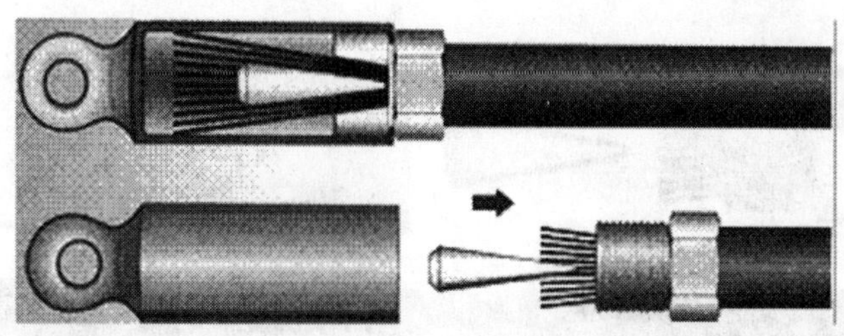

图 12-105　可重复使用的电缆拖管器

①U 形头拖管器：

这种拖管器的特点是开槽连接头能配合牵引钩连接销实现与多缆夹的直接连接。当拖拉多个线缆进入同一个管道时，将导绳连接在一个电缆夹上，作为一套电缆一次拉入。每个 U 形头拖管器都包括三部分：U 形夹、连接螺母和销子(图 12-106)。

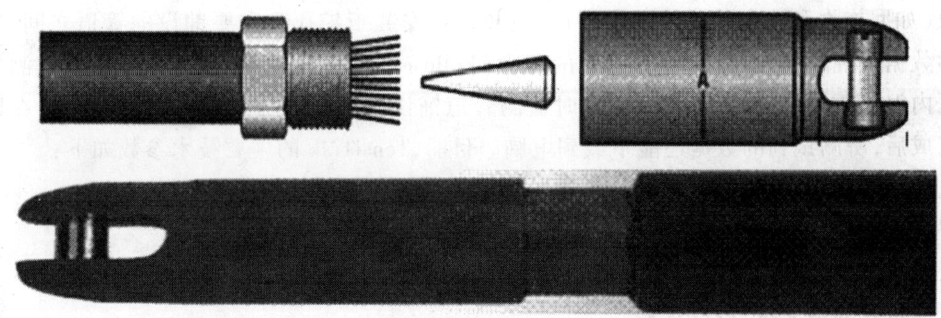

图 12-106　U 形头拖管及与电缆连接图

②标准头拖管器

当拖拉多个电缆进入一个管道内时，这种拖管器是最好的选择。可用分动器将一个导绳连接在多缆夹上，将多个电缆作为一个整体拖入管道。每个标准头拖管器都包括开孔座、连接螺母和销子三部分(图 12-107)。

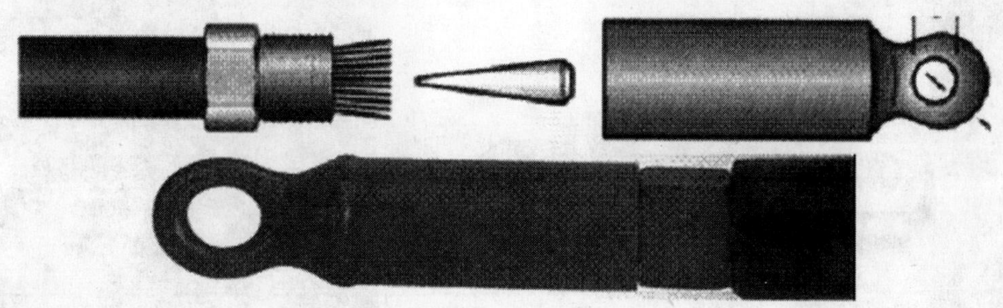

图 12-107　标准头拖管器及与电缆连接图

③分动头拖管器

这种拖管器结合了标准头拖管器和分动器两种机构的作用，分动头避免了管线铺设产生的扭转和粘合现象。这种拖管器包括分动头、连接螺母和销子三部分(图 12-108)。

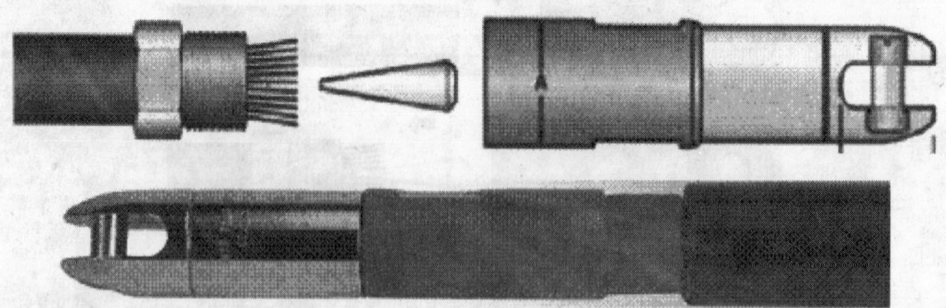

图 12-108　分动头拖管器及与电缆的连接

4)TensiTrak 回拖力和压力监测系统

为了防止在采用 HDD 铺设管道时过大的回拖力对管道造成破坏和重复施工,DCI 公司研制了 TensiTrak 回拖力及压力监测系统(图 12-109),能为定向钻进操作人员实时提供关键的施工参数(如回拖力和孔内的泥浆压力等)。该装置被安装于扩孔头和要铺设的管道之间,所采集到的数据被传输到地表,可通过 DCI 的月食(Eclipse)接收器进行接收。除了能够监测回拖力和孔内泥浆压力外,该系统还能够实时监测管道铺设过程中的深度和未知的变化。在回拖铺管完成后,所测试到的数据还能下载到电脑。目前,TensiTrak 的主要技术参数如下:

电池寿命:16 小时;

外径:140mm;

长度:470mm;

所能承受的最大拉力:270kN;

最大泥浆压力:6.9 bar(6.9×10^5Pa)。

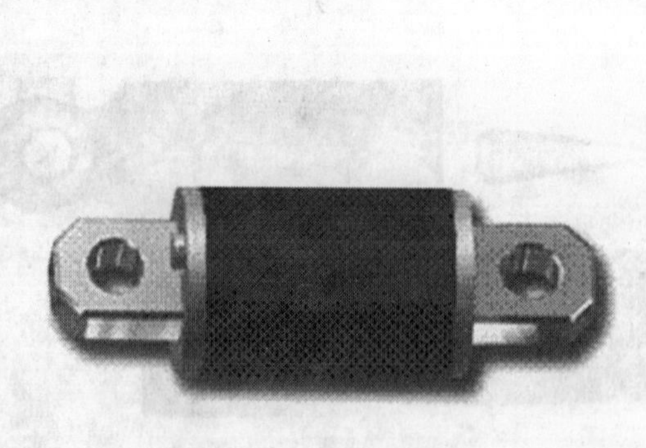

a)

b)

图 12-109　TensiTrak 回拉及压力监测系统

12.7 HDD 工程实例

这里以中石油管道局穿越公司完成的钱塘江穿越工程为例，介绍水平定向钻进在实际工程中的应用。

12.7.1 工程概况

该工程是“杭州—宁波天然气输气管道工程”的一部分。此次穿越位于钱塘江杭州河段，东端位于萧山区，西端位于杭州市与海宁市交界处附近，钱塘江为我国特大型河流，水面宽度约 2000m。

本穿越设计管了规格为 ϕ813mm × 15.9mm 三层 PE 加强级外防腐 L450 UOE 直缝管，设计压力为 6.3MPa。穿越控制桩之间的水平长 2673m，其中定向钻穿越段（入土点至出土点）水平长 2450m，实长 2453.48m，深度 31.03m；剩余部分为与陆上管线连接段，根据工程进度安排由线路施工队伍负责，不属于定向钻穿越施工范围。

该工程具有三项特殊性：一是创造了国内首次采用国际先进的对穿技术的记录；二是穿越距离为 2450m 的水平定向钻穿越属国内首次；三是从管径和穿越长度来说，该工程的综合规模属世界第一。

12.7.2 穿越场地对定向钻适宜性分析

1）地层适宜性

工程勘察结果表明：河床底部地层 2b-2 层砂质粉土、3a-2 层砂质粉土、3a-3 层粉砂夹粉土，力学性质均较好；3b-2 层粉土夹淤泥质土物理力学性质一般，土质均匀性差；4b-1 层为淤泥质粉质黏土夹粉土，呈流塑、饱和状，力学性质差；4b-2 层砂质粉土层呈中密状、5a-1 层黏土为硬土层，力学性质较好；6b-1 层粉质黏土呈软塑状，物理力学性质一般；6b-2 层粉质黏土夹粉土层和 6c-1 黏土层呈可塑状，力学性质较好；6d-1 层粉质黏土呈可塑状，局部硬塑状，物理力学性质较好；6d-2 层砂质粉土层呈中密状、7 层粉质黏土呈硬塑状，性质很好；9 层为基岩，呈全风化状，性质很好。

上述各地层，除深部基岩外，均为第四系的细粒土层，易于定向钻钻进，存在的主要问题是：

（1）2a-2、2b-2、3a-2、3a-3 和 4b-2 层为粉土、粉砂层，在水动力和振动条件下，极易诱发流砂、管涌和孔壁坍塌等工程地质问题，从而给打孔、扩孔、拖管产生困难，易发生埋钻等事故。

（2）4b-1 层为淤泥质粉质黏土夹粉土，流塑，具高灵敏、高触变性，极易发生孔壁缩径，使回拖困难。

针对上述问题，钻进时必须严格控制泥浆配比和钻进速率，采用多级扩孔、加强洗孔作业、调整泥浆配方、安装中心定位器等有效措施，穿越时除应从河床最大冲刷线以下穿越外，尽可能的避开粉土、粉砂及淤泥质土层。建议在自稳定性好的5a-1层黏土及以下的地层中穿越。

2)施工条件评价

根据现场情况，钱塘江南岸(右岸)地形平坦，交通便捷，附近有公路通往杭甬高速公路出口，便于大型钻机设备进入场地；钱塘江北岸(左岸)地形平坦开阔，可作为管道组装场地。

本工程上游240m左右有在建的钱塘江九桥，左岸的管线上游57m处还有在建的下沙排涝闸、管线下游15m处有保护堤塘的8#丁坝(高坝)，勘察查阅周边涉水工程对穿越施工的影响主要为冲刷，冲刷影响深度4m左右。

3)地下障碍物评价

本场地地下障碍物主要为堤塘、丁坝的基础、沉井和抛石。

根据物探工作和勘探资料结合钱塘江两岸的海塘断面结构图分析，北岸为250#钢筋混凝土沉井，深度达高程-2.0m左右，其外为抛石混合料填实，南岸为预制C30钢筋混凝土100×100×50沉井，深度达高程-2.9m，其外为原异形混凝土防冲块与混合石料整平填实。其埋深都较小，不会对拟建穿越管道施工产生影响。

12.7.3 施工过程

1)钻机选择

根据本穿越勘测资料，在管子规格为φ813mm×15.9mm和本穿越定向钻长度正常施工情况下，设计初步计算定向钻施工时的管段在不同位置回拖力的变化范围为250~400t之间。设计认为，本穿越选用的定向钻钻机回拖能力不应小于此值。同时，为保证穿越施工顺利进行，应考虑还要有足够安全系数，即保证设备有一定的储备能力。

设计建议，施工单位至少应采用经逐根检验合格的6-5/8in.钻杆。有关资料显示其额定力学性能：可承受最大拉力436.5t，可承受最大扭矩186.236kN·m，可承受最大推力66t(20m长度下失稳)。

本设计理论计算了采用一台钻机在本穿越长度下的钻杆强度及其规格，理论计算显示部分参数已接近目前国内使用最大尺寸钻杆(6-5/8in.)的安全极限。

2)场地布置

南岸钻机场地约为50m×60m，包括场地四周排水沟和地锚坑用地，泥浆池用地为30m×30m；北岸管段组装场地约为2500m×30m，泥浆池用地为30m×30m；其他用地30m×30m。所有用地均为施工临时借地。

3)导向孔施工

2006年11月27日开钻，12月13日完成导向孔作业。采用世界先进的导向孔对穿技术进行导向孔作业(图12-110)。

对穿技术是将两台钻机分别就位于入土点和出土点，同时进行导向孔钻进，在到达对接区域时进行导向孔对接，对接成功后，出土点一侧钻机从导向孔中拔出钻杆，同时，入土点一侧钻机在出土点一侧钻机的牵引下，沿对接后的导向孔继续推进，直至到达出土点一侧，从而完成整个导向孔施工作业。对穿技术主要适用于长距离穿越和穿越地段两侧均是卵(砾)石或复杂地层的穿越。

主钻机DD1330(图12-111a)(最大推拉力600t，最大扭矩13.8万N·m)位于入土端，辅助

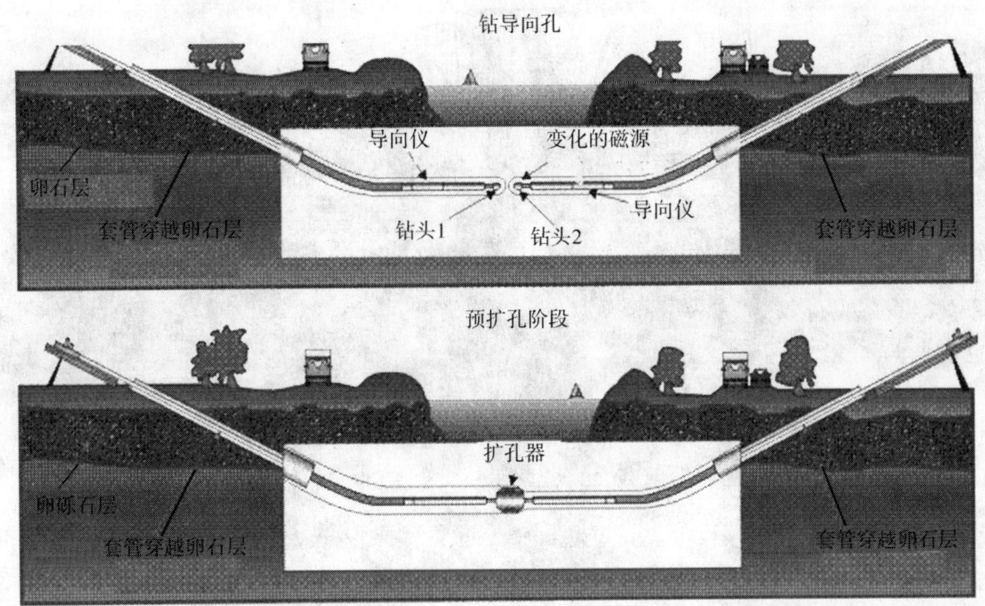

图 12-110　导向孔和扩孔示意图

钻机 DD-220C(图 12-111b)(最大推拉力 100t,最大扭矩 5 万 N·m)就位于出土端。导向孔钻

a)　　b)

图 12-111　工程所用钻机外貌图

进时使用的是交流磁场线圈,采用主管上游平行相距 8m 光缆套管内预先装入的电缆。根据钱塘江穿越两端地质松软的特点,安装 ϕ323.9mm × 12mm 钢套管至水平孔段。两台钻机分别沿设计曲线相向钻进导向孔,通过交流线圈辅助钻进到对接区域,主钻机探头如探测到辅助钻机的轴向磁铁发出的磁力线,表明两钻机的导向孔已经进入对接的有效范围,通过辅助钻机与主钻机之间的轴向磁铁进行标定,可以测量出两个导向孔的相对空间位置,经过多次纠偏调整,使两导向孔越来越近,最终使两者合二为一。辅助钻机抽出一根钻杆,主钻机钻进一根钻杆,直到主钻机钻头进入辅助钻机侧套管内,继续钻进到钻头出土,完成导向孔对接(图 12-112)。抽出套管,辅助钻机退场,为扩孔做好准备。

图 12-112　对接完成

4)扩孔和洗孔

2006 年 12 月 15 日开始第一级扩孔,采用 18″板式扩孔器,12 月 20 日完成。

2006 年 12 月 20 日开始第二级扩孔,采用 30″飞旋扩孔器 + 24″桶式扩孔器,12 月 27 日完成。

2006 年 12 月 28 日开始第三级扩孔,采用 36″飞旋扩孔器 + 30″桶式扩孔器,扩孔过程中因扭矩大,退出扩孔器,采用 18″板式扩孔器洗孔,12 月 30 日洗孔完毕。2006 年 12 月 31 日重新开始第三级扩孔,采用 36″板式扩孔器,2007 年 1 月 3 日完成第三级扩孔。

2007 年 1 月 3 日开始第四级扩孔,采用 42″板式扩孔器,因扭矩大,退出扩孔器,采用 30″桶式扩孔器洗孔,1 月 12 日洗孔完毕,因扭矩较大,1 月 12 日开始采用 18″板式扩孔器洗孔,1 月 13 日因洗孔扭矩大,退出扩孔器。1 月 14 日,采用喷浆短节洗孔,1 月 15 日洗孔至距离出土点约 680m 时,扭矩、泥浆压力骤减,从入土端大量返浆,初步判断出现钻杆涨扣。1 月 29 日救孔成功。

2007 年 2 月 8 日,先采用 24″桶式扩孔器洗孔,2 月 14 日结束。2 月 15 日开始 36″桶式扩孔器洗孔,2 月 21 日结束。

2007 年 2 月 21 日,重新开始第四级扩孔,采用 42″板式扩孔器,2 月 26 日结束。

2007 年 2 月 26 日,开始第五级扩孔,采用 44″桶式扩孔器扩孔、洗孔,3 月 4 日完成。

5)管道回拖

2007 年 3 月 4 日,开始采用 42″桶式扩孔器回拖,3 月 6 日回拖完毕。

12.7.4 施工过程中的其他先进技术

在此次穿越过程中应用的先进技术包括:对穿技术(见导向孔施工过程)、套管技术、水下磁场电缆铺设技术、长距离泥浆回流技术、长距离穿越钻杆组合技术等。

1)套管技术

在钻导向孔阶段,长距离穿越或软地层穿越均用钻机下套管,一般不超过100m。钱塘江穿越套管最长距离为326m,套管规格为φ323.9mm×12mm,创国内同等规模套管距离最长纪录。

制作了套管切削、套管与钻铤连接头,下套管时采用了泥浆大排量法、多次洗孔法等防止套管出现吸附卡粘现象。套管停留时间长、经常活动套管,采用反复推拉逐步加力法、正反转逐步加扭矩法,专门制作了套洗套管的专用工具。成功实现了长距离下套管施工,积累了丰富的经验。

2)水下磁场电缆铺设方法

根据施工现场条件及对穿要求,需在穿越入土点、出土点之间全程铺设交流磁场线圈(图12-113),其中在钱塘江水下穿越中心线布置磁场线约2100m,回路磁场线在水下也需2100m左右。穿越位置在钱塘江观潮城下游5km处,受潮汐影响非常大。中心线上磁场要求左右偏差不超过1m,钱塘江涌潮汹涌,水下布设磁场线圈难度非常大,没有可借鉴的经验。通过实践逐步摸索出了一套行之有效的方法,采用加载配重块、打桩、抛锚、设置浮子等措施,克服了钱塘江涌潮带来的不利条件,确保水下磁场线圈的顺利布设,为对穿创造了良好的条件。

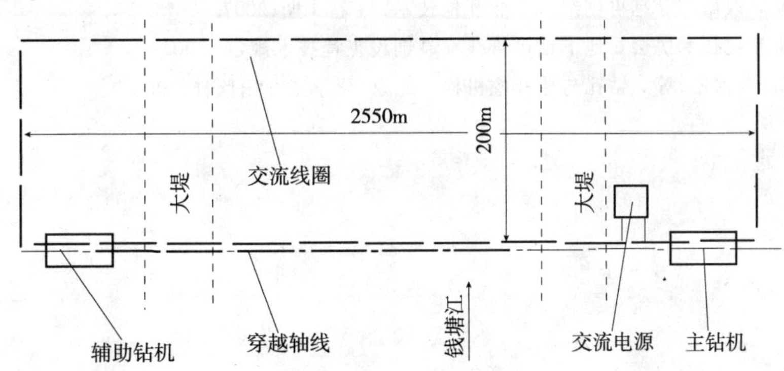

图12-113 交流线圈布置示意图

3)长距离泥浆回流技术

长距离穿越时,导向孔施工期间保证泥浆从入土点返浆非常重要。根据穿越地层主要为黏土层,具有高黏性的特点,依靠科学的泥浆配比,减少泥包钻的不利影响。采用大排量泥浆,每根钻杆多次洗孔,使钻屑尽可能多的携带到地面上来,保证孔道畅通。首次采用安装在钻头后的一个泥浆压力装置对钻杆内和环空压力实时监测,根据测量数据分析钻孔情况,及时采取应对措施,保证了泥浆长距离回流,效果很好。

参考文献

[1]陈铁励. 导向钻进技术在长距离铺设电力电缆工程中的应用. 岩土钻凿工程,2001(6).

[2]邓爱民,肖娇美,田流. 现代非开挖工程机械. 北京:人民交通出版社,2003.

[3] David A. Willoughby. Horizontal Directional Drilling – Utility and Pipeline Applications. McGraw – Hill,2005.

[4]非开挖技术协会,等. 水平定向钻机. 2001.

[5]耿瑞伦,胡远彪．水平定向钻进(HDD)用钻杆探讨．非开挖技术,2002(4).
[6]何磊．非开挖水平定向钻进设备的维护和保养．地质装备,2006(1):15~17.
[7]胡郁乐,乌效鸣．非开挖技术中定向钻进效果与弯曲问题分析．地质与勘探,2003(2).
[8]ISTT,Trenchless Technology Guidelines. Londen,1998.
[9]江天寿,等．受控定向钻探技术．北京:地质出版社,1994.
[10]Mohammad Najafi. Trenchless Technology - Pipeline and Utility Contruction and Renewal. McGraw - Hill,2004.
[11]上海水务局文件．排水管道定向钻进敷设施工及验收规范(试行).2006.
[12]汤凤林,A. T 加里宁．岩心钻探学．武汉:中国地质大学出版社,1997.
[13]王鹏,等．导向钻进非开挖铺管技术．探矿工程,1996(6).
[14]王向荣．全液压工程钻机的几种调速方案．地质装备,2002(3).
[15]乌效鸣,胡郁乐,等．非开挖导向仪的研制．岩土钻凿工程,2002.
[16]乌效鸣,胡郁乐,李粮纲,等．导向钻进与非开挖铺管技术,武汉:中国地质大学出版社,2004.
[17]乌效鸣,胡郁乐,等．钻井液与岩土工程浆液．武汉:中国地质大学出版社,2002.
[18]颜纯文,蒋国盛,等．非开挖铺设地下管线工程技术．上海:上海科学技术出版社,2005.
[19]杨惠民．钻探设备．北京:地质出版社,1998.
[20]尹刚乾．钱塘江光缆管穿越施工技术．石油工程建设,33 卷 2 期,2007.
[21]尹刚乾．钱塘江穿越再创纪录．非开挖技术,24 卷 4 期,2007.
[22]中国非开挖技术协会．地下钻进管线穿越铺设工程技术规定.2002.
[23]王智明,马保松,等．钻孔与非开挖机械．北京:化学工业出版社,2006.

CHAPTER 13

管道原位更换技术

随着城市现代化建设的不断深入，城市的地下管线（如污水管、自来水管道、煤气管道、热力管道、动力电缆和通讯电缆等）将越来越密集，形成一个庞大的地下管网系统。由于所有管线的寿命都是有限的，当使用到一定年限以后必然会因各种原因而导致破坏。同时，城市的现代化发展日新月异，以前铺设的管线往往无法满足当今现代化城市发展的需要。这些已到使用寿命和不能满足需要的管线必须进行修复或更换。

管道原位更换技术是指以待更换的旧管道为导向，在将其破碎的同时，将新管拉入或顶入的管道更换技术。

13.1 概　　述

13.1.1 引言

爆管法是在更换一些旧的、不合要求的油气，给排水管道工程中得到普遍认可的一种管道非开挖在线更换方法。该工艺采用等径或超径的新管道来在线更换旧管道。当要更换的旧管道的分支较少或是旧管道在结构上已经损坏，或是需要提高其承载力时，采用爆管法工艺将获得较高的经济效益。

爆管法是扩容现有管道的最经济的方法，该法能降低对人行道的破坏、对交通的干扰，由此降低由铺设管道而引起的社会成本。

13.1.2 爆管法发展历史

爆管法最早是 20 世纪 70 年代在英国发展起来的。当时 D. J. Ryan 等联合 British Gas 公司，来更换小直径的(75mm 和 100mm)的铸铁天然气主管道（Howell 1995），采用的是气动锥形爆管头，通过往复冲击作用，完成管道更换。该方法 1981 年在英国申请专利，1986 年在美国申请专利。然而，原始专利在 2005 年过期，该法得到新的发展并又申请了相关的专利。该方法最初只用于更换铸铁天然气管道，后来才用于更换自来水和污水管道。到 1985 年，该法进一步发展，能更换外径达 400mm 的 MDPE 污水管。美国使用该法进行管道更换的长度每年以 20% 的速度增长，大部分是污水管道。

13.1.3 爆管法定义

爆管法首先需要将一个锥形的工具（爆管头）装入到旧管道中，爆管头将旧管道破碎成碎片并将其挤入到周围的土层中（图 13-1）。与此同时，新的管道接在爆管头后面拉入。爆管头的后部直径应该比旧管道的内径大，以破碎旧管道，并且应该比新管道的外径略大，这样可以减少新管道拉入时的摩擦阻力。爆管头的尾部连接拉入的新管道，前端接钢丝或是特殊的钻杆。爆管头和新的管道从始发坑进入，牵引钢丝绳或钻杆通过接收坑连接到爆管头并施加拉力。钢丝绳或钻杆的另一个作用是对爆管头的导向作用，使其不偏离旧管道的路线，特殊设计的爆管头还可以减少新管道在拉入过程的向下漂移或是偏离管线的影响。

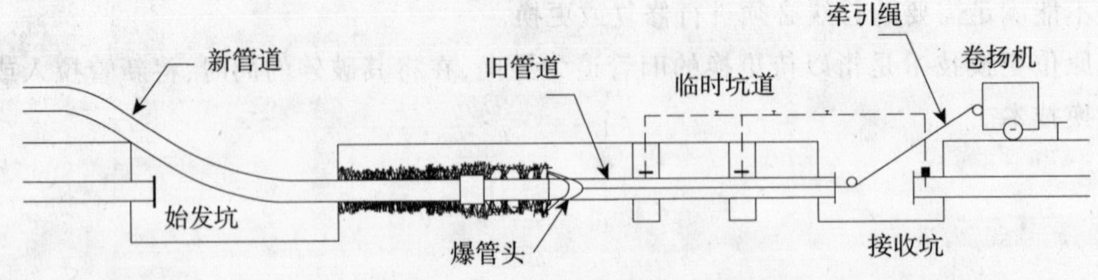

图 13-1　爆管法管道更换施工工艺

13.1.4 爆管法可行性和经济性

对于管道修复或更换，传统的方法包括开挖地面、挖出管道、再铺设管段、连接支管和地面复原等内容。但爆管法的优点之一是能保持或甚至增加重力管道的过流断面，其增加范围可达到 100%。

1）管道更换费用

管道更换的费用取决于多种因素（主管道的种类和尺寸、超径比、深度和地质条件）。1999 年，TTC 中心给一些承包商和市政建设单位发了大量的有关管道更换成本的调查问卷并估计出了爆管法施工的初步价格范围，下面的两个图表显示了等径更换（图 13-2）和超径更换（图 13-3）的调查结果。

2）爆管法和开挖式管道更换方法的比较

当需要更换管道埋深较浅并且开挖不会对周边环境和交通带来很大的影响时，开挖式管道更换方法是一个很好的选择。然而，在许多情况下，爆管法比开挖法有非常明显的优势。原因如下：

①施工速度快；

②效率高；

③价格优势（和埋深相关）；

④对环境更加有利；

⑤对地面干扰少。

在更换排水管道时，爆管法有着更大的经济优势，因为开挖更换管道施工中额外的挖掘、支护、降水等工序会随着深度的增加而费用增加、施工难度加大，然而深度对于爆管法的价格影响甚微。图 13-4 中出示了爆管法和普通开挖法更换管道价格对比的一个例子。此外，爆管法与开挖法相比还有更大的社会效益，如①对路面交通干扰较少，②施工时间短，③商业干扰较少，④对环境扰动少，等等。

在开挖法施工中，开挖地面后会释放其中的压力而导致无约束的地面向上和向下移动。此外平行于开挖槽的服务管道也会向侧面和向下偏移，而和开挖槽交叉的服务管线则可能会产生一定的沉降。支护只能够减少部分的移动但是不能避免。开挖法施工时回填土的沉降和临近路面的移动都会减少道路的使用寿命。所以上述的这些开挖法施工所要支付的额外费用

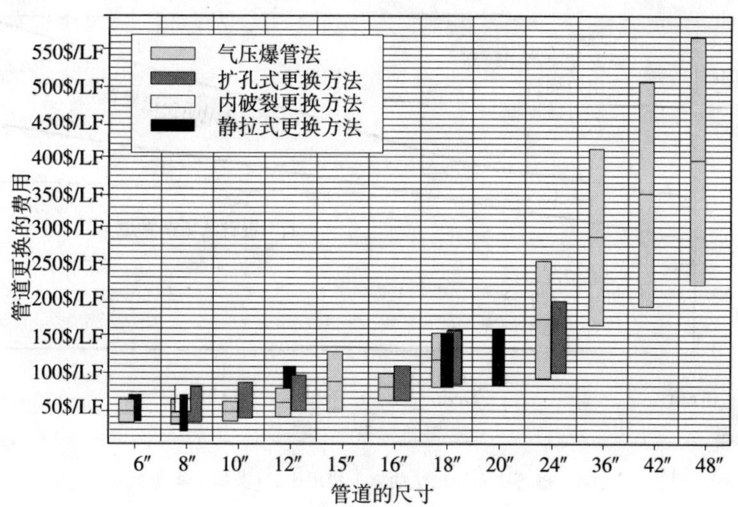

图 13-2 等径更换管道的标价(1999)

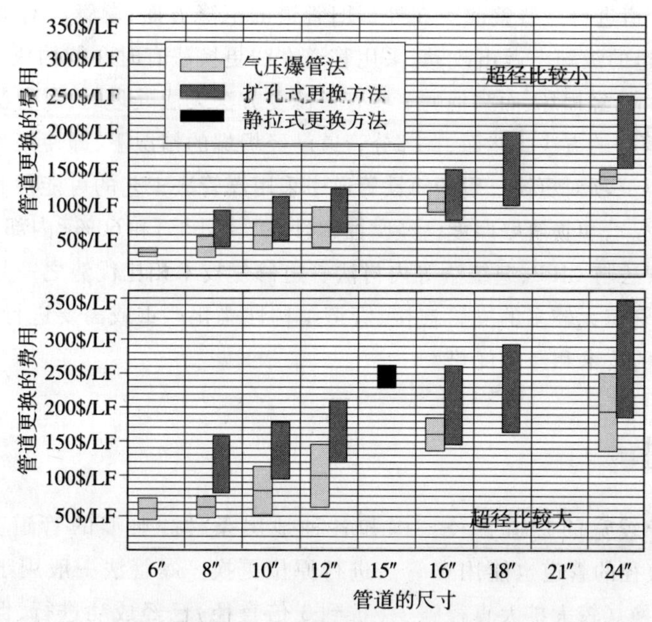

图 13-3 超径更换管道的标价

如交通和商业的干扰、长时间的土体堆积、路基使用寿命的减少、环保费用等都会增加开挖法的实际成本。即使是在两种方法的成本相当或是爆管法略高于开挖法时,爆管法工艺在费用和施工时间上都是非常有竞争力的。

3)爆管法与其他管道修复方法的比较

与其他管道修复方法相比,爆管法的最大优势在于它是唯一一种能够采用大于旧管道直径的管道进行更换从而增加管线的过流能力和承载能力的施工方法。

爆管法工艺可以使用超径比较大的新管道来替换旧管道。但是超径更换管道会导致一定的土体移动,这将会影响到施工管道周围的建筑物或其他管道。超径比的极值受到很多因素的限制,如地层条件、管道深度、地下水情况、施工地段的开挖历史以及周围其他一些公用管道的分布。

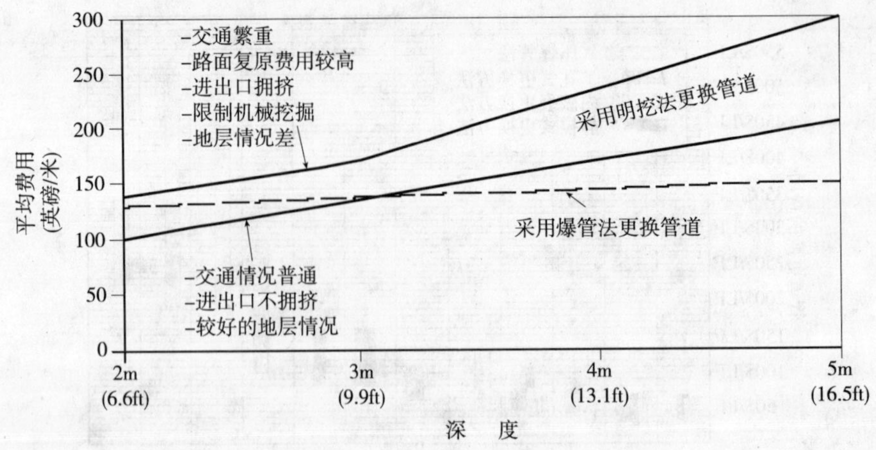

图 13-4 爆管法和开挖法的施工费用比较(英国个案研究)

管道的在线修复只能够保持原有管道的级别,而采用爆管法工艺则可以满足在特殊环境及其要求下,对旧管道进行一些整改。在处理旧管道的沉降方面,爆管法有着明显的优势。如果旧管道无需在管道的级别上做出改动,采用管道在线更换法有时会节约成本。

如果旧管道结构已经损坏,而其他的一些管道修复方法无法处理时,爆管法就成为了非开挖处理工艺中的唯一可行的方法。然而,在部分管道已经坍塌的情况下,即使是采用爆管法工艺也会有相当大的麻烦。一项对更换已腐的铸铁管道中采用爆管法工艺的可能性和性价比的研究表明:爆管法工艺非常适合更换管壁厚度已经腐蚀超过 80%(外部)和 60%(内部)的管道。

如前所述,爆管法与 CIPP、缠绕法等内衬法管道修复技术相比优势之一是能增加管道过流断面。当要修复的管道无较多的支管连接、管道结构性恶化严重或需要进行管道扩容时,应用爆管法则具有更大的技术和经济优势。

13.1.5 适用性

爆管法能用于较宽的管道直径范围和各种地层条件。典型的管道直径范围是 50 ~ 750mm,尽管更大直径的管道也能用爆管法进行原位更换。爆管法一般用于等直径管道更换或增大直径管道更换。较大扩大直径施工(扩到 3 倍直径)已经成功进行,但需要更大的回拖力,并可能出现较大的地表位移。

在每次爆管作业中可能会遇到不同的场地和地层条件,详细调查周边环境、管道埋深和土层条件是非常重要的。确定上覆土层最小埋深(基于原有管道直径、原始开挖条件或可能的扩容情况)也是比较重要的,以避免地表和人行道的隆起。当遇到膨胀土地层、采用过柔性材料修复的管道、管道塌陷和邻近地下管线设施等情况时,对爆管施工往往是不利的。

所有爆管法应用中,有必要掌握土层条件、周边结构和设施的位置以及在这些情况下实施爆管法所产生的影响。

爆管法的局限包括如下方面:

①支管连接需要开挖地面;

②膨胀土可能造成爆管法施工困难;

③管道上某点塌陷以后,在该点需要挖掘以穿入牵引绳/杆;

④管道上套环或点状修补位置可能干扰爆管法作业过程；

⑤如果原管道严重错位，新管道也将产生严重错位现象，即使某些管段能够进行一定程度的纠正；

⑥需要起始工作坑和接收工作坑。

13.1.6 爆管系统分类

为了破碎旧管道，爆管头承受来自牵引绳或钻杆施加的静拉力、液压驱动力或气压驱动力，其受力情况与不同的爆管系统相对应。现有的爆管方法主要包括：气动法、静拉法、液动胀管法、内裂法、劈管法、抽管法、磨管法，这些方法的不同在于作用力的来源、碎管方法和后续作业的不同。其选用与地层条件、地下水情况、管道扩容量、新管类型、旧管道状况和管道埋深等因素有关。

1）气动爆管系统

气动爆管法是利用气动锤的冲击力从旧管的内部将其破碎，并将破碎的管道碎片挤压到周围的土层中，同时将新管或套管从气动锤的后面拉入或顶入，完成管线的更换工作（图13-5）。这种方法是英国于20世纪70年代开发成功的，最初主要用来更换煤气管道，后来相继用于自来水和重力管道的更换。

迄今为止，气动爆管法是上述所有爆管法中使用的最多的一种，广泛的应用于各种大型的爆管法施工项目中。

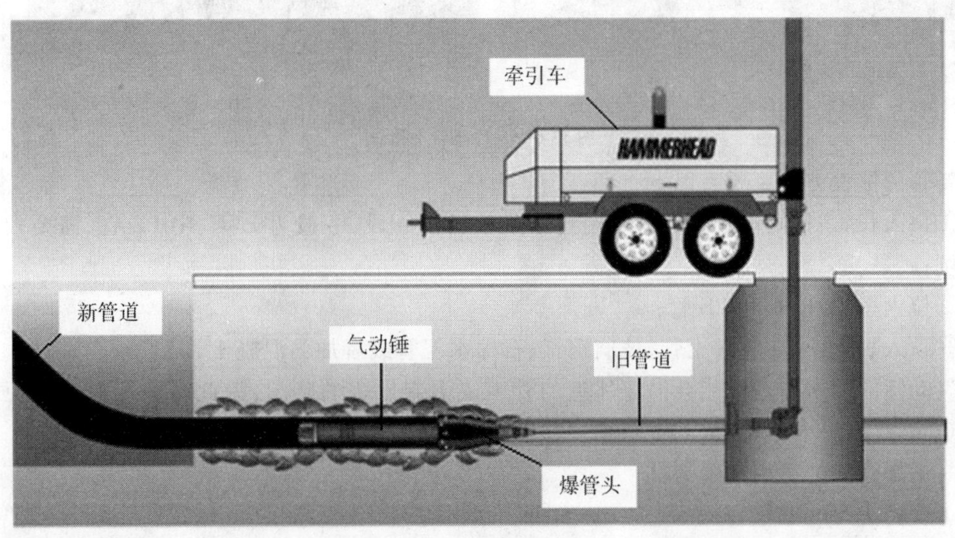

图13-5 气动爆管系统

在气动爆管法工艺中，爆管头是一个锥形的土体挤压锤，并由压缩空气驱动在180～580次/min的频率下工作。气动锤对爆管头的每一次敲击都将对管道产生一些小的破碎，因此持续的冲击将破碎整个旧管道。爆管头的敲击过程中还伴随来自钢索施加的拉力，钢索通过旧的管道连接到爆管头的前端。其作用是使爆管头对旧的管道的管壁施加一个压力加速其破碎并且拉入爆管头尾部连接新管道。

爆管过程需要的压缩空气由空压机提供，使用一个软管通过新管道将空压机和爆管头的尾端连接。压缩空气和拉力钢索都各自保持一个恒定的压力和张力。在爆管头到达接收坑的工作过程中,爆管施工尽量不要中止。

气动爆管法使用的爆管头包括以下几种:

(1)爆管头组合:用于存在人井的施工项目,能降低开挖成本,是在城市拥挤地区进行等直径管道更换或扩径管道更换中最合适的最常用的爆管头(图 13-6a)。

(2)爆管头 + 管道导向器组合:用于砂质地层,或用于管线出现塌陷的情况,以及出现树根严重侵入管道的情况。在这些条件下,该组合能减少管道出现犁沟和土楔现象,因而能增加施工管道长度。管道导向器也可用于铸铁管爆管项目(图 13-6b)。

(3)爆管头 + 背置牵引器组合:用于多级扩孔项目,该组合能允许爆管工具尺寸大于新管,这对在复杂条件进行施工或进行 2 ~ 3 级扩孔是很重要的(图 13-6c)。

(4)爆管头 + 全体扩孔器组合:能产生"拖引"效应,能有效地转化产生于爆管工具的能量,用于复杂条件下爆管、长距离爆管或进行较大的扩径爆管项目(图 13-4d)。

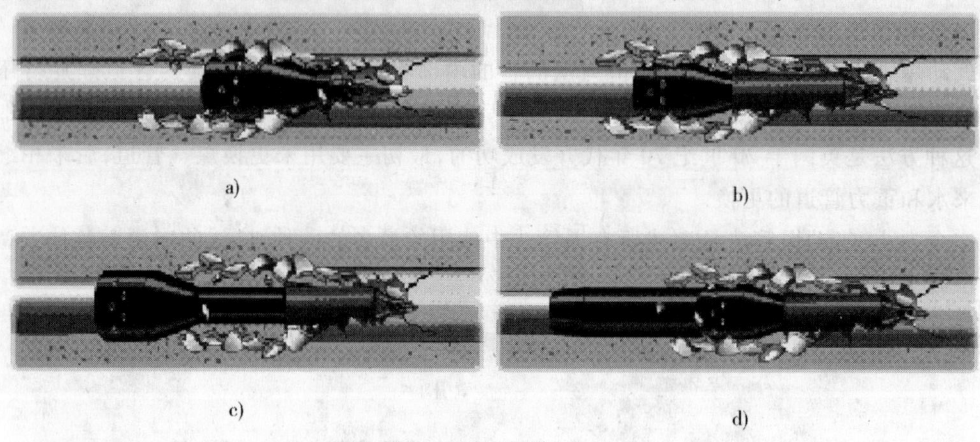

图 13-6 几种爆管头组合

新管的铺设方法主要有以下三种:

①拉入长管:拉入前在地面将管道连接成较长的管段,一般为 PVC、HDPE 管,需要较长的工作坑;

②拉入短管:PVC 和 PE 管;

③顶入短管:一般为陶土管、玻璃钢管、石棉水泥管或者加筋混凝土管。

气动锤的冲击作用可能会损坏邻近的管道或引起地表的隆起,因此当邻近的管线距离小于 300mm 或埋深小于 800mm 时,建议不要使用该方法。

气动爆管法的适用范围为:

①管径为 50 ~ 1200mm;

②一次性更换的管线长度最大可到 300m;

③适用于由脆性材料制成的管道(陶土管、混凝土管、铸铁管、PVC 管)的更换,新管可以是 PE 管、聚丙烯、陶土管和玻璃钢管等。

2)静拉爆管系统

在静拉力爆管系统中,只通过施加在爆管头上的静拉力来破碎旧管道(如图 13-7)。使用钢索或钻杆穿过旧管道连接在爆管头的前端来施加静拉力。因此作用在爆管头上的静拉力应该足够的大。锥形的爆管头将水平的静拉力转变为垂直轴向发散的张力来破碎旧管道,为安装新管道提供空间。

如果是使用钻杆作为拉力施加的介质,则爆管的过程是间断地而不是连续的。在爆管施工之前，通过接收坑将钻杆安装并连接到爆管头前端，新的管道连接到爆管头的末端。每一个爆管回次，接收坑中的液压拉力装置将钻杆拉回一段长度（单个钻杆的长度），然后卸下一节钻杆后继续回拉，直到将所有的钻杆拉回。如果使用钢索作为施加拉力的介质，回拖过程可以是连续的。然而，一般的钢索系统不能像钻杆系统那样将巨大的拉力传递给爆管头。

TT 设计独特的 QuickLock®拉杆只需搭扣连接（图 13-8），经过搭接的拉杆线在推进或回拉过程中牢固稳定，方便快捷，解决上述施工不连续问题，大大提高了施工效率。具备有如下特点：

①只需要轻松的搭扣，拉杆连接便捷而可靠；

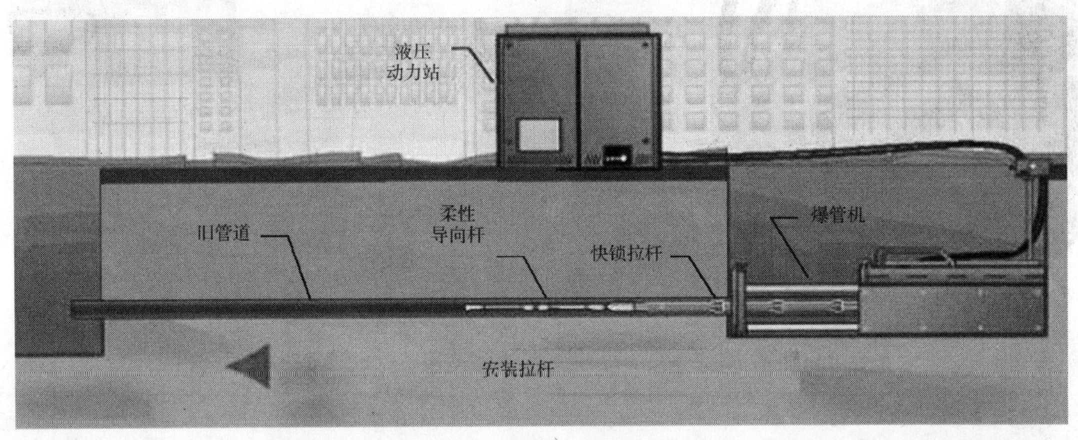

a）

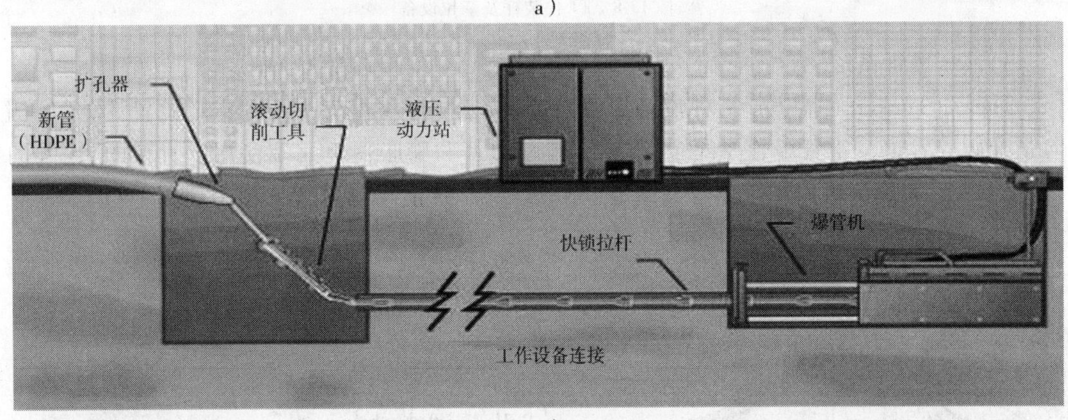

b）

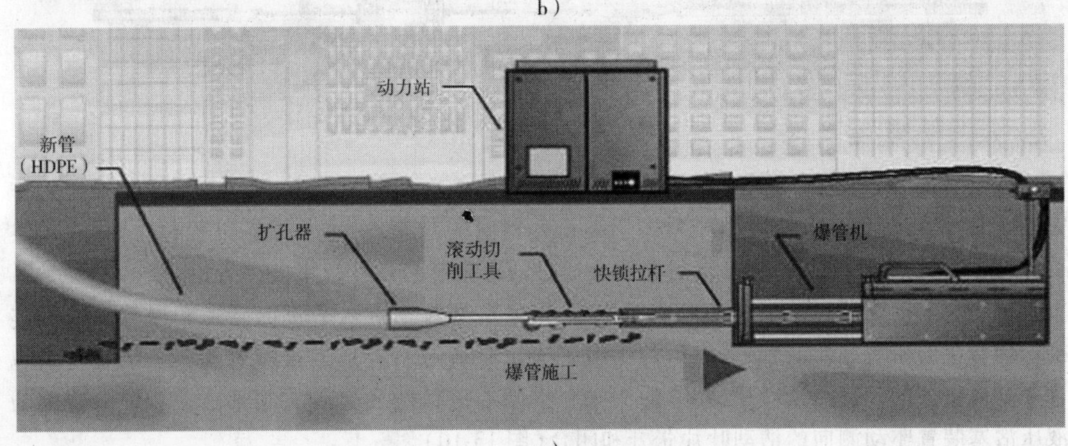

c）

图 13-7　静拉爆管系统

a）安装钻杆；b）连接爆管工具和管道；c）回拖管道

②连续施工时，操作效率高（不像螺杆连接需要经常停顿拆装）；

③拉杆直接可以穿过设备，能够实现回拉更换与下次传引拉杆操作同时进行；

④当进行拉杆连接时，不会产生由于固定连接（螺杆连接）而造成的需要后移才能连接的情况。

图 13-8 TT 快装杆及牵拉设备

3）液压爆管系统

Topf 和 Tucker 等描述了一种液动爆管系统，按照顺序将爆管头拉到指定位置后，开始侧向张开破碎管道。钢管爆管要配合劈裂轮、滑动刀片和膨胀器单元等使用。直接的、连续的（推或拉）液动系统常使用锥形爆管头和钻杆组合，钻杆能提供拉力或推力（图13-9）。

图 13-9 液压爆管铺设管道示意图

在液压爆管系统中，爆管过程从始发坑到接收坑依次重复进行直到整个管线的爆管工作完成。每一个爆管过程，都将破碎和爆管头长度相同的管线段，每个爆管过程包含两个步骤：首先将爆管头推入到旧管道中，然后爆管头通过液压张开活动叶片来破碎管道。

爆管头的前端通过一个钢索来施加拉力，钢索从接收坑进入通过旧管道和爆管头前端连接。爆管头的末端连接新管道，液压的供给管道也是通过新管道连接爆管头。一个爆管头包含 4 个或更多的铰接活动叶片，叶片的头端和中端通过铰链和爆管头端部连接。轴向装配的液压活塞装置驱动测向的活动叶片张开和闭合（图 13-10）。

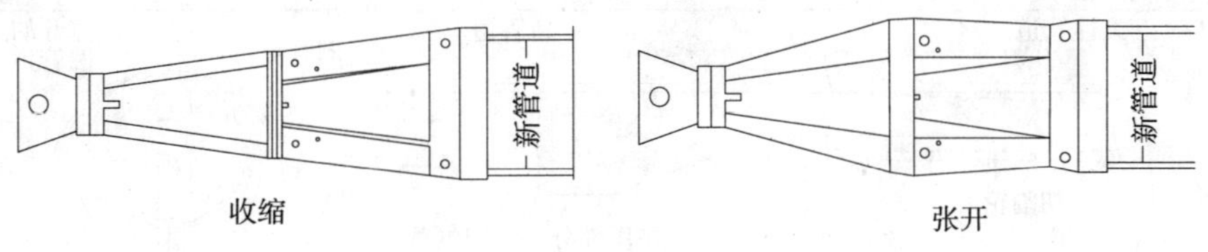

图 13-10 液动爆管头的张合状态

4) Tenbusch 管道插入法

该方法通过顶推新管进入恶化的管道内,该系统利用管段的强度顶进管道,引导组件包括 5 部分(图 13-11)。

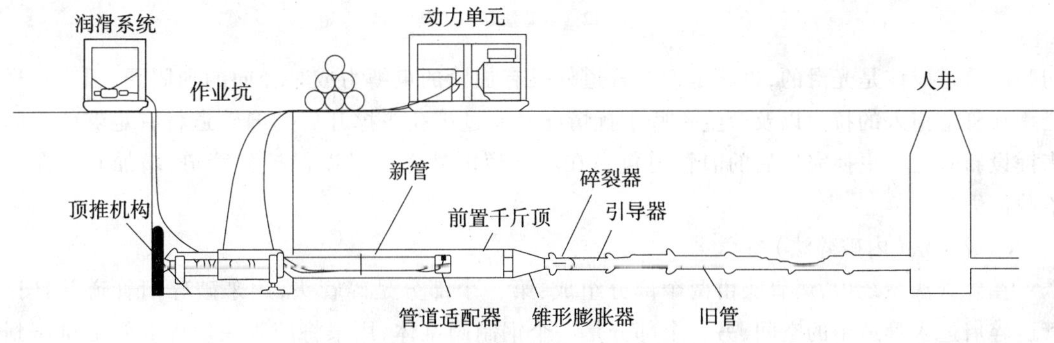

图 13-11 Tenbusch 管道插入法

(1)引导器:即一个导向钢管,保证新管道和旧管道同心。

(2)碎裂器:破碎旧管道的装置。

(3)锥形膨胀器:径向挤压管道碎片进入周围土层。

(4)前置千斤顶:一个液压缸,用来提供轴向推力,实现顶进和挤压作用。

(5)管道适配器:匹配管道与千斤顶之间的连接。

管道适配器上配备一个润滑剂注入孔,能注入润滑剂(聚合物或膨润土浆液)到新管道与周围土层之间的环状间隙内。有了润滑剂,就可能在软、黏土或湿砂层内进行管道更换作业。

复式软管节用来向前传送润滑剂和液压流,在每节管段中都有。每节软管与之前的软管相连,并使用快速卡扣连接到操纵台上。将新管作为支撑体,前置的千斤顶顶推引导组件进入旧管,而在这时并不顶进新管节。新管节的顶进通过工作坑内的千斤顶来完成,当前置千斤顶回收的时候,主千斤顶提供顶进管节所需要的推力,向前推进管节。在管道更换基本结束时,在接收坑拆卸引导组件,并将管道顶推到位。

5)劈管法

劈管法是一种在轴向破开管道的同时拉入新的等直径或较大直径管道的爆管法(图 13-12)。劈管法系统一般用来更换非脆性的管道,如钢管和韧性的输送气体的管道。该工艺不同于其他的管道更换工艺,在该系统中并不将管道破碎,而是使用一个切割刀具将旧管道从底部切开,然后在通过扩孔头将其撑开。切割头的受力由穿过旧管道的钢索或拉力钻杆来施加。切割头由三个部分组成:①可以滚动的切割轮,用来进行初步切割;②切割刃,用来完全切开管道;③圆形的扩孔头,使用偏心装备来撑开切割后的管道。

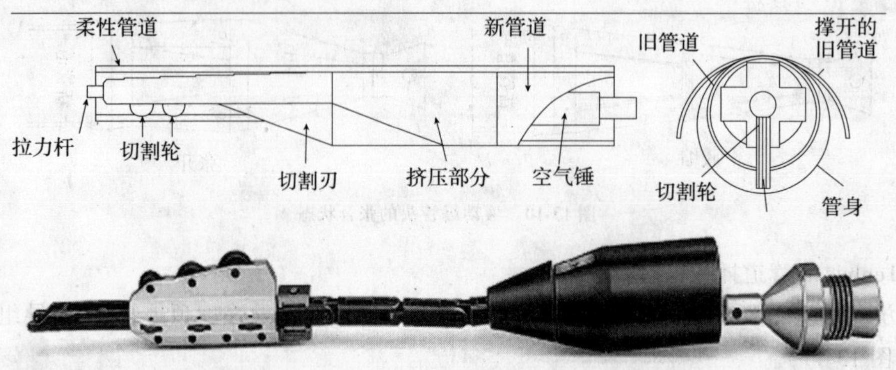

图 13-12 劈管法切割工具

切开的管道应该是光滑的，也就是说在管道外没有加紧的束缚力或是径向的加固圈，因为这样会增加管道拖入的拉力以及产生一些干扰情况。通过扩孔头撑开后的旧管道将有足够的空间来铺设新管道。更换完毕后的旧管道包裹在新管道的外面还可以保护新管道，增加其寿命和承载能力。

6)碎管法(内破碎法)

在碎管法系统中，爆管头由两个部分组成：第一个部分是碎管头，用来破碎旧管道并且让管道碎屑进入管道中的空间，另一个部分是一个钢制圆锥体，用来将碎管头破碎的管道挤压到周围的土层中为拉入管道腾出空间(图 13-13)。

碎管头是圆柱型的，比旧管道的半径略大一些。碎管头体内部安装了一些钢制的垂直轴向发散的刀刃用来破碎旧管道。该系统的拉力是通过连接在碎管头上的拉力钻杆施加的，如同静拉力爆管法一样。

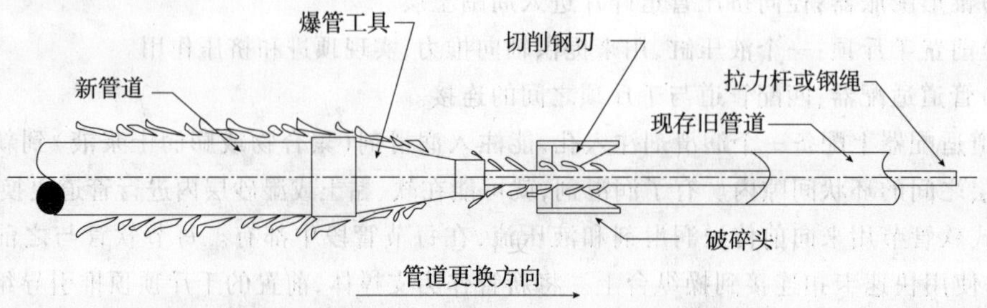

图 13-13 内破碎工艺的碎管头和施工原理

13.1.7 非开挖管线清除和更换系统

爆管技术是先将旧管道破碎，再将管道碎片挤入周围土层中。而管道清除系统是先将旧管道破碎，然后将管道碎片清除到地面。

1)回拉扩孔法

回拉扩孔法管道更换工艺由水平回拉扩孔非开挖铺管工艺改进而来的，该工艺非常适合管道更换施工，如图 13-14 所示。首先，将导向钻杆穿过现存的旧管道安装好。其次，将专门设计的回拉扩孔头安装到导向钻杆上，然后开始回拉通过扩孔头来破碎旧管道，同时由扩孔头拉入新管道进行铺设。扩孔头装有切削齿，通过切削齿的“切削和碾磨”来破坏旧管道。管道碎屑和土屑(采用超径管道更换而需要扩大铺设孔而需要开挖的土屑)通过循环介质排出到检修孔或是始发坑中,循环介质通过真空车或泥浆泵作用来循环工作。

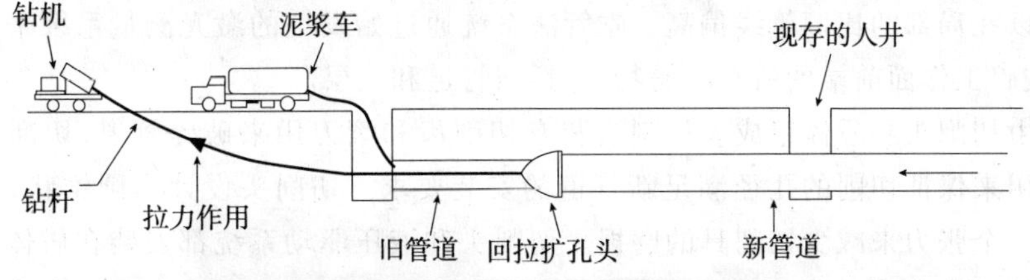

图 13-14 回拉扩孔法管道在线更换工艺

定向钻进承包商经对各种扩孔头廉价改装以后,都能应用水平定向钻进技术在各种地层条件下进行各种材质管道更换作业。根据 Nowak 扩孔有限公司的专利 Inne Ream 系统,该技术限定于非金属管道更换。然而当周围环境出现膨胀土、岩石或混凝土套筒等情况时,其他管道原位更换技术不能使用时,使用回拉扩孔法能顺利进行管道更换作业。弃用的接头、突出的支管、塌陷的管道、错位或下垂的管道以及变形和突起的管道,都能通过使用在扩孔头安装加长芯杆进行施工。但在管节塌陷的位置需要开挖,以允许钻杆穿入。

回拉扩孔法不适于进行铸铁管或延性铸铁管的原位更换。然而,采用合适的扩孔头,能成功地更换加筋混凝土管。使用该方法时,支管应提前断开并进行封堵,以免泥浆流进支管。

2)气动冲击法

气动冲击爆管系统使用夯管锤技术,并结合气动爆管和静拉爆管系统技术,以巨大张力克服管道摩擦阻力,并附带作用于夯管锤。气动冲击器的夯锤作用能破碎旧管道,并扩大管孔,提供铺设新管所需要的空间。夯管锤作业独立于回拖钻杆系统,水平定向钻进钻杆从人井里插到旧管道内,当钻杆达到插入坑时,将气动冲击器与钻杆连接,新管通过 HDPE 管道适配器接在冲击器的尾部。冲击器驱动需要的气体,来自于冲击器尾部的软管,或前置送风接头,通过钻杆送风。当进行回拖时,摩擦阻力打开进气阀,使冲击器进行冲击作用。当回拖停止时,冲击器处于通风状态,将空气排到机具的尾部。持续各步骤,直到冲击器到达回拖坑,之后与新管分离。

3)吃管法

吃管法是微型隧道技术改进应用于管道更换领域的一种方法(图 13-15)。该工艺通过特

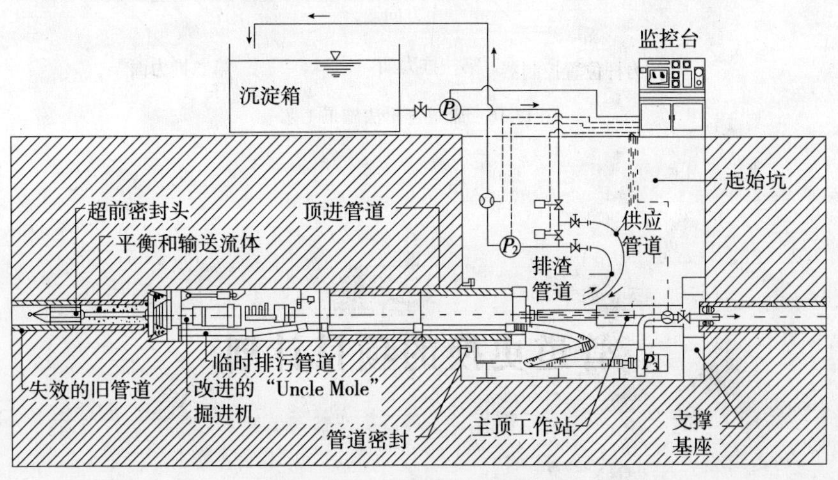

图 13-15 吃管法工艺原理图

殊设计的切削系统将管道直接破碎，然后通过泥浆循环系统将管道碎屑排出到地表。与此同时，连接在掘进机尾部的新管道在顶进装置的作用下铺设。铺设的新管道可以是吻合旧管道的管线也可以在局部的比旧管线偏高。吃管法系统通过始发坑的激光测量系统来进行导向和控制，可以破碎工作面前端的所有障碍物，包括旧管道和土层。

该系统由切削头和盾体组成。切割头装有切削齿和滚刀用来破碎管道，切削头的边缘也装有切削具用来保证切削的孔径满足新管道的安装要求。切削头设计为圆锥状，可以通过对旧管道施加一个张力来减少切削具的磨损。切削头和液压驱动系统都安装在盾体之中。切削头和盾体从始发坑进入，始发坑还应配备有一套顶进装置用来提供切削头的前进动力和顶入新管道的压力。

4）管道排出法

管道排出法（由顶管法改进）和管道抽出法（由静拉法改进）的管道更换系统都无需直接破坏现存的旧管道而直接将管道移到地表，同时将新管道拉入铺设。该工艺只适合于待换的旧管道在结构上还没有完全破坏并且具有一定的抗拉和抗压强度的情况。考虑到摩擦力的因素，一般用于比较短距离的管道更换。

管道排出工艺是使用新管道将旧管道推出（图 13-16）。在始发坑中安装顶进设备并将新的更换管道放入。新管道放在和旧管道相反的方向，当新管道被顶入的同时旧管道自然地被推出到接收坑或检修孔中并在这里被破碎。施工中，顶进设备的选择和工作坑的设计都应该和需要更换的单根管道的长度一致。

管道抽出法工艺中，更换的新管道是通过拉入的方式来替换旧管道的。在接收坑中安装一个提供拉力的设备，新管道还是从始发坑中放入，传递拉力的钢索或钻杆通过旧管道一端连接拉力设备另一端通过一个特殊设计的连接装置连接到新管道。该连接工具包含一个处于中心的接头、一个拉力盘和一个圆柱状的扩孔头或扩孔塞，该扩孔头可以增大成孔的直径使系统具有等直径或超直径更换管道的功能。

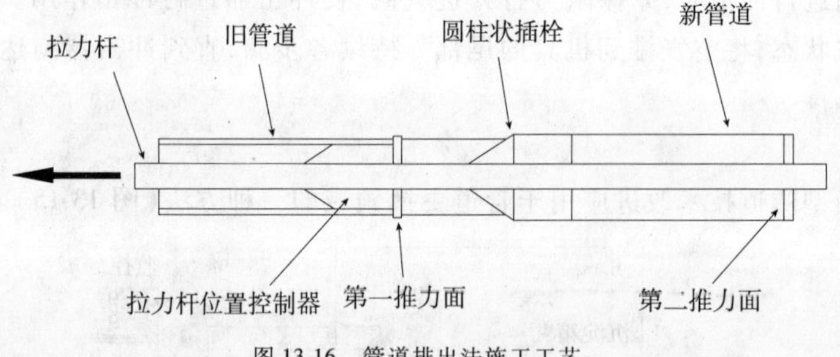

图 13-16　管道排出法施工工艺

13.2 管道更换的项目计划

一个项目的计划能对整个工程产生巨大的影响，因为在这个阶段的任何决策将会对以后的各项工作形成杠杆效应。在施工的各个阶段都有不同的计划,但是最初始的计划应由专业工程师进行。

当然,项目背景也可能对计划本身产生一定的影响。用于成本预算的计划能使项目进入可控和有序的状态,而不是匆忙上马进行管道更换项目,如在主干道下管道出现一个塌陷的部位,且在施工前也没有预计到这种情况的出现,不在安排之内,将形成一个非常困难的局面。在赶工情况下,追求完工速度,就要忽略其他不重要的方面。

一些建议进行的计划内容将在这节内列出来,包括各个方面应考虑的详细内容。

13.2.1 计划内容

合适的计划有助于保证项目能满足业主的需求,主要包括如下几个方面:

(1)确定项目要求和目标;

(2)背景评估:风险鉴定、约束条件等;

(3)方案认证和筛选;

(4)数据收集;

(5)设计方案的评估和选择。

1)背景评估

主要是对项目背景因素进行鉴定和评估。项目背景因素常是非技术性因素,主要是确定施工条件和项目受限的各个方面,以及能影响项目优先级别的各种因素。要考虑的因素包括:

(1)项目是计划好的还是应急情况;

(2)项目预算;

(3)进度安排;

(4)政策性方面应考虑的内容;

(5)对公共卫生、安全的影响;

(6)施工(各种方法)的约束条件;

(7)纠纷、冲突解决办法。

2)方案筛选

根据技术条件和项目要求对所采用处理办法进行筛选,也要对候补处理办法进行评估,并确定应该收集的数据,以便进行项目设计。这方面应考虑的内容包括:

(1)铺设新管、更新旧管和修复旧管三种方法的筛选。

①管道所在地土地现在和将来的使用情况;

②管道目前和将来的输送需求容量;

③管道能满足需求的容量;

④管道的条件;

⑤管道的现有条件是否利于将来继续使用。

(2)施工方法的筛选:能开挖施工吗?还是用非开挖方法或者二者的结合?

①地面条件;

②地下情况;

③哪种方法更具有吸引力,铺设新管、更新旧管或修复旧管;

④潜在的地质技术风险;

⑤施工区内,构筑工艺应考虑的安全影响。

(3)基于已掌握的现有条件对施工工艺、材料进行筛选。

①旧管道的坡度,新管在坡度方面要求的精度和误差;

②旧管道的直径大小;

③认证过的满足使用条件的直径大小;

④旧管道的缺陷特点和类型;

⑤地下条件对施工方法和材料选择方面的影响;

⑥管道使用条件;

⑦旧管道是否具有满足使用条件的较合适的材料;

⑧旧管道的施工方法。

(4)对完成方案筛选和后续工作是否需要额外的数据进行筛选。

3)资料收集

该部分内容主要是收集与设计及后续工作相关的资料:

(1)使用条件

①现在和将来管道使用的区域大小,土地使用情况等;

②以前进行的过流监控记录;

③系统模型的建立;

④客户使用需求;

⑤对管材有无腐蚀性;

⑥结构方面的要求。

(2)物理条件

①几何剖面;

②地貌情况;

③现有设施的类型和位置;

④施工场地内的敏感区域、位置;

⑤项目场地内的历史施工数据。

(3)地下条件

①土层类别、层深;

②岩石、卵石、漂石出现的可能性;

③地下水是否存在,水位深度;

④土层有无腐蚀性;

⑤土层有无沉降的可能性。

(4)旧管道情况

①旧管道外部条件;

②旧管道周围土层中有无空洞;

③旧管道内部条件;

④旧管道沿线人井情况;

⑤弯头、虹吸管、阀门、支管、套管以及旧管道存在的特殊情况,旧管道有没有修复套管。

4)方案评估和选择

主要对方案进行最终筛选,并准备对所选方案进行设计。最终筛选要基于先前已经掌握的资料和方案评估中收集的数据。着重考虑的因素包括以下方面：

(1)管道输送需求和使用情况的确定

①过流容量大小的要求；

②更换管道的长度；

③腐蚀性；

④结构要求。

(2)可施工性和场地限制条件

①安全问题；

②进场便利性；

③地面对施工工艺的影响；

④对施工工艺的协调要求；

⑤地下水的影响；

⑥工期的限制和约束；

⑦施工期间是否需要旁通泵及过流控制措施；

⑧对其他设施的影响。

(3)所选方法的优势和不足之处以及更换、更新旧管道的管材

①现有施工承包商有无完成施工的技术和材料；

②技术可行性；

③管道预期使用寿命；

④初始和长期成本；

⑤所选处理办法能不能满足使用要求；

⑥质量保证和控制的实际水平。

最后就是对某些因素进行更详细的审查，还要考虑这些因素相互之间的影响。

13.2.2 初步设计调查

初步设计调查有助于鉴定和获得项目设计需要的初步信息。尽管这里进行的调查并不是为获得信息进行的专门调查，但对项目进展需要的信息很重要。如果工程师和业主获得尽可能多的信息，并结合这些信息进行设计，将是最合理的状况，而不是要求施工单位去想办法获取这些信息。

1)土地使用情况

更换管道所在区域现在和将来的土地使用情况是最重要的细节，在基本资金规划中必须考虑到。土地使用情况将有助于确定自来水和污水管道的使用情况和使用寿命。

尽管这是一个很明显的问题，但在一些完成的项目中常常遭到忽视，因为只考虑到短期目标，无长远规划。然而，某区域内的污水管遭到破坏以后，将对土地使用情况产生巨大影响。

土地使用情况会影响到以下方面：

(1)管道的使用条件。

(2)管道的设计使用寿命。

(3)非开挖方法和开挖法之间的优选。

开挖施工常常要对施工路线进行场地清理。在高档住宅区，土地使用情况不可能经常变换，

房屋可能使用很长时间,在这种情况下,管道设计寿命方面的考虑使管材选择显得更为重要。

2)已完成项目的竣工图

应该查阅已完成项目的竣工图和施工组织设计,如果存在原始土体成孔记录,也应该进行查阅,对该项目标书设计很重要。但不能以上述资料提供的信息确定旧管道的使用情况和位置,还是要使用各种调查手段进行实地勘察。

3)场地条件和地面情况

对场地条件或地面情况必须进行全面的勘察,并记录在案。记录的详细内容包括如下方面:

(1)要更换管道的穿越图,包括埋深、坡度、直径和材料,并与竣工图核对。

(2)污水管线的人井位置,自来水管道的阀门、接头位置。

(3)与更换管道平行和垂直的其他设施的位置,如果在影响区内,还应标注它们的深度。

(4)管道支管位置。

(5)地面情况的详细记录,包括树木、灌木丛、地面植被类别、地面铺砌情况。还要标记人行道和机动车道的位置。

当上述信息不能确认时,就表明存在信息缺失现象。施工单位在开始作业前,应对这些情况进行核实。

4)地下情况调查

当设计和拟订非开挖施工时,应进行地下条件的调查,并以合适的程度记录成文。爆管法应考虑的内容包括:

(1)开挖出旧管道,记录管道垫层情况,还应记录混凝土套管的位置和类别。

(2)记录旧管道管材和接头设计形式。

(3)对于公路穿越区域,地下调查还必须确定钢套管和混凝土套管能否出现。

(4)管道位置的闭路电视检测和现场调查在早期勘察时就应进行,以便确定合适的几何尺寸。

(5)探地雷达或其他检测方法能确定旧管道周围的隐藏空洞,如果产生疑问,就要采取直接方法探测空洞是否存在。

(6)管道内部检测能助于确定管道存在的条件对管道更换造成的影响,包括:旧管道的局部塌陷和全部塌陷情况、管段的缺失、修复接头、其他套管、偏位和失位接头、穿越旧管道的其他设施、支管位置等。

(7)管流取样和测试,以确定最合适管材和接头垫片。

(8)流量测试能鉴定管道内表面条件,如内表面阻力和粗糙度。

5)公共设施定位

初步设计调查应确定作业区域内所有公共设施的位置。这可以通过各种技术、手段得到不同层次的信息:查阅已完成公共设施项目的竣工图、地理信息系统数据、公共设施地图、管线标记、开挖地面等结合项目需求得到公共设施的准确位置。如前讨论,除了认真拷贝之外,有必要到现场进行实地勘察,有些情况下还要以合适的方式挖开地面来获取信息。

13.2.3 爆管法施工对周围环境的影响

1)土层的移动变形

爆管法施工过程总是会产生一定的土层移动,即使是进行等直径的管道更换,也会因为爆管头的直径比旧管道略大而导致土层的移动(图 13-17)。我们应该认识到,并不是只有爆管法会导致土层的移动变形,即使是采用开挖的方法来更换管道也会因为大量的回填土方而导致土层的严重变形。接下来的章节将讨论在特殊施工环境下的土层的移动情况。

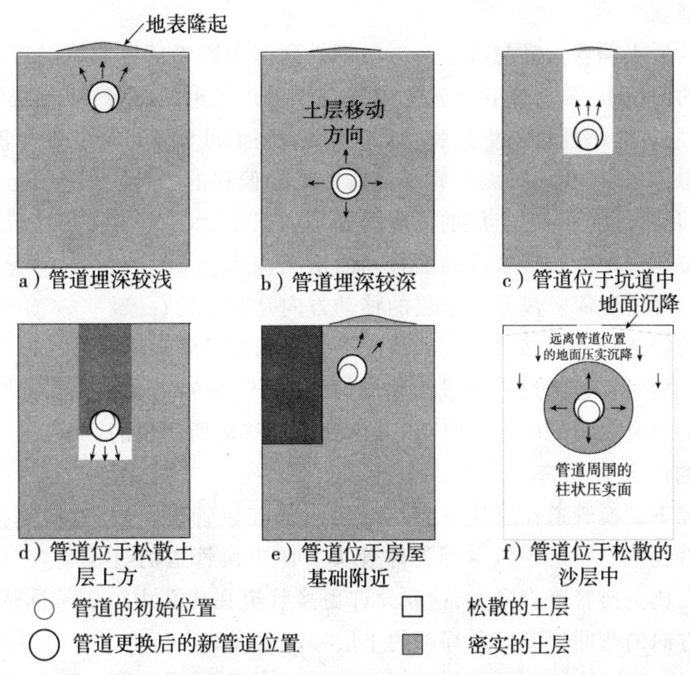

图 13-17 施工区域的土层条件对土体移动产生的影响

土层的移动出现在土层中土体抵抗力最小的方向上,其位移是关于时间和空间的函数。在爆管施工阶段,土层的偏移会达到最大值,在施工完毕后,该偏移会随着时间的增加而消失。土层的这些移动变形一般都是局部的,并且其消失的快慢还与其相对与施工部位的距离有关。

土层的移动变形主要决定于如下因素:

(1)更换管道的超径程度;

(2)管道周围土体的类别以及其压实性;

(3)爆管法施工的深度。

在没有明显界限的同性质土层中采用爆管法工艺进行管道更换施工时,如果施工深度较小,那么土层的偏移方向将会是直接向上的(图 13-17a)。如果施工深度较深,那么在各个方向的偏移将会是均衡的(图 13-17b)。在非常松散的土层中进行小口径的爆管法管道更换施工时,即使是在 2 英尺的深度,土层的偏移在各个方向上也是均衡的,然而在相当密实的土层中这个深度将会导致土层直接向上偏移。

在原有开挖法施工的管沟中,回填土一般都会比原状土要松散一些,因此土层的偏移方向将会被管沟的边界所限制(图 13-17c)。但如果管道底部的土体较弱,那么管道也可能会向下偏移(图 13-17d)。

在施工中,如果土层的移动在传到地表时不能被减弱,那么就可能产生地面的隆起或沉降。土层的移动一般倾向于在通过管道轴线的垂直平面上延伸,地面沉降和隆起一般都发生在管道的正上方。不过也存在一些特殊情况。如果土层中存在明显不同的两个地层,土层的偏移就会打破垂直方向的均匀而向其中一边偏斜(图 13-17e)。另外,当在松散的土层中使用超径的管道来更换旧管道时,地面的隆起和沉降可能同时发生。管道的超径更换会引起管道上方的隆起,施工中产生的震动则会引起管道周围松散土层的密实和沉降。但如果施工深度较深,那么管道超径所导致的土层移动被管道周围小范围内的土层的密实作用所抵消,在地面上则显示为零沉降。

施工所引起的地表偏移是隆起或沉降一般都受到多种因素的影响。对于松散土层或是仍然处于沉降阶段的回填土,那么爆管法施工过程会产生较严重的沉降;对于密实土层且施工深度较浅,特别是采用较大超径比来更换就管道时,那么施工过程就可能导致严重的地表隆起。

在黏性土层中施工时,我们可以较容易地估计土层偏移的趋势。但在砂土层中,由爆管头引起的尾部环状间隙可能会引起土层的局部坍塌。

下面列出了可能会产生较严重的地面移动的情况:

①需要更换的管道埋深较浅并且土层的移动方向是向上的;

②需要更换的管道直径本来就很大的情况下再采用超径管道进行更换。

在讨论施工可能对临近的设施造成影响时,如果爆管法施工在某一最小的深度并且与临近的设施在一定的距离之类的问题,则应该考虑到土层移动所产生的影响。

2)更换管道的位置

在大多数情况下更换管道在管线和管道级别上都和原管道一致,然而更换管道的中心轨迹很少能与原来管线中心轨迹一致。因为爆管头要比更换管道的直径略大,也就是说爆管头挤压土层得到的孔比更换管道直径大,这就允许更换管道在成孔中处于不同的位置,而这又决定于管道在纵向方向的弯曲程度以及局部的土层移动情况。

新管道的位置一般取决于土层的特征、施工现场情况和铺设工艺。图 13-17 中已经列出了土体移动与新管道铺设的相对位置的关系。如果土层的移动方向是朝正上方,那么新管道的中心轨迹会比原来管线高(图 13-17a、c)。如果土体在各个方向上的移动是均匀的,新管道的中心轨迹就会和原来的一致(图 13-17b)。如果土体的移动方向是朝正下方,那么新管道的顶部和旧管道的一致,但是相比之下其中心位置要低(图 13-17d),当土体的移动是不对称时,新管道也会向一侧偏移。

根据超径程度不同,爆管头在旧管道中的位置将会对爆管施工产生相应的影响,比如:对于超径度达到 100% 的情况,爆管头的底端可能会依附在旧管道的底端而导致爆管头的中心与旧管道的中心偏离。如果爆管头的边缘是钝的,这时爆管头将旧管道从顶端开始破碎,而作用在爆管头上的拉力将使爆管头保持正确的方向。当爆管头方向偏离旧管道时,破碎管道的拉力明显的要比爆管头处于管道内部时大的多。

在各个深度中采用爆管法施工都可能因为新旧管道的相对位置的不同而引起更换管道偏离旧管道轨迹的问题。如果现存的旧管道的埋深沿其长度方向而变化,更换的新管道与旧管道相比会有不同轨迹。当对管道更换的最小坡度有要求或需要考虑土层移动和更换管道的位置时,应该研究更换管道的轨迹问题。特别是,更换管道在始发坑和接收坑附近容易偏离旧管道的轨迹。

如果旧管道周围的土层情况在各个方向上都是相同的,则有利于减少爆管法施工中管道的下沉。但是,如果旧管道底部的土层较软,则新管道可能会朝软土层方向移动而导致下沉。采用加长的爆管头可以很好的来解决这些问题并保持更换管道轨迹。如果旧管道底部存在较多的沉积物,则会导致爆管头相对旧管线向上偏离。另外,如果旧管道下部的土层较硬,那么它就会抑制爆管头破碎管道底部从而导致爆管头只是将旧管道从顶端破碎,并且会导致更换管道向旧管道顶部偏离。我们可以通过改进爆管头提高爆管头对管道底部的破碎力度来解决这种问题。

3)管道碎屑的处理

爆管法施工中和施工后,管道碎片的大小形状以及它们在土层中的位置、方向与它们对管道的潜在性破坏密切相关。碎片对管道产生的破坏可能发生在爆管法施工中,也可能发生在施工后的地下沉降过程中,特别是有外加荷载作用在土层中时。

爆管法破碎管道所产生的碎片大小和形状是不定的,根据土层的类别可将管道碎片的分布分为两种形式:

(1)如果是回填砂土,管道碎片一般分布在更换的新管道的两边和底部;

(2)如果回填土是淤泥或黏土,管道碎片则多分布在更换的新管道四周。旧管道碎片一般存在于与新管道距离 6mm 的位置。这表明在爆管施工过程中存在有"土体流动"的过程:因为爆管头直径比后面连接的新管道略大,所以会在新管道周围产生一个环状空间,而随后这个空间又因为土层的移动而填满。

在分析更换管道周围碎片对其产生的影响时,管道碎片的方向是非常重要的因素,对管道威胁最大的是位于管道上方角度为 90°,并具有 20°尖端的碎屑,但是事实上很少存在上述情况的碎片。

如果更换的新管道只是在爆管施工时被划伤,对于在使用中不承压或承受低压的管道影响不大,特别是划伤的深度较浅时。此外,可以通过选用管壁厚度比要求厚度厚一些的管道来抵消划伤对于管道的影响。但对于承压管道的施工一般都使用套管来解决管道划伤的问题。

4)地面震动

所有的爆管法施工都引发地表一定区域的震动。TTC 已经对于三种不同的爆管法工艺针对其施工过程中对地面震动的速度的影响进行了大量研究(图 13-18),结果表明,只要施工中爆管头和临近的设施保持几英尺的距离,爆管头所产生的震动就不可能毁坏临近的设施。

地面震动的程度取决于爆管过程中施加在爆管头上的动力大小,因此也可以说取决于旧管道的尺寸和类型以及采用的超径比。

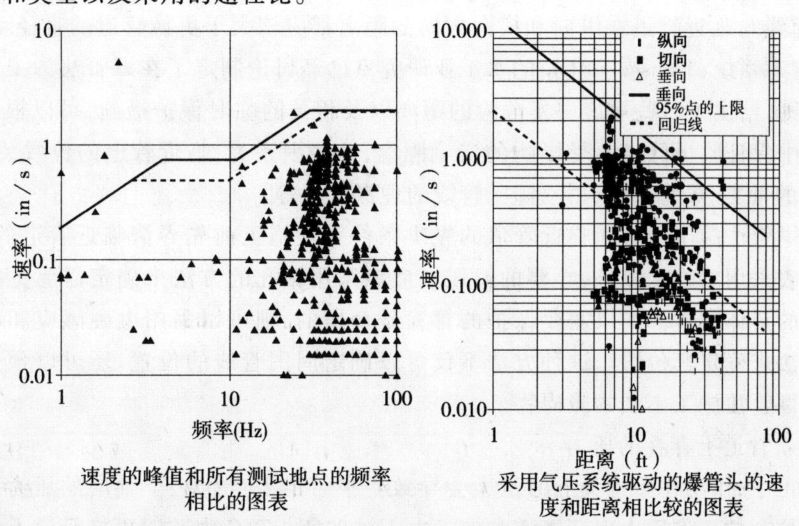

速度的峰值和所有测试地点的频率相比的图表

采用气压系统驱动的爆管头的速度和距离相比较的图表

图 13-18 TTC 有关爆管法引起震动的研究结果

爆管法所产生的震动也不会损坏临近的建筑。美国的矿业部门已经通过研究发现土体微粒普通的最大震动速度是不会超过建筑设施的标准破坏震动指标的。爆管法施工所产生的震动频率一般都比建筑物的自然频率高的多。TTC 的研究表明,爆管法施工所产生的震动频率范围是 30~100Hz,而建筑物的自然频率范围是 5~11Hz。此外埋置于地下的管道和建筑比地表的建筑物有更好的抗震性,所以震动对于地下管道和建筑的影响一般不预以考虑。

地表的震动随着离震动中心的距离的增加而迅速消散。一般认为土体颗粒以每秒 5in 的速度震动是对地下建筑结构产生破坏的标准极限,然而这个速度是不可能传递到距离爆管头 2.5ft 以外的区域的。频率范围从 30~100Hz,速度为 2in/s(对震动敏感性建筑结构产生破坏的极限值)的震动也只能达到距爆管头 8ft 的距离。然而在公共的区域进行管道更换施工时,一般都不可能碰到震动敏感性建筑。

总之,虽然人站在爆管法施工的现场可能会明显的感觉到地面的震动,但是根据 TTC 测试的结果了来看,其产生的震动程度是不会破坏临近的建筑物的,除非爆管施工中爆管头距离建筑物非常近。

5)爆管法施工对公共设施的影响

爆管施工中所产生的土层移动可能会破坏临近的管道或结构,其中脆性管道是最容易被严重破坏的。管道接头部位在受到土层移动影响时也容易产生泄漏。爆管施工区域周围管道受到其影响的程度与这些管道相对于爆管头的位置有关。在爆管过程中,与需要更换的管线平行的管道只受到短暂的影响。但是如果更换管道临近的管线与其空间的位置是交叉的,那么当爆管头穿越时,会导致该管道产生纵向的弯曲变形。

爆管法施工对临近管道扰动的程度还与周围的土体类型相关。如果管道周围的土层较弱(如没有完全压实的回填土,因此周围土层仍然存在很大的压缩空间),那么荷载的传递要比那些压实性较好的土层弱的多。

爆管施工中采用套管会增加向土层周围扩展的荷载强度,因此使用套管会增加破坏临近管道的风险。这是因为爆管头相对于旧管道的直径必须还要能容纳下套管的厚度。

因此,需要遵守一些安全规则来防止爆管施工中爆管头对临近管道的影响,作为一般的规则,施工管道线与临近管道在纵向和横向方向的距离都应该大于更换管道的直径。此外,对于油气、输水管道系统,Transco 和 UK 的水工业研究室已经讨论制定了在爆管法施工中对铸铁管道的保护原则,给出了一些可能引发危险的距离以及相关的临时保护措施,可以根据一些因素来决定施工中保证临近管道不受影响的安全距离,这些因素为:临近管道的位置关系(平行或交叉)、土层的种类、爆管头的直径、施工管线的埋深深度等。

避免在爆管法施工中破坏临近管道的先决条件就是施工前先弄清临近管道的位置,除了使用一些地表采用的技术以外,必要的时候还应该采用钻孔的方法来确定需要更换的管道周围其他管道的具体位置。如果需要保护的管道是金属的,则可以采用电磁感应和电磁磁化系数变化等方法来确定其位置。这种方法不仅可以确定周围管线的位置,还可以预先知道存在于地层中对爆管法施工不利的障碍物。

6)更换新管道上存在的压力

爆管施工中,作用在爆管头上的拉力会导致更换管道上产生一个轴向的压力。更换管道必须能够抗拉和抗压作用力保证管道在施工中不被破坏。TTC 中心对更换管道上的压力进行了研究(图 13-19),测试在气压和液压爆管法工艺下进行。由于测试只能模拟有限的施工条件,所以其结果只能对更换管道上压力作一些预见性的推测。

更换管道的轴向压力的计算应该根据土体和管道接触的两种情况来考虑：

(1)当土层在成孔后没有马上坍塌包住管道时，管道上的压力就是通过管道重力所计算出来的摩擦力。

(2)当更换管道周围的土层坍塌时，管道上摩擦力的计算方法类似于微型隧道法和顶管法中的摩擦力计算方法。摩擦力应该根据管道和土体的摩擦力系数、作用在管道上的正压力和管道的受摩擦力的区域等因素来综合计算。

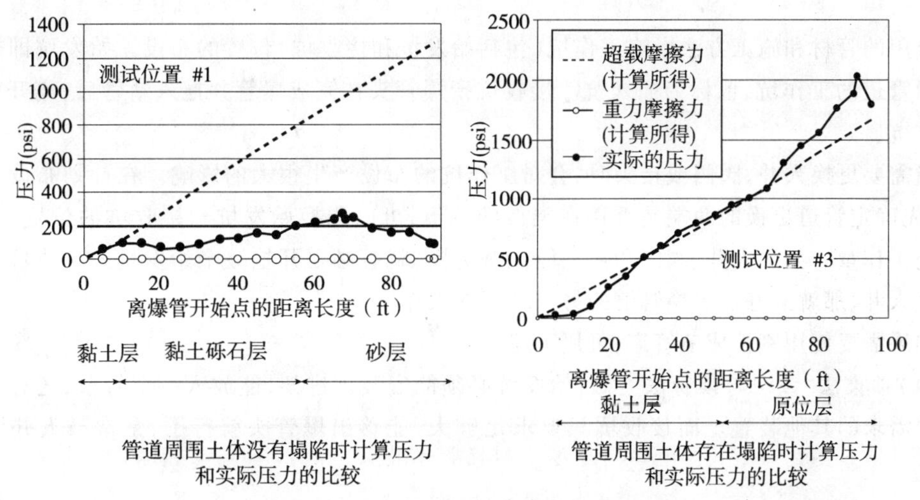

图 13-19　TTC 关于更换管道的压力研究

根据有关资料，作用在更换管道上的实际压力在上述所描述的两种情况下的计算值之间。气压和液压爆管法都会对更换管道产生一个轴向压力(其压力的大小与爆管法施工长度有关)，但是在管道中周期出现的压力级数会小于其平均压力值。超径比和更换管道上存在的压力值没有直接关系，因为爆管头掘进成孔的稳定性是更重要的参数。

如果施工现场情况和爆管头施工长度可能会导致更换管道上产生的压力超过其允许压力，则建议在更换管道上直接采用压力检测装置。其检测过程通过安装在爆管头后面的测压元件和应变仪来完成。拉力值的监测和测量也是相当重要的，不仅有助于保护孔壁防止坍塌，而且还能减小管道和土层之间的摩擦阻力。

13.2.4 管道更换长度

所选管材和施工工艺对管道更换的长度有着很大的影响。当使用刚性成节管道时，工作坑可以布设在对环境和成本影响最小的地方。如果人井需要更换，工作坑可设在人井位置，在支管处挖掘接收坑。如果不更新人井，工作坑可设于支管连接处，人井可作为接收坑。当选用柔性管道，在施工前通过热熔法将管道连在一起，也能定位工作坑。一般地，污水管爆管的长度由相邻两个人井之间的距离决定，较常见的距离是 90 ~ 120m。

对于所有的施工方法和管材，爆管头可能穿过一个人井，这个人井可以称为中继人井。必须保证设备穿越中继人井时不能受到阻力，这样无须扩大人井井壁的开挖作业，设备不用移去部分结构来保护冲击锤和膨胀器，也能很容易将爆管头从人井中取出。

对于所有的施工方法和管材，都要使用润滑剂来减少拖拉力。业主必须认识到所有管道系统(如材料和接头)的抗拉强度都是有限的。另外,可能的管道更换长度与管道重量、摩擦性能、铺设长度、周围土层与管道表面的效应有关。现在还没有能让人们接受的方法来评估这些效应,仅基于有限的现场经验发现相应的应力能在很大范围内变化,这就意味着很难确定实际更换管道的长度。

13.2.5 始发坑和接收坑

选用的管材和施工方法影响工作坑(包括始发坑和接收坑)位置的布设。始发坑即爆管头进入旧管道的工作坑,也称为插入坑。接收坑指爆管头在完成爆管并拖入新管后,离开旧管道的工作坑。

当需要更换人井、阀门或接头时,会对工作坑的布设产生很大的影响。在计划布设工作坑时,首先确定管道更换的两端是否存在类似的坑道,可以调换始发坑和接收坑的位置,尽量减少开挖工作量。如果人井、阀门和接头能任意更换,就有必要开挖一个始发坑或接收坑。如果不更换人井,那就只好在更换管道的另一端开挖工作坑。

如果需要使用刚性成节管道,可用下述方法:

(1)顶推法:该法与顶管法类似,始发坑必须能安装顶进架,能放入一个管节,还有类似于顶管法需求的其他装置。而接收坑只要求足够大,能移出爆管头就行了,常常与人井大小差不多。

(2)回拖法:该法使用拖拉绳或回拖钻杆回拖刚性管道穿越地层,回拖力作用于安装在新管尾部的后板上。对于静拉爆管法,接收坑应足够大,满足回收和在拖拉绳或回拖钻杆上安装后板和放入一个管节的所需要的空间。对于气动爆管法,接收坑的尺寸能满足安装回拖装置和移出爆管头所需要的空间就够了。

如果使用柔性管道,可进行以下考虑;

①始发坑必须有足够的长度,可使管道以允许的角度插入管孔。根据管道生产商提供的弯曲半径(管道最小弯曲半径),设计工作坑的长度,要求管道弯曲后不能受到损坏。

②接收坑要足够大,能安装回拖设备,能移出爆管头,并有足够的作业空间。

在构筑和支撑工作坑时,施工方应注意以下方面:

a. 对各种邻近的公共设施进行调查,尽量避免造成破坏。

b. 作业计划、实施都应考虑附近居民的出行方便。

c. 施工方要负责因更换管道造成破坏的修复工作。

d. 必须进行工作坑的支护。

13.2.6 爆管工法的选择

对于不同的旧管道材质,可参考表 13-1 选用气动爆管法还是静拉爆管法(两种最常用的方法)。

不同管材对应的爆管法选择　　表 13-1

旧　管　道	气动爆管法	静拉爆管法
金属管道,包括铝管、铜管、延性铸铁管、煅烧铁管、钢管或不锈钢管;	√	×

续上表

旧　管　道	气动爆管法	静拉爆管法
塑料管,包括 HDPE 管、MDPE①管、PVC 管、CIPP 管或玻璃纤维管;	√	√
预应力或钢筋混凝土圆管(PCCP 或 BSCCP)、波纹金属管(CMP)、波纹塑料管;	×	×
易碎管道,包括石棉水泥管(AC)、RCP、素混凝土管、CI、VCP;	√	√
阀门、不锈钢压箍、修复镶条、点状修补位置②	×	×
在已更换管道内回拖铺管	×	√

注:①更换长度有限,与扩径量和地层条件有关。
②使用静拉法可能成功,建议采用开挖法。

13.3 原有管道评价

爆管法更换管道是一种非开挖或半非开挖铺设管道技术,用于修复流量损失或结构完全性破坏的旧管道。通过更换恶化的管道系统或更换为大直径的管道系统来获得结构完整性和较大的管道过流能力。

自来水、污水和煤气管道系统的大部分旧管道可考虑使用爆管法进行管道更换。然而,在某些条件下不能使用爆管法,如管道铺设在岩石槽内、用混凝土回填沟槽、管道镶在其他材料内部或管道埋深较浅等,就不能使用爆管法。另外,还有一些管材不能使用现有技术将其破碎、劈裂,或没有方法能将碎片排挤到周围土层。因此,评估更换管道能否使用爆管法的第一步是查清旧管道的管材和其周围土层条件。

13.3.1 旧管道的评估

旧管道的材料、类别和连带组件(如加筋情况、接头类型)直接影响到爆管更换管道方法的适用性和膨胀锥体的设计。自来水和污水管道使用的管材和能否使用非开挖爆管法进行更换,将在 13.3.3 部分进行详细论述。

一旦确定可使用爆管法来更换管道,就要进行管道结构状态、布设情况、支管连接和附件的评估。评估旧管道状况可从两大项进行:

(1)旧管道系统的运行状态,主要考虑流量大小,是否需要扩大管径;

(2)管道系统出现一定程度的恶化,已经约束管流、可靠性变差或两者兼具。

1)管道系统扩容

很多自来水和污水管道系统都建立了系统水力流量模型,这有助于快速得到管道系统的反馈信息。建模项目仍保存有很多有用信息,如管道的大小、类型、位置和系统维护频率等。管道位置常存储在地理信息系统内,能提供很准确的管道位置、附件、点状修补情况等等。甚至有的还存储大量的邻近公用设施的位置和其他管道系统的详细信息。

如果水力分析的结论是需要扩大旧管道的直径，就要考虑爆管设备扩孔的能力。管道扩径的可行性与很多因素有关，如土层条件、沟槽几何形态、增加容积大小和爆管长度等。一般地，管道更换爆管设备能将直径增加两个名义尺寸级别（如旧管道是6in管，可以扩大到8in或10in）。尽管成功进行过大于两个名义尺寸的扩径，但National Association of Sewer Service Companies（NASSCO）认为增加三个名义尺寸很难进行施工作业。NASSCO项目设计分类（图13-20）将爆管施工难度分为三级别（A、B、C）（表13-2），A级容易，C级最难。随着深度增加、长度变大或直径增大都会增加爆管作业难度。

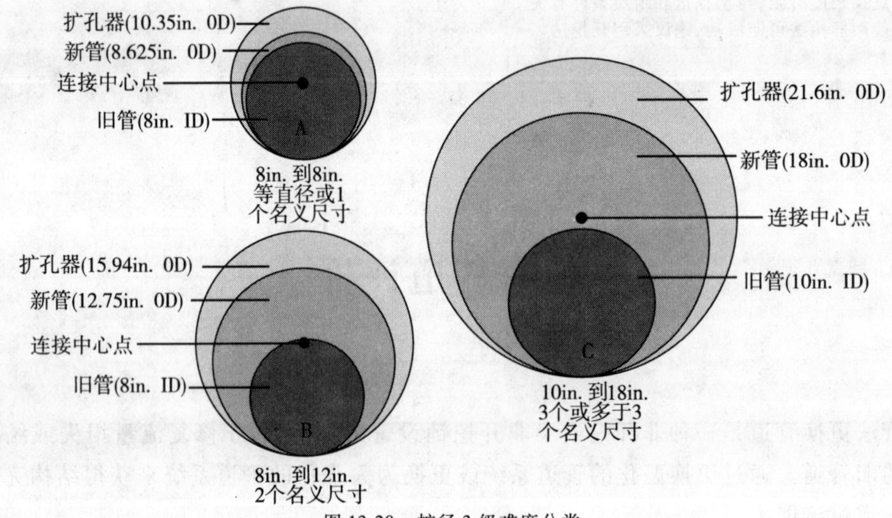

图13-20　扩径3级难度分类

扩径三级难度分类　　表13-2

分　类	管道埋深	旧管道直径	新管道扩径	爆管长度
A	<12ft	4～12in.	等直径或1个名义尺寸	<350ft
B	12～18ft	12～20in.	2个名义尺寸	350～450ft
C	>18ft	20～36in.	3个或多于3个名义尺寸	>450ft

13.3.2 施工中应注意的特殊问题

一般地，业主和设计师不会指定施工作业方法。然而，明确施工中可能存在的问题，对于合理选择具体的爆管技术是非常重要的，也有利于降低项目风险。

得到旧管道及其附件的类型和状态方面的信息是最基本的要求。如果管道要进行更换，是因为其管径过小（但仍处于很好的物理状态），并且正确设计了爆管头，管道将难以破碎，影响爆管效果。然而，如果是因为管道失效（如内腐蚀、外腐蚀或两者兼有），管道的腐蚀并不均匀，传递到管道上的力可能使旧管道塌陷，另外，爆管头前的不规则形状也可能使管片聚积，影响爆管作业的顺利进行。

在有限的空间、密集商业区或受限作业区内，场地约束可能影响并限制设备的使用，应对管道更换方法进行详细说明。要考虑的重要因素包括：进场条件、允许使用的最大作业空间、商业和居民交通情况、作业时间的限定、震动的影响等。业主和设计师在计划阶段就应该明确这些或其他的受限因素。

1)接头和附件

必须研究旧管道的竣工图、前期检测和维护记录以及维护人员掌握的信息,对管道附件如自来水管阀门、污水管压力干管、弯头、人井、三通和其他沿线隐藏的障碍必须进行实地确认。

尽管各种接头使用的喇叭口和套管钢环只用在重力管道系统,但是也可能用于压力管道系统。各种金属卡环也用于连接 PE 管及其附件,形成机械连接,依靠垫圈达到密封效果。为了破碎、劈裂这些金属环可能需要施加很大的力。当遇到这种情况时,可将已进入管孔的管段回拖到设备坑重新施工。有时,这些不能劈裂或破碎的金属环将聚积在爆管头前方,阻力增加,难以顶推或回拖,作业缓慢。

2)点状修复的位置和记录

进行过点状修复的管道也是采用现有爆管技术更换的难点,业主和设计师必须确认和研究管道上进行过的修复位置,应尽可能详细记录每个点状修复的类型,至少包括表 13-3 中列举出来的内容。

爆管管道更换设备有能力破碎旧管道,但如不使用专门的切削头或设备,则很难破碎用于点状修复的钢套筒、更换过的铸铁管节、钢管、混凝土管或加筋混凝土管套筒。

评估旧管道破碎(劈裂)和径向排挤进入土层的一般适用性是非常重要的。管材有不同的力学和机械性能,因而适合用做污水管、自来水管或其他管道系统,只有极少类别的管道能用于各种管道系统。这一节着重讨论使用目前设备和方法进行爆管更换各种管材的能力。

点状修复需要记录的信息 表 13-3

数据类型	记录信息
受影响管道的类别和尺寸	类别、直径
管道附近状况	描述
造成的渗漏、破坏	描述
修复或更换的长度	长度
固定套筒的类型(CI 或 DI)、尺寸	类型、直径、长度
使用管道的类型、尺寸	类型、直径、长度
管道使用夹箍的类型(CI 或 DI)、尺寸	类型、直径、长度
回填材料	混凝土、石子、流性回填材料、其他

可以将管材分为 3 类(见表 13-4):①脆性管道;②劈裂型管道;③受到一定限制或使用目前技术不能破碎或劈裂的管材。另外,表中最后一栏给出了能否将该类管材作为新的更换管道并使用爆管法进行更换的说明。

旧管道爆管更换的适用性 表 13-4

管道类型	脆性管道	劈裂型管道	受限制或目前无相关技术	新更换管道
石棉水泥管(ACP)	X	–	–	X
钢筋缠绕混凝土圆管	–	–	X	N. A.
加筋混凝土管(RCP)	X	–	–	X
素混凝土管(CP)	X	–	–	X
延性铸铁管(DIP)	–	X	–	X
玻璃钢管(FRP、GRP、RPMP)	–	X	–	X
灰铸铁管(CIP)	X	–	–	N. A.
高密度聚乙烯管(HDPE)	–	X	–	X
聚氯乙烯管(PVC)	X	X	–	X
预应力混凝土圆管(PCCP)	X	X	–	X
陶土管(VCP)	X	–	–	X

13.3.3 脆性管道

这里将受到径向力时能形成脆性破坏的旧管道统称为脆性管道。一般地,脆性管道具有低的抗拉屈服强度或具有低伸长率的力学特性。该类管材利于爆管法作业,主要包括以下几种管材:ACP、CP、RCP、PCP 和 ICP。

1)石棉水泥管

石棉水泥管(Asbestos Cement Pipe,ACP)早期广泛应用于自来水管道系统,较少地用于污水管道系统,但 20 世纪 90 年代以来在美国遭到禁用。然而,目前 ACP 在世界很多国家和地区仍得到广泛应用。作为刚性管材,管道的等级和相对应的壁厚由承受内压力和外荷载能力两个指标决定。尽管 ACP 管道特性很适于进行爆管管道更换,业主和设计师必须调查地方法规是否允许破碎的管道碎片可以遗留在作业现场。一些法规可能认为石棉水泥管碎片具有潜在的危害性,即使留在地下即新管道周围也是不被允许的。

2)混凝土管

混凝土管(Concrete Pipe,CP)作为刚性管道可将地面荷载传递进入管道下土层,有很多种混凝土管能用于压力管道系统和重力管道系统,包括 CP、RCP(C76)、PCCP、RCCP、外环筋混凝土圆管和 PCP 等。

混凝土管道具有较高的抗压强度,但是其抗拉强度却很低(即抗拉强度约是抗压强度的 10%)。因此,标准的 CP 非常适于爆管管道更换作业,在爆管头向管壁施加张应力时,很容易将管道破碎。

然而,RCP 和其他压力型管道结合钢筋笼或圆钢管能提高管道受力状况,破碎这些管道需要显著加大张应力。这些加筋管道限制了部分管道使用爆管管道更换作业的应用。

PCP 于 1997 年引入美国,聚合物混凝土管运用了热聚性树脂技术。这种管道的力学性能大大超过普通水泥混凝土管道的性能。然而,类似于非加筋混凝土管,PCP 具有低的抗拉强度和有限的伸长率,适于使用爆管管道更换系统。

3)灰铸铁管

灰铸铁管道(Gray Cast Iron Pipe,CIP)目前较少用于压力管道系统。CIP 是目前 DIP 的前身,只能作为刚性管道。CIP 具有较低的挠性,很适于进行爆管更换,将管道破坏成碎片,一般不会对新拖入的塑料管产生破坏作用。

4)陶土管

陶土管(Vitrified Clay Pipe,VCP)是目前惰性最好的管材(即比其他管道更耐酸性腐蚀)。因为其具有很好的抗压强度和低的抗拉性能,也是刚性管道的一种。VCP 加工过程不允许设置加筋,非常适于进行爆管管道更换作业。图 13-21 为爆管法更新陶土管施工示意图。

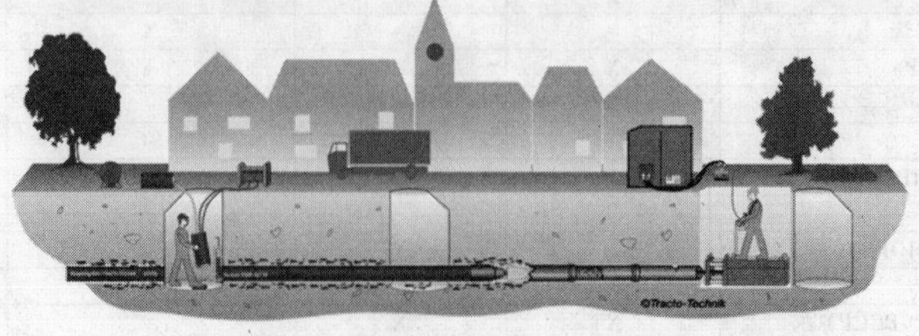

图 13-21 爆管法更换陶土管施工示意图

13.3.4 劈裂型管道

这类管道有很高的抗拉强度和中等伸长率，或者抗拉强度较低但伸长率大，很难进行充分的破碎，得不到拖拉新管道所需要的空间。因此，适用于这类管材的更换工艺一般分两个步骤：第一步，沿轴向劈裂管道。需要配备的劈裂工具可以是沿切削头径向排列一系列硬质盘状切削刃具、液动切削刀片或硬质合金切削具。第二步，拖拉或顶推锥形膨胀头排挤管片进入到周围土层，得到拖拉新管的空间，膨胀头可与劈裂工具组合在一起，也可安装于劈裂工具之后。

更换 DIP 或钢管，需要很大的径向力来劈裂管道和排挤管片。一般地，更换此类管道大多采用静拉法或抽管法。

1）金属管

用于污水管系统的旧金属管大多是 DIP，有些系统使用的是钢管，两种管道的内壁都很光滑且呈波纹状。两种材料的力学性能几乎相同，最低抗张强度约是 60 000psi，最小伸长率为 10%，金属管是比较难以进行爆管更换的。此外，有可能先进行径向劈裂，再进行膨胀挤压，管片边缘可能很锋利。当进行扩径时，这种情况可能会降低塑料管的长期使用性能，因为铺设新管时，新管外壁会出现擦痕和划槽现象。这些外部的破坏对塑料压力管道的影响大于塑料重力管道。为了降低这种现象发生的可能性，爆管作业应限制与等直径管道更换或只增加一个名义尺寸的管道更换。

同样地，当所更换的旧管处于金属管易腐蚀环境，新管的防腐涂层可能遭到破坏，如出现擦痕和划槽现象。然而，适于金属爆管的涂层保护方法已经出现。这些方法要求将管道焊接或使用橡胶垫圈接头，利用接头的连接形式提供连续性电流，可通过监控电流的连续性，监测管道腐蚀的发展。在管道使用期间的任何时间，可通过管—土效应的改变，来延长阴极保护的时间。

2）塑料管

塑料管包括玻璃钢管、HDPE 管和 PVC 管。玻璃钢管与金属管的抗张强度具有相同的数量级。因此，这些管道在膨胀排挤之前要进行劈裂作业。然而，随机定向的玻璃钢管及加筋塑料胶泥管道，可进行膨胀爆管。因为它们是高延展性材料，旧 HDPE 管和 PVC 管在更换之前需要先将其劈裂。图 13-22、图 13-23 分别为爆管法更换 PVC、HDPE 管道示意图。

图 13-22　爆管法铺设 PVC 管示意图

图 13-23 爆管法铺设 HDPE 管示意图

3)无相关技术或受限管道

就目前技术而言,有两种混凝土压力管道经济上不适于进行爆管作业,也就是预应力混凝土管(有钢管和没有钢管)和钢筋缠绕混凝土圆管。过去,这两种管道的最小直径是 16in. 和 12in.,其基本结构是混凝土(有或没有钢管)加上缠绕的高强度预应力金属线或少量钢筋。这种组合结构很难采用爆管法进行更换作业。

13.4 对新管道的性能要求

有几种爆管系统能用于不同管材的更换,都是先将旧管道破碎或劈裂,然后径向膨胀排挤碎管片进入周围土层,同时铺设新管道。爆管更换管道系统通常采用以下三种新管铺设方法,即回拖钻杆、牵引绳,或链条向爆管头施加持续的拉力或推力,先破坏旧管道,再铺设新管道。新管道与膨胀头机械连接在一起(图 13-24),拖入膨胀头排挤碎管片或土层所形成的孔中。

对于所进行的项目,新管材料能满足或超越旧管道参数的要求是非常重要的,这些参数包括内部运行状况和外部条件,以及对爆管荷载的承受能力等。在保证新管道系统为终端用户提供长期使用性能方面,确定这些参数是最基本的要求。对于不同的应用,这些参数和条件可能不同,应以实际情况分别进行考虑。下面来讨论不同管材在应用爆管方法的适用性和限制条件。

图 13-24 新管道与膨胀头的连接

13.4.1 混凝土管

混凝土管种类很多,主要常用的三种管道是:素混凝土管(Non – Reinforced Concrete Pipe –

CP)、加筋混凝土管(Reinforced Concrete Pipe - RCP)和聚合物混凝土管(Polymer Concrete Pipe - PCP)。在采用合适作业方法的情况下,这三类管道都能够应用于爆管施工。

1)素混凝土管和加筋混凝上管

混凝土管直径从100mm到900mm,长度一般为2m,只用于重力管道系统。RCP最小直径为100mm,大直径的超过5000mm,应用范围广泛。CP和RCP都适用于市政污水管系统。应用于强酸环境条件时,会造成混凝土表面降解老化,应使用防腐保护衬里。

混凝土管接头一般是用承插对接,常采用"O"型橡胶圈或沥青砂胶填充剂进行密封。当使用刚套环连接时,为了减小漏失,应将钢质钟形件或套环与钢筋焊接在一块,也可使用外加钢护筒连接方式。

相对于其他管材,混凝土管重量较大,抗压强度较高。结合这些特性,当使用承插接头时,限制了一些爆管更换管道技术的应用,建议使用顶推工艺,依靠施加在管节上的推力来维持连接密封性。表13-5列举了使用爆管管道更换工艺的优势和不足之处。

使用爆管管道更换工艺时混凝土管的优势和缺陷 表13-5

优　　势	缺　　陷
1. 使用历史悠久; 2. 厚壁能承受较大顶推力; 3. 管节式铺设方法不需要太大的施工区域	1. 对因不当的顶推作业产生的不均匀点荷载较敏感。 2. 无衬里时抗硫化氢腐蚀能力较低。 3. 源于管端的裂缝会进一步发展,甚至能破坏管道结构整体性

2)聚合物混凝土管

聚合物混凝土管直径从200mm到大于2 500mm不等,只用于重力管道系统,类似于标准的素混凝土管。然而,PCP含有抗腐蚀聚合物,能用于pH值等于1~10的环境,因而能用于污水管道系统。另外,聚合物粘合材料结合骨料能使其最小抗压强度达到13 000psi,比其他普通混凝土管高出很多。

PCP的接头设计要求能通过管壁传递压力,因此,在使用爆管管道更换工艺时,应使用顶推法推进管道,但要使用均压环将推力均布在接头断面上。使用静拉爆管工艺时,也要使用直接顶推形式推进管道。表13-6列出了PCP爆管管道更换工艺的优势和缺陷。

PCP应用于爆管工艺的优势和缺陷 表13-6

优　　势	缺　　陷
1. 能抵抗内外部腐蚀; 2. 具有很好的抗摩损性能; 3. 抗压强度高,能承受很大的压力(顶推力); 4. 管节式铺设方法不需要太大的施工区域; 5. 比其它混凝土管具有更好的过流性能	1. 以往使用不多; 2. 对因不当的顶推作业产生的不均匀点荷载较敏感

13.4.2 陶土管

陶土管是化学惰性最好的管道,多见于家用和工业污水管道系统,直径范围从100mm到1200mm,因其管壁较厚,适于进行顶推法推进管道。接头设计一般为水封型,允许漏失。管材抵抗内外部腐蚀能力好,加上能承受较大的顶推力,可广泛应用非开挖技术进行管道铺设、更换。

VCP顶进管道使用不锈钢套筒、卡扣和弹性密封垫圈进行管道连接。当与邻近管道连接时,套筒或卡扣低于管道表面。表13-7列出了陶土管应用爆管管道更换工艺时的优势和缺陷。

陶土管应用爆管管道更换工艺时的优势和缺陷　　表13-7

优　势	缺　陷
1. 使用历史悠久;	1. 对因不当的顶推作业产生的不均匀点荷载较敏感。
2. 能抵抗内外部腐蚀	2. 因管节短需要很多接头。
3. 具有很好的抗磨损性能	3. 源于管端的裂缝会进一步发展,甚至能破坏管道结构整体性
4. 抗压强度高,能承受很大的压力(顶推力)	
5. 管节式铺设方法不需要太大的施工区域	
6. 低的热胀冷缩性,不用考虑管道长度的变化	
7. 当管道出现磨损或擦痕时,仍能抵抗腐蚀	
8. 可输送高温流体	

13.4.3 金属管

金属管包括铸铁管和钢管,它们有接近的力学特性(如最小屈服强度达42 000psi),可使用相同的技术进行设计和施工,所以能充分发挥弹性而无力学性能的降低。

1)延性铸铁管

制造延性铸铁管和灰铸铁管采用相同的加工工艺,旧CI和DIP的不同主要体现在管道设计基础不同。因为CIP的伸长率相对较低,可作为刚性管道(设计时应考虑其在外力条件的弯曲状况)。在20世纪40年代后期,研究人员发现,当有镁存在时,在CI内发现薄片状石墨变为球状或瘤状石墨,这使铸铁具有很好的延展性和韧性。因为延展性的增加,DIP可作为柔性管道使用,但要考虑土层侧向填充材料对其的支撑。DIP直径范围从100mm到1600mm,可用于重力管道系统和压力管道系统。

DIP的管道接头有四种结构,适于进行爆管管道更换作业。用于重力管道系统的接头,包括舌片、凹槽和"O"形垫圈;用于压力管道系统的接头,能承受250psi的压力,使用独立的内卡扣连接,采用一对"O"形垫圈进行密封。两种接头都是特殊的机制厚壁管,适用于100~400mm的管道直径范围。第三种形式采用便利的钟形连接,适用管道直径范围是100~1600mm,可承受350psi的内压。第四种连接形式则是柔性连接,适用管道直径范围是100~1300mm,使用约束隐藏式管片,可形成光滑的内表面。对于这种柔性约束接头,要使用定向栓将新管拖入孔内。四种连接方式的管道长度一般都为6m,特殊情况下可以根据场地条件制造符合要求的更短的管节。

三种无约束连接需要采用直接顶推法推进管道穿越膨胀头挤压形成的孔内。已成功使用爆管系统对这样的旧DIP管线进行更换。使用直接顶推法时,顶推力作用在新管的尾部,将爆管头装在第一节管段的前面。静拉/推进系统存在两种变化,第一种方法是在爆管头上直接施加拉力,使用在新管内预安装的钻杆传递爆管头上的拉力到无约束接头的尾部。另一种技术将爆管头略过钻杆或在钻杆上可以移动,当拖拉钻杆持续在新管后部施加推力,第一节新管之前移动的爆管头依赖挤推作用进入旧管孔。

DIP爆管管道更换工艺使用的成节管段,也因此称为管节式铺设,在拥挤城市闹市区是非常理想的施工工艺。

不管使用开挖法或是非开挖法铺设管道,都要进行场地环境、土层的调查,确定对管道有无磨损作用,因为磨损作用可能破坏管道的防腐涂层。DIP防腐标准比较松,应用聚乙烯涂层就可以了。尽管这种保护方法在开挖法施工中能成功起到防护作用,但在爆管工艺中可能不符合实际情况。因此,应调查腐蚀控制措施的实际防护作用。表 13-8 列出了使用爆管法更换 DIP 管道的优势和受到限制的方面。

使用爆管法更换 DIP 的优势和缺陷 表 13-8

优 势	缺 陷
1. 使用历史悠久; 2. 得到许多公共设施和管道铺设承包商的认可; 3. 能增强水力学性能,实际 ID 大于公称直径; 4. 强度很好的材料,能承受高的操作荷载,包括内压力、外荷载、承压荷载、冲击荷载、弯曲荷载; 5. 能用于重力管道系统、压力管道系统、真空管道系统和受外压管道系统; 6. 直径和压力等级范围广泛; 7. 在污染土层中管道渗透性低,能使用抗渗橡胶垫圈,管节式铺设方法不需要太大的施工区域	1. 在高研磨性土层中,无防护管道会受到腐蚀作用; 2. DIP 的水泥胶泥涂层在磨损性土层中受到限制,因此要求使用陶瓷环氧材料

2)钢管

钢管最小直径为 100mm,易受到来自内部和外部腐蚀,但是有很多种防护措施,包括衬层和涂层技术,如水泥胶泥、油漆、聚乙烯、胶带、煤焦油漆和环氧树脂等。另外,阴极保护也可作为辅助防护措施(Najafi 2005)。在实践中,很少应用到爆管管道更换工艺。

13.4.4 塑料管

这里主要讨论高密度聚乙烯管(High - Density Polyethylene Pipe - HDPE)和聚氯乙烯管(Polyvinyl Chloride Pipe - PVC)。

1)高密度聚乙烯管

乙烯管是一种热塑性塑料材料,由乙烯气体聚合而成。热塑性塑料经加热、熔化,可冷却重塑成固体,使用模型连续挤压成型。PE 管的最大直径可达 1600mm。能进行爆管更换的 PE 管多为高密度管,即高密度聚乙烯管(HDPE)。

HDPE 管能匹配铸铁管直径或延性铸铁管直径。分类标准是尺寸比,尺寸比等于外径与最小壁厚的比值。DR19 和 DR17 常用于重力管道系统,能使用爆管管道更换工艺进行旧管道更换。管道承受内压力较高时,要使用 DR 值低的管道。在有些情况下,要求壁厚可能大于其他类型的管道。然而,对于相同的公称直径,并不降低管道的流量特性,因为 HDPE 管内表面比较光滑。

HDPE 管抵抗外压力依靠其本身刚性和管道周围土层的支持。另外,爆管期间管道铺设时所受荷载类似于处于隧道状态下受力情况,会在厚砂层和黏土层中形成明显的土拱效应。对应的土压力可用 Terzaghi 土拱系数估算,管道所受的有效土压力小于土体压力,尤其是埋深与管径之比增加时,表现得更为明显。

(1)HDPE 管爆管工艺

英国天然气公司于 20 世纪 80 年代早期开发了爆管工艺,劈裂低压 CI 管道并插入高压 HDPE 管。不久之后,该工艺用于市政自来水管道和重力污水管道爆管更换,使用的新管道是

HDPE 管。英国天然气公司使用爆管技术更换了大约 9000 英里的 HDPE 管。爆管更换 HDPE 管可使用多种爆管系统,包括气动爆管系统、静拉爆管系统、液动爆管系统和劈管系统等。现有的设备能铺设的管道直径可达到 1400mm。为了重力流管道的便利检测,可使用灰色的 HDPE 管,带有白衬里的黑色 HDPE 管也可以使用,但成本较高。

管道插入时,要进行管道的熔接,达到需求的长度,摆放于地面上或水平缠绕在滚轮上,管道与爆管头机械连接在一起。一般需要开挖一个小的坑槽,利用其本身的柔性将管道弯曲插入孔内。HDPE 管冷弯弯曲半径大约是外径的 25 ~ 30 倍(如 DR17 管道冷弯半径是其外径的 27 倍)。因为其相对小的弯曲半径,准备和组装作业区域可布置在旧管道附近。图13-25 显示的是 HDPE 管爆管作业现场。

图 13-25　HDPE 管爆管作业现场

铺设管道期间,拉力不能超过 HDPE 管的允许拉力。允许拉力可参考 ASTM F 1804 或从管道制造商得到其大小。允许应力与承载条件和温度有关。

当管道最前端达到出口坑时,应进行管道表面破损检查。表面刮痕或缺损应小于使用压力要求壁厚的 10%。铺设期间温度的升高,会降低管材的弹性模量,造成管道长度的临时改变(即温度每增加或降低 10°F,100ft 管道长度会对应增加或减少 1in.)。因为 HDPE 管的热膨胀模量只是钢管的千分之一,一般都能承受产生的约束力。虽然如此,应允许管道在最终连接在一起之前松弛 12 ~ 24 小时,这能让管道恢复因拖拉管道产生的轴向长度增加。

关于爆管法的常见误解是 CIP 或 VCP 的碎管片可能破坏 HDPE 管,英国天然气公司进行过一个 10 年的观测研究,针对爆管旧 CIP,铺设一个带有薄壁套子的 HDPE 实验管,而其管段无保护措施。经调查没有发现破坏,认为没必要进行奢侈的机械保护。这显然表明形成的土槽和 CIP 和 VCP 碎片不会破坏新管道。然而,DIP 管道碎片则可能破坏新管道,这种情况常发生于扩径作业,而对等直径管道更换则不是什么大问题。

(2)接头和变节

HDPE 管和配件可进行热熔连接,其强度基本上与原来相同。在热熔连接期间,要准备进行布纹面操作,加热管道直至熔化,再连接在一起,在压力条件下冷却,形成一个无伤痕完整的管道系统(图 13-26)。所有加热操作需要合适的表面准备和定线设备,以及合适形状且能控制温度的铁制工具,不能粘附管道表面。完成加热应在 PPI 确定的和管道制造商提供的压力和温度限定条件下进行,要求连接后的管道能具有与管道一样的拉力强度,不能出现拖拉阻碍。大多数 PE 管熔接在地表进行,得到合适长度之后再拖进孔内。然而,当管道直径达到 900mm 时,可将热熔设备放在沟槽内进行最终的连接或与旧管道连接。

图 13-26　管道熔接操作现场

另外一种连接形式为电套管连接，加热套管内部的电线熔化管道连接表面。这种连接方式在进行开挖施工时非常便利，在场地狭窄的地方也有优势，因为无需热熔设备。

在特殊情况下可采用机械接头或和变径接头。法兰接头可与 150-lb 钻进法兰相匹配，机械连接接头能连接标准的 DIP 钟形接头。这两种连接形式都能有效密封和提供约束力。进行管道维护时，要用到机械卡扣、接口座和修复夹箍等。

当从 HDPE 管变节到无约束垫圈连接管（如 PVC 或 DIP）时，需要止推约束。在增压条件下，HDPE 管长度会收缩，能拉出 PVC 或 DIP 接头，造成严重漏失。在变节处的推力锚固或使用机械约束能防止此类事故的发生。

HDPE 是最常见的能应用爆管管道更换工艺的管材，表 13-9 列出了应用爆管法进行 HDPE 管更换的优势和缺陷。

应用爆管法进行 HDPE 管更换的优势和缺陷　　表 13-9

优　势	缺　陷
1. 使用历史悠久	1. 最大作业温度为 140°F
2. 热熔连接可形成无接头焊接管道	2. 比其他热塑性管材的水力设计基础低，高压力下需要很大的壁厚
3. 能抵抗多种化学材料的腐蚀	3. 热熔连接需要专门的设备
4. 不会产生电化学腐蚀	4. 渗透碳氢化合物
5. 不易受到微生物腐蚀的侵害	5. 埋设后很难探测定位
6. 光滑的内表面增强了流动性能，不易产生污垢沉积	
7. 冻结水不会胀裂管道	
8. 耐磨损	
9. 柔性好，弯曲半径小，不需大的作业坑	
10. 高的抗冲击能力	
11. 低压力冲击和耐疲劳性能好	

应用爆管法铺设 HDPE 管道时，应包括以下几个阶段：前期阶段（设计）、施工阶段和完成阶段（检测）。

①前期阶段（设计）

a. 依据相关标准（如美国的 ASTM 或 AWWA）确定新管道；

b. 依据实际流量选择管径；

c. 基于外荷载、拉力和经验选择管道壁厚（或 DR 值）；

d. 向施工方提供管道允许拉力荷载；

e. 检测热熔过程。

②施工阶段

a. 确定管道准备和连接的作业区域；

b. 检测热熔接头；

c. 限定管道弯曲半径处于推荐的范围内；

d. 铺设管道(爆管更换)；

e. 监控作业过程。

③完成阶段(检测)

a. 检查管道端部的刮痕和刻槽；

b. 管道连接前松弛允许时间；

c. 监控管道漏失测试；

d. 标明与其他管道或结构相连接的接头；

e. 标明完成支管连接的 HDPE 管固定或机械固定。

2)聚氯乙烯管(PVC)

PVC 是一种热塑性管道，由树脂制造，其基本成分来源于天然气或石油、海水和空气。来自天然气或石油的乙烯气体结合来自于海水的氯气形成乙烯基氯气，经聚合形成 PVC。树脂本身不能挤压成刚性管道，除非掺入或混合其他成分。这些掺合成分包括润滑剂、紫外线抑制剂、加工助剂、着色剂和填充材料等。

PVC 管直径范围为 12mm 到 1 200mm，具有各种尺寸比(DRs)。最通用管道公称外径能匹配 DIP 直径，PVC 管也有为污水管、铸铁管和制定管道应用相匹配的特制外径管道。

PVC 本身能抵抗很多化学物质的腐蚀，然而，所有的热塑性塑料暴露于高密度芳烃化合物中时，都会出现化学腐蚀。

PVC 抗拉强度为 7 000psi，比 HDPE 管强度高，因此可使用壁厚较薄和小直径管道。应用爆管法时，PVC 管的熔接接头能适合于相应的爆管作业。这种平直无垫圈接头可提供很高的过流能力。熔接接头具有原管材同样的抗拉强度，利于管道的回拖。

PVC 管的热膨胀系数为 3.0×10^{-5} in./in./°F，即当温度增加或降低 10 °F，100ft 长的管道会对应增加或减少 0.3in.(低于 HDPE 管的 1/3)，因此在管道铺设期间不存在任何问题。特别是，当使用非开挖方法铺设 PVC 管时，有足够的回拖时间让管道与周围土层达到热平衡状态。

在管道被拖入孔内之前，应检查 PVC 管的每个接头和管道有无刮痕、刻槽或缺损。如果管道壁厚缺失 10%，就不能拖进孔内。另外，当管道的引导端到达出口坑，应检查表面破损，刮痕和缺损也不能超过壁厚的 10%。

(1)接头和变径

PVC 管有几种连接方式，包括常规使用橡胶垫圈的承插式接头、带有约束键的卡扣栓式连接和熔接方式。另外，还有第四种连接方式，即采用整体约束承插垫圈接头进行管道的连接。

常规 PVC 承插式连接允许水平布线、垂直布线或两者都发生变化。当两者都改变时，要打开橡胶垫圈接头，调整管道轴线形成稍微弯曲。熔接接头不会变形，因此当水平或垂向布线改变时，要将管道弯曲。PVC 熔接接头推荐弯曲量等对应的最小弯曲半径等于管道外径的 250 倍。

假定遇到上述两种情况，可将两段长 PVC 管熔接在一起，且 PVC 管的整体力学性能可进行非开挖作业。首先,将管道摆放成合适的形态,能形成用原管一样强度的接头;第二步就是使用专门处理技术进行管道的熔接。

对接热熔操作使用工业标准设备,经适当的改进用于 PVC 管的连接。其准备、加热和熔化的温度和压力条件不同于其他热塑性塑料。

使用标准的 PVC 约束材料,可将熔接式 PVC 管与旧管道进行机械连接。不像 HDPE 管,更具有灵活性,不需要不锈钢管插入接头内或其他压力式连接。支管连接可使用标准的 PVC 水龙头。

(2)管道受力情况

采用约束形和熔接式 PVC 接头时,有必要评估管道所受的拉力和弯曲荷载。一般地,管道制造商和供应商能提供有关拉力和弯曲力学性能方面的数据。特别地,安全拉力的测定要在熔接接头拉力试验结束后进行。PVC 熔接接头应与管道的强度一致。根据 ASTM D 638 上温度要求,SPF 的测定温度应为 73°F,因此应关注铺设过程中管道温度的升高。所有热塑性塑料的力学性能都与温度有关,温度增加,强度降低。

当外界荷载很大时,PVC 具有好的承载能力,如非压力管道方面的应用(包括重力流)。当用于重力管道系统时,PVC 具有的刚度是非常有利的,避免因生物洞穴架空管道出现的问题。表 13-10 列出了用 PVC 管进行爆管更换作业时的优势和缺陷。

应用爆管法更换 PVC 管的优势和缺陷 表 13-10

优　势	缺　陷
1. 高的 HDB 值,能应用壁厚较薄的管道,并能得到最大的过流面积;	1. 比其他热塑性塑料柔性地,弯曲半径较大;
2. 能抵抗多种化学物质的侵蚀,包括高腐蚀性流体;	2. 对接熔接需要专门的设备和材料;
3. 对接热熔接头能形成连续无垫圈的管道;	3. 埋设后很难定位;
4. 全约束形接头,无需止推装置;	4. 管道铺设后要进行刮痕检查
5. 耐磨损(内部的和外部的磨损);	
6. 内表面低的流阻力增强过流性能;	
7. 低的膨胀率和收缩率;	
8. 水龙头接口连接容易;	
9. 直径较小管道的质量小	

13.5 设计和施工准备

13.5.1 可行性和风险评估

所有的施工项目都包含一些风险因素,多数地下管线施工项目风险主要与地下未知条件相关。因为爆管是一种迅速发展的技术,额外风险主要是因为缺乏类似条件下施工经验。

在场地受到限制的条件下，应用爆管法比直接开挖施工法具有一定的优势。在下列条件下，只能考虑采用爆管法：

(1)深坑开挖；

(2)土层不稳定，地下水较高；

(3)拥挤的公共通道；

(4)交通管制较高或施工受到干扰；

(5)大量需要恢复的路面或地表；

(6)有害土层；

(7)对公众影响较大的地区。

在这些条件下施工，加上场地未知土层条件，需要认真论证，确认应用爆管技术的可行性。计划阶段进行的一系列工作和调查能用于评估爆管施工项目，包括在重力管道系统和压力管道系统两方面的应用。在评估应用爆管法成功铺设管道项目的可行性时，应回顾计划阶段的工作，以评估项目潜在的风险。风险的评估包括如下考虑因素：

(1)是否很好的掌握现场条件？

①已建成管道的调查是否完成，旧管道管材、配件、修复套管和混凝土套管是否确认，旧管道条件与前期计划相适应？

②是否确认和定位所有的已有管线？

③有没有掌握土层、地下水和地下条件，地下条件变化是不是很大，地下土层和地下水是否有害？

(2)施工要求

①在类似条件下有无进行爆管作业的成功经验？

②能否达到铺设精度？

③是否确认了所有的许诺？

④有无财产需要处理？

⑤是否需要恢复地面，能采取什么措施来监控和避免破坏？

⑥是否存在有资质、有经验的能高质量完成施工任务的施工队伍？

成功评估和确认项目风险，有助于考虑相应的措施来降低风险的影响。因为施工工艺的动态特性，爆管施工项目需要业主、工程师、施工方紧密配合，以及相关设备、材料要及时到位。

13.5.2 设计参数

如前所述，爆管技术的持续发展需要业主、设计工程师、设备和材料供应的紧密配合，其中施工方特别重要。不能忽略设备的改进、管材的更新，这些将推动爆管技术的发展。

在水力学参数和施工材料方面，爆管项目应考虑的参数包括如下方面：

(1)确定管道运行的设计流量、压力和温度；

(2)流量变化情况(低谷/高峰、开始/结束、季节性变化)；

(3)施工需要材料的选择(内外腐蚀保护、磨损参数、设计和允许拉力、管道受力参数等)。

其他重要的设计参数，如始发坑和接受坑的位置、布局、大小和最大爆管长度，主要与管材、设备以及场地条件有关。这些参数需要与施工方的紧密配合，并在标书中明确提出。另外，还要考虑爆管设备的能力能否满足项目需求。

13.5.3 地质技术条件

在地质技术报告中应详细评估场地的地质和地质技术信息。具体信息包括土层类别、地下水状况、地下水位、对已有设施和结构的潜在影响。技术设计应考虑作业坑坑壁受到的反作用力或推力,避免管道铺设操作对邻近结构和设施的破坏,以及预测附近设施的沉降和隆起等。

13.5.4 场地条件差异

如果场地条件与发包文件中所描述的场地条件存在明显区别,施工方可以声明因条件差异对施工造成的影响,并调整合同规定的价格。

初步调查,如设施定位绘图和地质技术调查等,应降低爆管作业过程中常见问题出现的风险。当发包文件对土层条件(如岩石、黏土、砂层、地下水位)做出的适当描述、说明或暗示,一般不属于场地条件改变申诉的范围。场地条件差异的有效申诉一般限定于未知条目(如开挖沟槽大小的改变、未注明的套管、修复、结构等)。发包文件应写清场地条件差异的处理措施,并要求在一定时间内进行申诉,过期无效。

13.6 施　工

13.6.1 工作计划

一般地,在项目招标前,业主有责任使用CCTV或其他可以接受的方法对旧管道进行检查。检查结果的提交必须在招标之前进行,并要给施工方足够的时间评价检查结果。检查应依据标准规范进行,并能提供复验性结果。检查结果应包括管道缺陷名称(参照术语表)及其描述。检查记录包括缺陷名称、缺陷程度、每个缺陷的位置和检查完成的时间。数据和位置应在图纸上标明以及提供每节旧管道检查数据的音频描述。项目业主还应提供旧管道竣工图、附近设施定位图、地质技术报告、坑探结果,以保证爆管作业的顺利进行。

爆管作业的工作计划应包括两大部分:主要计划和应急计划。主要计划应包括如下内容:

(1)施工许可;

(2)交通管制;

(3)需要作业坑的开挖和支撑;

(4)对邻近结构和设施的保护措施;

(5)降水设计;

(6)旁流;

(7)监督和检查;

(8)公共安全;

(9)弃土处理;

(10)工期,包括作业时间和工作时间。

施工方有责任准备应急计划,包括出现问题的征兆,如设备、材料堆放的位置、需要的旁流、作业坑挖掘、工期冲突等。

如果作业过程中出现废弃点,应说明废弃的原因,并制定计划解决问题。如果能用开挖法移除障碍,仍能使用爆管法设备进行作业,可能增加地面震动,造成地面沉降和隆起。

施工方、业主和工程师应一块讨论工期安排的细节,并保证工期安排满足合同要求。施工方可根据实际发生的成本分配和水平情况进行工期调整。

13.6.2 作业空间

作业空间有工作坑、工作坑周遍区域、管道摆放和处理区域等。作业区域应能提供安全操作设备所需要的空间。所有区域都应进行很好的规划,以用于安全和生产作业。工作坑内的空间应满足起吊设备、材料的要求,并能进行安全的拖拉和顶进作业。始发坑应足够长允许爆管头与旧管道布设在一条直线上,能将管道弯曲而不产生消极作用。新管道制造厂家对最小安全弯曲半径做出建议。管道插入点较陡或呈锯齿状可能会造成管道的破坏,应该移除多余的土。

13.6.3 场地布局

场地布局应根据施工方提交的计划进行组织规划,爆管作业的平面图和剖面图,以及交通控制和已有设施都应在布局中有所显示。爆管设备、旁流系统、泥浆设备和新管节应堆放在工作坑附近。

13.6.4 始发坑和接收坑

始发坑和接收坑的布置应全局考虑,注意安全,减少开挖工作量,并关注对交通和项目特殊考虑方面的影响。自来水主管道系统在街道交汇处存在集束型阀门、消防栓,其间距一般为150mm或稍微短的距离。污水管道系统每隔120~150mm有一个人井。这些都是工作坑的主要位置,因为阀门、消防栓和人井一般都随着管道更换也要进行更新或修复。

图 13-27 坑槽支撑实例

始发坑和接收坑应根据图纸进行构筑,在图纸上会注明挖掘位置、大小、支撑方法(经过专业工程师的论证)、降水(地表水或地下水),邻近设施和交通控制等。利用已有人井结构作为接收坑时,应确定人井井壁能不能承受铺设管道所施加反力的作用。图13-27是坑槽支撑实例。

工程师应向施工方提供弹性机制来确定铺设

管道步骤(如铺设长度、工作坑位置等),但是施工方要准备工作计划以备工程师、业主确认。该说明不能规定工作坑的位置,除了施工方不能挖掘工作坑或放置设备的地点,如大的道路交汇口、医院入口、消防队入口等。施工方应提交下列信息:

(1)拟定设备的类别和大小、操作要求(如空气压力和排气量)、旁流泵或临时服务系统、降水系统、泥浆系统、工作坑布设和防护系统。

(2)过去从事类似项目的经历。

(3)如果施工方不具备进行爆管作业的足够经验,可要求设备厂家派技术员进行现场指导。

(4)描述支管定位、断开及爆管后重新连接的方法。

(5)说明排土处理方式。

(6)任意处理弃土的许可证。

(7)泥浆系统描述,包括润滑剂质量安全数据、润滑剂类别(膨润土或聚合物)、混合比例等,添加剂应符合法律法规要求。

(8)在合适安全系数下,分析新管道所受的推力或拉力,注意管道允许拉力强度。

13.6.5 润滑系统

润滑的目的是为了降低新管道、旧管道和管底界面之间的摩擦阻力,并因此减少铺设新管所需要的拉力或推力。应根据施工计划采取有效措施来保证工作的顺利完成。施工方应按照润滑剂厂家的要求设计润滑系统,并得到业主和专业工程师的认可。

应根据土层条件指定适合每次爆管作业的添加剂。基本上,膨润土用于粗粒土层(砂层和砾石层),膨润土和聚合物的混合润滑剂可用于细粒土层和黏土层。其他的专门添加剂可用于不同的地层条件,如:

(1)清洁剂,作为黏土层加湿处理剂;

(2)降低转矩处理剂,用于扩径时的辅助润滑作用并能保持地层稳定;

(3)漏失控制剂,有助于降低泥浆漏失,并能避免地层涌水。

润滑泥浆的供给应参考地层条件和旧管道周围的环境,来确定泥浆混合成分、掺加比例以及混合步骤。要求施工方注意沿管道长度地层条件的变化,并添加合适的处理剂使泥浆达到润滑的目的。

一般地,使用泥浆混和器来搅拌润滑剂,有可能的话进行泥浆泵送使之均布在新管和孔壁之间的环空。润滑泥浆通过爆管头或膨胀器后的喷嘴循环到管道的外部。建议在以下情况使用润滑剂:

(1)增加两个名义尺寸的扩径和爆管长度超过300ft(90m);

(2)新管道直径超过12in(300mm);

(3)旧管道位于水下;

(4)能自由流动土层;

(5)由于场地和项目条件的独特性,爆管设备厂家建议使用润滑剂的项目;

(6)膨胀黏土层。

13.6.6 应急计划

施工方应负责准备应急计划,并在施工前得到业主、工程师的检查。应急计划应含盖如下有关旧管道潜在状态方面的信息:

(1)旧管道结构上出现的问题以及塌陷情况;

(2)指明的旧管道状态与地下实际情况不同;

(3)障碍和未预料到的干扰;

(4)以前使用不同材料进行的点状修复;

(5)润滑剂漏失;

(6)静拉爆管施工期间工作坑坑壁位移过大;

(7)沉降和隆起过大;

(8)污染地层。

在应急计划中应说明当遇到以上未预料到的情况时所采取的处理措施。

13.6.7 检查和监控

在爆管作业中,应有一个专业的受过培训的监理检查项目施工情况,监督施工方按照提交标书、技术说明和合同文件的要求进行施工。监理要检查进场管道的质量,保证满足制造标准,如壁厚、直径、类别和 DR 值。施工方应提交管道检测结果,对于压力管道系统,应进行压力测试鉴别接头的质量;对于重力管道系统,应根据 ASTM C 828、ASTM C 924、ASTM F 1417 或其他合适的标准进行低压空气测试。

13.6.8 竣工图和资料

工程师设计图纸标明管道铺设的位置和剖面信息(定线和剖面),并核对实际铺设情况。爆管项目应记录如下资料:

(1)始发坑和接收坑资料

铺设管道沿线人井、滤污器和工作坑的数目。

(2)地面监控系统

①地面监控系统必须能监测到所有可能的沉降和隆起,可参考当地运输部门和铁路交通标准;

②后铺设管道调查,包括新管和已有设施的资料。

(3)还应记录的其他参数信息

①新管质量检测结果;

②拉力或推力;

③新管道与旧管道定线剖面的比较;

④润滑剂;

⑤污染土、旧管道的处理。

13.6.9 支管连接

如果是使用 PE 管作为新管，应推迟支管的连接、人井位置环空的封堵和插入坑的回填的时间，应比厂家推荐的时间晚，但一般不少于 4 个小时。这段时间用于 PE 管的收缩，因为冷却和松弛能降低管道铺设过程中产生的应力。过了松弛时间，就可进行环空封堵。

支管连接的恢复方法有很多种，可使用专门设计的管件。有与管道材料一直的材料制作的鞍座，能形成无渗漏连接。不同类别的热熔鞍座（电热熔鞍座、常规热熔鞍座）的安装应按照厂家建议的步骤进行。

新支管的连接有时还必须进行地面开挖连接（图 13-28）。

图 13-28 支管连接地面开挖

13.7 静拉爆管法拉力计算

静拉爆管所受最大拉力是摩擦力、爆破力和地层压力的函数，基于现场具体参数，可采用下列简化模型来计算静拉爆管工程施工中的拉力。

$$\Phi_p F_p = \alpha_k (C_f F_f + C_b F_{bp} + C_{sc} F_{scp}) \tag{13-1}$$

$$F_f = \mu_{sp} \cos\left[\arctan\left(\frac{D_{Pf} - D_{Ps}}{L_P} \right) \right] \times \left[\sigma_T \frac{\pi d_{or} L_P}{1000} + \frac{\pi (d_{or}^2 - d_{ir}^2)}{4 \times 1000^2} L_P \gamma_{Pr} \right] \tag{13-2}$$

$$F_{bP}=\frac{\tan(\theta_h/2)\sigma_{1e}f_{np}f_{bl}t_{pe}^2}{1000} \tag{13-3}$$

$$F_{scp}=f_{scl}\tan\frac{\theta_h}{2}\times\cos\left(\arctan\frac{D_{Pf}-D_{Ps}}{L_P}\right)\times\sigma_T\left\{\pi(d_{or}+2L_{os})\left[f_{bl}t_{pe}+\frac{\frac{d_{or}}{2}+L_{os}-\frac{d_{oe}}{2}}{\tan\frac{\theta_h}{2}}\right]/1000^2\right\}$$

式中：F_P——最大静拉力；

F_f——摩擦力；

F_{bp}——爆破力平行于管道方向的分力；

F_{scp}——土层压力平行于管道方向的分力；

ϕ_P——拉力降低因子,一般等于 0.9；

α_k——荷载不确定因子,一般等于 1.1；

C_f、C_b、C_{sc}——分别为摩擦力、爆破力和土层压力修正系数；

μ_{sp}——管土表面摩擦系数；

σ_T——土层压力；

γ_{pr}——更换管道容重；

σ_{1e}——旧管材料强度；

f_{np}——管片破碎系数；

f_{bl}——经验破管长度因子；

f_{scl}——土体压缩受限因子。

其他参数见图 13-29。

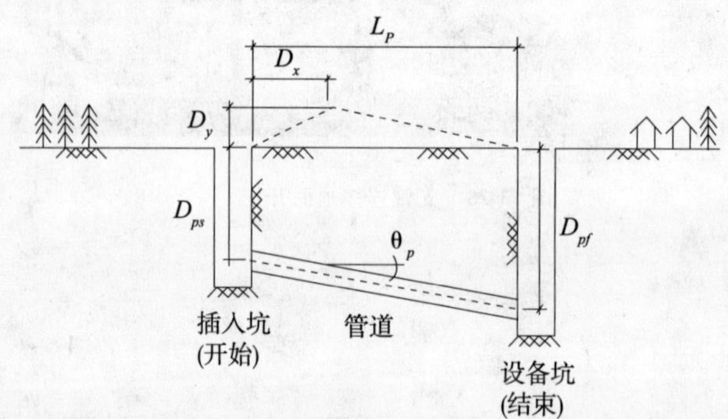

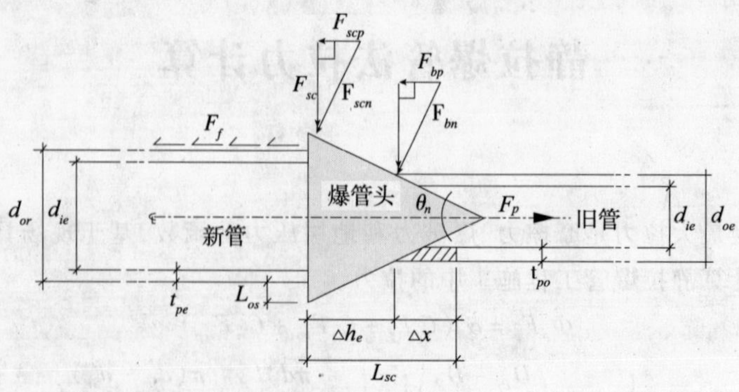

图 13-29 爆管路径和受力分析图

13.8 管道更换需要研究的问题

2004 年 11 月在 Birmingham 大学举行的管道在线更换技术讨论会上，对管道更换技术领域需要研究的问题进行了讨论，总结出了一般性问题、爆管法、劈管法、吃管法、扩管法、抽管法以及其他方法需要解决的问题。

1）一般性问题

需要研究的一般性问题主要包括三个方面：

（1）需要更好的实践性指南或基于系统的知识，利于向业主报告，并增加这些方法的可信度；

（2）找到更好的支管连接方法，减少开挖工作量；

（3）有关施工对临近设施破坏的理论研究。

2）爆管法

爆管法需要研究的问题主要有以下几个方面：

（1）爆管法的振动效应研究；

（2）研制现场试验仪器；

（3）开发多用途设备。

3）劈管法

劈管法需要解决的主要问题包括两个方面：

（1）提高劈管法在更多地层中的适用性研究；

（2）扩展目前劈管法的安全使用范围研究。

4）吃管法

吃管法需要研究的问题主要是：

（1）该技术的施工实例研究；

（2）市场需求方面的研究。

5）扩管法

使用定向钻扩管管道更换技术需要研究的问题是技术集成研究。

6）抽管法

抽管法需要研究的问题是多工艺抽管方式。

参考文献

[1] ASCE. "Geotechnical baseline reports for underground construction," American Society of Civil. 1997.

[2] ANSI/AWWA C900 – 97 (Revision of ANSI/AWWA C900 – 89), "AWWA standard forpolyvinyl chloride (PVC) pressure pipe and fabricated fittings, 4 in. through 12 in. (100 mm through 300 mm), for Water Distribution," Section4. 1 – Permeation, Page3.

[3] Boot, J., Woods, G., and Streatfield, R. "On - line replacement of sewer using vitrified clayware pipes." Proc., No - Dig International '87, London, UK. 1987.

[4] D. N. Chapman, P. C. F. Ng, etc. Research needs for on - line pipeline replacement techniques. In: Einar Broch, Chris Rogers, Raymond Sterling, etc. Tunneling and Underground Space Technology, 2007.9, www.slsevier.com.

[5] Engineers, Reston, VA, ASCE, 0 - 7844 - 0249 - 3, 1997.

[6] Fisk, A. T., and Zlokovitz, R.. "Replacement of steel gas distribution mains with plastic by bursting." Proc., No - Dig International '92, Washington, D. C. 1992.

[7] Fraser, R., Howell, N., and Torielli, R.. "Pipe bursting: The pipeline insertion method." Proc., No - Dig International '92, Washington D. C., North American Society for Trenchless Technology, Arlington, VA. 1992.

[8] Howell, N.. "The polyethylene pipe philosophy for pipeline renovation." Proc., No - Dig International '95, Dresden, Germany, ISTT, UK. 1995.

[9] Najafi, M.. "Trenchless pipeline rehabilitation." Trenchless Technology Center, Louisiana Tech University, Ruston, La. 1994.

[10] Najafi, M.. "Overview of pipeline renewal methods." Proc., Trenchless Pipeline Renewal Design & Construction '99, University of Missouri - Kansas City, Mo. 1999.

[11] Najafi, M.. Trenchless technology: Pipeline and utility design, construction and renewal, McGraw - Hill, New York. 2005.

[12] North American Society for Trenchless Technology (NASTT).. "Pipe bursting good practices guidelines," NASTT, Arlington, VA. 2004.

[13] Petroff, L. J.. "Review of the relationship between internal shear resistance and arching in plastic pipe installations." Buried plastic pipe technology, G. S. Buczala and M. J. Cassady, eds., ASTM International, West Conshohocken, Pa. 1990.

[14] Samuel T. Ariaratnam, Ulf - Hilmar Hahn. Simplified model for numerical calculation of pull forces in static pipe - bursting operations. In: Einar Broch, Chris Rogers, Raymond Sterling, etc. Tunneling and Underground Space Technology, 2007.9, www.slsevier.com.

[15] Simicevic, J., and R. L. Sterling. Pipe Bursting Guidelines, TTC Technical Report, No. 2001.02.

[16] Topf, H.. "XPANDIT trenchless pipe replacement." Proc., North American No - Dig '91, Kansas City, MO. 1991.

[17] Topf, H.. "XPANDIT trenchless pipe replacement." Proc., No - Dig International '92, Washington, D. C. North American Society for Trenchless Technology, Arlington, VA. 1992.

[18] Tucker R., Yarnell, I., Bowyer, R., and Rus, D. (1987). "Hydraulic pipe bursting offers a new dimension." Proc., No - Dig International '87, London, UK.

[19] 颜纯文，蒋国盛，叶建良．非开挖铺设地下管线工程技术．上海：上海科学技术出版社，2005.

CHAPTER 14

内衬法管道修复技术

顾名思义,内衬法管道修复技术指的是采用在原有管道里面施工内衬以克服管道缺陷的一类管道修复技术,一般适用于管道的结构性和非结构性修复。常用的方法有软衬法(原位固化法)、内插法和螺旋缠绕法等。下面分别对这几种施工方法进行详细的介绍。

14.1 软衬法(原位固化法)

软衬法管道修复技术(Cured - in - Place Pipe - CIPP)是英国工程师 Eric Wood 于 1971 年开发的,以拉丁文"In situs form"的缩写"Insituform"命名。以此技术为基础成立的 Insituform 公司经过三十多年的发展,目前已成为专业化的跨国企业集团,仅该公司迄今就已更新各类管线 2.4 万余公里,口径 100 ~ 1 200mm,最大运行压力超过 1MPa。该技术已通过 ISO9000 国际认证,并派生出许多相关技术,如美国的 Inliner 和 Superliner、比利时的 Nordline、丹麦的 Multiling 和德国的 AMEXR 等。国际非开挖技术协会将此类技术统称为 CIPP(即 Curd - in - place Pipe)。目前该技术已在世界 40 多个国家和地区得到广泛的应用,尤其在日、英、法、德等工业国家应用更为普及,是现今所有非开挖管道修复工艺中使用最广泛的方法。施工原理为:在现有的旧管道内壁上衬一层热固性物质(如树脂),利用内衬翻转或者用绞车把软衬管拉到预定位置,通过加热(利用热水、热蒸气或紫外线等)使其固化,从而形成与旧管道紧密配合的内衬管(图 14-1)。主要的 CIPP 工艺见表 14-1。

主要的 CIPP 工艺方法 表 14-1

内衬管材料	固化方式	树脂类型	应用领域	备注
聚酯树脂油毡	加热固化法	聚酯树脂、乙烯树脂、环氧树脂	重力管道	初创的 CIPP 工艺,仍最广泛地应用于污水管道
玻璃增强聚酯树脂油毡	加热固化法	乙烯树脂、环氧树脂	压力管道	应用于半或全结构修复
玻璃纤维结构布	加热固化法	聚酯树脂、乙烯树脂、环氧树脂	重力管道 压力管道	应用于重力管道可以减小壁厚
	光固化法	特殊材料	重力管道	壁厚小,固化快
圆形编织聚酯树脂纤维软管	加热固化法	环氧树脂	压力管道	根据结合情况可形成半结构修复
编织软管 + 油毡	加热固化法	环氧树脂	压力管道	半结构修复
编织软管 + 油毡 + 玻璃纤维结构布	加热固化法	环氧树脂	压力管道	全结构修复

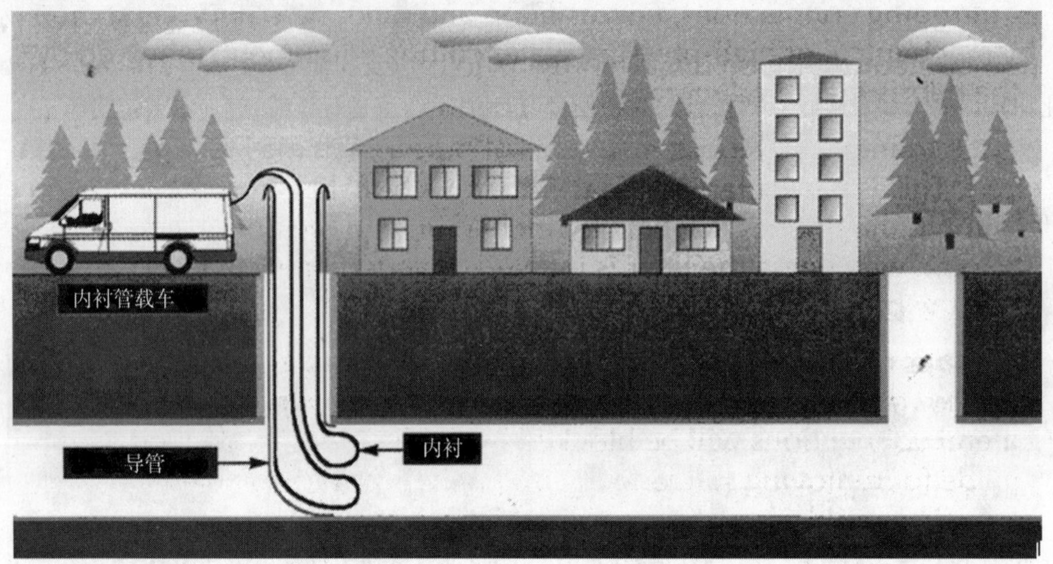

a)

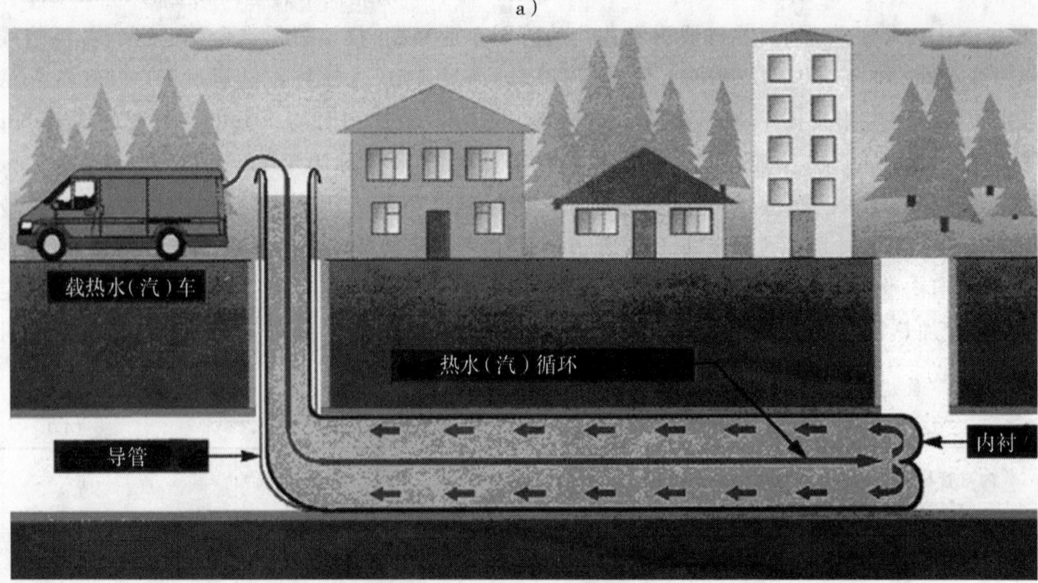

b)

图 14-1　CIPP 工作原理图

a) CIPP 法施工开始;b) CIPP 法施工完成

14.1.1 CIPP 应用领域

软衬法可广泛、有效地应用于污水管道、饮用水管道、化学工业管道以及压力管道等。软衬法的物理特性决定它可以适用于不同管道形状的施工,包括直管、弯管、不同断面形状的管道、截面变化的管道、带有连接支管的管道以及变形和错位的管道等。在选择使用软衬法修复具体的管道工程项目前,需要评估几个重要的因素,如施工场地大小、管道中流体的化学成分、支管的数目、人井的数目、修复的长度、修复部位、旧管道的结构特点等。另外,CIPP 也可应用于管道的局部修复和更新。

应用 CIPP 能否成功修复弯管,主要取决于衬管的铺设方法和固化方法。内衬管在翻转时可以绕过 90°的弯曲部位。但是,如果采用紫外线(UV)进行内衬固化时,对内衬管道弯曲程度存在一定的限制。弯曲部位通常对内衬软管的拉入造成一定的限制,因为软管在铺设的过程中既要始终保持在下部的保护衬托上,又不能产生任何的扭曲。另外,还必须认识到,内衬在绕过急剧弯曲部位时,可能会褶皱变形。表 14-2 给出了软衬法的使用范围和可能存在的局限性。

软衬法的使用范围和局限性 表 14-2

管道类型	是否合适	备注
污水管道	是	
燃气管道	是	
饮用水管道	是	凤凰工艺(Phoenix Lining System)被准许应用于饮用水管道的修复,为了保证内衬有足够的强度,也可以和其他内衬法工艺结合使用
化学及其工业管道	是	因为不同的厂家使用不同种类的树脂和加强措施,因此不同厂家材料衬层的耐化学能力各不相同。但是,所有的工艺都采用聚酯树脂(Polyester Resin)材料玻璃纤维增强,都对污水具有抗腐蚀能力。如果有特殊性能要求,则必须联系特定的制造商以找到对不同的化学成分、浓度以及工作温度相适应的产品
直管	是	
弯管	是	应用 CIPP 能否成功修复弯管,主要取决于衬管的铺设方法和固化方法。内衬管在翻转时可以绕过 90°的弯曲部位。但能够修复的转弯数量主要决定于管道的几何形状,弯曲部位通常对内衬软管的拉入造成一定的限制,因为软管在铺设的过程中既要始终保持在下部的保护衬托上,又不能产生任何的扭曲。另外,还必须认识到,内衬在绕过急剧弯曲部位时,可能会褶皱变形
圆管	是	
非圆形管道	是	所有的 CIPP 工艺都适用于圆形、卵形、V 形截面管道
变径管道	是	一些专利的 CIPP 的管道内衬系统可适用变径管道的修复施工
有支管的管道	是	可采用一些自动化的切割工具进行支管的开通。目前的技术条件通常适用于切割直径 >100mm 支管。对于能进人管道,可采用人工开通支管
变形的管道	是	CIPP 通常只能用于微变形的管道,如果椭圆度超过 10%,建议挖出管道。不然,衬层可能出现褶皱现象
压力管道	是	一些管道内衬制造商可以提供适合于压力管道的内部覆膜修复技术

14.1.2 CIPP 管道的设计计算

目前国内还没有关于软衬法的设计规范,这里主要结合美国软衬法设计的标准 ASTM F-1216(Standard Practice for Renewal of Existing Pipelines and Conduits by the Inversion and Curing of a Resin-Impregnated Tube)进行介绍。这个标准有一个非强制性设计附录,用来计算 CIPP 的管壁厚度。实际上,所有的软衬法供应商和承包方都认可这一标准。软衬法标准囊括了所有的内容,包括所需要的材料、施工方法和参数的设计等。下面的计算公式和相关定义主要引用 ASTM F-1216 标准。

和其他修复方法一样,软衬法施工项目设计的第一步依然是对现有旧管道的鉴定、评估。ASTM F-1216 把旧管道分成两类:局部破损和整体破损。局部破损设计或者整体破损设计工作主要依据现有管道的条件或者旧管道在软衬法设计过程中对管道结构的作用。一个熟练的软衬法设计工程师一般都能够正确地选择设计方法。

1)主要设计参数

和任何的结构设计一样,在进行管道壁厚设计时,要考虑很多变量和参数,以保证所设计的管道具有足够的承受外部荷载的性能要求(如强度、刚度等)。要达到设计的合理性,一定要选用能够代表现场条件的各参数的数值。如果无法取得精确的参数值,要采用一些好的工程评价方法对这些参数进行评价和取值。熟悉软衬法施工工艺和设备的工程师通常可以对工程进行合理的判断。下面以及表14-3列举了一些软衬法设计参数。

CIPP 管道设计参数

表14-3

实验参数	环氧树脂	环氧乙烯树脂	间苯型不饱和聚酯树脂	充填型间苯聚酯树脂
弹性模量(MPa)	1724~2069	2413~3103	1724~2413	2758
弹性强度(MPa)	35	35	31	28
抗拉强度(MPa)	21~35	21~35	14~21	14~21

(1)弹性模量 E　该参数的取值一般在172~345MPa。

(2)长期弹性模量 E_L　在设计过程中,通常要用到50年后管道的剩余模量值,一般情况下采用短期弹性模量的50%作为长期弹性模量设计值。

(3)土壤弹性模量 E'_s　土壤的类型、埋藏深度等将决定土壤的模量范围。如果对现场条件了解的比较少,土壤的弹性模量可采用4.8MPa。例如,当管道位于道路以下3m,则土的弹性模量最小应取6.9MPa。

(4)椭圆度 q　如果要修复的管道有一定的椭圆度,在设计管道壁厚时应进行考虑。在计算管道的椭圆度时,应采用尽可能准确的管道尺寸参数,以确保设计的管道有足够的壁厚。如果要修复的管道没有或者无法进行椭圆度测量,通常取椭圆度为2%进行计算。对于大直径的可进人管道,应采用实际测量的方法获得椭圆度的准确数值。

(5)安全系数 N　通常情况下,非开挖管道修复方法的安全系数取值为2。但是在大直径管道修复中,由于人工进入测量相关数据如椭圆度、地表水压力值等等都比较精确,所以安全系数可以取为1.5。

2)CIPP 设计基本理论

地下管道设计的目的是为了形成一系列的计算公式,把管道所承受的地下水压力、土压力、交通动荷载、和其他需要考虑的外部荷载考虑在内。通过实际的经验和科学研究,认为地下的圆柱形结构(如管道)在外部荷载作用下,通常情况下为屈曲破坏。1900年代初期,Timoshenko 和其他人最早发表了屈曲理论。这些计算公式随后经过改进,在实际中进行应用。公式(14-1)是推导的应用于计算长、薄壁管道压力的无限制屈曲公式。

$$P_w = 6.9 \times 10^{-3} \times \frac{2Et^3}{(1-v^2)D_m^3} \tag{14-1}$$

式中,P_w——静水压力,MPa;

E——弹性模量,MPa;

t——管道壁厚,m;

v——泊松比,通常情况下为0.3;

D_m——管道平均直径 $D_m = (D_0 - t)$,m;

其中,D_0——CIPP 管道平均外径,m。

在1940年,Spangler 发表了关于柔性管道系统的研究成果,为柔性管道的刚度的计算奠定了基础。关于管道的刚度的测量在 ASTM F-2412 标准进行了规范,考虑管道有5%的变形。

这是一个相对比较简单的实验,将无支撑的管道放置于两个平行平板间,然后按一定的加压速度给平板加压。Spangler 也为计算埋地柔性管道的变形设计了一个模型,将静荷载、管道基础和土的模量等因素考虑在内。

这些早期管道工程师的研究成果是如今 CIPP 设计公式的理论基础。但是,必须清楚的是,CIPP 管道和地下管道(无论是刚性还是柔性管道)的受力区别是很大的。CIPP 安装在原有管道内,且该旧管道已经埋置很多年了,周围土体早已经固结并稳定。所以,CIPP 管道内衬实际上由原有管土系统进行支撑,其随后的变形可以认为是非常微小的。另外,正是安装于原有管道中,原有旧管道对新的 CIPP 内衬管道有一个限制性的环向支撑作用,所受到静水压力也是均匀的。

如果在长期、足够大的压力作用下,CIPP 内衬管道可能会发生变形,继而发生严重的屈曲失效。考虑到长期蠕变效应,Timoshenko 屈曲方程中的弹性模量被改进为长期弹性模量。同时,为了得到限制屈曲方程,把安全系数和管道的椭圆度系数也进行考虑。将管道的尺寸系数(DR)取代原有的平均直径,可以得出公式(14-2)。

$$P_w = \frac{2KE_L}{(1-v^2)}\frac{1}{(DR-1)^3}\frac{C}{N} \tag{14-2}$$

式中:E_L——管道的长期弹性模量,psi(MPa);

K——加强系数,通常情况下取 $K=7$;

$DR=D_0/t$;

其中,D_0——CIPP 管道平均外径,ft(m);

N——安全系数;

C——椭圆度修正系数(表 14-4)。

椭圆度修正系数,C 表 14-4

$C=[D_{O\min}/(D_{O\max})^2]^3$										
椭圆度(百分数)	1	2	3	4	5	6	7	8	9	10
形状降低系数,C	0.91	0.84	0.76	0.70	0.64	0.59	0.54	0.49	0.45	0.41

来源:Lanzo 管线设计手册

$$C=\left[\frac{D_{O\min}}{D_{O\max}^2}\right]^3=\left[\left(1-\frac{q}{100}\right)\Big/\left(1+\frac{q}{100}\right)^2\right]^3 \tag{14-3}$$

$$q=100\times\frac{(D-D_{\min})}{D} \text{或} q=100\times\frac{D_{\max}-D}{D} \tag{14-4}$$

式中:C——椭圆度修正系数;

q——管道的形状变形百分值;

D——原有旧管道内径,in(m);

$D_{\min}$——原有旧管道的最小内径,in(m);

$D_{\max}$——原有旧管道的最大内径,in(m)。

没有任何一个通用设计公式适合各种条件下的 CIPP 设计,因此需要把不同的情况分类。无论是对于重力管道或者压力管道,设计计算都分为部分破损和完全破损两种情况进行考虑。

3)重力管道部分破损条件下 CIPP 设计

(1)旧管道部分破损下重力流条件

重力管道部分破损指的是:旧管道中存在接头错位、裂纹或腐蚀等现象,但是管道结构仍然能够承受所受的土压力等外部荷载。在这种情况下,旧管道预期能够为 CIPP 管道提供全部的结构性支撑。因此如果管道只是在部分破损的情况下,CIPP 管道设计假定管道周围只承受均匀的静水压力。但是,为安全起见,设计时没有假设 CIPP 管道和旧管道之间有任何的连接或胶结在一起。作用在 CIPP 管道上的静水压力可用公式(14-5)进行计算。

$$P_w = \frac{H_w \gamma_w}{10^3} \tag{14-5}$$

式中:P_w——作用在 CIPP 管道上的静水压力,MPa;

H_w——管顶上部地下水位高度,m;

γ_w——水的重度,一般取 9.81kN/m³。

部分破损的压力管道也可能存在轻微的腐蚀、接头漏失或小孔等,但不应有纵向裂纹存在。这样,才能假定原有管道在预期的寿命内能够承受一定的设计内压。当假定原压力管道是部分破损的情况时,就是认为 CIPP 管道和旧管道之间紧密的结合,让旧管道提供足够的强度来承受各种应力的作用。CIPP 管道壁厚可以跨过原有管道上的小孔,但其厚度还不足以承受管道的设计压力。另外,如果原有压力管道被发现有漏失的危险,在 CIPP 设计中,还必须要考虑外部静水压力的作用,以确保所设计的 CIPP 管道最小厚度在管道设计寿命期内能够足以承受外部的静水压力。

(2)旧管道部分破损下的重力流 CIPP 管道设计

对部分破损情况下重力流管道设计必须要考虑约束屈曲情况。在这种情况下,前述的经典屈曲方程经过调整可以用于 CIPP 管道壁厚的设计,方程如式(14-6)。

$$t = \frac{D_0}{\left(\frac{2KE_L C}{P_W N(1-v^2)}\right)^{1/3} + 1} \tag{14-6}$$

式中:t——CIPP 管道设计壁厚,in(m);

D_0——平均 CIPP 管道外径,in(m);

K——加强系数,通常情况下为 7;

E_L——管道的长期弹性模量,psi(MPa);

C——管道椭圆度修正系数,见表 14-4;

P_W——管道插入时的外部水压力值,psi(MPa);

N——安全系数,通常 $N=1.5\sim2.0$;

v——泊松比,通常情况下为 0.3。

在管道设计时,如果地下水位变化到管道高程以下,那么静水压力值取 0;在这种情况下,CIPP 管壁厚度就不能采用约束屈曲方程来计算。对于这样的特殊情况,所计算得到的 CIPP 管道壁厚必须大于或等于得到 DR 最大值为 100 的数值。ASTM 规范中要求 CIPP 管道的刚度必须在 1~2psi(6.9~13.8kPa)之间。在上述特殊情况下,CIPP 管道壁厚设计依据公式(14-7):

$$t = D_0/100 \tag{14-7}$$

当设计管道为圆管,那么 CIPP 管道将受到恒定的环向压力作用,如果管道是非圆形的或局部呈椭圆形,作用力将在 CIPP 管衬上产生弯矩,必须保证 CIPP 管道所受的力不超过管道的长期弹性强度。CIPP 管道的弯曲应力可用公式(14-8)计算得出。

$$\frac{S}{P_W N} = [1.5q/100(1+q/100)DR^2] - [0.5(1+q/100)DR] \tag{14-8}$$

其中,q 在公式(14-4)中确定,其他的参数在前面已经确定。

表 14-5 根据不同的 E_L、C、N、v、K 和 H_W 值,给出了管道壁厚的设计值。

4)重力管道完全破损时 CIPP 设计

部分破损情况下的重力管道条件 表 14-5

参数:E < =175000psi $K=7$ $C=0.84$ $1-v^2=0.91$ $N=2$																			
		不同管道直径下的 CIPP 管道壁厚(in)																	
水位深度 H_W(ft)	水压力 P_W(psi)	6	8	10	12	15	18	21	24	27	30	33	36	42	48	54	60	66	72
1	0.4380	0.04	0.06	0.07	0.09	0.11	0.13	0.15	0.17	0.20	0.22	0.24	0.26	0.30	0.35	0.39	0.43	0.48	0.52
2	0.8700	0.06	0.07	0.09	0.11	0.14	0.17	0.19	0.22	0.24	0.27	0.30	0.33	0.38	0.44	0.49	0.54	0.60	0.65
3	1.3000	0.06	0.08	0.10	0.13	0.15	0.19	0.22	0.25	0.28	0.31	0.34	0.37	0.44	0.50	0.56	0.62	0.69	0.75
4	1.7300	0.07	0.09	0.11	0.14	0.17	0.20	0.24	0.27	0.31	0.34	0.37	0.41	0.48	0.55	0.61	0.69	0.75	0.82
5	2.1700	0.07	0.10	0.12	0.15	0.17	0.22	0.26	0.30	0.33	0.37	0.41	0.44	0.52	0.59	0.66	0.74	0.81	0.88
6	2.6000	0.08	0.10	0.13	0.16	0.20	0.24	0.27	0.31	0.35	0.39	0.43	0.47	0.55	0.63	0.70	0.78	0.86	0.94
7	3.0300	0.08	0.11	0.14	0.17	0.20	0.25	0.29	0.33	0.37	0.41	0.45	0.49	0.57	0.66	0.74	0.82	0.91	0.99
8	3.4600	0.09	0.11	0.14	0.17	0.22	0.26	0.30	0.34	0.39	0.43	0.47	0.52	0.60	0.70	0.77	0.86	0.94	1.03
9	3.9000	0.09	0.12	0.15	0.18	0.22	0.27	0.31	0.36	0.40	0.44	0.49	0.54	0.63	0.71	0.80	0.89	0.98	1.07
10	4.3300	0.09	0.12	0.15	0.19	0.23	0.28	0.32	0.37	0.42	0.46	0.51	0.56	0.65	0.74	0.83	0.93	1.02	1.11
11	4.7600	0.09	0.13	0.16	0.19	0.24	0.29	0.33	0.38	0.43	0.48	0.52	0.57	0.67	0.76	0.86	0.95	1.05	1.15
12	5.2000	0.10	0.13	0.17	0.20	0.24	0.30	0.34	0.39	0.44	0.49	0.54	0.59	0.69	0.78	0.88	0.98	1.08	1.18
13	5.6300	0.10	0.13	0.17	0.20	0.25	0.30	0.35	0.40	0.45	0.50	0.56	0.61	0.70	0.81	0.91	1.01	1.11	1.21
14	6.0600	0.10	0.14	0.17	0.20	0.26	0.31	0.36	0.41	0.46	0.52	0.57	0.62	0.72	0.83	0.93	1.03	1.13	1.24
15	6.5000	0.11	0.14	0.18	0.21	0.26	0.31	0.37	0.42	0.48	0.53	0.58	0.63	0.74	0.85	0.95	1.06	1.16	1.27
16	6.9300	0.11	0.15	0.18	0.22	0.27	0.32	0.38	0.43	0.48	0.54	0.59	0.65	0.76	0.86	0.97	1.08	1.19	1.30
17	7.7300	0.11	0.15	0.19	0.22	0.28	0.33	0.39	0.44	0.50	0.55	0.61	0.66	0.77	0.88	0.99	1.10	1.21	1.32
18	7.7900	0.11	0.15	0.19	0.22	0.28	0.33	0.39	0.45	0.50	0.56	0.62	0.67	0.78	0.90	1.01	1.12	1.23	1.34
19	8.2300	0.11	0.15	0.19	0.23	0.28	0.34	0.40	0.46	0.51	0.57	0.63	0.69	0.80	0.91	1.03	1.14	1.26	1.37
20	8.6600	0.11	0.15	0.19	0.23	0.29	0.35	0.41	0.46	0.52	0.58	0.64	0.70	0.81	0.93	1.04	1.16	1.28	1.39

(1)旧管道完全破损状况

完全破损的重力流管道指的是管道已经没有足够的强度去承受土体等外部荷载。完全破损的管道主要表现在管道发生了严重的腐蚀、管道部分缺失、纵向裂隙和严重的变形等情况。因此,在管道完全破损的情况下,所设计的 CIPP 管道应作为新管道,能够承受所有的静水压力、土压力和所有的动荷载等。当然,对于特殊的完全破损管道(如局部的管段缺失或严重错位等),可以采用局部修复或采用部分破损的设计方案来进行 CIPP 管道设计,但是,必须由经验丰富的专业工程师来完成。

完全破损的压力管道是指管道发生了结构性的完全失效或者管道已经没有足够的强度承受所需要的设计压力。另外,如果一个管道在局部区域不能承受管道寿命期内设计压力的要求,也可以认为该管道发生了完全破损。完全破损的压力管道主要表现为管壁的严重腐蚀、管壁出现较大的漏洞、管段缺失和纵向的漏失裂隙等。在这种情况下,CIPP 管道应设计成为能够独立承受所有内部压力的管道。另外,还应保证 CIPP 管道能够承受全部的外部荷载。

(2)旧管道完全破损下的重力流 CIPP 管道设计

ASTM F-1216 和 ASTM F-1743 指定采用修正的 AWWA C950 设计方程作为完全破损的重力流 CIPP 管道设计。该方程引入了椭圆度用以考虑长期蠕变效应对管道设计的影响,因此,公式(14-9)即是调整后 AWWA C950 方程经过重新整理用于 CIPP 管壁厚度的设计。

$$t=0.721D_O\left(\frac{(NP_t/C)^2}{E_LR_WB'E'}\right) \tag{14-9}$$

式中:P_t——作用在管道上的总荷载,包括:水压力,土压力和活荷载等,psi(MPa);

R_w——浮力常数,无量纲;

B'——经验的弹性常数,无量纲;

E'——管壁外侧相邻土体的弹性模量,psi(MPa)。

修正了的 AWWA C950 方程要求 CIPP 管道至少应达到所需刚度(EI/D_0^3)的 50%,即 0.093in(2.4mm)。如公式(14-10)所示,为使壁厚≥0.093in.(2.4mm),对于弹性模量 E 约为 350000psi(2413.25MPa)的管道,其尺寸比应为 67。因此,如果 CIPP 刚度太低,只有通过增大管道壁厚的方法来确保满足设计要求。

$$\frac{EI}{D_0^3}=\frac{E}{12(DR)^3}\geq 0.093(\text{英制});\frac{EI}{D_0^3}=\frac{E}{12(DR)^3}\geq 6.41\times 10^{-4} \tag{14-10}$$

式中:E——CIPP 管道的弹性模量,Psi(MPa);

I——惯性矩,in.^{4}/in(mm^4/mm),$I=t^3/12$。

如果旧管道是非圆形的或局部呈椭圆形,那么 CIPP 管道将会承受一定的弯曲作用。在这样的情况下,必须保证 CIPP 管道所受的弯曲应力不超过管道的长期弯曲强度。为了满足这一要求,作用在 CIPP 管道的弯曲应力可以通过把公式(14-8)中的 P_W 改为 P_t 来计算,如公式(14-11)。

$$\frac{S_L}{P_t N}=[1.5q/100(1+q/100)DR^2]-[0.5(1+q/100)DR] \tag{14-11}$$

其中,q 在公式(14-4)中确定,其他的参数在前面已经确定。

表 14-6 根据不同 H_W 值,给出了在一定的 E_L、C、N、R_w 和 E值情况下的管道壁厚的设计值。

5)CIPP 管道的外部总压力计算

完全破损情况下的 CIPP 管道设计时,必须要计算出 CIPP 管道上承受的总荷载(P_t)。总荷载主要由静水压力 P_W'、土体的有效压力 P_S、活荷载 P_L 和其他荷载(如真空荷载 P_V)。由于真空荷载是特例,在本书中不进行介绍。总荷载表示为公式(14-12)。

$$P_t=P_W'+P_S+P_L+P_V \tag{14-12}$$

6)静水压力和土的有效应力

在旧管道完全破损的情况下,水位和管道的埋深从管道的顶面计算。静水压力计算公式为:

$$P_W'=9.81\times 10^{-3}\times H_W \tag{14-13}$$

式中:P_W'——静水压力,MPa;

H_W——水位高度,m。

完全破损情况下的重力管道条件　　表 14-6

参数: $E_L=175000$psi　$R_W=0.67$　$C=0.84$　$E'=1000$psi　$N=2$																		
	不同管道直径下的 CIPP 管道壁厚(in)																	
水位深度 H_W(ft)	6	8	10	12	15	18	21	24	27	30	33	36	42	48	54	60	66	72
6	0.09	0.12	0.15	0.19	0.23	0.28	0.32	0.37	0.41	0.46	0.50	0.55	0.64	0.73	0.83	0.92	1.01	1.10
8	0.10	0.13	0.17	0.20	0.25	0.30	0.35	0.39	0.44	0.50	0.54	0.59	0.69	0.79	0.89	0.99	1.09	1.19
10	0.11	0.14	0.18	0.21	0.27	0.32	0.37	0.43	0.48	0.53	0.59	0.64	0.75	0.85	0.96	1.07	1.17	1.28
12	0.11	0.15	0.19	0.23	0.28	0.34	0.42	0.45	0.51	0.57	0.62	0.68	0.79	0.91	1.02	1.14	1.24	1.36
16	0.13	0.17	0.22	0.26	0.32	0.39	0.45	0.52	0.58	0.65	0.71	0.78	0.91	1.04	1.17	1.30	1.43	1.56
20	0.14	0.19	0.24	0.29	0.36	0.43	0.50	0.57	0.65	0.72	0.79	0.86	1.00	1.15	1.29	1.43	1.57	1.72
25	0.16	0.21	0.26	0.31	0.39	0.47	0.55	0.63	0.71	0.79	0.87	0.94	1.10	1.26	1.42	1.57	1.73	1.89
30	0.17	0.23	0.28	0.34	0.43	0.51	0.59	0.68	0.76	0.85	0.93	1.02	1.19	1.36	1.53	1.70	1.87	2.04
管道最小经验壁厚	0.18	0.24	0.24	0.30	0.30	0.35	0.35	0.41	0.47	0.47	0.53	0.59	0.65	0.71	0.83	0.94	1.06	1.12

来源:Lanzo 管线设计手册

土压力的计算如公式(14-14)：

$$P_S = \frac{9.81 w H_S R_W}{10^6} \quad (14\text{-}14)$$

式中：w——土的密度，kg/m^3(表 14-7)；

H_S——管顶土体厚度，m；

R_W——水的浮力常数，$R_W = 1 - 0.33(H_W/H_S) \geq 0.67$，见表 14-8。

土的类型和密度 表 14-7

土的类型	密度 γ，lb/ft^3(kg/m^3)
砂砾层	110(1762)
饱和表层土	115(1842)
一般黏土	120(1922)
饱和黏土	130(2082)

来源：Lanzo 管线设计手册

水的浮力常数，R_w 表 14-8

$R_W = 1 - 0.33(H_W/H_S) \geq 0.67$			
比值(H_W/H_S)	浮力常数(R_W)	比值(H_W/H_S)	浮力常数(R_W)
0.00	1.00	0.55	0.82
0.05	0.98	0.60	0.82
0.10	0.97	0.65	0.79
0.15	0.95	0.70	0.77
0.20	0.93	0.75	0.75
0.25	0.92	0.80	0.74
0.30	0.90	0.85	0.72
0.35	0.88	0.90	0.70
0.40	0.87	0.95	0.69
0.45	0.85	1.00	0.67
0.50	0.84		

来源：Lanzo 管线设计手册

其他的设计参数包括：土体弹性模量 E' 和弹性模量系数 B'。CIPP 管道设计中的土体是完全没有扰动的土体，取值在 700～3000psi(5～21MPa)之间。在土的条件不清楚的情况下，一般取 700psi(5MPa)。如果管道埋置较深和土体比较稳定的情况下，取值 1000～1500psi(7～10MPa)。在某些特殊地区，当土体强度较差和存在不稳定原状土时，建议取 200psi(1.5MPa)进行计算。弹性支撑系数 B 可由公式(14-15)计算得出。表 14-9 列举了土在不同深度下的弹性支撑系数 B'。

$$B' = 1/(1 + 4e^{-0.065 H_s}) \quad (14\text{-}15)$$

弹性支撑系数，*B′* 表 14-9

土层厚度(H_S,*ft*)	弹性支撑系数，$B'=1/(1+4e^{-0.065H_S})$	土层厚度(H_S,*ft*)	弹性支撑系数，$B'=1/(1+4e^{-0.065H_S})$
1	0.20	14	0.38
2	0.21	15	0.40
3	0.23	16	0.41
4	0.24	17	0.43
5	0.26	18	0.45
6	0.27	19	0.46
7	0.28	20	0.48
8	0.30	22	0.51
9	0.31	24	0.54
10	0.32	26	0.58
11	0.34	28	0.61
12	0.35	30	0.64
13	0.37		

来源：Lanzo 管线设计手册

7）旧管道部分破损下的压力流 CIPP 管道设计

几个重要的压力管道设计参数包括工作压力、测试压力、波动压力和水锤作用压力等，水锤压力可能会大大超过管道的工作压力或测试压力。另外，设计和施工人员也必须认识到，在高强度的清洗之后，旧管道可能会由原来的部分破损恶化成为完全破损。所以在进行 CIPP 设计前，建议进行旧管道的压力实验（施加工作压力或者实验压力），来进一步确定管道的损坏情况。如果管道能够承受所施加的压力，那么管道就属于部分破损。但是，如果管壁上存在一些孔洞，试压的管道也很难维持试验压力。如果管道的状况或工作压力容易确定时，建议把该管段定义为完全破损。在进行压力管道的 CIPP 施工时风险较大，要求施工单位在该领域有丰富的经验。

ASTM F－1216 给出了在内压作用下的部分破损管道的 CIPP 设计公式，该公式假设内压力比较均一。把 ASTM F－1216 中的公式进行调整后得到计算管道壁厚的计算公式（14-16）。

$$t=\frac{D_O}{[5.33/P_i(D_O/D_h)^2(S_L/N)]^{0.5}+1} \tag{14-16}$$

式中：D_O——CIPP 管道平均外径，in（mm）；

P_i——CIPP 管道内部压力，psi（MPa）；

D_h——存在于管壁上的孔洞直径，in（mm）；

S_L——CIPP 管道长期弯曲强度，psi（MPa）；

N——安全系数，$N\geqslant 2$。

为了符合环形平板设计条件，必须满足公式（14-17）的设计准则。如果不能满足该准则，那么 CIPP 管道设计则必须主要考虑环向受拉和环应力，CIPP 管道则需按完全破损的情况进行设计。

$$\frac{D_h}{D_O}\leqslant 1.83(t/D_O)^{0.5} \tag{14-17}$$

在计算出管道壁厚之后，必须利用公式（14-6）进行设计校核，确保设计管道的设计壁厚能够承受外部静水压力的作用。在管道壁厚选择中，取两次计算结果的较大值。

8)旧管道完全破损下的压力流 CIPP 管道设计

如前面讲述,对管道的状况和工作参数进行评估是非常关键的。当管道定义为完全破损时,表示管道没有足够的强度来承受内部压力和外部荷载,在进行设计时,把 CIPP 管道看作一个独立的管道,需要独立承受所有的内外压力。ASTM F-12 假设压力管道为圆形厚壁筒,其内压力计算公式见(14-18):

$$P_i = \frac{2S_{tL}}{(DR-2)N} \tag{14-18}$$

但是,对于圆形薄壁筒,内压力则可用公式(14-19)进行计算:

$$P_i = \frac{2S_{tL}}{(DR-1)N} \tag{14-19}$$

把 $DR = D_O/t$ 代入上述公式并进行整理和简化,得出 CIPP 管道壁厚的设计公式(14-20)。

$$t = \frac{D_O}{(2S_{tL}/P_iN)+1} \tag{14-20}$$

尽管薄壁和厚壁管道的区别很小,但是和 ASTM F-12 中推荐的厚壁管道的计算公式相比,薄壁管道的设计计算结果比较保守。另外,对于完全破损的重力管道,还需要采用公式(14-8)和公式(14-9)对设计结果进行校核,取三者中的最大值作为设计值。

9)CIPP 管道的水力学设计

重力流 CIPP 管道内衬能够改善了旧管道的过流性能;主要原因在于 CIPP 管道非常光滑和连续的内表面(基本没有接头)减小了管壁对流体的摩擦作用。通常情况下,可以采用曼宁方程(Manning's Equation)来预测重力管道和明渠条件下流体的流量见公式(14-21):

$$Q = \frac{AR^{2/3}S^{1/2}}{n} \tag{14-21}$$

式中:Q——流量,m^3/s;

A——流体截面面积,m^2;

R——水力半径,m,$R = A/P$;

其中,P——流体的湿周周长,m;

S——坡度,垂直高差和水平位移的比值;

n——曼宁常数,见表 14-10。

各种材料管道的曼宁常数 表 14-10

管道材料	曼宁常数范围(n)	推荐采用的曼宁常数
CIPP 管道	0.009 ~ 0.012	0.010
陶土管道	0.013 ~ 0.017	0.014
混凝土管道	0.013 ~ 0.017	0.015
波纹金属管	0.015 ~ 0.037	0.020
砌砖水沟	0.015 ~ 0.017	0.016

来源:Lanzo 管线设计手册

当圆形管道在充满流体的情况下,曼宁方程可改为公式(14-22)。

$$Q = \left(\frac{1}{4}\right)^{5/3} \times \frac{\pi D^{8/3}S^{1/2}}{n} \tag{14-22}$$

式中:D——管道的内径,m;其他参数意义见公式(14-21)。

在圆形管道充满流体的情况下,可以将曼宁方程进行简化,得出便于比较 CIPP 管道和旧管道的过流能力的计算公式,如公式(14-23)。

$$过流能力 = \frac{Q_{CIPP} \times 100}{Q_{旧管道}} = \frac{n_{旧管道}}{n_{CIPP}}\left(\frac{D_{CIPP}}{D_{旧管道}}\right)^{8/3} \times 100\% \quad (14\text{-}23)$$

曼宁常数由旧管道和 CIPP 管道的类型和情况等决定。如果 CIPP 管道内衬安装于比较清洁的陶土管道、混凝土管道或金属管道内，其平均曼宁常数通常为 $n = 0.010$（表 14-10）；但是随着时间的增加，管道沉淀的形成，曼宁常数势必会变大。

压力流 Hazen – Williams 方程通常被用来计算压力流的流量。因为 CIPP 内表面比较光滑，因此提高了旧管道的过流能力。Hazen – Williams 方程如公式（14-24）。

$$Q = K \cdot C \cdot A \cdot R^{0.63} \cdot S^{0.54} \quad (14\text{-}24)$$

式中：Q——断面水流量，m^3/s；

C——Hazen – Williams 糙率系数（表 14-11）；

A——断面面积，m^2；

R——水力半径，m，$R = A/P$；

其中，P——流体的湿周周长，m；

S——坡度，垂直高差和水平位移的比值；

K——常数，$K = 0.85$。

Hazen – Williams 公式同样可以简化用来评价 CIPP 管道和旧管道的过流能力，如计算公式（14-25）。

$$过流能力 = \frac{Q_{CIPP} \times 100}{Q_{旧管道}} = \frac{C_{CIPP}}{C_{旧管道}}\left(\frac{D_{CIPP}}{D_{旧管道}}\right)^{8/3} \times 100\% \quad (14\text{-}25)$$

不同材质管道的 Hazen – Williams 常数 表 14-11

管道材料	推荐的 Hazen – Williams 常数
CIPP 管道	140
新钢管或者球墨铸铁管道（使用 1 年内）	120
混凝土内衬钢管或者球墨铸铁管道	140
钢管道（2 年）	120
钢管道（10 年）	100
铸铁管道（5 年）	120
铸铁管道（18 年）	100
带纹钢筋或者铸铁	80

来源：Lanzo 管线设计手册

14.1.3 CIPP 管道材料性能

CIPP 内衬法主要材料是柔性塑料管道和热固化性树脂。在典型的内衬法应用中，树脂是系统的主要结构元素。树脂材料通常可以分为不饱和聚酯树脂、乙烯树脂和环氧树脂三类，每一种都有自己独特的化学耐腐蚀性能和结构性能，所有这些固化树脂都具有良好的抵抗家庭污水的化学腐蚀能力。

由于不饱和聚酯树脂的耐化学腐蚀性、优良的物理性能、对 CIPP 工艺的优异的作业性能以及良好的经济可行性，被最早应用于 CIPP 内衬法管道修复技术中。20 多年来，不饱和聚酯树脂始终是 CIPP 工艺中使用最多的固化材料。

由于具有特殊的耐腐蚀能力、抗溶解性和高温稳定性能，乙烯树脂和环氧树脂主要用于工业管道和压力管道。这些材料也可应用于市政管道，但通常是不必要的，况且工程费用也要增加。

在 CIPP 作业过程中，在安装和树脂固化之前，柔性管道的主要功能是携带和支撑树脂，这就要求柔性管道在一定拉伸变形的情况下，能够承受内衬管道铺设过程中的拉伸应力，同时还应具有的柔性，以满足侧向连接和产生一定的膨胀以适应原有管道的不规则性。

柔性软管的材料大部分采用非编织材料，但是可以采用编织材料。为了在施工中保护树脂材料，在软管的内外表面通常要涂覆非渗透性的聚乙烯或聚亚胺酯材料涂层。

CIPP 工艺各种施工方法主要区别是软管的结构和复合材料、树脂的注入方法（手工或者真空）、安装工艺和固化工艺。各种树脂的特性见表 14-12。

内衬法固化剂特性 表 14-12

特点	ASTM 试验方法	聚酯树脂 psi（MPa）	乙烯树脂 psi（MPa）	环氧树脂 psi（MPa）
抗拉强度	D638	2000～3000（14～21）	2500～3500（17～24）	4000（28）
抗弯强度	D790	4000～5000（28～35）	4000～5000（28～35）	5000（35）
弯曲模量	D790	250000～500000（1724～3448）	250000～500000（1724～3448）	300000（2069）

注：括号内数值单位为 MPa。

14.1.4 施工工艺

在采用 CIPP 内衬法修复管道时，可以采用翻转的方法（水力、空气压力）或者采用卷扬机将内衬软管拉入旧管道；然后利用热水、蒸汽或紫外线使树脂固化形成与旧管道紧密结合的新的内衬管道。该施工过程主要包括以下几个部分。

1）前期准备：管道清洗和树脂浸透

首先，需要对将要修复的管道检查和清洁。要对检查井之间的距离进行测量，对所有的破损管段和位置及支管位置进行认真的标记。

如果一个管道决定应用 CIPP 软衬法进行修复，CIPP 制造商则需要根据要修复管段的实际长度、管道直径进行特定产品的生产；在用闭路电视（CCTV）检查原有管道内部的状况和做了相应的清洁工作后（通常清洗的方法有，高压水冲洗车冲洗：冲洗压力一般在 10～20MPa；钢刷，活塞刷，清通器等机械方法），就要进行固化材料（树脂和触媒材料）注入（图 14-2），然后，还要为内衬软管的安装做好准备。在树脂的注入过程中，为了达到所设计的性能要求，要保证内衬软管被树脂完全饱和。

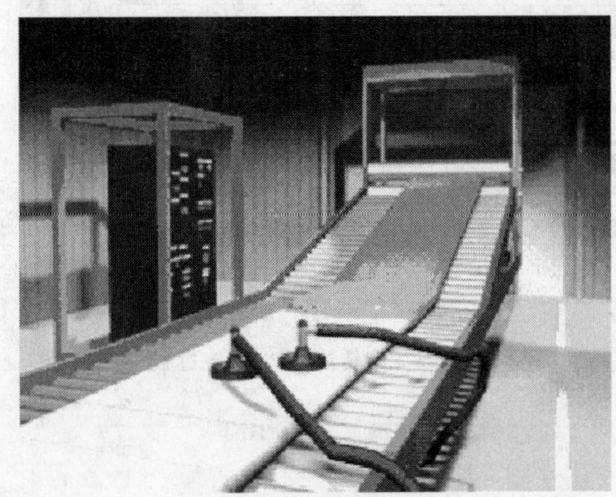

图 14-2 树脂注入工艺

2)管道安装定位

CIPP 软衬法有两种基本的施工方法:翻转法和绞拉法。不同的厂商采用的方法不同。

(1)翻转法

将浸有树脂的软衬管一端翻转并用夹具固定在待修复管道入口处。然后,利用水或压气使软衬管浸有树脂的内层翻转到外面,并与旧管道的内壁粘接。一旦软衬管到达终点,向管内注入热水或蒸汽使树脂固化,形成一层紧贴旧管内壁的、具有防腐防渗功能的内衬(图 14-3)。

①水力翻转法。水力翻转法是一种比较老的方法,可适用于各种尺寸的管道修复工作。翻转水头必须要有足够的压力使软衬管能翻转到旧管道中。对于较大直径的管道施工,软管的翻转从翻转立管的顶部开始,软管前段连接一个导向绳索,以确保翻转作业顺利完成。为了避免产生纵向的拉伸损失,可以对软衬管采取一定的加强措施。水力翻转法施工现场见图 14-4。

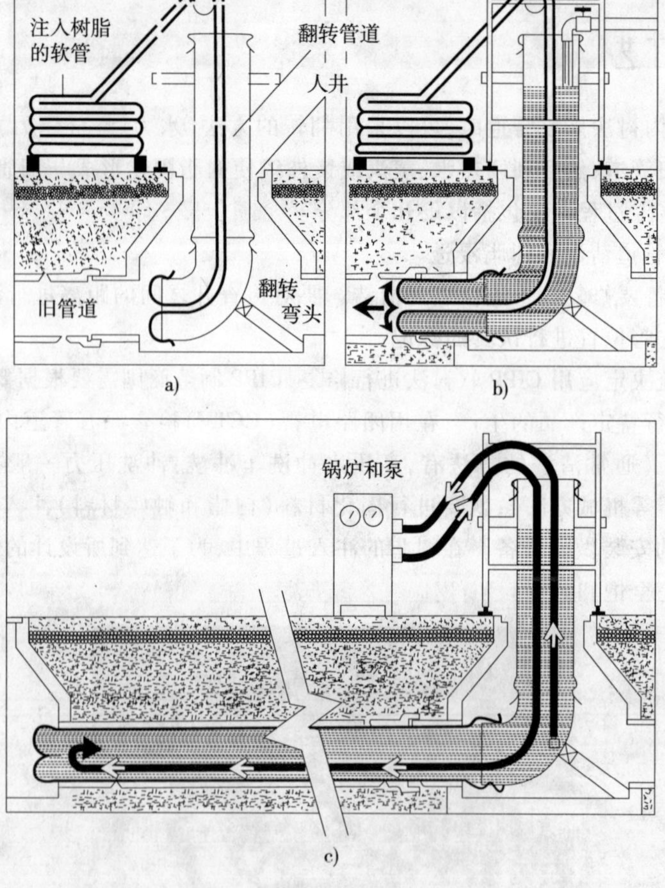

图 14-3　翻转法 CIPP 施工过程

图 14-4 水力翻转法施工过程

停止板应放在衬管结束的工作坑内。木材或钢材做的停止板(图 14-5)用来防止衬管穿过头。它必须能承受翻转头内的水压。当衬管直径 <300mm 时,一块 100mm×50mm 的木板已足够。对于大口径衬管,可能需要铁板或特别设计。

衬管和停止板之间通常是一块有 18mm 厚的有聚酯涂层的三合板,这将防止衬管和停止板粘在一起。注意停止板的安放应保证有足够的空间用于割除衬管末端多余的材料。

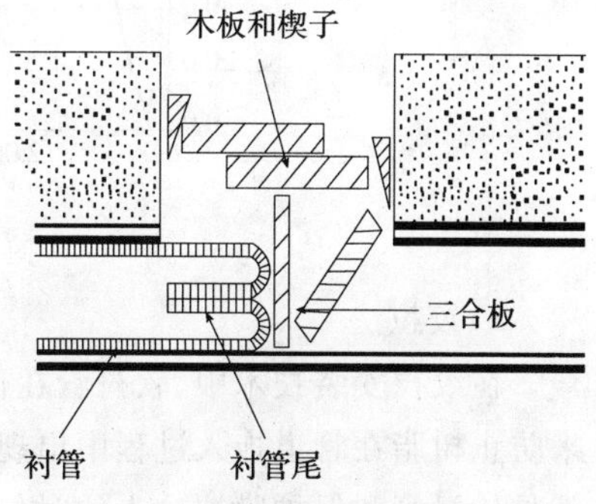

图 14-5 标准停止板详图

当衬管到达停止板固定后,开始将热水锅炉产生的热水注入衬管,并将原来衬管内的冷水抽回锅炉,这样不断循环使衬管内的水温保持一定温度来进行养护。树脂固化后,停止锅炉,用冷水来冷却直到衬管内温度恢复常温。温度控制应严格按照图 14-6 所示温度曲线进行。

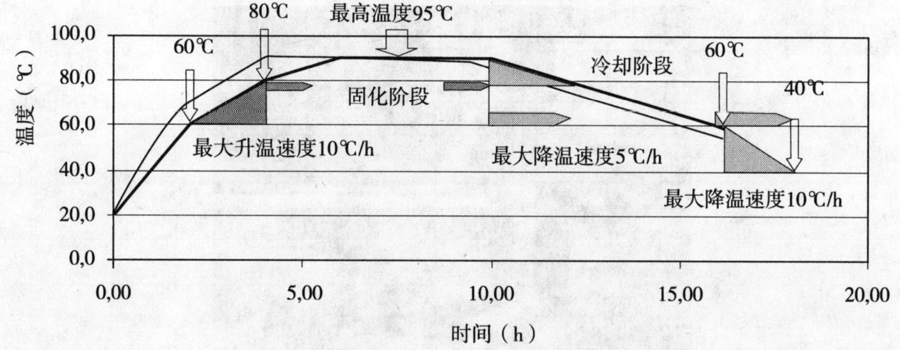

图 14-6 水力翻转法温度控制图

②压缩气体翻转法。压缩气体翻转技术根据所采用的固化方法不同而不同。如果采用蒸汽固化,则可用压缩气体和一个导向绳索把软衬管翻转插入旧管道中,当软衬管安放到位后,压缩气体压力降低并卸除,将压缩空气用蒸汽或者热水取代对内衬进行固化。

如果采用紫外线进行固化,软管的安装则需要从位于始发坑上部的卡车中进行,衬管材料位于卡车内,借助于位于始发坑中安装设备,同样利用压缩气体和一个导向绳索把软衬管翻转插入旧管道中,在整个过程中,空气的压力和推进的速度都要进行监控。当软衬管到了预定位置后,保持压缩空气压力,将紫外线光源下入管道开始固化作业。

水力翻转法和某种程度上的压缩空气翻转法,保证了由于管道结构上的不规则性而形成的管道积水被排出,从而使得在管道修复过程中不会对管道造成破损。

当内衬管到达在工作段末端的接收坑后将被固定,一般让内衬管末端露出工作段管道1m左右。接着在这段内衬管上插入一些用来释放空气的管子,这些管子同时连接在一个放散筒上。

然后一端通过翻转车上的蒸汽锅炉将蒸汽注入衬管内,另一端通过放散筒释放蒸汽。这样衬管内的温度就开始不断升高,然后使其保持一定的温度直到树脂固化。

树脂的固化时间取决于以下因素:工作段长度、管道直径、地下情况、使用的蒸汽锅炉功率以及空气压缩机的气量等。

当树脂固化后,停止输入蒸汽而改用冷空气或水进行降温,直到衬管内的温度达到常温。有关树脂养护时的温度控制应严格按照图14-7曲线进行。

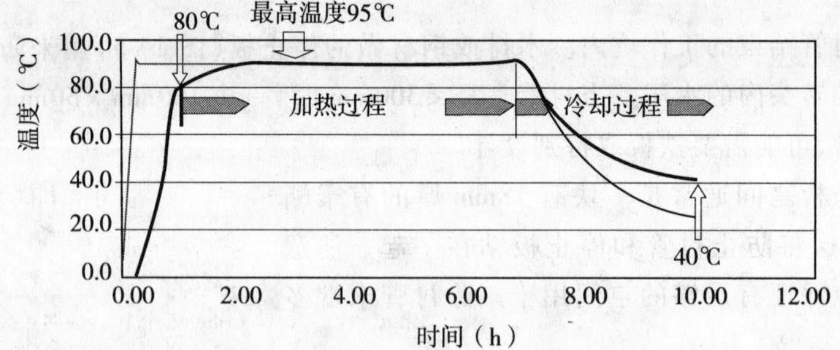

图14-7 压缩气体翻转法温度控制图

2)绞拉法

在绞拉安装技术中,软衬管在保护膜的保护下被拉入到全长管道(图14-8)。保护膜是用来防止树脂在管道拖入过程中出现摩擦破坏,同时降低了摩擦阻力。这里也存在另一个风险,就是软衬管和保护膜被拉入的时候可能导致松动的管段被刮落。应该注意的是,带有外涂层的管道也可以在没有保护膜的情况下进行施工。

图14-8 绞拉施工方法

在管道就位后,可以采用压缩空气、压力水使管道膨胀,然后进行固化。绞拉法在管道直径和施工长度上受到限制,但内衬管的覆膜设计可以避免软衬管在安装中被撕破。

3)固化工艺

树脂固化采用热水、蒸汽或者紫外线中的哪种方法,在安装前对固化方法就必须做出决定,因为这也决定了安装工艺的选择。各种安装固化方法如下:

(1)热水固化法。热水固化法是内衬法修复使用最老的一种方法。施工过程中能够对固化工艺进行记录并对固化水温进行连续的记录和调节,以确保对内衬涂层的正确固化。也可以控制内衬的冷却过程,尽可能减小拉伸应力的产生。热水固化法使得长距离、大直径管道的内衬法修复成为可能。

这种施工工艺最大的缺点是,固化速度比较慢,用于固化的水被浪费了。所以,也有必要考虑对固化所使用大量的水进行回收。

(2)蒸汽固化法。20 世纪 90 年代初,蒸汽固化法开始在软衬法施工中被采用。它的主要优点是固化速度快,可应用于高差 <200ft(60m)的大斜度污水管道修复。但是这种方法有以下缺点:

①难以控制蒸汽的供应,从而导致内衬管过热。

②冷却速度快,增加了内衬层的内应力。

③很难确定内衬层是否完全固化,同时也难以保证不规则管道部位及有地下水侵入管段的完全固化。

④当管道坡度有限时或者存在不规则结构,可能由于蒸汽的液化积水会导致固化过程不充分。

(3)紫外线固化法。20 世纪 80 年代初紫外线固化法开始在内衬法施工中使用。这种方法施工比较快,况且相对比较容易控制。通过连续记录空气压力、内衬层温度、紫外线发射及其光线强度与固化速度对整个固化过程进行控制和管理。

在紫外线固化过程中,随着紫外线光源逐渐地向前移动,内衬的冷却也随后连续发生,从而降低了内衬管道的内应力。

热水固化法和蒸汽固化法因为操作比较简单和其悠久的历史,应用比较广泛。

4)最后步骤

在固化后,可进行管道的冷却和干燥,切除固化衬管的端部,就形成了光滑的、无缝的管道。利用特殊切割设备或者机器人配合 CCTV 摄像机,在管壁上切割支管接口,准备支管的连接。

支管连接的开通在大管道中可以人工操作,而在小管道中可采用自动化作业。

新管道或者内衬管是比旧管道内径小一级的管道。内衬管有光滑的内表面,虽然管道半径有少量减少,但仍可以提高管道的过流能力。

14.1.5 CIPP 软衬法的优缺点

1)优点

(1)内衬和管道之间形成了紧密的配合,不须灌浆;

(2)施工速度快、工期短;

(3)可用于带弯头、有变形部位的管道修复;

(4)没有接头,表面光滑、连续;

(5)可用于修复非圆形断面管道;

(6)过流端面损失小,增大了过流能力。

2)缺点

(1)需要特殊的施工设备,对工人的技术水平和经验要求较高;

(2)施工中必须对管道中的流体进行截流和旁路;

(3)固化过程通常要4~5个小时,在固化过程中,可能相伴与聚酯树脂而存在苯乙烯,所以用于固化的水可能含有苯乙烯而必须从现场清除;

(4)管道中的障碍物通常会阻断施工;

(5)需要对固化过程进行认真监控、检查和试验,以确保达到设计的物理、化学性质。

14.2 内插法

内插法(Sliplining)是一种最早用于管道结构性和非结构性非开挖修复的最简单的方法。在1940年该方法就用来更新破坏的管道。60多年的经验表明,内插法是一种技术经济性较好的管道更新技术,具备非开挖技术所有优点,例如:对社会和交通影响较少,比开挖更新管道更安全。内插法即插入一个小于旧管道直径的管道,然后在新旧管道之间的环状间隙中灌浆(图14-9)。通常使用的内插管道有:PE、GRP、PVC管等。

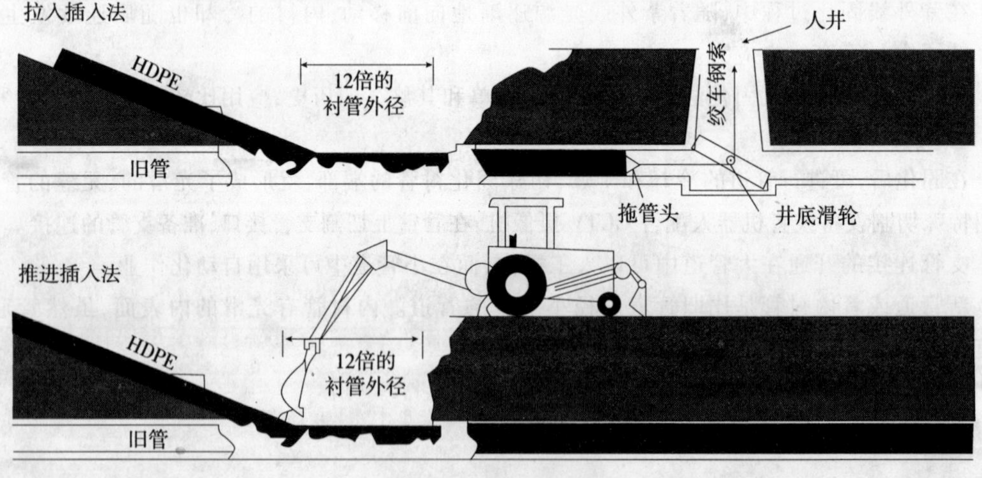

图14-9 内插法施工原理

14.2.1 应用领域

内插法可应用于饮用水管道、化学/工业管道、直线管道、有弯管的管道、圆形管道和压力管道等。但对于污水管道、非圆断面管道、非等径管道、带支管管道、变形管道以及进入管道等,其应用则受到一定限制。

内插法也可以用来更新重力管道,但是管道内径会变小,因此需要对管道的过流能力进行必要的核算,建议采用内壁比较光滑的新管道以增大其过流能力。另外,在插入内管之前,特别是在进行注浆之前,通常要挖开连接处并断开与支管的连接。

对于饮用水管道,所采用所有材料必须符合相关的规定和规范。对于化学/工业管道,管道必须和所输送的化学物质相适应,对管道材料的抵抗化学腐蚀性能、抗高温条件和其他恶劣环境条件的能力等必须进行评估。

管道严重弯曲,一般情况下是很难处理的,尤其是大直径管道。所有的弯曲结构都将增加管道安装时新旧管道间的摩擦力,这将导致在管道不受到过载条件下拉入长度的减少。尽管不常见,但 PE 管道可应用于非圆形管道修复。因此在变截面管段,内管必须选择旧管道截面的极小值。对于可进人的管道,由于管道的自重较大,通常情况下不使用连续拉管的方法。表 14-13 列出了内插法的使用范围和局限性。

内插法的使用范围和使用局限性 表 14-13

管道类型	是否适用	备注
污水管道	是	内插法可以用来修复污水管道,但是由于管道过流面积的减少导致管道的流通能力的降低,因此在重力管道施工中它不是第一选择
燃气管道	是	
饮用水管道	是	所采用所有材料必须符合相关的规定和规范
化学/工业管道	是	管道的材料必须能够抵抗化学腐蚀、耐高温和其他一些特别的要求
直管	是	
弯管	是	内插法通常很难穿过弯曲管段
圆管	是	
非圆管	否	
变径管道	否	新管道必须以旧管道的最小截面尺寸进行设计,除非应用锥形管道
带支管管道	否	对于污水管道和饮用水管道,必须要在注浆前必须将支管处开挖并断开支管
变形的管道	是	内插法不适合修复变形严重的管道

14.2.2 内插法管道设计计算

内插法管道设计主要包括管道直径的设计、管道壁厚计算、管道的过流能力计算和连接方式确定等等。

1)管道直径设计

在旧管道内径的基础上,选择可使用的最大内插管直径,尽可能减少管道直径的缩小和管道过流能力的降低。同时考虑到旧管道的坡度和方向性、管道个别接头的严重偏移、旧管道的结构完整性,要保证内衬管道和旧管道之间有足够大的间隙。

在选择使用 PE 管道作为内衬管道时,其外径通常要比旧管道的内径小于 10%,两个重要原因是:

(1)这样的尺寸差值能够满足间隙要求,确保安装工作顺利进行;

(2)原有管道 75% 到 100% 的过流能力得到保留。但是,对于大直径管道,小于 10% 的管径差值也能提供足够的间隙。当管道直径大于 600mm(24inch)的时候,通常取内插管外径比旧管道的内径小 5% ~10% 之间,但必须确保内插管能顺利进入旧管道内。

2)管道壁厚设计

(1)重力管道壁厚设计

在大多数重力管道内衬工程中,当管道处于地下水位以下时,管道受到的主要的荷载为管道上部的静水压力。

通用的 Love 方程(公式 14-26)得出了管道在自由状态下承受静水压力的能力,其实际上管道壁厚的转动惯量和管道材质的表观弹性模量的函数。对于特定的管道工程项目,其临界屈曲压力 P_C 可由 Love 方程计算得出。

$$P_C = \frac{24EI}{(1 - v^2)D_m^{\ 3}} \times f \tag{14-26}$$

式中:P_C——临界弯曲强度,psi(MPa);

E——表观弹性模量,30000psi(200MPa)(HDPE 在 23℃时,满足 50 年荷载作用);

I——管壁的轴心转动惯性矩,$in^3(mm^3)$;

v——泊松比,PE 管取 0.45;

D_m——管道等效直径,管道内径加上管道壁厚之和,inches(mm);

f——变形协调系数(图 14-10);

D——管道平均直径,in(mm)。

其中,偏斜度(%) $= \frac{D - D_{min}}{D} \times 100\%$,$D_{min}$ 是管道最小直径,in.(mm)。

对于不同的管道尺寸比(DR),可以采用 Love 方程的变形方程(公式 14-27)来计算管道的屈曲压力。

$$P_C = E \times \left(\frac{2}{1 - v_2}\right) \times \left(\frac{1}{DR - 1}\right)^3 \times f \tag{14-27}$$

式中:DR——管道尺寸比,即 OD/t;

其中,OD——管道外径,inches(mm);

t——管道最小壁厚,inches(mm)。

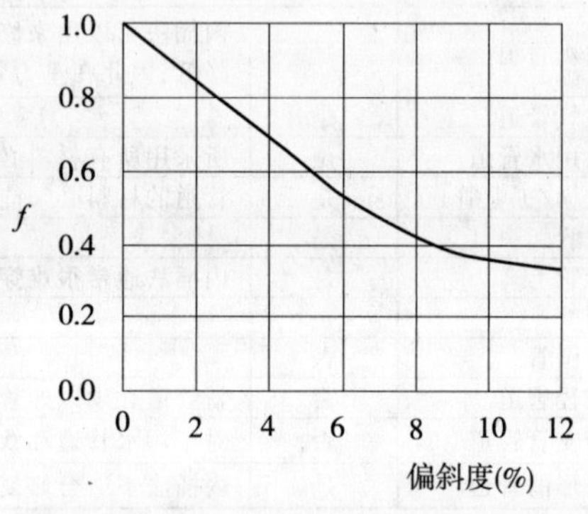

图 14-10 偏斜度(%)与变形协调系数(f)关系

上述自由的管道屈曲阻力计算过程是一个试差的过程,当确定出一个临界屈曲强度时,须将其和静水压力进行比较,如果得出的管道屈曲强度远远大于静水压力,鉴于管道重量和成本等因素,可以选择管壁相对较小的管道作为内插管,重新进行计算比较。管道设计的主要目的是保证屈曲强度有足够的安全系数(SF)以抵抗所预期的最大静水压力。

安全系数 $SF = P_c$/静水压力,其值通常取 2.0 或更大。如果想选择较大的安全系数,可以选择较大的管道壁厚或者通过一些措施提高管道的屈曲强度。

Love 方程只考虑了自由状态下的管道仅受静水压力的情况,没有考虑外部约束力。实际上旧管道对柔性内衬管道有支撑和提高抗破坏的能力,在内插管和旧管道间可以充填各种不同的材料(如水泥、粉煤灰、聚脂泡沫或低密度注浆材料)以提高对内插管的加强作用。研究表明,在环状空隙中填充可以把管道抗破坏能力提高 4 倍以上;主要取决于所填充材料的承载能力。

对于实壁管道,决定管道刚度的主要参数是管道尺寸比 DR。在确定了作用于管道上的荷载大小之后,管道的 DR 值就不难得出。根据规范 ASTM F585 中的相关方法,管道制造商给出了管道 50 年的安全外部稳定荷载条件下对应的 DR 值(表 14-14)。

管道顶上部临界水位高度(非灌浆 vs 灌浆) 表 14-14

DR	非灌浆条件下管顶水位高度(50 年)ft.(m)	灌浆情况下管顶水位高度(50 年)ft.(m)
32.5	2.0(0.6)	10.0(3.0)
26	4.0(1.2)	20.0(6.0)
21	8.0(2.4)	40.0(12.2)
13.5	32.0(9.8)	160.0(48.8)

表 14-14 中的数据是在假定管道椭圆度为 3% 和安全系数 $SF = 1.0$ 的情况下得出的,不注浆强度 ×5 得出注浆强度情况下的强度。如果旧管道结构没有承受土压力和活荷载的能力,安全系数还应该取得更大。

如果管道壁是非实心的,那么管壁的刚度则是管壁的转动惯量和管道公称内径的函数。在不进行注浆的条件下,管道所能承受的长期最大静水压头可由公式(14-28)计算得出。

$$H = \frac{0.9 \times RSC}{D_m} \tag{14-28}$$

式中:H——水位高度,feet;

RSC——管道的环刚度常数;

D_m——管道公称直径,inches。

这个公式考虑管道椭圆度为 3% 和安全系数 $SF = 2.0$ 的情况下。

在灌注后 24 小时最小强度为 500psi/(3.5MPa),28 天最小强度为 1800psi/(12MPa)的情况下,长期最大静水压头的计算公式如下:

$$H = 5 \times \frac{(0.9 \times RSC)}{D_m} \tag{14-29}$$

该公式的安全系数为 2.0。

(2)压力管道壁厚设计

当管道在内部压力和外部荷载同时存在的情况下,管道的设计就必须要考虑各种综合因素,包括管道受力的分析、设计原则的分析、柔性管道材料及其安装等等。在这种情况下,管道壁厚的设计依据是要能够承受土压力、静水压力和其他附加荷载。

3)管道过流能力计算

管道的过流能力计算可参照“CIPP 管道的水力学设计”一节中的计算方法,但非重力流 Hazen - Williams 方程有如下形式:

$$H = \frac{1044G^{1.85}}{{C_H}^{1.85} ID^{4.865}} \tag{14-30}$$

式中:H——摩擦损失;

G——体积流量数,gpm;$G = 2.499 \times V \times D^2$;

其中,V——流速,ft/sec;

ID——管道内径,feet;

C_H——Hazen - William 常数(表 14-15),光滑的聚乙烯管道取值 150。

4)管道连接设计

内插管需要和旧管道元件和附属设施进行连接。合理的工程计划需要对管道连接进行特殊设计。

重力管道更新时,内插管道要达到人井或人井混凝土井壁处。在新旧系统连接的时候,必须要确保管道环状间隙的密封性,防止液体渗漏。

Hazen – William 常数 表 14-15

管道材料	Hazen – William 常数
聚乙烯管	150
PVC 管	150
球墨铸铁水泥衬层管	140
新不光滑铁或者钢管	130
木管、钢筋混凝土管	120
陶土管	110
旧铸铁管、砖砌管	100
严重腐蚀铸铁管	80

通常情况下，在管道环状空隙中安装挤压密封圈或者 Okum 带，缝隙灌入膨胀浆体。灌浆将对钢材有防化学腐蚀的作用。该方法同样可以用在内插管和主管道之间的连接(图 14-11)。

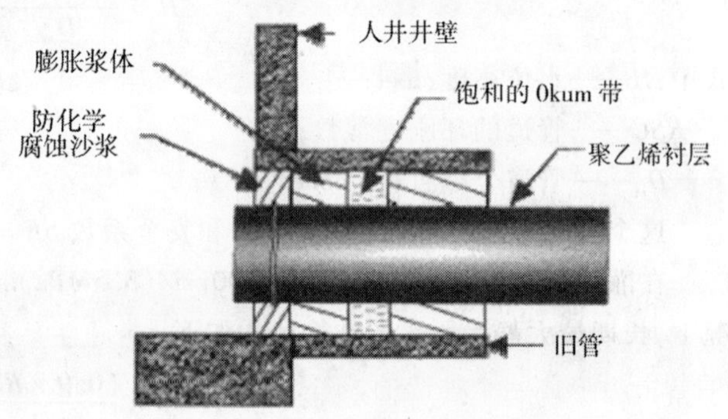

图 14-11 重力管道更新时的典型密封

在主管道和接头的地方都将安设上述装置，灌浆可以在管线定位前起到隔水的作用。这种设置可以埋置在接头或者灌注在新主管道中。在图 14-12 中展示了一些常用的新结构配件。

破坏了的水平管道连接将导致重力管道的渗透流失，新管道的重要目的就是重建好这些连接。新管道建立后，新管道将提供长期的结构稳定性，减少旧管道的破坏。

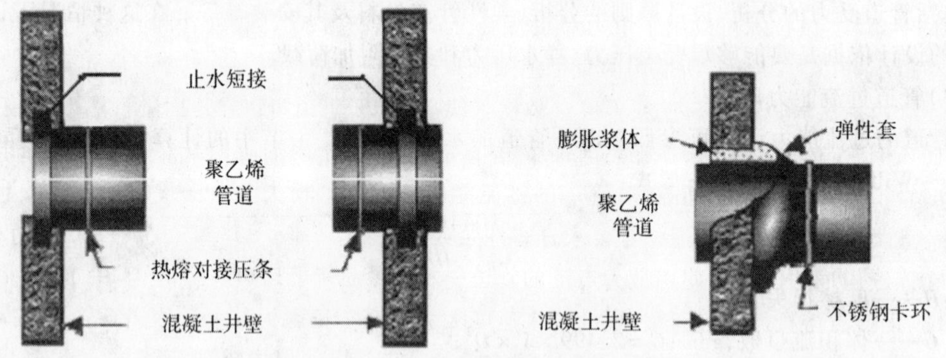

图 14-12 几种新的人井密封方法

各种家庭设施和水平管道和主管之间可以采用不同的连接方式。例如，对于松弛性衬里，污水管支管的连接可以采用鞍座连接或热熔连接。两种方法都可以确保连接不漏失，从而确保管道的工作效率不下降。两种类型见图 14-13。

压力管道的连接设计，主要考虑的是管道的内压力值，连接部件要能承受与主管一样的设计压力，有几种连接方法可供选择。可以凿开旧管，热熔连接一个分支管道(图 14-14)；设计参数不同、设计目的不同，各个部分都将采取单独的设计。

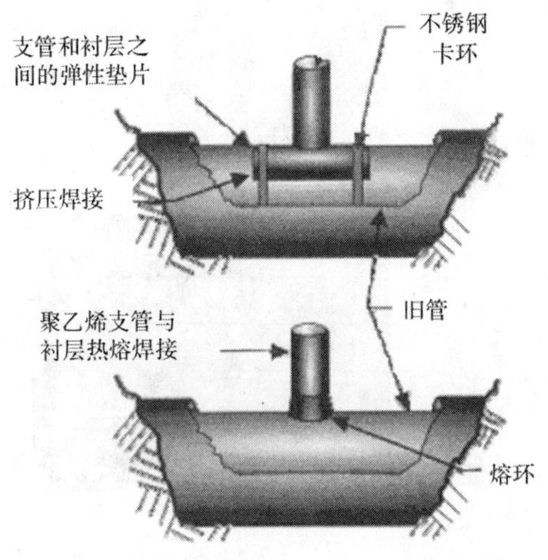

图 14-13　内插法重力管道更新时的支管连接

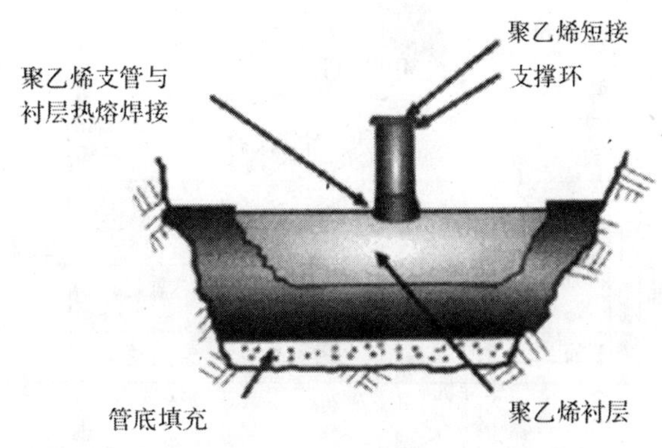

图 14-14　内插法压力管道更新时的支管连接

14.2.3 内插法施工工艺

采用内插法所插入的新的柔性内衬管道直径通常要比原有旧管道直径小 10%。通过拉入或者推入的方法使新管道进入破坏了的旧管道中。在管道安装就位及注浆作业完成后，即在旧管道内形成一个连续的、不透水的新管道。如果要求内管具有均匀的坡度时，必须采用塑料或金属定位工具进行调节。这些定位器还具有在注浆过程中固定内管的作用。

内插法主要分为两类：连续管法和非连续管法。下面将分别介绍这两种方法。

1）连续内插法

连续内插法是确定了管道破坏的重要区域后，在旧管道中拉入连接好的 HDPE 或者 PVC 管（图 14-15）。该技术可以用于重力污水管道、自来水管、雨水管、煤气管和其他管道。内插管的直径最小可以为 25mm，所适用的直径上限则取决于现有的材料。

连续内插法可以采用薄壁或者厚壁内插管线。HDPE 管道可以在地面进行热熔焊接，然后连续插入旧管道。这种方法在施工时需要一个导向沟，便于内插管的安装。这种方法通常会在新旧管道之间留有环状间隙，对管道的过流能力造成较大损失。根据各工程项目的具体要求和荷载类型，对环状间隙通常都要求进行注浆处理。

在连续内插法施工中使用最为广泛的管道材料是聚乙烯管道（PE 管道）。由于 PE 管道的长距离、无接点熔接性能，使得管道的拉入速度大大提高。正因为这一原因，PE 管道成为最佳选择。同时，它有一定耐磨损能力和足够的柔性，在安装过程中也便于通过一些轻微弯曲管道。

其他一些带有连接接头管道（如 PVC 或者铸铁管道）同样可以用于旧管道的内衬修复，其施工方法和 PE 管道类似，但是通常是分段施工，不能像 PE 管道那样在地表事先连接成完整的管线，然后一次性连续拖入。另外，在施工中通常不必对管道中的流体进行截流或旁路。如果是铸铁管，环状间隙中也可以不必进行灌注。可以根据管道的状况，决定对 PVC 管道是否采用注浆作业。

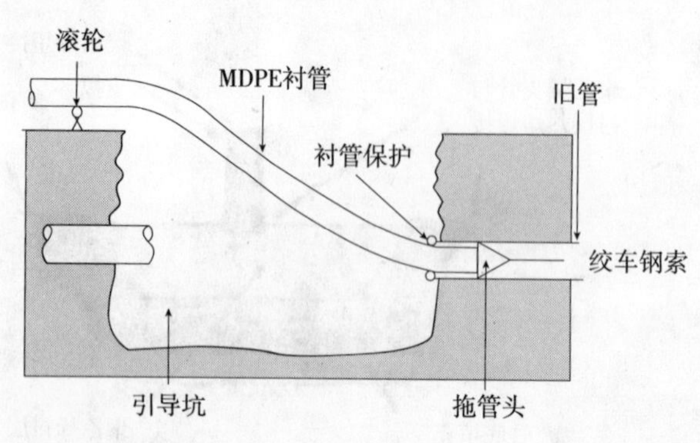

图 14-15 连续内插法施工工艺图

2)非连续内插法

非连续内插法主要应用于微型隧道或者顶管施工中的平接口短管道修复工作(图 14-16)。许多塑料管道产品(包括 GRP、PVC、PP 和 PE 管道)通常设计成为具有合适的平滑接口的较短管节,专门用于内插法污水管道修复施工。这种方法主要适用于修复直径大于 900mm 的管道。

在采用非连续内插法修复管道时,将管节在入口坑进行连接,然后推入到旧管内(图 14-17),在所有管节都安装到位后,再对环状间隙进行灌浆处理。支管的连接通常仍采用局部开挖的方法。

图 14-16 非连续内插法施工图

各种常用的污水管材都可以采用插入法对旧管道进行修复,但是,为了降低管道内截面面积的减少,应尽量减小或避免管道之间的接头,以保证新管道有光滑的内外连接。大量的管道产品均满足这一要求。大量的顶管、微型隧道,或者定向钻进用管由于采用非喇叭形或较小的喇叭形接口,都可以应用于内插法施工。

一些刚性管道(如陶土管、混凝土管、玻璃钢管和铸铁管等)都可以从相对较小的工作井采用顶推设备推入旧管道。由于管道在施工中处于开放状态,因此没有必要对管道中流体进行截流或旁路。另外,因为这些管道本身具有较大的结构强度,对环状间隙的注浆要求不像柔性管道那么严格,但通常为了对管道进行固定,注浆作业还是照例进行。

图 14-17 玻璃钢管道的内插法施工

3)管道的安装过程

在内插法施工中,管道通过拉或推的方式穿越旧管道从始发井到接收井,两种铺设方式在安装管道的过程中虽有明显的区别。但是,其基本工作步骤如下:

(1)旧管道的检查;

(2)管道的清洁和障碍物的清除;

(3)内插管道的连接;

(4)寻找或施工管道进入坑;

(5)插入、固定内衬管道;

(6)环状间隙注浆(不必要的情况下可以省去);

(7)支管连接;

(8)管道端部连接。

①连续内插法安装

和前面讨论的一样,PE 管道可以在地上或者入土坑中熔接成长管道。如果是在地上连接,由于受到 PE 管道最小允许弯曲半径的限制,需要较大的入土坑;尤其是在深管道或者说大直径管道安装时。如果是在入土坑中进行连接,可以使用小的入土坑,但是由于熔接和冷却过程需要时间,导致施工效率降低。管道冷却的环节对管道安装成功后的寿命有较大的影响,因为短时间的冷却将降低管道安装和长期使用过程中的强度。

在管道连接过程中,在 PE 管道内侧和外侧都会形成熔结瘤。污水管道安装前,都要对管道内外的熔接瘤进行清除。如果是饮用水管道,为了避免在清除熔接瘤所造成的污染,通常对管道内侧的熔接瘤予以保留。

在拖拉管道时,拖管头是非常重要的部件。它把绞车的拉力传递给管道。在拖拉过程中,拖管头应能够保证对管道不产生局部的应力集中。有时为了防止土或者其他物质的进入管道,管道的端口是封闭的,这在饮用水管道施工中特别重要。为了防止拉力超过 PE 管道极限抗拉力,在绞车和拖管头之间安装一个保护接头(自动脱离连接),可以保证在托管拉力达到允许拉力前自动脱落。

a. 拉入法

小直径的 PE 短管可以人工拉入,但是大部分的管道需要用绞车拉入。绞车需要稳定、连续的拉力。绞车位置需要仔细选择,同时在现场还需要附加的拉力设备,可布设在旧管道或者始发井中。在采用拉入法施工内衬管道时,最大的拉入长度可通过以下两个公式计算得出:

管道最大抗拉力计算,F_{max}:

$$F_{max}=f_y \times f_t \times T \times \pi \times OD\left(\frac{1}{DR}-\frac{1}{DR^2}\right) \tag{14-31}$$

式中:F_{max}——最大抗拉力,lb - force;

f_y——拉伸屈服设计(安全)常数,0.40;

f_t——拉伸状态下的时间(安全)常数,0.95;

T——管道的拉伸屈服强度,psi,对于 73.4°F 条件下的 PE3408,取 $T=3500$psi;

OD——管道外径,inches;

DR——管道尺寸比,$DR=OD/t$,t 为管道壁厚。

管道最大拉入长度，L_{max}：

$$L_{max} = \frac{F_{max}}{W \times f} \tag{14-32}$$

式中：W——管道单位长度质量，lbs/ft；

f——摩擦系数，旧管道中有流体存在时取0.1，旧管道表面湿润时取0.3，在砂质土上面时取0.7。

b. 推入法

当采用推入或顶入的方法进行内衬管道施工时，管道的最大推入长度可以通过下面公式进行计算（适用于非实壁管道）：

管道能够承受的最大推力 $F_{max,push}$ 计算，

$$F_{max,push} = S \times (ID + t) \times \pi \times PS \tag{14-33}$$

式中：$F_{max,push}$——最大抗推力，lb - force；

S——管道的内、外壁厚之和，inches；

ID——管道内径，inches；

t——管道外壁厚，inches；

PS——允许最大压应力，psi。

管道最大推入长度，$L_{max,push}$：

$$L_{max,push} = \frac{F_{max,push}}{W \times f} \tag{14-34}$$

式中：W——管道单位长度质量，lbs/ft；

f——摩擦系数，旧管道中有流体存在时取0.1，旧管道表面湿润时取0.3，在砂质土上面时取0.7。

②非连续内插法安装

精密的铺设步骤与管道直径和管道材料有关。分段管道根据各个工程的不同，分别提前进行设计和预定。这里有两种构筑方法：纵向连接和环向连接（横向连接），使用的材料可以是玻璃纤维增强水泥管（GRC）、玻璃钢材料管（GRP）、聚合物混凝土管（PC）和混凝土管。人工组装后，再进行环状浇注。个别的组装工作是在管道中进行的，人工进入管道内对需要在内部进行定位和连接的部分进行绑扎。当每一单元管道更新定位后，必须在施工下一单元前进行灌浆。如果是人工不能进入的管道，通过推或者拉的方式把管道安放入旧管道内，直到全管道定位后进行灌浆。为了保持水平连接，需要一定量的开挖工作。

4）管道的水平连接

当采用内插法更新污水管道时，在水平连接处和管道分支处进行开挖工作。在内部连接时，在灌浆前需要在PE管道上开口，同时水平和分支口用充气包密封。密封水平接口和分支口是为了防止灌注的浆液被压入管道内。但是由于该施工工艺的复杂性，其只能在一定范围内使用。换一句话说，这种工艺只适合大直径施工工艺。

在灌浆前连接口必须开挖和分离分支管道。PE管道的水平连接和新管道安装时的方法一样。在现有分支口处必须要采用各种特殊的连接头。当修复自来水管时，必须开挖连接新管道或者连接新旧管道。

5)环空注浆时管道的受力分析

(1)由浮力引起的荷载

在旧管道与拉入 HDPE 管间的环形空隙进行注浆时,如果注浆材料的比重 γ_D 大于管道比重 γ_R,内衬管道(如 HDPE 管道)将受到 F_V 的作用,如图 14-18 所示:

$$F_V = F_A - G_R = \frac{\pi \cdot d_a^2}{4} \cdot \gamma_D \cdot l_R - q_R \cdot l_R \quad (14\text{-}35)$$

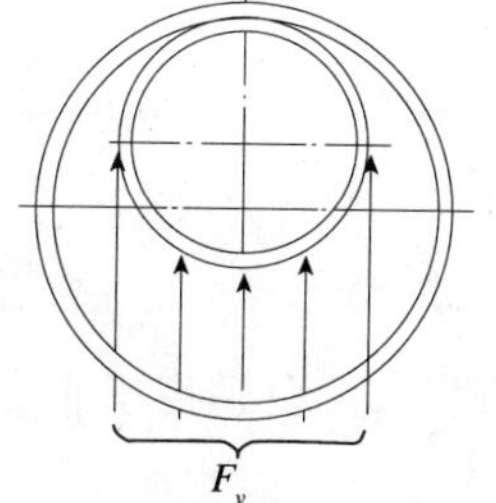

图 14-18 浮力 F_v

式中:F_A——浮力,N;

G_R——管道重力,N;

q_R——管道单位长度的重力,N/mm;

l_R——管道长度,mm。

对于充满了水的管道,其计算公式为:

$$F_V = \frac{\pi \cdot d_a^2}{4} \cdot \gamma_D \cdot l_R - (G_R + G_W) = \frac{\pi}{4} \cdot l_R (d_a^2 \cdot \gamma_D - d_i^2 \cdot \gamma_w) - q_R \cdot l_R \quad (14\text{-}36)$$

根据上述公式,可以得出结论,如果管道不受侧向支撑而浮在旧管道的顶部,所产生的竖直方向上变形可用公式(14-37)表示:

$$\frac{\Delta d_m}{d_m} = \delta_v \approx 0.174 \cdot \frac{F_V}{l_R} \cdot \frac{d_m^2}{E_R \cdot t^3} \quad (14\text{-}37)$$

式中:d_m——管道直径,mm;

t——管道壁厚,mm;

E_R——蠕变模量。

塑料管的蠕变模量 E_R 通常是根据特殊水泥浆的固结时间查图 14-19 确定的。输水管道一般需要考虑内部压力。由于浮力引起的变形会产生的几何非线性反向力,所以竖向变形明显要比计算变形值 δ_v 小。

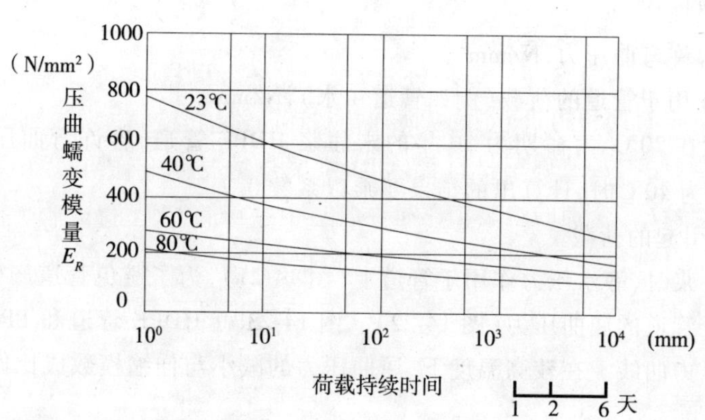

图 14-19 HDPE 管材弯曲蠕变模量图

为了防止插入管道的浮动,管道应用定位器固定在旧管道的中间,定位器间隔距离取决于容许挠度,如图 14-20 所示。

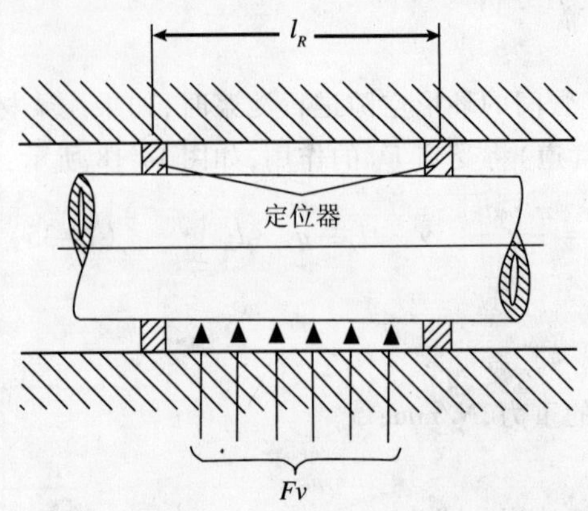

图 14-20　定位器间管道截面的荷载

对于平均挠度有如下关系 W：

$$W=\frac{\frac{3}{384}\cdot q\cdot l_R^4}{E_R\cdot I_R} \tag{14-38}$$

$$q=\frac{F_V}{l} \tag{14-39}$$

式中：l_R——自由长度，mm；

I_R——极轴惯性矩，mm^4。

根据下列公式可计算定位器的最大间隔 l_R：

$$l_R=\sqrt{\frac{12\sigma_{b\cdot p}\cdot W}{q}} \tag{14-40}$$

式中：W——惯性矩，mm^3；

$\sigma_{b\cdot p}$——容许弯曲压力，N/mm^2；

q——作用于管道的荷载（例如管道＋水），N/mm。

对于作业温度在20℃，寿命期为 50 年的未注浆 HDPE 管道，容许弯曲压力 $\sigma_{b\cdot p}=0.6N/mm^2$。当作业温度为40℃时，计算出的结果要乘以系数 0.7。

(2)静水压力引起的荷载

在环空间隙注浆时，静水压力作用于管道上（图 14-21），为了避免管道产生屈曲破坏，这个压力一定不能大于管道的屈曲压力（图 14-22）。图 14-23 可 HDPE 管道和 PP 共聚物管道在一定条件下的屈曲压力曲线。在较高温度下，屈曲压力的减小与伸缩模数成比例。

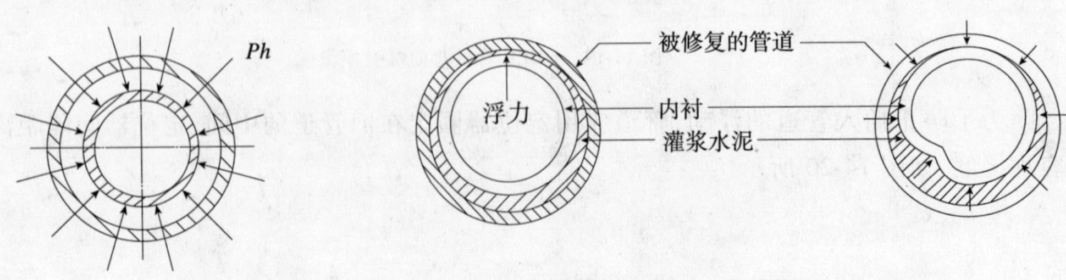

图 14-21　水压力对内管的作用　　　图 14-22　水泥灌浆过程中的内衬变化

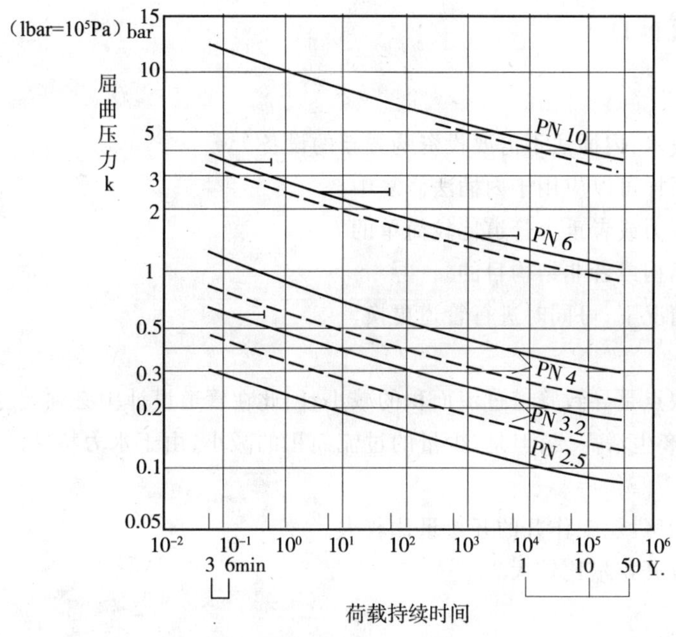

图 14-23 HDPE 和 PP 管道的屈曲压力图(20℃)

一般情况下,1 小时的屈曲压力对于特殊注浆材料硬化时间点的屈曲压力是起决定作用的。因浮力引起的管道变形,根据变形的程度,这时的屈曲压力要乘以系数 f_R(图 14-24)。屈曲压力和注浆压力应满足下列公式:

$$p_{k \cdot p} = \frac{p_k \cdot f_R}{S} \geqslant p_h \tag{14-41}$$

式中:S——安全系数(>2);

p_h——静水压力(注浆压力)。

如果所需要的注浆压力大于管道所能承受的压力,在注浆时,应向内衬管道里面注入具有一定压力(略高于注浆压力)的水进行保护。但是,过高的内部压力会导致管道的膨胀,在随后释放压力时,塑料管的变形所需要的时间要长于材料的硬化时间,这样就导致内衬与注浆体的分离。在注浆结束后,注入管道中的水可用于进行压力测试。

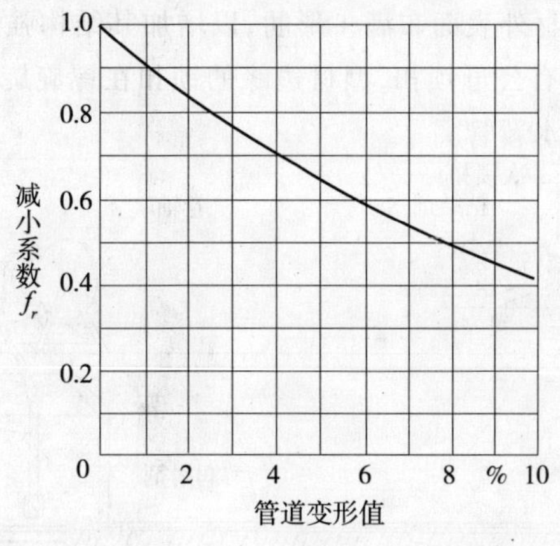

图 14-24 与管道变形相关的减小系数

14.2.4 内插法的优缺点

1）优点

（1）作为一种修复技术，内插法不需要投资购置新的设备。

（2）顶管法等方法同样可以应用于内插法修复中。

（3）内插法是修复压力或者重力管道比较简单的方法。

（4）内插法可用于结构或者非结构目的。

（5）在管道运行的情况下，可同时进行管道更换。

2）缺点

（1）内插法最大的缺点是导致管道过流面积的减小，因此在管道设计中必须要考虑新管道的流通能力是否满足生产生活需要；但是，少量的过流面积的减小，由于水力特性的改变，可能对流通能力没有影响。

（2）在人不能进入的区域，工作井的开挖量比较大。

（3）水平连接的地方开挖量比较大。

（4）需要灌浆。

14.3 螺旋缠绕法

Rib Loc 螺旋缠绕工艺是非开挖管道更新技术中的一种。该工艺是专用于污水及雨水管管道更新修复的一种有效的、可靠的、完善的工艺，它分为固定口径法和扩孔工法。

固定口径法：该工艺是将带状聚氯乙烯（PVC）型材（图 14-25），放在现有的人井底部，通过专用的缠绕机，在原有的管道内螺旋旋转缠绕成一条固定口径的新管，并在新管和旧管之间的空隙灌入水泥沙浆。所用型材外表面布满 T 形肋，以增加其结构强度；而作为新管内壁的内表面则光滑平整。型材二边各有公母锁扣，型材边缘的锁扣在螺旋旋转中互锁，在原有管道内形成一条连续无缝的结构性防水新管。

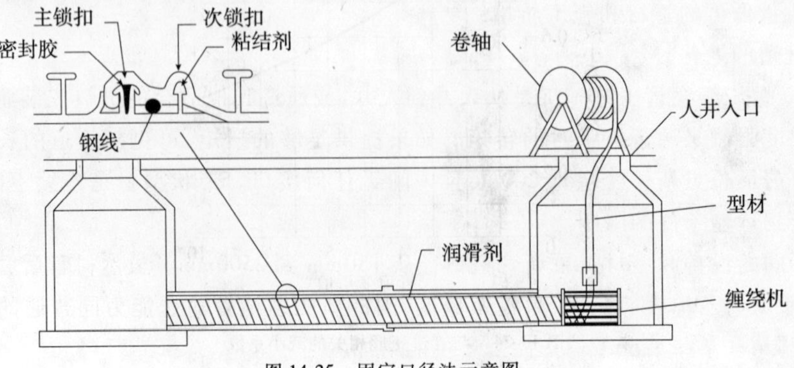

图 14-25　固定口径法示意图

扩孔工法:该工艺(图 14-26)是将带状聚氯乙烯(PVC)型材放在现有的人井底部,通过专用的缠绕机,在原有的管道内螺旋旋转缠绕成一条新管。所用型材外表面布满 T 形肋,以增加

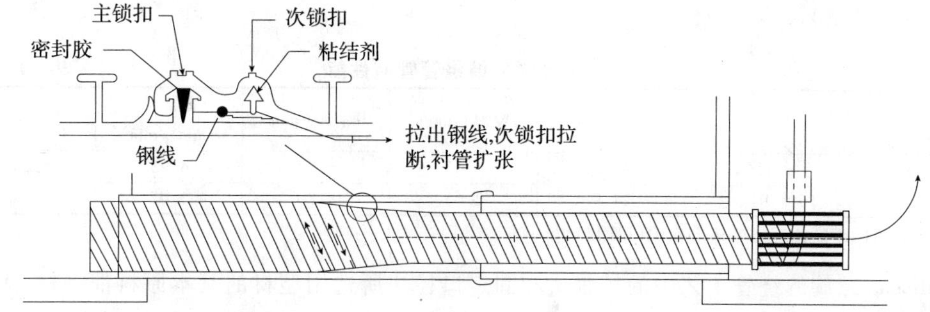

图 14-26 典型的螺旋旋转缠绕扩张工艺

其结构强度;而作为新管内壁的内表面则光滑平整。型材二边各有公母边,型材边缘的锁扣在螺旋旋转中互锁,在原有管道内形成一条连续无缝的结构性防水新管。当一段扩张管安装完毕后,通过拉动预置钢线,将二级扣拉断,使新管开始径向扩张,直到新管紧紧地贴在原有管道的内壁上(图 14-27)。

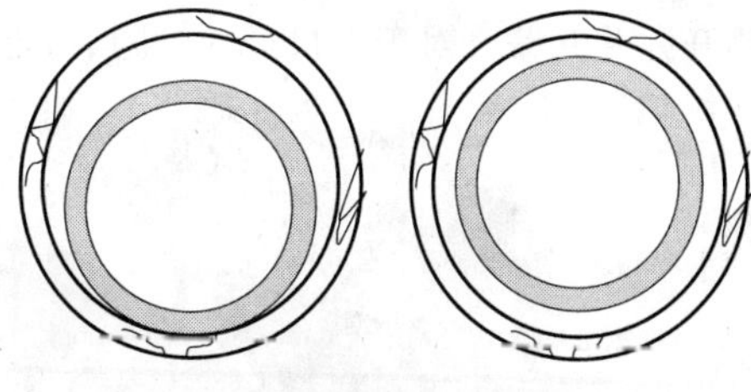

图 14-27 扩张前和扩张后的管道内视图

14.3.1 应用领域、材料及其要求

Rib Loc 螺旋缠绕法适合各种类型管道的修复(包括压力管道、重力管道等等),该修复工艺可以用在以下情况的管道损坏,包括:

(1)由于管道沉降和开裂造成的结构损坏;

(2)由于交通和房屋重量增加引起管道负荷超重造成的损坏;

(3)由于管道周围泥土松动造成的损坏;

(4)由于污水中的废气引起的管道腐蚀造成的损坏;

(5)由于流体中的固体物质和管壁产生摩擦、磨损造成的损坏;

(6)通过接头或裂缝处进入管道的树根对管道造成损害或堵塞;

(7)污水渗漏对周围土质及地下水形成的污染;

(8)由于地下水渗透而造成管道输送能力下降;

(9)由于地表移动造成管道接头错位;

(10)质量低劣的管材和施工质量;

(11)管道的老化。

Rib Loc 螺旋缠绕管工艺施工是从人井到人井,或通过其他适合的进口安装管道。更新管道的最长长度限制来源于扩张时的转矩。如果提供足够的扭矩,可更新管道的长度就可以无限延长。目前最长更新长度超过 200m,且中间无任何接口。带状型材是连续不断地被卷入,它的长度受到运输条件的限制。

使用不同的设备和型材可更新管道口径从 150mm 到 2500mm。虽然衬管后管道口径略有缩小,但由于聚氯乙稀表面光滑,粗糙系数低,因此新的缠绕管输送能力同普通的污水管材料相比减小有限,在某些情况下输送能力还可能增加。

使用材料及其性能:用于 Rib Loc 螺旋缠绕管固定口径的带状型材根据美国标准 ASTM F 1697《用于污水管道更新的机制螺旋缠绕衬管的聚氯乙烯带状型材标准》进行生产和测试,主要有以下两种型号(表 14-16):

Rib Loc 螺旋缠绕管管道性能 表 14-16

型　　号	宽(mm)	高(mm)	壁厚(mm)	中轴距(mm)	截面积 (mm^2/mm)	惯性 (mm^4/mm)
126AD20	126	19.8	2.55	6.72	4.73	228.9
91AD25	91	24.9	2.65	8.80	5.42	427.2

注:所有出厂产品都经过严格的检验以确保质量。

Rib Loc 螺旋缠绕管工艺中的扩张法和固定口径法所选用型材的基本原料都一样,因此所有型材的属性相同。

现场要求:在管线的起始端和终点端需要一个入口。一般情况下利用普通的人井,只需要移开人井井盖。对于大口径的管道,可能需要在入井处少量开挖,扩大入口(图 14-28)。

a)

b)

图 14-28　施工现场

a)利用现场人孔开施工;b)少量开挖

入口的地方如果可以停放车辆则更好,这样固定在卡车上的设备和材料可以直接停放在人孔井边。缠绕机放置在人孔井底部,根据现场条件或需做小量的改动。设备连接线和型材可以通过人井井口送到缠绕机。路面上,放置型材的滚筒和辅助设备可以固定在卡车上,也可以根据需要安置在地面上,把影响程度减到最小(图 14-29)。施工所占用路面只是人井周围的有限地方,一般情况下占用一条车道,长 10m 左右。

图 14-29　场地现场平面布置图示例

14.3.2 施工设备

所有需要的设备可以安装在载货汽车上，并在车上操作（图 14-30），也可以根据现场需要移动和放置。这些设备包括：

（1）电子自动控制设备

电子自动控制设备用来控制安装过程中的扩张过程。计算机系统可以通过不间断地监视、计算安装过程来确保 Rib Loc 缠绕管完全扩张（图 14-31）。

图 14-30 载货汽车（运输工具）

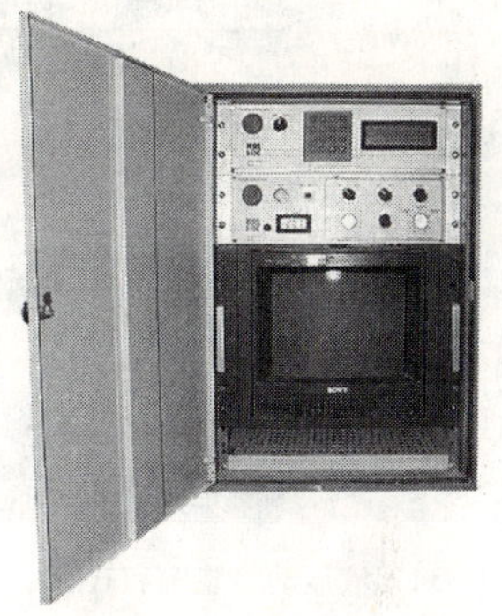

图 14-31 电子自动控制设备

（2）在人井中制作新管的特殊缠绕机

PVC 型材上的锁扣通过缠绕机缠绕互锁，形成一条连续的新的内衬新管，同时，操作员通过控制缠绕机来控制缠绕的速度（见图 14-32）。

图 14-32 缠绕机

（3）适用于不同口径的缠绕头

缠绕头是用来控制新管口径尺寸的，它的选用根据原管道内径的大小，在一定范围内可以调节尺寸（图 14-33）。同时它也可以分成两片，便于运输和放入人井。

图 14-33 缠绕头

(4)驱动缠绕机的液压动力装置和软管(图 14-34)

(5)提供动力和照明的发电机(图 14-35)

(6)空气压缩机和气动密封机(图 14-36)

(7)检查管道及监控施工用的闭路电视(图 14-37)

图 14-34 液压动力装置和软管

图 14-35 发电机

图 14-36 空气压缩机

图 14-37 CCTV 设备

(8)放置型材的滚筒和支架(图 14-38、图 14-39)

图 14-38 滚筒

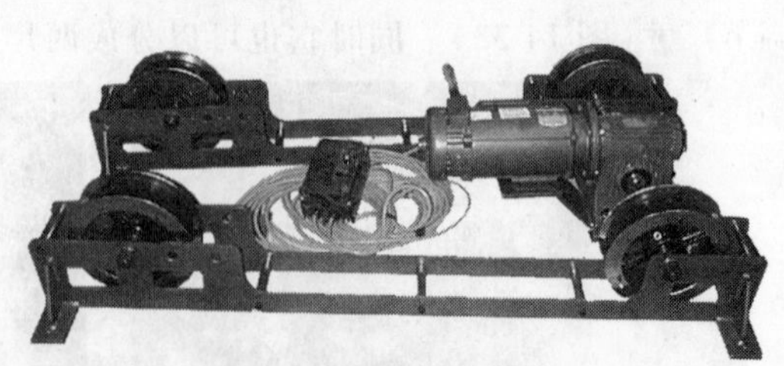

图 14-39 支架

(9)密封剂注入泵(图 14-40)

(10)拉钢线设备(图 14-41)

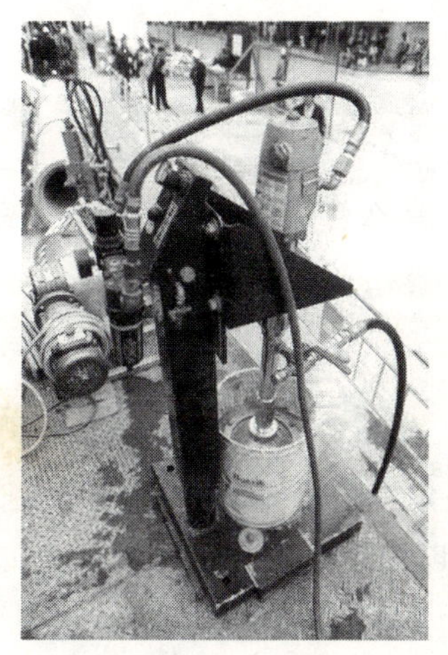

图 14-40　密封剂泵图

图 14-41　拉钢线设备

14.3.3 设计计算

1）名词解释

部分破损管道：旧管道能够承受全部的土压力、附加应力和活荷载；同时管道周围的土壤对管道也有支撑作用的管道称为部分破损管道。管道破损形式主要为垂直裂隙和局部管道破损。

完全破损管道：旧管道在修复工作前，已经不能承受土压力、附加应力和活荷载的管道成为完全破损管道。管道的破损形式主要为管段失效、变形失效以及流体、大气和土壤对管道的腐蚀失效。

2）设计计算

（1）旧管道部分破损下的设计

旧管道部分破损下的设计条件：缠绕管只是用来平衡静水压力（和管道内空气压力）；因为旧管道已经平衡了其他外力。那么缠绕管的设计计算就只需考虑是否满足静水压力的要求。缠绕管刚度数值计算如下：

缠绕管道紧贴旧管道（灌浆或者不灌浆）：

$$P = \frac{24KE_L I}{(1-v^2)D^3} \cdot \frac{C}{N} \tag{14-42}$$

式中：P——外部压力，MPa；

C——体积变形系数，$C = \left[\left(1-\frac{q}{100}\right)\Big/\left(1+\frac{q}{100}\right)\right]$；

D_E——旧管道的相似内径，in（mm）；

N——安全系数（2.0）；

E_L——缠绕管的长期弹性模量，psi（MPa）；

I——缠绕管的转动惯量，in^4/in（mm^4/mm）；

$E_L I$——缠绕管的刚度数值，$in^3 \cdot lbf/in$（$MPa \cdot mm^3$）；

D——缠绕管道的公称直径，in（mm），$D = D_E - 2(H-v)$；

H——剖面高度，in（mm）；

y——管道的轴心深度，in(mm)；

K——土壤对管道的强度提高系数(土拱效应等)；

v——泊松比(平均 0.38)。

管道的选择是与管道的受力和管道的设计寿命有关的。那么管道设计遵循管道寿命内采用最大外荷载情况下的结构设计。

把公式(14-42)进行调整计算管道的刚度数值 $E_L I$：

$$E_L I = \frac{P(1-v^2)D^3}{24K}\frac{N}{C} \tag{14-43}$$

如果管道常数 I 和 D 都由剖面决定，那么设计会出现一定程度的不合理；但是，如果随着管道直径的增加，D_E 和 D 的数值比较接近，那么用该公式可以计算 D_E。

固定管道直径(灌浆)：

$$P = \frac{8E_L I({K_1}^2-1)}{D^3}\cdot\frac{C}{N} \tag{14-44}$$

式中：P——外部压力，psi(MPa)；

N——安全系数(2.0)；

E_L——缠绕管的长期弹性模量，psi(MPa)；

C——体积变形系数；

I——缠绕管的转动惯量，$in^4/in(mm^4/mm)$；

D——管道的平均直径，in(mm)，$D = D_0 - 2(H-y)$；

其中，D_0——缠绕管管道外径，in(mm)；

H——剖面高度，in(mm)；

y——管道的轴心深度，in(mm)；

K_1——不灌浆常数。

(2)旧管道完全破损下的设计

管道完全破损下的设计条件：缠绕管设计用来承受所有的静水压力、土压力和活荷载；设计程序如下：

缠绕管道紧贴旧管道(灌浆或者不灌浆)

$$q_t = \frac{C}{N}[32R_W B'E'_s(E_L I/D^3)]^{1/2} \tag{14-45}$$

式中：q_t——外部总荷载，psi(MPa)；

R_W——抗浮常数(最小值 0.67)，$R_W = 1 - 0.33(H_W/H)$；

其中，H_W——管道水位深度，ft(m)；

H——管道埋深，ft(m)；

W_L——活荷载，psi(MPa)；

B'——弹性常数，$B' = 1/(1+4e^{-0.213H})$；

C——体积变形系数；

N——安全系数(2.0)；

E'_s——相互作用土壤弹性模量，psi(MPa)；

E_L——缠绕管的长期弹性模量，psi(MPa)；

$E_L I$——缠绕管的刚度数值，$in^3\cdot lbf/in(MPa\cdot mm^3)$；

D——管道的平均直径，in(mm) $D=D_0-2(H-y)$。

把公式(14-45)进行调整计算管道的刚度数值 E_LI：

$$E_LI=\frac{(q_rN/C)^2D^3}{32R_WB'E'_s} \tag{14-46}$$

固定管道直径(灌浆)：

固定管道直径、环状空间灌浆修复法形成了三个独立的单元：缠绕管、灌注体和旧管道。各个单元都必须在一定的安全保证的基础上承受外部荷载。合同、产品说明与试验数据将有利于管道的设计和安装。

缠绕管的最小刚度数值 E_LI 计算方法见公式(14-43)和公式(14-44)。

3)灌浆压力的设计计算

环状间隙在还没有灌浆的时候，管道内还没有加压或者支撑；最大灌浆压力设计计算公式(14-47)：

$$P_{cr}=\frac{24EI}{(1-v^2)D^3}\cdot\frac{C}{N} \tag{14-47}$$

式中：P_{cr}——理论弯曲强度，psi(MPa)；

N——安全系数(2.0)；

I——缠绕管的转动惯量，$in^4/in(mm^4/mm)$；

E——缠绕管的弹性模量，psi(MPa)；

EI——缠绕管的刚度数值，$in^3\cdot lbf/in(MPa\cdot mm^3)$；

D——管道的平均直径，in(mm)；

v——泊松比(平均0.38)；

C——体积变形系数。

14.3.4 施工工艺

1)主要施工流程

(1)管道清洗和检测

清除管道内所有的垃圾、树根和其他可能影响新管安装的材料。这通常是用高压水清洗来完成。需要更新的污水管线通过闭路电视进行检测并录像，所有障碍物都被记录在案并在必要情况下重新清洗。支管的位置也被记录下来等待安装后重新打开。插入管道的支管和其他可能影响安装的障碍物都必须被清除。

(2)水流改道

通常情况下，在Rib Loc螺旋缠绕扩张工艺的施工中并不需要抽水来改变水流，部分水流还是可以在管内通过。当水流过大或过急影响工人安全或在业主要求的情况下，需要进行水流改道或抽水。

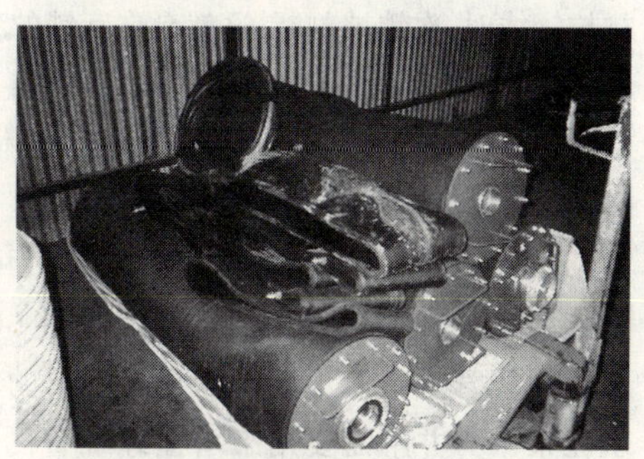

图14-42 控制水流的管塞

更新的管段内的水流可以通过各种方法进行控制。在上游人井内用管塞(图14-42)将管道堵住或在必要情况下将水抽到下游人孔井，坑道或其他调节系统。

Rib Loc 螺旋缠绕管工艺的设备允许在施工过程中暂停，让水流通过。

(3)管道的缠绕

①固定口径法

新管按固定尺寸缠绕时，聚氯乙稀型材被不断地卷入缠绕机，通过螺旋旋转，型材二边的主次锁扣分别互锁，形成一条固定口径的连续无缝防水新管。当新管到达另一端或人井后，停止缠绕(图 14-43)。

用于 Rib Loc 螺旋缠绕固定口径管的聚氯乙稀型材可以通过电熔机进行电熔对焊，这样每次缠绕管的长度可以更长。

②扩径法

PVC 型材被不断地卷入缠绕机，通过螺旋旋转，型材二边的主次锁扣分别互锁，形成一条比原管道小的连续无缝防水管。当新管到达另一人孔井后，停止缠绕。扩孔法施工现场如图 14-44 所示。

图 14-43 固定口径施工现场

图 14-44 扩孔法施工现场

在缠绕过程中，缠绕机不停地重复以下步骤：

a. 将润滑密封剂注入主锁的母扣中。(一种有伸缩性的粘结剂在型材生产过程中被涂在次锁的母扣上，以防止新管在缠绕过程中过早地扩张)

b. 卷入高抗拉的钢线。这条钢线以后被拉出时将割断次锁扣使新管扩张。当然在缠绕过程中钢线并不受拉。

c. 将带状型材卷成一条圆型衬管，直到到达另一端。

管道扩张：在终点处，通过在新管上钻两个洞并插入钢筋来防止新管扭转。当有规律地拉出高抗拉钢线时，次锁被割断，这就允许互锁的型材沿连接的主锁方向滑动(图 14-45)。当缠绕继续并不断拉出钢线时，型材不断地沿径向扩张，直到非固定端的新管紧紧地贴在原管道管壁。扩张新管在尽头的外表处用和新管材料相容的、符合本地标准的材料密封，通常是聚乙烯泡沫或胶。

(4)管道的灌浆

按固定尺寸缠绕新管，衬管安装后可能在母管和衬管之间会留有一定的环形间隙，如果必要的话，这一间隙需用水泥浆填满(图 14-46、图 14-47、图 14-48)。

缠绕管本身设计已经能承受所有的水流力、土壤、交通荷载以及外部地下水压。这意味着水泥浆本身并不需要用来增强缠绕管的强度，因而在计算时也未被考虑在内。环面灌浆的作用在于将母管的荷载转移到安装的新管上。

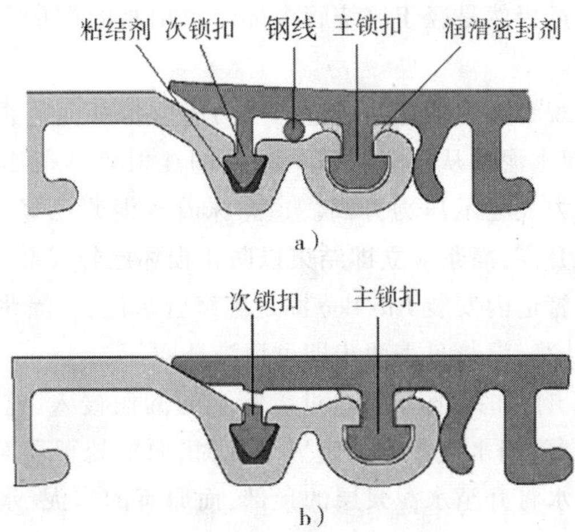

图 14-45　扩孔径法无缝工艺

a）管道扩径前；b）管道扩径后

图14-46　DN1500 缠绕管灌浆图

图 14-47　管道内部向外灌浆

2）灌浆要求

以下为对灌浆材料的要求：

（1）很强的流动性，以填满整个环面间隙和母管上的空洞。

（2）固化过程中很小的收缩性（低于 1%），以防止固化以后在环面上形成空洞。

（3）水合作用时发热量低，使水泥浆混合物内不同成分剥落的危险性最小。

密度和强度：为了满足 Rib Loc 缠绕管的灌浆要求，使用的水泥浆其水泥与水的混合比例是 1∶3。测量后的水泥浆密度约为水的 1.5 倍，最小强度为 5MPa。

分段灌浆：由于水泥浆的密度比水高，所以使用分段灌浆的方法以防止缠绕管漂浮。

在缠绕管安装完成且末端密封后，将水注入缠绕管，淹没至管径一半或以上的位置。接下来开始灌浆的第一步，灌入的水泥浆重量应轻于将缠绕管内部淹没用水的重量。第一步灌浆完成后，可以让水泥浆产生粘合作用从而帮助将缠绕管固定在母管底部。

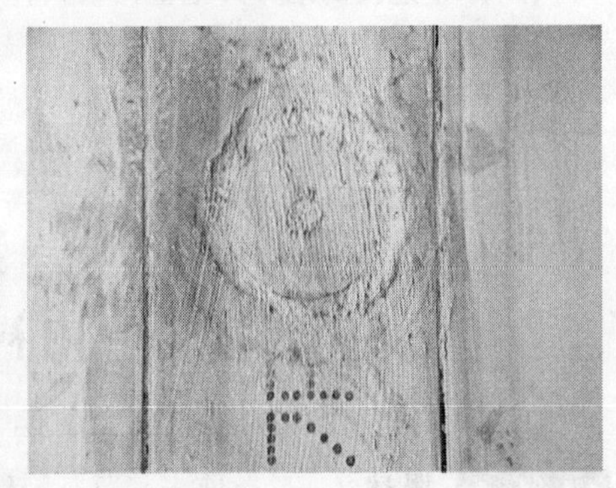

图 14-48　灌浆孔的修补

第二天，继续灌浆，用量仍然是轻于缠绕管内部淹没用水的重量。然后同样的程序不断重复直至将环面注满水泥浆。

该方法能够确保通过观察泥浆搅拌器旁边的压力表监控环面是否完全被水泥浆灌满。在灌浆的最后一步，一旦发现水泥浆从位于衬管另一端的注射管顶流出，马上关闭注射管阀门。然后水泥浆搅拌器上的压力表显示压力升高。这意味着水泥浆已经完全灌满，过量的水泥浆会造成水泥浆内部的压力升高，灌浆应立即结束以防止损坏已经安装好的缠绕管。

然而对于在现有排水管道内安装 Rib Loc 固定缠绕管来说，在灌浆阶段通常只需淹没 75% 管径位置的缠绕管，按照计算，灌浆只需两步即可填满环面。

地下水对水泥浆的影响：如果地下水通过母管上的漏洞侵入，这并不会造成环面上的空洞。以下是对此情况的解释：当水泥混合物进入环面时，原本处于环面位置上的地下水将增加水对水泥的比例。过量的水将升至水泥浆层的顶部，而原有的水泥/水的混合物将增加密度并降至环面的底部。水泥浆混合物持续不断地泵入环面取代原有过量的水，渐渐增加水泥/水层的厚度。这一步骤持续至所有过量水都从环面处溢出，而只剩下水泥浆混合物。最终的水泥浆密度将高于原来的灌浆结果，其浓度也随之增加。

14.3.5 螺旋缠绕法的优缺点

1）优点

(1)减少了管道截流和污水改道的费用；

(2)提高管道过流能力；

(3)特殊设计的型材；

(4)运输及现场安装方便；

(5)设备简单化，整体化高；

(6)安装简捷；

(7)施工安全；

(8)环境适应性强。

2）缺点

(1)在人不能进入的区域，工作井的开挖量比较大；

(2)水平连接的地方开挖量比较大；

(3)需要灌浆。

14.4 内衬紧配合法

14.4.1 概述

内衬紧配合法能用于结构性和非结构性的污水管线、给水管线、煤气管线和工业管线修复。结构性修复可采用模压法,也称为缩径法。非结构性修复可采用机械折叠内衬法,也称为U型折叠内衬法。

1)主要特性

这是一种将新衬管的外径紧贴在旧管内壁上的方法,其原理是利用经变形的内衬管置入旧管后再恢复或形成与旧管紧密结合的内衬管。由于结合紧密,从而增加了内衬的强度和抗载的能力,而且这种方法修复后的衬管内径与旧管内径相比缩小程度比插入法要小得多,因而水力损失要小得多。另外,衬管材料光滑的内表面足以弥补由于内径缩小带来的流阻损失。

内衬紧配合法的优点是:

(1)不需要灌浆,施工速度快;

(2)过流断面的损失比较小;

(3)可适用于大曲率半径的弯管;

(4)一次修复距离比较长。

内衬紧配合法的缺点是:

(1)支管的重新连接需要开挖进行;

(2)旧管的变形或结构性破坏会增加施工难度;

(3)只适用于修复圆形管道。

2)应用范围

像其他管线修复方法一样,针对不同的修复工程,应选用最合适的方法。修复方法的选用要考虑到以下因素:应用类别、作业空间、旧管输送流体化学成分、管线运行压力和温度、支管数目、埋深、直径、弯头数目、管线错位或接头下垂、人井数目等等。尽管内衬紧配合法能用于结构性和非结构性目的的压力和重力管道系统的修复,但是较常用于压力管道修复,如自来水管道、煤气管道等。

该法适用管径范围是50~1200mm,一次性施工管线长度可达1000m。

该法应用范围包括:给排水管线、煤气管线、污水主管道、油田喷射水管线、工业给水管线。表14-17列出了内衬紧配合法应用范围及受到的限制情况。

内衬紧配合法的应用范围 表14-17

管线类型	适用性	备注
污水管线	是	U型法一般不适于用来修复污水管线
煤气管线	是	-所选用材料要符合地方和国家法规要求,可选用模压法和U型法,两种方法都需要挖掘插入坑和接收坑。另外,开始插入衬管前,应挖出阀门、支管接头、陡弯等。
饮用水管线	是	
化学或工业管线	是	
直管线	是	
带有弯头的管线	是	新衬管必须与旧管的最小直径处配合紧密,除非接入适配器。U型法能用于最大45°弯的管线修复。
圆形管	是	
非圆形管	否	
截面变化管线	否	
有支管管线	是	对于污水管线没必要挖掘出支管接口,可使用机器人来完成支管的重新接驳。但修复饮用水管线时,要挖掘出支管接口。
变形或错位管线	否	内衬紧配合法不直接适用于存在变形和错位的管线修复
压力管	是	

14.4.2 模压法

模压施工法是由英国煤气公司于20世纪80年代开发的,可用于结构性和非结构性目的的管道修复。直径75~600mm的管道均可用该方法施工。

模压法是利用中密度或高密度聚乙烯的聚合链结构在没有达到屈服点之前材料结构的临时性变化并不影响其性能这一特点,使衬管的直径临时性地缩小,以便置入旧管内形成内衬(图14-49)。衬管直径的减小可采用两种方法:冷轧法和拉拔法。

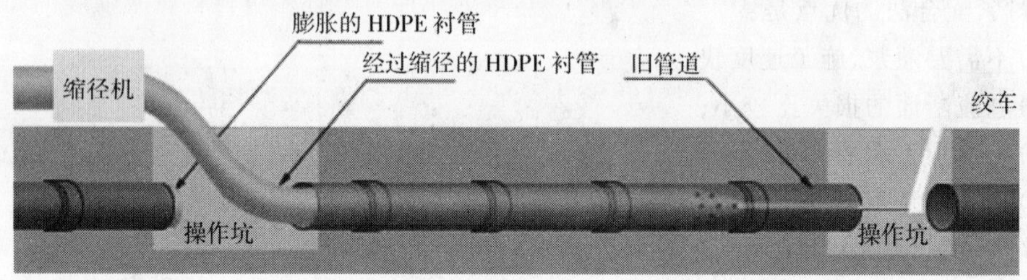

图14-49 模压法施工示意图

1)径向均匀缩径法

该技术设计使用改性热塑性HDPE管,它具有变形后能自动恢复原始物理形态的特性。选用的内衬HDPE管的外径比待修复主管道的内径略大一些。穿插时,让连接好的HDPE管首先通过专门设计的滚轮缩径机(图14-50)。从缩径机出来的HDPE管的直径将缩小10%~20%左右,小于待修复主管道的内径。直径比主管道内径小的HDPE管,在一定的牵引力和一定的速度下很容易拉入主管道。拉力撤销以后,聚乙烯管慢慢恢复到原来的直径,数小时后内管与外管紧紧结合在一起。

实验表明,HDPE管从缩径机出来时,直径稍微有些增大,而后在一定的拉伸力作用下,直径便稳定在所设计的数值,直到拉力被撤销。在整个穿插过程中直径的变化规律如图14-51所示。

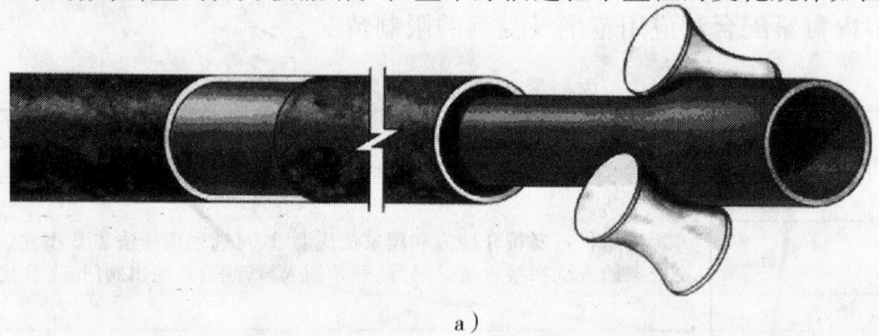

a)

b)

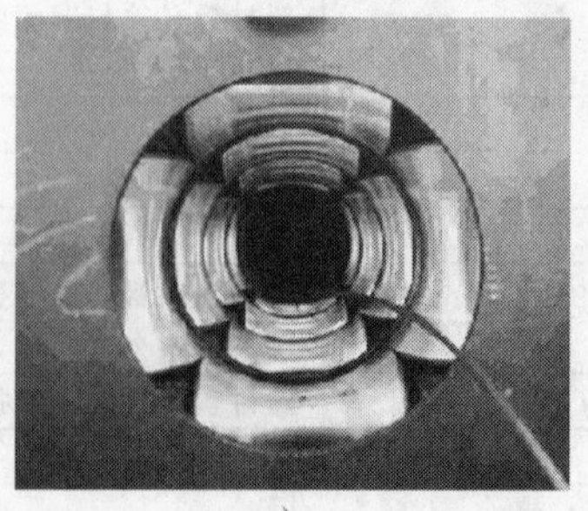

c)

图14-50 冷轧缩径法

a)模压示意图;b)模压设备;c)模压滚轮

对于一定的收缩比,所需的拉伸力与 HDPE 管的屈服强度和横截面积成正比关系:

$$F = K\sigma_y A$$

式中:F——拉伸力,kN;

K——系数,取值与 HDPE 管的直径和收缩比有关;

σ_y——HDPE 的屈服强度,kN/cm^2;

A——HDPE 管的横截面积,cm^2。

在穿插过程中,为确保 HDPE 管不被拉断,最大拉伸力不宜超过材料屈服强度的 50%。

径向均匀缩径法的优点:

(1)因衬管和所修复的管道内壁形成过盈配合,可大幅度提高管道的承压能力。

(2)一次穿插距离长,可达 1200m 以上。

(3)适用于直径 75 ~ 900mm 的各种管道。

2)拉拔法

拉拔法则是通过一个锥形的钢制拉模拉拔新管,使塑料管的长分子链重新组合,管径减小。管径的减少量取决于中密度或高密度聚乙烯管对其聚合链结构的记忆功能,对大直径的衬管,直径的减少量约为 7% ~ 15%;而对小直径的衬管,此百分比可能更大,如 100mm 的衬管可达 20%。通常,对大直径的衬管需对拉模进行加热(大约为 100℃),而对小直径的管道则可在常温下进行拉拔。缩径并将衬管就位后,依靠塑料分子链对原始结构的记忆功能,其直径逐渐自然得到恢复,直到与旧管的形状和尺寸相同,并形成紧配合为止。

拉拔法是一个连续的施工过程,一旦开始便不能中途停止,因为绞车停止牵拉时变形管就会开始恢复形状,因而难以置入旧管内。

这种方法常用于油气和自来水管线,污水管线由于尺寸和连接的不规则,一般不适用这种方法。目前模压法的修复直径为 100 ~ 600mm,最大只能达到 1100mm。

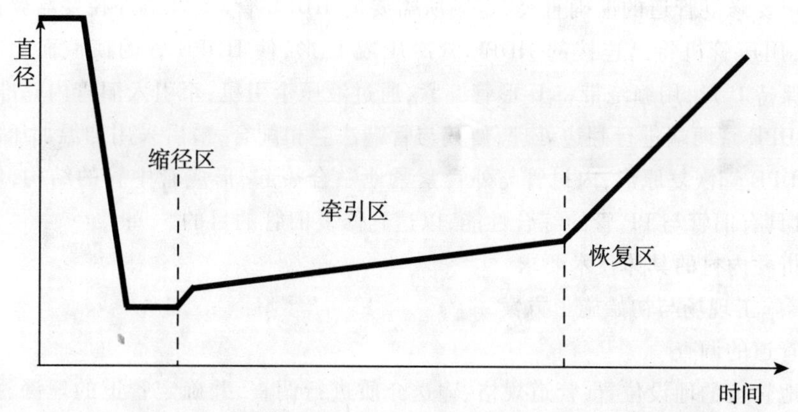

图 14-51 穿插过程中 HDPE 管直径的变化

14.4.3 U 型折叠内衬法

该法使用可变形的 PE 或 PVC 作为管道材料,施工前在工厂或施工现场先通过改变衬管的几何形状来减少其断面。变形管在旧管内就位后，利用加热或加压使其膨胀，并恢复到原来的大小和形状，以确保与旧管形成紧密的配合，如图 14-52 所示。有时，还可以用一个机械成形装置使其恢复原来的形状。

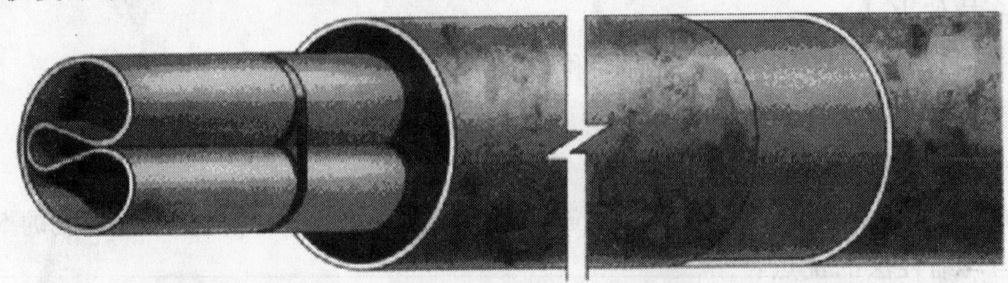

图 14-52　变形法示意图

U 型折叠内衬法的优点是：

(1)施工时占用的场地小，可以在现有的人井内施工；

(2)在加热和加压后，新衬管与旧管可形成紧配合，不存在环空；

(3)管道的过流减少量(如有的话)较小；

(4)可在开挖的工作坑内或人井内进行施工；

(5)可以用长管更换，接头少，甚至没有。

(6)在原有的旧管道内施工，不影响周围环境；

(7)施工方法简单易行，速度快；

(8)不受旧管道埋设环境的影响；

(9)旧管道可以用来承压，理论上管线修复后可使用 50 年；

(10)使用范围广，可用于各个规格、各种材质的旧管道修复，一次最长可达千米。

U 型折叠内衬法的缺点是：施工时可能引起结构性的破坏(破裂或走向偏离)。

1)U 型折叠内衬施工原理

通过确定要修复管道的准确直径，定制所需要的 HDPE 管，该管道外径要与要修复管道的内径相匹配，用压管机将已连接的 HDPE 管冷压成 U 形，使 HDPE 管的横截面积减少30% ~ 40%。为了保持 U 形，用缠绕带将 U 形管缠紧，通过液压牵引机，牵引入旧管内并准确定位(图 14-53)，对 HDPE 管两端进行翻边处理，使其与管端法兰相配合，最后采用加温加压的方式将缠绕带胀断，HDPE 管恢复原形，内衬管与外管紧紧地贴合一起，形成管中管的结构，使得修复后的管道，同时具有旧管与 PE 管的综合性能，以达到修复旧管的目的。

2)U 形折叠内衬的具体技术要求

(1)考察施工现场与初始施工方案

①埋地管道的调查

应对埋地管道的埋设位置、管道规格、输送介质进行调查，并确定管道的埋深、拐点、三通、阀门及其他管道附件的位置(一般可参考设计图、运行图、管道探测图)。

②内窥仪检查与管道清洗

在开挖工作坑后，先进行旧管道的清洗。如果管道内部污垢较多，需先进行管道清洗：a. 当管内沉积物较为松散时，可选用机械清洗；b. 当管内沉积物较多并结垢特别坚硬时，可选用高压水射流清洗；c. 当管内沉积物为黏稠油状物时，可选用化学清洗。

a)

b)

c)

c)

图 14-53　U 型折叠内衬修复技术

a)管道折叠设备;b)管道折叠;c)折叠后管道扎捆;d)U 型管道准备拖入

为实际确认管道水平和垂直方向上的弯曲量、附件设备等的定位数据的真实性,可考虑采用内窥检查系统检查管道。

通过上述资料的收集、分析,制定初始施工方案。

(2)作业坑的准备

施工前,需要开挖牵引坑或拖管坑,分设在待修复管道的两端。在确定工作坑位置及尺寸时,主要考虑以下因素:

①对存在三通、阀门等附件的管道连接处必须暴露开挖。

②管道走向发生变化处(一般小于 8°)必须暴露开挖。

③根据设备能力及现场施工条件,确定一次施工长度,然后进行分段开挖。

④作业坑的位置应不影响交通。

⑤作业坑的长度,要能满足安装试压装置、封堵装置及内衬管道超出待修复管道长度的要求。

⑥开挖的工作坑两端需开挖一个约 20°的导向坡槽,宽度视 U 型衬管直径大小而定,要确保 U 形衬管平滑插入旧管道。

⑦作业坑开挖边坡坡度大小与土层自稳性能有关,在黏性土层为 1∶0.35 ~ 1∶0.5,在砂性土层内为 1∶0.75 ~ 1∶1。

(3)配套支架的安装

①拖管坑处的旧管端口应安装带有上、左、右三个方向的限位滚轴的防撞支架，避免衬管与旧管端口发生摩擦(图 14-54)。

②在牵引坑处的旧管端口应安装只带有上方向限位的滚轴的导向支架，确保牵引绳平滑的牵出旧管道，避免衬管与旧管内壁发生剧烈摩擦(图 14-55)。

(4)HDPE 管的冷压成型

①U 型压制机的调整

a. 调整压制机的上下、左右压辊，应使入口处的压辊间距为 HDPE 管径的 70%。

b. 主压轮后的左右压辊间距为 HDPE 管径的 60% ~70%。

c. 主压轮前的左右压辊应对压扁变形的 HDPE 管合理限位，并使 HDPE 管中线与主压轮对中，使 HDPE 管在压制机的正中心位置上行走。

d. 当环境温度小于 10℃时，主压轮后的左右压辊间距可适当增加 65% ~75%。

e. 当环境温度小于 5℃时，禁止进行 U 型压管。

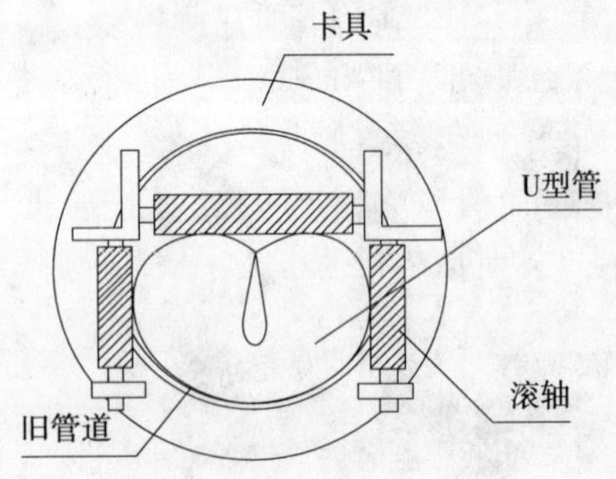

图 14-54　防撞支架示意图

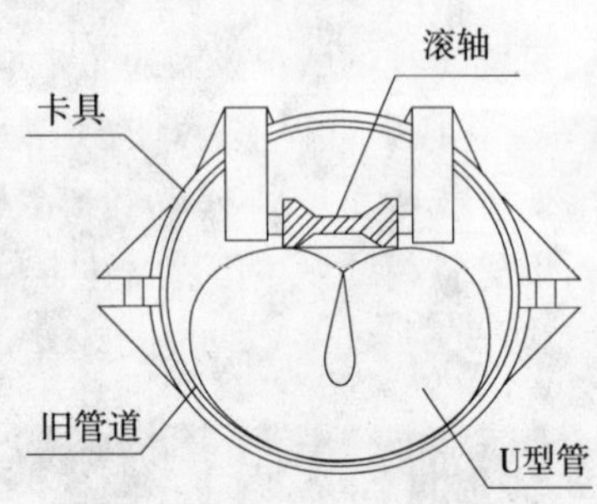

图 14-55　导向支架示意图

②HDPE 管的处理

a. 在冷压前，将 HDPE 管表面的尘土、水珠去除干净，并检查管壁上是否有褶皱或缺陷。

b. 在冷压前，将 HDPE 管一端切成鸭嘴形，鸭嘴形的尺寸应为：三角形底边长度约为管径的 80%，腰长为管径的 1.5 ~2 倍，并在其上开好两个孔径约 40mm 的孔洞以备穿绳牵引。借助链式紧绳器，按钢质夹板孔位做好牵引头，用螺栓紧固，将钢质夹板两侧多余的 HDPE 管边缘切成平滑的斜面。

c. 与液压牵引机相连的钢丝绳穿过两个孔与 HDPE 管连接牢固。

d. HDPE 管的外径不能大于待修管道内径，否则复原时不能恢复圆形形状。

③压制 U 型

开启液压牵引机和 U 型压制机，在牵引力的拖动与压制机的推动下，应使圆形 HDPE 管通过主压轮并压成 U 型，在压制过程中 U - HDPE 管下方两侧不得出现死角或褶皱现象，否则必须切除此管段，并在调整左右限位辊后重新工作，并且还要做到：

a. 缠绕带将 U 型管缠紧；

b. 缠绕带的缠绕速度要与 HDPE 管的压制速度相匹配。如果缠绕速度过快，会造成缠绕带不必要的浪费；如果缠绕速度过慢，会造成缠绕力不够，可能导致 U 型管在回拉过程中意外爆开；

c. U 型的开口不可过大，如果过大可用链式紧绳器将开口缩紧，调整左右压辊的间距；

d. 根据 U - HDPE 管的直径调整缠绕带的滚轮角度，使得缠绕带连续平整地绑扎在 U - HDPE 管的表面(普通穿插以基本覆盖为原则)。

④牵引速度

牵引速度一般控制在 5 ~ 8m/min。

(5)U 型折叠内衬口撑圆

U 型 HDPE 管通过旧管约 1m 时,停止牵引,切断牵引头,用撑管器将 U 型 HDPE 管的端口撑圆(目前一般使用千斤顶撑管)。

(6)HDPE 管端翻边定型及 U - HDPE 管打压复原

复原时应加温加压。当聚乙烯内衬尾端外壁温度通过加温达到 85℃ ±5℃时,应逐步加压,使聚乙烯内衬管复原。复原压力应达到确保变形管完全膨胀并允许在端部接触点出现凹窝,使变形内衬管完全复原,并与管道的内壁紧贴在一起。保持这种复原压力,使复原内衬层冷却到 38℃并稳压继续冷却,直至达到环境温度后,断开设备电源。

在整个内衬复原过程中应连续检测温度和压力。测温、测压装置应装在插入点和终点。

(7)检测

对加温打压合格的 U 型折叠内衬管用内窥仪检查录像,以 U - HDPE 管没有塌陷为合格。

3)施工时可能出现的情况及解决方法

U - HDPE 管在插入过程中,可能会出现缠绕带崩断,U 型管在施工过程以外复圆的情况。这种情况的出现可能是由于待修复的旧管道存在纵横弯曲的现象(处于施工允许的折角范围),缠绕带与旧管道内壁发生摩擦产生断裂,为了减轻摩擦对缠绕带的伤害,一般在机械缠绕后,操作人员每隔 50 ~ 100cm 人工补缠缠绕带数匝。

14.4.4 热成形衬管法

1)概述

自 1988 年,热成形管道在美国广泛应用,到 2003 年铺设长度超过了 4000 miles(6400km)。该技术适用于污水管线、饮用水管线、煤气管线和工业管道。热成形衬管能用于结构性和非结构性修复,适用管径范围是 4 ~ 30in.(100 ~ 750mm),长度可达 1500ft(450m)。该法能越过旧管道弯曲部位,一般情况下产生的褶皱印迹比较小,对社区干扰也比较低。

(1)主要特性

这种非开挖修复方法使用新研制的 PVC 或 PE 管材,插入旧管后加热膨胀成形紧贴在旧管内壁上,形成内衬结构。热成形衬管法包括三种方式:折叠成形法(fold and formed,F&F)、变形复原法(deformed and reformed,D&R)和热熔膨胀法(fused and expanded,F&E)。

①F&F 法

F&F 法指在工厂制造时将 PVC 管制成扁平形,卷在卷轴上,插入时再进行折叠。F&F 方法适用于重力和压力管线,包括生活污水管线、雨水管线、雨水涵洞、饮用水管线。当管材进场后,用蒸气加热使之软化,便于穿越旧管线,从一个人井拉到另一个人井。衬管定位后,使用蒸气或压缩空气迫使新管紧贴在旧管内壁上,形成一个新的 PVC 管道。铺设完成后,可使用遥控机器人完成支管的重新连接。

②D&R 法

D&R 法指使用 HDPE 管,在工厂就加工成 U 形,并盘绕成卷。该法适于压力管线和重力管线系统,能用于结构性管道修复。在常温下,将 HDPE 管拉入旧管。插入就位后,使用蒸气加热,恢复其圆形“记忆”,并使之紧贴在旧管内壁上。

③F&E 法

F&E 法指在衬管插入前，在现场先进行 PVC 管热熔。该法适用于超过 150 psi(1034kPa)的高压管线，包括饮用水管线。管材到达现场后，熔接 PVC 管，插入旧管道。衬管就位后，使用热水加热管道，并辅以高压，使衬管紧贴在旧管内壁上。

(2)应用范围

热成形衬管法能用于结构性的和非结构性的压力和重力管道修复，其应用范围见表14-18。

热成形衬管法的应用范围　　表 14-18

管线类型	适用性	备注
污水管线	是	
煤气管线	是	主要应用 PE 管作为衬管
饮用水管线	是	所选用材料要符合地方和国家法规要求，应考虑管道压力比，一些方法需要挖掘插入坑和接收坑，修复管道前要挖出阀门、支管接口、陡弯等
化学和工业管道	是	设计时应考虑管道暴露产生的温度降低
直管线	是	
带有弯头的管线	是	为了避免出现折叠和褶皱现象，压制新管使直径比旧管内径小
圆形管	是	
非圆形管	是	经较小的设计调整，适于椭圆形断面管道
截面变化管线	是	压制新管使直径比旧管内径小
带有支管接头的管线	是	对于污水管，没必要挖出支管接头，可使用遥控机器人完成支管重新连接，用于饮用水管线时，要挖出支管接头
变形和错位管线	是	
压力管线	是	

2)施工步骤

进行施工时，要考虑安全问题和环境保护规定，采用产品和施工技术应适合需要解决的修复问题。例如，修复饮用水管道时，保证所选用管材符合地方和国家法规规定。

(1)初步评估和检查

为了获得使用热成形衬管技术修复管道的最佳结果，进行以下几方面的调查是非常重要的：

①旧管使用状态，可采用合适的管道检查方法；

②根据检查结果，进行管道清洗；

③旧管材质、长度和埋深；

④管线尺寸、变形和移位接头；

⑤地下水位及升降情况；

⑥支管位置；

⑦交通荷载；

⑧支线情况，包括规格、未使用支线、使用支线的接驳情况；

⑨人井条件；

⑩插入坑的位置及大小。

(2)施工准备

完成初步调查后，在开始进行管道修复工作之前，建议进行以下准备工作：

①了解取水计划及持续时间，受影响用户数目；

②交通改道情况及广告牌设置；

③管线关闭情况(时间,受影响支管数目);

④工作坑构筑;

⑤旧管弯头检查。

一般情况下,需要进行的准备工作与管线设计有关,即是污水管还是压力管。对于污水管,准备工作包括:

⑥检查和尽可能磨削支管内突出;

⑦检查和尽可能修复旧管上严重的移位接头;

⑧检查和尽可能磨削或切除杂散的沉积物;

⑨高压水射流清洗和切除树根;

⑩关闭或阻塞不使用的支管;

⑪旧管复原或修复严重变形的部位;

⑫防止地下水渗流(可采取临时性封堵措施);

⑬管道全线内腐蚀磨削和清洗。

(3)衬管铺设

像其他管道更新项目一样,衬管铺设是热成形衬管法的重要阶段,因此对管线拥有者或施工商来说都是比较重要的,以确保施工过程处于合理的监控状态。

某些方法用于修复饮用水管线和煤气管线时,有必要挖掘出阀门、支管连接及陡弯。F&F法和D&R法用于修复污水管时则不需要进行挖掘工作。

①衬管插入

不同方法的衬管插入步骤明显不同。F&F法一般需要预热,而D&R法和F&E法可在常温下插入衬管。F&F法和D&R法从人井中插入,而F&E法需要构筑插入坑。在各种情况下,衬管插入都要在绞车辅助情况下完成。对于常温插入衬管,要保证新管不承受过大的弯曲。还要避免新管与人井、插入坑和接受坑的摩擦破坏。插入过程施加的拖拉力不能超过新管的允许拉伸强度,各种衬管供应商会建议不同衬管插入方式。

②热成形过程

衬管插入后,一般建议在衬管和旧管之间安设亲水性垫圈,在人井井壁处提供气密性密封。在衬管管端安装一个直通性塞子或盲板,以便使用蒸气加热衬管或形成热水循环。然后按照制造商建议的温度加热衬管。不同供应商提供的衬管对应的加热温度是不同的,受衬管内表面最大允许温度、外表面最小允许温度和管材热传导性的影响。当达到建议加热温度时,按照供应商建议的压力对衬管施加压力。F&F法适用的压力范围是5~10psi(35~70kPa),D&R法适用的压力范围是12~15psi(83~103kPa),F&E法则采用更高的压力。新管必须在压力条件(如压缩空气)下冷却,保证衬管与旧管能紧密贴合。冷却完成后,即可释放压力,移出管端密封。

③收尾工作

在修复污水管线时,衬管修边要留有足够的长度,以便与旧管能连接紧密牢固。衬管管尾要修成合适的形状,以保证管流畅通。如果不使用亲水性垫圈,管端密封建议进行树脂密封或进行灌浆处理。支管连接一般采用机器人支管连接技术,建议支管连接后进行密封处理。

④新管检查和投入使用

衬管铺设、收尾工作等完成后,一般要进行以下检查工作:

a. 漏失测试;

b. 支管连接及用户信息维护;

c. 管道最终检查及记录。

进行这些工作的目的是记录管道修复过程,使之符合质量控制、设计及相关规范标准要求。

3)热成形衬管法优缺点

热成形衬管法与其他修复更新技术相比存在以下优势:

(1)衬管在工厂内加工制作,因此在现场铺设速度较快;

(2)基于相同的原因,质量保证措施非常有效;

(3)无有毒和腐蚀成分影响环境或对社区产生干扰;

(4)降低挖掘工作量;

(5)管道截面减少比较小,对流量影响不大;

(6)该法能解决内腐蚀问题、水质问题,消除了管线内腐蚀、腐蚀空洞和裂隙渗漏、接头处渗漏以及管线腐蚀瘤和沉积物降低流量的问题;

(7)该法能控制管线渗漏,避免树根进入管道接头、裂隙,减少内渗。

(8)该法能提供完整结构,使用寿命可达 100 年;

(9)新管可从人井或工作坑内插入旧管内;

(10)修复长度可达 1500ft(450m),因此人井之间的管段比较光滑,改善管流性能;

(11)可在管道内进行支管连接。

热成形衬管法的缺点:

(12)适用管径范围受限,较大直径管道修复长度也受到一定的限制;

(13)对于 F&E 管材,需要作业空间比较大,在衬管插入前要进行 PVC 管的热熔对接;

(14)某些方法需要设置旁流系统;

(15)对于自来水主管,要挖掘出阀门和接头等。

参考文献

[1] Aggerwal, S. C. , and M. J. Cooper. External Pressure Testing of Insituform Lining, Internal Report, Coventry, Polytechnic. 1984.

[2] ASTM 2412. Standard Test Method for Determination of External Loading Characteristics of Plastic Pipe by Parallel - Plate Loading, American Society for Testing and Materials, Conshohocken, Pa. 1992.

[3] Engineering Design Mnaual for Rehabilitation of Cured - in - Place Pipe. Lamzon Lining Services, 2004.

[4] Guice, L. K. , Straughan, C. R. Norris etc. Long - term Structural Behavior of Pipeline Renewal System, TTC, Louisiana Tech University, Ruston, La. 1994.

[5] 何宜章. 非开挖管线修复技术极其在我国的发展. 非开挖技术, 2005(6).

[6] Iseley, D. T. , and M. Najafi. Trenchless Pipeling Renewal, The National Utilty Contractors Association, Arlington, Va. 1995.

[7] Mohammad Najafi. Trenchless Technology - PIPELINE AND UTILITY DESIGN, CONSTRUCTION, AND RENEWAL. McGRAW - HILL, 2004.

[8] Najafi, M. Trenchless Pipeline Renewal: State - of - the - Art Review. TTC, Louisiana Tech University, Ruston, La. 1994.

[9] Scandinavian Society for Trenchless Technology (SSTT). No - Dig Handbook, Copenhagen, Denmark. 2002.

[10] Subera. Rolldown Design Guide. Available at http://www.subterra.co.uk/pipe_rehabilitation_frameset.html.

[11] Subera. Subline Design Guide. Available at http://www.subterra.co.uk/pipe_rehabilitation_frameset.html.
[12]王毅,U 型折叠内衬在燃气管道修复中应用的技术总结. 城市燃气,2007(1).
[13]颜纯文主编. 非开挖地下管线施工技术及其应用. 北京:地震出版社,1999.
[14]颜纯文,蒋国盛,叶建良编. 非开挖铺设地下管线工程技术. 上海:上海科学技术出版社,2005.
[15]杨晨光,马保松,刘珍. 原位固化法在工业管道修复中的应用. 非开挖技术,2006(2).
[16]张恭,马崇高. 目前国内外非开挖内衬工艺中相似工艺的技术对比分析. 非开挖技术,2007(2).
[17]张萌,张恭. 如何选用非开挖内衬技术修复地下管道. 非开挖技术,2006(6).
[18]张淑洁(译),王瑞(校). 现有排水管道修复用机械螺旋缠绕聚乙烯(PE)内衬安装的标准实施规范. 非开挖技术,2007(1).

CHAPTER 15

管道局部修复技术

当管道的结构完好,但存在局部性的缺陷(如裂隙或接头损坏等)时,可考虑使用局部修复的方法。管道局部修复技术主要包括喷涂法、浇筑法、管片法、化学稳定法、点状修复技术和机器人修复技术等,本章将着重介绍这几种修复技术。

15.1 喷涂法管道修复技术

修复管道的主要目在于清除污垢和污染物,然后用内衬来抑制管道状况的进一步恶化,同时可用来封堵较小的裂缝。应用最广泛的喷涂材料是混凝土和环氧树脂。

15.1.1 修复准备

因为喷涂法经常被用作一种保护性的内衬,内衬的使用效果受到与已有管线结合的影响,旧的输水管道,特别是铸铁管道内部都会有大量污染物的沉积,在某些情况下会使过流断面减小,所以这种旧管道的清洗准备工作很重要,清管目的主要是清除旧管道内壁的结垢物、管内存水、有损内衬材料的管内焊瘤以及各种污染物。有些管道的输送介质在管壁上残留腐蚀基因,如硫酸盐还原菌,故在清管时应做好杀菌处理。

清洗技术包括高压喷水、刮除器,清管器,钻孔器和电动设备等比如切割机和链式连枷状搅拌器。在清除污染物的同时,避免对管道自身的破坏。

(1)管道刮除器是由绞车牵引用来清除管道内的硬质沉淀物。管道刮除器是由安装在中心轴上的一系列弹性刀片组成的。轴的两端分别装了绞线,在必要的时候可以将其拉回。

(2)钢刷清管器是由安装在中心轴上的两个环状钢丝刷组成,轴的两端同样装有绞线。它可以用来清除松散沉积物和内衬表面的灰尘。它们也可以用来清理管道刮除器弄松散的小碎片。

(3)清管器的应用范围很广,通常是从带有研磨外层的硬质树脂制造的。一般是水压驱动,并且在连续的管道线里可以穿行数公里。

(4)刮刀法是比较传统的清管方法。采用弯曲强度很大的钢制刮刀,其周边排列能全方位接触管壁,利用卷扬机牵引清管。由于成本低又适用于大口径管道,所以目前还是比较受欢迎的办法。

(5)刮削法主要是为配置弹性强的刮刀和锯齿形刀片构成的圆柱体底座。依靠卷扬机的二级变速装置调速,刮削器在管中来回移动,直到将沉积污垢清除干净为止。该方法清理效果很好,且又经济。使用范围:直径 100 ~ 150mm 管道,长度不超过 100m;直径 150 ~ 450mm 管道,长度不超过 160m;直径 450mm 以上的管道,长度可达 180 ~ 200mm。适用油、气、水等大直径管线的内部清理。

(6)水压清理是利用高压水射流的能量大于结垢的黏结力和对管壁的附着力,可将腐蚀产物彻底清除干净。这种高压水枪,(两或三个射口)边行走边旋转,对煤焦油垢体的清除速度一般为 3 ~4m/min。高压水泵的泵水压力为 40 ~60MPa,最大工作压力为 100MPa,用水量为 20 ~60L/min。

(7)化学清垢该方法与机械清垢水力清垢方法一样,其工艺技术的选用都有较强的针对性。根据结垢物的特性确定主剂配方,然后选用相适应的表面活性、渗透剂、缓蚀剂等配置而成。对污染物具有较强的渗透、分解、浮化和缓蚀效果,达到清洗效果好,安全无毒、无污染,且对钢管的覆盖衬里材料无侵蚀作用。单一的化学清垢方法很不适宜于大口径或结垢较厚的油状物,都必须与相适应的机械清垢方法相辅相成,方能体现它的经济性。

清管应注意的问题:

①旧管道清管时,首先要勘测清楚管道的纵剖面方位和弯头的正确曲率半径。机械清管器可以通过曲率半径为 2.5D 的弯头和变形量小于 20% 的管道。清管球可以通过任何曲率半径和任何方式的弯头,以及变形量小于 10% 的管道。聚氨酯酪泡沫清管器具有较多的优越性,可以弥补上述两种方法的不足。

②清管器进入管道内的作业,都必须在尾部加装示踪仪,及时判定清管器受阻的部位。尤其是管道的低洼管段,容易残留或积聚较多的垢体,往往使清管器受阻。

③短管清垢和除垢工艺技术,系指不能流动的或硬度较大的管内结垢状态时,所采用管道分段清垢处理的工艺技术。对所清垢的易燃污垢或有环境污染的污垢要及时做好安全处理。如含硫气体的集输管道中清理出的硫化铁粉末,要防止接触空气自燃而引起火灾。一些高矿化度水或含溶解氧、硫化氢的污水,会对农田的水源造成污染。

15.1.2 Centriline 混凝土喷涂修复技术

喷涂法的概念最早起源于 1933 年美国的 Centriline 公司。现在所使用的喷涂法大多数是从该技术发展过来的,通常被称为 Centriline 技术。

喷涂法是通过一个快速旋转的喷涂头将内衬浆液喷涂到管道内壁。用于供水管道时,内衬表面需要一个辅助设备将其抹平,如图 15-1 所示。

在污水管道中,只有在圆形断面管道且管道没有变形的情况下才可能抹平。但是,通常这些条件在污水管道中是很难满足的,所以很多情况不必抹平。

1)使用条件和区域

水泥砂浆喷涂技术广泛应用于供水管道、钢管或铸铁管道的衬层施工。这项技术主要应用的尺寸从 DN80 开始,几乎包含所有大直径的管道。

许多年来,使用特殊砂浆的喷涂技术也能用于圆形截面的钢管、铸铁管、水泥管、石棉水泥管或陶土管等衬层的施工,并且可以根据需要在砂浆内加入纤维。

根据内衬的材料不同,喷涂的厚度在 3 ~40mm 之间。工作长度是由管径大小决定的,如:管道直径为 DN80 ~DN600 时,最大长度为 120m;>DN600,最大长度为 600m。

在采用喷涂法修复公称直径变化、角度改变、弯曲和管线变形等关段时,可能存在一定的限制,但支管不影响该工法的使用。

2)施工工序

(1)准备工作

准备工作一般是在人井中进行。根据机具的尺寸大小,必要时需要进行开挖。

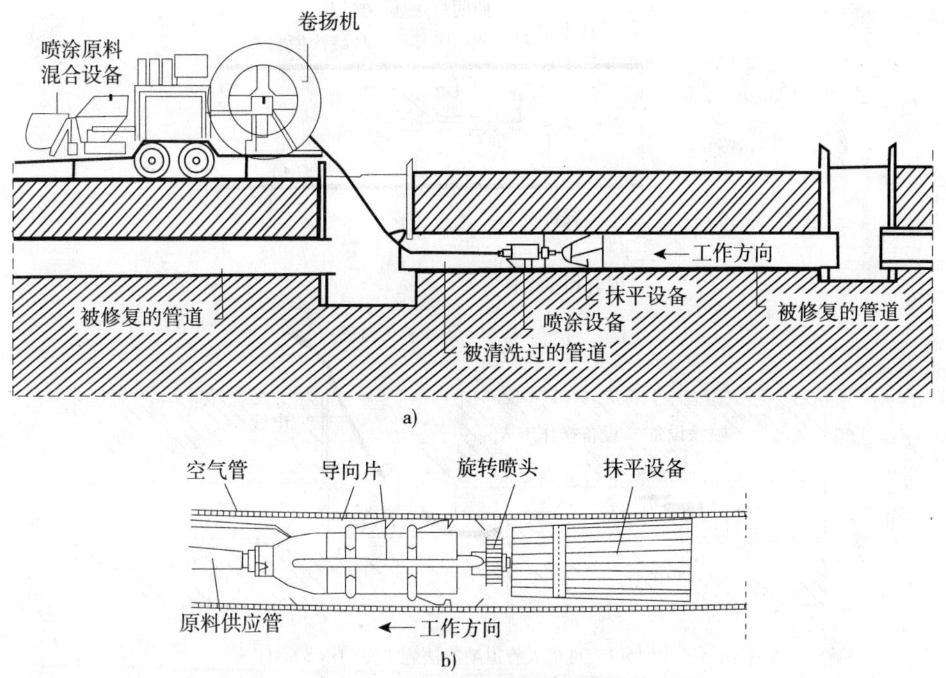

图 15-1　不可进人管道喷涂法施工图

a)原理图;b)喷涂工具结构图

需要修复的管道包括支管必须彻底清洗为喷涂做准备。任何情况下,喷涂法要求管道能承受一定的压力,不管管道是破碎的或是严重腐蚀的。然后,按照尺度来决定最小的空间确保喷涂设备能顺利通过而不受阻。

(2)工作程序

首先喷涂机具安放到需要修复的管线中并且调整好位置,然后拉着以恒定的速度倒着通过管道,此时快速旋转的喷头在管道内喷涂砂浆,喷头由压缩空气或者电动机驱动。砂浆是由位于喷头底段梳形金属盘均匀快速喷出的。

喷涂在管道内壁的砂浆迅速被抹平,所用的模平工具包括光滑的圆筒、光滑球或光滑泥铲等,管道公称尺寸决定采用何种工具。砂浆的输送速度和喷头事先设定的旋转速度决定了喷涂的厚度。常见的混凝土喷涂技术设备见表 15-1。

放在中线位置圆柱形的机具用于公称直径小于 DN600 区域时可进行遥控作业。机具的移动不需要自身驱动,而是通过绞车的钢丝绳恒定速度牵引在修复管道中移动。气动马达和机具是一体的,其通过一个空心杆来控制喷头,空心杆位于机具的中轴线位置,向旋转的喷头输送水泥砂浆。

用一个圆锥形弹性金属片的光滑圆筒或者一个光滑的球连接在机具后面,其作用是抹平砂浆表面同时减小喷涂层,水泥砂浆通过软管从搅拌机被输送到空心杆。

对于公称直径大于 DN600 的区域,电动内衬机具和气动机具都被用到,如图 15-2 所示。它们控制一个漏斗性状的存储容器,水泥砂浆通过软管流到容器中。大量砂浆通过螺旋输送机从搅拌机输送到喷头。两个同轴独立的泥铲在喷头后面旋转(特殊情况会是一个泥铲),以设定的弹性力挤压砂浆表面以便得到光滑表面的结果。

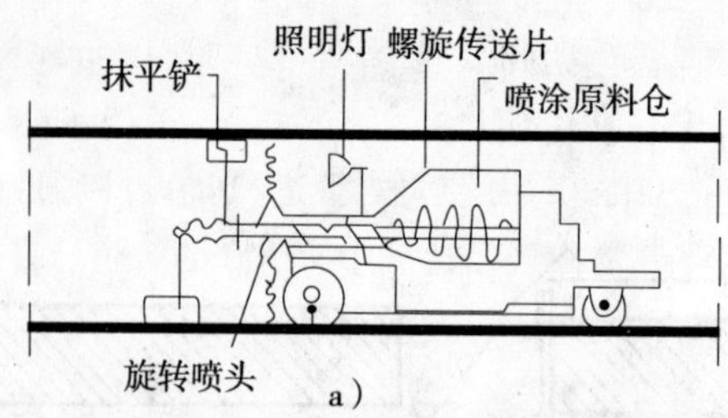

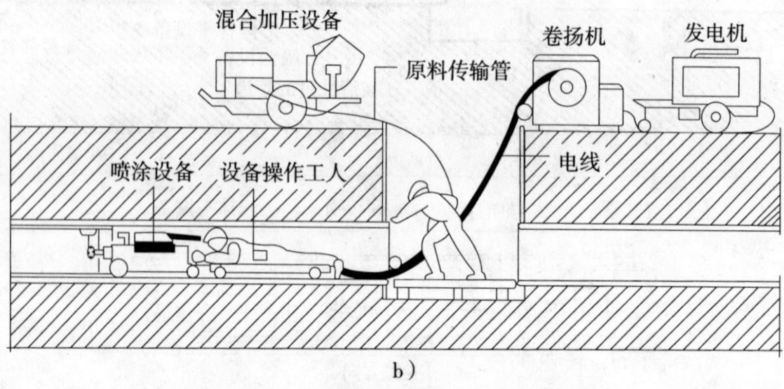

图 15-2 可进入管道喷涂法施工图(DN>600)

a)自动推进喷涂工具原理图;b)可进入管道喷涂法施工原理图

混凝土喷涂技术设备一览 表 15-1

混凝土运输工具	管道尺寸			
	不可进入管道		可进入管道	
	80≤DN≤600	200≤DN≤600	600≤DN≤900	DN≤900
设备类型	带有平滑器的圆柱形设备(装于滑板上)	带有平滑泥铲的圆柱形设备(装于滑板上)	装有橡胶轮子且带有平滑泥铲的圆柱形设备	
设备驱动方式	非自驱动(通过卷扬机钢丝绳牵拉)	非自驱动(通过卷扬机钢丝绳牵拉)	电动机驱动	
旋转喷头驱动方式	压缩空气	电动	电动	
操作	没有现场作业人员	没有现场作业人员/喷涂过程中使用 CCTV 摄像头	在管道中有人员监控	
直管最大工作长度	100~200m(视管径不同)	150~220m(视管径不同)	最大为 600m	最大为 5000m
泥浆输送方式	通过软管和设备的中空轴从搅拌器泵送到喷涂头	通过软管和设备的中空轴从搅拌器泵送到喷涂头	通过软管从搅拌器抽到供应器中,再由螺旋传送器运送到喷头	
质量控制	1. 喷涂硬化过后用 CCTV 检查; 2. 对于 80≤DN≤200:在喷涂过程中通过计算机控制系统监测泥浆流量和卷扬机的拉动速度; 3. DN≥200:在喷涂过程中通过 CCTV 检查		对于 N≥600 所有管道,进行人工检测,之后沿管道检查	1. 管径为 DN600 到 DN900。 2. 通过带有内置螺旋传送器的电动供料车将泥浆传送到喷涂机具后的料车,充当供料器。通过螺旋传送器传送到供料器,再由螺旋传送器传送到旋转喷头。 3. 与 2 不同的是要通过一个供料车分别将干的泥浆和水供应到混合器。然后将混合泥浆传送到装有具备二次搅拌功能的螺旋传送器的供料车里

电源和砂浆供给管路通过绞车钢丝绳拉动,拉动速度与喷涂机具的速度相适应。操作工控制其他设备使其在管道中自动工作。

对于公称直径大于 DN900 和断面较大的管道,运输可以通过供应车,用闭路电视控制供应车,如图 15-3 所示。对于管道公称直径达到 DN6700 的管道,施工图如图 15-4 所示。

如上所述,Centriline 技术要求是圆形截面,其应用范围受到一定的限制。实际上,这一技术也可以应用在椭圆形截面管道修复。

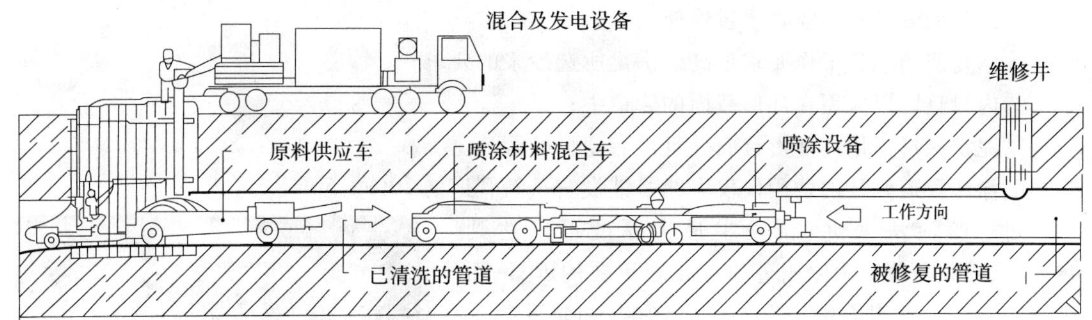

图 15-3　可进管道(DN 大于 900)喷涂法施工原理图

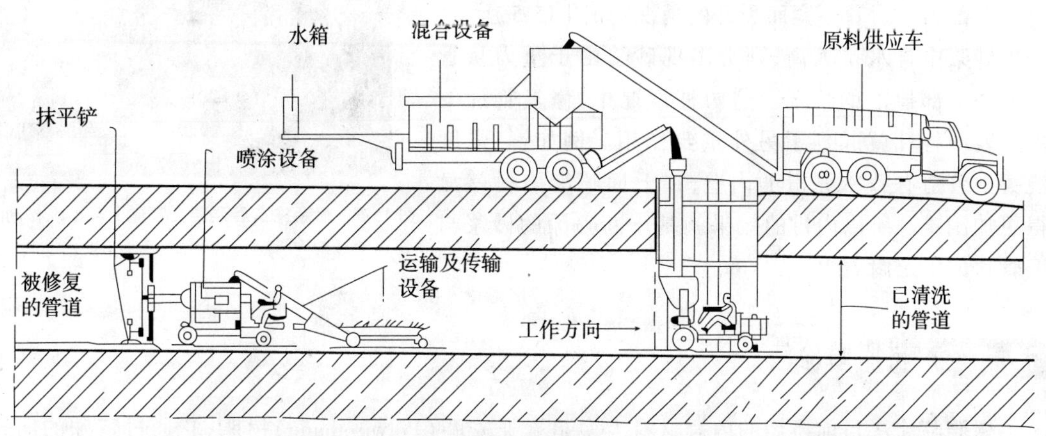

图 15-4　DN6700 管道的施工图

前期专业准备工作和所选用的抹平设备,对于喷涂的质量有着重要影响。光滑圆柱可以使大多数喷涂表面达到自由轮廓的效果,抹平铲可以达到波浪型或棱纹型的效果。而没有抹平的喷涂表面就与桔子皮外形很相似。非专业的喷涂内衬可能达不到理想的效果。

喷涂结束以后,需要将管道两端立即封闭避免砂浆的快速变干,应保持内衬的湿度,可以达到理想效果,喷涂后过流最早时间应为 12 小时以后。

如果采用硬化时间很短(如 3 小时)的特殊喷涂材料,修复管道界面在很短时间就可以投入使用。另外,被喷涂在管道支线口的砂浆必须被清除掉。需要更换的半圆形截面管道在开挖过程中更换前必须包好。

3)喷涂法的优缺点

(1)喷涂法的优点:

①其应用几乎不受管道直径和管段长度的限制,可以用于水泥管、陶土管、钢管、铸铁管、石棉管和砖砌管道中;

②除了水泥砂浆外,改进后的砂浆也可以通过改进的机具来使用;

③可采用高密度和高强度的砂浆；

④同一管段的砂浆喷涂厚度可以变化，和管道更新相比，管道位移、角度变化、管径和截面变化对喷涂法施工的影响不大；

⑤修复速度很快，每天可以完成大约150m长的一到两条的管道修复；

⑥管道支线对施工干扰不大。

(2)喷涂法的缺点：

①修复的管道和支线必须暂停使用；

②修复前的准备工作要求很高以满足所选砂浆的要求；

③内衬只可以应用在环形截面的管道中；

④泥铲只可以用在环形截面并且没有变形的管道。

喷涂法管道修复的费用仅仅大约是铺设一条新管道的20%～50%。

对于喷涂法来讲（试验中最大厚度可以达到40mm），砂浆与管道内壁附着情况是很重要的因素，而砂浆中含水量对附着情况有着巨大影响，如果砂浆太干，砂浆对管壁没有足够的湿润能力，从而造成管道内衬的上部出现附着不紧而裂开的情况，如图15-5所示。如果砂浆中含水量太高，则会出现砂浆由于重力从管道内壁上部掉下的情况。这两种情况中，修复管道的内壁表面特性就起到了另外重要作用。例如：高强度混凝土管道有致密光滑的内壁，在上面喷涂内衬就显得更加困难。所以内衬的效果就基于新喷涂的砂浆与旧管道的恒定附着力。

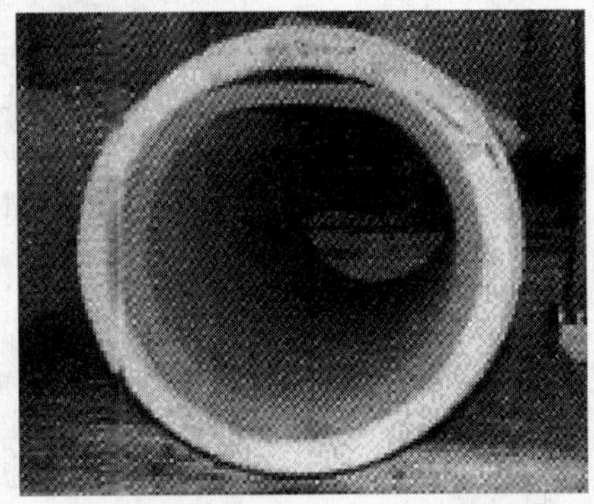

图15-5　喷涂施工后混凝土管道上部出现松动

15.1.3 树脂喷涂法

树脂喷涂法目前所用的内衬材料大多是聚亚安酯（Polyurethane）树脂，它通过特殊的回转喷涂头向管道内壁喷射树脂，无需抹平一次性形成5～30mm的内衬。在进行喷涂之前必须进行管道清洗。

这种技术有代表性的两种技术是：CSL喷涂技术和双管喷涂技术。

1）CSL喷涂技术

CSL喷涂技术是1984年在英格兰为修复DN225～DN1000的污水管道而开发的施工技术。喷涂机具主要由三部分组成（图15-6）：

(1)溶液混合室；

(2)胶体形成区；

(3)发动机和旋转喷涂头。

两种聚亚安酯树脂分别被抽到溶液混合室，然后在混合器内进行强烈搅拌。在混合腔和旋转喷头之间是一个胶凝反应区，溶液在该空间内发生第一次反应，增加黏度，防止树脂从管道内壁流下。胶体形成区是由一个传输软管组成，软管的长度根据喷涂管道的直径和流速来确定，一般在1～3m。通过压缩空气来驱动像漏斗一样的旋转喷头，喷头中间是一些小孔，树脂通过这些小孔喷出。使用特殊的软管（外径79mm）来供应原料和控制设备，所用的11条电

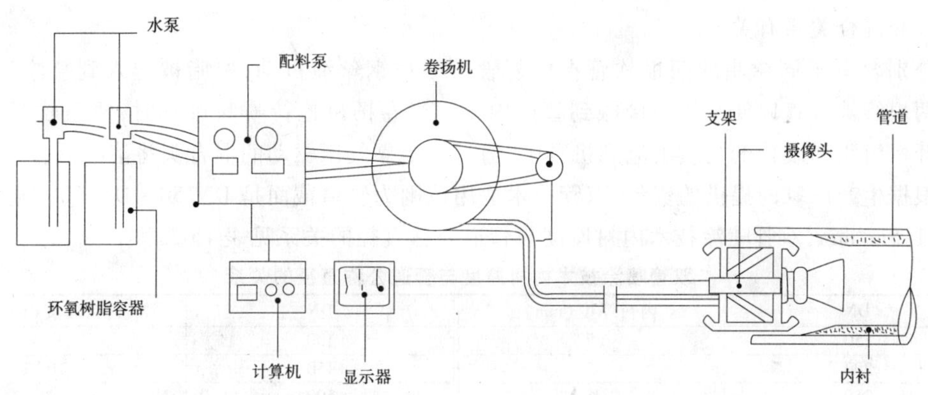

图 15-6　CLS 技术原理图

线和供料管被集束在该软管中，该软管具有抗拉和耐磨性能，可以用来拖拉控制闭路电视和喷涂设备通过被修复的管道。

聚亚安酯树脂根据施工要求配制，首先在胶凝区反应，温度约为 20℃，大约需要 8 秒，之后喷涂需要 3 ~ 6 分钟，硬化时间大约需要 30 小时。

根据英国标准，树脂和硬化剂的体积比为 2∶ 1 时，相关性能参数为：

(1)抗弯强度 65N/mm^2；

(2)E 模量 3600 N/mm^2；

(3)延长率 2. 25%。

如果树脂和硬化剂的比例关系发生变化，则上述数值也会发生相应的改变。

喷涂结束后或停止喷涂作业，必须马上对喷涂机具进行清洁，防止快速凝结的树脂堵塞管线。为达到清洗目的，可以泵送一种清洁液体通过一个特殊的软管经混合仓流经喷涂机具中。

被修复的管道在喷涂工作结束 24 小时之后可投入使用。CSL 树脂喷涂技术通常需要 3 ~ 4 人来完成。应用该喷涂技术除了需要喷涂内衬机具和闭路电视摄像头外，还要以下设备(整装于一个集装箱中)：

(1)一个由电动机驱动的鼓形圆筒，同时可以被当作卷扬机；

(2)一个盛装清洗液体的容器；

(3)用来抽送液体的气动泵(泵装有用来测试特殊的压力、流速和剂量的设备)；

(4)控制台(操作和控制均是由计算机完成)；

(5)监控器。

即使使用高质量的树脂材料，在应用过程中同样会出现问题，特别是较厚的涂层，因为在硬化过程中的树脂收缩以及水存在的是发泡现象等。由于这两个因素都会使涂层的密度变得不确定，所以还必须在现场条件下进行适应性和长效试验研究。

2)双管喷涂技术

双管喷涂技术原理与 CSL 喷涂技术一样，也是在英国首先开发使用的。该方法将两种成分的环氧树脂分别通过加热的软管传送到喷涂设备中，形成涂层。软管加热是为了确保所需的作业温度。目前这种技术仅应用于小直径的饮水管道。

双管技术的特点是两种树脂不是通过各自的导管抽送到混合室，而是被装满并存储于软管中。软管的长度应和修复管线的长度对应,软管直径取决于所需树脂的数量、内衬厚度、管道直径和混合关系有关。

分别含有不同树脂的两根软管在修复管道中被钢丝绳拉动,树脂被送入到喷涂设备中。然后两根管被拉直以便它们不接触到管道内壁。当卷扬机拖拉喷涂机具时,两条软管同时也被剪开。树脂和硬化剂则喷出流到机具中,通过一个靠气压驱动的混合头将溶液混合。

根据生产厂家的提供的资料,双管技术适用范围为管道截面是 DN250 ~ DN1000,施工速度 0.5 ~ 1.5m/min,双管喷涂技术内衬厚度与管道公称直径的关系见表 15-2。

双管喷涂技术内衬厚度与管道公称直径的关系 表 15-2

DN	内衬厚度(mm)	DN	内衬厚度(mm)
150	5	400	9
200	5	450	10
250	6	500	12
300	7	600	14
350	8	>600	无

15.2
浇筑法管道修复技术

浇筑法管道修复技术是采用能运到排水管内部的模板,支模后浇筑喷射混凝土形成衬砌或者喷涂其他胶结材料形成内衬的管道修复技术。现场浇筑法可以在可进人的管道中施工,也可以在不可进人的小断面管道中施工。当形成的内衬到达最低强度要求时,就可以拆掉模板。

混凝土是一种应用广泛且成本较低的管道修复材料。混凝土主要由两个功能:一是水泥的碱性抑制铁管的腐蚀;二是相对平滑的内表面降低了水力摩擦系数,提高了过流能力。混凝土是由水泥和水混合而成的,可以加入如砂子、碎石或其他添加剂等材料。

15.2.1 水泥

根据地下情况来选择水灰比。当浇筑主要用来充填地下污水管道周围的空隙时,一般不予考虑强度特征。合理设计水灰比可以使混凝土容易搅拌和喷射,且有 500Pa 到 1000Pa 的强度。混凝土中可以加入黏土形成可凝胶以防止水泥砂浆的沉降物悬浮。尽管如此,它们没有较好的确定凝固时间,并且强度增长缓慢。所以,当遇到地下水时,一般不用来充填管道周围的空隙。

普通水泥同样可以被当作硅酸盐溶液中的一种填充物和催化剂,也可以和丙烯酰胺混合提高混凝土性能和喷射性能。在填充特大空隙时可以使用其他的水泥如火山灰和粉煤灰,具有较好的经济性。

15.2.2 特细的水泥砂浆

特细的水泥砂浆是有精细的研磨出的水泥组成，可以渗入到普通水泥不能渗入的细砂中。除了良好的渗透性，4～5小时之后，它可以提供所需的强度和耐久性。当和硅酸钠混合时，如果没有有机物，1～3分钟就可以控制地下水。

15.2.3 喷射混凝土

喷射混凝土是应用于空压机相通的软管将混凝土或砂浆高速喷到表面。喷射混凝土包括湿的和干的两种混合方法，通常所指的是湿的。喷射混凝土和压力喷浆内衬能够提高结构强度，改善水力性能，且可提高抗腐蚀性。

喷射混凝土和压力注浆内衬用于大口径（通常是0.8m以上）的污水管道修复。这些内衬可以被用在人井和其他结构中。各种各样分段的内衬可以结合起来用于腐蚀防护。喷射混凝土的两种混合方法所用材料相似，一般用钢筋或钢筋网起到加强的作用。同样，可以加入不同的橡胶聚合物提高粘合能力，降低吸水性、渗透性，增强抗化学腐蚀能力。

15.2.4 可进人管道的修复

在可进人的管道进行修复时，需要使用敞篷的模板车或是特殊的模板车，如图15-7所示。根据管道的尺寸，可以使用机械或液压装置，来辅助安装或移动模板。浇筑混凝土可以采用通过模板窗口的泵送混凝土浇筑需要的位置，再用内部的震捣器将其捣实；也可以采用模板底部或上部的喷嘴喷射混凝土，再用外部的震捣器将其捣实。

对于浇筑管道顶部区域的混凝土必须采用一个灌浆中介使其能够与失效的管道接触，同时由于施工过早混凝土凝固过程中会产生较大的变形，所以顶部混凝土浇筑要到其他部位施工一定时间后再施工，保证混凝土的收缩变形在允许范围之内。

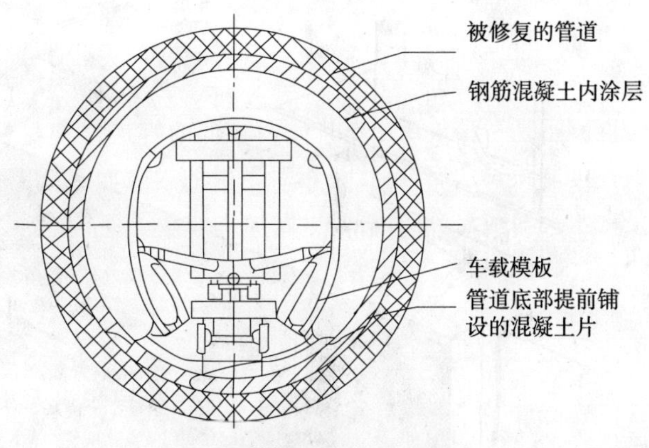

图15-7 管道中的模板车原理图

如果需要，该修复技术也可以以钢筋网或钢筋笼的形式安装钢筋，如图15-8所示。当进行混凝土灌浆时，通过使用加肋HDPE板、柱式HDPE板或陶土管片作为模板的外表面，可以同时达到内部防腐蚀的效果。图15-9给出的是在一个拱形管道生成混凝土内衬的具体施工情况。

为了确保内部壳体不产生裂缝，需要注意以下两方面的问题，一方面需要考虑形成的混凝土内衬的结构形式，包括尺寸与旧管道结构的连接等；另一方面，混凝土的技术性能，包括混凝土的配合比、使用的粘合剂、混凝土浇筑过程中的气候条件和其硬化的过程。

该技术的缺点是浇筑内衬具有一定的厚度，减少了管道的过流断面。该问题可以通过扩大旧管道截面改变内衬的厚度来解决。通过人工或者使用气动风凿可以达到扩大截面的效果。

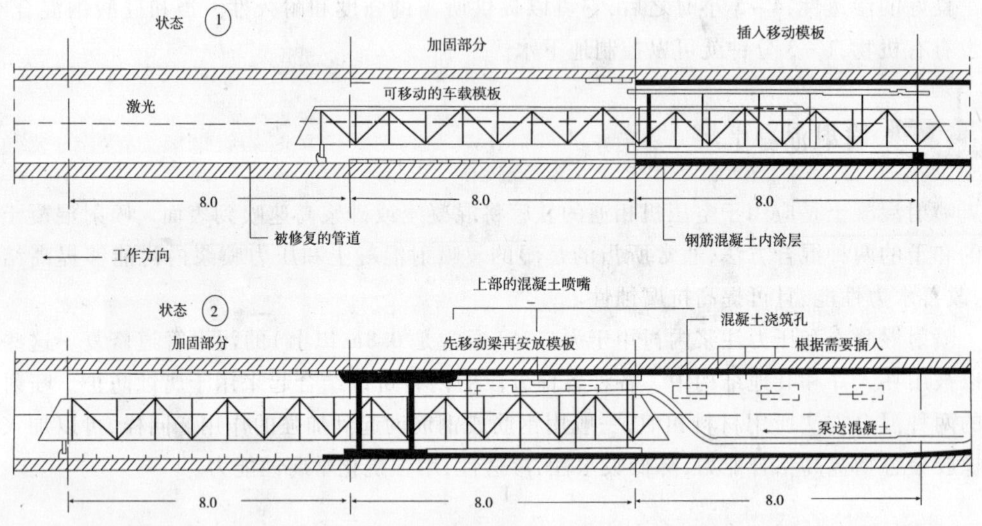

图 15-8　通过插入钢筋混凝土内衬修复管道的施工顺序

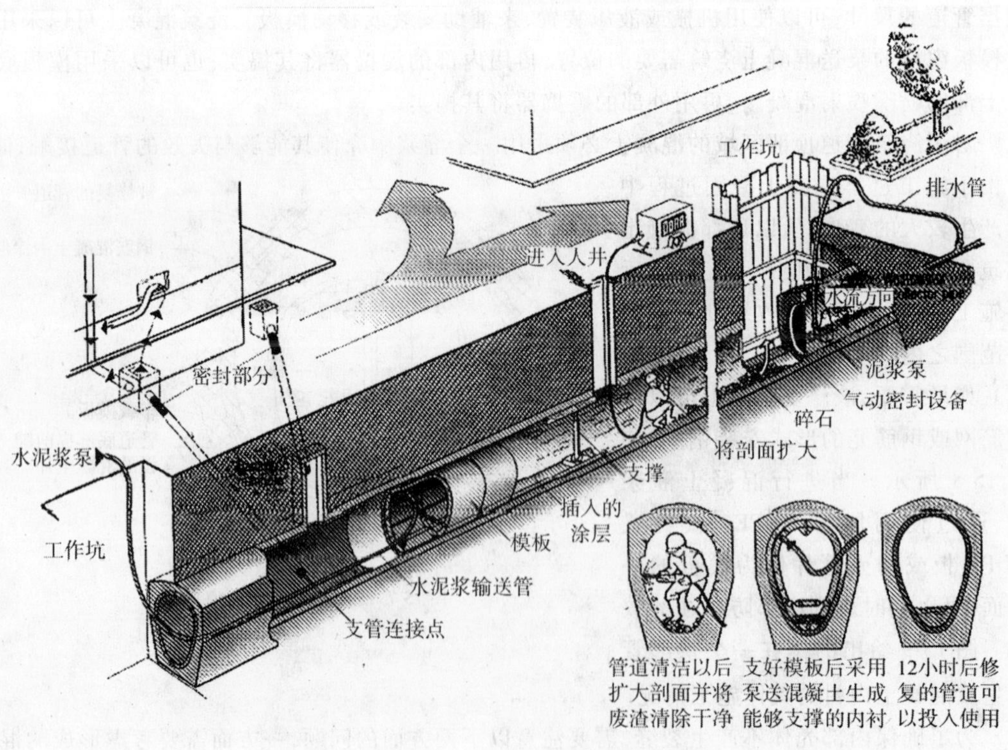

图 15-9　浇筑法管道修复技术修复施工原理图

图 15-10 是剖面研磨机样机图，该磨机的样机采用一个 10～15cm 左右周边镶有金刚石的研磨头。按照厂家的设计标准，该设备可以扩大 800～1200mm 椭圆形截面的所有边，厚度可以达到 6cm，其工作效率是 8 小时大约可以破碎 6m 的管道。

扩大管道的截面积会引起排水管支撑强度的减小。因此，在扩大管道截面之前，需要考虑到外部的实际荷载，避免产生破坏，必须封堵地下水渗漏点。

浇筑法管道修复可以采用特殊的混凝土，如抗硫酸盐水泥，如果需要可以加入聚丙烯纤维。

在管道修复技术中，会发现由于新混凝土衬砌与旧管道之间的收缩应力产生的裂缝，可以采用下列方法消除收缩应力：

(1)增加聚丙烯纤维调整原混凝土的配合比。

(2)在被研磨机打磨过的排水管或铲修过的排水管内壁上均匀地涂抹砂浆，从而形成均匀厚度的内衬层。

(3)每间隔 4.5m 管段安放一个分割自由环进行浇筑，14 天后封闭自由环，以减小收缩变形。

(4)防止过快干燥。

此外，在旧管道和新浇筑的混凝土内衬之间插入一个隔离层（金属薄片或涂层），使其产生无应力收缩。

图 15-10 剖面研碎机样机剖面图

15.2.5 不可进人管道的修复

除了供水管道外，目前还没有在不可进人管道中应用浇筑法管道修复技术。该技术比较有代表性的是喷射混凝土技术，始于 1973 年，主要是用于钢管和铸铁供水管道的修复。该技术是采用一个长达 50m 的胶管通过充气或充水的方法使其膨胀插入到要修复的管道中，胶管的外径要比被修复的管道内径小 14～20mm，如图 15-11 所示。

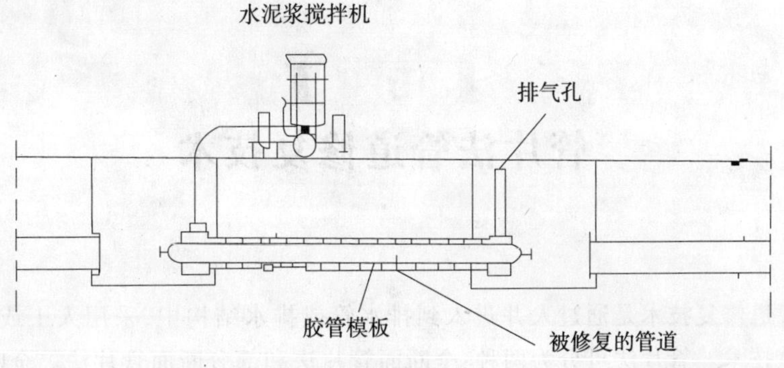

图 15-11 混凝土喷射施工方法

胶管模板的居中和固定是通过胶管上面滑动的一组定位器来完成的。被修复管截面的两端用管道端口密封器封堵。密封器的一端是安装浇筑的喷嘴，另一端则安装一个排气孔。当混凝土通过排气孔流出的量和注入的量相等时，即可认为模板与被修复管道之间的环形空隙被完全充满了。

管道末端装备的密封器允许在内部压力和外部压力的作用下的纵向膨胀是每50m长的胶管模板大于150mm，可以防止胶管的错位和偏心。

模板与被修复管道之间环形空隙浇筑完成后，最早要13～30小时才可能硬化。硬化后可以承受压力，模板承受的压力就会减小，并可以从被修复的管道中拉出来。而间隔定位器则留在了混凝土内衬中。施工步骤见表15-3。

浇筑法施工步骤 表15-3

<table>
<tr><td>1</td><td colspan="2">材料和施工设备的准备</td></tr>
<tr><td rowspan="2">2</td><td rowspan="3">准备工作</td><td>将间隔定位装置安放于定位网中</td></tr>
<tr><td>将定位网固定到胶管模板上面</td></tr>
<tr><td>3</td><td>进行水泥和浆液的测试</td></tr>
<tr><td>4</td><td rowspan="3">现场浇筑施工</td><td>插入胶管模板并将其充分膨胀</td></tr>
<tr><td>5</td><td>搅拌和浇筑混凝土</td></tr>
<tr><td>6</td><td>放气并将胶管模板移走</td></tr>
<tr><td>7</td><td colspan="2">控制和相关的保护措施</td></tr>
<tr><td>8</td><td colspan="2">处理和安装阀门、接头等</td></tr>
</table>

该技术应用范围是，DN100～300管道，长度可以达到50m。对于DN100～DN200浇筑的厚度大约是7mm，对于DN250～DN300浇筑的厚度大约是10mm。该技术不能应用于修复污水管道，因为所需的定位块会引起管道失效从而导致管道漏水和腐蚀。

当出现以下情况时，该技术的使用受到一定的限制：

(1)管道有角度变化；

(2)管道发生移位；

(3)管道变形；

(4)管道尺寸和截面形状出现较大的偏差；

(5)存在支管连接。

15.3 管片法管道修复技术

管片法管道修复技术是通过人井进入到排水管或排水结构中，采用人工或辅以合适的器具来修复管道技术。管片法可分为两种：全断面管片法和部分断面管片法。全断面管片法，用于管道的整个截面环形空隙灌浆；部分断面管片，用于管道底部或管道上部，如图15-12所示。

管片法管道修复技术用于修复或加强管道内壁抗自然、化学和生物侵蚀能力。特殊情况下，还用于防止重新形成污垢结壳和修复局部漏失。通常用于管道结构没有损坏，同时截面足够大的条件。

下面仅以不锈钢发泡筒法和 PVC 六片管筒法进行介绍。

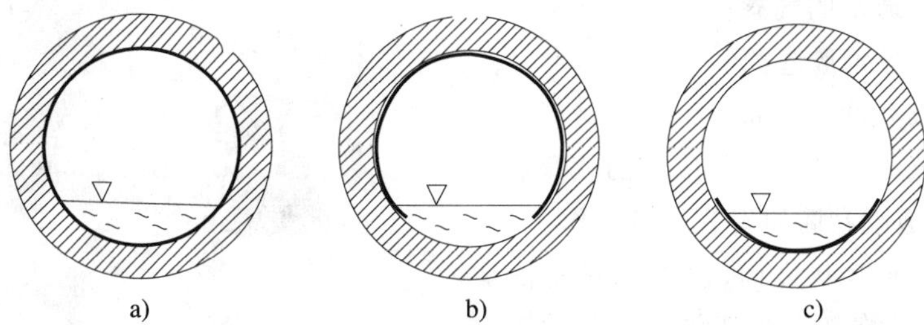

图 15-12　管片修复技术分类示意图
a)全断面管片法;b)局部管片法(上部);c)局部管片法(底部)

15.3.1 不锈钢发泡胶卷筒法

不锈钢发泡胶卷筒修复技术指在渗漏点处安装一个外附海绵的不锈钢套筒,海绵吸附发泡胶,安装完成后发泡胶在不锈钢桶与管道间膨胀从而达到止水目的的工艺。主要过程是不锈钢桶预制,海绵固定并刷浆,然后安装。不锈钢发泡胶卷筒直接通过检查孔(人孔)进入地下管道,在修复部位形成一道不锈钢内衬,来维护破损管道的结构强度。

优点:灵活方便,安装快捷,修复一处只需 20 分钟左右,无需开挖工作坑,可带水作业,止水效果好,能增强修复管道的结构强度。

不锈钢发泡胶卷筒如图 15-13 所示,其性能如下:

(1)可修复直径范围在 150 ~ 1350mm 之间的管道。

(2)长度规格为 460mm、600mm、900mm 和 1200mm,并可根据客户的需要生产相应的尺寸。

(3)已维修部位可防止如硫化氢、盐酸和海水等一般化学物品的腐蚀。

(4)强度符合 AWWA M11 管道连接标准,经 WRC 测试,可恢复破损管道的原有强度。

图 15-13　不锈钢发泡胶卷筒

该技术所需要的施工设备和材料如下(图 15-14):

(1)CCTV 闭路电视;

(2)空气压缩机;

(3)卷扬机；

(4)中间可通水的气囊；

(5)不锈钢发泡胶卷筒；

(6)发泡胶和油漆滚筒；

(7)手动气压表及带快速接头的软管。

不锈钢发泡胶卷筒的安装准备工作：

(1)在去工地现场之前,检查所有设备是否运转正常,并对设备工具列清单。

图 15-14　不锈钢发泡胶卷筒修复技术配套设备和材料

(2)熟悉安装过程,检查录像中修复点的情况,如有必要清理一切可能影响安装的障碍物。

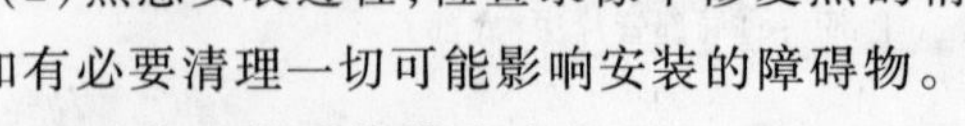

(3)准备空的录像带或光盘。

不锈钢发泡胶卷筒的安装过程如下(图 15-15)：

(1)将卷筒套入气囊。在海绵及白边上均匀涂上发泡胶。

(2)用橡皮筋将海绵圈好,以方便在水下拖行。

(3)转动卷筒将有标签的部位向上,往气囊少量充气以固定卷筒。连接所有的线缆。

(4)将闭路电视、卷筒及气囊一起放入检查孔中,拖动至管道内的修复部位。通过闭路电视的监视荧幕可监控卷筒的运行和安装。

(5)将手动气压表调到所需气压。气流通过时会发出轻微的响声,当响声停下来,安装便完成。

(6)放气,将所有设备取出。

不锈钢发泡胶卷筒可用于修复以下管道事故(表 15-4)：

(1)部分脱落的管道；

(2)调整错位的管道接口；

(3)封闭管道上的孔或洞；

(4)管道内或接口处的裂缝；

(5)防止管道周围树根的生长；

(6)维修有分支的管道；

(7)封闭无用的管道。

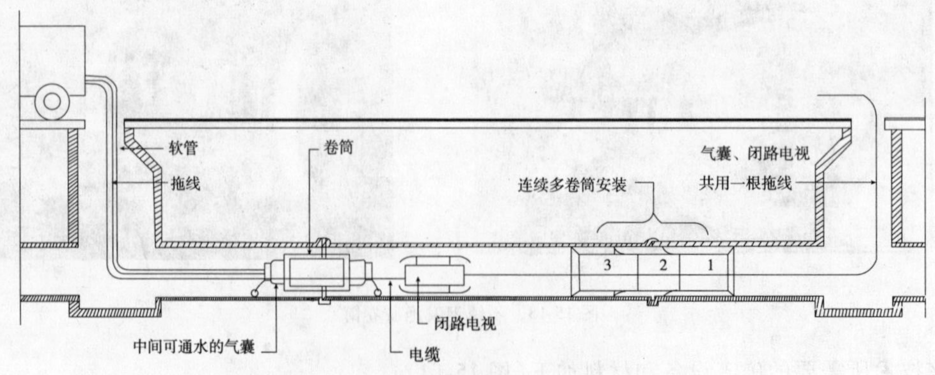

图 15-15　不锈钢发泡胶卷筒的安装过程

不锈钢发泡胶卷筒管道修复实例　表 15-4

	修 复 前	修 复 后
维修顶部坍塌的管道	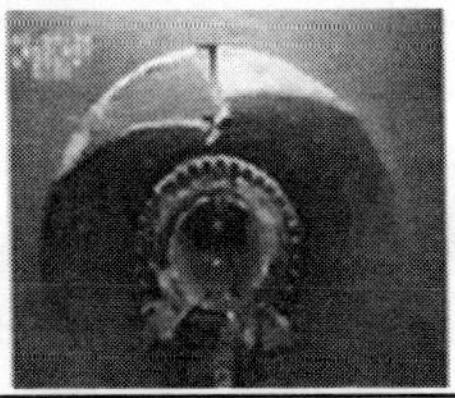	
调整错位的管道接口	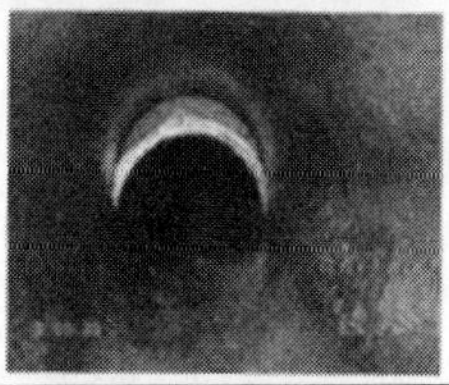	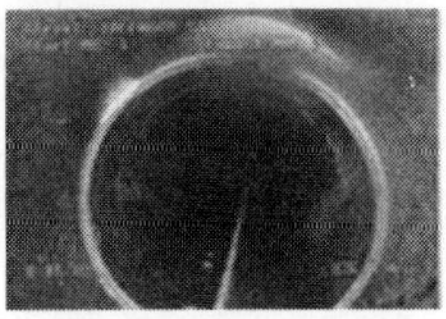
密封渗漏	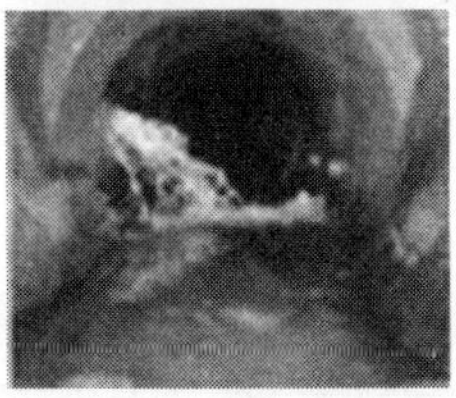	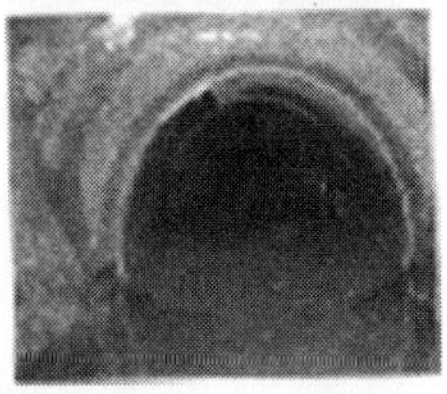

15.3.2 PVC 六片管筒修复技术

PVC 六片管筒修复技术由加拿大 Link－Pipe（林克派普）研发而成，是大口径管道点状修复技术的首选，属结构修补技术，修补管径范围在 900mm 至 2800mm 之间的大口径的输水管道、下水管道及排洪管道。管筒的材料是采用聚氯乙烯制造，一般由六片弧形组件组成，上下两片大主件加上两边两套合页，每片组件两边都有槽式接口用于固定管筒。该方法的主要优点是：设备简便，安装快捷，无需开挖工作坑，无需排水，可带水作业，恢复管道结构强度，可阻止树根的生长。但其缺点是只适合于修复 900mm 以上的大口径管道。

PVC 管筒是采用坚硬的聚乙烯材料制成，达到国际塑料工业 PVC1120－B 强度标准。聚脂胶用来填充 PVC 管筒与管道之间的环形间隙，以保证被修补管道的韧性。当不需保证管道的韧性时，可用水泥胶浆替代聚脂胶。“O”形橡胶圈可采用氯丁橡胶、天然橡胶或丁钠橡胶以适应不同的化学环境。

PVC 管筒可修复各种异形管道，如鸡蛋形、马蹄形、椭圆形等。

PVC 管筒可以作为以下管道的修补：

（1）纵向的、环形的及多重管道裂缝；

（2）翻新部分或全部倒塌的管道；

（3）封闭管道内的渗漏；

（4）调整移位的管道接口；

（5）封闭没有用的管道；

（6）阻止管道周围树根的生长，以避免对管道的破坏，且不污染环境。

PVC 管筒的安装设备主要包括垂直千斤顶、水平千斤顶和液压泵。PVC 管筒安装过程（图 15-16、图 15-17）如下：

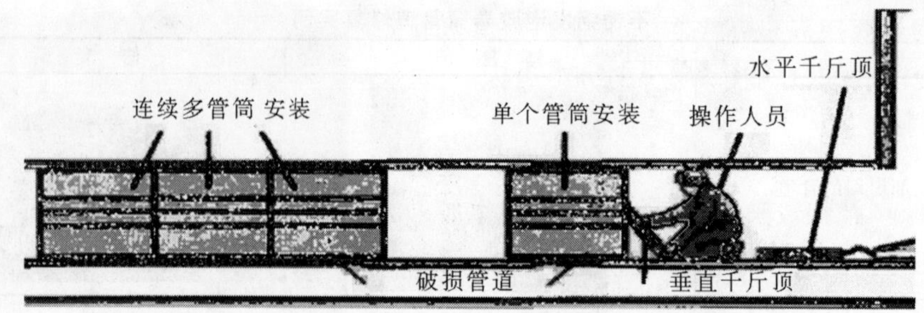

图 15-16 PVC 管筒的安装图

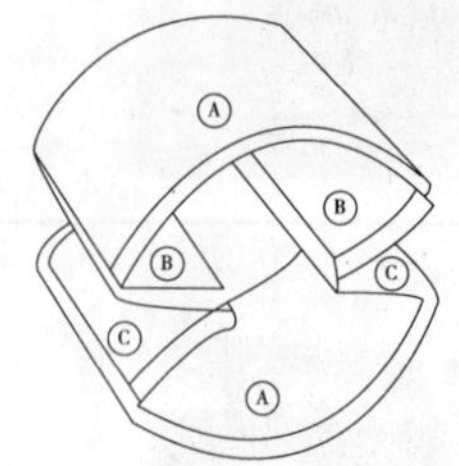

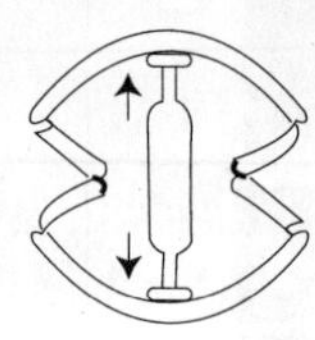
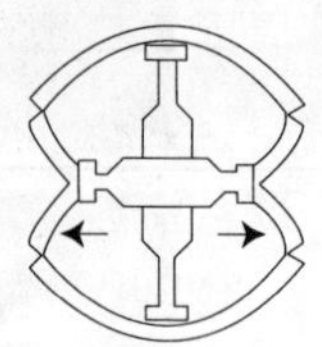
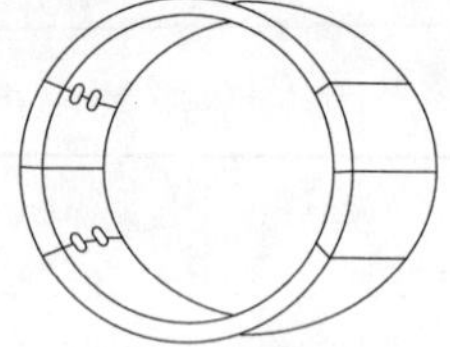

图 15-17 PVC 管筒安装过程示意图

(1)将管筒放置于修补点;

(2)将"O"形橡胶圈放入管筒两边外侧的小半圆沟内;

(3)放置垂直千斤顶,将上部弧形组件 A 往上推紧;

(4)放置水平千斤顶于两边的合页(B 和 C)之间,并将两边合页推开完成安装。总有一边的合页先被推开,当后一对合页被弹开时会有一声巨响,说明安装紧密;

(5)圆形橡胶圈的弹力将管筒逼紧防止松动;

(6)安装后管筒外径与管道内之间的环形间隙要用聚脂胶或水泥胶浆灌入填满。

15.4 化学稳定法

注浆是最古老的管线修复方法之一,本节就化学注浆和树脂注浆进行简要介绍。

15.4.1 化学溶液注浆

化学灌浆最初发展和应用在 1955 年。从那时起,就用来封堵污水管、人井、池、拱、隧道等的渗漏。最近的发展和 40 多年的经验表明该技术依然是最好的、最经济的方法,能长期防止地下水渗到结构完好的污水管道系统。

化学灌浆能在管道渗漏部位和人井处形成一个防水套圈(图 15-18)。化学灌浆封堵渗漏不是简单的填充接头和裂缝，而是化学材料进入到周围土层，与土可以胶结，形成一个防水团块，不会挤回污水管道。

图 15-18　灌浆套圈示意图

粘附在管道或人井外面的不透水套圈能牢固稳定在原地，除了挖掘或长久日晒才能清除掉。如果地下水水压增加，套圈受压，粘服结构更牢固，能增加抗渗能力。

如果土壤内长时间失水，灌浆体也会变干。然而，当土壤水分恢复时，灌浆体会吸收水分，恢复到原来状态。渗漏人井和污水管周围土壤水分含量足够高，能避免凝胶出现严重的失水收缩。

多数结构性完好的污水管道系统内渗，渗漏通道主要是接头、人井、支管接头以及支管接口下首段管道。最好的、最经济的阻止这些渗漏的方法是化学灌浆。

树根常进入污水管道系统，破坏性比较大，修复起来成本比较高。它们能从微小的裂缝进入管道，之后快速生长，生命力更强。树根的生长能扩展裂缝，使稳定性好的管道产生位移，造成一系列破坏，如引起渗漏，使污水处理设施超载运行，黏泥粘附在管壁上，冲蚀管侧填充材料等。

机械切除机只能临时性的清洁管道，清理之后树根能继续生长。化学处理能杀死树根，阻止其继续生长。但是化学抑制剂在一年内就会被冲刷干净，就不再产生抑制作用。然而，当在化学灌浆时用一种特殊的生长抑制剂，包入灌浆体内，不会再流失。经过这样的处理，树根就不能进入管道了。

化学稳定法一般用于修复污水管道，同时也用于连接点漏水和环形裂纹的修复。化学浇注也可以密封小孔和修复径向裂纹。化学稳定法也可以通过特殊的工具和技术用于管道接点和人井内壁修复。一些化学稳定法被用来填补水泥管、砖砌管、陶土管和其他类型管材污水管外的空隙。除了水泥管，其他管道中出现的这些空隙会引起管道周围土层横向支撑力的减小和管道的移动，从而导致管道整体稳定性的迅速破坏。但是，化学稳定法不能较好的封堵由管道沉降或变形引起的连接点漏水和环形裂纹。因此，化学稳定法一般是用来控制因管道接头漏水或者管壁的环形裂缝引起的地下水渗漏，不能用来有效的密封管道接头附近的管道纵向裂缝，修复具有良好结构条件的管道主要考虑使用稳定法，如图 15-19 所示。

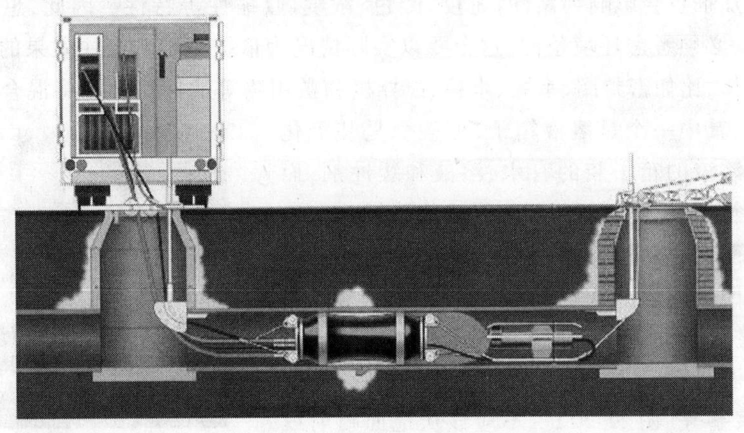

图 15-19　化学稳定法施工图

1)用于外部修复的化学稳定法

根据管径大小,可以考虑直接开挖管道或者从管道内部来进行管道外部修复。这种方法适合解决的问题包括较大的地下水流动、土体流失,土体沉降和土体中空洞等。

用于外部修复的化学稳定法是由三种或更多可溶于水的化学品混合而成的,混合后可以在催化作用下形成可凝胶。化学浇注所用液体产生的固体沉积物不同于由液体中的悬浮物组成的水泥浆或泥浆。混合溶液的反应,可以是在溶液中所含物质间发生反应,也可以是溶液中所含物质跟周围的物质发生反应。由于化学反应会引起液体减少和凝固,从而封堵漏水点,同时将空隙填满。

2)用于内部修复的化学稳定法

内部修复主要是在管道内部进行,可以通过远程控制或者人进入管道内来完成。

用于内部修复的化学稳定法主要是用来减少渗漏。它可以用于密封因腐蚀而漏水的管道接头、维修过的接头和管道结构的保养。由于稳定法不具备结构修复的能力,因此不适于修复出现纵向裂缝或变形的管道。尽管化学稳定法常用于修复小口径管道,对于中等口径和大口径管道也可以通过使用特殊设备来完成接头的修复。可以通过密封圈和 CCTV 摄像头来完成浇注。密封圈是由中空金属圆柱体构成的,中心两端各有一个可膨胀的橡胶圈。把溶液注入到管道接头两个可膨胀橡胶圈之间的空隙中。根据密封圈型号的不同,泥浆和溶液混合到上述的空隙中,通过管道接头的漏洞压入到周围的土体中。溶液取代地下水填满土体颗粒之间的空隙。

远程 CCTV 主要用在管道接头定位密封圈并且在密封操作前后检查接头。通过绳子来拉动密封圈和 CCTV,从而使其在维修井间行走。此外,使用空气或者水测试仪器来检测密封效果。对于可进人污水管道,维修井和结构、漏水接头或管道壁可以通过一个喷嘴形状的喷嘴器来喷射化学溶液。

有很多种不同的化学溶液,可以根据可凝胶或者泡沫来进行分类。每种溶液均有大量不同类型的添加剂,如:传导剂、催化剂、抑制剂和大量的填料。溶液的配方通常是水和化学制剂。因为土和地下水含量的不同,所配出混合剂的可靠性很大程度上取决于试验和误差大小,而不是科学原理。当有地下水时,可以用高浓缩的化学制剂来抵消水的稀释作用。

影响到溶液性能的参数包括:黏度控制、可凝胶变化时间、温度、pH 值、溶液的含氧量、和特定金属的接触、紫外线、含有少量的盐、地下水的流速、设备的性能以及其他水和土的条件。

溶液特性在以下几个方面发生变化:外观、溶解性、溶胀性和收缩性、腐蚀性、稳定性、浓度。溶液的添加剂也会影响到黏性、密度、颜色、浓度、收缩性等特性。因此,想用合理的公式表示溶液特性,必须考虑环境条件,这个要以实际情况为依据。影响浇注效果的另一个因素是设备的合理操作,比如密封圈、水泵、水箱、搅拌机和敷用物等的使用。先将混合好的溶液分别装入两个箱子,其中一个是溶液箱子,另一个是装催化剂的箱子。装溶液的箱子装的有水、溶液和缓冲剂,而另一个催化剂箱子装有水、氧化剂和大量的填料。

3)用于接头的化学稳定密封法

接头出现明显的渗漏或在接头测试中显示出损坏现象,就应该进行接头密封处理。接头密封可通过向接头部位强力灌注化学密封材料,使用的设备包括灌浆泵、软管和灌浆塞等(图 15-20)。不应该从地面喷射或注入密封材料,因为这样做可能破坏管道衬里。也不能

图 15-20　接头化学灌浆示意图

开挖路面或土壤来进行密封作业,会影响交通、邻近地下设施,对将要修复管道造成更大的破坏等。

灌浆塞穿越破坏接头就位时,要借助各种量测工具和 CCTV 设备。其定位必须精确,否则不能在灌浆点形成有效密封。要在合适的压力下控制灌浆塞的膨胀,封堵破坏接头的两端。向隔绝区域通过胶管泵入密封材料,控制泵送压力超过地下水压力。泵送单元、计量设备、灌浆塞等的设计要依据漏失类型和大小而进行。

在进行封堵每个接头时,灌浆塞应膨胀至隔绝区域压力读数为零,之后重新膨胀,重新检测接头密封性能。如果不能读零,就应清除残余灌浆材料,调整仪器、设备,以读取精确的隔绝区域压力。

进入管道内的残余密封材料会降低管道内径,使接头处管流受到限制。接头修复内表面应于其他管壁一样平滑。灌浆施工完成后,应清理管道内残余的灌浆材料。

4)化学稳定液

应用最广泛的化学稳定法是丙烯酰胺、丙烯酸、丙烯酸脂、甲酸酯树脂等。所有的可凝胶对污水管道中的化学物质都有抵抗力。所有的可凝胶都对收缩缝极为敏感。除了甲酸酯树脂,其他的可凝胶对脱水极为敏感。但是可以通过使用化学添加剂来最大程度的降低上述缺点。在合成物中添加不同化学试剂,有下列重要的区别:丙烯酰胺比其他可凝胶毒性更强些。只有在对管道处理和放置或安装过程当中才考虑到浇注的毒性。无毒的甲酸酯树脂是由 EPA 推荐的用于可饮用水管道中。甲酸酯树脂以水作为催化剂,而其他的可凝胶是用其他化学品作为催化剂的。因此,在修复过程中,甲酸酯树脂要求避免与水接触。

(1)丙烯酰胺为主要成分的可凝胶。

丙烯酰胺溶液以一定比例混合反应一定程度之后从稀释的溶液中产生一种固体可凝胶。在应用丙烯酰胺溶液之前需要考虑如下标准:预期的结果、浇注区的特性、设备的应用范围、可选择的工序、喷射施工方案。

喷射施工方案包括可凝胶的注入次数、丙烯酰胺的用量、注入点的布置。工作开始后,施工方案要根据遇到的新情况及时调整。根据工程使用情况,到目前为止,还没有发现不能形成可凝胶的土层或岩层。尽管如此,注入的溶液要一直保留在注入区直到发生凝胶过程。在干燥的土体和流动的地下水中注入的溶液通常有分散的趋势。在干燥土体中重力和毛细管力分散注入的溶液,可能导致可凝胶失效。正如管道接头的稳定法,通过在浇注前饱和土壤和缩短可凝胶使用时间减少使用次数,可避免分散注入的溶液。尽管如此,在土壤空隙中干燥的土体不如地下水位以下的土体稳固效果明显。

当多次注入可凝胶且注入时间较长时,在湿润土壤中会使注浆体周边发生稀释。流动的地下水可扭曲球状体的正常形状和使其朝向水流方向。在水流湍急状况下,通过缩短凝胶时间、减少使用次数,能使稀释最小化。在有空隙的地层或者在裂缝中,可将如黏土或水泥这样的固体物加入到溶液来产生一种更有效阻碍地下水流动的物质。在饱和或者半饱和土壤中丙烯酰胺的应用是最成功的。

丙烯酰胺主要是用来减少漏水的而不是用来增加结构强度。尽管如此,它确实能够通过稳固周围的土壤直接完善结构的整体性。丙烯酰胺是一种有毒的化学物品可以通过伤口、呼吸道和吞食被人体吸收。由于丙烯酰胺毒性,如果没有专业技术员监督,在处理和使用丙烯酰胺的时候会存在潜在的危险。

(2)以丙烯酸为主要成分的可凝胶

丙烯酸浆体是加入了许多不同种类丙烯酸树脂的水溶液,不同种类的浆体有着不同的应用范围,和催化剂混合反应之后会形成黏性可凝胶。凝胶反应时间可以严格的进行控制,在流水条件下可控制到几秒,在正常条件下也可以是几个小时。

这些溶液对于污水管道接头、维修井和结构会产生较好的效果。丙烯酸溶液在没有凝结之前有和水相似的黏性。这些溶液在水中有膨胀的趋势可以产生不漏水的密封效果。

(3)以丙烯酸脂为主要成分的可凝胶

丙烯酸脂溶液和之前提到的溶液十分相似。丙烯酸脂可凝胶的标准成分(重量比)是:水(61%)、丙烯酸脂溶液 35%、TEA2% 和 AP2%。

在漏水控制极其重要的情况下,建议的标准成分(重量比)是:水(56%)、丙烯酸脂溶液 35%、TEA2%、乙烯乙二醇 2%。

需要注意的是丙烯酸脂溶液在水溶液中是 40% 浓度。

(4)以聚氨酯为主要成分的可凝胶

聚氨酯溶液是一种预聚物的溶液,通过与水的反应进行修复。在反应过程中可凝胶保留它的吸水性,即它吸收水并将其保留在可凝胶中。在修复过程中,合成的可凝胶抑制水的流动。因为预聚物是由水修复的,所以可以避免水引起的其他过早的污染。能提供强效可凝胶的体积比为 5:1 到 15:1。小于这个比率将会产生泡沫反应,而大于这个比率会产生弱效可凝胶。

(5)以聚氨酯为主要成分的泡沫

聚氨酯泡沫主要用来阻止流向管道内的渗漏。这类漏水点来自于基础或墙壁的裂缝,墙壁、枕梁或上部结构安设的接头,或者沿管道渗漏到维修井中。以一定的压力注入浆体到先前挖好的孔中。经固化后形成柔性的衬垫或塞子,封堵渗漏途径。当混合等量水后,注浆材料迅速膨胀,形成坚韧的闭孔橡胶体。在有些应用中,所用材料事先没有与水混合,就需要等量的水进行最后的修复。

15.4.2 树脂注浆系统

另一种化学方法是环氧树脂注浆。将一根管子放到管道中,推到或拉到达损坏的区域。管子随后膨胀起来紧贴住管道内壁,树脂被释放到损坏区域的周围。根据损坏区域的大小,过量的树脂穿过管壁被压入到土壤中,在管壁外形成密封。修复设备保持在修复位置大约90 ~ 120 分钟,等树脂充分硬化后,再移走。整个过程通过 CCTV 辅助来进行远程控制。大约需要 24 ~ 36 小时,不受缺少施工压力、存在水或空气等的影响。

树脂注浆系统被分为两类:第一种主要用来密封管道,阻止管道内外渗漏,第二种主要用于修复受损管道结构,恢复管道结构强度。修复重力管道接头漏水的常规方法是使用一台特殊的密封设备,该设备具有检测漏水点和喷射修复溶液的功能。根据接头损坏的数量,为了确定和修复特殊的损坏点,可以进行局部检测或者全面检测。底端具有膨胀功能的密封设备穿过管道接头,增压后将接头隔离。空气或者水压力作用到密封设备的中心截面上,可以测定接头的压力损失比率。如果损失比率超过了一个临界值,密封胶由密封设备注射到接头中,随后从新测定损失值。

虽然有许多种密封设备设计类型,大多数还是用两部分聚氨酯溶液或者用一种水反应的聚亚安酯。不管那种设备,浆体都不具备内在强度,而是将漏水的接头周围的土壤变成不透水的土体，这样避免了漏水又提高了结构的稳定性。

需要注意的是发生反应溶液成分的毒性，目前在一些国家认为丙烯酰胺密封溶液有害身体健康，尽管丙烯酸脂溶液与上述溶液名字相似，但是它却有与之不同的化学特性，并且是安全的。

聚亚安酯溶液具有亲水性，既可以和土壤中的自由水反应，同时又可以和密封设备注入的水反应。尽管使用了纯净水，苯乙烯—丁二烯橡胶溶液通常是以1:4的比率与水混合，从而增加修复溶液的适应性降低缩水，其比率会影响材料的特性（比率高于1:5容易产生泡沫，而稍低的比率会产生一种可凝胶）。通常情况下进行管道密封时推荐聚亚安酯溶液与水的比率为1:8。

许多聚亚安酯溶液包含丙酮，用来降低溶液黏性，提高浆体混合性能。在储藏材料时应考虑到丙酮的易燃性。另一种不同类型的树脂喷射系统通常用的是环氧树脂或者水泥浆，这种树脂可用来加强和重新连接管道的结构，也可以密封防止渗水。尽管最初是旨在修复破损不严重或者破损范围不大的管道，但是目前可应用于破坏程度严重的管道。采用一个可膨胀的密封设备隔离管道破坏的区域，并将快速凝固的环氧树脂喷射到管壁有裂缝、破裂或空洞的地方。密封机要等到树脂凝固后才可以被拉走，而薄的树脂套圈通常被留了下来。

15.4.3 注入和排出技术

另一种用于密封的方法是通过注入和排出技术进行的，它可以一次性的修复主管道、支管和人井。首先要密封隔离破坏区，然后用一种既环保又安全的化学溶液（通常是硅酸钠）填充到人井中。在一定时间之后化学溶液渗入到裂缝和漏水接头中，溶液就被抽出来。然后将第二种专用的化学溶液填充到破坏区内，和第一种溶液的残留物发生反应形成一种防水的可凝胶。接着第二种溶液被抽出，清洗管道中的所有残留物。当配合使用由密封设备喷射出的密封剂时，将会使人井和管道漏水点周围的土体转变为不透水的土层。由于设备和材料体积的要求，注入和排出技术更多的用于大规模的漏水修复工程，所以在一次性完成管道修复方面具有优势。

15.5 点状 CIPP 修复技术

点状 CIPP 修复技术与软衬法（CIPP）类似，也使用相同或类似的材料，主要用于修复局部破损管道，已有超过 30 年的应用历史。

施工时，将短衬管包扎在一个可膨胀的滚筒上，用绞车拉入待修复的部位。然后利用压气使滚筒膨胀，与旧管紧密贴合。待树脂固化后（可在常温下固化，或利用热水或蒸汽加速固化过程），释放压气使滚筒收缩并收回（图 15-21）。

a)

b)

c)

图 15-21 点状 CIPP 修复技术的工艺过程

a)确定并清洁要修复的位置；b)CIPP 就位并修复；c)修复完成

15.5.1 主要特性

点状 CIPP 修复技术包含一个加强衬管，加强衬管由两层玻璃纤维编织粗纱和一层位于两者之间的聚酯层构成，将三层材料用聚酯线以 25mm 的间距按锯齿形缝合在一起。在现场切割衬层，并用环氧树脂浸泡，以适应旧管的特殊要求。衬层材料吸附充足的树脂，当压缩衬层时，树脂能填充凸凹不平的管壁、封堵裂隙，因此能在旧管和衬层间形成良好的密封层。

修复管径范围为 50 ~ 600mm，最大修复长度为 15m，应用比较广泛的修复长度范围为1 ~ 4.5m。衬层最小厚度一般是 3mm(1/8 in.)，最大厚度一般为 9.5mm(3/8 in.)，较厚的衬层可用于特殊情况下的修复工程。

树脂固化时间一般为 1 ~ 4 小时，与所用树脂类型和管径大小有关。

很多软衬法承包商常使用标准 CIPP 衬管和树脂材料进行点状 CIPP 修复。

树脂固化后，衬管能承受的 30psi(207kPa)的外部水压，甚至更大，与设计要求有关。

15.5.2 点状 CIPP 修复技术优缺点

(1)点状 CIPP 修复技术优点

①点状修复技术已制定相关标准，可参看 ASTM 1216 设计标准；

②适用最大管径为 1500mm(60 in.)；

③施工长度范围是 1 ~ 4.5m；

④衬管能紧密粘结在旧管上；

⑤减少渗漏，避免树根进入管道；

⑥一般不需要旁流系统；

⑦能提供结构性修复；

⑧修复段尾呈光滑锥形。

(2)点状 CIPP 修复技术缺点

①尽管修复部位结构强度有所提高，但是人井之间整个管段的结构强度没有得到加强；

②与其他局部修复技术相比，成本略高；

③可能降低旧管水力学性能。

15.5.3 施工方法

多数点状 CIPP 技术限定于先用合适的树脂浸泡编织衬管，包扎在可膨胀滚筒上后，拉入到待修复位置，然后向滚筒充水、蒸汽或空气，加压使之紧贴在旧管管壁上，之后进行树脂固化。可以采用加热固化系统，也可以使用常温固化系统。尽管点状 CIPP 可看作短型的软衬修复，但编织衬管和树脂材料的强度比较高，与全部铺设新管相比，材料经济性好的多。衬管常用材料聚酯针状毛毡(不编织)，可在衬管材料里掺入玻璃纤维或加一层玻璃纤维。有些修复系统使用的多层结构衬管，玻璃纤维能提高强度，毛毡则起到携带树脂的作用。

尽管聚酯树脂可以用作全长衬管，但局部修复技术常使用环氧树脂。环氧树脂不溶于水，而聚酯树脂在固化前会受到水的不利影响。这尤其与技术相关，在设计铺设衬管时不需要截水分流。环氧树脂的缺点主要是造价太高，切固化条件要求也比较严格。很多基于环氧树脂的修复系统需要加热固化，而聚酯树脂一般在常温环境下就能完成固化过程。

修复衬管可以是正圆形的，也可以是矩形的，后者包扎在可膨胀滚筒上，当滚筒膨胀时可卷出贴附在旧管管壁上。矩形衬管修复时，要求接头部分留有一定的搭接长度，但这对修复效果的影响并不是太大。

编织衬管的浸泡可在现场进行，或者预先在工厂浸泡好后再运送到修复现场。一般在现场进行浸泡，应当谨慎操作，避免卫生风险和化学药品溢漏。树脂混合及浸泡时，尽量密封进行是一件重要的事情，混入空气将对材料产生损害作用，如果混入空气过多，固化后树脂会含有比较多的孔隙。但是完全避免空气混入也是不可能的，尤其是使用黏稠树脂时，因此有些修复系统为了尽量避免空气混入，而采用真空浸泡技术。

无论是加热固化系统还是常温固化系统，基本上都要求在滚筒膨胀前应限制材料温度的升高。温度升高，可能使固化过早进行，在衬管未到位前材料就已经硬化了，达不到修复的目的。树脂材料已经混合，就会开始放热固化作用，材料温度会加剧升高。树脂混合后要立即投入使用，不要搁置在容器里不用。浸泡时还应注意材料的表面温度，浸泡后应将衬管迅速拖拉到位，并即刻进行滚筒膨胀作业。

滚筒一般是弹性材料的，比如是橡胶材质的。内压先之滚筒膨胀，之后将衬管挤压在旧管管壁上。大多常温固化系统形成膨胀作用使用的是压缩空气，加热固化系统混合空气和蒸汽使用，或使用热水，加热介质在滚筒和地面上的加热设备间往复循环。需要注意的是不能加压过大，尤其是热水膨胀系统，滚筒既受到静水压，还受到泵压作用。

固化时间与树脂配方、衬管厚度、滚筒内温度(加热固化系统)、旧管管壁温度有关。地下水位高，可能形成吸热源，降低衬管外表面温度，这样固化时间会有所延长。固化完成后，收缩滚筒，将之收回。检查衬管，进行支管重新连接工作。

15.6 机器人修复技术

机器人修复技术是一种使用遥控的修复装置（机器人）来进行各种工作的方法，例如：切割管道的凸出物（包括树根）、打开管道的支管口、向裂隙注浆等。

遥控的修复装置一般为轮式结构，并配有各种施工工具，有时还包括照明和闭路电视摄像系统等。

15.6.1 主要特性

机器人修复是非开挖管线修复技术中最新的方法之一（始于20世纪90年代），机器人修复系统在Switzerland得到巨大发展，主要应用于重力管道系统，包括磨削机器人（图15-22）和充填机器人。磨削机器人用来清除管道内侵入物，也能研磨裂缝，为修复材料填充提供良好表面。填充机器人能向磨削过的裂缝里填环氧沙浆，并能抹平填充材料表面，形成光滑内壁。机器人修复技术适用管径范围是200～750mm，较小型号典型应用管径范围是200～400mm，而较大型号应用范围是直径大于300mm的管道。机器人在管道内的定位采用各种轮轴机构。

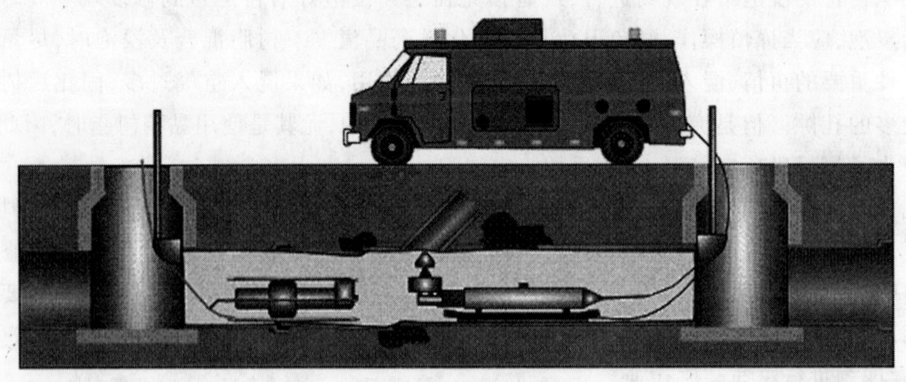

图15-22 磨削机器人

机器人点状修复可以独立使用，也可以作为其他更新方法的预处理技术。独立应用时，用来修复径向、轴向或蜘蛛网式的裂缝。其作业过程也能用来修复破损接头、滑脱接头、断开接头、突起式的支管连接、嵌入式的支管连接、树根及汇集式管道系统内发现的其他外来杂物等。

机器人修复操作过程中灌浆材料是环氧树脂,如果应用化学密封材料,在进行灌浆操作前,应清除各种油脂,环氧树脂才能粘结在管壁材料上,并永久密封修复部位,再也不会出现渗漏现象。

磨削头一般是液压驱动的,低速运作,提供高转矩磨削作用。磨削头上可安设各形状的金刚石、硬质合金等,以适于不同的材料,如陶土、混凝土、聚合材料、钢材等。一些比较有力的磨削机器人能切断钢质加筋材料。切削齿的冷却一般由磨削刀盘中心喷射水来完成。

轮轴一般由电动机驱动,一如磨削头回转和伸展作用。磨削头上的 CCTV 监控机器人作业过程,还可增加一个位置较远的摄像机来检查前方管道情况。一些磨削机器人拥有从空心杆喷射密封混合物的功能,能避免应用填充机器人时因沙浆受到某种影响出现的渗漏现象。机器人上还可安设高压水喷射设备,清除堆积的磨削污物。

通常磨削裂缝,使之宽、深约为 25 ~ 35mm,磨削后要彻底清洁修复区域,因为灰尘、软泥或堆积物不利于沙浆粘附在管壁上。突出的支管、灌浆沉积物、硬垢也应清理干净。

环氧沙浆的性质非常重要,因为其主要应用于潮湿区域。这种两种成分的沙浆可以在装入机器人上的铁罐之前混合,也可以分别装在机器人上,使用时再进行混合。填充机器人是自驱式的,也带有机载摄像机。通过遥控喷嘴和抹刀系统来填充环氧材料,由压缩空气推动活塞从铁罐中挤出填充材料。另外,也可以通过压在管壁上的软盘或模板喷射填充材料。

除了填充磨削机器人磨削出来的沟槽外,填充机器人也能用于在连接状态不好的接头处灌注环氧材料,封堵主管与支管连接处的渗漏。有些修复系统可以使用特制的模板或护罩,作为临时性闸门,使缺陷接头在环氧沙浆中得到重塑,形成一个新的接头。也可以插入可膨胀挡块来辅助支管接头重塑和截流。

机器人所有动作都由小车内置控制器来完成,还包括管缆绞车、空压机、液压组件和其他辅助设备。还要应用到吊葫芦,用来在人井中升降机器人。主要动力源是一个拖车式的大发电机。机器人修复系统具备多种功能,但一次性投资比较大。

15.6.2 机器人修复技术优缺点

机器人修复技术的优点是:

(1)一种设备可进行多种作业;

(2)施工时可保持管道的正常工作;

(3)施工速度快。

机器人修复技术的缺点是:

(4)需要专用的设备;

(5)一次性投资较大。

15.6.3 施工方法

机器人点状修复执行各种动作,要在遥控 CCTV 监控下,操作员按指键发出各种命令来完成的。

首先,将机器人在缺陷区域就位,并调查缺陷状况,寻找最佳开始位置。如果存在渗漏现象,就要制订化学灌浆方案。接着进行裂缝磨削作业。磨削作业有三个目的:①清洁裂缝,清除各种污染物;②切槽具有不利于裂缝的进一步扩展的特性;③切槽提供喷射环氧树脂的平面。

第二步就是用环氧材料填充切槽。进行此步作业时,要保证切槽完全充满环氧材料、表面与管壁之间平滑无凹陷。一旦环氧材料固化(1 ~ 2 小时,完全固化需要 8 天),管线可恢复运行。

参考文献

[1]American Logiball Inc. Product Catalogue, Jackson, Main. Available at http://www.logiball.com.

[2]ASTM C 1091 - 90, Standard Test Method for Hydrostatic Infiltration and Exfiltration Testing of Vitrified Clay Pipeline. USA 1990.

[3]ASTM - The published standards of the American Society for Testing and Materials, West Conshohocken, PA.

[4]Atkinson, K., "Sewer Rehabilitation Techniques", Subterra Systems, Dorset, UK.

[5]Bureau of Engineering Technical Document Center, "Sewer Design Manual: Part F," Bureau of Engineering, Los Angeles, CA.

[6]Iseley D. T. and Najafi, M. (1995). "Trenchless Pipeline Renewal," The National Utility Contractors Association(NUCA), Arlington, VA.

[7]ISTT - ASTT, "Guide Part 1: Localized Repairs and Sealing," Australian Society for Trenchless Technology.

[8]ISTT - ASTT, "Guide Part 1: Spray Lining," Australian Society for Trenchless Technology.

[9]ISTT - ASTT, "Guide Part 2: Renovation of Large Diameter Pipes and Chambers," Australian Society for Trenchless Technology.

[10]Link - Pipe Product Catalogue, Richmond Hill, Ontario, Canada. Available at http://www.linkpipe.com.

[11]Najafi, M., etc. Trenchless Technology, McGraw Hill, New York: 2004.

[12]Najafi, M. (1994). "Trenchless Pipeline Renewal: State - of - the - Art Review," Trenchless Technology Center(TTC), Louisiana Tech University, Ruston, LA.

[13]North American Grout Marketing Association. Guide to Successful Chemical Grouting, Brentwood, Tn.

[14]Operation and Maintenance of Wastewater Collection Systems. Manual of Practice, No. 7, Water Pollution Control Federation, Washington 1995.

[15]Scandinavian Society for Trenchless Technology(SSTT). (2002). "No - Dig Handbook," Copenhagen, Denmark.

[16]Sewerage Rehabilitation Manual Water Research Centre, Swindon 1990.

[17]Stein, D., Rehabilitation and Maintenance of Drains and Sewers, Ernst & Sohn, Berlin: 2001.

[18]Stein, D., Bosseler, B. H., Requirements for recording and analyzing deflection measurements in buried flexible pipes. Trenchless Technology Research.

[19]乌效鸣,胡郁乐,李粮纲,等. 导向钻进与非开挖铺管技术. 武汉:中国地质大学出版社,2004.

[20]颜纯文,蒋国盛,叶建良. 非开挖铺设地下管线工程技术. 上海:上海科学技术出版社,2005.

[21]朱保罗. 排水管道的点状修复. 非开挖技术,2007(2).

CHAPTER 16

管道清洗技术

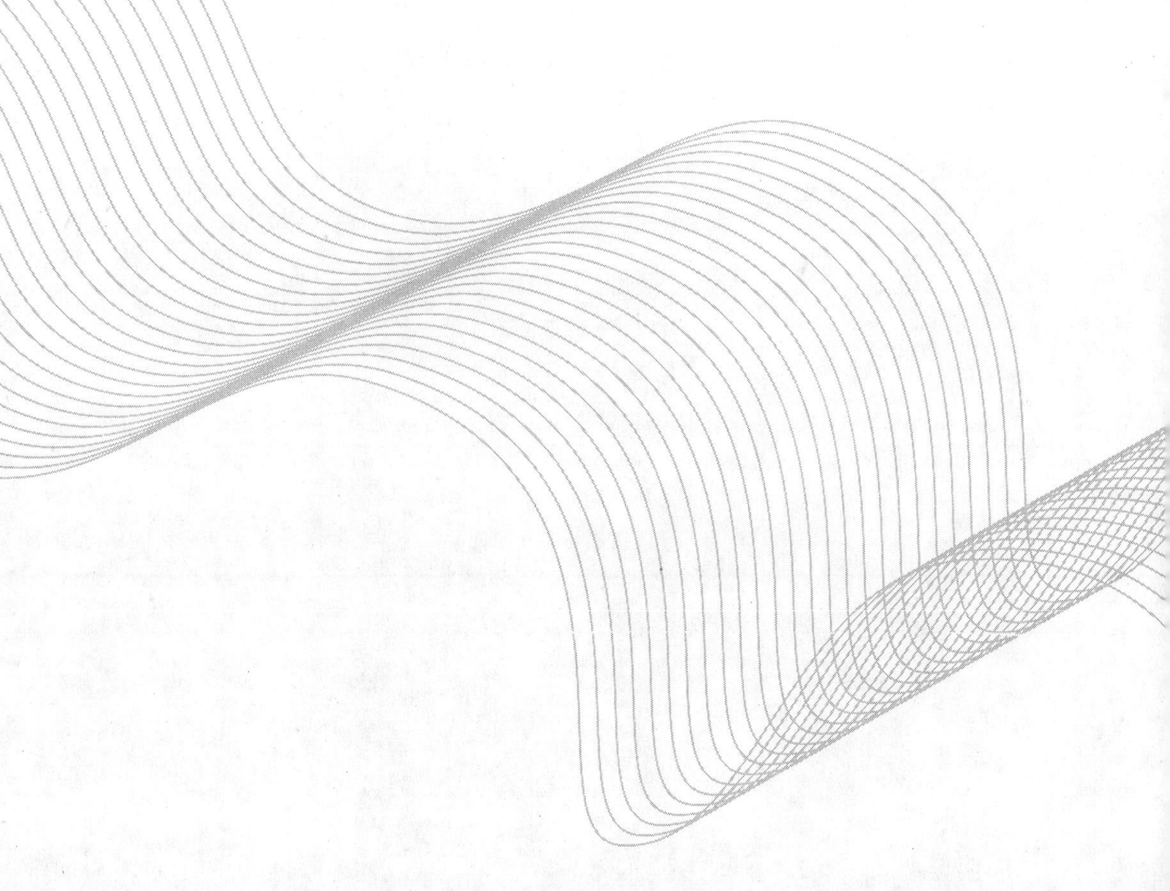

继公路运输、船舶运输、铁路运输、航空运输成为当今社会的四大动脉以后，迅速发展的地下管道运输，已成为当今社会的第五大动脉，目前世界上的新建管道正以每年几十万公里的速度发展，人们几乎把钢铁总产量的1/10用来建造地下管道。最大管道直径达2m以上，最大工作压力达30MPa，最快的运输速度可达到每小时两百多公里。它保证供应人类社会所需要的油、气、水，还可输送煤、矿浆、木屑、谷物及垃圾等，给人类带来了巨大利益，引起社会的高度重视，因此管道工业获得高速发展，同时也带动了其他相关技术的高速发展。

随着管路的增多、管龄的增长和输送压力的提高，跑、冒、滴、漏、垢、腐蚀、堵塞和爆炸事故的不断出现，引起人们的极大关注。因为一旦管道出现故障，不但会给正常生产和生活带来影响，还会给人们的生命财产造成无法弥补的破坏。为了解决这些问题，最大限度地提高管道运输业的技术和经济效益，有关部门和人员不仅规定了管道设计和施工的技术质量标准，还专门研制了一整套用于管道生产管理的特殊技术和仪器设备，如管道清洗技术、阻垢防腐技术、内涂敷防腐或减阻技术、堵漏技术等，以确保管道安全运行。本章就管道清洗技术进行简单介绍。

16.1 概　述

管道清洗的技术多种多样，几乎所有的清洗技术都能用来清洗管道。

16.1.1 清洗的概念和分类

物体表面受到外界物理的、化学的或生物的作用而形成污染或覆盖层，去除这些污染或覆盖层而使其恢复到原来表面状况的过程称之为清洗。

清洗可分为以下种类：

(1)化学清洗。采用合适配方配制的化学清洗剂，使被清洗物体的表面污染物或覆盖层与清洗剂之间发生化学反应，再通过清洗液将其他杂物和反应生成物携带出来。

(2)清管器清洗。依靠被清洗管道内流体的自身压力或通过其他设备提供的水压或气压作为动力推动清管器在管道内向前移动，刮削管壁污垢，将堆积在管道内的污垢及杂物推出管外。

(3)高压水射流清洗。靠高压水射流清洗机将普通自来水或消防水加压到数十或数百兆帕的压力，然后通过特制的喷嘴喷出的能量高度集中的水射流去冲刷、剥离被清洗物体的表面污染物或覆盖层。

(4)超声波清洗。靠超声空化作用、超声空化二阶效应产生的微声流的洗刷作用，以及超声空化在固体和液体界面所产生的高速微射流的冲击作用，使覆盖层脱落。

(5)干冰清洗。以压缩空气作为动力和载体，以干冰颗粒为被加速的粒子，通过专用的喷射清洗机喷射到被清洗物体表面,利用高速运动的固体干冰颗粒的动量变化、升华、熔化等能量转换,使被清洗物体表面的覆盖层迅速冷冻,从而凝结、脆化、被剥离,并同时随气流被清除掉。

(6)激光清洗。依赖于激光器所产生的光脉冲的特性,基于由高强度的光束、短脉冲激光及污染层之间的相互作用所导致的光物理反应。其物理原理可概括如下:激光器发射的光束被需处理表面上的污染层所吸收;大能量的吸收形成急剧膨胀的等离子体(高度电离的不稳定气体),产生冲击波;冲击波使污染物变成碎片并被剔除;光脉冲宽度必须足够短,以避免使被处理表面遭到破坏的热积累;实验表明当金属表面上有氧化物时,等离子体产生于金属表面。

每个激光脉冲去除一定厚度的污染层。如果污染层比较厚,则需要多个脉冲进行清洗。将表面清洗干净所需要的脉冲数量取决于表面污染程度。

(7)等离子清洗。在高频电场中处于低压状态的氧气、氮气、甲烷、水蒸气等气体分子在辉光放电情况下,可以分解出加速运动的电子和解离成带有正、负电荷的原子和分子。这样产生的电子在电场中加速时会获得高能量,并与周围的分子或原子发生碰撞,结果使分子和原子中又激发出电子,而本身又处于激发状态或离子状态。这时物质存在的状态即为等离子状态,采用等离子体进行清洗就称为等离子体清洗。

(8)电解清洗。电流通过电解质溶液,引起化学反应,使电能转变为化学能的过程为电解。利用电解作用去除金属表面污垢的洗净方法即为电解清洗。

(9)其他清洗。如机械清洗、气动弹清洗、爆破清洗、蒸汽清洗等。

16.1.2 管道清洗

管道系统清洗是管道维护的重要组成部分,进行管道清洗的目的有以下几点:

(1)在管道常规维护中清除沉积物来维持流量,避免生垢时臭气的出现或形成微生物腐蚀的环境;

(2)清除管道堵塞;

(3)可作为管道检测的准备工作。

除了上述几种在管道维护中用途外,管道清洗也能用于管道修复时的准备工作,具体内容包括管道内壁的加强清洁,腐蚀产物、支管内突出、其他人为障碍的清除等。

所有采取的管道清洗措施中,首先是先松动沉积物,然后传送到堆积点,如人井,再从人井中取上来。

污水管道清洗中收集到的污物包括如下成分:

(1)矿物(如砂、石等);

(2)有机物(如食物残渣、塑料、废纸等);

(3)其他物质(如各种盒子、碎屑等)。

管道清洗时需考虑的参数包括:

(1)管道直径;

(2)管段长度;

(3)人井深度;

(4)人井进人能力;

(5)管流障碍;

(6)管道破坏;

(7)清洗过的管段;

(8)管道清洁要花费的时间;

(9)清洗车的类型;

(10)清洗车的数量;

(11)人员配备;

(12)回水情况;

(13)清洗目标。

在管道开始清洗前,应该清楚被清洗管道的结构状况,避免进行清洗时对已损坏管道(如磨损、腐蚀、裂缝等)造成进一步的破坏。

管道清洗方法包括:冲刷清洗、高压水射流清洗、清管器清洗、化学清洗等,还包括其他清洗方法。

16.2 冲刷清洗

冲刷清洗是最古老的下水道清洁方法,今天依然用于某些特殊的场合。冲刷清洗可分为脉冲冲刷清洗和回水冲刷清洗。

两种方法只能用于清除松散的、非硬化的沉积物,并假定污水自由流动,且具有一定的速度。

16.2.1 脉冲冲刷

脉冲冲刷的定义:人为造成一个短期的迅速增速流来清除管道系统中的障碍或沉积物。

在这个过程中,在人井中积存污水或清水(图 16-1),或在合适的容器中存储足够多的水,就形成了一个高水头,打开封堵阀门,高速水流就能卷走非坚硬的沉积物,并被水流带到更远的地方。

能达到此目的的封堵器件,可以是冲刷门、挡板、铲状密封器,与管道具体条件有关,有时还要向管道内塞入堵塞,如密封气球。

脉冲冲刷的效果与积存水的数量和水头、管道坡度、沉积物的类型和结垢程度、管壁性能以及管道内流体有关,有效的长度限定在 100~200m。

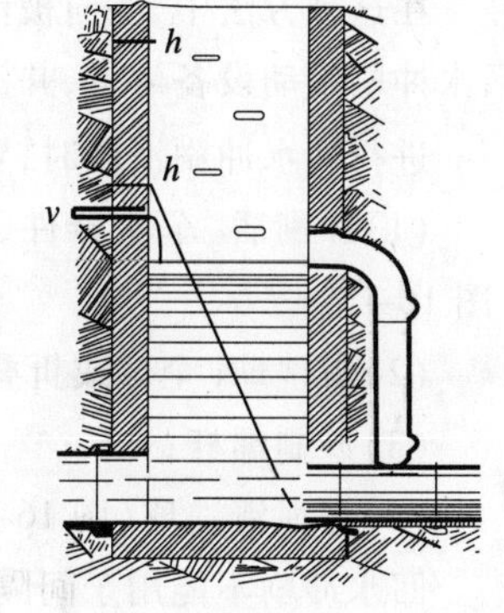

图 16-1 人井积水冲刷示意图

脉冲冲刷存在一个缺点,回水冲刷同样也存在,就是上游管段的部分污水可能进入支管。为了避免回水破坏,应进行控制操作或在人井内安设一个溢流机构(图 16-1)。

脉冲冲刷技术的最新发展是旋转弯管的研制(图 16-2)。在污水管道中引入一个能旋转 90°的弯管,当处于正上方位置时,形成一个回水水头,且能根据设计进行无级调节水头高度,允许设计水头之外多余的水能依靠弯管旋转一定的角度而溢出(图 16-3)。

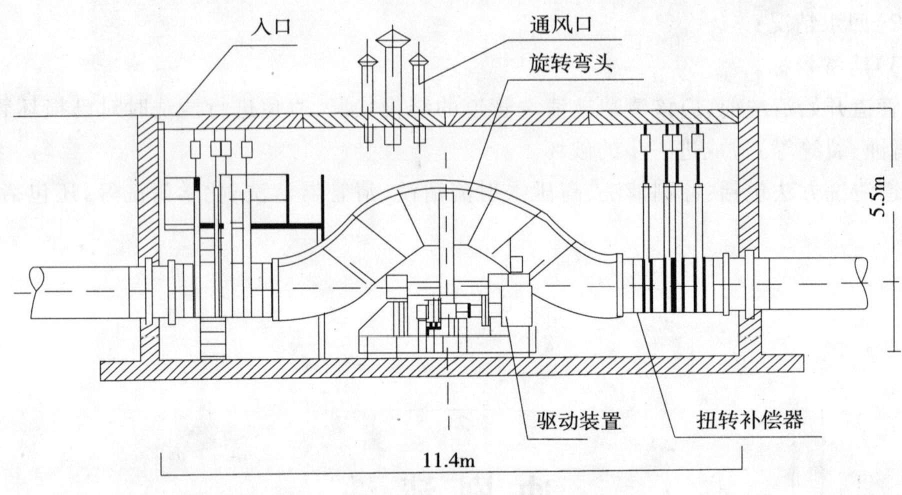

图 16-2 旋转弯管

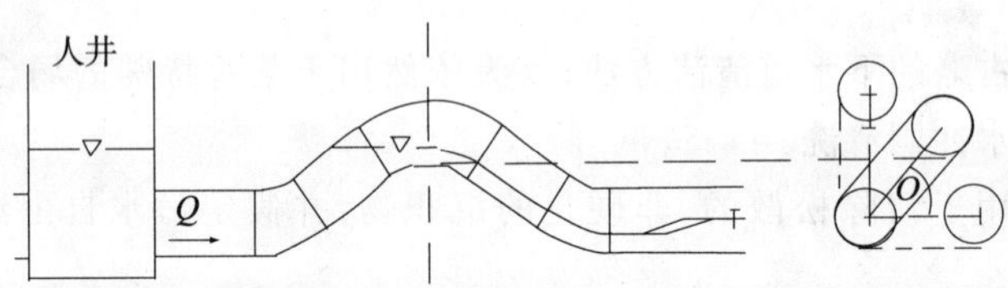

图 16-3 旋转弯管原理示意图

16.2.2 回水冲刷

在这种方法中,将向被清洗管道引入设备,来降低管道截面面积,积存流体。设备周围的回水冲刷带动设备运行,并清除、带走非硬化沉积物。

进行回水冲刷清洗时,要用到以下器件:

(1)冲刷盾、车状器件、舟状设备(部分需要牵引绳)(图 16-4);

(2)清洗球(全球或折叠球);

(3)冲刷螺杆;

(4)导绳清洗球(图 16-5)和冲刷囊。

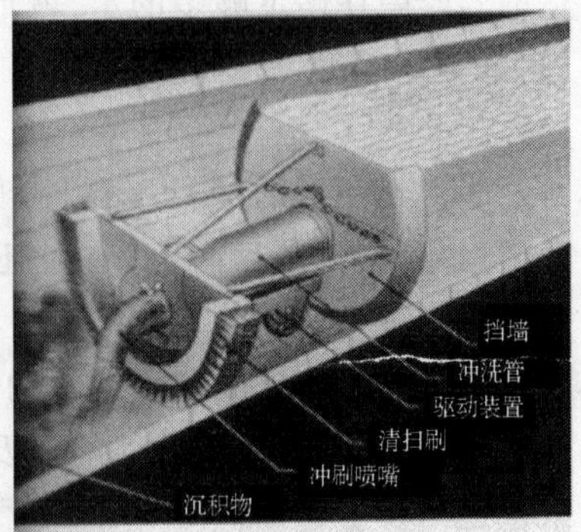

图 16-4 冲刷盾

回水冲刷不能用于间隔管网和小坡度管道的清洗,这两种情况都不能形成回水水头,而是形成旁流,设备上下游水头一样高,不能形成对沉积物的冲刷,更不能带走沉积物。另外,还可能出现事故,就是水头高到一定程度,致使污水溢流到地面。

基于使用清洗球回水冲刷清洗原理,一种使用能自由移动圆球的清洗方法出现于 20 世纪 80 年代,能用于非硬化沉积物的连续清洗。通过人井内的装设的清洗球存储仓,按时或自动向管道内投放清洗球,当清洗球穿越被清洗管道后,再用一个特殊的抓取机构再收集起来(图 16-6),运送到清洗球存储仓的位置。

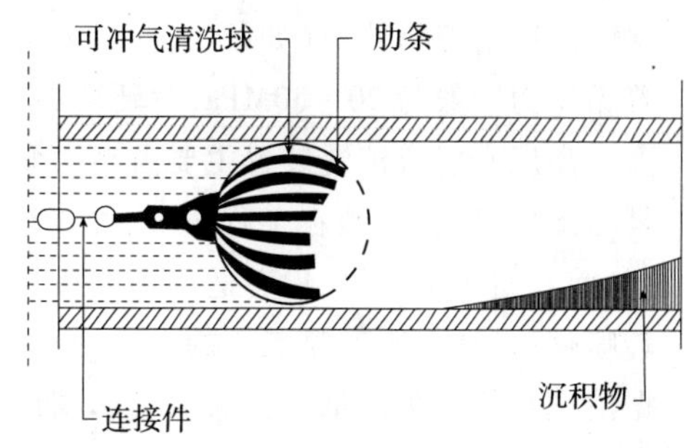

图 16-5　导绳清洗球

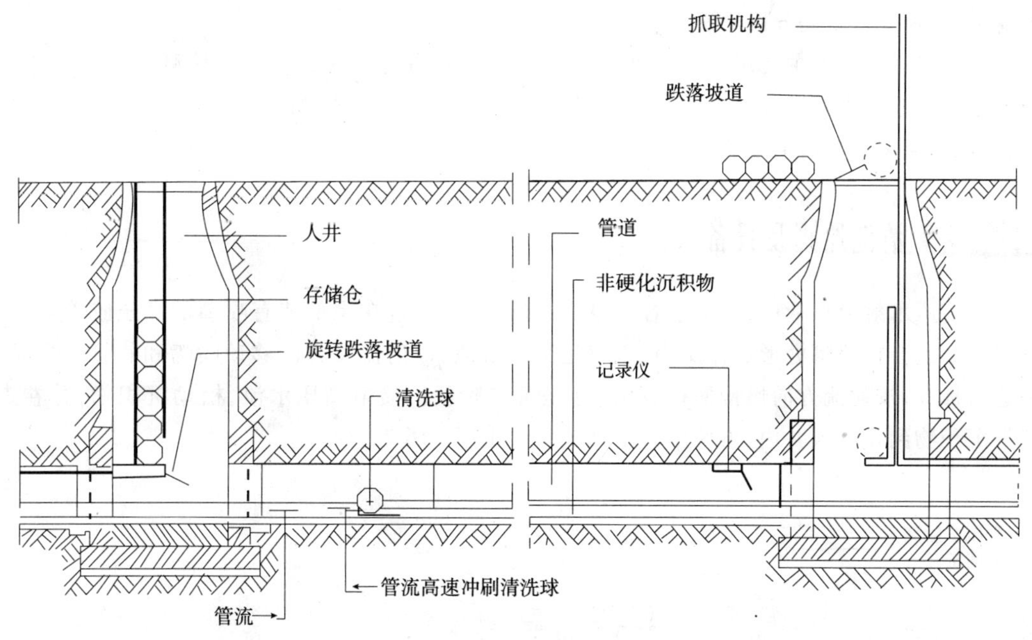

图 16-6　自由移动清洗球工作原理

16.3 高压水射流清洗

高压水射流清洗目前是国际上工业及民用管道清洗的主导设备,其应用比例约占 80% ~90% 。

高压水射流清洗是近年发展起来的一种新的清洗技术。其清洗原理是由高压泵产生的高压水从喷嘴喷出,将其压力能转化成高速流体动能,高速流体正向或切向冲击被清洗件的表面,产生很大的瞬时碰撞动量,并产生强烈脉动,从而使附着在管内壁上的结垢剥离下来。根据管内壁附着物情况(如硬质性、黏着性、油性、水性等)选用不同压力,对水性、油性、黏着性附着垢压力一般为20~30MPa,对硬质垢为30~70MPa。

高压水射流清洗装置主要由高压泵动力装置、压力调节装置、高压管、各种喷枪、喷嘴等机具与配件组成,可装在工程车上,便于现场施工。根据清洗对象不同可采用刚性喷杆和柔性喷杆,前者适用于直管,后者适用于曲管清洗。喷杆头部接喷嘴,喷嘴又分为多孔固定喷嘴与旋转喷嘴,设计与改变喷嘴孔的大小、形状、数量、喷射角度、方向等来调整与提高清洗能力。根据清洗目的可采用低压力大流量或高压力低流量。

高压水射流清洗作业易操作、效率高,超高压可除去硬垢、难溶垢。与化学清洗比较具有不污染环境,不腐蚀清洗对象,清洗效率高及节能等特点,且能有效去除一些与化学药剂难溶或不溶的特殊污垢,并能保证管道的清洗质量。不足之处是设备投资大,复杂结构的管线需解体清洗,长距离管线需分段清洗。

高压水射流清洗主要用于常规维护中的松散沉积物的清除或为管道检测、修复进行的准备措施。一般不用这种方法来清除硬的沉积物或清除管流障碍,如支管内部凸出、人为障碍、树根,也不能用于高清洁度的清洗作业。

16.3.1 清洗原理及设备

在高压水射流作业中,从储水容器泵送高压水流,通过在尾部装有喷嘴的高压胶管喷射到管壁上。这会在喷嘴处形成作用力,也就是第一阶段,以射流反方向移动喷嘴和软管。当喷嘴到达目标井,按射流方向慢慢回拉胶管,这是第二阶段。喷射高压水流,松动沉积物,并卷走、携带沉积物到目标人井内,再使用真空抽吸机抽走(图16-7)。

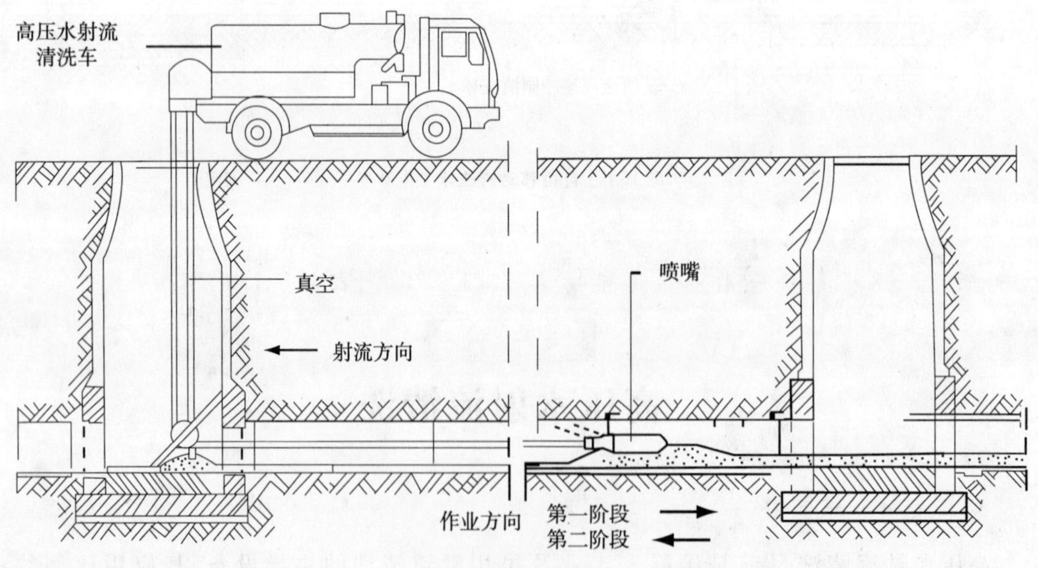

图16-7 高压水射流清洗

喷嘴的数量和布置、喷射速度与封堵类型、水流携带被清洗掉污物量以及清洗目标有关。

高压水射流清洗技术的重要一个方面清洗车的选择,清洗车包括以下种类:

(1)高压水射流喷射车;

(2)有或无过滤水装置的真空抽吸车;

(3)有或无废水回收装置的组合型清洗车。

清洗用水可从标准管供应处得到,或是经过砂层过滤的水,不允许直接连接消防栓获取清洗用水。如果抽吸明水,清洗车需要配备专门的设备。带有废水回收装置的组合型清洗车,可以直接抽取废水,经过滤后能用做清洗用水(图 16-8)。这减少了管道清洗时取水花费的时间,能增加工作效率。

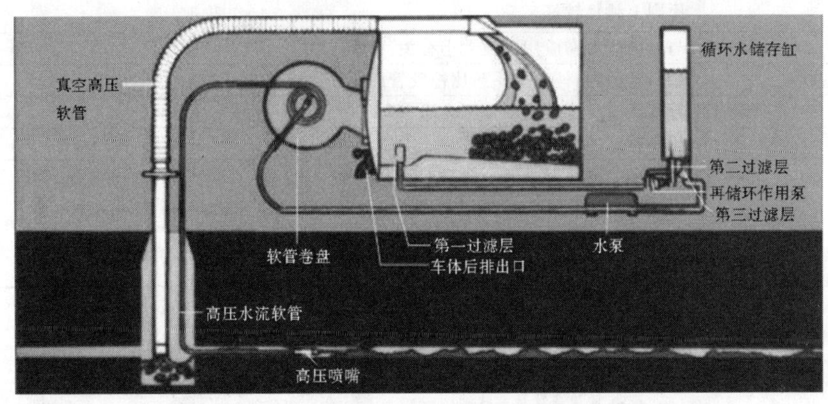

图 16-8 回收水技术原理

安装在清洗车内的水泵必须满足下列性能要求:

1)高压泵

(1)泵送量,与沉积物的类型、厚度、连续性以及管流状态有关:

①DN200 ~ DN800,约 320 l/min;

②DN800 ~ DN1200,约 390 ~ 450 l/min;

③DN > 1200,约 640 ~ 800 l/min。

(2)压力,高压泵处约 100 ~ 150bar,喷嘴处约 80 ~ 100bar。

2)真空泵

(1)泵送量,在 60% 的真空下 750 ~ 1500m^3/h。

高压胶管必须满足安全作业要求,能承受最高工作压力(表 16-1)。当水在高压胶管中流动时,流动阻力会降低水压,速度越高,压力损失越大。一般清洗车配备的胶管长 120 ~ 200m,用于特殊场合的清洗车也有配备 800m 长的胶管。压力损失可用喷射加速器进行补偿,会削减压力的损失。

对于不同的封堵形式,不同的管道截面形状,可选用不同的喷嘴(图 16-9)。喷嘴可分为以下几类:

(1)辐射型喷嘴(出水口辐射状分布);

(2)反向喷嘴(出水口指向相反的方向);

(3)旋转喷嘴(出水口径向分布在喷水圆周,喷头可以转动,图 16-10);

(4)用于清除阻塞的喷嘴(能向前/后喷水)。

高压胶管的性能指标参考值　　表 16-1

性能指标	参考值
胶管直径	DN25,小于 325l/min; DN32,小于 650l/min; DN40,小于 800l/min;
质量	塑料管:DN25,0.5kg/m; DN32,0.9kg/m; 橡胶管:DN25,1.0kg/m; DN32,1.1kg/m; DN40,1.4kg/m; 原则上越轻越好
长度	与泵的能力和应用区域大小有关,大于 120m
内/外摩擦系数	塑料管的内/外摩擦系数比橡胶管的小
压力等级	允许压力应比最大工作压力高 50bar,爆管压力应是允许压力的 2.5 倍
弯曲半径	越小越好(150～200mm)
压力损失	塑料管和橡胶管 DN25,V = 300l/min 时,0.37bar/m; DN32,V = 400l/min 时,0.20bar/m; DN40,V = 650l/min 时,0.17bar/m

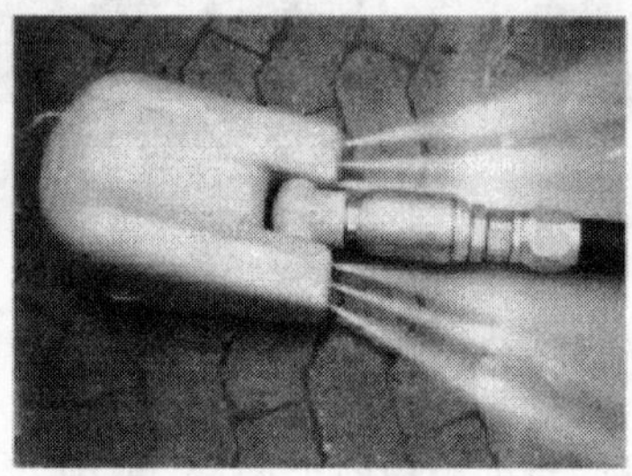

图 16-9　高压水射流喷嘴

左图为不同形式的喷嘴,右图为喷嘴喷射图

喷嘴的重要性能指标及参考值见表 16-2。

喷嘴的性能指标及参考值　　表 16-2

性能指标	参考值
外/内形状	外圆形;内锥形凹陷,以提供环流喷射
质量	与管道直径、断面有关;不包括浮力作用
喷射角度(水喷射方向于管道轴向之间的夹角	约 15°～30°; 小喷射角:推进能力好,清洗效果差; 大喷射角:推进能力差,清洗效果好
喷口数目	喷口数目少直径大,驱动性能好;喷口数目多直径小,驱动性能差,但能清洁表面;喷口少喷射速度高

在实际操作中发现以下经验:

当喷射角度小时(如 15°),加压水能量的 97% 转化为驱动力,但仍有足够的能量清除轻的沉积物,并随水流运移到人井内。

当清洗密封很好的污水管或其他管道时,应使用喷射角大(最好是 30°)的喷头(图16-11),这样的喷出角能很好地清除沉积物、管壁上的水锈,并有足够的能量驱动喷头沿着管道推进。

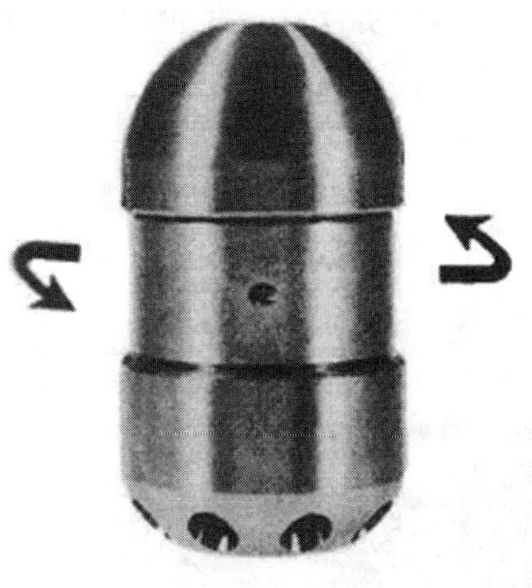

图 16-10　可以旋转的喷嘴

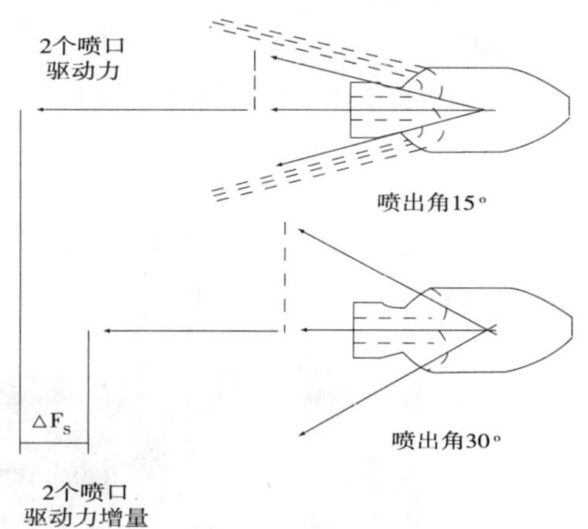

图 16-11　不同喷出角度对应驱动力变化图

清洗效率和驱动力可以通过使用滑撬得到额外加强，滑撬能避免喷头和管壁的瞬间接触(图 16-12)。

必须保证清洗喷头和高压水射流清洗附属设备使用时，能在管道内正常运转，可考虑如下两点建议：

(1)喷头和管道尺寸应相匹配，在喷头和胶管之间使用旋转连接避免胶管出现扭转现象。

(2)或在喷头和胶管之间插入一个硬质加长管。

当使用高压水射流清洗设备时，必须避免人井出现雾化现象，即空气中出现很多小水滴。要做到这一点，可考虑以下操作：

(1)大断面管道可使用摆动式喷头；

(2)在到达人井约 10m 时降低泵压(当清洗车达到下一个人井时，这段管道应以正常压力重新清洗)；

(3)用塑料纸或其他板材遮盖人井，当然这些遮挡件上应开有小孔，能穿过胶管。

高压水射流清洗的最新发展是集成反向清洗喷头，带有自照明摄像机(图 16-13)，通过无线连接的接收器能收到摄像机拍摄的照片。因为能持续监控清洗过程，能达到很好的清洗效果，降低用水量和作业时间。甚至，能鉴别出管道破坏情况，定位后利于管道修复工作的开展。

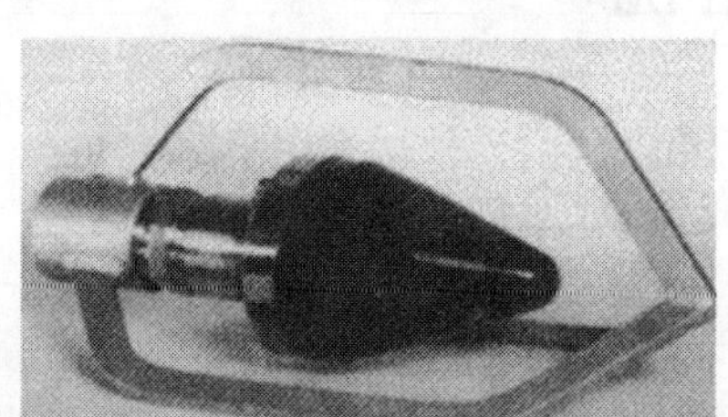

图 16-12　带有滑撬的喷嘴

图 16-13　带有摄像机的反向喷嘴

16.3.2 高压水射流清洗对管道的影响

高压水射流清洗的非专业应用会对管道造成一定程度上的破坏，如在管壁或衬里上形成剥蚀(图 16-14)、刻槽(图 16-15)、裂缝及穿孔等。尤其是当出现喷头、石子或沉积碎屑等敲打管壁或喷头不动时,会对管道造成损坏。

管道内壁所受到的碰撞荷载与下列因素有关:

(1)喷嘴处的水压力;

(2)水量;

(3)喷头和管壁之间的距离;

(4)喷口的数量、大小、喷出角度。

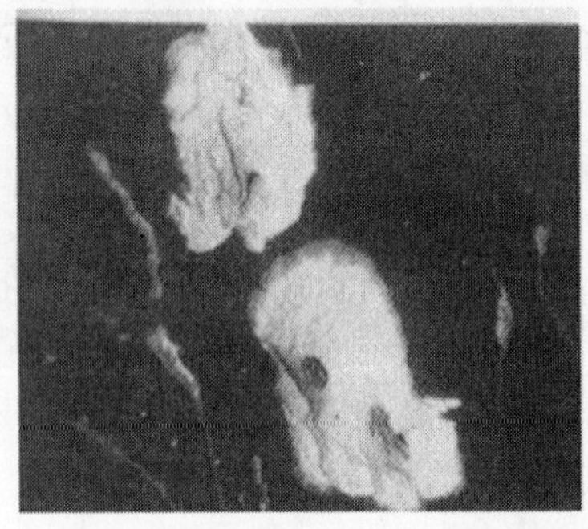

图 16-14 剥蚀

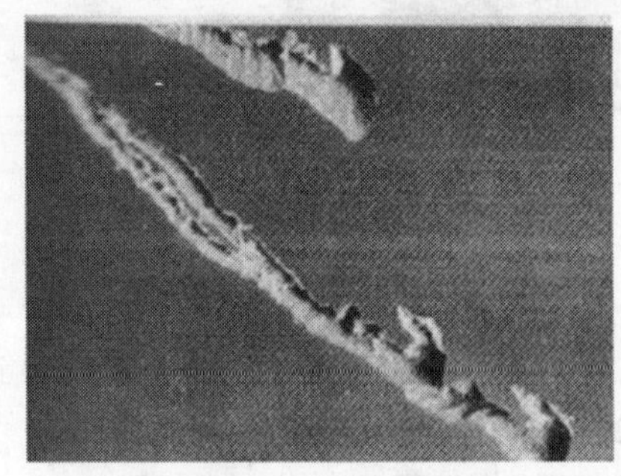

图 16-15 刻槽

高压水射流清洗作业没有规范性文件供作业人员来遵循,当选择上述各参数时,除了根据清洗任务,还要考虑管材、管道壁厚以及管道断面的结构条件。

有关这方面的研究,苏黎世(Zurich)城市隧道局得到了如下的结论:喷嘴处以 120bar 的压力、300l/min 的流量清洗石棉水泥管、混凝土管、PVC 管和 HDPE 管时,不会损坏管道。

使用高压水射流清洗喷射高铝水泥的延性铸铁管时,也得到类似的结论。当管道具有此类涂层、厚度≥6mm、高压泵处的压力 <170bar 时,对使用超过 50 年的管道也不会造成破坏。

16.4 清管器清洗

16.4.1 清管技术概述

清管器清洗技术是国际上近几十年来崛起的一项新兴管道清洗技术,目前已被世界发达国家广泛用于各种管道的清洗、维护及保养。

1)发展历史

清管工艺已有 200 多年的历史,早在 1800 年美国潮汐公司就开始对管道进行清洗,清管器的历史长短与此相同。在早期,人们发现发送一个带有皮制圆盘的活塞,可以除去积存于油气管道内壁上的石蜡,无须增加动力就能提高流量。增加刮刀或钢丝刷可提高除垢效果。

为了在清管器遇卡时能迅速在地面找到其确切位置,国外在20世纪60年代末发明了电子定位清管器,使清管器清洗技术有了巨大发展。

目前几乎每一条管道都有一种特定的清管工艺,而且清管器种类繁多。据大量技术资料表明,国外64万公里输气管道中,1950年以前设计的装有清管器收发装置的占24%,1960年以前建造的占51%,而1960年以后建设的长输管道几乎百分之百装有清管器收发装置,可见清管工艺在迅速发展和普及。

中国采用清管工艺是从20世纪60年代中期开始的,在输气管道上应用比较普遍,但近几年发展很快,油、气、水管道都广泛采用,并取得越来越显著的效果。

近几年城市供水和供气管道也积极推行这项技术,不仅取得了良好的经济效益,更取得了很好的社会效益。

2)原理

清管器清洗技术的基本原理:

清管器清洗是依靠被清洗管道内流体的自身压力或通过其他设备提供的水压或气压作为动力推动清管器在管道内向前移动,刮削管壁污垢,将堆积在管道内的污垢及杂物推出管外。

3)优势

与化学清洗等技术相比,清管器清洗技术具有以下优势:

(1)清洗管径范围大(50~300mm)、清洗管道长(一次可清洗数十公里,甚至上百公里)。

(2)对管道金属本体无腐蚀,对环境无化学污染。

(3)清垢均匀、彻底。

(4)清洗费用低。管径越大,管道越长,清洗费用越低。

(5)可实现不停产清洗(主要是油气管道)。

(6)定期使用清管器清洗,可以使管道处于持久清洁状态,从而减少腐蚀,延长管道的使用寿命,提高管道的输送能力,提高经济效益。

4)清管器在管道中的功能

管道技术与清管技术密不可分,清管器可用于管道铺设、运营、检测、维护乃至维修。

(1)施工期间的应用:清除施工期间遗留管内的杂物;清除液体,干燥;记录铺设状态。

(2)投产期间的应用:压力试验期间排出管内水分;体积流量计的标定。

(3)运行期间的应用:清洁(清除蜡或固体);冷凝物的清除。

(4)检测期间的应用:几何形状的检测;腐蚀、裂纹以及缺陷的探测;泄露的探测。

(5)维修期间的应用:就地在线内涂缚;缓蚀剂;关闭管段;使部分管段停运。

管道清管是管道铺设技术中的一个部分。清管技术的最初应用是在管段内运行清管器,把施工期间进入管道的杂物、焊接残渣、砂石以及其他固体颗粒清除出去。用压缩空气驱动的刷式或刮板式清管器进行粗清洁,经常运行多个清管器。接下来进行管道变形检测,目的是检查管道最小内径。除了焊缝减小内径外,管道施工变形也会对管道直径产生一定的影响。清管器还可用于管道的清空、干燥、清洁等。

16.4.2 清管器及相关设备

1962年由美国得克萨司州休斯顿市的Glrard公司和Knapp公司共同开发出了PIG技术,后来在英国建立Glrard公司分支机构。日本于1956年引进PIG技术。

国外 PIG 是由特殊聚氨酯材料制成的形如子弹的清洗工具。根据不同的清洗要求,采用不同的高分子弹性材料包裹外层或在 PIG 表面安装钢刷、铁钉等突出物,用于清除铁锈、油污、泥砂沉积物、水垢、石蜡焦油及其他物料垢。PIG 直径范围为 5 ~ 3000mm。收缩比可达 35%,可通过变接、90°弯管、180°回转弯头、阀门、旁通接头等。

1994 年,我国开始引进 PIG 技术,现已有数家公司和单位能生产各种类型的 PIG,控制测试仪器如 PIG 定位装置、PIG 通过指示仪等都有一定的发展,但各项指标与国外类似仪器相差甚远。

1)清管器

按主体材料成分可分为以下三类:

(1)橡胶材料。最早采用的材料,用来制造清管球。

(2)金属材料。主体用钢材制成,配以钢制刮刀或聚氨酯刮刀、橡胶皮碗、钢刷等辅件。

(3)聚氨酯材料。主体采用聚氨酯材料,没有金属部件,重量轻,磨损低,柔顺性更好,长距离密封性能更好,比金属材质的清管器更易通过弯头和三通,价格也比较便宜。

按结构可分为如下种类:

(1)圆球清管器

圆球清管器通称清管球,是最早的清管器,可用于清管、除垢、流体隔离、水压试验等。由橡胶材料制成,空心(内可充气或灌水)。在我国 20 世纪 60 和 70 年代使用较多,但由于清垢效果不理想,容易在三通位置卡住,所以现在基本不用了,只用于清除管道内积水。

(2)柱塞清管器

柱塞清管器也称清管塞,可用于清管和管段隔离。在早期运用较多,将带有橡胶制圆盘的活塞在管道内运行,能除去积存于管壁上的石蜡,不必使用额外动力驱动,就可提高流量。

(3)橡胶皮碗清管器

该清管器是由两个、三个或多个橡胶皮碗用一个钢质轴心联结在一起就组成了橡胶皮碗清管器,可在轴心上附加其他清洗工具件,如刮刀、钢丝刷等。

因为采用多个皮碗,每个皮碗都有密封边缘,改进清管效率。多个皮碗清管器可望在较长距离内完成清洗任务。皮碗的唇边不仅起到密封作用,且加大了摩擦表面面积,这些清管器可以是简单的双皮碗式或多皮碗式的,优化皮碗排列方式,能得到更有效的支撑及连续地密封,从而使清管器安全可靠地通过管道中的阀组和辅件。

橡胶皮碗清管器是目前国内外应用最广泛的清管器,按结构可细分为:

①蝶形皮碗清管器:皮碗具有明显的唇部,因而得名(图 16-16a)。可用于管道清洗、管段隔离和水压试验等,应用领域比较广。

②锥形皮碗清管器:皮碗是圆锥形的(图 16-16b),有较大的耐磨损面,皮碗磨损均匀,密封性能良好,使用寿命长,通过管道变接和弯头的能力强,在国外使用比较普遍。

③圆盘皮碗清管器:皮碗由不带唇部的平盘组成(图 16-16c),适合双向操作,清污、除渣效果较好,辅以钢丝刷在管道中往返运行,多用于管道除锈、除垢。

④刮刀清管器:在清管器皮碗之间加钢质或聚氨酯刮刀(图 16-16d),构成刮刀清管器。适合清除较软较厚的管道沉积物,如石蜡、淤泥、焦油等。

⑤钢丝刷清管器:在皮碗之间或皮碗最前端加上钢丝刷(图 16-16e),构成钢丝刷清管器,用来清除管壁上较薄较硬的结垢,如铁锈、钙质沉积等。

⑥万向节清管器:将两个长度较短的清管器用铰链万向节(图 16-16f)连接起来,就组成万

a) b) c) d)

e) f) g)

图 16-16 橡胶皮碗清管器

向节清管器,适合进行管道弯曲半径较小的管道清洗。

⑦计量清管器:在两个皮碗清管器的第二个皮碗前面或三个皮碗清管器的第三个皮碗之前,安装一个铝质或低碳钢的计量法兰(图 16-16g),就组成了计量清管器,用来检查管道施工质量、清除和确定新铺设管道中的障碍物。

⑧磁性清管器:在清管器前面安装一个环形永久强磁体(图 16-17),组成磁性清管器,能保证原有清洗效果的同时,还可以吸附管道中散落的金属碎片和碎屑,并带出管道。

图 16-17 磁性清管器

(4)全聚氨酯整体清管器

整体聚氨酯浇铸清管器,没有重的金属部件,重量轻,降低了清管器和管道之间的摩擦和磨损,更具有柔顺性,保证皮碗处于管道中心,有更好的长距离密封性能,更易通过弯头和三通,性能价格也比较有优势,无需维修,是管道清洗的理想选择。

全聚氨酯整体清管器按其结构可分为:两皮碗型(图 16-18a)、三皮碗型(图 16-18b)、四皮碗型(图 16-18c)、钢刷型(图 16-18d)、刮刀型(图 16-18e)、圆盘型(图 16-18f)。

全聚氨酯整体清管器的优势体现在以下几个方面:

①结构先进。能保证两个或三个皮碗处处密封和清扫管道,可以通过任何形式的管道接口(焊口)、阀门和弯头。

②柔韧性好。这种结构提高了清管器的柔韧性,使清管器始终处于管道中心,皮碗磨损均匀,耐磨性增强,改善了对整个管道的密封,同时由于管道内部压力使清管器本身膨胀,更加提

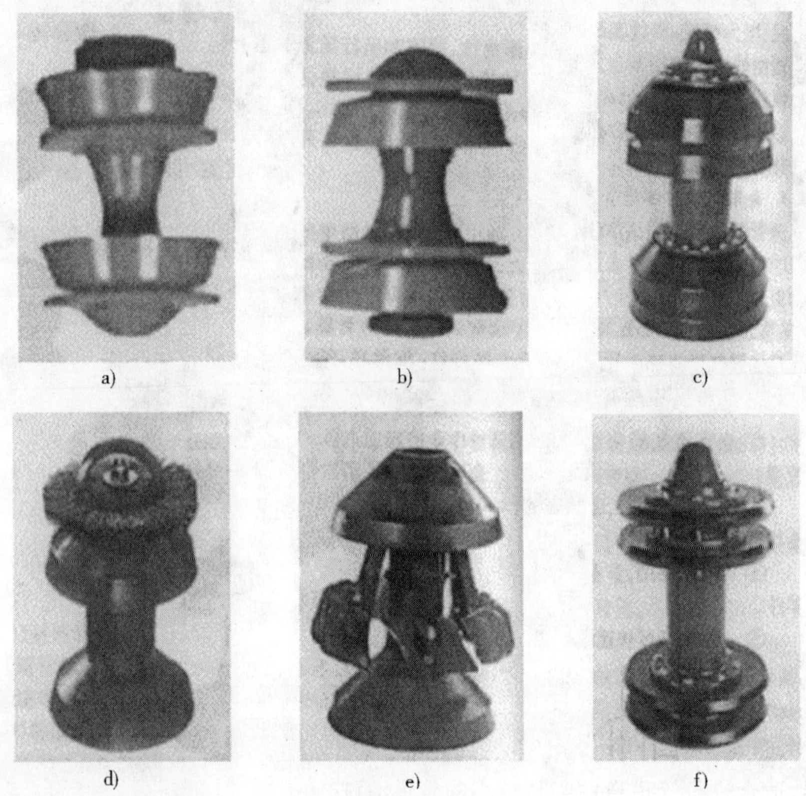

图 16-18　全聚氨酯整体清管器

高了管道密封性能，允许管径变化率高达 20%。

③重量轻。与其他金属清管器相比，重量减轻 50% 以上，没有强度和寿命损失。

④强度高。坚实耐用的聚氨酯本体性能比坚硬的金属制成的清管器的强度还高，如果需要的话，其头部可以额外加强。

⑤价格便宜。整体性结构，无多余零件，不会散落在管道内，也不会卡在管道中间，无需维修，其性价比高。

⑥用途广。可用于管道清洗、刮蜡、除垢、除锈、涂内防腐层，也可用于管道排空、注满、水压试验和不同液体的隔离等。

（5）全聚氨酯组合式清管器

全聚氨酯组合式清管器的心轴、皮碗、隔离环等都是由高强度聚氨酯制成的，其主要特点有：

①结构特点。所有部件都组装在位于心轴尾部的圆盘之前，这样通过管道时，能保证系统成为一体；全部聚氨酯化，没有金属生锈、腐蚀情况，受压弯曲时也不损坏管道；聚氨酯材质轻，使系统更好地处于管道中心，磨损和清洗均匀；可多次使用，节省成本，仅皮碗是易损件；能实现快速组装。

②独特的防散落机构。整个系统是在非常严密的条件下固定在一起，心轴和尾部法兰是模压在一起的，全部清扫皮碗、隔离环、刷子和其他附件都堆积在前边，并且前头的摩擦力和压力方向都向后作用在心轴上。甚至如果前面的紧固螺母松动，整个系统也不会散开。

③均匀的清扫和磨损。系统的弯曲和清扫效果均优于钢轴系统,因为其重量轻不会使皮碗从管道顶部变形,保证均匀清扫管道,从而使各部件具有最长均匀磨损。

④可根据用户需求进行特别组装。

(6)PR 型软质空心清管器

软质空心清管器是美国 20 世纪 70 年代末和前苏联在 20 世纪 80 年代初经过多次更新换代的最新式清管器系列之一。

PR 软质空心清管器是采用聚氨酯橡胶和高强度耐油纤维材料多层胶结而成的圆筒空心体,其总长是直径的两倍,密封面圆柱体长度是直径的 1.5 倍,其内层用 50~60mm 厚的整体弹性泡沫做成支撑骨架,尾部与腰部内装有硬质耐油合成橡胶支撑环,头部为 35o 台体,且端部为平面。

其突出优点是在不影响清管效果的前提下能通过变形较大的管道,对于管道干线全开式闸门的型号没有特定要求。

(7)聚氨酯泡沫清管器

聚氨酯泡沫清管器是发展较快、用途较广的一种新兴清管器。

聚氨酯泡沫清管器是在高密度聚氨酯泡沫本体外附加 3mm 厚强弹性涂层而构成,其长度一般是直径的1.3~1.5 倍(图 16-19)。由于这种清管器质轻柔软,价格便宜,不宜卡在管道中,因而应用面较广。

图 16-19　聚氨酯涂层泡沫清管器

(8)压力旁通式清管器

压力旁通式清管器主体是钢制空心圆管,前端用弹簧承载的平板封闭。当清管器正常运行时,弹簧拉住平板使其关闭,当遇到较大阻力时,则在清管器中产生压力差,足够大的压力差会推动平板,使其打开,使驱动介质从清管器中流出(图 16-20)。由于压力差相对较高,流出的介质将冲走紧靠清管器前面的固体堆积物,一旦前面的阻力下降,压力差就减小,弹簧拉动平板实现关闭,清管器恢复正常运行。

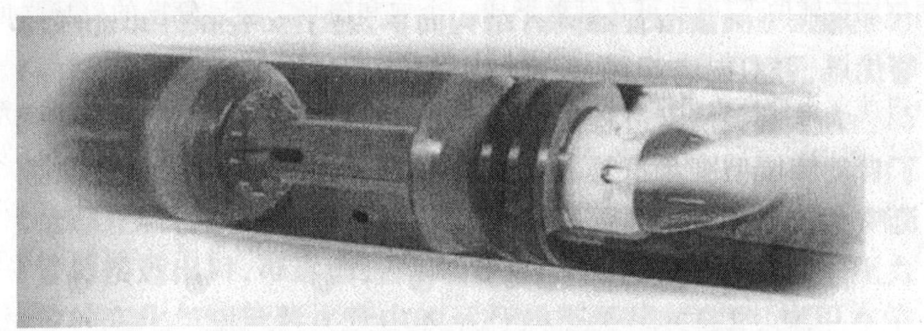

图 16-20　压力旁通式清管器

清管器上可安装不同类型的橡胶皮碗、聚氨酯皮碗、刮刀和钢丝刷等,以满足不同的应用条件。

(9)组合式涡轮清管器

这种清管器由中国石油天然气集团公司管道科学研究院研制。采用涡轮旋转带动偏心轮和刀盘旋转,来清除管壁污垢,能清除莫氏硬度七级以内的污垢,适用管道曲率半径为 1.5D。

该清管器组合性好，强度高，重复利用率高，不仅可用于原油管道，也可用于自来水管道、煤矿或热电厂的排灰管道及排水管道。

(10)智能清管器

随着管道输送工业的发展，对管道的安全性和预测管道使用寿命的要求越来越高，促进了智能清管器的研制。最初由美国、德国和英国在这方面取得了较大成果，尤其是德国罗森公司在实际应用方面取得了较好的进展。

智能清管器是集微电子学、计算技术、流体力学等学科为一体的现代综合高新技术，不仅能探测管道漏点、腐蚀状况、应力情况、裂纹和凹陷，还可根据腐蚀、壁厚和运行压力等条件预测管道的使用寿命，从而对管道的维护和安全运行提供可靠的依据，其功能远远超出“管道清洗”的范畴。

不仅包含机械组件，而且还有测量、处理、存储及发送数据的电/电子部件的清管器称作智能清管器，其机械部分是清管器机体，用来支撑电/电子组件的结构。多个清管器机体还可以连接起来以便于更好地通过管道弯头。在这种情况下，第一个机体是带有密封皮碗的驱动清管器。

机械部分含有导向装置，既能承受清管器的重量，又可提供对中性和移动功能。这类清管器可用推进剂推动并且进行皮碗密封。

在大多数情况下，电/电子部分包括变送器(传感器技术)、信号处理、存储和/或传输和供电电源。灵敏的电子器件不与产品或推进剂接触，必须将其密封在压力为120bar的耐压结构中，使清管器在常压的油气管道中运行。此外，电子器件必须抗震以防止速度过大。

这些清管器通过对材料的无损检测或光学检测(视频技术)实现对管道的在线检测。在智能清管器中，使用以下无损试验方法：

①磁力杂散场技术；

②超声波；

③涡流。

应用磁力技术要求有磁通量，因此，只适用于铁磁材料。利用霍尔效应，即在磁场中，电流板的侧面能提供电压。如果霍尔探头在已知磁场内标定过，则可以测到磁通量密度极其变化。

在专用钢刷的辅助下，磁铁可在管壁形成一个饱和磁场。穿透管壁的磁场强度在管壁变薄部位比完好部位要高，由此可以探测到缺陷位置。

使用超声波探头可直接测量壁厚，不需要进行标定。声波从一种介质向另一种介质传递时，两种介质之间的声学性能差别越大，在界面反射的声波则越强。因此，超声波发生器与管壁之间的气膜必须用油或水来置换，在应用超声波技术时，需要一种耦合介质。输油管道内的油可作为耦合介质，而在输气管道内必须有水。在内侧与外侧的超声波探头可视为发射机与接收机，从而算出壁厚。

涡流探头比较小，且易于制作，更适合用于较小口径管道的检测。

(1)材料损失的探测

探测由表面腐蚀缺陷(清管、点蚀、CO_2腐蚀、焊缝处的腐蚀)与机械磨损而造成材料损失的清管器称作腐蚀检测器。

选用、研发这类清管器要遵循如下几点原则：

①缺陷识别能力(能探测到的最小缺陷尺寸)；

②信号与缺陷类型之间的对应性；

③缺陷定位精度(距离、周向位置)。

下例是 HRE(H. Rosen Engineering 公司)腐蚀探测器(CDS)(图 16-21),它采用磁力杂散场技术并使用霍尔探头。

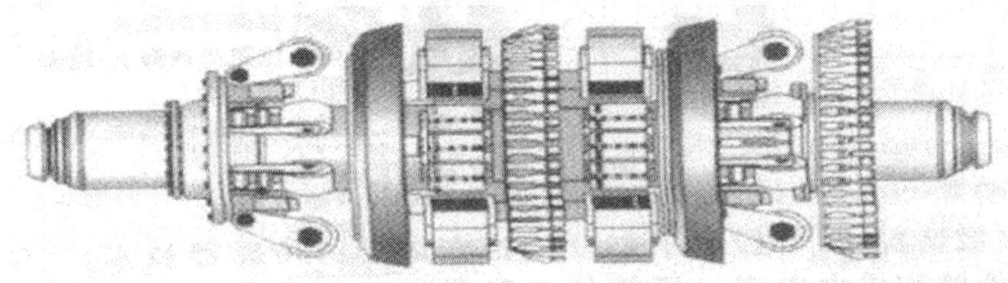

图 16-21 腐蚀探测器(H. Rosen Engineering 公司,德国)

3P Geeste 服务公司也开发了一种腐蚀探测器——piCoLo(清管器腐蚀记录器,见图 16-22),主要用于口径 DN200 的小管道。

图 16-22 piColo 腐蚀探测清管器(3P 服务公司,德国)

Archinger 公司生产的 SAMS(自导向激发的 Molch 系统,见图 16-23)是一种采用超声波原理的新型清管器。该公司最初只从事无损材料测试,后来研制了直径 DN80、100 和 150 的小口径管道智能清管器,也有适合大直径管道的清管器。现在 SAMS 系统尚在试验阶段。

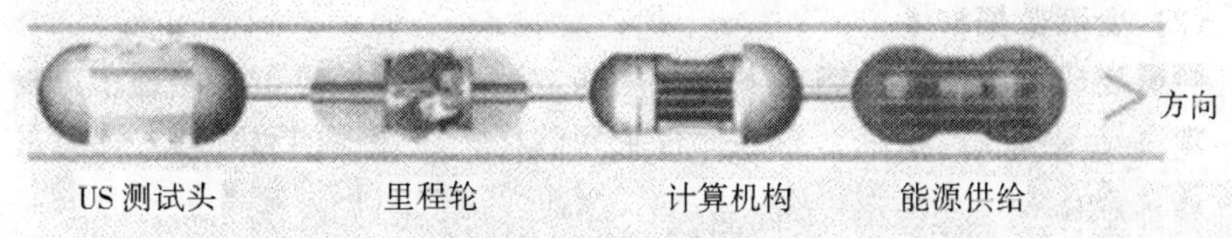

图 16-23 SAMS 清管器(Archinger 公司,德国)

SAMS 常用于从外部不能接近的厚壁管道,主要功能是精确确定管道内外表面的腐蚀(点坑)和/或腐蚀的程度。

在特别危险区域,为了能提供最精确的探测结果,可在系统中安设高灵敏度的接触探头,来测量最小的曲线和角度以精确控制测试工艺。因此,该元件必须与管壁接触,来保证曲线、角度与直管段之间的探测结果的连续性。

目前,用于这种管径的发球站常被设计成被动式清管系统,因此不能普遍性使用。SAMS的总长度约为90cm,故需要专门的装球装置。

SAMS有四部分构成:可运行6小时的动力源、接触探头、数据收集与处理单元和超声波测试头模块。

大量的计算工作可依靠计算机完成,测试结束后,即可进行最终分析。

SAMS的一个特性是具有压缩数据总容量的能力。在管道测试期间,使用专为SAMS系统开发的一种算法能极大地压缩必要的内存,从而使其转化为一个更小的存储单元。

SAMS清管器的技术数据:

①适用管径:DN80、100、150;

②要求的最小内径:86% ID;

③最小弯曲率半径:1.5OD;

④最小壁厚:1mm;

⑤最大壁厚:8mm(也可再大些);

⑥壁厚分辨率:0.1mm;

⑦可探测的腐蚀坑:≥5mm 直径;

⑧最大检测长度:可达5000m(与应用领域有关);

⑨最大压力:10bar;

⑩运行速度:≤250mm/s。

(2)变形数据样本

管道建成后会受到地震、下陷、霜冻、洪水等外界的很多破坏影响。

管道是否按设计、规范安装?管道是否受到破坏?在管道内运行时,价格昂贵的智能清管器是否会受到损坏?变形检测器能为已建管道提供数据并解答这些问题。现有无接触操作系统且清管器安装了滚轮。用这种方式可获取管道弯头、凹陷、椭圆度、三通、法兰、环焊缝以及内径的变化。

测量几何变形的清管器,如Rosen公司的电子变形清管器(GEP),其适用管道直径为DN150~200、DN250~350、DN400~1400。

特性尺寸如下:

(1)最大检测长度:1000m;

(2)最大压力:150bar;

(3)最小内径:85% ID;

(4)探测最小凹陷及椭圆度的尺寸:1% ID 由Pipetronix研发的SCOUTScan清管器专门用于管道测量,主要用于两个方面:

a. 记录测地坐标及立体方位(空间曲线);

b. 记录管道变形,从而可以计算出管道应力(应力分析)。

Scout Scan由两个联轴节连接的机体组成,第一个机体装有密封套张力模块,第二个用滚轮导向。第一个模块包含了现场探测用的动力源和天线系统,而第二模块包含了数据记录(陀螺仪)和存储单元。紧贴着管道内壁的摩擦轮(里程轮)测量清管器的行走距离。

(3)裂纹探测

对于管道裂纹的探测,Pipetronix、FZK及IZP等开发出专用清管器(UltraScan CD,图16-24)。

图 16-24 裂纹探测清管器(Pipetronix,德国)

这种新清管器的新颖之处在于探头的排列方式与常规超声波清管器不同,探头与管壁不是成直角而是成 45°。以这个角度发射的脉冲沿管壁呈之字形传输,随着距离增大,脉冲振幅降低。

当遇到裂纹时,脉冲只能部分反射。从设备运行时间即可给破坏处定位,且反射信号的振幅能确定裂纹的种类和尺寸。设备上最多安装 896 个探头,因此,可发现深度小于 1mm 且长度不足 30mm 的裂纹。

(4)泄漏探测

管理部门也常进行管道泄漏的探测,除了连续监控测试运行情况并量测压差外,还可使用探测清管器。对于大口径管道,探测与定位 10~100L/h 范围内的泄漏量是极为困难的。从很小的出口泄漏出的气体或液体会发出属于超声波范围内的噪声,清管器上内装的高灵敏度麦克风可以探测到它。Maihak 公司开发的清管器可记录泄漏噪声的信号电平,同时记录运行时间和附加标记信号,这样可以对泄漏点精确定位。

(5)表面检测

表面检测主要通过视频技术来实现。与电子存储和成像处理技术一样,这是一种非常可靠的信息化技术,在爆炸危险区,可使用彩色、黑白摄像机及红外技术。所记录电缆信号或信息信号,既可存入软盘,也可存入 CD-ROMS 内。评估使用时,可做成照片打印出来。

沟渠检测:视频检测成功地用于污水管道,下水道管道尺寸通常较大,这时可使用自驱动摄像机设备和带推拉杆的驱动装置。目前,很多从事沟渠、管道清洁以及维修的公司能提供视频检测技术。

2)接收发装置

(1)发射装置

①发射装置的组成

发射筒为卧式水平安装,靠近发射筒盲板一端上部安装放气阀及压力表,下部安装排污阀,侧面安装进水管,以便从干管取水作为驱动清管器的动力,进水管上装控制阀,调节注入水流量的大小。大小头形式同心偏心均可;发射阀的直径应等于被清洗管道的内径;盲板法兰要求能快速开关以缩短操作时间,最好采用快开盲板;在条件不具备时,如公称直径不大于 300mm 时,可采用变通盲板;弯头曲率半径要大于或等于 1.5 倍直径。

②发射装置的安装

发射装置的安装包括两种方式:地面式安装和地下式安装。

a. 地面式安装

发射筒为卧式,中心距地面高度一般为 1m,以短管及弯管与地下被清洗管道连接,不宜采用斜交叉连接,斜交叉连接易卡住清管器,弯管角度β以45°~60°为好。进水管上安装阀门并与干管连接。排污阀、排气阀,必须采用钢阀,且安装应尽量接近发射筒,发射筒及发射阀下需架设支架,地下管道转弯处是否架设支架,与管道直径大小有关,一般DN≥400时要架设。在寒冷地区进水阀宜设在地下阀井中,发射筒及地上全部管道均应做保温处理。发射装置与被清洗管道的连接形式如图16-25所示。

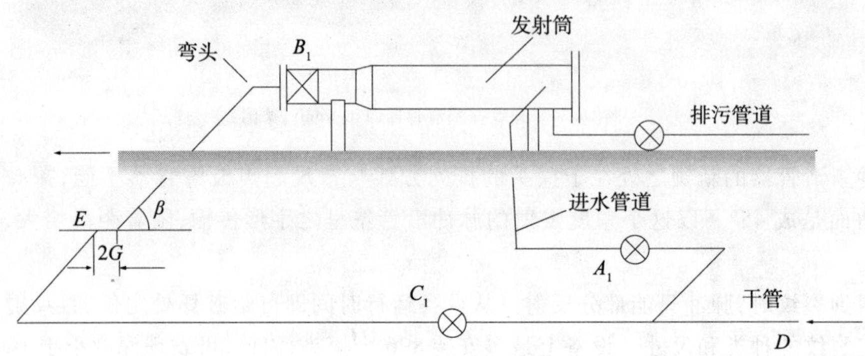

图16-25 地面式安装示意图

b. 地下式安装

发射装置水平安装在地下发射井中,一般发射筒中心与地下干管一样高,发射井底与发射筒底净空0.5m左右,宽1~2m,$a=1.5$m,发射井底需设集水坑。

发射筒与被清洗管道直接连接起来,不需要弯管,进水阀门设在发射井内,排污阀可以采用铸铁阀门,对支架的要求与地面安装相同。发射装置与被清洗管道的连接形式如图16-26a)和图16-26b)。图16-26a)是在地面安装清管器,图16-26b)可在地下安装清管器。

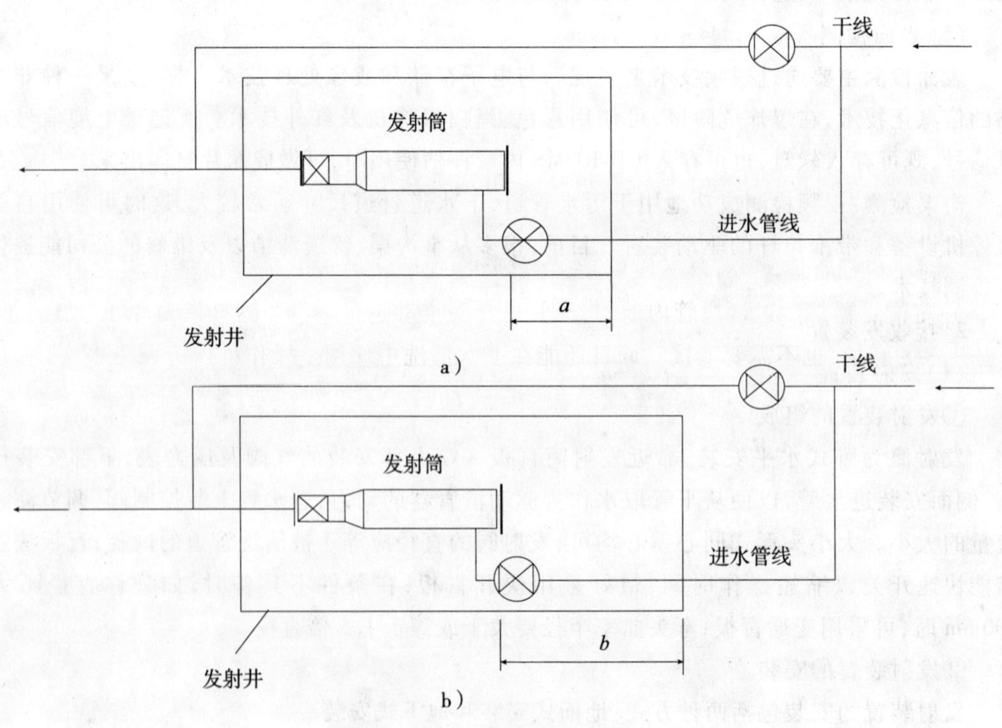

图16-26 地下式安装示意图

a)可在地面安装清管器;b)可在地下安装清管器

地面安装需将发射装置吊到地面,装入清管器后再放回发射井中安装,这种方法要求发射井盖要留有足够大的吊孔。管道直径比较大时,地下装卸发射筒比较麻烦,一般不推荐使用这种方法。

地下安装是将清管器直接放入地下发射井中,用人工装入发射筒中,如果管道直径较大,清管器自重较大时,可用其重设备吊好,人工推入发射筒。

(2)接收装置

①接收装置的组成

接收装置的组成及对个组成部分的要求与发射装置基本相同,但清管器接收装置不需设进水管,排污阀的口径要比发射装置大,在接收筒上的安装位置要靠近大小头一端,放气阀及压力表在接收筒上的安装位置也要靠近大小头一端。

②接收装置的安装

接收装置一般采用地面式安装,接收筒卧式放置,中心距地面一般为 0.8 ~ 1.0m 左右,与被清洗管道的连接方式、支墩等要求与发射装置地面安装相同,但绝不允许与被清洗管道交叉连接,其连接形式如图 16-27 所示。

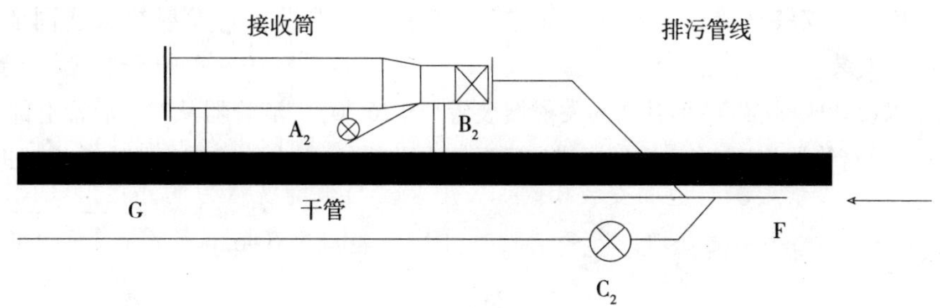

图 16-27　接收装置安装示意图

③其他简易发射装置

对于一些发射位置不处于清洗管道一端,并需要利用原有管道输送介质做动力源的情况,可以设计几种简易发射装置,安装在管道系统中。

a. 对小口径管道,可割取一段管道,将其两端加装法兰或其他连接件作为发射装置(图 16-28)。将清管器挤压进这段管内,再将原管道介质推动进行清洗。这样既避免了加工小尺寸发射装置的麻烦,也不需要变接。而且还能在下次清洗中使用。操作坑内需设集水坑,施工时用泵及时将水抽走。此种连接的关键是法兰短管的长度要恰到好处,法兰接口处的垫片要有厚薄几种可供选择,保证法兰连接处不刺不漏。

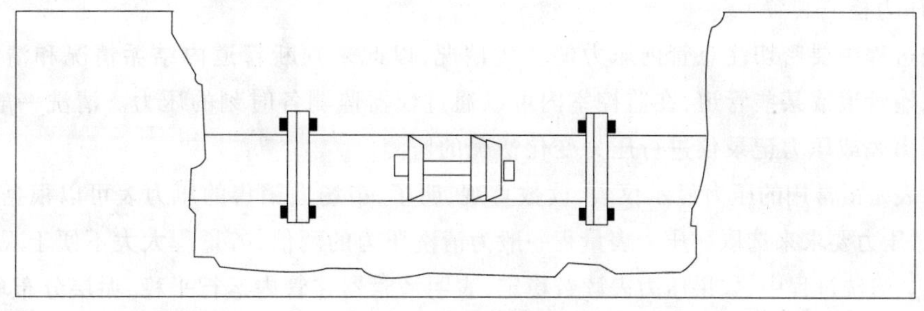

图 16-28　小管径管道简易发射装置示意图

b. 用两个带法兰的变接和一段两端带法兰的短管构成一个简易发射装置(图 16-29)。变接一端直径等于原管道直径;另一端直径等于短管直径,短管直径大于最大清管器的直径,短管长度是清管器长度的 1.5 倍左右,短管装入清管器后两端与变径大直径端相连,当作用于清管器尾部的压力足够大时,清管器通过变径管被挤压进入管道进行清洗。

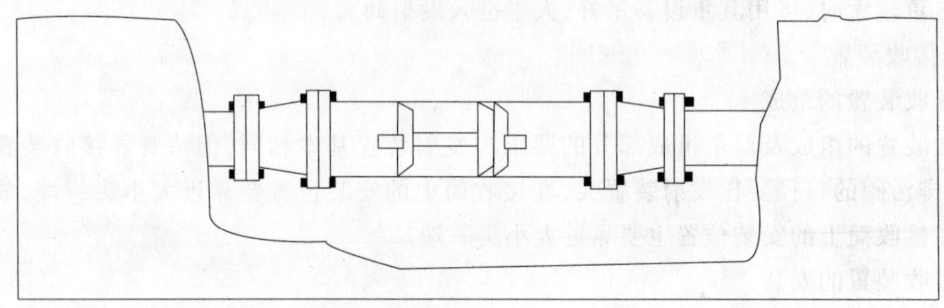

图 16-29　由变接短管构成的简易发射装置示意图

这种连接适用于大口径管道清洗。优点是不需要发射筒及其附属设施,简单易行。

往发射短管中安装清管器一般在地面进行,然后用超重设备将发射短管连同清管器一起放入发射坑内安装。

c. 还可以设计成标准"Y"形管简易发射器装置(图 16-30)。清管器从"Y"形管上部装入,通过顶部承压法兰对清管器施压,将清管器压进"Y"形管水平部分,再由原管道内的介质推动进行清洗。

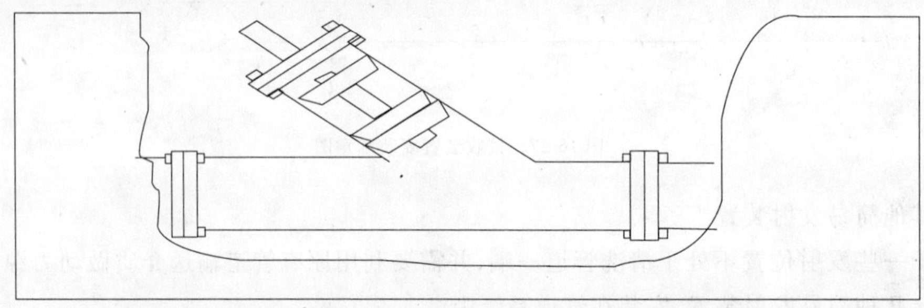

图 16-30　"Y"形短管简易发射装置示意图

该方式的优点是省去了每次拆卸、安装发射短管的麻烦,只要拆卸顶部法兰即可装入清管器。缺点是发射清管器时必须谨慎操作,否则清管器不易发射出去或在接口处发生损坏。

3)相关仪器

(1)压力检测装置

清洗过程中要密切注意管内压力的变化情况,以此来判断管道内结垢情况和清管器运行状态。长输管道或某些管道,在监控室内可以通过仪器监测各时刻的压力。清洗一般管道时,可通过压力表或压力记录仪进行压力变化情况的监测。

压力表是最常用的压力显示仪表,读数直观、明了,市场上销售的压力表可以根据压力表量程、清洗时压力要求来选取。压力表量程一般为清洗压力的两倍,若量程太大不便于观察压力的波动情况。清洗过程中,如果压力表读数稳定,表明清管器在管内运行平稳,垢层分布均匀;若压力表读数突然上升,表明管道内局部阻力变大;若持续上升,可能会出现清管器堵塞现象。

记录清洗过程中压力变化,可以分析管道清洗过程、管壁结垢及垢层清除情况并提供可靠的依据。当清洗过程中出现问题时,通过分析压力记录数据,可以判断清管器运行状况,为确定堵塞位置提供依据。并且可以为其他清洗工作提供参考数据。

(2)电子定位发射机

在整个清洗设备中质量要求最高,可靠性、稳定性要求最强的设备就是电子定位发射机。电子定位发射机安装在清管器上,与清管器一同在管道内运行并且要求始终发射出超低频无线信号,因此,它的工作可靠性要求最高。

清洗管道时,安装在清管器上的发射机发射出超低频无线电波信号,通过管道内的介质、管壁、土壤传到地面,地面上的定位接收机或通过指示仪接收到管道中发射机发射的信号,使地面工作人员能及时掌握管道内清管器的运行情况。

由于地下管道内情况复杂,清管器的工作条件比较恶劣,经常会发生被卡住或撞坏的故障,这时能根据电子定位接收机找到清管器的位置。

(3)电子定位接收机

电子定位接收机用来接收清管器的发射机发出的超低频信号,要具有很高的灵敏度和很强的抗干扰性。根据接收到的信号,能准确找到清管器所处的位置。

(4)清管器通过指示仪

清管器通过指示仪用来记录清管器通过待测点时发出的记忆报警信号。

(5)其他仪器

清管器清洗管道用到的仪器还有专用自动保护充电机、TXF 型管道电缆定位探测仪、闭塞解析仪等。

16.5 化学清洗

16.5.1 概述

化学清洗法是以化学清洗剂为手段,对管道内表面的污垢进行清除的过程。通常向管道内投入含有化学试剂的清洗液,与污垢进行化学反应,然后用水或蒸汽吹洗干净。为防止在化学清洗过程中损坏金属管道的基底材料,可在酸洗液里加入缓蚀剂;为提高管道清洗后的防锈能力,可加入钝化剂或磷化剂使管道内壁金属表面层生成致密晶体,提高防腐性能。

为了加快反应速度,提高清洗效率,可以使用部分辅助手段。如在清洗液进入被清洗的管道内之前,将加压后的清洗液变为水浪式涌动的清洗液流,而后再进入被清洗管道,使进入被清洗管道内的清洗液正向或逆向交替变换方向流动。

16.5.2 清洗液的确定

目前普遍采用的清洗液有两类,一类为水溶性清洗液;另一类为油溶性清洗液。水溶性清洗液还分为碱性和酸性两种。

水溶性碱性清洗液主要用于各种油脂、胶质等的清洗。水溶性碱性清洗液具有润湿接触表面的特性，与表面活性剂配合使用效果会更好，能通过一定的乳化作用使油进入水中形成乳化液或乳浊液。碱洗过程中的主剂可用 NaOH、也可用 Na_2CO_3，前者为苛性碱（氢氧化钠）后者为食用碱（碳酸钠）。为加速去油速度增强去油能力，常加入硅酸钠（Na_2SiO_3）。用碱性清洗液除油要有足够的温度，所以又称碱煮，设备表面的油膜在碱的作用下，使油膜破裂形成微小油滴粘附在设备表面上，此时加入硅酸钠在水中呈胶状颗粒，能吸附设备表面的油滴。

水溶性碱性清洗液依靠活性剂和助剂的渗透、浸润，卷离及乳化、分散作用下，清洗时间短，效果好，成本低，操作方便，且清洗液对金属表面无腐蚀，在石油化工管道清洗中很受欢迎，用来清洗凝胶垢、胶质垢和蜡垢等。但清洗温度低与油蜡等污垢的熔点以下时效果较低。

水溶性酸性清洗液主要用于以碳酸盐为主的碳酸钙、碳酸镁等无机盐的清洗，以盐酸为例，与这类污垢反应的化学方程式如下。

$$2HCL + CaCO_3 — CaCL_2 + CO_2 \uparrow + H_2O$$

另外，盐酸与铁的氧化物、硫化物的反应速度也较快，能生成可溶性的氯化铁、氯化亚铁等。当无机盐沉积物中含有硅酸钙时，可加入少量的 HF 或氟化物促进其溶解。常用的清洗剂为盐酸、硝酸。输油（气）管道清洗多数是为了挖掘其潜力、改输或增加输量，因此不能因为清洗而造成腐蚀，其腐蚀率和腐蚀量必须低于 $0.4g/m^2 \cdot h$ 和 $1.33g/m^2$，所以选用酸性清洗剂时要慎重。

油溶性（乳液性）清洗液是以石油副产品为基液加入化学药剂的清洗液。选用后该种清洗液应考虑回收或降质混入管输液中，不需外排的条件，与其他方法进行经济比较后确定。选用前可通过试验和分析确定污垢主要成分，有针对性的选择清洗液。对于混合垢的清洗，可从配制清洗液上解决，根据具体情况适当添加试剂。油溶性清洗剂同时具有内相溶剂向油污的扩散、溶解和表面活性的协同作用。尤其适合现场对长距离管道原油清洗和低温操作等。

16.5.3 清洗助剂的确定

化学清洗过程中，为不损伤金属表面，提高清洗效果，还应加入一些助剂。根据各种助剂所起的作用不同，可分为表面活性剂、缓蚀剂、还原剂、缓速剂及稳定剂等。

（1）表面活性剂

有润湿、乳化、增溶作用，能改善清洗介质与垢层的接触，加速反应速度。碱洗液可供选择的表面活性剂有磺酸盐型，平平加型和吐温型等。酸洗液中可供选择的表面活性剂有 OP-10、聚醚和尼纳尔等。

（2）缓蚀剂

在酸洗过程中加入缓蚀剂，可以减缓酸洗过程中对金属的腐蚀。由于清洗油管时需要加温，这就要求所选用的缓蚀剂对温度变化不敏感。LAN－826 和 LX9－001 缓蚀剂都可用于输油管道的化学清洗。

（3）缓速剂

酸洗过程中，为了防止反应过于剧烈造成气压升高过快和大块垢脱落（易引起管线堵塞），可加入适量的缓速剂控制反应节奏，烷基氯化吡啶、烷基三甲基氯化铵等都是较好的缓速剂。

为了有效地使用化学清洗剂，有必要对管道中的污垢成分进行分析，这样才能对症下药，进行有效的清洗。而且要求我们在确定介质、清洗助剂和操作工艺条件时，应遵循尽可能在同一清洗过程中多清除掉几种垢物的原则。根据清洗行业多年经验,技术可行的化学清洗方法有以下几种。

①纯水溶性化学清洗剂清洗。

②纯油溶性化学清洗剂清洗。

③原油清管加水溶性化学清洗剂清洗。

④原油清管加油溶性化学清洗剂清洗。

化学清洗适用于循环短线的清洗,对长距离管线的化学能清洗剂国内已有先例。

16.5.4 化学清洗方法

化学清洗方式主要包括回抽、浸泡、对流、开路、喷淋。

1)回抽清洗

利用管道作为清洗容器的一种间歇循环清洗(图16-31),具有成本低,浪费小的优势。

(1)配管

首先,封堵管道两端。一端盲板上焊接清洗液进出口管,另一端盲板上开口接上放空阀,用来排气和观察清洗液情况。其次,在泵的出口和回抽管上分别安装1~1.6MPa压力表两个,通过进出口压力变化确认管内清洗液的注入情况。泵的流量及配管管径的大小可根据管道容积的大小确定。最后,当配液槽容积大于管道容积时,要在槽上做标记,以免回抽时出现空抽现象。

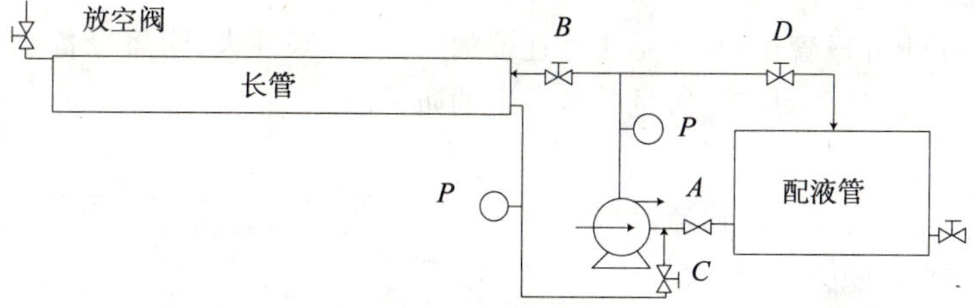

图16-31　回抽清洗

(2)清洗方式

关闭C、D阀,开启A、B阀。为了保证清洗剂浓度均匀,一般在配液槽里配好一槽注入一槽,直到注满管道。压力不再上升,说明管道已经注满。关闭A、B阀,开启C、D阀,将清洗液抽回配液槽。注抽间隔时间应尽量缩短,避免产生二次浮锈。

(3)腐蚀率、酸浓度和除净度的监控

腐蚀率可在配液槽里放置与被清洗管道同材质的管片进行测定。

在配液槽里取样分析酸浓度及F_e^{3+}浓度,来确定清洗终点。

此种清洗方式适用管径大于DN400的管道,否则不能形成“容器”效应。

2)浸泡导淋

浸泡清洗是一种比较常见的清洗方式,关键要注意两点:

(1)管道必须注满清洗液,否则管壁顶部清洗不到。

(2)定时导淋补液。

3)对流清洗

对流清洗是一种比较实用的循环清洗方法。即在管道两端设两个配液槽,实现双向对流,如图16-32所示。

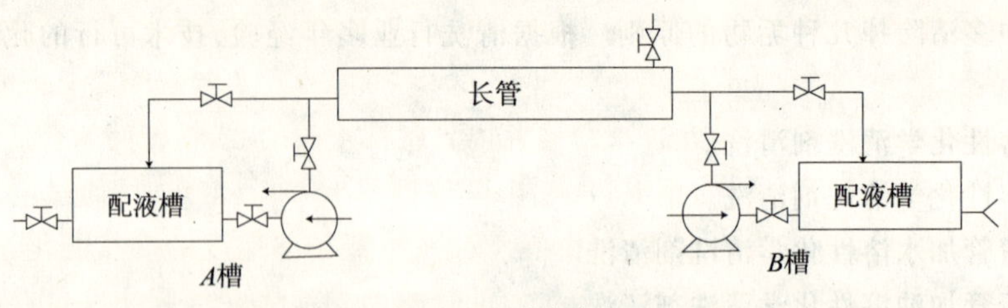

图 16-32　对流清洗

(1)配管

配管时设置两个配液槽,均有回液会槽管道,并安设阀门,控制清洗液对流。若需要加热,在有条件的情况下,可在槽上设置蒸汽加热装置。

(2)清洗过程

先关闭 *B* 槽回液阀,开启 *A* 槽泵,将管内注满清洗液;再开启 *B* 槽回液阀,并将 *B* 槽清洗液泵回 *A* 槽。循环往复,直到洗净管道。

4)开路清洗

开路清洗即在管道一端建立清洗站,将清洗液泵入管内,再直接排入清洗液存储池。在管道清洗液排放端焊一个盲板,在盲板底部装设 DN50 ~ DN80 的管段(清洗管道直径大,就选择较大的),形成液压差。在管段上安设控制阀,回收清洗液到清洗车上,拉回清洗站,再泵入管道循环利用。这种清洗方式的优点是清洗液浪费小,节省配管材料,不足之处是难以测定腐蚀率。

5)喷淋清洗

该方法只适用于分段管道,并且是法兰连接的管道,局限性大,附属设备也比较多,如空压机、喷头、高压胶管等,还要对施工人员配备一定的防护品。

(1)设备

主要有高压水泵、电机、连轴器、调压阀、空压机、刚性喷枪、喷头、高压胶管等。

(2)清洗方法

如图 16-33 所示,可调节的定位架上设有可旋转的喷头,用钢丝绳牵引定位架在管道内来回移动,向管壁上喷洒清洗液,实现管道清洗。

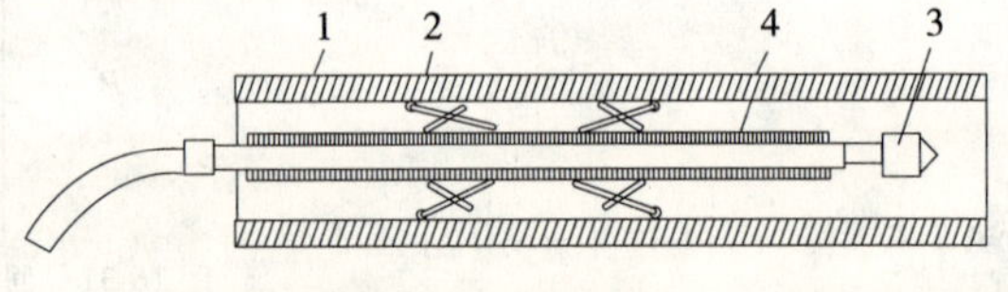

图 16-33　喷淋清洗

1-管道;2-可伸缩的滑轮;3-喷头;4-定位架

16.6 其他清洗方法

16.6.1 气脉冲清洗

利用气脉冲清洗方法,能清洗四级管网管壁锈垢及沉积泥砂。气脉冲清洗不使用任何化学试剂,属于纯物理清洗,对水质无污染。经多年的研究证明,具有省时、省力、快捷、方便、节能、费用低等特点。

所要清洗的供水供热管网,须在进户检修井内具备排水阀门,或在管网的合适位置找一个气脉冲输入口和水流污垢混合物的排出口,工作原理见图16-34。工作时,通过空压机向管道输入高压气体,气体推动管道内的水体,再由气脉冲发生器调节速度的突然变化,造成管内气流和水流产生冲击力和微振力,即具有一定压力的气水两相流体在气脉冲发生器的控制下有规律膨胀,产生较强的脉冲震动,形成有规律的冲击流,使管内的污垢随气、水一起流动,通过排污系统排出,达到清洗管壁各种污垢的目的;由于管道可产生真空而形成负压,能剥离管壁上的硬污垢,即也能起到清除硬污垢的作用。

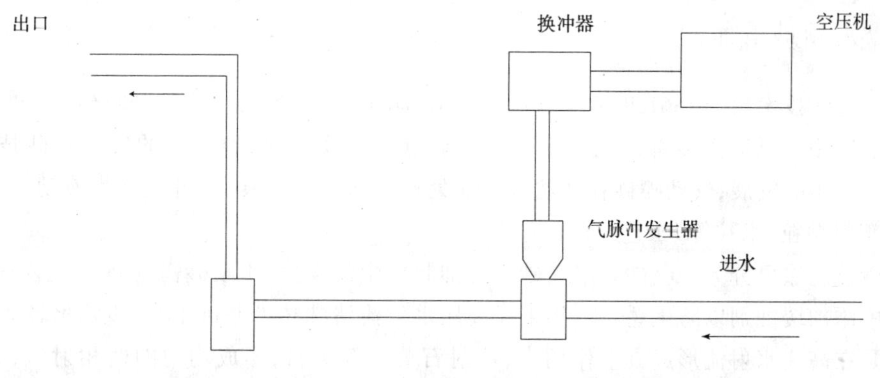

图16-34 气脉冲清洗工作原理图

16.6.2 空穴射流清洗

空穴射流清洗技术运用的是流体力学领域中的“空穴效应”原理。放入管路中的清洗器,在流水和压缩空气的推动下快速向前移动。清洗器上的金属叶片产生高频、剧烈振颤,清洗器被由此产生的急速旋转的涡流所包围,形成了连续移动的低压区——这个区域的流水始终呈汽化状态,由此产生的细微汽泡,又迅速被压缩直至崩裂,瞬时激射出强力的微射流,无数的微射流汇聚成冲击波,彻底粉碎了沉积物。

在管路清洗领域,空穴射流清洗技术和PIG清洗技术以及高压水射流技术相比具有以下几点优势:

(1)清洗效果好。空穴射流清洗技术的清洗原理和现有的PIG清管器的清洗原理有根本上的不同,能够以更大的能量对污垢层进行冲击。空穴射流清洗技术运用的是流体力学中的“空穴效应”原理,在清洗过程中产生高速微射流和冲击波,对油垢、化学垢、水垢、锈垢、软性垢、硬性垢、粘性垢等多种垢质都能进行彻底清除。

另外,对于有内涂层的管道,由于沉积物与管壁之间的附着力小,可以调整空穴射流清洗器尺寸和结构,降低空穴发生的数量及强度,既达到了清洗效果又保证内涂层完好无损。

(2)清洗速度快。实践证明:清洗器在1km地下管线中的运行时间只有15分钟左右,而且一次性清洗距离越长越见优势。

(3)清洗行程长。动力水流自清洗器的缝隙中激射而出,扫清了前面被清洗下来的污垢,不会阻塞。现有的PIG清管器利用刮挤功能除垢,硬度大,不过水,极易造成前方污垢严重堵塞,影响清洗距离。高压水射流清洗的单次施工距离受自身设备的限制,只有几百米。

(4)通过能力强,弹性变形大。空穴射流清洗器由柔性的叶片组成,收缩比可达30%以上。为预防卡阻,清洗器还能双向行走,可以清洗复杂的U型管、螺旋管。如果发生卡阻,使用电子定位仪可以在短时间内准确认定卡阻位置并排除。

(5)清洗范围广。对 ϕ40mm ~ 1000mm 的管路均可清洗,没有长度、垢质的限制。

(6)真正环保。由于是纯物理清洗技术,对管道无损伤,对环境无污染。"空穴射流"技术清洗距离长,安装排污管,污垢直接流入排污池,减少了对环境的污染。

(7)安全可靠。在施工现场,除了遵章使用电气焊以外,无安全隐患。高压水射流清洗的水压必须达到60 ~ 120MPa,因为操作失误击伤施工现场人员的事故也有发生。

16.6.3 喷砂清洗

喷砂清洗技术始于1861年由英国陆军B. C. Tilghman将军提出的气动喷砂。"知识改变命运",他从此由戎马军人传奇性地变为一名声名赫赫的实业家,经营他的气动喷砂技术设备。经过一百多年的发展,气动喷砂在清洗和表面处理方面经久不衰,而且发展为液动喷砂及抛丸(金属、塑料颗粒、水粒等)工艺。

喷砂清洗法可分为干喷砂和湿喷砂。为抑制粉尘的发生,干喷砂需配备集尘装置,湿喷砂需在水中添加缓蚀剂以防生锈。近年来在高压水射流清洗技术基础上,开发出磨流射流技术。其原理是在高速水射流形成真空作用下,喷射石英砂等磨料,形成均匀的两相射流,其除锈效果十分显著。金属表面均匀发亮。

喷砂清洗对短小口径的管子具有较高的清洗效率,对于大口径管道由于进行磨料冲刷需要大量的压缩空气,在现场施工不现实,对长距离管路由于压力损失太大,也不适宜施工。

16.6.4 爆炸清洗

爆炸清洗法是根据污垢的性质和厚度,在排垢管道内布线状装药(冲击荷载源),并充水作为传压介质。由于水是不可压缩的,当线状装药在管道内沿传播方向爆炸时,产生瞬间的冲击波经过传压介质均匀作用于污垢和管壁上,污垢承受不住冲击波作用,变得疏松和细碎,管壁受冲击发生弹性变形,污垢与管壁发生分离。虽然冲击荷载本身不能将粉碎的污垢排出管外,但辅以别的机械办法及化学方法就可以做到这一点。在我国爆炸法清洗也已在水煤气管道清理等方面得到应用。

16.6.5 特殊工具清洗

这里提到的清洗方法都属于机械清洗范畴。

1)使用辅助设备进行人工清洗

人工作业可在易进人的下水道内进行,一方面可清除范围大,能清除硬化或结晶的沉积物;另一方面,为管道更新做好准备工作。

在第一种情况下,可使用掘进斧、压缩空气锤、爆破、小马达刮土器、装载机及其他设备。

在第二种情况下,根据管材和更新方法,可选择专门的工具来清洗管道,如手持研磨设备、喷砂机械、高压水喷射设备以及其他类似的器具。

2)使用清洗工具清洗管道

机械清洗设备主要用于清除和松动硬化沉积物,之后用于清除碎屑的搬运。它们通过人井投放入下水道,之后采用拉、推、压的方式穿过管道。

对拉、推的方式可选择的设备有:下水道螺旋搅拌清洗器、污物链式松动器、犁式清洗器、旋转钻孔器、弹性钢制旋转器(图16-35)、聚亚安酯滑动刮刀以及锚式设备等,这些器具主要用来清除和松动沉积物。下水道桶状铲斗、反铲、挖掘机、刮刀、清洗刷和橡胶推进刷用来搬运清除下来的沉积物碎屑。根据结垢程度和管道公称尺寸,可选用相应的设备。

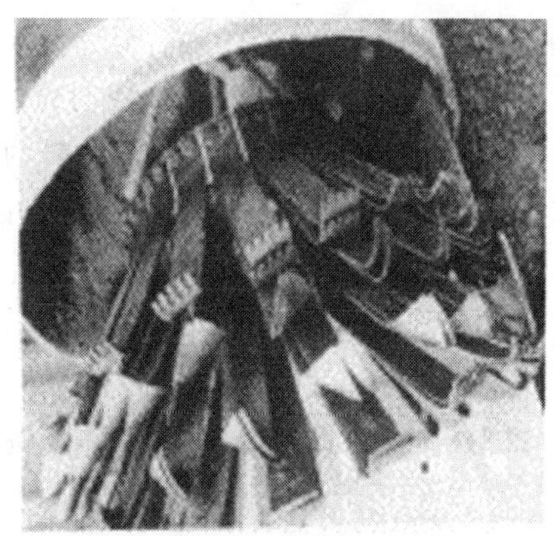

图16-35　弹性钢制旋转器

使用这些设备清洗非进人管道能得到好的清洁效果。然而,进行每节管道清洗时,吊葫芦的立起、牵引绳和清洗工具的投放等程序复杂耗时。体力劳动强度大,卫生条件也差。要使用吊桶和葫芦从人井中取出污物。因为这些原因,使用这些工具清洗管道时,一般要考虑使用真空抽吸车。

3)使用专业的工具清洗管道

在过去的几年里出现了专业的工具,能用于清除非进人管道的硬化沉积物、支管内突出、人为障碍、树根等,可以达到很好的清洁度。这些工具根据操作方法可分为:

①锤式工具。

②回转钻孔和磨铣工具:

a. 回转工具;

b. 回转-锤复合工具。

③切削工具。

a. 机械式;

b. 高压水喷射式。

(1)锤式工具

锤式工具中的成员之一是一种称为“凿子”的工具,适用大于DN400的直管段或卵形断面的下水道,能清除硬化沉积物(图16-36、图16-37)。

图16-36　“凿子”在凿除混凝土管上的硅化沉积物

图16-37　用于卵形断面的“凿子”

工具由压缩空气驱动,冲击或研磨下来的沉积物用高压水喷射设备搬运到人井,并在人井抽集起来。

因为工作方法的相似性,液动或气动链式旋转头也包括在锤式工具范畴。安装在旋转头上的链条以每分钟12000~15000转的速度敲打管壁(图16-38),能清除其他方法不能清除的阻塞。因为其切线速度高,工具要装在滑撬上,用绞车牵引快速穿越管道,避免损坏管道结构。

除了这些设备外,锤式设备还包括自驱机器人。它能进行磨削作业,也能用来进行管道修复的准备工作,如压制裂纹、打磨工作面等。

(2)回转钻孔和磨铣工具

这类工具大都是遥控作业,并配备摄像机进行全程监控清洗过程。适用管道直径DN200~DN600,主要用于清除硬化沉积物(图16-39)支管内突出(图16-40、图16-41)和其他管流障碍,如树根(图16-42、图16-43)。其动力来自液压油或脉冲水流。

图16-38　用于切除树根的旋转链条

图16-39　用于清除硬化沉积物的全断面铣头

图16-40　用于清除支管内突出的钻进设备

图16-41　使用中的钻进设备

为了保证使用这些工具清洗管道不造成破坏,工具运行时应沿管道中心导向。在某些情况下,要装备无级调整磨铣头(图16-44)。

(3)回转-锤式复合钻孔或磨削工具

自动锤式钻孔喷头(图16-45)属于这种设备范畴,主要用来清除硬化污物、阻塞、树根等,适用管径范围是DN100~DN1000,其动力由常规高压水喷射车提供,压力范围是80~150bar,泵流量250~450l/min。

自动锤式钻孔喷头嘴操作方法如下:利用喷头后部喷嘴喷射高压流受到的反作用力驱动工具到达污物清除点,并且喷射出的高压水流会冲洗已松散的沉积物;同时,以每分钟100~200转的速度回转钻孔工具,并应用锤的冲击作用,以每分钟1000~1500的频率冲击沉积物,形成磨削效应。

钻孔工具是一个装备可更换硬质合金的钻孔头,能根据管径大小调节其直径大小。如果用来清除树根或软质沉积物,可用钢锯切削刃换掉硬质合金。

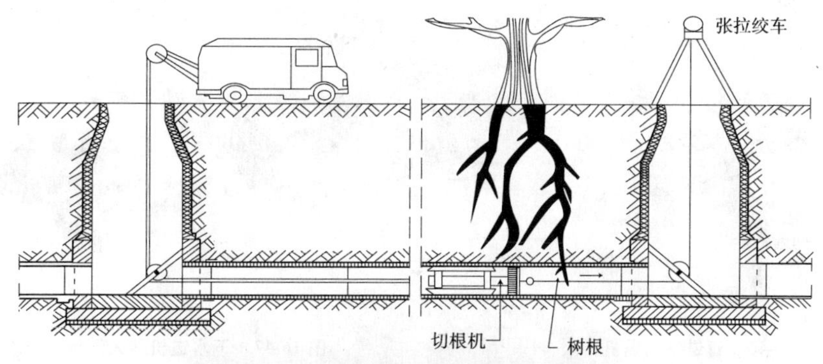

图 16-42　钻进设备切除树根原理及工具

对于大直径管道，要将喷头安装在滑撬上，可以进行喷头作业时的导向，避免钻孔头和管壁之间的接触。这种滑撬能在很大范围内进行调整，因此能配备适于不同管道直径的钻孔头。另外，对滑撬进行单边调整，还能用于卵形管道的清洗。

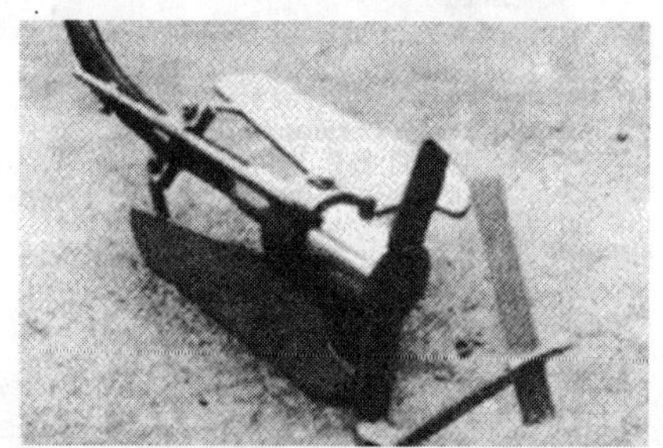

图 16-43　水力驱动切根机

图 16-44　能带有遥控无级调整铣头的机器人

(4)切削工具

切削工具适用直径范围从 DN100～DN600，能清除支管内突出部分、树根和其他局部性障碍。使用这类工具时，通常配合摄像观察。

按操作方法可分为机械式操作工具和应用高压水喷射的工具。

图 16-45　自动锤式钻孔喷头

一种机械式操作工具称为管道钻孔锯，使用锯齿作为切削刃，进行前后移动，并同时回转(图 16-46)，通过向锯齿自动喷射技术进行切削刃的冷却，还能冲刷碎屑。这种工具的定位和切削过程能通过气动调节完成，并在摄像机设备下得到管道清洗全程监控。该工具的无震动切削及全程监控功能，使之能用于下水道系统中出现的各类管道：陶土管、混凝土管、钢管、塑料管等。

在多种任务中应用的一种设备是下水道机器人(图 16-47)，它包括一个自驱车体、摄像设备、自由移动机械臂等。自由机械臂上安设一个遥控夹头，夹头可安设以下工具：

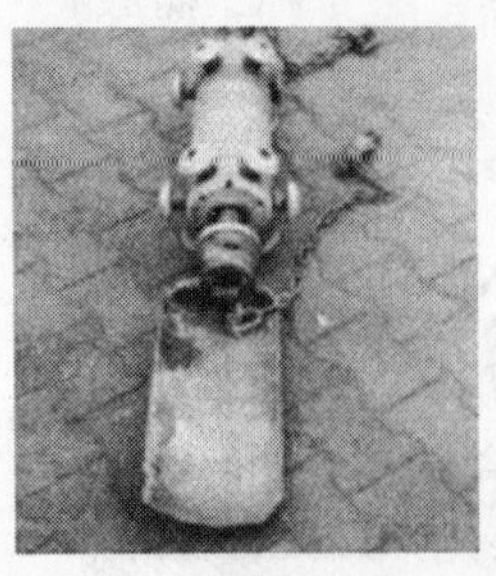
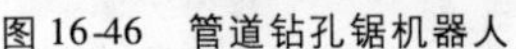

图 16-46 管道钻孔锯机器人

图 16-47 下水道机器人

①切根机；

②镊子；

③气动锤；

④硬金属锯(用来清除焊缝)。

设备可进行遥控作业,适用直径大于 DN250 的管道。

图 16-48 是一种特殊的切根机器人,配备弹簧切削刃,当液压驱动其回转时,能切除树根。该设备配合高压水喷射设备,适用管道直径范围为 DN100 ~ DN400。

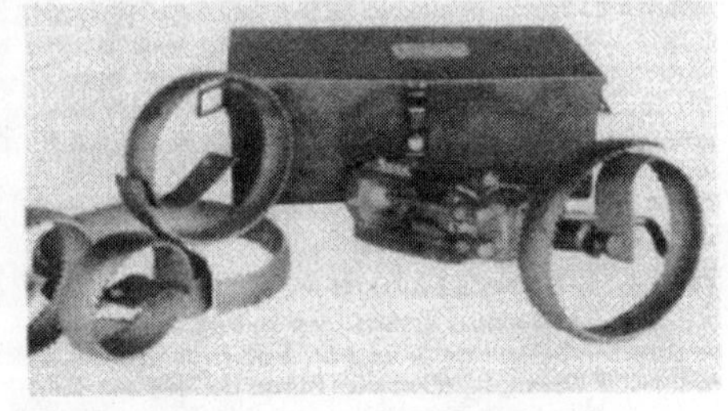

图 16-48 配备弹簧切削刃的切根机器人

使用切削工具辅以高压水喷射,能用于清除上述各种管流障碍,也能用于清除大面积硬壳。使用旋转清洗喷头,最大压力达 800bar,水流量为 70l/min。可将组合设备用绞车拉到清除区域,在摄像机的监控下进行高质量清洗。

16.7 典型的大型清洗设备

16.7.1 立耐车载式高压射水机

荷兰立耐公司是专业从事地下管道清洗清洁设备的公司,其生产的 SJ 系列高压射水机(图 16-49)体积小,射水压力大(图 16-50),可清洗管内各种阻塞物,如树根,石块,建筑垃圾,油污等,其中,立耐 SJ2500 /SJ2600/SJ2700/SJ3000 适用最大排水管道直径分别为:500mm,650mm,650mm,900mm。

(1)性能特点

①可装入各种型号的货车,适合在各种街道运行,不受街道条件限制,不受气候影响;

②操作简单,一个人可完全操作设备;

③货车容积大，可装其他设备，成为功能齐全的检测维修一体化养护车；

④免维修汽油或柴油发动机驱动，带陶瓷柱塞的高压泵和自动压力调节器（带无级调压和旁路），结构可靠；

a) b) c) d)

图 16-49 立耐 SJ 系列高压射水机

a) SJ2500；b) SJ2600；c) SJ2700；d) SJ3000

⑤聚乙烯水箱（容量可根据用户需求定做），带进水孔、溢水管、回水管和观察窗，可调向高压软管轴使操作更容易更安全。

（2）技术规格

SJ 系列高压射水机技术规格见表 16-3。

SJ 系列高压射水机技术规格表 表 16-3

型号	SJ2500	SJ2600	SJ2700	SJ3000
电动机	Lombardini 或 Kubota 水冷柴油发动机（可选）	Kubota 48HP 水冷柴油发动机	Hatz - 4M41 型 62HP 四缸水冷柴油发动机	OHP Lister Patter 柴油机或 Kubota 柴油机（电起动）
泵	Speck/Rioned P45 或 P52 柱塞泵（可选）	Speck/Rioned P45 或 P52 柱塞泵（可选）	Speck/Rioned P55 柱塞泵	Speck/Rioned P52 柱塞泵
性能	120bar/60lpm 140bar/70lpm 150bar/60lpm 150bar/751pm 150bar/851pm 200bar/501pm	250bar/601pm 150bar/100lpm 120bar/201pm	160bar/1301pm 150bar/1001pm 120bar/201pm	150bar/100 lpm 120bar/100 1pm
配置	500 、650 或 800ltr 水箱，可转向液压驱动高压软管轴，80m × NW13 或 80mxNW16 高压软管，可调向手动取水软管轴，全套控制箱。	同左	1200ltr 水箱，配有消防带注水快速接口，液压驱动高压软管轴，80m × NW19 高压射水软管，全套控制箱。	725 升水箱，可调向液压驱动高压软管轴（管 80m × Nw16 高压软管），可调向手动取水软管轴（带 50m 取水软管），全套控制箱.

续上表

型号	SJ2500	SJ2600	SJ2700	SJ3000
附件	2个1/2寸的喷头；1个手持高压喷枪	同左	同左	同左
重量	580－680kg	约750kg	约750kg	约900kg
适用最大管径	500mm	650mm	900mm	650mm

16.7.2 立耐HD50/HD80/HD90/HD100拖挂式高压射水机

立耐拖挂式高压射水机（图16-51）适合在各种街道（包括狭窄街道）上运行，适用于600mm以下口径管道的清洗。

图16-50 射水压力为200bar时射水示意

图16-51 立耐拖挂式高压射水机

（1）性能特点

①设计紧凑，利用率高；

②大压力，小流量，成本低，效率高；

③高压泵关键部件采用陶瓷材料，设备使用寿命长；

④配件齐全，可以解决用户遇到的各种管道问题，充分发挥设备的优势；

⑤免维护设计，节省维修费用和检修时间。

（2）技术规格

立耐HD系列拖挂式高压射水机技术规格见表16-4。

立耐**HD**系列拖挂式高压射水机技术规格表　　表16-4

型号 组件	HD50	HD80	HD90	HD100
电动机	18HP B&S汽油发动机	18HP B&S或20 HP本田汽油发动机（可选，均为电起动）	Kuboto25Hp Kuboto34Hp Kuboto41Hp 柴油发动机（可选）	Kuboto45Hp柴油发动机（电起动）
泵	Speck/Rioned P30柱塞泵	Speck/Rioned P30柱塞泵	Speck/Rioned P45柱塞泵 P45柱塞泵（可选）	Speck/Rioned P52柱塞泵
性能	100bar/401pm（B&S）	100bar/401pm（B&S） 150bar/451pm（B&S）	150bar/601pm 150bar/751pm150bar/851pm 180bar/751pm	150bar/1001pm（B&S）

续上表

型号 组件	HD50	HD80	HD90	HD100
配置	300ltr 水箱、手动高压软管轴 50m×NW13 高压软管、一个有 50m 软管的备用手动软管轴、两个大型工具箱	375ltr 水箱、手动高压软管轴 60m×NW13 高压软管、一个有 50m 软管的备用手动软管轴、两个大型工具箱及全套控制箱	500 ltr(2×250 ltr)或 800 ltr(2×400 ltr)水箱、180 度旋转液压驱动软管轴,80m×NW13 或 NW16 高压软管、一个有 50m 软管的备用手动软管轴、标准控制箱	500ltr 水箱、液压驱动高压软管轴,80m×NW16 高压射水软管、一个有 50m 软管的备用手动软管轴、全套控制箱
附件	2 个 1/2 寸的喷头;1 个手持高压喷枪	同左	同左	同左
重量	约 300kg	500kg	800kg	1000kg
适用最大管道直径	300mm	350~400mm	500mm	600mm

16.7.3 立耐便携式高压射水机

立耐便携式高压射水机(图 16-52)有 HD15 和 HD30 两种。HD15 为电动式高压射水机,设计轻巧、操作容易,是一人操作的理想设备。随机出售的喷头可拖动软管深入到排水管道/下水管道各处,彻底清洗管壁内污垢。HD30 由汽油发动机驱动,特别适用于清洗喷射和清理室内管道接头、层顶排水管、油污堵塞的下水道和工业用下水管线。适用于清洗厨房、浴室、洗手间、地下管道、室内管连接头,适用最大排水管道直径:125mm(HD15)和 200mm(HD30)。

图 16-52 立耐便携式高压射水机

(1)性能特点

①设计紧凑,利用率高;

②大压力,小流量,成本低,效率高;

③高压泵关键部件采用陶瓷材料,设备使用寿命长;

④配件齐全,可以解决用户遇到的各种管道问题,充分发挥设备的优势;

⑤免维护设计,节省维修费用和检修时间。

(2)技术规格

HD15 和 HD30 技术规格见表 16-5。

HD15 和 HD30 便携式高压射水机技术规格表 表 16-5

型号 组件	HD15	HD30
电动机	200V/1.8kW	11HP 本田汽油发动机
泵	Speck/Rioned 三柱塞泵	Speck/Rioned P21 三柱活塞泵
性能	100bar/121pm	130bar/301pm
配置	高压软管轴和 20m×NW8 高压射水软管	高压软管轴和 30m×NW10 高压射水软管
附件	2 个 1/4 寸的喷头;1 个附有喷头和喷杆的手持喷枪;去污剂喷头;1.5m 抽排软管;10m×NW8 带;1/8 寸喷头高压射水软管	2 个 1/2 寸的喷头;1 个带喷杆和喷头的手持喷枪;1.5m 抽排软管
重量	约 44kg	约 85kg

(3)可选附件:

①远程控制器;

②液压切根器;

③排水管塞;

④软管输入导向管和导向滑轮;

⑤阴沟爪、取石爪;

⑥抽排管;

⑦射水喷头;

⑧井盖提钩。

16.7.4 安特(STOKOTA)联合吸污车

安特(STOKOTA)联合吸污车(图16-53)是用于城市环卫废弃物清理、运输以及下水管道疏通和清理的设备,有多种工作形式可供选择,结合可选配的污水循环再利用系统,该套设备性能达到了国际同类产品的先进水平。可用于地下污水管道和窨井的疏通和清理。

(1)性能特点

①四种工作形式:高压冲洗式、真空抽吸式、干污泥风机抽吸式、冲洗和抽吸联合式,同时配备了可选用水再循环系统,减少了通过给水阀注水的时间,极大地提高了工效率。

②液压动力吊臂,旋转角度可达270°。

③水再循环系统真空吸入废水,将可能损坏泵的渣粒清除,并可将可重复利用的液体存放于储存罐中。

图16-53 安特联合吸污车

④排出系统采用后置液压多级油缸,使罐体能后倾45°,大直径卸料阀很容易将液体倒出,后盖可全开,液压开启或锁紧。

(2)技术规格

安特联合吸污车规格表16-6。

安特联合吸污车规格表 表16-6

组件	说明
污物箱	8000L容积,采用6mm加固式压力容器专用优质钢板 可耐受9344mm水柱的负压力
清水箱	3000L容积,防腐不锈钢材质
三缸水泵	压力0~155 bar连续可调,流量270L/min
动力吊臂	液压动力,旋转角度可达270°,旋转半径在3680~5030mm之间垂直提升2770mm,下降1420mm
软管转盘	后置式设计,可水平调整±100°;120m高压软管液压收放
真空系统	-0.06MPa真空度

参考文献

[1]陈建军．PIG技术在城市煤气管道清洗中的应用．化学清洗,1994(4).

[2]陈玉凡．高压水射流管道清洗理论分析．洗净技术,2006(5).

[3]金莹,仲维斌．磁力清管器在管道清洗中的应用．洗净技术,2003(7).

[4]雷永厚,任瑞滨．水气脉冲效应与管道清洗．哈尔滨铁道科技,2000(3)

[5]李如福．管道喷丸清洗技术．工业水处理,1990(2).

[6]李运长．管道清洗新技术—气脉冲清洗法在供水供热管网中的应用．黑龙江水利科技,2006,No.4.

[7]刘长安．长距离管道化学清洗方法初探．清洗世界,2006,22(5).

[8]刘根新,沈晓翔．小口径管道清洗修复技术在江苏油田的应用,腐蚀与防护,2003(7).

[9]马汝涛,徐依吉．石油工业中长距离运输管道的清洗技术．清洗世界,2007(10).

[10]Operation and Maintenance of Wastewater Collection Systems. Manual of Practice, No. 7, Water Pollution Control Federation, Washington 1995.

[11]邵双友．水射流技术在电厂输灰管道内壁清洗中的应用．化学清洗,1998(2).

[12]宋茂野．聚氨酯清管器简介．管道技术与设备,1998(6).

[13]宋新．管道清洗涂敷技术．管道技术与设备,1993(3).

[14]孙成志．管道清洗技术与设备．设备管理与维修,2006(10).

[15]孙卫．管道清洗新技术 - 爆炸法简介．化学清洗,1994(1).

[16]温维众,尹晓光．国内外输油(气)管道清洗技术综述．管道技术与设备,2000(1).

[17]张金成．清管器清洗技术及应用．北京:石油工业出版社,2005.

[18]赵炳海．管道清洗技术．管道技术与设备,1993(4).

[19]朱文鉴,译．Duke公司的管道清洗技术．非开挖技术,2007(5).

[20]邹军,李春寿．PIG法管道清洗用聚氨酯弹性球研制．化学推进剂与高分子材料,2003(4).

CHAPTER 17

非开挖工程管材

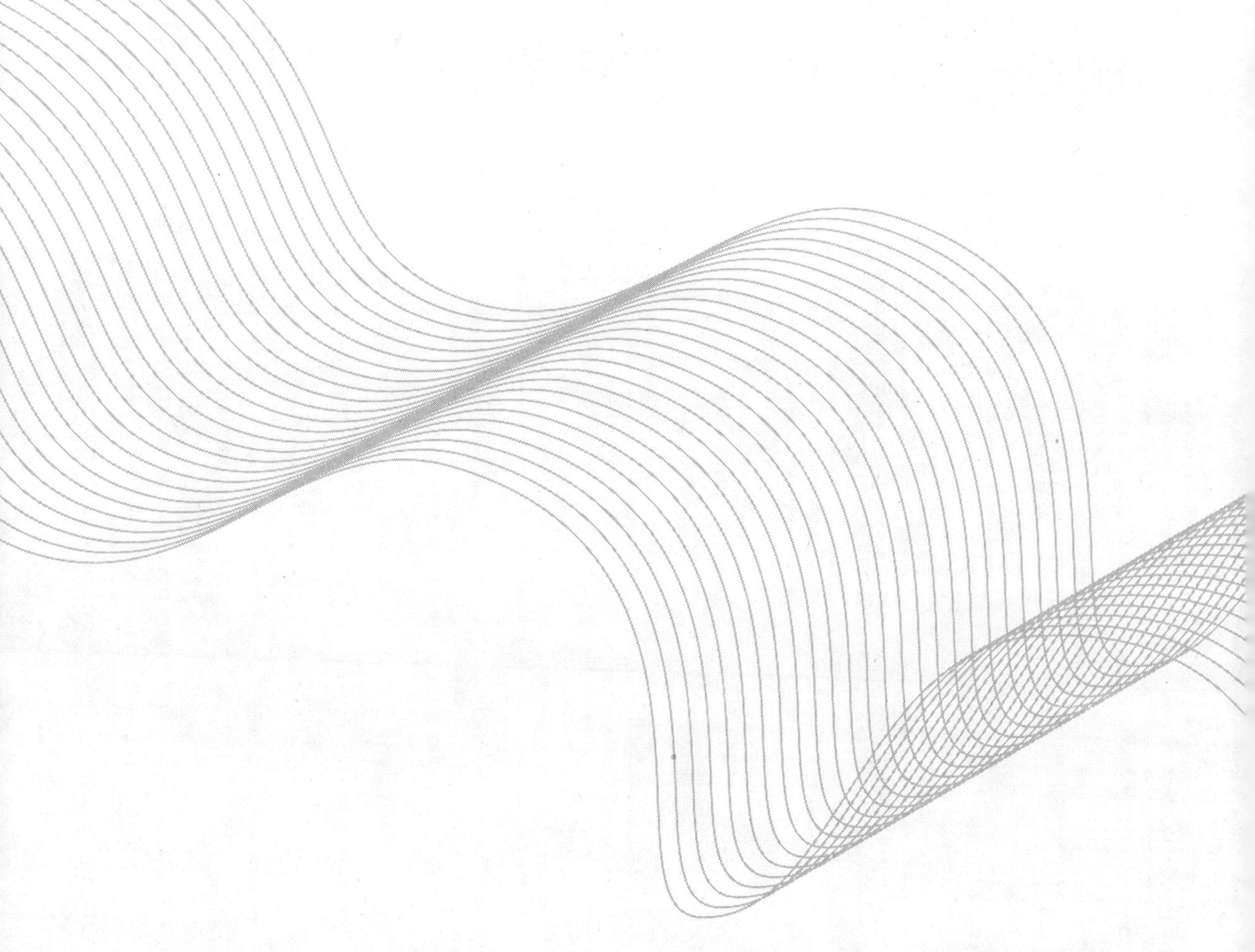

17.1 概　述

非开挖工程施工中管材的选择十分重要，对于施工成本和在管道使用寿命（一般为30~100年）中的使用性能都将产生重要影响，在选择管材类型时，要求工程技术人员必须具备一定的施工与管材专业技术知识。首先所用管材必须具备如下基本要求：

（1）能够抵抗管道内外的腐蚀；

（2）能够承受管内压力与管外静、动荷载；

（3）具有良好的流体流通性能；

（4）较低的施工与采购成本。

在非开挖工程施工中，管材不仅承受垂直方向上土壤等产生的动静荷载，还要承受较大的轴向拉力或压力，所以，所选用的管材除了有足够的环向强度与刚度外，还要有足够的轴向强度与刚度，以保证管材在施工中不被拉坏或压坏，因在施工中管材所受的摩擦力与管道的外形尺寸、外表状况等有关，因此，除了满足对管材的正常要求之外，非开挖工程施工的管材还应具备以下特征：

（1）较高的轴向承载能力；

（2）较高的外形尺寸精度；

（3）较高的耐磨等抗损伤强度。

对于施工中所采用的管道长度，一般根据施工工艺、施工环境、施工设备，同时结合管道制造、运输、吊装等情况确定，如大直径的混凝土顶管长度一般为2m，中小口径的混凝土顶管一般为3m；修复管道用的玻璃钢夹砂衬管可达到6m，而玻璃钢夹砂顶管一般为3m；而修复用的可盘曲小直径PE管道以现场焊口越少为宜。

根据管材制造所选用材料不同，通常可以分为如下几种：

（1）混凝土管道，包括普通混凝土管道、钢筋混凝土管道、钢筒预应力混凝土管道。

（2）聚合物混凝土管道；

（3）玻璃纤维增强塑料夹砂管；

（4）球墨铸铁管道；

（5）石棉水泥管道；

（6）陶土管；

（7）塑料管（聚乙烯管道和聚氯乙烯管道）；

（8）钢管。

17.2 混凝土管道

钢筋混凝土管是非开挖工程中使用得最多的一种管材，且主要用于下水道中。有时需用钢管做外壳，里面再浇上钢筋混凝土，这种管子是一种特殊的加强管，可用于超长距离非开挖工程施工。按生产工艺，可将混凝土管道分为离心管、立式震捣管和悬辊管三大类；根据我国建材行业标准“顶进施工法用钢筋混凝土排水管” - JC/T 640—1996，可将钢筋混凝土管道按接口形式可分为：平口式（P）、企口式（Q）、双插口式（S）、钢承口式（G）四种。在钢筋混凝土管中，还有采用玻璃纤维进行加强的管子和用钢板进行加强的管子。

17.2.1 企口管

在企口管中最典型的是上海和杭州两地生产的企口式钢筋混凝土管。其成套制管设备都是从丹麦引进的，因此又称作丹麦管。该管采用的是半干性混凝土，用钢模立式震捣浇注而成。用这种工艺方法生产管道的特点是脱模快、模具周转快；而且其钢筋笼是由机器制作的，自动化程度高，管道精度也高。因此，管道的生产效率高、成本较低，比较受施工企业的欢迎。此外，该管的混凝土级配也高，其28天的抗压强度不低于50MPa。

这种管道既适合于开挖法埋管也适于采用非开挖工程和微型隧道施工，直径范围从1350～2400mm，共有七种规格。成品管道的混凝土为c50，最大覆土厚度为5.5～6m，最小覆土厚度为0.7m，内水压可达75～90kPa。

企口管的接口形式及尺寸和外形等指标请参阅表17-1。

企口管的橡胶止水圈安装在管接头部位的间隙内。橡胶止水圈的右边壁厚为1.5mm的空腔内充有少许硅油，这样在两个管子对接过程中，充有硅油的腔可以滑动到橡胶体的上方及左边。这不仅给安装带来方便，还可使橡胶体不至于翻转。从而提高了止水的可靠性。该橡胶止水圈一般采用丁苯橡胶制成，像一个小写的英文字母“q”形（图17-1），因此又称为“q”形橡胶止水圈。

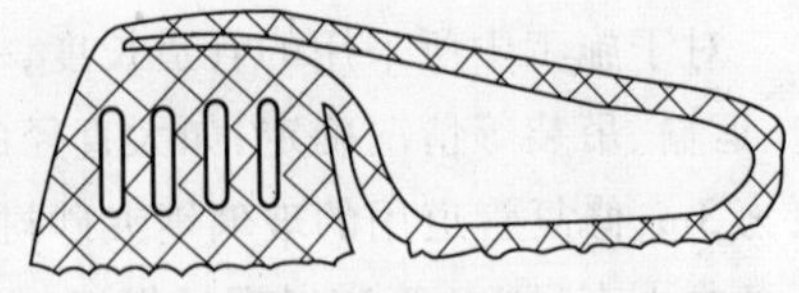

图17-1 “q”形橡胶止水圈

当非开挖工程采用企口管时，须按图17-2的形状和尺寸制作垫圈，垫于管道内口处。垫圈可用多层胶合板制成，也可用木板制成。

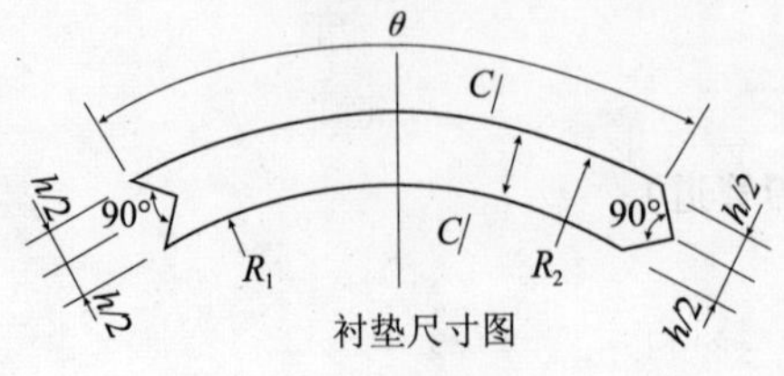

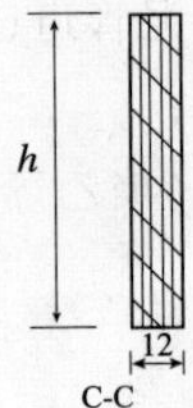

图17-2 垫圈的形状和尺寸

企口管的规格尺寸　　表 17-1

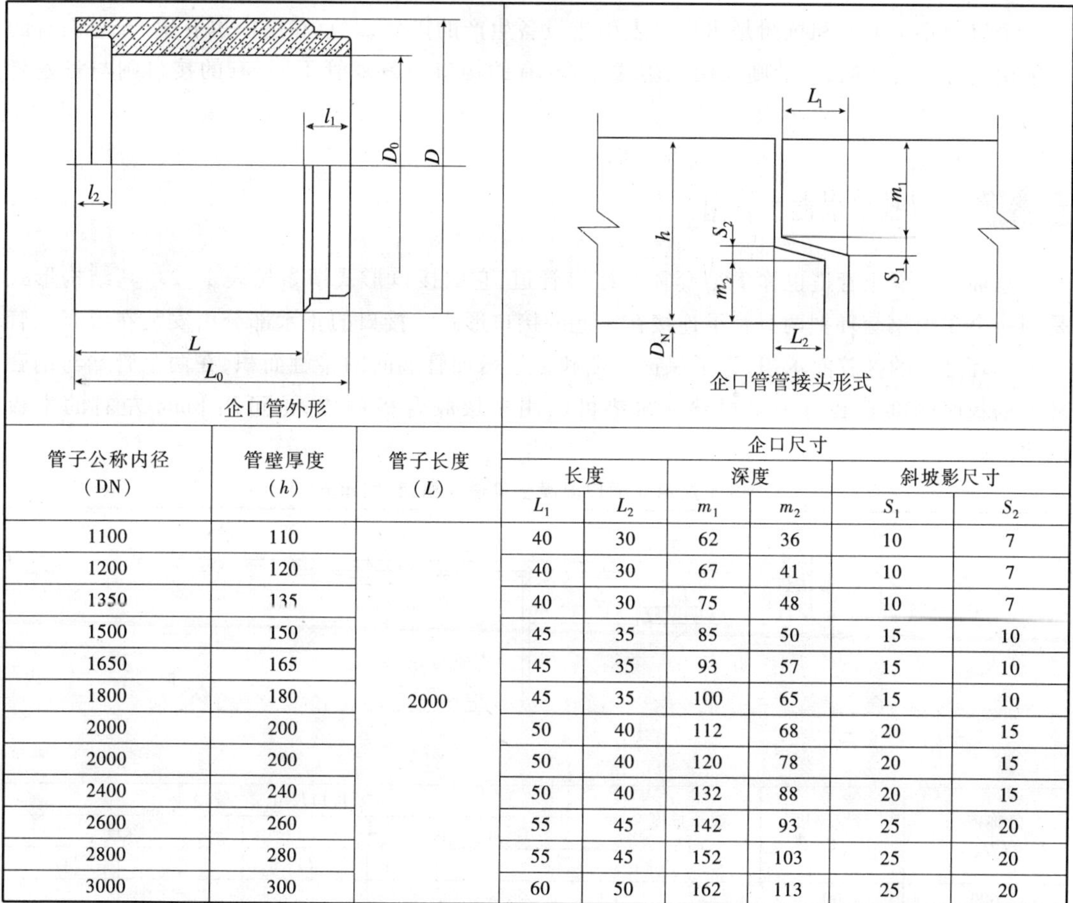

管子公称内径(DN)	管壁厚度(h)	管子长度(L)	企口尺寸					
			长度		深度		斜坡影尺寸	
			L_1	L_2	m_1	m_2	S_1	S_2
1100	110	2000	40	30	62	36	10	7
1200	120		40	30	67	41	10	7
1350	135		40	30	75	48	10	7
1500	150		45	35	85	50	15	10
1650	165		45	35	93	57	15	10
1800	180		45	35	100	65	15	10
2000	200		50	40	112	68	20	15
2000	200		50	40	120	78	20	15
2400	240		50	40	132	88	20	15
2600	260		55	45	142	93	25	20
2800	280		55	45	152	103	25	20
3000	300		60	50	162	113	25	20

企口管具有以下优点：

(1)该管接口构造简单,安装止水圈比较容易,止水性能也较好。

(2)由于接口没有钢套环等,所以不产生因为钢套环锈蚀而导致接口的止水性变差,更不会因此而使接口失效。特别适用于偏酸或偏碱性的土壤中。

(3)该管的生产效率高,从而可降低生产成本。

但是,作为非开挖工程用管材,也有它的缺点：

(1)由于管道端面的接触面积较小,还不及有效环断面的一半,虽然抗压强度高,但作用在管道端面的许用推力要比同口径的其他接口形式小许多。

(2)由于采用半干性混凝土,管道的外表比较粗糙,与其他类型的管子比较,顶进阻力较大。

(3)由于它的最大允许偏角仅为 0.75°,而且偏角每增加 0.5°,许用推力就会下降 50%,所以不适用于曲线施工。而且,即使在直线施工中,也不允许存在较大幅度的纠偏,否则管口即有损坏的危险。

根据“给水排水管道工程施工及验收规范 GB 50286—97”的要求,采用橡胶圈密封的企口防水接口时,应符合下列规定：

(1)粘结木衬垫时凹凸口应对中,环向间隙应均匀；

(2)插入前,滑动面可涂润滑剂;插入时,外力应均匀；

(3)安装后,发现橡胶圈出现位移、扭转或露出管外,应拔出重插。

企口管除了上海和杭州是采用丹麦引进设备生产的以外,北京和昆山也有生产,它们有的是采用离心法生产的,有的则采用悬辊法生产,有的接口与丹麦管不同,有的接口则与丹麦管相同。

17.2.2 双插口混凝土管道

双插口混凝土管道也称T型套环管接口管道,它的接口形式请参见表17-2。其结构形式是用一个T形钢套环把两只管子连接在一起的接口形式。接口的止水部分由安装在混凝土管与钢套环之间的橡胶圈承担,为了保护管端和尽量增加管端间的接触面积,在两个管端与钢套环的筋板两侧都安装有一个衬垫。衬垫可以用多层胶合板制成,也可用8mm左右的木板制成。

顶进工法用双插口混凝土管道规格尺寸(mm)　　表17-2

公称内径(D_N)	管壁厚度(h)	管子长度(L)	接口尺寸				
			长度			深度	
			L_1	L_2	L_3	t_1	t_2
600	60	2000	155	87	26	9	15
700	70						
800	80						
900	90						
1000	100						
1100	110						
1200	120		160		40	12	18
1350	135						
1500	150						
1650	165						
1800	180						
2000	200						
2000	200						
2400	240						
2600	260					16	24
2800	280						
3000	300						

注:经供需双方协议,也可生产其他规格尺寸的钢筋混凝土管道。

T形钢套环在套入之前,必须先把橡胶止水圈用粘结剂胶粘在混凝土管的槽口内,要注意的是齿形橡胶圈的方向不能安放错了,T形钢套环是顺着齿形橡胶圈的斜面滑进去的,为了使安装顺利,应在齿形橡胶圈外涂抹一层润滑剂。最普通的润滑剂就是用肥皂削成碎片所泡成的肥皂水。安装时,还应注意不能让橡胶圈被挤出,否则,接口就会漏水。

常用的密封橡胶圈有齿形橡胶圈和鹰嘴形橡胶圈,齿形橡胶圈的断面请参见图17-3a),其展开长度应为槽口实际展开长度的85%左右,这样就使它有一定的抱箍力。由于齿形橡胶圈的弹性还有不足之处,又开发成一种鹰嘴形橡胶止水圈。这种橡胶止水圈的最大特点是弹性足,即使在T型套环管接口用于半径比较小的曲线顶进中,也不会出现接口的渗漏。鹰嘴形橡胶圈的断面形状如图17-3b)所示。

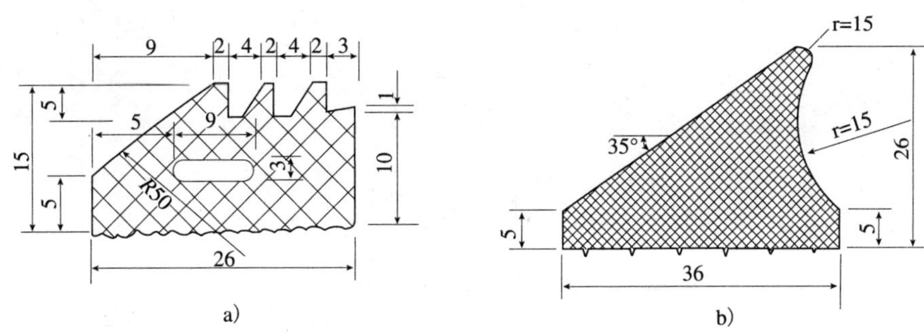

图17-3　双插口混凝土管道橡胶圈的形式

T型套环管接口的形式适用范围比较广,直径为200~3500mm之内的各种口径的混凝土管都可以用。但是,在砂性土中,这种接口就不太适用,这一点必须引起足够的认识。假设T型套环管接口在砂土中推进时由于方向校正的缘故而使前面的某部分缝口张开了,这时,随着管子的推进,大量的砂就会从这个张开的缝口中进来,挤满钢套环与混凝土管之间的空隙。如果恰恰这以后必须往相反的方向进行纠偏时,上述缝口内的砂被挤实,而且不容易被挤出。这时,如果这种纠偏仍在进行,则钢套环的边缘就有可能被撕裂,也有可能使前面某部分钢套环产生卷边,从而使管接口的密封失效。长此下去,砂土就会沿接口渗到管内来,在管内可看到这时的接口不仅仅是漏水,而且会流进土砂来。出现这种情况是十分危险的。如果继续推进,管子与管子之间就会出现错口,更严重的是使管接口被压碎而不可收拾。

然而在黏土中,当张开的接口部分闭合时,缝口内的黏土比较容易被挤出,因而不大会产生接口被撕破的现象。

根据《给水排水管道工程施工及验收规范》(GB-50286—97)的要求,采用T形钢套环橡胶圈防水接口时,应符合下列规定:

(1)混凝土管节表面应光洁、平整,无砂眼、气泡,接口尺寸符合规定;

(2)橡胶圈的外观和断面组织应致密、均匀,无裂缝、孔隙或凹痕等缺陷;

(3)橡胶圈在安装前应保持清洁,无油污,且不得在阳光下直晒;

(4)钢套环接口无疵点,焊接接缝平整,肋部与钢板平面垂直,且应按设计规定进行防腐处理;

(5)木衬垫的厚度应与设计顶力相适应。

17.2.3 钢承口管接口形式

为了克服上述T型管接口的缺点,把T形钢套环的前面一半埋入到混凝土管中就变成了钢承口管接口,又称为F型管接口(表17-3)。该管接口是把钢套环的前面一半埋入到混凝土管中去，为了防止钢套环与混凝土管结合面产生渗漏，在该处设了一个橡胶止水圈。该橡胶止水圈不是用普通橡胶，而是采用了遇水膨胀橡胶，该橡胶在吸收了水分以后体积会膨胀 1 ~ 3 倍。

钢承口管规格尺寸　　表 17-3

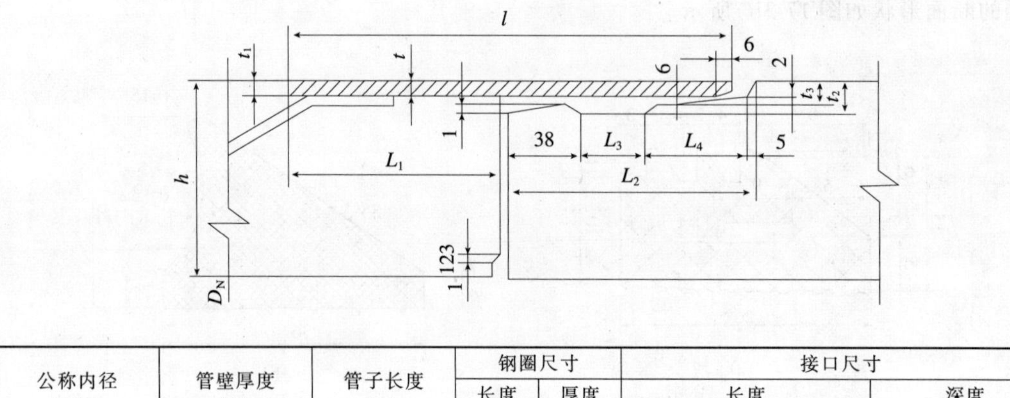

公称内径 (DN)	管壁厚度 (h)	管子长度 (L)	钢圈尺寸		接口尺寸						
			长度	厚度	长度				深度		
			l	t	L_1	L_2	L_3	L_4	t_1	t_2	t_3
2000	200	2000	260	10	127	137	42	52	11	24	17
2000	200										
2400	240										
2600	260										
2800	280										
3000	300										

注：1. 经供需双方协议，也可生产其他规格尺寸的钢筋混凝土管；

2. 钢圈需采取防腐措施，在有腐蚀性介质的条件下，应适当加大钢圈的厚度。

采用 F 型管接口以后，其他的如衬垫和齿形橡胶圈及鹰嘴橡胶圈都可以用，也可以作一些改进设计。

F 型管接口有以下一些优点：

(1)与 T 型套环管接口比较，不仅省去了一环筋板和一环衬垫等材料，更主要的是增加了可靠性；同时也扩大了它的适用范围，即使在砂砾土中，它也可使用。

(2)由于钢套环是埋在混凝土管中的，这就增加了它的刚度，在运输中也不易变形。

(3)F 型接口适用于曲线施工，其最大张角可达 3°左右，也不易产生接口渗漏，可靠性相当好。

(4)与企口管接口比较，接口间的接触面积差不多增加了一倍多，所以也适用于长距离施工。

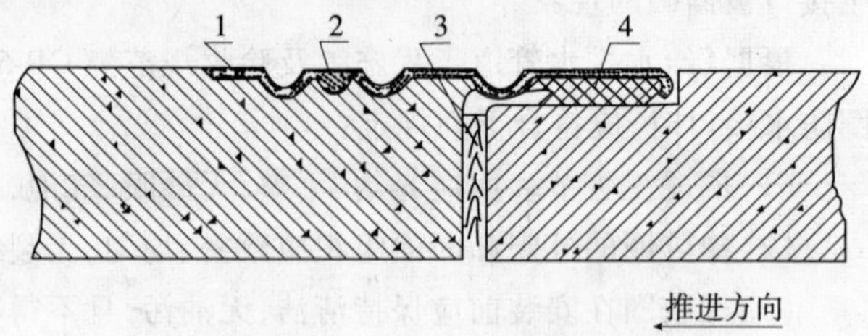

图 17-4　另一种 F 形接口形式

1-钢套环；2-遇水膨胀橡胶圈；3-垫板；4-齿形橡胶圈

图 17-4 为另一种 F 型接口形式，与前面介绍的 F 型接口相比，它有以下几个特点：

(1)埋在混凝土管内的钢套环的一端有两道圆弧形沟槽，它不仅增加了刚度，而且能使钢套环不容易从混凝土管中被拉出，增加了钢套环与混凝土管的结合强度。

(2)未埋入混凝土管的另一端也有一个比前两者略大一些的圆弧形沟槽，端面有一个卷边,这也增加了该端面的刚度,同时也可以限制橡胶密封圈的移动。

(3)它的止水圈是粘贴在外露一端钢套环内的,而且这一粘贴过程是在工厂内就已完成了的,使施工更加方便。

(4)由于有了圆弧沟槽,因此,这种钢套环的壁厚可比普通钢套环薄30%左右。

(5)这种钢套环的缺点是加工比较复杂些,特别是接压三个圆弧槽和卷边,必须要有专用的加工设备才行。

17.2.4 对混凝土管道的相关要求

根据中华人民共和国建材行业标准JC/T 640—1996中的规定,对混凝土管道有如下要求:

(1)原材料

水泥应采用标号不低于425的硅酸盐水泥、普通硅酸盐水泥或矿渣硅酸盐水泥。亦可采用标号不低于425的快硬硅酸盐水泥、抗硫酸盐硅酸盐水泥。水泥性能应符合GB 175、GB 199、GB 748、GB 1344的规定。

集料应符合GB/T 14684、GB/T 14685和GB 50204的规定。石子最大粒径不得大于管壁厚度的1/3,并且不得大于环向钢筋净距的3/4。细集料宜采用硬质中砂,细度模数MK为2.3~3.0。

混凝土允许掺加掺合料及外加剂。当掺用粉煤灰掺合料时,应符合GB 1596、JGJ 28的规定;当掺用外加剂时,应符合GB 8076、GB J119的规定;当掺用其他掺合料时,应符合其他相应标准的规定。混凝土拌和用水应符合JGJ 63的规定。

钢材应采用一般用途低碳钢丝、普通低碳热轧圆盘条、冷拔冷轧低碳螺纹钢丝,其性能应符合GB 343、GB 701或JC/T 540的规定。

(2)混凝土强度

制管用混凝土的设计强度不宜低于40MPa,产品出厂时的混凝土强度不应低于设计强度的90%。

(3)钢筋骨架

环向钢筋的混凝土净保护层最小厚度:当管壁厚小于100mm时,应不小于15mm;当管壁厚度等于或大于100mm时,应不小于20mm。

钢筋骨架直径,在满足保护层要求的前提下,其尺寸误差为±5mm。

环向钢筋的接头处理,必须符合GB 50204的规定。

钢筋骨架的环向钢筋间距不得大于150mm,并不得大于管壁厚的3倍。钢筋直径不得小于4mm,管子两端的环向钢筋应密缠1~2圈。

钢筋骨架的纵向钢筋直径不得小于4mm,根数不得少于6根,手绑骨架的纵向钢筋间距不得大于300mm,焊接骨架的纵向钢筋间距不得大于400mm。环向钢筋端面保护层应为20mm±5mm。

(4)外观质量

管子内、外表面应无裂纹、蜂窝、塌落、露筋、空鼓(表面龟裂和砂浆层的干缩裂缝不在此限)。

管子不得有有害伤痕,其端面、表面、双插口及钢承口管口外表面必须平整。

顶进施工法用钢筋混凝土管按其外压荷载分为Ⅰ级、Ⅱ级和Ⅲ级,各级外压荷载见表17-4。

顶进施工法用钢筋混凝土管按尺寸偏差和内水压分为优等品(A)、一等品(B)和合格品(C)。产品按名称(DRC)、尺寸(内径×长度)、接口形式、外压荷载级别、产品等级和标准编号顺序进行标记。例如:公称内径为1 200mm、长度为2 000mm的顶进施工法用Ⅰ级优等品钢筋混凝土双插口管的标记为:

DRC 1200 X 2000 S I A JC/T 640

顶进施工法用钢筋混凝土管外压荷载 表17-4

公称直径 DN (mm)	管壁厚度 h (mm)	外压荷载(kN·m⁻¹)					
		裂缝荷载			破坏荷载		
		Ⅰ级	Ⅱ级	Ⅲ级	Ⅰ级	Ⅱ级	Ⅲ级
600	60	29.5	43.5	59.6	36.9	54.4	74.5
700	70	34.7	50.4	67.3	43.4	63.0	84.1
800	80	39.4	57.9	77.4	49.3	72.4	96.8
900	90	44.3	65.5	87.2	55.4	81.9	109.0
1000	100	49.3	70.3	94.3	61.6	87.9	117.9
1100	110	49.6	72.7	108.3	74.4	109.1	162.5
1200	120	53.9	78.2	119.2	80.9	117.3	178.8
1350	135	60.0	90.8	134.3	90.0	136.2	201.5
1500	150	66.1	101.7	150.8	99.2	152.6	206.5
1650	165	72.0	112.8	165.8	108.0	169.2	250.1
1800	180	78.0	124.3	182.9	117.0	186.5	279.3
2000	200	85.4	139.5	203.5	128.1	218.1	327.3
2000	200	92.8	154.9	206.6	139.2	249.5	368.5
2400	240	99.9	170.8	——	149.9	279.3	——
2600	260	106.9	187.0	——	160.4	324.4	——
2800	280	113.6	203.7	——	171.2	357.4	——
3000	300	124.1	——	——	205.1	——	——

17.2.5 钢筋混凝土管道的许用顶力

管道断面的许用顶力是决定顶进长度的一个重要因素,管道的许用顶力取决于管材强度、顶进时的加压方式和受力面积以及顶铁与管道端面的接触状态等。

钢筋混凝土管道的强度决定于离心混凝土的强度,从理论上讲,离心混凝土强度应高于普通混凝土强度的1.25倍,但实际上我国混凝土管道的抗压强度应大于30MPa。

在顶管施工中,加压面的中心即顶力作用中心应与管壁中心重合,否则在管壁上除产生压应力外,还会引起其他应力的产生,如拉应力、弯曲应力和剪应力等,容易造成管壁的破坏。

从理论上讲,管道端面和顶铁应平整接触,无间隙,而实际上由于管道制造和顶铁加工中都存在误差,不可能实现密切接触,为了补救这一不足,在施工中需在两者之间加垫层,常采用的铺垫材料有油毡、橡胶、塑料和软木板等。

混凝土管道的许用顶力通常可用下面公式进行计算:

$$[F_r] = \frac{\sigma_c \cdot A}{S} \tag{17-1}$$

式中:$[F_r]$——许用顶力,kN;

σ_c——管体抗压强度,kN/m^2;

A——加压面积，m^2；

S——安全系数，取 $S=2.5\sim3.0$。

表 17-5 中给出了日本的微型隧道和顶管施工采用混凝土管道的许用顶进力，因为日本采用的混凝土许用应力 $13N/mm^2$ 略高于德国相关指南中的 $12N/mm^2$，故表中的许用顶力也比德国的相应值稍大。

日本混凝土管道的许用顶进力　　表 17-5

管道公称内径(mm)		管道外径 OD(mm)	有效作用面积(m^2)	许用顶力(ton)
微型隧道	250	360	0.0364	47.30
	300	414	0.0451	58.60
	400	526	0.0675	87.80
	500	640	0.0958	124.60
	600	712	0.1021	132.70
	700	832	0.1433	186.81
	800	942	0.1766	209.60
顶管	900	1062	0.2097	298.60
	1000	1182	0.2897	376.60
	1100	1292	0.3365	437.50
	1200	1412	0.4084	530.90
	1350	1576	0.4800	624.00
	1500	1756	0.6107	723.90

17.2.6 钢筋混凝土管道钢筋腐蚀后承载力的变化

钢筋锈蚀是混凝土结构破坏的主要原因之一。它不仅使钢筋的体积膨胀，有效截面积减小，进而产生顺筋裂缝，而且还会使钢筋的力学性能发生改变，混凝土结构脆性增大，因而具有很大的危险性。混凝土管道由于受埋置后外界条件的影响，由钢筋锈蚀引起的结构破坏所占的比重最大。冷海强等人(2003)根据钢筋锈蚀后力学性能的变化及受弯构件锈蚀后承载力的变化规律，推导出混凝土管道钢筋受腐蚀后的强度计算公式如下：

$$\sigma_\theta=-\frac{2}{\left(\frac{S}{D}\right)^2-1}\cdot q_a-\frac{1+\left(\frac{D}{S}\right)^2}{1-\left(\frac{D}{S}\right)^2}\cdot q_b\leqslant f_{y\cdot cor} \tag{17-2}$$

式中：D——管道内径，m；

S——钢筋到管道中心的距离，m；

q_a——管道所受内压力，kN/m^2；

q_b——管道所受外压力，kN/m^2；

$f_{y\cdot cor}$——钢筋腐蚀后的屈服强度。

由于钢筋锈蚀以后有效截面积降低，再加上锈坑周围容易产生应力集中，因而钢筋锈蚀后的屈服强度总小于钢筋未锈时的屈服强度，西安建筑科技大学根据 242 根锈蚀钢筋的试验结果得出两者有如下关系：

$$f_{y\cdot cor}=(0.986-1.038\eta)\cdot f_y \tag{17-3}$$

式中：f_y——钢筋的屈服强度；

η——钢筋锈蚀后的截面锈损率。

这里需要指出的是，上述计算公式是在假定钢筋均匀锈蚀的前提条件下进行讨论的，采用的是钢筋的平均锈蚀率，没有考虑由于大的锈坑存在所导致的应力集中。而钢筋的实际锈蚀情况都是非均匀性的，其计算方法也是相当复杂的。

17.2.7 聚合物混凝土管道

聚合物混凝土是一种抗腐蚀性能很好的混凝土，聚合物混凝土管道继承了普通混凝土管道的特点，抗压强度高，抗化学腐蚀性能好。聚合物混凝土是在沙子等集料中掺合高强度热固性树脂、经烘干固化而形成的一种聚合体，混合物中的树脂用来粘结集料，与常规混凝土中普通水泥的作用类似。

聚合物混凝土管节是在内外模板间竖向浇筑聚合物混凝土，再经震动使聚合物混凝土密实而制成。当模板拆除后，将管节放入烘干炉内加热，完成树脂热固。聚合物混凝土管道适于高腐蚀性污水流，又因其抗压强度高(高达 117MPa)，非常适于顶管和微型隧道工法。

聚合物混凝土管道可用于重力管道系统和压力管道系统，一些厂家制作的聚合物管道还有椭圆管道、蛋形管道和圆形衬管等，甚至制成聚合物混凝土检查井(图 17-5)。

图 17-5　聚合物混凝土管道及检查井

聚合物混凝土管道有几个优点，如强度高、抗腐蚀性能好(能用于 pH = 1 ~ 13 的环境)、管壁粗糙度低(manning 公式中 $n = 0.009$)、抗磨损性高等。聚合物混凝土管道使用领域越来越广泛，其铺设方法包括直埋管道、内插衬管、顶管法、微型隧道法以及在地上应用等。

17.3 聚乙烯管道

17.3.1 概述

聚乙烯,英文名称为 Polyethylene,缩写为 PE。聚乙烯是一种通过多种工艺方法生产、具有多种分子结构和特性的树脂,已占世界合成树脂产量的三分之一,居第一位。聚乙烯管的应用始于 20 世纪 40 年代,最初用做电话线导管和矿井无压排水管道(采用低密度聚乙烯管)。20 世纪 50 年代中期,聚乙烯管用于给水(开始采用高度聚乙烯管)领域。20 世纪 60 年代中期开始采用聚乙烯管输配天然气(采用中高密度聚乙烯管)。目前聚乙烯管材已成为 PVC - U 管之后,世界上消费量第二大的塑料管道品种,广泛用于燃气输送、给水、排污、农业灌溉、油田、矿山、化工及邮电通讯等领域。目前,世界上聚乙烯管材年消费量在 150 万吨以上,而且增长速度很快。

聚乙烯是由单体聚乙烯聚合而成的,从它的分子式及分子的结构可以看出它是饱扣碳链聚合物,根据不同的聚合条件,共分子结构也不完全相同,其分子量可从数千至数百万不等,甚至更高。当不涉及 PE 分子中的支链及侧基端梢上的其他不饱和基团时,它就被看成是所有的分子都是由 n 个—CH_2—CH_2 一这种链节所组成,其中 n 为每个分子链节数的平均值。

PE 树脂的分子式可写成:$[CH_2—CH_2\cdots]n$

单体乙烯在聚合时因压力、温度等聚合反应条件不同可分为高压法、中压法和低压法三种,所以又有高压聚乙烯和低压聚乙烯之称。

高压聚乙烯是将纯度在 99% 以上的高纯度单体乙烯在氧气或过氧化物催化作用下,通过高压(100 ~ 300MPa)和高温(180 ~ 300℃)聚合而成。低压聚乙烯是在有机络古物如$TiCl_4$ + $Al(C_2H_5)_3$ 催化作用下通过常压或低压在 100℃左右的低温下聚合而成。中压聚乙烯是将乙烯溶于烷烃溶剂中经催化剂在几个兆帕压力和 200 ~ 250℃温度下聚合而成。

由于不同的聚合方法所得到的树脂的密度不同,低压聚乙烯又可称为高密度聚乙烯(HDPE.密度为 0.941 ~ 0.965g/cm^3),中密度聚乙烯(MDPE,密度为 0.926 ~ 0.940 g/cm^3),低密度聚乙烯(密度为 0.910 ~ 0.925 g/cm^3)。还有一种称为线型低密度聚乙烯(LLDPE),是微细的珠片状结构,线型低密度聚乙烯的线型分子链构型与高密度相似,所以它具有比低密度聚乙烯更好的化学稳定性、耐热性和力学机械性能,由于它的结晶度较低,所以其密度与低密度聚乙烯相同,这就是为什么只有线型低密度聚乙烯,而没有线型高密度聚乙烯的原因。

目前 ISO 标准组织,根据聚乙烯管道所用材料预测的长期静液压强度置信下限 σ_{LPL}(20℃,50 年,97.5%),对管材及其原料进行了分类和命名,有 PE32、PE40、PE63、PE80 和 PE100 五个等级。目前,输送燃气应采用 PE80 和 PE100 等级的中或高密度聚乙烯管;给水通常采用 PE63、PE80 和 PE100 的中或高密度聚乙烯管,但 PE63 已逐渐趋于淘汰;PE32 和 PE40 等级的低密度聚乙烯管或线型低密度聚乙烯管通常用于灌溉。根据用途不同,聚乙烯管应有不同的颜色。典型的为水管蓝色,燃气管黄色或黑管上加有相应颜色的条带。一般根据标准,对于使用寿命长,性能要求高的压力管应用领域,如燃气管、市政给水管等,要求采用具有明确等级证明的混配料(已含有必要助剂和颜料的聚乙烯粒料。)

目前还有一种分子链特别长的高性能聚乙烯工程塑料,即超高分子量聚乙烯(UHMWPE),其分子量达到数百万或更高。虽然这类聚乙烯黏度高,流动性极差,融体指数几乎为零,加工难度大,但它的性能特别优良,尤其是能耐放射性元素的辐射。所以,它将成为发展前景很好的高科技型的新材料。

17.3.2 聚乙烯特性指标

熔体指数(*MI*)是表示聚乙烯树脂流动特性的一种指标,它指在一定的温度(190℃)和负荷(2.16kg)下,树脂熔体通过标准毛细管10min的质量,其单位为g/10min(见标准ISO1133)。熔体指数高,树脂的平均分子量小,黏度也低,其流动性就好,易于成型加工,但机械性能较差。熔体指数低.树脂平均分子量大,黏度也大,流动性就较差,成型加工难度增加,但它的机械力学性能就较好。挤出法生产聚乙烯塑料管材的树脂熔体指数一般不宜超过0.5g/10min。

屈服拉伸强度(应力)是PE塑料管重要的力学性能之一,它表示了PE管的刚性和强度,其测试方法是:将试样制成标准哑铃状(图17-6),通过拉力仪在试验环境温度为(23±2)℃的条件下进行拉伸试验;当壁厚小于6mm时,拉伸速度为(100±10)mm/min。当壁厚大于或等于6mm时,拉伸速度为(25±2.5)mm/min。试样拉断后读取屈服点负荷或最大拉伸负荷和试样断裂时标线间距离。若试样断裂在标距之外,另取同样数量的试样补做试验。然后按下式计算最大拉伸强度(MPa):

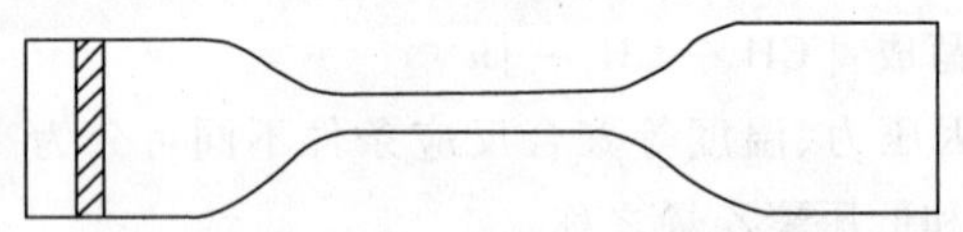

图17-6 拉伸屈服强度试验测试试样

$$S = F/A \tag{17-4}$$

式中:F——屈服点最大拉伸负荷,N;

A——试样原始有效部分的最小截面积,mm^2。

按下式计算断裂伸长率;

$$\varepsilon = (L - L_0)/L_0 \times 100\% \tag{17-5}$$

式中:ε——断裂伸长率,%;

L——试样断裂时标线间距离,mm;

L_0——试样原始标线间距离,mm。

断裂伸长率也是材料的重要力学性能之一,它表示了材料的韧性程度。

以上试验方法符合GB8804.2—88或ASTMD638 M3012标准。

耐环境应力开裂时间是PE材料在化学介质的环境中由于受到成型加工后制品的内外应力的作用,而产生的应力开裂时间,这一指标对PE燃气管、排污管、海水(卤水)输送管、化工用管道及承受压力的管道等十分重要。它的测试方法可按ASTMD1693-A标准进行。

17.3.3 聚乙烯管道的特性

聚乙烯管比较圆满地解决了传统管道的两大难题：腐蚀和接头泄漏。聚乙烯管的主要优点表现在如下几个方面。

（1）耐腐性。

（2）熔接接头与管体同强度，不易泄漏。聚乙烯管道主要采用熔接连接（热熔连接或电熔连接），本质上保证接口材质、结构与管体本身的同一性，实现了接头与管材的一体化。

（3）高断裂延伸率。聚乙烯的应用松弛特性可有效地通过形变而消耗应力，因而，其实际承受的轴向压力水平远比理论计算值为低。聚乙烯管道系统具有足够的端荷载抵抗能力，因此在接合处，多数情况下不需要进行费用昂贵的锚定。聚乙烯管是一种高韧性的管材，其断裂伸长率一般超过500%，对管基不均匀沉降的适应能力非常强。

（4）聚乙烯管道的柔性具有巨大技术经济价值，它使聚乙烯管可以进行盘卷，以较长的长度进行供应，避免了大量的接头和管件。同时，它还具有质量轻和优良的耐刮磨性能等，使之能减轻对环境和社会生活的影响，且适用多种费用经济的安装方法，如非开挖施工技术等。

（5）使用寿命长。聚乙烯管道系统的安全使用寿命为50年以上。这已为国际标准和国外的一些先进标准所确认。

（6）易回收利用。聚乙烯材料可以回收再利用，即使焚烧处理，也不会产生对环境有影响的物质。

（7）良好的快速裂纹传递抵抗能力。

（8）技术成熟且不断发展。经过近半个世纪的不断发展，时至今日，聚乙烯管道已成为最成熟的塑料管道品种。

17.3.4 聚乙烯的应用领域

聚乙烯管用做压力管优势明显。聚乙烯给水管公称压力在1.6MPa下，聚乙烯燃气管公称压力在1.0MPa以下。

聚乙烯管道在世界各国燃气管道上的广泛应用，已成为管道领域“以塑代钢”最引人注目的成就。如英国煤气公司每年新铺设的干管中，聚乙烯管占95%，支管中聚乙烯管占90%。1988年，在慕尼黑召开的国际煤联（IGU）配气委员会会议，一致认为，采用聚乙烯（PE）为原料的埋地燃气管道，质量可靠，运行安全，维护简便，费用经济。

聚乙烯燃气管的标准（包括公称压力、口径等）见表17-6。

聚乙烯燃气管的标准规定 表17-6

主要标准	GB15558.1—1995 燃气用埋地聚乙烯管材 GB15558.2—1995 燃气用埋地聚乙烯管材	ISO 4437—1997 燃气用埋地聚乙烯（PE）管材 - 公制系列 - 规范
适用范围	适用工作温度在 -20 ~ 40℃；最大工作压力不大于0.4MPa的燃气用埋地聚乙烯管材	燃气用埋地聚乙烯管材
颜色	黄色或黑色，黑色管上应有黄色色条	未规定
材料	PE80（混配料）	PE80、PE100（混配料）

续上表

管 SDR 系列与公称压力(或最大工作压力)	SDR17.6～0.2MPa SDR11～0.4MPa		PE80 SDR17.6～0.4MPa SDR11～0.8MPa PE100 SDR17.6～0.6MPa SDR11～1MPa	
公称外径	20～250mm		16～630mm	
物理机械性能要求	项目	要求	项目	要求
	20℃静液压强度(100h) 环向压力:9.0 MPa	不破裂； 不渗漏	静液压强度 20℃静液压强度(100h) 环向压力:PE80 (9.0 MPa)， PE100(12.4 MPa)	不破裂； 不渗漏
			静液压强度 80℃静液压强度(165h) 环向压力:PE80 (4.6 MPa)， PE100(5.5MPa)	
			静液压强度 80℃静液压强度(1000h) 环向压力:PE80 (4.0 MPa)， PE100(5.0MPa)	
	80℃静液压强度(100h) 环向压力:4.6 MPa		耐快速裂纹扩展(RCP)(0℃)全尺寸试验(FST)(d_n ≥ 250mm)或 X 小尺寸试验(S4)	全尺寸试验的临界压力应大于或等于系统最大工作压力的1.5倍;S4 试验的临界压力应大于或等于系统最大工作压力除以2.4
	80℃静液压强度(1000h) 环向压力:4.0 MPa			
	热稳定性, min(200℃)	>20	热稳定性,min (200℃)	>20
	耐应力开裂(e_n >5mm), h(80℃,4.0MPa)	≥170	耐慢速裂纹增长 (80℃)(e_n >5mm): SDR11 的试验压力为: PE80(0.8 MPa), PE100(0.92 MPa)	>165h
	压缩复原, h(80℃,4.0MPa)	>170	熔体流动速率(MFR)	1)加工引起的 MFR 的改变<20%； 2)混配料的 MFR 不超过标称值的±30%
	纵向回缩率(%)(110℃)	≤3	热回复(%)(110℃)	≤3
	断裂伸长率(%)	>350	断裂伸长率(%)	≥350
	耐候性(管材累计接受≥ 3.5kmJ/m^2 老化能量后)	能满足本表静液压强度、热稳定性、断裂伸长率性能要求,并保持良好的焊接性能	耐候性(管材累计接受≥3.5GJ/m^2 老化能量后)(仅用于非黑色管材)	仍能满足本表热稳定性、80℃静液压强度(165h)、断裂伸长率性能要求

聚乙烯燃气管的公称压力(或20℃时的最大允许压力),GB 15558.1—1995是采用使用(设计)系数C=4,得到的结果;ISO4437:1997只规定了可采用的最小使用(设计)系数 C_{min} = 2,由此可推断出表17-6的公称压力结果。然而,具体工程工作压力的确定还要考虑其他一些影响因素,特别是有关规范的要求,以及管道设计工程师的个人判断。

本节介绍的聚乙烯(PE)给水管,依据的是GB/T 13663—2000《给水用聚乙烯(PE)管材》。管材是按照50年的安全使用寿命设计的(总使用(设计)系数(C)取为1.25)。临时性的给水管线、农村给水用管等不需要50年寿命的管材,可依据其他有关标准。

暴露在阳光下的敷设管道(如地上管道),必须是黑色:而且碳黑含量(质量含量)为(2.5±0.5)%,碳黑分散均匀。

17.3.5 塑料管道连接方法

1)连接方法概述

塑料管道的连接方法有多种多样,如按相互连接的材质来划分:有塑料管接头(同种塑料管之间的连接)与过渡接头(塑料管与其他材质,主要是与金属管材和管路附件的连接);按可否拆卸来分有:可拆卸接头(如法兰接头、弹性密封接头、压缩接头、螺纹接头等)与不可拆卸接头(如焊接接头、粘接接头等)。塑料管连接方法的选择主要是依据塑料管的材质和结构特点,结合使用要求,在接头质量与经济性比较分析的基础上作出的。如PVC-U供水管主要采用弹性密封接头与粘接接头;PVC-U建筑那下水管材主要采用粘接接头。聚烯烃类管材由于材质的非极性特点,不采用粘接接头。聚烯烃结构壁管的连接方法取决于具体的结构特点。

快插连接采用快插连接管件,是将止退卡环、垫圈、密封圈等零件预先装配在管件内部的一种管件。安装时,只需将管材直接插入管件即可完成安装,施工方便,可用于小口径管的连接。

熔接连接是聚烯烃管道的最主要的连接方法,也是聚烯烃管道的重要优势。熔接是一种接头与管材一体化的连接方式,具有优异的永久密封性。

聚烯烃管道熔接连接属于塑料焊接。

聚烯烃属于部分结晶型的热塑性塑料。焊接主要是利用热塑性塑料随温度的变化而呈现出不同的物态变化。热塑性塑料重要的温度参数有玻璃化温度 T_g、黏流温度 T_f、晶体熔融温度 T_m、和热分解温度 T_d。结晶性塑料在晶体熔融温度 T_m 以上或非结晶性塑料在黏流温度 T_f 以上的温度条件下,固体熔融变为黏稠的流体。因此 T_m 或 T_f 与 T_d 之间的温度区域,定义了热塑性塑料加工的温度窗口。塑料的焊接在这个温度窗口内进行的。显然温度的高低及窗口的宽窄直接影响塑料的焊接。塑料焊接的基本过程是对塑料连接的界面加热至熔化状态,然后在压力的作用下连接在一起。因此塑料焊接的必要条件为:

(1)导致塑料熔融流动的焊接温度;

(2)焊接压力;

(3)压力及温度的作用时间。

所有的焊接过程均具有如下步骤。

(1)连接表面的准备:连接表面必须是干燥、无尘、无油,且应除掉表面氧化层。

(2)加热连接表面:保证有充足的熔体。

(3)连接施压:压力不能过大或过小。

(4)保压冷却:为了避免翘曲或孔洞,压力应保持到接头固化到一定程度。

(5)清理焊缝(仅在有必要时)。

塑料的焊接可以用几种不同的理论模型来解释,如粘弹接触理论,表面能系数判据理论,扩散理论和最小流动速率理论。

粘弹接触理论认为,焊接接头力的传递是由于元件的两个表面在焊接压力作用下非常接近,以至于次价力发生作用。表面能系数判据理论,将材料的表面能作为接头界面次价力相互作用的量度;当连接的两个表面具有相等的表面能时,可望形成最佳连接。粘弹接触理论和表面能系数判据理论,比较好地阐释了焊接平面间力地传递机理,但对解释一些焊接接头的质量时有不足。扩散理论主要是假设聚合物大分子在连接过程中,由于分子地热运动而彼此扩散,同时接触界面因材料的高黏度而随时间地推移逐渐消失;因此两元件的大分子链段向界面扩散的越多,大分子间的缠绕越强,接头的质量越好。应用该理论有两个前提,一是聚合物必须是相容的,二是大分子必须有充足的流动能力;与接头的质量和温度及连接过程中外力的作用有关。最小流动速率理论是建立在扩散概念上的,考虑到了连接平面渗透过程中接头部位的流动运动;此时,热迁移运动叠加在机械迁移过程中,产生了比较强烈的混合作用,因而在比较短的时间内建立起较强的连接力。强制的迁移运动较自扩散发生速度快,数量大,所以对连接接头的质量有重大的影响。

2)热熔连接

聚烯烃管的热熔连接主要是指热熔对接,此外还包括鞍形热熔连接等。

(1)热熔对接原理与模型

热熔对接,是将热塑性管材的末端,利用加热板加热熔融后相互对接融和,经冷却固定而连接在一起的方法。热熔对接是聚乙烯管材和聚丙稀管材最主要和最传统的连接方法。一般认为热熔对接适用于 DN63mm 以上口径管材或壁厚 6mm 以上管材的连接。热熔对接自 20 世纪 60 年代早期就开始于塑料管材的连接,并大幅度地降低了施工费用。

热熔对接通常有三个阶段,即加热阶段、切换阶段和对接阶段(图 17-7)。

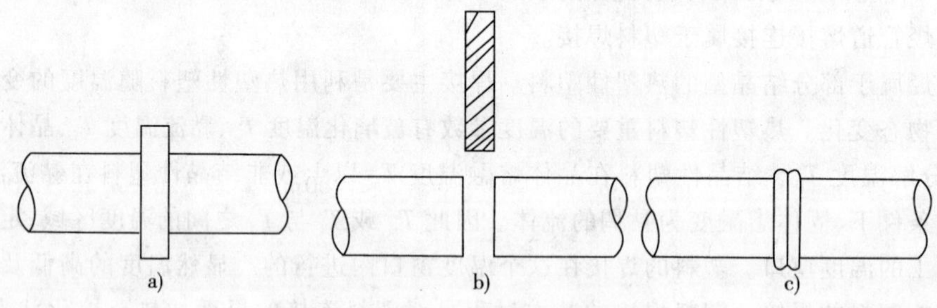

图 17-7 热熔法连接过程示意图

a)加热阶段;b)切换阶段;c)对接阶段

(2)焊接设备

热熔对接需要的设备主要是热熔对接焊机(图 17-8)。热熔对接焊机主要性能要求有:

①应能在环境温度:-10~40℃范围内正常工作。

②熔接机的设计应保证切换时间在($3+0.01d_e$)秒范围内(d_e 为管外径),对 d_e 不超过 250mm,最大 6s;d_e 在 250mm 以上,最大 12s。

③加热板盘面应均匀涂覆聚四氟乙烯(PTFE)等耐高温防粘层,最大粗糙度(R_a)为 2.5μm。

④管夹对中系统应保证管端头不圆度不超过壁厚的 5% 或管端错边不超过管壁厚的 10%。

⑤辅助设备及机具有供电设备与管道切割工具。

⑥供电设备可利用搭接市电。野外施工时，不具备搭接条件时，可利用发电机组，一般小型发电机即可。根据焊机，选择相应功率要求的发电机，一般情况下，发电机功率不超过10kW。发电机输出电压为110V或200V；适用于汽油、柴油或丙烷。

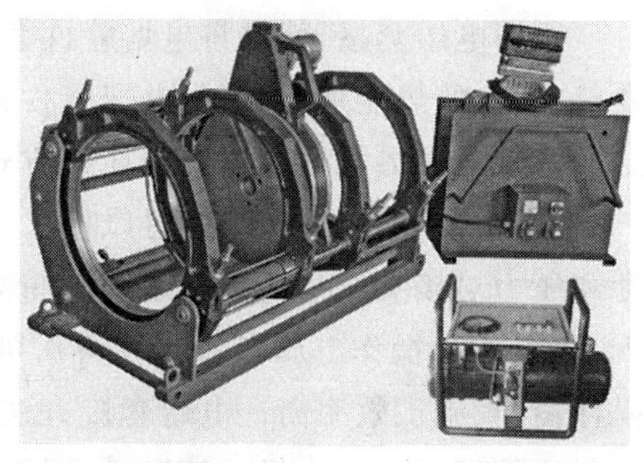

图17-8 热熔焊接设备

(3)焊接方法及步骤

热熔对接方法及主要步骤为：

①焊接准备

焊接准备主要是检查焊接机状况是否满足工作要求。如检查机具各个部位的紧固件有无脱落或松动，检查整机电器线路；检查液压箱内液压油是否充足；确认电源与机具输入要求相匹配；加热板是否符合要求（涂层是否损伤）；铣刀和油泵开关等的试运行等。

然后把管材规格一致的卡瓦装入机架；设定加热板温度至哈尼金额温度（聚乙烯管：200～230℃），加热前，应用软纸和布蘸酒精擦拭加热板表面，但应注意不要划伤PTFE防黏层。

②焊接

焊接应按照焊接工艺卡各项参数进行操作。必要时，应根据天气、环境温度等变化对其作适当调整。主要步骤有下列几项：

a. 用干净的布清除两管端的污物。

b. 将管材置于机架卡瓦内，使两端伸出的长度相当（在满足铣削和加热的要求情况下应尽可能短，通常为25～30mm）。若必要，管材机架以外的部分用支撑物托起，使管材轴线与机架中心线处于同一高度，然后用卡瓦固定好。

c. 置入铣刀，先打开铣刀电源开关，然后缓慢合拢两管材焊接端，并加以适当的压力，直到两端均有连续的切屑出现后，撤掉压力，略等片刻，再退开活动架，关掉铣刀电源。切屑厚度应为0.5～1.0mm，通过调节铣刀片的高度可调节切屑厚度。

d. 取出铣刀，合拢两管段，检查两端对齐情况。管材两端的错位量不应超过管壁厚的10%或1mm中的较大值，通过调整管材直线度和松紧卡瓦可在一定程度上进行矫正；合拢时管材两端面间0.3mm（$d_e < 205$mm）、0.5mm（205mm $< d_e \leqslant$ 400mm）、或1.0mm（$d_e >$ 400mm）。如不满足要求，应再次铣削，直到满足上述要求。

e. 测量拖拉力（移动夹具的摩擦阻力），这个压力应叠加到工艺参数压力上，得到实际使用压力。

f. 检查加热板温度是否达到设定值。

g. 加热板温度达到设定值后，放入机架，施加规定的压力，直到两边最小卷边达到规定宽度。

h. 将压力减小到规定值（使管端面与加热板之间刚好保持接触），继续加热至规定时间。

i. 时间达到后，退开活动架，迅速取出加热板，然后合拢两管端，其切换时间应尽可能短，不能超过规定值。

j. 将压力上升至规定值，保压冷却。冷却到规定时间后，卸压，松开卡瓦，取出连接完成的管材。

3)电熔连接

电熔连接主要包括电熔套接和电熔鞍形连接两种。

所谓电熔套接,就是将电熔管件套在管材、管件上,预埋在电熔管件内表面的电阻丝通电发热,产生的热能加热、熔化电熔管件的内表面和与之承插的管材外表面,使之融为一体。电熔套接是聚乙烯管道最主要的连接方式之一。

电熔套接的主要优点是可以极大地减少焊接过程中人为因素的影响。焊接工艺参数-温度和压力对接头质量的影响是至关重要的,而电熔套接通过管件的结构设计和精确地控制输入功率(优化操作电压和通电时间),可以获得高质量的接头-强度高、寿命长、气密性好;而且操作简便,施工效率高。电熔套接方法的主要缺点是由于电熔管件的引入,连接成本较高,以及对连接管材的加工尺寸精度要求较高。

电熔套接已广泛地应用于聚乙烯煤气管道系统中,目前电熔管件生产厂家提供的电熔管件大部分在 DN20 ~ DN250mm 范围。随着聚乙烯供水管道的迅速发展,电熔套接也广泛应用于聚乙烯供水管系统中。对于聚丙烯管材、聚丁烯管材等的连接也可以使用电熔连接。

电熔套接是通过电熔管件实现的,电熔管件系列主要包括套筒、鞍形件、变径、等径三通、异径三通、弯头等。

电熔连接主机具为电熔连接控制器,其他需要和可能需要的机具还有:用于管材和管件插口端头的刮削工具、夹具、管切刀或锯、发电机、软纸或布、清洗液、整圆工具、保护帐篷。电熔连接控制器(电熔焊机)是利用电源(发电机或市电),根据正确的熔接参数,输出电能予电熔管件的设备。电熔控制器控制的主要参数有:输出电压、电流和焊接时间。

电熔连接方法和步骤:

(1)电熔套接

用塑料管材切刀或带切削导向装置的细齿锯切断管材,并使其端面垂直于管材轴线。用小刀切除内部边缘的毛刺。

在管材或接口端的焊接区域刮皮,清洁焊接区域。

确保管材可插入深度,将管材拉入焊机夹具内并正确定位。

固定校直定位夹具,检查管材端部是否对正。

设置好电熔焊机,以输出正确的焊接参数(例如电压或电流、时间)。

如果是自动化过程,采用适合于管材和电熔焊机的程序。

检查焊接周期是否正确完成。

在冷却过程中让接头处于夹紧状态,冷却时间通常由制造商规定并在连接程序中给出。

(2)电熔鞍形连接

在管材的焊接区域刮皮,清洁焊接区域。

按照安装要求,将鞍形件放在管材上。有时根据管材制造商的安装要求,在管材和/或管件上放一个组装工具。

设置好电熔焊机,以输出正确的焊接参数(例如电压或电流、时间)。

如果是自动化过程,采用适合于管件和电熔焊机的程序。

检查焊接周期是否正确完成。

在冷却过程中让接头处于夹紧状态。冷却时间通常由制造商规定并在连接程序中给出。

电熔焊接工艺过程为:

①管子在电熔套筒内定位;

②通过控制器向电熔管件通电;

③电线圈周围的 PE 材料开始熔化；

④熔融区域的 PE 材料熔胀，向管子外壁膨胀；

⑤向管外壁热传递，管外壁 PE 材料开始熔化；

⑥熔体压力增大，促使熔体沿界面（管件内壁与管子外壁间的空隙）流动；

⑦熔体流到冷区，开始凝结，从而封闭了熔融区域；

⑧继续通电导致熔体压力的增高；

⑨断电前，熔体压力达到最大值；

⑩断电，开始冷却，温度持续下降。

4）热熔套接

热熔套接又称为承接式热熔连接，须使用注塑成形的承口管材，一般用于外径 125mm 以下管道的连接。其原理为将管端外表面和承口管件内表面同时加热熔融，将熔化管端插入承口，固定直至接口冷却。手工连接一般适用于直径小于 63mm，较大口径的连接应用机械连接装置。

热熔套接设备主要有：

（1）热熔工具及控制器：按承插口的规格选择适当尺寸的热熔工具。热熔工具加热表面应涂有防粘材料。

（2）机械装置：较大口径连接时可保证接头直线度，连接前可使承插口复圆。

热熔套接操作过程为：

①准备：将加热工具加热到熔接温度，聚乙烯管熔接温度通常为（260 ± 10）℃。插口管末端应切割平整，与中心轴垂直，用笔在承口和插口上做标记，以利于连接定位。必要时，须对承口和插口进行整圆处理，或对插口管连接端刮削。

②连接：利用加热工具的凹模熔化插口端外表面，凸模熔化承口端的内表面，这一过程的时间须根据连接尺寸而定，迅速移走加热工具，这一过程应尽可能短。将插口端迅速插入承口端，在达到连接强度之前，应将接头固定。在使接头承受压力之前，接头应自然冷却至环境温度，表 17-7 为聚乙烯管热熔套接推荐工艺参数。

聚乙烯管热熔套接推荐工艺参数（熔接温度为 260℃ ± 10℃）　　表 17-7

管外径（mm）	加热时间（s）		最大转换时间（s）	最小冷却时间（min）
	SDR11	SDR17.6		
16	5		4	2
20	5		4	2
25	7		4	2
32	8		6	4
40	15		6	4
50	18		6	4
63	24		8	6
75	30	15	8	6
90	40	20	8	6
110	50	30	10	8
125	50	30	10	8

17.3.6 非开挖工程对 PE 管道的强度要求

当 PE 管承受较大的短期拉力，管道在屈服前将出现延伸现象。然而，如果拉力限定在屈服强度的 40%，管道在去除拉力条件下一天之内能恢复到初始长度。公式（17-6）给出了 PE 管的允许拉伸荷载（allowable tensile load，ATL）或安全拉伸强度（safe pull strength），其值等于管道名义屈服强度的40%。

$$ATL = \pi D_0^2 f_Y f_T T_Y \left(\frac{1}{DR} - \frac{1}{DR^2} \right) \tag{17-6}$$

式中：ATL——允许拉伸荷载，lb(N)；

D_0——管道外径，in.(mm)；

f_Y——拉伸屈服设计(安全)因子(表17-8)；

f_T——设计(安全)因子下的受力时间(表17-8)；

T_Y——管道拉伸屈服强度，lb/in^2.(MPa)，(表17-9)；

DR——管道尺寸比。

建议设计因子 表17-8

因子	参数	建议值		
f_Y	拖拉屈服设计因子	0.40		
f_T	设计因子下的受力时间	1小时之内	12小时之内	24小时之内
		1.0	0.95	0.91

不同温度下的管道拉伸屈服强度值 表17-9

	73°F(23℃)	100°F(38℃)	120°F(49℃)	140°F(60℃)
PE2406	2600lb/in.^{2} (17.9MPa)	2365lb/in.^{2} (16.3MPa)	1920lb/in.^{2} (15.4MPa)	1640lb/in.^{2} (11.0MPa)
PE3408	3200lb/in.^{2} (22.1MPa)	2910lb/in.^{2} (17.4MPa)	2365lb/in.^{2} (13.7MPa)	2015lb/in.^{2} (14.3MPa)

17.3.7 PE管道的水力学特性

这部分内容主要讨论Darcy－Weisbach和Hazen－Williams公式在PE管水力学特性方面的应用。管道水力学特性一定程度上与试验得来的系数有关。虽然在有关规范中已经规定了PE管的设计摩擦系数，但是设计人员还应根据经验和现场情况对设计摩擦系数进行一定的调整。

1)PE管过流直径的确定

大多数PE管道在制造时要按标准管外径，要么以铸铁管规格为标准，要么以延性铸铁管规格为标准。规定了外径，内径就由管道壁厚决定，设计管壁越厚，内径就越小。

管道最小壁厚由规定管道尺寸比(dimension ratio,DR)决定，DR等于规定的管道平均外径(D_0)与管道所需最小壁厚(t)的比值。为了满足有关应用规范对最小壁厚的要求，PE管平均壁厚一般比最小壁厚稍大一些。PE管壁厚的标准误差+12%，因此实践中假定平均壁厚(t_a)比最小壁厚(t)厚6%。据此，平均管道内径(D_i)可按下式计算：

$$D_i = D_0 - 2t_a = D_0 - 2(1.06t) \tag{17-7}$$

因为t由管道DR(或SDR)值决定，那么：

$$D_i = D_0 \frac{2.12D_0}{DR} \tag{17-8}$$

2)摩擦水头损失

流动的不可压缩流体的摩擦水头损失由Darcy－Weisbach方程给出：

$$h_f = f\frac{v^2}{2g}\frac{L}{D} \tag{17-9}$$

式中：h_f——摩擦水头损失（液流压头），ft（m）；

f——Darcy - Weisbach 摩擦因子，无量刚；

v——平均流速，ft/sec（m/s）；

g——重力加速度，32.2ft/sec^2（9.8N/m^2）；

L——管道长度，ft（m）；

D——管道内径，ft（m）。

3）Darcy - Weisbach 摩擦因子

Darcy - Weisbach 摩擦因子与管道内表面特性、流体流速和性质、运行条件有关，管流会出现三种形态：层流、过渡流和紊流。管流形态的定性与管道内表面的摩擦阻力有关，其范围见 Moody 图（图 17-9），即 Darcy - Weisbach 摩擦因子与雷诺数（Reynolds number，Re）对应图。雷诺数即：

$$Re = \frac{vD}{\gamma} \tag{17-10}$$

式中：Re——雷诺数，无量刚；

γ——流体运动黏度与质量密度的比值，ft^2/sec（m^2/s）；

D——管道平均内径，ft（m）；

v——平均流速，ft/sec（m/s）。

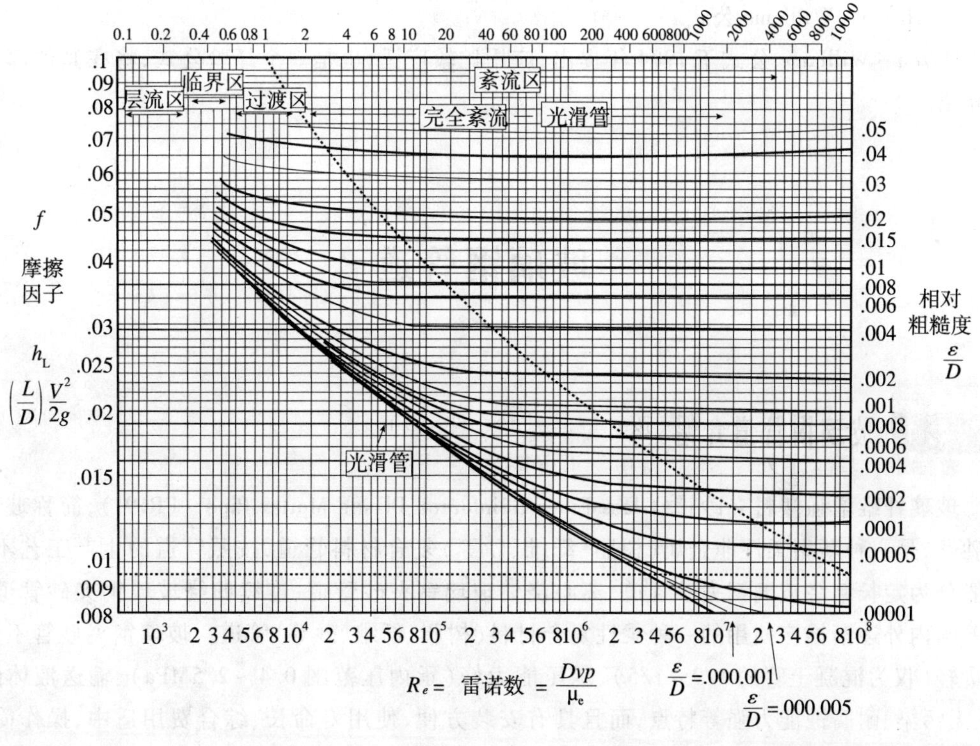

图 17-9 Moody 图

当雷诺数较低时（$Re < 2000$），管流形态为层流。摩擦因子 f 与管壁粗糙度无关，仅是雷诺数的函数：

$$f=\frac{64}{Re} \tag{17-11}$$

在 Moody 图呈现出斜率为 -1 的直线。

在层流和过渡流之间存在一个"临界区域",这个区域雷诺数的范围是 2000~4000,管流可能是层流,也可能是紊流,与包括管壁粗糙度、管道截面变化、流向和障碍(如阀门、接头)等因素有关。这个区域的摩擦因子不能确定,界于层流和紊流对应的分界雷诺数。

当雷诺数大于 4000 时,管流趋于稳定,能确定摩擦因子。基于大量的试验数据,发现摩擦因子受到雷诺数和管壁粗糙度的双重影响。Colebrook 提出了估算过渡流摩擦因子的经验公式:

$$\frac{1}{\sqrt{f}}=-2\log_{10}\left[\frac{\varepsilon}{3.7D}+\frac{2.51}{Re\sqrt{f}}\right] \tag{17-12}$$

式中:ε——管道绝对粗糙度,ft(m)。

如图 17-9 所示,Colebrook 公式中的 ε/D 为相对粗糙度。

过渡流区域之外就是紊流区域,管道相对粗糙度 ε/D 基本与雷诺数无关。在图中应该注意到,对于相对粗糙度非常低的管道("光滑"管道),管流不能呈现完全紊流形态,但雷诺数非常大时除外。

PE 管的绝对粗糙度(ε)是 0.000005ft,可称之为"光滑"管道,对流体的阻力非常小。当 PE 管能抵抗水或其他物质的腐蚀,"光滑管道"特性能在管道整个使用期内维持。

4) Hazen - Williams 公式

Hazen - Williame 公式于 1904 年提出,应用比较广泛,也是一个经验公式,将在其他部分详细介绍。

17.4 玻璃钢管道

17.4.1 玻璃钢管道介绍

玻璃纤维增强塑料夹砂管(Glass Fiber Reinforced Plastic Mortar Pipe - FRPM),简称玻璃钢夹砂管,是一种新型柔性非金属(树脂、纤维、砂等)复合材料管道,按照管道的生产工艺不同,一般分为定长缠绕玻璃钢夹砂管道、离心浇铸玻璃钢夹砂管道、连续缠绕玻璃钢夹砂管道,是目前国内外逐渐推广使用的一种柔性复合材料(树脂、纤维、砂等)管道。玻璃钢夹砂管不仅有重量轻(仅为混凝土管的 1/9~1/5)、承压能力好(承内压范围 0.4~2.5MPa)、输送液体阻力小、无污染、耐腐蚀能力强等特点,而且具有安装方便、使用寿命长、综合费用适中、操作简单、维护成本低等优点,适用于城市给水与排水、长距离引水、污水处理、石油、化工等重力或压力输送系统。因此,玻璃钢管道是目前极有发展前景的新型管材。

玻璃钢夹砂管道最显著的特点就在于它的可设计性强,管道的铺层结构、所选用的材料、管道的整体尺寸等,都可根据管道的铺设条件、施工条件等设计。如可根据管道用途不同、流体的性能与要求不同,选用不同的内衬树脂。既可选用无毒树脂内衬作为给水管道使用,也可选用抗腐蚀树脂内衬作为下水管道使用。尤其在输送腐蚀性强的工业废水的应用中,优于其他管材,收到了更佳效果。

玻璃钢管材具有如下优异性能:

(1)优良的物理性能

玻璃钢管材料的比重通常为1.6~2.0g/cm^3,约为钢的1/4~1/5,比钢、铸铁和塑料的比强度都高,玻璃钢管道的重量一般不大于同规格钢管的1/3,物理力学性能优异,此外,玻璃钢管的热膨胀系数与钢大体相当,热传导系数只有钢的0.5%,是一种很好的热和电的绝缘体。详细参数见表17-10。

玻璃钢材料的物理性能 表17-10

巴柯尔硬度	40
泊松比	0.3
断裂延伸率	0.8%
体积电阻率	25×1014×Ω
表面电阻率	5.5×1033Ω·cm
内表面粗糙率	0.00084

(2)耐化学腐蚀

玻璃钢的主要原材料选用高分子成分的不饱和聚脂树脂和矿物质成份的玻璃纤维组成,它能有效地抵抗酸、碱、盐等介质的腐蚀和未经处理的生活污水和工业污水、腐蚀性土壤和化工废水及众多化学液体的侵蚀,在一般情况下,能够长期保持管道的安全运行。玻璃钢管道及容器适合输送和储存各种酸、碱、盐及有机溶剂等不同介质。在给、排水、医药、食品酿造等行业,因耐腐蚀、不生锈、无毒,解决了使用金属管道的二次污染问题,得到用户交口称赞。

(3)水力特性优异

水力特性优异意味着流体压头损失小,可以选用较小管径或功率较小的输送泵,从而节省电能、降低运行成本。玻璃钢管内壁相当光滑,一般表面粗糙率可取0.008,几乎可以认为是"水力学光滑管",输送相同流量,可减小管径尺寸。在运行中,钢管、铸铁管、水泥管的内表面,经常发生局部腐蚀,变得越来越粗糙,易结垢,造成二次污染,而玻璃钢始终保持着光滑的内表面状态。

从水力特性分析看,玻璃钢夹砂管道摩阻系数小,输送能力大,能显著的减少沿程液体压力损失,提高液体输送能力(璃钢管道的绝对粗糙度是取50年后的值,钢管、球铸铁管、混凝土管是取运行后期的值)。在输送功率和流量相同的情况下,选用玻璃钢夹砂管道,其管道直径可比选用混凝土管和钢管缩小1~2个管径等级。

(4)安装、维护费用低

玻璃钢管不需要防腐处理;因其绝热性能好,一般不需做保温处理;管道比较轻,吊装设备吨位小,功率消耗少,玻璃钢管长度比水泥管及铸铁管长,管接头减少1~2倍,从而,降低了安装及维护费用。由于其耐腐、耐磨和抗冻和抗污等性能,因此工程不需要进行防锈、防污、绝缘、保温等措施和检修。

(5)工程寿命长、安全可靠

玻璃钢夹砂管道设计长期的安全系数选择在6以上,是其他管材无法比拟的。在正常情况下,钢管、水泥管使用年限为15年,球墨铸铁管为5~10年,而玻璃钢夹砂管道可使用50年以上,是唯一将 50 年使用寿命写进国内外标准的产品。

(6)抗老化性能和耐热性好

玻璃钢管道可在 -40℃ 到 +80℃ 范围内长期使用,采用特殊配方的耐高温树脂还可在 100℃以上温度下正常工作,长期用于露天使用的管道其外表面层喷有紫外线稳定剂,来消除紫外线对管道辐射破坏,由此来解决管道的老化问题。

(7)极大的设计自由度

玻璃钢制品是将纤维等浸浴树脂后,按照特定工艺逐层加到芯模上并进行适当固化而制成的。可以通过选择不同树脂型号和采用不同的纤维来调整玻璃钢管的各项物理和化学性能,可根据产品的设计要求合理布置增强材料的数量及方向,可以任意局部增强,不受产品几何形状和尺寸的限制,可以多次成型组合成型,在成型材料的同时也成型自身结构,以适应不同介质和工作条件。玻璃钢顶管可根据用户的各种特定要求,诸如不同的流量、不同的压力、不同的埋深和载荷情况,设计制造成不同压力等级和刚度等级的管道。

17.4.2 玻璃钢管道结构介绍

玻璃钢夹砂管道的管壁结构一般由内衬层、结构层(含树脂砂浆层)和表面层三部分组成(图 17-10)。

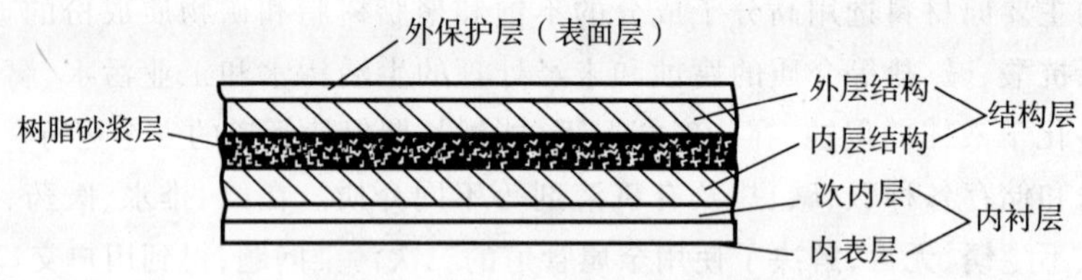

图 17-10 玻璃钢管道管壁断面结构示意图

(1)内衬层

内衬层由内表层和次内层组成。内衬层树脂含量在 65% 以上,其中内表层由表面毡和树脂组成,树脂含量不低于 75%;次内层由玻璃纤维缝编毡和树脂组成,树脂含量不低于 65%,内衬层主要满足防渗透漏,耐腐蚀,或对介质无二次污染等要求。

该层的内表面非常光滑,粗糙系数很小,输送流体介质流阻系数小

(2)结构层

纤维加强层被树脂砂浆层分割为内纤维加强层和外纤维加强层,承担主要的力学增强作用。树脂砂浆层介于内、外纤维加强结构之间,是一个被树脂浸透的砂浆层,砂粒之间被树脂粘牢,增加了管材的壁厚,增强了管材的断面系数,提高了管材的抗弯曲能力。该层是夹砂玻璃钢管的关键,它的质量如何直接影响管材的整体质量,是管道生产的主要控制点。

(3)表面层

表面层又称外保护层,保护管道免受外界的损坏,所用的材料一般根据管道工作条件等确定。如露天管道外保护层往往具有抗老化、抗紫外线照射功效,酸碱土壤中管道外保护层往往具有防外部介质内渗、耐腐蚀作用。

玻璃钢夹砂管的生产工艺流程如下:

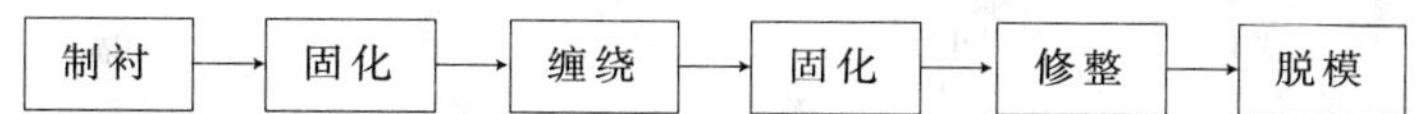

自从20世纪80年代早期开始，在欧洲、日本和北美等地，FRPM管道就已经广泛地应用于非开挖工程施工的污水管道。由于美国缺乏合适的混凝土管道，FRPM管道就自然成为非开挖工程施工最常用的管材。例如，美国20世纪80年代玻璃钢管道占3.5%的市场份额，20世纪90年代末期每年生产的管道超过1万km，已经安装的玻璃钢管线达到16万km，年递增速度5%~10%。20世纪90年代欧洲各国新建输水管线中平均有50%采用玻璃钢管；日本为25%；在中东几乎为100%，最大直径为3700mm；最大的玻璃钢管道生产厂美国Owens - Coming Co.已生产的管道总长超过3000km。

国内玻璃钢夹砂管道起源于20世纪80年代，到90年代中叶完成了引进设备技术，从消化吸收到大规模应用走过了一个艰难的里程。1989年，国家经贸委委托建设部情报所在我国高分子塑料管道发展战略研究中，提出引进技术装备大力发展大口径玻璃钢夹砂管道，代钢节能的战略方针。直到90年代后期，随着材料和技术的重大改进，工程质量全面提高，玻璃钢夹砂管道在全国各地得到广泛关注。1999年国家经贸委、建设部、国家质量技术监督局、建材局联合发文(建住房1999 295号)，其中第7条指出：户外给水管网推荐选用玻璃钢管和UPVC管；同年建设部、国家石油化工局、国家轻工局、国家建材局和中国石油化工集团也联合发出通知(建科1999 271号)，其中第10条明确提出了要推广应用玻璃钢夹砂管。到目前为止，全国总用量已经接近2000km，最大的管道直径达到3100mm，典型的管线如库尔勒的150km/ϕ1100mm和克拉玛依80km/ϕ1600mm，技术进步也使我国玻璃钢管道走出了国门，例如新疆永昌复合材料公司已经在完成国外项目30个。

17.4.3 玻璃钢管道连接

玻璃钢夹砂管是具有一定长度的制品，即便采用连续法生产玻璃钢夹砂管，也不可能生产出无限长的管子，但变更长度较容易，利用往复式定长缠管机制作管子，目前多为12m的标准长度。因此，把有限长度的管子，组合成管线，便涉及到连接与安装问题。由于玻璃钢夹砂管材是各向异性材料．加上自身弹性模量低，不能焊接等问题，因此在连接与安装上与传统管材不尽相同。

玻璃钢夹砂管子的连接形式，目前主要有承插连接、承插粘结、对接和法兰连接等。

玻璃钢夹砂顶管接头形式主要有“T”型接头与“F”型接头，其中以“F”型接头为主(图17-11)，根据套环材料不同，又可分为防腐碳钢套环、不锈钢套环与玻璃钢套环(套环与管道为一体)三种。

Hobas是世界最著名的玻璃钢管道制造商之一，其管道直径为DN200~2400mm，管道的壁厚在30~60mm之间。图17-12是Hobas管道的一种管接口形式，表17-11是Hobas管道玻璃钢套环接头和橡胶圈尺寸。

对一个工程而言，套环材料一般根据管道内介质与管道外土壤溶液腐蚀能力的强弱决定，套环厚度一般根据套环的腐蚀速度与管内介质压力等确定。碳钢套环虽内外进行防腐，但在顶进过程中，碳钢套环的外防腐层往往破坏严重，在使用过程中腐蚀速度较快；不锈钢套环耐腐蚀能力强，但造价较高，因玻璃钢夹砂顶管的设计寿命一般低于50年，所以以上两种形式均可能出现管道与套环不同寿命现象。碳钢套环与不锈钢套环形式因套环承压能力弱，多用于

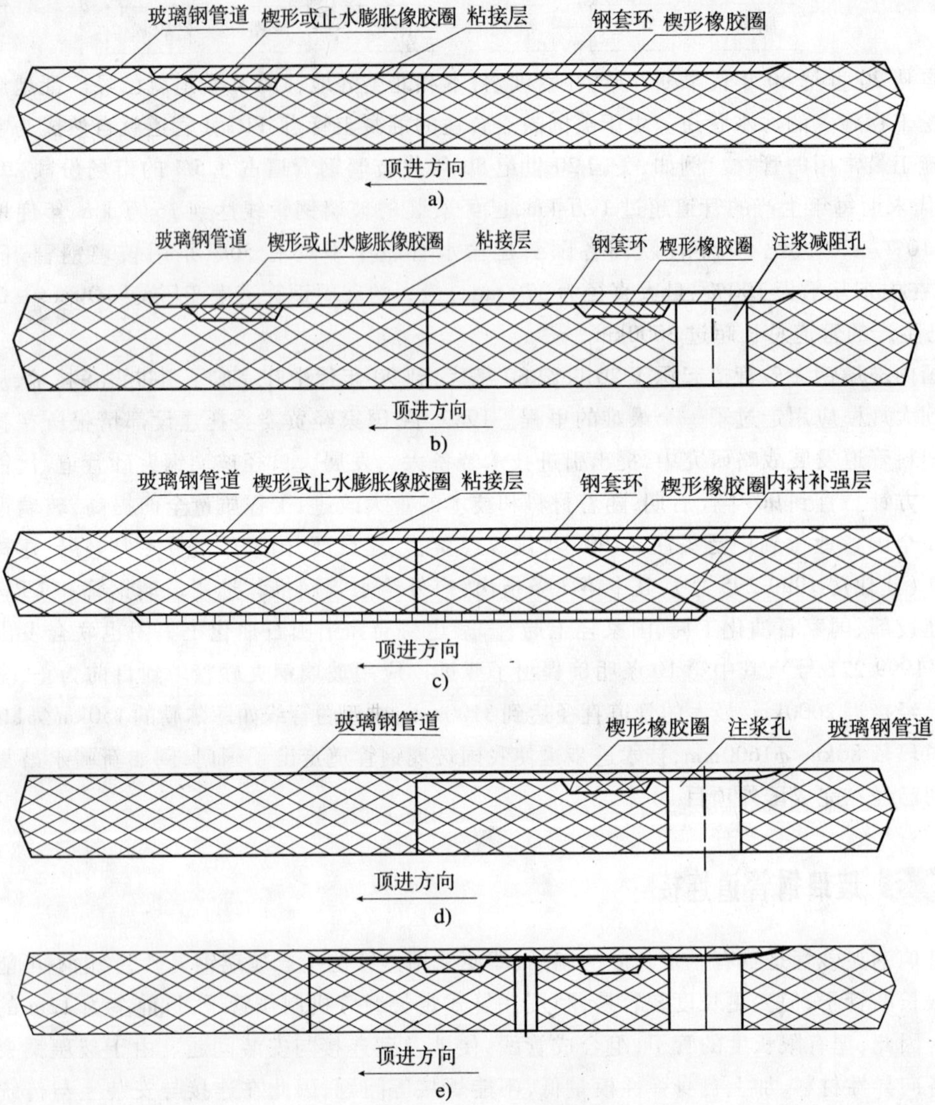

玻璃钢管道
楔形或止水膨胀像胶圈
粘接层
钢套环
楔形橡胶圈
顶进方向
a)
玻璃钢管道
楔形或止水膨胀像胶圈
粘接层
钢套环
楔形橡胶圈
注浆减阻孔
顶进方向
b)
玻璃钢管道
楔形或止水膨胀像胶圈
粘接层
钢套环
楔形橡胶圈
内衬补强层
顶进方向
c)
玻璃钢管道
楔形橡胶圈
注浆孔
玻璃钢管道
顶进方向
d)
顶进方向
e)

图 17-11　不同"F"型接头形式

a)"F"型接头;b)"F"型带注浆减阻孔接头;c)"F"型内补强接头;
d)"F"型全 FRP 接口;e)"F"型双密封圈全 FRP 接口

Hobas管道
GRP套环
胶合密封
密封圈
垫块

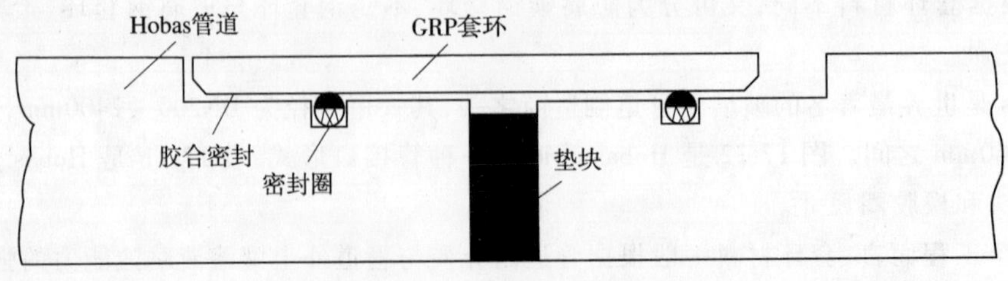

图 17-12　Hobas 管道的一种管接口形式

管道内压在 0.25MPa 以下的情况,套环厚度一般在 3～10mm 间。玻璃钢套环耐腐蚀能力强,可与管道同使用寿命,同时可与玻璃钢夹砂顶管一次成型,接头配件少,可能的渗漏点少。此外玻璃钢套环的厚度可根据管内压力设计，非常适用于压力管道顶管，此种接头形式有很大的优越性与推广性。用户在选择接头形式时，要充分考虑环境腐蚀性及管道承压情况。

其管子的接口形式也分为企口形、T 型或 F 型等。

玻璃钢管道顶进中继站一般采用可伸缩的套筒承插式结构（图 17-13），端部结构形式与选用的管节形式相同，外形几何尺寸与管节基本相同。在铰接处设置 2 道可径向调节密封间隙的密封装置，确保顶进时不漏浆，并在承插处设置可以压注润滑脂的油嘴，以减少顶进时密封圈的磨损。中继间的铰接处设置 3 个注浆孔，顶进时可以进行注浆，减少顶进阻力。

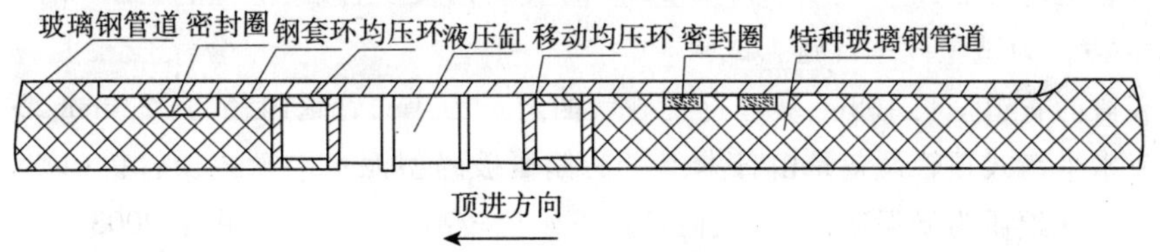

图 17-13　中继间安装接头

玻璃钢套环接头和橡胶圈尺寸　　表 17-11

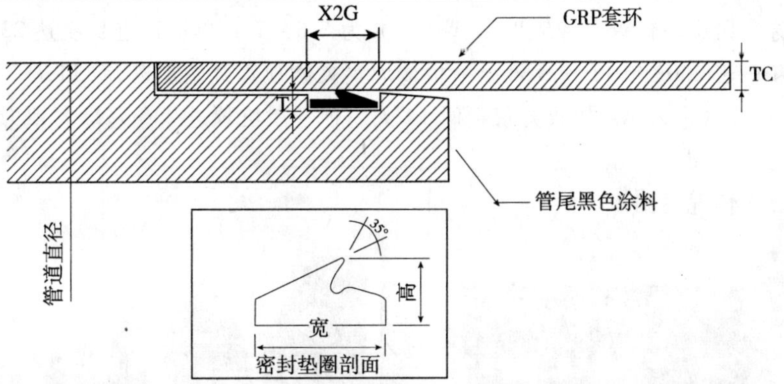

管道直径(mm)	厚度 TC(mm)		凹槽尺寸(m)		橡胶圈(mm)		
	最小值	最大值	深 T	宽 X2G	型号	宽	高
427	5.3	6.3	$3.8^{+0,+0.5}$	25 ±1	1	21.4 ±0.7	10 ±0.6
530	5.3	6.3	$3.8^{+0,+0.5}$	25 ±1	1	21.4 ±0.7	10 ±0.6
619	5.3	6.3	$3.8^{+0,+0.5}$	25 ±1	1	21.4 ±0.7	10 ±0.6
718	5.3	6.3	$3.8^{+0,+0.5}$	25 ±1	1	21.4 ±0.7	10 ±0.6
820	5.7	6.7	$6^{+0,-0.5}$	33 ±1	2	30 ±0.5	14 ±0.4
923	5.9	7.1	$6^{+0,-0.5}$	33 ±1	2	30 ±0.5	14 ±0.4
1025	7.3	8.3	$6^{+0,-0.5}$	33 ±1	2	30 ±0.5	14 ±0.4
1099	7.3	8.3	$6^{+0,-0.5}$	33 ±1	2	30 ±0.5	14 ±0.4
1229	8.6	9.3	$6^{+0,-0.5}$	33 ±1	2	30 ±0.5	14 ±0.4
1434	10.6	11.2	$6^{+0,-0.5}$	33 ±1	2	30 ±0.5	14 ±0.4
1499	10.6	11.2	$6^{+0,-0.5}$	33 ±1	2	30 ±0.5	14 ±0.4
1637	11.8	12.4	$6^{+0,-0.5}$	33 ±1	2	30 ±0.5	14 ±0.4
1720	12.2	12	$8^{+0,-0.5}$	45 ±1	3	38.6 ±0.8	18 ±0.5
1970	14.4	15.6	$8^{+0,-0.5}$	45 ±1	3	38.6 ±0.8	18 ±0.5
2160	16	17.4	$8^{+0,-0.5}$	45 ±1	3	38.6 ±0.8	18 ±0.5
2520	18.2	19.5	$8^{+0,-0.5}$	45 ±1	3	38.6 ±0.8	18 ±0.5

17.4.4 玻璃钢管道的工程实例

广州南洲路污水主干管工程全长5km,地质状况非常复杂,主要以淤泥层、淤泥质细砂层、人工填土、粉质黏土、淤泥质黏土等土质。该岩土工程详细勘察报告的结论认为其地质成分复杂,结构松散,工程性质差或极差。此外,地下水位高且水量大。由于工程性质差或极差,经过有关专家反复论证,拟将原来设计的DN 3000、DN 2600的混凝土管道分别改用DN-2500、DN-2270的玻璃纤维增强夹砂管道,并采用泥水平衡式顶管施工方法。为了确保施工质量并验证玻璃钢夹砂管道的可靠性,决定采用DN 2270的玻璃钢夹砂管道在广州大道－南环高速公路的W3－W4段作为试验段进行施工试验。

该试验段的管道全长108m,玻璃钢夹砂管的定长为3m,管道内径为2270mm,采用定长缠绕工艺。泥水平衡式顶管设备是由日本引进的偏压破碎型泥水平衡式顶管机(UNCLEMOLE) TCC 2000。沿线地质为淤泥质沙砾土,而且地下水位较高。试验段工程于2003年8月18日下午工具管开顶,9月5日工具管准确进入预定的接收井,试验段取得了圆满的成功。

试验段的实验成果表明:即使考虑在不注浆减阻条件以及各种不利情况下,可一次顶进245m。这一重要研究成果经过专家论证后,立即被业主和设计院采纳。为了节约施工经费,在第一项实际施工段中,将W6－W5、W5－W4合并为W6－W4,单坑顶进长度达236m。

W6－W4段于2003年11月9日第一根玻璃钢夹砂顶管开始顶进,至11月22日W6－W4全段顶管贯通,首管进入W4接收井仅耗时14天。顶管单坑顶进236m,最大顶力480吨,日顶进速度最快为27m/day。

有关的施工情况见图17-14。

图17-14　广州泥水平衡式玻璃钢夹砂顶管工程

下面再以沈阳市崇山路玻璃钢夹砂管顶管工程为例,介绍玻璃钢管道的实际应用。

沈阳市崇山路道路改造工程在配套的排水改造项目中,非开挖地下顶进玻璃钢夹砂管管径 DN 2100mm 的长度 1650m,管径 DN 1550mm 的长度 390m。崇山路玻璃钢夹砂顶管工程顶力之大,顶进距离之长属国内首创,现从玻璃钢夹砂顶管管材的应用背景、管材特性、设计技术、生产工艺和产品质量控制等方面做一技术总结。

(1)应用背景

崇山路上有两座立交桥,在道路改造工程的排水改造项目实施过程中,由于立交桥下已有的地下管网和构筑物等地下障碍很多,以及立交桥引桥高度的影响,无法采用地面开槽铺设管涵施工方法,而只能采取无开挖地下顶进的施工方案,同时又考虑到顶进过程中不能对桥墩基础造成影响,应保证管材与桥墩之间的最小安全距离,只有玻璃钢夹砂管材内壁光滑,流通能力高,输送相同流量的液体其管径较其他管材的管径要小得多,更能确保桥墩基础不受影响。经过专家从技术、经济、施工等方面进行反复论证,最终决定使用玻璃钢夹砂管作为顶管管材,在保证流量的前提下,将管径缩小到 DN 2100mm 和 DN 1550mm。

(2)管材优越性

沈阳市崇山路道路改造工程排水管 DN 2100mm 和 DN 1550mm 玻璃钢夹砂管顶管施工项目于 2002 年 6 月 15 日开始施工,截止到 8 月 31 日全部完工,平均单坑日进度 6m 以上,在施工过程中体现了许多优点,具体如下:

①施工进度快:单坑日进度不低于 6m,而同流量混凝土管日单坑进度小于 1m,钢管为 2m。

②顶力小:外表光滑,顶力小。目前最大顶力为 DN 2100mm 的 800t,DN 1550mm 的 500t。而混凝土管外表粗糙,顶力大,顶进难度大,顶进机械要求高。

③流通能力高:玻璃钢夹砂管的内壁非常光滑,粗糙度为 $n=0.0084$,流量系数 $C_p=150$,明显高于钢管、铸铁管、混凝土管的流量系数 $C_p=100$。因此,压力相同时,玻璃钢夹砂管的管径可以减小一档,降低造价。

④由于管径缩小(由 DN 2400 减小到 2100mm),管壁薄(混凝土管为 200mm,而玻璃钢夹砂管仅为 55mm),避免了顶管过程中与其他管线交叉而形成的困难。

⑤纠偏简单:由于自身重量轻,管节之间采用钢套管连接,这使得顶进过程中纠偏特别容易。

⑥连接方便:由于各工作坑或接收坑内管子的连接不是整数根长度,如采用混凝土管,则不可能截成任意的长度进行对接,如用钢管则两条焊缝也需 24 小时才能焊接,而采用玻璃钢夹砂管则可截取任意长度,并在 2 ~ 3 小时内连接好。

⑦可带土顶进:由于外表光滑,顶力较小,即使带土顶进顶力也不是太大,在实际施工中,由于土质大部分是砂土,以及考虑对桥墩的影响,一般采用带土顶进方法通过,而如采用混凝土管则势必低头而无法通过。

⑧管外表与土之间基本无粘接力,顶进中不易抱死管。而混凝土管外表与土之间有很大的粘接力,顶进中易死管。

⑨使用机具简单,不需大型设备。重量轻,运输吊装费用少。本次工程卸管使用小型汽车吊车,下管用 5t 电动葫芦,顶进用 2 个 400t 油压千斤顶,大大节省了机具费用。而混凝土管的重量约是玻璃钢夹砂管的 10 ~ 15 倍,运输、吊装费用高。

⑩玻璃钢夹砂管耐腐蚀性能优异、寿命长,几乎不用保修,无需维护,确保使用寿命达 50 年,而混凝土管的钢筋锈蚀问题严重影响使用寿命。

玻璃钢夹砂管道在非开挖工程使用过程中显示出了众多的优越性(表17-12、表17-13),尤其是在地质条件恶劣、城市立交桥等地下环境复杂的状况下,解决了传统管材所不能解决的技术困难,值得总结经验,大力推广使用。

玻璃钢顶管与混凝土顶管的技术经济性能比较 表17-12

序号	技术经济性能	玻璃钢顶管	混凝土顶管
1	耐腐蚀性能	玻璃钢的主要原材料为高分子成分的不饱和聚酯树脂,它能有效地抵抗未经处理的生活污水和工业污水、腐蚀性土壤和化工废水及众多化学液体的侵蚀,从而能够长期保持管道的安全运行。因此不需要作任何防腐措施	管材易受管内污水和管外酸碱性土壤腐蚀,致使管材外表层层剥落,强度指标随着时间的推移而明显下降,存在严重安全隐患。混凝土顶管只有在腐蚀性要求不高的情况下无须内外防腐
2	抗冻性能	玻璃钢顶管为柔性管道,具有优异的抗冻性能,在零下20℃以下,管内结冰后不会发生冻裂	抗冻性能较差,在低温下管内容易结冰,发生冻裂
3	工程寿命	玻璃钢顶管的设计长期安全系数选择在6以上,是其他管材无法比拟的,其使用寿命最少在50年以上	在一般情况下,混凝土顶管使用年限为15年
4	重量	重量轻(为混凝土管道的1/10),对地基要求低,对吊装、下管机具要求低,施工方便	1 混凝土顶管自重很重,对管基要求高,在软土地基,容易发生栽头等问题,且纠偏困难,这对于顶管工程很不利。 2 因自重较重,对吊装设备要求高。而对大吨位的吊装设备而言,在狭小的城市施工现场,其吊装效率将受到严重制约
5	强度	玻璃钢顶管压缩强度高,管道不易破坏,其管端的压缩强度可达100MPa	凝土顶管的管端的压缩强度约为55MPa
6	一次性顶进长度	外表光滑,顶力小,土壤的内聚力对玻璃钢夹砂管道几乎不起作用,几乎不存在抱管、死管现象,单次顶进长度长,对顶进设备要求低	混凝土顶管在遇障碍停顿时,土壤因内聚力因素会发生抱管,这使顶力成倍增加,在管材承受压力确定的条件下,单次顶进长度小
7	抗不均匀沉降性能	玻璃钢管道,是一种柔性管,对管道周围土壤的要求比混凝土顶管低很多,在抗震及抗不均匀沉降性能上远比混凝土顶管要强的多	当地质情况发生变化,基础产生不均匀沉降时,将会造成混凝土顶管断裂、密封接头拔出等对管材产生致命的情况,给市政建设造成极大的损失
8	纠偏能力	玻璃钢顶管几乎不产生扭转错位,几乎不受施工条件和地下地质情况的限制,而且安装技术简单,顶进施工时容易做到直线顶进,即使发生管线偏移,采用一般的纠偏方法即可纠正,操作简便	混凝土顶管因自身重量大,在顶进施工时很难做到直线顶进,并且常常出现栽头现象,采用一般的纠偏方法是很难纠正,施工较为复杂
9	弹性变形量	玻璃钢顶管的轴向压缩应变和拉伸应变都很大,其中最小压缩极限应变是C50混凝土管的3.4倍。例如2m长的管段,玻璃钢顶管的极限压缩变形是10mm,因此在允许转角范围内无须加垫圈	混凝土顶管管长2m时的极限压缩变形是2.9mm。因此混凝土顶管要达到与玻璃钢顶管的同样转角必须加垫圈
10	段间传力可靠性	玻璃钢顶管插口端面经机械加工而成,平直度高,误差很小,又有较大的压缩极限应变,插口平面之间可以不采用垫圈,但管节间传力均匀	混凝土顶管插口端面的平直度较差,再加上混凝土顶管压缩极限应变小,因此混凝土顶管段间传力必须依靠垫圈,且厚度较大。实际上顶管对垫圈有严格要求:材质要均匀、弹性要好,厚度要随着压缩模量而变。但在执行时可变因素较大,因此混凝土顶管允许顶力的安全系数各国的取用值都较大,一般$K=5\sim6$

续上表

序号	技术经济性能	玻璃钢顶管	混凝土顶管
11	水力性能及能耗	玻璃钢顶管水力性能非常好。因为其内壁非常光滑,糙率和摩阻力很小。糙率系数 n 值为 0.0084,而钢筋混凝土顶管为 0.014。据水力曼宁公式,玻璃钢顶管能显著减少沿程的流体压力损失,提高输送能力。因此,可带来显著的经济效益。 ①在输送能力相同时,工程可选用内径较小的玻璃钢顶管,从而降低一次性的工程投入; ②采用同等内径的管道,玻璃钢顶管可比其他材质管道减少压头损失,节省泵送费用	钢筋混凝土顶管的糙率系数在 0.013 ~ 0.014 之间,这样对于同样输水量,同等管径的管线,其沿程阻力就高。由于其糙率大,使用一段时间后,管道内会因细菌、贝类的滋生繁殖而阻塞管道,随着使用年限增长;管内径会逐渐缩小,阻力增大。从钢筋混凝土顶管的制作工艺来分析,其芯管大都采用离心法成型,混凝土的水灰比较大,在离心力的作用,粗骨料偏向管的外壁;而管内侧由于细骨料和水分的拆出,强度和耐磨性变差。当管内壁受水流长期冲刷和浸泡后,内壁合发生磨损和剥蚀、随着糙率增大,水头损失增加,则需要增大水泵的扬程,同时运行费用因耗电量增大而大幅度增

同公称直径、近似顶力三种管材的壁厚、质量、土壤开挖量、流量比较　　表 17-13

公称直DN	管材	外径 d_3 (mm)	内径 d (mm)	壁厚 S_0 (mm)	质量 G (kg/m)	允许顶力 F (kN)	土壤开挖量(m^3/m)	流量比较(%)
1000	混凝土顶管	1240	1000	120	1013	2345	1.21	100
	HOBAS 顶管	1026	944	41	241	2401	0.83	133
	缠绕玻璃钢顶管	1076	1000	38	240	2478	0.91	155
1200	混凝土顶管	1480	1200	140	1414	3506	1.72	100
	HOBAS 顶管	1229	1131	49	345	3540	1.19	132
	缠绕玻璃钢顶管	1292	1200	46	349.1	3601	1.31	155
1400	混凝土顶管	1720	1400	160	1882	4900	2.32	100
	HOBAS 顶管	1434	1300	57	468	4946	1.62	127
	缠绕玻璃钢顶管	1510	1400	55	487.4	5028	1.79	155
1600	混凝土顶管	1940	1600	170	2269	6023	2.96	100
	HOBAS 顶管	1638	1508	65	609	6358	2.11	132
	缠绕玻璃钢顶管	1722	1600	61	617	6366	2.33	155
1800	混凝土顶管	2180	1800	190	2851	7813	3.73	100
	HOBAS 顶管	1842	1696	73	770	8292	2.66	132
	缠绕玻璃钢顶管	1941	1800	70.5	803	8285	2.96	155
2000	混凝土顶管	2420	2000	210	3499	9835	4.60	100
	HOBAS 顶管	2046	1884	81	949	10478	3.29	132
	缠绕玻璃钢顶管	2158	2000	79	1000	10320	3.66	155

从上表 17-13 可看出:同种公称直径管道,在允许顶力相近的情况下,混凝土顶管的重量最大,土壤开挖量最大,HOBAS 顶管与缠绕玻璃钢顶管的重量几乎相等,但缠绕玻璃钢顶管的流通能力最大,比混凝土管高 55%,比 HOBAS 顶管高约 24%。

17.5

陶 土 管

在污水管道中,陶土管是最古老的预制部分。陶土管是在适当的陶土中加入火泥,进行烧至坚硬的程度制成的。

直到1925年,早期的陶土管只有600mm长。在进一步的发展过程中,根据公称尺寸,长度增至2500mm。

陶土管的控制截面不论是过去还是现在都是圆形截面,但过去它主要应用在DN 100到DN 600的管道中。到目前为止,公称尺寸的差距几乎保持不变。对于公称直径为150的管道,尺寸差距增加了25mm,对于公称直径150到500的管道,尺寸差距增加了50mm,对于公称直径500到800的管道,尺寸差距增加了100mm,对于公称直径800到1400的管道,尺寸差距增加了200mm。其他介于中间的尺寸要根据需要生产。

几十年来,陶土管的壁厚一直在变化着。1884年,Hobrecht给出了d/12的平均壁厚。1902年,对于DN≤400的管道,可以参考下面的公式:

$S = d/20 + 9\text{mm}$

对于公称直径大于400的管道,则应采用下面的公式:

$S = d/18 + 9\text{mm}$

式中:d——管道的内直径,mm。

在欧洲的许多国家,人们对陶土管(Clay Pipes)(图17-15)进行了精心的设计和制造,使其适合于非开挖方法施工。在陶土管的应用上,日本仅次于欧洲国家,同时,陶土管也被引入到了美国。和其他管道相比,陶土管有其自身的优越性,最主要的是:

(1)具有较高的化学稳定性,不需要任何其他的内衬;

(2)具有较高的抗压强度和抗弯强度,能够承受较大的顶进力;

(3)管道成本和施工成本低、经济性好。

由于陶土管制造技术的进步,如可以对管端部进行机械加工,克服了影响陶土管推广应用的尺寸偏差大和平直度不符合要求等难题。但是,由于陶土管的高脆性,容易发生碎裂,因此在搬运和储藏过程中需十分小心。

对于较小直径的陶土管,管段的长度一般为750mm、1000mm和1250mm几种,较大直径的陶土管管段长度可以加长到1.5m和2.0m。表17-14中列出了德国Steinzeug GmbH生产的一些陶土管道的尺寸及所能承受的安全荷载。

陶土管接口的形式也有不同的种类,图17-16给出了常用的三种接口形式:

(1)DN 150mm,聚丙烯套环带有橡胶弹性密封体;

(2)DN 200~400mm,钢套环带有橡胶弹性密封体;

(3)DN 500~1000mm,不锈钢套环带有橡胶弹性密封体。

尽管陶土管的最大直径可达1000mm,但是最常用的还是小口径的管道。在德国,陶土管主要流行于采用微型隧道法施工的小口径污水管道和住户连接管道,其直径一般为DN 350mm;而在英国和日本通常采用的陶土管直径范围为DN 150~600mm。

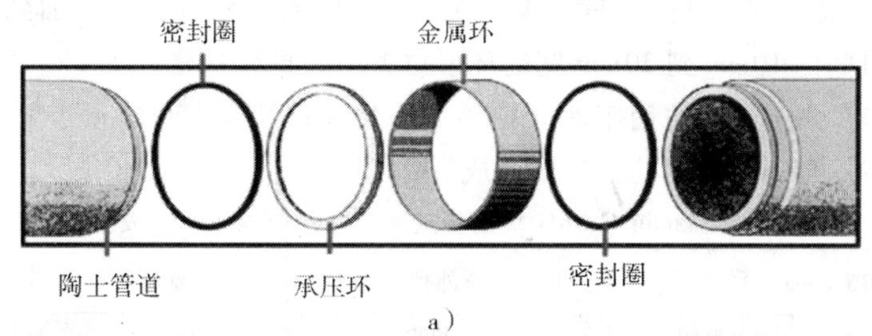

a）

b）

图 17-15　陶土管

a）陶土管组装示意图；b）陶土管实物图

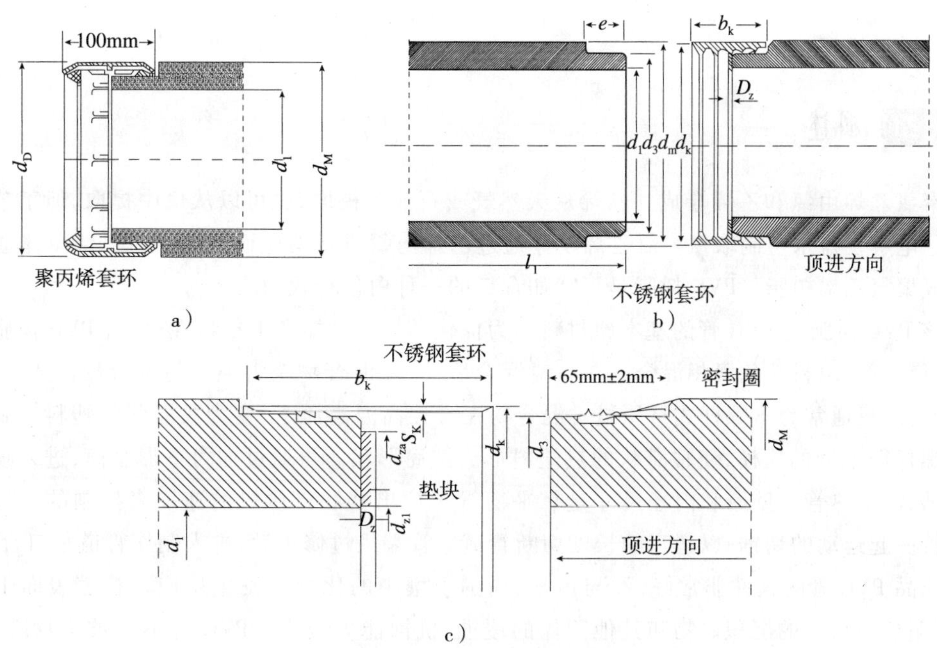

c）

图 17-16　陶土管接口形式

目前,陶土管的连接主要是通过深度至少为 70mm 并随着公称直径而增加到 105mm 的承插口完成的。承插口间的 10mm 到 20mm 宽的环形空隙用密封材料充填。

自从 1984 年,陶土管就被用于非开挖领域。公称直径为 150 的顶进管道,接口由尺寸准确、硬度相对较高、聚丙烯覆盖的橡胶圈组成。

德国 Steinzeug GmbH 陶土管道的尺寸及所能承受的安全荷载　　表 17-14

DN (mm)		管道外径 (mm)	管道壁厚 (mm)	顶进力 (kN)
第一类	150	207	28	131
第二类	200	276	38	212
	250	355	52	529
	300	406	52	624
	400	556	78	1 315
	500	658	78	1 571
第三类	600	760	80	1 609
	700	862	80	1 675
	800	970	85	1 982
	1000	1178	88	2 070

17.6 聚氯乙烯管道(PVC)

17.6.1 概述

聚氯乙烯由氯和乙烯合成。乙烯从天然气或石油中提取,也可以从煤中提取,但工艺非常昂贵。电解食盐水可制取氯。氯乙烯单体通过乙烯与氯进行反应而制取。氯乙烯单体通过聚合制成聚氯乙烯树脂。PVC 树脂是形状如食糖的一种白色粉状物质。

该 PVC 树脂是 PVC 管的基本原材料。为优化其加工性能和工作特性,可将 PVC 树脂与润滑剂、稳定剂、填料几色素相混合。在高温混合后,冷却混合物至常温。将混合物注入 PVC 挤压机,挤压机通常为多螺杆式挤压机。混合物在受控高温高压下,变为黏滞状的塑料。装在挤压机螺杆筒末端的压模,使粘滞状的热塑料形成圆筒形状。再通过加力整形套筒,进入喷水池和浴槽,冷却热管。壁厚和内径尺寸是靠平衡管子拉出器和挤压机的速度来控制的。与挤压出的管一起运动的切锯,以适当的长度切断管道。管端经过修边后,进入制作管道承口台架。

成品 PVC 管耐久性非常好,不与污水、周围土壤中的化学物发生反应。管道表面十分光滑,可耐任何组分的沉积矿物和其他固体的侵蚀,抗蚀能力极强。PVC 管不会被生物降解,耐磨性能也比较出色。

PVC 管特点包括如下几个方面：

（1）质轻，搬运装卸便利：PVC 管材质很轻，搬运、装卸、施工便利，可节省人工。

（2）耐化学药品性优良：PVC 管具有优异的耐酸、耐碱、耐腐蚀性，对于化学工业之用途甚为适合。

（3）流体阻力小：PVC 管之壁面光滑，对流体之阻力小，其粗糙系数仅 0.009，较其他管材低，在相同之流量下，管径可予以缩小。

（4）机械强度大：PVC 管之耐水压强度、耐外压强度、耐冲击强度等均良好，适用于各种条件下的配管工程。

（5）电气绝缘性佳：PVC 管富有优越的电气绝缘性，适用于电线、电缆之导管。

（6）不影响水质：PVC 管由溶解试验证实不影响水质，为目前自来水配管的最佳管材。

（7）施工简易：PVC 管之接合施工迅速容易，施工工程成本低。

17.6.2 PVC 管特性

（1）标准 PVC 管设计特性，见表 17-15。

（2）PVC 管物理化学特性。

PVC 管物理特性见表 17-16，化学特性见表 17-17。

标准 PVC 管设计特性 表 17-15

静水力学设计基数（HDB）	4 000 lb/in^2
静水力学设计应力（HDS）	1 600 ~ 2 000 lb/in^2
弹性模量（承压配方）	400 000 lb/in^2
弹性模量（排水管配方）	400 000 ~ 550 000 lb/in^2
拉伸应力	700 lb/in^2
Hazen - Williams 系数 C	150
Manning 系数 n	0.009

PVC 管物理特性 表 17-16

试验项目	标准值	试验标准
密度	1 350 - 1 460	Q/HDS001 - 2003 - ISO4400 - 90
维卡软化温度	≥80℃	
纵向收缩率	≤5%	
落锤冲击试验	20℃ TIR≤10% 或 0℃ TIR≤5%	
扁平试验	不破裂	
水平试验	无破裂、无渗漏	
连接密封试验	无破裂、无渗漏	
遮光性试验	不透光	
铅、锡、镉、汞溶出试验		
VCM 含量	≤1mg(kg)	
二氯甲烷渍浸试验	合格	
臭味	无不良气味	

PVC 管化学特性 表 17-17

化 学 品	23℃	60℃	化 学 品	23℃	60℃
乙醛	×	×	钡盐	⊙	⊙
乙醛胺 40% 水溶液	○	×	啤酒	⊙	⊙
醋酸蒸气	⊙	⊙	甜菜醣溶液	⊙	⊙
冰醋酸	⊙	×	苯甲醛 10% 溶液	⊙	×
20% 醋酸	⊙	⊙	苯甲醛 10% 以上	×	×
80% 醋酸	⊙	○	苯	×	×
醋酸酐	×	×	苯磺酸 10%	⊙	⊙
丙酮	×	×	苯甲酸(安息香酸)	×	×
乙炔(电石气)	○	○	黑液纸厂	⊙	⊙
己二酸	⊙	⊙	漂液 12.5% 有效氯	⊙	⊙
丁基苯甲醇	×	×	漂液 5.5% 有效氯	⊙	⊙
丁醇(正丁醇)	⊙	⊙	硼砂	⊙	⊙
丁醇(2－丁醇)	⊙	×	硼酸	⊙	⊙
乙醇	⊙	⊙	三氟化硼	⊙	⊙
六烷醇	⊙	⊙	溴酸	⊙	⊙
异丙(2－丙醇)	⊙	⊙	液溴	×	×
甲醇	⊙	⊙	25% 溴气	⊙	⊙
丙醇	⊙	⊙	溴水	⊙	⊙
氯丙烯	×	×	丁二烯	⊙	⊙
明矾	⊙	⊙	丁烷	⊙	⊙
氨	⊙	⊙	丁四椁	⊙	×
氨(液)	×	×	丁二醇	⊙	⊙
氨水	⊙	⊙	醋酸丁酯	×	×
铵水	⊙	⊙	丁基酚	⊙	×

注：指有良好的抗性，不起作用可使用；○指略加注意可使用；×指不能使用。

17.6.3 PVC 管应用领域

20 世纪 30 年代中，在德国首次生产并铺设 PVC 管。20 世纪 60 年代 PVC 管开始广泛应用。PVC 管可用于压力管道系统和重力管道系统。

在建筑市场上，使用的 PVC 管材有两种：一种是耐压管，一种是无压管。过去一般使用的铸铁管和铜管作为耐压建材，不仅腐蚀严重，而且需要经常维护和更换，成本较高。国外在建筑上现在广泛使用耐压自来水管，热水供应管大多使用 PVC 管。小口径 PVC 管(UPVC 管，CPVC 管)具有成本低、耐腐蚀、不需经常维修和更换等优点。而大口径 PVC 耐压管(直径在 100～900mm)替代铸铁管、增强小泥管，供水系统流动性好、耐腐蚀、重量低。节电、水质量好。而用 PVC 芯层发泡无压管作为室内下水管和雨水系统管，能很好解决室内下水管的噪声问题。公用工程排污管采用无压 PVC 管，具有耐腐蚀，不受硫化氢的侵蚀，使用寿命长，重量轻，安装费用低，易连接且密封，不易断裂。此外，建筑用穿线管和地下电缆护管也是 PVC 管材的另一个市场，目前国内采用的品种是直扩管、双壁管和单壁波纹管。

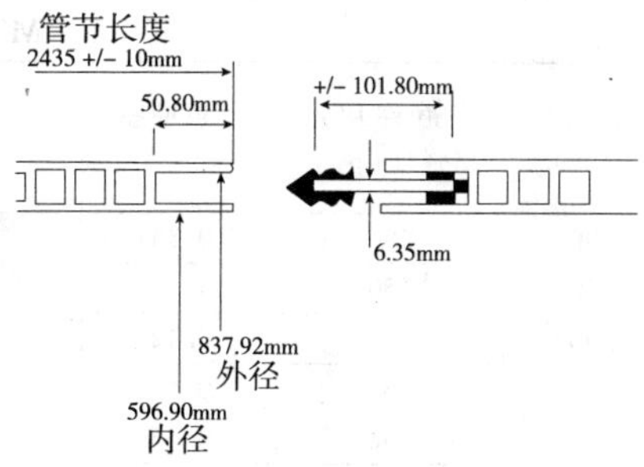

图 17-17 一种特殊的 PVC 管接头形式

PVC 管道具体可在以下领域中应用：自来水工程、电气工程、建筑工程、下水道工程、电信工程、凿井工程、盐水工程、天然气工程、化学工厂、制纸工厂、酿造发酵工厂、电镀工厂、农业园地、矿场、养殖业、高速公路工程、高尔夫球场工程、渔业用塑胶筏等。

日本率先采用微型隧道法直接施工 PVC 管道，最初铺设的 PVC 管道直径为 DN 200 ~ 300mm。在采用非开挖技术施工 PVC 管道时，美国人 Carlon 为 Vylon Pipe 公司研制出了一种适用于微型隧道的特殊接头（图 17-17），通过“I”型插入异型的管壁中进行管道的连接，中间采用多阶梯鱼鳍状玻璃纤维垫圈进行密封。这类管道的直径也可以较大，如在实验中采用的管道直径即为 DN 600mm。

17.7

球墨铸铁管道

球墨铸铁管道（Ductile Iron Pipes）的最大应用市场是在日本，主要用于顶管和微型隧道技术施工的压力管道；新加坡也将球墨铸铁管道应用于排放污水的主管道和工业供水管线；另外，在印度尼西亚首都雅加达也已经采用顶管和微型隧道技术施工这类管道。

球墨铸铁管道的直径一般在 DN 300 ~ 2600mm 范围内，单根标准长度为 4m，球墨铸铁管道通常可以分为四个等级。为了使管道的外表面光滑，在球墨铸铁管道的外面还要增加一层加筋的混凝土，同时，在球墨铸铁管道的里面制作一层水泥内衬也是实践中的标准做法。

对于一级的球墨铸铁管道，其所能承受的顶进力（t）可按管道直径（mm）×75% 来计算，例如，DN 1200mm 的管道所能承受的顶进力即为 900t，为了配合中继站的使用，一些厂家也生产了适合中继站的特殊形式的管道。

在英国，球墨铸铁管道的直径范围相当有限，同时由于管道 4m 的标准长度和较高的成本，也限制了它的进一步推广使用。

美国的铸铁管道公司（American Ductile Iron Pipe - ACIPCO）研制生产了专门用于非开挖顶管、管道在线置换和爆管用的铸铁管道，其中用于顶管和微型隧道的管道主要有三种：MT 管道、GS 管道和 Push - Bar 管道。MT 型顶推管道主要用作压力管道，而 GS 管道则主要应用于重力污水管道。

MT 管道是一种端部非喇叭形的铸铁管道，既可用作重力管道，也可用作压力管道，所能承受的许用压缩强度可达 350psi，管道的直径为 100 ~ 400mm。管道的接头是由加厚铸铁管道对两端进行镗铣加工而成，中间的连接件是一个单独的部件，采用不锈钢制成，其上有两个 1/4in. 的“O”型密封圈槽。因为这种 MT 型管道主要是为微型隧道工法设计的，要求管道能够承受较大的顶进力。MT 管道的相关技术参数见表 17-18。

MT 管道的相关技术参数 表 17-18

管道直径(mm)	管道许用压缩强度(psi)	管道壁厚(in.)	管道的标准长度(ft)	管道外径(in.)	管接头内径(in.)	单位重量(lb)	许用顶进力(lb)
100	350	0.38	20	4.8	3.62	325	60 000
150	350	0.4	20	6.9	5.7	505	124 000
200	350	0.42	20	9.05	7.81	700	176 000
250	350	0.44	20	11.1	9.83	905	232 000
300	350	0.46	20	13.2	11.88	1 130	294 000
350	250	0.48	20	15.3	13.94	1 370	362 000
400	250	0.49	20	17.4	16	1 595	424 000

GS 管道也是端部非喇叭形的铸铁管道,并且也是为了应用于微型隧道技术和其他的顶进技术,由于主要应用于污水管道,其所能够承受的最高水头压力为 43psi,该类管道的直径在 100 ~ 400mm 之间,管体由加厚管道加工而成,并形成一定的内喇叭形,中间采用两个"O"型密封圈密封。因为接头的加工精度很高,能够有效地传递顶进力,所以能最大限度地增加施工长度。

上述两种管道的标准长度为 6m,根据美国国家标准化组织(ANSI)的相关规定,管道的内部采用水泥沙浆作衬里,外部则采用沥青进行涂敷。但是,管道的不锈钢接头一般采用环氧树脂涂层。GS 管道的相关技术参数见表 17-19。

GS 管道的相关技术参数 表 17-19

管道直径(mm)	管道的标准长度(ft)	管道外径(in.)	管道的公称壁厚(in.)	单位重量(lb)	许用顶进力(lb)
100	20	4.8	0.41	345	60 000
150	20	6.9	0.43	535	124 000
200	20	9.05	0.45	745	176 000
250	20	11.1	0.47	960	232 000
300	20	13.2	0.49	1 200	294 000
350	20	15.3	0.51	1 450	362 000
400	20	17.4	0.52	1 690	424 000

17.8 钢 管

非开挖工程施工中用得最为普遍的是钢筋混凝土管,其次是钢管(Steel Pipes)。钢管通常(特别在路基穿越时)作为保护套管,管道的连接一般采用现场焊接的方法。虽然有时也采用微型隧道法施工一些保护套管,但是通常的钢套管的直径都是人可以进入的。因为接头的现场焊接要占用大量的施工时间,应优先选用长度为 6m 或更长的管段,这就要求施工更长的工作井。

非开挖工程用钢管可分为大口径与小口径两类,在大口径中用的钢管多采用一定厚度的钢板卷焊而成。在钢管卷焊完成后,还需根据不同的要求进行防腐处理。直径在 1000mm 以下的钢管可以用上述工艺生产，也可采购成品的有缝或无缝钢管，有缝钢管大多是螺旋焊缝，它是由生产线批量生产，成本低而且质量可靠。直径在300mm以下的钢管大多采用无缝钢管，管材的质量也能确保，但也必须选用标准规格的产品。

非开挖工程所用钢管的壁厚与其埋设深度以及推进长度、管内压力等有关。如果埋深较浅，管子的壁厚可以取薄一点；如果埋设深度大，管子所受到的土压力等比较大，容易产生变形，钢管的壁厚应取得厚一些，以确保钢管有足够的刚度。钢管壁厚的确定可采用下述公式

$$t = \alpha D + t' \tag{17-13}$$

式中：t——钢管的壁厚；

α——经验系数，取值在0.01~0.02之间；

D——钢管的内径；

t'——腐蚀余量。

α仅仅是一个经验数据，它与钢管埋设的深度及管径的大小有关，一般来讲，埋设得深一些的，α取大一点；反之，则取小一点。当管径很小时，α则应以钢管所能承受的推力为主要依据。必要时，α还应比式中所规定的更大一些。

钢管所能承受的最大推力可从下述公式中求得：

$$F = 2.1 \times 10^5 \pi (D + t) t \tag{17-14}$$

式中：F——钢管所能承受的最大推力，kN；

D——钢管的内径，m；

t——钢管的壁厚，m。

如要推进一根内径为100mm的钢管，推进总长度为80m。如果按上述壁厚公式计算求出的壁厚为2mm，而按顶力公式计算出其所能承受的最大推力为1 340kN。经计算后确定1 340kN只能推到60m长左右，这时，就必须把厚度再增大一些，以确保安全。

上述管道壁厚计算公式中的腐蚀余量t'，是考虑到管子埋在地下其外表的腐蚀情况以及钢管内所流过的介质对钢管内壁的腐蚀情况而决定增加的腐蚀量。有数据表明，在酸碱度为中性偏碱的土壤中，以普通的沥青环氧油漆作为外表防腐层，其每年的腐蚀量在0.1~0.2mm之间。如果埋设的钢管设计使用寿命为50年，则其壁厚应增加5~10mm。管内的腐蚀量则应根据流过的介质的酸碱度以及该介质在流经过程中有无腐蚀性气体的逸出而决定的。另外，还应视管内的防腐的手段和措施而决定，如果介质对钢管的腐蚀比较严重且又有强腐蚀气体逸出的，壁厚则应增厚些；反之，壁厚可少增加些。管内的防腐如果是采用普通的涂刷工艺涂防腐漆，则壁厚应增厚些；反之，如果是采用PVC等作为内衬用来防腐蚀的话，壁厚则可少增加或不增加。

非开挖工程用钢管的外防腐通常采用的是两道底漆和两道环氧沥青漆，如果要求高，还需用玻璃纤维布包缠在外面，涂上环氧制成玻璃钢加以防腐。这样，在顶进过程中外表不容易被擦伤，但顶进阻力将成倍增加。为了既减小推力同时还可防腐，就采用仿瓷涂料或氢凝来作为外壁涂料，效果也很好，只是成本较高。在考虑外壁涂料时，防腐应视土质而定。涂料在经过顶管，特别是经长距离顶管后的损伤程度应着重考虑；尤其是在砂土中推进，外表涂料极容易因摩擦而遭破坏。但是，无论采用哪种涂料，在管接口处都应留有100mm长的无涂层来，这部分须待管接口焊接工作完成、且管子已冷却下来以后再采用同样的涂料或采用一些快干性的涂料来涂上作为防腐层，这样做的主要目有两个，其一是便于焊接，其二是为了减少有毒有害气体的产生。即便是这样，在焊接钢管接口时应注意通风，同时应有专人观察焊接工人的工作情况，以防万一。

钢管在加工过程中,还要特别注意管接口的坡口形式,常用的管接口的坡口形式只有两种,即单边V型坡口和K型坡口。这两种坡口的具体尺寸可依据钢管壁厚在焊接规范中找到。一般来讲,单V型坡口适用于管径比较小,人无法进入管内进行焊接的钢管,它要求单面焊接,双面成形,对焊接要求比较高,必须要有较高焊接技术及经验的焊工作业,而K型坡口则用于大管径,人可以到管内进行焊接作业、且壁厚又比较厚的钢管。除了坡口形式的选择以外,还应注意顶进方向,顶进方向绝对不能搞错,否则,顶进过程中会造成卷口及接口不平整而使焊接工作的难度增加。这也是不可采用其他形式坡口的关键所在,有些人喜欢用X型坡口,殊不知在顶进过程中,这种接口容易卷口,在焊接过程中接口不容易对准,有的焊缝空隙特别大,不仅浪费人工和焊接材料,而且又无法保证把钢管的形状和位置公差严格地控制在设计图纸所要求的范围以内。

17.9 石棉水泥管道

非开挖工程用石棉水泥管道的直径一般为DN 200～2000mm,该类管道的材质是石棉、水泥和水的均匀混合物,采用所谓的缠绕法制造而成。中华人民共和国国家标准《石棉水泥压力管与接头》GB/T 3039—94中对管道的规格(表17-20)和原材料作了如下要求:

我国工农业与城镇供水用的石棉水泥压力管* 表17-20

公称直径(mm)	内径 d(mm)	标准长度 L(m)	Ⅰ 车削端			Ⅱ 车削端			Ⅲ 车削端		
			厚度 S(mm)	外径 D(mm)	参考重量 W($kg \cdot m^{-1}$)	厚度 S(mm)	外径 D(mm)	参考重量 W($kg \cdot m^{-1}$)	厚度 S(mm)	外径 D(mm)	参考重量 W($kg \cdot m^{-1}$)
75	75	2,3,4	9	93	5.5	10	95	6.1	11	97	6.6
100	100	2,3,4	9	118	7.1	10	120	7.8	11	120	8.5
125	125	2,3,4	10	145	8.7	11	147	9.5	13	151	11.3
150	150	2～5	12	174	11.3	11	172	12.3	14	178	15.4
200	200	3,4,5	13	206	16.1	13	206	17.4	16	232	20.8
250	250	3,4,5	14	278	23.1	16	282	26.4	19	288	33.1
300	300	3,4,5	16	332	33.3	19	338	35.2	23	346	47.2
350	350	4,5	19	388	43.0	20	394	45.3	27	404	63.9
400	400	4,5	21	442	56.5	25	450	59.1	30	460	80.3
450	450	4,5	24	496	69.0	28	506	83.7	33	516	93.6
500	500	4,5	27	554	89.2	31	562	102.2	38	576	125.5
600	600	4,5	32	664	125.2	37	674	144.8	44	688	164.6
700	700	4,5	37	774	167.4	42	784	190.2	47	794	213.2
800	800	4,5	41	882	210.6	47	894	241.7	50	900	246.9
900	900	4,5	45	990	258.6	52	1 004	299.4	55	1 010	316.3
1 000	1 000	4,5	50	1 100	317.8	57	1 114	393.0	60	1 120	369.5

注:*表中的管道规格不是专门适用于顶管法施工,顶管法施工的石棉水泥管道技术参数见表17-21。

(1)石棉:应采用符合 GB 8071 规定的五级和五级以上的温石棉,也可掺入适量对制品性能与输送水质无害的其他纤维。

(2)水泥:应采用符合 GB 175 规定不低于 425 号的硅酸盐水泥与普通硅酸盐水泥,但不得使用掺有煤、炭粉作助磨剂及页岩、煤矸石作混合材料的普通硅酸盐水泥。若管子在硫酸盐含量高的土壤中使用,应采用 GB 748 的抗硫酸盐硅酸盐水泥,也可选用砂质水泥,但需要采用压蒸养护。

(3)水:应采用清洁的淡水或循环系统的水,淡水中不应含有油、盐、酸类等杂物。

(4)连接管子用的石棉水泥套管与接头配件所用的材料应符合本标准其他相关规定的要求。如经供需双方协议,也可用其他材料制作,但应符合有关标准规定。

(5)选用的橡胶圈的品种、性能与形状规格等应符合接头与管道技术性能的要求,并要符合有关标准的规定。

国外的石棉水泥顶进管道的接头形式和相关技术参数分别见图 17-18 及表 17-21。

德国石棉水泥顶进管道的技术参数 表 17-21

管道公称内径 DN	管道外径 (mm)	壁厚 (mm)	管节长度 (mm)	重量 ($kg \cdot m^{-1}$)	顶进力 (kN)	接口导向环类型
250	350	50	1 000 2 000 2 500 3 000 5 000	97	750	石棉水泥套环
250	316	33		65	540	不锈钢导向环
300	368	34		79	670	
350	420	35		93	810	
400	474	37		112	1 000	
500	582	41		154	1 450	
600	692	46		210	2 030	
700	804	52		271	2 790	
800	916	58		344	3 670	

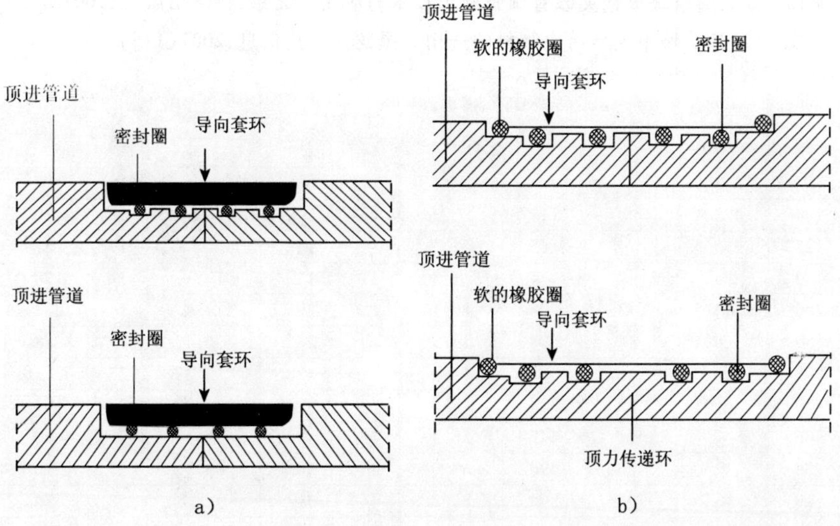

图 17-18 国外石棉水泥管接口形式

a)石棉水泥套环管接口;b)不锈钢导向环管接口

参考文献

[1]ANSI/AWWA C950 - 01 Fibreglass Pressure Pipe.

[2]ASTM D3517 - 03 Standard Specification for Fiberglass(Glass Fiber Reinforced Thermosetting Resin) Pressure Pipe.

[3]ASTM D3262 - 04 Standard Specification for Fiberglass(Glass Fiber Reinforced Thermosetting Resin) Sewer Pipe.

[4]ASTM D3754 - 04 Standard Specification for Fiberglass(Glass Fiber Reinforced Thermosetting Resin) Sewer and Industrial Pressure Pipe.

[5] CJ/T3079—1998 玻璃纤维增强热固性夹砂管道.

[6]JC/T838—1998 玻璃纤维增强热固性夹砂压力管道

[7]曹晓阳,吴学伟,等. 顶管工程中管材的比较和应用探讨. 非开挖技术,2006(2).

[8]GB 50268—97 给水排水管道工程施工及验收规范. 北京:建筑工业出版社,2003.

[9]刘惠,等. 给水排水管材使用手册. 北京:化学工业出版社,2005.

[10]刘庆山,等. 管道安装工程. 北京:中国建筑工业出版社,2006.

[11]MANUAL OF WATER SUPPLY PRACTICES M55,PE Pipe - Design and Installation. American Water works association. 2005.

[12]马保松. 顶管与微型隧道技术. 北京:人民交通出版社,2004 年.

[13]Mohammad Najiafi. Trenchless Technology - PIPELINE AND UTILITY DESIGN, CONSTRUCTION, AND RENEWAL. McGraw - Hill,2005.

[14]Moser A. P. Buried pipe design. 北京市市政工程设计研究总院,译. 北京:机械工业出版社,2003.

[15]王文革. 聚乙烯(PE)管材与非开挖施工技术. 非开挖技术,2005(4).

[16]ShahRahman,蔡记华. 热塑材料 - PVC 管材综述. 非开挖技术,2005(2).

[17]Dietrich Stein. Trenchless Technology for Installation of Cables and Pipelines. Germany,2005.

[18]吴贺林. 玻璃钢夹砂顶管管材选用及施工. 非开挖技术,23(5).

[19]吴学伟. 定长缠绕玻璃钢夹砂管顶管施工技术与应用. 北京:科学出版社,2007.

[20]于海滨,曹凌瑜. 城市大型污水管材的选用. 黑龙江科技信息,2007(11S).

CHAPTER 18

非开挖工程经济评价与管理

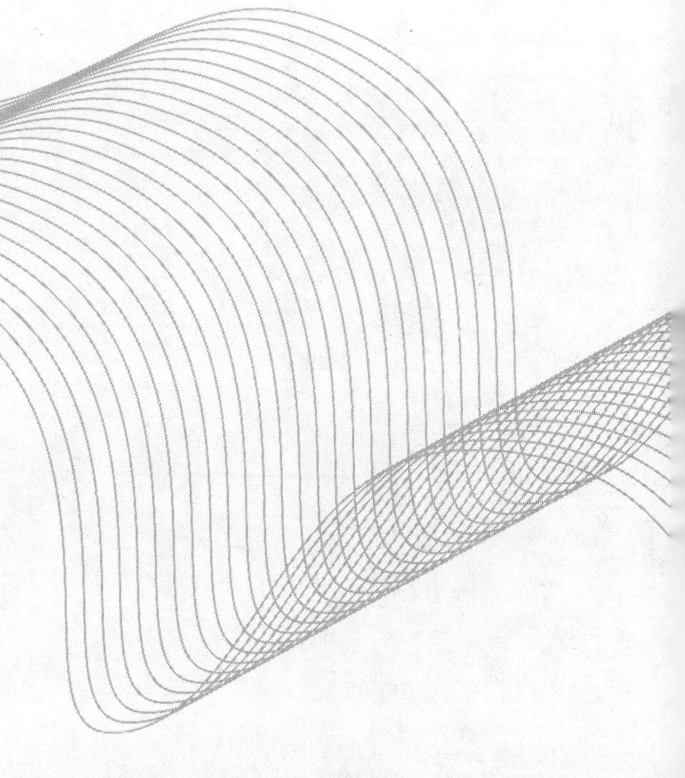

18.1 项目成本分析

非开挖工程项目的工程费用主要决定于地层条件、工程量、所铺设的管道类型和规格尺寸以及其他一些因素，另外，不同的国家和地区以及同一国家的不同地方，工程的造价也有很大差别，以非开挖工程中顶管工程为例：同样的顶管施工工程，北京或上海的工程费用可能会是长春的两倍。施工项目的总成本包括直接成本、间接成本和社会成本三部分，下面将讨论这三个成本的具体构成。

18.1.1 直接成本

直接成本指施工中直接消耗的费用，主要包括以下五项费用：

1）项目的规划、设计和施工管理费用

对于任何一项管道工程项目，其直接的工程成本只是总的造价的一小部分，因此，即使项目的规划、设计和施工管理费用增加10%～20%，对于整个工程项目的经济评价也没有大的影响。

2）工程的施工费用

工程的实际费用最终决定于甲方向工程承包商以及所有的供应商所支付的费用，而不是投标的价格，这两者之间通常会有很大的差距。

对项目成本进行分析，最现实的方法是采用工程类比法，通过这种方法得出的项目成本给人的感觉是比较直接，但是事情也不总是这样。经验告诉我们，甲方、乙方以及工程技术人员所提供的数字的构成通常会有很大出入。

3）对已有设施的改造费用

当在城市道路下面施工时，对于开挖法施工，对道路下面现有管线和其他设施的改造将是施工成本构成的一个主要部分，有时可以占总成本的15%。对于非开挖工程施工，虽然这类改造工作大大减少，但在开挖工作坑时仍然是必要的。

4）地面的复原费用

采用开挖法在道路下面铺设较深的管道时，其对道路造成的损坏通常要比实际开挖的宽度大，而采用非开挖技术施工时，则对道路基本没有影响，因此所消耗的道路地面复原的直接成本也非常有限。

5）交通转移费用

交通转移费用主要包括相关交通标志转移、交通警察的控制、广告牌的制作等产生的直接费用，这些费用在进行成本分析的时候也必须考虑进去；但是，如果采用非开挖施工方法，这项费用可以大幅降低。

18.1.2 间接成本

有关工程间接成本的评价是非常复杂的。在过去,人们没有对间接成本形成正确的认识并把他单独列为成本项目。间接成本主要包括如下几项:

(1)财产损坏赔偿;

(2)地下设施损坏赔偿;

(3)商业利润损失赔偿;

(4)人员伤亡赔偿。

18.1.3 社会成本

随着社会的进步,由施工带来的社会成本也逐渐被关注,主要指的是由此而引起的环境问题。所以在进行项目评价时应将这一确实存在的社会成本考虑进去。社会成本主要包括如下几个方面:

(1)由施工引起的交通干扰和延迟;

(2)交通事故几率增多;

(3)公众失去了舒适、平静的生活环境;

(4)给环境带来的影响,如噪声和振动等。

据统计,由开挖法污水管道施工引起的交通干扰和延迟而造成的经济损失可以达到几倍于工程项目的直接成本,对城区地下设施施工现场的研究表明,社会成本和直接成本的比率通常在0.1~10.5范围内。在一项特殊的研究中,14个施工现场的社会成本和直接成本的比率平均值为3.0;最近一项对10个施工现场的研究表明,社会成本和直接成本的比率在0.5~5.0之间变化,平均值为1.3。

18.2 项目成本预测

进行非开挖施工项目成本预测的基本方法是编制资源消耗表,这里所说的资源包括人力资源、设备、材料和工期等。要正确地进行成本预算,必须首先对所选的工艺方法和设备性能进行充分的了解。整个过程可以分为以下几个步骤:

第一步要明确在成本预测中所涉及的工作项目,应以施工图纸、现场勘察报告以及相关的施工规范为依据,同时,对于任何可能对施工造成影响的不利因素(如狭小的施工空间等),都应加以注明。

第二步和第一步直接相关,确定工作实施的方法,其中包括设备的选择(所选施工设备应和地层条件、工作坑的构筑、管道的类型和尺寸相适应),施工场地的大小和位置显然要对上述施工方案产生影响。

第三步是制定施工程序并对主要施工活动进行合理的资源配置。在所需的施工材料中，管材的数量等是比较直观的，其他的设备（如吊装设备、动力设备）则应根据技术的需要（如载荷的大小或现场布置等）进行确定。施工人员在技术和人员数量上的配备可参照类似的工程项目的实际经验和操作方法进行。对施工时间的配置，也应根据实际经验，按照在第一步中所列出的工作项目进行评价。

第四步是预测并得出项目的直接成本，再加上现场管理费和保险费（通常用直接成本的百分比表示），即得出现场总的施工成本；然后再加上其他的管理费以及承包商的利润（也用百分比表示），即得出工程项目的总的成本。另外，有时还可以加上由于未知因素所造成的意外事故而发生的费用。

下面将举例说明如何进行成本预测。

如图 18-1 所示，这是一项微型隧道管道铺设工程项目，要铺设的管道分为两段，第一段为 450mm × 80m，第二段为 600mm × 50m，在施工中需要开挖 3 个直径均为 2.74m 的工作坑（井），管道不同位置的埋深分别如图所示。所编制的施工横道图和工程成本预算分别如图 18-2 和表 18-1 所示（根据 Moss 的论文）。

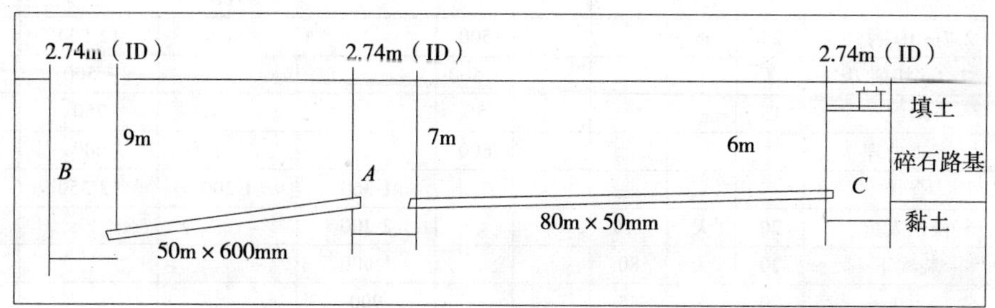

图 18-1　微型隧道管道铺设工程项目示意图

从图 18-2 中可以看出，整个管道铺设过程需要 18 天，其中设备安装和转换需要 5 天，占 28% 的施工时间。施工中采用的微型隧道掘进机为 RVS 250A，工作井和人井的施工采用弧形

施工内容	施工天数																																
	1	2	3	4	5	6	7	8	9	10	11	12	13	14	15	16	17	18	19	20	21	22	23	24	25	26	27	28	29	30	31	32	33
工作井施工																																	
沉箱制作																																	
25m沉井施工																																	
坑底浇筑																																	
微型隧道施工																																	
设备安装																																	
80m顶进（10m/d）																																	
设备调头																																	
50m顶进（10m/d）																																	
螺旋钻杆回收																																	
在C中修工作台																																	
工作井C完工																																	
螺旋钻杆回收																																	
在A、B修工作台																																	
工作井A、B完工																																	

图 18-2　施工横道图

沉井系统。所以,工程项目的总的施工成本(C)的计算方法如下:

$$C = 工作井施工费 + 微型隧道施工费 + 人井修筑费 = 20\,910 + 33\,900 + 5\,595 = 60405(£)$$

施工成本(C)再加上12%的现场施工管理和保险费,即得施工现场成本(C_{site}):

$$C_{site} = (1 + 12\%) \times C = 1.12 \times 60405 = 67654(£)$$

在施工现场成本基础上,再加上8%的上级部门的管理费和15%的施工承包商的利润,即可以得出总的工程造价为84026(£)。

工程项目成本预算(表中金额单位为£) 表18-1

项目		数量及其单位		单价			人工费	设备费	材料费	合计
				人工	设备	材料				
工作井施工	工长	8	工日	70			560			
	力工	8	工日	45			360			
	挖掘机操作员	8	工日	55			440			
	20t挖掘机	8	工日		100			800		
	其他工具和设备	8	工日		30			240		
	空压机	8	工日		20			160		
	2.7m ID 衬环	25	m			500			12 500	
	2.7m切削刃	3	个			1 500			4 500	
	水泥	15	m^3			50			750	
	弃土处理					600			600	
	合计						1 360	1 200	18 350	20 910
微型隧道施工	操作人员	20	天	110			2 200			
	装配工	20	天	80			1 600			
	力工	20	天	45			900			
	叉车司机	20	天	55			1 100			
	RVS250A掘进机	20	天		700			14 000		
	175KVA发电机	20	天		80			1 600		
	叉车	20	天		30			600		
	其他工具和设备	20	天		40			800		
	600mm管道	50	m			90			4 500	
	450mm管道	80	m			70			5 600	
	弃土处理					500			500	
	起重机使用费					500			500	
	合计						5 800	17 000	11 100	33 900
人井修筑费	工长	9	天	70			630			
	力工	9	天	45			405			
	空压机	9	天		30			270		
	建筑模板	9	天		15			135		
	地表复原设备	9	天		20			180		
	常用工具	9	天		30			270		
	水泥	10	m^3			50			500	
	梯子	17	m			35			595	
	混凝土板	3	个			500			1 500	
	井盖	3	个			150			450	
	地面恢复	3	个			120			360	
	运输吊装费					300			300	
	合计						1 035	855	3 750	5 595

图 18-3 和图 18-4 分别表示了施工项目成本各组成部分的相对重要性，从图 18-3 中可以看出，工作坑施工费用占施工成本的 35%，管材费用占 17%，实际的管道铺设费用只占 39%。图 18-4 在不计算人井施工费用的情况下，将微型隧道施工费用分成材料费、人工费和设备费 3 个主要部分。其中材料费所占比例最大，达到 54%，设备费次之，占 33%，而人工费最低，仅占全部费用的 13%。

这里要说明的是，所有项目的经费预算都应结合具体工程项目的实际情况，上述各部分所占的比例也各不相同。这里给出的例子仅对于微型隧道施工项目的主要成本构成的分析具有一定的借鉴作用。

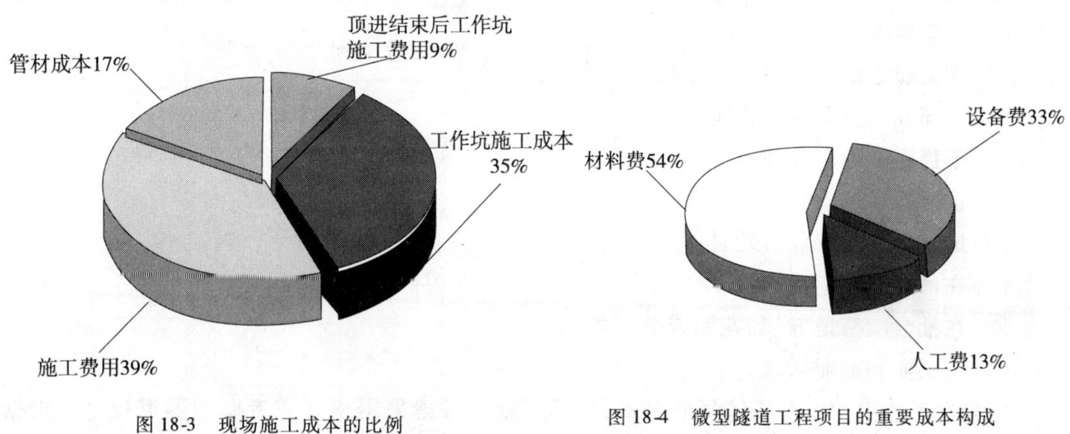

图 18-3　现场施工成本的比例

图 18-4　微型隧道工程项目的重要成本构成

18.3 非开挖和开挖施工法的成本对比

采用传统的开挖法铺设管道时，若管道埋深超过 1.5 ~ 2.0m，由于需要对地层进行支护和/或要对地层进行降水处理，同时，需要更多的人力作业，机械设备的生产效率受到限制，所以，施工成本则开始大幅度增加；甚至对于埋深较浅的铺管作业，如果管道直径超过 DN300mm，其施工成本也会明显增加。

对于埋设深度在 4 ~ 6m 的污水管道，将会由于大量的开挖作业和支护作业而导致施工费用的大幅度增加。在土质条件比较差的条件下，如果开挖深度超过 4m，施工中的支护费用很容易就达到大直径管道施工费用的 30%；如果类似的施工作业是在繁华地段进行，施工费用往往会成倍增加，工程的附加费用通常由很多因素引起，但主要因素如下：

(1)人工开挖作业量所占比例较大；

(2)需要对其他地下设施进行保护；

(3)需要对开挖的地面进行临时和永久恢复；

(4)工作空间受到限制;

(5)需要考虑车辆和行人的通行。

采用开挖法在道路下面铺设管道时,各部分施工费用的比例关系如图 18-5 所示,与图18-3 和图 18-4 中所列的微型隧道管道施工相比,在开挖法施工中的永久结构(如管道、工作井等)所占的施工费用则大幅下降,而像开挖和道路复原这样的临时性工作则占用了大量的工程费用。

在比较繁华的地段进行管道铺设时,由于开挖法的成本过高,从综合方面考虑,应采用非开挖施工方案。英国约克郡水务公司(Yorkshire Water Plc)总结了可以考虑采用非开挖施工技术进行污水管道铺设的一些条件(图 18-6),这些条件可以具体列举如下:

(1)管道埋深≥4m;

(2)在交通流量较大的繁忙道路下面施工;

(3)上部或临近有地下管线时;

(4)不稳定的地层条件;

(5)在地下水位下施工;

(6)地层移动具有危害性时;

(7)在环境敏感地区施工;

(8)在社会敏感地方(如花园或公园等);

(9)在工业和商业区域。

如果在上述因素中有任何两个因素占主导,则应考虑采用顶管或者微型隧道技术。根据约克郡水务公司的经验,如果施工深度≥4m,特别是管道的直径也≥DN 500mm 的同时,微型隧道和顶管技术特别具有竞争力。

在柏林,大约 40% 的污水管道是用微型技术施工的;自 1985 年后的大约 10 年中,采用这种方法铺设的管道总长度约 100km。柏林在大量的实际施工中总结出了如图 18-7 和图18-8 的施工经验,即在混凝土和沥青路面下施工时,采用微型隧道工法经济上比较合算的施工深度略大于 2m。

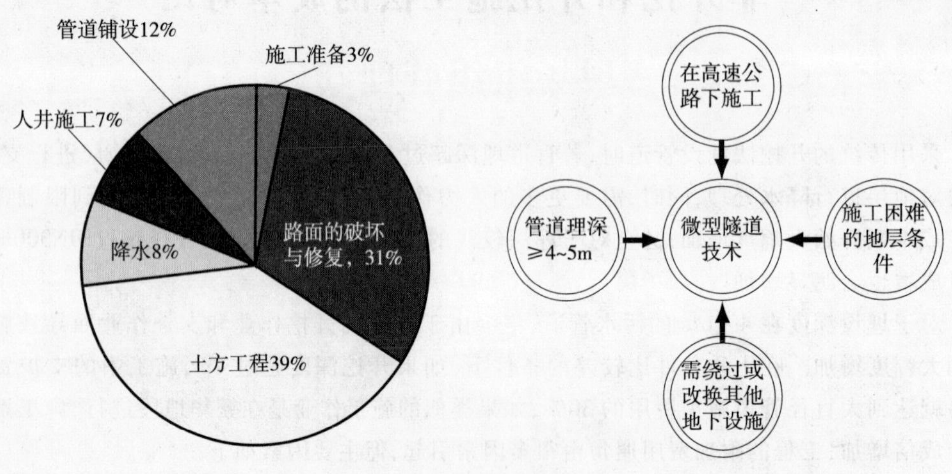

图 18-5 传统开挖法污水管道施工成本分析

图 18-6 应考虑采用微型隧道法的条件

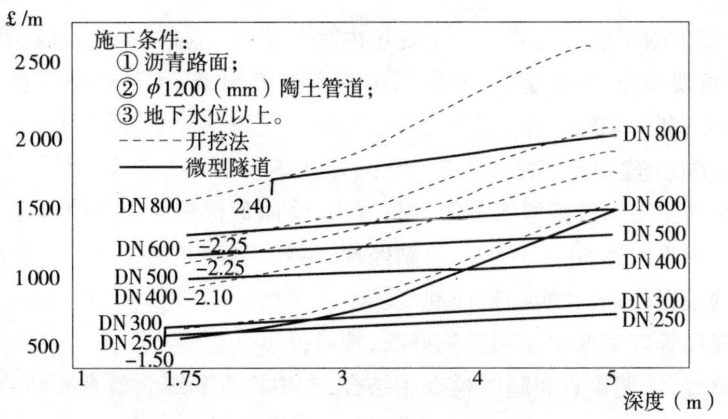

图 18-7　在加沥青处理的路面上施工微型隧道和开挖法经济性对比

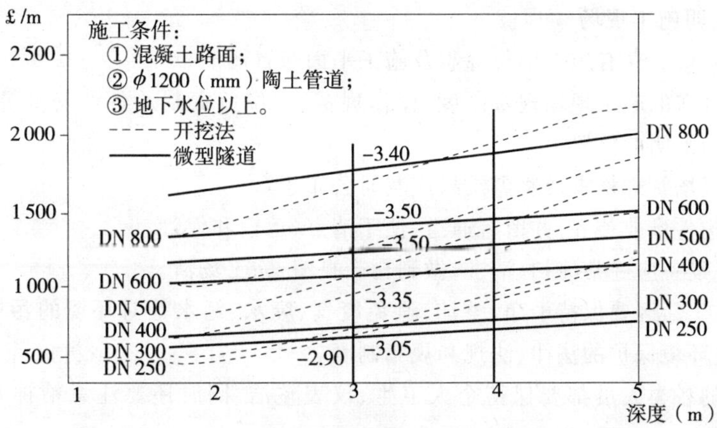

图 18-8　在混凝土路面下施工微型隧道和开挖法经济性对比

18.4 现场组织管理

施工项目现场是指从事施工活动经批准占用的场地。它既包括红线以内占用的建筑用地和施工用地,又包括红线以外现场附近,经批准占用的临时施工用地。

施工项目现场管理的主要内容:

(1)合理规划施工用地

根据施工项目及施工活动用地的特点合理规划,保证施工现场内占地充分利用。场地空间不足,应会同建设单位按规定向城市规划部门和公安交通部门申请,经批准后,方可使用场外临时施工用地。

(2)科学设计施工总平面图

施工组织设计中要合理科学布置施工现场的总平面图,并随着施工进展,做出及时、必要的调整,以适应新的施工阶段需要。施工现场内大型机械、道路、水电管线、仓库、料场、消防设施、临时设施等重要设施,合理定置,一次到位不宜频繁调整,其布局要符合安全防火、环保要求,还要方便施工,利于节约。

(3)建立施工现场管理组织

项目经理是施工现场管理组织的第一负责人,全面负责整个现场的管理工作。

施工现场管理组织还有:主管生产的副经理、主任工程师、施工队长、技术和安全等管理人员参加,并按专业、岗位、区片实行责任制度。

建立施工现场管理规章制度和实施办法,按章办事。

建立检查制度,定期检查和随时检查相结合,专项检查和综合检查相结合。

班组实行自检、互检、交替检制度,形成例行性管理工作。

发现问题及时整改,并实行奖惩。

(4)建立文明施工现场

施工现场入口竖立有施工单位标志及施工平面布置图。

要求职工遵守的施工现场规章制度、操作规范、岗位负责制及各种安全警示标志,应公开张贴于施工现场鲜明的位置上。

各次施工现场管理检查及奖惩结果应及时公布于众。

现场材料构件堆放整齐,并留有通道,便于清点、运输和保管。

施工现场、设备应经常清扫、清洗,做到自产自清、完工场清。

现场食堂、生活区要保持干净、整洁,避免废气、废水、污水等对环境的污染,应符合国家、地区、行业有关环境保护的法律、法规和规章制度。

参加施工的各类人员都要保持个人卫生、仪表整洁、同时还要注意精神文明,不打架、赌博、酗酒等。

对于任何非开挖工程项目来说,尽管进行精心的设计、材料的选择、项目合同的起草和签订,如果在项目实施过程中不进行适当的计划和控制,仍然会导致项目的失败。因此,项目成功实施的主要责任在于承包商。

在传统的施工合同中,承包商的主要工作和努力是保证施工工期并控制施工成本,而工程甲方的主要任务是控制工程质量,监督承包商按照施工规范施工。但是对于非开挖工程项目,这种责任分工已经变得越来越不适合,因为这样的项目是承包商提供非常专业化的施工设备、专门的技术人员和施工经验,承包商在符合施工规范和保证工程质量的情况下,可以按照自己的利益进行项目的设计和施工。

监理人员应该对承包商施工方案进行审察,其中包括拟采取的施工方法、技术措施以及施工质量保证和控制(QA/QC)程序,并确定承包商的方案是否和施工合同一致。在施工现场,甲方代表除了完成对已完工部分进行正常的检测工作外,另外一个重要任务即是监督承包商严格按照其所提出的 QA/QC 程序进行施工。

德国的质量保证协会(Quality Assurance Association)制定出了表格化的 QA/QC 程序,目的在于从工程开始即对其进行质量控制,其主要内容有以下 4 个方面:

(1)所铺设管线满足施工规范;

(2)使用可靠的施工设备和施工方法;

(3)合理有效的作业程序;

(4)有质量意识的操作人员。

18.5 施工组织设计的编写

18.5.1 施工组织设计的作用及任务

1)施工组织设计的定义

施工组织设计是施工单位安排施工准备和组织、规划施工全面性的技术、经济的文件,是指导施工单位现场施工的法规。

施工组织设计是施工单位为组织、规划、指导某一具体工程项目的施工而编制的现场施工组织的设计文件,它是建筑、安装企业施工管理工作的重要组成部分,是保证按期、优质、低耗地完成建筑安装工程施工的重要措施,是施工企业对施工工程项目实行科学管理的重要环节。

2)施工组织设计的作用

非开挖工程属于地下工程,影响施工的因素很多,除了施工工艺方法多、技术要求差异大等特点外,工程地质条件、原有地下设施和地下障碍物情况以及施工现场环境等因素均可对施工进度、工程质量、施工安全和施工成本造成影响。为了保证非开挖工程施工项目的顺利进行,取得良好的经济效益和社会效益,编写好非开挖工程施工组织设计是十分关键的。

施工组织设计是施工单位在充分调查研究施工工程现场的客观状况、了解设计院施工图设计的具体要求并根据施工企业自身的技术力量、装备现状的基础上组织编制的。它的作用如下:

(1)全面规划、布置施工生产活动;

(2)制订先进合理的施工技术措施和施工组织措施;

(3)确定经济合理又切实可行的施工方案;

(4)节约地使用人力、物力、财力,主动调整施工中的薄弱环节,及时处理施工中可能出现的矛盾和问题;

(5)加强施工现场各方面的协作配合,保证有节奏地、连续地施工,全面地完成施工任务;

(6)促进企业以最少的人力、物力和资金消耗,采用先进的管理手段,实现施工项目最优的经济效益和社会效益。

3)施工组织设计的任务

施工组织设计的主要任务是:

(1)确定施工工程项目开工前必须完成的各项施工准备工作;

(2)计算施工上程项目的实物工程量,并据此合理地部署施工力量,确定人力、施工机具、材料的需用量和供应方案;

(3)从工程施工的全局出发,确定技术上先进、经济上合理的施工方法和技术组织措施;

(4)选定有效的施工机具和合理的劳动组织;

(5)合理地安排施工程序和施工方案,编制合理的施工进度计划;

(6)对施工现场的总平面和空间进行合理的部署,以便统筹利用;

(7)制订确保工程质量、安全生产、物资节约的组织技术措施;

(8)确定各项技术经济建设指标。

编写非开挖工程施工组织设计,首先要明确其目的是为了更科学、合理、经济、安全地组织好施工。其次,遵守编制施工组织设计的原则,即树立严谨的科学态度,坚持实事求是的作风,要在深入细致调查研究的基础上,编制出对非开挖工程具有指导意义且可操作的施工组织设计。最后,要明确施工组织设计是对施工全过程进行指导的重要文件,它还有一个讨论、编写、审批的过程。但一旦完成,它又是我们进行非开挖工程施工的重要依据,必须严格遵循。

18.5.2 编制施工组织设计的原则

为多实现上述施工组织设计的任务,充分发挥施工组织设计的作用,在编制过程中必须遵循以下十条原则:

(1)认真贯彻党和国家对基本建设的各项方针、政策,认真执行国务院颁布的《建设工程质量管理条例》的要求,严格遵守基本建设程序和施工程序,科学地安排施工顺序,进行工序排队,在切实保证工程质量的基础上,加快工程施工进度,缩短工期,根据建设单位基建施工进度计划的要求配套地组织工程施工,以便使建设项目早日交付投运启用。

(2)严格执行国家颁布的建筑安装工程施工验收规范及建筑安装工程质量检验评定标渡,认真遵守施工操作规程,积极采用国内、外先进施工技术和科学地管理方法,确保建设项目的工程质量和施工安全,组织文明施工。

(3)努力贯彻建筑安装工业化的方针,加强系统管理,不断提高施工机械化和预制装配化程度,努力提高劳动生产率。

(4)合理安排施工生产计划,用统筹法组织平行流水作业和立体交叉作业,不断加快工程施工进度。

(5)认真落实季节性施工措施,确保全年连续、均衡地组织施工。

(6)尽可能地利用正式工程、原有建筑和设施作为施工临时设施,尽量减少人型临时设施的规模。

(7)积极推行工程项目管理,努力提高施工生产力水平;一切从实际出发,做好人力、物力的综合平衡,组织均衡施工作业。

(8)因地制宜,就地取材,尽量利用当地资源,减少物资运输量,节约费用开支。

(9)精心地进行施工现场的平面规划,节约施工用地,力争不占或少占耕地。

(10)认真进行对诸多方案的技术经济比较,选择出最优方案,以使企业在该工程项目上取得最佳的经济效益和社会效益。

18.5.3 施工组织设计的编制的内容和依据

编制施工组织设计的目的是为了有效地指导和组织管理施工。因此,不论哪一类施工组织设计,都必须抓住重点,在编制内容上要突出两个方面:一是工程施工必需的准备,研究工程施工必须具备的物质方面和组织方面的客观条件加具体指导工程施工谁备工作的实施;二是规划施工活动,研究施工方案及实现方案的有关施工技术、施工组织,采取快速、优质、低耗地完成施工工程的措施。这两个方面的内容有规律地联系在一起,对工程施工准备和工程施工过程实施科学管理。

由于建设工程的性质、工程规模的大小、工程复杂程度、工程工期的长短、现场的施工条件、建设地区自然条件和经济条件的不同,各类施丁组织设计编制的内容和深度、繁简程度和侧重点等都应该有所区别。要以满足实际施工需要为原则,不要摘形式主义。

1)施工组织设计编制的具体内容

施工组织总设计的内容和编制深度,视所承建工程的性质、规模大小、施丁的复杂程度、工期要求、施工现场条件及当地自然条件和经济条件的不同而有所不同,但都应突出“规划”和“控制”的特点。施工组织设计一般包括以下主要内容。

(1)工程概况

①首先应对工程所在地的环境、交通、地下公共设施等作一些简明扼要的介绍;其次,应对工程的工作量、管道埋深、管线走向作一个说明;最后应对工程的特点、难点作一个重点介绍。

②地层条件这是工程概况叙述的重点,也是选择非开挖施工方法的主要依据。一定要根据施工的特点和需要,对所涉及的土层的物理、力学性质进行详细描述。地层条件不仅是选择工法的主要依据,也是合理选择辅助施工方法和各种施工计算(如顶管施工中顶进力计算)的依据。因此,要求其数据可靠、可信。如果业主提供的资料不能完全满足要求,承包商应进一步要求业主提供有关资料,或者自己进行一次比较详尽的勘探,以取得完整的资料。

③在比较简单、推进距离不长的情况下,可以在地层的纵剖图上标明顶进长度。但是,若施工规模比较大且较为复杂时,就必须每间隔一定距离绘一张地层柱状图。地层柱状图是把每一个钻探孔的土质分层,并对其主要特性加以说明,让施工人员能一目了然地了解地层状况。

在每一张地层柱状图中,自左至右,其应含有的内容有:绝对高程、土层深度、柱状图、土层颜色、土质名称、土层物理力学性质说明、标准贯入值、标准贯入值曲线、施工所涉及的土层及管径和管内底高程等。

④对施工可能影响到的建筑的结构、基础、使用状况应作一些说明。必要时应对建筑物已有的裂缝作一个封头处理。具体做法是由施工方、业主、监理及当地代表四方,在施工前对可能影响到的建筑物的裂缝端头用红漆标注出来,对较宽裂缝的宽度用红漆标注在裂缝旁边,并且对这些拍照,做成资料,由四方签字并各持一份。遇到受保护的古建筑物及居民房屋应尽可能做得详细一点。如果需要特别保护的还要制定出其保护措施,该措施应列入后面的施工计划。

⑤对非开挖工程施工可能影响到的各种地下管线,应注明所要施工的管道是与其平行还是相交,与它们的间隔、距离都应标明。还要标明该管线的名称、用途、接口、埋设年份及目前使用状况。特别应该引起注意的是那些早已废弃的各种管道,如果调查不充分,会给施工带来麻烦,甚至影响工程的顺利进展。所以,应尽可能取得它们的竣工资料或开挖样洞来获取第一手资料。同样,对于地下废弃的构筑物也要仔细调查清楚。

(2)施工部署和施工方案的拟定

明确建设项目的施工机构,划分各参与施工的各单位任务,建立施工现场统一的组织领导部门及其职能部门,确定综合的、专业化的施工组织,划分施工阶段,明确各单位分期分批的主攻项目和穿插配合的项目等。

在确定开展程序时,主要应考虑以下几点:

①在满足项目建设的要求下，组织分期分批施工，既可使一些项目进快建成，又能使组织施工在全局上取得连续性和均衡性，并可减少暂设工程数量，有利于降低工程成本。

在按交工系统组织施工时，应同时安排好与之配套的生产辅助和附属项目的施工，以保证生产系统能按期交付投入生产。

②确定开展程序，应注意首先安排下列项目：按生产工艺要求，须先期投产或起主导作用的工程项目；运输系统、动力系统；工程量大且施工难度大、施工周期长的项目；适当安排部分拟建的次要零星项目（如检修车间、仓库、办公楼、食堂、住宅等），既可供施工期间使用，也可作为均衡施工任务的"调节工程"。

③安排项目的开展程序，需考虑到季节性的影响。

根据施工图纸、项目承包合同和施工部署要求，分别选择主要构筑物确定其施工方案，主要内容包括：施工工艺与方法、施工程序、施工机械和施工进度。

④"三通一平"规划

根据施工部署和施工方案要求，编制全场性施工准备工作计划。其编制的格式见表18-2。

主要施工准备工作计划 表 18-2

序号	项目	准备工作内容	负责单位	有关单位	要求完成日期	备注

(3)施工总进度计划：包括建设工程总进度、主要单位工程综合进度和土建配合施工进度，如属跨年工程还应编制逐年工程进度计划。施工总进度计划，用以控制整个建设工程的总工期及各单位工程的搭接关系和延续时间。

(4)技术、物资供应计划。

(5)劳动力组织、技术培训和各工种劳动力的需用计划。

(6)保证工程质量和安全生产的技术、组织措施。

(7)施工准备工作计划：主要包括对建设地区自然条件及技术经济条件等的调研，掌握设计进度和意图，编制施工组织设计和研究有关施工技术措施，新工艺、新技术、新材料的试验，技术培训、物资和施工机具的申报和准备等。

(8)附属企业及大型临时设施规划。

(9)施工现场总平面规划，就是把建设地区已有的和拟建的地上或地下建筑物、构筑物从施工所需的各项设施，如材料仓库、运输路线、附属牛产企业、供水、排水、供电及临时建筑物等，合理规划设计后绘制在施工现场总平面团上。施工现场总平面规划是具体指导整个施工现场进行有组织，有计划实现文明施工的在平面和空间的规划部署方案。

(10)整个建设工程的总包单位、分包单位、建设单位三方配合协作关系及各自的职责。

(11)主要经济技术指标分析是用以评价该施工组织设计的技术经济效果，并作为今后考核的依据，包括以下几种：

①施工周期；

②劳动生产率；

③劳动力不平衡系数；

④降低成本指标；

⑤工程质量与安全指标；

⑥其他指标。

最后，应对本施工组织总设计概括说明在技术上的先进性、组织上的可能性及经济上的合理性，还应指出施工准备中的主要问题、组织施工中的重大措施和建设等作为设计的结束语。

2）施工组织设计编制的依据如下

（1）施工图。包括本工程的全部施工图、设计说明书以及设计规定采用的标准图。

（2）土建的施工进度计划。根据土建单位的施工进度计划确定相互配合交叉施工的要求以及对该工程的开、竣工时间的规定和二期要求等。

（3）施工组织总设计。施工组织总设计对该单位工程的规定和要求。

（4）国家现行的有关法规、规范、标被、规程及上级有关指示，省、市地区的操作规程、工期定额、预算定额和劳动定额等。

（5）设备、材料申请订货资料（引进设备、材料的到货日期）。

（6）类似工程的经验资料及有关技术创新的成果材料等。

18.5.4 施工组织设计主要组成部分的编制

1）施工技术方案的选择和确定

施工技术方案是施工组织设计的一个重要的组成部分，也是编制施工进度计划和绘制施工现场平面团的依据。确定的施工技术方案是否先进、合理、经济，直接影响着工程的进度、施工工程的质量和项目的经济效益。编制施工技术方案通常包括以下三个方面的内容。

（1）施工顺序确定

确定施工顺序是为了按照施工的技术规律和合理的组织关系，解决各项目之间在时间上的先后和相互搭接问题，以做到保证工程质量、施工安全、充分利用施工作业空间，争取时间，实现合理安排工期的目的。它对于降低工程成本、提高工程质量、缩短工期、提前获得基本建设投资效益，具有重要的意义。施工顺序的编排要求和方法如下。

①整个建设项目的施工顺序安排，主要应根据工程投产顺序和各单位工程的施工工期的长短以及是否有利于以后的工程施工的顺利进展为原则进行安排确定。一般按生产工艺流程先投产的、工程量大的、施工周期长的应先行安排施工。

②单位工程施工顺序的安排，应根据工程和工种技术要求进行确定。主要应考虑施工工序的衔接，要符合施工的客观规律，防止颠倒工序，避免造成相互影响和重复劳动。一般应该按先土建施工，后管线设备安装，如水泵的安装，应先进行设备基础施工，再进行设备的吊装，最后才能进行配管，这就是技工程的技术要求来编排施工顺序；承插给水铸铁管道的安装，则是技工种技术要求编排施工顺序，它是在水泥接口施工完毕，并经过一段时间养护、接口强度达到一定要求，管道充水一定时间后才可进行水压试验。

③根据工程本身特点确定施工顺序。例如，室外排水管道施工，应先从全线的下游和出口部位开始。而室内雨水排水管道的施上则先从屋面天沟雨斗承接斗开始，然后依次安装悬吊管、连接管、雨水立管反地下排出管。

④根据有利于成品保护的原则确定施工顺序。例如，先进行埋地工程的施工，后进行地面工程的施工；先高空部分工程施工，后地面部分工程施工，这样可以防止后面工序施工对前面工序完成产品的损坏或污染，有利于成品保护。

⑤根据有利于后续工序施工作业的原则安排施工顺序。对于设备安装工程，应先安装机械设备，后进行管道和电气的配管、布线；对于机械设备安装，应先安装体积大、质量重的关键

主要设备,后安装普通一般的机械设备。管道安装工程应先安装干管,后安装支管;先安装大口径管道,后安装小口径管道;先安装支架靠里面的管道,后安装靠外面的管道。这样不仅施工操作方便,也可防止后续施工对前面施工工程的损坏,有利于成品保护。

(2)施工劳动组织的部署

施工组织实际上就是在工程施工中对施工力量的部署。对于建筑安装工程的施工,一般都是按分部,分项工程进行组织的。而每一个分部或分项工程的施工,大都由一个或数个专业施工班组来承担,班组内根据工程施工需要配备一定数量的辅助工种(如电焊工、气焊工、油漆工等),具体采用何种施工组织形式必须根据工程对象和现场实际情况来确定。一般组织施工的形式有依次施工、流水施工、交叉施工这三种形式,具体采用哪种组织施工的形式同施工的组织一样,需根据工程对象和现场实际来选定。

(3)施工方法的选择

主要项目(或工序)的施工方法是施工技术方案的核心。选择施工方法时首先要根据工程特点,找出哪些项目(或工序)是主要项目(或工序),以便在施工方法选择时重点突出、确实能够解决施工中的关键问题。主要项目(或主要工序)的确定不是固定不变的,而是随工程的不同而异,不能千篇一律。

建筑安装工程的施工方法也是多种多样的,即便是同一个施工项目,也可能采用多种施工方法来完成。如设备用装有分件吊装,组合吊装和整体吊装;管道吊装同样也可采用多种起吊方法来完成。究竟采用何种施工方法、必须结合丁程施工现场的实际条件和企业的技术能力、管理水平、装备状况。所选择的施工方法必须满足技术的合理性、经济性和实现可能性的原则。其具体要求如下。

①技术合理性,包括施工的可能性和先进性。

②施工方法的可能性取决于工程施工现场的实际条件。例如,管道穿越高速公路、铁路、机场跑道及建筑物时,一般都采用顶管法施工;大口径管道安装时,一般都采用吊车吊装;但当施工现场狭小,上空又有高压电线路等障碍物时,就应采用其他吊装方法进行施工。

③施工方法的先进性应体现在以下几个方面。简化了施工工艺或施工过程,减轻工人的劳动强度,提高劳动效率、减少劳动力和机械台班的用量,尽量使用企业现有的机械、减少材料消耗、提高工程质量,加快工程进度等。对于同一施工项目,采用几种施工方法进行施工在技术上可能都可以办到,但在其先进性上会相差甚大。因此,施工方法的选择主要在于施工方法先进性的选择。

④施工方法的经济性。经济性要表现在施工方法本身所消耗的人力、技术资源的经济性、同时还应考虑由于提前竣工对施工单位带来的经济利益和早日投入使用对国民经济发展所带来的社会效益。

⑤要认真进行对诸多施工方法的技术经济比较,从中选出最佳施工方法。施工技术方案的选用是否先进、合理、经济,直接影响着工程的质量、施工的工期和工程的成本,因此,一定要在拟定的多种施工技术方案中进行技术经济比较,从中选择出在技术上是先进的,能确保工程质量,且工期合理,在成本费用上是经济的最优方案。施工技术方案的技术经济比较通常从定性和定量两个方面进行:

a. 定性分析方法。定性分析法是根据经验对施工技术方案从先进性、安全性、操作上的难易等方面进行比较分析,从中选出较优的方案。定性分析法比较方便,但由于方案比较不能量化,因此不够准确,决策容易受人为主观因素的影响和制约。

b. 定量分析方法。施工技术方案的技术经济比较，在实际工作中广泛采用多指标比较法。该法简便实用，因此也采用较多。采用多指标比较法时对指标的选用要适当，要注意可比性。采用定量分析法确定技术方案时，有两种情况要分别处理。

ⓐ其中一个方案的各项指标均优于另一个方案，优劣对比是一目了然、确定无疑的，则该方案即为选用方案。

ⓑ通过计算，几个方案的指标优劣有差别，一时难以确定。如对比的方案要全面考虑成本、工期、材料消耗、劳动力消耗、资金占用等指标，而且这些指标大多是相互联系和相互制约的，如何评价多指标方案的优劣，最为简便的方法有以下四种：即加权和法、加数和法、各次计分法和指标分层法。

2)施工进度计划的编制

施工进度汁划的编制，应在满足建设单位工期要求的前提下，在依据确定的施工技术方案，对工程所需的材料、成品、半成品、附件及设备的供应情况；能够投入的施工劳动力、施工机械设备数量及其效率，协作单位配合施工的能力，施工季节及施工现场条件等诸多因素进行综合研究的基础上，对工程的施工顺序，各个工序的延续时间及工序之间的搭接关系，工程的开工时间、竣工时间及施工总工期作出安排。编制施工进度计划的目的在于合理安排施工进度，做到协调、均衡、连续地组织施工，为施工计划的编制提供可靠的依据，同时也是编制劳动力计划、材料供应计划、加工件计划和机械需用计划的依据。因此，施工进度计划是施工组织设计中一项非常重要的内容。

(1)编制施工进度计划的依据

①已经确定的施工技术方案。

②国家对工程竣工投产的工期要求或施工组织总设计对该单位工程的工期要求。

③现场的施工条件(包括设备、材料、劳动力、施工机具、构配件的供应情况、土建的施工进度安排及现场施工准备情况等)。

④有关的工程预算及定额资料。

(2)编制施工进度计划的原则

①施工进度计划必须与已确定的施工技术方案相吻合，满足建设单位的工期要求，照顾各工序间的衔接关系，按顺序组织均衡施工。

②首先安排工期最长、工程量最大、技术难度最高和占用劳动力最多的主导工序。

③优先安排易受季节条件影响的工序，尽量避开季节因素对施工的影响。

(3)用网络图法编制施工进度计划，施工进度计划编制的方法很多，通常有平行流水作业法和网络图法，条状日历进度表、座标曲线指示施工进度表等，一般广泛采用的是网络图法。

用网络法编制施工进度计划是华罗庚教授统筹法理论在计划管理中的实际应用，它克服了条形图的片面性，它通过工序流线图表达计划进度。工序流线图是个网状图形，故称网络图，其优点如下：

①网络图把施工对象的各有关施工过程组成一个有机的整体，因而能全面、明确地反映出各工序之间的相互制约和相互依赖的关系。

②网络图可以进行各种时间参数的计算，并依计算结果，能从繁多的施工环节中，找出影响工程进度的关键工序，便于在组织施工时集中精力抓住主要矛盾，通观全局，统筹兼顾，进行合理的计划安排和计划调整工作确保按期竣工，避免盲目枪工。

③用网络图法编制施工进度计划，提供了一套计划调整和优选的科学方法，便于从许多可

行方案中，根据不同评价指标选择最优方案。同时为计划执行期间的控制管理及调整工作提供了简便、有效的途径。

④通过网络图能清楚地反映出各工序的机动时间，可以更好地运用和调配人力与机械，节约人力、物力，达到降低成本的目的。

⑤网络图可以用电子计算机对复杂的计划进行计算、调整和优化，实现计划管理的科学化，从而提高了计划管理的工作效率和质量。

用网络图编制单位上程施工进度计划的方法和步骤如下：

①熟悉图样，调查研究，分析情况。编制施工进度计划前，必须全面熟悉和认真审阅施工图纸，了解技术要求，摸清施工条件，做到心中有数。

②确定施工顺序。施工工序流线图的繁简程度，以满足施工需要为原则。供领导参考使用的工序流线图，工序可划分得粗一些，以便图面简洁、清晰，一目了然，便于抓住关键。供具体指导施工的技术人员和生产调度人员使用的工序流线图，工序则应适当地划分细一些，便于及早发现问题，解决矛盾，正确指导施工。

对于复杂的或工期长的工程，工序流线团也可以分阶段绘制，由粗到细，逐步发展。先编一个粗的工序流线图，作为控制性的单位工程施工进度计划，随着工程的进展，再按分部工程或分项工程编制较细的工序流线图。

③计算工程量。工程量计算方法同施工图预算相同，当施工图预算已经编制，就可直接采用施工图预算中的工程量。使用时应注意计量单位的变换。整个工程量计算出来之后，还应按照施工工序的划分，列出分段工程量。

④确定各工序的延续时间。根据劳动力和机械需用量、各工序每天可能出勤人数、机械数量及工作面的大小，即可确定出各工序的作业时间。对于采用新技术、新材料、新工艺或出勤人数不易确定时可采用估算法预计该工序的作业时间。

⑤绘制工序流线图草案。

⑥计算时差并确定关键线路和总工期。时差就是每个工序最早可能外工时间与该工序最迟必须开工时间的差。

⑦关键线路就是指支配和影响着工程进度，在工序流线图小，需要工期最长的工序线。

⑧调查与调整。对已绘好的工序流线图可以从以下几个方面进行检查：

a. 总工期是否符合要求。

b. 各工序安排的时间和顺序能否保证工程质量和安全施工的要求。

c. 劳动力使用是否均衡。

d. 材料、机械、加工件、零配件供应能否满足要求。

对检查中发现的某些问题，可采取相应的技术措施加以调整解决，如采取技术措施还难以满足要求时，则要调整施工进度计划。

3）技术、物资供应计划的编制

技术、物资供应计划是实现施工技术方案和施工进度计划的物质保证。施工进度计划确定以后，必须根据施工进度计划的要求，提出技术、物资供应计划。技术物资供应计划的内容，一般应包括以下几个方面：

（1）劳动力需要量计划的编制

劳动力需要且计划是根据施工进度要求反复平衡以后确定的。施工进度计划中的劳动力平衡因是劳动力需要量计划的数量依据。

劳动组织提出了施工中各工种工人的技术等级要求(主要是高级工),它是对劳动力的质量要求。劳动力需要量计划从数量和质量两个方面,保证施工活动的正常进行。

(2)施工机具需要量计划的编制

施工机具需要量计划主要是根据施工技术方案和施工进度计划所规定的施工期限来确定。其内容应包括施工机械工具及周转材料。施工机械分为通用施工机械和专用施工机械两部分。通用施工机械在编制机具计划时只提出型号、数量和需用日期即可。对于专用施工机械需绘出设计图纸,提出材料预算,专门加工制造。

(3)设备进场计划和材料、零配件供应计划

施工中的安装工艺设备和材料、零配件必须按施工进度计划要求的时间组织供应,以保证施工的顺利进行。

对于编有施工预算的单位工程,一般用施工预算代替技术供应计划,但应在说明书中注明物资供应的具体日期。

4)施工准备工作计划的编制

施工准备工作计划,是施工准备工作的一项重要内容,也是绘制施工现场总平面图的基础资料。其主要内容包括施工现场临时用电、用水、用汽、仓库、生产基地和生活福利设施的计划。

(1)施工用电计划

保证施工用电是进行正常施工的前提条件,因此编制好施工用电计划是很重要的。编制施工用电计划的步骤是:

①确定施工现场的动力和照明用电量。

总用电功率(kW)可按下式计算:

$$P = 1.10(K_1 \sum P_c + K_2 \sum P_a + K_3 \sum P_b) \tag{18-1}$$

式中:$\sum P_c$——全部施工用电设备需用功率的总和;

$\sum P_a$——室内照明设备额定容量的总和;

$\sum P_b$——室外照明设备额定容量的总和;

K_1——全部施工用电设备同期使用系数,按用电设备台数在 1 ~ 0.6 之间选用;用电设备越多,K_1 值越小;

K_2——室内照明设备同期使用系数,一般采用 $K_2 = 0.8$;

K_3——室外照明设备同期使用系数,一般采用 $K_3 = 1$;

1.10——用电不均匀系数。

②电源选择。选择电源最经济的方案是利用施工现场附近已有的高压线路或变电所供电,但事先需向供电部门申请。如工地附近电源可以满足施工用电时,变压器的容量(kVA)可按下式计算:

$$W = \frac{KP}{0.75} \tag{18-2}$$

式中:P——变压器服务范围内的总用电量;

K——功率损失系数。

计算变电所容量时取 1.05;计算临时时发电站时,取 1.10。

根据计算出的总用电量,参照变压器规格表选用变压器。

③确定电源供给点,进行供电线路的布置。

④计算确定配电导线。导线断面可根据电流强度进行选择然后以电压损失及力学强度加以核算。

⑤绘制施工现场供电平面图。

(2)施工供水计划

施工用水包括生产、生活及消防用水这三部分，在确定施工现场临时用水时，主要解决以下问题：

①供水量的确定

a. 一般生产用水量(L/s)计算：

$$q_1 = \frac{1.1\sum Q_1 N_1 K_1}{t \times 8 \times 3\,600} \tag{18-3}$$

式中：q_1——生产用水量，L/s；

Q_1——最大年度(或季度、月度)工种工程量，可由总进度计划表及主要工种工程量表中求得；

N_1——各工种工段施工用水定额；

K_1——每班用水不均衡系数；

t——与 Q_1 相应的工作延续时间(天数)按每天一班计算；

1.1——未考虑到的用水量修正系数。

b. 施工机械用水量(L/s)计算：

$$q_2 = \frac{1.1\sum Q_2 N_2 K_2}{t \times 8 \times 3600} \tag{18-4}$$

式中：q_2——施工机械用水量，L/s；

Q_2——同一种机械的台数，台；

N_2——该种机械的台班用水定额；

K_2——施工机械用水不均衡系数；

1.1——未考虑到的用水量修正系数。

c. 生活用水量(L/s)计算：

$$q_3 = \frac{1.1\sum Q_3 N_3 K_3}{t \times 8 \times 3600} \tag{18-5}$$

式中：q_3——土话用水量，L/s；

N_3——每人每日生活用水定额；

K_3——每日用水不均衡系数；

1.1——未考虑到的用水修正系数。

d. 消防用水量计算：消防用水量物 q_4 应根据施工占地面积的大小和居住宅消防用水定额确定。

e. 总用水量计算：总用水量 Q 应根据下列三种情况考虑：

当$(q_1+q_2+q_3) \leqslant q_4$ 时，则 q_4(失火时停止施工)；

当$(q_1+q_2+q_3) > q_4$ 时，则 $Q = q_1+q_2+q_3$(失火时停止施工)。

以上适用于工地面积小于10公顷的工地。

当施工工地面积大于10公顷时，只考虑一半工地施工，则用水量为：

$$Q = q_4 + \frac{1}{2}\cdot(q_1+q_2+q_3) \tag{18-6}$$

②选择水源

确定水源应尽可能地利用现有的城市给水系统或利用已建成的该工程永久性的给水系统。

③布置给水管网

如有可能尽量地利用永久性管网,因为这是最经济的方案。必须设置临时管网,通常采用环状式或枝状式两种。

(3)工地仓库的确定

仓库是储存施工材料、工具、设备的地点。决定仓库的因素很多,如材料、设备的需用量,施工地区的运输能力及具体条件都直接影响着工地仓库的设置。工地仓库设置主要应解决以下问题:

①根据物资供应情况确定仓库的性质。仓库按用途分中心库、现场库和专用库;按结构分露天库、棚式库和封闭式库三种,具体采用何种形式,应根据实际情况选定。工地仓库应尽量设在交通方便的地方,并全面考虑防火、防水、防潮、防爆的要求。

②计算并确定仓库的储备量。

③根据储备量及某种材料单位面积的储备定额某种材料所需的仓库面积及仓库总面积。

④进行仓库的设计和定点。

(4)工地加工厂的设置

工地加工厂应根据工程对象的具体要求来确定设置。应在充分发挥后方基地作用,尽量采用集中加工预制,尽量减少现场加工作业的前提下合理安排。加工厂的面积,可根据加工任务量查有关资料确定。

(5)临时设施的确定

现场临时设施的确定,取决于现场的职工人数和施工期限的长短。一般现场临时设施包括行政管理和辅助生产用房(如办公室、警卫室、汽车库及修理间等)、居住用房(如职工宿舍、招待所)及生活福利用房(如食堂、开水房、医务室、托儿所、理发室、浴室等)。临时设施搭建应首先考虑尽量利用永久性建筑物,以减少临设工程的搭建。如工期较长,一般在三年以上的施工现场可以考虑设备永久性的临设工程。

5)施工平面图的设计

施工平面图是布置施工现场的依据,施工平面图设计的目的是为了正确解决施工区域的空间和平面的组织;处理好施工过程中各方面的关系,使施工现场的各项施工活动都有秩序和顺利地进行,实现文明施工,节约土地,减少临时设施费用。因此,搞好施工平面图设计,是施工组织设计中一项十分重要的工作。

施工平面图设计总的要求是:

(1)布置要紧凑,占地要少,尽量不占或少占农田。

(2)尽量减少二次搬运。

(3)临设工程在满足使用的前提下,尽量利用已有的材料,用装备式结构,以节约临设费用。

(4)有利于生产,方便于生活,同时在安全消防、环保、卫生等方面符合国家的有关规定和法规。

进度计划及主要工程项目的施工方案等。

施工平面图设计所需的资料:

(1)设计资料:包括总平面图、地形图、区域规划图、建设项目范围内已有和拟建的地下管线位置和交通道路。

(2)建设地区调查资料:当地自然条件和技术经济条件,用以确定各项暂设工程及利用当地资源供施工服务的可能性。

(3)施工资料:建设项目的施工方案,总进度计划,暂设工程及劳动力,技术物资需用量计划,测量基准点,钻井和探坑,施工用地范围及施工取图、弃土位置等。以便合理规划施工场地,布设各项暂设工程。

施工平面图设计可分为施工区和生活区两部分进行。

对施工区的平面团设计,一般按以下步骤进行。

(1)根据施工方案要求,确定主要施工机械设备的位置。

(2)规划待安装设备、材料、构件的堆放位置;设计全工地总平面图时,首先应以大宗材料、半成品、成品等物资进人工地的一种运输方式入手。

(3)规划运输线路。

在采用公路运输时,道路应与加工厂(站)、仓库和堆场的布置相结合,并需考虑道路与场外公路的连接。单采用铁路运输时,要考虑铁路的转弯半径和坡度的限制,并确定专用线的起点和进场位置,应将中心仓库和周转仓库沿专用线布置。若大宗材料由水路运输时,卸货码头不应少于两个,宽度不应小于25m。当江河距离工地较近时,可在码头附近设置中心仓库和转运仓库,布置主要加工厂(站)。

(4)确定仓库的位置。

布置仓库时,应考虑如下因素:尽量利用现有 建筑和提前建设永久性仓库为施工服务;仓库和材料堆场应接近使用地点(如水泥库、砂石堆场布置在混凝土搅拌站附近;钢筋、木材靠近加工厂附近);布置仓库和堆场应选择场地平整、宽敞、交通方便,且有一定的装卸前线;遵守技术安全和防火规定(如油库、氧气库、电石库及易爆库等须布置在人少边远安全地点,易燃材料库、生石灰熟化、沥青熬制等应设在远离拟建工程的下风向处等)。

(5)进行现场供水、排水及供电线路的布置。

对于生活区的平面设计应考虑施工区同生活区分开布置,但不宜相距太远;生活区宜集中布置,以便于集中管理和安排服务性设施;生活区必须考虑防火和卫生的要求;办公室一般设置在施工区比较合适,但施工区同生活区相距较近,亦可设置在生活区,视现场具体情况而定。

18.5.5 施工组织设计的编制程序和审批程序

对于大中型建设项目和民用建筑群,一般由公司总工程师组织编制施工组织总设计;小型项目和一般工程,由工程处主任工程师组织编制施工组织设计或施工方案(一般施工方案由项目部技术负责人组织编写)。工业设备安装工程、机械化施工工程均应单独编制施工组织设计。各类施工组织设计编制完毕,应报编制单位的上级审批。未编制施工组织设计的工程项目一律不许开工。

编制了施工组织设计,必须认真执行。现场的施工活动,必须按照施工组织设计的要求进行。施工管理、计划管理、技术管理、物资供应和附属加工企业都必须按照施工组织设计规定的内容和要求来安排布置各自的工作。如果施工条件发生变化,施工方法有重大变动,施工组织设计应及时修改补充,经原审批部门批准后,按修改后的方案执行。

各级生产和技术负责人，是施工组织设计实施的组织领导者。在检查施工计划和施工活动时，要对施工组织设计的执行情况进行检查；发现问题及时提出改进意见，对不执行施工组织设计而造成事故者，要追究责任。施工组织设计是施工管理工作中一项很重要的工作，也是决定施工任务完成好坏的关键。编制过程中必须采用科学的方法，对较复杂的建设项目，要组织有关人员多次讨论、反复修改，最终达到施工组织设计优化的目的。施工组织设计在编制过程中，为了方便使用，直观、明了，应尽量减少文字叙述，多采用图表。

施工组织设计编制过程中要防止以下几种偏差。

(1)对施工现场不做具体、细致的调查研究，致使施工组织设计脱离现场实际，基层难以执行，结果使施工组织设计成为应付开工的一种形式，失去指导施工的作用。

(2)不管工程对象大小，结构复杂程度，一律表格一大套，重点不突出，结果成效甚微。

(3)只抓编制，不抓贯彻执行。不是严格按照施工组织设计的要求组织施工，而是抛开施工组织设计，盲目、随意进行施工。

参考文献

[1]Axel Laistner. Reseaching the Economic of Utility Tunnels. No - Dig International,1997(1).

[2]Audrey Bran,Son. 定向钻施工设计与管理．探矿工程译丛,1997(3).

[3]Boyce,G. M. ,and E. M. Bried. Benefit - cost analysis of microtunneling in an urban area,Proceedings of No - Dig1994,Dallas Tex.

[4]Boyce,G. M. ,and E. M. Bried. Estimating the social cost saving of trenchless technique,No - Dig Engineering,1994(b),1(2):12 ~ 14.

[5]蔡珍红．地下管线建设中应用非开挖技术风险分析．99 北京国际非开挖技术会议论文集,1999.

[6]David A. Willoughby. Horizontal Directional Drilling - Utility and Pipeline Applications. McGraw - Hill,2005.

[7]李栎,李玉成,等．友谊路非开挖内衬排水工程项目管理的探讨．天津建设科技,2007(B07).

[8]李祥琪,陈铁励．在非开挖行业中强化体系管理,提高工程质量．非开挖技术,2002(2).

[9]马保松．顶管与微型隧道技术．北京:人民交通出版社,2004 年．

[10]Mohammad Najafi. Trenchless Technology - Pipeline and Utility Contruction and Renewal. McGraw - Hill,2004.

[11]赛赫 BK,叶建良．非开挖技术中全面质量管理的重要性．岩土钻凿工程,1999(2).

[12]乌效鸣,胡郁乐,李粮纲,等．导向钻进与非开挖铺管技术．武汉:中国地质大学出版社,2004.

[13]颜纯文,D. Stein．非开挖地下管线施工技术及其应用．北京:地震出版社．

[14]颜纯文,蒋国盛,等．非开挖铺设地下管线工程技术．上海:上海科学技术出版社,2005.

[15]叶建良,蒋国盛,窦斌．非开挖铺设地下管线施工技术与实践．武汉:中国地质大学出版社,2000.

[16]袁丁．广州大学城某市政排污工程施工方案技术分析．广东土木与建筑,2005(8).

[17]张伟．运用风险管理提高定向钻穿越的成功率．中国科技信息,2004(24).

附录1 非开挖工程专业词汇

A

磨损(Abrasion):由摩擦性接触而导致物体表面材料的损耗。

丙烯腈共聚物(ABS):一种热塑性材料。

石棉水泥(AC):制造管道的一种复合材料。

适配环(Adapter Ring):在微型隧道工法中,用来适配掘进机与第一节管段的预制钢环,该装置能密封掘进机和第一节管段之间的连接缝。

添加剂(Additive):少量添加的物质,一般掺入到钻井液中,以达到特殊的目的,如降低摩擦、降低腐蚀性等。

侵蚀性(Aggressive):流体对输送结构侵蚀的特性。

环隙填充物(Annular filler):用于填充管道和孔壁之间的环状间隙的物质。

美国国家标准化组织(ANSI):American National Standards Institute. Inc。

美国土木工程学会(ASCE):American Society of Civil Engineers。

美国材料实验协会(ASTM):American Society of Testing and Materials。

螺旋钻杆(Auger):端部为六面体接头的带有叶片的驱动管,能向切削头传递扭矩,并将钻屑排到起始井。

螺旋钻进(Auger boring):采用螺旋切削头在起始井和目标井之间实现钻进的一种技术,通过在钢套管内的螺旋叶片的回转将钻屑排出。该设备导向能力有限,参见导向螺旋钻进。

螺旋钻机(Auger machine):依靠切削头和螺旋钻杆或者其它一些相类似的设备进行水平钻进的机械。该机械有吊架式和轨道式两种。

螺旋式微型隧道掘进机(Auger MTBM):一种通过螺旋钻杆排除钻渣的微型隧道掘进机械。

自动排渣(Automated spoil):一种自动的钻渣排输系统。

美国自来水工业协会(AWWA): American Water Works Association.

B

回扩头(Back reamer):回拉钻杆扩大先导孔的切削头。

回填密度(Backfill density):按照要求或者是设计时需要对管道上回填土的压实百分比。

回流装置(Backflow device):一个用来防止废水回流的机械装置。

止退机构(Backstop):位于轨道后侧起始井墙体的加固区域。

树脂基料(Base resin):在混合其他添加剂或者色素之前的一种塑料材料。

管道垫层(Bedding):为了给予管道均匀支撑力而预先铺设的材料层。

弯管(Bent sub):位于钻头后部的一节偏心钻杆,能通过回转钻杆而定位切削头,从而达到导向的目的。在定向钻进中使用较多。

膨润土(Bentonite):加入水能够形成泥浆或凝胶体的胶质粘土。

生物腐蚀(Biological corrosion):指管道材料因生物(如细菌藻类、真菌类)引起的一种腐蚀。

钻头(Bits):在钻杆端部或者在切削头上可以更换的切削工具。

0 钻孔(Bore):在地下形成的用于铺设管线的水平孔道。

钻进(Boring):(1)通过螺旋回转或者钻杆来转移和搬运钻进过程中所产生的钻渣并形成钻孔的过程;(2)用来安置地下管道和管线的土层钻进工艺;(3)为开挖或者测试获取样品的钻进。

钻机(Boring machine):用来钻进地层的机械。

钻进坑(Boring pit):在地面开挖的工作坑,具有一定的长度和宽度,能以合适的方位和角度安设钻机。

浮力(Buoyancy):对浮体的支撑力,对水压下的空管道产生漂浮的趋势。

爆裂强度(Burst strength):一定时期内造成管道和套管失效所需要的内压力。

熔接(Butt fusion):一种连接 PE 管的方法,通过加热使两段管段端部在一定压力下迅速均匀的粘结在一起的方法。

旁流泵送(Bypass pumping):为配合施工临时采取的一种控制管流或改道管流的泵送方法。

旁流(Bypass):一种临时流体输送设置,来分担污水系统溢出部分。

C

运输厢(Carriage):整体式掘进机械的一部分,包括驱动马达、牵引车头、推力轴承和液压缸。

集束管(Carrier pipe):携带需要铺设的产品管道,穿越公路和铁路的一种保护套管。可以是钢管、混凝土管、陶土管、塑料管、铸铁管或其它材料的管道。

套管钻孔(Cased bore):在钻进的同时插入钢套环的钻孔,通常与螺旋钻进和顶管有关。

套管异径接头(Casing adapter):一个环形装置,从轴向和侧向为比套管推进器直径小的套管提供支撑。

套管法(Casing pipe method):先在钻孔中铺设钢管作为套管,随后将成品管插入套管中的一种方法。

套管管道(Casing pipe):铺设的一种管道,对产品管道起到外部保护作用。

套管推进器(Casing pusher):是指掘进机械前端部分用来分布液压油缸所产生的推力到套管的一种装置,其外部有排渣系统。

铸铁(Cast iron ,CI):一种污水管道原材料,通常指球墨铸铁。

阴极腐蚀(Cathodic corrosion):在一种不正常的条件尤其是存在 Al,Zn,Pb 的情况下,电荷在阴极聚积并产生碱性腐蚀部分金属的现象.

阴极保护(Cathodic protection):利用特殊的阴极(阳极)产生的电流保护管道表面腐蚀破坏的行为,与电池的作用原理相类似。

堵缝(Caulking):在非开挖技术中的一种术语,是指密封管道之间的接头的方法。

气穴现象(Cavitations):流体中的气泡突然破裂的现象,通常由于环境压力的降低导致,如船的螺旋桨产生的致使液体中的低压气泡突然形成并破裂的现象。

化学清洗(Chemical cleaning):以化学清洗剂为手段,对管道内表面的污垢进行清除的过程。

闭路电视(CCTV,Closed circuit television):一种用于管道内部检测和测量的技术方法。

化学灌浆(Chemical grouting):处理管线和井筒周围地基一种方法,使用无粘性的化合物,便于安设地下构筑物。

耐化学性(Chemical resistance):在特定温度和浓度条件下,保证在一定的有效使用期限内运输特殊化学物质提供服务的能力。

化学稳定法(Chemical stabilization):在两段管道之间的接头部位通过注入一种或者多种化合物溶解到管道或者周围基础中并进行适当的化学反应的更新方法。该系统具有多种功能,如填补裂隙和空洞,产生新的表面以提高管道水力特性,或提高地层稳定性。

原位固化法(CIPP,Cured In Place Pipe):一种内衬修复方法,即采用浸透热固性树脂的纤维增强软管或编制软管做衬里材料,利用水的静压或气压将软管翻转,使带有粘结剂的一面面对旧管的内壁,并紧压在内壁上,然后将树脂固化形成坚硬的内衬。

环向伸缩系数(Circumferential coefficient of expansion and contraction):材料单位温度变化引起的环向尺寸变化百分数。

紧配合(Close - fit):一种衬层系统,施工后使新旧管之间达到紧密配合。

化学需氧量(COD,Chemical Oxygen Demand):化学反应中对氧气需要量的一个衡量尺度。

热伸缩系数(Coefficient of thermal expansion and contraction):反映因温度变化一个单位而产生的材料长度上的微小改变的系数。

冷弯(Cold bend):在不破坏管材的条件下,不使用特殊工具、设备或高温条件下对管材进行弯曲的行为。

坍塌(Collapse):管道结构性的碎裂而导致的关键性失效。

复合砖砌环污水管(Composite ring brick sewer):一种砖砌污水管,拱顶的砌砖层数比下部的多。

压缩空气方法(Compressed air method):非开挖技术中的通用术语,指在隧道或竖井内利用压缩空气来平衡地下水以达到进入挖掘面的目的。

压缩垫圈(Compression gasket):由多种材料制作的多种横断面的一种设备,密封两段管道接头。

承压环(Compression ring):安装在承口和套管之间承受压力的环,有助于更加均匀地分配实际荷载。承压环置于每一段管段的尾部,在管段顶进过程中承受压力。

连续管(Continuous pipe):一个连续的衬管或通过连接成节管段形成的连续衬管。

连续内插法(Continuous sliplining):见内插法或连续管衬里法。

常规开挖方法(Conventional trenching):为管道、沟渠、电缆的安装、维修、检测而开挖地表的施工方法,完成后回填并恢复原貌。

常规隧道掘进(Conventional tunneling):人力挖掘隧道到自驱式隧道掘进机械的隧道施工方法,施工中经常需要连接管片形成衬里结构。

腐蚀(Corrosion):因为材料与周围的环境之间发生一些反应导致材料的破坏或性能降低的现象。

腐蚀指数(Corrosion index):是衡量流体腐蚀能力的一个尺度。

腐蚀速率(Corrosion rate):通常表示一段时间内的线性腐蚀平均速率,单位是:毫克/平方分米/天,质量上考虑厚度变化的单位是:(毫克/年)。

耐腐蚀性(Corrosion Resistance):材料在腐蚀环境中的抗腐蚀的能力

检修井井盖(Cover):检修井顶部的盖子,当需要进入人修井时可以将它移开。

裂缝(Cracks):污水管道轴向或者径向可见的裂痕。

蠕变(Creep):应力不变的条件下,应变随时间延长而增加的现象。

重要污水管道(Critical sewers):当发生结构性破坏,会造成严重后果的污水管道。

穿越施工(Crossing):用于穿越障碍物(河流、建筑物等)铺设地下管道的非开挖施工方法。

切削头(Cutter head):置于开挖工作面上的任何旋转工具或者工具系统。

D

现场数据记录(Data logger):键盘类仪器,通过电子手段记录检测数据。

变形复原法(Deformed and reshaped):参见改进的内衬法。

降水(Dewater):用于降低邻近地下水位的措施。

扩孔直径(Diameter of reamer):扩孔头的最大直径。

钻头标准直径(Diameter of standard bit):标准钻头的最大直径。

冷拔(Die draw):紧配合 PE 衬里的现场冷变形。

定向钻进(Directional drilling):参见水平定向钻进(HDD)。

改流(Diverting):将正常污水流改道流经特设的污水系统的方法,通常包含旁流泵送。

钻头(Drill bit):位于钻杆前端用来切削土体的工具,常指机械式切削,但也包括水射流切削。

钻杆柱(Drill string):在钻进过程中钻孔中所包括钻杆、管段、回转接头等的所有组合。

钻井液/泥浆(Drilling fluid/mud):通常是粘土或/和聚合物与水的混合物,连续泵送到切削头部位起到辅助切削、降低扭矩、排渣、护壁、冷却、润滑产品管的作用。在一些适宜地层,可只使用清水。

起始坑/推进坑(Drive/entry shaft/pit):铺设管线时,非开挖设备始发的挖掘坑。可能配备后坐墙,将反作用力传递到土层中。

干钻(Dry bore):在钻进过程中不使用钻井液的钻进或顶推系统,一般指冲击矛工法,但也包括一些回转钻进工法。

管道(Duct):(1)在多种场合下是可以与管道(pipe)这个术语互换的;(2)在非开挖行业内,是指用于封装电信的光缆或电缆小直径塑料或钢管。。

E

土层冲击火箭(Earth piercing):参见冲击矛施工法。

土压平衡盾构机(Earth pressure balance machine):是微型隧道和隧道掘进机的一种,利用土仓内的压力和螺旋输送机来平衡地下水压力和土压力,排除的土渣可以是含水量很少的干土或含水量较多的泥浆。

弹性模量(Elastic modulus):理想材料有形变时的应力与相应应变之比。

电熔接(Electro fusion):利用电能实现管段连接的工艺。

伸长率(Elongation):材料在拉力作用下长度上的增量。

脆变(Embrittlement):由于化学或者物理性质上的变化导致材料延展性损失的现象。

应急维修(Emergency repair):管道处于使用状态下必须进行的维修。

结壳(Encrustation):要来描述含有盐的地下水渗透到管内蒸发后留下来的堆积物,根据断面面积损失情况分为轻、中、重三种。

疲劳极限(Endurance limit):材料在无限次的疲劳循环下能够承受的最大应力。参见疲劳强度(Fatigue Strength)。

入土坑(Entrance pit):(1)在地面开挖的工作坑,具有一定的长度和宽度,能以合适的方位和角度安设钻机;(2)参见钻进坑(Boring pit)。

入土/出土角(Entry/exit angle):在定向或导向钻进中钻杆进行导向孔钻进,进出土时钻杆与水平面之间的夹角。

美国国家环境保护署(EPA):United States Environmental Protection Agency.

环氧树脂(Epoxy):苯酚与表氯醇反应的聚合产物。

环氧树脂内衬(Epoxy lining):基于环氧树脂的固化树脂内衬系统。

侵蚀(Erosion):流体的磨损作用导致的表面恶化现象。

残余寿命评价(Estimated Remaining Life ,ERL):基于经验、判断、指导手册来预测管线使用残余时间的技术体系。

出土坑(Exit pit):是指切削头或者套管钻出地层的工作坑。

出口井(Exit shaft):参见接收井(Reception Shaft)。

扩孔器(Expander):在回拉扩孔的过程中,以压密的方式扩大导向孔的钻具。

F

作业面稳定性(Face stability):在顶管或者微型隧道施工中开挖面的稳定性。

作业面(Face):钻进时钻头掘进的土面。

疲劳强度(Fatigue strength):金属材料在无限多次交变载荷作用下而不破坏的最大应力。

过滤器(Filter):水下管道周围的粒状材料装置,起到促进排水、过滤的作用,防止淤泥或沉积物的侵入。

弯曲模量(Flexural modulus):应力差与对应的应变差之比。高弯曲模量的材料硬度较高。

弯曲强度(Flexural strength):式样在弯曲过程中承受的最大弯曲应力。

螺旋叶片(Flight):螺旋钻杆上的螺旋片。

射流切削(Fluid jet cut):见水射流切削(jet cutting)。

射流辅助钻进(Fluid - assisted boring/drilling):一种以机械切削和高压射流组合的方式进行定向或导向钻进的工艺。

折叠成形衬层法(Fold & form lining):一种管道修复方法,衬管插入前先进行折叠来减小其尺寸,插入后利用压力或热力恢复原形。

折叠成形管(Fold and Form Pipe):一种管道修复方法,以折叠形式制造的截面减小的塑料管拉入旧管后,利用压力或热力成形。

污垢(Fouling):沉淀物的积聚。

断裂力学(Fracture mechanics):考虑外加应力、裂隙长度、试件几何结构定量分析并计算结构可靠性的学科。

G

总体腐蚀(General corrosion):材料以均衡方式进行的侵蚀。

地理信息系统(Geographical Information System,GIS):用来存储、操纵、分析和打印地理相关信息的一个计算机软件系统。

玻璃纤维加强混凝土(Glass fiber Reinforced Concrete,GRC):衬层修复材料。

探地雷达(Ground Penetration/Probing Radar,GPR):利用脉冲雷达系统,连续向地下发射脉冲宽度为几毫微秒的视频脉冲,接受反射回来的电磁波脉冲信号,可用来探测地下的金属、非金属目标。

接地棒(Ground rod):手动插入土层的铜或黄铜棒,与钻机架相连,为设备和人员提供足够的接地。

地下水位(Groundwater table/level):可渗透性岩石、土层饱和区域上表面距地表的距离。

灌浆(Grouting):(1)填充旧管和集束管之间环隙的作业,也可指填充支管连接和人井连接空隙。或指局部修复缺陷管道以及开挖前的土层处理措施。(2)填充孔穴或改善提高土层条件的措施。浆体可以是水泥材料、化学材料或其他材料。在微型隧道工法中,灌浆可能用来封堵管道和工作井周围的孔穴。(3)仅指水泥灌浆填充孔穴。

玻璃增强塑胶(Glass Reinforced Plastic,GRP):一组用于管道修复的衬里材料。常见的有增强塑胶和增强热稳定树脂等。

导向系统(Guidance system):用来连续确认 MBTM 位置的导向系统。

导轨(Guide rail):用来支撑或导向的设备,在顶管施工中安装于顶进工作坑里先后用于导向掘进机和管道的轨道。

可导式螺旋钻进(Guided auger boring):一种类似于微型隧道施工的螺旋钻进,不同的是导向机构位于顶进工作坑(如液压扳手)。施工时,在顶进工作坑内通过控制杆驱动与套管铰接的导向头来实现方向的控制。

导向钻进(Guided boring/drilling):一种使用从地表直接钻进的钻机以可控的方式进行地下管线施工的工艺。施工过程与定向钻进大致相同,所不同的是这种方法利用斜面钻头来控制钻进方向,用手持式定位仪来追踪钻头的位置。

砂浆喷涂(Gunite):一种管道修复工艺,即在旧污水管内壁上安设钢筋,然后喷射混凝土形成覆盖层。

H

人工掘进(Hand excavation):从隧道掘进面或开挖的沟槽内人工排土工艺。

高密度聚乙烯(High Density Polyethylene,HDPE):参见聚乙烯(polyethylene)。

隆起(Heaving):顶管前端土层由于顶管头的抬升和下沉而导致的地表抬升现象。

埋深(Height of Cover,HC):管路或管道的顶端到路面或地表等基准面的距离。

旋转体(Helicoid):螺旋钻杆的一段。

环向应力(Hoop Stress):单位面积上的周向应力,管壁上的来自于内部压力。

水平定向钻进(HDD,Horizontal directional drilling):利用从地表钻进的钻机以可控制钻孔方向的方式在浅层铺设地下管线的施工方法,通常指大穿越施工。施工时,先用导向钻具和套洗钻管钻进小口径的导向孔,随后用回扩钻头将导向孔扩大到所要求的口径,最后再将管道拉入孔内。方向的控制依靠弯接头来实现,而钻杆柱的追踪定位由孔底测量工具来完成。。

水平土层钻机械(Horizontal earth boring machine):一种通过回转工具、顶推、冲击矛实现水平孔钻进的机械。

水平土层钻进(Horizontal earth boring):使用螺旋钻进机械安设套管的钻进工艺,应用螺旋钻杆排土。

水平回转钻进(Horizontal rotary drilling):通过机械回转的方法铺设管道或套管的钻进工艺,不使用螺旋钻杆排土,常采用泥浆排渣。

载体管道(Host pipe):携带要铺设的产品管的管道,主要用于穿越公路和铁路。这种管道可以是钢制的,混凝土的,陶瓷的,塑料的,球墨铸铁的,或者其他的材料。

水力清洗(Hydraulic cleaning):用水清洗下水道的技术和方法,如泵送高压水射流或在水头压力的水流冲刷。设备包括有高流速的喷射头,清洁球,和铰链圆盘清理器。

水力梯度(Hydraulic gradient):管道中沿水流方向每单位距离的水头下降值。在敞开的渠道中,水的表面线就是水力梯度线。

水力半径(Hydraulic radius):管道内水流截面面积与湿周周长的比值。因此,圆管满流的水力半径是管道直径的1/4。有时也称之为平均水力半径。

水力学(Hydraulics):理科与工程学的一个分支学科,研究水或其他流体的动力学。

硫化氢(Hydrogen sulfide):一种有臭鸡蛋气味的气体,有时出现在下水道系统中。化学式为 H2S。

I

渗流量(Infiltration/Inflow,I/I):所有外部环境对收集系统贡献液流的总和。。

管道内部状况评价等级(Internal Condition Grade,ICG):基于可视图象上的管道缺陷来评定等级的数字化标准。

冲击力(Impact):由振动、冲击或者活动荷载引起的结构应力。

冲击机械(Impact machines):一种刺穿土层的机械或是一种夯击成孔的设备。

冲击矛钻进工法(Impact moling):利用气动冲击锤进行地下管线施工的技术,虽然也有可控式冲击锤,但通常不能控制方向。施工时,破碎下来的土由冲击锤挤压到周围的土层,而不是排到孔外。待铺设的管线可在成孔的同时由冲击锤拉入,也可随后顶推就位。用气动锤和液动锤来钻进的方法,通常都带有鱼雷状的套筒。

冲击夯管(Impact ramming):参见夯管锤(pipe ramming)。

冲击强度(Impact strength):材料承受冲击荷载的能力。

惰性材料(Inert material):像重金属以及塑料等活性不强的物质。

渗透(Infiltration):(1)清水或者地下水等通过管道、检修井中的裂隙、不良接头,或者侧向连接、人井,检修井等进入污水系统;(2)包括雨水、地表水等通过其他管道缺陷、缺陷连接处、检修井盖、基础排水渠道等进入污水收集系统内的外来水。

流入(Inflow):地表水排入污水系统和支管。

抑制剂(Inhibitor):(1)存在于自然界的一种化学物质或是化合物,与环境中的结构不发生明显反应,能避免或降低腐蚀;(2)一种以小剂量添加到清水、酸和其他液体中,能够很大程度上降低腐蚀的物质,也可以是一种延缓环氧树脂系统中进行的化学反应的添加剂。

插入(Insertion):参见内插法(sliplining)。

交互作用(Interaction):管道与回填土之间荷载以及管道与管道之间的相互作用。

中继站用管(Interjack pipes):专门设计用于安装顶管中继站的管段。

中继顶管法(Intermediate jacking method):通过建立中继站来实现顶进过程中顶进力的重新分配的顶管方法。

中继站(Intermediate Jacking Station - IJT):一种布置在两节顶进管之间的预制钢结构护盾,内有液压千斤顶,能在长距离顶进时提供中继顶进力。

内部腐蚀(Internal erosion):管道内部运移的液体对管道内壁的磨损和侵蚀。

内部检查(Internal inspection):探知管道内部状况的方法,可以是进人式肉眼观察,或者是通过远程控制设备观察。

内部管道检测(Internal pipe inspection):对管道某部分的电视检测。闭路电视以较低的速度穿越管道,并将连续的照片发送到地面的监视装置。

翻转(Inversion):在原位固化铺设衬管时,用水压或气压将编制管翻转的过程。或指在进行管道点状修复时以水或者气压将一个纺织管内部翻出来的过程。

顶进力(Jacking force):在顶管施工中施加在管道上的压力。

J

顶进架(Jacking frame):一种装载液压缸用来推进微型隧道机械和管道的结构。顶进架用于将推力荷载分配到管道端面,并把反作用力荷载分散到井壁或者是后座墙上。

顶进管道(Jacking pipes):适合采用顶管技术铺设而设计的管道。

顶进坑(Jacking pit):用来放置掘进机或者是套管而开挖的工作坑。

顶进井(Jacking shaft):非开挖装备始发进行管线铺设或修复所开挖的工作坑。可能配备后座墙将反作用力传递给地层。

顶进盾构(Jacking shield):一种可在其内进行人工或机械掘进的预制钢结构护盾,护盾的内部设有用于控制上下左右偏差的设施。

顶进(Jacking):在掘进孔道内顶推管道或套管的操作。通常由液压油缸来完成,但是也使用机械顶管,气力顶管和其他方式。

射流式切削(Jet cutting/ jetting):一种使用加压射流来实现土层切削作用的定向钻进或者导向钻孔技术。

接头密封(Joint sealing):将一个可膨胀封隔器插入管道来封隔渗漏接头并注入树脂或浆体来封堵接头的方法,封堵完成后要回收封隔器。

L

支管(Lateral):建筑物到主下水管道之间的连接管道,直径小于主管道。

支管连接(Lateral connection):建筑物排水管或污水管的尾部较大直径污水管道的连接。

发射坑(Launch pit):也叫推进坑、起始坑,但常与冲击矛的"发射"混为一谈。

发射封堵(Launch seal):一种机械式封堵,通常由在始发井墙上安装凸缘橡胶圈来完成。

引导管(Lead pipe):一种设计上用来安装在顶进盾构后背上的管道。

钻杆长度(Length of drill rod):钻杆公称长度。

衬片(Liner plate):用来衬砌隧道,而不采用套管,一般是具有一定形状的钢片。当这些衬片被固定在一起的时候,能形成一个结构性管子来保护隧道而不会坍塌。

紧配合管道内衬法(Lining with close - fit pipes):一种内衬修复方法,将断面减小的连续管道插入旧管后,进行翻转且紧贴旧管内壁。

连续管道内衬法(Lining with continuous pipe):插入要经重塑形状的连续管的一种衬管铺设方法,管道插入前没有定形。

原位固化管道内衬法(Lining with cured - in - place pipes):使用浸透热固树脂的柔性软管进行衬管施工的方法,树脂固化后形成衬管。

不连续管道内衬法(Lining with discrete pipes):插入要经重塑形状的成节管段来形成连续管道的衬管施工方法,管道插入前没有定形,其截面尺寸比铺设后的最终尺寸小。

插入软管内衬法(Lining with inserted hose):插入松配合的加强软管的衬管施工方法,可在加压下输送流体。

管片内衬法(Lining with pipe segments):至少由两片构成的纵向和径向连接的衬管施工方法。

螺旋缠绕管道内衬法(Lining with spirally wound pipes):使用条带材料形成螺旋缠绕管道衬管的施工方法。

内衬(Lining):通过在旧管道内铺设一定长度的材料或附加在旧管内壁的衬层来延长旧管使用寿命的修复过程。

不中断修复(Live insertion):在不中断管道运行功能条件下进行的修复工作。

局部(点状)修复(Localized /spot repair):对管道进行局部或点状修复的相关技术。

定位仪(Locator):一种用来确定从发射探头发射出来的电磁信号位置和强度的电子仪器,也可用于探测地下管线的位置。

M

可进入式(Man - accessible):指人可进入并进行作业的施工方法。

进人施工(Man - entry):施工人员进入管道内的施工方法,管道的最小口径一般由各国卫生和安全规程确定,在 800 - 1000mm 之间。

检修孔(Manhole):允许操作人员进入下水管道进行施工的结构。也称为人井、检查井。

人工盾构机(Manual mechanical shield):使用人力掘进的盾构机,但是具有一定的导向能力。

马氏漏斗粘度计(Marsh funnel viscosity):用来测量粘度的仪器。对于非开挖操作来说,用来测定泥浆的粘度。

随钻测量(Measurement While Drilling,MWD):在钻进的同时连续地提供有关钻孔信息的测量技术。

机械清洗(Mechanical cleaning):机械式清洗管道沉积物的方法,使用的设备有棒状设备、桶状设备,绞盘刷等。

微型隧道掘进机(Microtunnel Boring Machine,MTBM):MBTM 指微型隧道盾构穿越土层的机械,在铺设管道前掘进地层。

微型隧道工法(Microtunneling):一种用于铺设小直径管道、可控制施工方向的遥控式顶管技术,管道的内径一般小于允许进人的最小口径,但也可用于铺设大口径管道。

中型钻机(Midi - rig):可导向的地面始发的用来铺设管线的中型钻机。

微型水平定向钻进(Mini - Horizontal Directional Drilling,Mini - HDD):使用小型钻机进行管线铺设的方法。

改进的内插法(Modified sliplining):在将内衬管置入旧管之前,先使其断面变小(如用挤压、拉拔、折叠或变形等方法),置入旧管之后再使其恢复原状,紧密贴合旧管。

环形砖砌多用途下水管道(Multiple ring brick sewer):由三个或者是更多层砖块组成的砖砌下水管道。

N

窄开挖(Narrow trenching):利用切削轮或链式挖沟机开挖一条比待铺设管线外径宽 50 ~ 100mm 的窄沟,以便铺设管线。

公称型号(Nominal size):用来定义管道或者井筒内部工作直径大小。

非进人(Non - man entry):管道或者钻孔的尺寸小于允许人进入的最小尺寸。

不均匀腐蚀(Non - uniform corrosion):小的局部区域的侵蚀。它比均匀腐蚀所造成的金属损失要小,但是会因为腐蚀形成孔洞而导致更快的渗漏。

O

开挖施工法(Open cut):直接在地表挖沟进行各种管线铺设的施工方法。

有机残骸(Organic debris):在下水道和人工检修孔中堆积的生产废料或其他材料。

其他下水道结构(Other sewer structures):工业下水管道和检修孔的其他部分,包括储水池,污水坑,以及其他没有特别指出的部分。

出水口(Outfall):下水道系统的出口。

超挖(Overcut):顶进管道和掘进孔道之间的环隙。

P

清管器(Pig):由特殊聚氨酯材料制成的形如子弹的清洗工具。

清管器清洗(Pigging):依靠被清洗管道内流体的自身压力或通过其他设备提供的水压或气压作为动力推动清管器在管道内向前移动,刮削管壁污垢,将堆积在管道内的污垢及杂物推出管外的清洗工艺。

冲击工具(Piercing tool):一种冲击挤土成孔工具。

导向孔(Pilot bore):也称先导孔,在定向钻进、导向钻进和微型隧道施工时,第一步所形成的小口径引导孔。

引导管法(Pilot tube method):使用导向引导管精确铺设产品管的多步骤施工方法,经扩孔后才能铺设产品管。

爆管法/胀管法(Pipe bursting/cracking/splitting):一种管道更换方法,施工时使用爆管工具先从旧管内部将其破碎,同时将新管拉入完成管道更换。新管的直径可与旧管相同,也可比旧管大。

管道更换(Pipe displacement):北美所使用的一个术语。参见爆管法(Pipe bursting)。

钻进胀管法(Pipe drilling cracking):参见爆管法(Pipe bursting)。

吃管法(Pipe eating):一种管线更换方法,施工时使用微型顶管机改进的设备将旧管连同土层一起破碎并将管道碎片排出,同时顶入新管线,完成管线的更换。

顶管(Pipe jacking):一种利用液压顶进装置从顶进工作坑将待铺设的管道顶入,从而在顶管机之后直接铺设管道的施工方法。

抽管法(Pipe pulling):一种小直径管道更换方法,将新管连接在旧管上,然后将旧管拉出,而新管则留在孔内,完成管道更换。

夯管(Pipe ramming):一种使用冲击锤夯入钢套管而形成管道孔的、不可控制方向的施工方法,钢套管通常是敞口的,地层适合时也可用端部封闭的钢套管。钢套管内的土可用螺旋钻杆排除,也可用高压射流或压气排除。

管道修复(Pipeline rehabilitation):在原位修复旧管,以高其性能、延长使用寿命。

点蚀(Pitting):局部高度腐蚀导致的一些斑点性深层侵蚀。

植管(Planting piping):挖槽埋管一次进行完成的管道安装方法。

塑料(Plastic):在下水管道建设中所使用的各种热塑性和热固性材料。如高密度聚乙烯,聚丙烯,PVC,玻璃钢加强管道,环氧树脂与聚脂砂浆等。

点状修复(Point source repair):见局部修复(localized repair)。

聚酯(Polyester):多基、单基酸类与多多羟基醇浓缩而形成的树脂。

聚乙烯(Polyethylene):由乙烯聚合体组成的易延展、持久耐用的惰性热固性塑料。通常是半透明,坚硬的固体。

聚烯烃(Polyolefin):用来制作管道的塑性材料。

聚丙烯(Polypropylene):一种属于聚烯烃族的塑料管材。

预清洗处理(Preparatory cleaning):管道内部清洁,尤其是下水管道,在检查之前进行的通常使用水进行喷射来清除一些杂物的操作。

压力脉冲(Pressure surge):水流速度的突然下降或者是升高,导致压力的突然变化。

压力等级(Pressure rating):预测的管道不发生破坏的最大可能允许内在压力。

生产管道(Product Pipe):为不同目的而铺设的永久管道。

突出(Protruding):向外突出。

回拖力(Pull back force):在回拉铺管过程中施加在钻杆柱和管道上的拉力。

回拉(Pull back):定向或导向钻进施工的一部分,经扩大的钻孔将钻杆柱往回拉到发射坑,通常同时铺设管道。

拉入管道(Pull - in piping):也指内插管道更新,将新管拉入旧管内完成管道更新的方法。

聚氯乙烯(Polyvinyl Chloride,PVC):一种热塑性塑料。

R

接收坑(Receiving pit):(1)见出土坑;(2)在钻头或套管出露处开挖的土坑;(3)在钻孔尾部所挖的洞,与顶进坑相对。

接收井(Reception shaft):顶进和回收微型隧道设备的工作井。

修复(Rehabilitation):在原位修复旧管,以改进其性能、延长管道使用寿命。

复原(Reinstatement):开挖施工后所进行的回填、压实和铺装地表的工作,以恢复地表原状。

遥控系统(Remote control system):用于监视和控制 MTBM 的遥控装置,不在 MTBM 内即可实现自动传输、自动导向。

更新(Renewal):在旧管轴线上或偏离旧管轴线构筑一个新管道。新管的基本作用和性能与旧管类似。

树脂注射(Resin injection):一种管道局部修复方法,常用于污水管,通过向裂缝、孔穴内注射树脂,经固化后能防止渗漏和进一步的恶化。也能增加结构强度。

机器人(Robot):带有闭路电视监视器的远程控制设备,主要用于局部修复工作,例如切掉障碍物,重新打开支线管道的连接,对有缺陷的区域进行打磨和再充填,并向裂隙和孔穴中注入树脂等。

粗糙系数(Roughness coefficient):用来表示渠道(或者是管道)粗糙而导致水头损失的效应系数。

S

生活污水管(Sanitary sewer):一种从两个或者更多用户内将废水排出的下水道。

结垢(Scaling):高温腐蚀导致形成一些厚的腐蚀残积层。

截面几何特性(Sectional properties):单位宽度端面积,转动惯量,剖面模数,回转半径等参数。

沉积物(Sediment):管道内沉积的微小颗粒,能导致横截面积的减少。

管片衬砌(Segmental lining):进人作业,用预制管片拼装成衬里结构,连接环隙需要进行封堵处理。参见管片内衬法(lining with pipe segments)。

半结构性衬层(Semi - structural liner):一种不能完全承受内外荷载的衬层,但能承受一定的内压。

污水(Sewage):在下水道中输送的废水。

下水道(Sewer):输送雨水和/或废水的地下管道。

下水道的清洗(Sewer cleaning):使用机械或者是液压装置来从下水道管线中清除、运送以及移除碎屑的操作。

污水管(Sewer pipe):一定长度的管道,用不同材料制成的所有不同长度的管道,连接起来后可用来将废水从源头运送到废水处理装置。管道的型号有以下几种:丁苯丙烯腈(Acrylonitrile - butadiene - styrene,ABS);石棉水泥管(Asbestos - Cement,AC);砖砌管道(Brick Pipe ,BP);混凝土管道(Concrete Pipe,CP);铸铁管(Cast Iron Pipe,CIP);聚乙烯管道(Polyethylene,PE);聚氯乙烯管道(Polyvinylchloride,PVC);玻璃陶土管道(Vitrified Clay,VC)。

竖井(Shaft):工作坑或进入隧道等地下构筑物的通道。

板桩支护(Sheet piling):向土层设置一定数量的型钢或木板进行的支护形式。

板桩墙(Sheeting):一种由铁板或者是木板拼装的墙,起到隔水挡土的作用。

护盾(Shield):位于隧道掘进面上的钢制圆柱体,有时还含有机械挖掘设备和导向控制设备。对其覆盖区域形成保护作用。

盾构施工法(Shield tunneling method):在隧道或者是顶管中使用盾构机进行掘进的方法。

表面摩擦力(Skin friction):由套管周围土压力引起的顶推阻力。

套管(Sleeve pipe):用来保护生产管道的外部管道。

内插法(Sliplining):将新管直接置入旧管作为内衬,随后对新旧管之间的环隙进行灌浆。新管可以是连续的塑料管,也可以是由短管连接而成的管柱。

泥浆室(Slurry chamber):位于水力排土式微型隧道掘进机切削刀头后面。被挖掘下来的土渣在泥浆室里与泥浆混合然后运送到地表。

排泥管道(Slurry Line):将隧道弃渣和泥浆从水力排土式微型隧道掘进机运输到地表进行分离的管线。

泥浆分离(Slurry separation):土渣与循环泥浆进行分离的过程。

水力排土式盾构工法(Slurry shield method):封闭式面板的机械隧道盾构法,使用水力方式清除钻渣并平衡地下水压力的隧道施工方法。

软衬(Soft lining):参见原位固化修复(CIPP)。

剥落(Spalling):(1)描述形成碎片的过程,或从表面剥离的过程;(2)表面或表面涂层产生的碎片、碎屑分离过程。

缠绕法(Spiral lining):使用螺旋缠绕机将带筋条的塑料带在旧管内壁形成内衬层,衬层与旧管之间的环隙可灌入浆液或使内衬扩张,实现紧配合的内衬施工工艺。

钻渣(Spoil):隧道或钻孔施工中掘进下来的土屑、岩块等碎屑。

点状修复(Spot repair):参见局部修复(localized repair)。

喷涂法(Spray lining):使用高速旋转的喷头向管道内壁喷涂一层水泥浆或树脂的内衬施工工艺。

编织内衬(Spun lining):管道内部含沥青的衬层,通过使管道绕轴旋转而使之光滑均衡。

污水系统评估调查(Sewer System Evaluation Survey,SSES):主要用来做流入量和渗漏量的调查,以此来决定水流进入污水系统的程度和位置。

污水管扫描和评价技术(Sewer Scanner and Evaluation Technology,SSET):能提供如 CCTV 一样的前视画面,也能提供管道内表面 360°扫描可视图像。事后可在办公室内进行数据分析,保证不忽略一些不重要的管道缺陷的评价技术。该系统也能记录管道坡度,因此得到管道下垂位置和沉积物的潜在位置。360°扫描能以平面视图检查管道整个表面,且能量度接头缝隙。

标准尺寸比(Standard Dimension Ratio,SDR),标准尺寸比是指管道外径与管道壁厚之比。

可控冲击矛(Steerable moling):具有一定导向能力的冲击矛工法。

导向头(Steering head):一节可活动的引导套管,通过调整能实现钻孔导向。

应力(Stress):材料每单位面积上的荷载。

结构标识(Structure ID):用来标明下水道系统某一部分的数字。

沉降(Subsidence/settlement):地面、管道或者是其它设施的下沉。

测量工具(Survey tools):在定向钻进中,用于确定钻孔位置的孔底仪器。

管塞(Swab/bull plug):在定向钻进孔内来回穿越移除岩屑的钢塞。

冷轧内衬法(Swage lining):一种内插衬层施工方法,插入前用模具冷轧衬管使其临时变形,利于衬管插入,插入后用蒸气或其他恢复方法使衬管恢复形状。

T

目标井/坑(Target shaft/pit):见接收井/坑(reception/exit shaft/pit)。

摄像(Televise):用闭路电视摄像机来检查下水管道或支管的过程。

拉伸屈服强度(Tensile strength at yield):试样在 ASTM D 638 所描述的条件下的产生永久变形所需的实测应力。

拉伸强度(Tensile strength):一个给定的样品被拉伸到屈服极限所需要的拉应力。

热塑塑料(Thermoplastic):受热的时候会变软,冷却的时候会变硬的材料,比如聚乙烯材料。

热固性的(Thermoset):一些材料受热、化学催化剂、紫外光等作用而形成的一种不熔状态,如环氧树脂。

顶推钻进(Thrust boring/Rod pushing):一种通过顶入端面封闭的管或先导钻头而形成先导孔的方法,通过带斜面的不对称先导钻头和电子检测来实现导向。

推进坑(Thrust pit):参见起始坑(drive pit)。

承压环(Thrust ring):又称为顶铁、均压环。安装在顶进架面上的预制环,其主要作用是把主顶油缸的推力比较均匀地分散到顶进管道的端面上。

推力(Thrust):在地层中推进时施加在管道或者是钻机缆绳上的力。

导轨制动(Track brake):能限制机器和导轨产生位移的机械装置。

导轨(Track):安装在施工平台上的一套纵向钢轨,用来支撑和导向钻进机械。

传输系统(Transportation system):把掘进土渣从隧道作业面运送到地表的系统。

开挖(Trenching):参见开槽施工法(open cut)。

非开挖技术(Trenchless technology):非开挖技术是利用微开挖或不开挖技术对地下管线、管道和地下电缆进行铺设、修复或更换的一门科学。

结瘤(Tuberculation):不同部位的局部腐蚀而导致的结核瘤状物。

隧道(Tunnel):一种地下通道,通常要耗费巨资来建造,它能够为废水提供运输和存储空间,通常只产生最小的地面扰动。

全断面隧道掘进机(Tunnel Boring Machine,TBM):一种全断面的圆形盾构机,通常直径较大(可以进人)、可控制方向、带有回转切削头。各项操作可在盾构内控制,也可遥控。

隧道掘进(Tunneling):一种在地表以下进行开挖而不对地表产生持续扰动的施工方法,它有足够大的直径来容许工人进入内部操作。

U

紫外线吸收剂/稳定剂(Ultraviolet absorbers/stabilizers):一种混合物,当它与热塑型树脂混合时,会有选择地吸收紫外线以保护树脂不受紫外线的伤害。

无管钻孔(Uncased bore):指不插入衬管和管道的钻孔,即临时或永久性的自稳钻孔。

地下设施(Underground utility):地面以下运行或不运行的服务性管道或设施。

均匀腐蚀(Uniform corrosion):对全部管道表面来说产生等量材料损失的腐蚀。

扩径(Upsizing):任何增加旧管道断面尺寸的管道更换方法。

综合管廊(Utility corridor):容纳有两个或者是更多不同效用的能进入维护的通道。

V

陶土管(Vitrified Clay Pipe,VCP):一种烧制管材。

空穴(Voids):管道外周围土壤和材料中的洞穴。

W

行走定位系统(Walk over system):见定位仪(locator)。

冲洗管(Washover pipe):套在导向钻杆外面的大直径回转钻管,其前端落后于导向钻头一段距离。增加冲洗管的主要目的是提高导向钻杆的刚性,减少导向钻杆与土层之间的摩擦力,以及有利于泥浆的循环。

废水(Waste water):下水管道系统中的流体。

水射流法(Water jetting):使用高压水射流的管道内部清洗方法。

湿周(Wetted perimeter):与水接触周边的总长度。

绞盘(Winch):用来在下水管道内部拖动 CCTV 摄像机或者是清洁工具的机械装置。

附录2　英制和公制常用单位换算表

项　目	换算关系
长度单位	1 英寸(in) = 25.4 毫米(mm)
	1 英尺(ft) = 0.3048 米(m)
	1 英里(mile) = 1609.3 米(m)
面积单位	1 平方英尺(ft2) = 0.093 平方米(m^2)
	1 平方英寸(in2) = 6.45 平方厘米(cm^2)
质量单位	1 磅(lb) = 0.4536 千克(kg)
体积单位	1 美制加仑(gal) = 3.785 升(l)
	1 英制加仑(gal) = 4.55 升(l)
	1 立方英寸(cu. in.) = 16.39 立方厘米(cm^3)
	1 立方英尺(cu. ft.) = 0.0283 立方米(m^3)
密度单位	1 磅/立方英寸(lb/in3) = 27679.9 千克/立方米(kg/m^3)
	1 镑/立方英尺(lb/ft3) = 16.02 千克/立方米(kg/m^3)
力单位	1 千克力(kgf) = 9.81 牛(N)
	1 镑力(lbf) = 4.45 牛(N)
力矩单位	1 英寸镑(inlb) = 0.113 牛米(Nm)
	1 英尺镑(ftlb) = 1.356 牛米(Nm)
压力单位	1 镑/平方英寸(psi) = 0.006895 兆帕(MPa) =6.895 千帕(kPa)
	1 巴(bar) = 0.099 兆帕(MPa)
速度单位	1 英里/小时(mile/h) =0.44704 米/秒(m/s)
	1 英尺/秒(ft/s) =0.3048 米/秒(m/s)
温度单位	℃ =(℉ - 32) × 5/9
功率单位	1 镑英尺/秒(lbft/sec) = 1.356 瓦(W)